Handbuch der Lebensmitteltoxikologie

Herausgegeben von
Hartmut Dunkelberg,
Thomas Gebel und
Andrea Hartwig

200 Jahre Wiley – Wissen für Generationen

John Wiley & Sons feiert 2007 ein außergewöhnliches Jubiläum: Der Verlag wird 200 Jahre alt. Zugleich blicken wir auf das erste Jahrzehnt des erfolgreichen Zusammenschlusses von John Wiley & Sons mit der VCH Verlagsgesellschaft in Deutschland zurück. Seit Generationen vermitteln beide Verlage die Ergebnisse wissenschaftlicher Forschung und technischer Errungenschaften in der jeweils zeitgemäßen medialen Form.

Jede Generation hat besondere Bedürfnisse und Ziele. Als Charles Wiley 1807 eine kleine Druckerei in Manhattan gründete, hatte seine Generation Aufbruchsmöglichkeiten wie keine zuvor. Wiley half, die neue amerikanische Literatur zu etablieren. Etwa ein halbes Jahrhundert später, während der „zweiten industriellen Revolution" in den Vereinigten Staaten, konzentrierte sich die nächste Generation auf den Aufbau dieser industriellen Zukunft. Wiley bot die notwendigen Fachinformationen für Techniker, Ingenieure und Wissenschaftler. Das ganze 20. Jahrhundert wurde durch die Internationalisierung vieler Beziehungen geprägt – auch Wiley verstärkte seine verlegerischen Aktivitäten und schuf ein internationales Netzwerk, um den Austausch von Ideen, Informationen und Wissen rund um den Globus zu unterstützen.

Wiley begleitete während der vergangenen 200 Jahre jede Generation auf ihrer Reise und fördert heute den weltweit vernetzten Informationsfluss, damit auch die Ansprüche unserer global wirkenden Generation erfüllt werden und sie ihr Zeil erreicht. Immer rascher verändert sich unsere Welt, und es entstehen neue Technologien, die unser Leben und Lernen zum Teil tiefgreifend verändern. Beständig nimmt Wiley diese Herausforderungen an und stellt für Sie das notwendige Wissen bereit, das Sie neue Welten, neue Möglichkeiten und neue Gelegenheiten erschließen lässt.

Generationen kommen und gehen: Aber Sie können sich darauf verlassen, dass Wiley Sie als beständiger und zuverlässiger Partner mit dem notwendigen Wissen versorgt.

William J. Pesce
President and Chief Executive Officer

Peter Booth Wiley
Chairman of the Board

Handbuch der Lebensmitteltoxikologie

Belastungen, Wirkungen, Lebensmittelsicherheit, Hygiene

Band 4

Herausgegeben von
Hartmut Dunkelberg, Thomas Gebel und
Andrea Hartwig

WILEY-VCH Verlag GmbH & Co. KGaA

Herausgeber
Prof. Dr. Hartmut Dunkelberg
Universität Göttingen
Bereich Humanmedizin
Abt. Allgemeine Hygiene und Umweltmedizin
Lenglerner Straße 75
37039 Göttingen

Dr. Thomas Gebel
Bundesanstalt für Arbeitsschutz
und Arbeitsmedizin
Fachbereich 4
Friedrich-Henkel-Weg 1–25
44149 Dortmund

Prof. Dr. Andrea Hartwig
TU Berlin, Sekr. TIB 4/3-1
Institut für Lebensmitteltechnologie
Gustav-Meyer-Allee 25
13355 Berlin

Bibliografische Information der Deutschen Nationalbibliothek
Die Deutsche Nationalbibliothek verzeichnet diese Publikation in der Deutschen Nationalbibliografie; detaillierte bibliografische Daten sind im Internet über http://dnb.d-nb.de abrufbar.

Printed in the Federal Republic of Germany
Gedruckt auf säurefreiem Papier

Satz K+V Fotosatz GmbH, Beerfelden
Druck Strauss Druck, Mörlenbach
Bindung Litges & Dopf GmbH, Heppenheim

ISBN 978-3-527-31166-8

Inhalt

Handbuch der Lebensmitteltoxikologie. H. Dunkelberg, T. Gebel, A. Hartwig (Hrsg.)

ISBN: 978-3-527-31166-8

Lebensmitteltoxikologische Untersuchungsmethoden, Methoden der Risikoabschätzung und Lebensmittelüberwachung

Verunreinigungen

Geleitwort

Ohne Essen und Trinken gibt es kein Leben und Essen und Trinken, so heißt es, hält Leib und Seele zusammen. Lebensmittel sind Mittel zum Leben; sie sind einerseits erforderlich, um das Leben aufrecht zu erhalten, und andererseits wollen wir mehr als nur die zum Leben notwendige Nahrungsaufnahme. Wir erwarten, dass unsere Lebensmittel bekömmlich und gesundheitsförderlich sind, dass sie das Wohlbefinden steigern und zum Lebensgenuss beitragen.

Lebensmittel liefern das Substrat für den Energiestoffwechsel, für Organ- und Gewebefunktionen, für Wachstum und Entwicklung im Kindes- und Jugendalter und für den Aufbau und Ersatz von Körpergeweben und Körperflüssigkeiten. Das macht sie unentbehrlich. Hunger und Mangel ebenso wie vollständiges Fasten oder Verzicht oder Entzug von Essen und Trinken sind nur für begrenzte Zeit ohne gesundheitliche Schäden möglich.

Art und Zusammensetzung der Lebensmittel haben auch ohne spezifisch toxisch wirkende Stoffe erheblichen Einfluss auf die Gesundheit. Ihr Zuviel oder Zuwenig kann Fettleibigkeit oder Mangelerscheinungen hervorrufen. Sie können darüber hinaus einerseits durch ungünstige Zusammensetzung oder Zubereitung die Krankheitsbereitschaft des Organismus im Allgemeinen oder die Anfälligkeit für bestimmte Krankheiten, insbesondere Stoffwechselkrankheiten, fördern und andererseits die Abwehrbereitschaft stärken und zur Krankheitsprävention und zur Stärkung und aktiven Förderung von Gesundheit beitragen.

Aussehen, Geruch und Geschmack von Lebensmitteln, die Kenntnis von Bedingungen und Umständen ihrer Herstellung, ihres Transports und ihrer Vermarktung und ganz gewiss auch die Art ihrer Zubereitung und wie sie aufgetischt werden, können Lust- oder Unlustgefühle hervorrufen und haben eine nicht zu unterschätzende Bedeutung für Wohlbefinden und Lebensqualität.

Neben den im engeren Sinne der Ernährung, also dem Energie- und Erhaltungsstoffwechsel, dienenden (Nähr)Stoffen enthalten gebrauchsfertige Lebensmittel auch Stoffe, die je nach Art und Menge Gesundheit und Wohlbefinden beeinträchtigen können und die zu einem geringen Teil natürlicherweise, zum größeren Teil anthropogen in ihnen vorkommen. Mit diesen Stoffen beschäftigt sich die Lebensmitteltoxikologie und um diese Stoffe geht es in diesem Handbuch. Die Stoffe können aus sehr unterschiedlichen Quellen stammen und werden nach diesen Quellen typisiert, bzw. danach, wie sie in das Lebensmittel ge-

Handbuch der Lebensmitteltoxikologie. H. Dunkelberg, T. Gebel, A. Hartwig (Hrsg.)

ISBN: 978-3-527-31166-8

langt sind. Je nach Quelle und Typus sind unterschiedliche Akteure beteiligt. Typische Quellen sind

- die Umwelt: Stoffe können aus Luft, Boden oder Wasser in und auf Pflanzen gelangen und von Tieren direkt oder über Futterpflanzen und sonstige Futtermittel aufgenommen werden. Diese Schadstoffe können aus umschriebenen oder aus diffusen Quellen stammen und verursachende Akteure sind die Adressaten der Umweltpolitik, also beispielsweise Betreiber von Feuerungsanlagen, Industrie- und Gewerbebetrieben, aber auch alle Teilnehmer am Straßenverkehr. Gegen diese Verunreinigungen können sich die landwirtschaftlichen Produzenten nicht schützen; sie treffen konventionell und biologisch wirtschaftende Landwirte in gleicher Weise. In diesem Fall ist die Umweltpolitik Akteur des Verbraucherschutzes.
- die agrarische Urproduktion: Hierzu zählen Stoffe, die in der Landwirtschaft als Pflanzenbehandlungsmittel (z. B. Insektizide, Rodentizide, Herbizide, Wachstumsregler), als Düngemittel oder Bodenverbesserungsmittel (z. B. Klärschlamm, Kompost), in Wirtschaftsdünger oder Gülle ausgebracht oder in der Tierzucht (z. B. Arzneimittel, Masthilfsmittel) verwendet werden. Akteure sind naturgemäß in erster Linie die Landwirte selbst, aber auch die Hersteller und Vertreiber von Saatgut, Agrochemikalien, Futtermitteln, Düngemitteln, veterinär-medizinischen Produkten, und ebenso Tierärzte, Berater und Vertreter. Das Geflecht von Interessen, dem die Landwirte sich ausgesetzt sehen, ist kaum überschaubar.
- die verarbeitende Industrie und das Handwerk: Die in diesem Bereich eingesetzten Stoffgruppen sind besonders zahlreich. Als Beispiele seien genannt Aromastoffe und Geschmacksverstärker, Farbstoffe und Konservierungsmittel, Süßstoffe und Säuerungsmittel, Emulgatoren und Dickungsmittel, Pökelsalze und Backhilfsmittel; die Liste ließe sich beliebig verlängern. Stoffe dieser Gruppe werden Zusatzstoffe genannt, und die Zutatenliste fertig verpackter Lebensmittel gibt in groben Zügen Auskunft über sie. Dazu kommen aus den Quellen Lebensmittelindustrie und Handwerk Stoffe, die bei bestimmten Verfahren entstehen (z. B. Räuchern, Mälzen, Gären, Sterilisieren, Bestrahlen) oder die bei bestimmten Verfahren verwendet werden (z. B. beim Entzug von Alkohol aus Bier). Die Akteure sind vor allem die Lebensmittelindustrie und das verarbeitende Handwerk, aber auch die chemische Industrie, Brauereien, Kellereien, Abfüllbetriebe, Molkereien etc.
- Transport und Vermarktung: Hier geht es um Schadstoffe, die aus Verpackungsmaterialien in Lebensmittel übergehen können oder die bei unsachgemäßer Lagerung auf unverpackten Lebensmitteln auftreten können. Akteure sind vor allem die Verpackungsindustrie und der Einzelhandel.
- die küchentechnische Zubereitung der Lebensmittel: Bei den Prozessen des Kochens, Garens, Backens oder Bratens können Inhaltsstoffe zerstört werden oder andere entstehen. Beides kann Auswirkungen auf die Gesundheitsverträglichkeit und Bekömmlichkeit der Lebensmittel haben. Akteure sind einerseits alle Verbraucher, die in ihren Küchen tätig sind und andererseits Betreiber von Gaststätten, Kantinenpächter etc.

- die Natur: Es gibt in bestimmten Lebensmitteln Inhaltsstoffe, die toxikologisch relevant sein können, wenn sie nicht durch geeignete Verfahren der Zubereitung umgewandelt werden.
- Innovation: Auf der Suche nach neuen Märkten hat die Lebensmittelindustrie sog. funktionelle Lebensmittel entwickelt, die auch neue Probleme der Stoffbeurteilung aufwerfen. Akteure sind neben der Lebensmittelindustrie vor allem die für sie tätigen Wissenschaftler und die Werbebranche.

Neben den bei den jeweiligen Quellen genannten Akteuren gibt es in dem Feld, das dieses Handbuch abdeckt, viele weitere relevante Akteure, von denen einige im Folgenden genannt werden sollen.

- Wissenschaft: Die Lebensmitteltoxikologie und – soweit verfügbar – die Epidemiologie erarbeiten die Datenbasis und stellen Erklärungsmodelle bereit als Voraussetzung für eine Risikoabschätzung für alle relevanten Stoffe und erarbeiten Vorschläge für gesundheitsbezogene Standards als Voraussetzung für jeweilige Grenzwerte, Höchstmengen etc.
- Internationale Organisationen: Die Weltgesundheits- und die Welternährungsorganisation (WHO und FAO), bzw. deren Ausschüsse und Expertengremien erarbeiten auf der Grundlage der genannten Datenbasis Empfehlungen, welche Mengen der einzelnen Stoffe bei lebenslanger Exposition pro Tag oder pro Woche ohne gesundheitliche Beeinträchtigung aufgenommen werden können. Auch Expertengremien der EU sind mit derartigen Aufgaben befasst.
- Gesundheits- und Verbraucherpolitik: Die Politik organisiert zusammen mit ihren nachgeordneten Bundesanstalten und -instituten den Prozess der Risikobewertung und legt in entsprechenden Regelwerken Höchstmengen, Grenzwerte etc. für die einzelnen Stoffe in Lebensmitteln und gegebenenfalls auch dazu gehörende Analyseverfahren fest.
- Überwachung und Beratung: Die Bundesländer organisieren die Überwachung dieser Vorschriften und die Beratung der land- und viehwirtschaftlichen Produzenten.
- Verbraucherorganisationen wie die Verbraucherzentralen in den Ländern oder deren Bundesverband sind ebenfalls wichtige Akteure, die bisher zu wenig in die Prozesse der Risikobewertung und der Normsetzung eingebunden sind.

In ihrem „Handbuch der Lebensmitteltoxikologie“ haben Hartmut Dunkelberg, Thomas Gebel und Andrea Hartwig mit ihren Autorinnen und Autoren die vorhandenen toxikologischen Daten und die derzeitigen Erkenntnisse über die in Lebensmitteln vorkommenden und bei ihrer Erzeugung verwendeten oder entstehenden Stoffe zusammengetragen, ihre Risikopotenziale abgeschätzt und Daten und Empfehlungen zur Risikominimierung bereit gestellt. Sie haben sich dabei bemüht, in die für Verbraucher und Öffentlichkeit verwirrende Vielfalt möglicher Schadstoffe und Akteure eine gewisse Ordnung und Systematik zu bringen. Vorausgeschickt werden Übersichten über rechtliche Regelungen und Standards, über Untersuchungsmethoden und Überwachung und vor allem über Modelle und Verfahren der toxikologischen Risiko-Abschätzung.

Eine derartige umfassende Übersicht über den Stand des lebensmitteltoxikologischen Wissens fehlte bisher im deutschen Sprachraum. Angesprochen werden neben Wissenschaftlern in Forschung, Behörden und Industrie Fachleute in Ministerien, Untersuchungsämtern und in der Lebensmittelüberwachung, in der landwirtschaftlichen Beratung, in der Lebensmittelverarbeitung und in Verbraucherorganisationen, dem Verbraucherschutz verpflichtete Politiker und Journalisten, Studierende der Lebensmittelchemie, aber auch die interessierte Öffentlichkeit.

Dank gilt den Herausgebern und der Herausgeberin für die Initiative zu diesem Handbuch und allen Autorinnen und Autoren für die immense Arbeit. Ich wünsche dem Werk die gute Aufnahme und weite Verbreitung, die es verdient. Möge all denen, die darin lesen oder nachschlagen werden, deutlich werden, was in der Lebensmitteltoxikologie gewusst wird, und wo die Grenzen des Wissens liegen.

Speisen und Getränke sollen den Körper stärken und die Seele bezaubern. Die große Zahl anthropogener Stoffe in, auf und um Lebensmittel kann Verbraucher leicht verunsichern. Unsicherheit ist ein Vorläufer von Angst, und Angst vor Chemie (= „Gift") im Essen fördert wahrlich nicht das Vergnügen daran. Zum seelischen Genuss gehört die Gewissheit, dass das Angebot der Lebensmittel geprüft und frei von Inhaltsstoffen ist, die je nach Art oder Menge der Gesundheit abträglich sein können. In diesem „Handbuch der Lebensmitteltoxikologie" wird beschrieben, mit welchen Modellen und Daten die Wissenschaft die Voraussetzungen für Verbrauchersicherheit schafft. Möge es dazu beitragen, Verbrauchern trotz der großen Zahl relevanter Stoffe mehr Vertrauen und Sicherheit zu geben.

Prof. Dr. Georges Fülgraff
Em. Professor für Gesundheitswissenschaften,
Ehrenvorsitzender Berliner Zentrum Public Health
Ehemaliger Präsident des Bundesgesundheitsamtes (1974–1980)

Vorwort

Lebensmittelerzeugung, Lebensmittelversorgung und Ernährungsverhalten tangieren medizinische, kulturelle, gesellschaftliche, wirtschaftliche und ökologische Sachgebiete und Problembereiche. Was im weitesten Sinne unter Lebensmittel- und Ernährungsqualität zu verstehen ist, lässt sich demnach aus ganz verschiedenen wissenschaftlichen oder lebensweltlichen Perspektiven beleuchten. Einen für die Gesundheit des Menschen wichtigen Zugang zur Lebensmittelbewertung und Lebensmittelsicherheit bietet die Lebensmitteltoxikologie.

Mit der vorliegenden Buchveröffentlichung sollen die wesentlichen lebensmitteltoxikologischen Erkenntnisse und Sachverhalte auf den aktuellen Wissensstand gebracht und verfügbar gemacht werden. Für die Zusammenstellung der Beiträge zu dieser nun in 5 Bänden vorliegenden Veröffentlichung war die umfassende und kritische Darstellung des jeweiligen Stoffgebietes bestimmend und maßgebend. Ziel war es, einen möglichst profunden Wissensstand zum jeweiligen Kapitel vorzulegen, ohne dabei durch ein zu enges Gliederungsschema auf die individuellen Schwerpunktsetzungen der Autoren verzichten zu müssen.

Die Herausgeber danken den Autorinnen und Autoren der Buchkapitel für ihre mit großer Sorgfalt und Expertise verfassten Buchbeiträge, die trotz größter Zeitknappheit und meist umfangreicher anderer Verpflichtungen zu erstellen waren, und damit auch für ihre engagierte Mitwirkung und die Unterstützung dieses Buchprojektes. Gedankt sei ihnen nicht weniger für die in einigen Fällen im besonderen Maße zu erbringende Geduld, wenn es um die Verschiebung des Zeitplans bis zur endgültigen Fertigstellung dieses Sammelwerkes ging. Wir fühlen uns ebenso den Ratgebern im Bekannten- und Freundeskreis verbunden und zu Dank verpflichtet, die uns bei verschiedenen und auch unerwarteten Fragen mit guten Ideen und Lösungsvorschlägen wirksam geholfen haben.

Nicht zuletzt trug ganz wesentlich der Wiley-VCH-Verlag durch eine kontinuierliche und zügige verlagstechnische Hilfestellung und durch eine angenehme Betreuung zum Gelingen dieses Buchprojektes bei.

Hartmut Dunkelberg,
Thomas Gebel und
Andrea Hartwig

Handbuch der Lebensmitteltoxikologie. H. Dunkelberg, T. Gebel, A. Hartwig (Hrsg.)

ISBN: 978-3-527-31166-8

Autorenverzeichnis

em. Prof. Dr. Manfred Anke
Am Steiger 12
07743 Jena
Deutschland

Dr. Magdalena Adamska
University of Zürich
Institute of Pharmacology
and Toxicology
Department of Toxicology
Winterthurerstraße 190
8057 Zürich
Schweiz

Prof. Dr. Michael Arand
University of Zürich
Institute of Pharmacology
and Toxicology
Department of Toxicology
Winterthurerstraße 190
8057 Zürich
Schweiz

Dr. Volker Manfred Arlt
Institute of Cancer Research
Section of Molecular Carcinogenesis
Brookes Lawley Building
Cotswold Road
Sutton, Surrey SM2 5NG
United Kingdom

Dr. Christiane Aschmann
Universitätsklinikum
Schleswig-Holstein
Institut für Toxikologie
und Pharmakologie
für Naturwissenschaftler
Campus Kiel
Brunswiker Straße 10
24105 Kiel
Deutschland

Dr. Ursula Banasiak
Bundesinstitut für Risikobewertung
Berlin (BfR)
Fachgruppe Rückstände von Pestiziden
Thielallee 88–92
14195 Berlin
Deutschland

Alexander Bauer
Universität Leipzig
Institut für Pharmakologie und
Toxikologie
Johannis-Allee 28
04103 Leipzig
Deutschland

Prof. Dr. Detmar Beyersmann
Universität Bremen
Fachbereich Biologie/Chemie
Leobener Straße, Gebäude NW2
28359 Bremen
Deutschland

Handbuch der Lebensmitteltoxikologie. H. Dunkelberg, T. Gebel, A. Hartwig (Hrsg.)

ISBN: 978-3-527-31166-8

Julia Bichler
Medizinische Universität Wien
Universitätsklinik für Innere Medizin I
Institut für Krebsforschung
Borschkegasse 8a
1090 Wien
Österreich

Prof. Dr. Hans K. Biesalski
Universität Hohenheim
Institut für Biologische Chemie
und Ernährungswissenschaft
Garbenstraße 30
70593 Stuttgart
Deutschland

Prof. Dr. Marianne Borneff-Lipp
Martin-Luther-Universität
Halle-Wittenberg
Institut für Hygiene
Johann-Andreas-Segner-Straße 12
06108 Halle/Saale
Deutschland

Prof. Dr. Regina Brigelius-Flohe
Deutsches Institut
für Ernährungsforschung
Arthur-Scheunert-Allee 114–116
14558 Potsdam-Rehbrücke
Deutschland

Dr. Marc Brulport
Universität Leipzig
Institut für Pharmakologie und
Toxikologie
Johannis-Allee 28
04103 Leipzig
Deutschland

Prof. Dr. Michael Bülte
Justus-Liebig-Universität Gießen
Institut für
Tierärztliche
Nahrungsmittelkunde
Frankfurter Straße 92
35392 Gießen
Deutschland

Dr. Christine Bürk
Lehrstuhl für Hygiene
und Technologie der Milch
Schönleutner Straße 8
85764 Oberschleißheim
Deutschland

Dr. Peter Butz
Bundesforschungsanstalt für
Ernährung und Lebensmittel (BFEL)
Institut für Chemie und Biologie
Haid-und-Neu-Straße 9
76131 Karlsruhe
Deutschland

Prof. Dr. Hans-Georg Claßen
Universität Hohenheim
Fachgebiet Pharmakologie,
Toxikologie und Ernährung
Institut für Biologische Chemie
und Ernährungswissenschaft
Fruwirthstraße 16
70593 Stuttgart
Deutschland

Dr. Ulf G. Claßen
Universitätsklinikum des Saarlandes
Institut für Rechtsmedizin
Kirrbergerstraße
66421 Homburg/Saar
Deutschland

Dr. Annette Cronin
University of Zürich
Institute of Pharmacology
and Toxicology
Department of Toxicology
Winterthurerstraße 190
8057 Zürich
Schweiz

Dr. Gerd Crößmann
Im Flothfeld 96
48329 Havixbeck
Deutschland

Prof. Dr. Wolfgang Dekant
Universität Würzburg
Institut für Toxikologie
Versbacher Straße 9
97078 Würzburg
Deutschland

Dr. Henry Delincée
Bundesforschungsanstalt
für Ernährung und Lebensmittel
Institut für Ernährungsphysiologie
Haid-und-Neu-Straße 9
76131 Karlsruhe
Deutschland

Prof. Dr. Hartmut Dunkelberg
Universität Göttingen
Bereich Humanmedizin
Abteilung Allgemeine Hygiene
und Umweltmedizin
Lenglerner Straße 75
37079 Göttingen
Deutschland

Matthias Dürr
Martin-Luther-Universität
Halle-Wittenberg
Institut für Hygiene
Johann-Andreas-Segner-Straße 12
06108 Halle/Saale
Deutschland

Veronika A. Ehrlich
Medizinische Universität Wien
Universitätsklinik für Innere Medizin I
Institut für Krebsforschung
Borschkegasse 8a
1090 Wien
Österreich

Prof. Dr. Bernd Elsenhans
Ludwig-Maximilians-Universität
München
Walther-Straub-Institut
für Pharmakologie und Toxikologie
Goethestraße 33
80336 München
Deutschland

Dr. Harald Esch
The University of Iowa
College of Public Health
Department of Environmental
& Occupational Health
Iowa City
IA 52242-5000
USA

Dr. Thomas Ettle
Technische Universität München
Fachgebiet Tierernährung
und Leistungsphysiologie
Hochfeldweg 6
85350 Freising-Weihenstephan
Deutschland

Prof. Dr. Ulrich Ewers
Hygiene-Institut des Ruhrgebietes
Rotthauser Straße 19
45879 Gelsenkirchen
Deutschland

Dr. Eric Fabian
BASF Aktiengesellschaft
Experimentelle Toxikologie
und Ökologie
Gebäude Z 470
Carl-Bosch-Straße 38
67056 Ludwigshafen
Deutschland

Franziska Ferk
Medizinische Universität Wien
Universitätsklinik für Innere Medizin I
Abteilung Institut für Krebsforschung
Borschkegasse 8a
1090 Wien
Österreich

Prof. Dr. Heidi Foth
Martin-Luther-Universität Halle
Institut für Umwelttoxikologie
Franzosenweg 1a
06097 Halle/Saale
Deutschland

Dr. Frederic Frère
University of Zürich
Institute of Pharmacology
and Toxicology
Department of Toxicology
Winterthurerstraße 190
8057 Zürich
Schweiz

Dr. Thomas Gebel
Universität Göttingen
Bereich Humanmedizin
Abteilung Allgemeine Hygiene
und Umweltmedizin
Lenglerner Straße 75
37079 Göttingen
Deutschland

Prof. Dr. Hans Rudolf Glatt
Deutsches Institut
für Ernährungsforschung (DIfE)
Potsdam-Rehbrücke
Arthur-Scheunert-Allee 114–116
14558 Nuthetal
Deutschland

Prof. Dr. Werner Grunow
Bundesinstitut für
Risikobewertung (BfR)
Thielallee 88–92
14195 Berlin
Deutschland

Dr. Rainer Gürtler
Bundesinstitut für
Risikobewertung (BfR)
Thielallee 88–92
14195 Berlin
Deutschland

Prof. Dr. Andreas Hahn
Leibniz Universität Hannover
Institut für Lebensmittelwissenschaft
Wunstorfer Straße 14
30453 Hannover
Deutschland

Prof. Dr. Andreas Hartwig
TU Berlin, Sekr. TIB 4/3-1
Institut für Lebensmitteltechnologie
Gustav-Meyer-Allee 25
13355 Berlin
Deutschland

Dr. Thomas Heberer
Bundesinstitut für
Risikobewertung (BfR)
Thielallee 88–92
14195 Berlin
Deutschland

Dr. Regine Heller
Friedrich-Schiller-Universität Jena
Universitätsklinikum
Institut für Molekulare Zellbiologie
Nonnenplan 2
07743 Jena
Deutschland

Dr. Angelika Hembeck
Bundesinstitut für
Risikobewertung (BfR)
Thielallee 88–92
14195 Berlin
Deutschland

Prof. Dr. Jan G. Hengstler
Universität Leipzig
Institut für Pharmakologie
und Toxikologie
Johannis-Allee 28
04103 Leipzig
Deutschland

Dr. Kurt Hoffmann
Deutsches Institut
für Ernährungsforschung
Arthur-Scheunert-Allee 114–116
14558 Nuthetal
Deutschland

Dr. Karsten Hohgardt
Bundesamt für Verbraucherschutz
und Lebensmittelsicherheit (BVL)
Referat Gesundheit
Messeweg 11/12
38104 Braunschweig
Deutschland

Christine Hölzl
Medizinische Universität Wien
Universitätsklinik für Innere Medizin I
Institut für Krebsforschung
Borschkegasse 8 a
1090 Wien
Österreich

Prof. Dr. Gerhard Jahreis
Friedrich-Schiller-Universität
Institut für Ernährungswissenschaften
Lehrstuhl für Ernährungsphysiologie
Dornburger Straße 24
07743 Jena
Deutschland

Dr. Hennike G. Kamp
BASF Aktiengesellschaft
Experimentelle Toxikologie
und Ökologie
Gebäude Z 470
Carl-Bosch-Straße 38
67056 Ludwigshafen
Deutschland

Dr. Sebastian Kevekordes
Universität Göttingen
Bereich Humanmedizin
Abteilung Allgemeine Hygiene
und Umweltmedizin
Lenglerner Straße 75
37079 Göttingen
Deutschland

Dr. Horst Klaffke
Bundesinstitut für
Risikobewertung (BfR)
Thielallee 88–92
14195 Berlin
Deutschland

Dr. Annett Klinder
27 Therapia Road
London SE22 0SF
United Kingdom

Prof. Dr. Siegfried Knasmüller
Medizinische Universität Wien
Universitätsklinik für Innere Medizin I
Institut für Krebsforschung
Borschkegasse 8 a
1090 Wien
Österreich

Prof. Dr. Josef Köhrle
Institut für Experimentelle Endokrinologie
Campus Charité Mitte
Charitéplatz 1
10117 Berlin
Deutschland

Dr. Jana Kraft
Friedrich-Schiller-Universität
Institut für Ernährungswissenschaften
Lehrstuhl für Ernährungsphysiologie
Dornburger Straße 24
07743 Jena
Deutschland

Prof. Dr. Johannes Krämer
Institut für Ernährungs- und Lebensmittelwissenschaften
Rheinische Friedrich-Wilhelms-Universität Bonn
Meckenheimer Allee 168
53115 Bonn
Deutschland

Prof. Dr. Hans A. Kretzschmar
Zentrum für Neuropathologie und Prionforschung (ZNP)
Institut für Neuropathologie
Feodor-Lynen-Straße 23
81377 München
Deutschland

Prof. Dr. Sabine Kulling
Universität Potsdam
Institut für Ernährungswissenschaft
Lehrstuhl für Lebensmittelchemie
Arthur-Scheunert-Allee 114–116
14558 Nuthetal
Deutschland

Dr. Iris G. Lange
Technische Universität München
Weihenstephaner Berg 3
85345 Freising-Weihenstephan
Deutschland

Prof. Dr. Eckhard Löser
Schwelmerstraße 221
58285 Gevelsberg
Deutschland

Dr. Gabriele Ludewig
The University of Iowa
College of Public Health
Department of Environmental & Occupational Health
Iowa City
IA 52242-5000
USA

Dr. Angela Mally
Universität Würzburg
Institut für Toxikologie
Versbacher Straße 9
97078 Würzburg
Deutschland

Prof. Dr. Doris Marko
Institut für Angewandte Biowissenschaften
Abteilung für Lebensmitteltoxikologie
Universität Karlsruhe (TH)
Fritz-Haber-Weg 2
76131 Karlsruhe
Deutschland

Prof. Dr. Edmund Maser
Universitätsklinikum
Schleswig-Holstein
Institut für Toxikologie
und Pharmakologie
für Naturwissenschaftler
Campus Kiel
Brunswiker Straße 10
24105 Kiel
Deutschland

Prof. Dr. Manfred Metzler
Universität Karlsruhe
Institut für Lebensmittelchemie
und Toxikologie
Kaiserstraße 12
76128 Karlsruhe
Deutschland

Prof. Dr. Heinrich D. Meyer
Technische Universität München
Weihenstephaner Berg 3
85345 Freising-Weihenstephan
Deutschland

PD Dr. Michael Müller
Universität Göttingen
Institut für Arbeits- und Sozialmedizin
Waldweg 37
37073 Göttingen
Deutschland

a.o. Prof. Dr. Michael Murkovic
Technische Universität Graz
Institut für Lebensmittelchemie
und -technologie
Petersgasse 12/2
8010 Graz
Österreich

Prof. Dr. Heinz Nau
Stiftung Tierärztliche Hochschule
Hannover
Institut für Lebensmitteltoxikologie
und Chemische Analytik
Bischofsholer Damm 15
30173 Hannover
Deutschland

Dr. Armen Nersesyan
Medizinische Universität Wien
Universitätsklinik für Innere Medizin I
Institut für Krebsforschung
Borschkegasse 8 a
1090 Wien
Österreich

em. Prof. Dr. Karl-Joachim Netter
Universität Marburg
Institut für Pharmakologie
und Toxikologie
Karl-von-Frisch-Straße 1
35033 Marburg
Deutschland

em. Prof. Dr. Diether Neubert
Charité Campus
Benjamin Franklin Berlin
Institut für Klinische Pharmakologie
und Toxikologie
Garystraße 5
14195 Berlin
Deutschland

Dr. Lars Niemann
Bundesinstitut für
Risikobewertung (BfR)
Thielallee 88–92
14195 Berlin
Deutschland

Dr. Donatus Nohr
Universität Hohenheim
Institut für Biologische Chemie
und Ernährungswissenschaft
Garbenstraße 30
70593 Stuttgart
Deutschland

Gisbert Otterstätter
Papiermühle 17
37603 Holzminden
Deutschland

Dr. Rudolf Pfeil
Bundesinstitut für
Risikobewertung (BfR)
Thielallee 88–92
14195 Berlin
Deutschland

Dr. Beate Pfundstein
Deutsches Krebsforschungszentrum
(DKFZ)
Abteilung Toxikologie
& Krebsrisikofaktoren
Im Neuenheimer Feld 517
69120 Heidelberg
Deutschland

Dr. Annette Pöting
Toxikologie der Lebensmittel
und Bedarfsgegenstände
BGVV
Postfach 330013
14191 Berlin
Deutschland

Prof. Dr. Beatrice Pool-Zobel
Friedrich-Schiller-Universität Jena
Institut für Ernährungswissenschaften
Lehrstuhl für Ernährungstoxikologie
Dornburger Straße 25
07743 Jena
Deutschland

Dr. Gerhard Pröhl
GSF-Forschungszentrum
für Umwelt und Gesundheit
Ingolstädter Landstraße 1
85758 Neuherberg
Deutschland

Dr. Larry Robertson
The University of Iowa
College of Public Health
Department of Environmental
& Occupational Health
Iowa City
IA 52242-5000
USA

Dr. Maria Roth
Chemisches und
Veterinäruntersuchungsamt Stuttgart
Schaflandstraße 3/2
70736 Fellbach
Deutschland

Dr. Corinna E. Rüfer
Bundesforschungsanstalt
für Ernährung und Lebensmittel
Institut für Ernährungsphysiologie
Haid-und-Neu-Straße 9
76131 Karlsruhe
Deutschland

Dr. Heinz Schmeiser
Deutsches Krebsforschungszentrum
(DKFZ)
Abteilung Molekulare Toxikologie
Im Neuenheimer Feld 517
69120 Heidelberg
Deutschland

Ulrich-Friedrich Schmelz
Universität Göttingen
Bereich Humanmedizin
Abteilung Allgemeine Hygiene
und Umweltmedizin
Lenglerner Straße 75
37079 Göttingen
Deutschland

Prof. Dr. Ivo Schmerold
Veterinärmedizinische Universität
Wien
Abteilung für Naturwissenschaften
Institut für Pharmakologie
und Toxikologie
Veterinärplatz 1
1210 Wien
Österreich

Hanspeter Schmidt
Rechtsanwalt am OLG Karlsruhe
Sternwaldstraße 6 a
79102 Freiburg
Deutschland

Dr. Heiko Schneider
Bundesinstitut für
Risikobewertung (BfR)
Thielallee 88–92
14195 Berlin
Deutschland

Dr. Lutz Schomburg
Institut für Experimentelle
Endokrinologie
Campus Charité Mitte
Charitéplatz 1
10117 Berlin
Deutschland

Prof. Dr. Klaus Schümann
Technische Universität München
Lehrstuhl für Ernährungsphysiologie
Am Forum 5
85350 Freising-Weihenstephan
Deutschland

Dr. Tanja Schwerdtle
TU Berlin
Fachgebiet Lebensmittelchemie
Institut für Lebensmitteltechnologie
und Lebensmittelchemie
Gustav-Meyer-Allee 25
13355 Berlin
Deutschland

Dr. Albrecht Seidel
Prof. Dr. Gernot Grimmer-Stiftung
Biochemisches Institut
für Umweltcarcinogene (BIU)
Lurup 4
22927 Großhansdorf
Deutschland

Dr. Mathias Seifert
Bundesforschungsanstalt
für Ernährung und
Lebensmittel – BfEL
Institut für Biochemie von
Getreide und Kartoffeln
Schützenberg 12
32756 Detmold
Deutschland

Dr. Roland Solecki
Bundesinstitut für
Risikobewertung (BfR)
Thielallee 88–92
14195 Berlin
Deutschland

Dr. Bertold Spiegelhalder
Deutsches Krebsforschungszentrum (DKFZ)
Abteilung Toxikologie
& Krebsrisikofaktoren
Im Neuenheimer Feld 517
69120 Heidelberg
Deutschland

Prof. Dr. Wilhelm Stahl
Heinrich-Heine-Universität Düsseldorf
Institut für Biochemie
und Molekularbiologie I
Postfach 101007
40001 Düsseldorf
Deutschland

Prof. Dr. Christian Steffen
Bundesinstitut für Arzneimittel
und Medizinprodukte
Kurt-Georg-Kiesinger-Allee 3
53639 Bonn
Deutschland

Prof. Dr. Pablo Steinberg
Universität Potsdam
Lehrstuhl für Ernährungstoxikologie
Arthur-Scheunert-Allee 114–116
14558 Nuthetal
Deutschland

Prof. Dr. Roger Stephan
Institut für Lebensmittelsicherheit
und -hygiene
Winterthurerstraße 272
8057 Zürich
Schweiz

Dr. Barbara Stommel
Bundesinstitut für Arzneimittel
und Medizinprodukte
Kurt-Georg-Kiesinger-Allee 3
53639 Bonn
Deutschland

Irene Straub
Chemisches und
Veterinäruntersuchungsamt
Weißenburgerstr. 3
76187 Karlsruhe
Deutschland

Prof. Dr. Rudolf Streinz
Universität München
Institut für Politik
und Öffentliches Recht
Prof.-Huber-Platz 2
80539 München
Deutschland

Prof. Dr. Bernhard Tauscher
Bundesforschungsanstalt
für Ernährung und Lebensmittel
Haid-und-Neu-Straße 9
76131 Karlsruhe
Deutschland

Dr. Abdel-Rahman Wageeh Torky
Martin-Luther-Universität Halle
Institut für Umwelttoxikologie
Franzosenweg 1 a
06097 Halle/Saale
Deutschland

Prof. Dr. Fritz R. Ungemach
Veterinärmedizinische Fakultät
der Universität Leipzig
Institut für Pharmakologie,
Pharmazie und Toxikologie
An den Tierkliniken 15
04103 Leipzig
Deutschland

Prof. Dr. Burkhard Viell
Bundesinstitut für
Risikobewertung (BfR)
Thielallee 88–92
14195 Berlin
Deutschland

Prof. Dr.
Gert-Wolfhard von Rymon Lipinski
Schlesienstraße 62
65824 Schwalbach a. Ts.
Deutschland

Prof. Dr. Martin Wagner
Veterinärmedizinische Universität
Wien (VUW)
Abteilung für öffentliches
Gesundheitswesen
Experte für Milchhygiene
und Lebensmitteltechnologie
Veterinärplatz 1
1210 Wien
Österreich

Dr. Götz A. Westphal
Universität Göttingen
Institut für Arbeits- u. Sozialmedizin
Waldweg 37
37073 Göttingen
Deutschland

Dr. Dieter Wild
Bundesanstalt für Fleischforschung
E.-C.-Baumann-Straße 20
95326 Kulmbach
Deutschland

Dr. Detlef Wölfle
Bundesinstitut für
Risikobewertung (BfR)
Thielallee 88–92
14195 Berlin
Deutschland

Dr. Maike Wolters
Mühlhauser Straße 41 A
68229 Mannheim
Deutschland

Herbert Zepnik
Universität Würzburg
Institut für Toxikologie
Versbacher Straße 9
97078 Würzburg
Deutschland

Dr. Björn P. Zietz
Universität Göttingen
Bereich Humanmedizin
Abteilung Allgemeine Hygiene
und Umweltmedizin
Lenglerner Straße 75
37079 Göttingen
Deutschland

Dr. Claudio Zweifel
Institut für Lebensmittelsicherheit
und -hygiene
Winterthurerstraße 272
8057 Zürich
Schweiz

38
Farbstoffe

Gisbert Otterstätter

38.1
Einleitung

Der Produktionswert der Lebensmittelfarbstoffe betrug 1998 in Deutschland ca. 215 Mio. DM [10]. Dabei ist zu berücksichtigen, dass Lebensmittelfarbstoffe auch in pharmazeutischen Produkten, in Kosmetika und z. B. in Reinigungsmitteln eingesetzt werden. Trotz dieses vergleichsweise niedrigen Wertanteils besitzen die Lebensmittelfarbstoffe eine nicht unerhebliche volkswirtschaftliche Bedeutung, die in der Psychologie der Farbe liegt. Führt man sich Lebensmittel und Bedarfsgegenstände, die einem täglich begegnen, bewusst vor Augen – das fängt bei der Zahnpasta am Morgen an –, wird deutlich, wie stark unser tägliches Leben von farblich gestalteten Produkten begleitet wird. Es gibt Produkte, die ohne Färbung ganz einfach unverkäuflich wären, das weltbekannte rote Bittergetränk zum Beispiel, die verschiedenen braunen, sprudelnden Erfrischungsgetränke, die berühmten bunten Schokolinsen. Die Reihe ließe sich beliebig fortsetzen. Die Farbe der Produkte, die uns umgeben und die uns durch unser Leben begleiten, ist ganz einfach ein Teil dessen, was man Lebensfreude nennt.

38.2
Historische Entwicklung

Während der Gebrauch von Farbmitteln wie Ruß, Indigo, Ocker und anderen mineralischen Pigmenten für die Malerei und zu kosmetischen Zwecken schon für die ferne Vergangenheit nachgewiesen werden kann, ist die Verwendung von Farbstoffen und Pigmenten zur Färbung von Lebensmitteln vergleichsweise jung. Sie ist die Folge einer historischen Entwicklung, die man, in aller Kürze, mit den Begriffen Industrialisierung, Expansion der Ballungszentren, Veränderung der Ernährungsgewohnheiten und der Vorratshaltung beschreiben kann.

In der zweiten Hälfte des 19. Jahrhunderts waren die toxikologischen Kenntnisse über die Produkte der noch jungen Teerfarbenindustrie gering und die na-

Handbuch der Lebensmitteltoxikologie. H. Dunkelberg, T. Gebel, A. Hartwig (Hrsg.)

ISBN: 978-3-527-31166-8

tionalen Gesetzgeber erkannten erst mit Verzögerung die damit verbundenen Gesundheitsgefahren. Die Anwendung vieler Farbmittel in jener Zeit lässt uns heute schaudern und geschah vielfach in betrügerischer Absicht – französischer Rotwein gefärbt mit Fuchsin, Gelbfärbung von Gebäck um einen höheren Eigehalt vorzutäuschen, Injektion roter Farbstofflösung in Orangen, um diese in „Blutorangen" zu verwandeln, farbliche „Verbesserung" alten Fleisches, „auffrischen" von grünen Melonen – oder man handelte, zumeist aus Unkenntnis, lebensbedrohlich: Kupferarsenit, Bleichromat und Indigo in Tee, Bleisalze und Quecksilbersulfid zur Färbung von Süßwaren. Eine Horrorgeschichte ereignete sich 1860 in den USA, als ein Drogist Kupferarsenit verkaufte, um bei einem großen Abendessen die Gäste mit einem grünen Pudding zu erfreuen. Zwei Tote waren das Ergebnis dieser kulinarischen Bemühung [6].

Ähnliche Vorfälle gab es auch in Europa. Im Deutschen Reich wurde deshalb am 5. Juli 1887 erstmals die Verwendung von Farbmitteln für Nahrungsmittel, Genussmittel und Gebrauchsgegenstände durch das „Farbengesetz" geregelt. In § 3 waren auch die kosmetischen Mittel erwähnt. Der Einsatz gesundheitsschädlicher Farbmittel war verboten. Man dachte dabei vor allem an schwermetallhaltige Pigmente und weniger an synthetische, künstliche Farbstoffe. Die Einhaltung dieses Gesetzes wurde überwacht. Eine Untersuchung von mehr als 100 Proben im Jahr 1896 in Berlin ergab nur wenige Beanstandungen (Gordian 15. Juni 1897).

Wie notwendig eine konsequente Lebensmittelüberwachung auch in unserer Zeit ist, zeigt ein Ereignis aus dem Jahr 2003, das immer noch fortwirkt. In aus Indien importiertem Chilipulver und damit hergestellten Lebensmitteln wurden der Farbstoff Sudan I (gelb) sowie, in geringerem Umfang, die Farbstoffe Sudan II–IV (orange–rot) nachgewiesen. Diese öllöslichen Azofarbstoffe waren in keinem Land der Erde jemals zur Lebensmittelfärbung zugelassen und sind es auch heute nicht. Sie gelten bei oraler Aufnahme als gesundheitsgefährdend und bilden im Organismus Spaltprodukte wie z. B. Anilin, die als krebserregend eingestuft sind. Hier ging es also nicht darum, einen zugelassenen Lebensmittelfarbstoff in Täuschungsabsicht zu verwenden, was im deutschen Lebensmittelrecht ohnehin unter Strafe steht, sondern der Einsatz nicht für Lebensmittel zugelassener Farbstoffe, um einen höheren Chiligehalt vorzutäuschen, war hochkriminell: Nicht nur gegen das eigene – indische – sondern auch gegen das europäische Lebensmittelrecht verstoßend, in betrügerischer Absicht und dazu gesundheitsgefährdend! Rückrufaktionen der Lebensmittelindustrie und Vernichtung großer Mengen der beanstandeten Gewürze waren logischerweise die Folge.

In Österreich-Ungarn wurde am 17. Juli 1906 die „Verordnung über die Verwendung von Farben und gesundheitsschädlichen Stoffen bei Erzeugung von Lebensmitteln ... und Gebrauchsgegenständen ..." veröffentlicht. Über das deutsche Gesetz von 1887 hinausgehend, enthielt diese Verordnung bereits eine Verbotsliste organischer Farbstoffe, sowie Grenzwerte für Arsen, Blei und andere Schwermetalle in organischen Farbstoffen.

Während man sich über die Gefährlichkeit schwermetallhaltiger Farbmittel im Klaren war, herrschte Unsicherheit über das Gefährdungspotenzial der

„Teerfarbstoffe“. Um 1907 begann der in den USA lebende deutsche Farbenexperte Bernard C. Hesse mit der Untersuchung und toxikologischen Beurteilung der 80 Farbstoffe, die um jene Zeit in den Vereinigten Staaten zur Färbung von Lebensmitteln verwendet wurden. Seine Literaturrecherchen ergaben, dass 30 dieser Farbstoffe nie getestet worden waren, bei 26 waren die Ergebnisse widersprüchlich, 8 galten bei den Experten als unsicher. Die verbleibenden 16 Produkte wurden als harmlos angesehen und nun, wie auch weitere Farbstoffe, in Tierversuchen überprüft. Diese Arbeiten führten 1938 zum „Food, Drug and Cosmetic Act“ und zu der in den USA noch heute gültigen Einteilung der „coal-tar colors“ (Teerfarbstoffe) in drei Anwendungskategorien:

- FD&C (Food, Drug & Cosmetic) Farben zum Gebrauch in Lebensmitteln, Arzneimitteln und Kosmetika,
- D&C (Drug & Cosmetic) Farben zum Gebrauch in Arzneimitteln und Kosmetika, auch an Schleimhäuten und zur innerlichen Anwendung,
- Ext. D&C (extern Drug & Cosmetic) Farben, die nur äußerlich und nicht an den Schleimhäuten angewendet werden dürfen.

Für die Anwendung am Auge oder im Augenbereich gelten Sonderregelungen.

Die Hesse-Tabellen enthielten unter anderem Farbstoffe, die teilweise auch heute noch zur Lebensmittelfärbung verwendet werden, darunter das blaue Indigotin (FD&C Blue No. 2, Abb. 38.1), das gelbe Tartrazin (FD&C Yellow No. 5, Abb. 38.2), Brillantblau FCF (FD&C Blue No. 1, Abb. 38.3), aber auch Buttergelb (*p*-Dimethylamino-azobenzol) [6], dessen kanzerogenes Potenzial um 1935 im Tierversuch entdeckt wurde und das den Ruf der Azofarbstoffe bis zum heutigen Tag in Mitleidenschaft gezogen hat.

Unter anderem auf Hesses Arbeiten aufbauend, untersuchte und bewertete die 1949 gegründete Farbstoffkommission der Deutschen Forschungsgemeinschaft (DFG), gemeinsam mit entsprechenden Institutionen anderer Länder, in jahrelanger Arbeit die in Europa aber auch außerhalb Europas eingesetzten

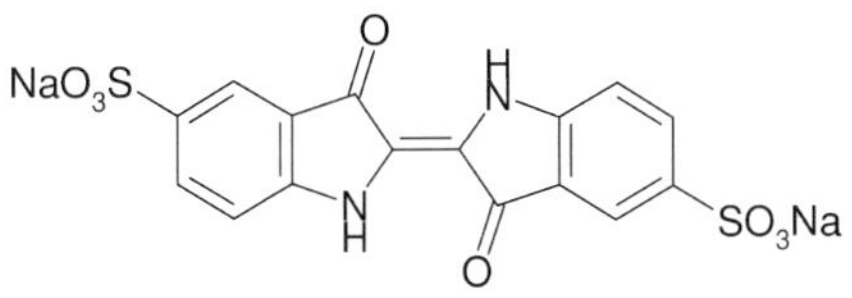

Abb. 38.1 Indigofarbstoff Indigotin.

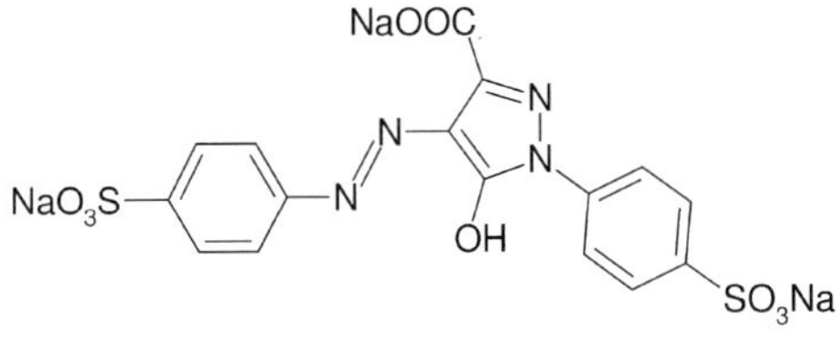

Abb. 38.2 Azofarbstoff Tartrazin.

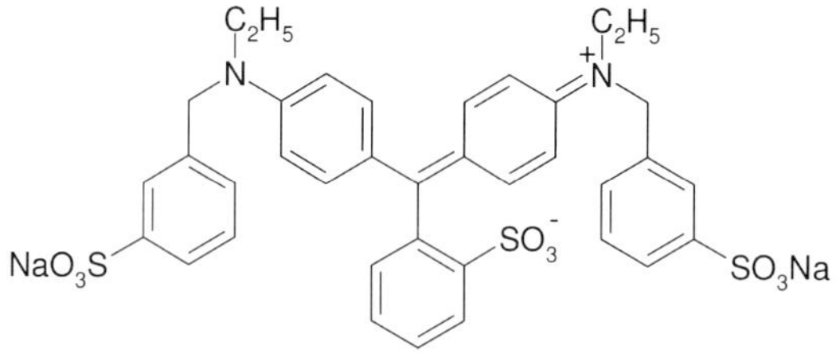

Abb. 38.3 Triarylmethanfarbstoff Brillantblau FCF.

Farbmittel für Lebensmittel, Arzneimittel und Kosmetika neu und veröffentlichte die Ergebnisse in zahlreichen Mitteilungen [4].

Im Zuge der europäischen Einigung war klar, dass die unterschiedlichen Farbstoffgesetzgebungen der Mitgliedsländer der damaligen EWG (Europäische Wirtschaftsgemeinschaft) für einen freien Warenaustausch hinderlich waren. Das galt vor allem für gefärbte Lebensmittel, weniger für Arzneimittel und Kosmetika. Ein erster Schritt zur Beseitigung dieses Problems war die EG-Richtlinie vom 23. Oktober 1962. In ihr wurde zum ersten Mal einheitlich geregelt, welche Farbstoffe in Lebensmitteln verwendet werden durften und welchen Reinheitsanforderungen sie entsprechen mussten. Dabei unterschied man nicht zwischen natürlichen, naturidentischen und künstlichen Farbstoffen. Nicht geregelt war, welche Lebensmittel mit welchen Farbstoffen gefärbt werden durften. Das war weiterhin ein ganz erheblicher Mangel, der immer wieder zu juristischen Auseinandersetzungen zwischen Lebensmittelexporteuren und staatlichen Stellen des Einfuhrlandes führte. Dieses Hemmnis des Warenaustauschs wurde erst 1994 endgültig beseitigt (EG-Richtlinie 94/36/EWG).

Weniger kompliziert waren die juristischen Aspekte bei der Färbung von Arzneimitteln, da diese, unter Angabe ihrer Inhaltsstoffe einschließlich der Farbmittel, ohnehin bei den nationalen Gesundheitsbehörden zugelassen werden müssen.

Trotz aller Bemühungen zur Vereinheitlichung bestehen nach wie vor deutliche Unterschiede zu den Bestimmungen der USA oder auch Japans, die beim Export von Lebensmitteln berücksichtigt werden müssen [8].

38.3 Zulassungsverfahren von Farbstoffen

Bei den heutigen Lebensmittelfarbstoffen handelt es sich um Farbmittel verschiedener chemischer Klassen. Am stärksten vertreten sind die Azofarbmittel.

Weiter werden verwendet: Triarylmethan-, Xanthen-, Indigo- und Chinophthalonfarbstoffe oder -pigmente, einige Carotinoide, Chlorophylle, Cochenille, anorganische Pigmente wie die gelben, roten, schwarzen Eisenoxide und Titandioxid sowie die Metalle Aluminium, Silber und Gold.

Unabhängig von der chemischen Farbmittelklasse benötigt jedes Farbmittel eine entsprechende Zulassung durch den Gesetzgeber. Diese Zulassung setzt bei den Lebensmittelfarbstoffen das Vorliegen nachfolgend genannter biologisch-toxikologischer Daten zwingend voraus. Die wichtigsten sind:

- Bestimmung der akuten Toxizität und der subchronischen Toxizität an zwei Tierspezies (davon ein Nichtnager; die orale LD_{50} aller Lebensmittelfarbstoffe ist größer als 2000 mg/kg KG, zumeist sogar >10000),
- Prüfung der Haut- und Schleimhautverträglichkeit, der Sensibilisierungsfähigkeit, auf Mutagenität, chronische Toxizität, Kanzerogenität, und der Reproduktionstoxizität (an zwei Tierarten),
- Untersuchungen zu Resorption, Verteilung, Metabolismus, Ausscheidung an mindestens zwei Tierarten.

Außerdem wird die Vorlage vorhandener epidemiologischer Untersuchungen und arbeitsmedizinischer Erfahrungen gefordert. Zusätzlich wird die täglich maximal aufgenommene Farbstoffmenge unter Beachtung der Verzehrgewohnheiten berücksichtigt und der festgelegte ADI-Wert in die Beurteilung einbezogen.

Dem ADI-Wert (acceptable daily intake: täglich duldbare Aufnahmemenge) kommt eine große Bedeutung zu. Er wird dadurch ermittelt, dass man durch Fütterungsversuche an Tieren die „höchste *un*schädliche Dosis" feststellt, die bei lebenslanger Aufnahme ohne negative gesundheitliche Auswirkungen bleibt (no observed adverse effect level, NOAEL). 1% dieser bereits unwirksamen Dosis wird in der Regel als ADI festgelegt (ADI: mg/kg Körpergewicht pro Tag). Damit wird dem Unterschied bei der Übertragung der Versuchsergebnisse vom Tier auf den Menschen Rechnung getragen, ebenso werden unterschiedliche oder auch einseitige Ernährungsgewohnheiten berücksichtigt.

Ein praktisches Rechenbeispiel mit einem ADI von 10 mg/kg/d: Bei einem Körpergewicht von 50 kg beträgt die täglich duldbare Gesamtmenge dieses Farbstoffs 500 mg. Diese Farbstoffmenge reicht aus um 1 kg Süßwaren äußerst intensiv einzufärben.

Neben dieser Form der Sicherheitsbewertung sind für jeden Lebensmittelfarbstoff spezifische Reinheitsanforderungen bezüglich Schwermetallgehalt, Synthesevor- und -nebenprodukte und Nebenfarbstoffe festgelegt (EG-Richtlinie 95/45). Als Beispiel hier die Reinheitsanforderungen für den gelben Azofarbstoff Tartrazin E 102:

- Reinfarbstoffgehalt mindestens 85%
- wasserunlösl. Bestandteile höchstens 0,2%
- Nebenfarbstoffe höchstens 1%
- organische Verbindungen, außer Farbstoffe: 4-Hydrazinobenzyl-sulfonsäure, 4-Aminobenzol-1-sulfonsäure, 5-Oxo-1-(4-sulfophenyl)-2-pyrazolin-3-carbonsäure, 4,4'-Diazoaminodi(benzyl-sulfonsäure), Tetrahydroxybernsteinsäure, zusammen höchstens 0,5%
- unsulfonierte primäre aromatische Amine (als Anilin) höchstens 0,01%
- durch Ether extrahierbare Anteile (unter neutralen Bedingungen) höchstens 0,2%
- Arsen höchstens 3 mg/kg

- Blei höchstens 10 mg/kg
- Quecksilber höchstens 1 mg/kg
- Cadmium höchstens 1 mg/kg
- Schwermetalle (als Blei) höchstens 40 mg/kg

Jahrzehntelange Erfahrung zeigt, dass sich dieses Sicherheitssystem bewährt hat. Dennoch ist die Lebensmittelfärbung mit künstlichen Farbstoffen ein immer wiederkehrendes Thema, das in manchen Medien mit sehr wenig Sachverstand behandelt wird. Dies gilt vor allem bei der Beschreibung des allergenen oder pseudoallergenen Potenzials der Farbstoffe und anderer Lebensmittelzusatzstoffe. Gemessen am allergenen Potenzial natürlicher Inhaltsstoffe von Lebensmitteln ist das Gefährdungspotenzial durch Lebensmittelfarbstoffe eher als gering einzustufen. Hinzu kommt, dass alle Lebensmittelzusatzstoffe einschließlich der Farbstoffe auf der Zutatenliste deklariert werden müssen und ein entsprechend disponierter Konsument das jeweilige Lebensmittel meiden kann.

38.4 Die Färbung von Lebensmitteln heute

Der Mensch ist stark optisch orientiert und nimmt deshalb jedes Lebensmittel zuerst optisch wahr. Bei dieser Sinneswahrnehmung kommt der Farbe eine herausragende Bedeutung zu. Von ihr hängt die Bereitschaft ab, ein Lebensmittel anzunehmen oder es abzulehnen. Der Verbraucher hat schon immer eine ansprechende Farbe instinktiv mit den Merkmalen Qualität und Frische verbunden und er erwartet bei bestimmten Lebensmitteln eine typische Farbe. Hinter einer unansehnlichen Farbe vermutet er minderwertige oder gar verdorbene Produkte. Lebensmittel mit atypischer Farbe, etwa grüner Kaviar, grauer Seelachs, schwarze Zitronenbonbons, würde er ablehnen. Als man ein bekanntes dunkelbraunes Erfrischungsgetränk farblos und wasserklar auf den Markt brachte, wurde das ein Flop erster Klasse. Da das Auge mitisst, werden farblich ansprechende Lebensmittel bevorzugt und mit größerem Appetit verzehrt als solche, die eine unschöne Färbung aufweisen. Daher ist es wichtig, die charakteristische Färbung der Lebensmittel bei ihrer Lagerung und Zubereitung, soweit irgendwie durchführbar, zu erhalten.

Trotz der technologischen Fortschritte bei der Herstellung und Konservierung von Lebensmitteln ist eine Färbung nach wie vor üblich:
- im Fall verarbeitungsbedingter Farbverluste (z. B. bei der Früchtekonservierung, Beispiel Kirschkonserven),
- zur Farbkorrektur bei einem Produkt, das aufgrund seiner Inhaltsstoffe einen, gegenüber der Verbrauchererwartung, schwächeren Farbton hat (z. B. bei Getränken oder Soßen),
- zur Erzielung einer gleich bleibenden Farbe bei Produkten, welche aus Rohstoffen wechselnder Qualität und Farbstärke hergestellt werden (z. B. Fruchtdesserts) sowie

- bei Produkten, die an sich farblos oder unansehnlich sind (z. B. Margarine, bestimmte Getränke, Süßwaren, Dessertprodukte) und
- um einen lebensmitteltypischen Geschmack leichter erkennbar zu machen (z. B. ein gelbes Bonbon mit Zitronengeschmack).

Die Färbung von Lebensmitteln ist prinzipiell auf mehreren Wegen möglich:
- durch die Beigabe anderer, stark färbender Lebensmittel (z. B. Rote Bete),
- mit natürlichen, in Lebensmitteln vorkommenden Farbstoffen (z. B. β-Carotin),
- mit natürlichen Farbstoffen, die nicht natürlich in Lebensmitteln vorkommen (z. B. Carmin),
- mit synthetischen (künstlichen) Farbstoffen und ihren wasserunlöslichen Verlackungen sowie
- mit anorganischen Pigmenten.

Allen Lebensmittelfarbstoffen ist gemein, dass sie auf der Zutatenliste auf der Verpackung des Lebensmittels mit dem Wort „Farbstoff" und ihrer E-(EWG-)Nummer (Farbstoffe haben die E-Nummern 100–180) oder der Verkehrsbezeichnung deklariert werden müssen, z. B. „Farbstoff E 104" oder „Farbstoff Chinolingelb". Bei der Deklaration wird nicht unterschieden, ob es sich um einen Naturfarbstoff, einen naturidentischen oder künstlichen Farbstoff handelt.

38.4.1
Färbende Lebensmittel

Als färbende Lebensmittel werden hauptsächlich verwendet: Rote Bete, Tomatensaft, Paprikaextrakt, Hibiscus, Spinat, Kurkumagewürz, Traubensaft und Säfte anderer stark gefärbter Beeren, Karottenextrakt, echtes Karamell (nicht zu verwechseln mit den Kulören E 150 a–d). Die damit zu erzielenden Farbtöne sind Rot, Blaurot, Orange, Gelb, Grün und Braun. Variationen des Farbtons sind praktisch nur über die Dosierung zu erreichen, da Mischungen färbender Lebensmittel untereinander aus geschmacklichen Gründen nur eingeschränkt möglich sind. Ihre teilweise geringe Farbstärke bedingt, dass dem zu färbenden Produkt relativ große Mengen des färbenden Lebensmittels zugesetzt werden müssen, um eine ansprechende Färbung zu erzielen. Dabei kann es zu unerwünschten geschmacklichen Veränderungen kommen.

Ein weiterer Faktor, der die Anwendungsmöglichkeit färbender Lebensmittel einschränkt, ist ihre teilweise geringe Lichtechtheit.

38.4.2
Naturfarbstoffe

Die in der Natur am häufigsten vorkommenden Farbstoffe sind die allen grünen Pflanzen gemeinsamen Blattgrünfarbstoffe – die Chlorophylle –, die in vielen Beeren enthaltenen Anthocyane, die Carotine und Carotinoide.

Daneben spielen in der Lebensmittelfärbung noch Riboflavin (Lactoflavin, Vitamin B_2) und sein Phosphat, Kurkumin, Betanin – der Farbstoff der Roten Bete – und schließlich der aus einer bestimmten Schildlausart gewonnene Farblack Karmin bzw. die wasserlösliche Karminsäure eine Rolle.

Insgesamt und unabhängig davon, ob die Naturfarbstoffe in Lebensmitteln vorkommen und aus ihnen isoliert werden (z. B. Chlorophyll) oder aus Nichtlebensmitteln gewonnen werden (Karmin), lässt sich feststellen, dass ihre Verwendungsmöglichkeit begrenzt ist. Sie haben häufig eine zu geringe Stabilität gegen Licht- und Temperatureinflüsse und reagieren äußerst sensibel bei bestimmten pH-Werten oder auf Schwankungen des pH-Werts.

38.4.3
Künstliche (synthetische) Lebensmittelfarbstoffe

Die künstlichen Farbstoffe kommen in der Natur nicht vor, sie werden synthetisch hergestellt. Als petrochemische Produkte lassen sie sich in großer Reinheit, hoher Farbkonzentration und gleichmäßiger Qualität, in praktisch unbegrenzter Menge produzieren. Ihre Vorteile im Vergleich mit den färbenden Lebensmitteln und den Naturfarbstoffen bestehen in ihrer Stabilität gegen Wärme, Licht und chemische Einflüsse sowie ihrer hohen Färbekraft und ihrer geschmacklichen Neutralität.

Unter den Lebensmittelfarbstoffen sind folgende Farbstoffklassen vertreten: Azo-, Triarylmethan-, Chinophthalon-, Xanthen- und Indigofarbstoffe.

38.4.3.1 Wasserlösliche Farbstoffe

Die Azofarbmittel sind die umfangreichste Gruppe der synthetischen organischen Farbstoffe und Pigmente überhaupt. Sie sind gekennzeichnet durch mindestens eine im Farbstoffmolekül enthaltene Azogruppe (-N=N-), die zwei aromatische Ringsysteme miteinander verknüpft. Azofarbstoffe sind E 102 Tartrazin, E 110 Gelborange, E 122 Azorubin, E 123 Amaranth, E 124 Ponceau 4R, E 128 Rot 2G, E 129 Allura Rot, E 151 Brillantschwarz BN, E 154 Braun FK, E 155 Braun HT (s. Stoffbeschreibungen, Abschnitt 38.4.5).

Die Triarylmethanfarbstoffe sind gekennzeichnet durch ein zentrales Kohlenstoffatom, das mit drei Arylresten (z. B. Phenyl- oder Naphthylresten) verbunden ist. Triarylmethanfarbstoffe sind E 131 Patentblau V, E 133 Brillantblau FCF, E 142 Brillantsäuregrün BS (s. Abschnitt 38.4.5).

Die Xanthenfarbstoffe sind chemisch verwandt mit den Triarylmethanfarbstoffen. E 127 Erythrosin (s. Abschnitt 38.4.5) ist ein Xanthenfarbstoff und liegt als Natriumsalz vor. In Lösungen von pH 3–4 bildet sich die schwer lösliche Erythrosinsäure, deshalb ist Erythrosin der einzige geeignete Farbstoff zum Färben von Kirschen in Fruchtsalat, ohne dass auch der Saft angefärbt wird.

Der einzige Chinophthalonfarbstoff unter den Lebensmittelfarbstoffen ist E 104 Chinolingelb (s. Abschnitt 38.4.5).

Der Indigofarbstoff E 132 Indigotin (s. Abschnitt 38.4.5) enthält, im Gegensatz zu dem auch in der Natur vorkommenden Farbstoff Indigo, zwei Sulfonsäuregruppen und ist damit wasserlöslich.

Für die spezifischen Eigenschaften der Farbstoffe – ihre Farbe, ihr chemisches Verhalten und ihre Farbechtheit – ist ihr chemisches Grundgerüst mit der farbgebenden Atomgruppe (Chromophor), z. B. die Azogruppe, verantwortlich. So sind die Azofarbstoffe, insbesondere E 110 Gelborange, empfindlich gegen Reduktionsmittel (z. B. Ascorbinsäure), da diese die Azogruppe angreifen und im ungünstigsten Fall spalten können. Dies führt zur völligen Entfärbung des Produktes. Buttergelb (Dimethylaminoazobenzol), ein weiterer Azofarbstoff, wurde in den ersten Jahrzehnten des 20. Jahrhunderts zur Gelbfärbung für Butter und Margarine verwendet; diese Verwendungsweise ist in Deutschland seit 1938 und in der Schweiz seit 1943 verboten. Dies lag am Nachweis einer Induktion von Lebertumoren im Tierversuch, die auf einer Freisetzung kanzerogener Spaltprodukte in Form aromatischer Amine beruhte.

Alle künstlichen Lebensmittelfarbstoffe sind wasserlösliche Säurefarbstoffe, die zumeist als Natriumsalze vorliegen. Eine Ausnahme ist E 131 Patentblau V, das als Calciumsalz vorliegt. Basische Farbstoffe, wie das früher für Fleischstempel verwendete Methylviolett und neutrale Farbstoffe, wie die früher zur Eierschalenfärbung eingesetzten Sudan-Farbstoffe, sind unter den Lebensmittelfarbstoffen nicht mehr vertreten.

38.4.3.2 **Farblacke**

Durch Reaktion der Farbstoffe, die den Reinheitskriterien der einschlägigen Spezifikationen entsprechen, mit Aluminiumhydroxid unter wässrigen Bedingungen werden die wasserunlöslichen Aluminiumfarblacke hergestellt. Sie dienen, ebenso wie die nachfolgend genannten Pigmente, vor allem zur Färbung von Oberflächen und Drageedecken.

38.4.3.3 **Pigmente**

Das Azopigment E 180 Litholrubin BK nimmt eine Sonderstellung ein, da es nur zur Färbung von Käseumhüllungen verwendet werden darf.

Die zur Lebensmittelfärbung eingesetzten anorganischen Pigmente sind E 170 Calciumcarbonat, E 171 Titandioxid, E 172 Eisenoxide und -hydroxide, E 173 Aluminium, E 174 Silber und E 175 Gold.

38.4.3.4 **Trägerstoffe und Lösungsmittel**

Von wenigen Ausnahmen abgesehen liegen die Lebensmittelfarbstoffe nicht als 100%ige Farbstoffe vor. Die Naturfarbstoffe können Begleitstoffe aus der Stammpflanze enthalten; die synthetischen (künstlichen) Farbstoffe enthalten, bedingt durch die Herstellung, zumeist Kochsalz und/oder Natriumsulfat. Natriumsulfat oder andere Stoffe werden aber auch zugesetzt, um die Farbstärke zu standardisieren und die Staubbildung herabzusetzen. Die Verwendung von Trägerstoffen und Trägerlösungsmitteln ist lebensmittelrechtlich geregelt (Richtlinie 95/2/EWG).

38.4.4 Aktuelle lebensmittelrechtliche Bestimmungen in der Europäischen Union (EU)

Die Färbung von Lebensmitteln ist in der EU seit 1994 einheitlich geregelt (RL 94/36/EG über Farbstoffe, die in Lebensmitteln verwendet werden dürfen). Die Notwendigkeit dieser Richtlinie wurde im Wesentlichen damit begründet,

- dass die technologische Notwendigkeit der Lebensmittelfärbung nach wie vor besteht und
- ein freier Warenverkehr und gleiche Wettbewerbsbedingungen für einen gemeinsamen Binnenmarkt erforderlich sind.

Dabei sind

- Verbraucherschutz und
- gesundheitliche Unbedenklichkeit zu gewährleisten.

Besonders ist dabei zu berücksichtigen, dass alle unverarbeiteten Lebensmittel und bestimmte andere Grundlebensmittel frei von zugesetzten Lebensmittelzusatzstoffen sein sollen und es außerdem erforderlich ist, strenge Bestimmungen für die Verwendung von Zusatzstoffen in Säuglings- und Kleinkindernahrung zu erlassen.

Die Richtlinie definiert was unter einem Lebensmittelfarbstoff zu verstehen ist:

- Sie nennt in Anhang I alle zugelassenen Lebensmittelfarbstoffe (Stoffbeschreibungen) und
- nennt in Anhang II die Lebensmittel, die keine Farbstoffzusätze enthalten dürfen, es sei denn, in den weiteren Anhängen werden spezielle Färbungen wieder zugelassen. Zu den in Anhang II genannten Lebensmitteln gehören, an erster Stelle gelistet, „unbehandelte Lebensmittel", z. B. Wasser, nicht aromatisierte Milchprodukte, Teigwaren, Zucker, Obst, Gemüse, Weinessig, Honig u. v. a.
- Anhang III nennt die Lebensmittel, denen nur bestimmte zulässige Farbstoffe mit einer höchstzulässigen Menge zugesetzt werden dürfen, z. B. Bier, Butter, Margarine, diverse Spirituosen u. v. a.
- Anhang IV führt nur für bestimmte Zwecke zulässige Farbstoffe auf.
- Anhang V nennt Farbstoffe, die bis zum Quantum satis (q. s.) verwendet werden dürfen (Q. s: es ist keine Höchstmenge festgelegt). Außerdem dürfen diese Farbstoffe in allen anderen nicht in den Anhängen II und III genannten Lebensmitteln ebenfalls bis zum Quantum satis verwendet werden. Weiter sind Farbstoffe genannt, die in gewissen Lebensmitteln mit Höchstmengen und speziellen Einschränkungen verwendet werden dürfen.

Die in den Anhängen festgelegten Höchstwerte beziehen sich
- auf gebrauchsfertige Lebensmittel, die gemäß der Gebrauchsanweisung zubereitet werden, sowie
- auf die Mengen des färbenden Grundbestandteils in der färbenden Zubereitung.

Dazu ein Beispiel: In Zuckerwaren darf u.a. der Farbstoff E 104 Chinolingelb mit einer höchstzulässigen Menge von 300 mg/kg eingesetzt werden. Der handelsübliche Farbstoff E 104 Chinolingelb besitzt einen Reinfarbstoffgehalt von 70%, d.h., dass von diesem Farbstoff 428,6 mg maximal eingesetzt werden dürfen, da sich die Mengenbegrenzung auf den färbenden Bestandteil bezieht.

38.4.5 Datenübersicht zu einzelnen Lebensmittelfarbstoffen

Im Rahmen dieses Buchbeitrages kann die Toxikologie der einzelnen Farbstoffe nicht detailliert behandelt werden. Hierzu wird auf die Veröffentlichungen der Farbstoffkommission [3, 4], die Höchstmengenregelung (Zusatzstoffzulassungsverordnung vom 29. Januar 1998, BGBl I S. 231) und weitere Fachliteratur verwiesen [5, 6, 8].

E 100, Kurkumin, gelber alkohollöslicher Diaryloylmethanfarbstoff CI75300[1)]

Allgemeine Substanzbeschreibung

OMe OMe O O OH OH

Beschrieben bei Vogel, *Ann.* 44 (1842), 297.
Handelsform: Pulver. Wenig löslich in Wasser, löslich in Alkohol und Ether.
Spektrometrie: λ max. 426 nm, gelb, E 1%/1 cm 1565 (Ethanol) (100%iger Farbstoff)

Vorkommen (und Verwendung)

Vorkommen in verschiedenen Arten der Kurkumawurzel.

1) CI: Abkürzung für Colour Index, das von der British Society of Dyers and Colourists und der American Association of Textile Chemists and Colorists herausgegebene und ständig ergänzte Nachschlagewerk über Farbmittel. International gebräuchlich. Enthält, nach 5-stelligen Colour Index Nummern geordnet, Informationen über die chemische Struktur, klassische Namen, Erfinder, Patentliteratur, Synthese, Löslichkeit und Reaktionsverhalten der Produkte.

Verbreitung in Lebensmitteln

Der wenig lichtechte Farbstoff wird nur selten verwendet. Zum Einsatz kommen zumeist Extrakte der Kurkumawurzel oder Kurkumapulver, z. B. in Senf, Saucen, Würzmitteln, Suppen, in der EU unter Beachtung von Höchstmengen, in Marmeladen bis zum Quantum satis.

Grenzwerte, Richtwerte, Empfehlungen, gesetzliche Regelungen

ADI 0–0,1 mg/kg (WHO 1986, JECFA 1990).

In der Europäischen Union zugelassen zur Färbung bestimmter Lebensmittel (RL 94/36/EWG), von Arzneimitteln (RL 78/25/EWG) und allen kosmetischen Mitteln (RL 86/179/EWG).

E 101 (i), Riboflavin, Lactoflavin, Vitamin B_2, gelber Isoalloxazinfarbstoff, CI keine, E 101 (ii), Riboflavin-5′-phosphat, CI keine

Allgemeine Substanzbeschreibung

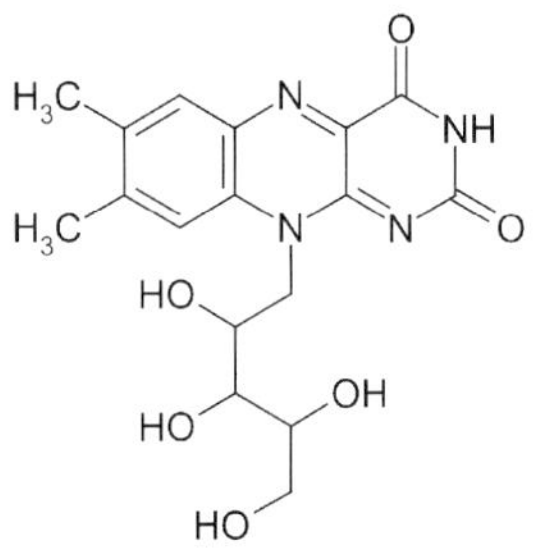

O
H_3C
N
NH
H_3C
N
N
O
HO
OH
HO
HO

Riboflavin: Pulver, sehr wenig löslich in Wasser und Alkohol; unlöslich in Ether und Chloroform. Wird durch Alkali zersetzt.
Riboflavin-5′-phosphat: gut löslich in Wasser, Handelsform als Pulver.
Spektrometrie: λ max. 445 nm, gelb, E 1%/1 cm 335 (Wasser) (100%iger Farbstoff).

Vorkommen (und Verwendung)

Vorkommen in Milch, Käse, Leber, Niere, Hülsenfrüchten u. a. Der gelbe Farbstoff und sein Phosphat werden synthetisch hergestellt.

Verbreitung in Lebensmitteln

Wegen seiner schlechten Wasserlöslichkeit wird Riboflavin nur für bestimmte Lebensmittelkategorien, z. B. Dessertspeisen, eingesetzt. Aufgrund seiner guten Wasserlöslichkeit ist Riboflavin-5′-phosphat E 101 (ii) vielseitiger einsetzbar.

Einsatzdosierung in der EU bis zum Quantum satis.

Grenzwerte, Richtwerte, Empfehlungen, gesetzliche Regelungen

ADI 0–0,5 (WHO 1969).

In der Europäischen Union zugelassen zur Färbung bestimmter Lebensmittel (RL 94/36/EWG), von Arzneimitteln (RL 78/25/EWG) und allen kosmetischen Mitteln (RL 86/179/EWG).

E 102, Tartrazin, FD & C Yellow No. 5, gelber wasserlöslicher Monoazofarbstoff CI19140

Allgemeine Substanzbeschreibung

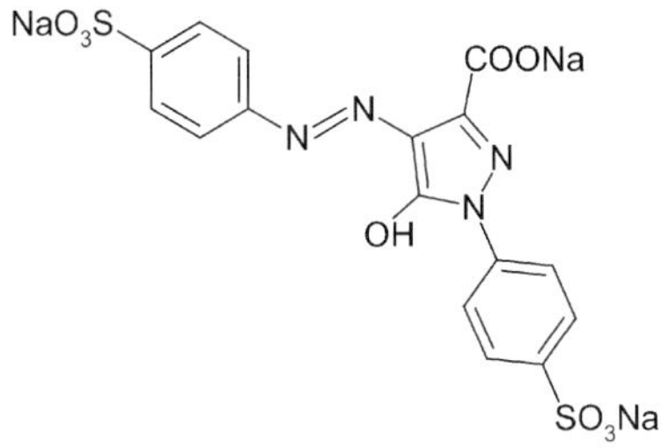

Erfinder: Ziegler 1884.
Handelsform: Pulver und Granulat.
Spektrometrie: λ max. 426 nm, gelb, E 1%/1 cm 530 (Wasser) (100%iger Farbstoff).

Verbreitung in Lebensmitteln

In der EU mit Höchstmengen z. B. für Getränke, Süßwaren, Dessertprodukte, der Farblack für Dragees. Trotz verschiedener Anti-Tartrazin-Kampagnen der Verbraucherschützer in den 1980er Jahren ist Tartrazin der weltweit meistverwendete gelbe, künstliche Lebensmittelfarbstoff geblieben.

Mensch

Seit der Herstellung seit ca. 30 Jahren werksärztlich keine gesundheitlichen Schädigungen beobachtet [3].

Bewertung des Gefährdungspotenzials

Gelegentlich wird von Unverträglichkeitsreaktionen (so genannte „Pseudoallergien", weil hier ein anderer medizinischer Auslösemechanismus zugrunde liegt als bei echten Allergien) auf einzelne Zusatzstoffe oder Zusatzstoffgruppen berichtet, wie z. B. auf Benzoate und PHB-Ester (E 210–E 219), bestimmte Azofarbstoffe (E 102, 110, 122, 123, 124, 129, 151) und Antioxidantien (E 320, E 321). Von den medizinischen Verdachtsfällen auf Zusatzstoff-Intoleranz lassen sich im gezielten Provokationstest nur ca. 10% bestätigen.

Grenzwerte, Richtwerte, Empfehlungen, gesetzliche Regelungen

ADI 0–7,5 mg/kg (WHO 1966, SCF 1975).

In der Europäischen Union zugelassen zur Färbung bestimmter Lebensmittel (RL 94/36/EWG), von Arzneimitteln (RL 78/25/EWG) (unter Berücksichtigung der Arzneimittel-Warnhinweis-VO) und allen kosmetischen Mitteln (RL 86/179/EWG).

Auch in den USA zur Lebensmittelfärbung zugelassen.

E 104, Chinolingelb, gelber wasserlöslicher Chinophthalonfarbstoff CI47005

Allgemeine Substanzbeschreibung

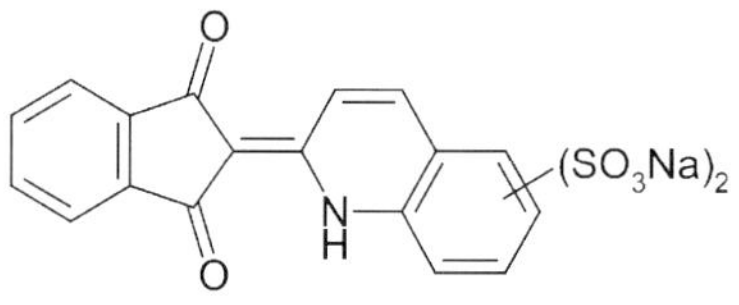

Erfinder: Jacobsen 1882.
Handelsform: Pulver und Granulat.
Spektrometrie: λ max. 413 nm, gelb, E 1%/1 cm 862 (Wasser) (100%iger Farbstoff).

Verbreitung in Lebensmitteln

In der EU mit Höchstmengen z. B. für Getränke, Süßwaren, Dessertprodukte, der Farblack für Dragees.

Mensch

Seit der Herstellung vor 1932 werksärztlich keine gesundheitlichen Schädigungen beobachtet [3].

Grenzwerte, Richtwerte, Empfehlungen, gesetzliche Regelungen

ADI 0–0,5 mg/kg (WHO 1974, SCF 1975), 0–10,0 mg/kg (EEC Colour Group 1983).

In der Europäischen Union zugelassen zur Färbung bestimmter Lebensmittel (RL 94/36/EWG), von Arzneimitteln (RL 78/25/EWG) und allen kosmetischen Mitteln (RL 86/179/EWG).

E 110, Gelborange S, Sunset Yellow FCF, FD&C Yellow No. 6, oranger wasserlöslicher Monoazofarbstoff CI15985

Allgemeine Substanzbeschreibung

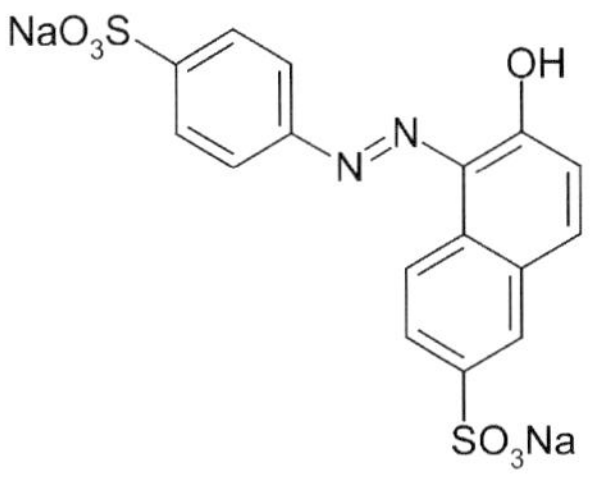

Beschrieben bei Whitmore und Revukas *JACS* **59** (1937), 1501.
Handelsform: Pulver und Granulat.
Spektrometrie: λ max. 480 nm, orange, E 1%/1 cm 551 (Wasser) (100%iger Farbstoff).

Verbreitung in Lebensmitteln

In der EU mit Höchstmengen z. B. für Getränke, Süßwaren, Dessertprodukte, Speiseeis, Frucht- und Fischkonserven, der Farblack für Dragees.

Mensch

Bei der Herstellung seit 1952 werksärztlich keine gesundheitlichen Schädigungen beobachtet [3].

Bewertung des Gefährdungspotenzials

Gelegentlich wird von Unverträglichkeitsreaktionen (so genannten „Pseudoallergien“, weil hier ein anderer medizinischer Auslösemechanismus zugrunde liegt als bei echten Allergien) auf einzelne Zusatzstoffe oder Zusatzstoffgruppen berichtet, wie z. B. auf Benzoate und PHB-Ester (E 210–E 219), bestimmte Azofarbstoffe (E 102, 110, 122, 123, 124, 129, 151) und Antioxidantien (E 320, E 321). Von den medizinischen Verdachtsfällen auf Zusatzstoff-Intoleranz lassen sich im gezielten Provokationstest nur ca. 10% bestätigen.

Grenzwerte, Richtwerte, Empfehlungen, gesetzliche Regelungen

ADI 0–2,5 mg/kg (SCF 1975).

In der Europäischen Union zugelassen zur Färbung bestimmter Lebensmittel (RL 94/36/EWG), von Arzneimitteln (RL 78/25/EWG) und allen kosmetischen Mitteln (RL 86/179/EWG). Auch in den USA zur Lebensmittelfärbung zugelassen.

E 120, Karmin, Cochenille, roter Anthrachinonfarbstoff CI75470

Allgemeine Substanzbeschreibung

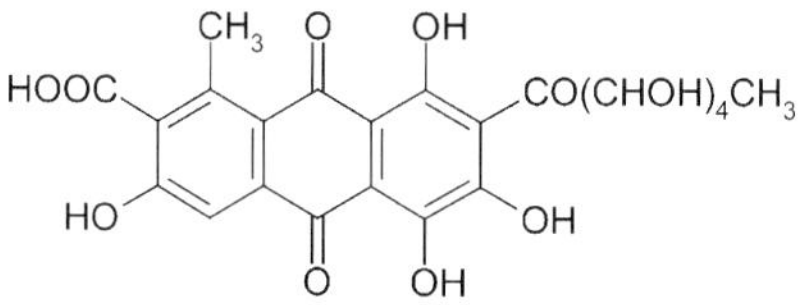

Erste Isolierung 1818.
Handelsform: Pulver und Granulat.
Spektrometrie: λ max. 525, 567 nm, rot, Farbe stark pH-abhängig, im Alkalischen blaurot.

Vorkommen (und Verwendung)

Vorkommen in der weiblichen Nopal-Schildlaus (Amerikanische Cochenille, *Dactylopius coccus*) zu etwa 10%. Da es kein wirtschaftliches Verfahren zur Herstellung dieses Farbstoffs gibt, wird er, wie schon seit Jahrhunderten, nach wie vor aus dieser Insektenart gewonnen.

Verbreitung in Lebensmitteln

Rotes Pigment (Karmin Naccarat) bzw. wasserlöslicher Anthrachinonfarbstoff (Karminsäure), in der EU mit Höchstmengen z. B. für Getränke, Süßwaren, Dessertprodukte.

Grenzwerte, Richtwerte, Empfehlungen, gesetzliche Regelungen

ADI 0–0,05 mg/kg (SCF 1975), 0–5 mg/kg (CIAA Liste Mouton).

In der Europäischen Union zugelassen zur Färbung bestimmter Lebensmittel (RL 94/36/EWG), von Arzneimitteln (RL 78/25/EWG) und allen kosmetischen Mitteln (RL 86/179/EWG).

E 122, Azorubin, Carmoisin, roter wasserlöslicher Monoazofarbstoff CI14720

Allgemeine Substanzbeschreibung

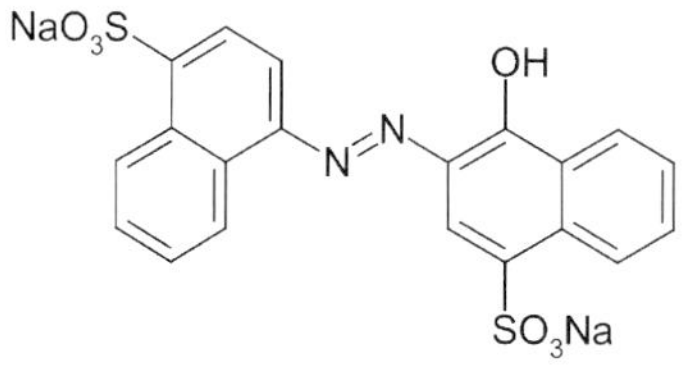

Erfinder: O. N. Witt 1883.
Handelsform: Pulver und Granulat.
Spektrometrie: λ max. 515 nm, rot, E 1%/1 cm 510 (Wasser) (100%iger Farbstoff).

Verbreitung in Lebensmitteln

In der EU mit Höchstmengen z. B. für Getränke, Süßwaren, Dessertprodukte, Speiseeis, der Farblack für Dragees.

Kinetik und innere Exposition

Der Farbstoff wird zur Leberfunktionsprüfung verwendet. Wird zu 95% in der Galle, zu 5% im Urin ausgeschieden, bei Leberkranken viel mehr im Urin [3].

Mensch

Bei der Herstellung seit 1930 werksärztlich keine gesundheitlichen Schädigungen beobachtet [3].

Bewertung des Gefährdungspotenzials

Gelegentlich wird von Unverträglichkeitsreaktionen (so genannten „Pseudoallergien", weil hier ein anderer medizinischer Auslösemechanismus zugrunde liegt als bei echten Allergien) auf einzelne Zusatzstoffe oder Zusatzstoffgruppen berichtet, wie z. B. auf Benzoate und PHB-Ester (E 210–E 219), bestimmte Azofarbstoffe (E 102, 110, 122, 123, 124, 129, 151) und Antioxidantien (E 320, E 321). Von den medizinischen Verdachtsfällen auf Zusatzstoff-Intoleranz lassen sich im gezielten Provokationstest nur ca. 10% bestätigen.

Grenzwerte, Richtwerte, Empfehlungen, gesetzliche Regelungen

ADI 0–4,0 mg/kg (EEC Colour Group 1983).

In der Europäischen Union zugelassen zur Färbung bestimmter Lebensmittel (RL 94/36/EWG), von Arzneimitteln (RL 78/25/EWG) und allen kosmetischen Mitteln (RL 86/179/EWG).

E 123, Amaranth, Naphtholrot S, roter wasserlöslicher Monoazofarbstoff CI16185

Allgemeine Substanzbeschreibung

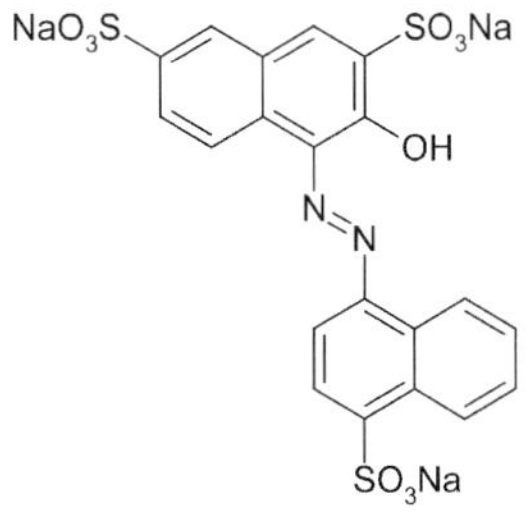

NaO_3S, SO_3Na, OH, N=N, SO_3Na

Erfinder: H. Baum 1878.
Handelsform: Pulver und Granulat.
Spektrometrie: λ max. 520 nm, rot, E 1%/1 cm 440 (Wasser) (100%iger Farbstoff).

Verbreitung in Lebensmitteln

In der EU mit Höchstmengen nur noch für Fischrogen u. bestimmte Spirituosen zugelassen.

Mensch

Bei der Herstellung seit 1932 werksärztlich keine gesundheitlichen Schädigungen beobachtet [3].

Bewertung des Gefährdungspotenzials

Die in den 1970er Jahren behauptete Kanzerogenität gilt inzwischen als widerlegt.

Gelegentlich wird von Unverträglichkeitsreaktionen (so genannten „Pseudoallergien", weil hier ein anderer medizinischer Auslösemechanismus zugrunde liegt als bei echten Allergien) auf einzelne Zusatzstoffe oder Zusatzstoffgruppen berichtet, wie z. B. auf Benzoate und PHB-Ester (E 210–E 219), bestimmte Azofarbstoffe (E 102, 110, 122, 123, 124, 129, 151) und Antioxidantien (E 320, E 321). Von den medizinischen Verdachtsfällen auf Zusatzstoff-Intoleranz lassen sich im gezielten Provokationstest nur ca. 10% bestätigen.

Grenzwerte, Richtwerte, Empfehlungen, gesetzliche Regelungen

ADI 0–0,8 mg/kg (EEC Colour Group 1983), 0–0,5 mg/kg (CIAA Liste Mouton).

In der Europäischen Union zugelassen zur Färbung bestimmter Lebensmittel (RL 94/36/EWG), von Arzneimitteln (RL 78/25/EWG) und allen kosmetischen Mitteln (RL 86/179/EWG).

E 124, Ponceau 4R, Cochenillerot A (nicht zu verwechseln mit der natürlichen Cochenille E 120), roter wasserlöslicher Monoazofarbstoff CI16255

Allgemeine Substanzbeschreibung

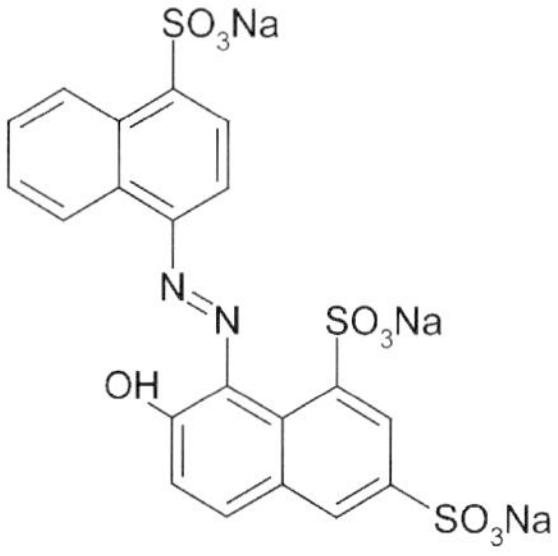

SO_3Na N N SO_3Na OH SO_3Na

Erfinder: H. Baum 1878.
Handelsform: Pulver und Granulat.
Spektrometrie: λ max. 505 nm, rot, E 1%/1 cm 430 (Wasser) (100%iger Farbstoff).

Verbreitung in Lebensmitteln

In der EU mit Höchstmengen z. B. für Getränke, Süßwaren, Dessertprodukte, der Farblack für Dragees.

Mensch

Bei der Herstellung seit 1929 werksärztlich keine gesundheitlichen Schädigungen beobachtet [3].

Bewertung des Gefährdungspotenzials

Gelegentlich wird von Unverträglichkeitsreaktionen (so genannten „Pseudoallergien“, weil hier ein anderer medizinischer Auslösemechanismus zugrunde liegt als bei echten Allergien) auf einzelne Zusatzstoffe oder Zusatzstoffgruppen berichtet, wie z. B. auf Benzoate und PHB-Ester (E 210–E 219), bestimmte Azofarbstoffe (E 102, 110, 122, 123, 124, 129, 151) und Antioxidantien (E 320, E 321). Von den medizinischen Verdachtsfällen auf Zusatzstoff-Intoleranz lassen sich im gezielten Provokationstest nur ca. 10% bestätigen.

Grenzwerte, Richtwerte, Empfehlungen, gesetzliche Regelungen

ADI 0–4,0 mg/kg (EEC Colour Group 1983).

In der Europäischen Union zugelassen zur Färbung bestimmter Lebensmittel (RL 94/36/EWG), von Arzneimitteln (RL 78/25/EWG) und allen kosmetischen Mitteln (RL 86/179/EWG).

E 127, Erythrosin, FD & C Red No. 3, roter wasserlöslicher Xanthenfarbstoff CI45430

Allgemeine Substanzbeschreibung

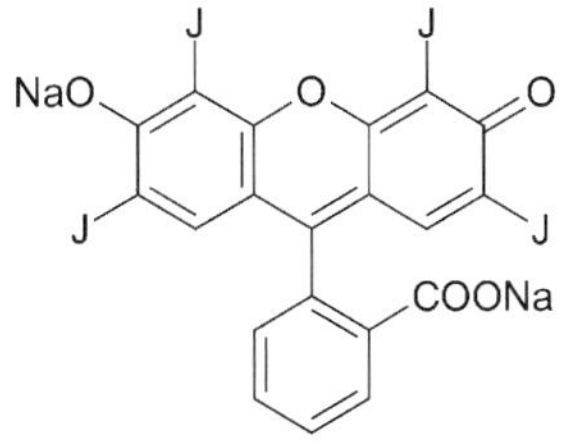

Erfinder: Kussmaul 1876.
Handelsform: Pulver.
Spektrometrie: λ max. 526 nm, rosa bis rot, E 1%/1 cm 1154 (Wasser pH 10) (100%iger Farbstoff).

Verbreitung in Lebensmitteln

Der Farbstoff ist wegen seines Iodgehaltes toxikologisch umstritten und deshalb in der EU mit Mengenbegrenzung nur noch zur Färbung von Kirschkonserven erlaubt. Bildet bei pH <4 die schwer lösliche Erythrosinsäure und ist deshalb der einzige geeignete Farbstoff zum Färben von Kirschen in Fruchtsalat, ohne dass auch der Saft gefärbt wird. Auch in den USA zur Lebensmittelfärbung zugelassen.

Mensch

Bei der Herstellung seit 1912 werksärztlich keine gesundheitlichen Schädigungen beobachtet [3].

Grenzwerte, Richtwerte, Empfehlungen, gesetzliche Regelungen

ADI 0–0,6 mg/kg (WHO 1986), 0–0,1 mg/kg (SCF 1987), 0–0,05 mg/kg (CIAA Liste Mouton).

In der Europäischen Union zugelassen zur Färbung bestimmter Lebensmittel (RL 94/36/EWG), von Arzneimitteln (RL 78/25/EWG) und allen kosmetischen Mitteln (RL 86/179/EWG).

E 128, Rot 2G, roter wasserlöslicher Monoazofarbstoff CI18050

Allgemeine Substanzbeschreibung

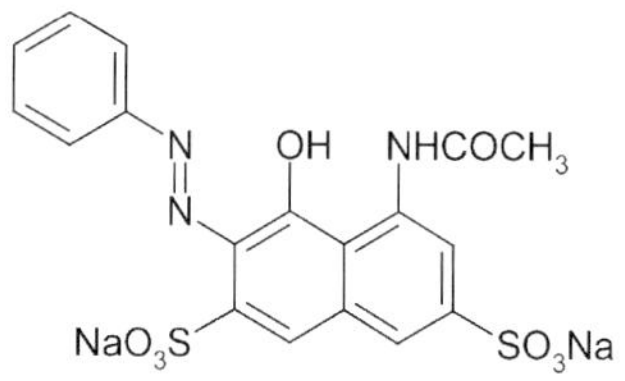

Erfinder: M. L. B. 1902.
Handelsform: Pulver.
Spektrometrie: λ max. 532 nm, rot, E 1%/1 cm 620 (Wasser) (100%iger Farbstoff).

Verbreitung in Lebensmitteln

Verwendung praktisch nur in Großbritannien für bestimmte Fleisch- und Wurstprodukte, Höchstmenge 20 mg/kg.

Grenzwerte, Richtwerte, Empfehlungen, gesetzliche Regelungen

ADI 0–0,1 mg/kg (CIAA Liste Mouton).

In der EU zugelassen zur Färbung bestimmter Lebensmittel (RL 94/36/EWG) und von Kosmetika (RL 86/179/EWG, jedoch nicht an Schleimhäuten), aus Gründen des Gesetzgebungsverfahrens nicht für Arzneimittel.

E 129, Allura Rot AC, FD & C Red No. 40, roter Monoazofarbstoff CI16035

Allgemeine Substanzbeschreibung

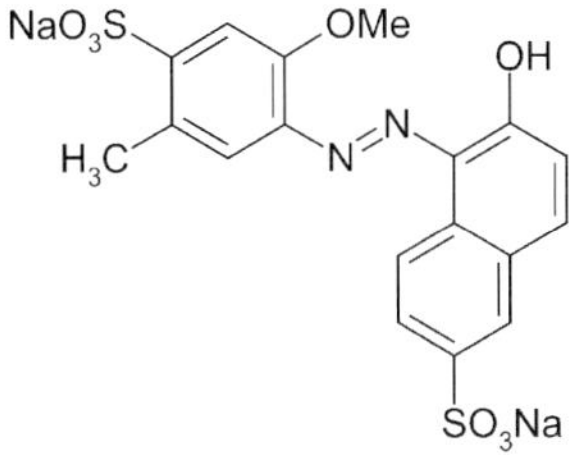

Handelsform: Pulver und Granulat.
Spektrometrie: λ max. 502 nm, rot, E 1%/1 cm 556 (Wasser) (100%iger Farbstoff).

Verbreitung in Lebensmitteln

In der EU mit Höchstmengen z. B. für Getränke, Süßwaren, Dessertprodukte.

Bewertung des Gefährdungspotenzials

Gelegentlich wird von Unverträglichkeitsreaktionen (so genannten „Pseudoallergien", weil hier ein anderer medizinischer Auslösemechanismus zugrunde liegt als bei echten Allergien) auf einzelne Zusatzstoffe oder Zusatzstoffgruppen berichtet, wie z. B. auf Benzoate und PHB-Ester (E 210–E 219), bestimmte Azofarbstoffe (E 102, 110, 122, 123, 124, 129, 151) und Antioxidantien (E 320, E 321). Von den medizinischen Verdachtsfällen auf Zusatzstoff-Intoleranz lassen sich im gezielten Provokationstest nur ca. 10% bestätigen.

Grenzwerte, Richtwerte, Empfehlungen, gesetzliche Regelungen

ADI 0–7 mg/kg (SCF 1987).

In der Europäischen Union zugelassen zur Färbung bestimmter Lebensmittel (RL 94/36/EWG) und allen kosmetischen Mitteln (RL 86/179/EWG), jedoch aus Gründen des Gesetzgebungsverfahrens nicht für Arzneimittel (RL 78/25/EWG). Auch in den USA zur Lebensmittelfärbung zugelassen.

E 131, Patentblau V, blauer wasserlöslicher Triarylmethanfarbstoff CI42051

Allgemeine Substanzbeschreibung

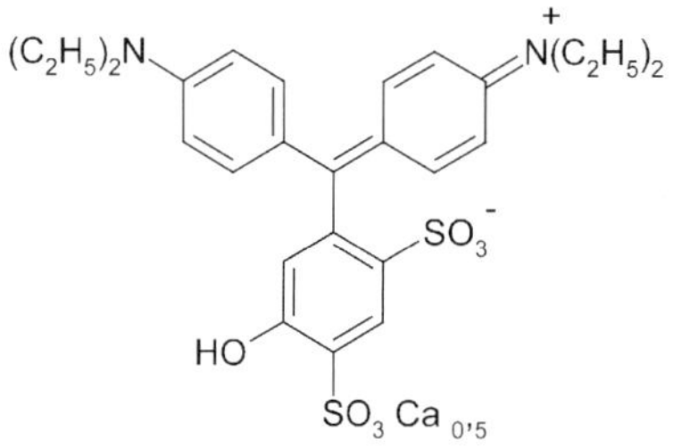

Erfinder: Hermann 1888.
Handelsform: Pulver und Granulat.
Spektrometrie: λ max. 636 nm, blau, E 1%/1 cm 2041 (Wasser, pH 8) (100%iger Farbstoff).

Verbreitung in Lebensmitteln

In der EU mit Höchstmengen z. B. für Getränke, Süßwaren. Empfindlich gegen Säuren (auch Fruchtsäuren): Farbumschlag nach grün.

Mensch

Bei der Herstellung seit ca. 30 Jahren werksärztlich keine gesundheitlichen Schädigungen beobachtet [3].

Grenzwerte, Richtwerte, Empfehlungen, gesetzliche Regelungen

ADI 0–15 mg/kg (EEC Colour Group 1983).

In der Europäischen Union zugelassen zur Färbung bestimmter Lebensmittel (RL 94/36/EWG), von Arzneimitteln (RL 78/25/EWG) und allen kosmetischen Mitteln (RL 86/179/EWG).

E 132, Indigotin I, FD & C Blue No. 2, blauer wasserlöslicher Indigofarbstoff CI73015

Allgemeine Substanzbeschreibung

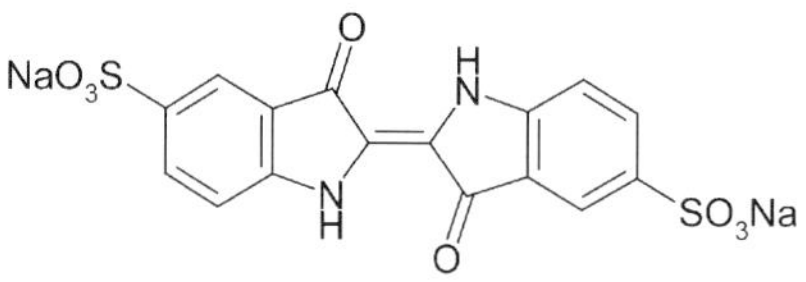

Erfinder: Barth 1740 („Sächsisch Blau“).
Handelsform: Pulver und Granulat.
Spektrometrie: λ max. 610 nm, blau, E 1%/1 cm 480 (Wasser) (100%iger Farbstoff).

Verbreitung in Lebensmitteln

Zum Beispiel Süßwaren, der Farblack für Dragees.

Kinetik und innere Exposition

Der Farbstoff wird zur Nierenfunktionsprüfung verwendet [3].

Mensch

Bei der Herstellung seit vor 1932 werksärztlich keine gesundheitlichen Schädigungen beobachtet [3].

Grenzwerte, Richtwerte, Empfehlungen, gesetzliche Regelungen

ADI 0–5 mg/kg (WHO 1974, SCF 1975).

In der Europäischen Union zugelassen zur Färbung bestimmter Lebensmittel (RL 94/36/EWG), von Arzneimitteln (RL 78/25/EWG) und allen kosmetischen Mitteln (RL 86/179/EWG). Auch in den USA zur Lebensmittelfärbung zugelassen.

E 133, Brillantblau FCF, FD&C Blue No. 1, blauer wasserlöslicher Triarylmethanfarbstoff CI42090

Allgemeine Substanzbeschreibung

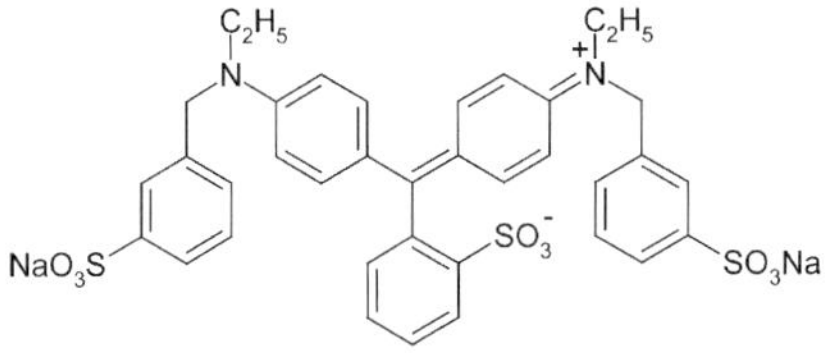

Erfinder: Sandmeyer 1896.
Handelsform: Pulver und Granulat.
Spektrometrie: λ max. 630 nm, blau, E 1%/1 cm 1630 (Wasser) (100%iger Farbstoff).

Verbreitung in Lebensmitteln

In der EU mit Höchstmengen z. B. für Getränke, Süßwaren, Dessertprodukte, der Farblack für Dragees.

Grenzwerte, Richtwerte, Empfehlungen, gesetzliche Regelungen

ADI 0–12 mg/kg (FDA 1982).

In der Europäischen Union zugelassen zur Färbung bestimmter Lebensmittel (RL 94/36/EWG) und allen kosmetischen Mitteln (RL 86/179/EWG). Aus Gründen des Gesetzgebungsverfahrens nicht zugelassen für Arzneimittel (RL 78/25/EWG). Auch in den USA zur Lebensmittelfärbung zugelassen.

E 140, Chlorophyll, Blattgrün, grüner öllöslicher Porphyrinfarbstoff CI75810

Allgemeine Substanzbeschreibung
Strukturformel siehe E 141, als Zentralatom jedoch Magnesium.

Vorkommen (und Verwendung)
Vorkommen in allen grünen Pflanzen.

Verbreitung in Lebensmitteln
Wird wegen seiner geringen Farbstabilität zur Lebensmittelfärbung praktisch nicht eingesetzt.

Grenzwerte, Richtwerte, Empfehlungen, gesetzliche Regelungen
In der Europäischen Union zugelassen zur Färbung bestimmter Lebensmittel (RL 94/36/EWG), von Arzneimitteln (RL 78/25/EWG) und allen kosmetischen Mitteln (RL 86/179/EWG).

E 141 (i), Kupferchlorophyll, grüner öllöslicher Porphyrinfarbstoff CI75810

Allgemeine Substanzbeschreibung

R = CH_3 (Chlorophyll a)
CHO (Chlorophyll b)

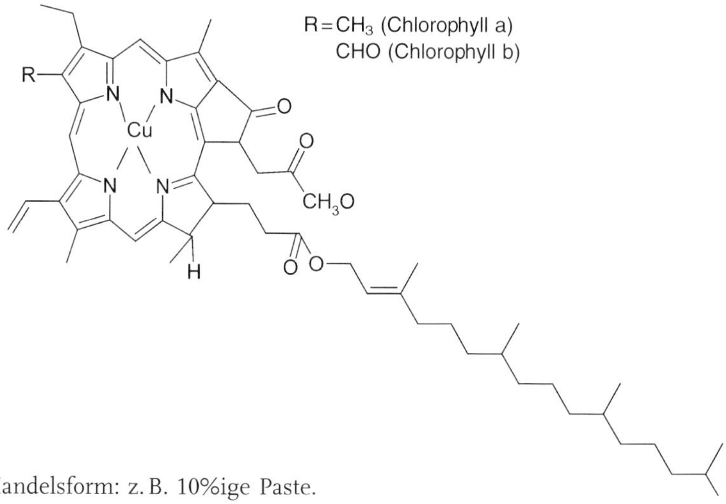

Handelsform: z. B. 10%ige Paste.

Vorkommen (und Verwendung)
Der grüne öllösliche Porphyrinfarbstoff wird aus natürlichem Chlorophyll hergestellt, wobei das zentrale Magnesiumatom ganz oder teilweise durch Kupfer ersetzt wird. Das so erhaltene Produkt ist wesentlich farbstabiler als das nicht gekupferte.

Verbreitung in Lebensmitteln
Einsatz in fetthaltigen Lebensmitteln.

Grenzwerte, Richtwerte, Empfehlungen, gesetzliche Regelungen
ADI 0–15 mg/kg (SCF 1975).

In der Europäischen Union zugelassen zur Färbung bestimmter Lebensmittel (RL 94/36/EWG), von Arzneimitteln (RL 78/25/EWG) und allen kosmetischen Mitteln (RL 86/179/EWG).

E 141 (ii), Kupfer-Chlorophyllin, grüner wasserlöslicher Porphyrinfarbstoff CI75815

Allgemeine Substanzbeschreibung
Handelsform: Pulver.
Spektrometrie: λ max. 405 nm, grün, E 1%/1 cm 565 (Wasser, pH 7,5) (100%iger Farbstoff).

Vorkommen (und Verwendung)
Grüner wasserlöslicher Porphyrinfarbstoff, zumeist als Natrium- oder Kaliumsalz, wird durch Verseifung von Kupferchlorophyll hergestellt.

Verbreitung in Lebensmitteln
In der EU mit Höchstmengen z. B. für Süßwaren, Dessertprodukte, Spirituosen.

Grenzwerte, Richtwerte, Empfehlungen, gesetzliche Regelungen
ADI 0–15 mg/kg (SCF 1975).

In der Europäischen Union zugelassen zur Färbung bestimmter Lebensmittel (RL 94/36/EWG), von Arzneimitteln (RL 78/25/EWG) und allen kosmetischen Mitteln (RL 86/179/EWG).

E 142, Brillantsäuregrün BS, Lissamin Grün BS, Wollgrün S, grüner wasserlöslicher Triarylmethanfarbstoff CI44090

Allgemeine Substanzbeschreibung

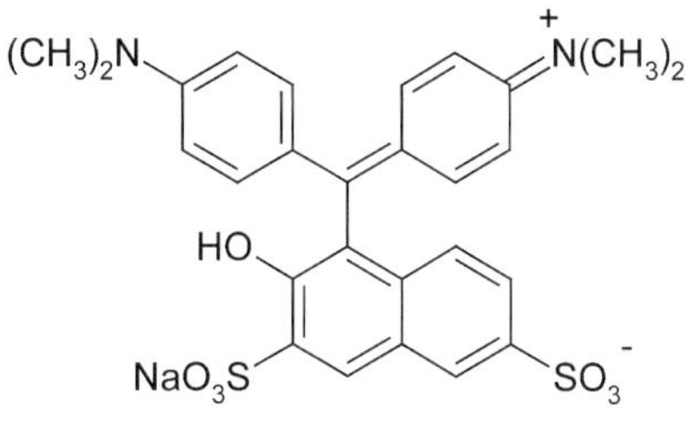

Erfinder: Badische Co. 1883.
Handelsform: Pulver.

Spektrometrie: λ max. 632 nm, blaugrün, E 1%/1 cm 1720 (Wasser) (100%iger Farbstoff).

Verbreitung in Lebensmitteln

In der EU mit Höchstmengen z. B. für Süßwaren.

Grenzwerte, Richtwerte, Empfehlungen, gesetzliche Regelungen

ADI 0–5,0 mg/kg (EEC Colour Group 1983).

In der Europäischen Union zugelassen zur Färbung bestimmter Lebensmittel (RL 94/36/EWG), von Arzneimitteln (RL 78/25/EWG) und allen kosmetischen Mitteln (RL 86/179/EWG).

E 150 a–c, Zuckerkulöre, CI keine

Allgemeine Substanzbeschreibung

Handelsform: dunkelbraune Pulver und Flüssigkeiten.

Vorkommen (und Verwendung)

Braune, wasserlösliche Lebensmittelfarbstoffe, hergestellt durch kontrollierte Hitzeeinwirkung auf Zucker, in Gegenwart bestimmter lebensmittelrechtlich zugelassener chemischer Verbindungen (nicht zu verwechseln mit dem färbenden Lebensmittel Karamellzucker).

Verbreitung in Lebensmitteln

E 150 a, einfache Zuckerkulör, alkoholstabil, z. B. für Spirituosen u. Süßwaren.
E 150 b, Sulfitlaugen-Zuckerkulör, alkoholstabil, z. B. für Spirituosen.
E 150 c, Ammoniak-Zuckerkulör, z. B. für Bier, Suppen, Soßen u. Süßwaren.
E 150 d, Ammonsulfit-Zuckerkulör, säurestabil, insbesondere für alkoholfreie kohlensäurehaltige Erfrischungsgetränke.

Grenzwerte, Richtwerte, Empfehlungen, gesetzliche Regelungen

ADI 0–200 mg/kg (Ammoniak- und Ammoniumsulfit-Zuckerkulör, SCF 1987).

In der Europäischen Union zugelassen zur Färbung bestimmter Lebensmittel (RL 94/36/EWG), von Arzneimitteln (RL 78/25/EWG) und allen kosmetischen Mitteln (RL 86/179/EWG).

E 151, Brillantschwarz BN, blauschwarzer wasserlöslicher Bisazofarbstoff CI28440

Allgemeine Substanzbeschreibung

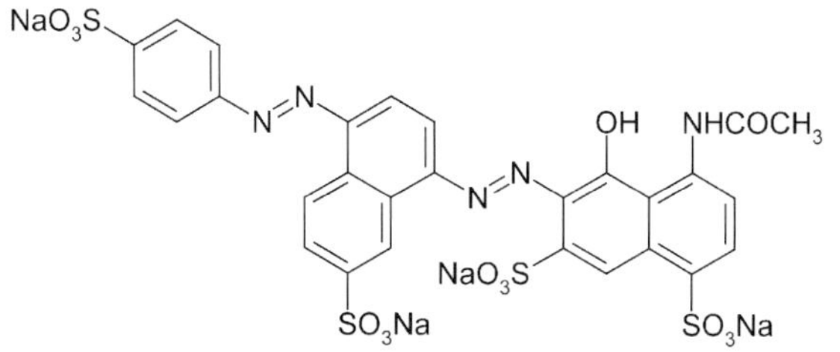

Herstellung seit 1950.
Handelsform: Pulver und Granulat.
Spektrometrie: λ max. 568 nm, blauviolett, E 1%/1 cm 533 (Wasser) (100%iger Farbstoff).

Verbreitung in Lebensmitteln

In der EU mit Höchstmengen z. B. für Süßwaren, Dessertprodukte und Fischrogen, vor allem zur Mischung mit gelben, orangen u. roten Lebensmittelfarbstoffen zur Erzielung violetter, brauner u. schwarzer Farbtöne.

Mensch

Bei der Herstellung seit 1950 werksärztlich keine gesundheitlichen Schädigungen beobachtet [3].

Bewertung des Gefährdungspotenzials

Gelegentlich wird von Unverträglichkeitsreaktionen (so genannten „Pseudoallergien", weil hier ein anderer medizinischer Auslösemechanismus zugrunde liegt als bei echten Allergien) auf einzelne Zusatzstoffe oder Zusatzstoffgruppen berichtet, wie z. B. auf Benzoate und PHB-Ester (E 210–E 219), bestimmte Azofarbstoffe (E 102, 110, 122, 123, 124, 129, 151) und Antioxidantien (E 320, E 321). Von den medizinischen Verdachtsfällen auf Zusatzstoff-Intoleranz lassen sich im gezielten Provokationstest nur ca. 10% bestätigen.

Grenzwerte, Richtwerte, Empfehlungen, gesetzliche Regelungen

ADI 0–5,0 mg/kg (EEC Colour Group 1983), 0,1 mg/kg (CIAA Liste Mouton).

In der Europäischen Union zugelassen zur Färbung bestimmter Lebensmittel (RL 94/36/EWG), von Arzneimitteln (RL 78/25/EWG) und allen kosmetischen Mitteln (RL 86/179/EWG).

E 153, Pflanzenkohle, Kohleschwarz, Carbo medicinalis vegetabilis, Medizinische Kohle, schwarzes anorganisches Pigment CI77268:1

Allgemeine Substanzbeschreibung
Schwarzes Pulver, unlöslich in Wasser.

Verbreitung in Lebensmitteln
Zum Beispiel für Dragees u. Käseumhüllungen.

Grenzwerte, Richtwerte, Empfehlungen, gesetzliche Regelungen
In der Europäischen Union zugelassen zur Färbung bestimmter Lebensmittel (RL 94/36/EWG), von Arzneimitteln (RL 78/25/EWG) und allen kosmetischen Mitteln (RL 86/179/EWG).

E 154, Braun FK, Gemisch von sechs braunen wasserlöslichen Mono-, Bis- und Trisazofarbstoffen, CI keine

Allgemeine Substanzbeschreibung

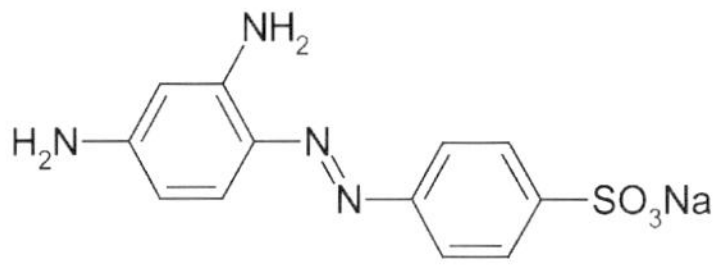

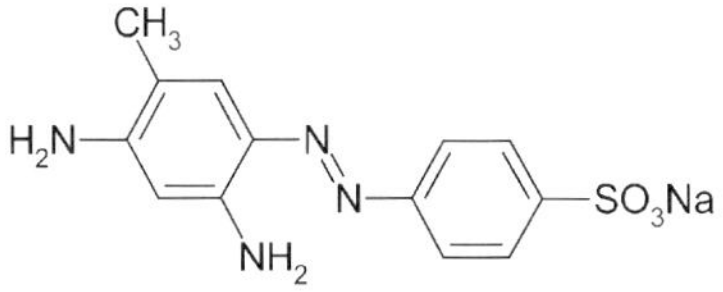

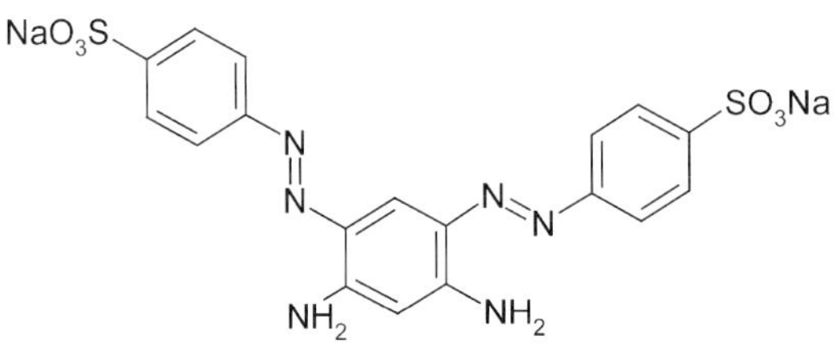

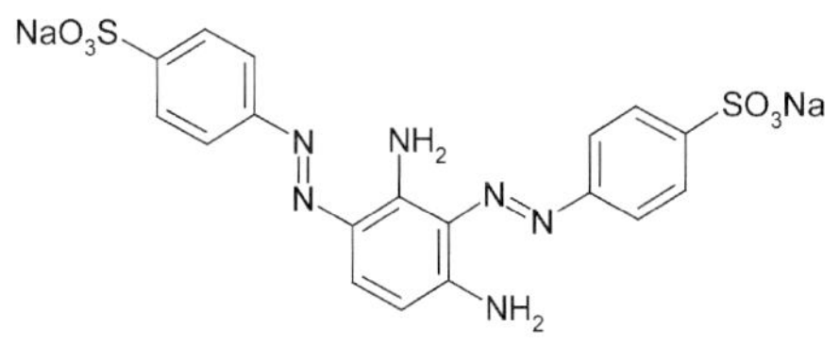

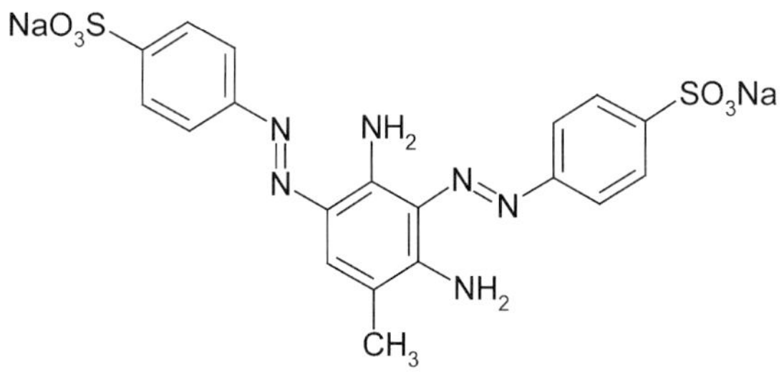

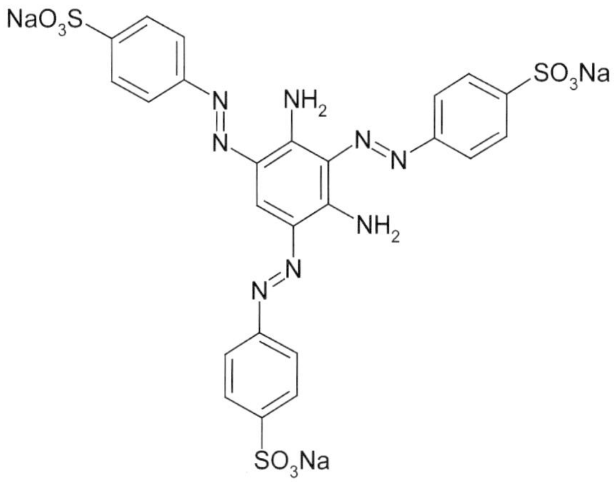

Verbreitung in Lebensmitteln
In Großbritannien traditionell zur Färbung von Räucherheringen (Kippers), in anderen europäischen Staaten keine Verwendung. Höchstmenge in der EU 20 mg/kg.

Grenzwerte, Richtwerte, Empfehlungen, gesetzliche Regelungen
ADI 0–0,15 mg/kg (SCF 1984, WHO 1985).

In der Europäischen Union zugelassen zur Färbung bestimmter Lebensmittel (RL 94/36/EWG). Aus Gründen des Gesetzgebungsverfahrens nicht zugelassen für Arzneimittel (RL 78/25/EWG) und alle kosmetischen Mittel (RL 86/179/EWG).

E 155, Braun HT, Schokoladenbraun HT, brauner wasserlöslicher Bisazofarbstoff CI20285

Allgemeine Substanzbeschreibung

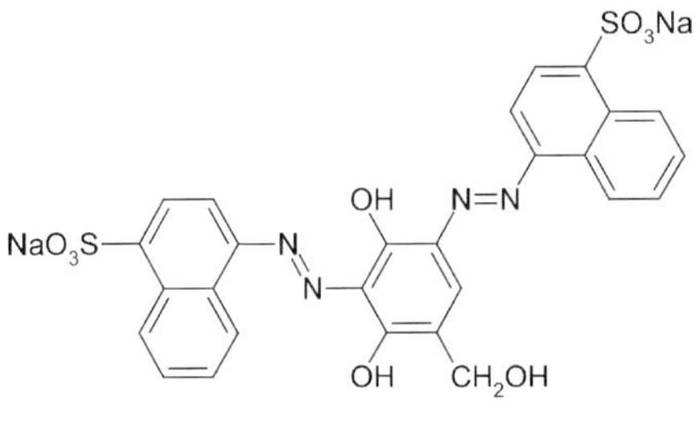

Spektrometrie (eigene Messung): λ max. ca. 466 nm, braun, E 1%/1 cm 420 (Wasser) (100%iger Farbstoff).

Verbreitung in Lebensmitteln

In der EU mit Höchstmengen z. B. für Süßwaren u. Dessertprodukte.

Grenzwerte, Richtwerte, Empfehlungen, gesetzliche Regelungen

ADI 0–3 mg/kg (SCF 1984), 0–1,5 mg/kg (WHO 1984).

In der Europäischen Union zugelassen zur Färbung bestimmter Lebensmittel (RL 94/36/EWG). Aus Gründen des Gesetzgebungsverfahrens nicht zugelassen zur Färbung von Arzneimitteln (RL 78/25/EWG) und allen kosmetischen Mitteln (RL 86/179/EWG).

E 160 a (i), gemischte Carotine (α, β, γ) natürlicher Herkunft, CI75130

Allgemeine Substanzbeschreibung

Entdecker: Wackenroder 1831.

Vorkommen (und Verwendung)

Vorkommen in Karotten, Palmöl und vielen Pflanzen und Tieren. Hauptfarbstoff ist das β-Carotin, α- und γ-Carotin sind nur in geringen Mengen bzw. Spuren vorhanden.

Verbreitung in Lebensmitteln

Natürliches Carotin wird aus Preisgründen praktisch nicht verwendet, sondern durch das synthetische β-Carotin E 160 a (ii) CI40800 ersetzt.

Grenzwerte, Richtwerte, Empfehlungen, gesetzliche Regelungen

In der Europäischen Union zugelassen zur Färbung bestimmter Lebensmittel (RL 94/36/EWG), von Arzneimitteln (RL 78/25/EWG) und allen kosmetischen Mitteln (RL 86/179/EWG).

E 160 a (ii), β-Carotin (synthetisch), gelbes bis oranges öllösliches oder wasserdispergierbares Carotinoid, CI40800

Allgemeine Substanzbeschreibung

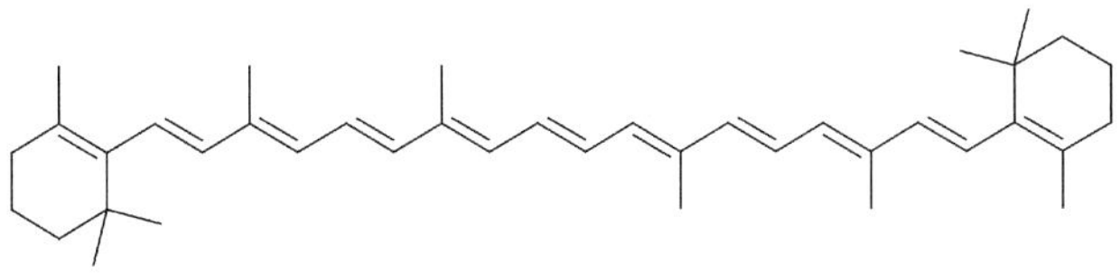

Spektrometrie: λ max. 453–456 nm, gelborange, E 1%/1 cm 2450 (Cyclohexan) (100%iger Farbstoff).

Vorkommen (und Verwendung)

Synthetisch hergestelltes öllösliches Carotinoid, der meistverwendete Lebensmittelfarbstoff überhaupt, auch wasserdispergierbar im Handel, je nach Dosierung gelbe bis orange Färbung.

Verbreitung in Lebensmitteln

Das öllösliche Produkt z. B. für Öle, Fette, Margarine, Mayonnaise, Käse, die wasserdispergierbaren Präparate z. B. für Getränke, Süßwaren, Dessertprodukte, in der EU Quantum satis.

Grenzwerte, Richtwerte, Empfehlungen, gesetzliche Regelungen

ADI 0–5 mg/kg (als Summe der Carotinoide β-Carotin, β-Apo-8'-carotinal und β-Apo-8'-carotinsäureethylester, WHO 1974, SCF 1975).

In der Europäischen Union zugelassen zur Färbung bestimmter Lebensmittel (RL 94/36/EWG), von Arzneimitteln (RL 78/25/EWG) und allen kosmetischen Mitteln (RL 86/179/EWG).

E 160 b, Bixin, Annatto, Orlean, rotoranges öllösliches Carotinoid, CI75120

Allgemeine Substanzbeschreibung

HO O OMe O

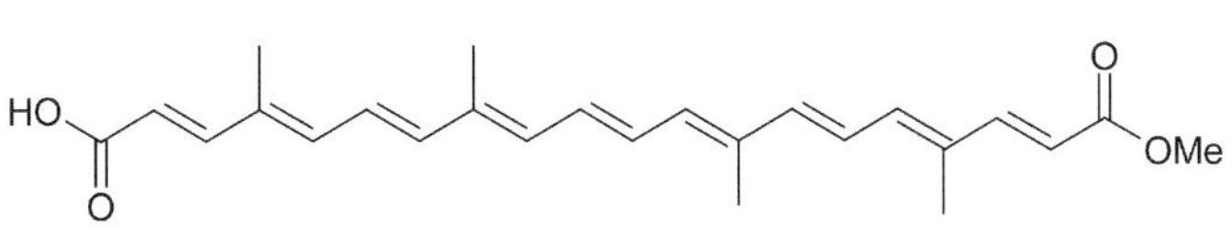

cis-Bixin

Isolierung 1825.

Spektrometrie Bixin: λ max. 471 und 503 nm, gelborange E 1%/1 cm 3000 (Chloroform) (100%iger Farbstoff).
Spektrometrie Norbixin λ: max. 480 nm, orange, E 1%/1 cm 2870 (Wasser, pH >7) (100%iger Farbstoff).

Vorkommen (und Verwendung)

Vorkommen im reifen Samen der tropischen Pflanze *Bixa orellana* L. Durch Esterspaltung des Bixins erhält man die wasserlösliche freie Säure, das Norbixin.

Verbreitung in Lebensmitteln

Bixin z. B. für Öle, Margarine, Mayonnaise u. Käse, Norbixin z. B. für Süßwaren u. Dessertprodukte. In der EU sind Höchstmengen zu beachten.

Grenzwerte, Richtwerte, Empfehlungen, gesetzliche Regelungen

ADI 0–1,5 mg/kg als Summe von Bixin und Norbixin (SCF 1975).

In der Europäischen Union zugelassen zur Färbung bestimmter Lebensmittel (RL 94/36/EWG), von Arzneimitteln (RL 78/25/EWG) und allen kosmetischen Mitteln (RL 86/179/EWG).

E 160 c, Paprikaextrakt, Capsanthin, Capsorubin, orangerote öllösliche Carotinoide, CI keine

Allgemeine Substanzbeschreibung

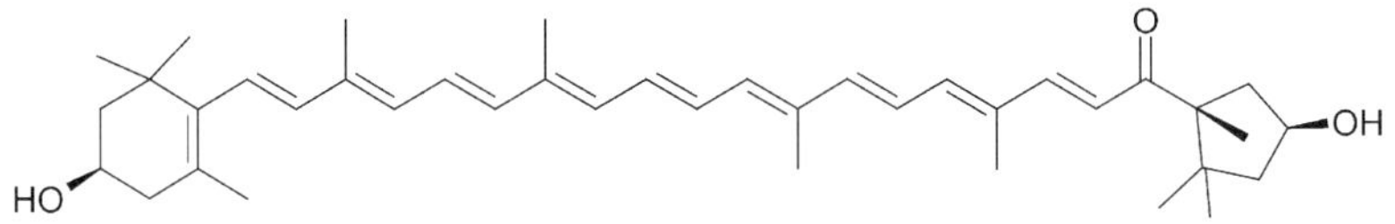

Capsanthin

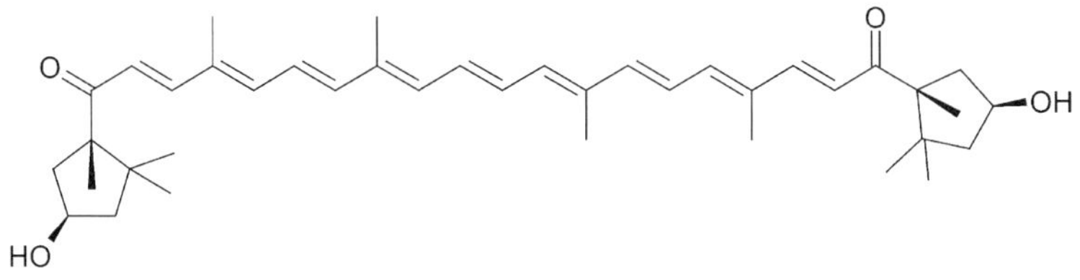

Capsorubin

Vorkommen (und Verwendung)
Als isolierte Farbstoffe ohne technische Bedeutung, verwendet werden Extrakte aus roten Paprikaschoten, auch als wasserdispergierbare Präparate im Handel.

Verbreitung in Lebensmitteln
Einsatz z. B. in Mayonnaisen, Soßen, Suppen, Fertiggerichten, Süßwaren.

Grenzwerte, Richtwerte, Empfehlungen, gesetzliche Regelungen
ADI 0–5 mg/kg (CIAA-Liste Mouton).

In der Europäischen Union zugelassen zur Färbung bestimmter Lebensmittel (RL 94/36/EWG), von Arzneimitteln (RL 78/25/EWG) und allen kosmetischen Mitteln (RL 86/179/EWG).

E 160 d, Lycopin, gelboranges öllösliches Carotinoid, CI75125

Allgemeine Substanzbeschreibung

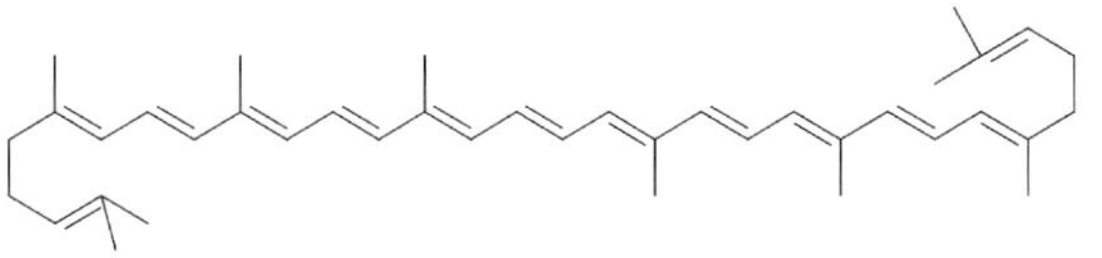

Spektrometrie: λ max. 478 nm, E 1%/1 cm 3400 (*n*-Hexan) (100%iger Farbstoff).

Vorkommen (und Verwendung)
Hauptfarbstoff in der Tomate, isoliert ohne technische Bedeutung.

Verbreitung in Lebensmitteln
Tomatenextrakte z. B. für Mayonnaisen u. Soßen.

Grenzwerte, Richtwerte, Empfehlungen, gesetzliche Regelungen
In der Europäischen Union zugelassen zur Färbung bestimmter Lebensmittel (RL 94/36/EWG), von Arzneimitteln (RL 78/25/EWG) und allen kosmetischen Mitteln (RL 86/179/EWG).

E 160 e, Apocarotinal, Carotinaldehyd, öllösliches Carotinoid CI40820

Allgemeine Substanzbeschreibung

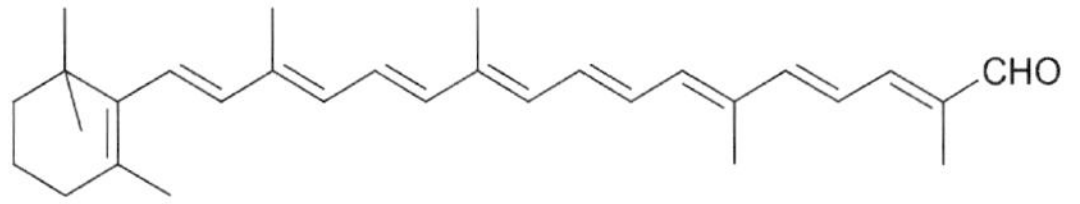

CHO

Auch als wasserdispergierbares Präparat, je nach Dosierung orange bis rote Färbung.

Verbreitung in Lebensmitteln

Zum Beispiel in Soßen, Getränken u. Süßwaren.

Grenzwerte, Richtwerte, Empfehlungen, gesetzliche Regelungen

In der Europäischen Union zugelassen zur Färbung bestimmter Lebensmittel (RL 94/36/EWG), von Arzneimitteln (RL 78/25/EWG) und allen kosmetischen Mitteln (RL 86/179/EWG).

E 160f, Apocarotinsäure-ethyl-ester, öllösliches Carotinoid CI40825

Allgemeine Substanzbeschreibung

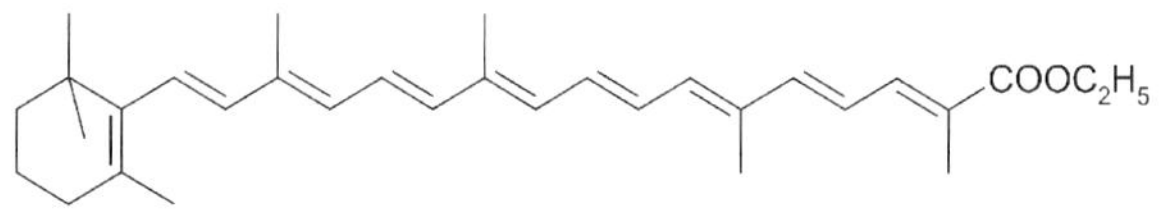

Auch als wasserdispergierbares Präparat, je nach Dosierung orange bis rote Färbung.

Verbreitung in Lebensmitteln

Anwendung vor allem als Futtermittelzusatz zur Eidotterpigmentierung.

Grenzwerte, Richtwerte, Empfehlungen, gesetzliche Regelungen

In der Europäischen Union zugelassen zur Färbung bestimmter Lebensmittel (RL 94/36/EWG), von Arzneimitteln (RL 78/25/EWG) und allen kosmetischen Mitteln (RL 86/179/EWG).

E 161b, Lutein, Xanthophyll, öllösliches Carotinoid CI75136

Allgemeine Substanzbeschreibung

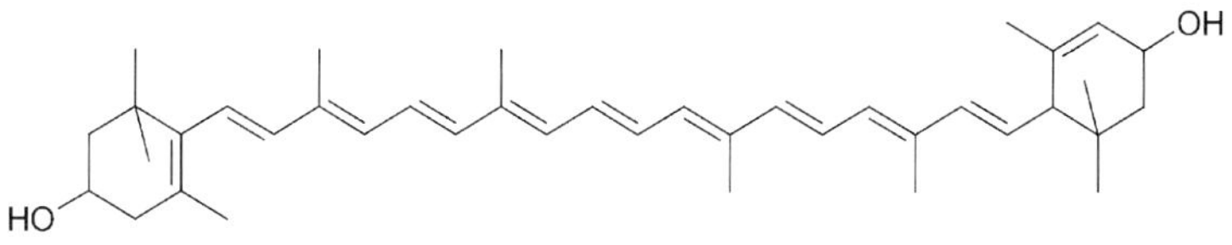

Je nach Dosierung gelbe bis orange Färbung.

Vorkommen (und Verwendung)
Vorkommen zusammen mit Chlorophyll in grünen Pflanzen, gelben Blütenblättern und -pollen, Alfalfagras, Brennnesselblättern, Luzerne, Palmöl, Algen und zu 2/3 im Eidotter [7].

Verbreitung in Lebensmitteln
Isoliert ohne technische Bedeutung. Einsatz in Pflanzenextrakten im Gemisch mit anderen Carotinoiden z. B. für Fette u. Öle.

Grenzwerte, Richtwerte, Empfehlungen, gesetzliche Regelungen
In der Europäischen Union zugelassen zur Färbung bestimmter Lebensmittel (RL 94/36/EWG), von Arzneimitteln (RL 78/25/EWG) und allen kosmetischen Mitteln (RL 86/179/EWG).

E 161g, Canthaxanthin, öllösliches Carotinoid CI40850

Allgemeine Substanzbeschreibung

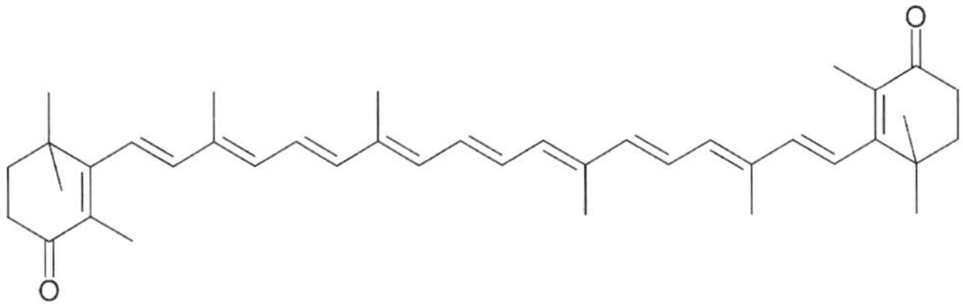

O

O

Herstellung synthetisch, auch als wasserdispergierbares Präparat, je nach Dosierung gelborange bis rote Färbung.

Vorkommen (und Verwendung)
Vorkommen im Pfifferling und in Flamingofedern [7].

Verbreitung in Lebensmitteln
In der EU nur noch für „Straßburger Würstchen“, Höchstdosierung 15 mg/kg.
In der Kosmetik Verwendung als orales Hautbräunungsmittel.

Bewertung des Gefährdungspotenzials
Bei hohen oralen Gaben wurde von Ablagerungen des Canthaxanthins auf der Netzhaut berichtet. Daraufhin wurde die Anwendung beschränkt.

Grenzwerte, Richtwerte, Empfehlungen, gesetzliche Regelungen

In der Europäischen Union zugelassen zur Färbung bestimmter Lebensmittel (RL 94/36/EWG), von Arzneimitteln (RL 78/25/EWG) und allen kosmetischen Mitteln (RL 86/179/EWG).

E 162, Betenrot, Betanin, roter wasserlöslicher Betalainfarbstoff, CI keine

Allgemeine Substanzbeschreibung

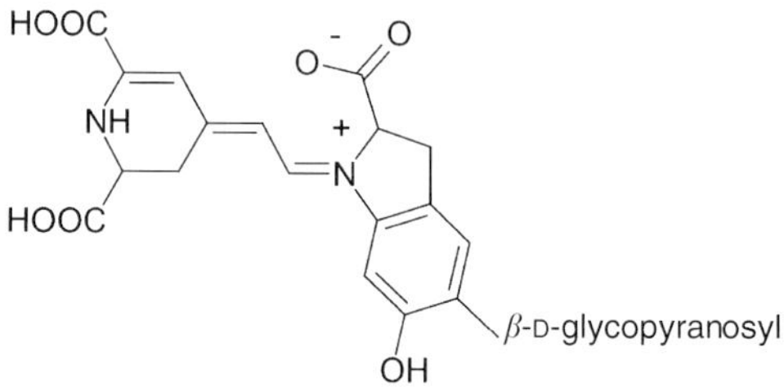

Vorkommen (und Verwendung)

Vorkommen in der Rote-Bete-Wurzel. Isolierter Farbstoff instabil gegen Wärme u. Licht. Zum Einsatz kommen normalerweise Rote-Bete-Saftkonzentrate, auch als sprühgetrocknete Pulver. Bei diesen Produkten handelt es sich nicht um Lebensmittelfarbstoffe sondern um färbende Lebensmittel.

Verbreitung in Lebensmitteln

In der EU z. B. für Dessertprodukte, Fruchtzubereitungen, Soßen.

Grenzwerte, Richtwerte, Empfehlungen, gesetzliche Regelungen

In der Europäischen Union zugelassen zur Färbung bestimmter Lebensmittel (RL 94/36/EWG), von Arzneimitteln (RL 78/25/EWG) und allen kosmetischen Mitteln (RL 86/179/EWG).

E 163, Anthocyane, Enocyanine, CI keine

Allgemeine Substanzbeschreibung

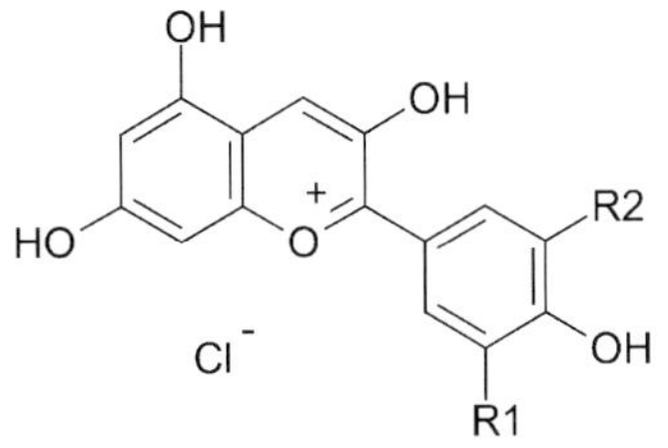

R = H, OH, OMe

Vorkommen (und Verwendung)

Rote, blaue und violette Flavonfarbstoffe, die in Früchten, Gemüsen u. Blumen vorkommen. Die isolierten Farbstoffe sind ohne technische Bedeutung. Verwendet werden Traubenschalen- u. andere Beerenextrakte, auch als sprühgetrocknete Pulver. Bei selektiver Anreicherung des Farbstoffs aus roten Traubenschalen ist dieser als Lebensmittelfarbstoff zu deklarieren.

Verbreitung in Lebensmitteln

In der EU z. B. für Süßwaren, Konfitüren, Getränke. Nur bei pH <4 farbstabil.

Grenzwerte, Richtwerte, Empfehlungen, gesetzliche Regelungen

In der Europäischen Union zugelassen zur Färbung bestimmter Lebensmittel (RL 94/36/EWG), von Arzneimitteln (RL 78/25/EWG) und allen kosmetischen Mitteln (RL 86/179/EWG).

E 170, Calciumcarbonat, $CaCO_3$, weißes anorganisches Pigment CI77220

Allgemeine Substanzbeschreibung

Weißes Pulver, unlöslich in Wasser, löslich in Mineralsäuren.

Vorkommen (und Verwendung)

In der Natur als Kreide oder Kalkstein vorkommend.

Verbreitung in Lebensmitteln

Zur Oberflächenfärbung von Dragees u. zur Verzierung. Verwendung zur Einstellung von pH-Werten in Teigen und Backwaren und zur Verbesserung der Rieselfähigkeit mehlförmiger Backmittel, Entsäuerungsmittel für Most und Wein.

Grenzwerte, Richtwerte, Empfehlungen, gesetzliche Regelungen
In der Europäischen Union zugelassen zur Färbung bestimmter Lebensmittel (RL 94/36/EWG), von Arzneimitteln (RL 78/25/EWG) und allen kosmetischen Mitteln (RL 86/179/EWG).

E 171, Titandioxid, TiO_2, weißes anorganisches Pigment CI77891

Allgemeine Substanzbeschreibung
Weißes Pulver, unlöslich in Wasser und Säuren. Herstellung seit etwa 1920.

Vorkommen (und Verwendung)
Vorkommen im Eisen-Titan-Oxid-Mineral Ilmenit, Isolierung durch Aufschluss mit Chlor oder Schwefelsäure. Das dabei anfallende Eisensulfat ist Rohstoff für die Herstellung der Eisenoxide E 172.

Verbreitung in Lebensmitteln
In der EU z. B. für Dragees, Süßwaren u. Kaugummi.

Grenzwerte, Richtwerte, Empfehlungen, gesetzliche Regelungen
In der Europäischen Union zugelassen zur Färbung bestimmter Lebensmittel (RL 94/36/EWG), von Arzneimitteln (RL 78/25/EWG) und allen kosmetischen Mitteln (RL 86/179/EWG).

E 172, Eisenoxide u. -hydroxide, CI77491 Eisenoxidrot Fe_2O_3, CI77492 Eisenoxidgelb $FeO(OH)$, CI77499 Eisenoxidschwarz Fe_3O_4, anorganische Pigmente

Allgemeine Substanzbeschreibung
Rote, gelbe und schwarze Pulver, unlöslich in Wasser.

Vorkommen (und Verwendung)
Herstellung aus dem bei der Titandioxidherstellung anfallenden Eisensulfat.

Verbreitung in Lebensmitteln
In der EU z. B. für Dragees, Süßwaren, Tierfuttermittel. In Mischungen untereinander und mit E 171 lassen sich die verschiedensten Brauntöne erzielen.

Grenzwerte, Richtwerte, Empfehlungen, gesetzliche Regelungen
In der Europäischen Union zugelassen zur Färbung bestimmter Lebensmittel (RL 94/36/EWG), von Arzneimitteln (RL 78/25/EWG) und allen kosmetischen Mitteln (RL 86/179/EWG).

E 173, Aluminium, Al, silbergraues metallisches Pigment CI77000

Allgemeine Substanzbeschreibung
Silbergraues Pulver.

Vorkommen (und Verwendung)
In der Natur als Oxid (Bauxit) vorkommend. Herstellung des metallischen Aluminiums elektrochemisch.

Verbreitung in Lebensmitteln
In der EU z. B. für Dragees, zur Dekoration u. zur Erzielung von Glanzeffekten. Verwendung selten.

Grenzwerte, Richtwerte, Empfehlungen, gesetzliche Regelungen
In der Europäischen Union zugelassen zur Färbung bestimmter Lebensmittel (RL 94/36/EWG), von Arzneimitteln (RL 78/25/EWG) und allen kosmetischen Mitteln (RL 86/179/EWG).

E 174, Silber, Ag, silbernes metallisches Pigment CI77820

Allgemeine Substanzbeschreibung

Vorkommen (und Verwendung)
In der Natur gediegen vorkommend.

Verbreitung in Lebensmitteln
In der EU z. B. für Dragees, zur Dekoration u. zur Erzielung von Glanzeffekten. Verwendung selten.

Grenzwerte, Richtwerte, Empfehlungen, gesetzliche Regelungen
In der Europäischen Union zugelassen zur Färbung bestimmter Lebensmittel (RL 94/36/EWG), von Arzneimitteln (RL 78/25/EWG) und allen kosmetischen Mitteln (RL 86/179/EWG).

E 175, Gold, Au, goldenes metallisches Pigment CI77480

Allgemeine Substanzbeschreibung

Vorkommen (und Verwendung)
In der Natur gediegen vorkommend.

Verbreitung in Lebensmitteln

In der EU z.B. zur Verzierung von Konfekt u. Pralinen u. in Likören („Danziger Goldwasser“).

Grenzwerte, Richtwerte, Empfehlungen, gesetzliche Regelungen

In der Europäischen Union zugelassen zur Färbung bestimmter Lebensmittel (RL 94/36/EWG), von Arzneimitteln (RL 78/25/EWG) und allen kosmetischen Mitteln (RL 86/179/EWG).

E 180, Litholrubin BK, rotes Azopigment CI15850:1

Allgemeine Substanzbeschreibung

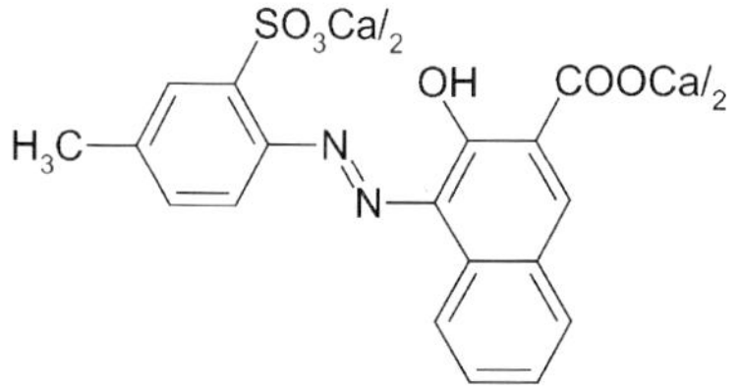

$SO_3Ca/_2$ OH $COOCa/_2$ H_3C N N

Erfinder: R. Gley und O. Siebert 1903.
Handelsform: Pulver.

Mensch

Bei der Herstellung seit 1932 werksärztlich keine gesundheitlichen Schädigungen beobachtet [3].

Grenzwerte, Richtwerte, Empfehlungen, gesetzliche Regelungen

In der Europäischen Union zugelassen zur Färbung von Käseumhüllungen (RL 94/36/EWG) und allen kosmetischen Mitteln (RL 86/179/EWG). Nicht erlaubt für Arzneimittel.

38.5 Literatur

1 British Society of Dyers and Colourists und American Association of Textile Chemists and Colorists (Hrsg.) (1971) Colour Index, Vol. 1–8.

2 DFG-Farbstoff-Kommission (1980) Mitteilung XV, Anleitung zur Abtrennung und Identifizierung von Farbstoffen in gefärbten Lebensmitteln, Harald Boldt Verlag KG, Boppard.

3 DFG-Farbstoff-Kommission (1984) Kosmetische Färbemittel, 2. bearbeitete Auflage, VCH Weinheim (arbeitsmedizinische Angaben).

4 DFG-Farbstoff-Kommission (1991) Kosmetische Färbemittel, 3. völlig überarbeitete Auflage, VCH Weinheim.

5 Glandorf K, Kuhnert P, Lück E (2002) Handbuch für Lebensmittelzusatzstoffe (Loseblattsammlung), Behr's, Hamburg.
6 Marmion, D. M. (1984) Handbook of US Colorants for Foods, Drugs, and Cosmetics, 2. Aufl., ISBN 0-471-09312-2.
7 Müller W (Hrsg) (2000) Handbuch Farbenchemie, ecomed, Landsberg am Lech.
8 Otterstätter G (1995) Die Färbung von Lebensmitteln, Arzneimitteln, Kosmetika, 2. überarbeitete Auflage, Behr's, Hamburg.
9 Schweppe H (1993) Handbuch der Naturfarbstoffe, Nikol, Hamburg.
10 Verband der Mineralfarbenindustrie e.V. Jahresbericht 1998.

39
Süßstoffe

Ulrich Schmelz

39.1
Einleitung

Von den vier Grundqualitäten des Geschmacks (salzig, bitter, sauer und süß) ist die Qualität „süß" ohne Zweifel emotional mit den positivsten Assoziationen verbunden. Nicht selten wird daher diese Geschmacksqualität in Literatur und Umgangssprache und auch im übertragenen Sinne mit „reizvoll", „lieblich", „schön" oder „vollendet" attributiert.

Molekularbiologisch betrachtet, handelt es sich beim Geschmack um ein Sinnessystem zweiter Ordnung, d.h. bestimmte Stoffe binden an einen definierten zellulären Rezeptor im Bereich der Geschmackspapillen der Zungenoberfläche [13]. Der Rezeptor erfährt dadurch eine Konformationsänderung, die eine intrazelluläre Signalkaskade (über cAMP, cyclisches Adenosinmonophosphat, als Second-Messenger) einleitet. Es kommt folglich zu einem intrazellulären Anstieg der cAMP-Konzentration. Dieser Anstieg wiederum bedingt eine kinaseaktivierte Schließung eines Kaliumkanals; der verringerte Kaliumausstrom führt zur Membrandepolarisation, welche an einer „chemischen Synapse" zur Transmitterfreisetzung führt [13]. Es werden auf diese Weise Endäste des Nervus facialis erregt, welche eine Leitung des Geschmackseindrucks, codiert in Form einer Aktionspotenzialfrequenz, an das ZNS leiten. Im ZNS wird der Geschmackseindruck, wie praktisch alle sensorischen Eindrücke, im postzentralen Cortex erzeugt und dadurch wahrgenommen, darüber hinaus sind zusätzliche Projektionsbahnen in den Inselcortex und das limbische System vorhanden. Bezüglich der beiden letztgenannten Projektionsbahnen ist dem Geschmackseindruck ein gewisser unbewusster bzw. unterbewusster Aspekt zu eigen, der für die zu Beginn genannte emotionale Komponente der Geschmacksempfindung wesentlich ist [73].

Handbuch der Lebensmitteltoxikologie. H. Dunkelberg, T. Gebel, A. Hartwig (Hrsg.)

ISBN: 978-3-527-31166-8

39.1.1
Das strukturelle Korrelat der Geschmacksqualität „süß"

Die Frage nach dem strukturellen Korrelat der Geschmacksqualität „süß" stellt sich, da teilweise völlig unterschiedliche Substanzklassen als „süß" wahrgenommen werden.

Zur Wahrnehmung muss die Zielsubstanz zunächst eine ausreichende Löslichkeit in Wasser besitzen, da nur durch die elektrostatische Verteilung in der flüssigen Phase ein Stoff für die Geschmacksrezeptoren zugänglich ist. So weist Lactose eine geringere Wasserlöslichkeit als Saccharose auf. Eine konzentrierte Lactoselösung erzeugt deswegen eine um den Faktor 0,5 geringere Süßintensität als eine konzentrierte Saccharoselösung.

Darüber hinaus ist für größere, schwer wasserlösliche Moleküle (bspw. Thaumatin) eine ausreichende Dispersibilität (Verteilungsfähigkeit) erforderlich.

Im Hinblick auf die chemische Struktur eines Geschmacksmoleküls sind zur Auslösung eines Süßeindrucks mindestens zwei polare Substituenten (im Sinne eines Protonen-Donator/Akzeptor-Systems, AH/B-System) obligat erforderlich: Der Protonendonator-Substituent (AH) des Geschmacksmoleküls muss in einer Distanz von 0,3 nm vom Protonenakzeptor-Substituent (B) des Geschmacksmoleküls substituiert sein [163]. Über Wasserstoffbrückenbindungen ist eine Wechselwirkung zwischen Geschmacksmolekül und der Oberfläche des Rezeptorproteins möglich. Die Folge dieser Wechselwirkung ist die Konformationsänderung des Rezeptors und damit der Beginn der sensorischen Signalkaskade (Modell von Shallenberger und Acree 1967) [163].

Zusätzlich ist noch eine dritte Bedingung auf dem Boden einer hydrophoben Wechselwirkung („Van-der-Waals-Bindung") erforderlich, um eine Konformationsänderung des Rezeptors zu erreichen. Diese muss in einem bestimmten Winkel zum AH/B-System lokalisiert sein (Modell von Kier 1972) [100].

Nach eingehenden Untersuchungen verschiedener Substanzgruppen wird ein erweitertes Modell angenommen, das für einen einzelnen Geschmacksrezeptor bis zu acht Bindungsstellen berücksichtigt (Abb. 39.1): Zwei davon stellen das AH/B-System, eine dritte die hydrophobe Wechselwirkung (bezeichnet mit G) dar [181]. Die weiteren fünf Bindungsstellen wurden mit D, E_1, E_2, XH und Y bezeichnet [178, 181]. Diese fünf Bindungsstellen sind polarer Natur. Alle polaren Bindungsstellen (d. h. AH, B, D, E_1, E_2, XH und Y) weisen zudem jeweils zwei Interaktionsbereiche auf; die hydrophobe Bindungsstelle besitzt nur einen solchen (jedoch räumlich ausgedehnten) Interaktionsbereich. Insgesamt liegen also 15 einzelne Interaktionsbereiche an insgesamt acht Bindungsstellen vor [181].

Je mehr polare Bindungsstellen belegt sind (mindestens zwei) [181] und je stärker die hydrophoben Wechselwirkungen an Stelle „G" ausgeprägt sind (z. B. steigende Kettenlänge eines Alkylrestes bis zu einem Optimum [178]), desto intensiver wird der Süßeindruck vermittelt (Modell von Tinti und Nofre 1991, Abb. 39.2). Darüber hinaus scheint die Interaktion mit bestimmten Bindungsstellen eine unterschiedlich starke Süßwahrnehmung zu bedingen. Die Inter-

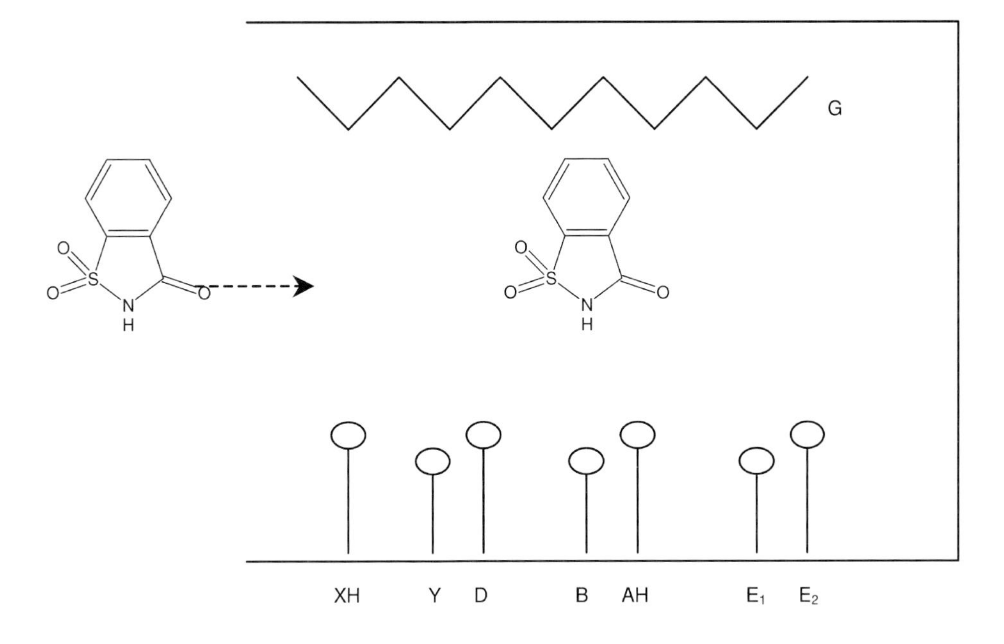

Abb. 39.1 Hypothetischer Aufbau (abstrakt-schematisch) einer Rezeptoroberfläche mit interagierendem Saccharinmolekül (nach [5]).

aktion eines Stoffes mit Stelle „D" des Rezeptors verursacht z. B. eine stärkere Süßwahrnehmung als die Interaktion mit Stelle „E_1" [181]. An Stelle „D" findet bspw. eine Interaktion mit einigen Naturstoffen, z. B. Glycyrrhizin oder Stevosid statt, die besonders intensiv als „süß" wahrgenommen werden. Außerdem binden viele synthetische Süßstoffe an Stelle „D". Saccharose jedoch interagiert mit dieser Stelle nicht, was die erhöhte Süßkraft der künstlichen Süßstoffe im Vergleich zur Saccharose erklärt.

Auf dem Boden dieser Annahme konnte nun eine Verbindung synthetisiert werden, welcher der stärkste aller bekannten Süßeindrücke zukommt. Diese

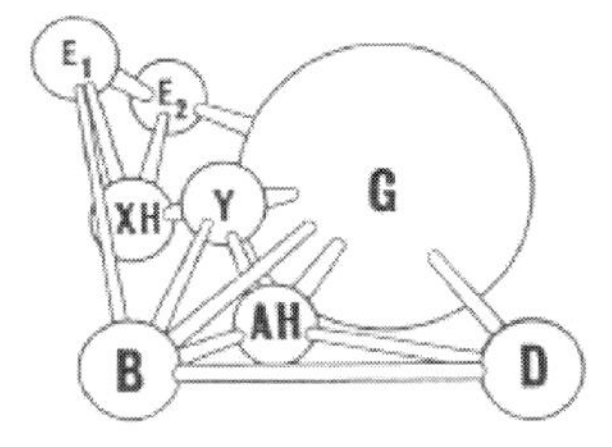

Abb. 39.2 Sterische Lage der von Tinti und Nofre postulierten Bindungsstellen [181].

Verbindung stellt das Sucrononat dar, das einen Süßkraftfaktor von 200 000 aufweist [181].

Trotz aller bisherigen Untersuchungen ist noch immer unklar, ob verschiedene Rezeptoren in Bezug auf die Geschmacksqualität „süß“ vorliegen oder ob ein Rezeptor mit verschiedenen Bindungsstellen vorliegt. Die letztere Annahme ist im Hinblick einer schlüssigen Theorie gegenüber dem „Mehrrezeptorenmodell“ wahrscheinlich [42].

Die geschmacksauslösenden Moleküle („Liganden“) diffundieren unmittelbar nach erfolgter Bindung vom Rezeptor (niedrige Ligand-Rezeptor-Bindungskonstante). Die „von-Ebler'schen-Spüldrüsen“ und der seröse Anteil des Speichels stellen gute Lösungsmittel für die geschmacksauslösenden Moleküle dar; die Speichelsekretion bewirkt damit auf dem Boden der niedrigen Ligand-Rezeptor-Bindungskonstante eine „Clearance des Rezeptors“.

Die klassischen „Auslöser“ der Geschmacksqualität „süß“ sind die Mono- und Disaccharide, welche als Assimilationsform der pflanzlichen Kohlenhydrate auftreten und in Lebensmitteln seit alters her verwendet werden (in direkter Form als Saccharose z. B. aus Zuckerrohr, in Asien seit ca. 8000 Jahren bekannt oder in indirekter Form als Honig (Invertzucker) seit ca. 20 000 Jahren belegt; Höhlenzeichnungen von Arana, Spanien). Wird von konventionellem „Zucker“ gesprochen, dann wird in der Regel die „Saccharose“, d. h. der Rübenzucker gemeint. Dieser tritt in der Natur fast immer zusammen mit Fruchtzucker und Traubenzucker auf.

Der Süßgeschmack und die positive Assoziation dieser Geschmacksqualität bedingten in der Entwicklungsgeschichte sicher die gezielte und ausreichende Aufnahme von Kohlenhydraten zur Energieversorgung des Organismus.

In Verbindung mit einer konsumzentrierten Fehlentwicklung und dem „westlichen Lebensstil“ in den Industrieländern führt dieser Sachverhalt jedoch heute zu einer Überversorgung an Energie, die letztendlich Anteil hat an der zur Zeit zu beobachtenden stetigen Steigerung der Inzidenz von Adipositas, Hypertonus, metabolischem Syndrom und Diabetes mellitus.

Substanzen, die den Geschmackseindruck „süß“ vermitteln, jedoch in Konzentrationen eingesetzt werden können, in denen praktisch keine zusätzliche Energie zugeführt wird, wirken im Hinblick auf einen bewussten, verantwortungsvollen Einsatz hier durchaus unterstützend, da eine Brennwertverminderung der täglich aufgenommenen Nahrung resultiert und somit eine Minderung der Hypernutrition erreicht werden kann.

Diese Substanzen, „Süßstoffe“, sind damit sinnvoll im Sinne eines „Werkzeugs“ zur Verringerung der täglichen Brennwertaufnahme [21].

Es sind also vor allem diätetische, aber auch ökonomische Gründe, die in bestimmten Fällen die Nachfrage nach Süßstoffen bedingen.

39.2
Historische Entwicklung

Der Naturstoff „Thaumatin" (Polypeptid) ist in tropischen westafrikanischen Ländern sicher seit Menschengedenken bekannt; er findet sich in dem Samenmantel der westafrikanischen Frucht *Thaumatococcus daniellii*. Die Erstbeschreibung erfolgte 1855 durch Daniell [48].

Im Jahre 1878 wurde durch Fahlberg und Remsen der Süßstoff „Saccharin" als rein synthetisch zugängliche Substanz praktisch beiläufig als Reaktionsnebenprodukt einer anderen Fragestellung entdeckt [59]. Das enorme Potenzial dieser Substanz wurde durch Fahlberg schnell erkannt; schon 1884 begann die kommerzielle Produktion.

Seitdem sind mehr als 50 verschiedene Substanzen oftmals zufällig synthetisiert oder identifiziert worden, von denen jedoch nur acht Substanzen aus toxikologischer Sicht und aus Sicht der Risikobewertung derzeit Verwendung finden (vgl. Tab. 39.1). Das Ziel der Zulassung von nur acht Stoffen lag in der Beschränkung auf möglichst wenige Substanzen, die toxikologisch so umfangreich wie möglich geprüft worden sind.

Die Substanz Saccharin entwickelte sich in der ersten Hälfte des 20. Jahrhunderts rasch zu einer bedeutenden Alternative zur Saccharose: Im Ersten und Zweiten Weltkrieg diente Saccharin als Ersatz für den in diesen Zeiten raren Rübenzucker; nach dem Zweiten Weltkrieg wurde der Stoff vornehmlich zur Ernährung bei Diabetes mellitus eingesetzt. In die DiätVO (Diät-Verordnung) von 1960 wurde Saccharin für bestimmte Lebensmittel mit aufgenommen.

Seit 1937 ist die Substanz Cyclohexylsulfamidsäure (Cyclamat) als Stoff bekannt [11], dessen Geschmackseindruck ca. 35fach stärker als der Geschmackseindruck der Saccharose wahrgenommen wird [83]. Nach dem Zweiten Weltkrieg stiegen

Tab. 39.1 Auswahl relevanter, weltweit eingesetzter Süßstoffe.

Süßstoffe mit EU-Zulassung	Süßstoffe ohne EU-Zulassung
Acesulfam-K	Alitam
Acesulfam-K-Aspartamsalz	Brazzein
Aspartam	Dulcin
Cyclamat, Cyclamat-Na/Ca	Hernadulcin
Neohesperidin-Dihydrochalkon	Hesperidin
Saccharin, Saccharin-Na	Monellin
Sucralose	Naringin-Dihydrochalkon
Thaumatin	Neotam
	Osladin
	Pentadin
	Phyllodulcin
	Sucrononat
	Stevosid
	Superaspartam

auch hier die Einsatzmengen als Süßstoff. Die DiätVO von 1960 in der 3. Aktualisierung von 1966 hatte den Einsatz der Verbindung ausdrücklich legitimiert. Der Nachweis eines kanzerogenen Potenzials bei Ratten im Jahre 1969 in den USA führte jedoch zu einem generellen Verbot des Einsatzes dieser Substanz als Süßstoff in vielen Ländern. Da die im Tierversuch erhobenen Ergebnisse nicht auf die tägliche Aufnahme eines Menschen übertragen werden konnten, die Untersuchungen 1969 an nur einer Spezies durchgeführt (Ratte) wurden und außerdem nicht bei anderen Spezies reproduziert werden konnten, wurde der Süßstoff nach einer umfangreichen toxikologischen Neubewertung in einer weiteren Aktualisierung der DiätVO 1975 wieder zugelassen. Ab 1975 waren Cyclamat und Saccharin beide als Süßstoffe nach der DiätVO in der BRD zugelassen.

Seit 1983 sind in Großbritannien die drei Süßstoffe Thaumatin, Acesulfam-K und Aspartam zugelassen. Thaumatin, als pflanzliches Polypeptid, wie zuvor beschrieben, schon lange im traditionellen Einsatz, wurde in der Risikobewertung akzeptabel befunden. Acesulfam-K stellt ein sehr intensiv toxikologisch untersuchtes Produkt der Hoechst-Forschung aus dem Jahr 1976 [36] dar. Aspartam als modifiziertes Dipeptid wurde im Jahr 1965 beschrieben [125].

Bis 1990 waren nach DiätVO offiziell (abgesehen von einigen Ausnahmen) ausschließlich die Süßstoffe Cyclamat und Saccharin in der BRD zugelassen. Eine Neuordnung des Zusatzstoffrechts erlaubte ab 1990 in einer Aktualisierung der ZZulV (Zusatzstoffzulassungsverordnung) von 1981 auch die Verwendung der zuvor in Großbritannien zugelassenen Süßstoffe Acesulfam-K und Aspartam.

Tab. 39.2 Historische Angaben.

Jahr	Ereignis
1855	Erstbeschreibung Thaumatin durch Daniell
1879	Beschreibung des Saccharins durch Remsen und Fahlberg
1937	Beschreibung des Cyclamats durch Sveda
1960	Diät-Verordnung, Zulassung Saccharin BRD
1965	Erstbeschreibung Aspartam durch Schlatter
1966	Änderungsverordnung zur Diät-Verordnung; Zulassung Cyclamat in BRD
1968	Erstbeschreibung Neohesperidin-DC
1969	Cyclamatverbot auf dem Boden eines potentiellen kanzerogenen Potentials
1975	Änderungsverordnung der Diät-VO, Wiederzulassung des Cyclamats in der BRD
1976	Entwicklung Acesulfam-K
1983	Zulassung von Thaumatin, Acesulfam-K und Aspartam in Großbritannien
1990	Zulassung von Acesulfam-K und Aspartam in der BRD (ÄnderungsVO ZZulV 1981)
1998	Novellierung des Zusatzstoffzulassungsrechts in der BRD, Zulassung von Neohesperidin-DC und Thaumatin
2004	Zulassung der Sucralose in der BRD
2005	Zulassung einer Acesulfam-K/Aspartam-Komplexverbindung in der BRD

Im Rahmen der umfangreichen Novellierung des Zusatzstoffzulassungsrechts 1998 wurden neben Dosisanpassungen noch zwei weitere Süßstoffe zugelassen, Neohesperidin-Dihydrochalcon (Neohesperidin-DC, NHDC) und Thaumatin. Ersteres ist teilsynthetischer Natur. Ausgehend von dem aus Orangenschalen gewonnenen Glykosid-Flavonoid „Naringin" wird durch chemische Modifikation und alkalische Hydrierung Neohesperidin-DC gewonnen, das seit 1968 bekannt ist [105]. Thaumatin ist, wie zuvor erwähnt, ein Naturstoff und in Westafrika seit langem in traditionellem Einsatz.

Außerdem ist in der BRD seit April 2004 der teilsynthetische Süßstoff Sucralose als chloriertes Disaccharid und seit 2005 eine Komplexverbindung aus Aspartam und Acesulfam-K zugelassen.

Tabelle 39.2 fasst die wichtigsten Daten zur historischen Entwicklung der Süßstoffe zusammen.

39.3 Begriffsbestimmung, Rechtslage und Substanzen

39.3.1 Süßstoffe – Zuckeraustauschstoffe – Zuckerarten

„Süßstoffe" werden technologisch als *„Süßungsmittel"* bezeichnet; sie stellen organische Substanzen dar, die in geringer Konzentration (Faktor 35–3500 niedriger als Saccharose) einen „Süßeindruck" vermitteln. Durch die niedrige Geschmacksschwelle (Aspartam) und/oder den geringen physiologischen Brennwert (Saccharin, Cyclamat) wird bei Verwendung solcher Substanzen an der Stelle von klassischen Kohlenhydraten eine Brennwertverminderung des Lebensmittels erreicht. Tabelle 39.3 gibt einen Überblick über die chemischen Substanzklassen wichtiger Süßstoffe.

Süßstoffe gelten nach neuer Zusatzstoffzulassungs-Verordnung (ZZulV neu) vom Januar 1998 als Zusatzstoffe und werden in der Anlage der ZZulV neu unter Teil B genannt. An dieser Stelle sind die zulässigen Höchstmengen der Einzelsubstanzen für bestimmte Lebensmittel definiert.

Süßstoffe werden nach ZZulV neu von den *„Zuckeraustauschstoffen"* differenziert. Letztere stellen technologisch modifizierte Kohlenhydrate dar (z. B. Polyalkohole wie Sorbit oder modifizierte Disaccharide wie Isomalt), die im Hinblick auf Resorptionskinetik und Brennwert (im Gegensatz zu Süßstoffen jedoch maximal 50% des Brennwertes von Saccharose) von der Saccharose als „Zucker" differenziert werden können. Dadurch kann für bestimmte Personen, beispielsweise Diabetiker, eine Anpassung der Kohlenhydratkinetik an die stoffwechselphysiologischen Besonderheiten erreicht werden.

Zuckeraustauschstoffe wiederum sind von *„Zuckerarten"* zu unterscheiden. – Bei „Zuckerarten" handelt es sich um natürliche oder naturidentische Zucker, die analog zu Saccharose eingesetzt werden können (z. B. Fructose oder Lactose). Ihr Einsatz wird durch die ZuckerArtV (Zuckerart-Verordnung) geregelt.

Tab. 39.3 Überblick chemische Substanzklassen wichtiger Süßstoffe.

Substanzklasse	Beispiele
Chlorierte Zucker	Sucralose [a]
Dihydrochalkone	Neohesperidin-DC [a], Naringin-DC
Dipeptide	Aspartam [a], Alitam, Neotam
Diphenyle/Isocumarine	Phyllodulcin
Diterpene	Stevosid
Flavonoide	Hesperidin, Neohesperidin-DC [a]
Glykoside	Naringin-DC, Neohesperidin-DC [a]
Harnstoffderivate	Dulcin, Suosan
N-Cyclononylguanidine	Sucrononat
Nitroaniline	Ultrasüß
Oxathiazinondioxide	Acesulfam-K [a]
Oxime	Perillartin
Proteine	Thaumatin [a], Brazzein, Pentadin
Saccharine	Saccharin [a]
Sesquiterpene	Hernandulcin
Steroidsaponine	Osladin
Sulfamidsäure	Cyclamat [a]
Triterpene	Glycyrrhizin

a) EU zugelassener Süßstoff.

39.3.2 Rechtslage

Vor 1990 erlaubte die DiätVO von 1960 den Einsatz von Saccharin; in der Zeit von 1966–1969 den Einsatz von Cyclamat; seit Wiederzulassung des Cyclamats im Jahre 1975 standen wieder beide Süßstoffe, Saccharin und Cyclamat, zur Verfügung.

Saccharin und Cyclamat wurden 1981 als Zusatzstoffe für Lebensmittel in die ZZulV aufgenommen.

Nach einer Änderungsverordnung der ZZulV von 1990 wurden Cyclamat und Saccharin durch zwei weitere Süßstoffe (Aspartam und Acesulfam-K) ergänzt.

Die ZZulV von 1981 wurde im Jahr 1998 grundsätzlich überarbeitet und stellt nun die „ZZulV neu" dar. Im Hinblick auf Süßstoffe ist die „ZZulV neu" eine nationale Umsetzung der EG-Süßungsmittel-Richtlinie (94/35/EG) von 1994, die wiederum eine Ausführungsrichtlinie der zugrunde liegenden EG-Zusatzstoff-Rahmenrichtlinie von 1989 (89/107/EWG) ist.

Durch die Umsetzung der genannten Ausführungsrichtlinie 94/35/EG erfolgte zunächst die Anpassung der zulässigen Einsatzkonzentrationen der bisher zugelassenen Süßstoffe (Saccharin, Cyclamat, Aspartam, Acesulfam-K) in bestimmten Lebensmitteln. Gleichzeitig wurden zwei neue Süßstoffe (Thaumatin, Neohesperidin-DC) als zugelassene Lebensmittelzusatzstoffe aufgenommen.

Tab. 39.4 In der BRD als Süßstoffe zugelassene Einzelsubstanzen (Stand 2006), nach der ZZulV neu 1998 unter Berücksichtigung der Änderungsverordnungen von 2004 und 2005.

E-Nr.	Name	Ursprung[a)]
E 950	Acesulfam-K	(s)
E 951	Aspartam	(s/ts)
E 952	Cyclamat	(s)
E 954	Saccharin	(s)
E 955	Sucralose	(ts)
E 957	Thaumatin	(s/ts/n)
E 959	Neohesperidin DC	(ts)
E 962	Aspartam-Acesulfam-K	(s)

a) s = vollsynthetisch; ts = teilsynthetisch; n = natürlicher Ursprung.

Nach der Neuordnung des Zusatzstoffrechts 1998 wurden mehrfache Änderungsverordnungen der „ZZulV neu" vor dem Hintergrund toxikologischer Neubewertungen und Nachbewertungen, insbesondere bezüglich Cyclamat, erlassen.

Zwei aktuelle Änderungsverordnungen erteilten ferner die Zulassung für Sucralose im Jahr 2004 und 2005 für eine Aspartam-Acesulfam-K-Komplexverbindung.

Tabelle 39.4 nennt die acht derzeit (2006) in der BRD als Süßstoffe zugelassenen Einzelsubstanzen.

39.4 Darstellung der Einzelsubstanzen

Nachfolgend werden die aktuell zugelassenen Einzelsubstanzen bezüglich ihrer physikalischen und chemischen Eigenschaften, der Synthese und der Anwendung vor dem Hintergrund der Toxikologie kurz vorgestellt.

Süßstoffe werden allgemein anhand ihres Süßkraftfaktors bzw. ihrer Süßkraft charakterisiert. Der „Süßkraftfaktor" gibt als lebensmitteltechnologische Konstante an, um wie viel intensiver die Süßwirkung einer Süßstofflösung im Vergleich zu einer gleichkonzentrierten Saccharoselösung (Referenzsubstanz) ausfällt.

Beispiel: Acesulfam-K weist einen Süßkraftfaktor von 200 auf. Das bedeutet, dass eine Lösung von Acesulfam-K bei Vergleich mit einer 0,1 molaren Saccharoselösung in 200 fach geringerer Konzentration einen identischen Süßeindruck erzeugt. Eine solche 0,0005 molare Acesulfam-K-Lösung wird daher als „isogustatorisch" zu einer 0,1 molaren Saccharoselösung wahrgenommen.

39.4.1
Acesulfam-K (E 950)

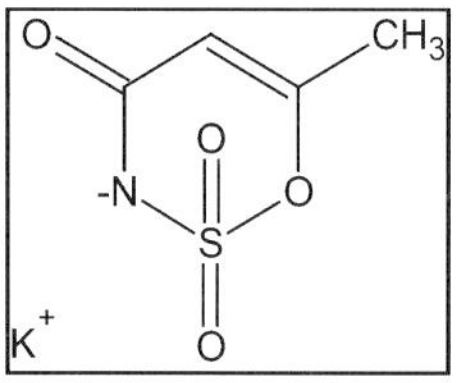

Allgemeine Beschreibung

Bei Acesulfam-K (E 950) handelt es sich um einen vollsynthetischen Süßstoff, der 1976 in der Hoechst-Forschung entwickelt wurde [36]. Nach Zulassung im Jahre 1983 in Großbritannien erfolgte die Zulassung in der BRD 1990. Seitdem steigt die Verwendung der Substanz kontinuierlich.

Die Verbindung stellt das Kaliumsalz des 6-Methyl-1,2,3-oxathiazin-4(3H)-one-2,2-dioxids dar, CAS 55589-62-3, $M = 201{,}2$ g/mol.

Die Synthese kann auf mehreren Wegen erfolgen. Meist wird von halogenisierten Sulfonylisocyanaten (z. B. Fluorosulfonylisocyanat) und Ketokomponenten (z. B. Acetoessigsäure-*tert*-butylester) ausgegangen. Durch einen der Aldoladdition vergleichbaren Schritt erfolgt eine Substitutionsreaktion am α-C-Atom der Ketogruppe der Ketokomponente; ein instabiles Intermediat entsteht (Abb. 39.3):

Durch Hitzebehandlung des Intermediates entsteht *N*-(fluorosulfonyl)acetoessigsäureamid; in Verbindung mit einem alkalischen Milieu wird das

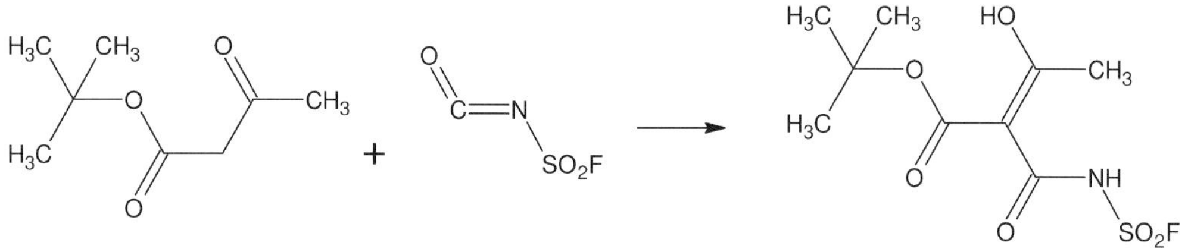

Abb. 39.3 Synthese von Acesulfam-K: Überführung von Fluorosulfonylisocyanat und Ketokomponente in ein Intermediat.

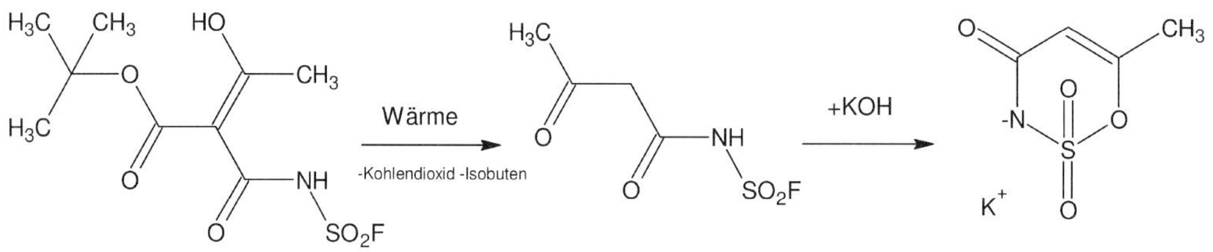

Abb. 39.4 Synthese von Acesulfam-K: Überführung des Intermediats in Aspartam.

N-(fluorosulfonyl)acetoessigsäureamid über den Oxathiazinon-Ringschluss in Acesulfam-K überführt (Abb. 39.4) [37, 38]:

Ein alternativer Weg ist in [113] beschrieben.

Sowohl gute Wasserlöslichkeit (270 g/L bei 20 °C) als auch Alkohollöslichkeit sind vorhanden [38]. Der Süßkraftfaktor wird mit 200 angegeben [83].

Einsatz/Verwendung

Eine Temperaturstabilität in Verbindung mit einer pH-Stabilität im Bereich pH 3–7 erschließt einen weiten Einsatzbereich (z. B. alkoholische und nichtalkoholische Getränke, Backwaren, etc.). Ebenso wird eine Stabilität unter Autoklavierungsbedingungen und Mikrowellenbehandlung beschrieben [38].

Der Einsatz erfolgt sowohl als Einzelstoff als auch als Synergist im Verein mit anderen Süßstoffen, Zuckeraustauschstoffen, Zuckerarten und Zucker (Saccharose). Es wird damit in vielen Fällen ein „natürlicher Geschmackseindruck" erreicht.

Besondere Anwendungsgebiete sind Tafelsüßen, Backwaren, Kaugummi, Konfekt, Fischpräserven, Konservenprodukte, Mundpflege- und Arzneimittel [38].

Kinetik und innere Exposition

Nach oraler Aufnahme einer Einzeldosis Acesulfam-K erfolgt eine praktisch vollständige enterale Resorption der Substanz als organisches Anion [97]. Einzeldosen von 10 mg Acesulfam-K/kg KG, oral appliziert, werden von der Ratte rasch resorbiert: Nach 0,5 Stunden ist die maximale Plasmakonzentration erreicht, die Plasma-Halbwertszeit beträgt vier Stunden; 85–100% einer initialen, oral applizierten Dosis können im Urin wiedergefunden werden [97].

Ein Metabolismus der Substanz im Organismus findet weder im Darm unter enteraler enzymatischer oder bakterieller Einwirkung noch nach Resorption (beispielsweise im Sinne einer hepatischen Biotransformation) statt. Dies konnte durch umfangreiche Versuche mit Ratten, Hunden und Schweinen, auch in kinetischen Untersuchungen mit radioaktiv markiertem ^{14}C-Acesulfam-K, bestätigt werden [187]. In allen Versuchen war sowohl im Urin als auch in der biliären Fraktion ausschließlich Acesulfam-K nachweisbar. Die respiratorische Emission von $^{14}CO_2$ nach oraler Applikation von radioaktiv markiertem ^{14}C-Acesulfam-K wurde nicht nachgewiesen, daher findet eine Einschleusung in den Kohlenhydrat- und Fettstoffwechsel nicht statt. Eine siebentägige Untersuchung des Urins von Ratten nach vorheriger eintägiger Verfütterung eines Futters mit 1% Acesulfam-K konnte keinerlei Metaboliten im Urin nachweisen [187]. Demzufolge treten keine Metaboliten auf, die z. B. im Hinblick auf die Toxikodynamik zu beurteilen sind [187].

Ein theoretisches Zerfallsprodukt des Acesulfam-K in wässriger, stark saurer Lösung stellt das Acetoacetamid dar. Eine Metabolisierung des Acetoacetamids im Stoffwechsel könnte zum Auftreten des toxikologisch bedenklichen Acetamids führen [54]. Obwohl das Acetoacetamid im biologischen System in keiner Untersuchung nachgewiesen werden konnte [187], erfolgte im Hinblick auf die Produktsicherheit dennoch die toxikologische Bewertung wegen des möglichen enzymatischen Abbaus zu Acetamid. Mögliche wirksame Enzyme sind Thiolase, β-Hydroxyacyl-CoA-Dehydrogenase und β-Hydroxy-butyrat-Dehydrogenase [54]. Es konnte *in vitro* eine Metabolisierung von Acetoacetamid zu Acetamid nicht nachgewiesen werden, so dass eine *in vivo*-Bildung von Acetamid als nicht möglich beschrieben wurde. Acetamid konnte in biologischen Systemen nach Acesulfam-K-Exposition nicht nachgewiesen werden [187].

Darüber hinaus wird eine Hemmung der Carboanhydrase *in vitro* beobachtet [186]. Es könnte auf dem Boden dieser Hemmung z. B. zu einer gastralen Hypochlorohydrie und damit einer bakteriellen Überbesiedlung kommen. *In vivo* ist dieser Sachverhalt von geringer Relevanz, da eine signifikante Hemmung von 50% der Carboanhydrasefunktion erst ab einer Konzentration von 180 mg/mL in der unmittelbaren Umgebung der entsprechenden zellulären Strukturen (z. B. Belegzellen des Magens) stattfindet [186].

Die Eliminierung des Acesulfam-K erfolgt, wie zuvor erwähnt, praktisch unverändert und nahezu vollständig renal, zum Teil (max. 5%) auch biliär. Eine maximale Plasmakonzentration wird für den Menschen nach 1,5 Stunden beschrieben; die Halbwertszeit der Substanz liegt bei 2,5 Stunden [187].

Akkumulationen nach forcierter oder prolongierter Exposition sind nicht zu erwarten [187]. AUC_{24h} und die maximale Plasmakonzentration (C_{max}) steigen proportional zur Dosis.

Im Hinblick auf Acesulfam-K liegt ein signifikanter Blut-Plazentaübertritt vor. In Versuchen an Ratten wurde am 19. Tag post gestationem eine Einzeldosis von 10 mg Acesulfam-K/kg KG oral appliziert. Im Fetus und der Plazenta konnten nach 0,5–2 Stunden Konzentrationen nachgewiesen werden, die zwischen 1/3 und 1/14 der maternalen Plasmakonzentration alternierten [99].

Der Übertritt in die Muttermilch wird ebenfalls beschrieben. Fünf Stunden nach Applikation einer Einzeldosis von 10,6 mg Acesulfam-K/kg KG konnte eine Spitzenkonzentration in der Muttermilch nachgewiesen werden. Über ein 48-stündiges Zeitintervall beträgt nach initialer Exposition die Konzentration in der Muttermilch ca. 1/6 der maternalen Plasmakonzentration [98].

Akute Toxizität

Für den Menschen ist eine letale Dosis nicht beschrieben. Akut toxische Wirkungen sind am Menschen nicht bekannt.

Beim Tiermodell wird eine akute Toxizität als LD_{50} mit 7431 mg/kg KG (Ratte, orale Applikation) angegeben.

Genotoxizität im Tierversuch: In allen angewendeten Testverfahren wurden negative Ergebnisse erhoben, d. h. eine Genotoxizität konnte unter in vivo-Bedingungen nicht nachgewiesen werden (negativer Mikrokerntest mit männlichen und weiblichen Mäusen, 2 · 450–4500 mg Acesulfam-K/kg KG [15]; negativer Dominant-Letal-Test mit männlichen Ratten, 1–3% Acesulfam-K im Futter

[190]; negativer Chromosomenaberrationstest am Knochenmark des chinesischen Hamsters, 450–4500 mg/kg KG [124]).

Ebenso fehlen Hinweise auf DNA-bindende Eigenschaften des Acesulfam-K. Es konnte nach oraler Applikation einer radioaktiv markierten Einzeldosis von 250 mg Acesulfam-K nach acht Stunden in Leber und Milz keine elevierte Aktivität im Hinblick auf die zelluläre DNA-Fraktion der Ratte nachgewiesen werden [156].

Chronische Toxizität

Im Rahmen der breiten Anwendung als Süßstoff wurden für den Menschen keine Verdachts- oder Einzelfälle beschrieben, die ein kanzerogenes, mutagenes oder teratogenes Potenzial vermuten lassen.

Auch im Tierversuch wurden kanzerogene oder teratogene Effekte nicht beobachtet. Die Untersuchung der subchronischen Toxizität erfolgte an Mäusen (Beobachtungszeit 90 Tage), die Untersuchung der chronischen Toxizität an Ratten (Beobachtungszeit zwei Jahre). Eine Verfütterung von 0, 0,3, 1,0 und 3,0% Acesulfam-K im täglichen Futter führte weder bei den Mäusen (je 100 männliche Mäuse, 100 weibliche Mäuse) in einer Beobachtungszeit von 90 Tagen, noch bei den Ratten (je 60 männliche Ratten, 60 weibliche Ratten) in einer Beobachtungszeit von zwei Jahren zu einer signifikant erhöhten Tumorinzidenz der Studiengruppen gegenüber der Kontrollgruppen [138]. In parallel durchgeführten Kurzzeitstudien wurde kein Einfluss des Acesulfam-K auf die Organfunktion und das Blutbild nachgewiesen [138].

Weitere Wirkungen auf das tierische Organsystem konnten ebenfalls nicht beobachtet werden. In Langzeit-Hochdosisfütterungsversuchen (Dosis >3%; Studiendauer >2 Jahre) traten vereinzelt Futterverweigerung, Gewichtsverlust und Durchfälle ab täglichen Dosen von 3% im Futter auf [138].

Die Nitrosierbarkeit der Substanz ist ein Aspekt, dessen besondere Berücksichtigung notwendig ist, da die Substanz ein sekundäres Amin darstellt, also aufgrund der chemischen Konfiguration eine Reaktion mit Nitrosokationen zu potenziell kanzerogenen *N*-Nitroso-Metaboliten (kanzerogene Wirkung durch Alkylierung) möglich ist. Nitrosokationen treten beispielsweise im Magen unter Einwirkung des sauren Milieus auf Nitrit (Bestandteil pflanzlicher Nahrung) auf.

Im Gegensatz zu anderen exogen zugeführten sekundären Aminen (bestimmte Pharmaka, wie Phenacetin [56]) sind jedoch keine Hinweise auf eine Nitrosierung des Acesulfam-K im Tierversuch und *in vitro* beobachtet worden [106].

Vor dem Hintergrund dieser Ergebnisse wurde die chemische Nitrosierbarkeit von Acesulfam-K, Cyclamat und Saccharin untersucht. Es konnte festgestellt werden, dass unter chemischen Nitrosierungsbedingungen im Laborversuch im Hinblick auf die drei untersuchten Stoffe keine *N*-Nitrosoverbindungen auftraten [106, 165].

Mit Nitrosokationen bildet zum Beispiel Acesulfam-K unter Öffnung des Oxathiazinon-Rings und Abspaltung von elementarem Stickstoff und Schwefelsäure ein Carbeniumion, das durch Hydroxylierung in einen Alkohol überführt wird [165].

Wirkungen auf weitere biologische Systeme

Genotoxizitätsuntersuchungen wurden auch *in vitro* durchgeführt: Es ergaben sich keine Hinweise auf ein genotoxisches Potenzial im Zelltransformationstest und im Ames-Test (negativer Zelltransformationstest an M2-Mausfibroblasten, 10–10 000 µg/mL [122]; negativer Ames-Test mit *Salmonella typhimurium* TA98, TA100, TA15325, TA1537, mit und ohne Aktivierung, 0–100 mg/Platte [70]).

Toxikologie der Syntheseedukte/Syntheseintermediate und der Edukt- bzw. Prozessverunreinigungen

Im Rahmen der Synthese werden halogenierte Sulfonylisocyanate [37] bzw. Amidosulfonsäure [113] eingesetzt. Ferner entstehen organische Säureamide als Intermediate im Rahmen der Synthese [37]. Im Falle der Sulfonylisocyanate ist ein genotoxisches Potenzial vorhanden, im Falle der verwendeten Säureamide kann von einer Enzyminhibition detoxifizierender Enzyme und einer verringerten Alkoholtoleranz ausgegangen werden. Daher ist die Abwesenheit (HPLC-Bestimmung) solcher Produktionsrückstände obligate Bedingung für die Verwendung der Substanz als Zusatzstoff in Lebensmitteln.

Grenzwerte, Richtwerte und Empfehlungen

Im Hinblick auf die Reinheit der Substanz werden in der ZVerkV die EU-Verordnungen 95/31/EG und 2001/52/EG zitiert. Beide Verordnungen legen Höchstkonzentrationen der anorganischen Verunreinigungen (bedingt durch Verunreinigungen der Syntheseedukte bzw. Querkontaminationen des Herstellungsprozesses) fest: As <3 mg/kg, Se <30 mg/kg, F <3 mg/kg, Pb <1 mg/kg, Schwermetalle <10 mg/kg.

Die Analytik und Reinheitsprüfung (>99%) erfolgen z. B. durch HPLC [109]; aktuelle Prozeduren nach Methodensammlung des § 35 LMBG.

Tab. 39.5 Relevante Mitteilungen des Scientific Committee on Food (SCF) der europäischen Union (Health and Consumer Protection Directorate-General, Brüssel) im Hinblick auf die EU-Zulassung von Süßstoffen auf dem Boden der Risikobewertung.

Süßstoff	SCF-Opinion vom
E 950 Acesulfam-K	09. 03. 2000
E 951 Aspartam	04. 12. 2002
E 952 Cyclamat	09. 03. 2000
E 954 Saccharin	02. 06. 1995
E 955 Sucralose	07. 09. 2000
E 957 Thaumatin	10. 11. 1988
E 959 Neohesperidin-DC	10. 11. 1988
E 962 Aspartam-Acesulfamsalz	Minutes of the 120th Meeting vom 09. 03. 2000

Der ADI-Wert wurde mit 0–9 mg/kg KG (SCF-Opinion vom 09. 03. 2000, Tab. 39.5) angegeben, d. h. ein 75 kg schwerer Mensch vermag täglich bis zu 675 mg Acesulfam-K aufzunehmen. Das entspricht unter Berücksichtigung des Süßkraftfaktors von 200 einer substituierten Masse von 135 g Saccharose.

39.4.2
Aspartam (E 951)

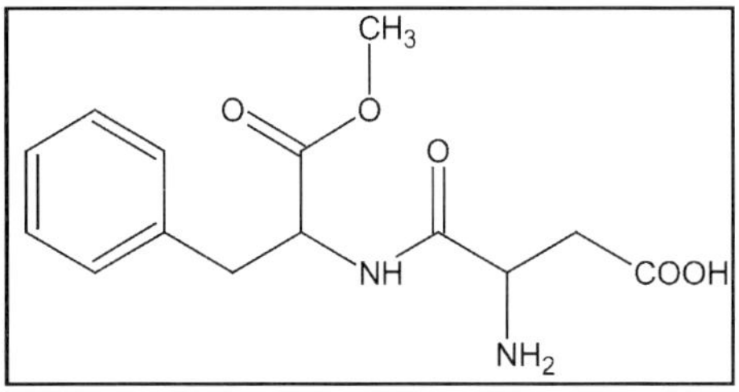

Allgemeine Beschreibung

Die Verbindung stellt den *N*-L-*α*-aspartyl-L-phenylalanin-methylester dar; es handelt sich damit um ein synthetisches, modifiziertes Dipeptid. CAS 22839-47-0, Summenformel: $C_{14}H_{18}N_2O_5$, Molekulargewicht 294,3 g/mol, Zersetzungstemperatur (u. a. in Maillard-Produkten) >196 °C.

Ein Süßkraftfaktor von 200 liegt vor [83]. Die Entwicklung erfolgte in den 1960er Jahren [125].

Analog zu Acesulfam-K wurde die Verbindung in der BRD erst 1990 zugelassen.

Die Synthese erfolgt heute chemisch unter Zuhilfenahme der beiden natürlichen Aminosäuren L-Asparaginsäure und L-Phenylalanin [44] bzw. des L-Phenylalaninmethylesters und der L-Asparaginsäure [193].

Die L-Asparaginsäure wird zunächst in Formylasparaginsäureanhydrid überführt (Ameisensäure schützt in Form eines Formylamids die Aminogruppe, das Säureanhydrid der beiden Carboxylgruppen der Asparaginsäure bedingt eine Erhöhung der Ausbeute durch Verschiebung des Massenwirkungsgesetzes der folgenden Peptidsynthese auf die Produktseite, da die Reaktion ohne Wasserabspaltung erfolgt). Durch Reaktion mit L-Phenylalanin entsteht anschließend Formyl-asparaginyl-phenylalanin (Abb. 39.5).

Durch anschließende Reaktion mit Salzsäure wird die Formylgruppe hydrolytisch eliminiert und im Anschluss die freie Säuregruppe des Phenylalaninrestes mit Methanol mit verestert (Abb. 39.6).

Eine Synthese kann auch auf biotechnologischem Wege erfolgen, beispielsweise unter Zuhilfenahme der Proteinase Thermolysin [143].

Die Wasserlöslichkeit des Aspartams beträgt ca. 10 g/L (bei 20 °C), es sind daher ggf. Dispersionshilfsmittel erforderlich, um eine ausreichende Verteilung des festen Stoffes im Produkt zu gewährleisten. Die Verbindung ist in den meisten organischen Lösungsmitteln (z. B. in Ethanol) in höheren Anteilen im Vergleich zu Wasser löslich.

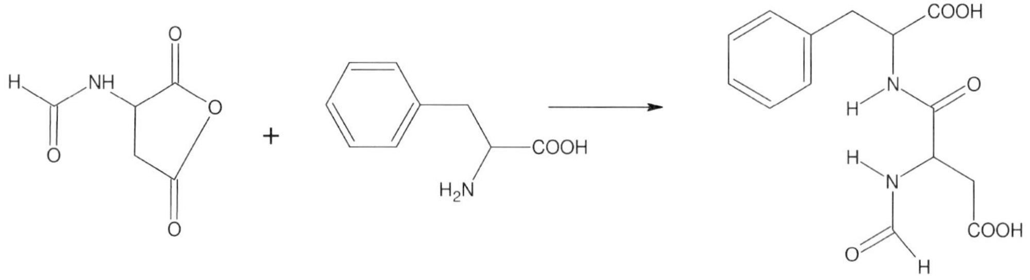

Abb. 39.5 Reaktion von Formylasparaginsäureanhydrid mit L-Phenylalanin zu Formylasparaginylphenylalanin.

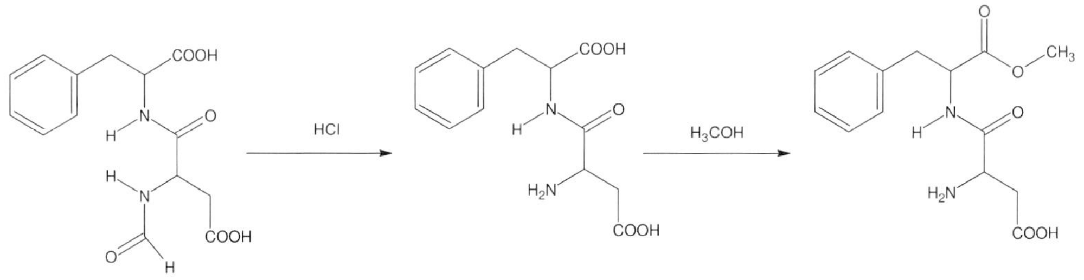

Abb. 39.6 Reaktion von Formylasparaginylphenylalanin nach saurer Hydrolyse und Veresterung mit Methanol zu Aspartam.

Darüber hinaus ist der begrenzte Temperatur- und pH-Bereich zu erwähnen, der den Einsatz der Substanz in der Lebensmitteltechnologie limitiert. Die pH-Stabilität beschreibt ein Intervall zwischen pH 2,2 und pH 7; die maximale Stabilität liegt bei pH 4–5. Eine Alkalistabilität ist nicht vorhanden (Hydrolyse der Peptidbindung) [183].

Außerdem wird bei Erwärmung und Absinken des pH-Wertes eine Freisetzung von Methanol (im Sinne einer Esterhydrolyse) beobachtet [183].

Im Hinblick auf den Energiestoffwechsel liegt ein Brennwert von 4 kcal/g vor, der jedoch vor dem Hintergrund der Einsatzkonzentrationen (bis ca. 1 g/kg Lebensmittel) zu vernachlässigen ist.

Einsatz/Verwendung

Aufgrund der begrenzten Temperaturstabilität und der pH-Labilität im alkalischen Bereich ist ein Einsatz vor allem in verschiedenen leicht sauren Kaltgetränken möglich (z. B. Fruchtsäfte, Colagetränke, etc.); aufgrund der Alkohollöslichkeit auch in Likören und Longdrinks [183].

Emulgierend wirkende Lebensmittel wie Joghurt oder Quark können ebenfalls mit Aspartam gesüßt werden. Es kann jedoch unter Umständen zu einer mikrobiellen Hydrolyse des Aspartams kommen [96].

Im Allgemeinen tritt in wässrigen Medien ein Süßeverlust in Abhängigkeit der Lagerzeit ein, da eine Hydrolyse auch bei optimalen Temperatur- und pH-Bedingungen nicht verhindert werden kann [183]. Bereits nach einer Lagerzeit von sechs Monaten ist auf diese Weise ein Aspartamverlust von 50–80% möglich [182]. Bei Einsatz der Substanz soll trotzdem vermieden werden, eine vermeintlich höhere initiale Aspartamkonzentration als erforderlich einzustellen, um „Süßreserven" zu schaffen und so einem Substanz- und Süßeverlust während der Lagerung des Produktes entgegenzuwirken, da im Rahmen der Hydrolyse neben Methanol auch die toxikologisch bedenkliche 5-Benzyl-2,2-dioxo-piperazinessigsäure (Diketopiperazin) entsteht [182].

Relativ stabil ist Aspartam in trockenen Produkten, wie Keksen und Backwaren, sofern es während des Backprozesses durch Beschichtungen oder Mikroverkapselungen vor direktem Wärmezutritt geschützt und so der Maillard-Reaktion bzw. der Diketopiperazinbildung entzogen wird [29].

Darüber hinaus ist ein Einsatz in Süßstoffmischungen möglich, insbesondere vor dem Hintergrund des synergistisch-potenzierenden Effektes, der bei gleichzeitiger Verwendung von Aspartam und Acesulfam-K bzw. Aspartam und Saccharin-Na beschrieben wird [83].

Aufgrund der toxikologisch relativen Unbedenklichkeit und des nachhaltigen Süßgeschmacks [139] ohne Nachempfindungen wird Aspartam in vielen weiteren Süßstoffmischungen verwendet.

Kinetik und innere Exposition

Die Substanz Aspartam stellt ein synthetisches, modifiziertes Dipeptid dar.

Nach oraler Gabe einer Einzeldosis erfolgt die komplette enzymatische Hydrolyse durch Proteasen (Pepsin, Trypsin und Chymotrypsin) des Magen-Darmtraktes [175]. Dabei zerfällt die Verbindung in ihre Ausgangsstoffe Asparagin-

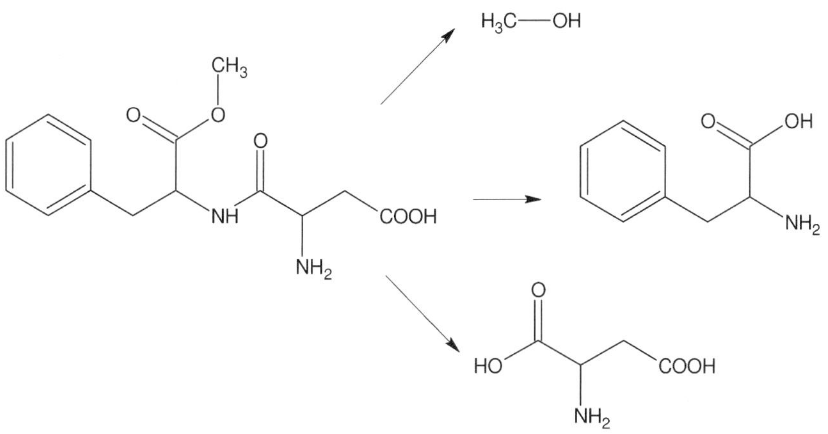

Abb. 39.7 Hydrolyse des Aspartam zu Methanol, Phenylalanin und Asparaginsäure.

säure, Phenylalanin und Methanol (Abb. 39.7). Die beiden Aminosäuren des Aspartamhydrolysats werden durch die entsprechenden enteralen Aminosäurecarrierproteine resorbiert; Methanol diffundiert passiv durch die Zellmembranen [174, 175].

Eine direkte, unveränderte enterale Resorption des Aspartams unter Umgehung der enzymatischen Hydrolyse wurde auch unter hohen Expositionseinzeldosen von bis zu 200 mg/kg KG bei der Ratte nicht nachgewiesen [176].

Die beiden Aminosäuren des Aspartams werden nach erfolgter Resorption analog zu allen weiteren, physiologischerweise in der Nahrung vorhandenen Aminosäuren in den Bau- oder Energiestoffwechsel eingeschleust [176].

Akute Toxizität

Es liegen keine Einzelfallbeschreibungen über akute Intoxikationen des Menschen vor; eine akute Intoxikation durch orale Aufnahme des Stoffs ist nicht zu erwarten.

Im Hinblick auf die Methanolexposition des Organismus nach Aspartamkonsum (die permanent in Öffentlichkeit und Fachkreisen kontrovers diskutiert wird) treten toxische Methanoldosen (entsprechend 5 mL für eine 75 kg schwere Person) theoretisch erst ab einer Einzeldosis von 40 g Aspartam auf (dies entspricht einem Zuckeräquivalent von 6 kg!) [176]. Diese Einzeldosis wird im lebensmitteltechnischen Einsatz der Substanz nicht erreicht, ferner bedingen die enterale Hydrolysekinetik und die prolongierte enterale Resorption der Produkte einer solch hohen Einzeldosis Aspartam ein zeitlich verlangsamtes Anfluten des Methanols, so dass es nicht zu einer Überlastung der hepatischen Entgiftungsprozesse kommt und auch unter diesen Bedingungen ein elevierter Plasma-Methanolspiegel unwahrscheinlich ist [176].

Eine gewisse Problematik wurde der Methanolabspaltung durch Hydrolyse bei Lagerung oder Erhitzung eines fertig prozessierten Lebensmittels zugeschrieben [130, 182, 183]. Auch hier treten Dosen auf, die zwar analytisch im Produkt nachgewiesen werden können, jedoch praktisch keine toxikologische Relevanz aufweisen. Werden z. B. analog Richtlinie 94/35/EG 1000 mg Aspartam/kg in „süßen Dessertspeisen auf Wasserbasis“ eingesetzt (1000 mg/kg stellen die höchste Konzentration dar, die in der Richtlinie 94/35/EG in Bezug auf Aspartam genannt wird), so ist theoretisch eine Freisetzung von 0,11 g (bzw. 0,14 mL) Methanol/kg Produkt möglich, sofern der Süßstoff vollständig hydrolysieren würde.

In diesem Zusammenhang ist die endogene Methanolbildung erwähnenswert, deren Auftreten durch den Folsäure-Stoffwechsel bedingt wird. Es werden endogene Blut-Methanolkonzentrationen von ca. 2 mg/L angegeben [33]. Außerdem liegen bei Personen, die täglich Alkoholika konsumieren, endogene Methanolspiegel von bis zu 27 mg/L vor [76]. Vor dem Hintergrund eines Blutvolumens von 4,5 Litern resultiert eine Methanolmasse von ca. 120 mg bezogen auf das Blutvolumen. Diese Masse wird selbst dann bei dem zuvor angeführten Beispiel einer mit 1000 mg/kg gesüßten Dessertspeise nicht erreicht, wenn die gesamte Aspartamdosis von 1000 mg hydrolysiert und die Dessertspeise (1 kg) vollständig verzehrt würde.

Auch bei kritischer Betrachtung kommt der Methanolliberalisierung durch Hydrolyse im Lebensmittel unter Lagerungsbedingungen oder durch die enterale Hydrolyse bei den Einsatzkonzentrationen keine Bedeutung zu.

Im Hinblick auf die akute Toxizität des Aspartams kann eine LD_{50} nach oraler Exposition im Tierversuch praktisch nicht eindeutig bestimmt werden. Für Ratte und Maus werden >10 000 mg/kg KG angegeben.

Ein genotoxisches Potenzial wurde im Tierversuch nicht nachgewiesen: Im Dominant-Letal-Test mit 15 Rattenpaaren unter Anwendung einer oralen Dosis von 2000 mg Aspartam/kg KG wurde keine signifikant erhöhte Inzidenz für dominant-letale Mutationen im Vergleich zu einer Kontrollgruppe beobachtet [162]. Zwei weitere, aktuellere Studien bestätigten die Abwesenheit eines clastogenen Potenzials des Aspartams im Tierversuch [53, 132].

Kinetik und akute Toxizität vor dem Hintergrund der elevierten Exposition des Stoffwechsels gegenüber Phenylalanin und Asparaginsäure

Mit einer Aspartamexposition geht eine erhöhte Exposition des Stoffwechsels gegenüber Asparaginsäure und Phenylalanin einher. Die genannten Aminosäuren treten zwar praktisch in sämtlichen proteinhaltigen tierischen und pflanzlichen Lebensmitteln auf, doch ist unter hohen Aspartamdosen ein Übermaß der beiden genannten Aminosäuren gegenüber den weiteren Aminosäuren denkbar.

In Expositionsversuchen (Mensch, Einzeldosis oral 200 mg Aspartam/kg KG) konnten keine Veränderungen beim Plasmaprofil der freien Aminosäuren Phenylalanin und Asparaginsäure festgestellt werden: Sowohl das Aminosäureprofil als auch der Aminosäurespiegel im Plasma differierten nicht im Vergleich einer konventionell zubereiteten Mahlzeit gegenüber einer mit 200 mg Aspartam/kg KG angereicherten Mahlzeit [174]. Ebenfalls wurden keine elevierten Plasma-Methanolspiegel beobachtet.

Die Problematik der Phenylalaninexposition in Abhängigkeit des Aspartamkonsums wurde vor dem Hintergrund untersucht, dass Phenylalanin als Substrat für exzitatorische Transmitter (Phenylalanin → Tyrosin → DOPA → Dopamin → Noradrenalin → Adrenalin) wirkt und so das cerebrale, neuronale Transmittergleichgewicht stören könnte [120, 127]. Neben der Tatsache, dass in Phenylalanin ein Substrat für exzitatorische Transmitter vorhanden ist, ist von Bedeutung, dass Tyrosin (als „Metabolit") ein Substrat für die Schilddrüseneffektorhormone T_3/T_4 darstellt und der Dopaminspiegel (ebenfalls als „Metabolit" zu betrachten) Einfluss auf den Acetylcholinspiegel nimmt [127]. Daher kann hypothetisch eine indirekte Beeinflussung des Schilddrüsenstoffwechsels und der Motorik angenommen werden, ebenso wie eine Beeinflussung der psychischen Stabilität (Stimmung, Aufmerksamkeit, Erregung; Serotoninrepression/Serotonindegranulation bei sympathiko-mimetischer Stimulation) [127].

Der Einfluss exzitatorischer Transmitter bzw. der entsprechenden Substrate auf die Induktion epileptischer Episoden ist bekannt [120]. Daher ist die Induktion epileptischer Episoden vor dem Hintergrund einer aspartambedingten Phenylalanin- bzw. Asparaginsäureüberflutung prinzipiell denkbar. Für den Menschen sind Einzelfälle einer Induktion epileptischer Episoden in Verbindung mit hohem Aspartamkonsum beschrieben worden [192]. Das „Center for Disease Control" in den USA wertete daher in den 1980er Jahren Meldungen bezüglich möglicher epilepsiogener Effekte des Aspartams innerhalb eines Jahres aus und führte eine Bewertung der Daten im Sinne einer Fall-Kontrollstudie durch. Es konnte beim Vergleich einer Gruppe von „Aspartam-Verwendern" mit einer Gruppe von „Aspartam-Nichtverwendern" keine signifikante Auswirkung des Aspartamkonsums im Hinblick auf ein epilepsiogenes Potenzial festgestellt werden.

In umfangreichen Expositions-Doppelblindstudien, in denen speziell vorerkrankte Kinder untersucht wurden, die an Depressionen, Aufmerksamkeitsdefizitsyndrom, Morbus Parkinson und Epilepsie erkrankt sind (34 mg/kg KG oral täglich über zwei Wochen und Einzeldosen von oral 60 mg/kg KG), konnte ein möglicher Anteil des Aspartams an der Induktion epileptischer Episoden oder kognitiver Defizite nicht belegt werden [164]. Dies trifft auf ein gesundes Normalkollektiv in analoger Weise zu. Auch in anderen Studien konnte die Auswirkung der Aspartamexposition auf weitere neurologische und psychologische Parameter (Häufigkeit von Kopfschmerzen, Migräne, Aufmerksamkeitsdefizite, Unruhezustände oder motorische Störungen), die zuvor in Einzelfällen beschrieben wurden [114], für gesunde Personen nicht nachgewiesen werden [159, 171].

Ausgehend von der Fragestellung der aspartambedingten Phenylalaninexposition [175] und der unklaren Response des Organismus, wurden Anfang der 1980er Jahre umfangreiche Fütterungs- und Expositionsversuche am Tier durchgeführt. Erst in Versuchen unter höheren Dosen (650 mg Aspartam/kg KG) konnte ein Anstieg der Noradrenalin-Konzentration (Noradrenalin als biologischer Metabolit des Phenylalanins) im Hypothalamus, der Medulla oblongata und im Corpus striatum der Ratte festgestellt werden [41, 108]. Dieser wurde auf die aspartambedingte „Phenylalaninüberflutung" zurückgeführt, denn ab einer Dosis von 1000 mg Aspartam/kg KG konnte ein Anstieg der Noradrenalinkonzentration in allen untersuchten Fällen bestätigt werden [108]. Die Befunde sind jedoch allenfalls qualitativ zu bewerten; der Nachweis einer Korrelation des cerebralen Noradrenalinanstiegs mit der Expositionsdosis war nicht möglich [108]. Auswirkungen auf das dopaminerge und serotoninerge System wurden ebenfalls nicht festgestellt [108].

Die Induktion epileptischer Episoden im Tierversuch (epileptisch determinierte Ratten) bis 2000 mg Aspartam/kg KG (orale Einzeldosis) und eine durch die Aspartamexposition bedingte Veränderung der cerebralen Serotonin- und Dopaminspiegel wurden jedoch im Tiermodell nicht nachgewiesen [43].

Fazit: Die im Tierversuch in einzelnen Versuchsreihen festgestellten Veränderungen des cerebralen Transmitterstoffwechsels (Anstieg der Phenylalanin- und Noradrenalinkonzentration) stellen somit laborchemische Surrogatparameter dar, deren Anwendung auf die Praxis auch vor dem Hintergrund der wesentlich geringeren Einsatzkonzentration in der Lebensmitteltechnologie (max. 1000 mg/kg in Lebensmitteln, max. 6000 mg/kg in Bonbons, Richtlinie 94/35/EG) nicht reproduziert werden kann.

Akute Toxizität – Phenylketonurie und Aspartam

Eine besondere Relevanz von Aspartam besteht in der Exposition des Organismus gegenüber Phenylalanin, sofern eine Phenylketonurie homozygot vorliegt. Dieser hereditäre Enzymdefekt (Akkumulation von Phenylalanin bei synchronem Mangel von Dopamin und Serotonin; in der Folge neurologische Defizite) wird autosomal-rezessiv vererbt und tritt in der BRD mit einer Prävalenz von 1:12000 Neugeborene homozygot auf [51]. Eine phenylalaninarme Diät ist hier obligat indiziert. Im Säuglings- und Kleinkindalter ist diese besondere Diätform obligat, in späteren Lebensphasen kann in Abhängigkeit des Serum-Phenylalaninspiegels ggf. eine gewisse Toleranz für phenylalaninhaltige Produkte in den Diätplan eingeräumt werden. Daher ist bei Verwendung des Süßstoffs Aspartam auf der Verpackung eines Lebensmittels der Hinweis „enthält eine Phenylalaninquelle" erforderlich [131].

Chronische Toxizität unter besonderer Berücksichtigung neuer Studienergebnisse zur Kanzerogenität

Epidemiologisch wurde eine erhöhte Inzidenz von Hirntumoren unter Aspartakonsum in den USA zwischen 1975 (nach Markteinführung des Aspartams) und 1992 beobachtet [140]. Ein Kausalzusammenhang dieser Assoziation mit dem Aspartamkonsum konnte jedoch nicht verifiziert werden; die Studie weist außerdem methodische Schwächen auf [155]. Vielmehr scheinen Störvariablen für die zeitliche Koinzidenz relevant zu sein. Eine dieser Störvariablen stellt der erweiterte Einsatz der radiologischen Diagnostik dar. Darüber hinaus sind ortsspezifische Umweltfaktoren nicht untersucht worden. Außerdem unterliegt die Tumorinzidenz über mehrere Jahrzehnte statistischen Schwankungen, deren Ausgleich erst durch wesentlich länger angelegte Studienmodelle möglich ist [155]. Der Anteil des Aspartam an dem von Olney et al. [140] postulierten Modell wird auch in den Fachkreisen der USA als vernachlässigbar gering bezeichnet [129].

Dennoch wird in Einzelfällen das Auftreten von Hirntumoren in Verbindung mit dem Aspartamkonsum gebracht. Es konnte jedoch bisher kein eindeutiger Kausalzusammenhang, weder im Tierversuch noch im Rahmen der Anwendung des Stoffes, gefunden werden.

Im Hinblick auf die chronische Toxizität im Sinne von direkten kanzerogenen oder teratogenen Wirkungen ist jedoch in einzelnen Tierversuchen eine erhöhte Inzidenz für Hirntumore nachgewiesen worden: In einem ersten Experiment wurden Ratten gegenüber einer oralen Dosis von 1, 2, 4, 6 und 8 g Aspartam/kg KG über 104 Wochen expositioniert [61]. Es konnte zwar eine erhöhte Inzidenz für Hirntumore bei den exponierten Tieren festgestellt werden; eine

Dosis-Wirkungsbeziehung jedoch fehlte. Eine zweite Versuchsreihe mit 0, 2 und 4 g Aspartam/kg KG über 104 Wochen konnte die zuvor erhobenen Ergebnisse nicht bestätigen [61]. Zu einem identisch negativen Ergebnis kam eine dritte Studie, in der 0, 1, 2 und 4 g/kg KG über 104 Wochen verfüttert wurden [92]. Die Ergebnisse dieser Studien wurden dahin gehend bewertet, dass vor dem Hintergrund der fehlenden Wiederholbarkeit, der fehlenden Dosis-Wirkungsbeziehung und der ungewöhnlich hohen Expositionsdosen neben den bestehenden Inzidenzschwankungen der Tumorerkrankungen von Tieren unter Laborbedingungen Aspartam nicht als kanzerogen im Tierversuch einzustufen ist [40, 62].

Eine aktuelle Studie (*Soffritti et al., 2006*) [168] kommt jedoch zu folgenden Ergebnissen: Es wurde am Tiermodell der Ratte die Auswirkung eines lebenslangen Aspartamkonsums bis zum natürlichen Tod der Versuchstiere untersucht. Die Tiere wurden in Gruppen aus je 150 Tieren lebenslang gegenüber oralen Aspartamdosen von 5000 mg/kg KG, 2500 mg/kg KG, 500 mg/kg KG, 100 mg/kg KG, 20 mg/kg KG, 4 mg/kg KG und 0 mg/kg KG im täglichen Futter expositioniert. Nach dem natürlichen Tod der Tiere (100–150 Wochen) erfolgte eine umfangreiche pathologisch-histologische Untersuchung. Es wurde festgestellt, dass eine erhöhte Inzidenz für maligne Tumoren (insbesondere ab 2500 mg/kg KG), eine dosisabhängige Inzidenzzunahme für Leukämien und Lymphome, eine erhöhte Inzidenz für Nierenkarzinome und eine erhöhte Inzidenz für maligne Schwannome unter Aspartamexposition im Vergleich zur Kontrollgruppe vorliegt. Signifikant positive Befunde im Hinblick auf die Kanzerogenität wurden im Sinne einer Schwellendosis ab 20 mg/kg KG beobachtet, d.h. ab täglichen Dosen, die etwa der Hälfte des ADI-Wertes von 40 mg/kg KG entsprechen [168].

Die Autoren bezeichnen daher Aspartam als „multipotenzial carcinogenic compound".

Obgleich eine Dosisabhängigkeit bei *isolierter Betrachtung* zwar für die Leukämieinzidenz dargestellt werden konnte, war der Nachweis einer Dosisabhängigkeit sowohl für Blasen- und Nierenkarzinome als auch für maligne Schwannome nicht möglich. Die Dosisabhängigkeit der Leukämieinzidenz beschreibt zudem lediglich einen Trend, eine Steigerung des absoluten oder relativen Risikos in Abhängigkeit der Dosis kann aufgrund der hohen Varianz der Werte im Sinne einer linearen Regression nicht beschrieben werden.

Bei Betrachtung der *Gesamttumorrate* fällt zunächst auf, dass ein Anteil von 39% der männlichen und 46% der weiblichen Tiere ohne Exposition gegenüber Aspartam Tumoren aufweist. Eine Exposition gegenüber 4 mg/kg KG und 20 mg/kg KG führt bei den männlichen Tieren sogar zu Tumorraten von 32%, beziehungsweise von 35%. Eine unkritische Betrachtung könnte zu der Aussage verleiten, dass eine geringfügige Aspartamexposition zu einem Absinken des Tumorrisikos führt. Erst bei Expositionsdosen von 100–2500 mg/kg KG werden Tumorraten zwischen 42% und 46% angegeben. Darüber hinaus kann eine *Dosisabhängigkeit der Gesamttumorrate* weder im Hinblick auf die männlichen noch auf die weiblichen Dosiskohorten beobachtet werden, was die Berechnung eines absoluten oder relativen Risikozuwachses unter Exposition in Abhängigkeit der

Dosis unmöglich macht. Die durchschnittliche Gesamttumorrate beträgt unter Berücksichtigung aller männlichen Expositionsgruppen unabhängig von der Dosis 42% im Vergleich zu einer Gesamttumorrate von 39% ohne Exposition. Ein absoluter Risikozuwachs von 3% und ein relatives Risiko von 1,07 können bei Vergleich der Nichtexpositionsgruppe mit den Tumorinzidenzen aller männlichen Expositionsgruppen beschrieben werden. Vor dem Hintergrund dieser Betrachtungen und der hohen Tumorinzidenz der Tiere unter Laborbedingungen als Negativkontrolle (mehr als 1/3 aller Tiere wiesen ohne Exposition Tumoren auf!) muss die zuvor zitierte Aussage von Soffritti et al., nach der Aspartam eine „potenziell multikanzerogene Substanz" sei, äußerst kritisch betrachtet werden.

Daher ist eine grundsätzliche Nachbewertung des Stoffes dringlich zu empfehlen. Es ist zunächst zu prüfen, ob die Ergebnisse reproduzierbar sind (z. B. im Hinblick auf andere Rattenstämme oder andere Tierarten).

Der mögliche Tumorigenesemechanismus ist ungeklärt. Hypothetisch ist davon auszugehen, dass die Tumorigenese praktisch nicht auf Aspartam direkt zurückzuführen ist, da Aspartam nahezu vollständig enteral enzymatisch hydrolysiert wird, bevor die Resorption erfolgt.

Eine hypothetische Annahme in Bezug auf die Toxikodynamik geht von einer Einflussnahme der „Phenylalaninüberflutung" des Stoffwechsels nach Inkorporierung hoher Aspartamdosen aus: Ein Eingriff in das cerebrale Transmittergleichgewicht und ein möglicher proliferativer Effekt sind denkbar. Eine schlüssige Erklärung stellt diese Annahme jedoch nicht dar, da zum einen der Übertritt von Substanzen über die Blut-Hirnschranke reguliert wird (es findet sich keine Dosis-Wirkungsbeziehung zwischen Phenylalaninexposition und cerebraler Transmitterverschiebung), und da zum anderen weitere Tumoren, die in der Studie [168] genannt wurden, durch diese Hypothese nicht erklärt werden.

Eine andere Hypothese geht von einem Abbauprodukt/Nebenprodukt des Aspartams aus. Es handelt sich dabei um die 5-Benzyl-3,5-dioxo-piperazinessigsäure (CAS 55102-13-1). Diese Substanz entsteht bei Erhitzen des Aspartams über 196 °C (neben Maillard-Produkten) und bei Lagerung von wässrigen, angesäuerten Aspartamlösungen (z. B. Erfrischungsgetränke) unter Methanolabspaltung (Abb. 39.8) [182].

Daneben tritt 5-Benzyl-3,5-dioxo-piperazinessigsäure auch als bekanntes Synthesenebenprodukt, d. h. als Syntheseverunreinigung in Aspartam auf (ein EU-Grenzwert ist definiert: 5-Benzyl-3,5-dioxo-piperazinessigsäure <1,5%) [182].

Möglicherweise hat im Hinblick auf die beschriebene Studie eine Verunreinigung des Aspartams mit 5-Benzyl-3,5-dioxo-piperazinessigsäure oder eine Bildung der 5-Benzyl-3,5-dioxo-piperazinessigsäure im Rahmen der Futterbereitung vorgelegen. Eine enterale Hydrolyse des Aspartams zu 5-Benzyl-3,5-dioxo-piperazinessigsäure unter entsprechender Exposition könnte ebenfalls angenommen werden, ist jedoch bisher nicht beschrieben worden.

Die Verbindung 5-Benzyl-3,5-dioxo-piperazinessigsäure zeigte im Tierversuch mit Ratten über einen Beobachtungszeitraum von einem Jahr (Exposition täglich 0, 1, 2, 3 und 4 g DKP/kg KG oral) eine signifikante Inzidenzsteigerung für Hirntumore [92]. Da auch weitere Neoplasien durch 5-Benzyl-3,5-dioxo-piperazin-

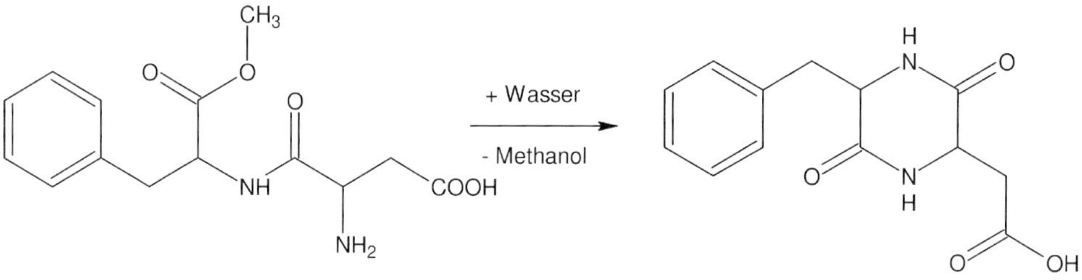

Abb. 39.8 Kondensation von Aspartam zu 5-Benzyl-2,5-dioxo-piperazinessigsäure.

essigsäure ausgelöst werden können und die Tiere in der genannten Studie neben Hirntumoren auch andere Tumoren boten, könnte eine 5-Benzyl-3,5-dioxo-piperazinessigsäure-Bildung im Rahmen der Synthese des Aspartams, der Lagerung, der Lebensmittelherstellung oder durch die enteralen hydrolytischen Bedingungen eine in bisher zu geringer Weise beachtete Problematik darstellen.

Wirkungen auf weitere biologische Systeme

Im Hinblick auf die Genotoxizität wurden verschiedene Untersuchungen zur Wirkung des Aspartams *in vitro* durchgeführt: Die Anwendung *in vitro* führte beim Ames-Test (*Salmonella typhimurium*-Stämme TA 1535, TA 1537, TA 1538, TA 98, TA 100, mit und ohne S9-Aktivierung) im Konzentrationsbereich von 10–5000 µg/Assay zu negativen genotoxischen Befunden im Vergleich zur Kontrolle [167].

Toxikologie der Syntheseedukte/Syntheseintermediate und Edukt- bzw. Prozessverunreinigungen

Bei den Ausgangsstoffen der Synthese sind keine toxikologisch bedenklichen Stoffe im Sinne von Rückständen zu erwarten. Im Rahmen der Synthese kann 5-Benzyl-2,2-dioxo-piperazinessigsäure (DKP) entstehen. Die DKP-Bildung wird auch, wie in den vorherigen Ausführungen beschrieben, bei Lagerung wässriger Produkte und unter der Erhitzung beobachtet [182].

Die Reinheit des verkehrsfähigen Aspartams wird durch die ZVerkV geregelt. Diese zitiert für Aspartam die EU-Verordnungen 95/31/EG und 2001/52/EG: Arsen <3 mg/kg, Blei <3 mg/kg, Schwermetalle <10 mg/kg, 5-Benzyl-3,6-dioxo-2-piperazinessigsäure <1,5%.

Grenzwerte, Richtwerte und Empfehlungen

Der ADI-Wert beträgt 0–40 mg/kg KG (SCF-Opinion vom 04. 12. 2002, Tab. 39.5), woraus ein mögliches Zuckeräquivalentt bei Einsatz von 3000 mg Aspartam für eine 75 kg schwere Person resultier (unter Berücksichtigung des Süßkraftfaktors von 200) von 600 g Saccharose/Tag.

Unter Berücksichtigung der aktuellen Sachverhalte, besonders vor dem Hintergrund der Ergebnisse von Soffritti et al. [168], ist für die Verwendung von Aspartam Folgendes zu empfehlen, bis eine einheitliche Stellungnahme der EU zu den neuen Studienergebnissen erfolgt ist:

- strikte Kontrolle/Einhaltung des EU-Grenzwertes für 5-Benzyl-3,5-dioxo-piperazinessigsäure (< 1,5%); Diskussion einer Absenkung des Grenzwertes
- Nutzung von Aspartam vornehmlich in Kombination mit anderen Süßstoffen, um vor dem Hintergrund potenzierender, synergistischer Effekte die Aspartamdosis zu reduzieren
- Einschränkung der Verwendung von Aspartam in angesäuerten Getränken (Colagetränke, Longdrinks)
- kritische Diskussion des Mindesthaltbarkeitsdatums; Vermeidung des Konsums überlagerter Getränke
- Ausschluss der Verwendung von Aspartam in Lebensmitteln unter Erhitzungsbedingungen.

39.4.3
Cyclamat (E 952)

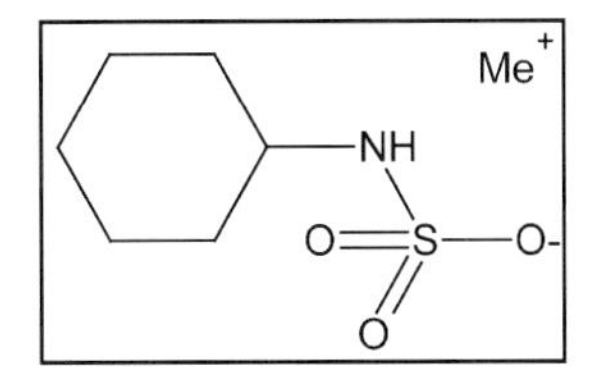

Allgemeine Beschreibung

Cyclamate stellen Anionen der Cyclohexylsulfamidsäure, CAS 100-88-9, dar. Eingesetzt werden das Natriumsalz (Natriumcyclamat) (CAS 139-05-9) und das Calciumsalz (CAS 5897-16-5).

Während die freie Säure aufgrund der geringen Wasserlöslichkeit praktisch keine Verwendung findet, werden die Natrium- und Calciumsalze in großem Umfang seit Inkrafttreten der Änderungsverordnung der DiätVO von 1975 in der BRD verwendet.

Natriumcyclamat besitzt eine Zersetzungstemperatur von 260 °C und eine Wasserlöslichkeit von ca. 250 g/L bei 20 °C; in organischen Lösungsmittel ist praktisch keine Löslichkeit vorhanden [19]. Die Summenformel lautet $C_6H_{12}NaNO_3S$, das Molekulargewicht beträgt 201,2 g/mol. Der Süßkraftfaktor wird mit 35 angegeben [83].

Calciumcyclamat ist von geringerer Bedeutung, da die Löslichkeit in Wasser begrenzt ist.

Die Synthese der Cyclohexylsulfamidsäure erfolgte erstmals durch Sveda 1937 [11]. Das Syntheseprinzip wird bis heute (in modifizierter Weise) großtechnisch durchgeführt (Abb. 39.9): Ausgehend von Cyclohexylamin erfolgt in hoch siedenden Lösungsmitteln mit Sulfonierungsreagenzien die Darstellung des Salzes

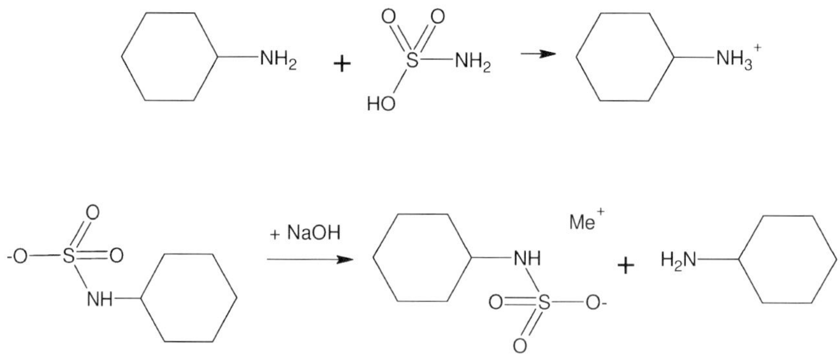

Abb. 39.9 Synthese von Natriumcyclamat.

„*N*-cyclohexyl-*N*-cyclohexylammoniumsulfamat". Durch Zugabe von Natriumhydroxid wird das Cyclohexylammoniumkation in Cyclohexylamin überführt; das Cyclohexylsulfamidsäureanion mit dem Natriumion stellt schließlich das Produkt Natriumcyclamat dar [11].

Nachteilig ist die nicht vollständige Ausbeute vor dem Hintergrund der toxikologischen Problematik des Cyclohexylamin-Syntheserückstandes.

Ein anderes Syntheseprotokoll geht daher von Cyclohexylamin und tertiären Aminen aus. Nach erfolgter Reaktion liegt Natriumcyclamat direkt vor; die tertiären Amine werden wieder freigesetzt und können praktikabel abgetrennt werden [12]. Weitere Synthesewege sind in [1] beschrieben.

Einsatz/Verwendung

Cyclamate zeigen praktisch unter sämtlichen lebensmitteltechnologischen Anwendungen Stabilität. Neben der Temperaturstabilität (Natriumcyclamat) bis ca. 260 °C ist eine pH-Stabilität praktisch im gesamten lebensmittelrelevanten Spektrum gegeben [19]. Unter stark sauren Bedingungen (< pH 2) kann eine Protonierung der Sulfamidsäuregruppe erfolgen; die Wasserlöslichkeit der Substanz nimmt ab [19].

Im für Lebensmittel relevanten pH-Bereich liegt eine hohe Wasserlöslichkeit vor, daher erfolgt der Einsatz vor allem in Erfrischungsgetränken.

Im Hinblick auf den Süßeindruck tritt ein störender Nachgeschmack unter üblichen Anwendungskonzentrationen nicht ein. Daher kann der Süßstoff z. B. in Kombination mit Saccharin eingesetzt werden, um den saccharintypischen, metallischen Nachgeschmack zu maskieren.

Typische Anwendungen sind Mischungen aus zehn Teilen Cyclamat und einem Teil Saccharin. Hier sind darüber hinaus synergistische Effekte bei der Süßkraft zu erwarten.

Nachteilig für den Einsatz in Lebensmitteln ist die Reduktion von Cyclamat in sauren, wässrigen Lebensmitteln (beispielsweise Erfrischungsgetränke) unter Lagerungsbedingungen. Die Bildung von toxikologisch relevantem Cyclohexyla-

NH + H_2O → NH_2 + H_2SO_4

O=S—O-

O

Abb. 39.10 Hydrolyse des Cyclamats zu Cyclohexylamin und Schwefelsäure (bzw. Sulfat).

min (Reproduktionstoxizität) ist in solchen Lebensmitteln im Rahmen einer Hydrolyse der Sulfonamidsäuregruppe möglich (Abb. 39.10) [35].

Kinetik und innere Exposition

Nach Exposition gegenüber oralen Einzeldosen von 2–4 g Cyclamat/kg KG werden bei der Ratte nach acht Stunden 18–25% der oralen Dosis enteral als organisches Anion (Cyclohexylsulfamidsäureanion) resorbiert, 75–80% verbleiben unresorbiert im Magen-Darmtrakt und stehen einer mikrobiellen Reduktion zu Cyclohexylamin zur Verfügung [90, 104].

In Versuchen an Ratten mit radioaktiv markiertem Cyclamat erfolgte keine Metabolisierung (und damit keine Stoffwechselresponse) der enteral resorbierten Cyclamatfraktion [169]. Weder eine signifikante Reduktion noch eine Glucuronidierung wurden beschrieben [169]. Nach dem Übertritt von Cyclamat in den Stoffwechsel wird die Substanz nahezu unverändert renal eliminiert [169]. Maximal 0,9% einer parenteral applizierten Cyclamatdosis werden durch den Stoffwechsel zu Cyclohexylamin reduziert [149]. Die durchschnittliche Plasma-Halbwertszeit des Cyclamats beträgt bei der Ratte acht Stunden [169, 188].

Oral appliziertes Cyclamat unterliegt einer enteralen Metabolisierung zu Cyclohexylamin. Die enterale Metabolisierung weist eine Varianz sowohl intra- als auch interspezifisch auf. Für den Menschen wird eine sehr hohe Varianz der Metabolisierungsrate einer oralen Cyclamatdosis angegeben, die zwischen 0 und 28% [169] bzw. 0 und 75% [191] liegt. Im ungünstigen Fall bedeutet dies, dass ca. 75% einer Cyclamatdosis (d. h. nahezu die gesamte enteral nicht resorbierte Fraktion) zu Cyclohexylamin reduziert werden. In Versuchen an Ratten wurden Reduktionsraten von 0–38% der oral applizierten Cyclamatfraktion nachgewiesen [149].

Darüber hinaus liegt keine Dosis-Zeitkinetik der Cyclohexylaminbildung vor. Außerdem führt eine regelmäßige Cyclamatexposition zu einer höheren Reduktionsrate als dies für eine isolierte Einzeldosis der Fall ist [149].

Die große Varianz der Cyclamatreduktion wird durch die individuell-spezifische Zusammensetzung der enteralen Flora bedingt: So konnte gezeigt werden, dass Ratten, die nur über eine geringe Reduktionsrate (ca. 0,5%, „low-converter") verfügten, bei Kontakt mit anderen Ratten höherer Reduktionsrate (20%, „high-converter") nach einer Woche ebenfalls diese hohe Reduktionsrate aufwiesen. Ratten verzehren Blinddarmkot, die Aufnahme des Blinddarmkots mitsamt der Flora von „high-convertern" führte zu einer mikrobiellen Adaptation der „low-converter“ [149]. Ebenso ist am Tiermodell (Ratte) gezeigt worden, dass eine Antibiotikatherapie bei „high-convertern“ zu einer Verringerung der enteralen Reduktion führt [170].

Neben Cyclohexylamin wurden noch Cyclohexanol und *N*-Hydroxy-Cyclohexylamin als weitere, jedoch weniger relevante Metaboliten beobachtet [188].

Da weder eine zeitliche noch eine dosis- oder speziesabhängige Kinetik der Bildung des Cyclohexylamins bestimmt werden kann, ist für eine toxikologische Bewertung daher davon auszugehen, dass praktisch 2/3 der oral zugeführten Cyclamatdosis potenziell für eine enterale Metabolisierung zu Cyclohexylamin zur Verfügung stehen.

In den folgenden Betrachtungen wird daher neben Cyclamat auch das Cyclohexylamin im Hinblick auf die akute und chronische Toxizität bewertet.

Eine Akkumulation des Cyclamats im Organismus wird nicht beobachtet [104]. Eine Einzeldosis von 3 g Cyclamat ist innerhalb von 3 Tagen vollständig renal (20–30%) bzw. über die Faeces (70–80%) eliminiert. Regelmäßige Dosen führen zu konstanten Plasmakonzentrationen; ein Anstieg der Plasmakonzentration verhält sich proportional zur Dosissteigerung [188]. Eine parenterale Cyclamatdosis wurde unverändert renal eliminiert [188].

Ein Übertritt in die Muttermilch konnte in Versuchen an Hunden bestätigt werden. In Einzeldosis-Expositionsversuchen an Hunden wurde ca. 1% der zuvor oral applizierten Einzeldosis in der Milch nachgewiesen [169].

39.4.3.1 **Toxikodynamik Cyclamat**

Akute Toxizität Cyclamat

Hinweise für akut toxische Wirkungen auf den Menschen liegen nicht vor.

Die toxikologische Relevanz des Cyclamats besteht vor allem in der Reduktion des enteral nicht resorbierten Cyclamats zu dem toxikologisch relevanten Metaboliten Cyclohexylamin im Sinne einer enteralen Metabolisierung.

Dies erklärt den wesentlich niedrigeren LD_{50}-Wert für Cyclamat bei oraler Aufnahme im Vergleich zur intravenösen Injektion (unter Umgehung der enteralen Reduktion): LD_{50} (Ratte) oral = 1280 mg/kg KG, LD_{50} (Ratte) intravenös = 3500 mg/kg KG. Akut toxische Wirkungen im Tierversuch nach oraler Aufnahme sind Durchfälle, ödematöse Veränderungen der Darmwand, akutes Nierenversagen und Blutbildveränderungen (reduzierte Hämoglobinkonzentration) [150, 158].

Für *Cyclamat* und die Natrium- und Calciumsalze bestehen ferner keine Hinweise auf eine genotoxische Wirkung: In Chromosomenaberrationstests humaner, peripherer Leukozyten am Menschen *in vivo* wurden unter Applikation von 3-mal täglich 5 g über vier Tage keine Chromosomenaberrationen nachgewiesen [52].

Chronische Toxizität Cyclamat

Zunächst wurde in Dominant-Letal-Tests die additive Wirkung von Cyclamat bezüglich eines cokanzerogenen Potenzials untersucht. Testgruppen von Ratten mit Natriumnitrit und Methylharnstoff als definierte Prüfkanzerogene erhielten zusätzlich 1,4% Natriumcyclamat im täglichen Futter über drei Monate; der Cyclamatzusatz entfiel in den parallel untersuchten Vergleichsgruppen. Es konnte keine signifikante Inzidenzsteigerung für dominant-letale Mutationen zwischen beiden Kollektiven festgestellt werden [5].

Ein direktes, kanzerogenes Potenzial des Cyclamats wurde über einen längeren Zeitraum angenommen. Hochdosis-Fütterungsversuche an Ratten (>5% Cyclamat im täglichen Futter) haben 1969 in den USA zu einer erhöhten Tumorinzidenz (Blasen- und Harnwegstumore) der Versuchstiere geführt [150, 158], so dass man von einem direkten kanzerogenen Potenzial des Cyclamats ausgegangen ist und die Zulassung der Substanz als Süßstoff in den westlichen Industriestaaten entzogen hat. Die kanzerogene Wirkung war jedoch auf Verunreinigungen und die Bildung der genannten Metaboliten (Cyclohexylamin, Dicyclohexylamin) zurückzuführen, deren erhöhtes (und damit relevantes) Auftreten durch die Hochdosis-Fütterungen retrospektiv erklärt wurde [30].

Eine Nitrosierung der Substanz an der sekundären Aminogruppe mit dem Auftreten von kanzerogenen *N*-Nitrosoverbindungen bei gleichzeitiger Exposition des Organismus gegenüber Nitrit (durch die Nahrung) ist theoretisch möglich, jedoch zeigten Untersuchungen in der Praxis, dass analog zu Acesulfam-K eine Nitrosierung nicht erfolgt (vgl. Abschnitt 39.4.1).

Umfangreiche Nachbewertungen [52, 79] führten zu einer Wiederzulassung in der BRD 1975 (im Rahmen einer Änderungsverordnung der Diät-Verordnung), nicht jedoch in den USA, obgleich auch in späteren kombinierten Reproduktions- und Kanzerogenitätsstudien an Ratten mit elevierten Dosen (bis 5 g/kg KG) keine Hinweise für ein reproduktionstoxisches oder kanzerogenes Potenzial des Cyclamats festgestellt werden konnten [160]. Die Anfang der 1970er Jahre postulierten Ergebnisse ließen sich damit nicht reproduzieren.

39.4.3.2 **Toxikodynamik Cyclohexylamin**

Da Cyclohexylamin als reproduktionstoxisch im Tierversuch eingestuft wurde, gleichzeitig aber als Metabolit des Cyclamats auftritt und die enterale Metabolisierung zu Cyclohexylamin zudem eine hohe Varianz sowohl intra- als auch interspezifisch aufweist (fehlende Kontrolle einer reproduzierbaren Dosis-Kinetikbeziehung), ist eine toxikodynamische Betrachtung des Cyclohexylamins als Einzelstoff obligat erforderlich.

Akute Toxizität Cyclohexylamin

Die Toxikologie des *Cyclohexylamins* besteht für den Menschen im Wesentlichen in einer akut toxischen Wirkung (Erbrechen, Diarrhö, hypertensive Krisen, Glottisödem, Photosensibilisierung). Im Tierversuch wurde eine LD_{50} oral (Ratte) von 11 mg/kg KG und eine LD_{50} oral (Maus) von 224 mg/kg KG festgestellt.

Eine genotoxische Wirkung konnte im Dominant-Letal-Test an Mäusen (tägliche Aufnahme von 150 mg/kg KG über 5 Tage) nicht signifikant bestätigt werden [116]. Jedoch zeigte sich im Rahmen eines Chromosomenaberrationstests an Chinesischen Hamstern ein genotoxisches Potenzial in der Weise, dass nach dreitägiger Exposition gegenüber täglich 200 mg Cyclamat/kg KG in nachfolgend ausgewerteten Leukozytenkulturen eine signifikante Häufung von Ringchromosomen, Austauschfiguren, Fragmenten und Brüchen gegenüber einer Kontrollgruppe auftrat. Daher sind deutliche Hinweise für ein genotoxisches Potenzial des Cyclohexylamins gegeben [185].

Chronische Toxizität Cyclohexylamin

Eine kanzerogene Wirkung des Cyclohexylamins konnte im Tierversuch nicht bewiesen werden. Zur Untersuchung der Kanzerogenität wurde ein Mauskollektiv in vier Gruppen differenziert. Die Tiere der Einzelgruppen erhielten täglich 0, 300, 1000 und 3000 mg Cyclohexylamin über einen Zeitraum von 80 Wochen. Die Tiere der unterschiedlichen Expositionsgruppen zeigten in keinem Fall eine erhöhte Tumorinzidenz. Es wurden jedoch strukturelle Veränderungen der Leber in der Dosisgruppe von 3000 mg beobachtet [72]. Zu ähnlichen Ergebnissen kam ein Versuch an Ratten, in dem bis zu 6000 mg/Tag Cyclohexylamin über 104 Wochen oral appliziert wurden. Dosisabhängig konnte eine reduzierte Futteraufnahme und ein reduziertes Körpergewicht der Ratten beschrieben werden. Auch dieser Versuch zeigte keine signifikant erhöhte Inzidenz für Neoplasien in den Expositionsgruppen im Vergleich zur Kontrollgruppe. Es wurden jedoch in den Expositionsgruppen 2000–6000 mg Blutbildveränderungen (Leukopenie), eine reprimierte Schilddrüsenfunktion und eine testikuläre Atrophie beobachtet [69].

Eine reproduktionstoxische Wirkung ist im Hinblick auf Cyclohexylamin vorhanden. Im Versuch an Hunden wurde nach oraler Exposition der Tiere gegenüber Cyclohexylamin (75 mg/kg KG, täglich ansteigend über 6 Tage auf 150 mg/kg KG, 3 Tage konstant, dann absteigend auf 125 mg/kg KG für 2 Tage) eine Reduktion der Nahrungsaufnahme und der Spermatogenese festgestellt. Es fanden sich zudem abnorme Spermatozoen. Die Spermatogenese war bis neun Wochen nach Expositionsende eingeschränkt [94]. Obgleich in diesen Versuchen keine Einflussnahme des Cyclohexylamins auf Steuerungshormone nachgewiesen wurde, konnte in analogen Versuchsalgorithmen an Ratten neben der Reduktion der Spermatogenese eine Repression des LH- und Testosteronspiegels festgestellt werden [94].

Obgleich ein kanzerogenes Potenzial des Cyclohexylamins nicht bestätigt werden konnte, ist doch eine reproduktionstoxische Wirkung nachgewiesen. Die Wirkschwelle im Tierversuch liegt bei ca. 75 mg/kg KG beim Hund.

Die Ergebnisse wurden unter hohen oralen Expositionsdosen (150 mg/kg KG Hund; bis 500 mg/kg KG Ratte) erhoben, doch ist bei Betrachtung der Relevanz und der Folgen der reproduktionstoxischen Wirkungen die Restriktion des Cyclohexylamins in biologischen Systemen dringend indiziert. Daher geht die Tatsache der Cyclohexylaminbildung unter Cyclamatingestion in die generelle toxikologische Bewertung (ADI-Wert) mit ein.

Wirkungen auf weitere biologische Systeme
Cyclamat verursachte im Ames-Test mit *Salmonella typhimurium*-Stämmen TA 1535, TA 100, TA 1537, TA 98 in Dosen von bis zu 250 mg/Assay keine signifikanten Mutationen im Sinne von genotoxischen Wirkungen [78].

Toxikologie der Syntheseedukte/Syntheseintermediate und Edukt- bzw. Prozessverunreinigungen
Da Cyclohexylamin als Syntheseedukt eingesetzt wird und diese Verbindung, wie zuvor beschrieben, eine signifikante akute und chronische Toxizität aufweist, ist die Abwesenheit dieses Syntheseeduktes Voraussetzung für die Verwendung des Cyclamats als Zusatzstoff in Lebensmitteln. Darüber hinaus können noch relevante Verunreinigungen des Cyclohexylamins als Syntheseedukt auftreten (Dicyclohexylamin und Anilin).

Daher ist in der ZVerkV die EU-Richtlinie 95/31/EG und 2001/52/EG zitiert, welche die Grenzwerte sowohl für Verunreinigungen des Cyclohexylamins als Syntheseedukt, für Cyclohexylamin als Rückstand der Synthese und für weitere Syntheseedukt- bzw. Prozessverunreinigungen anorganischer Natur vorschreibt: Cyclohexylamin <10 mg/kg, Dicyclohexylamin <1 mg/kg, Anilin <1 mg/kg, Selen <30 mg/kg, Blei <1 mg/kg, Schwermetalle <10 mg/kg, Arsen <3 mg/kg.

Grenzwerte, Richtwerte, Empfehlungen
Vor dem Hintergrund des indirekten, toxikologischen Potenzials des Cyclamats durch das Auftreten des toxikologisch relevanten Metaboliten Cyclohexylamin bei Überschreitung einer intra- und interspezifisch variablen Schwellendosis (Cyclohexylamin kann zudem als Syntheserückstand auftreten), wurden strikte Reinheitsanforderungen an Cyclamat in der ZVerkV 1981 erlassen und gleichzeitig der ADI-Wert kontinuierlich gesenkt. Lag der ADI-Wert für Cyclamat 1985 noch bei 0–11 mg/kg KG, wurde der ADI-Wert auf inzwischen 0–7 mg/kg KG abgesenkt (SCF-Opinion vom 09. 03. 2000). In der ZZulV 1998 ist die höchstzulässige Dosis nach Änderungs-Verordnung vom 20. 01. 2005 auf 250 mg/L für Getränke festgelegt worden; ferner ist der Einsatz in stark sauren Lebensmitteln (z. B. Obstkonserven, kohlensäurehaltigen Getränken) nicht mehr vorgesehen (Vermeidung einer Cyclohexylaminbildung unter Lagerungsbedingungen).

Die enterale Cyclohexylaminbildung bei der Verwendung von Cyclamat hat die Festlegung des ADI-Wertes entscheidend beeinflusst. Es wurde davon ausgegangen, dass im ungünstigsten Fall maximal bis zu 85% des nicht resorbierten Cyclamats enteral zu Cyclohexylamin reduziert werden. Daher wurde aus Sicherheitsgründen zur Bestimmung des ADI-Wertes der NOAEL des Cyclohexylamins für die Bewertung zugrunde gelegt. Multipliziert mit dem Molekulargewichtsverhältnis Cyclamat/Cyclohexylamin, dividiert durch interindividuelle Sicherheitsfaktoren und die enterale Reduktionsrate (85%), ergibt sich ein ADI-Wert, der ausgehend vom NOAEL des Cyclohexylamins unter Berücksichtigung der enteralen Reduktionsrate und weiterer Sicherheitsfaktoren formuliert wird.

Vor dem Hintergrund des Süßkraftfaktors von 35 und des ADI-Wertes von 0–7 mg/kg KG ergibt sich ein Zuckeräquivalent von ca. 18 g Saccharose/Tag für eine 75 kg schwere Person. Dieser Wert macht deutlich, dass Cyclamate trotz ihrer vorzüglichen lebensmitteltechnologischen Eigenschaften auf dem Boden der Toxikologie mehr und mehr für fertig produzierte Lebensmittel an Bedeutung verlieren, jedoch noch als Mischungsbestandteil (Synergismus, Potenzierung) eine gewisse Relevanz haben.

39.4.4
Saccharin (E 954)

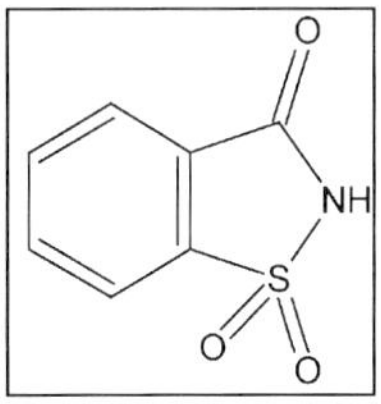

O
NH
S
O O

Allgemeine Beschreibung

Bei Saccharin handelt es sich um 1,2-Benzoisothiazol-3(2H)-on-1,1-dioxid, CAS 128-44-9, Summenformel $C_7H_5NO_3S$, Molekulargewicht 183,2 g/mol (wasserfrei). Der Schmelzpunkt liegt bei 228–230 °C.

In Europa erfolgt die Synthese vornehmlich nach dem Remsen-Fahlberg-Verfahren von 1879 [59]. Die Sulfonierung von Toluol mit Chlorsulfonsäure führt zu 2-Chlorsulfonyltoluol (Abb. 39.11). Dieses wird mit Ammoniak zu 2-Sulfamidtoluol umgesetzt, welches unter oxidativen Bedingungen schließlich in Saccharin überführt wird (durch die Oxidation gehen die Methylgruppe und die Sulfonamidgruppe einen Ringschluss ein, so dass das charakteristische Benzoisothiazol entsteht).

Saccharin zeigt eine hohe Lipophilie; die Löslichkeit in Wasser beträgt 2 g/L (bei 20 °C) [83]. Daher wird in wässrigen Medien das Natriumsalz (Löslichkeit 1000 g/L) oder das Calciumsalz (Löslichkeit 370 g/L) verwendet [83].

Der Süßkraftfaktor des reinen Saccharins beträgt 550, d. h. eine Lösung einer Saccharinkonzentration von 0,0002 mol/L erzeugt den Süßeindruck einer 0,1 molaren Saccharoselösung [83].

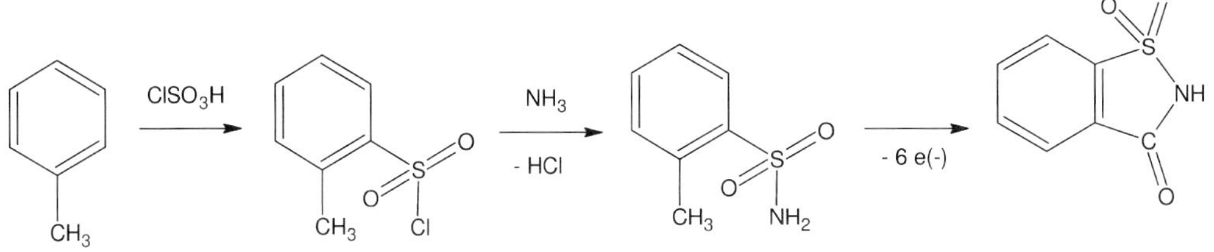

CH3
ClSO3H
CH3 O S O Cl
NH3
- HCl
CH3 O S O NH2
- 6 e(-)
O O S NH C O

Abb. 39.11 Synthese von Saccharin.

Einsatz/Verwendung

Die Verbindung ist von allen vollsynthetischen Süßstoffen am längsten im Einsatz: Seit 1884 wird Saccharin industriell produziert und als Süßstoff in Lebensmitteln eingesetzt. Typischerweise erfolgt wegen der hohen Wasserlöslichkeit meist die Verwendung des Natriumsalzes. Der Einsatzbereich deckt praktisch den gesamten pH-Bereich von Lebensmitteln ab [83]. Daher wird Saccharin beispielsweise in Backwaren, Tafelsüßen, Erfrischungsgetränken, alkoholischen Getränken und Mundhygieneprodukten (insbesondere zur Steigerung der Compliance bei Kindern) eingesetzt.

Meist erfolgt die Kombination mit Cyclamat (Verhältnis 1:10, z. B. Natreen®), da Saccharin als Einzelsubstanz zwar über einen intensiven Süßgeschmack verfügt, diesem jedoch ein bitteres, metallisches Nachbild folgt. Bei Verwendung einer Mischung mit anderen Süßstoffen wird dieser Effekt weitgehend maskiert.

Es erfolgt darüber hinaus ein Einsatz in der Aufzucht von Ferkeln und Kälbern nach Substitution der Kälber- oder Sauenmilch gegen Trockennahrung. Saccharin scheint auch auf diese Tiere einen positiv assoziierten Süßeindruck auszuüben, so dass Futterverweigerung durch „Geschmacksoptimierung" kompensiert wird [83].

Kinetik und innere Exposition

Nach oraler Applikation einer Einzeldosis Natriumsaccharin erfolgt bei Mensch und Tier (Ratte) eine praktisch vollständige enterale Resorption der Substanz als organisches Anion innerhalb von 0,5 Stunden nach Aufnahme der Substanz [39, 123]. In Abhängigkeit der Füllung des Magen-Darmtraktes kann die Resorptionskinetik geringfügig prolongiert sein [123].

Die Substanz wird bei Mensch und Tier (Ratte) vollständig und unverändert renal eliminiert. Eine Metabolisierung ist im Tierversuch an der Ratte präresorptiv und postresorptiv nicht beobachtet worden [123]. Sowohl nach oraler Aufnahme als auch nach Injektion radioaktiv markierter Natriumsaccharindosen wird nahezu die gesamte Aktivität im Sammelurin wiedergefunden. Bei Applikation hoher Dosen ist für die Ratte eine Absättigung der renal-tubulären „organischen Anionentransportproteine" beschrieben worden [148]. Dies führt ab Plasmakonzentrationen von 200–300 µg/mL zu einem Absinken der renalen Clearance für Saccharin [22, 148]. Dieser kinetische Aspekt könnte hypothetische Auswirkungen auf die Harnsäureelimination haben, da Harnsäure (als Urat) mit anderen organischen Anionen (Salicylat, etc.) um die renal-tubulären „organischen Anionentransportproteine" kompetitiv konkurriert. Die Auslösung einer Podagra (Gichtanfall) bei niedrigen Dosen ist analog einer Podagra bei Low-dose-Applikationen von Acetylsalicylsäure denkbar, jedoch nicht explizit beschrieben.

Akute Toxizität

Für Natriumsaccharin, Calciumsaccharin und die freie Base sind seit Einführung der Substanz Ende des 19. Jahrhunderts bis heute keine Einzelfälle akuter Intoxikationen für den Menschen beschrieben worden.

In den 1960er und 1970er Jahren wiesen mehrere Einzelfallbeschreibungen auf ein mögliches photoallergenes Potenzial des Saccharins hin [71, 128]. Die Wirkung war vor dem Hintergrund des benzoiden Ringsystems des Saccharins denkbar (Induktion eines chinoiden Anregungszustandes durch Licht (Photonen), biologische Wirkungen bei Rückkehr der Verbindung in den benzoiden Grundzustand). Es handelte sich jedoch um Einzelfälle, deren Kausalzusammenhang mit einer Saccharinexposition nicht schlüssig bewiesen werden konnte. Im Jahr 1982 wurde Saccharin schließlich als eine Substanz bezeichnet, der man „fälschlicherweise ein photoallergenes Potenzial" zugeschrieben hatte [103]. Das „Bundesinstitut für gesundheitlichen Verbraucherschutz und Veterinärmedizin" nannte in einer Stellungnahme vom 06. 06. 2002 eine umfangreiche Studie, nach der Natriumsaccharin in einem Anwendungstest an 1129 Patienten nicht zu photoallergischen Reaktionen führte.

Im Tierversuch wird für die Substanz Natriumsaccharin eine akute Toxizität als LD_{50} oral (Ratte) von 14200 mg/kg KG angegeben, de facto kommt unter Anwendungsbedingungen der akuten Toxizität des Stoffes damit keine Relevanz zu.

Ein genotoxisches Potenzial des Natriumsaccharins konnte anhand der Ergebnisse einiger in vivo-Versuche vermutet werden [60, 121]: Versuche mit Pigmentzellen von Mausembryonen *in utero* wurden im oralen Dosisintervall von 0–7,5 g/kg KG (für das austragende Tier) durchgeführt. Es konnte bei positiver Natriumsaccharinexposition eine genetische Auswirkung auf die DNA (Verlust einer Wildtypallele) der Pigmentzellen festgestellt werden. Jedoch war es nicht möglich, eine Dosis-Wirkungskorrelation zu beschreiben [121]. Wenngleich auch in anderen Versuchen [60] die Ergebnisse nicht unmittelbar reproduziert werden konnten, und in den genannten Versuchen eine Dosisabhängigkeit nicht eindeutig zu beschreiben war (möglicherweise Sekundäreffekte, hohe Ionenkonzentrationen) [101], sind doch Hinweise auf ein genotoxisches Potenzial in hohen täglichen Dosen (>5 g/kg KG) gegeben.

Eine enterale Enzymhemmung durch Natriumsaccharin wurde in verschiedenen in vitro-Tests beobachtet [115]. Der Nachweis einer solchen Enzymhemmung konnte für den Menschen nicht reproduziert werden. In Versuchen mit täglichen oralen Dosen von 1 g über einen Monat war kein signifikanter Abfall der enteralen Enzymaktivität, weder direkt noch indirekt, nachweisbar [148].

Im Tierversuch jedoch konnte die vermutete Enzymhemmung an Ratten nachgewiesen werden. Ratten, deren tägliches Futter 1– 5% Saccharin enthielt, zeigten signifikante Enzymhemmungen für Urease, Pepsin, Thermolysin und Papain [115]. Damit einhergehend konnte neben einer Diarrhö der Tiere ein erhöhter fäkaler Proteinverlust festgestellt werden.

Da die im Tierversuch erhobenen Ergebnisse in diesem Fall nicht auf den Menschen reproduziert werden können, besteht keine Annahme für eine enterale Enzyminhibition im Hinblick auf den Menschen. Die in Einzelfällen nach hohen Ingestionsdosen am Menschen (>2 g/d) beobachtete Diarrhö ist auf ein osmotisches Geschehen zurückzuführen (Hydratisierung der Saccharinanionen, analog zu salinischen Laxantien) und nicht durch eine Enzymhemmung begründbar [148].

Eine Nitrosierung des Saccharins an der sekundären Aminogruppe bei gleichzeitiger Exposition gegenüber Nitrit (durch die Nahrung) und dem Auftreten kanzerogener *N*-Nitrosoverbindungen ist analog zu Cyclamat und Acesulfam-K hypothetisch annehmbar, jedoch in umfangreichen Untersuchungen *in vivo* und *in vitro* nicht nachgewiesen worden (vgl. Abschnitt 39.4.1, Akute Toxizität).

Chronische Toxizität

Im Hinblick auf den Menschen erfolgte eine umfangreiche epidemiologische Bewertung des natriumsaccharinabhängigen Tumorrisikos. Es konnte nach Auswertung sämtlicher bis 1992 zur Verfügung stehender Daten kein Anstieg der Tumorinzidenz in Expositionsgruppen im Vergleich zu Kontrollgruppen festgestellt werden [32, 57].

Ein in Annahme eines möglichen *cokanzerogenen Potenzials* des Natriumsaccharins durchgeführter Versuch an Ratten einer Expositionsgruppe nach Applikation von *N*-(4-(5-nitro-2-furyl)-2-thiazolyl)formamid (FANFT) + Saccharin (5%) im Vergleich zur Applikation von FANFT ohne Saccharin an Ratten einer Kontrollgruppe führte zu keiner Veränderung der Tumorinzidenz [135]. In einem weiteren Versuch wurde unter den analogen Bedingungen die cokanzerogene Auswirkung von Saccharin auf das *chronisch entzündete* (und damit vorgeschädigte) Blasenepithel untersucht. Hier jedoch konnte eine erhöhte Tumorinzidenz an der Ratte beobachtet werden, sofern bei Saccharin- und FANFT-Exposition (5%) parallel eine chronische Blasenentzündung vorgelegen hatte [136]. Weitere Cokanzerogenitätsversuche bestätigten ein mögliches cokanzerogenes Potenzial, sofern eine Konzentration von mindestens 5% Saccharin im täglichen Futter appliziert und ein ausreichend potenter chemischer Tumorinitiator parallel angewendet wurde [66, 91, 137, 184].

Eine *kanzerogene Wirkung* des Natriumsaccharins konnte in umfangreichenden Versuchsreihen an Ratten dosisabhängig nachgewiesen werden [161]. In diesen Versuchsreihen wurde eine Rattengeneration von Geburt an bis zum natürlichen Tod in acht Fütterungsdosisgruppen untersucht. Die Fütterungsdosisgruppen wurden mit 0, 1, 2, 3, 4, 5, 6,25 und 7,5% Saccharinanteil im täglichen Futter exponiert. Es konnte gezeigt werden, dass ab einer Fütterungsdosis von 1% Saccharinanteil physiologische Effekte (im Sinne einer reduzierten Nahrungsaufnahme, eines Gewichtsverlustes und einer reduzierten Flüssigkeitsaufnahme) auftraten [161]. Ab einer Dosis von 4% Saccharin stieg die Inzidenz für maligne Blasentumoren signifikant an. Die Urinuntersuchung der Tiere der verschiedenen Fütterungsdosisgruppen ergab ein dosisabhängiges Absinken des Urin-pH-Wertes. Außerdem war eine ebenfalls dosisabhängige Kristallurie auffällig [161]. Zuvor wurde die Auswirkung einer Natriumsaccharinverfütterung (bis 7,5% im täglichen Futter) während der Gestation und Austragung untersucht.

Darüber hinaus ist die Beteiligung einer erhöhten α_2-Mikroglobulinkonzentration im Harn der Ratte an der Tumorigenese diskutiert worden [Garland, St. John, et al.; 1994]: α_2-Mikroglobulin soll bei männlichen Ratten in Verbindung mit einem niedrigen Urin-pH-Wert zusammen mit hohen Ionenkonzentrationen das Auftreten von Harnkristallen induzieren und so eine chronische Entzündung bedingen. Bei Vorliegen einer chronischen Entzündung liegt für männliche Ratten ein erhöhtes Risiko für Nierentumoren, nicht jedoch für Blasentumoren vor. Daher ist eine Relevanz des α_2-Mikroglobulinmechanismus für die Gesamttumorrate der Ratte unter Saccharinexposition denkbar. Der α_2-Mikroglobulinmechanismus ist jedoch rattenspezifisch und nicht auf den Menschen übertragbar [136].

In Reevaluationen konnte nachgewiesen werden, dass unterhalb eines Saccharinanteils von 1% im täglichen Futter (äquivalent zu 500 mg/kg KG/d) ein erhöhtes Blasenkarzinomrisiko für Ratten nicht zu beobachten war [172].

In Langzeit-Karzinogenitätsuntersuchungen an Affen (tägliche orale Dosis von 25 mg Saccharin/kg KG über 122 Monate) konnte hingegen keine Veränderung der Tumorinzidenz im Vergleich zu einer Kontrollgruppe festgestellt werden [4].

Die kanzerogene Wirkung des Natriumsaccharins wird ausschließlich bei Ratten, ansonsten bei keiner anderen Spezies (z. B. Hamster, Mäuse, Affen) beobachtet [4, 6].

Ferner scheint die beobachtete kanzerogene Wirkung vom Kation abhängig zu sein: Sie trat bei Ratten nur ein, wenn das *Natriumsalz* des Saccharins verfüttert wurde; bei Verfütterung des Calciumsalzes oder der freien Base wurde keine solche Wirkung beobachtet [67]. Es wurde zudem festgestellt, dass in Langzeit-Hochdosis-Fütterungsversuchen bei Ratten auch die Natriumsalze anderer organischer Säuren in vergleichbaren Dosen ähnliche Inzidenzspektren für Blasentumoren verursachen [32, 161].

Der Nachweis eines teratogenen Potenzials war nicht möglich; ferner führte eine intrauterine Exposition gegenüber Saccharin nicht zu einer erhöhten intrauterinen oder postpartalen Tumorinzidenz. Eine elevierte Suszeptibilität für Blasentumoren nach intrauteriner Exposition (maternal bis 7,5% Natriumsaccharin) war nicht vorhanden [161]. Ein kritischer, zusammenfassender Überblick dieser Ergebnisse findet sich in [172] und [68].

Wirkungen auf weitere biologische Systeme

Eine Studie untersuchte *in vitro* vergleichend die genotoxische Wirkung von Saccharin und 1-Naphthalinsulfonsäure (sicherer genotox. Induktor; als Positivkontrolle) auf die DNA-Synthese von Rattenleberzellen im Dosisintervall von 10^{-4} bis 10^{-1} Mol. Konkret wurde die DNA-Reparatursyntheseleistung der Leberzellen unter Exposition gegenüber den beiden Prüfsubstanzen bestimmt. Es konnte zwar eine toxikodynamisch signifikante Wirkung des Saccharins auf die

Leberzellen ab einer Dosis von $3{,}16 \cdot 10^{-3}$ Mol festgestellt werden (im Sinne einer toxischen Zellschädigung), jedoch wurde kein Einfluss des Saccharins auf die DNA-Reparatursynthese nachgewiesen [82, 145].

Toxikologie der Syntheseedukte/Syntheseintermediate und Edukt- bzw. Prozessverunreinigungen

Für Syntheseedukte, Syntheseintermediate und Verunreinigungen der Syntheseedukte bzw. Prozessverunreinigungen sind in der ZVerkV die EU-Verordnungen 95/31/EG und 2001/52/EG zitiert, die folgende Grenzwerte definieren:

As <3 mg/kg, Se <30 mg/kg, Pb <1 mg/kg, Schwermetalle <10 mg/kg, *o*-Toluolsulfonamide <10 mg/kg, *p*-Toluolsulfonamide <10 mg/kg, Benzoesäuresulfonamide <25 mg/kg.

Grenzwerte, Richtwerte und Empfehlungen

Zur Berechnung des ADI-Wertes wurde 1977 und 1985 (SCF-Report 1977 und 1985) der NOAEL von 500 mg/kg KG/d mit dem doppelten Sicherheitsfaktor (200 anstelle von üblicherweise 100) dividiert, um so ein mögliches, nicht erkanntes Restrisiko für den Menschen auszuschließen.

Die darauf folgende, umfassende epidemiologische Bewertung konnte zu keiner Zeit eine kanzerogene Wirkung im Hinblick auf den Menschen bestätigen [32]. Ferner sind keine Einzel- oder Verdachtsfälle bekannt, die eine solche Wirkung annehmen lassen. Daher wurde der Sicherheitsfaktor zur Berechnung des ADI 1995 korrigiert und, wie üblich, mit 100 angenommen, so dass aktuell (seit 1995) ein ADI von 0–5 mg/kg KG festliegt.

In Verbindung mit dem Süßkraftfaktor von 550 [83] wird bei einem ADI-Wert von 0–5 mg/kg KG ein maximales Zuckeräquivalent für eine 75 kg schwere Person von 206 g Saccharose/Tag erreicht.

39.4.5
Sucralose (E 955)

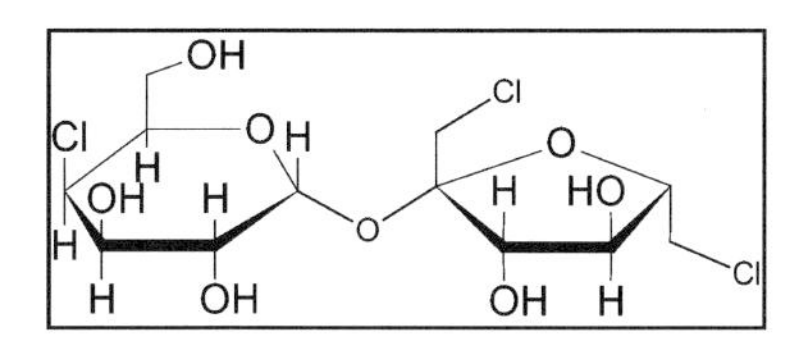

Allgemeine Beschreibung

Sucralose stellt ein synthetisches Disaccharid, bestehend aus Fructose und Galactose, dar. An drei Positionen befinden sich anstelle der Hydroxylgruppen substituierte Chloratome. Die Substanz wird daher auch als „Trichlorgalactosucrose"(TGS) bezeichnet, CAS 56038-13-2, Summenformel $C_{12}H_{19}O_8Cl_3$, Molekulargewicht 397,6 g/mol, Schmelzpunkt 125 °C.

Durch die Substitution von Chloratomen an der Disaccharidstruktur liegt eine Modifikation der Polarität vor, so dass für Sucralose ein wesentlich stärkerer Süßeindruck im Vergleich zu Saccharose resultiert (bedingt durch Bindung der Sucralose an anderen Interaktionsstellen des Geschmacksrezeptors, als dies bei Saccharose angenommen wird).

Die Verbindung wurde Anfang der 1970er Jahre entwickelt [85, 86]. Die Synthese erfolgt ausgehend von der Saccharose. Zunächst werden die drei primären OH-Gruppen mit Chlortriphenylmethan in Ether umgesetzt und auf diese Weise geblockt (im Sinne einer Schutzgruppe, Abb. 39.12). Die zwei primären Hydroxylgruppen des Fructoseanteils werden später nach Entblocken durch Chlor substituiert.

In der Folge werden die sekundären Hydroxylgruppen durch Essigsäureanhydrid in Acetate umgesetzt (Abb. 39.13).

Die drei primären Hydroxylgruppen werden anschließend wieder durch saure Hydrolyse entblockt und so der Chlorierung des Fructoseanteils zugänglich gemacht (Abb. 39.14).

Zuvor wird die primäre Hydroxylgruppe des Glucoseanteils noch einmal selektiv geblockt, und die sekundäre Hydroxylgruppe an Position 4 entblockt, damit hier die spätere Chlorierung des Glucoseanteils erfolgen kann (Abb. 39.15).

Die Position 4 des Glucoseanteils und die Positionen 1 und 6 des Fructoseanteils liegen jetzt als ungeblockte Hydroxylgruppen vor, so dass an diesen Stellen die Chlorierung erfolgen kann. Alle anderen Hydroxylgruppen sind geblockt.

Es erfolgt anschließend die Chlorierung der beiden primären Hydroxylgruppen des Fructoseanteils und die Chlorierung der sekundären Hydroxylgruppe des Glucoseanteils. Die Chlorierung wird unter Verwendung von Thionylchlorid und Triphenylphosphinoxid durchgeführt. Gleichzeitig findet eine Isomerisierung des Glucoseanteils in Galactose statt (Abb. 39.16).

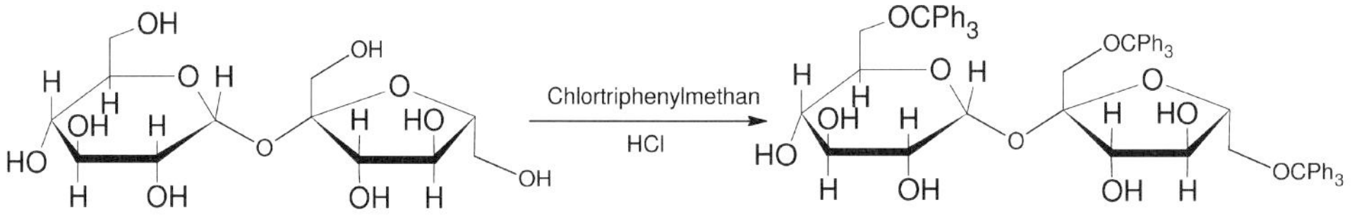

Abb. 39.12 Reaktion von Saccharose mit Chlortriphenylmethan unter Blockierung der prim. Hydroxylgruppen.

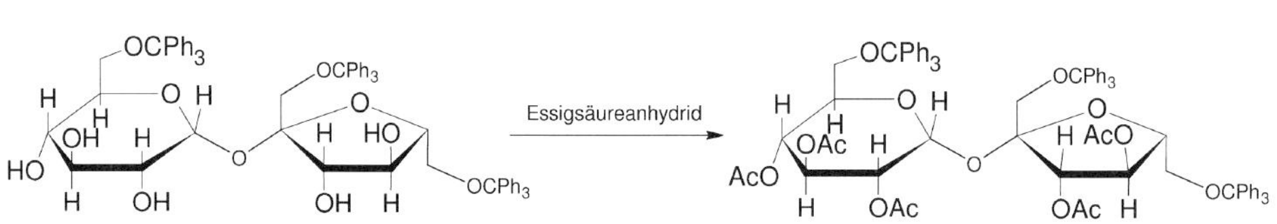

Abb. 39.13 Blockierung der sekundären Hydroxylgruppen durch Esterbildung mit Essigsäureanhydrid.

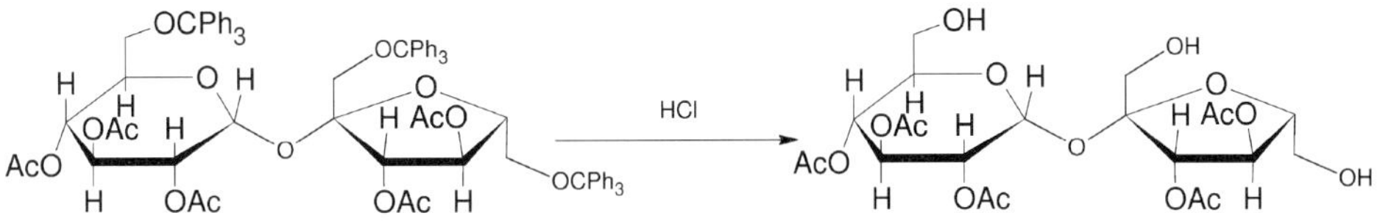

HCl

Abb. 39.14 Deblockierung der primären Hydroxylgruppen bei geblockten sekundären Hydroxylgruppen.

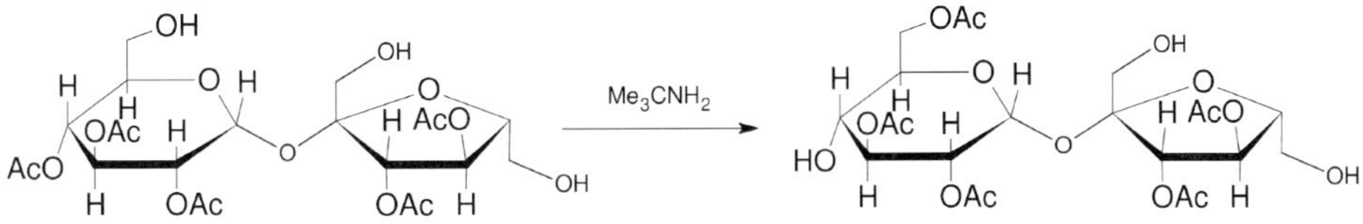

Me_3CNH_2

Abb. 39.15 Vorbereitung der Chlorierung: Die Hydroxylgruppen an 4′-Stelle der Galactose und 1′,6′-Stelle der Fructose sind zugänglich.

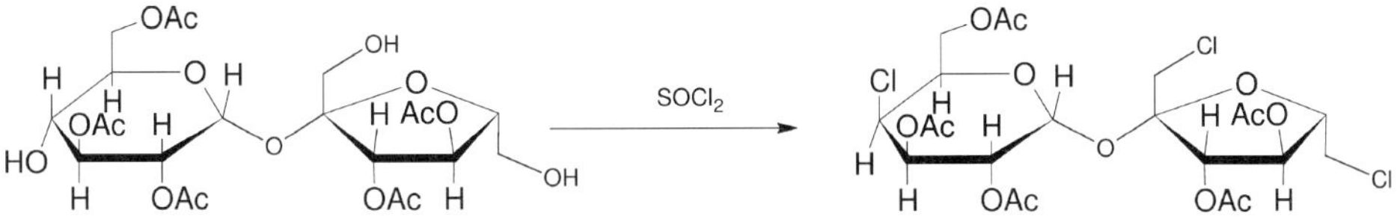

$SOCl_2$

Abb. 39.16 Chlorierung der freien Hydroxylgruppen, dabei Isomerisierung des Glucoseanteils der Saccharose zu Galactose.

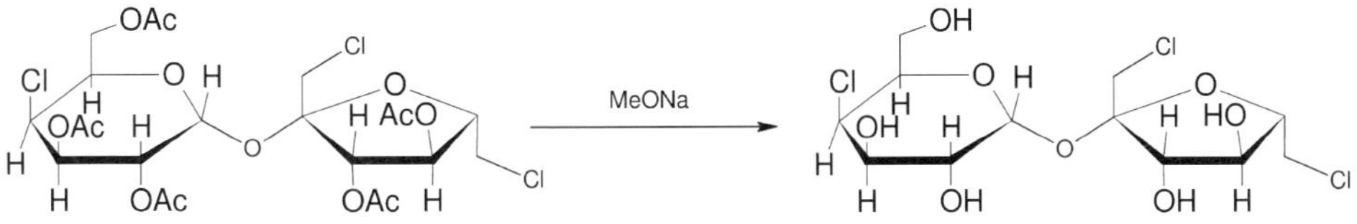

MeONa

Abb. 39.17 Durch Hydrolyse der Ester der weiteren Hydroxylgruppen entsteht Sucralose.

Nach Entblocken der geschützten weiteren Hydroxylgruppen durch alkalische Hydrolyse liegt schließlich Trichlorsucralose (Sucralose) vor (Abb. 39.17).

Die Verbindung Sucralose zeigt eine hohe Wasserlöslichkeit mit 283 g/L bei 20 °C; ferner ist eine mäßige Ethanollöslichkeit mit 90 g/L gegeben [95]. Ein Süßkraftfaktor von 650 wird beschrieben [95].

Einsatz/Verwendung

Die Verbindung ist seit 2004 in der BRD durch eine Änderungsverordnung der „ZZulV neu" von 1998 nach umfangreichen Prüfungen zugelassen worden.

Die Substanz zeigt in schwach saurem, neutralem und schwach alkalischem Milieu eine hohe Stabilität, die auch im Rahmen des Backprozesses erhalten bleibt. Im Gegensatz zu anderen Süßstoffen (z. B. Aspartam) liegt eine besondere Stabilität in wässrigen Lösungen vor. In wässrigen Lösungen wird im Vergleich zum Feststoff sogar eine höhere Stabilität angegeben, da feste Sucralose sich sehr langsam unter Abspaltung von HCl zersetzt; hierbei tritt zudem eine unerwünschte Verfärbung ein.

Im stark sauren, wässrigen Milieu entstehen jedoch insbesondere bei höherer Temperatur durch Hydrolyse zwei chlorierte Monosaccharide (4-Chlorgalactose, 4-CG, und 1,6-Dichlorfructose, 1,6-DCF) [144]. Die genannten primären Metaboliten werden daher in geringer Konzentration auch im Rahmen der Lagerung eines wässrigen Lebensmittels mit niedrigem pH-Wert nachgewiesen. So kann während einer 6-monatigen Lagerung eines wässrigen Lebensmittels (Cola-Getränk) mit pH 3 bei 20 °C eine Hydrolyse von 0,3% der Sucralose in die genannten primären Metaboliten erfolgen.

Die Anwendung ist daher für Süßwaren jeglicher Art mit Ausnahme von stark sauren Produkten möglich und in der ZZulV festgelegt.

Nachteilig ist ein gewisser Nachgeschmack, der bei höheren Dosen als störend empfunden wird [95]. Da der hohe Süßkraftfaktor von 650 geringe Anwendungskonzentrationen möglich macht und ein Einsatz der Sucralose im Sinne eines Mischungsbestandteils zusammen mit anderen Süßstoffen erfolgen kann, ist der genannte Nebeneffekt in der Praxis nicht von Relevanz.

Ferner ist ein Einsatz von Sucralose in Kosmetika und Mundpflegemitteln möglich; die Verbindung ist nicht kariogen [95].

Kinetik und innere Exposition

In Untersuchungen am Menschen konnte nach oraler Applikation einer Einzeldosis radioaktiv markierter Sucralose von 1 mg/kg KG innerhalb eines Beobachtungszeitraumes von fünf Tagen eine enterale Resorption von 11–30% der initial applizierten Dosis beobachtet werden [154]. Der Nachweis einer Einschleusung der resorbierten Sucralosefraktion in den menschlichen Kohlenhydratstoffwechsel konnte jedoch nicht gezeigt werden [166].

Plasma-Peak-Konzentrationen werden zwei Stunden nach erfolgter Resorption erreicht. Die approximative Plasma-Halbwertszeit liegt beim Menschen bei ca. 18 Stunden. Nach 72 Stunden ist die Substanz schließlich vollständig eliminiert [154]. Es liegt praktisch eine komplette renale Eliminierung der resorbierten Sucralosefraktion in chemisch nicht modifizierter Form vor; nur maximal 2% dieser Fraktion werden als Glucuronsäureaddukt renal ausgeschieden [154].

Untersuchungen an Mäusen zeigten prinzipiell ein vergleichbares Bild der Resorptionskinetik. Es war der Nachweis von 60–75% einer initial applizierten, oralen Einzeldosis von 100 mg/kg KG radioaktiv (^{14}C) markierter Sucralose nach fünftägiger Stuhlsammlung in den Faeces möglich, d. h. maximal 40% der initial applizierten oralen Dosis wurden enteral resorbiert [74]. Diese Untersuchungen konnten auch am Modell der Ratte dahin gehend reproduziert werden, dass circa. 8–22% einer oral applizierten, radioaktiv (^{14}C) markierten Sucralose-Einzeldosis im Dosisintervall von 100–1000 mg/kg KG unter experimentellen Bedingungen innerhalb von 24 Stunden renal eliminiert wurden. Da keine respiratorische Aktivität (bedingt durch $^{14}CO_2$) festgestellt wurde, kann auch im Hinblick auf das Tiermodell davon ausgegangen werden, dass keine signifikante Metabolisierung im Sinne einer Einschleusung des Stoffes in den Kohlenhydratstoffwechsel stattfindet und die renal eliminierte Dosis zuvor enteral als Disaccharid resorbiert worden sein muss (passiv, per diffusionem) [45].

Die für Substanzen mit Disaccharidgrundgerüst untypische, geringe enterale Resorptionskinetik ist durch das fehlende Potenzial der Enterozyten bedingt, Disaccharide in unveränderter chemischer Struktur aktiv zu resorbieren. Erst nach einer Hydrolyse durch Glucosidasen des intestinalen Epithels in Monosaccharide erfolgt eine suffiziente Resorption durch die GLUT-Carrierproteine. Bei Sucralose als modifiziertes Disaccharid erfolgt eine solche enzymatische Hydrolyse praktisch nicht, denn Sucralose stellt aufgrund ihrer Konformation in Verbindung mit den Chlorsubstituenten kein Substrat für diese Enzyme dar. Auch im Hinblick auf weitere Enzyme (Diastase, Amylase) erfolgt keine Hydrolyse [154]. Daher kann davon ausgegangen werden, dass die resorbierte Sucralosefraktion passiv (per diffusionem) resorbiert wird.

Bei Ratten wurde nach intravenösen Einzelapplikationen von 20 mg/kg KG zusätzlich eine biliäre Clearance von bis zu 8,9% festgestellt [45, 152, 153].

Die Plasmahalbwertszeit der resorbierten Sucralosefraktion weist eine hohe speziesspezifische Variabilität auf. Beträgt sie bei Menschen 18 Stunden, so werden Plasmahalbwertszeiten von 39 Stunden bei Kaninchen und von 79 Stunden bei Hunden beschrieben [151]. Bei Kaninchen und Hunden scheint ein ausgeprägterer enterohepatischer Kreislauf die prolongierte Plasmahalbwertszeit zu bedingen [151].

Ein Übertritt in die Muttermilch wurde an Ratten unter Applikation von oralen Einzeldosen von 100 mg/kg KG radioaktiv markierter Sucralose untersucht. Es konnte nach 2–4 Stunden eine geringe Aktivitätsanhebung der Milch festgestellt werden; eine Quantifizierung war aufgrund der zu geringen Aktivität nicht möglich. Es kann daher für den Tierversuch kein signifikanter Übertritt in die Muttermilch beschrieben werden [45].

Spezielle Kinetik der enteralen Metabolisierung

Da beim Menschen bis zu 89% der Sucralose (in Abhängigkeit der Testperson) nicht enteral resorbiert werden und somit im Intestinaltrakt verbleiben, ist diese Fraktion (obgleich direkt durch die α-Glucosidasen des Darmepithels nicht zugänglich) hypothetisch einer bakteriellen Hydrolyse in gewissem Maße zugänglich.

Obgleich die Hydrolyse in Monosaccharide auf enteralem Wege sehr unwahrscheinlich und allenfalls unter den Lagerungsbedingungen eines Lebensmittels und dort nur in geringem Maße denkbar ist, ist doch die isolierte Bewertung von Toxikokinetik und Toxikodynamik der Monosaccharid-Metaboliten zum Ausschluss eines möglicherweise nicht erkannten Restrisikos für die Anwendungs-

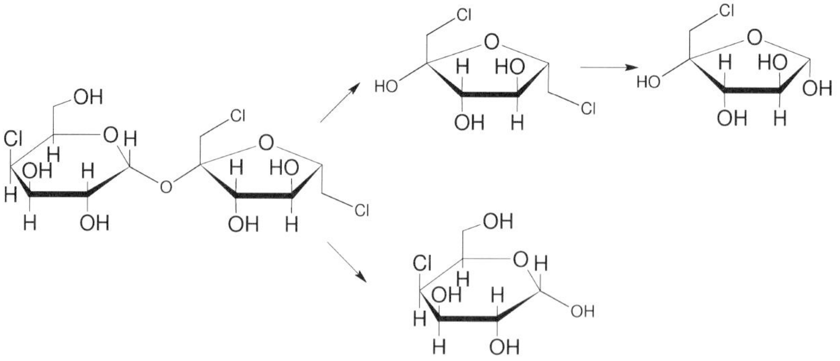

Abb. 39.18 Hydrolyse von Sucralose in die primären Metaboliten 1,6-Dichlorfructose und 4-Chlorgalactose; Entstehung eines sekundären Metaboliten (6-Chlorfructose) aus 1,6-Dichlorfructose.

sicherheit erforderlich. Insbesondere ist dies notwendig, da verschiedene chlorierte Monosaccharide (z. B. 6-Chlorgalactose) ein neurotoxisches Potenzial aufweisen.

Aus Sucralose können unmittelbar zwei *primäre* Metaboliten, die 1,6-Dichlorfructose (1,6-DCF) und die 4-Chlorgalactose (4-CG), entstehen (Abb. 39.18). Die 1,6-Dichlorfructose kann schließlich noch weiter dechloriert werden, so dass ein *sekundärer* Metabolit, die 6-Chlorfructose (6-CF), möglich ist.

Die primären Metaboliten stellen *Monosaccharide* dar und werden im Gegensatz zum *Disaccharid* Sucralose nach experimenteller Gabe im Tierversuch (Ratte) nahezu vollständig über die GLUT-Carrierproteine enteral resorbiert [47].

In Anwendungsstudien am Menschen wurden bei oraler Applikation der *Sucralose* die genannten primären oder sekundären Metaboliten jedoch weder im Intestinaltrakt noch im Plasma oder Urin nachgewiesen [146].

Im Rahmen von Fütterungsversuchen an Ratten hingegen konnte nach oraler Sucraloseapplikation von 10 mg/kg KG eine Fraktion von 0,5% der initialen Dosis in Form der primären Metaboliten (vor allem 1,6-DCF) im Urin nachgewiesen werden [153].

Werden die primären Metaboliten *direkt* oral appliziert, so erfolgt im Hinblick auf die 4-CG in der Ratte eine praktisch vollständige, unveränderte renale Eliminierung [47]. Die oral applizierte 1,6-DCF wird bis zu 44–55% renal eliminiert und zu 22–25% über die Faeces ausgeschieden. Die verbleibende Fraktion von ca. 30% 1,6-DCF kann in fünf weitere sekundäre Metaboliten (darunter 6-CF als Hauptprodukt) metabolisiert werden [88].

Isolierte Betrachtung der akuten Toxizität der Sucralose

Zum einen wurde der Stoff als Reinsubstanz untersucht. Darüber hinaus werden noch, da es sich um ein modifiziertes *Disaccharid* handelt, die primären, hydrolytischen Monosaccharid-Metaboliten (hier vor allem die 4-Chlorgalactose und die 1,6-Dichlorfructose) isoliert betrachtet.

Im Falle des Menschen ist die akute Toxizität der Sucralose nicht von Relevanz. Es sind keine Beschreibungen akuter Vergiftungen durch Sucralose bekannt.

Bezüglich der akuten Toxizität der Sucralose im Tierversuch liegen die LD_{50}-Werte bei: LD_{50} oral (Ratte) >10000 mg/kg KG [31]; LD_{50} oral (Maus) >16000 mg/kg KG [111]. Akut toxische Wirkungen wurden in Form von Durchfällen, Flüssigkeitsverlust und einer Verringerung der renalen Clearance beobachtet [31].

Eine Beeinflussung des Blutglucosespiegels in Abhängigkeit der Sucraloseexposition wurde weder am Menschen noch im Tierversuch nachgewiesen [16].

Auch ein Chromosomenaberrationstest bezüglich einer genotoxischen Wirkung an humanen peripheren Leukozyten *in vivo* ergab im Plasmakonzentrationsintervall von 8–200 μg/mL konstant negative Befunde [26]. Im Chromosomenaberrationstest am Knochenmark der Ratte (5 · 2000 mg/kg KG) und der Maus (1000–5000 mg/kg KG) *in vivo* konnten ebenfalls keine Chromosomenaberrationen festgestellt werden [24, 34]. Bei Gesamtbetrachtung der Mutagenitätsergebnisse können die negativen Mutagenitätsbefunde als reproduzierbar bezeichnet werden, so dass auch vor dem Hintergrund des ausgedehnten Dosisintervalls, unter dem die Versuche erhoben wurden, nicht von einem mutagenen Potenzial der Sucralose ausgegangen werden kann.

Isolierte Betrachtung der chronischen Toxizität der Sucralose

Bei der Anwendung der Substanz gemäß Zulassung als Lebensmittelzusatzstoff sind keine Verdachtsfälle bekannt, die ein kanzerogenes Risiko für den Menschen vermuten lassen.

Die Kanzerogenität der Sucralose wurde lange vor der Zulassung umfangreich im Tierversuch untersucht. Eine Fütterung von 0–30 g Sucralose/kg im täglichen Futter von Mäusen führte über 104 Wochen zu keiner signifikant erhöhten Tumorinzidenz der Expositionsgruppen im Vergleich zur nicht exponierten Kontrollgruppe. Beim Körpergewicht wurde eine nicht signifikante Gewichtsabnahme in der Hochdosisgruppe registriert, die 30 g Sucralose/kg über das tägliche Futter erhalten hatte. Diese Gruppe zeigte außerdem eine reduzierte Erythrozytenzahl. Darüber hinaus konnten jedoch keine makroskopischen oder mikroskopischen Veränderungen der Organe der Tiere der verschiedenen Gruppen festgestellt werden [7]. Analoge Versuchsbedingungen wurden auf Ratten angewendet. Der Beobachtungszeitraum betrug jedoch nur ein Jahr. Auch unter diesen Bedingungen war keine Veränderung der Organe der verschiedenen Gruppen nachweisbar [9]. Weitere Studienergebnisse sind nicht publiziert.

Die Untersuchungen zur Teratogenität im Tierversuch an der Ratte führten bei maternalen Dosen von 500, 1000, 1500 und 2000 mg/kg KG/d zu keinerlei Schädigungen des Fetus; eine normale Organogenese wurde bestätigt. Fetal- und Plazentagewicht differierten zwischen den Dosisgruppen nicht [179]. Auch an Kaninchen wurden im Dosisintervall von 175–700 mg/kg KG keine teratogenen Schädigungen festgestellt. Die 700 mg-Dosisgruppe zeigte jedoch eine erhöhte Inzidenz für Aborte. Diese waren jedoch mechanisch bedingt und sind auf gastrointestinale Störungen (Flatulenz) auf dem Boden der nicht resorbierten Sucralosefraktion zurückzuführen, einer Besonderheit des Kaninchens in diesem Tierversuch [179].

Kumulative Wirkungen der Substanz wurden weder im Tierversuch noch in der Anwendung am Menschen beobachtet [16, 45].

Isolierte Betrachtung der akuten Toxizität der Sucralose-Metabolite

Die beiden *primären* hydrolytischen Metaboliten 1,6-Dichlorfructose und 4-Chlorgalactose haben in Genotoxizitätstests *in vivo* keine Wirkung gezeigt [102]. Die Mutagenitätsuntersuchungen im Hinblick auf 4-CG ergaben durchweg negative Befunde *in vitro* und *in vivo* [26].

Isolierte Betrachtung der chronischen Toxizität der Sucralose-Metaboliten

Die beiden genannten, *primären* Metaboliten zeigten kein kanzerogenes Potenzial im Tierversuch (Ratte; orale Applikation von primären Metaboliten bis zu 2 g/Tag im täglichen Futter über 104 Wochen) [8].

Ein weiterer toxikologisch relevanter *sekundärer* Metabolit, die 6-Chlorfructose (die wiederum durch Stoffwechsel-Metabolisierung der 1,6-Dichlorfructose entsteht; ca. 44% einer oral applizierten 1,6-DCF-Dosis stehen für eine weitere Metabolisierung im Stoffwechsel zu 6-Chlorfructose zur Verfügung) [89], wurde intensiv auch wegen Bedenken hinsichtlich einer Antifertilitätswirkung und der neurotoxischen Wirkungen analoger Substanzen (z. B. 6-Chlorgalactose) untersucht.

In keinem Experiment an Mäusen und Affen führte die orale Applikation von 1,6-DCF (in Dosen von bis zu 1000 mg/kg KG) zu signifikanten Plasmakonzentrationen der 6-CF [89] oder zu neurotoxischen Wirkungen [46, 77].

Auf eine weitere, toxikologische Bewertung des sekundären Metaboliten 6-CF ist insbesondere vor dem Hintergrund der chronischen Toxizität verzichtet worden, da dieser Metabolit unter physiologischen Bedingungen nicht auftritt.

Wirkungen auf weitere biologische Systeme – Sucralose

Die Mutagenität der Sucralose wurde intensiv untersucht. Der Ames-Test mit *Salmonella typhimurium* (Stämme TA98, TA100, TA1535, TA1537, TA1538; jeweils mit und ohne S9-Aktivierung) zeigte im Dosisintervall von 16–10 000 µg/Assay keine positiven mutagenen Befunde [25].

Lediglich im Maus-Lymphomatest *in vitro* (1335–10 000 µg/mL) konnten gering positive mutagene Wirkungen bei 10 000 µg/mL beschrieben werden [102].

Wirkungen auf weitere biologische Systeme – Sucralosemetaboliten
Insbesondere bei 1,6-Dichlorfructose konnte ein geringfügig mutagenes Potenzial im Ames-Test (*Salmonella typhimurium* TA1535, mit und ohne S9-Aktivierung; Positivbefund bei 6000 µg/Assay) [75] und im Maus-Lymphomatest [102] nachgewiesen werden. Der positive Mutagenitätsbefund konnte jedoch in in vivo-Untersuchungen an Säugetieren nicht reproduziert werden.

Toxikologie der Syntheseedukte/Syntheseintermediate und Edukt- bzw. Prozessverunreinigungen
Die Zusatzstoff-Verkehrsverordnung zitiert die EU-Verordnungen 95/31/EG und 2004/46/EG, welche die Grenzwerte im Hinblick auf Syntheseedukte, Syntheseintermediate und Verunreinigungen der Syntheseedukte, bzw. Prozessverunreinigungen definieren: Pb < 1 mg/kg, Chlorierte Disaccharide < 0,5%, Chlorierte Monosaccharide < 0,1%, Triphenylphosphinoxid < 150 mg/kg, Methanol < 0,1%.

Grenzwerte, Richtwerte und Empfehlungen
Zusammenfassend kann gesagt werden, dass die Verbindung Sucralose selbst keine signifikanten akut oder chronisch toxischen Wirkungen zeigt. Theoretisch sind Metaboliten möglich, die jedoch aufgrund der Hydrolysestabilität der Sucralose unter physiologischen Bedingungen praktisch nicht auftreten. Sucralose wird als hydrolysestabil unter enteralen Bedingungen durch die Konformation und die Chlorsubstitution bezeichnet. Die Substanz erfährt nur eine enteral-passive Resorption von maximal 30%. Die resorbierte Fraktion wird nahezu unverändert renal eliminiert. Daher ist mit dem Auftreten der primären Metaboliten nach oraler Aufnahme von Sucralose nicht zu rechnen.

Die primären Metaboliten sind jedoch aus Gründen der Anwendungssicherheit isoliert bewertet worden; sie weisen im Gegensatz zur Sucralose eine geringfügige chronische Toxizität in einzelnen Tests auf und besitzen im Falle der 1,6-Dichlorfructose eine geringere Hydrolysestabilität gegenüber Sucralose. Mit dem Auftreten des sekundären Metaboliten 6-CF ist unter physiologischen Bedingungen nicht zu rechnen.

Das Auftreten von primären Metaboliten wird vor allem, wenn auch in sehr geringer Konzentration, bei überlagerten, wässrigen, angesäuerten Lebensmitteln beobachtet. Das Auftreten der Metaboliten stellt daher eine Problematik der Lebensmitteltechnologie und der kritischen Berechnung des Mindesthaltbarkeitsdatums dar.

Daher konnte das SCF am 07. 09. 2000 ein positives Votum gegenüber der Bewertung der Substanz abgeben und den ADI-Wert mit 0–15 mg/kg KG festlegen (SCF-Opinion vom 07. 09. 2000). Bei diesem ADI-Wert kann damit für eine 75 kg schwere Person unter Berücksichtigung des Süßkraftfaktors von 650 [95] ein Zuckeräquivalent von 731 g/Tag ersetzt werden.

Eine gewisse umwelttoxikologische Relevanz kommt dem Eintrag von Organochlorverbindungen in Kläranlagen zu. Hier könnte eine Klärschlammverbrennung/Biogasgewinnung zum Auftreten von Folgeprodukten führen. Nähere Untersuchungen und Literaturquellen hierzu fehlen jedoch.

39.4.6
Thaumatin (E 957)

Allgemeine Beschreibung

Thaumatin stellt ein Polypeptid aus 207 Aminosäuren dar, das Molekulargewicht beträgt ca. 22 000 g/mol. Es tritt als Naturstoff im westafrikanischen Strauch Katemfe (*Thaumatococcus danilli*) auf und wurde 1855 erstmals beschrieben [48].

Thaumatin, CAS 53850-34-3, besteht als Polypeptid aus mehreren Peptiden. Die Quartärstruktur setzt sich vor allem aus Thaumatin I und II zusammen, darüber hinaus sind noch weitere Peptide beteiligt. Die Aminosäuresequenz und die Tertiärstruktur von Thaumatin I und II sind bekannt und beschrieben [50, 93].

Thaumatin wird durch Extraktion der Samenschalen der Katemfe-Frucht gewonnen. Nach Zentrifugation und Ultrazentrifugation schließt sich eine weitere Reinigung durch Ionenaustauschchromatographie an [80].

Obgleich die Aminosäuresequenz, die Tertiärstruktur und die Gensequenz bekannt sind, erfolgt eine biotechnologische Produktion noch nicht in nennenswertem Umfang [55, 142].

Aufgrund des hohen Anteils an basischen Aminosäuren [93] ist eine gute Wasserlöslichkeit gegeben. Die Wasserlöslichkeit beträgt 1000 g/L bei 20 °C [80].

Die Temperaturstabilität der vollsynthetischen, niedermolekularen Süßstoffe wird jedoch durch Thaumatin nicht erreicht. Bei Erhitzen über 200 °C tritt eine weitgehende Umsetzung der Verbindung im Rahmen der Maillard-Reaktion ein. Ebenso besteht nur eine mäßige Hydrolysebeständigkeit. Der optimale pH-Einsatzbereich liegt zwischen pH 5,5 und pH 7. Eine Alkalistabilität ist nicht gegeben.

Der Süßkraftfaktor wird mit 3500 beschrieben [80].

Einsatz/Verwendung

Die Verbindung ist seit 1998 in der BRD als Süßstoff zugelassen. Aufgrund des hohen Süßkraftfaktors ist ein Einsatz in sehr geringen Konzentrationen möglich. Die Substanz selbst erzeugt bei konzentrierter oraler Aufnahme ein lakritzeartiges Nachbild, das jedoch durch die geringe erforderliche Einsatzdosis und die Mischung mit anderen Süßstoffen kompensiert werden kann [80].

Aufgrund der nicht konstanten Hydrolyse- und Temperaturbeständigkeit wird die Substanz als Süßstoff vor allem in Konfekt, Pralinen, Schokoladen, Speiseeis und Kaugummi eingesetzt (siehe ZZulV).

Ferner ist ein Einsatz in sehr geringer Konzentration als „Geschmacksverstärker“ bzw. „Geschmacksabrunder“ möglich. So kann beispielsweise der oftmals als „künstlich“ empfundene Nachgeschmack der Cyclamat-Saccharin-Mischungen durch Thaumatin „abgerundet“ werden (Natreen®).

Kinetik und innere Exposition

Thaumatin wird, wie alle anderen pflanzlichen und tierischen Proteine, durch Proteasen intestinal in Monomere hydrolysiert [87]; danach erfolgt die Resorption der Aminosäuren durch die entsprechenden Aminosäurecarrierproteine der Enterozyten.

Da keine atypischen Aminosäuren vorhanden sind und die Aminosäureverteilung anderen pflanzlichen Proteinen ähnlich ist [93], ist eine direkte Einschleusung der Aminosäuren nach enteraler Hydrolyse und Resorption in den Bau- oder Energiestoffwechsel unmittelbar möglich.

Akute Toxizität

Fallbeschreibungen über akute Vergiftungen des Menschen sind nicht vorhanden. Im Tierversuch wurde eine LD_{50} oral für Ratte und Maus von >20 000 mg/kg KG festgestellt [20].

Unterschiedliche Digestionstests im Tierversuch (Ratte) zeigten keine Digestionsvarianzen im Vergleich zu anderen Proteinen (zum Beispiel Humanalbumin) [87]. Ferner wurden im Tierversuch mit Ratten keine nachteiligen Wirkungen auf den Stoffwechsel beobachtet (innere Organe, Blutbild, Insulinstoffwechsel, Immunologie) [81].

Verschiedene Mutagenitätstests, darunter ein Chromosomenaberrationstest am Knochenmark der Ratte *in vivo*, ergaben darüber hinaus keinerlei Hinweise auf ein mutagenes Potenzial im Tierversuch [81].

Wie bei allen Polypeptiden pflanzlichen Ursprungs ist eine Haptenfunktion bzw. eine idiosynkratische Wirkung auch bei Thaumatin denkbar, jedoch sind an Menschen bisher keine solchen Wirkungen beobachtet worden oder Einzelfallbeschreibungen erfolgt.

Es konnte in Anwendungsstudien an gesunden Probanden keine Allergisierung über einen Expositionszeitraum von 28 Tagen täglicher, intensiver Exposition (Kaugummi) festgestellt werden [126].

Atopiker jedoch weisen nach langjährigem, inhalativen Kontakt mit Thaumatin eine erhöhte Inzidenz für atopische Episoden auf. Auch konnte in einzelnen Fällen in Bezug auf ein Normalkollektiv eine positive Response im Prick-Test festgestellt werden, sofern zuvor eine langjährige, inhalative Exposition (Intervall ca. 7 Jahre) gegenüber Thaumatin vorgelegen hatte (am Arbeitsplatz, in der Thaumatinproduktion) [81].

Im Tierversuch sind ein geringfügiges allergenes Potenzial an sensibilisierten Meerschweinchen und im in vitro-Versuch im selben Kausalzusammenhang ein minimales mastzelldegranulierendes Potenzial beschrieben worden [81].

Chronische Toxizität

Es liegen ausschließlich Untersuchungen in Bezug auf die subchronische Toxizität vor. Daten zu Langzeitversuchen sind nicht vorhanden.

Bezüglich der subchronischen Toxizität wurden in einem Versuch über 90 Tage an Ratten mit bis zu 8% Thaumatin/kg im täglichen Futter und in einem Versuch der gleichen Versuchsdauer an Hunden mit bis zu 3% Thaumatin/kg im Futter keine besonderen Auffälligkeiten festgestellt [81]. In den jeweiligen Vergleichsgruppen der beiden Versuche erfolgte anstelle der Verfütterung der Thaumatinfraktion die Verfütterung von Casein. Als isoliertes, signifikantes Resultat bei Vergleich der Expositions- mit den Kontrollgruppen wurde eine geringfügige Futterverweigerung und Gewichtsabnahme beider Tierarten in den Thaumatin-Expositionsgruppen ab etwa 4% Thaumatin/kg beobachtet. Dieser Effekt wird als Koinzidenzeffekt gewertet und auf die sensorischen Wirkungen der Substanz auf die Tiere zurückgeführt, da Stoffwechsel- und Blutbildveränderungen im Vergleich zur Kontrollgruppe nicht auftraten. Die Letalität in allen Expositionsgruppen differierte nicht im Vergleich mit der Letalität in den Kontrollgruppen [81].

Sämtliche Teratogenitätstests fielen negativ aus; es konnten keine fetalen Aberrationen viszeral oder im Bereich des Skelettsystems (20 CD-Ratten, orale Applikation maternal, Dosiselevation bis 2 g/kg KG/d; Applikation am Tag 6–15 post gestationem) nachgewiesen werden [81].

Wirkungen auf weitere biologische Systeme

Der Ames-Test an *Salmonella typhimurium*-Stämmen TA98, TA100, TA1535, TA1537, TA1538 und am *E. coli*-Stamm WP2, mit und ohne S9-Aktivierung *in vitro* ergab keine Hinweise auf ein genotoxisches Potenzial in der Zellkultur.

Toxikologie der Syntheseedukte/Syntheseintermediate und Edukt- bzw. Prozessverunreinigungen

Sofern die Verbindung durch Extraktion der Fruchtschalen der Katemfe-Frucht gewonnen wird, sind keine toxikologisch relevanten Substanzen zu erwarten. Lediglich die Abwesenheit von Extraktionslösungsmittelrückständen muss gewährleistet sein.

Bei gentechnischer Herstellung (derzeit im Entwicklungsstadium) muss eine gesonderte Bewertung auch generell vor dem Hintergrund des Einsatzes der Gentechnologie erfolgen.

Grenzwerte, Richtwerte, Empfehlungen

Thaumatin ist seit 1994 in den USA in die GRAS-Liste aufgenommen und gilt daher als „generally recognized as safe".

Im Hinblick auf Verunreinigungen des Ausgangsmaterials und der Prozess- und Querkontaminationen sind entsprechende Grenzwerte in der ZVerkV durch Zitieren der EU-Richtlinien 95/31/EG und 2001/52/EG festgelegt: Kohlenhydrate <3,0%, Sulfatasche <2,0%, Aluminium <10 mg/kg, Arsen <3 mg/kg, Blei <3 mg/kg, aerobe Bakterien <1000 KBE/g, *E. coli* abwesend in 1 g.

Im Sinne eines Lebensmittelzusatzstoffes ist in der SCF-Opinion vom 10. 11. 1998 ein ADI-Wert nicht definiert. Es gilt daher das „quantum satis“-Prinzip.

39.4.7
Neohesperidin-Dihydrochalkon (E 959)

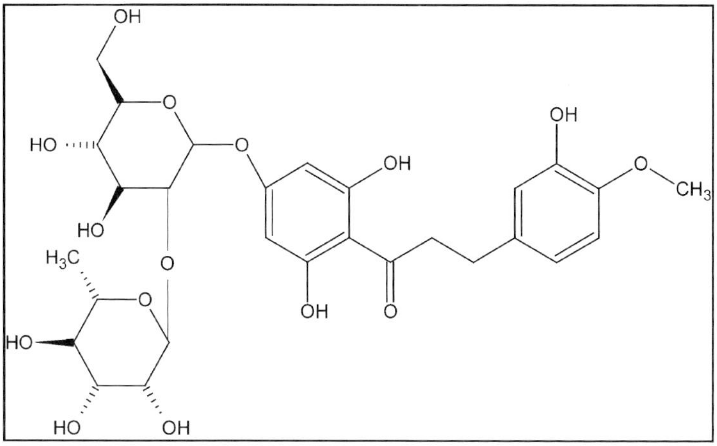

Allgemeine Beschreibung

Die Substanz stellt einen teilsynthetischen Süßstoff dar, der durch chemische Modifikation des Naringins (ein Flavonglykosid aus Orangenschalen) erzeugt wird. Die Verbindung besitzt die Summenformel $C_{28}H_{36}O_{15}$ und ein Molekulargewicht von 612,6 g/mol, CAS 20702-77-6.

Zur Synthese wird zunächst Naringin aus den entsprechenden Schalen der Zitrusfrüchte mit Lösungsmitteln extrahiert und aufgereinigt. Durch Hydrolyse mit Natronlauge wird das Lacton des Flavonglykosids Naringin gespalten (Abb. 39.19). (Da der Aglykonanteil während der Synthese nicht verändert wird, wird dieser in den Zwischenschritten mit „R“ bezeichnet).

Im nächsten Schritt wird das durch die Hydrolyse entstandene Keton (Phoroacetophenon-4′-β-neohesperidosid) mit Isovanillin im Sinne einer Dehydratisierung in Neohesperidin-Chalkon überführt (Abb. 39.20).

Durch anschließende Reduktion (Hydrierung) im alkalischen Milieu wird schließlich unter Abspaltung von Wasser das Neohesperidin-Dihydrochalkon erhalten (Abb. 39.21) [105].

Die beschriebene Synthese wurde erstmals von Horowitz und Gentili [84] im Jahre 1963 durchgeführt und stellt noch heute die Grundlage der großtechnischen Herstellung der Verbindung dar.

Der Schmelzpunkt von Neohesperidin-DC wird mit 153 °C angegeben. Die Verbindung zeigt nur eine geringe Wasserlöslichkeit (ca. 0,5 g/L bei 20 °C); gegebenenfalls sind Emulgatoren in der Lebensmitteltechnologie erforderlich.

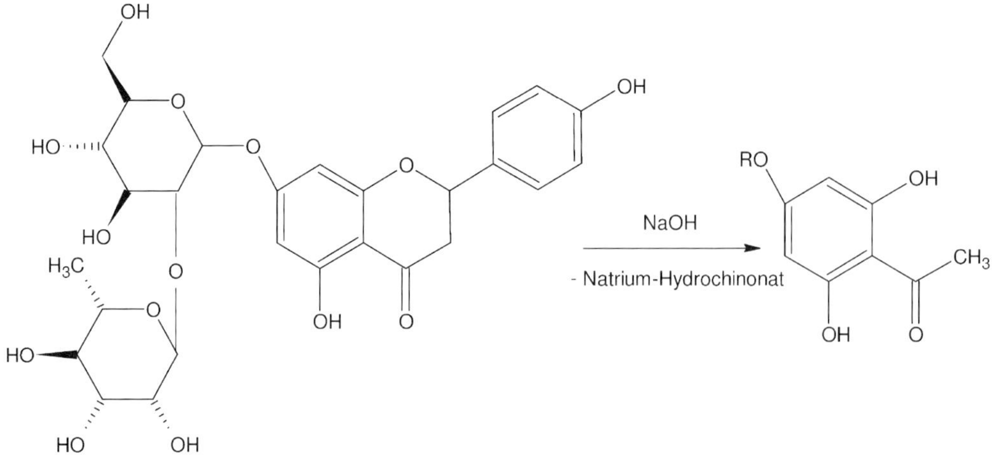

Abb. 39.19 Hydrolyse von Naringin zu Phoroacetophenon-4′-β-neohesperidosid.

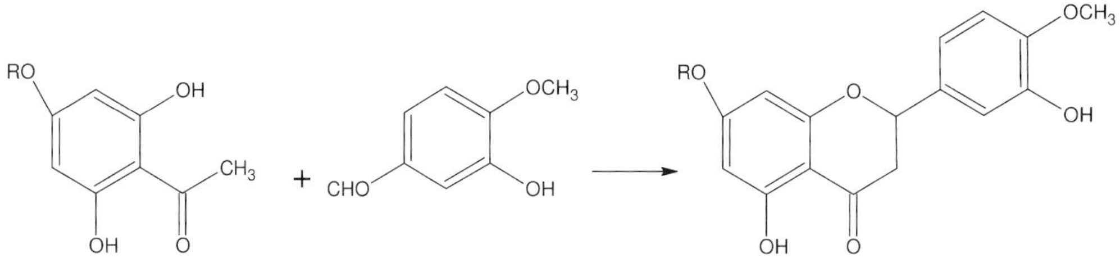

Abb. 39.20 Reaktion von Phoroacetophenon-4′-β-neohesperidosid mit Isovanillin zu Neohesperidin-Chalkon.

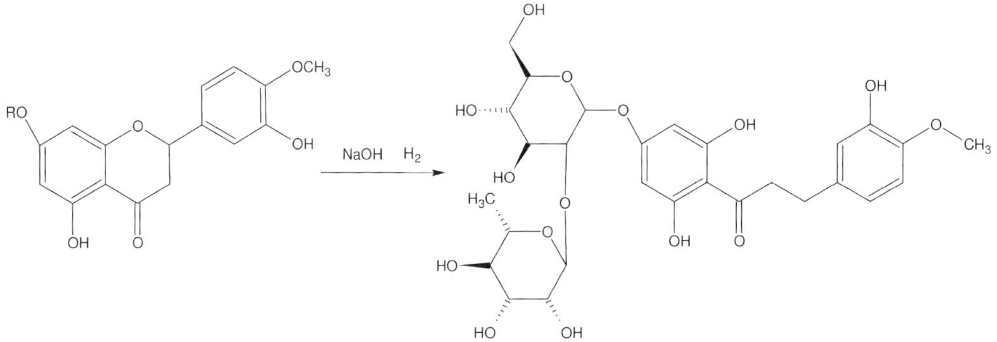

Abb. 39.21 Hydrierung des Neohesperidin-Chalkons in Neohesperidin-Dihydrochalkon.

Unter lebensmitteltechnologischen Gesichtspunkten und im Hinblick auf die Lagerung kann Neohesperidin-DC als weitgehend stabil bezeichnet werden. Der Süßkraftfaktor wird mit 630 angegeben [17].

Einsatz/Verwendung

Neohesperidin-DC kann seit der Zulassung in der BRD 1998 praktisch für sämtliche Lebensmittel in den Grenzen der Zusatzstoff-Zulassungsverordnung verwendet werden. Ein Einsatz ist sowohl in hitzebehandelten Lebensmitteln (Backwaren) wie auch in wässrigen Medien (Erfrischungsgetränken) möglich. Die maximale Stabilität ist im pH-Spektrum von pH 2–6 gegeben [17, 27]. Im alkalischen Milieu besteht jedoch nur kurzzeitige Stabilität [27].

Unter UV-Bestrahlung, Autoklavierung, Pasteurisierung und Mikrowellenbehandlung treten keine Substanzverluste ein [17]. Ein mentholartiger Nachgeschmack wurde beschrieben, der dem allgemeinen Einsatzbereich in höheren Dosen Grenzen setzt [17]. Daher erfolgt der Einsatz als Synergist zusammen mit anderen Süßstoffen, beispielsweise Aspartam oder Acesulfam-K [133].

Klassische Einsatzbereiche stellen die Verwendung in Konfekt und Schokoladen, Kaugummi und Bonbons dar.

Zusätzlich wird eine geschmacksverstärkende und geschmacksabrundende Wirkung beschrieben [133]. Diese betrifft die Wahrnehmung fruchtiger und blumiger Noten, die Wahrnehmung des Vanille- und Schokoladengeschmacks und eine Verstärkung der Geruchsnuancen des Lebensmittels allgemein [133].

Kinetik und innere Exposition

Nach Applikation einer oralen Einzeldosis werden beim Menschen etwa 25% der Einzeldosis enteral resorbiert; der übrige Anteil verbleibt im Intestinum. Ein variabler Anteil des nicht resorbierten Neohesperidin-DC wird enteral zu Phenolsäuren abgebaut, ferner ist eine Hydrolyse der glykosidischen Seitenkette des Neohesperidin-DC durch Glykosidasen möglich, so dass enteral Hesperetin-DC als Aglykon des Neohesperidin-DC entsteht, das zu über 75% resorbiert wird [134].

Das resorbierte Neohesperidin-DC unterliegt einer vergleichbaren Hydrolyse im Rahmen des hepatischen First-pass-Effektes, daher liegt auch die direkt resorbierte Neohesperidin-DC-Fraktion schließlich in Form von Hesperetin-DC vor.

Das Hesperetin-Dihydrochalkon wird durch den Stoffwechsel zum Teil unverändert biliär eliminiert, zum Teil zu Phoroglucinol und Dihydroisoferulasäure (primäre Metaboliten) metabolisiert (Abb. 39.22). Die beiden Abbauprodukte können weiteren metabolischen Veränderungen unterliegen. Die Elimination dieser primären Metaboliten erfolgt schließlich renal [17, 134].

Phoroglucinol tritt des Weiteren als Metabolit anderer Pflanzenstoffe (z. B. Naringin, Katechin), die in der täglichen Nahrung (Obst) enthalten sein können, in physiologischer Weise auf [17, 189]. Dihydroisoferulasäure wird als Metabolit nach Genuss von Kaffee und Tee im Urin nachgewiesen [17]. Die auftretenden Metabolite sind daher keine artfremden Stoffe im Hinblick auf den menschlichen Stoffwechsel.

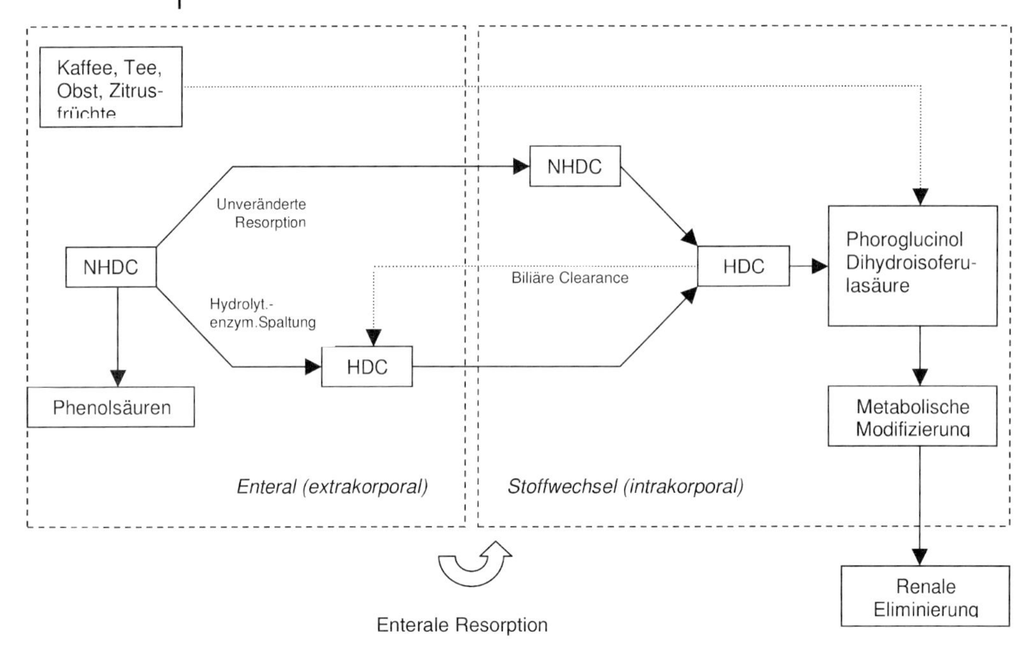

Abb. 39.22 Zusammenfassung Stoffwechselprozesse und Resorption Neohesperidin-DC (NHDC), HDC=Hesperitin-Dihydrochalcon.

Akute Toxizität

In Einzeldosisversuchen an Menschen wurden bei Testdosen von bis zu 2 g/kg KG keine negativen Effekte beobachtet [17]. Außerdem sind Intoxikationen in Folge akzidenteller Aufnahme des Stoffes nicht bekannt.

Die LD_{50} oral (Ratte) wird mit 500 mg/kg KG angegeben. Dieser Wert wurde als NOAEL definiert [17].

Ein mögliches genotoxisches Potenzial des Neohesperidin-DC konnte in Versuchen *in vivo* nicht nachgewiesen werden [119].

Chronische Toxizität

Im Hinblick auf die chronische Toxizität konnte weder ein kanzerogenes noch ein teratogenes Potenzial in breit angelegten Versuchen an Ratten, Mäusen und Hunden festgestellt werden [17, 18, 112].

Wirkungen auf weitere biologische Systeme

In Zellkulturversuchen *in vitro* (Ames-Test) war ein genotoxisches Potenzial des Neohesperidin-DC nicht nachzuweisen [157].

Toxikologie der Syntheseedukte/Syntheseintermediate und Edukt- bzw. Prozessverunreinigungen

Eine gewisse Problematik besteht in der Verwendung von Orangenschalen als Ausgangsstoffe, die mit Oberflächenbehandlungsmitteln gegen Lagerverderb konserviert wurden [17].

Entsprechende Grenzwerte im Hinblick auf Verunreinigungen der Syntheseedukte bzw. Prozessrückstände sind in der ZVerkV zitiert (EU-Verordnungen 95/31/EG und 2001/52/EG): Sulfatasche < 0,2%, As < 3 mg/kg, Pb < 2 mg/kg, Schwermetalle < 10 mg/kg.

Grenzwerte, Richtwerte, Empfehlungen

Der ADI-Wert wird nach der SCF-Opinion vom 10. 11. 1988 mit 0–5 mg/kg KG angegeben; daraus resultiert unter Berücksichtigung des Süßkraftfaktors von 630 [17] ein Zuckeräquivalent von 236 g Saccharose/Tag für einen 75 kg schweren Menschen.

In weiteren Nachbewertungen wird eine Erhöhung des ADI-Wertes zu erwarten sein, da sich die Substanz seit Zulassung 1998 als akzeptabel und praktikabel erwiesen hat [133].

Der Einsatz der Substanz wurde als unbedenklich eingestuft [17, 133]. Neohesperidin-DC wurde in den USA 1994 in die GRAS-Liste von Stoffen aufgenommen, die als „generally recognized as safe" bezeichnet werden.

39.4.8 Aspartam-Acesulfam-Salz (E 962)

Seit 2005 ist Aspartam-Acesulfam-Salz in der BRD als Süßstoff zugelassen. Zur Toxikologie der Verbindung sei auf die Monographien der Einzelkomponenten Aspartam und Acesulfam-K verwiesen, die in äquimolarem Verhältnis vorliegen.

Der Süßkraftfaktor wird mit 350 angegeben.

Die Handhabung und Anwendung erfolgt nach den Maßgaben der Zusatzstoff-Zulassungsverordnung unter Berücksichtigung der aktuell gültigen Änderungsverordnungen.

Die Reinheits- und Gehaltsanforderungen werden in der ZVerkV festgelegt, es werden als Referenz die EU-Richtlinien 95/31/EG und 2004/46/EG zitiert.

39.5 Synergistische Wirkungen [14, 83]

39.5.1 Synergismus

Der Synergismus von Süßstoffen beschreibt eine Verstärkung des gustatorischen Eindrucks bei Verwendung von Süßstoffmischungen. Der gustatorische Eindruck erscheint bei Mischungen intensiver als bei Verwendung der Einzelsubstanzen. Bei bestimmten Mischungsverhältnissen ist zudem eine Potenzierung des gustatorischen Süßeindrucks möglich; hier wird die Mischung intensiver wahrgenommen als die Addition des Eindrucks der Einzelkomponenten erwarten lässt [14].

Der Synergismus erweitert den Anwendungsbereich der Süßstoffe sinnvoll:

- Reduzierung des Substanzeinsatzes,
- Einhaltung des ADI-Wertes und der Vorgaben der ZZulV für einzelne Substanzen im Hinblick auf die Einsatzkonzentrationen in bestimmten Lebensmitteln im Sinne eines „Low-dose-Prinzips",
- Kompensierung ungewünschter Nebeneffekte (metallischer Geschmack, Mentholgeschmack).

Es kann zwischen einem qualitativen und einem quantitativen Synergismus unterschieden werden [14, 65]:

- Qualitativer Synergismus = Kompensierung von Nebeneffekten
- Quantitativer Synergismus = Reduktion der Einsatzkonzentrationen (z. B. durch Wirkungspotenzierung, Abb. 39.23)

Typische Süßstoffmischungen mit Potenzierung der gustatorischen Wahrnehmung sind:

- Acesulfam-K/Aspartam 1:1
- Acesulfam-K/Cyclamat 1:5

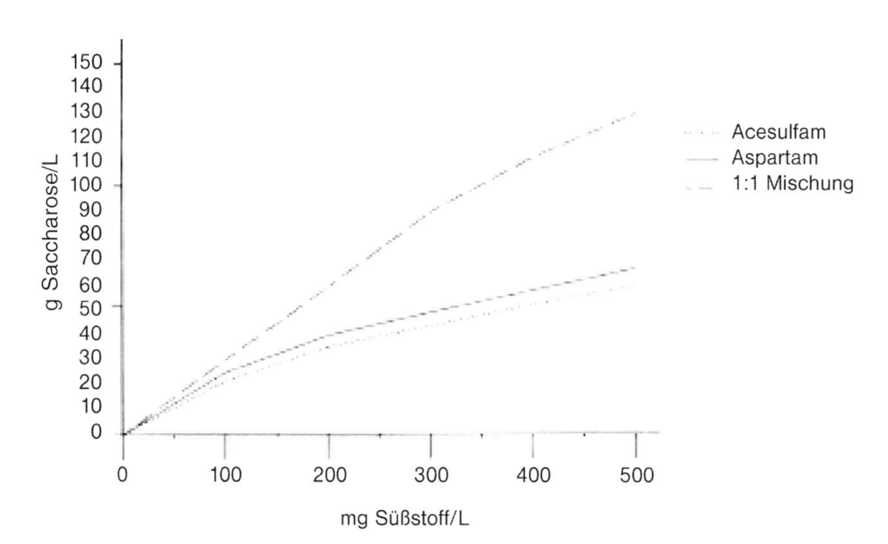

Abb. 39.23 Beispiel einer Wirkungspotenzierung im Sinne eines quantitativen Synergismus. Der gustatorische Eindruck einer 1:1-Mischung Acesulfam-K/Aspartam ist deutlich intensiver, als die Wahrnehmung der Einzelstoffe. Daher erfolgt der Einsatz dieser Mischung in Form einer Komplexverbindung, die als neuer Süßstoff seit 2005 zugelassen ist (vgl. Abschnitt 39.4.8); Abb. nach [14].

- Aspartam/Saccharin 2:1
- Aspartam/Cyclamat 1:4
- Cyclamat/Saccharin 10:1

39.5.2 Geschmacksverstärkende Wirkungen

Verschiedenen Süßstoffen kommt eine Wirkung im Hinblick auf eine Intensivierung des gustatorischen Eindrucks weiterer Geschmacksnuancen (z. B. Fruchtgeschmack oder Vanille- und Schokoladengeschmack) zu. Es handelt sich dabei um die Substanzen
- Thaumatin [80] und
- Neohesperidin-DC [17].

Darüber hinaus werden noch drei weitere Stoffe genannt, die neben der Verstärkung der Geschmacksnuancen auch den Süßeindruck verstärken:
- Miraculin: Die Substanz selbst weist keinen Eigengeschmack auf. Sie verleiht jedoch sauren Lebensmitteln einen Süßeindruck. Daher stellt diese Verbindung gleichzeitig einen Geschmackswandler dar [13].
- Curculin: Die Verbindung verursacht eine Süßempfindung, die nach einigen Minuten verblasst, jedoch beim Spülen des Mundes wieder auftritt. Auf diese Weise wird ein prolongierter Süßgeschmack erzeugt [13].
- Maltol: Es handelt sich um ein Pyranon, das selbst einen Vanille- bzw. Röstgeschmack aufweist und die Süßwahrnehmung auf der einen Seite, die Geschmackswahrnehmung für Vanillenuancen auf der anderen Seite verstärkt.

Verschiedene Furanone weisen ähnliche Eigenschaften auf, z. B. das Cycloten oder das Ethyl-4-hydroxy-5-methyl-3(2H)furanon [110].

Maltol ist in der EU als Zusatzstoff zugelassen und darf als solcher in den Grenzen der ZZulV verwendet werden. Darüber hinaus ist, sofern die Verbindung in der Funktion eines Aromastoffs verwendet und als „Aroma“ deklariert wird, ein unbeschränkter Einsatz nach dem „Quantum-satis“-Prinzip möglich.

Miraculin und Curculin sind nicht EU-zugelassene Zusatzstoffe, der Einsatz ist nur im Sinne eines „Aromastoffes“ möglich.

Derzeit (2006) existiert noch keine rechtsverbindliche Grundlage über die Einsatzkonzentrationen und den Verwendungsumfang bestimmter Chemikalien als Aromastoffe, lediglich verschiedene Stoffe werden in der Aromenverordnung aufgeführt, deren Verwendung im Lebensmittel grundsätzlich unzulässig ist.

39.6
Gesundheitliche Bewertung [49]

39.6.1
Akzidentelle Vergiftungen und missbräuchliche Verwendung

Der Einsatz der acht EU-zugelassenen Süßstoffe (Tab. 39.1) im Lebensmittel erfolgt nach Maßgaben der ZZulV und des LFGB (vom 07. 09. 05; ersetzt das LMBG). In der ZZulV sind basierend auf den EU-Verordnungen 94/35/EG und 2003/115/EG die maximalen Verwendungskonzentrationen für bestimmte Lebensmittel genannt. Die Einsatzkonzentrationen im Fertiglebensmittel sind relativ gering: So liegt die höchstzulässige Einsatzkonzentration bei 6000 mg/kg für Aspartam in Bonbons. Üblicherweise ist in Abhängigkeit des Produktes und des Süßstoffs eine Anwendungskonzentration zwischen 50 und 1000 mg/kg zulässig.

Da aber insbesondere die Substanzen Cyclamat, Saccharin, Acesulfam-K und Aspartam allgemein zugänglich im Haushalt verwendet werden (in Form von Flüssigsüßen, Streusüßen oder Tafelsüßen), ist eine akzidentelle oder missbräuchliche Aufnahme generell möglich. Hier könnten Fallevaluationen im Sinne einer Querschnittsbetrachtung Hinweise auf die toxikologische Relevanz extremer Überdosen bestimmter Süßstoffe liefern.

Zur Durchführung einer solchen Fallevaluation wurden Informationen des Giftinformationszentrums Nord (GIZ Nord) in Göttingen ausgewertet.

Das Giftinformationszentrum Nord bearbeitet toxikologische Anfragen aus Laien- und Fachkreisen der Länder Niedersachsen, Schleswig-Holstein, Hamburg und Bremen im Sinne einer verbindlichen, fernmündlichen Beratung.

- Einwohnerzahl Anfragebereich: 12 600 000
- Gesamtzahl aller Anfragen „Fälle m. Exposition 10 Jahre“ 235 270
  - Durchschnittl. Einwohnerzahl pro Anfrage/Jahr: 535

Ein retrospektiver Datensatz über ein Zeitintervall von zehn Jahren stand zur Verfügung. In diesem Zeitraum sind im Hinblick auf *„Süßstoffe“* folgende Anfragen erfolgt:

- Gesamtzahl der Anfragen bzgl. „Süßstoffe“ in 10 Jahren 76
  - Prozentualer Anteil an allen Anfragen 0,032%
  - Einwohnerzahl pro Anfrage „Süßstoffe“ u. Jahr 1 657 894
- Fälle ohne Symptomatik in 10 Jahren 46
  - Prozentualer Anteil an allen Anfragen 0,020%
- Fälle mit Symptomatik in 10 Jahren 30
  - Prozentualer Anteil an allen Anfragen 0,013%

Sämtliche 30 Fälle, in denen eine Symptomatik angegeben wurde, wurden ausgewertet. Es zeigte sich zunächst, dass eine kausale Ursache-Wirkungsbeziehung auf Basis der Datenlage nicht belegbar war. Die Daten beruhen der Natur der Beratung entsprechend allein auf einer fernmündlichen Kommunikation ohne reproduzierbare Kasuistik.

Insgesamt 10 der 30 Fälle mit Symptomatik boten jedoch eine reproduzierbare klinische Symptomatik (6 Fälle Diarrhö und Erbrechen; 2 Fälle missbräuchliche Anwendung bei Essstörungen, 1 Fall Hypoglykämie, 1 Fall neurologische Störungen). In diesen Fällen wurde nach Aufnahme sehr hoher Dosen (z. B. 100 Tbl. Tafelsüße), vornehmlich Cyclamat und Saccharin, über Durchfälle und Erbrechen berichtet. Gastrointestinale Blutungen sind nicht aufgetreten. Darüber hinaus wurde in Verbindung mit missbräuchlicher Anwendung (>200 Tbl. Cyclamat/Saccharin-Tafelsüße/Tag über >2 Monate) von zwei Patientinnen ein Transaminasenanstieg erhoben, welcher nach „Absetzen" der Substanzen rückläufig war. Ein Fall einer Hypoglykämie und ein Fall, in dem es zu neurologischen Störungen kam, wurden außerdem beschrieben.
Stoffbezogene Anfragen in zehn Jahren:

- Saccharin: 21
- Cyclamat: 20
- Aspartam: 6
- Acesulfam-K: 2

Diese Fallevaluation zeigt, dass sämtliche EU-zugelassenen Süßstoffe in Bezug auf die akute Toxizität offenbar eine hohe Anwendungssicherheit besitzen, so dass in dieser Hinsicht der allgemeine Einsatz und die Verwendung auch unter akzidenteller oder missbräuchlicher Überdosierung als sicher zu bezeichnen sind. Ferner können Anfragen bezüglich akzidenteller oder missbräuchlicher Ingestion von Süßstoffen als prinzipiell sehr selten bezeichnet werden. Durchschnittlich erfolgt eine Anfrage pro Jahr auf 1,6 Mio. Einwohner.

39.6.2 Gesundheitliche Bewertung und Anwendungsbedingungen – Kritische Stellungnahme

Süßstoffe und Diabetes mellitus

Bei dieser Stoffwechselkrankheit, bei der seit Jahrzehnten die Fallzahlen steigen, finden Süßstoffe als Substitute für Kohlenhydrate verbreitete Anwendung und sind in der Diabetiker-Ernährung nicht mehr zu entbehren. Wenngleich eine der verringerten Insulinfreisetzung (Typ I) oder reduzierten Insulinwirkung (Typ II) konforme Kohlenhydratkinetik auch mit anderen Kohlenhydrat-Darreichungsformen in gewissen Grenzen bei Prädiabetes (Metabolisches Syndrom) erreicht werden kann (z. B. Fructose statt Saccharose oder Vorzug von Roggenprodukten gegenüber Weizenprodukten etc.) ist doch bei klinisch gesichertem Diabetes mellitus (HbA_{1c}-Wert, oraler Glucosetoleranztest) eine Behandlung mit oralen Antidiabetika oder eine Insulinsubstitution erforderlich. An dieser Stelle können Süßstoffe durchaus sinnvolle Ergänzungen sein, um eine Senkung der täglichen Kohlenhydratlast zu erreichen.

Ferner kann bei klinisch noch nicht manifestiertem Diabetes mellitus, aber bei entsprechender familiärer Disposition durch Süßstoffe eine Kohlenhydratsubstitution (und damit eine Senkung der täglichen Kohlenhydratlast) erreicht werden und auf diese Weise die Wahrscheinlichkeit des Auftretens des Diabetes mellitus verringert werden.

Dennoch ist zusätzlich zur Kohlenhydratsubstitution eine bewusste Lebensführung und eine gewisse körperliche Betätigung obligat notwendig.

Mögliche Induktion des Hungergefühls durch Süßstoffkonsum und dadurch ggf. paradoxe Wirkung der Süßstoffe

Eine Reaktion einer gesteigerten Insulinsekretion nach gustatorisch wahrgenommenem Süßeindruck wurde durch den Psychologen J. E. Blundell in den 1980er Jahren vermutet [23, 173]: Durch die „Süßwahrnehmung" käme es zu einer „reflektorischen Insulinsekretion", die zu einem Abfall des Blutglucosespiegels führe, der wiederum das Hungergefühl provoziere [173]. Dieser Effekt wurde insbesondere bei Aspartam vermutet [173].

Die Problematik der reflektorischen Insulinsekretion, die in beiden Artikeln hypothetisch angenommen wurde, wurde weiter untersucht: Es konnten keine Hinweise auf eine Korrelation zwischen Süßstoffaufnahme und gesteigerter Insulinsekretion bzw. Süßstoffaufnahme und direkter (durch Insulin bedingter) oder indirekter (habituell-reflektorischer) Steigerung des Hungergefühls nachgewiesen werden [147]. Insbesondere zu Aspartam wurden weitere umfangreiche Untersuchungen durchgeführt, um eine hypothetische Korrelation zwischen einer möglichen Appetitsteigerung und dem Süßstoff- respektive dem Aspartamkonsum zu betrachten. Die Studien führten zu ähnlichen Ergebnissen: Eine Beziehung zwischen der Aufnahme von Süßstoffen und der Auslösung des Hungergefühls bzw. einer resultierenden Gewichtszunahme konnte nicht nachgewiesen werden [64, 177].

Zusammenfassend kann festgehalten werden, dass eine verringerte Brennwertzufuhr naturgemäß ein Hungergefühl bedingt, sofern zuvor eine Adaptation an eine höhere tägliche Brennwertzufuhr vorgelegen hat [177]. Dies trifft vor allem dann zu, wenn adipöse Personen innerhalb kurzer Zeit „kurzwirksame Kohlenhydrate" (Zucker, Weizenstärke) durch Süßstoffe ersetzen. Das verstärkte Hungergefühl ist hier durch die Adaptation an die bisherigen Ernährungsgewohnheiten bedingt [177], jedoch kein Effekt des Süßstoffs auf den Organismus. Daher sollten Ernährungsumstellungen schrittweise erfolgen, um eine Adaptation an die neue stoffwechselphysiologische Situation zu erreichen [177].

Ferner bewirkt der gastrale Füllungsreiz über den Nervus vagus in Verbindung mit der Leptinfreisetzung des Fettgewebes bei Nahrungsaufnahme eine gewisse Induktion des Sättigungsgefühls [118] [1)].

Gastraler Füllungsreiz und Leptinfreisetzung fallen bei geringerer Nahrungsmenge und brennwertverminderter Kost geringer aus, so dass ein Hungergefühl länger zu persistieren vermag [64, 177]. Diese Problematik tritt jedoch vor allem in Umstellungsphasen auf, was die zuvor dargestellten Sachverhalte

1) Siehe nächste Seite

im Sinne des langsamen Aufbaus von sinnvollen Ernährungsveränderungen vor dem Hintergrund einer Stoffwechseladaptation noch untermauert!

Süßstoffe und Gewichtsreduktion

In der Gesamtgesellschaft zeichnet sich seit den 1960er Jahren generell eine steigende Inzidenz der Adipositas [21] und der damit assoziierten Erkrankungen (metabolisches Syndrom, Diabetes mellitus, Hypertonie, Arteriosklerose) ab [21, 117]. Besorgniserregende Ausmaße hat diese Entwicklung insbesondere bei Kindern angenommen. Circa 10–20% der Schulkinder weisen bei der Einschulungsuntersuchung eine medizinisch relevante Adipositas auf [21, 117].

Die Problematik ist sicher vielgestaltig und individuell. Dennoch kann sie im Kern knapp zusammengefasst werden: Seit den 1960er Jahren zeichnet sich eine generelle gesellschaftliche Fehlentwicklung ab, die durch einen bestimmten Lebensstil in den westlichen Industriestaaten (geprägt durch Konsumorientierung und Passivierung) und den generell in diesen Ländern anzutreffenden Nahrungsüberschuss umschrieben werden kann.

Bewegungsmangel und Überkonsum, Letzterer verstärkt durch ein breites Angebot an speziell entwickelten Produkten, haben den Menschen der Deckung seiner Bedürfnisse entrückt und gleichsam dem Bezug zu seiner unmittelbaren Umgebung und den natürlichen Regelkreisen, in die er eingebunden ist, entzogen. An die Stelle der nach den persönlichen Bedürfnissen ausgerichteten Auswahl der Nahrung (unter Zuhilfenahme aller Sinnessysteme, z. B. Selbstanbau, Wochenmärkte, Frischprodukte) und deren Zubereitung (z. B. zusammen mit der Familie) sind Konserven, Convenience-Produkte, Produkte in überdimensionierten Packungsgrößen und Fast-Food getreten [63, 107].

Die Verwendung von Süßstoffen muss vor diesem Hintergrund als zweifelhaft betrachtet werden: Ihr Einsatz darf keine Legitimation für Konsumexzesse, fragliche Lebensmittelkombinationen (z. B. in „Energizer-Drinks" oder „Modedrinks") beziehungsweise überdimensionierte Packungsgrößen sein oder gar gesundheitlich nicht förderliche Lebensmittel vor einen vermeintlich „gesunden" Hintergrund stellen.

Ebenfalls sind aus gelegentlichem, kritischem Hinterfragen des persönlichen Lebensstils resultierende, kurzzeitige „Diäten" im Sinne einer temporären Än-

1) Die Nahrungsaufnahme bewirkt einen Anstieg der Blutglucosekonzentration, was zu einem Anstieg der Insulinkonzentration führt. Insulin wiederum bewirkt eine Steigerung der Kohlenhydratresorption über die insulinabhängigen GLUT-Proteine der Leber- und Muskelzellen (in der Folge Speicherung der Kohlenhydrate in Form von Glykogen), aber auch der Zellen des Fettgewebes (sofern eine Sättigung der Glykogenspeicher vorliegt). Parallel zur Kohlenhydratresorption des Fettgewebes und der damit verbundenen Liponeogenese kommt es zur Steigerung der Leptinfreisetzung. Leptin als wirksames Hormon („Intake-Hormon") führt wiederum zu einer Downregulation des hypothalamischen Neuropeptids Y und damit zu einer Abnahme des Hungergefühls und einer Zunahme der Sättigungsempfindung [118]. Neben Leptin werden noch weitere „Intake-Hormone" beschrieben [118].

derung der Verhaltensweisen unsinnig. Als Konsequenz wird nicht selten der gegenteilige Effekt beobachtet [117].

In der Regel wird bei stoffwechselgesunden Personen eine Gewichtszunahme unwesentlich durch die tägliche bedarfsorientierte Kohlenhydrataufnahme (bei ausgewogener Ernährung und Bewegung) bedingt. Kohlenhydrate werden unter diesen Bedingungen bei bis zu 400 g täglicher Aufnahme in Form von Glykogen direkt gespeichert und so der Liponeogenese nicht zugänglich gemacht [3]. Erst durch ein absolutes Übermaß an Kohlenhydraten [3, 117] beziehungsweise durch ein Übermaß an Kohlenhydraten in Verbindung mit Fett [2] und durch stark fetthaltige Lebensmittel (frittierte Lebensmittel, Kartoffelchips, etc.) wird eine signifikante Liponeogenese und damit eine Gewichtszunahme bedingt [2]. Vor diesem Hintergrund wird klar, dass die alleinige Zuckersubstitution durch Süßstoffe für primär stoffwechselgesunde Menschen zur „Diät" wenig sinnvoll ist.

39.7
Grenzwerte, Richtwerte, Empfehlungen [131]

- Grundsätzlich muss die Verwendung von „Süßungsmitteln" auf der Verpackung eines Lebensmittels bzw. in einer Speisekarte gekennzeichnet sein.
- „*Süßungsmittel*" stellen Süßstoffe und Zuckeraustauschstoffe dar:
  - *Süßstoffe:* Acesulfam-K, Aspartam, Cyclamat, Saccharin, Sucralose, Thaumatin, Neoherperidin-DC und Aspartam-Acesulfamsalz
  - *Zuckeraustauschstoffe:* Sorbit, Mannit, Isomalt, Maltit, Lactit, Xylit
- „*Brennwertverminderte Lebensmittel*" dürfen mit Süßstoffen und Zuckeraustauschstoffen hergestellt werden. Es darf weder Saccharose noch eine weitere Zuckerart (z. B. Fructose) zugesetzt werden, ausschließlich Zuckeraustauschstoffe (z. B. Isomalt) sind zulässig.
  - Der Energiegehalt eines solchen „brennwertverminderten Lebensmittels" muss um 30% im Vergleich zum konventionellen Lebensmittel vermindert und angegeben sein.
- „*Ohne Zuckerzusatz*" beschreibt lediglich den Verzicht auf den Zusatz von Mono- und Disacchariden zur Nutzung der süßenden Eigenschaften. Wird aber Saccharose beispielsweise in Verbindung mit Invertase als Texturhilfsstoff („Feuchthaltemittel") verwendet, ist dies auch in Lebensmitteln „ohne Zuckerzusatz" möglich, da hier nicht die süßende Eigenschaft ausgenutzt wird.
- Säuglings- und Kleinkindernahrung darf nach § 6 ZZulV grundsätzlich keine Zuckeraustauschstoffe oder Süßstoffe enthalten; lediglich die Verwendung von Zucker und Zuckerarten ist zulässig.
- Werden mehr als 10% Zuckeraustauschstoffe verwendet, so ist der Hinweis „kann bei übermäßigem Verzehr abführend wirken" erforderlich.
- Ist im Rahmen der Lebensmittelproduktion neben Süßungsmitteln noch Zucker verwendet worden, so ist dies durch die Kennzeichnung „mit einer Zuckerart und Süßungsmitteln" zu vermerken.

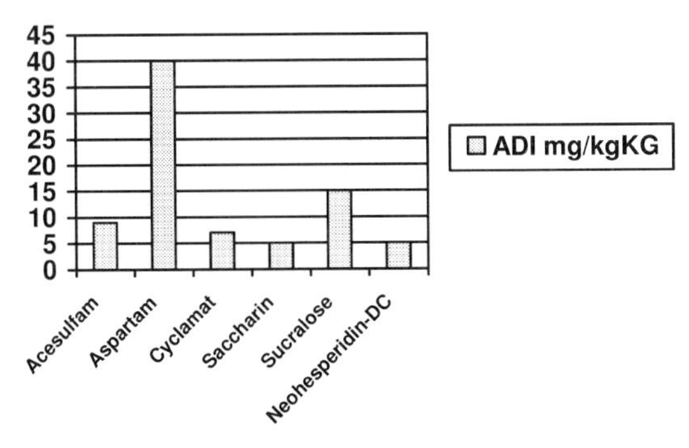

Abb. 39.24 ADI-Werte in mg/kg KG der EU-zugelassenen Süßstoffe.

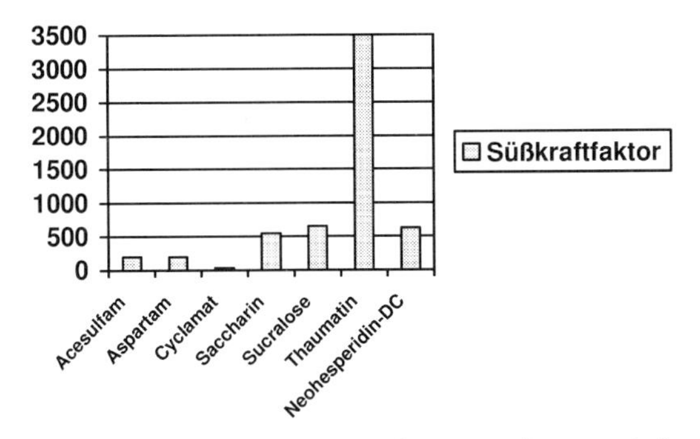

Abb. 39.25 Süßkraftfaktor der in der EU zugelassenen Süßstoffe.

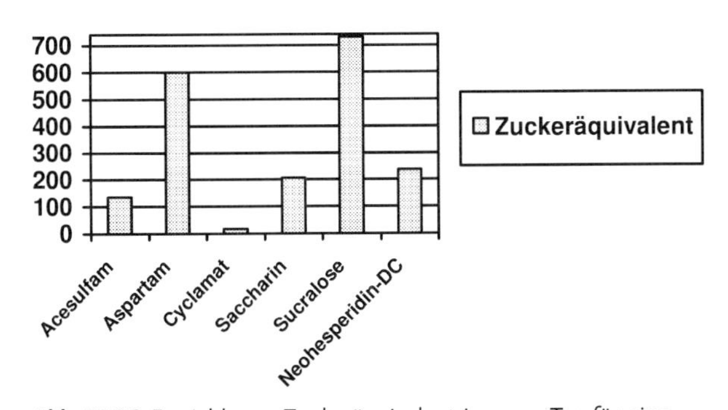

Abb. 39.26 Erreichbares Zuckeräquivalent in g pro Tag für eine 75 kg schwere Person unter Berücksichtigung des ADI-Wertes und des Süßkraftfaktors.

- Bei Tafelsüßen müssen die Inhaltsstoffe durch die Phrase „auf der Basis von xx“ kenntlich gemacht werden.
- Wird Aspartam als Süßstoff verwendet, so ist der Hinweis „enthält eine Phenylalaninquelle“ erforderlich.

Tab. 39.6 Maximale Verwendungskonzentrationen und mögliche substituierbare Zuckermasse der acht EU zugelassenen Süßstoffe für bestimmte Lebensmittel (Angaben in g/kg Lebensmittel)

Lebensmittel	E 950 AcesulfamK	E 951 Aspartam	E 952 Cyclamat	E 954 Saccharin	E 955 Sucralose	E 957 Thaumatin	E 959 Neohesp. DC	E 962 Aspartam-AcesulfamK
Süßkraftfaktor	200	200	35	550	650	3500	630	350
Brennwertverminderte Getränke auf Wasser-, Milch- oder Fruchtsaftbasis	0,35	0,6	0,25	0,08	0,3		0,030	0,35
Substituierte Zuckermasse	70	120	9	44	195		19	123
Dessertspeisen auf der Basis von Milch und Milchprodukten, Obst, Eiern oder Getreide	0,35	1,0	0,25	0,1	0,4		0,050	0,35
Substituierte Zuckermasse	70	200	9	55	260		32	123
Süßwaren auf Kakao- oder Trockenfruchtbasis	0,5	2,0		0,5	0,8	0,05	0,1	0,5
Substituierte Zuckermasse	100	400		275	520	175	63	175
Speiseeis	0,8	0,8		0,1	0,32	0,05	0,05	0,35
Substituierte Zuckermasse	160	160		55	208	175	32	123
Brennwertverminderte Konfitüren und Marmeladen	1,0	1,0	1,0	0,2	0,4		0,05	1,0
Substituierte Zuckermasse	200	200	35	110	260		32	350
Feine Backwaren	1,0	1,7	1,6	0,17	0,7		0,15	1,0
Substituierte Zuckermasse	200	340	56	94	455		95	350

- Für Schwangerschaft und Stillzeit fehlen detaillierte Untersuchungen zum diaplazentaren Übergang und zum Übertritt in die Muttermilch. Ein Übertritt in die Muttermilch ist für die Verbindungen Saccharin, Cyclamat und Acesulfam-K beschrieben (je nach Verbindung bis zu 10% der maternalen Plasmakonzentration; s. Einzelmonographien). Es ist auch wegen des höheren täglichen Brennwertbedarfs in Schwangerschaft und Stillzeit sinnvoll, in dieser Zeit auf die Verwendung von Süßstoffen zu verzichten.

Die Abbildungen 39.24 und 39.25 stellen die ADI-Werte der in der EU zugelassenen Süßstoffe bzw. den jeweiligen Süßkraftfaktor dar, Abbildung 39.26 zeigt das mit diesen Süßstoffen erreichbare Zuckeräquivalent. Tabelle 39.6 nennt die maximalen Verwendungskonzentrationen der acht in der EU zugelassenen Süßstoffe.

39.8 Zusammenfassung

Schon im Altertum wurden Honig und Zucker (aus Zuckerrohr und ähnlich assimilierenden Pflanzen gewonnen; seit etwa 8000 Jahren in Asien bekannt) verwendet, um Lebensmitteln einen süßeren Geschmack zu verleihen, als naturgemäß vorhanden war. Es bestand also schon immer das Bestreben, durch *Zusätze*" Einfluss auf die Eigenschaften von Lebensmitteln zu nehmen.

Daraus ergaben sich allerdings auch toxikologische Probleme. Bleiacetat („Bleizucker") stellte im römischen Reich quasi den ersten *synthetischen „Süßstoff"* dar, herstellbar aus Essig und Blei. Es ist unklar, wie viele Todesfälle durch diese toxische Substanz direkt oder indirekt (Obstsäfte, Traubensäfte, Wein in Bleigefäßen) verursacht wurden. Der Einsatz von Blei ging in der späteren Zeit des römischen Reichs zurück (etwa ab 100 n. Chr.); möglicherweise ein indirekter Hinweis, dass hier ein Gefahrenpotenzial vermutet wurde. Im Spätmittelalter und der beginnenden Neuzeit war das toxische Potenzial der Bleiverbindungen bekannt. So wurde im Jahr 1696 in Württemberg das Süßen von Wein mit Bleiacetat durch Herzog Eberhard Ludwig nach mehreren tödlichen Vergiftungen unter Todesstrafe gestellt.

Synthetische Süßstoffe der Neuzeit stellen Stoffe dar, für die kein lang währender Entwicklungsprozess Mensch-Stoff mit dem Ziel einer Adaptation (biologische Anpassung bis hin zur Bedeutungszuweisung und Verknüpfung mit den eigenen Bedürfnissen als kreative Leistung) stattgefunden hat.

Der Einsatz von Süßstoffen stellt heute eine Ergänzung im Sinne einer bewussten Ernährungsbalance dar; insbesondere im Hinblick auf eine ausgleichende Brennwertreduktion bei Konsum von Erfrischungsgetränken oder täglichen Verzehrsprodukten, die oftmals extrem hohe kalorische Dosen in Form von Kohlenhydraten enthalten und deren Konsum sich der Einzelne häufig nicht entziehen kann (Zeitdruck, Gemeinschaftsverpflegung, etc.).

Folgende Süßstoffe sind innerhalb der EU zur Anwendung in Lebensmitteln zugelassen: Acesulfam-K (E 950), Aspartam (E 951), Cyclamat (E 952), Saccharin

(E 954), Sucralose (E 955), Thaumatin (E 957), Neohesperidin-DC (E 959), Aspartam-Acesulfam-Salz (E 962) (Tab. 39.1). Ein nennenswertes akut toxisches Potenzial kann bei keinem der Stoffe angegeben werden. Bei missbräuchlicher Anwendung hoher Dosen können Symptome wie Übelkeit, Erbrechen, Diarrhö und Elektrolytverschiebungen auftreten.

Bezüglich der chronischen Toxizität erscheint eine Neubewertung, insbesondere bei Aspartam, erforderlich.

Das LFBG (Lebensmittel-, Bedarfsgegenstände- und Futtermittelgesetzbuch) legt die generellen Rahmenbedingungen für den Einsatz von Zusatzstoffen vor dem Hintergrund der Zweckbestimmung fest. Die Anwendungskonzentrationen der Süßstoffe als Zusatzstoffe in bestimmten Lebensmitteln werden durch die ZZulV (Zusatzstoffzulassungsverordnung) und die Diät-Verordnung (Diät-VO) festgelegt. Die Kennzeichnung der Produkte hat nach den Vorgaben der Lebensmittelkennzeichnungsverordnung (LMKV) und der Diät-Verordnung (Diät-VO) zu erfolgen. Die Anforderungen an chemische Reinheit bzw. die Beschaffenheit der Zusatzstoffe sind der Zusatzstoffverkehrsverordnung (ZVerkV) zu entnehmen.

Abkürzungen

ADI	acceptable daily intake
AUC	area under the curve = Fläche unter der Kurve (Konzentration-Zeitkurve), toxikokinetische Größe
C_{max}	maximale Plasmakonzentration (toxikodynamische Größe)
6-CF	6-Chlorfructose (sekundärer Metabolit der Sucralose)
4-CG	4-Chlorgalactose (primärer Metabolit der Sucralose)
DiätVO	Diätverordnung (BRD)
1,6-DCF	1,6-Dichlorfructose (primärer Metabolit der Sucralose)
FDA	Food and Drug Administration (USA)
GRAS-Liste	Substanzen, die als „generally recognized as safe“ eingestuft werden (USA)
HDC	Hesperidin-Dihydrochalkon
KG	Körpergewicht
kg	Masse in kg
LD_{50}	letale Dosis 50% (Dosis, die im Tierversuch in 50% der Fälle tödlich wirkt)
LFGB	Lebensmittel-, Bedarfsgegenstände- und Futtermittelgesetzbuch (BRD), in Kraft getreten im Jahre 2006, löst LMBG ab
LMBG	Lebensmittel- und Bedarfsgegenständegesetz (BRD)
LMKV	Lebensmittelkennzeichnungsverordnung (BRD)
NHDC	Neohesperidin-Dihydrochalkon
NOAEL	no observed adverse effect level (Dosis, die im Tierversuch keine physiologischen oder pathologischen Veränderungen bewirkt)
SCF	Scientific Committee on Food (EU)

TGS	Trichlorosucrose = Sucralose
WHO	World Health Organisation (USA)
ZuckArtV	Zuckerart-Verordnung (BRD)
ZVerkV	Zusatzstoff-Verkehrs-Verordnung (BRD)
ZZulV	Zusatzstoff-Zulassungsverordnung (BRD)

39.9 Literatur

1 Abbott (Firma) (1949) Patentschrift, GB 662 800.

2 Acheson J. et al. (2004) Effect of carbohydrate overfeeding on whole body macronutrient metabolism and expression of lipogenic enzymes in adipose tissue of lean and overweight humans, *Int. J. Obesity* **28**, 1291.

3 Acheson J. et al. (1988) Glycogen storage capacity and denovo lipogenesis during massive carbohydrate overfeeding in man. *Am. J. Clin. Nutr.* **48**, 240–247.

4 Adamson R. H., Sieber S. M. (1983) Chemical carcinogenesis studies in nonhuman primates. Organ and Species Specifity in Chemical Carcinogenesis (Hrsg. Langenbach R., et al.), p. 129, Plenum, New York.

5 Aeschbacher H. U. et al. (1979) Effect of simultaneous administration of saccharin or cyclamate and nitrosamide on bladder epithelium and the dominant lethal test, *Toxicology Letter* **3**, 273.

6 Althoff J., Cardesa A., Pur P., Shibik P. (1975) A chronic study of artificial sweeteners in Syrian golden hamsters. *Cancer Letters* **1**, 21–24.

7 Amyes S. J., Ashby R., Aughton P. (1986) 1,6-dichloro-1,6-dideoxy-β-D-fructofuranosyl-4-chloro-4-deoxy-α-D-galactopyranoside (TGS): 104-week oncogenicity study in mice. Life Science Research Ltd, Essex, UK.

8 Amyes S. J., Lee P., Ashby R., Finn J. P., Fowler J. S. L., Aughton P. (1986) An epimolar mixture of 4-Chloro-4-deoxygalactose and 1,6-Dichloro-1,6-dideoxyfructose: 104 week oncogenicity study in rats. Life Science Research Ltd, Essex, UK.

9 Amyes S. J., Aughton P., Brown P. M., Lee P., Ashby R. (1986) 1,6-dichloro-1,6-dideoxy-β-D-fructofuranosyl-4-chloro-4-deoxy-α-D-galactopyranoside (TGS): 104-week combined toxicity and oncogenicity study in CD rats with in utero exposure. Section II: Toxicity and oncogenicity study. Life Science Research Ltd, Essex, UK.

10 Antonovsky A. (1987) The salutogenetic perspective: towards a new view of health and illness: Advances, *J. Mind-Body-Health* **4**, 47–55.

11 Audrieth L. F., Sveda M. (1944) Preparation and properties of some N-substituted sulfamic acids, *J. Org. Chem.* **9**, 89–101.

12 Audrieth L. F., Sveda M. (1940) Patentschrift, US 2275125.

13 Avenet P., Kinnamon S. C. (1991) Cellular basis of taste reception, *Curr. Opin. Neurobiol.* **1**, 198–203.

14 Ayya N., Lawless H. T. (1992) Quantitative and qualitative evaluation of high-intensity sweeteners and sweetener mixtures, *Chem. Senses* **17**, 245.

15 Baeder C., Horstmann G. (1977) Oral embryotoxicity study of Acesulfame K in rabbit, stock Hoe: HIMK (SPF Wiga), Hoechst AG, Report Nr. 317/77.

16 Baird I. A., Shepard N. W. (1984) A study to observe the tolerance to orally administrated single ascending doses of 1,6-dichloro-1,6-dideoxy-β-D-fructofuranosyl-4-chloro-4-deoxy-α-D-galactopyranoside (TGS): followed by seven days administration in eight normal subjects. Medical Science Research, Baeconsfield, UK.

17 Bar A., et al. (1990) Neohesperidin-Dihydrochalkone – Properties and Applications, *Food Science and Technology – Lebensm. Wiss. Technol.* **23**, 371–376.

18 Batzinger R. P., Ou S.-Y. L., Bueding E. (1977) Saccharin and other sweeteners: mutagenic properties, *Science* **198**, 944–946.
19 Beck K. M. (1957) Properties of the synthetic sweetening agent, cyclamate, *Food Technol. (Chicago)* **11**, 156–158.
20 Ben-Dyke R., Joseph E. C. (1976) Talin: Acute oral toxicity in rats. Life Science Research Ltd, Report Nr. 76/TYL5/131, Stock, UK.
21 Beneke A., Vogel H. (2003) Adipositas im Kindesalter, Gesundheitsberichterstattung des Bundes, Heft 16, Robert-Koch-Institut, Berlin (01. 08. 2003).
22 Berndt W. O., Reddy R. V., Hayes A. W. (1981) Evaluation of renal function in saccharin treated rats. *Toxicology* **21**, 305.
23 Blundell J. E., Hill A. J. (1986) Paradoxical effects of an intense sweetener (Aspartame) on appetite, *Lancet* **1**, 1092–1093.
24 Bootman J., Hodson-Walker G., Dance C. (1986) 1,6-dichloro-1,6-dideoxy-β-D-fructofuranosyl-4-chloro-4-deoxy-α-D-galactopyranoside (TGS): Assessment of clastogenic action on bone marrow erythrocytes in the micronucleus test. Life Science Research Ltd, Essex, UK.
25 Bootman J., May K. (1981) The detection of mutagenic activity by increased reversion of histidine auxotrophs of Salmonella typhimurium. Life Science Research Ltd, Essex, UK.
26 Bootman J., Rees R. (1981) In vitro assessment of the clastogenic activity of 1,6-DCF, 4-CG and TGS in cultured human peripheral lymphocytes. Life Science Research Ltd, Essex, UK.
27 Borrego F., Canales I. (1995) Characteristics and uses of Citrosa, the new sweetener from citrus fruits. *Food Tech. Europe*, März/April, 84–85.
28 Borrego F., Canales I. (1991) Neohesperidin dihydrochalcone: state of knowledge review, *Z. Lebensm. Unters. Forsch.* **200**, 32–37.
29 Brewster M. E., Loftsson T., Baldvinsdottir J., Bodor N. (1991) Stabilization of aspartame by cyclodextrins, *Int. J. Pharm.* **75**, R5–R8.
30 Brusick D., Cifone M., Young R., Benson S. (1989) Assessment of the genotoxicity of calcium cyclamate and cyclohexylamin, *Environ. Mol. Mutagen* **14**, 188–199.
31 Campbell A. H., Johnson A. G. (1980) TGS: Acute oral toxicity studies in the rat. Johnson & Johnson Research Foundation, New Brunswick, New Jersey, USA.
32 Chappel C. I. (1992) A review and biological risk assessment of sodium saccharin. *Regulatory Toxicology and Pharmacology* **15**, 253–270.
33 Chuwers P., Osterolh J., Kelly T., d'Alessandro A., Quinlan P., Becker C. (1995) Neurobehavioral effects of low-level methanol vapor exposure in healthy human volunteers. *Environ. Res.* **71**, 141–150.
34 Cimino M. C., Lebowitz H. (1981) Mutagenicity evaluation of 1,6-dichloro-1,6-dideoxy-β-D-fructofuranosyl-4-chloro-4-deoxy-α-D-galactopyranoside (TGS) batch C327/0470/02 in the rat bone marrow cytogenetic assay. Litton Bionetics Inc., Kensington MD, USA.
35 Classen H.-G., Elias P. S., Hammes W. P. (1987) Toxikologisch-hygienische Bewertung von Lebensmittelinhalts- und Zusatzstoffen, Paul Parey, Berlin-Hamburg, 156–166.
36 Clauß K., Jensen H. (1973) Oxathiazonondioxide, eine neue Gruppe von Süßstoffen, *Angew. Chem.* **85**, 965–973.
37 Clauß K., Jensen H. (1970) Patentschrift, Patent DE 2001017.
38 Clauß K., Lück E. (1976) Acetosulfam, a new sweetener, 1. synthesis and properties, Z. *Lebensm. Unters. Forsch.* **162**, 37–40.
39 Colburn W. A., Bekersky I., Blumenthal H. P. (1981) A preliminary report on the pharmacokinetical of saccharin in man: single oral administration, *J. Clin. Pharmacol.* **21**, 147.
40 Cornell R. G., Wolfe R. A., Sanders P. G. (1984) Aspartame and brain tumors: statistical issues, Stegink L. D., Filer L. J., Aspartame: Physiology and Biochemistry. Marcel Dekker Inc., New York Basel, 459–479.
41 Coulombe R. A., Sharma R. P. (1986) Neurobiochemical alterations induced by

the artificial sweetener aspartame, *Toxicol. Appl. Pharmacol.* **83**, 79–85.
42 Culberson J.C., Walters D.E. (1991) Three-dimensional model for the sweet taste receptor, *ACS Sym. Ser.* **450**, 214–223.
43 Dailey J.W., Lasley S.M., Burger R.L., Bettendorf A.F., Mishra P.K., Jobe P.C. (1991) Amino acids, monoamines and audiogenic seizures in genetically epilepsy-prone rats: effect of aspartame, *Epilepsy Res.* **8**, 122–133.
44 Dallatomasina F. (1985) Patentschrift, BE 900317.
45 Daniel J.W. (1987) 4,1′6′-Trichloro-4,1′,6′-trideoxygalacto sucrose: Pharmacokinetics and metabolism in the rat. Life Science Research Ltd, Essex, UK.
46 Daniel J.W., Finn J.P. (1981) Studies in male and female mice of the neurotoxic potential of 1,6-dichloro-1,6-dideoxy-*β*-D-fructofuranosyl-4-chloro-4-deoxy-*α*-D-galactopyranoside and of an equimolar mixture of 1,6-Dichloro-1,6-dideoxyfructose and 4-chloro-4-deoxygalactose. Life Science Research Ltd, Essex, UK.
47 Daniel J.W., Rhenius S.T. (1980) 4-Chloro-4-deoxygalactose and 1,6-Dichloro-1,6-dideoxyfructose: Metabolic disposition in the rat. Life Science Research, Essex, UK.
48 Daniel W.F. (1955) Katemfe or the miraculous fruit of Soudan, *Pharm. J.* **14**, 158–160.
49 Desel, H., Mündliche Kommunikation März (2006) Giftinformationszentrum Nord (GIZ-Nord), Uni-Klinikum Göttingen, 37075 Göttingen.
50 Devos A.M. et al. (1985) 3-dimensional structure of Thaumatin-I, an intensely sweet protein. *Proc. Natl. Acad. Sci. USA* **82**, 1406–1409.
51 DGNS (1996) Phenylketonurie – Punktprävalenz, DGNS – Deutsche Gesellschaft für Neugeborenen-Screening.
52 Dick C.E. et al. (1974) Cyclamate and cyclohexylamine: Lack of effect on the chromosomes of man and rats in vivo, *Mutation Res.* **26**, 199–203.
53 Durnev A.D., Oreshchenko A.V., Kulakova A.V., Beresten N.F., Seredenin S.B. (1995) Clastogenetic activity of dietary sugar substitutes, *Vopr. Med. Khim.* **41**, 31–33.
54 Eckert H.G., Kellner H.M. (1979) Kinetics of Acetoacetamide after single and repeated administration to rats, Hoechst AG, Report Nr. 01-L42-0285-79.
55 Edens L. et al. (1982) Cloning of cDNA encoding the sweet-tasting plant protein Thaumatin and its expression in Escherischia coli. *Gene* **18**, 1–12.
56 Eisenbrand G., Preussmann R. (1975) Nitrosation of Phenacetin. Formation of N-Nitroso-2-Nitro-4-Ethoxyacetanilide as an Unstable Product of the Nitrosation in Dilute Aqueous Acidic Solutions, *Arzneim. Forsch.* **25**, 1472–1475.
57 Elcock M., Morgan R.W. (1993) Update on artificial sweeteners and bladder cancer, *Regulatory Toxicology and Pharmacology* **17**, 35–43.
58 Ellwein L.B., Cohen S.M. (1990) The health risks of saccharin revisited, *Critic Rev. Toxicol.* **20**, 311–326.
59 Fahlberg C., Remsen I. (1879) Oxyd. des o-Toluolsulfamids, *Ber. Dtsch. Chem. Ges.* **12**, 469–473.
60 Fahring R. (1982) Effects in the mammalian spot test: cyclamate versus saccharin. *Mutation Res.* **103**, 43.
61 FDA (1981) Food additives permitted for direct addition to food for human consumption: aspartame, Food and Drug Administration, Federal Register 46FR38285.
62 Flamm W.G. (1997) Increasing brain tumor rats: is there a link to aspartame? *J. Neuropathol. Exp. Neurol.* **56**, 105–106.
63 Flegal K.M., Carroll M.D., Kuczmarski R.J. et al. (1998) Overweight and obesity in the United States: Prevalence and trends 1960–1994, *Int. J. Obes.* **22**, 39–47.
64 Förster H. (1993) Einfluss des Süßstoffs Aspartam auf den Appetit, *Akt. Ernähr.-Med.* **18**, 331–337.
65 Frank R.A., Mize S.J., Carter R. (1989) An assessment of binary mixture interactions for nine sweeteners, *Chem. Senses* **14**, 621.
66 Fukushima S., et al. (1982) Effect of partial cystectomy on the induction of preneoplastic lesions in rat bladder initiated with N-butyl-N-(4-hydroxybutyl)-nitrosa-

mine followed by bladder carcinogens and promotors, *Utol. Res.* **10**, 115.

67 Garland E.M., Parr J.M., Williamson D.S., Cohen S.M. (1989) In vitro cytotoxicity of the sodium, potassium and calcium salts of saccharin, sodium ascorbate, sodium citrate and sodium chloride, *Toxicol. in vitro* **3**, 201–205.

68 Garland E.M., Sakata T., Fisher M.J., et al. (1989) Influences of diet and strain on the proliferative effect on the rat urinary-bladder induced by sodium saccharin, *Cancer Res.* **49**, 3789–3794.

69 Gaunt I.F., et al. (1976) Long-term toxicity of cyclohexylamine hydrochloride in the rat, *Fd. Cosmet. Toxicol.* **14**, 255–267.

70 Gericke D. (1977) Test for mutagenicity in bacteria strains in the absence and presence of a liver preparation (S9), Hoechst AG.

71 Gordon H.H. (1972) Allergic reactions to saccharin, *Am. J. Obstet. Gynecol.* **113**, 1145.

72 Hardy J., et al. (1976) Long-term toxicity of cyclohexylamine hydrochloride in mice, *Fd. Cosmet. Toxicol.* **14**, 269–276.

73 Hatt H. (1991) Pathophysiologie des Menschen, VCH, Weinheim, 33.1–33.9.

74 Hawkins D.R., Wood S.W., John B.A. (1987) Studies of the metabolism of ^{14}C-1,6-dichloro-1,6-didecox-y*β*-D-fructopyranosyl-4-chloro-4-deoxy-*α*-D-galactopyranoside in the rabbit. Hundington Research Centre, Hundington, UK.

75 Haworth S.R., Lawlor T.E., Smith T.K., et al. (1981) Salmonella/mammalian-microsome plate incorporation mutagenesis assay (1,6-Dichlorofructose), E.G. & G. Mason Research Institute, New Brunswick, NJ, USA.

76 Henschler D., Lehnert G. (1983) Biologische Arbeitsstoff-Toleranzwerte (BAT-Werte) und Expositionsäquivalente für krebserzeugende Arbeitsstoffe (EKA), Methanol, VCH, Weinheim.

77 Hepworth P.L., Finn J.P. (1981) Studies in male marmoset monkeys of the neurotoxic potential of 1,6-dichloro-1,6-dideoxy-*β*-D-fructofuranosyl-4-chloro-4-deoxy-*α*-D-galactopyranoside and an mixture of 1,6-Dichloro-1,6-dideoxyfructose and 4-chloro-4-deoxygalactose. Life Science Research Ltd, Essex, UK.

78 Herbold B.A., Lorke D. (1980) On the mutagenicity of artificial sweeteners and their main impurities examined in the Salmonella/microsome test, *Mutation Res.* **74**, 155–156.

79 Hicks R.M., Wakefield J., Chowaniec J. (1975) Evaluation of a new model to detect bladder carcinogen or co-carcinogens, results obtained with saccharin, cyclamate and cyclophosphamide, *Chem.-Biol. Interactions* **11**, 225–233.

80 Higginbotham J.D. (1979) Development of sweeteners (Hrsg. Hough C.A.M.„ Parker K.J., et al.), Applied Science, London, 103–121.

81 Higginbotham J.D., Snodin D.J., Eaton K.K., Daniel J.W. (1983) Safety Evaluation of Thaumatin (Talin protein), *Food Chem. Toxicol.* **21**, 812–823.

82 Hölzle E., Neumann N., Hausen B., et al. (1991) Photopatch testing: The 5-year experience of the German, Austrian and Swiss Photopatch test group, *J. American Academy of Dermatology* **25**, 59–68.

83 Hoppe K. (1991) Lebensmittelindustrie **38**, 13–14.

84 Horowitz R.M., Gentili B. Patentschrift, US 3375242.

85 Hough L., Phadnis P.S., Parelli E. (1975) Direct preparation of 1′,6,6′-trideoxysucrose from Sucrose via 6-O-mesitylenesulphonyl-*β*-D-fructofuranoside, *Carbohydrate Research* **44**, C12–C13.

86 Hough L., Phadnis P.S., Tarelli E. (1975) Preparation of 4,6-dichloro-4,6-dideoxy-*α*-D-galactopyranosyl-6-chloro-6-deoxy-*β*-D-fructofuranoside and conversion of chlorinated derivates into anhydrides, *Carbohydrate Research* **44**, 37–44.

87 Hsu H.W., Vavak D.L., Satterlee L.D., Miller G.A. (1977) A multienzyme technique for estimating protein digestibility. *J. Food Sci.* **42**, 1269–1273.

88 Hughes H.M., Curtis C.G., Powell G.M. (1887) 1,6-Dichloro-1,6-dideoxyfructose: the metabolism and dechlorination in the rat. Department of Biochemistry, University College, Cardiff.

89 Hughes H.M., Curtis C.G., Powell G.M. (1987) 4-Chloro-4-deoxy-U-^{14}C-galactose: metabolism in the rat. Department of Biochemistry, University College, Cardiff, UK.

90 Hwang K. (1966) Mechanism of laxative effect of sodium sulfate, sodium cyclamate and calcium cyclamate, *Arch. Int. Pharmacodyn.* **163**, 302.

91 Ishii D. N. (1982) Inhibition of iodinated nerve growth factor binding by the suspected tumour promoters, saccharin and cyclamate. *J. Natl. Cancer Inst.* **68**, 299.

92 Ishii H. (1981) Incidence of brain tumors in rats fed aspartame. *Toxicol. Lett.* **7**, 433–437.

93 Iyengar R. B., et al. (1979) Complete amino-acid sequence of the sweet protein Thaumatin-I, *Eur. J. Biochem.* **96**, 193–204.

94 James R. W., Heywood R., Crook D. (1981) Testicular responses of rats and dogs to cyclohexylamine overdosages, *Fd. Cosmet. Toxicol.* **19**, 291–296.

95 Jenner M. R. (1989) Progress in Sweeteners (Hrsg.: Grenby T. H.) Elsevier Appl. Sci. London, 121–141.

96 Keller S. E., Newberg S. W., Krieger T. M. (1991) Degradation of Aspartame in Yoghurt related to microbial growth, *J. Food Sci.*, 21–23.

97 Kellner H. M., Christ O. (1975) Absorption, distribution and elimination after administration of Acetosulfam-^{14}C to rats and dogs. Hoechst AG, Report Nr. Dr.Kn/tr5547.

98 Kellner H. M., Eckert H. (1983) Acesulfame K. Investigations into elimination with the milk Hoechst AG, Report Nr. 01-L42-0398-83.

99 Kellner H. M, Eckert H. (1983) Acesulfame K. Investigations of distribution in pregnant rats. Hoechst AG, Report Nr. 01-L42-0398-83.

100 Kier L. B. (1972) Molecular theory of sweet taste, *J. Pharm. Sci.* **61**, 1394–1397.

101 Kimmich G. A., Randles J., Anderson R. L. (1989) Effect of saccharin on the ATP-induced increase in Na+ permeability in isolated chicken intestinal epithelial-cells. *Food Chem. Toxicol.* **27**, 143–149.

102 Kirby P. E., Pizzarello R. F., Cohen A., Williams P. E., et al. (1981) Evaluation of test article TGS (MRI No 630) for mutagenic potential employing the L5178Y TK+/– mutagenesis assay. E. G. & G. Mason Research Institute, Rockville, MD, USA.

103 Kligman A. M., Kaidbey K. H. (1982) Human models for identification of photosensitizing chemicals, *J. of the National Cancer Institute* **69**, 269–272.

104 Kojima S., Ichibagase H. (1966) Studies on synthetic sweetening agents. 6. Absorption and excretion of sodium cyclamate. *Chem. Pharm. Bull.* **14**, 971.

105 Krbechek L., et al. (1968) Dihydrochalkones. Synthesis of potential sweetening agents, *J. Agric. Food Chem.* **16**, 108–112.

106 Krull I. S., Goff U., Wolf M., Heos A. M., Fine D. H. (1978) The Thermal Energy Analysis of Sodium Saccharin, *Food Cosmet. Toxicol.* **16**, 105–110.

107 Kuczmarski R. J., Flegal K. M., Campbell S. M., et al. (1994) Increasing prevalence of overweight among U.S. adults: The National Health and Nutrition Examination Surveys, *JAMA* **272**, 205–211.

108 Lajtha A., Reilly M. A., Danlop D. S. (1994) Aspartame consumption: Lack of effects on neuronal function, *J. Nutr. Biochem.* **5**, 226–283.

109 Lawrence J. F., Charbonneau J. (1988) Determination of 7 artificial sweeteners in diet food preparations by reverse-phase liquid-chromatography with absorbance detection, *J. of the Association of Official Analytical Chemists* **71**, 934–937.

110 Leblanc D. T., Akers H. A. (1989) Maltol and Ethylmaltol – from the larch tree to successful food additive, *Food Technology* **43**, 78.

111 Lightowler J. E., Gardner J. R. (1977) 3/C327 (Sucralose): Acute oral toxicity to mice, Life Science Research Ltd, Essex, UK.

112 Lina B. A. R., Dreef-van der Meulen H. C., Leegwater D. C. (1990) Subchronic (13-week) oral toxicity of Neohesperidin Dihydrochalkone in rats. *Food and Chemical Toxicology* **28**, 507–513.

113 Linkies A., Reuschling D. B. (1990) A new method for the preparation of 6-Methyl-1,2,3-oxathiazin-4(3H)-one-

2,2-dioxide, potassium-salt (Acesulfam K), *Synthesis-Stuttgart,* 405–406.

114 Lipton R.B., Newman L.C., Cohen J.S., Solomon S. (1989) Aspartame as a dietary trigger of headache, *Headache* **29**, 90–92.

115 Lok E., Iverson F., Clayson D.B. (1982) The inhibition of urease and proteases by sodium saccharin, *Cancer Letts.* **16**, 163.

116 Lorke D., Machemer L. (1974) Investigation of cyclohexylamine sulfate for dominant lethal effects in the mouse, *Toxicol.* **2**, 231–237.

117 Ludwig D.S., Peterson K.E., Gortmaker S.L. (2001) Relation between consumption of sugar-sweetened drinks and childhood obesity: a prospective, observational analysis, *Lancet* **357**, 505–508.

118 Lutz T. (2002) Regulation der Nahrungsaufnahme durch Amylin und verwandte Peptide, *Schweiz. Med. Forum* **40**, 958–960.

119 MacGregor J.T., Wehr C.M., Manners G.D., Jurd L., Minkler J.L., Carrano A.V. (1983) In vivo exposure to plant flavanols. Influences on frequencies of micronuclei in mouse erythrocytes and sis-chromatid exchange in rabbit lymphocytes, *Mutation Res.* **124**, 255–270.

120 Maher T.J., Wurtman R.J. (1987) Possible neurologic effects of aspartame, a widely used food additive, *Environ. Health Perspect.* **75**, 53–57.

121 Mahon G.A.T., Dawson G.W.P. (1982) Saccharin and the induction of presumed somatic mutations in the mouse. *Mutation Res.* **103**, 49.

122 Marquardt H.W.J. (1978) Mutagenicity and oncogenicity of Acetosulfam-K. Studies with mammalian cells in vitro. Hoechst AG, Report of the Memorial Sloan-Kettering Cancer Centre, N.Y.

123 Matthews H.B., Fields M., Fishbein L. (1973) Saccharin: distribution and excretion of a limited dose in the rat. *J. Agr. Food Chem.* **21** (1973), 916.

124 Mayer D., Weigand W., Kramer M. Acesulfame K Cytogenetic study in the Chinese hamster. Hoechst AG, Report Nr. 575/78.

125 Mazur R.H., Schlatter J.M., Goldkamp A.H. (1969) Structure-taste relationships of some dipeptides, *J. Am. Chem. Soc.* **91**, 2684–2691.

126 McLeod G.L., Eaton K.K., Daniel J.W., et al. (1981) Assessment of oral sensitivation and irritation when formulated in peppermint chewing gum. Tate & Lyle Speciality Sweeteners, UK.

127 Meldrum B.S. (1993) Amino acids as dietary excitotoxins: a contribution to understanding neurodegenerative disorders. *Brain Res.* **18**, 293–314.

128 Miller R., White L.W., Schwartz H.J. (1973) An case of urticaria due to saccharin ingestion, *J. Allerg. Clin. Immunol.* **53**, 240–242.

129 Modan B., Eagener D.K., Feldman J.J., Rosenberg H.M., Feinleib M. (1992) Increased mortality from brain tumours: a combined outcome of diagnostic technology and change of attitude towards the elderly, *Am. J. Epidemiology* **135**, 1349–1357.

130 Monte A., Woodrow C. (1984) Aspartame: Methanol and the Public Health, *J. of Appl. Nutr.* **36**, 42–54.

131 Muermann B. (1998) Das neue Zusatzstoffrecht, *Ernährungs-Umschau* **45**, Heft 6.

132 Mukhopadhyay M., Mukherjee A., Chakrabarti J. (2000) In vivo cytogenetic studies on blends of aspartame and acesulfame-K, *Food Chem. Toxicol.* **38**, 75–77.

133 Müller, S.D., Raschke, K. (2002) Der Süßstoff Neohesperidin-Dihydrochalkon aus ernährungswissenschaftlicher und ernährungsmedizinischer Sicht, *Ernährungsforschung* **47**, 55–65.

134 Mund H. (2001) Süßstoffe: Chemie, Zulassung, Geschmacksprofile, *VitaMinSpur* **S2**, 4–6.

135 Murasaki G., Cohen S.M. (1983) Cocarcinogenicity of sodium saccharin and N-(4-(5-nitro-2-furyl)-2-thiazolyl)-formamide for the urinary bladder, *Carcinogenesis* **4**, 97.

136 Murasaki G., Cohen S.M. (1983) Effect of sodium saccharin on urinary bladder epithelial regenerative hyperblasia following freeze ulceration. *Cancer Res.* **43**, 182.

137 Nakanishi K., et al. (1982) Organ specific promoting effects of phenobarbital sodium and sodium saccharin in the induction of liver and urinary bladder tumors in male F344 rats. *J. Natal. Cancer Inst.* **68**, 497.

138 Newman A.J. (1982) Pathology report of the combined chronic toxicity and carcinogenicity study with Acesulfame K. Hoechst AG.

139 Noble A.C., Matysiak N.L., Bonnans S. (1991) Factor affecting the time-intensity parameters of sweetness, *Food Technol. (Chicago)* **45**, No. 11, 121–124, 126.

140 Olney J.W., Farber N.B., Spitznagel E., Robins L.N. (1996) Increasing brain tumor rates: is there a link to aspartame? *J. Neuropathol. Exp. Neurol.* **55**, 1115–1123.

141 Oser B.L. (1968) Conversion of cyclamate to cyclohexylamine in rats, *Nature* **220**, 178.

142 Overbeeke N. (1989) *Biotechnol. Ser.* **13**, 305–318.

143 Oyama K., Irino S., Harada T., Hagi N., (1984) Enzymatic production of aspartame, *Ann. N.Y. Acad. Sci.* **434**, 95–98.

144 Quinlan M.E., Jenner M.R. (1990) Analysis and stability of the sweetener sucralose in beverages, *J. Food Sci.* **55**, 244–246.

145 Reitz R.H., Mendrala A.L. (1983) Evaluation of sodium saccharin and 1-naphtalene sulfonic acis in the rat hepatocyte unscheduled DNA synthesis assay, Dow Chemical, USA, Unpublished Report.

146 Renwick A., Roberts A. (1998) The metabolism of sucralose and its potential for adaptation, Tate & Lyle Speciality Sweeteners (04/1998), UK.

147 Renwick A.G. (1994) Intense sweeteners, food-intake, and the weight of a body of evidence, *Physiology and Behaviour* **55**, 139–143.

148 Renwick A.G., Sims J. (1983) Distension of the urinary bladder in rats fed saccharin containing diet. *Cancer Letts.* **18**, 63.

149 Renwick A.G., Williams R.T. (1969) Gut bacteria and metabolism of cyclamate in rat, *Biochemical Journal* **114**, P78.

150 Richardson H.L., Richardson M.E., Stewart H.L., Lethco E.J., Wallace W.C. (1972) Urinary bladder carcinoma and other pathological alterations in rats fed cyclamates, *Proc. Am. Assoc. Cancer Res. Abstract* 6, 13, 2.

151 Roberts A. (1998) Questions posed by the Scientific Committee for Food following their review of the sucralose scientific safety data base: What is the pharmacokinetic half file of sucralose in man, dog, rabbit and rat? Tate&Lyle Speciality Sweeteners (08. 01. 1998), UK.

152 Roberts A., Renwick A.G., Sims J. (1987) A study of the metabolism of 1,6-dichloro-1,6-dideoxy-β-D-fructofuranosyl-4-chloro-4-deoxy-α-D-galactopyranoside (TGS) after oral and intravenous administration to the rat. Clinical Pharmacology Group, University of Southampton, England.

153 Roberts A., Renwick A.G., Sims J. (1987) ^{14}C-TGS: A study of the metabolism and pharmacocinetics following oral administration to healthy human volunteers. Clinical Pharmacology Group, University of Southampton, England.

154 Rodgers P.B., Jenner M.R., Jones H.F. (1986) Stability of chlorinated disaccharides to hydrolysis by microbial plant and mammalian glycosidases. Tate & Lyle Group Research & Development, Reading UK.

155 Ross J.A. (1998) Brain tumours and artificial sweeteners? A lesson on not getting soured on epidemiology, *Med. Pediatr. Oncol.* **30**, 7–8.

156 Sagelsdorff P., Lutz W.K., Schlatter Ch. (1981) Research Report Nr. 40182A, Hoechst AG, Report Nr. 40182A.

157 Sahu R.K., Basu R., Sharma A. (1981) Genetic toxicological testing of some plant flavonoids by the micronucleous test, *Mutation Res.* **89**, 69–74.

158 Sax K., Sax H.J. (1968) Possible mutagenic hazards of some food additives, beverages and insecticides, *Jpn. J. Genet.* **43**, 89–94.

159 Schiffmann S. S., Buckley C. E., Sampson H. A., Massey E. W., Baraniuk J. N., Follett J. V., Warwick Z. S. (1987) Aspartame and susceptibility to headache, *N. Engl. J. Med.* **317**, 1181–1185.

160 Schmähl D., Habs M. (1980) Absence of carcinogenic response to cyclamate and saccharin in Sprague-Dawley rats, *Drug Res.* **30**, 1905–1906.

161 Schoenig G. P., et al. (1985) Evaluation of the dose response and in utero exposure to saccharin in the rat. *Food Chemical Toxicology* **23**, 475–490.

162 Schroeder R. E., Rao K. S., McConnell R. G., Sammeta K. (1973) SC-18862 (Aspartam): An evaluation of the mutagenic potential in the rat employing dominant lethal assay. Unpublished report from Department of Pathology-Toxicology of Searle Laboratories, submitted to the World Health Organization by G. D. Searle & Co., Skokie, Ill., USA.

163 Shallenberger R. S., Acree T. E. (1967) Molecular theory of sweet taste, *Nature* **216**, 408–482.

164 Shaywitz B. A., Anderson G. M., Novotny E. J., Ebersole J. S., Sullivan C. M., Gillespie S. M. (1994) Aspartame has no effect on seizures or epileptiform discharges in epileptic children, *Ann. Neurol.* **35**, 98–103.

165 Shenton A. J., Johnson R. M. (1971) N-Nitrosation of N-Cyclohexylsuphamic Acid, *Tetrahedron* **27**, 1461–1464.

166 Shepard N. W., Rhenius S. T. (1983) 1,6-dichloro-1,6-dideoxy-*β*-D-fructofuranosyl-4-chloro-4-deoxy-*α*-D-galactopyranoside. Absorption and excertion in man. Medical Science Research, Baeconsfield, UK.

167 Simmon, V. F., Shan, H. G. (1978) An evaluation of the mutagenic potential of SC-18862 (Aspartam) employing Ames *Salmonella*/microsome assay; S. A 1385. Unpublished report from SRI International, submitted to the World Health Organization by G. D. Searle & Co., Skokie, Ill., USA.

168 Soffritti M., Belpoggi F., Esposti D. D., Lambertini L., Tibaldi E., Rigano A. (2006) First experimental demonstration of the multipotential carcinogenic effects of aspartame administered in the fee to Sprague-Dawley rats. *Environmental Health Perspectives* **114**, 379–385.

169 Sonders R. C., Wiegand R. G. (1968) Absorption and excretion of cyclamate in aminals and man, *Toxicol. Appl. Pharm.* **12**, 291.

170 Sonders, R. C. (1969) Site of conversion of cyclamate to cyclohexylamine, *Pharmacologist* **11**, 241.

171 Spiers P. A., Sabounjian L., Reiner A., Myers D. K., Wurtman J., Schomer D. L. (1998) Aspartame: Neuropsychologic and neurophysiologic evaluation of acute and chronic affects, *Am. J. Clin. Nutr.* **68**, 531–537.

172 Squire R. A. (1985) Histopathological evaluation of rat urinary bladders from the IRDC two-generation bioassay of sodium saccharin. *Food Chemical Toxicology* **23**, 491–497.

173 Staddon J. E. R. (1988) The functional properties of feeding – or why we still need the black box, *Appetite* **11** (suppl. 1), 54–61.

174 Stegink L. D., Filer L. J., Bell E. F., Ziegler E. E., Tephly T. R., Krause W. L. (1990) Repeated ingestion of aspartame sweetened beverages; further observations in individual heterozygouse for phenylketonuria, *Metabolism* **39**, 1076–1081.

175 Stegink L. D. (1984) Aspartame metabolism in humans: Acute dosing studies, Stegnik L. D., Filer L. J.: Aspartame: Physiology and Bichemistry, Marcel Dekker Inc., New York Basel, 509–553.

176 Stegink L. D., Filer J. (1996) Effect of aspartame ingestion on plasma aspartate, phenylalanine and methanol concentrations in normal adults. Tschanz C., Butchko H. H., Stargel W. W., Kotsonis F. N. The Clinical Evaluation of a Food Additive: Assessment of Aspartame, CRC Press, Boca Raton, 67–86.

177 Steiniger J., Graubaum H. J., Steglich H. D., Schneider A., Metzner C. (1995) Gewichtsreduktion mit saccharose- oder süßstoffhaltiger Reduktionskost? *Ernährungsumschau* **42**, 12.

178 Tamura M., Shinoda I., Okai H., Stammer C. A. (1989) Structural correlation between some amides and a taste receptor model, *J. Agric. Food Chem.* **37**, 737–740.

179 Tesh J.M., Ross F.W., Bailey G.P. (1987) 1,6-dichloro-1,6-dideoxy-β-D-fructofuranosyl-4-chloro-4-deoxy-α-D-galactopyranosid e (TGS): Teratology study in the rabbit. Life Science Research Ltd, Essex, UK.

180 Tesh J.M., Willoughby C.R., Hough A.J., et al. (1983) 1,6-dichloro-1,6-dideoxy-β-D-fructofuranosyl-4-chloro-4-deoxy-α-D-galactopyranoside (TGS): Effects of oral administration upon pregnancy in the rat. Life Science Research Ltd, Essex, UK.

181 Tinti J.M., Nofre C. (1991) Why does a sweetener taste sweet? *ACS Symp. Ser.* **450**, 206–213.

182 Tsang W.S., Clarke M.A., Parrish F.W. (1985) Determination of Aspartame and its breakdown products in soft drinks by reverse-phase chromatography with UV-detection, *J. Agric. Food Chem.* **33**, 734–738.

183 Tsoubeli M.N., Labuza T.P. (1991) Accelerated kinetic-study of aspartame degradation in the neutral pH-range. *J. Food Sci.* **56**, 1671–1675.

184 Tsuda H., et al. (1983) Organ-specific promoting effect of Phenobarbital and Saccharin in induction of thyroid, liver and urinary bladder tumors in rats after initiation with N-nitrosomethylurea, *Cancer Res.* **43**, 3292.

185 Van Went-de Fries G.F. (1975) In vivo chromosome damaging effect of cyclohexylamine in the Chinese hamster, *Fd. Cosmet. Toxicol.* **13**, 415–418.

186 Vogel H.P., Alpermann H.G. (1974) Sweetener O-95K [Acesulfam-K]. Pharmacological investigations. Hoechst AG, Report Nr. H 733293.

187 Volz M., Eckert H., Kellner H.M. (1983) Investigations onto the kinetics and biotransformation of the sweetener Acesulfame K following repeated high-dose administration, Hoechst AG, Report Nr. 01-L42-0336-81.

188 Wallace W.C., Lethco E.J., Brouwer E.A. (1970) Metabolism of cyclamates in rats, *J. Pharmacol. Exp. Ther.* **175**, 325.

189 Watzl B., Rechkemmer G. (2001) Flavonoide, *Ernährungs Umschau* **12**, 499–503.

190 Willems M.I. (1974) Dominant lethal assay with Hoe o-95K in male albino rats. Hoechst AG, Report Nr. R4472.

191 Wills J.H., Serrone D.M., Coulston F. (1981) A 7-month study of ingestion of sodium cyclamate by human volunteers, *Regulatory Toxicol. Pharmacol.* **1**, 163–176.

192 Wurtman R.J. (1985) Neurochemical changing following high-dose aspartame with dietary carbohydrate, *N. Engl. J. Med.* **309**, 429–430.

193 Yukawa T., et al. (1986) Patentschrift, EP-A 227301.

Natürliche Lebensmittelinhaltsstoffe mit toxikologischer Relevanz

40
Ethanol

M. Müller

40.1
Allgemeine Substanzbeschreibung

Ethanol [CAS-Nr. 64-17-5] ist das Hydroxyderivat des aliphatischen Kohlenwasserstoffs Ethan mit der Summenformel C_2H_5OH. Es handelt sich um eine farblose, klare, sehr leicht bewegliche und leicht entflammbare Flüssigkeit. Ethanol verfügt über einen angenehmen Geruch und einen brennenden Geschmack. Reines Ethanol absorbiert sehr leicht Wasser aus der Luft. Mit einem Molekulargewicht von 46,07 μ, weist es einen Schmelzpunkt von –114,1 °C, einen Siedepunkt von 78,5 °C und eine relative Dichte bei 20 °C von 0,79 g/cm^3 auf. Ethanol ist gut mischbar mit Wasser und zahlreichen organischen Lösungsmitteln. Gebräuchliche Synonyme für Ethanol sind Ethylalkohol, Ethylhydrat und Ethylhydroxid. Ein historisches Synonym für Ethanol ist Weingeist (lat. spiritus). Oft wird auch – chemisch nicht korrekt, weil es eigentlich der Oberbegriff für die gesamte Substanzklasse ist – das Wort „Alkohol" mit der Einzelverbindung Ethanol gleichgesetzt. In diesem Kontext bezeichnet „Alkohol" eine binäres Azeotrop, das aus 95,57% Ethanol und 4,43% Wasser besteht und bei 78,15 °C siedet [8]. Ethanolgehalte werden in Gewichtsprozent (%) oder in Volumenprozent (% (V/V), Vol.%, % vol) angegeben.

Handbuch der Lebensmitteltoxikologie. H. Dunkelberg, T. Gebel, A. Hartwig (Hrsg.)

ISBN: 978-3-527-31166-8

40.2
Vorkommen

In der Natur entsteht Ethanol neben Kohlendioxid als Produkt der alkoholischen Gärung. Dabei setzen Mikroorganismen, insbesondere Hefen, Kohlenhydrate unter anaeroben Bedingungen um.

Die Kenntnis dieses Prozesses wird seit Tausenden von Jahren von den Menschen zur Herstellung ethanolhaltiger Getränke genutzt. Archäologische Hinweise belegen die Bier- und Weinherstellung im Zweistromland (heutiger Irak) bereits im 4. Jahrtausend v. Chr. [40, 62]. Obwohl Produktionsverfahren für ethanolhaltige Getränke in allen alten Hochkulturen bekannt waren, blieben deren Ethanolgehalte auf 10–15% beschränkt, was sich durch das Absterben der Mikroorganismen bei höheren Ethanolkonzentrationen im Rahmen des Fermentationsprozess erklären lässt. Eine erste Möglichkeit zur Erhöhung des Ethanolgehaltes wird um 300 n. Chr. aus Zentralasien berichtet, wo höhere Konzentrationen durch das „Ausfrieren" von Weinen erreicht wurden [66]. Obwohl Destillationsverfahren bereits im ersten und zweiten Jahrhundert n. Chr. durch hellenistische Alchemisten in Alexandria entwickelt wurden, finden sich Hinweise für die spezifische Destillation von Ethanol erst im China des 7. Jahrhunderts n. Chr. [66]. Von dort fand das neue Verfahren zur Ethanolaufkonzentrierung Verbreitung über Zentralasien und Arabien nach Westeuropa, wo es sich erstmals um 1100 n. Chr. in Salerno historisch gesichert nachweisen lässt [17]. Durch die klassische Destillation lässt sich ein binäres Azeotrop gewinnen, das maximal 95,57% Ethanol enthält. Weiterer Wasserentzug führt zum reinen Ethanol. Neben der Fermentation lässt sich Ethanol auch chemisch-synthetisch herstellen. Einen aktuellen Überblick über die modernen industriellen Verfahren zur Ethanolproduktion gibt [45].

Ethanol ist der pharmakologisch-toxikologisch wirksame Bestandteil alkoholhaltiger Getränke wie Bier, Wein und Spirituosen, die als gesellschaftlich akzeptiertes Genuss- und Rauschmittel benutzt werden. Darüber hinaus ist Ethanol nach Wasser das bedeutendste Lösemittel [45] und wird als solches bei der Herstellung von Lebensmitteln und Pharmazeutika, von Kosmetika und Parfüms sowie von Detergentien und Desinfektionsmitteln universell eingesetzt. Zusätzlich zu seinem lösungsvermittelnden Charakter nutzt man die desinfizierenden und konservierenden Eigenschaften des Ethanols. So dienen z. B. 70–80%ige Lösungen zur Händedesinfektion, während eine konservierende Wirkung ab einer 20%igen oder höher konzentrierten Lösung zur Entfaltung kommt [79]. Zur Herstellung von Genussmitteln, Kosmetika und Pharmazeutika wird in der Bundesrepublik Deutschland ausschließlich aus landwirtschaftlichen Rohstoffen gewonnenes Ethanol, so genanntes Agrarethanol, eingesetzt. Größter Anbieter ist die Bundesmonopolverwaltung für Branntwein. Der Absatz im Geschäftsjahr 2003/2004 belief sich auf ca. 600 000 Hektoliter Ethanol [107].

40.3
Verbreitung und Nachweis

Wie bereits dargestellt, ist die alkoholische Gärung ein natürlicher Vorgang, der ubiquitär auftritt, sobald zur Fermentation befähigte Mikroorganismen geeignete Substrate, insbesondere Zucker, vorfinden. So reichen die Zuckergehalte reifer Früchte von Spuren bis zu 61% der Fruchtmasse mit typischen Gehalten zwischen 5 und 15% [4, 94, 103]. Aus dem vorliegenden Zucker kann durch mikrobielle Fermentation in den Früchten ein Ethanolgehalt von bis zu 5% entstehen [23, 63, 68]. Auch in Gemüse wie z. B. Paprika und Gurken kann der Fermentationsprozess Spuren von Ethanol erzeugen. Ethanolrestgehalte von 0,1 bzw. 0,3% (V/V) finden sich auch in Weiß- bzw. Roggenbrot als Produkt der Hefegärung [112]. Zuckerhaltige Getränke wie Fruchtsäfte und das Modegetränk Kombucha enthalten aufgrund der ablaufenden alkoholischen Gärung bis zu 0,5% (V/V) Ethanol [28, 112].

Ein anderer natürlicher Gärungsprozess, die Milchsäuregärung, erzeugt als Nebenprodukt Ethanol. Typische Sauermilchprodukte sind Joghurt, Quark, Buttermilch und Kefir, Sauerteig, Sauerkraut, saure Bohnen und andere Sauergemüse, Salami und ähnliche Rohwürste. Hier finden sich z. B. in Sauerkraut und Kefir Ethanolgehalte von jeweils 0,5% (V/V) [112].

Ein dritter natürlicher Gärungsprozess ist die Essigsäuregärung durch Essigbakterien. Zur Herstellung von Essig geht man von ethanolhaltigen Lösungen (maximal 8–10% (V/V)) aus. Sinkt der Ethanolgehalt unter 0,3% (V/V), sterben die fermentierenden Bakterien schnell ab und ein Ethanolrestgehalt kann im fertigen Lebensmittel verbleiben [73].

Größere Mengen Ethanol finden sich in alkoholhaltigen Getränken. Dabei verpflichtet der Gesetzgeber in Deutschland die Hersteller erst ab einem Ethanolgehalt von mehr als 1,2% (V/V) diesen auf der Verpackung anzugeben [100]. Ausdrücklich als „alkoholfrei" deklarierte Biere dürfen bis zu 0,5% (V/V) Ethanol enthalten [5, 102]. Aus der reichhaltigen Palette alkoholhaltiger Getränke zeigt Tabelle 40.1 wichtige Vertreter mit ihren für den Konsum typischen Portionsgrößen und Ethanolgehalten.

Geringe Mengen Ethanol (Spurenbereich bis 0,5% (V/V)) finden sich – meist ohne ausdrückliche Kennzeichnung – in fast allen anderen Lebensmitteln. Beispiele für betroffene Lebensmittelgruppen – ohne Anspruch auf Vollständigkeit – sind Süßigkeiten und Süßspeisen, Backwaren aller Art, Speiseeis, Suppen und Saucen sowie Fleisch-, Fisch- und Eintopfgerichte [110, 112]. Ethanol gelangt überwiegend als Lösemittel für Zusatzstoffe und Aromen in die Produkte.

Geschätzt wird aber auch z. B. in Marmeladen und Konfitüren die konservierende Eigenschaft des Ethanols. Aktuelle Entwicklungsarbeiten in der Lebensmitteltechnologie zielen darauf ab, diese Eigenschaft in Form von „aktiven Verpackungsmaterialien" (engl. active packaging) für Lebensmittel zu nutzen. Dabei soll Ethanol in den Gasraum eines luftdicht verpackten Lebensmittels abgegeben werden, das verpackte Lebensmittel konservieren und so seine Haltbarkeit verlängern. Die Freisetzung des Ethanols erfolgt dabei entweder aus

Tab. 40.1 Typische Portionsgrößen und Ethanolgehalte alkoholhaltiger Getränke [9, 28, 86].

Getränk	Portionsgröße [mL]	Ethanolgehalt [% (V/V)]	Ethanolgehalt pro Portion [g]
Alkopops	275–350	5,0–5,6	11,0–15,1
Biermischgetränk	330	2,9	7,7
Bier	300	4,8	10,8
Wein	125	11	11
Sekt	100	11	8,7
Spirituosen (z. B. Korn)	20	33	5,3

einem beigefügten Säckchen mit Trägermaterial, „Sachet" genannt, oder aus semipermeablen, auf das Verpackungsmaterial aufgebrachten ethanolhaltigen Polymerfilmen [71]. Für Produkte, die nach dem Öffnen vor dem Genuss erhitzt werden, ist dabei ein unkritischer Ethanolrestgehalt zu erwarten; der Ethanolgehalt in nicht erhitzten Produkten ist zu hinterfragen.

Für den Nachweis von Ethanol stehen zahlreiche physikalische, chemische und biochemische Methoden zur Verfügung.

Klassische physikalische Verfahren zur Ethanolgehaltsbestimmung stützen sich auf die Bestimmung der relativen Dichte [104], der Siedepunktserniedrigung von Ethanol-Wassergemischen [1] und des Brechungsindexes [33, 104]. Moderne gaschromatographische Methoden mit unterschiedlichen internen Standards erlauben eine instrumentelle Analyse des Ethanols in qualitativer und quantitativer Hinsicht [3, 60, 104].

Ein quantitativer chemischer Nachweis des Ethanols basiert auf der Oxidation zur Essigsäure durch überschüssiges Dichromat in Anwesenheit von Schwefelsäure. Das nach der Reaktion verbliebene Dichromat wird mit Ammoniumeisen-II-sulfat zurücktitriert und so die dem vorliegenden Ethanol äquivalente Menge Dichromat bestimmt [1, 74, 119]. Die chemische Reinheit von Ethanol wird oft durch Veresterung mit Essigsäureanhydrid oder Phthalsäureanhydrid in Pyridin und anschließende Hydrolyse im Vergleich zu einer Standardlösung bewertet [65]. Spuren von Ethanol lassen sich durch colorimetrische Verfahren z. B. mit 8-Hydroxychinolin oder Vanadiumpentoxid nachweisen [89].

Von besonderer Bedeutung für die Spurenanalytik von Ethanol ist ein biochemisches Nachweisverfahren. Die Methode basiert auf der durch das Enzym Alkoholdehydrogenase (ADH) katalysierten Oxidation des Ethanols zu Acetaldehyd. Als Cosubstrat des Enzyms fungiert das Nicotinamid-Adenin-Dinucleotid (NAD^+) das in seine reduzierte Form $NADH + H^+$ überführt wird. Damit die Reaktion quantitativ abläuft und die vorhandene Menge Ethanol vollständig erfasst werden kann, setzt man Semicarbazid, (Aminooxy)-Essigsäure oder das Enzym Aldehyddehydrogenase (ALDH), das die Umsetzung von Acetaldehyd zu Essigsäure katalysiert, zu und entfernt so den entstehenden Acetaldehyd aus dem

Reaktionsgleichgewicht. Der Verlauf des enzymatischen Abbaus des Ethanols lässt sich spektralphotometrisch bei 340 nm verfolgen. Die Zunahme der Absorption bei dieser Wellenlänge entspricht der Zunahme des Produktes $NADH+H^+$ und damit der Menge des umgesetzten Ethanols in der Probe [1]. Eine Sammlung lebensmittelrechtlicher Bestimmungsmethoden der Bundesrepublik Deutschland für Ethanol, die im Wesentlichen auf den hier dargestellten analytischen Prinzipien beruhen, findet sich bei [109].

40.4 Kinetik und innere Exposition

Ethanol kann von Mensch und Tier oral, inhalativ und dermal aufgenommen werden. Die Hauptaufnahme von Ethanol in Lebensmitteln und Getränken erfolgt über den Magen-Darm-Trakt. Daher konzentrieren sich die folgenden Betrachtungen auf die orale Aufnahme. Einen guten Überblick zur inhalativen und dermalen Exposition und ihren Konsequenzen gibt [24]. Da im Gegensatz zu zahlreichen anderen Stoffen für Ethanol eine Fülle von toxikologischen Humandaten vorliegt, stützen sich die folgenden Abschnitte ausschließlich auf diese Informationen. Eine umfangreiche Darstellung tierexperimenteller Daten und zugehöriger Literatur findet sich in [24].

Beim Menschen ist eine physiologische Ethanolkonzentration im Blut nachweisbar. Ostrovsky nennt in seiner Übersicht [70] einen Konzentrationsbereich für endogene Ethanolspiegel von 0,1–0,3 mg Ethanol/L (1000 mg/L = 1‰). In guter Übereinstimmung mit dieser Angabe geben Sprung et al. [87] für ihre Studie an 130 nüchternen Erwachsenen einen Mittelwert mit Standardabweichung von $0{,}27 \pm 0{,}17$ mg Ethanol/L an, wobei die meisten Einzelwerte zwischen 0,1 und 0,2 mg Ethanol/L liegen und kein Wert über 0,75 mg Ethanol/L gefunden wurde. Über die Quelle des endogenen Ethanols wird wissenschaftlich diskutiert: Der klassischen Auffassung einer Mitwirkung der Darmbakterien an der endogenen Ethanolproduktion [21] steht die Ansicht gegenüber, dass Ethanol aus Acetaldehyd gebildet werden kann, der als Zwischenprodukt zahlreicher natürlicher Stoffwechselprozesse des Menschen auftritt [70]. So entsteht Acetaldehyd beispielsweise bei der oxidativen Decarboxylierung von Pyruvat durch die Pyruvatdehydrogenase, bei der Umsetzung von Phosphoethanolamin durch die *O*-Phosphorylethanolamin-Phosphorylase und beim Abbau der Aminosäuren Threonin oder *β*-Alanin. Vorliegender Acetaldehyd könnte dann von der ADH, deren Reaktionsgleichgewicht, wie bereits oben dargestellt, auf Seiten des Ethanols liegt, zu Ethanol umgesetzt werden und so mitverantwortlich für die beobachteten endogenen Ethanolspiegel sein [70].

Nach oraler Gabe von Ethanol werden durch passive Diffusion 20% der zugeführten Menge über die Magenschleimhaut aufgenommen, 80% werden im Dünndarm resorbiert. Die Resorption ist abhängig vom Füllungsgrad des Magen-Darm-Traktes: Bei leerem Magen dauert die Resorption 1–2 h, bei gefülltem Magen können es bis zu sechs Stunden sein. Hierbei verlängert in den verzehrten Lebensmitteln vorliegendes Fett die Verweildauer des Ethanols im Magen, da es die Magensaftproduktion und die Magenentleerung hemmt [46]. Kohlensäurehaltige Getränke wie Sekt und Alkopops fördern den Resorptionsvorgang im Magen: Freigesetzte Kohlendioxidbläschen führen zu einer mechanischen Reizung der Magenschleimhaut, zusätzlich stimuliert aufgenommenes Kohlendioxid die Durchblutung der Magenmukosa [27].

Ethanol weist einen Öl/Wasser-Verteilungskoeffizienten von 0,04 auf. Dies führt zu vergleichsweise ungünstigen Bedingungen, was die Resorptionsgeschwindigkeit im Allgemeinen betrifft, aber zu guten Voraussetzungen, was die Verteilung im Körperwasser angeht: Ethanol gelangt über das Körperwasser sehr rasch in alle Organe, Gewebe und Flüssigkeiten des menschlichen Körpers. Es überwindet problemlos die Blut-Hirn- und Blut-Liquor-Schranke, geht ungehindert in den Plazentarkreislauf über und lässt sich in der Muttermilch nachweisen. In Abhängigkeit von der resorbierten Dosis ist in 1–2 h das Maximum der Blutkonzentration erreicht, wobei der Blutethanolspiegel als repräsentativ für die Konzentration im ZNS (Zentrales Nervensystem), dem wichtigsten Wirkort, gilt [27, 46]. Die Berechnung der Blutethanolkonzentration aus der konsumierten Ethanolmenge erfolgt in Anlehnung an die Widmarkformel [27, 46]:

$$\text{Blutethanolkonzentration } [‰] = \frac{\text{Ethanol [g]}}{\text{Körpergewicht [g]} \times \text{relatives Verteilungsvolumen}} \tag{1}$$

Beim relativen Verteilungsvolumen gibt es bedeutende geschlechtsspezifische Unterschiede. So wird in Gleichung (1) für das relative Verteilungsvolumen für den Mann der Wert 0,68 eingesetzt. Für die Frau, die im Allgemeinen über weniger Körperwasser, aber mehr Fettgewebe verfügt, ist dieser Wert je nach Fettdepot wesentlich kleiner, nämlich bis 0,55 [27]. Als Konsequenz hieraus lässt sich im Blut einer Frau im Vergleich zum Blut eines Mann bei gleichem Körpergewicht und gleicher konsumierter Ethanolmenge meist eine höhere Ethanolkonzentration nachweisen.

Von der aufgenommenen Dosis werden nur geringe Anteile unverändert abgeatmet (2–10%; neben 0,5–7% des Metaboliten Acetaldehyd) oder über die Nieren (0,2–3%) ausgeschieden [59]. Die Hauptmenge wird verstoffwechselt. Die Eliminationsgeschwindigkeit ist beim Ethanol nicht von der Konzentration abhängig. Sie ist über die gesamte Eliminationszeit hin konstant und beträgt bei Männern 0,1 g/kg Körpergewicht/h bei Frauen 0,085 g/kg Körpergewicht/h, d.h. der Blutethanolspiegel fällt stündlich um etwa 0,15‰ [27, 46]. Die Elimination verläuft geradlinig (Funktion 0. Ordnung), so dass aus einem einmal gemessenen Blutethanolspiegel sehr leicht die Ausgangskonzentration, jede Zwischenkonzentration zu einem beliebigen Zeitpunkt während der Elimination und das Ende der Ausscheidung berechnet werden können. Dies ist von besonderer Bedeutung für rechtsmedizinische Fragestellungen. Der Grund für die beobachtete lineare Eliminationskinetik ist darin zu sehen, dass das abbauende

Enzymsystem im Sättigungsbereich arbeiten muss. Zu beachten ist, dass die Elimination des Ethanols beim Gewöhnten (z. B. Alkoholiker) praktisch gleich schnell erfolgt wie beim Normalen [27].

Nach oraler Aufnahme werden etwa 6% der aufgenommenen Ethanolmenge bereits durch die in der Magenschleimhaut vorliegende ADH zu Acetaldehyd oxidiert [2]. Dieser für Ethanol typische „First-pass"-Metabolismus (FPM) kommt bevorzugt bei kleinen Mengen Ethanol (ca. 20 g) und gut gefülltem Magen zum Tragen [37], bei hohen Ethanolkonzentrationen oder schneller Magenentleerung ist sein Einfluss zu vernachlässigen. Bei geringen Konzentrationen allerdings verringert er die systemisch verfügbare Ethanolmenge und schützt so die inneren Organe, allerdings disponiert er unter Umständen auch für Gewebeschäden im Magen-Darm-Trakt durch gebildete toxische Metabolite [13].

Frauen scheinen generell über eine niedrigere ADH-Aktivität in der Magenmukosa zu verfügen, was im Vergleich zu Männern zu einem quantitativ geringeren FPM und zu höheren Blutethanolspiegeln führt [11, 13, 24]. Neben dem kleineren relativen Verteilungsvolumen könnte dies als weiterer Faktor zur Erklärung der größeren Empfindlichkeit des weiblichen Organismus gegenüber den toxischen Wirkungen des Ethanols herangezogen werden. Neben dem geschlechtsspezifischen Unterschied gibt es auch einen bedeutenden Unterschied der ADH-Aktivität in der Magenschleimhaut zwischen den Ethnien: Bei etwa 30% aller Asiaten ist diese reduziert und führt zu einem verringerten FPM für die betroffenen Individuen [11, 13]. Schließlich ist bei der Einnahme von bestimmten Medikamenten wie z. B. Acetylsalicylsäure (Aspirin®) und einigen H2-Rezeptorantagonisten zu beachten, dass sie geschlechts- und ethnienunabhängig die ADH-Aktivität erniedrigen bzw. die Entleerung des Magens beschleunigen, was über eine Reduzierung des FPM zu höheren individuellen Blutethanolspiegeln führt [11, 13].

Über 90% einer resorbierten Dosis werden in der Leber metabolisiert, wobei am 1. Abbauschritt, der Oxidation des Ethanols zum Acetaldehyd, drei verschiedene Enzymsysteme mit unterschiedlicher zellulärer Lokalisation und Substrataffinität beteiligt sind. Es handelt sich dabei um die im Zytosol des Hepatozyten vorliegende ADH (EC 1.1.1.1), um das Mikrosomale Ethanol-oxidierende System (MEOS) und die peroxisomale Katalase, die aber nur von untergeordneter Bedeutung sein dürfte (Abb. 40.1).

Etwa 90% des aufgenommenen Ethanols werden von der ADH, ca. 6% der vorliegenden Menge vom MEOS umgesetzt [46]. Das für das MEOS charakteristische Enzym ist das Cytochrom P-450 2E1 (CYP 2E1). Aktuelle Untersuchungen legen aber auch eine Beteiligung der Cytochrome P-450 1A2 und 3A4 (CYP 1A2, CYP 3A4) nahe, deren kombinierte Aktivitäten den Umfang der jeweiligen CYP 2E1-Aktivität erreichen können [53]. Lang andauernder und hoher Ethanolkonsum kann zu einer 4–10fachen Induktion der CYP 2E1-Aktivität führen, im Vergleich dazu ist die ADH nicht induzierbar, so dass der Ethanolabbau über das MEOS unter den genannten Bedingungen an Bedeutung gewinnt [29, 52].

Der gebildete Acetaldehyd wird zum größten Teil durch die mitochondriale ALDH (EC 1.2.1.3) zur Essigsäure oxidiert, die – in Acetyl-CoA umgewandelt –

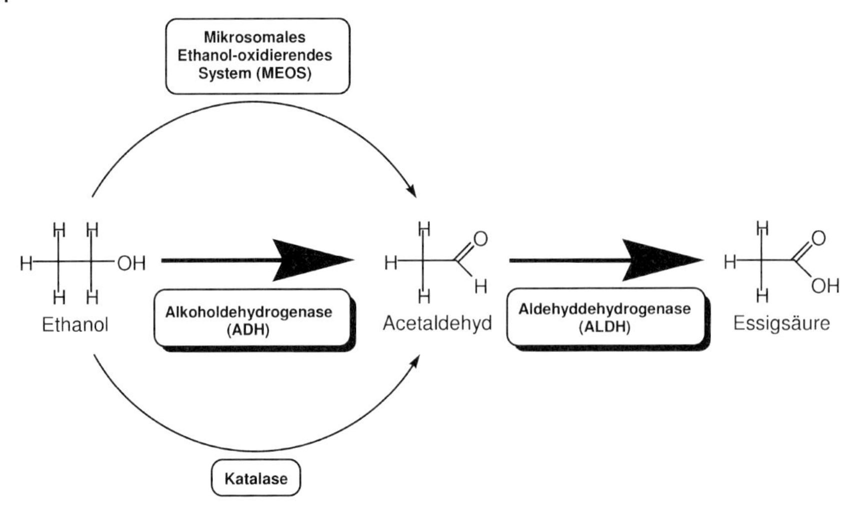

Abb. 40.1 Biotransformation von Ethanol in der Leber.

zum kleineren Teil in den Citratzyklus und zum größeren Teil in die Fettsäure- und Triglycerid-Biosynthese eingeht. Die vorliegende Essigsäure kann auch zu Wasser und Kohlendioxid abgebaut werden [46, 52].

Das CYP 2E1, die ADH und die ALDH unterliegen genetisch bedingten Polymorphismen [11, 13, 24, 53].

Für das CYP 2E1 sind zahlreiche Polymorphismen bekannt, von denen die drei genetischen Varianten in der 5′-non-coding-Region (+*Pst* I, –*Rsa* I) und im Intron 6 (–*Dra* I) am besten untersucht sind [47, 53]. In asiatischen Populationen finden sich Allelfrequenzen von zusammen mehr als 20% für die drei Polymorphismen, in der mitteleuropäischen Bevölkerung liegen die Allelfrequenzen jeweils bei 4 (+*Pst* I, –*Rsa* I) bzw. 8% (–*Dra* I). Die Polymorphismen sollen einen Anstieg der Expression von CYP 2E1 bewirken. Den beschriebenen genetischen Dispositionen wird allerdings nur ein geringer Einfluss auf interindividuelle Unterschiede in der CYP 2E1-Aktivität *in vivo* zugeschrieben, von wesentlich größerer Bedeutung scheint die Enzyminduktion durch erhöhte Substratkonzentrationen zu sein [47, 53].

Von der ADH sind bisher im Menschen sechs Klassen (I–VI) identifiziert worden. Die Klassen I, II und möglicherweise IV sind an der Oxidation von Ethanol beteiligt. Von insgesamt sieben bekannten Genorten, die die menschliche ADH codieren, sind zwei polymorph. So existieren jeweils drei Allele für die zur Klasse I gehörenden Isoenzyme *ADH2* und *ADH3* [13]. Die Allelfrequenzen sind stark abhängig von der ethnischen Zugehörigkeit, z. B. finden sich „atypische" ADH bei Mitteleuropäern mit einer maximalen Häufigkeit von 20%, hingegen sind sie in chinesischen und japanischen Populationen bei 85–89% der untersuchten Individuen nachzuweisen [24]. Im Hinblick auf den Metabolismus von Ethanol scheinen die Polymorphismen der ADH nach bisherigen Erkenntnissen bestenfalls eine untergeordnete Rolle zu spielen. So durfte aufgrund von enzymatischen Untersuchungen *in vitro* für die *ADH2*-Varianten *ADH2*2* und *ADH2*3* eine schnelle Umsetzung von Ethanol erwartet werden. Im Gegensatz dazu konnte *in vivo* für die unterschiedlichen *ADH2*2*-Genotypen nur ein minimaler Einfluss auf die interindividuellen Unterschiede des Ethanolabbaus im Menschen gezeigt werden, auch der *ADH2*3*-Polymorphismus konnte lediglich mit einer zehnprozentigen Steigerung des Ethanolmetabolismus in Zusammenhang gebracht werden. Für den *ADH3*-Polymorphismus ließen sich bislang noch keine modulierenden Effekte auf den Ethanolabbau nachweisen [13].

Für die ALDH lassen sich drei Klassen (I–III) unterscheiden: Enzyme der Klasse I (ALDH1) sind im Zytoplasma lokalisiert, wobei sowohl konstitutive als auch induzierbare Formen beschrieben wurden. Klasse-II-Enzyme (ALDH2) liegen in den Mitochondrien vor und sind nicht induzierbar. Etwa ~40% der gesamten ALDH-Aktivität in der menschlichen Leber werden allein durch die ALDH2 abgedeckt. Enzyme der Klasse III (ALDH3) sind im Gegensatz zur ALDH1 und ALDH2 für den Abbau von aliphatischen Aldehyden wie Acetaldehyd nur von nachgeordneter Bedeutung, lediglich eine im Magen nachgewiesene Form scheint in diesem Kontext eine Ausnahme darzustellen [24, 13].

Genetische Polymorphismen der ALDH sind überwiegend in asiatischen Populationen zu beobachten, wobei den genetischen Varianten der ALDH2 eine besondere Bedeutung zukommt [11, 13, 24]. Das normale Allel wird als *ALDH2*1* bezeichnet. Das mutierte Allel ist als *ALDH2*2* bekannt und weist eine G → A-Substitution auf, die in einem Austausch von Glutamat gegen Lysin an der Position 487 der ALDH2-Aminosäuresequenz resultiert. Als Folge dieses Austausches verfügen homozygote Träger des *ALDH2*2*-Allels über nahezu keine ALDH2-Enzymaktivität mehr, bei heterozygoten Trägern findet man eine deutlich reduzierte Aktivität. Die ALDH2-Defizienz betrifft in asiatischen Ländern große Bevölkerungsteile, so mangelt es z. B. ~40% aller Japaner an einer ALDH2-Aktivität. Bereits nach der Aufnahme von geringen Ethanolmengen kommt es bei Personen mit ALDH2-Defizienz zu ausgeprägten Unverträglichkeitsreaktionen wie Hautrötung (engl. flush), Blutdruckabfall, Tachykardie, Palpitationen, Muskelschwäche, Kopfschmerzen, Übelkeit und Erbrechen, die auf einen verzögerten Abbau von Acetaldehyd zurückgeführt werden [13, 24].

40.5 Wirkungen

Die Wirkungen von Ethanol resultieren aus seinen drei Eigenschaften als Nährstoff mit einem Energiegehalt von 29 KJ (7 kcal), als psychoaktive Substanz und als potenter Giftstoff in akut hohen Konzentrationen oder bei chronischer Aufnahme geringerer Konzentrationen [91, 115].

Das Forscherinteresse an den Wirkungen des Ethanols auf Mensch und Tier ist seit Jahrtausenden ungebrochen, daher sollen aus der Masse der für den Stoff zur Verfügung stehenden toxikologischen Informationen in den folgenden Abschnitten nur ausgewählte Daten zu den akuten und chronischen Hauptwirkungen berücksichtigt werden. Der Schwerpunkt liegt dabei auf der Humantoxizität. Für tierexperimentelle Befunde und Darstellungen der Wirkungen auf andere biologische Systeme wird an geeigneter Stelle auf relevante Literatur verwiesen.

40.5.1 Wirkungen auf den Menschen

Im Vordergrund der akuten Wirkungen des Ethanols steht sein Einfluss auf das Zentrale Nervensystem (ZNS) und die Atmung. Abhängig von den aufgenommenen Mengen zeigen sich die in Tabelle 40.2 zusammengefassten klinisch-toxikologischen Symptome, die von der initialen Euphorie bis zur manifesten Vergiftung reichen.

Tab. 40.2 Akute Ethanolwirkungen [59].

Aufgenommene Ethanolmenge [mL]	Blutethanol-konzentration [‰]	Stadien	Symptomatik
20–50	0,1–1,0	Euphorie	Deutliche Leistungsminderung bei Selbstüberschätzung; Fahruntüchtigkeit: 0,5‰ (Gefahrengrenzwert für Ordnungswidrigkeit)
40–100	1,0–2,0	Rausch	Gleichgewichts- u. Koordinationsstörungen, Verlust der Selbstkontrolle, Analgesie; Fahruntüchtigkeit: 1,1‰ (Grenze zur strafrechtlichen Verantwortlichkeit)
80–200	2,0–3,0	Narkose „voller Rausch“	Schwere Koordinationsstörungen, psychische Verwirrtheit, Bewusstseinstrübungen, Lähmungen. Bei Erbrechen: Aspirationsgefahr! Das Stadium ist für Kinder in 50% aller Fälle letal!
160–800	3,0–5,0	Asphyxie	Vollnarkose/tiefes Koma mit Areflexie, Zyanose von Haut/Schleimhaut, oberflächliche Atmung, meist typischer Geruch; Gefahr der tödlichen Atemlähmung!

Neben der Wirkung auf das ZNS und die Atmung kommt es schon bei der Aufnahme geringster Ethanolmengen zu einer klaren Minderung der messbaren Muskelleistung. Nur bei starker Ermüdung oder psychischer Hemmung können kleine Ethanolmengen durch die zentralnervöse Enthemmung übergeordneter Regulationszentren anregende Impulse auf die Muskulatur auslösen [27].

Im Hinblick auf Herz und Kreislauf zeigt sich bei niedrigen Ethanolspiegeln ein Blutdruckanstieg, hingegen verursachen hohe Blutethanolkonzentrationen eine Blutverschiebung aus dem Körperinneren in die Peripherie. Man beobachtet eine Haut-Hyperämisierung, wobei die Vasodilatation zum Teil auf einen zentralen Ursprung, zum Teil auf eine direkte Tonusminderung der Gefäßmuskulatur zurückzuführen ist. Durch die resultierende erhöhte Wärmeabgabe ist der Berauschte kurzzeitig vor einer Kälteeinwirkung geschützt, längerer Aufenthalt in der Kälte aber führt zur Unterkühlung bis hin zum Erfrierungstod. Vermehrte Wärmebildung und -abgabe kurbeln den Grundumsatz an, hierbei bildet sich eine Hypoglykämie aus, die abhängig vom Grad der Ethanolvergiftung ein erhebliches Ausmaß annehmen kann [27, 59].

Typisch für erheblichen Ethanolkonsum ist die „Fahne" (lat. foetor ex ore), wobei Verwechslungen mit akuten Abdominalerkrankungen differentialdiagnostisch auszuschließen sind.

Weiterhin wirkt Ethanol diuretisch, wobei die Art des Getränkes – unabhängig von der aufgenommenen Flüssigkeitsmenge – von Bedeutung zu sein scheint. Zum Beispiel wird Bier eine stärker harntreibende Wirkung unterstellt als Weinbrand [27].

Die Stimulierung des Appetits durch die Aufnahme kleiner Ethanolmengen vor Mahlzeiten ist sei langem bekannt und wird als Therapie für unter Appetitlosigkeit leidender Patienten eingesetzt. Regelmäßige Anwendung beim Gesunden kann zu einer zusätzlichen Aufnahme von Nahrung führen, die vom Körper nicht mehr vollständig verwertet wird. Hinzu tritt der im Ethanol selbst vorliegende Energiegehalt. Inwieweit beide Eigenschaften des Ethanols einzeln oder zusammengenommen einen Beitrag zu entstehendem Übergewicht leisten, wird zur Zeit diskutiert [114, 115]. Sicher hingegen ist, dass große Mengen vor allem hochprozentiger Spirituosen die Magenschleimhaut reizen und Schwindel und Erbrechen verursachen können [27].

Schließlich hat Ethanol einen Einfluss auf das sexuelle Verhalten: Es kommt zu einer Steigerung der Libido, aber auch zu einer Minderung der Vollzugsfähigkeit [27].

Akute allergische und asthmatische Reaktionen können nach dem Genuss ethanolhaltiger Getränke auftreten. Als eine wichtige Ursache dieser Unverträglichkeitsreaktionen gilt das Vorliegen einer erhöhten Konzentration des Ethanolmetaboliten Acetaldehyd im menschlichen Körper, wie man sie vor allem bei Asiaten mit ALDH2-Defizienz beobachtet. Bei Mitteleuropäern findet man oft eine selektive Empfindlichkeit gegenüber bestimmten Getränken, insbesondere Wein. Hier scheinen nicht der Ethanol und seine Metaboliten die allergischen und asthmatischen Reaktionen auszulösen, sondern Begleitstoffe wie biogene

Amine – als Beispiele seien hier Histamin und Tyramin genannt – und Sulfite [98].

Von besonderer Bedeutung sind die Wechselwirkungen des Ethanols mit zahlreichen Pharmaka, verschiedenen Chemikalien am Arbeitsplatz und bestimmten Speisepilzen.

Bei der Wechselwirkung von Ethanol mit Arzneimitteln kommt es im Allgemeinen zu einer Wirkungsverstärkung des Pharmakons und nur selten zu einer Abschwächung [27, 46, 59]. Zwei toxikologische Prinzipien können die Ursachen hierfür sein:

1. Der Metabolismus des Ethanols und/oder des Arzneistoffs wird gehemmt. Dabei werden der eine oder beide Fremdstoffe langsamer abgebaut und liegen in erhöhter Konzentration über verlängerte Zeiträume vor. Von dieser Hemmung sind in erster Linie die Cytochrome P450 des MEOS betroffen, die Hemmung der ADH spielt nur eine untergeordnete Rolle.
2. Durch einen synergistischen Angriff am selben Wirkort (Rezeptor) potenzieren sich die Wirkungen von Ethanol und Arzneistoff.

Alle Wechselwirkungen zwischen Ethanol und einzelnen Arzneistoffen zu beschreiben würde den Rahmen dieser Übersicht sprengen, umfassende und ständig aktualisierte Informationen zu diesem Thema finden sich bei [111].

Obwohl Ethanol aufgrund seiner negativen Auswirkungen auf die Konzentrations- und Leistungsfähigkeit am Arbeitplatz nicht konsumiert werden sollte, sind Unverträglichkeiten des Ethanols mit verschiedenen Arbeitsstoffen bekannt. Hier seien – ohne Anspruch auf Vollständigkeit – einige Beispiele genannt: Tetrachlorkohlenstoff, Trichlorethen, Nitrobenzol und Nitrophenol, Nitroglykol, Anilin, Dimethylformamid, Schwefelkohlenstoff, Kalkstickstoff (Calciumcyanamid), Arsen, Blei und Quecksilber [27, 46, 59]. Zur Erklärung der beobachteten Unverträglichkeiten kommen die bereits für die Pharmaka dargestellten Ursachen in Betracht.

Auch bestimmte Speisepilze wie der in Süddeutschland beheimatete Faltentintling (lat. *Coprinus atramentarius*) können Ethanolunverträglichkeit induzieren. Als toxisches Prinzip gilt dabei das Coprin, das durch die Hemmung der ALDH einen verzögerten Abbau von Acetaldehyd mit den bekannten Symptomen verursachen soll [27, 59, 108].

Die von weiten Teilen der mitteleuropäischen Bevölkerung als angenehm empfundene euphorisierende und rauschauslösende Wirkung des Ethanols kann bei dafür empfänglichen Individuen eine suchtartige, dauernd wiederholte Aufnahme großer Mengen auslösen. Nach ihrem Trinkverhalten in den vorausgegangenen zwölf Monaten und in Abhängigkeit vom Geschlecht lassen sich fünf Konsumentengruppen unterscheiden (Tab. 40.3).

Riskanter oder höherer Konsum kann über die Stufe des Alkoholmissbrauchs zur Alkoholabhängigkeit führen. Zur Definition einer Substanzabhängigkeit sei auf die in der ICD-10 beschriebenen Kriterien der Weltgesundheitsorganisation hingewiesen [113]. Im Rahmen dieses Kapitels kann nicht vertieft auf das Krankheitsbild des Alkoholismus eingegangen werden. Eine Serie aktueller

Tab. 40.3 Definition von Konsumentengruppen unter Berücksichtigung des Geschlechts [9].

Konsumentengruppe	Frauen konsumierte Menge/d [g]	Männer konsumierte Menge/d [g]
Abstinent	0	0
Risikoarmer Konsum	>0–20	>0–30
Riskanter Konsum	>20–40	>30–60
Gefährlicher Konsum	>40–80	>60–120
Hochkonsum	>80	>120

Übersichten zu verschiedenen gesundheitlichen Aspekten des Alkoholismus findet sich bei [106]. Hingegen sollen im Folgenden die chronisch-toxischen Hauptwirkungen auf die menschlichen Organe bei anhaltendem Ethanolkonsum dargestellt werden.

In Übereinstimmung mit ihrer Funktion als Hauptort der Metabolisierung ist die Leber ein wesentliches Zielorgan für die chronische Toxizität von Ethanol. Als Schwellenwert für die Auslösung toxischer Leberschäden wird bei Frauen ein täglicher Ethanolkonsum von 20–30 g/d und bei Männern von 40–60 g/d angesehen [83]. Durch die permanente enzymatische Oxidation von Ethanol zu Acetaldehyd in den Hepatozyten wird Nicotinamid-Adenin-Dinucleotid (NAD^+) in großem Umfang verbraucht und in seine reduzierte Form $NADH+H^+$ überführt, die sich anhäuft. Ausgehend von dieser Verschiebung des $NAD^+/NADH+H^+$-Quotienten wird eine Reihe NAD^+-abhängiger enzymatischer Reaktionen des Intermediärstoffwechsels gehemmt, deren wichtigste der Abbau von Fettsäuren durch die β-Oxidation ist. Gleichzeitig aktiviert Ethanol das Enzym Fettsäuresynthase zur erhöhten Neusynthese von Fettsäuren, die anschließend mit Glycerin verestert werden [27, 81]. Die Hemmung des Abbaus und die vermehrte *De-novo*-Synthese von Fetten resultieren in einem Überschuss von Triglyceriden, die sich in den Hepatozyten ablagern. Diese Fettansammlung kann zu einer zunächst noch gutartigen Fettleber führen. Die Verfettung ist – Ethanolabstinenz vorausgesetzt – je nach Ausprägung innerhalb von drei bis vier Wochen voll reversibel. Über mehrere Jahre fortgesetzter Konsum fördert die Entwicklung einer Alkoholhepatitis (alkoholische Steatohepatitis). In dem andauernden Entzündungszustand gehen die Hepatozyten zugrunde, das Bindegewebe proliferiert und die normale Leberarchitektur geht verloren. Es entwickelt sich das Vollbild einer alkoholischen Leberzirrhose, die im Spätstadium zu einer eingeschränkten Leberfunktion führt. Ein eventuell auftretendes Leberzellkarzinom kann als Spätkomplikation der alkoholischen Leberzirrhose angesehen werden [81].

Neben der Alkoholhepatitis ist die chronische Entzündung der Bauchspeicheldrüse (Pankreatitis) bekannt, auf deren Boden sich ein Pankreaskarzinom entwickeln kann [58]. Als untere Dosis, ab der das Risiko ansteigt eine chronische Bauchspeicheldrüsenerkrankung zu erwerben, gilt ein Ethanolkonsum von 20 g/d [78].

Jahrelanger Alkoholmissbrauch schädigt das Nervensystem. Neben direkten (zyto)toxischen Effekten des Ethanols und seines Metaboliten Acetaldehyd führt eine ethanolinduzierte chronische Mangelernährung – insbesondere bei der Aufnahme, Metabolisierung und Speicherung der neuroprotektiven B-Vitamine – zu charakteristischen neurologischen Krankheitsbildern. Für das ZNS seien hier als Beispiele die Wernicke-Enzephalopathie und das Korsakow-Syndrom genannt [19]. Die häufigste chronische neurologische Erkrankung im Zusammenhang mit einem Alkoholmissbrauch ist jedoch die periphere Polyneuropathie. Klinische Symptome sind distal und beinbetonte senso-motorische, langsam progrediente Ausfälle, Extremitätenschwäche, Schmerzen, Parästhesien, Muskelkrämpfe, Taubheitsgefühl, Gangataxie, brennende Dysästhesien, Abschwächung der Muskeleigenreflexe, eingeschränktes Vibrationsempfinden, verminderte Oberflächensensibilität und Schwächesymptomatik [83]. Pathologisch werden eine Axondegeneration neben einer segmentalen Demylenisierung als wichtigste Ursachen für die beobachteten Symptome angesehen [101]. Zu erwähnen ist auch die alkoholische Myopathie, die als akut nekrotisierende Form in Folge eines massiven Alkoholexzesses oder als sich über Wochen bis Monate entwickelnde chronische Form auftritt. Als Ursachen gelten bei der akut nekrotisierenden Myopathie unmittelbar toxische Wirkungen des Ethanols auf die Muskulatur [61, 85, 96], bei der chronischen Myopathie Schädigungen der Muskelmembran und der Mitochondrien durch Ethanolmetabolite [19].

Ethanol entfaltet auch chronische Wirkungen auf das Kardiovaskuläre System [44, 83]. An dieser Stelle soll sein Einfluss auf den Blutdruck, das Myokard, den Herzrhythmus und die koronare Herzerkrankung differenziert betrachtet werden.

Wie bereits oben dargestellt, wirkt Ethanol blutdruckerhöhend. Beginnend mit einem dauerhaften Ethanolkonsum von 20 g/d bei Frauen und 30 g/d bei Männern ist ein signifikanter Anstieg des Blutdrucks zu verzeichnen, der bei einer Reduktion der Ethanolaufnahme wieder abnimmt [83]. Für Patienten mit manifestem Bluthochdruck wird daher ein weitgehender Verzicht auf Ethanol empfohlen [42, 90].

Schon im 19. Jahrhundert wurde ein Zusammenhang zwischen einem chronisch hohen Ethanolkonsum und Erkrankungen des Herzmuskels hergestellt. So berichtet Bollinger [7] von Herzdilatationen und Herzhypertrophien bayerischer Biertrinker, dem „Münchner Bierherzen", die er auf einen durchschnittlichen Konsum von 432 L Bier/Jahr in München im Vergleich zu 82 L Bier/Jahr im restlichen Deutschland zurückführte. Für dilatative Kardiomyopathien werden verschiedene Ursachen, unter anderem Autoimmunprozesse nach Virusinfektionen und genetische Prädispositionen diskutiert. Schätzungen gehen allerdings dahin, dass 40–60% aller Kardiomyopathien „unklarer Genese" auf chronischen Alkoholmissbrauch zurückgehen [64, 75]. In einer viel beachteten Studie konnten Urbano-Marquez und Mitarbeiter den schädigenden Einfluss von Ethanol auf das Myokard belegen [96]. Eine regelmäßige Aufnahme von

120 g Ethanol/d über einen Zeitraum von zwanzig Jahren war notwendig, diese toxische Wirkung eindeutig nachzuweisen. Dies deckt sich mit Beobachtungen anderer Autoren [84], wonach die lebenslang kumulativ aufgenommene Ethanolmenge entscheidend für die Entwicklung einer Kardiomyopathie zu sein scheint. So gaben die meisten untersuchten Patienten eine tägliche Ethanolaufnahme von >40–80 g und mehr über einen Zeitraum von >10 Jahren an.

Chronischer Alkoholmissbrauch kann für die Konsumenten zu einer Vielzahl von Herzrhythmusstörungen führen. Hier sind supraventrikuläre Ereignisse wie z. B. Tachyarrhythmien und Vorhofflattern sowie verschiedene Formen der Erregungsleitungsverzögerungen mit AV-Blockierungen und Schenkelblockbildern zu nennen [49]. 1978 wurde der Begriff „holiday heart syndrome" geprägt. Er beschreibt das Auftreten von verschiedenen Herzrhythmusstörungen nach erhöhtem Ethanolkonsum an Wochenenden oder nach Ferienzeiten [16]. Des Weiteren belegen verschiedene Studien eine erhöhte Inzidenz an Fällen von plötzlichem Herztod bei Patienten, die Ethanol missbrauchten [49, 90].

Ein moderater Ethanolkonsum kann die Mortalitätsrate bei der koronaren Herzerkrankung (KHK) bis zu 45% absenken. Trägt man die Mortalitätsrate gegen die täglich konsumierte Ethanolmenge auf, so ergibt sich eine L-förmige Beziehung, d. h. auch eine Aufnahme höherer Ethanolmengen wirkt kardioprotektiv. Dieser Effekt lässt sich auch für Patienten mit bereits manifester KHK zeigen. Im Gegensatz dazu stellt sich der Zusammenhang zwischen Gesamtmortalität und täglich aufgenommener Ethanolmenge U-förmig dar, was eine Zunahme der Mortalität bei erhöhtem Konsum durch andere Wirkungen des Ethanols und den Einfluss weiterer Risikofaktoren nahe legt [18, 41, 77, 92]. Zieht man beide Beobachtungen ins Kalkül, wäre ein protektiver Effekt bei einem Ethanolkonsum von 30 g/d für Männer und für Frauen deutlich darunter anzunehmen [83]. Dabei entspricht die protektive Wirkung dieses moderaten Ethanolkonsums bezogen auf die Gesamtmortalität etwa der durch die Einnahme von Aspirin® erzielten Risikominderung [6, 41, 92]. Vergleichbare Effekte lassen sich allerdings auch durch eine ausgewogene Ernährung und sportliche Betätigung erzielen. Die kardioprotektive Wirkung des Ethanols ist nicht abhängig von der Art des aufgenommenen alkoholischen Getränkes [83]. Wichtig scheint hingegen der gleichmäßige Konsum einer moderaten Ethanolmenge pro Tag zu sein. Skandinavische Studien legen hier nahe, dass eine kurzfristige exzessive Ethanolaufnahme z. B. nur am Wochenende, das so genannte „binge drinking", nicht mit einer kardiovaskulären Protektion des Ethanols einhergeht, auch wenn rechnerisch die durchschnittliche tägliche Aufnahme moderat ist [12].

Die vor der KHK schützende Wirkung des Ethanols wird mit seinem Einfluss auf die Atherogenese und insbesondere auf den Lipoproteinstoffwechsel in Verbindung gebracht. Dabei werden verschiedene Mechanismen diskutiert: So steigt die Fraktion der „high density lipoproteins" (HDL 2 und 3) deutlich an, während die Fraktion der „low density lipoproteins" (LDL) geringfügig abfällt. Daraus resultiert ein günstigerer HDL/LDL-Quotient, der zu einer Verminderung der Atherogenese beiträgt. Hinzu kann eine Senkung des genetisch determinierten Lipoproteins(a) treten. Darüber hinaus verringert Ethanol das Fibrinogen und die Blutplättchenaggregation, während es die fibrinolytische Aktivität anregt [83].

Die in den 1980er und 1990er Jahren gemachte Beobachtung, dass stark Rotwein trinkende Bevölkerungsteile in Frankreich eine sehr niedrige KHK-Inzidenz aufweisen, ging als „french paradox" in die Literatur ein [10, 14, 26, 105]. Als Ursache für den festgestellten kardioprotektiven Effekt wurde neben dem Ethanol der hohe Anteil an phenolischen Inhaltsstoffen, der Rotwein von Weißwein und anderen alkoholischen Getränken unterscheidet, verantwortlich gemacht. Die phenolischen Inhaltsstoffe sollen als Antioxidantien in den LDL-Stoffwechsel eingreifen und den antiatherogenen Effekt hervorrufen. Neuere Untersuchungen weisen darauf hin, dass die phenolischen Inhaltsstoffe im Hinblick auf den Schutz des Herzens höchstwahrscheinlich von untergeordneter Bedeutung sind und die Hauptwirkung vom Ethanolanteil – unabhängig von der Art des alkoholischen Getränkes – ausgeht [83].

Ab einem täglichen Ethanolkonsum von ~30–40 g steigt das Schlaganfallrisiko an, hingegen scheint es bei einer täglich aufgenommenen Menge von 14 g verringert zu sein [12, 39, 54]. Bei differenzierter Betrachtung schützt Ethanol nur vor einem ischämischen Insult, nicht aber vor einem hämorrhagischen Insult. Der protektive Einfluss geringer Ethanolmengen im Falle des ischämischen Insultes wird mit der bereits oben beschriebenen Verminderung der Atherogenese erklärt, hingegen steigt das Risiko für intrazerebrale und subarachnoidale Blutungen linear mit der täglich konsumierten Ethanolmenge an. Insbesondere das „binge drinking" erhöht generell das Risiko eines Schlaganfalls, was auf eine kurzfristige Erhöhung des systolischen Blutdrucks und einen Effekt auf den Tonus zerebraler Arterien zurückgeführt wird [83].

Ethanol kann eine erhebliche reproduktionstoxische Wirkung auf den Menschen entfalten [24, 32, 83]. So belegen verschiedene Studien einerseits, dass exzessiver Ethanolkonsum die weibliche Fertilität verringert, in einigen Fällen auch bis zur Unfruchtbarkeit führen kann. Für Männer lassen sich direkte Effekte auf die Hoden und Einflüsse auf die Hormonausschüttung im Hypothalamus und in der Hypophyse nachweisen [15, 20, 25].

Andererseits wurden 1968 zum ersten Mal Schäden bei den Nachkommen von Frauen beschrieben, die während der Schwangerschaft Ethanol zu sich genommen hatten [51]. Diese Beobachtungen wurden wenig später in einer weiteren Studie an acht Fällen bestätigt [35]. Heute werden die Begriffe „Alkoholembryopathie" oder „fetales Alkoholsyndrom" für solche pränatal ausgelösten morphologischen und funktionellen Veränderungen bei Kindern alkoholkranker Frauen synonym benutzt. Die Diagnose der Alkoholembryopathie wird ausschließlich klinisch gestellt und gründet sich auf der Sicherung der mütterlichen Alkoholeffekte und auf die in Tabelle 40.4 zusammengestellte beim Kind beobachtete Symptomatik.

In Deutschland werden jedes Jahr ~800 000 Kinder geboren. Bei einer Prävalenz von 1–2% alkoholkranker Frauen unter den Gebärenden dürften mindestens 8000 Kinder alkoholkranker Frauen zur Welt kommen. Von diesen zeigen

Tab. 40.4 Klinische Symptomatik der Alkoholembryopathie [57, 83].

Befund	Angaben [%]
Intrauteriner Minderwuchs, Untergewicht	88
Postnatale Wachstumsverzögerung	86
Vermindertes subkutanes Fettgewebe	80
Kraniofaziale Dysmorphie	7–95
Augenfehlbildungen	2–54
Genitalfehlbildungen	31
Nierenfehlbildungen	12
Herzfehler	29
Extremitäten-/Skelettfehlbildungen	4–38
Neurologische, mentale, psychopathologische Störungen	6–89
Verhaltensstörungen	3–72
Andere	12–51

~2200 Neugeborene das Vollbild einer Alkoholembryopathie [38, 55, 56]. Die embryofetalen Alkoholeffekte wie Schwachformen einer alkoholtoxischen Enzephalopathie und komplexe Hirnfunktionsstörungen sind um ein Mehrfaches häufiger [32, 83]. Damit dürfte Ethanol mit Abstand die häufigste Ursache für eine exogene Keimschädigung sein [67].

Ethanol und sein Metabolit Acetaldehyd wirken auf den Embryo und Fetus direkt zytotoxisch, wachstumshemmend, teratogen, neurotoxisch und suchtfördernd. Eine sichere pränatale Schwellendosis und eine lineare Dosis-Wirkungsbeziehung sind für die beobachteten toxischen Effekte bisher nicht bekannt [83]. Aktuelle Untersuchungen zur Neurotoxizität zeigen, dass Ethanol den *N*-Methyl-D-Aspartat-(NMDA-) Rezeptor in Gehirnzellen blockiert, während er den Gamma-Aminobuttersäure-(GABA-)Rezeptor aktiviert. In der Folge sterben bis zu 30% der Nervenzellen ab, hingegen beobachtet man nur eine Zelldegeneration von 1,5% durch physiologische Prozesse [30].

Auf der Grundlage der aktuell verfügbaren epidemiologischen Studien darf man davon ausgehen, dass es ab einem täglichen Konsum von 30 g Ethanol/d durch die Schwangere zu deutlichen Beeinträchtigungen der Nachkommenschaft, insbesondere durch die neurotoxische Wirkung des Ethanols, kommt. Ein Ethanolkonsum von 90 g/d und mehr birgt das größte Risiko der Ausbildung einer Alkoholembryopathie für das Ungeborene [24, 32, 83]. Nicht alle Kinder von Müttern mit hohem Ethanolkonsum zeigen das Vollbild der Alkoholembryopathie, sondern nur etwa 30–40% [34, 83]. In diesem Zusammenhang scheint das „binge drinking" von wesentlicher Bedeutung zu sein: Kurzfristig stark erhöhte Blutethanolspiegel hinterlassen größere Schäden als dieselbe Menge Ethanol konsumiert über einen längeren Zeitraum. Zusätzlich ist zu beachten, dass bei gleichem Trinkmuster ein Ethanolkonsum während des ersten Trimesters, der Phase der Organogenese, ernstere Konsequenzen nach sich zieht als während des zweiten Trimesters [32].

Die Langzeitentwicklung ethanolgeschädigter Kinder verläuft deutlich ungünstiger als man es noch in den 1970er Jahren vermutete. So ist z. B. die durch die Neurotoxizität induzierte Intelligenzminderung nicht reversibel; fast die Hälfte der betroffenen Kinder besucht Sonderschulen für Lern- und geistig Behinderte. Meist werden Berufe ohne höhere Qualifizierung ausgeübt und nur 12% der Geschädigten erreichten bislang eine Selbstständigkeit in Familie und Lebensführung. Das Risiko einer stoffgebundenen Suchtentwicklung wird für die Betroffenen mit mindestens 30% veranschlagt [83].

Zahlreiche zytogenetische Untersuchungen belegen die Mutagenität von Ethanol im Menschen. So fanden sich bei Alkoholkranken im Vergleich zu Gesunden erhöhte Inzidenzen für chromosomale Aberrationen oder Schwesterchromatidaustausche in den peripheren Lymphozyten [24]. Darüber hinaus wird eine eingeschränkte DNA-Reparaturkapazität in den Lymphozyten von Alkoholikern beschrieben [88, 93].

Bereits 1910 berichtete Lamu von einer erhöhten Inzidenz von Speiseröhrenkrebs bei Absinthtrinkern [50]. Die epidemiologische Bewertung der verfügbaren Fall-Kontroll- und prospektiven Kohortenstudien belegt eindrucksvoll den Zusammenhang zwischen Ethanolkonsum und dem Entstehen bösartiger Tumore beim Menschen. Zielorgane sind Mundhöhle, Rachenraum, Kehlkopf und Speiseröhre sowie Leber, Brustdrüse, Kolon und Rektum. Dosis-Wirkungsbeziehungen ließen sich in den meisten Studien aufzeigen, wobei bereits ab einem Konsum von 10 g Ethanol/d die relativen Risiken bösartige Tumore – insbesondere der Mundhöhle, des Rachenraumes, des Kehlkopfs und der Speiseröhre – zu entwickeln signifikant erhöht sind [24, 72, 83]. Bemerkenswert ist auch, dass selbst bei hoher täglicher Ethanolaufnahme ($\gg$100 g Ethanol/g) das ethanolassoziierte Krebsrisiko immer weiter ansteigt und kein Plateau erreicht wird [72]. Chronischer Ethanolkonsum beschleunigt außerdem die Entstehung von Leberkrebs bei einer Hepatitis B- und die Ausbildung einer Leberzirrhose bei einer Hepatitis C-Infektion [31, 69].

Reines Ethanol ist kein direktes Kanzerogen [43]. Seine kanzerogenen Wirkungen entfalten sich indirekt.

Einerseits erleichtert es die Aufnahme krebserzeugender Stoffe aus der Umwelt vor allem in die Schleimhäute der Mundhöhle, des Rachenraumes, des Kehlkopfs und der Speiseröhre. Durch seine zytotoxischen Eigenschaften schädigt und verändert es die Zellmembranen so, dass Kanzerogene – hier sind besonders die Inhaltsstoffe des Zigarettenrauchs zu nennen – in die Zellen eindringen und diese mutagen verändern können. Steigt z. B. das relative Risiko für Speiseröhrenkrebs durch den alleinigen Konsum von >80 g Ethanol/d um den Faktor 18 an, so erhöht das isolierte Rauchen von >20 Zigaretten/d das relative Risiko um den Faktor 5. Beide Noxen zusammen aber wirken synergistisch und das relative Risiko vergrößert sich auf den Faktor 44 [95].

Andererseits führt die Metabolisierung von Ethanol zur Freisetzung von genotoxischen Metaboliten. An erster Stelle ist hier Acetaldehyd zu nennen. Acetaldehyd bindet an Proteine und DNA, ist mutagen und kanzerogen, zerstört die für eine korrekte Genregulation benötigte Folsäure und induziert durch seine Zytotoxizität eine sekundäre Hyperregeneration z. B. im Kolon und Rektum [72].

Die krebserzeugende Wirkung von Acetaldehyd im Menschen kann durch die bereits oben dargestellten genetischen Polymorphismen der Acetaldehyd bzw. Ethanol umsetzenden Enzyme moduliert werden. So zeigten Yokoyama und Mitarbeiter als Erste, dass eine ALDH2-Defizienz bei chronischem Ethanolkonsum das Risiko an Speiseröhrenkrebs zu erkranken erhöht [116, 117]. Ein weitere Studie belegte einen deutlichen Zusammenhang zwischen dem Vorliegen einer ALDH2-Defizienz und der Entstehung von bösartigen Tumoren der Mundhöhle, des Rachenraumes, des Kehlkopfs, der Speiseröhre sowie des Kolons und Rektums in Alkoholikern [118]. Individuen mit ALDH2-Defizienz weisen hohe Acetaldehydspiegel in ihrem Speichel auf, die für die Lokalisation der im Mundrachenraum und Speiseröhre beobachteten Tumore mitverantwortlich gemacht werden [97]. Während der ALDH2-Polymorphismus als wichtiger Beweis für eine zentrale Rolle des Acetaldehyds in der ethanolinduzierten Kanzerogenese gilt, sind die bisher vorliegenden Studien für eine Modulation des Krebsrisikos durch die ADH-Polymorphismen widersprüchlich und werden kontrovers diskutiert [72]. Hier sind weitere Untersuchungen notwendig.

Wie bereits beschrieben induziert Ethanol die vermehrte Expression von Cytochrom P-450 2E1. CYP 2E1 metabolisiert nicht nur Ethanol zu Acetaldehyd, sondern aktiviert auch verschiedene Prokanzerogene wie Nitrosamine, Aflatoxine, Vinylchlorid, polycyclische Kohlenwasserstoffe und Hydrazine zu potenten Kanzerogenen. Darüber hinaus korrelieren die CYP 2E1-Spiegel mit der Freisetzung von genotoxischen radikalischen Verbindungen wie Hydroxyethylradikalen und reaktiven Sauerstoffspezies, die zur Krebsentstehung beitragen können [80].

40.5.2 Wirkungen auf Versuchstiere

Aufgrund der sehr guten Datenlage zu den toxischen Wirkungen des Ethanols auf den Menschen, die ausführlich dargestellt wurden, und einer sehr großen Übereinstimmung des toxischen Wirkungsspektrums beim Menschen mit den dokumentierten Wirkungen auf Versuchstiere kann auf eine detaillierte Darstellung tierexperimenteller Untersuchungen und Befunde verzichtet werden. Aktuelle Übersichten – insbesondere auch zur Reproduktionstoxizität und Kanzerogenität – finden sich bei [24, 32, 72].

40.5.3 Wirkungen auf andere biologische Systeme

Reines Ethanol zeigte in den meisten biologischen Systemen ohne metabolisches Aktivierungssystem keine genotoxischen Eigenschaften; nur sehr vereinzelt ergaben sich schwach positive Befunde. Hinzufügen eines metabolischen Aktivierungssystems bei einigen Untersuchungen resultierte im Nachweis einer Genotoxizität [24]. Diese Ergebnisse stehen in vollständigem Einklang mit den Beobachtungen zur Kanzerogenität von Ethanol nach seiner Metabolisierung im Menschen.

40.5.4
Zusammenfassung der wichtigsten Wirkungsmechanismen

Ethanol wirkt auf den gesamten Organismus des Menschen. Die akut-toxische Hauptwirkung des Alkohols manifestiert sich in der Lähmung des ZNS und der Atmung und kann je nach Schweregrad der Vergiftung zum Tode führen.

Wichtige chronisch-toxische Wirkungen sind die zytotoxische Schädigung der Leber, die Auslösung neurologischer Krankheitsbilder, die Verursachung von Schäden im Kardiovaskulären System, eine ausgeprägte Beeinträchtigung der Reproduktion verbunden mit einer deutlichen Teratogenität und eine klare Kanzerogenität an den Zielorganen Mundhöhle, Rachenraum, Kehlkopf und Speiseröhre sowie Leber, Brustdrüse, Kolon und Rektum.

40.6
Gesundheitliche Bewertung

Ethanol wirkt als psychoaktive Substanz und als potenter Giftstoff in akut hohen Konzentrationen oder bei chronischer Aufnahme geringer Konzentrationen.

Sein suchtförderndes Potenzial resultiert nach jüngsten Hochrechnungen bezogen auf die Bevölkerung der Bundesrepublik Deutschland für Personen ab 18 Jahren in 1,6 Mio. aktuell Alkoholabhängigen; 3,2 Mio. remittierten Alkoholabhängigen und 2,65 Mio. Personen mit aktuellem Alkoholmissbrauch [9]. Volkswirtschaftlich stehen den ethanolbedingten Gesamtschäden von ~20 Milliarden Euro der Gesamtumsatz der Alkoholindustrie von ~14 Milliarden Euro gegenüber. Die negativen Auswirkungen des Ethanolkonsums stellen somit einen erheblichen gesellschaftlichen Kostenfaktor – insbesondere für die Sozialsysteme – dar [48].

Aus toxikologischer Sicht lässt sich kein Schwellenwert für einen unbedenklichen Ethanolkonsum festlegen.

Akute Ethanolwirkungen auf das ZNS sind bereits bei geringen Blutethanolspiegeln festzustellen und führen zu einer deutlichen Leistungsminderung bei gefährlicher Selbstüberschätzung. Dieser Umstand wird leicht verständlich, wenn man sich vor Augen führt, dass ein Blutethanolspiegel von 0,5‰, der als Gefahrengrenzwert für eine Fahruntüchtigkeit im Sinne einer Ordnungswidrigkeit angesetzt wird, bereits Faktor 2500 über dem mittleren physiologischen und damit für den Körper „gewohnten" Blutethanolspiegel liegt.

Bei den chronischen Ethanolwirkungen stehen die kanzerogenen und reproduktionstoxischen Wirkungen im Vordergrund. Die „International Agency for Research on Cancer" (IARC) der WHO bewertet alkoholische Getränke als krebserzeugend für den Menschen (Gruppe 1) [29]. Schon ein Konsum von 10 g Ethanol/d – das entspricht einer täglichen Aufnahme von ~0,25 L Bier, ~0,1 L Wein oder ~0,03 L Spirituosen – erhöht die relativen Risiken bösartige Tumore insbesondere der Mundhöhle, des Rachenraumes, des Kehlkopfs und der Speiseröhre zu entwickeln signifikant [24, 72, 83]. Ethanol dürfte mit Abstand die häufigste Ursache für eine exogene Keimschädigung sein [67]. Ab einem täglichen Konsum von 30 g Ethanol/d durch die Schwangere treten deutliche Beeinträchtigungen der Nachkommenschaft zu Tage [24, 83]; ein „no observed adverse effect level" (NOAEL) lässt sich bisher nicht festlegen [32].

Ein täglicher Ethanolkonsum von 10–30 g/d hat nach bisherigem Kenntnisstand einen protektiven Effekt auf die KHK und den ischämischen Schlaganfall. Diese Aussage gilt aber nur, wenn keine anderen Risikoerkrankungen wie Herzrhythmusstörungen, arterieller Hypertonus und Stoffwechselstörungen vorliegen, sowie für Personen ab dem 50. Lebensjahr [82]. Auf andere Organe und Organsysteme als das Herz und die Gefäße dürfte die beschriebene Ethanolaufnahme keine protektiven, sondern die oben dargestellten gesundheitsschädigenden Wirkungen entfalten.

Ausdrücklich hingewiesen sei an dieser Stelle auf die unterschiedliche individuelle Suszeptibilität gegenüber Ethanol.

So verfügen Frauen über ein geringeres relatives Verteilungsvolumen als Männer (0,55 versus 0,68) [27], was dazu führt, dass sich im Blut einer Frau im Vergleich zum Blut eines Mann bei gleichem Körpergewicht und gleicher konsumierter Ethanolmenge meist eine höhere Ethanolkonzentration nachweisen lässt. Höhere Blutethanolkonzentrationen verursachen im Allgemeinen größere Gesundheitsschäden als niedrigere.

Bei Heranwachsenden sind der Körper und sein Stoffwechsel noch nicht voll ausgereift; entsprechend empfindlicher reagieren sie auf die Wirkungen des Ethanols. Ein Ausdruck hierfür ist der bevorzugt bei Kindern und Jugendlichen auftretende pathologische Rausch, ein durch relativ niedrige Ethanoldosen ausgelöster, schnell nach der Ethanolaufnahme auftretender Dämmerzustand mit persönlichkeitsfremd empfundenen Verhaltensauffälligkeiten (z. B. verbale Aggressivität oder körperliche Gewalttätigkeit) [76].

Auf ethnische Unterschiede bei den ADH- und ALDH-Polymorphismen wurde bereits hingewiesen. Von besonderer Bedeutung ist die ALDH2-Defizienz in den Populationen asiatischer Länder. Schon nach der Aufnahme von geringen Ethanolmengen kann es bei Personen mit ALDH2-Defizienz zu ausgeprägten Unverträglichkeitsreaktionen wie Hautrötung, Blutdruckabfall, Tachykardie, Palpitationen, Muskelschwäche, Kopfschmerzen, Übelkeit und Erbrechen kommen [13, 24].

Zu beachten sind schließlich Stoffwechselerkrankungen wie der Diabetes mellitus, wo es zu schwer kalkulierbaren Wechselwirkungen nach Ethanolkonsum kommen kann [83, 99].

40.7
Grenzwerte, Richtwerte, gesetzliche Regelungen, Empfehlungen

Für die inhalative Aufnahme von Ethanol wurde von der DFG-Senatskommission zur Prüfung gesundheitsschädlicher Arbeitsstoffe eine Maximale Arbeitsplatzkonzentration (MAK) von 500 ppm Ethanol/m^3 evaluiert [24]. Dieser

Grenzwert ist aber für den Hauptaufnahmeweg von Ethanol in Lebensmitteln und Getränken über den Magen-Darm-Trakt nicht relevant. Hier ist die Bewertung der IARC, die alkoholische Getränke als krebserzeugend für den Menschen (Gruppe 1) eingestuft hat [29], heranzuziehen. Aufgrund dieser Bewertung und eines nicht festlegbaren NOAEL für die Reproduktionstoxizität [32] lässt sich kein toxikologisch begründeter Schwellenwert für die unbedenkliche Aufnahme von Ethanol angeben.

Als wichtigste gesetzliche Regelungen, die Einfluss auf den Umgang von Konsumenten mit Ethanol in Deutschland haben, sind die Verordnung über die Kennzeichnung von Lebensmitteln [100], das Jugendschutzgesetz [36] und das Alkopopsteuergesetz [22] zu nennen. Die erstgenannte Bestimmung regelt die Kennzeichnung von alkoholhaltigen Getränken mit einem Ethanolgehalt von mehr als 1,2% (V/V), die letztgenannten Gesetze dienen dem besonderen Schutz von jungen Menschen vor den negativen Auswirkungen des Ethanols auf ihre Gesundheit.

Die Deutsche Gesellschaft für Ernährung e.V. gibt als wissenschaftliche Fachgesellschaft folgende Stellungnahme zu Ethanol ab: „Eine Empfehlung von Alkohol zum Schutz von Herzinfarkt lässt sich nicht ohne Vorbehalt vertreten, da die negativen Wirkungen des chronischen Alkoholkonsums in aller Regel die positiven überwiegen. Für Einzelpersonen kann ein Schwellenwert, ab dem schädliche Wirkungen des Alkohols mögliche positive Wirkungen übertreffen, nicht angegeben werden. Im Allgemeinen lässt sich aber für den gesunden Mann eine Zufuhr von 20 g Alkohol pro Tag und für Frauen von 10 g Alkohol pro Tag als gesundheitlich verträglich angeben, diese sollte jedoch nicht täglich erfolgen. Für Alkohol wird in den neuen „Referenzwerten für die Nährstoffzufuhr“ der DGE ein Richtwert (Männer 20 g, Frauen 10 g) angegeben. Richtwerte werden von der DGE im Sinne einer Orientierungshilfe genannt, wenn aus gesundheitlichen Gründen eine Regelung der Zufuhr zwar nicht innerhalb scharfer Grenzen, aber doch in bestimmten Bereichen notwendig ist. So werden z. B. für Wasser und Ballaststoffe Richtwerte mit einer Begrenzung nach unten angegeben, für Alkohol, Fett oder Speisesalz werden Richtwerte mit einer Begrenzung nach oben genannt, was besagt, dass diese Mengen möglichst nicht überschritten werden sollten“ [28].

40.8
Vorsorgemaßnahmen

Im Hinblick auf die erheblichen negativen Wirkungen des Ethanols auf die Gesundheit des Menschen, besonders unter Berücksichtigung seiner Kanzerogenität und Reproduktionstoxizität bereits in geringen Dosen, ist dem Verbraucher die völlige Abstinenz von Ethanol zu empfehlen.

Allerdings stellt die gänzliche Verweigerung einer Ethanolaufnahme für den Einzelnen aufgrund der außerordentlich hohen gesellschaftlichen Akzeptanz des Ethanols als Genuss- und Rauschmittel in alkoholhaltigen Getränken wie

Bier, Wein und Spirituosen eine besondere Herausforderung dar. Hier gibt die Stellungnahme der DGE e. V. zum gesundheitlich verträglichen Konsum (Frauen: <10 g; Männer <20 g; keine tägliche Aufnahme) eine Orientierungshilfe, die um die Randbedingungen Aufnahme des Ethanols mit den Mahlzeiten und eine Vermeidung von hochprozentigen Getränken erweitert werden kann [72]. Bei Einhaltung dieser Randbedingungen können lokale Schäden im besonders suszeptiblen Aerodigestivtrakt abgemildert werden. Dennoch sollte sich der Verbraucher stets vor Augen führen, dass es keinen risikofreien Ethanolkonsum gibt.

Für Heranwachsende versucht die Bundesrepublik Deutschland wie fast alle anderen Staaten durch besondere gesetzliche Regelungen eine Alkoholprävention zu implementieren [22, 36]. Der Erfolg dieser gesetzlichen Maßnahmen hängt aber entscheidend mit ab von dem Erziehungsverhalten und der Vorbildfunktion der Eltern und anderer Erzieher [76].

Die Vermeidung einer Ethanolaufnahme durch den Verbraucher wird durch vorhandene Defizite in der Kennzeichnung von Lebensmitteln erschwert. So verpflichtet der Gesetzgeber in Deutschland die Hersteller von alkoholhaltigen Getränken erst ab einem Ethanolgehalt von mehr als 1,2% (V/V) diesen auf der Verpackung anzugeben [100]. Ausdrücklich als „alkoholfrei" deklarierte Biere dürfen bis zu 0,5% (V/V) Ethanol enthalten [5, 102]. Geringe Mengen Ethanol (Spurenbereich bis 0,5% (V/V)) finden sich – meist ohne ausdrückliche Kennzeichnung – in fast allen anderen Lebensmitteln. Dies stellt eine nicht zu unterschätzende Gefährdung für empfindliche Bevölkerungsgruppen wie Heranwachsende, Schwangere, besondere Ethnien, Stoffwechselkranke und ehemalige Alkoholiker dar. Gesetzliche Verbesserungen in diesem Bereich wären zu begrüßen.

Abzuwarten bleiben die Auswirkungen von aktuellen Entwicklungsarbeiten in der Lebensmitteltechnologie, wo Ethanol als Bestandteil „aktiver Verpackungsmaterialien" (engl. active packaging) für Lebensmittel genutzt werden soll [71]. Dabei wird Ethanol in den Gasraum eines luftdicht verpackten Lebensmittels abgegeben, konserviert das verpackte Lebensmittel und verlängert so seine Haltbarkeit. Für Produkte, die nach dem Öffnen vor dem Genuss erhitzt werden, ist dabei ein unkritischer Ethanolrestgehalt zu erwarten, der Ethanolgehalt in nichterhitzten Produkten wäre zu evaluieren.

40.9 Zusammenfassung

Ethanol ist neben Wasser das bedeutendste Lösemittel und wird in zahlreichen industriellen Prozessen in der Produktion – vor allem auch von Lebensmitteln – eingesetzt. Darüber hinaus ist es der pharmakologisch-toxikologisch wirksame Bestandteil alkoholhaltiger Getränke wie Bier, Wein und Spirituosen, die als gesellschaftlich akzeptiertes Genuss- und Rauschmittel benutzt werden.

Vom Menschen oral aufgenommenes Ethanol ist ein Nährstoff mit einem Energiegehalt von 29 KJ (7 kcal), eine psychoaktive Substanz und ein potenter Giftstoff.

Über 90% einer resorbierten Dosis werden in der Leber metabolisiert, wobei am 1. Abbauschritt, der Oxidation des Ethanols zum Acetaldehyd, drei verschiedene Enzymsysteme, nämlich die im Zytosol des Hepatozyten vorliegende ADH (EC 1.1.1.1), das Mikrosomale Ethanol oxidierende System (MEOS) und die peroxisomale Katalase beteiligt sind. Der gebildete Acetaldehyd wird zum größten Teil durch die mitochondriale ALDH (EC 1.2.1.3) zur Essigsäure oxidiert. Genetische Polymorphismen, insbesondere die bevorzugt bei Asiaten auftretende ALDH2-Defizienz, modulieren die enzymatischen Abbaureaktionen.

Ethanol wirkt auf den gesamten Organismus des Menschen. Die akut-toxische Hauptwirkung des Alkohols zeigt sich in der Lähmung des ZNS und der Atmung.

Die wichtigsten chronisch-toxischen Wirkungen sind die Beeinträchtigung der Reproduktion verbunden mit einer deutlichen Teratogenität sowie eine klare Kanzerogenität. Zu beachten ist die unterschiedliche individuelle Suszeptibilität gegenüber Ethanol. Besonders empfindliche Gruppen sind Frauen, weil sie generell über ein geringeres relatives Verteilungsvolumen als Männer verfügen, Heranwachsende, Schwangere, besondere Ethnien, Stoffwechselkranke und ehemalige Alkoholiker.

Aus toxikologischer Sicht lässt sich – insbesondere auch vor dem Hintergrund der Bewertung von alkoholischen Getränken als krebserzeugend für den Menschen (Gruppe 1) durch die IARC – kein Schwellenwert für einen unbedenklichen Ethanolkonsum festlegen.

Dem Verbraucher wird die völlige Abstinenz von Ethanol empfohlen. Angesichts der hohen gesellschaftlichen Akzeptanz des Ethanols als Genuss- und Rauschmittel lässt sich die Stellungnahme der DGE e.V. zum gesundheitlich verträglichen Konsum (Frauen: <10 g; Männer <20 g; keine tägliche Aufnahme) als Orientierungshilfe für das persönliche Verhalten heranziehen, wobei zusätzlich die Randbedingungen Aufnahme des Ethanols mit den Mahlzeiten und eine Vermeidung von hochprozentigen Getränken beachtet werden sollten. Der Verbraucher sollte sich allerdings stets bewusst sein, dass es keinen risikofreien Ethanolkonsum gibt.

40.10 Literatur

1 Amerine MA, Ough SC (1980) Methods for analysis of musts and wines. J Wiley & Sons, New York, NY, USA

2 Ammon E, Schafer C, Hoffman U, Klotz U (1996) Disposition and first pass metabolism of ethanol in humans: is it gastric or hepatic and does it depend on gender? *Clinical Pharmacology and Toxicology* **59**: 503–513.

3 ASTM (Hrsg) (1985) Petroleum products, lubricants and fossil fuels, in 1985 Annual Book of ASTM Standards, Vol. 05.01 (1), ASTM Philadelphia, USA, D56–D1660.

4 Baker HG, Baker I, Hodges SA (1998) Sugar composition of nectars and fruits consumed by birds and bats in the tropics and subtropics, *Biotropica* **30**: 559–586.

5 Bierverordnung vom 2. 7. 1990 BGBl. I S. 1332, zuletzt geändert durch Artikel 2 § 3 Abs. 9 Nr. 1 des Gesetzes vom 1. 9. 2005, BGBl. I S. 2618.
6 Boffetta P, Garfinkel L (1990) Alcohol drinking and mortality among men enrolled in an American Cancer Society prospective study, *Epidemiology* **1**: 342–348.
7 Bollinger O (1884) Über die Häufigkeit und Ursachen der idiopathischen Herzhypertrophie, *Deutsche Medizinische Wochenschrift* **10**: 180–184.
8 Budavari S (Hrsg) (1989) Ethyl Alcohol, in The Merck Index – An Encyclopaedia of Chemicals, Drugs, and Biologicals 11th ed., Merck & Co. Inc. Rahway NJ USA, 594.
9 Bühringer G, Augustin R, Bergmann E, Bloomfield K, Funk W, Junge B, Kraus L, Merfert-Diete C, Rumpf H-J, Simon R, Töppich J (2000) Alkoholkonsum und alkoholbezogene Störungen in Deutschland. Band 128, in Schriftenreihe des Bundesministeriums für Gesundheit (Hrsg), Nomos Baden-Baden.
10 Burr ML (1995) Explaining the french paradox, *Journal of the Royal Society of Health* **115**: 217–219.
11 Caballería J (2003) Current concepts in alcohol metabolism, *Annals of Hepatology* **2**: 60–68.
12 Chadwick DJ, Goode JA (Hrsg) (1998) Alcohol and cardiovascular diseases. Novartis Foundation Symposium 216, John Wiley & Sons Chichester UK, 1–272.
13 Crabb DW, Matsumoto M, Chang D, You M (2004) Overview of the role of alcohol dehydrogenase and aldehyde dehydrogenase and their variants in the genesis of alcohol-related pathology, *Proceedings of the Nutrition Society* **63**: 49–63.
14 Criqui MH, Ringel BL (1994) Does diet or alcohol explain the french paradox? *Lancet* **344**: 1719–1723.
15 Emanuele N, Emanuele MA (1997) The endocrine system: alcohol alters critical hormonal balance, *Alcohol Health Research World* **21**: 53–64.
16 Ettinger PO, Wu CF, De La Cruz C Jr., Weisse AB, Ahmed SS, Regan TJ (1978) Arrhythmias and the „Holiday Heart“: alcohol-associated cardiac rhythm disorders, *American Heart Journal* **95**: 555–562.
17 Forbes RJ (1948) Short history of the art of destillation from the beginnings up to the death of Cellier Blumenthal, EJ Brill Leiden Niederlande.
18 Friedman LA, Kimball AW (1986) Coronary heart disease mortality and alcohol consumption in Framingham, *American Journal of Epidemiology* **124**: 481–489.
19 Gass A, Hennerici MG (1999) Alkohol und Neurologie, in Singer MV, Teyssen S (Hrsg), Alkohol und Alkoholfolgekrankheiten. Grundlagen – Diagnostik – Therapie, Springer, Berlin, Heidelberg, New York, 461–471.
20 Gavaler JS, Van Thiel DH (1987) International Commission for Protection against Environmental Mutagens and Carcinogens. ICPEMC Working Paper No. 15/7. Reproductive consequences of alcohol abuse: males and females compared and contrasted, *Mutation Research* **186**: 269–277.
21 Geertinger P, Bodenhoff J, Helweg-Larsen K, L und A (1982) Endogenous alcohol production by intestinal fermentation in sudden infant death, *Z Rechtsmedizin* **89**: 167–172.
22 Gesetz über die Erhebung einer Sondersteuer auf alkoholhaltige Süßgetränke (Alkopops) zum Schutz junger Menschen (Alkopopsteuergesetz – AlkopopStG) vom (23. 7. 2004) BGBl. I S. 1857.
23 Gibson JB, May TW, Wilks AV (1981) Genetic variation at the alcohol dehydrogenase locus in *Drosophila melanogaster* in relation to environmental variation: ethanol levels in breeding sites and allozyme frequencies, *Oecologica* **51**: 191–198.
24 Greim H (Hrsg) (1998) Ethanol, in Deutsche Forschungsgemeinschaft, Gesundheitsschädliche Arbeitsstoffe, Toxikologisch-arbeitsmedizinische Begründungen von MAK-Werten (Maximale Arbeitsplatzkonzentrationen), 26. Lieferung, Wiley-VCH Verlag GmbH Weinheim, 1–38.
25 Grodstein F, Goldman MB, Cramer DW (1994) Infertility in women and moderate alcohol use, *American Journal of Public Health* **84**: 1429–1432.

26 Gronbaek M, Dies A, Sorensen TI, Becker U, Schnohr P, Jensen G (1995) Mortality associated with moderate intakes of wine, beer, or spirits, *British Medical Journal* **310**: 1165–1169.

27 Henschler D (1987) Ethylalkohol, in Forth W, Henschler D, Rummel W (Hrsg.) Allgemeine und Spezielle Pharmakologie und Toxikologie, 5. Auflage, BI Wissenschaftsverlag, Mannheim, Wien, Zürich, 788–793.

28 Homepage der Deutschen Gesellschaft für Ernährung e.V. www.dge.de

29 IARC (1988) Alcohol Drinking, IARC monographs on the evaluation of carcinogenic risks to humans, Band 44, Lyon, Frankreich.

30 Ikonomidou C, Bittigau P, Ishimaru MJ, Wozniak DF, Koch C, Genz K, Price MT, Stefovska V, Hörster F, Tenkova T, Dikranian K, Olney JW (2000) Ethanol-induced apoptotic neurodegeneration and fetal alcohol syndrome, *Science* **287**: 1056–1060.

31 Inoue H, Seitz HK (2001) Viruses and alcohol in the pathogenesis of primary hepatic carcinoma. *European Journal of Cancer Prevention* **10**: 107–110.

32 Irvine LFH (2003) Relevance of the developmental toxicity of ethanol in the occupational setting: a review, *Journal of Applied Toxicology* **23**: 289–299.

33 IUPAC (Hrsg) (1968) A standardization of methods for determination of the alcohol content of beverages and distilled potable spirits, *Pure and Applied Chemistry* **17**: 273–312.

34 Jones KL, Smith DW, Streissguth AP, Myrianthopoulos NC (1974) Outcome in offspring of chronic alcoholic women, *Lancet* **1**: 1076–1078.

35 Jones KL, Smith DW, Ulleland CN, Streissguth P (1973) Pattern of malformation in offspring of chronic alcoholic mothers, *Lancet* **1**: 1267–1271.

36 Jugendschutzgesetz (JuSchG) vom (23. 7. 2002) BGBl. I S. 2730.

37 Julkunen RJK, DiPadova C, Lieber CS (1985) First pass metabolism of ethanol – a gastrointestinal barrier against the systemic toxicity of ethanol, *Life Sciences* **37**: 567–573.

38 Junge B (1996) Suchtstoffe und Suchtformen. Alkohol, in Geesthacht S (Hrsg.), Deutsche Hauptstelle gegen die Suchtgefahren. Neuland: Jahrbuch Sucht '96, 9–30.

39 Juvela S, Hillbom M, Palomäki H (1995) Risk factors for spontaneous intra-cerebral hemorrhage, *Stroke* **26**: 1558–1564.

40 Katz SH, Voigt MM (1986) Bread and beer: the early use of cereals in the human diet, *Expedition* **28(2)**: 23–34.

41 Keil U, Chambless LE, Döring A, Filipiak B, Stieber J (1997) The relation of alcohol intake to coronary heart disease and all cause mortality in a beer-drinking population, *Epidemiology* **8**: 150–156.

42 Keil U, Liese A, Filipiak B, Swales JD, Grobbee DE (1998) Alcohol, blood pressure and hypertension, in Chadwick DJ, Goode JA (Hrsg.), Alcohol and cardiovascular diseases. Novartis Foundation Symposium 216, John Wiley & Sons, Chichester, UK, 125–151.

43 Ketcham AS, Wexler H, Mantel N (1963) Effects of alcohol in mouse neoplasia, *Cancer Research* **23**: 667–670.

44 Klatsky AL (2002) Alcohol and cardiovascular diseases: a historical overview, *Annals New York Academy of Sciences* **957**: 7–15.

45 Kosaric N, Duvnjak Z (2002) Ethanol, in Ullmann's Encyclopedia of Industrial Chemistry, Wiley-VCH Verlag GmbH & Co KGaA, Weinheim, www.mrw.interscience.wiley.com/ueic/articles/a09_587/sect1.html, DOI: 10.1002/14356007.a09_587.

46 Koss G (1994) Ethanol/Ethylalkohol, in Marquardt H, Schäfer SG (Hrsg.) Lehrbuch der Toxikologie, BI Wissenschaftsverlag, Mannheim, Leipzig, Wien, Zürich, 393–396.

47 Krause G (2004) Cytochrome P450 2E1 (genotyping), in Angerer J, Müller M (Hrsg.) Deutsche Forschungsgemeinschaft, Analyses of hazardous substances in biological materials, Volume 9: Special issue: Marker of susceptibility, Wiley-VCH Verlag GmbH & Co. KgaA, Weinheim, 111–114.

48 Küfner H, Kraus L (2002) Epidemiologische und ökonomische Aspekte des Al-

koholismus, *Deutsches Ärzteblatt* **99**: A936–A945.

49 Kupari M, Koskinen P (1998) Alcohol, cardiac arrhythmias and sudden death, in Chadwick DJ, Goode JA (Hrsg.), Alcohol and cardiovascular diseases. Novartis Foundation Symposium 216, John Wiley & Sons, Chichester, UK, 68–85.

50 Lamu L (1910) Etude de statistique clinique de 131 cas de cancer de l'oesophage et du cardia, *Archives des Maladies Digestifs et de Malnutrition* **4**: 451–456.

51 Lemoine P, Harousseau H, Borteyru JP, Menuet JC (1968) Les enfants de parents alcooliques. Anomalies observées à propos de 127 cas, *Ouest Medical* **21**: 476–482.

52 Lieber CS (1997) Ethanol metabolism, cirrhosis and alcoholism, *Clinica Chimica Acta* **257**: 59–84.

53 Lieber CS (1999) Microsomal Ethanol-Oxidizing System (MEOS): the first 30 years (1968–1998) – a review, *Alcoholism: Clinical and Experimental Research* **23**: 991–1007.

54 Longstreth WT, Nelson LM, Koepsell TD, van Belle G (1992) Cigarette smoking, alcohol use, and subarachnoid hemorrhage, *Stroke* **23**: 1242–1249.

55 Löser H (1994) Alkohol in der Schwangerschaft als Risikofaktor der kindlichen Entwicklung, in Karch D (Hrsg.) Risikofaktoren der kindlichen Entwicklung, Steinkopf, Darmstadt, 302–312.

56 Löser H (1997) Alkohol und Schwangerschaft aus kinderärztlicher Sicht. Alkoholembryopathie und Alkoholeffekte, *Frauenarzt* **38**: 1105–1107.

57 Löser H (1999) Alkohol und Schwangerschaft – Alkoholeffekte bei Embryonen, Kindern und Jugendlichen, in Singer MV, Teyssen S (Hrsg.), Alkohol und Alkoholfolgekrankheiten. Grundlagen – Diagnostik – Therapie, Springer, Berlin, Heidelberg, New York, 431–451.

58 Lowenfels AB, Maisonneuve P, Cavallini G, Amann RW, Lankisch PG, Andersen JR, DiMagno EP, Andrén-Sandberg, Domellöf L, and the International Pancreatitis Study Group (1993) Pancreatitis and the risk of pancreatic cancer, *New England Journal of Medicine* **328**: 1433–1437.

59 Ludewig R (Hrsg.) (1999) Ethanol, in Akute Vergiftungen, Wissenschaftliche Verlagsgesellschaft mbH Stuttgart, 259–263.

60 Ma TS, Lang RE (1979) General principles, Quantitative Analysis of Organic Mixtures, Part 1, J Wiley & Sons, New York, NY, USA, 264–268.

61 Martin F (1985) Alcoholic skeletal myopathy, a clinical and pathological study, *Q J Med* **55**: 233–251.

62 McGovern PE, Fleming SJ, Katz SH (Hrsg.) (1995) The origins and ancient history of wine, Gordon and Breach, Philadelphia, USA

63 McKechnie SW, Morgan P (1982) Alcohol dehydrogenase polymorphism of *Drosophila melanogaster*: aspects of alcohol and temperature variation in the larval environment, *Australian Journal of Biological Science* **35**: 85–93.

64 McKenna CJ, Codd MB, McCann HA, Sugrue DD (1998) Alcohol consumption and idiopathic dilated cardiomyopathy: a case control study, *American Heart Journal* **135**: 833–837.

65 Mehlenbacher VC (1953) Determination of hydroxyl groups, in Mitchell J Jr, Kolthoff IM, Proskaner ES, Weissberger A (Hrsg.) Organic Analysis, Vol. 1, Interscience, New York, NY, USA, 1–65.

66 Needham J (1980) Science and civilisation in China. Volume 5. Chemistry and chemical technology. Part 4: spagyrical discovery and invention: apparatus, theories and gifts, Cambridge University Press, Cambridge, UK

67 Neubert D (1986) Arzneimittel, Umweltchemikalien, ionisierende Strahlen und Schwangerschaft, in Künzel W (Hrsg.) Die normale Schwangerschaft. Klinik der Frauenheilkunde und Geburtshilfe. Band 4, Urban & Schwarzenberg, München, Wien, Baltimore, 97–137.

68 Oakeshott JG, May TW, Gibson JB, Willcocks DA (1982) Resource partitioning in five domestic *Drosophila* species and its relationship to ethanol metabolism, *Australian Journal of Zoology* **30**: 547–556.

69 Ohnishi K, Iida S, Iwama S, Goto N, Nomura F, Takashi M, Mishima A, Kono K, Kimura K, Musha K, Kotata K, Okuda K

(1982) The effect of chronic habitual alcohol intake on the development of liver cirrhosis and hepatocellular carcinoma: relation to hepatitis B surface antigen carriage, *Cancer* **49**: 672–677.

70 Ostrovsky YM (1986) Endogenous ethanol – its metabolic, behavioral and biomedical significance, *Alcohol* **3**: 239–247.

71 Ozdemir M, Floros JD (2004) Active food packaging technologies, *Critical Reviews in Food Science and Nutrition* **44**: 185–193.

72 Pöschl G, Seitz HK (2004) Alcohol and cancer, *Alcohol & Alcoholism* **39**: 155–165.

73 Pulver D (2004) Essigherstellung: Hobby oder Nebenerwerb?, *Schweizerische Zeitschrift für Obst- und Weinbau* **20**: 8–11.

74 Rebelein H (1971) *Allgemeine Deutsche Weinfachzeitung* **107**: 590–594.

75 Regan TJ (1984) Alcoholic cardiomyopathy, *Progress in Cardiovascular Diseases* **27**: 141–152.

76 Remschmidt H (2002) Alkoholabhängigkeit bei jungen Menschen, *Deutsches Ärzteblatt* **99**: A787–A792.

77 Renaud S, de Lorgeril M (1992) Wine, alcohol, platelets, and french paradox for coronary heart disease, *Lancet* **339**: 1523–1526.

78 Sarles H (1991) The geographical distribution of chronic pancreatitis, in Johnson CD, Imrie CW (Hrsg.), Pancreatic disease. Progress and prospects, Springer Verlag Berlin, 177–184.

79 Schmid W (1983) Äthanol, in Böhme H, Hartke K (Hrsg.) Deutsches Arzneibuch 8. Ausgabe 1978 Kommentar, Wissenschaftliche Verlagsgesellschaft mbH, Stuttgart, GOVI-Verlag GmbH Frankfurt, 126–133.

80 Seitz HK, Pöschl G, Simanowski UA (1998) Alcohol and cancer, in Galanter M (Hrsg.) Recent Developments in Alcoholism: the Consequences of Alcoholism, Plenum Press, New York, USA, London, UK, 67–96.

81 Singer MV, Haas SL (2005) Pathomechanismen und Therapie – Leberschädigung durch Alkohol, *Pharmazeutische Zeitung* 150. Jahrgang: 2036–2042.

82 Singer MV, Teyssen S (2002) Moderater Alkoholkonsum: Gesundheitsförderlich oder schädlich? *Deutsches Ärzteblatt* **99**: A1103– A1106.

83 Singer MV, Teyssen S (2001) Serie – Alkoholismus: Alkoholassoziierte Organschäden, *Deutsches Ärzteblatt* **98**: A2109–A2120.

84 Smith DI (1990) Relationship between morbidity and mortality due to alcoholic cardiomyopathy and alcohol consumption in Australia, *Advances in Alcohol and Substance Abuse* **8**: 57–65.

85 Song SK, Rubin E (1972) Ethanol produces muscle damage in human volunteers, *Science* **175**: 327–328.

86 Souci SW, Fachmann W, Kraut H (2000) Die Zusammensetzung der Lebensmittel. Nährwerttabellen. 6. Auflage, medpharm Scientific Publishers, Stuttgart.

87 Sprung R, Bonte W, Rüdell E, Domke M, Frauenrath C (1981) Zum Problem des endogenen Alkohols, *Blutalkohol* **18**: 65–70.

88 Sram RJ, Topinka J, Binkova B, Kocisova J, Kubicek V, Gebhart JA (1990) Genetic damage in peripheral lymphocytes of chronic alcoholics, in Garner RC, Hradec J (Hrsg.) Biochemistry of chemical carcinogenesis, Penum Press, New York, USA, 219–226.

89 Stiller M (1996) Spectrophotometric determination of small amounts of alcohols, *Analytica Chimica Acta* **25**: 85–89.

90 Strotmann J, Ertl G (1999) Alkohol und Herz-Kreislauf, in Singer MV, Teyssen S (Hrsg.), Alkohol und Alkoholfolgekrankheiten. Grundlagen – Diagnostik – Therapie, Springer, Berlin, Heidelberg, New York, 391–410.

91 Suter PM (2004) Alcohol, nutrition and health maintenance: selected aspects, *Proceedings of the Nutrition Society* **63**: 81–88.

92 Thun MJ, Peto R, Lopez AD, Monaco JH, Henley J, Heath JW Jr, Doll R (1997) Alcohol consumption and mortality among middle-aged and elderly US adults, *New England Journal of Medicine* **337**: 1705–1714.

93 Topinka J, Binkova B, Sram RJ, Fojtikova I (1991) DNA-repair capacity and lipid peroxidation in chronic alcoholics, *Mutation Research* **263**: 133–136.

94 Tucker GA (1993) Introduction, in Seymour GB (Hrsg.) Biochemistry of fruit ripening, Chapman & Hall London, UK, 1–51.

95 Tuyns AJ (1978) Alcohol and cancer, *Alcohol: Health and Research World* **2**: 20–31.

96 Urbano-Marquez A, Estruch R, Navarro-Lopez F, Grau JM, Mont L, Rubin E (1989) The effect of alcoholism on skeletal and cardiac muscle, *New England Journal of Medicine* **320**: 409–415.

97 Väkeväinen S, Tillonen J, Agarwal D, Srivastava N, Salaspuro M (2000) High salivary acetaldehyde after a moderate dose of alcohol in ALDH2-deficient subjects: strong evidence for the local carcinogenic action of acetaldehyde, *Alcoholism: Clinical and Experimental Research* **24**: 873–877.

98 Vally H, Thompson PJ (2003) Allergic and asthmatic reactions to alcoholic drinks, *Addiction Biology* **8**: 3–11.

99 van de Wiel A (2004) Diabetes mellitus and alcohol, *Diabetes/Metabolism Research and Reviews* **20**: 263–267.

100 Verordnung über die Kennzeichnung von Lebensmitteln (Lebensmittelkennzeichnungsverordnung – LMKV) in der Fassung der Bekanntmachung vom 15. 12. 1999, BGBl. I S. 2464, zuletzt geändert durch Artikel 1 der Verordnung vom 18. 5. 2005, BGBl. I S. 1401.

101 Victor M (1975) Polyneuropathy due to nutritional deficiency and alcoholism, in Dyck PJ, Thomas PK, Lambert EH (Hrsg.) Peripheral neuropathy, Saunders, Philadelphia, USA, 1030–1066.

102 Vorläufiges Biergesetz BGBl (1993) Teil I S. 1400.

103 Whiting GC (1970) Sugars, in Hulme AC (Hrsg.) The biochemistry of fruits and their products. Volume 1, Academic Press, London, UK, 1–31.

104 Williams S (Hrsg.) (1984) Official methods of analysis of the Assn. of Official Analytical Chemists, 14th ed., Assn. of Official Analytical Chemists, Arlington, VA, USA

105 Woodward M, Tunstall-Pedoe H (1995) Alcohol consumption, diet, coronary risk factors, and prevalent coronary heart disease in men and women in the scottish heart health study, *Journal of Epidemiology and Community Health* **49**: 354–362.

106 www.aerzteblatt.de – Archiv – Volltextsuche: Serie: Alkoholismus.

107 www.bfb-bund.de/

108 www.giftpflanzen.com/coprinus_atramentarius.html

109 www.methodensammlung-lmbg.de

110 www.nutriinfo.de

111 www.rote-liste.de

112 www.rund-um-alkohol.de

113 www.who.int/substance_buse/terminology/who_lexicon/en/print.html

114 Yeomans MR (2004) Effects of alcohol on food and energy intake in human subjects: evidence for passive and active over-consumption of energy, *British Journal of Nutrition* **92**, Suppl.1: S31–S34.

115 Yeomans MR, Caton S, Hetherington MM (2003) Alcohol and food intake, *Current Opinion in Clinical Nutrition and Metabolic Care* **6**: 639–644.

116 Yokoyama A, Muramatsu T, Ohmori T, Makuuchi H, Higuchi S, Matsushita S, Yoshino K, Maruyama K, Nakano M, Ishii H (1996) Multiple primary oesophageal and concurrent upper aerodigestive tract cancer and the aldehyde dehydrogenase-2 genotype of Japanese alcoholics, *Cancer* **77**: 1986–1990.

117 Yokoyama A, Muramatsu T, Ohmori T, Matsushita S, Yoshimizu H, Higuchi S, Yokoyama T, Maruyama K, Ishii H (1999) Alcohol and aldehyde dehydrogenase gene polymorphisms influence susceptibility to esophageal cancer in Japanese alcoholics, *Alcoholism: Clinical and Experimental Research* **23**: 1705–1710.

118 Yokoyama A, Muramatsu T, Ohmori T, Yokoyama T, Okuyama K, Takahashi H, Hasegawa Y, Higuchi S, Maruyama K, Shirakura K, Ishii H (1998) Alcohol-related cancers and aldehyde dehydrogenase-2 in Japanese alcoholics. *Carcinogenesis* **19**: 1383–1387.

119 Zimmermann HW (1963) Studies on the dichromate method of alcohol determination, *American Journal of Enology and Viticulture* **14**: 205–213.

41
Biogene Amine

Michael Arand, Magdalena Adamska, Frederic Frère und Annette Cronin

41.1
Allgemeine Substanzbeschreibung

Unter dem Sammelbegriff biogene Amine sind Decarboxylierungsprodukte von Aminosäuren sowie einige ihrer Folgeprodukte zusammengefasst. Zwei wichtige Stoffgruppen innerhalb dieser Klasse sind (i) die aromatischen biogenen Amine, zu denen die nahrungsmitteltoxikologisch wichtigen Vertreter Histamin und Tyramin gehören, sowie (ii) die unter anderem historisch interessanten Polyamine, deren Vertreter Cadaverin und Putrescin schon früh als Komponenten der „Leichengifte" (Ptomaine) beschrieben wurden. Daneben gibt es eine ganze Reihe weiterer biogener Amine von – nach bisherigen Erkenntnissen – untergeordneter toxikologischer Relevanz, deren weitere Einteilung in Untergruppen an dieser Stelle wenig Sinn machen würde.

Vereinfachend betrachtet führen zwei wesentliche Prozesse zur Bildung biogener Amine. Einer der beiden ist die gezielte endogene Synthese. Zahlreiche biogene Amine, wie etwa die Catecholamine, das Histamin und das Serotonin, fungieren als Neurotransmitter und/oder als Gewebshormone und werden daher an den entsprechenden Orten im Organismus hergestellt und bereit gehalten [1].

Typischerweise existieren für diese Verbindungen effiziente Abbauwege, um sie rasch metabolisch zu inaktivieren, so dass eine externe Zufuhr in der Regel nur bei hohen Dosen relevante Auswirkungen hat oder auf lokale Wirkungen beschränkt bleibt. Der zweite wichtige und für die Nahrungsmitteltoxikologie im Vordergrund stehende Prozesse, der zur Bildung von biogenen Aminen führt, ist die Fäulnis, d.h. die Fermentation von Eiweißstoffen und deren Bausteinen, den Aminosäuren [21]. In der Lebensmittelproduktion wird die Fermentation gezielt eingesetzt, z.B. in der Käseherstellung und zur Gewinnung alkoholischer Getränke. Unerwünschte Fermentation erfolgt bei mikrobiellem Verderb von Lebensmitteln. In beiden Fällen können biogene Amine dann auftreten, wenn die an der Fermentation beteiligten Mikroorganismen entsprechende Aminosäure-Decarboxylasen produzieren, was nicht immer der Fall ist.

Handbuch der Lebensmitteltoxikologie. H. Dunkelberg, T. Gebel, A. Hartwig (Hrsg.)

ISBN: 978-3-527-31166-8

Dies führt unter anderem dazu, dass durch Fermentationsprozesse gewonnene Lebensmittel trotz gleichartiger Erscheinung erhebliche Unterschiede in Bezug auf ihre Belastung durch biogene Amine aufweisen können [25].

Als gemeinsame physikochemische Eigenschaft weisen alle biogenen Amine eine mehr oder weniger stark ausgeprägte Basizität auf. Bei physiologischem pH-Wert ist ihre Amin-Gruppe durch Protonierung positiv geladen, wodurch der Carrier-freie Transfer über Lipidmembranen erheblich beeinträchtigt wird. Gut erkennbar ist dies an der Effizienz von Neurotransmitter-Carriern, die z. B. durch aktive Wiederaufnahme von Catecholaminen in die präsynaptische Zelle die Neurotransmitter-Konzentration im synaptischen Spalt rasch senken können. Durch gezielte Blockade dieser Carrier mittels Wiederaufnahmehemmer wird die Verweildauer der Transmitter im synaptischen Spalt massiv erhöht. Daraus kann man erkennen, dass ihre passive Diffusion durch die Membran nicht ungehindert erfolgt.

41.1.1
Aromatische biogene Amine

Die aromatischen biogenen Amine leiten sich von den Aminosäuren Histidin, Phenylalanin, Tyrosin, Dihydroxyphenylalanin (DOPA) und Tryptophan ab. Das primäre Decarboxylierungsprodukt des Histidins, das Histamin (Abb. 41.1), ist das biogene Amin, dem derzeit die größte toxikologische Bedeutung beizumessen ist. Aus den vier anderen aromatischen Aminosäuren entstehen analog Phenylethylamin, Tyramin, Dopamin und Tryptamin (Abb. 41.2 und Abb. 41.3). Von diesen sind zahllose Folgeprodukte bekannt, die durch Hydroxylierungs-, Methylierungs- und Phosphorylierungsreaktionen aus den genannten Verbindungen hervorgehen können, unter anderem die als Neurotransmitter und Gewebshormone bedeutsamen Catecholamine Noradrenalin und Adrenalin und das Serotonin sowie Psychostimulantien vom Typ des Ephedrins und Halluzinogene wie das Psilocybin und das Mescalin. Die drei letztgenannten Stoffe sind sekundäre Pflanzeninhaltsstoffe bzw. Pilzgifte, deren Vorkommen sich auf wenige Pflanzen- bzw. Pilzarten beschränkt. Keine von diesen findet als Lebensmittel Verwendung. In aller Regel werden sie mit der gezielten Absicht aufgenom-

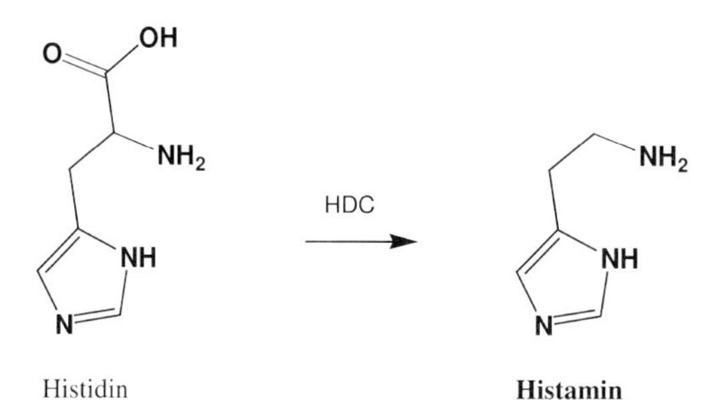

Abb. 41.1 Synthese von Histamin (HDC = Histidin-Decarboxylase).

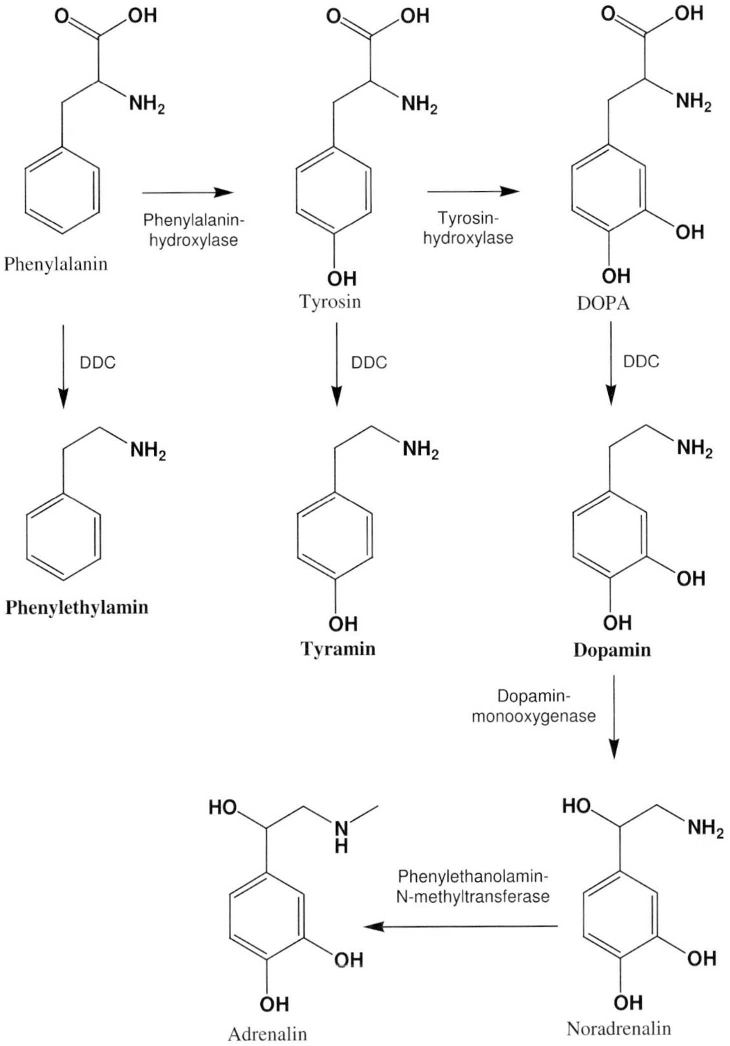

Phenylalanin → Phenylalanin-hydroxylase → Tyrosin → Tyrosin-hydroxylase → DOPA

DDC

Phenylethylamin

Tyramin

Dopamin

Dopamin-monooxygenase

Noradrenalin → Phenylethanolamin-N-methyltransferase → Adrenalin

Abb. 41.2 Synthese von biogenen Aminen und Neurotransmittern, die sich vom Phenylalanin ableiten (DDC=Aromatische L-Aminosäure-Decarboxylase).

men, einen Rauschzustand herbeizuführen. Sie finden daher trotz ihrer dementsprechenden toxikologischen Relevanz im Folgenden keine weitere Berücksichtigung.

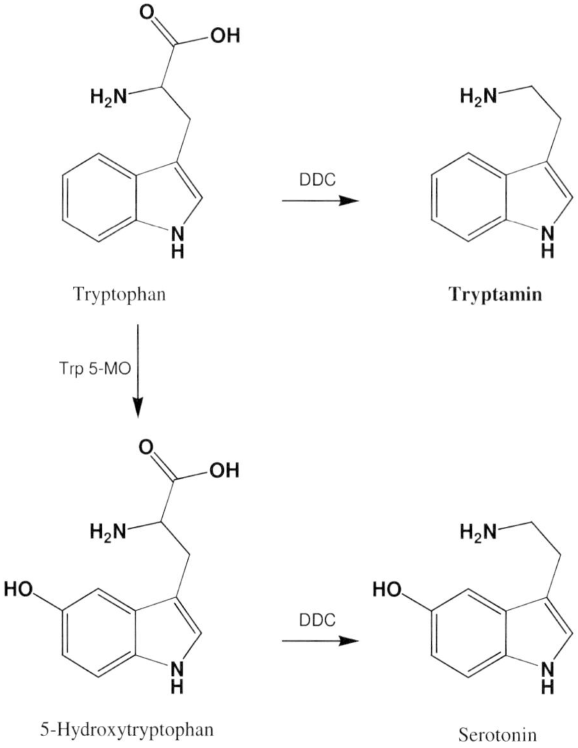

Tryptophan → DDC → **Tryptamin**

Trp 5-MO

5-Hydroxytryptophan → DDC → Serotonin

Abb. 41.3 Synthese von Tryptamin und Serotonin (DDC=Aromatische L-Aminosäure-Decarboxylase; Trp 5-MO=Tryptophan-5-Monooxygenase).

41.1.2
Polyamine

Zu den Polyaminen zählen die primären Decarboxylierungsprodukte basischer Aminosäuren und deren aus Aminopropylierung resultierenden Derivate. Aus den Aminosäuren Ornithin, Arginin und Lysin werden durch Decarboxylierung zunächst Putrescin, Agmatin und Cadaverin gebildet (Abb. 41.4). Aminopropylierung einer der beiden endständigen Aminogruppen des Putrescins resultiert in der Bildung von Spermidin. Wird auch die zweite Ornithin-Aminogruppe in gleicher Weise verändert entsteht das Spermin. Die Polyamine Spermin, Spermidin und Putrescin sind ubiquitär verbreitet und gelten als essenziell für wichtige regulatorische Vorgänge sowohl in der Zellteilung als auch in der Apoptose [6, 16]. Die zwei für ihre Synthese besonders wichtigen Enzyme Ornithin-Decarboxylase (ODC) und *S*-Adenosylmethionin-Decarboxylase (SAMD) sind zellzyklusphasenspezifisch exprimiert.

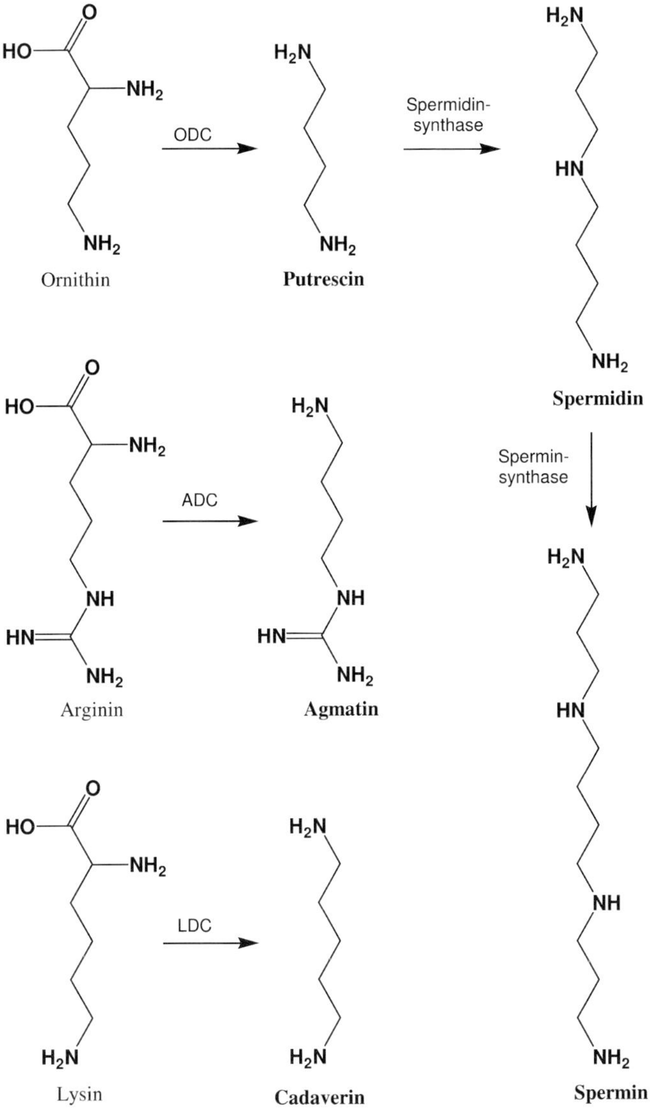

Ornithin → (ODC) → **Putrescin** → (Spermidin-synthase) → **Spermidin** → (Spermin-synthase) → **Spermin**

Arginin → (ADC) → **Agmatin**

Lysin → (LDC) → **Cadaverin**

Abb. 41.4 Synthese von Polyaminen (ODC = Ornithin-Decarboxylase; ADC = Arginin-Decarboxylase; LDC = Lysin-Decarboxylase; Spermidin- und Sperminsynthase nutzen beide decarboxyliertes *S*-Adenosylmethionin als Coenzym, von dem die Propylaminogruppe auf Putrescin bzw. Spermidin übertragen wird).

41.2
Vorkommen hinsichtlich Lebensmittelgruppen

Mit der Anwesenheit von biogenen Aminen ist prinzipiell in nahezu allen Lebensmitteln zu rechnen, die durch Fermentationsprozesse gewonnen werden. Zwei Voraussetzungen müssen hierbei in der Regel [1)] erfüllt sein, damit diese auch tatsächlich auftreten: i) das Ausgangsmaterial muss die entsprechenden Vorläufer-Aminosäuren frei oder gebunden, z. B. in Form von Proteinen, enthalten, und ii) die zur Fermentation eingesetzten Mikroorganismen oder das Ausgangsmaterial selbst müssen Aminosäuredecarboxylasen besitzen. Aminosäuredecarboxylasen sind eine heterogene Klasse von Enzymen, die sich aus vier Gruppen von pyridoxalphosphatabhängigen Enzymen von evolutionär unterschiedlichem Ursprung zusammensetzt [17]. Zu der hier angesprochenen Lebensmittelgruppe sind vor allem Käsereiprodukte und alkoholische Getränke zu zählen.

Einige Lebensmittel enthalten biogene Amine auch ohne offensichtliche mikrobielle Beteiligung am Entstehungsprozess. Besonders bekannt sind der vergleichsweise hohe Gehalt an Serotonin in Bananen und das Auftreten von Phenylethylamin in Schokolade.

Schließlich treten biogene Amine als Fäulnisprodukte während des Verderbs von Lebensmitteln auf. Speziell bei Fischen, vor allem aus der Familie der Makrelenartigen, gilt Histamin daher als Indikator für zu lange und/oder unsachgemäße Lagerung.

41.3
Verbreitung in Lebensmitteln

Biogene Amine sind in Lebensmitteln ubiquitär verbreitet, ihr Gehalt und die jeweiligen Anteile der unterschiedlichen Substanzen unterliegen starken Schwankungen. Die Polyamine Spermin und Spermidin kommen in praktisch allen frischen Nahrungsmittelgrundlagen pflanzlichen und tierischen Ursprungs vor, da sie in der Zellphysiologie eine essenzielle Rolle spielen. Durch Fermentation wird ihr Gehalt typischerweise eher erniedrigt, während der Gehalt an allen anderen biogenen Aminen durch diesen Prozess potenziell gesteigert wird. Vor allem Fermentationsprodukte wie etwa Käse, Trockenwürste oder Sauerkraut enthalten daher zum Teil sehr hohe Konzentrationen an biogenen Aminen [19]. Da die Expression von Aminosäure-Decarboxylasen durch den Produzenten eine Voraussetzung für die Bildung dieser Substanzen darstellt, sind jedoch nicht alle Fermentationsprodukte zwingend mit biogenen Aminen belastet. So wurde beispielsweise in keiner von sechs untersuchten Joghurtzubereitungen eines der repräsentativen Amine in nennenswerten Mengen nachgewiesen [25]. Tabelle 41.1 gibt einen groben Überblick über den Konzentrations-

1) Obwohl auch die Bildung von biogenen Aminen aus Aldehyden als Vorläufer über deren Aminierung berichtet wurde, dürfte diese von untergeordneter Bedeutung sein.

Tab. 41.1 Biogene Amine in Lebensmitteln. Die angeführten Gehaltsangaben entstammen der Literatur zu diesem Kapitel, insbesondere [8, 19, 21, 22, 25, 27].

	Gehalt repräsentativer biogener Amine in ausgewählten Lebensmittelgruppen (Angaben in mg/kg)							
	Histamin		Tyramin		Phenylethylamin		Putrescin	
	min.	max.	min.	max.	min.	max.	min.	max.
Fisch	0	8000	0	30	0	15	0	200
Käse	0	1300	0	1000	0	50	1	70
Wein	0	20	0	40	0	10	1	200
Bier	0	7	0	40	0	2	0,5	10
Trockenwurst	0	300	0	750	5	50	0	500
Sauerkraut	1	100	2	200	0	10	5	500
Fermentierte Sojaprodukte	k. A.	500	1	3500	k. A.	k. A.	k. A.	1200

bereich einiger biogener Amine in Lebensmitteln, bei denen gezielte, aber auch ungewollte, Fermentationsprozesse (Frischfisch!) eine wichtige Rolle spielen.

Sinnvolle Angaben über durchschnittliche Gehalte sind praktisch nicht möglich, da die jeweiligen Schwankungen aufgrund der Abhängigkeit von den an der Fermentation beteiligten Mikroorganismen zu gewaltig sind. Es hat sich herausgestellt, dass bereits ein geringer Anteil an decarboxylasepositiven Keimen an der Gesamtpopulation der fermentierenden Bakterien während der Käsereifung ganz erhebliche Histaminkonzentrationen bewirken kann und eine gezielte Kontrolle der Starterkulturen für eine vorhersagbare Aminbelastung erforderlich ist [25].

Tatsächlich gehören Käsereiprodukte zu den wenigen Lebensmittelgruppen, bei denen die Belastung mit biogenen Aminen eine gesundheitliche Gefährdung darstellen können, wenn weitere Faktoren hinzukommen (s. u.).

Bei Frischfisch hat sich vor allem die Lagertemperatur als kritischer Parameter für die Aminbelastung erwiesen. In einer entsprechenden Studie wurden bereits nach drei Tagen für Histamin Spitzenwerte von 7 g(!)/kg gefunden, wenn die Fische bei 20 °C gelagert waren [27]. Lagerung bei 8 °C resultierte in einer Histaminkonzentration von 3,5 g/kg nach 9 Tagen, während Lagerung bei 0 °C auch nach 21 Tagen noch keinen Wert über 150 mg/kg aufwies (der Spitzenwert lag hier bei 135 mg/kg nach 15 Tagen). Fische und Fischereiprodukte sind derzeit die einzige Lebensmittelgruppe, bei der eine gesetzliche Regelung zu Grenzwerten vorliegt (s. u.). Insbesondere Fische aus der Familie der Makrelenartigen (*Scombroidae*) haben aufgrund eines besonders hohen initialen Histidingehaltes die Voraussetzung, bei unsachgemäßer Lagerung besonders viel Histamin zu akkumulieren. Hierin wird die Ursache des *scombroid fish poisoning* vermutet, einer Lebensmittelvergiftung nach Verzehr von verdorbenem Fisch der obigen Familie (z. B. Thunfisch, Makrele oder Bonito) [24]. Obwohl die Symptomatik der Erkrankung weitgehend mit Histaminwirkungen erklärbar ist, ist noch nicht sicher, inwieweit andere Faktoren zum Krankheitsbild beitragen. Erstaunlich ist, dass andere ähnlich mit Histamin belastete Nahrungsmittel ungleich besser vertragen werden. Man darf in diesem Zusammenhang nicht vergessen, dass die biogenen Amine auch einen quantitativen Indikator für den Verderb von Fisch darstellen und die eigentlichen Pathogenitätsfaktoren möglicherweise noch nicht identifiziert worden sind.

Mit biogenen Aminen nennenswert belastete fermentierte Lebensmittel finden sich sowohl in der traditionellen „gutbürgerlichen" Küche – hier ist besonders das Sauerkraut zu nennen – als auch im Bereich der besonders gesundheitsbewussten Küche, ein Beispiel hierfür sind Sojazubereitungen [19]. Besonders hohe Amingehalte befinden sich hierbei erwartungsgemäß in Sojasaucen, aber auch Tofu kann vor allem nach längerer Lagerung im Kühlschrank erhöhte Konzentrationen aufweisen [20]. Daher wird psychiatrischen Patienten, die unter Behandlung mit Monoaminoxidase-Inhibitoren stehen, neben dem Verzicht auf andere, entsprechend belastete Lebensmittel auch die Vermeidung von Sojaprodukten angeraten [20]. In alkoholischen Getränken treten biogene Amine in unterschiedlichen Konzentrationen auf, die im Vergleich zu den diesbezüglich problematischen Lebensmitteln wie Fisch und Käse deutlich niedriger liegen und damit generell unbedenklich erscheinen. Allerdings wurde berichtet, dass in einigen Fassbieren – im Gegensatz zu allen im gleichen Kontext untersuchten Flaschenbieren – ausreichend hohe Tyraminkonzentrationen gefunden wurden, um in Kombination mit MAO-Inhibitoren Blutdruckkrisen hervorzurufen [23].

Der Gehalt von Lebensmitteln, die nicht einer gezielten oder akzidentellen Fermentation unterworfen wurden, an biogenen Aminen kann generell als unbedenklich betrachtet werden. Auch die seit langem vermutete Rolle von Schokolade als Migräneauslöser, die mit dem Auftreten biogener Amine in Schokolade in Zusammenhang gebracht wurde, wird nach wie vor kontrovers diskutiert [11, 14]. Glaubhafte Angaben zu Substanzgehalten in Schokolade sind kaum zugänglich und fehlen auch in entsprechenden Untersuchungen zur Migräneauslösung, so dass hierzu derzeit keine Bewertung vorgenommen werden kann.

Für den Nachweis von biogenen Aminen aus Lebensmitteln sind zahlreiche Nachweisverfahren beschrieben worden. Besonderen Stellenwert besitzen Verfahren auf HPLC-Basis, bei denen die Amine durch Derivatisierung vor der Trennung in fluoreszierende Analyten umgesetzt werden. Der goldene Standard war über lange Zeit die Umsetzung mit *ortho*-Phthaldialdehyd (OPA), aber auch die Derivatisierung mit Dansylchlorid findet häufig Anwendung. Im direkten Vergleich zeigen beide Verfahren Vor- und Nachteile, so dass die Wahl vom jeweiligen Schwerpunkt der Untersuchung abhängt [15]. OPA hat den Vorteil, mit dieser Methode auch freie Aminosäuren erfassen zu können, während die chromatographische Trennung der biogenen Amine nach Dansylchlorid-Derivatisierung besser gelingt. Alternativ zur HPLC werden auch dünnschichtchromatographische Verfahren mit guten Ergebnissen eingesetzt [9].

41.4
Kinetik und innere Exposition

Zur Pharmakokinetik von biogenen Aminen gibt es nur wenige Angaben. Da es sich um bei neutralem und saurem pH positiv geladene Substanzen handelt, ist davon auszugehen, dass eine Resorption aus dem Gastrointestinaltrakt ohne aktive Transportmechanismen wohl nur langsam erfolgen sollte. Da gleichzeitig mit einer effizienten Verstoffwechselung durch Monoamin- und Diamin-Oxidasen zu rechnen ist, dürften die systemischen Wirkungen biogener Amine unter normalen Expositionsverhältnissen in Ermangelung einer aussagekräftigen Datenlage zunächst als vernachlässigbar angenommen werden. Hierfür spricht die niedrige orale Toxizität von Tyramin und einigen Polyaminen in der Ratte im Vergleich zu ihren Wirkungen nach intravenöser Applikation [26]. So zeigte Tyramin eine nicht erfassbare orale LD_{50} (höchste getestete Dosierung: 2 g/kg Körpergewicht), obwohl bereits bei intravenöser Applikation von 10 µg/kg Körpergewicht eine signifikante Blutdruckerhöhung zu beobachten war. Weitere Unterstützung dieser Überlegungen liefern die bekannten Daten zur Dopamin-Kinetik nach intravenöser Injektion. Die Substanz zeigt eine initiale Halbwertszeit von 30 s und eine terminale Halbwertszeit von 12 min, also eine extrem rasche Verstoffwechselung [10].

Für die Verstoffwechselung von Histamin sind mehrere Enzyme verantwortlich, insbesondere die Diaminoxidase (DAO), die Histamin-Methyltransferase (HNMT), und die Monoaminoxidase (MAO) [12]. DAO wird vor allem im Darm synthetisiert und von dort an das Blut abgegeben, so dass gerade für perorale Aufnahme eine exzellente Barriere hierdurch geschaffen wird. Tyramin und Phenylethylamin werden vor allem durch MAO inaktiviert. Dies ist die Ursache für das gefährliche Interaktionspotenzial zwischen MAO-Inhibitoren und tyramin/phenylethylaminhaltigen Nahrungsmitteln. Verstoffwechselung der Polyamine erfolgt vor allem über Spermidin-Acetyltransferase (SAT), Polyaminoxidase (PAO) und DAO [12].

41.5
Wirkungen

41.5.1
Mensch

Zwei prinzipiell unterschiedliche unerwünschte Symptomatiken, die beim Menschen durch biogene Amine nach Aufnahme über Nahrungsmittel hervorgerufen werden können, sind gut dokumentiert. Dies sind zum einen nicht allergenbedingte Überempfindlichkeitsreaktionen (pseudoallergische Reaktionen), zum anderen Blutdruckkrisen.

Die nicht allergenbedingten Überempfindlichkeitsreaktionen werden von Histamin als Nahrungsmittelkomponente hervorgerufen. Sie treten bei massiver

Histaminingestion oder nach moderater Histaminaufnahme bei entsprechend prädisponierten Individuen auf. Die Aufnahme von 10–50 mg Histamin kann bei Normalpersonen leichte Unverträglichkeitsreaktionen wie Hautjucken, Hitzegefühl und Hypersalivation hervorrufen. Bei höheren Mengen (100–1000 mg) kommt es zu Symptomen mit zentraler Wirkkomponente, wie Schwindelgefühl, Benommenheit, Erbrechen sowie Blutdruckabfall. Prädisponierte Personen, die aufgrund einer besonderen genetischen Konstellation oder der Einnahme von Hemmstoffen des Histaminabbaus einen verlangsamten Histaminstoffwechsel aufweisen, können bereits bei erheblich geringeren Aufnahmemengen entsprechende Symptomatiken entwickeln. Als wichtigste Quelle für eine potenzielle Vergiftung wird heute verdorbener Fisch angesehen. Hier wäre es interessant zu wissen, ob im Verlauf des Verderbs auftretende Begleitsubstanzen die Histamin-Verstoffwechselung im menschlichen Organismus blockieren, da die beim Verzehr verdorbenen Fisches aufgenommenen Histaminmengen im Vergleich zu ähnlichen, aus anderen Matrizes (z. B. Käse) zugeführten Dosen eine besonders starke Wirkung zu besitzen scheinen.

Blutdruckkrisen können durch die indirekt sympathomimetisch wirksamen biogenen Amine Tyramin und Phenylethylamin hervorgerufen werden. Hierfür scheint eine eingeschränkte Aktivität der Abbauwege für diese Stoffe Voraussetzung zu sein, damit ausreichende Wirkstoffmengen die systemische Zirkulation erreichen können. Entdeckt und korrekt interpretiert wurde dieses Phänomen erstmals von Blackwell, der nach seiner initialen Beobachtung, dass Käse bei Patienten, die mit Monoaminoxidase-Inhibitoren behandelt wurden, erheblichen Blutdruckanstieg bewirkte [3], Tyramin als den hierfür verantwortlichen Wirkstoff identifizieren konnte [4]. Mittlerweile werden für psychiatrische Patienten, die unter Monoaminoxidase-Behandlung stehen, Diäten empfohlen, deren Ziel die Vermeidung tyraminhaltiger Nahrungsmittel ist [20]. Als tolerable Aufnahmemenge gelten hier zur Zeit 6 mg Tyramin pro Mahlzeit.

Weitere Effekte von über die Ernährung aufgenommenen biogenen Aminen auf die menschliche Physiologie werden diskutiert. So wird der Gehalt von Schokolade an biogenen Aminen, vor allem Phenylethylamin, von manchen Autoren dafür verantwortlich gemacht, dass Schokolade bei sensitiven Personen Migräneanfälle auslösen soll. Beides, die auslösende Wirkung der Schokolade wie auch die Bedeutung von Phenylethylamin hierfür, werden zurzeit noch kontrovers diskutiert [11, 14]. Für die Polyamine ist eine Begünstigung des Wachstums maligner Tumore in der Diskussion, da sie für Zellteilungsprozesse essenziell sind und Tumore sich oft durch besonders hohe Zellteilungsraten auszeichnen. So zeigen Ornithin-Decarboxylase überexprimierende transgene Mäuse eine erhöhte Inzidenz spontaner Tumoren [13]. Humane Träger eines defekten APC-Gens, einer genetischen Veränderung, die für die familiäre adenomatöse Polyposis und damit für massiv erhöhte Kolontumorinzidenz verantwortlich ist, zeigten signifikant erhöhte ODC-Aktivität und Polyamin-Gewebespiegel im Vergleich zu einem Kontrollkollektiv [7]. Ob jedoch aus dieser damit demonstrierten tumorfördernden Wirkung einer endogen erhöhten ODC-Expression auf eine ähnliche Wirkung bei exogener Zufuhr von Polyaminen geschlossen werden kann, ist nicht sicher.

41.5.2
Wirkungen auf Versuchstiere

In einer oralen Toxizitätsstudie an Ratten erwiesen sich Tyramin, Spermin, Spermidin, Putrescin und Cadaverin als akut wenig giftig. Auch die subakute Toxizität lag mit einem NOAEL von 1000–2000 ppm (Ausnahme Spermin: NOAEL 200 ppm) bei allen untersuchten Substanzen weit unter der im Extremfall über die Nahrung zugeführten Menge [26].

41.5.3
Wirkungen auf andere biologische Systeme

Im Ames-Test erwies sich Spermidin nach Nitrosierung als mutagen, insbesondere wenn die verwendeten Indikatorstämme O^6-Methylguanosin-Dealkylase-negativ waren [18]. Andere Polyamine erwiesen sich als wesentlich schwächer mutagen. Eine biologische Relevanz dieser Befunde ist jedoch unklar, vor allem auch wegen der ungeklärten Frage der Bioverfügbarkeit nach oraler Aufnahme.

Für die aromatischen biogenen Amine Tyramin und Tryptamin wurde eine antimutagene Wirkung im Ames-Test gezeigt, wenn heterocyclische Amine als Mutagene eingesetzt wurden [2]. Für Histamin wurde keine derartige Wirkung gefunden. Die Autoren brachten dies mit einer möglichen Interferenz der biogenen Amine mit den enzymatischen Aktivierungswegen, speziell der *N*-Hydroxylierung, in Verbindung, über die die heterocyclischen Amine zu Karzinogenen aktiviert werden. In Ermangelung von *in vivo*-Daten ist die mögliche Relevanz dieses Befundes ebenfalls schwer zu beurteilen.

41.5.4
Zusammenfassung der wichtigsten Wirkungsmechanismen

Die wichtigsten toxischen Wirkungen von biogenen Aminen sind rezeptorvermittelte Effekte. Im Fall der pseudoallergischen Reaktion durch übermäßige Histaminzufuhr werden diese durch Aktivierung von H_1- und H_2-Rezeptoren hervorgerufen. Diese beiden histaminspezifischen Rezeptoren sind G-Protein-gekoppelte Rezeptoren. H_1-Aktivierung bewirkt über G_q-Koppelung Phospholipase-C-Aktivierung und Calciumfreisetzung. Peripher wird hierdurch die glatte Muskulatur z. B. des Darms und der Bronchien aktiviert, es kann zu Darmspasmen und Atemnot kommen. Im Gefäßsystem bewirkt die Calciumfreisetzung in Endothelzellen eine Aktivierung der dort lokalisierten NO-Synthase (eNOS), wodurch eine Gefäßerweiterung und dadurch bewirkt ein Blutdruckabfall resultieren. Hierdurch erklären sich auch die beobachtete Hautrötung und der auftretende Juckreiz. Als vermutlich zentralnervös bedingte Wirkung kommt es zur Auslösung von Erbrechen. Über H_2-Aktivierung werden G_S-gekoppelte cAMP-vermittelte Effekte bewirkt, vor allem eine erhöhte Magensäuresekretion und eventuell auch eine Erhöhung der Herzfrequenz, die aber auch reflektorisch über den Blutdruckabfall erklärbar wäre.

Die durch Tyramin und/oder Phenylethylamin im Fall einer MAO-Blockade hervorrufbare Blutdruckkrise erklärt sich über den indirekt sympathomimetischen Effekt beider Substanzen, die peripher Catecholamine freisetzen können, die ihrerseits über adrenerge Rezeptoren eine Gefäßkontraktion sowie eine Erhöhung der Schlagkraft und der Frequenz des Herzens bewirken können. Ob die jüngst für beide Substanzen identifizierten eigenen Rezeptoren TA1 und TA2 [5] hierbei ebenfalls eine Rolle spielen, ist derzeit unklar.

41.6 Bewertung des Gefährdungspotenzials

Durch Histamin und Tyramin/Phenylethylamin kann unter den oben beschriebenen Umständen eine ernst zu nehmende Gefährdung gegeben sein. Polyamine allein können nach dem derzeitigen Wissensstand als unbedenklich angesehen werden. Eine Interaktion mit den oben genannten aromatischen Aminen über Konkurrenz um die enzymatischen Inaktivierungswege ist nicht auszuschließen, in Anbetracht der relativ niedrigen aufgenommenen Mengen jedoch nicht sehr wahrscheinlich.

41.7 Grenzwerte, Richtwerte, Empfehlungen, gesetzliche Regelungen

Gesetzlich geregelt ist der erlaubte Gehalt von Fischen an Histamin. Auf der Basis der EU-Richtlinie 91/493/EWG bestimmt die Fischhygiene-Verordnung (FischHV) in der Fassung vom 8. Juni 2000, dass Fischereierzeugnisse mit einem Histamingehalt von mehr als 200 mg/kg nicht verkehrsfähig sind. Ausgenommen hiervon sind Sardellen, die in eigener Lake gereift sind. Für diese gilt ein Grenzwert von 400 mg/kg. Die Verordnung regelt das Verfahren der Probennahme und Bewertung der jeweiligen Ergebnisse, um die Einhaltung der genannten Grenzwerte sicherzustellen. Für andere Lebensmittel sind Regelungen in der Diskussion, wobei derzeit noch signifikante nationale Unterschiede in Bezug auf die angestrebten Grenzwerte bestehen. So wird für Wein ein Histamingehalt von 2 mg/L (Deutschland) bis 10 mg/L (Schweiz) diskutiert. Es ist davon auszugehen, dass in nächster Zeit weitere Regulationen speziell der Histamin-Grenzwerte in Kraft treten werden.

41.8 Vorsorgemaßnahmen (individuell, Expositionsvermeidung)

In Anbetracht der obigen Ausführungen sind insbesondere zwei Vorsorgemaßnahmen zu empfehlen:

Zur Vermeidung von Blutdruckkrisen, die von Tyramin und/oder Phenylethylamin ausgelöst werden können, müssen individuell bestehende Risiken ermittelt und darauf hin entsprechende diätetische Maßnahmen ergriffen werden. Nach heutigem Kenntnisstand beschränkt sich die Risikopopulation auf Personen, die medikamentös mit MAO-Hemmern behandelt werden. Es ist jedoch nicht auszuschließen, dass in sehr seltenen Fällen durch genetische Prädisposition oder durch Zufuhr bisher unbekannter MAO-Hemmer über die Nahrung ein vergleichbares Risikoszenario vorliegt. Hierfür liegen jedoch bisher keine klaren Hinweise vor.

Zur Vermeidung einer (vermutlich) histidinbedingten Intoxikation mit verdorbenem Fisch müssen die erforderlichen Hygienebedingungen im Fischhandel eingehalten werden und der Verbraucher über die richtigen Aufbewahrungs- und Verzehrbedingungen im privaten Haushalt in geeigneter Weise informiert werden. Vor allem Letzteres könnte erheblich zur Vermeidung von Zwischenfällen beitragen, da sich ein nach gesetzlichen Bestimmungen noch verkehrsfähiger Fisch bei unsachgemäßer Lagerung leicht innerhalb eines Tages zu einer erheblichen Gesundheitsbedrohung entwickeln kann.

41.9 Zusammenfassung

Biogene Amine sind in Nahrungsmitteln ubiquitär verbreitet. Vor allem Fermentationsprozesse führen zur Bildung der lebensmitteltoxikologisch relevanten Vertreter Histamin, Tyramin und Phenylethylamin. Histamin wird als ein wirksames Prinzip der Vergiftung mit verdorbenem Fisch (scombroid fish poisoning) angesehen, da es hier in hohen Konzentrationen (bis zu 8 g/kg Fisch) auftreten kann und die Vergiftungssymptomatik über bekannte systemische Wirkungen von Histamin gut erklärbar ist. Tyramin und Phenylethylamin können in Personen, deren metabolische Inaktivierung dieser Substanzen durch Monoaminoxidasen nicht effizient abläuft, speziell Patienten unter MAO-Hemmer-Therapie, über ihre pharmakologische Wirkung als indirekte Sympathomimetika zum Auftreten lebensbedrohlicher Blutdruckkrisen führen. Neben diesen beiden gut dokumentierten toxikologisch relevanten Effekten von über die Nahrung zugeführten biogenen Aminen werden weitere mögliche Wirkungen diskutiert, für deren abschließende Beurteilung die Datenlage gegenwärtig jedoch nicht ausreicht.

41.10 Literatur

1 Aktories K, Förstermann U, Hofmann F, Starke K (2005) Allgemeine und spezielle Pharmakologie und Toxikologie, Urban & Fischer, München.

2 Alldrick A, Rowland I (1987) Counteraction of the genotoxicity of some cooked-food mutagens by biogenic amines, *Food Chem. Toxicol.* **25**: 575–580.

3 Blackwell B (1963) Hypertensive crisis due to monoamine-oxidase inhibitors, *Lancet* 849–850.

4 Blackwell B, Mabbitt L (1965) Tyramine in cheese related to hypertensive crises after monoamine-oxidase inhibition, *Lancet* 938–940.

5 Borowsky B, Adham N, Jones K, Raddatz R, Artymyshyn R, Ogozalek K, Durkin M, Lakhlani P, Bonini J, Pathirana S, Boyle N, Pu X, Kouranova E, Lichtblau H, Ochoa F, Branchek T, Gerlad C (2001) Trace amines: identification of a family of mammalian G protein-coupled receptors, *Proc. Natl. Acad. Sci. USA* **98**: 8966–8971.

6 Gerner E, Meyskens F (2004) Polyamines and cancer: old molecules, new understanding, *Nature Reviews* **4**: 781–792.

7 Giardiello F, Hamilton S, Hylind L, Yang V, Tamez P, Casero R (1997) Ornithine decarboxylase and polyamines in familial adenomatous polyposis, *Cancer Res.* **57**: 199–201.

8 Glória M, Izquierdo-Pulido M (1999) Levels and significance of biogenic amines in Brazilian beers, *J. Food Compos. Anal.* **12**: 129–136.

9 Lapa-Guimarães J, Pickova J (2004) New solvent systems for thin-layer chromatographic determination of nine biogenic amines in fish and squid, *J. Chromatogr. A* **1045**: 223–232.

10 MacGregor D, Smith T, Prielipp R, Butterworth J, James R, Scuderi P (2000) Pharmacokinetics of dopamine in healthy male subjects, *Anesthesiology* **92**: 303–305.

11 Marcus D, Scharff L, Turk D, Gourley L (1997) A double-blind provocative study of chocolate as a trigger of headache, *Cephalagia* **17**: 855–862.

12 Medina M, Urdiales J, Rodriquez-Caso C, Ramirez F, Sánchez-Jiménez F (2003) Biogenic amines and polyamines: similar biochemistry for different physiological missions and biomedical applications, *CRC Crit. Rev. Biochem. Mol. Biol.* **38**: 23–59.

13 Megosh L, Gilmour S, Rosson D, Soler A, Blessing M, Sawicki J, O'Brien T (1995) Increased frequency of spontaneous skin tumors in transgenic mice which overexpress ornithine decarboxylase, *Cancer Res.* **55**: 4205–4209.

14 Millichap J, Yee M (2003) The diet factor in pediatric and adolescent migraine, *Pediatr. Neurol.* **28**: 9–15.

15 Moret S, Smela D, Populin T, Conte L (2005) A survey on free biogenic amine content of fresh and preserved vegetables, *Food Chem.* **89**: 355–361.

16 Pignatti C, Tantini B, Stefanelli C, Flamigni F (2004) Signal transduction pathways linking polyamines to apoptosis, *Amino acids* **27**: 359–365.

17 Sandmeier E, Hale T, Christen P (1994) Multiple evolutionary origin of pyridoxal-5′-phosphate-dependent amino acid decarboxylases, *Eur. J. Biochem.* **221**: 997–1002.

18 Sedgwick B (1997) Nitrosated peptides and polyamines as endogenous mutagens in O^6-alkylguanine-DNA alkyltransferase deficient cells, *Carcinogenesis* **18**: 1561–1567.

19 Shalaby A (1996) Significance of biogenic amines to food safety and human health, *Food Res. International* **29**: 675–690.

20 Shulman K, Walker S (1999) Refining the MAOI diet: tyramine content of pizzas and soy products, *J. Clin. Psychiatry* **60**: 191–193.

21 Silla Santos M (1996) Biogenic amines: their importance in foods, *Int. J. Food Microbiol.* **29**: 213–231.

22 Suzzi G, Gardini F (2003) Biogenic amines in dry fermented sausages: a review, *Int. J. Food Microbiol.* **88**: 41–54.

23 Tailor S, Shulman K, Walker S, Moss J, Gardner D (1994) Hypertensive episode

associated with phenelzine and tap beer – a reanalysis of the role of pressor amines in beer, *J. Clin. Psychopharmacol.* **14**: 5–14.

24 Taylor S (1986) Histamine food poisoning: toxicology and clinical aspects, *CRC Crit. Rev. Toxicol.* **17**: 91–128.

25 ten Brink B, Damink C, Joosten H, Huis in't Veld J (1990) Occurrence and formation of biologically active amines in foods, *Int. J. Food Microbiol.* **11**: 73–84.

26 Til H, Falke H, Prinsen M, Willems M (1997) Acute and subacute toxicity of tyramine, spermidine, spermine, putrescine and cadaverine in rats, *Food Chem. Toxicol.* **35**: 337–348.

27 Veciana-Nogués M, Marinét-Font A, Vidal-Carou M (1997) Biogenic amines as hygienic quality indicators of Tuna. Relationships with microbial counts, ATP-related compounds, volatile amines, and organoleptic changes, *J. Agric. Food Chem.* **45**: 2036–2041.

42 Toxische Pflanzeninhaltsstoffe (Alkaloide, Lektine, Oxalsäure, Proteaseinhibitoren, cyanogene Glykoside)

Michael Murkovic

42.1 Einleitung

Eine große Zahl von Pflanzen enthält Substanzen, die sich von den primären Metaboliten unterscheiden. Diese sekundären Metaboliten, welche nicht direkt für das Wachstum und den Energiestoffwechsel benötigt werden, machen die vielfältigen Eigenschaften der Pflanzen aus, indem sie zum Geruch und Geschmack sowie zur Farbe beitragen. Einige von ihnen können als äußerst wirksame Waffe zur Verteidigung gegen Bakterien, Pilze, Insekten und Herbivoren eingesetzt werden. Aus diesem Grund sind die meisten Pflanzen für die Ernährung des Menschen nicht geeignet. Es wurden jedoch durch die Domestizierung der Pflanzen Sorten gezüchtet, die jetzt einen nur mehr geringen Anteil an diesen oftmals schädlichen Stoffen enthalten. Durch den Verlust beziehungsweise die Reduktion dieser Abwehrmechanismen sind die modernen kultivierten Sorten jedoch wesentlich anfälliger gegen Pflanzenschädlinge.

Trotz der enormen Fortschritte bei der Pflanzenzüchtung und Kulturtechnik kommt es vor, dass durch den Verzehr von Kulturpflanzen noch immer große Mengen an toxischen Substanzen aufgenommen werden, die zu ausgeprägten Vergiftungserscheinungen führen können [127, 128, 168]. Eine Zusammenfassung der häufigsten Pflanzentoxine in Nahrungspflanzen ist in Tabelle 42.1 zu sehen.

Neben den Nahrungspflanzen spielen toxische Inhaltsstoffe insbesondere bei Kräutern und daraus hergestellten Aufgussgetränken eine wesentliche Rolle. Das Ausmaß der gesundheitlichen Beeinträchtigung hängt im Einzelfall von einer Reihe von Faktoren ab, wie den Hauptbestandteilen, Schwierigkeiten einzelne Pflanzen oder Mischungen zu identifizieren, variabler Pflanzenqualität, Verfälschung oder Kontamination sowie Charakteristika der Konsumenten (Geschlecht, Alter, genetischer Hintergrund, begleitende Gesundheitsprobleme, Verwendung anderer Medikamente) [62]. Fast alle ernsthaften Vergiftungen im westeuropäischen Bevölkerungskreis sind auf wenige Präparate zurückzuführen, die Aconitin, Podophyllin oder anticholinergische Verbindungen enthalten.

Handbuch der Lebensmitteltoxikologie. H. Dunkelberg, T. Gebel, A. Hartwig (Hrsg.)

ISBN: 978-3-527-31166-8

Tab. 42.1 Toxische Inhaltsstoffe von Nahrungs- und Futterpflanzen (aus [24, 46, 60, 55, 94]).

Substanzgruppe	Beispiele
Alkenylbenzole (Safrol)	Pfeffer, Muskatnuss
Anthrachinone	Buchweizen
Capsaicinoide	Gewürzpaprika, Chili
Cumarine	Sellerie, Petersilie, Pastinake, Feigen, Waldmeister
Cucurbitacine	Kürbis
Cyanogene Glykoside	Süßkartoffel, Steinfrüchte, Limabohne
Furocumarine (Psoralen, Xanthotoxin, Imperatorin, Isoimperatorin)	Brustwurz, Pastinake, Bärenklau, Petersilie
Glykoalkaloide (Solanin, Chaconin)	Kartoffel, Tomate
Glycyrrhizinsäure	Süßholz
Gossypol	Baumwollsamen
Proteaseinhibitoren	Soja, Getreide, Hülsenfrüchte
Lektine (Phasin)	Getreide, Sojabohne, andere Bohnen, Kartoffel
Oxalate	Spinat, Rhabarber, Tomate
Phenylhydrazine	Kulturchampignon
Pyrrolizidinalkaloide	Sumpfdotterblume, Futterpflanzen
Chinolizidinalkaloide	Weiß-, Blau- und Gelblupine
Saponine	Quinoa, Ginseng, Kermesbeere
Sesquiterpenlactone	Zichorie, Mutterkraut
Terpene (Thujon)	Wermut
Xanthinalkaloide	Kaffee, Tee, Kakao, Guaraná

In diesem Zusammenhang ist die Hepatotoxizität die häufigste Ursache von Folgekrankheiten. Für die Herstellung von Kräutertees werden oftmals Pflanzen verwendet, die Pyrrolizidinalkaloide enthalten, wobei die Toxizität dieser Substanzen seit mehreren Jahrzehnten bekannt ist. Diese Verbindungen inhibieren den Citrat- oder Krebszyklus und verursachen eine Reihe von Effekten in der Leber [87, 171].

Dieses Kapitel wird sich jedoch auf pflanzliche Nahrungsmittel konzentrieren, die in größeren Mengen und von größeren Kollektiven verzehrt werden. Insbesondere die Lektine, welche in zum Teil großen Mengen in Lebensmitteln vorkommen, sowie cyanogene Glykoside, Oxalsäure, Glykoalkaloide und Proteaseinhibitoren können unter Umständen kritische Mengen der Aufnahme über die Nahrung überschreiten. Dies gilt insbesondere dann, wenn die entsprechenden Lebensmittel nicht ausreichend gekocht werden, bei der Züchtung von neuen Sorten nicht entsprechend auf die Gehalte toxischer, sekundärer Pflanzeninhaltsstoffe geachtet wird, oder die Zusammenstellung der Speisen nicht optimal gewählt wird, sodass z. B. die Oxalsäure in großen Mengen für den Organismus frei verfügbar ist.

42.2 Alkaloide

Pflanzen produzieren eine große Anzahl an sekundären Metaboliten, von denen viele als Allelochemikalien (Chemikalien, die Informationen zwischen Individuen verschiedener Arten vermitteln) oder Signalstoffe dienen, um Bestäubungsinsekten bzw. Samen oder Frucht verteilende Tiere anzulocken. Eine weitere Funktion besteht in der chemischen Verteidigung gegen Herbivoren, Mikroorganismen oder kompetitive Pflanzen. Mehr als 13 000 stickstoffhaltige sekundäre Metaboliten sind in Pflanzen beschrieben. Davon sind 12 000 Alkaloide, gefolgt von Aminen, nicht proteinogenen Aminosäuren, cyanogenen Glykosiden und Glucosinolaten [190].

Die Zuordnung der Alkaloide unterlag in den letzten Jahren einem ständigen Wandel. Zuerst wurden dieser Klasse an Sekundärstoffen nur solche aus Pflanzen mit einem heterocyclischen Stickstoff zugerechnet. Exocyclische Stickstoffbasen wurden „Pseudoalkaloide“ genannt. Andere Definitionen schrieben vor, dass das Grundgerüst der Alkaloide von Aminosäuren abgeleitet sein sollte, oder dass diese Basen eine klare pharmakologische Aktivität zeigen. Gegenwärtig werden die Alkaloide pragmatischer definiert: Diese Gruppe beinhaltet alle stickstoffhaltigen natürlichen Stoffe, die nicht in eine andere Gruppe fallen wie Peptide, nicht proteinogene Aminosäure, Amine, cyanogene Glykoside, Glucosinolate, Cofaktoren, Phytohormone oder Primärmetaboliten (Purin- und Pyrimidinbasen). Somit fallen auch einige Antibiotika, welche von Bakterien oder Pilzen produziert werden, in die Gruppe der Alkaloide.

Alkaloide wurden in ungefähr 15% der Pflanzen, Bakterien, Pilze und sogar Tieren gefunden. Innerhalb des Pflanzenreiches kommen sie in primitiven Gruppen (Lycopodium, Equisetum), in Gymnospermen und Angiospermen vor. In höheren Pflanzen (Angiospermae) enthalten einige Familien mehr alkaloidhaltige Taxa als andere. Zu den alkaloidreichen Familien zählen Papaveraceae (Mohngewächse), Berberidaceae (Berberitzen-/Sauerdorngewächse), Fabaceae (Schmetterlingsblütengewächse), Boraginaceae (Borretschgewächse), Apocynaceae (Hundsgiftgewächse), Asclepiadaceae (Schwalbenwurzgewächse), Asteraceae (Korbblütengewächse), Liliaceae (Liliengewächse), Gnetaceae, Ranunculaceae (Hahnenfußgewächse), Rubiaceae (Rötegewächse), Solanaceae (Nachtschattengewächse) und Rutaceae (Rautengewächse). Auch Pflanzen, die für die Ernährung Verwendung finden, können Alkaloide enthalten (Tab. 42.2).

Es wird spekuliert, dass die Alkaloide bereits sehr früh in der Evolution zu finden sind. Dies war vor ca. 200 Mio. Jahren, als die Angiospermae sich auszubreiten begannen. Im Allgemeinen sind spezifische Alkaloidtypen auf bestimmte systematische Einheiten begrenzt und deshalb für die Systematik, Taxonomie und Stammesgeschichte von großer Bedeutung. So sind z. B. Benzylisochinolinalkaloide typisch für Papaveraceae, Berberidaceae und Ranunculaceae, welche phylogenetisch verwandt sind. Andere Alkaloide kommen auch in Pflanzenfamilien, die nicht miteinander verwandt sind, vor. Ergotalkaloide kommen in Pilzen (Claviceps) aber auch in einigen Mitgliedern der Convolvulaceae

Tab. 42.2 Alkaloide in pflanzlichen Lebensmitteln [189].

Substanz	Pflanze	Biologische Aktivität
Solanine und andere Steroidalkaloide	Solanum (Kartoffel, Tomate)	Störung der Membranstruktur, Wechselwirkung mit Neurorezeptoren, Mutagenität
Pyrrolizidinalkaloide	Symphytum (Beinwell), Honig	DNA- und Proteinalkylierung, Mutagenität, Krebs
Saxitoxin	Algen (Muschel, Fisch)	Blockade des spannungsabhängigen Na-Kanals
Lupanine und Chinolizidinalkaloide	Lupinus, Genistoide	Wechselwirkung mit Acetylcholinrezeptoren, Natrium- und Kaliumkanälen
Pelletierin	Granatapfel	Wechselwirkung mit Acetylcholinrezeptoren
Coffein, Theophyllin, Theobromin	Kaffee, Teestrauch, Guaraná, Matebaum	Stimulans
Chinin	Chinarindenbaum	Bitteres Tonikum, Wechselwirkung mit Neurorezeptoren und Ionenkanälen
Ephedrin und verwandte Substanzen	Meerträubel, Kathstrauch	sympathomimetisch

vor. Chinolizidinalkaloide sind typisch für Fabaceae, wurden jedoch auch in Berberidaceae gefunden [189].

Obwohl nur für wenige Alkaloide der genaue Syntheseweg bekannt ist, ist anzunehmen, dass die meisten Verbindungen im Cytoplasma gebildet werden. Die Synthese von Berberin erfolgt in Vesikeln und die der Chinolizidinalkaloide in Chloroplasten. Die Bildung der Chinolizidinalkaloide erfolgt lichtgesteuert und zeigt einen Tagesrhythmus. Dieser Syntheserhythmus erfolgt durch die Verfügbarkeit von Lysin – welches auch während des Tages gebildet wird. Weiterhin kommt es durch den Wechsel der Protonenkonzentration im Stroma der Chloroplasten zu einem pH-Wert von 8 (optimaler pH-Wert für die Enzyme der Chinolizidinalkaloide) und durch die Reduktion der Enzyme für die Chinolizidinalkaloidsynthese durch Thioredoxin, welches bei Beleuchtung gebildet wird, zu Schwankungen über die Tageszeit.

Die Alkaloide werden nicht im extrazellulären Raum oder in Vakuolen gebildet. Die Speicherung von hohen Konzentrationen von Alkaloiden ist notwendig, damit diese Substanzen als Allelochemikalien genutzt werden können. Da sich diese hohen Konzentrationen auf den normalen Stoffwechsel der Pflanzen auswirken würden, werden diese Substanzen in Vakuolen – oft in spezialisierten Zellen oder Geweben wie der Epidermis – für die Pflanze sicher gespeichert. Eine andere Möglichkeit ist, diese Substanzen in Latex einzubinden, wie dies bei den Benzylisochinolinalkaloiden der Papaveraceae, Protoberberin und Benzophenanthridinealkaloiden in Chelidonium, Lobelin und anderen Piperidinalkaloiden in Lobelia der Fall ist. Die Alkaloide werden selektiv in kleinen Latexvesikeln ausgeschieden und können lokal eine Konzentration von 1 M erreichen [189].

42.2.1 Isolierung und Nachweis

Alkaloide bilden freie Basen in alkalischer Lösung. Die freie Base ist normalerweise in Wasser nicht löslich, zeigt jedoch aufgrund ihrer lipophilen Eigenschaften eine Löslichkeit in organischen Lebensmitteln (Ethanol, Methanol, Diethylether, Dichlormethan). Bei pH-Werten unter 7 treten die Alkaloide in protonierter Form auf und sind dann in Wasser löslich. Diese besonderen Lösungseigenschaften sind für die Isolierung und Reinigung von besonderem Vorteil. Bei der Isolierung werden die Alkaloide üblicherweise mit 0,5 M HCl aus dem Pflanzenmaterial herausgelöst. Durch eine Behandlung dieses Extraktes mit organischen Lösungsmitteln werden Nichtalkaloide entfernt. Im nächsten Schritt wird die Lösung auf einen pH-Wert von über 12 gebracht und die Alkaloide mit Dichlormethan oder ähnlichen Lösungsmitteln extrahiert.

Die Pflanzenextrakte werden normalerweise mit Dünnschichtchromatographie (TLC) in einem ersten Screening analysiert, um die Anwesenheit der Alkaloide zu zeigen. Für den Nachweis der Alkaloide können eine Reihe von Reaktionen auf der Dünnschichtplatte verwendet werden (Dragendorffs, Mayers Reagens). Durch die große Anzahl an unterschiedlichen Alkaloiden, die in der Pflanze vorliegen (2–5 Hauptalkaloide und 20–30 in geringen Konzentrationen), reicht die Trennleistung der TLC normalerweise für eine gute Quantifizierung nicht aus. Deshalb haben sich die HPLC und Kapillar-GC als analytische Methoden etabliert. Durch Verwendung eines stickstoffspezifischen Detektors in Kombination mit der Kapillar-GC kann ein sehr selektiver und empfindlicher Nachweis der Alkaloide erfolgen. Insbesondere der Einsatz eines massenselektiven Detektors ermöglicht eine einfache Identifizierung [67, 81]. Die modernen Techniken der HPLC-MS erlauben ebenfalls eine selektive Identifizierung und gute Quantifizierung [51]. Daneben wurden immunologische Techniken wie Radioimmunassays oder ELISAs entwickelt, die eine einfache Analytik spezifischer Alkaloide ermöglichen. Kürzlich wurden auch Sensoren auf ISFET-Basis entwickelt, die auf der Wechselwirkung der Kartoffelalkaloide mit einer immobilisierten Butyrylcholinesterase beruhen. Mit diesen Sensoren ist es nicht nur möglich Lebensmittel, sondern auch Gewebe und Serum zu untersuchen [4].

Die Isolierung von Alkaloiden im analytischen und präparativen Maßstab kann durch eine Verteilungschromatographie erfolgen [15].

42.2.2 Toxische und pharmakologische Effekte in den Organen

Viele Alkaloide sind aufgrund ihrer das Fressverhalten von Tieren negativ beeinflussenden oder auch toxischen Effekte auf Tiere bekannt (vgl. Tab. 42.3). In vielen Fällen wurde nur die Toxizität eines Alkaloids beschrieben. Der genaue Wirkmechanismus wurde jedoch noch nicht im Detail aufgeklärt, da meist ein komplexer Mechanismus zugrunde liegt oder mehrere Targets oder Organe betroffen sind.

In der Medizin werden Alkaloide für die lokale Anästhesie, als Narkotikum, Schmerzmittel, Herzmittel, als Stimulans für die Atmung und Gebärmutter, zur Erhöhung des Blutdrucks, zur Pupillenerweiterung und Lockerung der Skelettmuskulatur verwendet. Letztendlich müssen die toxischen und pharmakologischen Wirkungen auf eine Wechselwirkung der Alkaloide mit molekularen Targets in oder auf den Zellen zurückzuführen sein [191].

42.2.2.1 Wirkungen auf das zentrale Nervensystem und neuromuskuläre Verbindungen

Eine bemerkenswerte Anzahl von Alkaloiden zeigt eine Wechselwirkung mit dem Stoffwechsel und der Aktivität von Neurotransmittern im Gehirn und in den peripheren Nervenzellen. Eine Störung des Stoffwechsels oder die Bindung

Tab. 42.3 LD_{50}-Werte von ausgewählten Alkaloiden (aus [189]).

Alkaloide aus Tryptophan	**Testsystem**	**LD_{50} [mg/kg]**
Ergocryptin	Hase	i.v. 1,1
Ergometrin	Maus	i.v. 0,15
Ergotamin	Maus	i.v. 62
Chinin	Agelaius	p.o. 100
Steroidalkaloide		
Solanin	Maus	i.p. 42
Pyrrolizidinalkaloide		
Echimidin	Ratte	i.p. 200
Chinolizidinalkaloide		
13-Hydroxylupanin	Maus	i.p. 172
Lupanin	Maus	i.p. 80
Spartein	Maus	i.p. 55–67; p.o. 350–510
Verschiedene Alkaloide		
Arecoline	Maus	s.c. 100
Coffein	Maus	p.o. 127–137
Nicotin	Agelaius	p.o. 18
	Maus	i.v. 0,3; p.o. 230
Tetrodotoxin	Maus	i.p. 0,01; s.c. 0,008

i.p., intraperitoneal; i.v., intravenös; p.o., peroral; s.c., subkutan.

an Neurotransmitter und die zugehörigen Signalübertragungswege beeinträchtigen das Gedächtnis, sensorische Fähigkeiten (Geruch, Sehvermögen, Gehör) und die Koordination von Körperfunktionen, oder rufen euphorische oder halluzinogene Wirkungen hervor.

Die Muskelaktivität (Herz- und Skelettmuskulatur usw.) wird über Acetylcholin und Norepinephrin gesteuert. Jede Hemmung oder Hyperstimulation von neurotransmitterregulierten Ionenkanälen wird sich auf die Muskelaktivität und damit die Mobilität oder Organfunktion auswirken. Bei einer Hemmung motorischer Fasern werden die Muskeln schlaff, andererseits werden sich diese bei einer Stimulation verkrampfen, was zu einer Lähmung und/oder zu einem Versagen der Atmung durch Dauerkontraktion führt [192].

42.2.2.2 **Hemmung der Verdauung**

Die Aufnahme von Nahrung kann durch scharfen oder bitteren Geschmack reduziert werden. Eine weitere Möglichkeit ist die Induktion des Erbrechens, was eine übliche Reaktion auf die Aufnahme von Alkaloiden ist. Das Alkaloid Emetin hat diese Eigenschaft bereits in seinem Namen hervorgehoben. Das Hervorrufen von Durchfall oder Konstipation sind andere negative Wirkungen der Alkaloide auf den Verdauungstrakt. Viele Vergiftungen mit alkaloidhaltigen Pflanzen zeigen Durchfall als eines der Symptome. Schließlich können Verdauungsenzyme und der Transport von Aminosäuren gehemmt werden [189].

42.2.2.3 **Veränderung der Funktion von Leber und Niere**

Nährstoffe und Xenobiotika (wie auch Sekundärmetaboliten) werden nach der Resorption in die Leber transportiert. Die Leber ist unter anderem auch der wichtigste Ort der Detoxifikation von Xenobiotika. Lipophile Substanzen, welche leicht aus der Nahrung resorbiert werden, werden hier oft hydroxyliert und anschließend mit einem hydrophilen Molekül (Glucuronsäure, Sulfat, Aminosäure) konjugiert. Diese Konjugate werden mit dem Blut zu den Nieren transportiert und über den Urin eliminiert. Beide Organe sind von der Wirkung einer Reihe von sekundären Metaboliten betroffen: Pyrrolizidinalkaloide werden während des Entgiftungsvorgangs zu potenten Kanzerogenen aktiviert und verursachen Leberkrebs. Viele Alkaloide sind auch bekannt für ihre harntreibende Wirkung. Eine erhöhte Diurese bedeutet auch, dass es zur erhöhten Elimination von Wasser und essenziellen Ionen kommt. Da Natrium in pflanzlichen Lebensmitteln nur in geringen Mengen vorkommt, kann eine Langzeitexposition die Fitness substantiell reduzieren [189].

42.2.2.4 **Beeinträchtigung der Reproduktion**

Eine große Anzahl an Allelochemikalien ist bekannt dafür, dass sie das Reproduktionssystem von Tieren beeinflussten. Antihormonelle Wirkungen können durch strukturell den Geschlechtshormonen ähnliche Substanzen wie Cumarine, die zu Dicumarol dimerisieren, oder Isoflavonen hervorgerufen werden. Eine weitere Möglichkeit ist die Wirkung auf die Gestation. Einige Alkaloide sind auch mutagen und führen zu Missbildungen des Nachwuchses oder direkt zum Tod des Embryos. Diese dramatische Aktivität wurde über eine Reihe von Allelochemikalien (Mono- und Sesquiterpene, Alkaloide) berichtet. Einige Alkaloide erreichen dies durch die Induktion der Kontraktion des Uterus, wie dies von Ergot- und Lupinalkaloiden beschrieben ist [19, 84].

42.2.3 Molekulare Targets der Alkaloide

42.2.3.1 Biomembranen, Membrantransport und neuronale Signalübertragung

Zellen können nur optimal arbeiten, wenn ihre Membranen intakt sind. Für Ionen und polare Moleküle sind diese Biomembranen praktisch undurchlässig. Sollen solche Verbindungen zwischen Zellen und Organen ausgetauscht werden, sind spezifische Membranproteine notwendig, welche Ionenkanäle, Poren oder Transportproteine sein können. Diese Biomembranen und die komplexen Transportsysteme sind das Ziel von vielen natürlichen Produkten.

Steroidalkaloide – wie Solanin und Tomatin, welche in einer Reihe von Solanaceae vorkommen (Kartoffel, Tomate) – können mit dem in der Membran vorkommenden Cholesterol Komplexe bilden. Während der Steroidteil mit dem lipophilen Inneren der Membran wechselwirkt, bleibt der hydrophile Teil an der Oberfläche und bindet an externe Kohlenhydratrezeptoren. Da die Phospholipide in ständiger Bewegung sind, baut sich eine Spannung auf, die in weiterer Folge zum Bruch der Membran führen kann. Es entstehen dabei vorübergehend Löcher, die die Membran undicht machen. Ein ähnlicher Mechanismus wurde für Saponine postuliert, eine weit verbreitete Gruppe von natürlichen Stoffen, zu welchen auch die Steroidalkaloide gezählt werden können. Diese können auch auf andere Targets wie Neurorezeptoren oder die DNA wirken. Missbildungen wurden in Tierembryonen beobachtet, die Solanumalkaloiden ausgesetzt waren.

Die Kommunikation zwischen Zellen ist besonders für Nervenzellen wichtig. Die Signalübertragung im zentralen Nervensystem und in neuromuskulären Verbindungen wird über Rezeptorproteine, welche in der Membran lokalisiert und direkt oder indirekt mit Ionenkanälen gekoppelt sind, vermittelt. Diese Neurotransmitter sind unter anderem Norepinephrin (Noradrenalin), Epinephrin (Adrenalin), Serotonin, Dopamin, Histamin, Glycin, γ-Aminobuttersäure, Glutaminsäure und Acetylcholin.

Wenn die Neurotransmitter an die Rezeptoren binden, kommt es zu einer Konformationsänderung der Na^+/Ca^+-Kanäle, wodurch Natriumionen in die Zelle einströmen können. Durch die Wirkung der Acetylcholinesterase dissoziieren die Liganden und die Ionenkanäle werden wieder geschlossen [192].

Eine weitere mögliche Wirkung der Alkaloide betrifft die Beeinflussung der Enzyme, die bei der Signalübertragung aktiv sind. Einige davon sind in Tabelle 42.4 zusammengefasst.

Tab. 42.4 Alkaloide mit einer Wirkung auf Enzyme der Signalübertragung (aus [189]).

Enzym	Funktion	Alkaloid	Vorkommen
Adenylylcyclase	Bildung von c-AMP	Annonain β-Carbolin-1-propionsäure Isoboldin Tetrahydroberberin	Annonaceae Leguminosae Peumus Berberidaceae
Phosphodiesterase	Inaktivierung von c-AMP	Papaverin Coffein, Theobromin Theophyllin	Papaver Kaffee, Tee, Kakao Matebaum, Guarana-strauch

42.2.4 Glykoalkaloide der Kartoffel

Die Kartoffel (*Solanum tuberosum* L.) ist eine der wichtigsten Feldfrüchte der Welt und wird weltweit von unterschiedlichsten Kulturen angebaut und verzehrt. Die jährliche Weltproduktion überschreitet 300 Millionen Tonnen. Obwohl der Erfolg der Kartoffel als Grundnahrungsmittel durch die Resistenzzüchtungen gegen Krankheiten und Schädlinge unterstützt wurde, hatten die ersten Kultivierungen das Ziel, den bitteren Geschmack der toxischen Glykoalkaloide zu reduzieren. Obwohl die Gehalte an Glykoalkaloiden in den heutigen Sorten im Vergleich zu den Wildpflanzen signifikant niedriger sind, wäre es aufgrund der „Novel Food Verordnung" heute wahrscheinlich nicht mehr möglich, diese wegen der Anwesenheit der potenziell toxischen Substanzen noch als Lebensmittel zuzulassen.

Die Glykoalkaloide wurden von Baup [8] Anfang des 19. Jahrhunderts entdeckt. Die zwei verwandten Verbindungen α-Solanin und α-Chaconin machen ca. 95% der Glykoalkaloide in *S. tuberosum* aus (Abb. 42.1).

Diese Verbindungen bestehen aus einem unpolaren, lipophilen Steroidkern, der mit zwei fusionierten cyclischen Verbindungen mit einem heterocyclischen Stickstoff erweitert ist. Auf der anderen Seite des Moleküls befindet sich ein Trisaccharid. Solanin und Chaconin haben das gleiche Aglykon (Solanidin), jedoch unterschiedliche Kohlenhydratkomponenten.

Die Glykoalkaloide werden in der Kartoffel je nach Gewebe in unterschiedlichen Konzentrationen gefunden (Tab. 42.5). In der Knolle sind die Glykoalkaloide vorwiegend in den äußeren Schichten (1,5 mm) konzentriert. Die Gehalte sind in kommerziellen Sorten normalerweise unter dem üblicherweise anerkannten Sicherheitslimit von 200 mg/kg Frischgewicht und obwohl in manchen Untersuchungen gezeigt wurde, dass dieses Limit überschritten wurde [64, 180], hat es sich als eine gute Methode erwiesen, die Knollen einfach zu schälen, um den Gehalt an Glykoalkaloiden wesentlich zu senken. Pellkartoffeln und Produkte mit oder aus Kartoffelhaut weisen einen sehr hohen Gehalt an Glykoalkaloiden auf. Konzentrationen von weit über 200 mg/kg wurden für Produkte aus

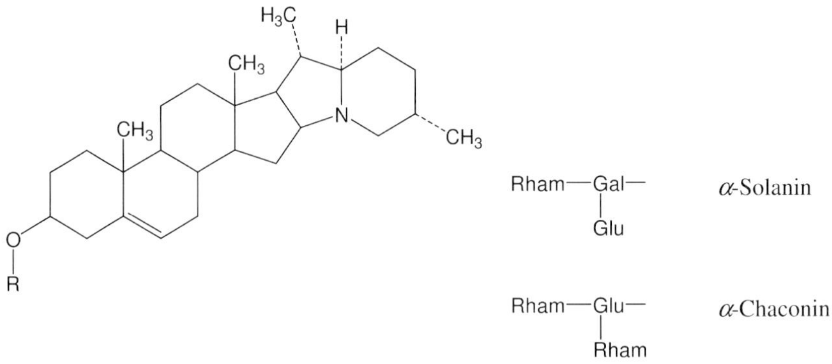

Abb. 42.1 Struktur der wichtigsten Glykoalkaloide der Kartoffel (Rham = Rhamnose, Glu = Glucose, Gal = Galactose).

Tab. 42.5 Gehalte an Glykoalkaloiden in verschiedenen Teilen der Kartoffelpflanzen [85, 86, 180, 193].

	Konzentration der Glykoalkaloide [mg/kg Frischgewicht]
Blüten	2150–5000
Blätter	230–1000
Stamm	23–33
Wurzeln	180–400
Bittere Knolle	250–800
Gesamte Knolle	10–150
Haut (2–3% der Knolle)	300–640
Schale (10–12% der Knolle)	150–1070
Fruchtfleisch	12–100
Kortex	125
Mark	nicht detektierbar
Triebe	2000–7300

Kartoffelschalen und Chips aus ungeschälten Kartoffeln berichtet (Tab. 42.6). Darüber hinaus wird der Gehalt an Glykoalkaloiden durch das Erhitzen von Kartoffeln nicht wesentlich gesenkt [49, 168].

Zusammengefasst kann gesagt werden, dass die Gehalte an Glykoalkaloiden in kommerziell erhältlichen, qualitativ hoch stehenden Knollen kein Gesundheitsrisiko darstellen. Es hat sich jedoch gezeigt, dass kühles und feuchtes Wetter während des Wachstums möglicherweise in bestimmten Sorten zu überhöhten Gehalten an Glykoalkaloiden führt [65]. Kleine Kartoffeln mit einem hohen Oberflächen/Volumen-Verhältnis weisen ebenfalls höhere Gehalte an Glykoalkaloiden auf [181]. Die Synthese der Glykoalkaloide kann durch physiologischen Stress wie Beschädigung (Schneiden, Schälen, Bürsten), Lichtexposition und mikrobielles Wachstum oder durch Pflanzenfresser ebenfalls stimuliert

Tab. 42.6 Gehalt an Glykoalkaloiden in kommerziellen Kartoffelprodukten [20, 21, 37, 49, 76, 107, 160, 168, 169].

Produkt	Konzentration der Glykoalkaloide [mg/kg]
Gekochte Kartoffel	27–42
Ofenkartoffel	99–113
Pommes frites	0,4–8
Gebratene Kartoffelhaut	567–1450
Gefrorenes Kartoffelpürree	2–5
Gefrorene Ofenkartoffel	80–123
Gefrorene Pommes frites	2–29
Gefrorene Kartoffelhaut	65–121
Gefrorene Bratkartoffel	4–31
Geschälte Kartoffel in Dosen	1–2
Kartoffel neu, ganz in Dosen	24–34
Kartoffelchips	23–180
Kartoffelchips mit Haut	95–720
Dehydriertes Kartoffelmehl	65–75
Dehydrierte Kartoffelflocken	15–23

werden [75]. Diese Wirkungen auf die Knollen können für Produkte aus der Haut oder den Schalen fatale Folgen haben, woraus ein gesundheitliches Risiko entstehen kann.

Die Gehalte an Glykoalkaloiden in Knollen und Blättern sind positiv korreliert. Vorerst gibt es jedoch durch konventionelle Züchtungstechniken noch keine Möglichkeit, den Gehalt an Glykoalkaloiden in Knollen zu senken und dabei gleichzeitig die hohe Konzentration in den Blättern aufrechtzuerhalten, was vor Fraßschädlingen schützt.

42.2.4.1 **Toxizität der Glykoalkaloide**

In zwölf unabhängigen Fällen wurde insgesamt die Vergiftung von fast 2000 Personen mit 30 Todesfällen berichtet [110]. Die verfügbare Information zeigt, dass die Anfälligkeit von Menschen auf Glykoalkaloidvergiftungen hoch und von Mensch zu Mensch unterschiedlich ist. Eine orale Dosis im Bereich von 1–5 mg/kg Körpergewicht ist marginal bis schwer giftig für Menschen, wobei eine Dosis von 3–6 mg/kg Körpergewicht tödlich sein kann [66, 110]. Die kleine Spanne zwischen Toxizität und Letalität gibt offensichtlich Anlass zu Bedenken. Obwohl kaum ernsthafte Vergiftungen mit Glykoalkaloiden auftreten, besteht der Verdacht, dass leichte Vergiftungen weit verbreitet sind. Da jedoch die Symptome (Bauchschmerzen, Erbrechen, Durchfall) sehr ähnlich denen von anderen üblichen gastrointestinalen Beschwerden sind, wird eine Vergiftung mit Glykoalkaloiden praktisch nicht diagnostiziert. Das im Großen und Ganzen anerkannte Sicherheitslimit liegt bei 200 mg/kg Frischgewicht. Der Wert wurde vor ca. 80 Jahren vorgeschlagen [13] als noch wenig Information über subakute bzw. chronische Toxizität der Glykoalkaloide vorlag. Aufgrund der großen und kaum vorhersagbaren Variation der Glykoalkaloidgehalte, die sich aus unterschiedlichen Varietäten, Herkünften, Jahreszeiten, Anbaumethoden und Stressfaktoren ergeben, und unter Berücksichtigung, dass viele biochemische Aspekte und die Toxikologie dieser Verbindungen noch nicht ausreichend untersucht sind, wurde vorgeschlagen, das Limit auf 60–70 mg/kg herabzusetzen [136].

42.2.4.2 Wirkmechanismus der Glykoalkaloide im Menschen

Die Vergiftung mit Glykoalkaloiden löst eine Reihe von Symptomen aus, die von gastrointestinalen Störungen über Konfusion, Halluzination und partieller Paralyse bis zu Krämpfen, Koma und Tod reichen. Diese Symptome sind auf zwei unterschiedliche Wirkmechanismen zurückzuführen. Der erste ist die Inhibition der Acetylcholinesterase, die für die Hydrolyse des Neurotransmitters Acetylcholin – ein Schlüsselprozess bei der Nervenreizleitung über cholinergene Synapsen – verantwortlich ist [22]. Neurologische Symptome – wie Schwäche, Konfusion, Depression – welche bei Patienten, die an einer Glykoalkaloidvergiftung leiden, auftreten – sind wahrscheinlich eine Manifestation dieser Anticholinesteraseaktivität [103]. Chaconin und Solanin sind gleichermaßen potente Inhibitoren der Acetylcholinesterase [22].

Der andere wichtige Wirkmechanismus der Glykoalkaloide ist ihre Fähigkeit, sterolhaltige Membranen zu stören [151]. Diese Wirkung ist verantwortlich für das Schädigen von Zellen im Gastrointestinaltrakt und auch anderen Geweben oder Organen (Blut, Leber), in die die Glykoalkaloide nach der Absorption transportiert werden. Diesen Mechanismus betreffend ist Chaconin wesentlich effektiver als Solanin. Aufgrund der unterschiedlichen Aktivität von Solanin und Chaconin in diesen unterschiedlichen Systemen ist der Gesamteffekt von aufgenommenen Glykoalkaloiden abhängig davon, auf welches System diese Substanzen primär im Körper wirken. Die relative Geschwindigkeit mit der die Symptome auftreten (0,5–12 h) zeigt, dass der primäre toxische Effekt auf eine gastrointestinale Störung zurückgeht [66] und sekundär neurologische Beschwerden auftreten. Solanin und Chaconin können, wenn sie gemeinsam aufgenommen werden, synergistisch wirken, was die Gesamtaktivität wesentlich verstärkt [150].

Dieser synergistische Effekt konnte sowohl bei synthetischen Membranvesikeln [153] als auch bei pflanzlichen und tierischen Zellen sowie bei Pilzen gezeigt werden [44]. Diese Synergie betrifft nur die Wirkung auf Membranen, nicht aber die Inhibition der Acetylcholinesterase [152]. Sie hängt insbesondere vom Verhältnis von Solanin zu Chaconin ab [153]. Inwieweit sich dieser synergistische Effekt auf die Toxizität auswirkt, ist zurzeit noch nicht bekannt. Aufgrund dieser Ergebnisse ist es notwendig, bei der Analyse der Glykoalkaloide in Kartoffeln insbesondere auf das Verhältnis Solanin/Chaconin zu achten, wodurch möglicherweise eine erhöhte Toxizität zu erwarten ist.

42.2.4.3 Metabolismus der Glykoalkaloide

Ein wichtiger Aspekt der Biochemie der Kartoffelglykoalkaloide, der bisher noch nicht sehr intensiv untersucht wurde, ist die Frage, was mit den Glykoalkaloiden nach ihrem Verzehr passiert. Die Glykoalkaloide sind wesentlich toxischer als deren Aglykone. Bei Hamstern hat sich gezeigt, dass die glykosylierten Alkaloide zu schweren Nekrosen des intestinalen Epithels führen, während solche Läsionen praktisch nicht auftreten, wenn die Aglykone aufgenommen werden [7]. Die Aglykone zeigen auch eine wesentlich geringere Inhibition der Acetylcholinesterase. Daraus folgt, dass die Toxizität der Glykoalkaloide leicht beeinflusst werden kann, indem im Darm die Glykoalkaloide hydrolysiert werden.

Das Ausmaß des Abbaus im menschlichen Verdauungstrakt ist noch nicht bekannt. Offenbar läuft die enzymatische Hydrolyse nicht im oberen Verdauungstrakt ab [97]. Zusätzlich ist die säurekatalysierte Hydrolyse durch den menschlichen Magensaft nicht sehr ausgeprägt und zwischen den Individuen sehr unterschiedlich [48]. Berichte über das Auffinden von Solanidin im Blut [66], nach einer oralen Aufnahme von Glykoalkaloiden über eine Kartoffelmahlzeit, weisen auf eine Metabolisierung hin, obwohl hauptsächlich die intakten Glykoalkaloide gefunden werden.

42.2.4.4 Chronische Toxizität von Glykoalkaloiden

Die meisten Berichte über die Toxizität von Glykoalkaloiden aus Kartoffeln betreffen die akute Toxizität. Durch breit angelegte Züchtungsversuche und Qualitätskontrollen haben sich solche Vorkommnisse wesentlich reduziert. Da aber Kartoffeln als Grundnahrungsmittel regelmäßig und in großen Mengen aufgenommen werden, stellt sich die Frage nach einer chronischen Toxizität, die sich aus einer längerfristigen Aufnahme von Glykoalkaloiden ergibt. Die Aufnahme von 14 mg pro Tag wurde für Großbritannien geschätzt [71]. Diese Schätzung basiert auf einem Verzehr von 140 g Kartoffel pro Tag und einem Gehalt von 100 mg/kg in der Kartoffel. Da die Knollen üblicherweise vor dem Verzehr geschält werden, reduziert sich dieser Wert wahrscheinlich. Wenn jedoch die Haut mit verzehrt wird, kann die aufgenommene Menge wesentlich ansteigen. Die Glykoalkaloide der Kartoffel zeigen keine Mutagenität im Ames-Test [50], es ist aber darauf hinzuweisen, dass dieser Test nicht ausreicht, um eine Wirkung auf das menschliche Genom auszuschließen.

Insbesondere ist auf eine Akkumulation im Organismus zu achten. Die Absorption der Glykoalkaloide der Kartoffel ist proportional zur aufgenommenen Menge [63]. Wenn diese Substanzen aber einmal im Blut erscheinen, ist ihre Ausscheidung scheinbar niedrig, was zu der Vermutung Anlass gibt, dass die Glykoalkaloide in einzelnen Organen, wie z. B. der Leber [26], gespeichert werden können. Zu diesem Thema fehlen aber noch Untersuchungen, die zeigen, wie sich die aufgenommenen Mengen an Glykoalkaloiden im Blut, Urin und Faeces widerspiegeln. Aus solchen Experimenten könnte sich dann eine Belastung errechnen lassen. Als Testsystem könnte der Hamster verwendet werden, da dieser wesentlich sensitiver auf Glykoalkaloide reagiert und durch die niedrige Exkretion auch eine Akkumulation in unterschiedlichen Organen aufweist [57].

42.2.5 Schlussfolgerungen

Durch die lange Geschichte der Verwendung als Lebensmittel hat sich die Kartoffel als im Allgemeinen sicher erwiesen. Nichtsdestotrotz enthalten die Kartoffel und ihre Produkte Glykoalkaloide, die als toxisch bekannt sind. Da die Gehalte an Glykoalkaloiden durch die Züchtung neuer Sorten wesentlich reduziert wurden, hat sich die Anzahl der akuten Vergiftungsfälle signifikant reduziert. Die Möglichkeit der chronischen Toxizität der Glykoalkaloide führt jedoch zu einer Unsicherheit bei der Risikobewertung. Weitere Untersuchungen zu diesem Thema fehlen noch.

42.3 Lektine

Die Lektine oder Hämagglutinine (Phytohämagglutinine) werden in einer Reihe von pflanzlichen Lebensmitteln gefunden (Tab. 42.7). Es handelt sich dabei um zuckerbindende Proteine, die an Erythrocyten binden und diese agglutinieren können. Sie sind spezifisch, nicht nur was die Kohlenhydrate betrifft, an die sie an Membranoberflächen binden, sondern auch bezüglich ihrer Toxizität. Aktive Lektine werden vorwiegend in Lebensmitteln gefunden, welche ohne Hitzebehandlung oder Verarbeitung, wie Salatzutaten oder frisches Obst, verzehrt werden [112]. Hülsenfrüchte sind die häufigste Quelle von Lektinen in der normalen menschlichen Ernährung, wobei insbesondere Bohnen (die meisten Spezies und auch *Phaseolus vulgaris*) für die Aufnahme von Lektinen eine Rolle spielen. Einige Sorten enthalten sehr große Mengen an Lektinen [14]. Dadurch kann es vorkommen, dass, wenn nicht ausreichend gekocht wird (z. B. in großen Höhen, wo die Siedetemperatur des Wassers niedrig ist), die Lektine nicht vollständig zerstört werden [38].

Die genaue Abgrenzung der Kohlenhydrat bindenden Pflanzenproteine, welche üblicherweise als Lektine oder Agglutinine bezeichnet werden, war deshalb

Tab. 42.7 Hämagglutininaktivität in Lebensmittelpflanzen [9, 58, 91, 104, 162, 178, 183].

Hämagglutininaktivität	Phaseolus vulgaris	Lens esculenta	Cicer arietinum	Pisum sativum	Vicia faba	Lupinus albus	Glycine max
HA	8200	640	0	80			
HU/mg				100–400	25–100		
U/g	2450–3560			5100–15 100			
µg				2,5–5,0	10–20	10 000	0,3–1,2

schwierig, da keine strenge chemische Definition vorhanden war, sondern alle Proteine zusammengefasst wurden, die die Fähigkeit zum Agglutinieren von Zellen hatten. Durch molekulares Klonieren und Struktur-Funktionsanalysen der pflanzlichen Lektine wurde die Bezeichnung Lektin in erster Linie aufgrund der funktionellen und weniger der strukturellen Eigenschaften neu definiert. Demnach sind alle Pflanzenproteine Lektine, welche zumindest eine nicht katalytische Domäne besitzen, an die Mono- oder Oligosaccharide reversibel binden können. Diese neue Definition umfasst eine große Gruppe an Proteinen mit unterschiedlichen Eigenschaften bezüglich der Agglutination und/oder Glykokonjugatpräzipitation mit einer weiteren Unterteilung in Merolektine (mit nur einer Kohlenhydrat bindenden Domäne, keine agglutinierende Aktivität), Hololektine (enthalten mindestens zwei Kohlenhydrat bindende Domänen, Mehrheit der Pflanzenlektine) und Chimerolektine [137].

Leguminosenlektine sind eine große Familie von homologen Proteinen (vgl. Tab. 42.8). Von den ca. 50 bekannten Lektinsequenzen zeigen alle paarweise Sequenzhomologien von mehr als 35%. Daraus ergibt sich, dass das Leguminosenlektin-Monomer auf der Strukturebene gut konserviert ist. Es besteht aus zwei großen β-Faltblattstrukturen auf denen die Kohlenhydrat bindende Region aufgepfropft ist. Die gleiche Architektur und Topologie findet sich auch in vielen anderen Kohlenhydrat bindenden Proteinen wie z. B. den Galaktinen. Die

Tab. 42.8 Beispiele für gut charakterisierte toxische Lektine aus Feldfrüchten (zusammengefasst aus [137]).

Spezies	Gewebe	Konzentration [g/kg]	orale Toxizität	Hitze-stabilität	Aktives Lektin in Lebensmitteln	
					roh	verarbeitet
Leguminosenlektine						
Phaseolus coccineus (Stangenbohne)	Samen	1–10	hoch	moderat	ja	möglich
Phaseolus lunatus (Limabohne)	Samen	1–10	hoch	moderat	ja	möglich
Phaseolus acutifolius (Teparybohne)	Samen	1–10	hoch	moderat	ja	möglich
Phaseolus vulgaris (Gartenbohne)	Samen	1–10	hoch	moderat	ja	möglich
Chitin bindende Lektine						
Triticum vulgare	Samen	< 0,01	mäßig	gut	ja	ja
Triticum vulgare	Keim	0,1–0,5	mäßig	gut	ja	ja
Typ-2 Ribosomen inaktivierende Proteine						
Ricinus communis (Rizinussamen)	Samen	1–5	letal	instabil	–	nein
Sambucus nigra (Holunder)	Frucht	0,01	nicht bestimmt	mäßig	ja	möglich

Kohlenhydrat bindende Aktivität der Leguminosenlektine ist an die gleichzeitige Anwesenheit von Calcium und einem Übergangsmetall gebunden. Diese Lektine besitzen mehrere Bindungsstellen, die auf eine dimere bzw. tetramere Quarternärstruktur zurückzuführen sind. Die Wechselwirkung mit den Kohlenhydraten bezieht Schlüsselwasserstoffbrücken mit drei extrem gut konservierten Aminosäuren mit ein, die auch mit dem Calcium in Wechselwirkung treten. Sehr wichtig sind auch die hydrophoben Wechselwirkungen zwischen aromatischen Aminosäuren und dem Zuckerring [93].

42.3.1
Toxizität und biologische Effekte von Lektinen in Lebensmitteln

Die möglichen negativen Effekte von Lektinen aus Lebensmitteln auf den menschlichen Körper sind aufgrund offensichtlich ethischer Bedenken gegenüber experimentellen Humanstudien nur schlecht dokumentiert; praktisch keine Experimente wurden mit den potenziell schädlichen Lektinen durchgeführt. Der Großteil an Information über die akute Toxizität von Lektinen im Menschen stammt aus Beobachtungen von unbeabsichtigten Vergiftungen. Es ist wohl bekannt, dass z. B. Rizin – ein Typ-2 Ribosomen inaktivierendes Protein – innerhalb von wenigen Tagen nach der Aufnahme eines Äquivalentes von wenigen Rizinusbohnen zum Tode führt. Abgesehen von Rizin (und möglicherweise anderen Typ-2 RIP wie Abrin, Volkensin und Mistellektin) gibt es keine anderen pflanzlichen Lektine, von denen bekannt ist, dass sie akut tödlich sind. Berichte von unbeabsichtigten Vergiftungen durch nicht ausreichend gekochte Gartenbohnen (*Phaseolus vulgaris*) beschreiben schwere gastrointestinale Leiden, welche durch das Gartenbohnenlektin (PHA) hervorgerufen werden. Obwohl eine kurze Belastung durch dieses Leguminosenlektin nicht tödlich ist und die Effekte reversibel sind, kann nicht ausgeschlossen werden, dass eine anhaltende Aufnahme von hohen Dosen von PHA zum Tod führen kann.

Aufgrund des Fehlens von experimentellen Daten zu Humanstudien können mögliche nachteilige Effekte durch Lektine auf die menschliche Gesundheit nur aus Experimenten mit Labortieren abgeleitet werden. Obwohl die Ergebnisse aus Versuchen mit Mäusen, Ratten oder Schweinen nicht direkt auf den Menschen hochgerechnet werden können, zeigen die beobachteten Effekte auf den Darm und andere Organe dieser Tiere, dass alimentär aufgenommene Lektine spezifische Reaktionen hervorrufen können, die aus Sicht der Lebensmittelsicherheit Anlass zu Bedenken geben.

Um einen Effekt hervorzurufen, müssen die oral aufgenommenen Lektine den Darm in einer aktiven Form überdauern und unter den herrschenden Bedingungen des Gastrointestinaltraktes an die Glycanrezeptoren binden können. Obwohl die meisten Lektine beide Kriterien erfüllen, reichen die hervorgerufenen Effekte von harmlos bis extrem gesundheitsgefährdend [141]. Entsprechend ihrer Wirkungsweise können verschiedene Typen von Effekten unterschieden werden.

Lokale, akute Effekte sind ein direktes Ergebnis des Bindens von bestimmten Lektinen entweder an die intestinale Mukosa oder den Bürstensaum des Darmlumens. Obwohl viele Lektine sehr stark an Glykokonjugate der Mikrovilli binden, ist es nur wenigen möglich, eine praktisch unverzögerte Reaktion hervorzurufen. Zum Beispiel führt PHA – als Ergebnis des Unterbrechens der Membranpermeabilität – innerhalb kurzer Zeit zu Übelkeit, Brechreiz und Durchfall und wirkt somit als Abwehrmittel [117].

Lokale, chronische Effekte basieren auf spezifischen zellulären Prozessen, welche durch das Binden der Lektine an Rezeptoren der Epithelzellen hervorgerufen werden. Beispielsweise wirkt PHA als Mitogen in den Zellen der Darmzotten und verursacht eine Hyperplasie und Hypertrophie des Dünndarms (wobei der Stoffwechsel des Dünndarms gründlich auf den Kopf gestellt wird). Indirekte lokale, chronische Effekte folgen, wenn die Reifung der Glycanketten auf den Membranglykoproteinen der Epithelzellen wegen der Hypertrophie des Dünndarms aufgrund der Lektinwirkung beeinträchtigt wird [142]. Zum Beispiel wird ein PHA-induzierter Anstieg des Zellumsatzes im Dünndarm von Ratten von einem starken Anstieg der Exposition von mannosereichen Glycanen auf der luminalen Seite der Villi begleitet. Da diese mannosereichen Glycane Rezeptoren für die Bakterien mit mannosesensitiven Typ-1 Fimbriae sind (wie bei einigen Stämmen von *Escherichia coli*), wird der Dünndarm von normalerweise harmlosen Bakterien überwachsen. Es ist interessant, dass die negativen sekundären Effekte von alimentärem PHA wesentlich stärker sind als die primären (Hypertrophie, Hyperplasie). Bei Experimenten mit keimfreien Tieren konnte gezeigt werden, dass von diesen PHA wesentlich besser toleriert wird, als von Tieren mit einer normalen Darmflora [146].

Manche Lektine aus Lebensmitteln können auch indirekte Effekte in weiter entfernten Organen hervorrufen. Einige Lektine, welche an die Saumzellen des Darmepithels binden, wirken als Wachstumsfaktoren für das Pankreas [143]. Darüber hinaus können diese Lektine durch Modulation der sekretorischen Aktivität des Pankreas die Hormonbilanz durcheinander bringen. Andere alimentäre Lektine können durch die Epithelzellen internalisiert und durch die Darmwand in den Kreislauf transportiert werden. Wenn sich das Lektin einmal im Kreislauf befindet, kann es zu anderen Organen gelangen und auf diese Weise seine Wirkung entfalten. Weizenkeimagglutinin wird z. B. sehr leicht über die Endozytose aufgenommen und an den Wänden der Blut- und Lymphgefäße abgelagert [140]. Zusätzlich induziert das Weizenkeimagglutinin eine Pankreashypertrophie und Thymusatrophie.

Die meisten der beobachteten Effekte von alimentär zugeführten Lektinen wurden durch akute oder Kurzzeitexperimente erhalten. Es ist durchaus möglich, dass Effekte durch konstante oder wiederholte Exposition über einen langen Zeitraum übersehen wurden. Bedenkt man, dass die meisten Lektine als Wachstumsfaktoren in Darmgeweben wirken und bei verschiedenen Zelltypen eine mitogene Aktivität aufweisen, ist die Frage zu klären, ob durch eine langfristige Aufnahme von Lektinen die Bildung von benignen oder malignen Tumoren induziert werden kann. Überdies ist die Induktion von unkontrolliertem Zellwachstum nicht notwendigerweise auf den Gastrointestinaltrakt beschränkt, sondern kann auch in anderen Geweben oder Organen stattfinden, wenn die Lektine in den Kreislauf gelangen. Aufgrund der fehlenden experimentellen Daten kann vorerst die Frage nach der Kanzerogenität nicht beantwortet werden [137].

Im Gegensatz dazu erschienen eine Reihe von Publikationen, die zeigen, dass Lektine – insbesondere Sojalektine – vor Krebs schützen können. Diese Ergebnisse wurden von Gonzalez de Mejia et al. zusammengefasst, wobei mehrere Effekte publiziert wurden: (1) Effekt von Lektinen auf Tumorzellmembranen, (2) Reduktion der Zellproliferation, (3) Induktion von tumorspezifischer Zytotoxizität von Makrophagen und (4) Apoptose. Weiterhin wird eine starke Wirkung auf das Immunsystem diskutiert, woraus die Produktion von verschiedenen Interleukinen resultiert [56].

42.3.2
Wirkungen von Lektinen in der Ernährung

Im Gegensatz zu nutritiven Proteinen widersetzen sich die meisten Lektine den proteolytischen Verdauungsenzymen und dem bakteriellen Stoffwechsel im Darm. Abhängig von ihrer Struktur und den biochemischen Eigenschaften können bis zu 90% von oral aufgenommenen Lektinen die Passage durch den Verdauungstrakt in einer immunologisch aktiven Form überstehen. Daraus resultiert eine sehr geringe biologische Wertigkeit der meisten Pflanzenlektine. Der Nährwert der Lektine steigt jedoch an, wenn diese denaturiert werden. Da die meisten Lektine eine Aminosäurezusammensetzung ähnlich den klassischen Speicherproteinen in den Pflanzensamen haben, zeigen die vollständig denaturierten Lektine den gleichen intrinsischen Nährwert wie Samenalbumine oder -globuline. Überdies gibt es einige Beispiele, die zeigen, dass Lektine auch eine für die Ernährung ausgewogene Aminosäurezusammensetzung haben. So wurde ursprünglich das Lektin von *Amaranthus hypochondiracus*-Samen als ein Albumin mit einer gut ausgewogenen Aminosäurezusammensetzung und einem hohen Gehalt an essenziellen Aminosäuren beschrieben [145].

Unbeschadet ihres geringen Nährwertes wirken die meisten Lektine antinutritiv, da die Stimulation des Darmwachstums und die anderen biologischen Effekte sich in der Ernährung negativ auswirken. Zusätzlich wird in jenen Fällen, bei denen das Bakterienwachstum im Dünndarm induziert wird, der Nachteil durch die negativen Effekte der Bakterien noch stärker zum Tragen kommen. Es soll jedoch nochmals betont werden, dass unter den meisten praktischen Bedingungen die Aufnahme von aktiven Lektinen niedrig ist und die negativen Auswirkungen vergleichsweise gering sind.

42.3.3
Lektine in Lebensmittel- und Futterpflanzen

Eine große Anzahl von genießbaren Pflanzen (Getreide, Leguminosen, Gemüse, Obst, Gewürze) zeigen eine Hämagglutinationsaktivität [92, 112]. Obwohl eine positive Agglutinationsreaktion die Gegenwart von Lektinen anzeigt, kann der schlüssige Beweis nur durch die Isolierung und Charakterisierung des reinen

Proteins erbracht werden. Von den vielen isolierten Lektinen sind in Tabelle 42.8 nur jene angeführt, die unter Umständen ein gesundheitliches Risiko darstellen.

Praktisch alle für die Ernährung relevanten Leguminosen enthalten Lektine in ihren Samen. Obwohl die Konzentration einigermaßen hoch ist, sind die meisten Lektine aus Leguminosensamen hitzelabil und werden deshalb bei einer Verarbeitung der Lebensmittel – bei der eine Erhitzung durchgeführt wird – inaktiviert. Dennoch, da einige Phaseolusspezies einen sehr hohen Gehalt an toxischen Lektinen mit einer bemerkenswerten Hitzestabilität aufweisen, können sogar erhitzte Produkte eine Restlektinaktivität aufweisen. Es wird empfohlen, Bohnen für mindestens fünf Stunden einzuweichen und diese dann in frischem Wasser für mindestens zehn Minuten zu kochen.

Mannose bindende Lektine aus Monocotyledonen sind in einigen Lebensmittelpflanzen in großen Mengen vorhanden und dienen als Speicherproteine in Knoblauch, Bärlauch und Wasserbrotwurzel. Berücksichtigt man die gute Hitzestabilität dieser Lektine, kann man annehmen, dass diese die Verarbeitung möglicherweise unbeschadet überstehen. Zusätzlich werden viele Alliumspezies (Zwiebelgemüse) roh verzehrt, die auch biologisch aktive Lektine enthalten. Glücklicherweise gibt es keine Anzeichen für schädliche Effekte von Mannose bindenden Lektinen aus Monocotyledonen. Im Gegenteil, diese können sich sogar vorteilhaft auf die Gesundheit auswirken [141].

42.3.4
Analytik der Lektine

Die Bestimmung der Hämagglutinationsaktivität erfolgt in Mikrotiterplatten. Dazu werden humane trypsinisierte Erythrozyten bei Raumtemperatur mit dem Pflanzenextrakt inkubiert und als Endpunkt die minimale Konzentration des Extraktes oder gereinigten Lektins angegeben, bei der gerade noch eine Agglutination beobachtet werden kann [148]. Diese Technik wurde auch von Nachbar und Oppenheim verwendet, um eine Übersicht über die Belastung durch Lektine in der amerikanischen Ernährung zu bekommen [112]. Die Hämagglutinationsaktivität wird als „hemagglutinating unit" (HU)/mg Protein angegeben. Typischerweise ist eine HU definiert als jene Menge Substanz, die benötigt wird, um die Absorption einer Erythrozytensuspension innerhalb von 2,5 Stunden bei Raumtemperatur um 50% zu reduzieren [43, 90].

Für eine quantitative Bestimmung können Techniken wie ELISA herangezogen werden. Dazu werden für das entsprechende Lektin spezifische Antikörper benötigt. Die Quantifizierung erfolgt über einen mit alkalischer Phosphatase markierten Antikörper, welcher eine Farbreaktion mit *p*-Nitrophenylphosphat ergibt [149]. Insbesondere in Sojasprossen und -samen wurden Gehalte von ca. 0,3 mg/g erhalten. Eine weitere Möglichkeit zur Bestimmung des Lektingehaltes bietet die Affinitätschromatographie [23].

Von vielen Feldfrüchten wurden die essbaren Teile auf die Anwesenheit von Lektinen hin analysiert. Dabei wurde üblicherweise der Hämagglutinationstest mit menschlichen und tierischen Erythrozyten verwendet. Obwohl diese einfache Nachweismethode in den meisten Fällen äußerst effektiv ist, bedeutet ein negatives Ergebnis nicht, dass keine Lektine vorhanden sind. So können z. B. Merolektine mit diesem Test nicht nachgewiesen werden. Hololektine können aufgrund mehrfacher Ursachen der Detektion entgehen. Manche Lektine reagieren ausschließlich mit Erythrozyten von bestimmten Tierspezies. So zeigen die Lektine von allen essbaren Alliumgewächsen keine Agglutinationsaktivität bei humanen Erythrozyten, wohingegen alle mit roten Blutkörperchen von Hasen reagieren. Andere Lektine haben eine geringe Aktivität und können so nicht direkt aus Rohextrakten bestimmt werden. Ebenso kann die Agglutinationsaktivität durch die Gegenwart von hohen Zuckerkonzentrationen in den Rohextrakten maskiert werden. Andererseits kann es vorkommen, dass bestimmte Substanzen die Lyse der Zellen hervorrufen, bevor die Agglutinationsreaktion sichtbar wird. Weiterhin kann durch eine positive Reaktion nicht auf die Anwesenheit von mehr als einem Lektin geschlossen werden. Daraus ergibt sich, dass eine negative Agglutinationsreaktion nicht ausreicht, um die Abwesenheit von Lektinen zu bescheinigen. Daraus folgt, dass pflanzliche Lebensmittel, von denen man annimmt, frei von Lektinen zu sein, möglicherweise bis jetzt noch nicht identifizierte Kohlenhydrat bindende Proteine beinhalten [137].

42.4 Oxalsäure

Oxalsäure und ihre Salze kommen als Endprodukte des Stoffwechsels in einer Reihe von pflanzlichen Geweben vor. Wenn diese Pflanzen verzehrt werden, können sie nachteilige Effekte auf die Aufnahme von Calcium und anderen Mineralien haben, da diese von Oxalat gebunden werden. Während Oxalsäure ein natürliches Endprodukt des Säugerstoffwechsels ist, kann es durch die Aufnahme von zusätzlicher Oxalsäure zur Bildung von Steinen im Harntrakt kommen, wenn diese mit dem Urin ausgeschieden wird. Die durchschnittliche tägliche Aufnahme von Oxalsäure mit der Ernährung wurde in Großbritannien mit 70–150 mg berechnet, die sich vorwiegend durch den Verzehr von Tee, Rhabarber, Spinat und roten Rüben ergibt. Durch Einweichen und Kochen reduziert sich der Oxalsäuregehalt aufgrund der Auslaugung [195].

Der Verzehr von Lebensmitteln mit einem hohen Gehalt an Oxalsäure stellt für jene Populationen ein Gesundheitsproblem dar, welche keine ausgewogene Ernährung haben, oder an Fehlfunktionen der Verdauung leiden. Eine Diät mit einem hohen Gehalt an Oxalsäure und geringen Mengen an essenziellen Mineralien wie z. B. Calcium und Eisen ist nicht zu empfehlen. Veganer und lactoseintolerante Personen haben möglicherweise eine Diät mit großen Mengen an Oxalsäure und wenig Calcium, sofern nicht entsprechend supplementiert wird. Vegetarier mit einer großen Aufnahme an Gemüse weisen auch eine erhöhte Aufnahme an Oxalsäure auf, wodurch sich die Bioverfügbarkeit von Calcium reduzieren kann. Dies könnte ein erhöhtes Risiko für Frauen, die größere Mengen an Calcium in ihrer Ernährung benötigen, darstellen. Personen mit einer erhöhten Absorptionsrate an Oxalsäure wird empfohlen, weniger von den Gemüsesorten zu verzehren, die einen hohen Oxalsäuregehalt aufweisen, um die Bildung von Nierensteinen zu vermeiden. In gesunden Individuen stellt der Verzehr von oxalsäurereichen Lebensmitteln als Teil ihrer ausgewogenen Diät kein spezielles Problem dar.

42.4.1 Vorkommen von Oxalsäure in Pflanzen

Oxalate werden in vielen Pflanzen in kleinen Mengen gefunden. Oxalsäurereiche Lebensmittel machen nur einen geringen Anteil in der menschlichen Ernährung aus. In manchen Gebieten – insbesondere in den Tropen – werden sie jedoch saisonal in größeren Mengen verzehrt, da die Oxalsäure in Getreidesamen, Knollen, Nüssen, Gemüse und Obst vorkommt (Tab. 42.9).

Allgemein kann gesagt werden, dass der Oxalsäuregehalt in den Blättern am höchsten ist und die Samen geringere Gehalte aufweisen. Im Stamm ist normalerweise der geringste Gehalt zu finden. Berichte zeigen, dass die Stämme oder Stängel von Pflanzen wie Amaranth, Rhabarber, Spinat oder Rüben signifikant niedrigere Konzentrationen an Oxalsäure als die Blätter aufweisen. Bei den

Tab. 42.9 Gehalte von Oxalsäure in Gemüse [aus 40, 46**, 111***, 164*].

Gemüse	Oxalsäure [g/100 g]	Gemüse	Oxalsäure [g/100 g]
Gurken	0,02	Süßkartoffel	0,24
Grünkohl	0,02	Brunnenkresse	0,31
Kürbis	0,02	Salat	0,33
Steckrübe	0,03	Grüne Bohnen	0,36
Pastinake	0,04	Kohlsprossen	0,36
Paprika	0,04	Knoblauch	0,36
Eibisch	0,05	Sauerampfer	0,36**
Zwiebel	0,05	Erdnussblätter	0,40
Erbse	0,05	Kohl	0,45
Kartoffel	0,05	Rhabarber	0,46
Tomate	0,05	Rettich	0,48
Rübenblätter	0,05	Karotte	0,50
Kraut	0,10	Mangold	0,61 (0,65*)
Winterendivie	0,11	Kakao	0,70***
Spargel	0,13	Spinat	0,97 (0,44*)
Blumenkohl	0,15	Amaranth	1,09
Rote Rübe	0,18	Maniok	1,26
Broccoli	0,19	Portulak	1,31
Sellerie	0,19	Schnittlauch	1,48
Aubergine	0,19	Tee	1,15***
Zichorie	0,21	Koriander	1,27***
Rübe	0,21	Petersilie	1,70

Knöterichgewächsen (Rhabarber, Sauerampfer) ist in den Blättern fast doppelt so viel Oxalsäure vorhanden wie in den Stängeln. Bei den Gänsefußgewächsen (Spinat, Rübe) dagegen kommt die Oxalsäure verstärkt im Stängel vor und weniger im Blattstiel. Die Blätter von Rhabarber werden üblicherweise nur zu einem geringen Anteil verzehrt, womit sich nur eine geringe Bedeutung für die Ernährung durch den Verzehr der Blätter ergibt.

Oxalsäurekonzentrationen sind üblicherweise in Pflanzen höher als in Fleisch, das als oxalsäurefrei angesehen werden kann. Dies ist insbesondere zu berücksichtigen, wenn eine oxalsäurereduzierte Diät geplant wird. Fleisch, Fett und Milchprodukte enthalten nur sehr geringe Mengen an Oxalsäure.

Pilze enthalten im Vergleich zu Spinat und Rhabarber nur geringe Mengen an Oxalaten (0,08–0,22 g/100 g). In den Tropen gedeihen Pflanzen mit einem hohen Oxalsäuregehalt, wie z. B. die Wasserbrotwurzel und die Süßkartoffel mit 0,28–0,57 g/100 g Oxalsäure. In der Yamswurzel finden sich 0,48–0,78 g/100 g, die jedoch nur bedingt ernährungsrelevant sind, da der größte Teil (50–75%) als freie Oxalsäure vorliegt und beim Kochen herausgelöst wird. In Nüssen, wie Erdnuss, Pecannuss und Cashewnuss, sind die Gehalte an Oxalsäure vergleichsweise hoch. Samen von Sesam können von 0,35 g/100 g bis 1,75 g/100 g Oxalsäure enthalten. Getränke mit hohen Oxalsäuregehalten sind indischer Schwarztee, Kakaogetränke und bestimmte Biertypen.

Oxalsäure wird in Pflanzen insbesondere während Trockenperioden gespeichert und tritt vermehrt in überreifen Pflanzen auf. So kann sich bei den Gänsefußgewächsen der Oxalsäuregehalt während der Reifung verdoppeln, wohingegen dieser in reifen Tomaten niedriger ist [46, 100, 158, 161, 164].

42.4.2
Analytik der Oxalsäure

Für die Analyse von Oxalsäure stehen mehrere Methoden zur Verfügung. Diese basieren entweder auf einer chromatographischen Trennung oder auf einer Umsetzung mit einem Enzym.

Das Prinzip des enzymatischen Tests ist Folgendes: Die Oxalsäure wird in Gegenwart der Oxalat-Decarboxylase bei pH 5,0 zu Ameisensäure und Kohlendioxid gespalten. Die gebildete Ameisensäure wird weiter umgesetzt, wobei diese in Gegenwart von NAD unter Wirkung der Formiat-Dehydrogenase bei pH 7,5 zu Bicarbonat oxidiert wird. Das während der zweiten Reaktion gebildete NADH ist der Oxalsäure äquivalent und kann durch Messung der Absorption bei 340 nm bestimmt werden [10].

Eine andere Möglichkeit für einen enzymatischen Test ist die Reaktion der Oxalsäure mit der Oxalatoxidase. Das dabei entstehende Wasserstoffperoxid reagiert in Gegenwart einer Peroxidase mit 3-Methyl-2-benzothiozolinon und 3-(Dimethylamino)benzoesäure, wobei ein Farbstoff entsteht, der bei 590 nm im Photometer gemessen werden kann [35].

Für die Analyse der Oxalsäure mittels HPLC stehen mehrere Möglichkeiten der Trennung und Detektion zur Verfügung. Die chromatographische Trennung kann entweder auf Umkehrphasen [116] oder durch Ionenchromatographie [39] erfolgen. Die Trennung kann auch mittels Kapillarelektrophorese durchgeführt werden [174]. Für die Detektion im Anschluss an die Chromatographie stehen neben der UV-Absorption bei 215 nm [116] auch die Möglichkeit der Fluoreszenzdetektion nach einer Nachsäulenreaktion mit Ce(IV) [106] oder der Chemilumineszenzdetektion nach einer Reaktion mit Tris(1,10-phenanthrolin)ruthenium(II) [194] zur Verfügung. Eine weitere Möglichkeit bietet der Einsatz von Enzymreaktoren im Anschluss an die chromatographische Trennung. Dabei wird das Eluat über eine immobilisierte Oxalsäureoxidase geleitet und die Oxalsäure in Kohlendioxid und Wasserstoffperoxid umgewandelt. Das entstehende Wasserstoffperoxid wird dann amperometrisch gemessen [70].

42.4.3
Auswirkungen der Verarbeitung

Oxalsäure kann aus den Lebensmitteln durch Extraktion mit Wasser entfernt werden. Dies ist jedoch nicht die effizienteste Möglichkeit, da dabei nur die löslichen Oxalate entfernt werden. Obwohl der Oxalsäuregehalt in der rohen Sojabohne niedrig ist, kann dieser durch Einweichen und Keimen noch weiter reduziert werden. Durch Kochen der gekeimten Bohnen erniedrigt sich der Gehalt nochmals. Einweichen und Kochen hat sich insgesamt als effektive Methode zur Reduktion des Oxalsäuregehaltes herausgestellt, wobei die Keimung einen zusätzlichen Effekt hat. In der Pferdebohne reduziert sich der Oxalsäuregehalt beim Schälen um 38%. Das Rösten kann als die am wenigsten effektive Methode angesehen werden, wobei in Zichorienwurzeln und in Yamswurzeln der Oxalsäuregehalt sogar um 10 bis 256% ansteigt. Dies ist auf das Verdunsten des Wassers zurückzuführen, was auch beim Trocknen von tropischen Blättern zu beobachten ist, die nach der Trocknung einen wesentlich höheren Gehalt an Oxalsäure aufweisen.

Die Reduktion an Oxalaten in Yamswurzeln beträgt 40–50% durch Extraktion beim Kochen. Dämpfen und Backen reduziert den Gehalt nur um 20–25% bzw. 12–15%. Der Nachteil dieser Methode ist, dass auch wasserlösliche Mineralstoffe ausgelaugt werden [129]. Beim Spinat wird durch Blanchieren der Oxalsäuregehalt ebenfalls reduziert. Bei anderen Gemüsesorten, wie Kartoffeln, Erdnüssen und Kohlblättern ist der Effekt des Blanchierens nicht so ausgeprägt, wobei aber andere antinutritive Faktoren signifikant reduziert wurden. Spinat, Gartenmelde und Mangold werden üblicherweise gekocht verzehrt, während Rhabarber, Kakao, Gartenampfer und Gartensauerampfer auch roh verzehrt werden; diese sollten auch nur in geringeren Mengen auf den Tisch gelangen.

42.4.4
Absorption und Metabolismus in Säugetieren

Calcium kann durch Oxalsäure im intestinalen Lumen komplexiert werden, wodurch es für die Absorption nicht mehr verfügbar ist; Calciumoxalat wird dann fäkal ausgeschieden. Freie oder lösliche Oxalsäure wird durch passive Diffusion im Dickdarm aufgenommen. Aus vergleichenden Untersuchungen von Gesunden mit Ileostomiepatienten konnte gezeigt werden, dass die primäre Aufnahme der Oxalsäure im Dickdarm erfolgt. Trotzdem wird vorgeschlagen, dass der Dünndarm mehr Oxalsäure aufnimmt als der Dickdarm. Aufnahmeschätzungen ergaben, dass nur ca. 2–5% der verzehrten Mengen absorbiert werden. Zudem wird die Oxalsäure während des Fastens besser aufgenommen (12%) als bei normaler Ernährung (7%). Von Rhabarber und Spinat wird nur 1% aufgenommen, während 22% der Oxalsäure aus dem Tee aufgenommen werden. Insgesamt kann gesagt werden, dass die Absorption bei geringeren Dosen höher ist [61].

Oxalsäure ist ein Endprodukt des Ascorbinsäure-, Glyoxylat- und Glycinstoffwechsels in Säugetieren. 33–50% der Oxalsäure im Harn stammen aus dem Vitamin C-Abbau, 40% aus dem Glycin und 6–33% aus anderen Stoffwechselwegen und dem Oxalat aus der Nahrung. Das mit der Nahrung aufgenommene Oxalat macht nur ca. 10–15% des ausgeschiedenen Oxalates aus [59].

42.4.5 Toxische Effekte

Oxalsäure bildet wasserlösliche Salze mit Natrium, Kalium und Ammonium. Es bindet Calcium, Eisen und Magnesium und macht diese damit für den Stoffwechsel nicht mehr verfügbar. Zink bleibt unbeeinflusst. Calciumoxalat ist im Neutralen und Alkalischen unlöslich, löst sich jedoch im Sauren gut.

Die Aufnahme von 4–5 g Oxalsäure ist die minimale Dosis, die bei Erwachsenen zum Tod führen kann. Üblicherweise sind jedoch 10–15 g notwendig, um den Tod zu verursachen. Beim Verschlucken von Oxalsäure kommt es zu Verätzungen des Rachens und des Gastrointestinaltraktes, Darmblutung, Nierenversagen und Hämaturie. Andere assoziierte Probleme schließen niedrige Calciumplasmawerte ein, die Krämpfe und erhöhte Plasmaoxalatwerte als Folge haben können. Die meisten Todesfälle durch Oxalsäurevergiftung sind augenscheinlich eine Folge des Entfernens der Calciumionen aus dem Serum durch Fällung. Hohe Spiegel an Oxalsäure können, insbesondere durch die Inhibition der Succinatdehydrogenase, mit dem Kohlenhydratstoffwechsel interferieren.

Obwohl der Sauerampfer üblicherweise als Gewürz verwendet wird, gibt es Berichte über tödliche Vergiftungen, wobei ein Mann geschätzte 6–8 g Oxalsäure mit einer Gemüsesuppe aufnahm, die 500 g Sauerampfer enthielt. Vergiftungen durch Rhabarberblätter sind eher auf die Anwesenheit von Anthrachinonglykosiden zurückzuführen als auf Oxalsäure. Experimente, bei denen 30–35 g Kakao pro Tag von acht Frauen aufgenommen wurden, lösten Vergiftungssymptome wie Appetitverlust, Übelkeit und Kopfschmerzen aus. Da aber Kakao große Mengen an Theobromin und Gerbsäure enthält, welche beide wesentlich toxischer sind als Oxalsäure, ist es nicht möglich, aufgrund dieses Experiments auf die Toxizität von Oxalsäure in Kakao zu schließen [111].

42.4.5.1 **Wirkung auf die Bioverfügbarkeit von Mineralstoffen**

Lebensmittel mit hohen Gehalten an Oxalsäure sind bekannt dafür, dass die Calcium- und Eisenabsorption gehemmt wird. Obwohl Gemüse wie Spinat, Rhabarber und Mangold große Mengen an Calcium enthalten, kann dieses aufgrund des hohen Oxalsäuregehaltes nicht absorbiert werden. Bei einem Vergleich der Calciumabsorption von Spinat und Milch zeigt sich, dass das Calcium aus dem Spinat wesentlich weniger verfügbar ist als das Calcium aus Milch. Dies ist möglicherweise auf die Oxalsäure zurückzuführen. Der negative Effekt der Oxalsäure ist wesentlich größer, wenn das Verhältnis von Oxalsäure zu Calcium 9:4 übersteigt. Wenn dieses Verhältnis den Wert 2 übersteigt, ist ein Überschuss von Oxalsäure vorhanden, welche Calcium aus den anderen gleichzeitig verzehrten Speisen binden kann. Bei einem Verhältnis von ca. 1 wirkt sich die Oxalsäure nicht auf die Aufnahme von Calcium aus und führt somit nicht zu einer Demineralisation [18].

42.4.5.2 **Akute und chronische negative Wirkungen von Oxalsäure**

Eine Reihe von Pflanzen enthalten Calciumoxalatkristalle. Bei ihrem Verzehr werden diese nicht resorbiert, sondern verbleiben zum größten Teil ungelöst im Verdauungstrakt, woraus sich keine systemische Toxizität ergibt. Jedoch können die scharfen und spitzen Kristalle die Gewebe der Mundhöhle und Zunge durchdringen und beträchtliches Unbehagen hervorrufen. Das lästige Mundgefühl beim Verzehr von Kiwi ist möglicherweise auf die Oxalatkristalle zurückzuführen. Weiterhin werden lösliche Oxalate mit einem bitteren Geschmack im Knolligen Sauerklee in Zusammenhang gebracht. Die Samen der westafrikanischen Pflanze *Tetracarpidium conophorum* weisen ebenfalls einen bitteren Geschmack auf, insbesondere wenn diese roh verzehrt werden. Nach dem Kochen verschwindet dieser fast ganz, was auch gut mit einer wesentlichen Reduktion der Oxalate korreliert. Laut Sicherheitsdatenblatt gemäß 91/155/EWG beträgt die LD_{50} für die Ratte 375 mg/kg. Die für den Menschen letale Dosis wird auf 5–15 g geschätzt.

Unter normalen Ernährungsverhältnissen wird die Oxalsäure nur schlecht aufgenommen. Einmal absorbiert bindet die freie Oxalsäure Calciumionen und bildet unlösliches Calciumoxalat. Freie Oxalsäure und Calcium können im Urin präzipitieren und Nierensteine bilden. Diese Steine bestehen zu 80% aus Calciumoxalat – welches im Urin praktisch unlöslich ist – und 5% Calciumphosphat. Oxalat kristallisiert mit Calcium in den Blutbahnen der Nieren und dringt in die Gefäßwände und bildet Konkremente in den Tubuli. Wandert ein Stein aus der Niere in den Harnleiter, die Verbindung von Niere und Harnblase, kann es zu einem Verschluss des Harnleiters kommen, der eine Nierenkolik auslöst. Eine solche Kolik beginnt meist in der Flanke und strahlt entlang dem Harnleiter in den Unterbauch und die Genitalien aus. Sie ist durch heftige krampfartige Schmerzen gekennzeichnet, die von Übelkeit und Erbrechen begleitet sein können. Tritt der Stein schließlich in die Harnblase und anschließend in die Harnröhre über, kommt es aufgrund der Schleimhautreizungen häufig zu einer mit dem bloßen Auge erkennbaren Hämaturie.

Nierensteine treten vermehrt bei Männern im Alter zwischen 30 und 50 Jahren in den Industrieländern auf. Risikofaktoren der Steinbildung umfassen ein kleines Urinvolumen, erhöhte Oxalsäure-, Calcium- oder Harnsäureausscheidung im Harn sowie einen ständig erhöhten oder erniedrigten pH-Wert des Urins. Normaler Urin ist üblicherweise mit Calciumoxalat übersättigt. Die normale Harnexkretion von Oxalsäure beträgt weniger als 40–50 mg/Tag, wobei weniger als 10% aus der Ernährung stammen. Bei einer Aufnahme von mehr als 180 mg/Tag kommt es zu einem markanten Anstieg der Ausscheidung. Kleine Anstiege in der Oxalatexkretion führen zu einem ausgeprägten Effekt auf die Bildung von Calciumoxalat im Urin [89]. Daraus resultiert, dass Lebensmittel mit einem hohen Gehalt an Oxalsäure Hyperoxalurie verursachen und damit das Risiko der Steinbildung erhöhen [68]. Rhabarber, Spinat, Rüben, Nüsse, Schokolade, Tee, Kaffee, Petersilie und Sellerie sowie Weizenkleie können die Oxalsäureausscheidung wesentlich erhöhen. Diese wurden auch als die wichtigsten Lebensmittel identifiziert, die die Bildung von Nierensteinen fördern. Schwarzer Tee erhöht die Oxalsäureausscheidung nur um 8% wohingegen Spinat, Rhabarber diese um 300–400% erhöhen. Daraus ergibt sich, dass 2–3 Tassen Tee pro Tag das Risiko der Nierensteine nur unwesentlich erhöhen. In Großbritannien stellt der Tee eine bedeutende Quelle für Oxalsäure dar [105, 163, 172].

Der Hauptgrund für den ausgeprägten Zusammenhang des Risikos der Nierensteinbildung und der Harnausscheidung von Oxalat ist möglicherweise ein Effekt auf die Übersättigung des Urins mit Calciumoxalat. Die ausgeschiedene Menge von Oxalat ist in Individuen mit Nierensteinen größer als in Gesunden, was darauf hindeutet, dass die Personen mit Nierensteinen eine höhere Absorption von Oxalsäure aufweisen, mehr Oxalsäure oder Oxalsäure produzierende Substanzen wie Ascorbat konsumieren oder mehr Oxalsäurevorstufen metabolisieren. Eine besonders hohe Absorption von Oxalsäure bei normaler Ernährung ist auf eine Missbildung oder Funktionsstörung des Darms zurückzuführen [69, 118, 154, 166].

42.4.6 Empfehlungen

Lebensmittel mit einem hohen Gehalt an Oxalsäure sollten in geringen Mengen konsumiert werden, um die optimale Versorgung mit Mineralstoffen zu gewährleisten. Obwohl einige Lebensmittel hohe Gehalte an Calcium und anderen essenziellen Mineralstoffen aufweisen, kann deren Verfügbarkeit durch die Anwesenheit von Oxalsäure reduziert werden. So ist z. B. Spinat reich an Calcium, jedoch ist durch die Anwesenheit von Oxalsäure die Verfügbarkeit vernachlässigbar gering. Zusätzlich kann die Verfügbarkeit von Magnesium, Eisen, Natrium, Kalium und Phosphor ebenfalls eingeschränkt sein.

Lebensmittel mit einem hohen Gehalt an Oxalsäure sollten gekocht werden, um die Konzentration zu senken. Einweichen von rohen Lebensmitteln reduziert ebenfalls den Oxalsäuregehalt, wobei aber zu bedenken ist, dass andere nützliche Mikronährstoffe wie wasserlösliche Vitamine und Mineralstoffe ebenfalls verloren gehen. Oxalate kommen verstärkt in den Blättern von Gemüse vor und weniger in Wurzeln und Stängeln.

Für die normale Bevölkerung stellt der gelegentliche Genuss von Lebensmitteln mit einem hohen Oxalsäuregehalt kein Gesundheitsproblem dar. Es können jedoch einzelne Personengruppen durch die oxalatinduzierten Nebeneffekte einem höheren Risiko ausgesetzt sein.

Veganer und Vegetarier sollten sich der Problematik bewusst sein, dass einzelne Lebensmittel hohe Gehalte an Oxalsäure aufweisen können. Die Ernährungsweise von Veganern und lactoseintoleranten Personen kann einen niedrigen Gehalt an Calcium aufweisen, wenn nicht entsprechend supplementiert wird oder gezielt Lebensmittel mit einem hohen Gehalt an Calcium in den Speiseplan aufgenommen werden. Es wird empfohlen, dass, wenn Lebensmittel mit einem hohen Gehalt an Oxalsäure aufgenommen werden, zusätzlich Calciumreiche Speisen – wie Milchprodukte und Schalentiere – verzehrt werden sollen. Wenn Lebensmittel mit einem hohen Gehalt an Oxalsäure und wenig Calcium konsumiert werden, besteht das Risiko einer Hyperoxalurie, welche zu einer Bildung von Nierensteinen führen kann.

Frauen reagieren auf Calcium- und Eisenunterversorgung wesentlich empfindlicher als Männer. Osteoporose betrifft insbesondere Frauen nach der Menopause. Personen, die an Knochenbrüchen leiden, sollten sich auch Gedanken über die Wirkung der Oxalate auf die Bioverfügbarkeit von Mineralstoffen machen, da insbesondere für die Heilung von Knochenbrüchen große Mengen an Calcium notwendig sind. Der Konsum von Lebensmitteln mit hohen Gehalten an Oxalsäure und hohen Gehalten an Calcium stellt kein Gesundheitsproblem dar. Es muss festgestellt werden, dass Calcium nur in Gegenwart von ausreichend hohen Konzentrationen an Vitamin D entsprechend aufgenommen wird. Frauen sollten auch rotes Fleisch – welches niedrige Gehalte an Oxalsäure aufweist – essen, um den Bedarf an Eisen zu decken. Angemessene Mengen an Vitamin C sind notwendig für die Absorption von Eisen, wohingegen übermäßige Mengen durch die endogene Bildung von Oxalsäure nicht empfohlen werden [88].

Das Risiko der Nierensteinbildung ist bei Männern dreimal höher als bei Frauen. Diese sollten auch weniger oxalsäurereiche Lebensmittel verzehren. Personen mit Hyperoxalurie und Nierensteinen wird empfohlen, oxalsäurereiche Lebensmittel nicht zu verzehren. Obwohl die Oxalsäure im Urin hauptsächlich aus endogenen Quellen stammt, kann sie doch durch eine Änderung der Ernährung beeinflusst werden. Insbesondere ist bei diesen Patienten von einem hohen Konsum an Vitamin C abzuraten [99, 101].

Bewohner von tropischen Ländern sollten sich bewusst sein, dass Lebensmittel aus Blättern und Wurzeln hier höhere Gehalte an Oxalsäure aufweisen als in gemäßigten Klimazonen. Personen aus diesen Gebieten sind insbesondere wegen der Hyperoxalurie und einer möglichen Mineralstoffunterversorgung einem erhöhten Risiko ausgesetzt.

42.5 Proteaseinhibitoren

Die enzymatische Proteinhydrolyse ist ein wichtiges Anliegen der Biowissenschaften. Die Hydrolyse wird durch peptidbindungsspaltende Enzyme katalysiert. Proteasen und Peptidasen sind für die Verdauung von Proteinen notwendig und spielen eine wichtige physiologische und auch pathologische Rolle. Die enzymatische Hydrolyse wird durch mehrere Mechanismen kontrolliert, wobei auch spezifische Inhibitoren eine wesentliche Rolle spielen. Die Proteaseinhibition ist in der Natur bei physiologischen Prozessen häufig anzutreffen. Beispiele wie die Blutkoagulation, Fibrinolyse, Komplementaktivierung, Phagocytose zeigen, wie breit gestreut diese Mechanismen angewandt werden. Auch bei pathologischen Prozessen (Krebs, Bluthochdruck) oder Infektionskrankheiten (AIDS, invasive Parasiten) spielen Proteaseinhibitoren eine wesentliche Rolle. Insbesondere sind diese Inhibitoren an der Regulation von aktiven Proteasen beteiligt. Dies wird dadurch unterstrichen, dass im menschlichen Plasma mehr als 10% des Gesamtproteins Inhibitoren ausmachen [52]. Die meisten Organismen produzieren Proteaseinhibitoren, um proteolytische Prozesse zu kontrollieren. Einige jedoch speichern riesige Mengen dieser Inhibitoren, wie z. B. die Leguminosen in den Samen. Dies ist möglicherweise eine evolutionäre Antwort auf räuberische Organismen.

42.5.1 Inhibitoren der Proteasen der Verdauung aus Lebens- und Futtermitteln

Die Anwesenheit von Proteaseinhibitoren in lebenden Geweben ist ein regulatorischer Prozess, was sich im Falle der Schutzfunktion gegen Fraßfeinde zeigt. Wenn diese Pflanzen aber für die Herstellung von Lebensmitteln verwendet werden sollen, ist diese Inhibition der Proteolyse nicht erwünscht. Durch Veränderung der Proteaseaktivität der Verdauungsenzyme wird der scheinbare Nährwert des Proteins der Nahrung reduziert und damit auch die Aufnahme von Aminosäuren eingeschränkt, die notwendig ist, um neue Proteine zu synthetisieren.

Tab. 42.10 Proteaseinhibitoren in Lebensmitteln [96].

Inhibitor	Vorkommen
Trypsininhibitor	Sojabohne, Mungobohne, Kartoffel, Kürbis, Mais, Reis, Hafer, Weizen, Eiklar, Milch
Chymotrypsininhibitor	Sojabohne, Mungobohne, Kartoffel
Plasmininhibitor	Sojabohne, Erdnuss
Elastaseinhibitor	Sojabohne, Kartoffel
Kallikreininhibitor	Kartoffel
Thromboplastininhibitor	Sojabohne

Trypsininhibitoren kommen in vielen Lebensmitteln vor (Tab. 42.10). Insbesondere in den Leguminaseae, Solanaceae und Graminaceae (Süßgräser) wurden diese Inhibitoren untersucht, da sie als die wichtigsten Lebensmittel angesehen werden. Für die Lebensmittelherstellung sind die Kichererbsen, Mungobohnen und Sojabohnen die wichtigsten Leguminosen. Sie sind eine wichtige Proteinquelle der gesamten Bevölkerung, wobei sie zu ca. 10% zur Proteinversorgung beitragen. Daneben werden diese auch extensiv als Proteinquelle in der Tierernährung verwendet. Durch die Anwesenheit von antinutritiven Faktoren in diesen Pflanzen – insbesondere Proteaseinhibitoren – ist die Verwendung dieser Proteine eingeschränkt.

42.5.1.1 **Struktur und Wirkung der Proteaseinhibitoren**

Die bekanntesten Inhibitoren in den Hülsenfrüchten wirken auf Serinproteasen, eine Gruppe proteolytischer Enzyme wie Trypsin und Chymotrypsin. Serinproteaseinhibitoren sind Proteine, die äußerst stabile Komplexe mit den Verdauungsenzymen bilden und damit ihre Aktivität auf ein sehr niedriges Niveau reduzieren. Daneben wurden auch Inhibitoren gefunden, die keine Proteine sind.

Proteaseinhibitoren werden in Familien eingeteilt, die auf homologen Aminosäuresequenzen an der reaktiven Stelle basieren. Die molekulare Struktur des Inhibitors wirkt sich auf seine Spezifität und Aktivität aus. Die zwei wichtigsten Gruppen an Proteaseinhibitoren in den Leguminosen sind der Kunitz-Sojabohnen-Trypsininhibitor (KSTI) und der Bowman-Birk-Sojabohnen-Proteaseinhibitor (BBI).

Proteaseinhibitoren treten in mehreren unterschiedlichen Isoformen auf, die sich durch den isoelektrischen Punkt und in der Hitzestabilität unterscheiden. In neuseeländischen Sojabohnen wurden z. B. zehn Isoinhibitoren gefunden, wobei die isoelektrischen Punkte im Bereich von 4,6–7,6 liegen.

Der erste isolierte Proteaseinhibitor war der KSTI. Für die Isoenzyme wurden Molekulargewichte von 18–24 kDa und isoelektrische Punkte von 3,5–4,4 bestimmt. Als kompetitiver Inhibitor bindet KSTI an das aktive Zentrum von Trypsin sowie an das Substratprotein, wobei die Peptidbindung im aktiven Zentrum des Inhibitors oder des Substrats gespalten wird. Inhibitoren unterscheiden sich vom Substratprotein dadurch, dass das aktive Zentrum durch Disulfidbrücken stabilisiert wird. Dadurch bleibt nach der Hydrolyse die Konformation des Inhibitors erhalten, was zu einem stabilen Enzym-Inhibitor-Komplex führt [83].

Der zweite Proteaseinhibitor (BBI) unterscheidet sich vom KSTI in mehreren Punkten. Er ist wesentlich kleiner (7–9 kDa) mit zwei unabhängigen Bindungsstellen für Chymotrypsin und Trypsin. Durch den hohen Gehalt an Cystein (20%) sind auch sieben Disulfidbrücken im Inhibitor zu finden [121].

42.5.2
Aktivitätsbestimmung

Für die Aktivitätsbestimmung werden eine Reihe von Substraten (Kasein, Benzoyl-DL-arginin-*p*-nitroanilid, Trypsin von Schweinen oder Rindern) eingesetzt, die einen Vergleich der Ergebnisse schwierig machen [11]. Durch die Verwendung nicht standardisierter Analysevorschriften ist es auch kaum möglich, Unterschiede in der Trypsin-Inhibitor-Aktivität (TIA) in der publizierten Literatur zu finden.

Andererseits bestimmen Trypsin-Inhibitor-Affinitätsassays nur jene Inhibitoren, welche mit Trypsin einen Komplex eingehen. Dieser Test findet bei sehr niedrigen Konzentrationen seinen Einsatz.

Immunologische Methoden, die für bestimmte Proteaseinhibitoren-Typen entwickelt wurden, nutzen die Wechselwirkung von spezifischen Antikörpern. Damit kann man z. B. KSTI und BBI gut unterscheiden [179].

Die Trypsininhibitor-Aktivität (TIA) wird üblicherweise in „Trypsin Inhibitor Units" (TIU) pro Milligramm Probe (TIU mg^{-1}DM) angegeben, wobei eine TIU als die Abnahme um 0,01 Absorptionseinheiten bei 410 nm pro 10 ml Versuchslösung unter spezifizierten Versuchsbedingungen definiert ist. Diese Einheiten ermöglichen es, Proteaseinhibitoren aus einem beliebigen Material zu messen, ohne auf einen passenden Trypsininhibitorstandard zurückgreifen zu müssen. Bei Anwesenheit von Tanninen kann es zu Störungen kommen. Des Weiteren können freie Fettsäuren oder Polysaccharide mit dem Trypsin in Wechselwirkung treten und eine erhöhte Aktivität vortäuschen.

42.5.3
Verteilung innerhalb der Pflanzen

Trypsininhibitoren werden am häufigsten in den Samen gefunden, wobei aber die Aktivität nicht auf diese Teile der Pflanzen beschränkt ist. In einigen Leguminosen, wie der Mungobohne oder Ackerbohne, wird auch in den Blättern eine hohe TIA gefunden. Ebenfalls findet sich in den Blättern der Kartoffel (*Solanum tuberosum*) und der Süßkartoffel (*Ipomoea batatas*) eine hohe Aktivität. Größere Aktivitäten werden in der äußeren Schicht der Kotyledonen von Sojabohnen, Gartenbohnen und Kichererbsen gefunden [178].

42.5.3.1 Gehalte in den Hülsenfrüchten

Trypsininhibitoren sind innerhalb der Familie der Leguminoseae und vieler anderer Familien weit verbreitet. Die TIA wurde in Leguminosen wie Straucherbse, Gartenbohne, weiße Bohne, Augenbohne, Erdnuss, Ackerbohne, Gartenbohne, Wicke sowie Mungobohne, Limabohne, Spargelbohne, Kichererbse, Reisbohne und Linsen gefunden. Im Gegensatz dazu gibt es in Lupinen keine TIA.

Obwohl Trypsininhibitoren in den meisten Leguminosen gefunden werden, variieren die Gehalte beträchtlich. Die meisten Spezies enthalten nicht mehr als die Hälfte der TIA von Sojabohnen. In der Ackerbohne, Erbse, Mungobohne sowie in wenigen Sorten der Gartenbohne finden sich besonders niedrige Gehalte. Spezies mit mehr als 75% der Aktivität von Sojabohnen sind Augenbohne, Straucherbse, Gartenbohne, Indische Bohne, und Weiße Bohne. Gängige Leguminosen mit höheren Gehalten an Trypsininhibitoren als die Sojabohne umfassen die Limabohne, Spargelbohne und Schwarze Bohne.

Die unterschiedlichen Gehalte von diversen Sorten weisen auf die Möglichkeit eines erfolgreichen Züchtungsprogramms, mit dem Ziel die TIA zu senken. Daneben zeigt sich auch ein Unterschied der TIA abhängig vom Reifungsgrad. In reifen Sojabohnen steigt die TIA stark an, wobei der Anstieg aber von der Sorte abhängt. Beim Auskeimen der Samen sinkt die TIA üblicherweise, wobei aber auch hier wieder sortenabhängige Unterschiede zu sehen sind. Der Verlust der Aktivität beim Auskeimen kann jedoch auch bei einzelnen Lebensmitteln auf eine Auslaugung während des Einweichens und Waschens zurückgeführt werden [162, 178].

42.5.3.2 **Auswirkung der Verarbeitung auf die TIA**

Die Verarbeitung kann prinzipiell in Methoden eingeteilt werden, die einerseits für die Herstellung von Lebensmitteln und andererseits von Futtermitteln Anwendung finden. Die Beliebtheit der Hülsenfrüchte für die menschliche Ernährung ist ohne Zweifel darauf zurückzuführen, dass die TIA relativ leicht reduziert werden kann. Die Zerstörung der TIA führt jedoch auch zu einem gewissen Verlust des Nährwertes dieser Lebensmittel.

Das Kochen von eingeweichten Bohnen reduziert die TIA praktisch vollständig. Ein 24-stündiges Einweichen ist deshalb notwendig, da sich gezeigt hat, dass insbesondere der Feuchtigkeitsgehalt ausschlaggebend für eine Reduktion der TIA ist. Dies zeigt sich auch bei unreifen Sojabohnen, bei denen das Einweichen nicht notwendig ist. Nur das Einweichen von Kichererbsen, Mungobohnen und Saubohnen reduziert die TIA in diesen Produkten um 58–92%. Die Kombination von Einweichen und Kochen führt zu einer Reduktion von 10–57% in Erbsen, was insbesondere von der Sorte abhängig ist.

Es wurde ein Modell entwickelt, das das Ausmaß der Reduktion der TIA in Abhängigkeit von Temperatur, Erhitzungszeit, Korngröße und Feuchtigkeitsgehalt vorhersagen kann. Diese sind Variablen, welche in industriellen Verarbeitungsprozessen von Sojamehl kontrolliert werden müssen, um den Nährwert der Produkte optimal zu erhalten. Es hat sich zusätzlich gezeigt, dass je höher die TIA im Rohprodukt ist, umso ausgeprägter ist die Reduktion während der Verarbeitung. Die Daten dazu sind in Tabelle 42.11 zusammengefasst.

Temperaturen unter 75 °C zeigen keinen Einfluss auf die Goabohne. Erst bei höheren Temperaturen beginnt die Reduktion der TIA. Bei 80 °C gehen in 5 min 25% der TIA verloren, wobei der Verlust nach 30 min auf 45% ansteigt. Bei der trockenen Erhitzung (177 °C, 20 min) wird die TIA in Erdnüssen um 7% und in Sojabohnen um 20% reduziert.

Beim Autoklavieren wird die Aktivität der Inhibitoren signifikant reduziert. Bei Erdnüssen macht die Reduktion nach 20 min 80% und bei Sojabohnen

Tab. 42.11 Restaktivität [%] der Trypsininhibitoren nach dem Erhitzen von Leguminosen [144].

		TIU	Kochendes Wasser		Auto-klavieren 15 min	Rösten (200 °C) 2 min
			30 min	60 min		
Phaseolus aconitifolus	Mottenbohne	1,4	58	11	2	8
Vigna unguiculata	Kuhbohne	3,4	97	36	4	8
Cajanus cajan	Straucherbse	3,2	72	65	12	12
Phaseolus vulgaris	Gartenbohne	4,2	62	43	6	11
Pisum sativum	Gartenerbse	1,3	21	13	n. n.	n. n.
Lens culinaris	Linse	1,3	9	n. n.	n. n.	20
Vigna radiata	Mungobohne	2,0	11	6	n. n.	n. n.
Vigna mungo	Urdbohne	2,7	28	16	n. n.	12
Cicer aretinum	Kichererbse	3,5	16	3	n. n.	8
Glycine max	Sojabohne	5,3	62	22	n. n.	–

86% aus. In derselben Größenordnung liegt die Reduktion bei Goabohnen. Eine Infraroterhitzung für 30 s zerstört praktisch die gesamte Aktivität in den Samen. Im Gegensatz dazu hat die Erhitzung mit Mikrowellen nur geringe Auswirkung auf die Aktivität. Werden dieselben Samen zuerst eingeweicht, reichen 1,5–3 min für eine Zerstörung von 85–90% der Aktivität.

42.5.4 Physiologische Effekte

Die allermeisten Experimente, die die physiologischen Auswirkungen der Hülsenfrüchte zum Thema hatten, wurden an Tieren durchgeführt und die Ergebnisse auf den Menschen hochgerechnet. Die Effekte von TIA aus Sojabohnen waren wesentlich einfacher interpretierbar als große Mengen an reinen KSTI und BBI verfügbar waren. Ein gut funktionierender Proteinverdau benötigt eine Reihe von proteolytischen Enzymen, von denen jedes die Peptidketten an einer bestimmten Stelle schneidet. Diese Enzyme werden in den Pankreas in Form von Zymogenen synthetisiert und gespeichert. Daher benötigt ein effizienter Proteinabbau die simultane Aktivierung von allen Zymogenen. Trypsin wird als gemeinsamer Aktivator aller pankreatischen Zymogene angesehen.

42.5.4.1 Proteolytische Aktivität und Wachstum

Da Trypsin die proteolytischen Enzyme aktiviert, ist zu erwarten, dass die gesamte proteolytische Aktivität reduziert wird, wenn Trypsininhibitoren wirksam werden. In vitro-Studien haben gezeigt, dass KSTI, BBI und ein Inhibitor aus der Limabohne die Trypsin- und Chymotrypsinaktivität des Sekrets von humaner und Rattenpankreas vollständig inhibiert. Die TIA verursachte eine Reduktion von 50–60% der gesamten proteolytischen Aktivität, wobei die restliche Aktivität auf Carboxypeptidasen zurückzuführen war.

Eine Reduktion des Wachstums, welche auf den Verlust der proteolytischen Aktivität durch die Aufnahme von rohen Sojabohnen zurückzuführen ist, zeigt eine Speziesabhängigkeit. In Ratten, Mäusen, Hühnern und jungen Meerschweinen war eine Reduktion des Wachstums zu beobachten, während in ausgewachsenen Meerschweinen, Hunden, Schweinen [53], Kalb, Affen und möglicherweise Menschen das Wachstum normal war.

Es gibt eine Reihe von Faktoren, die zu diesen Unterschieden in der proteolytischen Aktivität und damit auch im Wachstum beitragen. Der eine ist, dass der Magensaft die Proteaseinhibitoren inaktiviert. In einer Studie wurde die Aktivität von KSTI nach einer 24-stündigen Inkubation mit humanem Magensaft praktisch vollständig eliminiert. Der Inhibitor der Limabohne wurde in einem solchen Versuch nur geringfügig beeinträchtigt. Dies könnte darauf hinweisen, dass die limabohnehomologen Inhibitoren für die Ernährung wesentlich relevanter sind als die der KSTI-Familie.

Ein anderer Grund für die variable Aktivität der Proteaseinhibitoren könnten die Unterschiede in der spezifischen Aktivität des speziesspezifischen Trypsins sein. Im Menschen wird Kasein von den proteolytischen Enzymen wesentlich langsamer hydrolysiert als in vielen Tieren. Dadurch könnte auch die Wirkung der Inhibitoren schwächer sein. Trypsininhibitoren aus der Sojabohne wirken wesentlich stärker auf das Trypsin der Forelle als das von Rindern, was möglicherweise auf die höhere Aktivität des Forellentrypsins zurückzuführen ist.

Humanes Trypsin ist in zwei Formen zu finden. Die kationische Form macht ca. 2/3 des gesamten ausgeschiedenen Trypsins aus und wird nur geringfügig inhibiert, wohingegen die anionische Form stöchiometrisch inhibiert wird. Eine Infusion eines Extraktes von rohen Sojabohnen in den Zwölffingerdarm von Ratten und Menschen hatte die Sekretion eines modifizierten, inhibitorresistenten Trypsins zur Folge. Es zeigte sich, dass BBI wirksamer als KSTI bei der Produktion von TIA-resistenten Enzymen ist. Die Fähigkeit des Pankreas, sich auf Trypsininhibitoren einzustellen, könnte eine Erklärung der unterschiedlichen Wirkung in der jeweiligen Spezies sein.

42.5.4.2 **Toxikologische Wirkung**

Die wichtigste toxikologische Wirkung nach Aufnahme von Trypsininhibitoren ist eine ausgeprägte Hypertrophie des Pankreas. Dies wird möglicherweise dadurch verursacht, dass eine überhöhte Enzymausscheidung stimuliert wird, welche die essenziellen Aminosäuren anderen wichtigen Körperfunktionen entzieht. In einigen Fällen konnte auch der Tod der Tiere beobachtet werden.

Eine negative Feed-back-Kontrolle der pankreatischen Sekretion wird über Cholecystokinin (CCK) vermittelt. CCK wird von der intestinalen Mukosa freigesetzt, wenn die Spiegel von Trypsin oder Chymotrypsin reduziert werden, wie es bei der Bildung eines Trypsin-Trypsininhibitor-Komplexes der Fall ist. Die Wirkung dieses Komplexes wird durch ein trypsinsensitives CCK freisetzendes

Peptid hervorgerufen, welches eine Wechselwirkung mit der luminalen Oberfläche des Dünndarms eingeht, um die Freisetzung von CCK in die Zirkulation zu stimulieren. CCK stimuliert die Sekretion des Pankreozymins (Trypsinogen und Chymotrypsinogen). In Ratten konnte gezeigt werden, dass sowohl freie als auch komplexierte Inhibitoren die Freisetzung von CCK stimulieren, was zu einer verstärkten Trypsinogen- und Chymotrypsinogenausscheidung führt. Unter normalen Umständen – bei normalen Trypsinspiegeln – übt Trypsin eine negative Wirkung auf dieses Monitorpeptid des Gastrointestinaltraktes aus, wodurch die pankreatische Sekretion supprimiert wird [80].

Bei Anwesenheit dieser Inhibitoren kann die Bauchspeicheldrüse deshalb abnorm funktionieren, da diese mehr Enzyme produziert, um den Verlust über diesen Inhibitorkomplex auszugleichen. Aminosäuren, welche über die Nahrung aufgenommen werden, können von anderen Geweben von der Proteinsynthese abgezogen werden, um die zusätzlichen pankreatischen Enzyme zu bilden. Da diese reich an den essenziellen, schwefelhaltigen Aminosäuren sind und dann von Syntheseorten abgezogen werden, welche für das Wachstum und die Aufrechterhaltung des Stoffwechsels verantwortlich sind, kann es zu kritischen Zuständen kommen. Eine fortwährende Aufnahme von Hülsenfrüchten würde diese Effekte verstärken und in kleinen Tieren wie z. B. Ratten konnte eine Pankreashypertrophie und Wachstumshemmung gefunden werden.

Diese negative Feed-back-Kontrolle ist in Ratten, Schweinen und Kälbern sowie auch in Menschen bekannt. Dies könnte ein Hinweis darauf sein, dass zusätzlich auch andere Faktoren für die Pankreashypertrophie verantwortlich sein können.

42.6 Cyanogene Verbindungen

Blausäure und ihre Salze gehören zu den am schnellsten tödlich wirkenden Giften. Blausäure kann aus cyanogenen Verbindungen, die in Pflanzen vorkommen, leicht freigesetzt werden. Die am häufigsten auftretenden glykosylierten cyanogenen Verbindungen in Nahrungsmittelpflanzen sind Amygdalin, Prunasin, Linamarin, Dhurrin sowie Lotaustralin (vgl. Tab. 42.12). Werden die Pflanzengewebe mechanisch zerstört, kommt es zur Aktivierung zellulärer β-Glucosidasen und weiterer Enzyme, die HCN aus den cyanogenen Glykosiden (Abb. 42.2) freisetzen können.

42.6.1 Cyanogene Verbindungen in Maniok (Cassava)

Cassavawurzeln und -blätter enthalten Linamarin und Lotaustralin – zwei cyanogene Glucoside im Verhältnis 97 zu 3 [115] – wobei aber die Konzentration der cyanogenen Glucoside in den Blättern wesentlich höher ist als in den Wurzeln [114]. Weiterhin enthält Maniok zwei Enzyme, Linamarase [31] und α-Hyd-

Tab. 42.12 Nahrungspflanzen mit cyanogenen Verbindungen [98].

Cyanogenes Glykosid	Vorkommen	Gehalt [mg HCN/kg]
Amygdalin	Bittermandeln; Kerne von Pfirsich, Marille;	2,5–5
	Kerne von Pflaume, Birne und Apfel	<1
Prunasin	Kirschlorbeer	1,0–1,5
Linamarin	Maniok-Knolle	0,3–2,5
	Unreife Bambussprossen	<8
	Lima-Bohne	<3
	Leinsamen	0,5
Dhurrin	Sorghum-Hirse	0,3–2,5

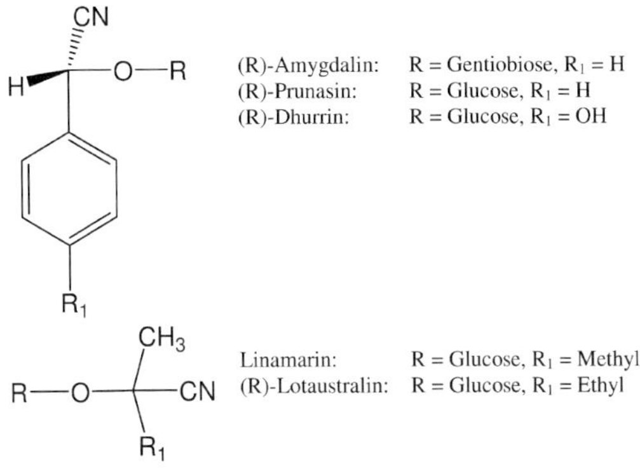

Abb. 42.2 Häufig vorkommende cyanogene Glykoside.

roxynitrillyase, welche an der Freisetzung von Cyanid aus den cyanogenen Glucosiden beteiligt sind. Linamarase katalysiert die Hydrolyse von Glucosiden [32], während die α-Hydroxynitrillyase am Abbau von Acetoncyanhydrin zu Aceton und Cyanwasserstoff beteiligt ist.

Linamarase findet sich in der Zellwand, während die Glucoside innerhalb der Vakuolen im Zytoplasma zu finden sind. Daraus folgt, dass die Enzyme und die Glucoside nicht miteinander in Kontakt treten, solange das Maniokgewebe unverletzt ist [182, 188].

Maniok wird üblicherweise in zwei Gruppen eingeteilt (süß und bitter), basierend auf dem bitteren und süßen Geschmack der Wurzeln [2]. Verschiedene Studien haben gezeigt, dass der Gehalt an cyanogenen Glucosiden in bitterem Maniok meist höher ist als im süßen Maniok [119]. Einige bittere Manioksorten enthalten jedoch niedrige Gehalte an cyanogenen Glucosiden. Die Gehalte an cyanogenen Glucosiden innerhalb einer Maniokvarietät sind von der Auspflanzzeit, dem Klima, der Fertilität des Bodens und dem geographischen Ort abhängig [78]. Eine andere Klassifikation von Maniok, welche den absoluten Gehalt an cyanogenen Glucosiden in den Wurzeln umfasst, klassifiziert frische Maniokwurzeln mit einem Gehalt von 0–100 mg HCN Äq/kg Frischgewicht als moderat giftig und frische Wurzeln mit mehr als 100 mg HCN Äq/kg Frischgewicht als gefährlich toxisch [102].

Es wurde gezeigt, dass freies Cyanid in frischen Maniokwurzeln kaum nachweisbar ist. Nichtsdestotrotz wird Cyanid aus den cyanogenen Glucosiden in Maniok nach der Hydrolyse freigesetzt. Wenn Maniokwurzeln oder -blätter zerdrückt werden, kommen die cyanogenen Glucoside aus den Vakuolen mit der Linamarase aus der Zellwand in Kontakt und die Glucoside werden zu Cyanhydrinen – üblicherweise Acetoncyanhydrin – hydrolysiert. Diese Reaktion benötigt einen pH-Wert größer als 5 und eine Temperatur von über 35 °C. Unter diesen Bedingungen kann Acetoncyanhydrin auch spontan zu Blausäure und Aceton zerfallen. Zusätzlich kann der Abbau von Acetoncyanhydrin auch durch die α-Hydroxynitrillyase katalysiert werden. In Maniokwurzeln wird die α-Hydroxynitrillyase nicht exprimiert. Daraus folgt, dass die Freisetzung von HCN nicht ausschließlich enzymatisch katalysiert wird [182, 188].

42.6.1.1 Verarbeitung von Maniok und Entfernen der cyanogenen Verbindungen

Die Verwendung von Maniokwurzeln als Lebensmittel hängt in erster Linie vom Gehalt an cyanogenen Glucosiden ab [29]. Maniokwurzeln vom süßen Typ können gekocht oder geröstet werden. Das Kochen von ganzen Wurzeln führt normalerweise nicht zu einer signifikanten Reduktion der cyanogenen Glucoside. Wenn hingegen kleine Stücke von den Wurzeln gekocht werden, kommt es zu einem Verlust von 70–75% des ursprünglichen Gehaltes an cyanogenen Glucosiden. Insbesondere wenn die Maniokwurzeln hohe Gehalte an cyanogenen Glykosiden aufweisen, reicht es nicht aus, diese zu kochen oder zu rösten. Unter diesen Bedingungen wird das Enzym Linamarase inaktiviert und die Verbindungen bleiben aktiv [147].

Bittere Maniokwurzeln werden üblicherweise wesentlich ausgiebiger verarbeitet, bevor sie verzehrt werden. Fermentation, Sonnentrocknung und Quellung sind die wichtigsten Methoden, um bitteren Maniok zu verarbeiten. Die angewandten Verarbeitungsmethoden hängen in erster Linie von der Verfügbarkeit des Wassers, der Technologie und dem Markt für Lebensmittel ab. Zusätzlich zur Reduktion von cyanogenen Glucosiden haben verarbeitete Lebensmittel aus Maniok eine längere Haltbarkeit als frische Wurzeln, die nach der Ernte schnell verderben. Die sensorische Qualität der Lebensmittel verbessert sich ebenfalls durch die Verarbeitung [12, 120].

Ganze, geraspelte oder partiell getrocknete Maniokwurzeln können fermentiert werden. Eine intensive Zerstörung des Maniokwurzelgewebes, die während des Raspelns der Wurzeln erfolgt, erleichtert den Kontakt zwischen cyanogenen Glucosiden und der Linamarase, was in Folge zu einer Hydrolyse führt [6]. Die Hydrolysegeschwindigkeit der Glykoside ist von der Menge des Enzyms in den Wurzeln und der Dauer des Kontaktes der Linamarase mit den Glucosiden abhängig. Ein hoher pH-Wert, wie er bei der Fermentation auftritt, kann das Enzym und den spontanen Abbau von Cyanhydrinen inhibieren [122].

In einigen Gegenden werden geschälte und partiell getrocknete Maniokwurzeln fermentiert. Die partielle Trocknung reduziert den Feuchtigkeitsgehalt auf ein Niveau, welches das Bakterienwachstum verhindert, jedoch das Wachstum von Pilzen fördert. Der pH-Wert, der dabei erreicht wird, erhöht die Aktivität der Linamarase und auch den spontanen Abbau von Cyanhydrinen, die durch die Hydrolyse von Glucosiden gebildet werden [42].

Geschälte oder ungeschälte ganze Maniokwurzeln oder in Scheiben geschnittene Maniokwurzeln können in der Sonne getrocknet werden. Die Größe der Wurzelstücke wirkt sich auf den Gehalt an cyanogenen Glykosiden aus. Große Stücke von getrockneten Maniokwurzeln enthalten geringere Mengen an cyanogenen Verbindungen. Diese Beobachtung ist möglicherweise auf die langsamere Trocknung der großen Stücke im Vergleich zum sehr schnellen Trocknen der dünnen Scheiben zurückzuführen, welche dann hohe Mengen an nicht hydrolysierten cyanogenen Glucosiden aufweisen [33, 34, 95].

Maniok kann auch verarbeitet werden, indem ganze Wurzeln in Wasser, geschält oder ungeschält, gequollen werden [122, 186]. Durch die Aufnahme von Wasser schwellen die Maniokwurzeln an und zerbersten. Dadurch wird der Kontakt der Glucoside mit der Linamarase erleichtert und es entstehen die Spaltprodukte Cyanhydrine und Glucose [135]. Sowohl endogene als auch mikrobielle Enzyme tragen möglicherweise ebenfalls zur Gewebszerstörung gequollener Maniokwurzeln bei [3].

42.6.2
Cyanidexposition durch den Verzehr von Maniokprodukten

Der Zusammenhang von Konsum von Maniok und der Entwicklung von neurologischen Syndromen wird seit mehr als 100 Jahren untersucht [27], wobei aber kein kausaler Zusammenhang hergestellt werden konnte. Die nicht hydrolysierten und partiell hydrolysierten cyanogenen Verbindungen in Lebensmitteln aus Maniok sind die Quellen von Cyanid, das mit den neurologischen und anderen medizinischen Syndromen in Verbindung gebracht wird [125, 126].

Eine Abschätzung der Exposition zu Cyanid aus Maniokprodukten wurde einerseits über Befragungen zum Konsum [127] und andererseits über die Konzentrationen von Cyanidmetaboliten in den Körperflüssigkeiten [175] und die Gehalte an Cyanid im Blut [132] gemacht. Die Aufnahmedaten unterliegen einer extrem hohen Schwankung, da einerseits geringe Mengen mit hohen Konzentrationen andererseits großen Mengen mit niedrigen Konzentrationen gegenüber stehen. Thiocyanat, der Hauptmetabolit von Cyanid, wurde mehrfach untersucht [175]. Dieses ist jedoch auch in gesunden Individuen zu finden, da es in einigen Geweben unter physiologischen Bedingungen produziert wird [5]. Cyanid selbst wird ebenfalls in gesunden Individuen produziert [132]. Diese endogene Produktion reduziert den Wert dieser Biomarker.

42.6.2.1 Absorption und Metabolismus von Cyanid

Eine Studie zeigte, dass die Cyanidkonzentration im Plasma vier Stunden nach der Aufnahme eines typischen Maniokproduktes (Gari) wieder auf den Ausgangswert abfiel [125]. Die Orte der Hydrolyse und Absorption von Cyanid, welches von den cyanogenen Verbindungen freigesetzt wird, sind nicht bekannt. Es wurde aber vorgeschlagen, dass die Hydrolyse beim hohen pH-Wert des Dünndarms und durch β-Glucosidasen der intestinalen Mikroflora stattfinden kann [45]. Die längere Transitzeit von Cyanid aus den cyanogenen Verbindungen aus „Gari" im Vergleich zur Freisetzung von Cyanid aus Salzen ist möglicherweise auf die vorangehende Verdauung des Lebensmittels vor der Hydrolyse der cyanogenen Verbindungen zurückzuführen.

Cyanid wird sowohl enzymatisch als auch nicht enzymatisch zu mehreren weniger toxischen Verbindungen umgesetzt, so z. B. zu Thiocyanat, 2-Iminothiazolidin-5-carbonsäure, Cyanat, Ameisensäure und CO_2 [74]. Thiocyanat ist der häufigste Metabolit von Cyanid und entsteht durch Übertragung von Schwefel auf das Cyanid durch Katalyse von Schwefeltransferasen (z. B. Rhodanese, ein mitochondrielles Enzym) [74] und der cytosolischen Mercaptopyruvat-Schwefel-Transferase [113]. Obwohl Rhodanese als wichtigstes Enzym für die Detoxifikation von Cyanid zum Thiocyanat angesehen wird, kann Thiosulfat als ihr wichtigstes Substrat nur schlecht durch Membranen diffundieren [185]. Es wurde auch gezeigt, dass die Wirksamkeiten von Mercaptopyruvat und Thiosulfat als Cyanidantagonisten praktisch gleich sind.

Andere Enzyme, wie Thiosulfatreduktase, welche Persulfide bilden, die nicht enzymatisch mit Cyanidionen reagieren, können ebenfalls an der Umsetzung von Cyanid zu Thiocyanat teilnehmen [74]. Die Cystathionase-γ-lyase bildet Bis(2-Amino-2-carboxyethyl)trisulfid (Thiocystine), das einen wesentlich effizienteren Schwefeldonor für die Rhodanese darstellt als Thiosulfat [74]. 2-Iminothiazolidine-4-carbonsäure, ein Tautomer von 2-Aminothiazolidine-4-carbonsäure, wird aus Cystein und Cyanid in einer nicht enzymatischen Reaktion gebildet [169]. Zusätzlich wird Blausäure über die Atmung eliminiert [74].

Carbonylverbindungen wie Pyruvat, Glycerinaldehyd und Ketoglutarat können antagonistisch zum Cyanid wirken. Cyanid bildet mit diesen Verbindungen Cyanhydrinderivate. Pyruvat kann auch durch die Wirkung spezifischer Carrier zum Wirkungsort von Cyanid transportiert werden. Cobalthaltige Verbindungen, wie Hydroxycobalamin, können ebenfalls antagonistisch zum Cyanid wirken [82, 185].

Cyanid kann auch an Plasmaproteine wie Albumin binden [77]. Das Albumin wirkt dann als Sulfurtransferase, wobei ein Carrierkomplex mit Sulfanschwefel gebildet wird, der mit Cyanid unter Bildung von Thiocyanat reagiert [187]. Freie Thiole können auch wie Rhodanese reagieren [187]. Cyanid bindet auch an oxidiertes Glutathion [17]. Diese Ausführungen zeigen, dass es mehrere effiziente Wege gibt, das Cyanid aus dem Organismus zu entfernen [74, 185].

Bei einer akuten Cyanidexposition bildet Methämoglobin die erste Abwehr gegen Cyanid, da es das Cyanid als Cyanmethämoglobin bindet. Nitrite werden klinisch eingesetzt, um die Bildung von Methämoglobin zu induzieren [82, 185].

Neurologische Erkrankungen, die durch die Exposition gegenüber Cyanid aus Maniok hervorgerufen werden, wurden vorwiegend von Populationen berichtet, die grundsätzlich eine suboptimale Nahrungsaufnahme aufweisen [157]. Es wurde vorgeschlagen, dass eine nicht ausreichende Versorgung mit den schwefelhaltigen Aminosäuren Cystein und Methionin an der Pathogenese von diesen neurologischen Krankheiten beteiligt ist [28].

In dieser Population wurden hohe Konzentrationen von Cyanidmetaboliten gefunden [175]; daraus ergibt sich, dass die am Abbau beteiligten Substrate in ausreichenden Mengen vorhanden sind. Kürzlich konnte eine Studie zeigen, dass niedrigmolekulare Thiole im Plasma von Patienten, die an ataktischer Polyneuropathie leiden, keine Unterschiede in den Plasmakonzentrationen zur Kontrollpopulation aufweisen. Zusätzlich ergaben experimentelle Studien, dass die Bildung von Thiocyanat in Versuchstieren durch eine Diät mit einem geringen Anteil an schwefelhaltigen Aminosäuren oder Protein nicht beeinträchtigt ist [173].

42.6.3
Toxizität von Cyanid

Bei Cyanidkonzentrationen unter 150 µM wurden keine damit assoziierten Symptome berichtet, während bei Konzentrationen von 150–250 µM Kopfschmerzen, Herzklopfen, und Hyperventilation auftraten. Metabolische Azidose und Koma treten auf, wenn die Cyanidkonzentrationen im Bereich von 250–350 µM liegen [165]. Tödliche Vergiftungen treten auf bei Konzentrationen von 300–3000 µM [165]. Klinische Zeichen der Toxizität von Cyanid umfassen Hyperventilation, allgemeine körperliche Unruhe, Kopfschmerzen, Übelkeit und Schwindel sowie Krämpfe. Die Kapazität des Körpers, große Mengen an Cyanid abzubauen, ohne dass dabei Symptome einer Vergiftung auftreten, kann bei Patienten beobachtet werden, die Nitroprussidnatrium verabreicht bekommen, das 44% Cyanidionen enthält [47, 74, 165]. Berichte über die Toxizität von Cyanid sind selten, wenn routinemäßig Nitroprussidnatrium angewendet wird [79, 139].

Tödliche Vergiftungen mit Cyanid sind in Regionen, in denen Maniok konsumiert wird, selten zu finden. Mit Ausnahme weniger Fälle [1, 159] werden bei Verdacht auf eine Cyanidvergiftung durch den Konsum von Maniok die Gehalte an Cyanid kaum bestimmt [157]. Die Konzentrationen im Blut reichten in einer Serie von Fällen von 43–67 µM [1], was unter dem Bereich der Toxizität von Cyanid liegt [165]. Die Cyanidkonzentrationen, die in einigen Fällen berichtet wurden [159], waren wesentlich niedriger als in gesunden Personen, die Maniok als Grundnahrungsmittel konsumieren [132, 175]. Das geringe Vorkommen akuter Vergiftungen durch Cyanid – ausgelöst durch den Verzehr von Maniok – ist möglicherweise auf die geringen Mengen an Cyanid in Verarbeitungsprodukten von Maniok im Vergleich zum Rohmaterial oder zu den verwendeten Zwischenprodukten zurückzuführen [6, 54].

Neurologische Symptome wie Sehschwäche, ataktische Polyneuropathie und Konzo sowie Diabetes mellitus und Mucopolysaccharidose wurden auf die Effekte von Cyaniden aus Maniok zurückgeführt. Es wurde vorgeschlagen, dass die klinischen Effekte von Cyanid möglicherweise auf die Exposition zu subletalen chronischen Dosen zurückzuführen sind. Neben Cyanid könnten auch die Metaboliten Thiocyanate, Cyanate und Iminothiazolidin-4-carbonsäure neurotoxisch wirken und Konzo sowie ataktische Polyneuropathie auslösen [36, 170, 173].

Es wurde gezeigt, dass Thiocyanat Tubulin zerstören kann. Dieses könnte auch bei der Induktion einer Neuropathie involviert sein. Cyanat steht in Zusammenhang mit einer peripheren Neuropathie. Obwohl die Cyanatgehalte in Ratten, die mit einer Diät mit geringen Mengen an schwefelhaltigen Aminosäuren versorgt wurden, nach Exposition gegenüber Cyanid hoch waren, muss die Rolle dieses untergeordneten Metaboliten bei der Entwicklung der ataktischen Polyneuropathie nicht gezeigt werden, da die Bildung von Thiocyanat sogar in hungernden Menschen nicht gestört ist [173].

42.6.4 Neurologische Erkrankungen als Folge einer Cyanidexposition durch Maniok

42.6.4.1 Endemische ataktische Polyneuropathie

Ataktische Polyneuropathie wurde als sporadische, endemische und epidemische Form beschrieben. Sporadische Fälle wurden weltweit aus verschiedensten Regionen beschrieben, während über die endemische Form auch aus einigen Regionen im südwestlichen Nigeria berichtet wurde [30, 130, 134, 155].

Die wichtigsten neurologischen Merkmale der endemischen ataktischen Polyneuropathie sind die sensorische Polyneuropathie, sensorische Bewegungsstörungen, optische Atrophie, und neurosensorische Gehörlosigkeit [130]. Der Beginn ist üblicherweise ein gradueller, wobei die stärkste Behinderung erst nach Monaten oder Jahren erreicht wird [130]. Die ersten Fälle wurden aus Nigeria Mitte der 1950er Jahre berichtet [108]. Die Prävalenz reichte von 9–27% in den endemischen Regionen in Nigeria in den 1950er und 1960er Jahren [134]. Eine kürzlich erschienene Studie über eine Gemeinde aus den endemischen Regionen Nigerias zeigte eine Verbreitung von 60 in 1000 Personen im Jahre 2000 im Vergleich zu 22 in 1000 Personen im Jahre 1968, und eine Inzidenz von 63 pro 10 000 Personenjahren zeigt, dass die Häufigkeit der ataktischen Polyneuropathie in den endemischen Regionen immer noch hoch ist. Die altersspezifische Verbreitung war Ende der 1950er Jahre am höchsten [123, 125].

Die endemische Region in Nigeria wird hauptsächlich von der ethnischen Gruppe des Yoruba Stammes bewohnt. Vergleiche über die Aufnahme von Maniok in einer endemischen und einer nicht endemischen Gemeinde zeigten eine höhere Aufnahme von Maniok und höhere Konzentrationen von Metaboliten von Cyanid im Plasma und Urin im endemischen Gebiet [133]. Die Aufnahme von großen Mengen Maniok als ausschließliche Energiequelle wurde in einigen Gebieten in der endemischen Region beobachtet. Die Konzentrationen von Thiocyanat in Personen mit ataktischer Polyneuropathie wurden in den 1960er Jahren mit 113 μM (SD 38) im Plasma gemessen. Eine Studie konnte zeigen, dass der Thiocyanatspiegel absinkt, wenn die Maniokprodukte von diesen Personen nicht mehr verzehrt wurden. Diese Experimente bestätigten die Exposition zu Cyanid, erbrachten jedoch keinen Beweis für den kausalen Zusammenhang zwischen ataktischer Polyneuropathie und Cyanidexposition [130, 134].

Die Verzehrsgewohnheiten von Maniokprodukten in den endemischen Regionen, welche in kürzlich erschienenen Studien bestimmt wurden [123], waren mit jenen aus den 1950er und 1960er Jahren vergleichbar [134]. Jedoch haben einige Gebiete aus den nicht endemischen Regionen in Nigeria eine signifikant höhere Exposition als vergleichbare aus der endemischen Region [123]. In einer nicht endemischen Region, in der die Exposition gegenüber Cyanid hoch ist, wurden nur wenige Fälle von ataktischer Polyneuropathie gefunden [125]. Eine Fall-Kontroll-Studie in der gleichen Region aus endemischen Gebieten zeigte keinen Unterschied zwischen erkrankten und gesunden Personen bei der Aufnahme von Maniok und der Cyanidexposition [123]. Diese neuen Erkenntnisse zeigen nun, dass ein Zusammenhang zwischen der Cyanidexposition und der Entwicklung von ataktischer Polyneuropathie fraglich ist [124].

Zurzeit gibt es keine Behandlung für die endemische ataktische Polyneuropathie. Klinische Versuche mit einer verbesserten Nahrungsmittelzusammensetzung und Supplementierung von B-Vitaminen sowie Versuche mit Hydroxycobalamin mit Riboflavin über 24 Wochen [132], und Hydroxycobalamin mit Cystein für 48 Wochen [131] zeigten keine Veränderung des klinischen Status bei diesen Personen. Obwohl vorangegangene Studien einen Hinweis darauf gaben, dass die endemische ataktische Polyneuropathie – wie sie in Nigeria auftritt – gutartig ist, zeigte eine kürzlich veröffentlichte Studie eine höhere Mortalität bei den Fällen im Vergleich zur Kontrolle [123].

42.6.4.2 **Konzo**

Als Konzo wird ein neurologisches Syndrom bezeichnet, das durch eine subakute beginnende Gliederschwäche charakterisiert ist. Es beginnt üblicherweise in den unteren Gliedmaßen, gefolgt von einer Schwäche in den oberen Gliedmaßen innerhalb weniger Stunden bis Tage. Nachdem die Gliedmaßen betroffen sind, entwickeln sich Sprechstörungen und visuelle Störungen. Die Tetraparese, welche in den unteren Beinen stärker ausgeprägt ist, ist spastisch. Die Patienten können teilweise Funktionen wiedererlangen, einigen ist es sogar möglich, wieder zu gehen, wobei eine Beeinträchtigung der Funktion häufig ist [72, 177].

Konzo wurde aus Mosambik, der Demokratischen Republik Kongo, Tansania, und der Zentralafrikanischen Republik berichtet. Es gibt nicht dokumentierte Berichte über das Vorkommen von Konzo in Kamerun und Uganda. In diesen Regionen gehört Maniok zu den Grundnahrungsmitteln. In einer Studie betrugen die Plasmawerte 329 μM (SD 125). In diesen Regionen wurden ohne das epidemische Auftreten von Konzo hohe Thiocyanatwerte gemessen [42, 72, 156, 176, 177].

Die Rolle von Cyanid als Auslöser für Konzo ist nicht geklärt. Konzo wurde in einigen Teilen Afrikas nicht beobachtet, in denen der Verzehr von Maniok und somit die Exposition zu Cyanid ebenfalls hoch ist. Das Auftreten von sporadischen Fällen von Konzo ist auch nicht in Verbindung mit Dürre, Hungersnot oder Lebensmittelknappheit zu sehen. Konzo wird aber mit dem akut toxischen Effekt von Cyanid in Verbindung gebracht.

42.6.4.3 Sehschwäche

Der Zusammenhang von Sehschwäche mit dem Verzehr von Maniok wurde erstmals bei einer Epidemie unter halbwüchsigen Schulkindern in den südlichen und östlichen Teilen Nigerias beobachtet. Die Epidemie klang nach einem Zusatz von Vitaminen zur Nahrung ab [109]. Die folgenden Epidemien in Nigeria und anderen Teilen Afrikas betrafen vorwiegend Erwachsene. Die letzte Epidemie von Optikusatrophie, welche in Tansania auftrat, betraf hauptsächlich Jugendliche und junge Erwachsene. Die Symptome sind ein schmerzfreier beidseitiger Sehverlust, der sich innerhalb von 2–12 Wochen entwickelt. Es wurde kein Zusammenhang mit der Aufnahme von Cyanid aus Maniok gefunden [16, 41, 138].

42.6.5 Sicherheit von Maniokprodukten

Ein großer Konsum von Maniokprodukten bedeutet nicht gleichzeitig eine hohe Cyanidexposition [25]. Die Verarbeitungsmethoden von Maniok sind in manchen Gegenden äußerst effektiv, was die Reduktion der cyanogenen Verbindungen angeht, womit auch die Mengen an alimentär konsumierten cyanogenen Verbindungen wesentlich gesenkt werden. Maniok mit einem Gehalt von 2000 mg HCN Äq/kg Trockengewicht kann so weit verarbeitet werden, dass dann im Lebensmittel weniger als 20 mg HCN Äq/kg zu finden sind [6]. Die Verwendung sehr effektiver Verarbeitungsmethoden zur Herstellung von Maniokprodukten ist der einfachste Weg, die Exposition zu minimieren.

Die Lagerung von Maniok über wenige Wochen führt ebenfalls zu einer Reduktion der Cyanglykosidgehalte. Eine Verarbeitung zu Mehl oder granulären Produkten mit kochendem Wasser oder Hitze reduziert ebenfalls die Konzentration dieser cyanogenen Verbindungen. Zurzeit gibt es noch keine Züchtungserfolge, die eine Reduktion dieser Verbindungen zur Folge haben könnten. Deshalb ist zurzeit eine optimale Verarbeitung der Maniokwurzeln das wichtigste Instrument, um die Exposition gegenüber Cyanid aus Maniokprodukten zu reduzieren [126].

42.7 Literatur

1 Akintowa A, Tunwashe O, Onifade A (1994) Fatal and non-fatal acute poisoning attributed to cassava-based meal, *Acta Horticulturae* **375**: 285–288.

2 Allem A (1994) The origin of Mannihot esculenta Crantz (Euphorbiaceae), *Generic Resources and Crop Evolution* **41**: 133–150.

3 Ampe F, Brauman A (1995) Origin of enzymes involved in detoxification and root softening during cassava retting, *World Journal of Microbiology and Biotechnology* **11**: 178–182.

4 Arkhypova VN, Dzyadevych SV, Soldatkin AP, El'skaya AV, Martelet C, Jaffrezic-Renault N (2003) Development and optimisation of biosensors based on pH-sensitive field effect transistors and cholinesterases for sensitive detection of solanaceous glycoalkaloids, *Biosensors & Bioelectronics* **18**: 1047–1053.

5 Arlandson M, Decker I, Roongta VA, Bonilla L, Moyo KH, MacPherson IG, Hazen SL, Slungaard A (2001) Eosinophil peroxidase oxidation of thiocyanate, *Journal of Biological Chemistry* **276**: 215–224.

6 Bainbridge Z, Harding S, Freneh L, Kapinga R, Westby A (1998) A study of the role of tissue disruption in the removal of cyanogens during cassava root processing, *Food Chemistry* **62**: 29 1–297.

7 Baker DC, Keeler RF, Gaffield W (1991) Toxicosis from steroidal alkaloids of solanum species, 2. Auflage, in Keeler RF, Tu AT (Hrsg) Handbook of Natural Toxins – Band 6, Toxicology of Plant and Fungal Toxins, Marcel Dekker, London, 71–82.

8 Baup M (1826) Extrait d'une Lettre de M. Baup aux Plusieurs Nouvelles Substances, *Annales de Chimie et de Physique* **31**: 108–109.

9 Bertrand D, Delort-Laval J, Melcion JP, Valdebouze P (1982) Influence of extrusion cooking and infra-red treatment on antinutritional factors and nutritional value of peas (Pisum sativum L.), *Sciences des Aliments* **2**: 197–202.

10 Beutler HO, Becker J, Michal G, Walter E (1980) Rapid method for the determination of oxalate, *Fresenius Zeitschrift für Analytische Chemie* **301**: 186–187.

11 Bieth J, Spiess B, Wermuth C (1974) The synthesis and analytical use of a highly sensitive and convenient substrate of elastase, *Biochemistry and Medicine* **11**: 350–355.

12 Bokanga M (1995) Biotechnology and cassava processing in Africa, *Food Technology* **49**: 86–90.

13 Bömer F, Mattis H (1924) Der Solaningehalt der Kartoffeln, Zeitschrift zur Untersuchung der Nahrungsmittel, Genussmittel und Gebrauchsgegenstände **47**: 97–127.

14 Bond DA, Duc G (1993) Plant breeding as a means of reducing antinutritional factors of grain legumes, in van de Poel AFB, Huisman J, Saini HS (Hrsg) Recent Advances of Research in Antinutritional Factors in Legume Seeds, Proceedings of the 2nd International Workshop on 'Antinutritional factors (NAFs) in legume seeds', EAAP Publikation Nr. 70, Wageningen Press, Wageningen, 379–396.

15 Bourdat-Deschamps M, Herrenknecht C, Akendengue B, Laurens A, Hocquemiller R (2004) Separation of protoberberine quaternary alkaloids from a crude extract of Enantia chlorantha by centrifugal partition chromatography, *Journal of Chromatography A* **1041**: 143–152.

16 Bourne R, Dolin P, Mtanda A, Plant O, Mohammed A (1998) Epidemic optic neuropathy in primary school children in Dar es Salaam, Tanzania, *British Journal of Ophthalmology* **82**: 232–234.

17 Brimer L (1988) Determination of cyanide and cyanogenic compounds in biological systems, in: Cyanide Compounds in Biology, Evered D, Harnett S (Hrsg), Wiley, New York, 177–200.

18 Brogren M, Savage GP (2003) Bioavailability of soluble oxalate from spinach eaten with and without milk products, *Asia Pacific Journal of Clinical Nutrition* **12**: 219–224.

19 Bunch TD, Panter KE, James LF (1992) Ultrasound studies of the effects of certain poisonous plants on uterine function and fetal development in livestock, *Journal of Animal Science* **70**: 1639–1643.

20 Bushway RJ, Bureau JL, McGann DF (1983) α-Chaconine and α-solanine content of potato peels and potato peel products, *Journal of Food Science* **48**: 84–86.

21 Bushway RJ, Ponnampalam R (1981) -Chaconine and -solanine content of potato products and their stability during several modes of cooking, *Journal of Agricultural and Food Chemistry* **29**: 814–817.

22 Bushway RJ, Savage SA, Ferguson BS (1987) Inhibition of acetyl cholinesterase by solanaceous glycoalkaloids and alkaloids, *American Potato Journal* **64**: 409–413.

23 Calderón de la Barca AM, Vázquez-Moreno L, Robles-Burgueo MR (1991) Active soybean lectin in foods: isolation and quantitation, *Food Chemistry* **39**: 321–327.

24 Cavina C, Delannoya M, Malnoeb A, Debefvea E, Touchéc A, Courtoisc D, Schiltera B (2005) Inhibition of the expression and activity of cyclooxygenase-2 by chicory extract, *Biochemical and Biophysical Research Communications* **327**: 7442–7449.

25 Chiwona-Karltun L, Tyllesär T, Mukurnbira J, Gehre-Medhin M, Rosling H (2000) Low dietary cyanogen exposure from frequent consumption of potentially toxic cassava in Malawi, *International Journal of Food Science and Nutrition* **51**: 33–43.

26 Claringbold WDB, Few JD, Renwick JH (1982) Kinetics and retention of solanidine in man, *Xenobiotica* **12**: 293–302.

27 Clark A (1935) Aetiology of pellagra and allied nutritional diseases, *West African Medical Journal* **8**: 7–9.

28 Cliff J, Lundquist P, Martensson J, Rosling H, Sörbo B (1985) Association of high cyanide and low sulphur intake in cassava-induced spastic paraparesis, *Lancet* 1211–1213.

29 Cock JH (1985) Cassava – New Potentials for a Neglected Crop, Praeger, Westport, CT.

30 Cockerell O, Ormerod I (1993) Strachan's syndrome: Variation on a theme, *Journal of Neurology* **240**: 315–318.

31 Conn E (1969) Cyanogenic glycosides, *Journal of Agricultural and Food Chemistry* **17**: 519–526.

32 Conn E (1994) Cyanogenesis – a personal perspective, *Acta Horticulturae* **375**: 31–43.

33 Cooke RD, Maduagwu EN (1978) The effect of simple processing on the cyanide content of cassava chips, *Journal of Food Technology* **13**: 299–306.

34 Cooke RD, Coursey DG (1981) In: Cyanide in Biology, Vennesland B, Conn E, Knowles C, Westly J, Wissing F (Hrsg), Academic Press, London, 93–114.

35 Crider QE, Curran DF (1984) Simplified method for enzymic urine oxalate assay, *Clinical Biochemistry* **17**: 351–355.

36 Dalakas M (1986) Chronic idiopathic ataxic polyneuropathy, *Annals of Neurology* **19**: 545–554.

37 Davies AMC, Blincow PJ (1984) Glycoalkaloid content of potatoes and potato products sold in the UK, *Journal of the Science of Food and Agriculture* **35**: 553–557.

38 De Muelenaere HJ (1965) Toxicity and haemagglutining activity of legumes, *Nature* **206**: 827–828.

39 del Nozal MJ, Bernal JL, Diego JC, Gomez LA, Ruiz JM, Higes M (2000) Determination of oxalate, sulfate and nitrate in honey and honeydew by ion-chromatography, *Journal of Chromatography A* **881**: 629–638.

40 Department of Agriculture, Agricultural Research Service (1984) Composition of foods: vegetables and vegetable products, Handbook 8–11. U.S. Department of Agriculture, Washington, DC.

41 Dolin P, Mohammed A, Plant G (1998) Epidemic of bilateral optic neuropathy in Dar es Salaam, Tanzania, *New England Journal of Medicine* **338**: 1547–1548.

42 Essers AJ, Ebong C, van der Grift RM, Nout M, Otim-Nape W, Rosling H (1995) Reducing cassava toxicity by heap-fermentation in Uganda, *International Journal of Food Science and Nutrition* **46**: 125–136.

43 Fasina YO, Swaisgood HE, Garlich JD, Classen HL (2003) A semi-pilot-scale procedure for isolating and purifying soybean (Glycine max) lectin, *Journal of Agricultural and Food Chemistry* **51**: 4532–4538.

44 Fewell AM, Roddick JG (1993) Interactive antifungal activity of the glycoalkaloids α-solanine and α-chaconine, *Phytochemistry* **33**: 323–328.

45 Fomunyam RT, Adegbola AA, Oke OL (1985) The stability of cyanohydrins, *Food Chemistry* **17**: 221–225.

46 Franke W (1997) Nutzpflanzenkunde, Thieme Weinheim.

47 Friederich JA, Butterworth JF (1995) Sodium nitroprusside: twenty years and counting, *Anaesthetics and Analgesics* **81**: 152–162.

48 Friedman M (1992) Composition and safety evaluation of potato berries, potato and tomato seeds, potatoes, and potato alkaloids, in Finley JW, Robinson SF, Armstrong DJ (Hrsg) Food Safety Assessment (ACS Symposium Series 484), American Chemical Society, Washington DC, 429–462.

49 Friedman M, Dao L (1992) Distribution of glycoalkaloids in potato plants and commercial potato products, *Journal of Agricultural and Food Chemistry* **40**: 419–423.

50 Friedman M, Henika PR (1992) Absence of genotoxicity of potato alkaloids α-chaconine, α-solanine and solanidine in the Ames Salmonella and adult and foetal erythrocyte micronucleus assays, *Food and Chemical Toxicology* **30:** 689–694.

51 Friedman M, Levin CE (1992) Reversed-phase high-performance liquid chromatographic separation of potato glycoalkaloids and hydrolysis products on acidic columns, *Journal of Agricultural and Food Chemistry* **40**: 2157–2163.

52 Garcia-Carreno FL (1996) Proteinase inhibitors, *Trends in Food Science and Technology* **7**: 197–204.

53 Garthoff LH, Hendersona GR, Sager AO, Sobotka TJ, Gaines DW, O'Donnell Jr MW, Chi R, Chirtel SJ, Barton CN, Brown LH, Hines FA, Solomon T, Turkleson J, Berry D, Dick H, Wilson F, Khan MA (2002) Pathological evaluation, clinical chemistry and plasma cholecystokinin in neonatal and young miniature swine fed soy trypsin inhibitor from 1 to 39 weeks of age, *Food and Chemical Toxicology* **40**: 501–516.

54 Gidamis A, O'Brien O, Poulter N (1993) Cassava detoxification of traditional Tanzanian cassava foods, *International Journal of Food Science and Technology* **28**: 211–218.

55 Gonteza I, Sutzescu P (1986) Natural antinutritive substances in foodstuffs and forages, S Karger, Basel, 84–108.

56 Gonzalez de Mejia E, Bradford T, Hasler C (2003) The anticarcinogenic potential of soybean lectins and lunasin, *Nutrition Reviews* **61**: 239–246.

57 Groen K, Pereboom-De Fauw DPKH, Besamusca P, Beekhof PK, Speijers GJA, Derks HJGM (1993) Bioavailability and disposition of 3H-solanine in rat and hamster, *Xenobiotica* **23**: 995–1005.

58 Gueguen J, Quemener B, Valdebouze P (1980) Elimination of antinutritional factors of faba bean (Vicia faba L.) and peas (Pisum sativum L.) during the preparation of protein isolates, *Lebensmittelwissenschaft und Technologie* **13**: 72–77.

59 Hagler L, Herman RH (1973) Oxalat metabolism I, *American Journal of Clinical Nutrition* **26**: 758–765.

60 Hajslova J, Schulzova V, Botek P, Lojza J (2004) Natural toxins in food crops and their changes during processings, *Czech Journal of Food Science* **22**: 29–34.

61 Hansen CF, Frakos VH, Thompson WO (1989) Bioavailability on oxalic acid from spinach, sugar beet fibre and a solution of sodium oxalate consumed by female volunteers, *Food and Chemical Toxicology* **27**: 181–184.

62 Hartmann AM, Raap DK, Geist CR (2003) Toxicity of herbal beverages, in Preedy VR, Watson RR (Hrsg) Reviews in Food and Nutrition Toxicology, Band 1, Taylor and Francis, London, 1–15.

63 Harvey MH, McMillan M, Morgan MRA, Chan HWS (1985) Solanidine is present in sera of healthy individuals in amounts dependent on their dietary potato consumption, *Human Toxicology* **4**: 187–194.

64 Hellenäs KE (1986) A simplified procedure for quantification of potato glycoalkaloids in tuber extracts by HPLC, Comparison with ELISA and a colorimetric method, *Journal of the Science of Food and Agriculture* **37**: 776–782.

65 Hellenäs KE, Branzell C, Johnsson H, Slanina P (1995) High levels of glycoalkaloids in the established Swedish potato variety magnum bonum, *Journal of the Science of Food and Agriculture* **68**: 249–255.

66 Hellenäs KE, Nyman A, Slanina P, Lööf L, Gabrielsson J (1992) Determination of potato glycoalkaloids and their aglycones in blood serum by high performance liquid chromatography, Application to pharmacokinetic studies in humans, *Journal of Chromatography* **573**: 69–78.

67 Herb SF, Fitzpatrick TJ, Osman SF (1975) Separation of potato glycoalkaloids by gas chromatography, *Journal of Agricultural and Food Chemistry* **23**: 520–523.

68 Hess BMD (2002) Nutritional aspects of stone disease, *Endocrinology and Metabolism Clinics of North America* **31**: 1017–1030.

69 Hönow E, Laube N, Schneider A, Keßler T, Hesse A (2003) Influence of grapefruit-, orange- and apple-juice consumption of urinary variables and risk of crystallization, *British Journal of Nutrition* **90**: 295–300.

70 Hönow R, Hesse A (2002) Comparison of extraction methods for the determination of soluble and total oxalate in foods by HPLC-enzyme-reactor, *Food Chemistry* **78**: 511–521.

71 Hopkins J (1995) The glycoalkaloids: Naturally of interest (but a hot potato?), *Food and Chemical Toxicology* **33**: 323–339.

72 Howlett W, Brubaker O, Mlingi N, Rosling H (1992) A geographical cluster of konzo in Tanzania, *Journal of Tropical and Geographical Neurology* **2**: 102–108.

73 Howlett WP, Brubaker OR, Mlingi N, Rosling H (1990) Konzo, an epidemic upper motor neuron disease studied in Tanzania, *Brain* **113**: 223–235.

74 Isom G, Baskin S (1997) Enzymes involved in cyanided metabolism, in Comprehensive Toxicology, Bd 3, Guengerich F (Hrsg), Pergamon, Oxford, 477–488.

75 Jadhav SJ, Sharma RP, Salunkhe DK (1981) Naturally occurring toxic alkaloids in food, *Critical Reviews in Toxicology* **9**: 21–104.

76 Jones PG, Fenwick GR (1981) The glycoalkaloid content of some edible solanaceous fruits and potato products, *Journal of the Science of Food and Agriculture* **32**: 419–421.

77 Kanthasamy A, Rachinavelu A, Borowitz JL, Isom GE (1994) Interaction of cyanide with a dopamine metabolite: formation of a cyanohydrin adduct and its implications for cyanide-induced neurotoxicity, *Neurotoxicology* **15**: 887–896.

78 Kayode G (1983) Effects of various planting and harvesting times on the yield, HCN, and dry matter accumulation and starch content of four cassava varieties in a tropical rain forest region, *Journal of Agricultural Sciences* **101**: 633–636.

79 Kazim R, Stin LS (1996) Sodium nitroprusside metabolism in children, *Anesthetics and Analgesics* **82**: 1301–1302.

80 Kennedy AR (1998) Chemopreventive Agents: Protease Inhibitors, *Pharmacology & Therapeutics* **78**: 167–209.

81 King RR (1980) Analysis of potato glycoalkaloids by gas-liquid chromatography of alkaloid components, *Journal of the Association of Official Analytical Chemists* **63**: 1226–1230.

82 Klassen C (1996) In: Ooodrnan & Gilman's The Pharmacological Basis of Therapeutics, Hardman I, Limbird L, Molinoff P, Ruddon R, Gilman D (Hrsg), McGraw-Hill, New York, 1673–1696.

83 Koide T, Ikenaka T (1973) Studies on soybean trypsin inhibitors: 3. Amino acid sequence of the carboxyl terminal region and the complete amino acid sequence of soybean trypsin inhibitor (Kunitz), *European Journal of Biochemistry* **32**: 417–431.

84 Kolb E (1984) Recent knowledge on the mechanism of action and metabolism of mycotoxins, *Zeitschrift für die Gesamte Innere Medizin und ihre Grenzgebiete* **39**: 353–358.

85 Kozokue N, Kozokue E, Mizuno S (1987) Glycoalkaloids in potato plants and tubers, *Horticultural Sciences* **22**: 294–296.
86 Kozokue N, Mizuno S (1989) Studies on glycoalkaloids of potatoes. (Part IV) Changes of glycoalkaloid content in four parts of a sprouted potato tuber and in potato tubers during storage, *Journal of the Japanese Society of Horticultural Science* **58**: 231–235.
87 Larrey D (1994) Liver involvement in the course of phytotherapy, *Medical Press Paris* **23**: 691–693.
88 Lewandowski S, Rodgers A, Schloss I (2001) The influence of a high-oxalate/ low-calcium diet on calcium oxalate renal stone risk factors in non-stone-forming black and white South African subjects, *BJU International* **87**: 307–311.
89 Lewandowski S, Rodgers AL (2004) Idiopathic calcium oxalate urolithiasis: risk factors and conservative treatment, *Clinica Chimica Acta* **345**: 17–34.
90 Liener IE (1955) The photometric determination of the hemagglutinating activity of soy in and crude soybean extracts, *Archives in Biochemistry and Biophysics* **54**: 223–231.
91 Liener IE (1979) Significance for humans of biologically active factors in soybeans and other food legumes, *Journal of American Oil Chemists Society* **56**: 121–129.
92 Liener IE (1986) Nutritional significance of lectins in the diet, in Liener IE, Sharon N, Goldstein IJ (Hrsg) The Lectins, Properties, Functions and Applications in Biology and Medicine, Academic Press, London, 527–552.
93 Loris R, Hamelryck T, Bouckaert J, Wyns L (1998) Legume lectin structure, *Biochimica et Biophysica Acta* **1383**: 9–36.
94 Macheix JJ, Fleuriet A, Billot J (1990) Fruit phenolics, CRC Press, Boca Raton.
95 Mahungu N, Yamguchi Y, Almazan A, Hahn C (1987) Reduction of cyanide during processing of cassava into some traditional African foods, *Journal of Food and Agriculture* **1**: 11–15.
96 Maid-Kohner U (2002) Lexikon der Ernährung, Spektrum, Heidelberg, 153–154.
97 Majak W (1992) Mammalian metabolism of toxic glycosides, *Journal of Toxicology: Toxin Reviews* **11**: 1–40.
98 Marquardt H, Schäfer SG (1994) Lehrbuch der Toxikologie, Wissenschaftsverlag, Mannheim, 555–563.
99 Massey LK (2003) Dietary influences of urinary oxalate and risk of kidney stone, *Frontiers in Bioscience* **8**: 584–594.
100 Massey LK, Palmer RG, Horner HT (2001) Oxalate content of soybean seeds (Glycine max: Leguminosae), soyfoods, and other edible legumes, *Journal of Agricultural and Food Chemistry* **19**: 4262–4266.
101 Massey LK, Roman-Smith H, Sutton RAL (1993) Effect of dietary oxalate and calcium on urinary oxalate and risk of formation of calcium oxalate kidney stones, *Journal of the American Dietetic Association* **93**: 901–906.
102 McKey D, Beckerman C (1993) In: Tropical Forests, People and Food Biocultural Interactions and Applications to Development, Bd 13, Hladik C, Hladik A, Linares O, Pagezy H, Semple A, Hadley M (Hrsg), UNESCO and Parthenon, Paris, 83–112.
103 McMillan M, Thompson JC (1979) An outbreak of suspected solanine poisoning in schoolboys: Examination of criteria of solanine poisoning, *Quaterly Journal of Medicine* **48**: 227–243.
104 Melcion JP, Valdebouze P (1977) Effects of various industrial treatments on the antinutritional factors of field bean, in Protein Quality from Leguminous Crops, Seminar in EEC Program EUR 5686M, 116–124.
105 Meschi T, Maggiore U, Fiaccadori E, Schianchi T, Bosi S, Adorni G, Ridolo E, Guerra A, Allegri F, Novarini A, Borghi L (2004) The effect of fruits and vegetables on urinary stone risk factors, *Kidney International* **66**: 2402–2410.
106 Miura Y, Hatakeyama M, Hosino T, Hadda PR (2002) Rapid ion chromatography of L-ascorbic acid, nitrite, sulfite, oxalate, iodide and thiosulfate by isocratic elution utilizing a postcolumn reaction with cerium (IV) and fluorescence detection, *Journal of Chromatography A* **956**: 77–84.

107 Mondy NI, Gosselin B (1981) Effect of peeling on total phenols, total glycoalkaloids, discoloration and flavor of cooked potatoes, *Journal of Food Science* **53**: 756–759.

108 Money GL, Smith AS (1955) Nutritional spinal ataxia, *West African Medical Journal* 117–123.

109 Moore DGF (1934) Retrobulbar neuritis and partial optic atrophy as sequelae of avitaminosis, *Annals of Tropical Medicine and Parasitology* **28**: 295–303.

110 Morris SC, Lee TH (1984) The toxicity and teratogenicity of Solanaceae slycoalkaloids, particularly those of the potato (Solanum tuberosum): A review, *Food Technology Australia* **36**: 118–124.

111 Morrison SC, Savage GP (2003) Oxalates in Encyclopedia of Food Sciences and Nutrition, Caballero F, Trugo LC, Finglas PM (Hrsg), Academic Press, Band 7, 4282–4287.

112 Nachbar MS, Oppenheim JD (1980) Lectins in the United States diet, A survey of lectins in commonly consumed foods and a review of the literature, *American Journal of Clinical Nutrition* **33**: 2338–2345.

113 Nagahara N, Ito T, Minami M (1999) Mercaptopyruvat sulfurtransferase as a defence against cyanide intoxication: molecular properties and mode of detoxification, *Histology and Histopathology* **14**: 1277–1286.

114 Nambisan B, Sundaresan S (1994) Distribution of Linamarin and its metabolizing enzymes in cassava tissues, *Journal of the Science of Food and Agriculture* **66**: 503–507.

115 Nattrey F (1981) In: Cyanide in Biology, Vennesland B, Conn E, Knowles C, Westley J, Wissing F (Hrsg), Academic Press, London, 115–132.

116 Nisperos-Carriedo MO, Buslig BS, Shaw PR (1992) Simultaneous detection of dehydroascorbic, ascorbic, and some organic acids in fruits and vegetables by HPLC, *Journal of Agricultural and Food Chemistry* **40**: 1127–1130.

117 Noah ND, Bender AF, Reaidi GB, Gilbert RJ (1980) Food poisoning from raw kidney beans, *British Journal of Medicine* **281**: 236–237.

118 Nooan SC, Savage GP (1999) Oxalates and its effects on humans, *Asia Pacific Journal of Clinical Nutrition* **8**: 64–74.

119 Nweke F, Bokanga M (1994) Importance of cassava processing for production in sub-saharan Africa, *Acta Horticulturae* **375**: 401–412.

120 Nweke F, Spencer D, Lynam J (2002) The cassava transformation: Africa's best kept secret, Michigan State University Press, East Lansing.

121 Odani S, Ikenaka T (1973) Studies on soybean trypsin inhibitors: VIII. Disulfide bridges in soybean. Bowman Birk proteinase inhibitors, *Journal of Biochemistry* **74**: 697–715.

122 Oke O (1994) Eliminating cyanogens from cassava through processing: technology and tradition, *Acta Horticulturae* **375**: 163–174.

123 Oluwole OSA (2002) Endemic ataxic polyneuropathy in Nigeria, Doctoral thesis, Karolinska Institute, Stockholm.

124 Oluwole OSA, Onabolu AO, Cotgreave IA, Rosling H, Persson A, Link H (2002) Low prevalence of ataxic polyneuropathy in a community with high exposure to cyanide from cassava foods, *Journal of Neurology* **249**: 1034–1040.

125 Oluwole OSA, Onabolu AO, Sowunmi A (2002) Exposure to cyanide following a meal of cassava food, *Toxicology Letters* **135**: 19–23.

126 Onabolu AO, Oluwole OSA, Bokanga M (2002) Loss of residual cyanogens in a cassava food during short-term storage, *International Journal of Food Science and Nutrition* **53**: 343–349.

127 Onabolu AO, Oluwole OSA, Bokanga M, Rosling H (2001) Ecological variation of intake of cassava food and dietary cyanide load in Nigerian communities, *Public Health Nutrition* **4**: 871–876.

128 O'Mello JPF (2003) Food safety contaminants and toxins, Oxon, Wallingford.

129 Onyeike EN, Omubo-Dede TT (2002) Effect of heat treatment on the proximate composition, energy values, and levels of some toxicants in African yam bean (Sphenostylis stenocarpa) seed varieties, *Plant Foods for Human Nutrition* **57**: 223–231.

130 Osuntokun BO, Durowoju JE, McFarlane H, Wilson I (1968) Plasma amino acids in the Nigerian nutritional ataxic neuropathy, *British Medical Journal* **3**: 647–649.

131 Osuntokun BO, Langman MJ, Wilson J, Adeuja AO, Aladetoyinho A (1974) Controlled trial of combinations of hydroxocobalamin-cystine and riboflavine-cystine, in Nigerian ataxic neuropathy, *Journal of Neurology, Neurosurgery, and Psychiatry* **37**: 102–104.

132 Osuntokun BO, Langrnan MJ, Wilson J, Aladetoyinho A (1970) Controlled trial of hydroxocobalamin and riboflavine in Nigerian ataxic neuropathy, *Journal of Neurology, Neurosurgery, and Psychiatry* **33**: 663–666.

133 Osuntokun BO, Monekosso GL (1969) Degenerative tropical neuropathy and diet, *British Medical Journal* **3**: 178–179.

134 Osuntokun BO, Osuntokun O (1971) Tropical amblyopia in Nigerians, *American Journal of Ophthalmology* **71**: 708–716.

135 Oyewole O, Odunfa S (1992) Effect of processing variables on cassava fermentation for fufu production, *Tropical Science* **32**: 231–240.

136 Parnell A, Bhuva VS, Bintcliffe EJB (1984) The glycoalkaloid content of potato varieties, *Journal of the National Institute of Agriculture and Botany* **16**: 535–541.

137 Peumans WJ, Van Damme EJM (1996) Prevalence, biological activity and genetic manipulation of lectins in foods, *Trends in Food Science and Technology* **7**: 132–138.

138 Plant G, Dolin P, Mohammed A, Mlingi N (1997) Confirmation that neither cyanide intoxication nor mutations commonly associated with Leber's hereditary optic atrophy are implicated in Tanzanian epidemic optic atrophy, *Journal of Neurological Science* **152**: 107–108.

139 Przybylol H, Stevenson G, Schanbacher P, Backer C, Dsida R, Hall S (1995) Sodium nitroprusside metabolism in children during hypothermic cardiopulmonary bypass, *Anesthetics and Analgesics* **81**: 952–956.

140 Pusztai A, Ewen SWB, Grant G, Brown DS, Stewart JC et al. (1993) Antinutritive effects of wheat germ agglutinin and other *N*-acetylglucosamine specific lectins, *British Journal of Nutrition* **70**: 313–321.

141 Pusztai A, Ewen SWB, Grant G, Peumans WJ, Van Damme EJM (1990) The relationship between survival and binding of plant lectins during small intestinal passage and their effectiveness as growth factors, *Digestion* **46**: 308–316.

142 Pusztai A, Ewen SWB, Grant G, Peumans WJ, Van Damme EJM et al. (1995) Lectins and also bacteria modify the glycosylation of gut surface receptors in the rat, *Glycoconjugate Journal* **12**: 22–35.

143 Pusztai A, Grant G, Brown DS, Bardocz S, Ewen SWB et al. (1995) Lectins binding to the gut wall are growth factors for the pancreas: nutritional implications for transgenic plants, in Pusztai A, Bardócz S (Hrsg) Lectins, Biomedical Perspectives, Taylor & Francis, London, 141–154.

144 Rackis JJ, Wolf WJ, Baker EC (1986) Protease inhibitors in plant foods: content and inactivation, in: Friedman M (Hrsg) Advances in Experimental Medicine and Biology: Nutritional and Toxicological Significance of Enzyme Inhibitors in Foods, Plenum Press, New York, 299–327.

145 Raina A, Datta A (1992) Molecular cloning of a gene encoding a seed-specific protein with nutritionally balanced amino acid composition from Amaranthus, *Proc. Natl Acad. Sci. USA* (2. Aufl.) **89**: 11774–11778.

146 Rattray EAS, Palmer R, Pusztai A (1974) Toxicity of kidney beans (Phaseolus vulgaris L.) to conventional and gnotobiotic rats, *Journal of the Science of Food and Agriculture* **25**: 1035–1040.

147 Ravi S, Padmaja G (1997) Mechanism of cyanogen reduction in cassava roots during cooking, *Journal of the Science of Food and Agriculture* **75**: 427–432.

148 Regoa EJL, de Carvalhob DD, Marangonib S, de Oliveira, Novello BJC (2002) Lectins from seeds of Crotalaria pallida (smooth rattlebox), *Phytochemistry* **60**: 441–446.

149 Rizzi C, Galeoto L, Zoccatelli G, Vincenzi S, Chignola R, Peruffo ADB (2003) Active soybean lectin in foods: quantitative determination by ELISA using immobilised asialofetuin, *Food Research International* **36**: 815–821.

150 Roddick JA, Rijnenberg AL, Osman SF (1988) Synergistic interaction between potato glycoalkaloids α-solanine and α-chaconine in relation to destabilization of cell membranes: Ecological implications, *Journal of Chemistry and Ecology* **14**: 889–902.

151 Roddick JG (1987) Antifungal activity of plant steroids, in Fuller G, Nes WD (Hrsg) Ecology and Metabolism of Plant Lipids (ACS Symposium Series 325), American Chemical Society, Washington DC, 286–303.

152 Roddick JG (1989) The acetylcholinesterase-inhibitory activity of steroidal glycoalkaloids and their aglycones, *Phytochemistry* **28**: 2631–2634.

153 Roddick JG, Rijnenberg AL (1986) Effect of steroidal glycoalkaloids of the potato on the permeability of liposome membranes, *Physiologica Plantarum* **68**: 436–440.

154 Rodgers AL, Lewandowski S (2002) Effects of 5 different diets on urinary risk factors for calcium oxalate kidney stone formation: evidence of different renal handling mechanisms in different race groups, *Journal of Urology* **168**: 931–936.

155 Roman G (1998) Tropical myeloneuropathies revisited, *Current Opinion in Neurology* **11**: 539–544.

156 Rosling H, Tylleskär T (1996) Konzo, in Tropical Neurology, Shakir R, Newman P, Poser C (Hrsg), Saunders, London, 353–364.

157 Rosling H, Tylleskär T (2000) Cassava, in Experimental and Clinical Neurotoxicology Spencer PS, Schaumburg H (Hrsg), Oxford University Press, Oxford, 338–343.

158 Ross AB, Savage GP, Martin RJ, Vanhanen L (1999) Oxalates in oca (New Zealand yam) (Oxalis tuberose Mol.), *Journal of Agricultural and Food Chemistry* **47**: 5019–5022.

159 Ruangkanchanasetr S, Wananukul V, Suwanjutha S (1999) Cyanide poisoning, 2 cases report and treatment review, *Journal of the Medical Association of Thailand* **82**: S162–S167.

160 Saito K, Horie M, Hoshino Y, Nose N, Nakazawa H (1990) High-performance liquid chromatographic determination of glycoalkaloids in potato products, *Journal of Chromatography* **508**: 141–147.

161 Sangketkit C, Sabage GP, Martin RJ, Mason SL, Vanhanen L (1999) Oxalates in oca: a negative feature? In Jenson K, Savage GP (Hrsg) Second South West Pacific Nutrition and Dietetic Conference Proceedings, Auckland New Zealand, 44–55.

162 Savage GP, Deo S (1989) The nutritional value of peas (Pisum sativum), A literature review, *Nutrition Abstracts and Reviews* (Series A) **59**: 66–83.

163 Savage GP, Charrier MJ, Vanhanen L (2003) Bioavailability of soluble oxalate from tea and the effect of consuming milk with tea, *European Journal of Clinical Nutrition* **57**: 415–419.

164 Scherz H, Senser F (1994) Die Zusammensetzung der Lebensmittel, Medpharm Stuttgart.

165 Schulz V (1984) Clinical pharmacokinetics of nitroprusside, cyanide, thiosulphate and thiocyanate, *Clinical Pharmacokinetics* **9**: 239–251.

166 Siener R, Ebert D, Nicolay C, Hesse A (2003) Dietary risk factors for hyperoxaluria in calcium oxalate stone formers, *Kidney International* **63**: 1037–1043.

167 Singh BR, Tu AT (1996) Natural toxins 2: structure, mechanism of action and detection, Springer, Berlin.

168 Sizer CE, Maga JA, Craven CJ (1980) Total glycoalkaloids in potatoes and potato chips, *Journal of Agricultural and Food Chemistry* **28**: 578–579.

169 Smith DB, Roddick JG, Jones JL (1996) Potato alkaloids: Some unanswered questions, *Trends in Food Science and Technology* **7**: 126–131.

170 Spencer PS (1999) Food toxins, AMPA receptors, motor neuron diseases, *Drug Metabolism Reviews* **31**: 561–587.

171 Stedman C (2002) Herbal hepatotoxicity, *Seminar on Liver Disease* **22**: 195–206.

172 Strenge A, Hesse A, Bach D, Vahlensieck W (1981) Excretion of oxalic acid following the ingestion of various amounts of oxalic acid-rich foods, in Smith LH, Rovertson WG, Finlayson B (Hrsg) Urolithiasis: clinical and basic research, Plenum Press New York, 789–794.

173 Tor-Agbidye J, Palmer VS, Lasarev MR, Graig AM, Blythe LL, Sabri MI, Spencer PS (1999) Bioactivation of cyanide to cyanate in sulfur amino acid deficiency: relevance to neurological disease in humans subsisting on cassava, *Toxicological Science* **50**: 228–235.

174 Trevaskis M, Trenerry VC (1996) An investigation into the determination of oxalic acid in vegetables by capillary electrophoresis, *Food Chemistry* **57**: 323–330.

175 Tylleskär T, Banea M, Bikangi N, Cooke R, Poulter N, Rosling H (1992) Cassava cyanogens and konzo, an upper motoneuron disease found in Africa, *Lancet* **339**: 208–211.

176 Tylleskär T, Banea M, Bikangi N, Fresco L, Persson LA, Rosling H (1991) Epidemiological evidence from Zaire for a dietary etiology of konzo, an upper motor neuron disease, *Bulletin of the World Health Organization* **69**: 581–589.

177 Tylleskär T, Howlett W, Rwiza H, Aquilonius SM, Stalberg E, Linden B, Mandahl A, Larsen H, Brubaker G, Rosling H (1993) Konzo: a distinct disease entity with selective upper motoneuron damage, *Journal of Neurology, Neurosurgery and Psychiatry* **56**: 638–643.

178 Valdebouze P, Bergeron E, Gaborit T, Delort-Laval J (1980) Content and distribution of trypsin inhibitors and haemagglutinins in some legume seeds, *Canadian Journal of Plant Sciences* **60**: 695–701.

179 van Amerongen A, Ostafe V, Meijer MMT (1998) Specific-immuno-(chymo)-trypsin-inhibitor assays for determination of (residual) activity of Bowman-Birk of Kunitz soybean trypsin inhibitors, in Jansman AJM, Hill GD, Huisman J, van der Poel AFB (Hrsg) Recent Advances of Research in Antinutritional Factors in Legume Seeds and Rapeseed, Wageningen Pers, Wageningen, 33–37.

180 Van Gelder WMJ (1990) Chemistry, Toxicology, and Occurrence of Steroidal Glycoalkaloids: Potential Contaminants of the Potato (Solarium tuberosum L), in Rizk AFM (Hrsg) Poisonous Plant Contamination of Edible Plants, CRC Press, Boca Raton, 117–156.

181 Verbist JF, Monnet R (1979) A propos de la teneur en solanine des petits tubercules nouveaux de pomme de perre (Solanum tuberosum L.), *Potato Research* **22**: 239–244.

182 Vetter J (2000) Plant cyanogenic glycosides, *Toxicon* **38**: 11–36.

183 Viroben G (1979) Substances indésirables pour le monogastrique, *Le Sélectionneur Francais* **27**: 21–25.

184 Wanasundera JPD, Ravindran G (1994) Nutritional assessment of yam (Dioscorea alata) tubers, *Plant Foods for Human Nutrition* **46**: 33–39.

185 Way JL (1988) The mechanism of cyanide intoxication and its antagonism, in: Cyanide Compounds in Biology, Evered D, Harnett S (Hrsg), Wiley, New York, 232–243.

186 Westby A (1994) Importance of fermentation in cassava processing, *Acta Horticulturae* **380**: 249–299.

187 Westley J (1988) Mammalian Cyanide Detoxification with Sulphane Sulphur, in: Cyanide Compounds in Biology, Evered D, Harnett S (Hrsg), Wiley, New York, 201–218.

188 White W, Aria-Garzon D, MacMahon J, Sayre R (1998) Cyanogenesis in cassava: the role of hydroxynitrile lyase in root cyanide production, *Plant Physiology* **116**: 1219–1225.

189 Wink M (2003) Alkaloids/Toxikology, in: Encyclopedia of Food Sciences and Nutrition, Band 1, Caballero F, Trugo LC, Finglas PM (Hrsg), Academic Press, London, 134–143.

190 Wink M (1993) Allelochemicals properties or the raison d'être of alkaloids, in Cordell GA (Hrsg) The alkaloids, Band 43, Academic Press, San Diego, 1–118.

191 Wink M (1998) Modes of action of alkaloids, in Roberts MF, Wink M (Hrsg)

Alkaloids, biochemistry, ecology, and medical applications, Plenum, New York, 301–326.

192 Wink M (2000) Interference of alkaloids with neuroreceptors and ion channels, in Atta-Ur-Rahman (Hrsg) Bioactive natural products, Band 11, Elsevier, Amsterdam, 3–129.

193 Wood FA, Young DA (1974) TGA in Potatoes, 2. Aufl. in Canada Department of Agriculture Publication No. 1533, Department of Agriculture, Ottawa, Ontario, Canada.

194 Wu F, He Z, Luo Q, Zeng Y (1999) HPLC determination of oxalic acid using tris(1,10-phenanthroline)ruthenium(II) chemiluminescence-application to the analysis of spinach, *Food Chemistry* **65**: 543–546.

195 Zarembski PM, Hodgkinson A (1962) The oxalic acid content of English diets, *British Journal of Nutrition* **16**: 627–634.

43
Kanzerogene und genotoxische Pflanzeninhaltsstoffe

Veronika A. Ehrlich, Armen Nersesyan, Christine Hölzl, Franziska Ferk, Julia Bichler und Siegfried Knasmüller

43.1
Allgemeine Substanzbeschreibung

Mehrere Kapitel dieses Buchs beschäftigen sich mit Lebensmittelinhaltsstoffen, die bei der Zubereitung oder beim Verderb (z. B. Pilzbefall) entstehen und kanzerogene Eigenschaften aufweisen. Bei der Fleischzubereitung entstehen Substanzen wie heterozyclische aromatische Amine, Nitrosamine und polyzyklische Kohlenwasserstoffe. Diese Substanzgruppen sind chemisch gesehen relativ einheitlich. Die meisten dieser Verbindungen wurden bereits vor mehr als 30 Jahren isoliert und charakterisiert, und es gibt zahlreiche Daten über die von ihnen ausgelösten Gesundheitseffekte und toxikologischen Wirkungen. Das vorliegende Buch wäre jedoch unvollständig ohne eine Darstellung der kanzerogenen Wirkungen pflanzlicher Inhaltsstoffe. Erst in den letzten Jahren konzentrierte sich die Forschung zunehmend auch auf die Untersuchung dieser Substanzen. Vor vier Jahrzehnten waren nur wenige Inhaltsstoffe von Pflanzen bekannt, die krebsauslösende Eigenschaften besitzen. Eine der ersten bekannten Verbindungen war das Palmengift Cycasin, das im Mehl, das aus Cycadeenpalmenarten gewonnen wurde, enthalten ist. 1990 veröffentlichten Ames et al. [5, 8, 9] aufsehenerregende Arbeiten, in denen sie darauf hinwiesen, dass zahlreiche Pflanzeninhaltsstoffe im Tierversuch krebsauslösend wirken. Die Autoren betonen, dass diese Verbindungen als „natürliche Pestizide“ wirken und dass die Gefährlichkeit dieser Pflanzeninhaltsstoffe genauso hoch einzustufen ist wie jene synthetisch erzeugter Chemikalien (beispielsweise Pestizide oder Herbizide). Allerdings wurden natürliche Pflanzeninhaltsstoffe wesentlich weniger intensiv untersucht als synthetische Verbindungen, die in Nahrungsmitteln enthalten sind (z. B. Zusatzstoffe). Aufgrund der Tatsache, dass die „natürlichen Pestizide“ oft in größeren Mengen aufgenommen werden als synthetisch hergestellte, ergibt sich ein besonderer Forschungsbedarf im Hinblick auf ihre möglichen krebsauslösenden Eigenschaften.

Handbuch der Lebensmitteltoxikologie. H. Dunkelberg, T. Gebel, A. Hartwig (Hrsg.)

ISBN: 978-3-527-31166-8

Im vorliegenden Kapitel werden Vorkommen und Wirkungen ausgewählter Pflanzeninhaltsstoffe beschrieben, von denen bekannt ist, dass sie im Tierversuch Krebs auslösen und die aufgrund ihres Vorkommens für den Menschen ein gesundheitliches Risiko darstellen könnten. Die Strukturformeln dieser Substanzen sind in Abbildung 43.1 dargestellt, chemische Bezeichnungen, CAS-Nummern und physiko-chemische Eigenschaften sind in Tabelle 43.1 angeführt.

Eine Reihe von Verbindungen, bei denen die Datenlage derzeit unzureichend ist oder deren Aufnahme über die Nahrung vernachlässigbar gering ist, wurden ausgeschlossen; typische Beispiele sind: Senkrikin (in Geiskrautgewächsen enthalten), Reserpin (Schlangenwurz), Symphytin (Beinwell), Ptaquilosid, das aus dem Adlerfarn isoliert wurde, sowie Psoralene (Doldenblütler), die jedoch Photoaktivierung erfordern. Auch Inhaltsstoffe von Kräutertees wie Pyrrolizidinalkaloide und Aristolochiasäure werden nicht behandelt, da sie in konventionellen Lebensmitteln nicht vorkommen. Quercetin und Kaempferol sowie andere Flavonoide sind in den Nahrungspflanzen weit verbreitet, aber es liegen nur wenige Daten über potenzielle krebsauslösende Eigenschaften vor.

Neben der Darstellung der kanzerogenen Effekte der diversen Pflanzeninhaltsstoffe werden auch Stoffwechselwege beschrieben, die zur Bildung von tumorauslösenden Metaboliten führen. Soweit bekannt, werden auch die genotoxischen Eigenschaften der Substanzen und ihrer Abbauprodukte erörtert. In diesem Zusammenhang ist zu erwähnen, dass der Frage, ob eine Verbindung DNA-reaktiv wirkt oder nicht, im Hinblick auf die Risikoabschätzung besondere Bedeutung zukommt. Bei genotoxisch wirkenden Kanzerogenen wird angenommen, dass lineare Dosis-Wirkungs-Beziehungen existieren, d. h. dass auch bei geringer Exposition ein Risiko besteht. Im Gegensatz dazu können für epigenetisch wirkende Kanzerogene Schwellenwertkonzentrationen definiert werden, unterhalb derer mit keiner Gefährdung zu rechnen ist. Es ist von einer Vielzahl von Inhaltsstoffen pflanzlicher Lebensmittel bekannt, dass sie unter *in vitro*-Bedingungen zu DNA-Schäden führen. Dies bedeutet jedoch nicht, dass derartige Substanzen notwendigerweise krebsauslösend wirken.

Die diversen pflanzlichen Kanzerogene zählen chemisch gesehen zu recht unterschiedlichen Verbindungsklassen. Gewürzinhaltsstoffe wie Estragol, Safrol und Methyleugenol gehören zur Gruppe der Alkylbenzene; Cycasin und Sinigrin sind Glucoside, die erst durch Spaltung der Esterbindung und durch Freisetzung der bioaktiven Aglykone (Methylazoxymethanol und Allylisothiocyanat) aktiviert werden [75, 98]. Bei Catechol, Sesamol und Kaffeesäure handelt es sich um Phenolderivate, D-Limonen zählt zu den Terpenoiden und Capsaicin zu den Alkaloiden.

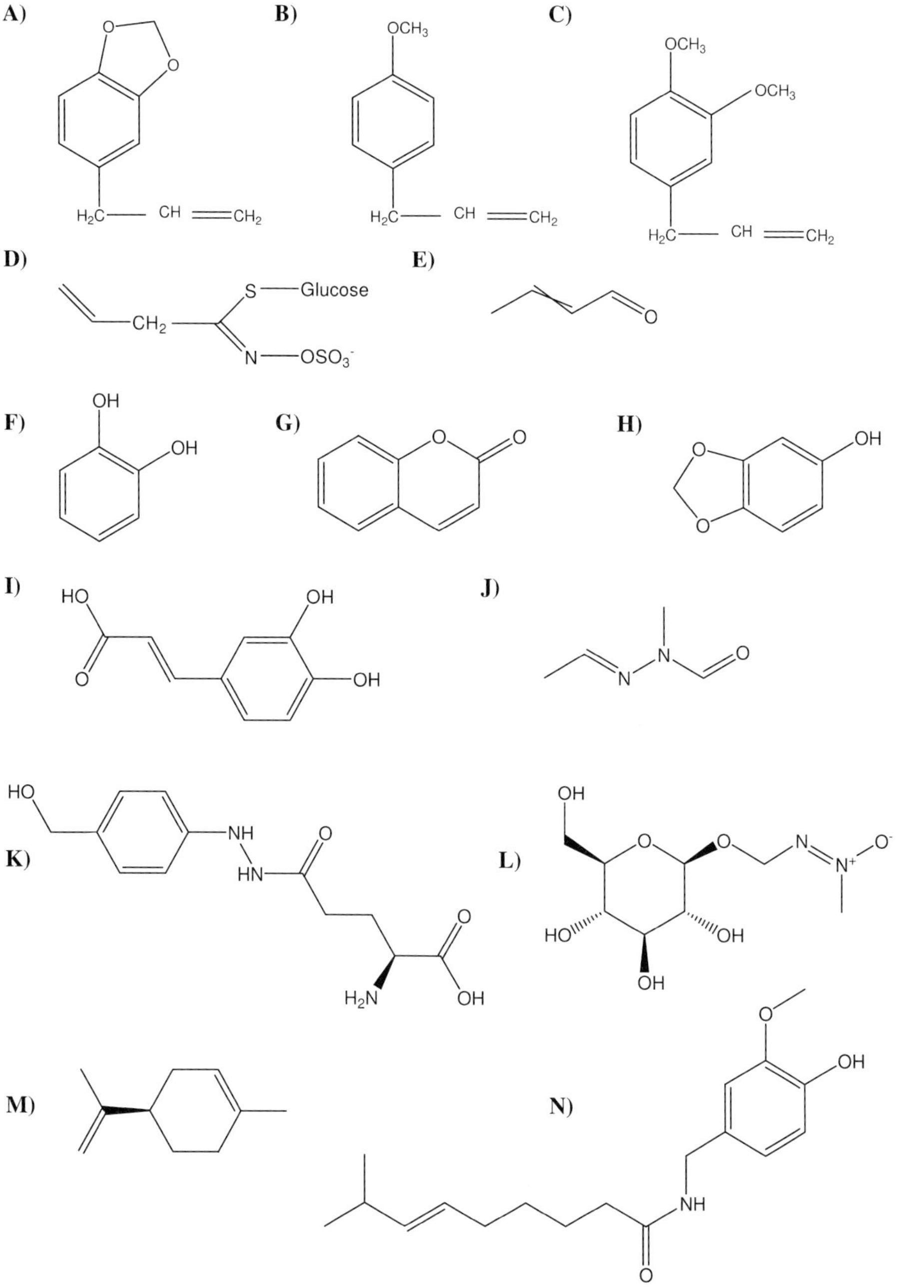

A)
O
O
H_2C— CH =CH_2

B)
OCH_3
H_2C— CH =CH_2

C)
OCH_3
OCH_3
H_2C— CH =CH_2

D)
S—Glucose
CH_2
N—OSO_3^-

E)
O

F)
OH
OH

G)
O
O

H)
O
O
OH

I)
HO
O
OH
OH

J)
N
N
O

K)
HO
NH
HN
O
O
H_2N
OH

L)
OH
O
O
N^+
O^-
N
HO
OH
OH

M)

N)
O
OH
NH
O

Abb 43.1 Strukturformeln von A) Safrol, B) Estragol, C) Methyleugenol, D) Sinigrin, E) Crotonaldehyd, F) Catechol, G) Cumarin, H) Sesamol, I) Kaffeesäure, J) Gyromitrin, K) Agaritin, L) Cycasin, M) D-Limonen, N) Capsaicin und O) Crotonaldehyd.

Tab. 43.1 Chemische Bezeichnungen, CAS-Nummern und physikalische Eigenschaften.

Name	Chemischer Name	Beschaffenheit	CAS-Nr.	Schmelzpunkt [a]	Siedepunkt [b]	MG [c]	Löslichkeit
Phenolische Verbindungen							
Kaffeesäure	3,4-Dihydroxy-Zimtsäure	gelbe Prismen (in Wasser)	331-39-5	194–198	–	180,16	gut löslich in Wasser (heiß), Ethanol, Aceton
Catechol	1,2-Benzendiol	farblose Kristalle, luft- und lichtempfindlich	120-80-9	104	245	110,11	sehr gut löslich in Wasser, Benzen, Ethanol
Sesamol	1,3-Benzodioxol-5-ol	weißer, kristalliner Feststoff	533-31-3	63–65	–	138,12	löslich in Wasser, Ethanol
Glucoside und deren Aglykone							
Sinigrin	2-Propenyl-Glucosinolat	kristalline Struktur	3952-98-5	128–130	–	359,37	löslich in Wasser, Alkohol (heiß), unlöslich in Ether, Chloroform und Benzen
Allylisothiocyanat	2-Propenyl-Isothiocyanat	farblose bis hellgelbe, ölige Flüssigkeit	57-06-7	–80	148	99,15	schwer wasserlöslich, mit Alkohol und organischen Lösungsmittel mischbar
Cycasin	(Methyl-*ONN*)-Azoxy-M ethyl-*β*-D-Glucopyranosid	farbloser Feststoff (lange Nadeln)	14901-08-7	144–145	–	252,22	gut löslich in Wasser und verdünntem Ethanol, unlöslich in organischen Lösungsmitteln
MAM	(Methyl-*ONN*-Azoxy)-Methanol	farblose Flüssigkeit	592-62-1	3	51	90,10	n. a. [d]
Alkylbenzene							
Safrol	1-Allyl-3,4-Methylen-Dioxy-Benzen	farblose bis leicht gelbliche Flüssigkeit	94-59-7	11,2	232	162,19	unlöslich in Wasser; gut löslich in Alkohol, mischbar mit Chloroform und Ether
Estragol	1-Allyl-4-Methoxybenzen	farblose Flüssigkeit, Anisgeruch	140-67-0	–	216	148,20	löslich in Alkohol und Chloroform
Methyleugenol	4-Allyl-1,2-Dimethoxy-Benzen	farblose bis leicht gelbliche Flüssigkeit	93-15-12	–4	254,7	178,23	schwer wasserlöslich, (<0,1 g/100 mL bei 19 °C)

Pilzgifte							
Agaritin	L-Glutaminsäure-5-[2-4-H ydroxy-Methyl-Phenyl-hydrazin	farblose Kristalle	2757-90-6	203–208	–	267,28	sehr gut wasserlöslich, praktisch unlöslich in wasserfreien organischen Lösungsmitteln
Gyromitrin	Acetaldehyd-Methyl-Formylhydrazin	farblose Flüssigkeit	16568-02-8	19,5	143	100,12	wasserlöslich, auch in Aceton, Benzen, Ethanol
Diverse Verbindungen							
Cumarin	1,2-Benzopyron	farblose Kristalle	91-64-5	71	301,7	146,15	schlecht löslich in Wasser und Ethanol, gut löslich in Chloroform
Capsaicin	N-(4-Hydroxy-3-ethoxybenzyl)-8-Methyl-6-Nonenamid	farblose kristalline Substanz	404-86-4	62–65	305,4	305,42	schlecht wasserlöslich, gut löslich in Ethanol, Methanol, Aceton
Crotonaldehyd	2-Butenal	farblose Flüssigkeit mit stechendem Geruch	4170-30-3	–76,5	102	70,09	wasserlöslich (18,1 g/100 mL bei 20 °C)
D-Limonen	(+)-1,8-*para*-Menthadien	farblose Flüssigkeit mit Zitronengeruch	5989-27-5	–96,9	175,5–176	136,24	schwach wasserlöslich, gut löslich in Aceton, DMSO[e] und Ethanol

a) Temperaturen in °C
b) Temperaturen in °C
c) MG = Molekulargewicht
d) n.a. = nicht angegeben
e) DMSO = Dimethylsulfoxid.

43.2
Vorkommen (und Verwendung) hinsichtlich Lebensmittel und -gruppen

Besonders weit verbreitet sind Substanzen wie Sinigrin, Catechol und Kaffeesäure, die in zahlreichen pflanzlichen Lebensmitteln enthalten sind. *Sinigrin* zählt zu den Glucosinolaten, einer Verbindungsgruppe, die ausschließlich in Kreuzblütlern vorkommt, zu denen auch die Kohlgemüse gehören [82]. *Catechol* ist in verschiedenen Nahrungspflanzen wie Äpfeln, Zwiebeln, unraffiniertem Rübenzucker oder Kaffee zu finden [83]. *Kaffeesäure* ist Bestandteil zahlreicher Pflanzenfamilien (z. B. Umbelliferae, Cruciferae, Cucurbitaceae, Polygonaceae) und auch in vielen Nahrungspflanzen (Früchte, Gemüse oder Gewürzen) enthalten [137].

Im Gegensatz dazu kommen Verbindungen wie *Agaritin* und *Gyromitrin* nur in bestimmten Pilzarten vor. Agaritin kommt in Pilzen der Gattung Agaricus und im japanischen Waldpilz (*Cortinellus shiitake*) vor, die roh oder gekocht in vielen Teilen der Welt verzehrt werden. Vor allem *Agaricus bisporus*, der Zuchtchampignon, wird in großen Mengen kultiviert. Im Jahr 1980 betrug die Verzehrsmenge in den USA 213 Millionen kg [76]. Gyromytrin ist in *Gyromitra esculenta*, der Frühjahrslorchel enthalten; dieser Pilz wird in Nordeuropa gekocht oder nach Trocknung verzehrt [77].

Das Vorkommen von *Capsaicin* ist auf diverse Capsicumarten (z. B. Gemüsepaprika, Kirschpaprika, Cayennepfeffer) beschränkt [146], *Cycasin* kommt ausschließlich in Cycadeenpalmen (*Cycas spp.*) vor [72]. *Estragol, Methyleugenol, Safrol* und *Cumarin* sind Gewürzinhaltsstoffe; *D-Limonen* ist der Hauptbestandteil des ätherischen Öls von Zitrusfrüchten [84, 144, 145, 147]. *Crotonaldehyd* kommt in stark variierenden Konzentrationen in Lebensmitteln vor (Obst, Gemüse, Fisch und Fleisch) und gelangt in vermehrtem Maße durch Verbrennungsvorgänge und Autotmobilabgase in die Umwelt [41].

Einzelne Verbindungen, beispielsweise D-Limonen, Sinigrin und Capsicumextrakte, werden in der Lebensmittelindustrie als Aromastoffe verwendet [82, 146]. Sesamol entsteht hauptsächlich bei der Raffination von Sesamöl durch Hydrolyse aus Sesamin und ist nur in sehr geringen Mengen (0,05–0,1%) in Rohöl enthalten; es wird auch als Antioxidans und Antipolymerisationsmittel verwendet. Methyleugenol und Estragol werden als Aromastoffe zu Kaugummis, Gebäck, nichtalkoholischen Getränken und Süßigkeiten zugesetzt [144, 145]. Crotonaldehyd wird in der Industrie zur Herstellung von Tocopherol (Vitamin E) und dem Lebenmittelzusatzstoff Sorbinsäure verwendet [41].

43.3
Verbreitung in Lebensmitteln

Tabelle 43.2 gibt eine Übersicht über das Vorkommen, Gehalte und analytische Nachweisverfahren der diversen Pflanzeninhaltsstoffe.

Über die tägliche Aufnahme der diversen Substanzen aus Lebensmitteln liegen nur vereinzelt Daten vor. Unterschiede der Ernährungsweise und der Ver-

Tab. 43.2 Verbreitung in Lebensmitteln.

Substanz	Konzentrationen	Analytik [a)]	Literatur
Phenolische Verbindungen			
Kaffeesäure	Kaffee: 631,3 mg/kg, Äpfel: 57,5 mg/kg, Birnen: 76,8 mg/kg, Heidelbeeren: 946,8 mg/kg, Weintrauben: 350,4–700,8 mg/kg, Kiwi: 384 mg/kg, Aubergine: 329,5 mg/kg, Kopfsalat: 196,8 mg/kg	HPLC	[137]
Catechol	unbearbeiteter Kaffee: 118 mg/kg; Röstkaffee: 72 mg/kg (außerdem in Zwiebeln, Äpfeln, rohem Rohrzucker enthalten) Abgabe an Oberflächenwasser in den USA im Jahr 2001: 7400 kg	GC-FID, HPLC	[114, 83, 132]
Sesamol	Sesamöl (roh): 0,05–0,1%, raffiniert: bis 0,4%	HPLC	[93]
Glucoside			
Sinigrin/AITC	Meerrettich (Wurzel, frisch): 0,3%, Kohlsprossen: 17%, Samen des schwarzen Senfs: bis 4,5%	*Sinigrin*: HPLC und RP-HPLC; *AITC*: RP-HPLC und GC-MS	[149, 36]
Cycasin	in Samen, Zweigen und Blättern der Cycadeenpalme (*Cycas spp.*): Cycadeenpalmenmehl: bis 4% des Trockengewichtes Nüsse (getrocknet): 0,02–2,3%	G-FC	[75]
Alkylbenzene			
Safrol	Muskat: ätherisches Öl – 0,28–3,8%, Muskatblüte: ätherisches Öl – 0,37–30,7%, Betelblätter und Betelnüsse (Arekanüsse): 15,35 g/kg	HPLC	[44, 10, 29]
Estragol	getrocknete Basilikumblätter: 0,34–1,4 mg/kg Anteil im ätherischen Öl ausgewählter Gewürzpflanzen: Estragon: 60–75%, Basilikum: 20–43%, Fenchel: 5–20%, Sternanis: 5–6%	Schwingungs-spektroskopie, HPLC	[150] [144]
Methyleugenol	Basilikumblätter: 2–235 μg/100 g Anteil im ätherischen Öl ausgewählter Gewürzpflanzen: Muskat: 0,1–17,9%, Basilikum: 2,0%, Myrte: 2,3%–9%, Piment: 5,0–8,8%	Schwingungs-spektroskopie, HPLC	[150] [37]

Tab. 43.2 (Fortsetzung)

Substanz	Konzentrationen	Analytik [a]	Literatur
Pilzgifte			
Agaritin	rohe Pilze (*Agaricus bisporus*): 94–629 mg/kg	HPLC	[48]
	Dosenpilze: 1–55 mg/kg; maximale gemessene Konzentrationen in getrockneten Pilzen: 2100–6900 mg/kg		
Gyromitrin	Frühjahrslorchel (*Gyromytra esculenta*): bis 0,3% vom Frischgewicht	HPLC	[64]
	N-Methyl-*N*-Formylhydrazin bis 0,06% im Trockengewicht		[108]
Diverse Verbindungen			
Cumarin	Anteil im ätherischen Öl ausgewählter Gewürzpflanzen: Zimtblatt: bis 40 600 mg/kg, Zimtrinde: bis 7000 mg/kg Cassiablatt: bis 87 300 mg/kg, Pfefferminze: bis 20 mg/kg	photometrische Methoden (Absorption bei 490 nm)	[85, 100]
	Waldmeister (frisch): 0,4–1%	HPLC	
Capsaicin	roter Chili: bis 0,1 mg/g, roter Paprika: bis 2,5 mg/g	HPLC	[56]
	Cayennepfefferproben: bis 1,32 mg/g Trockengewicht	Flüssigchromatographie	[146]
Crotonaldehyd	in vielen Früchten (Äpfel, Tomaten, Erdbeeren,...): ≤0,01 mg/kg Kohlsprossen, Kraut, Blumenkohl, Karotten,... ≤0,02–0,1 mg/kg Brot, Käse, Milch, Fleisch, Fisch, alkoholische Getränke 0–0,7 mg/kg	HPLC, GC	[17, 81]
D-Limonen	Anteil im ätherischen Öl ausgewählter Pflanzen: Zitrone: 484 g/L, Zitronenschale: 520–810 g/kg, Orangenschale: 740–970 g/kg, Grapefruitschale: 873–973 g/kg, Sellerie: 128–150 g/kg, Anis: 3,1 g/kg, Muskatnuss: 20–130 g/kg, Pfeffer: 222 g/kg, Zitronenlimonaden: bis 1 g/L, Grapefruitsaft: bis 86 mg/L	HPLC	[79]

a) HPLC = Hochleistungs-Flüssigkeits-Chromatographie, GC-FID = Gaschromatographie-Flammenionisationsdetektor, RP-HPLC = Reverse Phase- Hochleistungs-Flüssigkeits-Chromatographie, G-FC = Gas-Flüssigkeits-Chromatographie, GC-MS = Gaschromatographie-Massenspektrometrie.

wendung der diversen Gewürze führen in einzelnen Bevölkerungsgruppen zu stark divergierenden Aufnahmemengen. Besonders hoch und von weltweiter Relevanz ist die Aufnahme von *Kaffeesäure*, die durchschnittlichen Belastungen dürften bei 70–80 mg/Person/Tag liegen [163]. Hohe Aufnahmemengen von *Capsaicin* treten in Ländern wie Indien, Thailand und Mexiko aufgrund der häufigen Verwendung von Chilis auf. Der durchschnittliche tägliche Konsum wurde in diesen Ländern auf 25–200 mg/Person geschätzt [146]. Die entsprechenden Werte in Europa und den USA liegen hingegen nur bei maximal 1,5 mg/Person [56, 146]. Laut einer neueren Schätzung beträgt die Aufnahme aus industriell gefertigten Lebensmitteln maximal 2,64 mg/Tag [146].

Die gesamte Aufnahme an Glucosinolaten wurde in Großbritannien auf 46 mg [154], in Kanada auf 8,0 mg und in Deutschland auf 43 mg/Person/Tag [16, 101] geschätzt. Der Hauptanteil (80–90%) entfällt dabei auf *Sinigrin*. Für Alkylbenzene liegen Aufnahmeschätzungen aus Europa vor: den höchsten Wert erreichte *Methyleugenol* (13 mg/Person/Tag), die durchschnittliche geschätzte Aufnahme von *Estragol* durch den Verzehr von Lebensmitteln beträgt 4,3 mg/Person/Tag und für *Safrol* 0,3 mg/Person/Tag [144, 145, 147]. In vielen Teilen Asiens werden traditionellerweise Betelblätter und Betelnüsse (Arekanüsse) gekaut, die pro Gramm ca. 15 mg Safrol enthalten; die durchschnittliche Gesamtaufnahmemenge wird dadurch stark erhöht [29].

Die humane *Cumarin*-Exposition wurde auf 3,9 mg/Person/Tag geschätzt, davon entfallen 1,3 mg (die höchsten gemessenen Werte liegen bei 4,0 mg) auf Lebensmittelverzehr, der Rest auf dermale Aufnahme durch Kosmetikprodukte. Die Hauptquellen für alimentäre Cumarinbelastungen sind zimthaltige Lebensmittel, seltener Maiwein und Wodka, die mit Waldmeister aromatisiert wurden [100].

Die tägliche *D-Limonen* Aufnahme wurde in den USA auf 18 mg/Person geschätzt, sie resultiert aus dem natürlichen Vorkommen der Substanz in Nahrungspflanzen (siehe Tabelle 43.2) und der Verwendung als Aromastoff. Belastungen bis zu 60 mg/Person/Tag wurden bei hoher Aufnahme von Zitrusfruchtsäften gemessen [79, 82]. Über *Agaritin, Gyromitrin, Catechol, Sesamol, Cycasin* und *Crotonaldehyd* liegen keine Daten vor.

43.4
Kinetik und innere Exposition

In den nachfolgenden Abschnitten werden insbesondere jene Reaktionen beschrieben, die zur Bildung kanzerogener Stoffwechselprodukte führen, sowie Entgiftungsreaktionen. Der derzeitige Wissensstand über die Aufnahme und Verstoffwechselung der beschriebenen Substanzen ist recht unterschiedlich; bei einigen Verbindungen bestehen erhebliche Forschungsdefizite.

43.4.1 Phenolische Verbindungen

Die Absorption der *Kaffeesäure* erfolgt vor allem im Dünn- und Dickdarm, der Abbau insbesondere in der Leber durch *β*-Oxidation und Methylierung; die dadurch entstandenen Reaktionsprodukte werden über die Galle ausgeschieden [201]. Es ist nachgewiesen, dass aus Kaffeesäure als Metaboliten *m*-Cumarinsäure und *m*-Hydroxyhippursäure und Methylderivate entstehen; besonders rasch werden *o*-Methylverbindungen (Ferulsäure, Dihydroferulsäure und Vanillinsäure) ausgeschieden. In Experimenten mit Labornagern wurden in der Galle als weitere Abbauprodukte Glucuronide und Sulfate identifiziert [201].

Über den Stoffwechsel von *Catechol* im Menschen ist wenig bekannt. Die Hauptmetabolisierungswege in Nagern sind Sulfatierung und Glucuronidierung. Teilweise wird Catechol durch Peroxidasen zum reaktiven Zwischenprodukt Benzo-1,2-chinon oxidiert, das direkt an Proteine und DNA bindet. Eine wichtige Entgiftungsreaktion ist die Glucuronidierung der Chinonverbindung [83].

Über die Verstoffwechslung von *Sesamol* im Menschen ist nichts bekannt.

43.4.2 Glucoside

Zahlreiche bioaktive Pflanzeninhaltsstoffe wie beispielsweise Glucosinolate, Allylverbindungen und Benzoxazinoide liegen in intakten Pflanzen in glucosidischer Form vor. Die biologisch aktiven Verbindungen werden erst durch Spaltung der Esterbindungen gebildet.

Werden die zellulären Strukturen der Pflanzen durch mechanische Zerkleinerung (Schneiden oder Kauen) zerstört, wird eine Thioglucosidase (Myrosinase) freigesetzt, die die Glucosinolate in ihre korrespondierenden Isothiocyanate (ITC) und Nebenprodukte (Thiocyanate, Nitrile, etc.) umwandelt [183]. Die Myrosinase spaltet von *Sinigrin* das Glucosemolekül ab, das entstehende Aglykon ist instabil und wird zum Hauptprodukt Allylisothiocyanat (*AITC*) umgelagert. Beim Kochen von Kohlgemüsen kommt es zur Inaktivierung der Myrosinase, die Abspaltung des Zuckermoleküls erfolgt jedoch auch durch Enzyme der intestinalen Mikroflora [98]. AITC, aber auch andere Isothiocyanate sind (bedingt durch die –N=C=S-Gruppe) stark elektrophil und reagieren direkt mit Proteinen und DNA [209]. AITC wird in Säugetieren hauptsächlich über den Glutathion-Weg verstoffwechselt: Nach Konjugation mit GSH und weiteren enzymatischen Modifikationen der Konjugate entstehen Mercaptursäuren, die vor allem im Harn ausgeschieden werden. Im Urin von Freiwilligen, die 10–20 g braunen Senf konsumierten, wurde das *N*-Acetylcystein-Konjugat innerhalb von 12 h vollständig ausgeschieden [83].

Auch *Cycasin* wird durch die mikrobielle Flora im Darm deglykosyliert. Der entstandene Metabolit Methylazoxymethanol (MAM) ist biologisch aktiv und bildet durch spontanen Zerfall reaktive Carbeniumionen [72]. Insbesondere in der Leber wird MAM durch Dehydrogenasen in das hochreaktive MAM-Aldehyd umgewandelt. Die Detoxifizierung in Säugetieren ist nur unzureichend erforscht, diskutiert werden Konjugation und/oder Oxidation des Aldehyds durch die Aldehyd-Dehydrogenase [118].

43.4.3
Alkylbenzene

Die Verbindungen werden durch Cytochrom P450-(CYP450-)Isoenzyme in die entsprechenden Hydroxylderivate umgewandelt [144, 145, 147]. Im Fall des *Methyleugenols* wird angenommen, dass die Bildung des proximalen kanzerogenen Metaboliten 1-Hydroxy-Methyleugenol durch CYP2E1 und/oder CYP2C6 katalysiert wird. Experimente mit Ratten zeigten, dass durch die Benzene die Aktivitäten dieser CYP-Enzyme induziert werden (Autoinduktionseffekt). Enzympolymorphismen und/oder Induktion von CYP2E1 beeinflussen die Aktivität des Methyleugenols. Die Verstoffwechselungsrate beim Menschen ist ähnlich wie bei Ratten [145].

Im Fall von *Estragol* wird angenommen, dass erst nach Sulfatierung ein instabiler Metabolit (1-Sulfoestragol) entsteht, der für die kanzerogenen Effekte verantwortlich ist. Darüber hinaus wurde postuliert, dass Estragol oder sein Hauptmetabolit, 1-Hydroxy-Estragol, durch CYP-Isoenzyme demethyliert werden, so dass es zu der Bildung eines 2,3-Oxids kommt; auch diesem elektrophilen Stoffwechselprodukt wird kanzerogene Aktivität zugeschrieben [144].

Safrol wird in ähnlicher Weise aktiviert wie Estragol: 1-Hydroxy-Safrol wird ebenfalls durch Sulfotransferasen in kanzerogene Carbeniumionen umgewandelt. Weiterhin katalysieren CYP450-Enzyme die Oxidation der Ausgangssubstanz zu 4-Allylcatechol und durch weitere Oxidationsreaktionen entstehen DNA-reaktive Metaboliten. Wichtigstes Ausscheidungsprodukt im Harn von Menschen und Ratten ist 1,2-Dihydroxy-4-Allylbenzen [147].

Lediglich für Methyleugenol liegen Daten über die Serumkonzentrationen beim Menschen vor, die über einen weiten Bereich (3,1–390 pg/g, Median 16 pg/g) schwanken [148].

43.4.4
Pilzgifte

Die Substanzen werden auf recht unterschiedliche Weise verstoffwechselt: *Agaritin* wird im Darmtrakt von Labornagern absorbiert, durch γ-Glutamyltranspeptidase und anschließend durch CYP450-katalysierte Reaktionen in 4-(Hydroxymethyl)-Phenylhydrazin und in ein 4-(Hydroxymethyl)-Benzen-Diazoniumion umgewandelt [197]. In Ratten wurde radioaktiv markiertes Agaritin zu gleichen Teilen im Urin und in den Faeces ausgeschieden, in Mäusen vorwiegend im Urin [197].

Gyromitrin zerfällt durch Hydrolyse in Acetaldehyd und *N*-Methylhydrazin. Die letztere Verbindung wird unter physiologischen Bedingungen zu *N*-Methylhydrazin und Formylsäure abgebaut [77].

43.4.5
Diverse weitere Verbindungen

Cumarin wird aus dem Magen-Darm-Trakt absorbiert und vorwiegend in der Leber verstoffwechselt. Nur 2–6% des absorbierten Cumarins erreichen den Blutkreislauf in unveränderter Form. Im Menschen wird die Verbindung durch CYP450 (wahrscheinlich durch CYP2A6) in 7-Hydroxycumarin (7-HC) umgewandelt. Dieser Metabolit wirkt nicht toxisch und wird im Urin als Gucuronsäure- oder Sulfat-Konjugat ausgeschieden [85]. Die fast vollständige Ausscheidung von oral verabreichtem Cumarin als 7-HC im Harn weist darauf hin, dass beim Menschen im Gegensatz zur Ratte keine (oder nur in geringem Ausmaß) biliäre Exkretion stattfindet [100].

In Ratten wird Cumarin anders verstoffwechselt: Hauptmetabolit ist das 3,4-Epoxid (das in der Leber durch ein unbekanntes CYP-Isoenzym gebildet wird), welches zu *ortho*-Hydroxyphenylacetaldehyd und in weiterer Folge zu *o*-Hydroxyphenylessigsäure (*o*-HPA) oxidiert wird. Da akut-toxische Wirkungen in der Rattenleber nur in Gegenwart des 3,4-Epoxids auftraten, dürfte diese Verbindung oder aber *o*-HPA für diese Effekte verantwortlich sein. *o*-HPA konnte in geringen Konzentrationen auch im Harn des Menschen nachgewiesen werden. Dies ist ein Hinweis darauf, dass das Epoxid auch im Menschen in geringem Ausmaß gebildet wird [19]. Während bei den meisten Individuen fast ausschließlich 7-HC im Harn gefunden wurde, wurden bei einzelnen Probanden bis zu 50% *o*-HPA gefunden. Diese Unterschiede hängen wahrscheinlich mit genetischen Polymorphismen des CYP2A6 Gens zusammen [100].

Capsaicin wird in Ratten aus dem Magen-Darm-Trakt absorbiert und hauptsächlich in der Leber durch CYP2E1 in reaktive Stoffwechselprodukte umgewandelt. Hauptaktivierungswege sind: a) Epoxidierung und Bildung eines Arenoxids, b) Oxidation und Bildung eines Phenoxyradikals, c) Demethylierung und nachfolgende Oxidation des Catecholmetaboliten zu Semichinon- und Chinonderivaten [210]. Nach oraler Verabreichung von Capsaicin an Ratten wurden innerhalb von 48 Stunden Vanillin, Vanillyl-Alkohol und Vanillinsäure in freier Form oder als Glucuronide im Urin ausgeschieden [146]; in der Ratte wird Capsaicin zusätzlich über die Galle exkretiert [1].

D-Limonen wird beim Menschen nach oraler Aufnahme fast vollständig aus dem Magen-Darm-Trakt aufgenommen und 52–83% innerhalb von zwei Tagen ausgeschieden [82]. Im Plasma wurden diverse Metabolite detektiert, nämlich Dihydroperillsäure, Perillsäure, 1,2-Diol-Limonen und die Methylester der Säuren [97].

Über die Absorption und Metabolisierung von *Crotonaldehyd* gibt es nur wenige Daten. In der Ratte erfolgt nach Verstoffwechselung durch Alkoholdehydrogenase [26] Konjugation mit GSH [81]; im Harn wurden als Reaktionsprodukte 3-Hydroxy-1-Methyl-Mercaptursäure sowie 2-Carboxyl-1-Methyl-Mercaptursäure detektiert [57]. Über die Verstoffwechselung von Crotonaldehyd im Menschen liegen keine Daten vor.

43.5 Wirkungen

43.5.1 Mensch

Nur für einige Substanzen sind toxische Effekte beim Menschen bekannt:

Catechol wirkt beispielsweise hautreizend und kann bei Kontakt Dermatiden und andere Läsionen auslösen [83].

Vergiftungsfälle mit *Gyromitrin* sind nicht bekannt, aber es wurden zahlreiche Vergiftungsfälle in Europa und Nordamerika nach Konsum von *Gyromitra esculenta* (Frühjahrslorchel) beschrieben. Nach einer Latenzzeit von 2–8 Stunden kommt es zu Übelkeit, Erbrechen, wässrigen Durchfällen; nach 38–48 Stunden treten Gelbsucht sowie Leber- und Milzvergrößerung auf. In schweren Fällen führt progressive Lebernekrose zu hepatischem Koma und 4–5 Tage nach oraler Aufnahme des Pilzes zum Tod [77].

Capsaicin ist ein hochselektiver Agonist für den Vanilloid-Rezeptor 1 und übt über Neurone des C-Faser-Typs physiologische sowie pharmakologische Wirkungen auf den Magen-Darm-Trakt sowie auf das kardiovaskuläre, respiratorische und thermoregulatorische System aus [23]. Schon geringe Konzentrationen verursachen Schmerz und ein brennendes Gefühl an Haut und Schleimhäuten. Nach oraler Verabreichung konnten Erhöhungen des Speichelflusses und der Magensäuresekretion, sowie Magen-Darmbeschwerden festgestellt werden [56].

Bei Patienten, die einer *Cumarin*-Therapie unterzogen wurden, trat in wenigen Fällen Hepatotoxizität auf. Allerdings konnte kein klarer Zusammenhang zwischen den verabreichten Dosen und der Schwere der Schäden festgestellt werden [85].

Bei Behandlung von Krebspatienten mit hohen Dosen *D-Limonen* (8 g/m^2/Tag, oral) kam es zu Verwirrung, Durchfall und Erbrechen [190].

DNA-Addukte des *Crotonaldehyds* konnten beim Menschen ohne vorherige Aufnahme der Substanz in fast allen Geweben gefunden werden [125]; diesen Befund erklärten die Autoren mit einer starken natürlichen Bildung des Crotonaldehyds über den Weg der Lipidperoxidation. Andererseits fanden Eder et al. [41] DNA-Addukte des Crotonaldehyds in vergleichbarem Ausmaß nicht ubiquitär in menschlichem Gewebe, sondern nur in Raucherlungen.

Nur für *Capsaicin, Agaritin* und *Safrol* gibt es *epidemiologische Daten* hinsichtlich krebsauslösender Effekte:

In einer mexikanischen Fall-Kontrollstudie wurde der Chili-Konsum von 220 Patienten (Magenkrebs) mit 752 gesunden Kontrollen verglichen. Bei „Chili-Essern" wurde ein 5,5-mal höheres Risiko gefunden, an Magenkrebs zu erkranken, als in der Kontrollgruppe. Bei Individuen mit sehr hohem Chili-Verzehr wurde sogar ein 17fach erhöhtes Risiko extrapoliert [109]. Eine weitere Fall-Kontrollstudie in Italien ergab, dass der Konsum von rotem Chilipulver das Risiko für Krebserkrankungen von Mundhöhle, Pharynx, Speiseröhre und Larynx auf das 2–3fache erhöht [126]. Andererseits wurden Capsaicin auch Schutzeffekte zugeschrieben: Beispielsweise ergab eine Studie, bei der in den USA lebende ethnische Gruppen verglichen wurden, eine inverse Korrelation zwischen Capsaicinaufnahme und Dickdarmkrebs-Mortalität [11].

In einer aktuellen Fall-Kontrollstudie aus Taiwan wurde das Auftreten von Safrol-DNA-Addukten (in Tumorgeweben und normaler ösophagealer Mukosa) bei Patienten mit Ösophaguskrebs, die gewohnheitsmäßig Arekanüsse kauten, beobachtet. Die Autoren schließen daraus, dass die genotoxischen Effekte von Safrol für den krebsauslösenden Effekt der Arekanüsse verantwortlich sein könnten [107]. Auch in einer weiteren Studie wurden Safrol-DNA-Addukte in oralen Plattenepithelkarzinomen nachgewiesen (in 77% der Proben von Betel-Konsumenten, verglichen mit 0% in Kontrollen) [30].

Hara und Mitarbeiter [62] fanden in einer aktuellen Fall-Kontrollstudie in Japan eine reduzierte Magenkrebs-Inzidenz bei Konsum von *Agaricus*- und Shiitake-Pilzen (beide Pilzarten enthalten Agaritin, eine Schlussfolgerung auf Schutzeffekte durch Agaritin ist demnach nicht möglich).

43.5.2
Wirkungen auf Versuchstiere

43.5.2.1 Akute und (sub)chronische Toxizität

Da in diesem Kapitel vor allem Langzeiteffekte der Pflanzeninhaltsstoffe im Vordergrund stehen und akute Giftwirkungen durch die Aufnahme über die Nahrung beim Menschen nur selten vorkommen, werden Labordaten über akut toxische und subchronische Effekte nur kursorisch behandelt.

Die LD_{50}-Werte (bei oraler Aufnahme) in Nagetieren sind für die meisten Pflanzeninhaltsstoffe bekannt (s. Tab. 43.3)

Betrachtet man die Effekte bei Ratten, so zeigt sich, dass bei den meisten Substanzen (Kaffeesäure, Catechol, AITC, Cycasin, Cumarin, Capsaicin, Gyromitrin und Crotonaldehyd) die LD_{50}-Werte im Bereich zwischen 100–500 mg/kg Körpergewicht liegen. Weniger toxisch wirken Methyleugenol ($\geq$800 mg/kg), D-Limonen (>4000 mg/kg) und Safrol (ca. 2000 mg/kg). Bei Mäusen ist die Giftigkeit dieser Substanzen meist ähnlich wie bei Ratten.

Betrachtet man die subchronischen Effekte, so gibt es zwei Haupt-Zielorgane: Cycasin, Safrol und Methyleugenol induzieren vor allem Leberschäden, während von Kaffeesäure, Catechol, Sesamol und AITC primär Magenschädigungen (hauptsächlich Hyperplasien) ausgelöst werden. D-Limonen löst neben Leberschäden auch Entzündungen in den Nieren aus; mit AITC wurden neben goitrogenen Effekten auch Veränderungen des Blasenepithels beobachtet. Ein breites Spektrum von Giftwirkungen wird durch Capsaicin induziert: Es führt u. a. zu pathologischen Veränderungen in Leber, Nieren, Magen und in den Lungen.

Chronische, nichttumorigene Effekte können aus Platzgründen im Rahmen dieses Beitrags nicht abgehandelt werden. Angaben darüber finden sich in einschlägigen Monographien (Kaffeesäure [163], Catechol [83], Sesamol [129], AITC [82], Cycasin und MAM [75, 118], Safrol [147], Estragol [144], Methyleugenol [145], Agaritin [76], Gyromitrin [77], Capsaicin [146], Crotonaldehyd [81] und D-Limonen [79]).

Tab. 43.3 Akute und subchronische Toxizität nach oraler Verabreichung.

Name	Spezies	LD_{50} [a)]	Symptome (subchronische Exposition)	Literatur
Phenolische Verbindungen				
Kaffeesäure	Ratten	40 g/kg Nahrung	Ratten: Hyperplasien des Vormagens, Inhibition von GST (Leber)	[67, 68, 163]
	Vögel	> 100 mg/kg KG [2)]		
Catechol	Ratten	260 mg/kg KG	Ratten, Hamster: Hyperplasien des Vormagens, Verdickung der Mukosa im Drüsenmagen in Ratten	[83]
	Mäuse	260 mg/kg KG		
Sesamol	Ratten	nicht vorhanden für orale Verabreichung	Vormagen: Ulci, verdicktes Epithel, Magen: Hyperplasie, epitheliale Nekrosen	[129]
Glucoside und Aglykone				
(Singirin) Allylisothiocyanat	Ratten	AITC: 339 mg/kg KG	Verdickung der Magen-Mukosa, Adhäsion des Magens an das Peritoneum, Verdickung der Blasenwand; Schilddrüse: leicht goitrogene Aktivität (durch Iodaufnahme inhibiert)	[82]
(Cycasin)		MAM-Acetat:	*Cycasin*: Lebernekrosen (Verlust von RNA und Phospholipiden), Ratten; Neurotoxizität in jungen Mäusen	[75, 118]
MAM-Acetat	Mäuse	500 mg/kg KG	*MAM-Acetat*: Leber: Steatose, verringerte DNA-, RNA-, Protein-Synthese (Ratten und Mäuse), Aktivitätsrückgang von Katalase, alkalische Phosphatase, ATPase, DNA-Methylase	
	Ratten	270–562 mg/kg KG		
	Hasen	30 mg/kg KG		
	Hamster	<250 mg/kg KG		
Alkylbenzene				
Safrol	Mäuse	2350 mg/kg KG	Leber: Hypertrophien, Fibrosen, Nekrosen, Steatose, Proliferationen der Gallengänge (Ratten)	[147]
	Ratten	1950 mg/kg KG		
Estragol	n. a. [c)]	n. a.	n. a.	–
Methyleugenol	Ratten	810–1560 mg/kg KG	Ratten und Mäuse: Verringerung des Wachstums, Leber: Hypertrophien, Nekrosen; Mäuse: Drüsenmagenatrophie, Nekrosen	[145]
	Mäuse	540 mg/kg KG		

Tab. 43.3 (Fortsetzung)

Name	Spezies	LD_{50} a)	Symptome (subchronische Exposition)	Literatur
Pilzgifte				
Agaritin	n. a.	n. a.	n. a.	–
Gyromitrin	Mäuse	344 mg/kg KG	Ratten: Aktivitätsabnahme der CYP450-Enzyme; veränderte Nierenfunktion (Diurese, erhöhte Ausscheidung von Na^+, K^+)	[77]
	Ratten	320 mg/kg KG		
	Hasen	70 mg/kg KG	*N*-Methyl-*N*-Formylhydrazin bewirkte keine Veränderung der Nierenfunktion	
Diverse Verbindungen				
Cumarin	Mäuse	196–780 mg/kg KG	Lebernekrosen, Glutathion-Depletion, erhöhte Amino-Transferase-Aktivität im Plasma	[74]
	Ratten	292–680 mg/kg KG		
Capsaicin	Mäuse	122–294 mg/kg KG	Mäuse: Mukosaschäden im Duodenum, Schäden in Leber, Nieren, Magen und Lunge; Ratten: verringertes Wachstum, Mukosaschäden im Magen, verringerte Blutwerte (Glucose, Lipide, Stickstoff,…)	[146]
Crotonaldehyd	Mäuse	104 mg/kg KG	Ratten und Mäuse: Irritationen in Augen, Respirationstrakt und Haut, Entzündungen im Vormagen und Nasenhöhlen (Ratten)	[81]
	Ratten	80–206 mg/kg KG		
D-Limonen	Mäuse	5600–6600 mg/kg KG	Ratten und Mäuse: verringertes Körpergewicht und reduzierte Nahrungsaufnahme; in ♂Ratten „Hyaline droplet“ Nephropathie (hohe Konzentration von α_{2u}-Globulin in proximalen Nierentubuli), erhöhte Leber- und Nierengewichte	[79]
	Ratten	4400–5100 mg/kg KG		

a) LD_{50} = für 50% der Tiere letale Dosis
b) KG = Körpergewicht
c) n. a. = nicht angegeben.

43.5.2.2 **Mutagenität *in vivo***

Daten über die genotoxischen Effekte der diversen Pflanzeninhaltsstoffe sind in Tabelle 43.4 zusammengefasst.

43.5.2.2.1 **Phenolische Verbindungen**

Über Kaffeesäure und Sesamol liegen keine Informationen vor. Die Datenlage zu Catechol ist widersprüchlich.

43.5.2.2.2 **Glucoside**

Die Datenlage zu *AITC, dem Aglykon von Sinigrin,* liefert allenfalls Hinweise auf eine schwache Mutagenität: In Mikrokerntests mit Ratten wurden negative Ergebnisse erhalten, auch in einer weiteren Studie (außerplanmäßige DNA-Synthese in der Rattenleber) wurden keine Hinweise auf DNA-schädigende Eigenschaften gefunden. In einer jüngeren Studie („Host Mediated Assay" mit *E. coli*-Stämmen) wurde mit einer sehr hohen Dosis (200 mg/kg KG) ein schwacher Effekt detektiert. Im Gegensatz dazu wurden mit *Cycasin* durchwegs positive Resultate erhalten.

43.5.2.2.3 **Alkylbenzene**

Sowohl für *Methyleugenol,* als auch für *Estragol* und *Safrol* ist nachgewiesen, dass sie DNA-Addukte in Labornagern auslösen. Weiterhin wurde gezeigt, dass auch Hydroxy-Estragol in Mäusen in der Leber derartige Addukte bildet. In einer weiteren Studie wurden nach oraler Verabreichung von safrolhaltigen Cola-Getränken DNA-Addukte in der Leber von Mäusen gefunden. Auch Induktion von Mikrokernen und Chromosomenaberrationen wurden mit den diversen Benzenen nachgewiesen.

43.5.2.2.4 **Pilzgifte**

Über genotoxische Effekte von *Agaritin* und *Gyromitrin* liegen keine Ergebnisse aus Tierversuchen vor.

43.5.2.2.5 **Diverse weitere Verbindungen**

Cumarin induzierte in Mäusen keine Mikrokerne und wirkte auch in *Drosphila melanogaster* nicht mutagen. Auch über *D-Limonen* liegen derzeit nur negative Resultate vor.

Capsaicin bewirkte in mehreren Studien keine Auslösung von Mikrokernen im Knochenmark von Mäusen und Ratten. Allerdings konnten mit Capsicumextrakten und einer Mischung von Capsaicin und Dihydrocapsaicin (20%) in zwei Studien bei intraperitonealer Verbreichung Mikrokerne im Knochenmark von Mäusen induziert werden. Außerdem wurde bei intraperitoneal behandelten Mäusen

Tab. 43.4 Mutagenitätsdaten in *in vivo*-Experimenten.

Verbindung	Testsystem/Tierart [a)]	Dosierung [b)]	Resultat [c)]	Literatur
Catechol	Mikrokerntest/murine Knochenmarkszellen, M, ♂	po 40 mg/kg KG x 1	+	[33]
	Mikrokerntest/murine Knochenmarkszellen M, ♂	sc 42 mg/kg KG×6	–	[185]
	Mikrokerntest/murine Knochenmarkszellen, fetale Leberzellen, M, ♀	po 40 mg/kg KG×1	+	[34]
	Mikrokerntest/murine Knochenmarkszellen, M, ♂+♀	ip 10 mg/kg KG×1	+	[112]
	DNA-Strangbrüche, Quervernetzungen, R, ♂+♀	po 90 mg/kg KG×1	–	[49]
AITC	Außerfahrplanmäßige DNA-Synthese, Rattenhepatozyten, R	po (Senföl) 125 mg/kg KG×1	–	[15]
	dominant letale Mutationen und chromosomale Aberrationen in Knochenmarkszellen (R)	po 100 mg/kg KG×1	–	[47]
	Saccharomyces cervisiae (HMA), M	po 130 mg/kg KG×1	–	[47]
	rezessive Letalmutationen in *Drosophila melanogaster*	Spray Dosis: n. a.	+	[12]
	HMA (Indikatorbakterien: *Escherichia coli*), M, ♂	po 90 und 270 mg/kg KG	+	[95]
Cycasin	HMA (Indikatorbakterien: hisG46), M	po 0,5 mL einer 2% Lsg	+	[50]
	DNA-Strangbrüche (Leber, Niere und Kolon), R, ♂	po 56,2 –562 mg/kg KG	+	[134]
	DNA-Strangbrüche (Leber, Niere und Kolon), R, ♂	po, 50–400 mg/kg KG×1	+	[24]
	DNA-Strangbrüche (Leber), M, ♂	po, 50–400 mg/kg KG×1	+	[24]
MAM	HMA (Salmonella hisG46) M	po 0,5 mL einer 1% Lsg	+	[50]
	DNA-Strangbrüche (Kolon) R, ♂	ip 25 mg/kg KG	+	[94]

Tab. 43.4 (Fortsetzung)

Verbindung	Testsystem/Tierart [a)]	Dosierung [b)]	Resultat [c)]	Literatur
MAM-Acetat	HMA (Salmonella TA1530), M	im 469 mg/kg KG×1	+	[152]
	Mikrokerntest, R	iv 35 mg/kg KG×1	+	[207]
	DNA (Leber, Lunge und Niere) –Strangbrüche, R	ip 25 mg/kg KG	+	[118]
Safrol	Chromosomenaberrationen R (Hepatozyten) ♂+♀	po 125, 150 mg/kg×5	+	[35]
	Schwesterchromatidenaustausch R, ♂+♀	po 10–500 mg/kg×1	+	[35]
	DNA (Leber)-Addukte R, ♂+♀	po 1, 100 mg/kg×1	+	[35]
	DNA (Leber)-Addukte M	po (Cola statt Trinkwasser, 8 w)	+	[139]
	DNA (Leber)-Addukte M	po 1–10 µg/Maus×1	+	[58]
	Mikrokerne (Knochenmark) R	n.a.	–	[54]
	außerfahrplanmäßige DNA-Synthese, R, ♂	n.a.	–	[116]
	DNA (Leber)-Addukte M, ♀	ip 100, 500 mg/kg KG	+	[138]
Estragol	DNA (Leber)-Addukte M, ♂	po 0,1 mmol/kg KG×1	+	[200]
	außerfahrplanmäßige DNA-Synthese (Leber), R	po 50–2000 mg/kg KG	+	[121]
	DNA (Leber)-Addukte M, ♀	ip 100, 500 mg/kg KG	+	[138]
	DNA (Leber)-Addukte M, ♂	ip 0,25–3,0 µmol/M	+	[135]
Methyleugenol	Mikrokerne M, ♂+♀	po 10–1000 mg/kg KG, 14 w	–	[131]
	DNA (Leber)-Addukte M, ♂	ip 0,25–3 µmol×1	+	[135]
	DNA (Leber)-Addukte M, ♀	ip 100, 500 mg/kg KG	+	[138]
	Mutationen im β-Catenin-Gen, M	30 ME induzierte Leberkarzinome untersucht	+ (20/29)	[38]

Tab. 43.4 (Fortsetzung)

Verbindung	Testsystem/Tierart [a)]	Dosierung [b)]	Resultat [c)]	Literatur
Cumarin	Mikrokerne M, ♂+♀	po für 13 w: 300 mg/kg KG	–	[130]
	außerfahrplanmäßige DNA-Synthese (Leber), R	po 320 mg/kg KG×1	–	[43]
	Mikrokerne (Knochenmark) M, ♂+♀	po, 130 mg/kg KG×6	–	[120]
	rezessive Letalmutationen *Drosophila melanogaster*	injiziert 500 µg/ mL×1	–	[206]
D-Limonen	Spot-Test M	ip 215 mg/kg KG×3	–	[46]
	Mutagenität in Niere, Leber und Blase, R, ♂	po für 10 d: 525 mg/kg KG/T	–	[186]
Capsaicin	Mikrokerne (Knochenmark) R	sc 15–500 mg/kg KG	–	[136]
	Mikrokerne (Knochenmark) M, ♂+♀	po 200, 800 mg/kg KG	–	[28]
	Mikrokerne	ip, 1,46, 1,94 mg/kg KG	+	[39]
	Schwesterchromatiden-austausch (normochromatische Erythrozyten), M, ♂	ip Effekt nur bei 1,94 mg/kg KG	+	[39]
	Mikrokerne (Knochenmark) M	ip (CAP+20% Dihydro-CAP) 7,5 mg/kg KG	+	[124]
Capsicum-extrakt	Mikrokerne (Knochenmark) M, ♂+♀	ip, 1,22 mg/kg KG	+	[191, 192]
Crotonalde-hyd	DNA-Addukte (Haut) M	sc 300 mg/kg KG×15	+	[32]
	DNA-Addukte (Leber) R	po für 6 w 1, 10 mg/kg KG	+	[41]

a) M = Mäuse, R = Ratten, HMA = Host-Mediated Assay
b) n. a. = nicht angegeben, po = per os, sc = subkutan, im = intramuskulär, ip = intraperitoneal, KG = Körpergewicht, d = Tag, w = Wochen;
c) + = positiv, – = negativ.

eine erhöhte Mikrokernrate und erhöhte Frequenzen von Schwesterchromatidenaustauschen in normochromatischen Erythrozyten beobachtet. Darüber hinaus inhibierte Capsaicin die DNA-Biosynthese in Hoden von Mäusen [124].

Crotonaldehyd löste bei dermaler Applikation Bildung von DNA-Addukten in Epidermiszellen von Sencar-Mäusen aus. Wie bereits erwähnt, detektierten Nath und Chung [125] exozyklische DNA-Addukte von Crotonaldehyd in der Leber von Labornagern, ohne vorherige Verabreichung der Substanz. Die Autoren schlossen daraus, dass diese Addukte durch endogene Prozesse (Lipidperoxidation) gebildet werden. Andererseits fanden Eder und Mitarbeiter DNA-Addukte in einem vergleichbaren Ausmaß nur in behandelten Ratten [41].

43.5.2.3 **Kanzerogenität**

43.5.2.3.1 **Phenolische Verbindungen**

In Tabelle 43.5 sind Ergebnisse von Kanzerogenitätsstudien mit Kaffeesäure, Catechol und Sesamol aufgeführt.

Die tumorauslösende Wirkung von *Kaffeesäure* ist sowohl in Ratten als auch in Mäusen eindeutig nachgewiesen. In Mäusen wurde Induktion von Karzinomen in Vormagen und Lungen gefunden, in Ratten traten Karzinome im Vormagen und Adenome in Nierenzellen auf. Darüber hinaus wurde eine Reihe von weiteren Experimenten mit Ratten durchgeführt, in denen nur geringe Tierzahlen verwendet wurden. Diese Experimente verliefen durchwegs negativ, allerdings wurde in diesen Studien nur der Vormagen- und Zungenbereich untersucht [92, 162]. In syrischen Goldhamstern (Gruppengröße 15) wurde keine Auslösung von Leber- oder Dickdarmtumoren gefunden, auch die Zahl der Papillome im Vormagen war nicht erhöht [67, 119].

Mit *Catechol* wurden in Experimenten mit Mäusen (nur Ergebnisse einer Studie vorliegend) keine Hinweise auf kanzerogenes Potenzial gefunden. Die Ergebnisse mit Ratten sind widersprüchlich: In einem Niedrigdosierungsexperiment mit männlichen Fischer 344-Ratten wurde kein Effekt detektiert, während bei Verabreichung größerer Mengen im Futter sowohl in Fischer-Ratten als auch in anderen Spezies eindeutig Hinweise auf kanzerogene Wirkungen erhalten wurden. Im Mäusehautmodell (Sencar-Maus) wurde kein Hinweis auf Auslösung von Hauttumoren bei dermaler Verabreichung gefunden [188], in einem ähnlichen Experiment wurden jedoch Hinweise auf Promotionswirkungen in Kombination mit Benzo[a]pyren beobachtet [113].

Sesamol löste bei Aufnahme über die Nahrung sowohl in Ratten als auch in Mäusen (mit Ausnahme einer Studie) Vormagenkarzinome aus. In einer weiteren Studie mit Ratten konnte nach Vorbehandlung mit Diethylnitrosamin (200 mg/kg KG, intraperitoneal) durch die Verabreichung von Sesamol im Futter keine Vergrößerung der $GSTP^{+}$-Foci in der Leber induziert werden. Die Verbindung löste jedoch in einer Studie von Ambrose et al. [4] benigne und maligne proliferative Läsionen in verschiedenen Organen von Ratten aus, allerdings war die Tierzahl ($n=5$) in dieser Untersuchung zu gering, um aussagekräftige Ergebnisse zu erhalten.

43.5.2.3.2 **Glucoside**

Die kanzerogenen Effekte von *AITC* sind wenig untersucht. In einer älteren Studie mit B6C3F1-Mäusen [127] wurde bei oraler Verabreichung (12 oder 25 mg/kg KG, 5x die Woche für 103 Wochen) kein Hinweis auf krebsauslösen-

Tab. 43.5 Kanzerogenitätsstudien mit Kaffeesäure, Catechol und Sesamol.

Tierart/ Tierzahl [1)]	Dosierung /Verabreichung [b)]	Resultat [c)]	Literatur
Kaffeesäure			
B6C3F1-Mäuse $n=30♀+30♂$	po, 2% in der Nahrung, 96 w, durchschnittliche Aufnahme: ♀: 3126 mg/kg KG/d ♂: 2021 mg/kg KG/d	squamöse Papillome ♂4/30 Vormagenkarzinome ♀1/29, ♂3/30 Lungenkarzinome und -adenome ♂8/30 (=27%; K=2,2–13,9%)	[59]
F344-Ratten, $n=30♀+30♂$	po, 2% in der Nahrung, 2 a, durchschnittliche Aufnahme: ♀: 814 mg/kg KG/d ♂: 678 mg/kg KG/d	squamöse Papillome ♀24/30, ♂23/30 Vormagenkarzinome ♀15/30, ♂17/30; Inzidenz vs. K: $p<0{,}01$ Niere: tubuläre Adenome ♂4/30; K n. a.	[59]
F344-Ratten, $n=15♂$	po, 2% in der Nahrung, 51 w, geschätzte Aufnahme: 160 mg/Ratte/d	Vormagenpapillome 4/15 keine bösartigen Tumore	[68]
F344-Ratten, $n=30♂$	po, 2% in der Nahrung, 2 a	Vormagenpapillome 23/30; K 0/30 Vormagenkarzinome 17/30; K 0/30	[68]
F344-Ratten, $n=30$ ♂	po, 2% in der Nahrung, 2 a	keine Leberadenome oder -karzinome, GST-P^+-Foci und TGFα um 57 und 58% reduziert	[60]
Catechol			
B6C3F1-Mäuse, $n=30♀+30♂$	po 0,8% in der Nahrung, 96 w	Hyperplasie, Drüsenmagen: ♂29/30, ♀21/29 keine malignenTumore	[65, 66]
F344-Ratten, $n=30♂$	po, 0,5% im Trinkwasser, 78 w	negativ	[99]
MRC-Wistar-Ratten, $n=30♂$	po, 2 mg/kg in der Nahrung, 15 m	negativ	[117]
F344-Ratten, $n=30♀+♂30$	po, 0,8% in der Nahrung, 104 w	Adenokarzinome, Drüsenmagen ♀15/28, ♂12/28; K 0/28 Papillome, Vormagen ♂2/24	[65, 66]

Tab. 43.5 (Fortsetzung)

Tierart/ Tierzahl [a)]	Dosierung /Verabreichung [b)]	Resultat [c)]	Literatur
Verschiedene Rattenspezies (Wistar, Lewis, SD, WKY), n=20 oder 30♂	po, 0,8% in der Nahrung, 104 w	Papillome, Vormagen K (alle Spezies) 0% 6/30 SD, 2/30 Wistar Karzinome, Vormagen K (alle Spezies) 0% 1/30 SD, 1/30 Wistar Adenokarzinome, Drüsenmagen K (alle Spezies) 0% 23/30 SD, 22/30 Lewis, 20/30 Wistar, 3/30 WKY	[161]
F344-Ratten, n=30♂	po, 0,4 und 0,8% in der Nahrung, 104 w	Adenokarzinome (Pylorus) K 0% 4% in der 0,4% Gruppe 8% in der 0,8% Gruppe erhöhtes Serum-Gastrin	[61]
F344-Ratten, n=30♂	po, 0,4% in der Nahrung, 104 w	Drüsenmagen-Tumore 28%, K 0%	[70]
Sesamol			
F344-Ratten, n=30♀+30♂	po, 2% in der Nahrung, 104 w	squamöse Karzinome (Vormagen) 31%♂ ($p<0{,}001$ gegen K)	[65, 160]
F344-Ratten, n=30♂	po, 0,4% in der Nahrung, 104 w	negativ	[70]
F344-Ratten, n=19♂	po, 0,5% in der Nahrung, 6 w (2 w nach Initiierung mit DEN – 200 mg/kg KG ip×1)	Anzahl der GSTP$^+$-Leberfoci nicht erhöht	[89]
F344-Ratten, ♀+♂, n=n.a.	po, 2% in der Nahrung, 104 w	Vormagenkarzinome: ♂ ♀: negativ, Inzidenz n.a.	[88]
B6C3F1-Mäuse n=30♀+30♂	po, 2% in der Nahrung, 96 w	squamöse Karzinome (Vormagen) 38%♂, 17%♀ ($p<0{,}001$ gegen K)	[65, 160]

a) n=Anzahl der Tiere pro Gruppe, n.a.= nicht angegeben;
b) po=per os, ip=intraperitoneal, sc=subkutan, im=intramuskulär, KG=Körpergewicht, d=Tag, w=Wochen, m=Monate, a=Jahre;
c) K=Kontrollen.

de Wirkung erhalten. Auch ein nachfolgendes Experiment mit A/J-Mäusen verlief negativ [82]. In einer Parallelstudie mit Fischer 344-Ratten wurde in Weibchen erhöhtes Auftreten von Hyperplasien im Blasenepithel und in männlichen Tieren gutartige Papillome in der Harnblase gefunden [127]. Der letztere Effekt konnte in den weiblichen Tieren nicht nachgewiesen werden, allerdings traten bei der höheren Dosis (25 mg/kg KG) subkutane Fibrosarcome auf [127].

Die tumorauslösenden Wirkungen von *Cycasin* und *MAM* sind bereits seit den 1960er Jahren bekannt. Laqueur et al. [105] berichteten 1963 erstmals über die Auslösung von Tumoren in Ratten nach Fütterung von Cycadeenpalmenmehl. In nachfolgenden Experimenten wurde die kanzerogene Wirkung von Cycasin [102], MAM [103] und MAM-Acetat [104] eindeutig nachgewiesen. Die Substanzen wurden in unterschiedlichen Rattenstämmen getestet, neben Auslösung von Lebertumoren wurden auch Karzinome in Nieren, Dickdarm, Lunge und Gehirn gefunden; relativ selten traten Tumore im peripheren Nervensystem und in der Harnblase auf. Langzeitfütterung führte vor allem zur Auslösung von Lebertumoren, während bei Kurzzeit-Behandlung mit höheren Dosen vorrangig Nierentumore induziert wurden [118]. Es ist darüber hinaus bekannt, dass Cycasin und MAM transplazental wirken und in den Nachkommen Tumore induzieren [155]. Cycasin löst auch in anderen Spezies wie Mäusen, Hamstern, Meerschweinchen, Kaninchen, Fischen und Primaten Krebs aus (Zusammenfassung s. [118]). Die Annahme, dass Deglucosylierung von Cycasin durch die Enzyme der Darmbakterien für die kanzerogenen Eigenschaften verantwortlich ist, wird durch Befunde erhärtet, die zeigen, dass in keimfreien Ratten durch die Substanz keine Tumore ausgelöst werden, während das Aglykon hochwirksam ist [104].

43.5.2.3.3 **Alkylbenzene**

Die kanzerogenen Wirkungen von Estragol, Safrol und Methyleugenol sind in Tabelle 43.6 zusammengefasst.

Bei allen Verbindungen war das wichtigste Zielorgan die Leber, bei Mäusen und Ratten induzierten Estragol und Safrol zusätzlich Lungentumore; Methyleugenol löste außerdem Tumorentstehung im Magen-Darm-Trakt aus. Alle drei Substanzen wirkten sowohl in Mäusen als auch in Ratten krebsauslösend, wobei nicht nur bei oraler, sondern auch bei subkutaner oder intraperitonealer Administration Effekte auftraten.

43.5.2.3.4 **Pilzgifte**

Agaritin und *Gyromitrin* wurden bisher nur an Mäusen (und teilweise an Hamstern), nicht jedoch an Ratten auf kanzerogene Wirkungen hin untersucht (s. Tab. 43.7).

In einer älteren Studie wurde die Auslösung von Tumoren bei oraler Verarbreichung eines Metaboliten von *Agaritin* (*N'*-Acetyl-4-Hydroxy-Methyl-Phenylhydrazin) in Lunge und Blutgefäßen detektiert. Interessanterweise wurden in einer Nachfolgestudie mit ähnlichen Dosierungen und identer Administration keine positiven Effekte gefunden. Bei subkutaner Verabreichung induzierte Agaritin in einer nachfolgenden Studie keine Tumorauslösung, in einer anderen Untersuchung wurde durch subkutane Injektion eines weiteren Metaboliten

Tab. 43.6 Ergebnisse der Kanzerogenitätsstudien mit Estragol, Safrol, Methyleugenol und Metaboliten.

Tierart/ Tierzahl [a)]	Dosierung / Verabreichung [b)]	Resultat [c)]	Literatur
Estragol und Abbauprodukte			
C57BL/6J×C3H/HeJ F1-Mäuse, ♂ n=n. a.	n. a. 1-Hydroxyestragol	Lebertumore Inzidenz: n. a.	[204]
CD-1-Mäuse, ♂ n=n. a.	sc, 4,4 und 5,2 μmol/Maus (gesamte Dosis)	hepatozelluläre Karzinome; K [c)] 12% 23% (niedrigere) und 39% (höhere Dosis)	[40]
CD-1-Mäuse, n=50♀+50♂	po 370 mg/kg KG×10	Hepatome 73%♂, K 24% 9%♀, K 2% Lungenadenome 15%♂, K 0%	[115]
CD-1-Mäuse, n=50♂	ip, 4×/w, die ersten 3 w 70 mg/kg KG (gesamte Dosis)	Hepatome *Estragol*: 65%, K 24% *Estragol*-2,3-Oxid: 40%, K 26% Lungenadenome 9%, K 2%	
CD-1-Mäuse, n=50♀	po, Estragol: 150–300, 300–600 mg/kg KG 1-Hydroxyestragol: 180–360 mg/kg KG	Hepatome (K 0%) *Estragol*: 56% *1-Hydroxyestragol*: 71% Angiosarkome: 8% (Estragol, höchste Dosis)	
CD-1-Mäuse, n=40♀	dermal, 4×/w, für 6 w	gutartige Haut-Tumore *Estragol-2,3-Oxid*: 33%, K 7%	
B6C3F1-Mäuse n=50♂	ip, gesamte Dosis: 31,8 mg/kg KG 4×/w, die ersten 3 w	Hepatome 83%, K 41%	
B6C3F1-Mäuse n=49♂	ip, gesamte Dosis: 15,6 mg/kg KG 4×/w, die ersten 3 w	*1-Hydroxyestragol*: Hepatome: 93%, K 15%	
Fischer-Ratten n=20♂	sc, 2×/w, für 10 w gesamte Dosis: 900 mg/kg KG	*1-Hydroxyestragol-2,3-Oxid*: 1Leberkarzinom und 1 Sarkom induziert K 0%	
Safrol und Abbauprodukte			
(C57BL/6×C3Hanf) F1 oder (C57BL/6×AKR) F1-Mäuse n=18♀+18♂	po für 85 w 1265 mg/kg KG (gesamte Dosis)	Leberzelltumore 65%♂, 100%♀ 18%♂, 94%♀ K 11%♂, 0%♀ K 8%♂, 1%♀	[87]

Tab. 43.6 (Fortsetzung)

Tierart/ Tierzahl [a)]	Dosierung / Verabreichung [b)]	Resultat [c)]	Literatur
CD-1-Mäuse, n=35–40♂	po, 4000–5000 mg/kg Nahrung, für 13 m	Hepatozelluläre Karzinome 26%, K 10%	[18]
CD-1-Mäuse, n=100♀+100♂	po, 400 mg/kg KG×10 (2x/w)	Hepatome 61%♂, 13%♀ K 24%♂, 2%♀	[115]
CD-1-Mäuse, n=50♂	ip, 4×/w für 3 w, gesamte Dosis: 81 mg/kg KG *Safrol* oder 45 mg/kg KG *1-Hydroxysafrol*	*Safrol* Hepatome 67%, K 26% Lungenadenome 14%, K 2% 1-Hydroxysafrol Hepatome 65%, K 26% Lungenadenome 10%, K 2%	[115]
CD-1-Mäuse, n=50♀	po, 50–300 und 300–600 mg/kg KG/d, 12 m	Hepatome: 69% (höchste Dosis) K 0%	
CD-1-Mäuse, n=40♀	dermal, 11,2 µmol/Maus, 4×/w, für 6 w	Haut-Papillome: K 7% Safrol-2,3-Oxid: 35% 1-Hydroxysafrol-2,3-Oxid: 82%	
A/J-Mäuse, n=25♀	ip, *Safrol*: 3900 mg/kg KG oder *1-Hydroxysafrol*: 2000 mg/kg KG oder *1-Hydroxysafrol*-2,3-oxid: 2100, 4200 mg/kg KG, gesamte Dosis in 12 w	Lungenadenome: Safrol 5% *1-Hydroxysafrol* 10% *1-Hydroxysafrol-2,3-oxid* 28 und 45% K 4%	
B6C3F1-Mäuse n=70–100♀+♂ (Nachkommen)	po (trächtige Mäuse), gesamte Dosis: 500 mg/kg KG, oder po (laktierende Mäuse), gesamte Dosis: 1500 mg/kg KG	Hepatome (Nachkommen): transplazental behandelte 3,2%♂, 0%♀ behandelte Säuglinge 34♂%, 2,5%♀ K 3%♂, 0%♀	[189]
Fischer-Ratten, n=20♂	sc, 2×/w, 10 w *1-Hydroxysafrol*: 20 µmol/Ratte	Leberkarzinome 55% K 0%	
CD-Ratten, n=15♂	po, gesamte Dosis in 18 m: 5000 mg/kg KG Nahrung	Hepatome 20% +Phenobarbital im Trinkwasser: 80%, K 0%	[205]

Tab. 43.6 (Fortsetzung)

Tierart/ Tierzahl [a]	Dosierung / Verabreichung [b]	Resultat [c]	Literatur
Methyleugenol und Abbauprodukte			
B6C3F1-Mäuse,♂ *n*=n. a.	ip, 42,4 mg/kg KG (gesamte Dosis, 2×/w, 12 w) Methyleugenol oder 1-Hydroxymethyleugenol	Hepatome *Methyleugenol:* 96%, K 41% *1-Hydroxymethyleugenol:* 93%, K 41%	[115]
B6C3F1-Mäuse *n*=50♀+50♂	po, 5 d/w für 2 a: 37–150 mg/kg KG/d,	Leberneoplasmen (♀+♂), Tumore des Drüsenmagens (♂)	[91, 131]
F344/N Ratten, *n*=50♀+50♂	po, 5 d/w für 2 a: 37–150 mg/kg KG/d,	Hepatome, Cholangiome, Tumore des Drüsenmagens (♀+♂), Tumore der Nieren, Fibrosarkome (♂) Vormagentumore (♀)	[91, 131]

a) *n*=Anzahl der Tiere pro Gruppe, n.a.=nicht angegeben;
b) po=per os, ip=intraperitoneal, sc=subkutan, im=intramuskulär, KG=Körpergewicht, d=Tag, w=Wochen, m=Monate, a=Jahre;
c) K=Kontrollen.

(4-Hydroxymethylbenzen-Diazonium-Tetrafluoroborat) die Entstehung von Hauttumoren beobachtet. Mit rohen lyophilisierten Champignons (*Agaricus bisporus*) wurde in zwei Studien eindeutig Auslösung von Tumoren in Lunge und Vormagen gefunden [166, 169]; mit gebackenen Pilzen waren die Effekte nicht signifikant [167].

Gyromitrin und seine Metaboliten (*N*-Methylhydrazin und *N*-Methyl-*N*-Formylhydrazin) lösten ebenfalls in der Lunge von Mäusen Tumore aus, darüber hinaus wurden auch in den anderen Organen Karzinome gefunden [167]. Mit anderen Spezies wurden bisher keine Untersuchungen durchgeführt, allerdings gibt es Daten aus Experimenten mit einem Metaboliten von Gyromitrin (*N*-Methylformylhydrazin), der in syrischen Goldhamstern Tumore in der Leber auslöste. Auch in einer Studie mit Mäusen induzierte diese Substanz Karzinome in Leber, Lunge und in den Gallengängen. Bei der Verfütterung der Speiselorchel (*Gyromitra esculenta*) an Mäuse (drei Tage/Woche, lebenslang) wurde in beiden Geschlechtern Bildung von Tumoren in der Lunge und in anderen Organen (z.B. Nasenhöhle, Blutgefäße, Vormagen, Leber, Blase und Gallengänge) beobachtet [176].

Tab. 43.7 Kanzerogenitätsstudien mit Agaritin, Gyromitrin und Abbauprodukten.

Tierart/ Tierzahl [a]	Dosierung / Verabreichung [b]	Resultat [c]	Literatur
Agaritin und Abbauprodukte			
Swiss-Mäuse, n=50♀+50♂	po, N'-Acetyl-4-Hydroxymethyl-Phenylhydrazin, 0,0625% im Trinkwasser, lebenslang	gut- u. bösartige Tumore in Lunge: 48%♂, 34%♀ K 22%♂, 15%♀ Blutgefäße: 30%♂, 32%♀ K 5%♂, 8%♀	[171]
Swiss-Mäuse, n=50♀+50♂	po, Agaritin, 0,063% und 0,031% im Trinkwasser (3 mg/Tier), lebenslang	negativ	[177]
Swiss-Mäuse, ♀+♂, n=n.a	sc, Agaritin, 100 μg/g KG, 5×/w, lebenslang	negativ	[181]
Swiss-Mäuse, n=50♀+50♂	sc: 4-Hydroxymethylbenzen-Diazonium-Tetrafluoroborat 50 mg/kg KG/w, für 26 w	Hauttumore 18%♂, 22%♀ K 4%♂, 6%♀ (gut- und bösartig)	[175]
Gyromitrin und Abbauprodukte			
Swiss-Mäuse, n=50♀+50♂	po, Gyromitrin 100 mg/kg KG/w für 52 w	gut- u. bösartige Tumore in: Lunge 40%♂, 70%♀ K 22%♂, 26%♀ Vormagen 0%♂, 16%♀ K 0%♂, 0%♀ Klitoris-/Präputialdrüse: 90%♂, 12%♀ K 0%♂, 0%♀	[180]
Swiss-Mäuse, n=50♀+50♂	sc, Gyromitrin 50 mg/kg KG alle 12 w	gut- u. bösartige Tumore in Lungen 46%♂, 51%♀ K 32%♂, 28%♀ Präpitualdrüsen 28%♂, 0%♀, K 0%♂, 0%♀	[174]
Swiss-Mäuse, n=50♀+50♂	po, *N*-Methyl-*N*-Formylhydrazin 78 mg/L im Trinkwasser, lebenslang	gut- u. bösartige Tumore in: Leber: 22%♂, 44%♀ K 2%♂, 0%♀ Lunge: 40%♂, 60%♀	[165]
Syrische Goldhamster, n=n. a.		K 22%♂, 15%♀ Gallenblase: 10%♂, 8%♀ K 0%♂, 0%♀ Goldhamster: gut- und bösartige Lebertumore	

Tab. 43.7 (Fortsetzung)

Tierart/ Tierzahl [a]	Dosierung / Verabreichung [b]	Resultat [c]	Literatur
Swiss-Mäuse, *n*=50♀+50♂	po, *N*-Methylhydrazin, 0,01% im Trinkwasser, lebenslang	Lungenadenome 22%♂, 24%♀, K: n. a.	[164]
Syrische Goldhamster, *n*=50♀+50♂	po, *N*-Methylhydrazin, 0,01% im Trinkwasser, lebenslang	bösartige Lebertumore: 54%♂, 32%♀ K 0%♂, 0%♀ Tumore im Caecum: 14%♂, 18%♀ K 1%♂, 1%♀	[179]
Swiss-Mäuse, ♀+♂ *n*=n. a.	po, *N*-Methyl-*N*-Formylhydrazin, 0,001 und 0,002% im Trinkwasser, lebenslang	gut- u. bösartige Tumore in: Lunge 76% Blutgefäßen 27% Leber 28% Gallenblase 11%	[173]
Swiss-Mäuse, ♀+♂ *n*=n. a.	po, *N*-Methyl-*N*-Formylhydrazin, 0,0078%, 0,0156% im Trinkwasser, lebenslang	niedrige Dosis: gut- u. bösartige Tumore in: Leber 33%, K 1% Lunge 50%, K 18% Gallenblase 9%, K 0% Gallengänge 7%, K 0% höhere Dosis: toxisch	[170]
Swiss-Mäuse, ♀+♂ *n*=n. a.	sc, *N*-Methyl-*N*-Formylhydrazin, einmalig: ♀180 mg/kg KG ♂100 oder 120 mg/kg KG	gut- u. bösartige Tumore in: Lunge 40% Präpitualdrüsen 12%♂	[172]

a) *n*=Anzahl der Tiere pro Gruppe, n. a.=nicht angegeben;
b) po=per os, ip=intraperitoneal, sc=subkutan, im=intramuskulär, KG=Körpergewicht, d=Tag, w=Wochen, m=Monate, a=Jahre;
c) K=Kontrollen.

43.5.2.3.5 **Diverse weitere Verbindungen**

Über die Effekte von *Capsaicin* liegt eine aktuelle Studie mit Swiss-Mäusen vor [168]. Fütterung von 0,03% in der Nahrung induzierte in 22% der Weibchen und in 14% der Männchen Tumore im Blinddarm, die als gutartige polyploide Adenome klassifiziert wurden. In Kontrolltieren lag die Tumorinzidenz bei 8% [168]. Darüber hinaus liegen zwei ältere Studien vor, in einer wurde Induktion von Hepatomen durch Verabreichung hoher Chilimengen in der Nahrung (10%) gefunden [2, 71]. Im Gegensatz dazu konnten Adamia und Mitarbeiter [2] keine Induktion von Lebertumoren durch die Verfütterung von Chili (5% der Nahrung) beobachten, aber sie beobachteten Promotionseffekte bei gleichzeitiger Verabreichung von *para*-Dimethylaminobenzen. In einer Reihe von Fütterungsstudien wirkten Capsaicin oder Chiliextrakte in Kombination mit anderen

Kanzerogenen als tumorpromovierend [3, 90, 96, 157, 158]. Die Datenlage für *Cumarin* ist wesentlich eindeutiger (s. Tab. 43.8). In Ratten wurden in zwei Untersuchungen in unterschiedlichen Organen (Niere, Leber) Karzinome gefunden. In Mäusen waren die Effekte stammabhängig: In B6C3F1-Tieren wurden eindeutig positive Effekte detektiert, nicht jedoch in CD1-Mäusen. Eine Studie mit Syrischen Goldhamstern verlief negativ, allerdings ist anzumerken, dass die Tierzahl gering (12–13 Tiere pro Gruppe) und die Überlebensrate schlecht war.

In einer Studie mit *Crotonaldehyd* [31] wurde bei einer niedrigen Dosis (42 mg/L Trinkwasser) in weiblichen Ratten ein geringfügiger Anstieg (ca. 10%) der Inzidenz von hepatozellulären Karzinomen beobachtet, allerdings wurden

Tab. 43.8 Kanzerogenitätsstudien mit Cumarin.

Tierart/ Tierzahl [a]	Dosierung / Verabreichung [b]	Resultat [c]	Literatur
B6C3F1-Mäuse, *n*=50♀+50♂	po, 50–200 mg/kg KG/d für 103 w	Adenome in der Lunge: ♂24/51, ♀20/51; K ♂:14/50, ♀:2/51 (höchste Dosis); hepatozelluläre Adenome ♀29/51; K ♀:8/50 bei 100 mg/kg KG Vormagentumore: ♂9/50 bei 50 mg/kg KG; K ♂:2/50	[130]
Fischer 344-Ratten, *n*=50–51♀+50–51♂	po, 25–100 mg/kg KG/d für 103 w	tubuläre Adenome: ♂5/51 bei 50 mg/kg KG/d; K ♂:0/49	[130]
CD-1-Mäuse *n*=52♀+52♂	po, 26–280 mg/kg KG/d für 101 (♂) oder 109 (♀)w	negativ	[22]
Sprague-Dawley-Ratten, *n*=50♀+50♂	po, ♂13–234 mg/kg KG/d ♀16–283 mg/kg KG/d ♂für 104 w ♀für 110 w	Gallengangskarzinome ♂:37/65, ♀:29/65; K ♂:0/65, ♀:0/65 hepatozelluläre Tumore ♂:29/65, ♀:12/65; K ♂:2/65, ♀:0/65 jeweils höchste Dosierung	[22]
Syrische Goldhamster *n*=12♀+13♂	po, 0,1 oder 0,5% in der Nahrung, für 2 a	negativ (wenig Tiere, schlechte Überlebensrate)	[187]

a) *n*=Anzahl der Tiere pro Gruppe, n. a.=nicht angegeben;
b) po=per os, ip=intraperitoneal, sc=subkutan, im=intramuskulär, KG=Körpergewicht, d=Tag, w=Wochen, m=Monate, a=Jahre;
c) K=Kontrollen.

mit einer wesentlich höheren Dosis (420 mg/L) keine Effekte gefunden. Die Annahme, dass Crotonaldehyd als Kanzerogen wirkt, wird dadurch unterstützt, dass bei der niedrigeren Dosis in 30% der Tiere neoplastische Knoten und in 80% der Tiere präneoplastische Leberfoci auftraten. Satoh und Mitarbeiter [143] stellten nach Vorbehandlung mit Sojaöl und anschließender Injektion von Crotonaldehyd (6 μM, ip) einen Tag später einen starken Anstieg von einzelligen GST-P^+ Foci in der Leber von weiblichen Sprague-Dawley-Ratten fest; nach drei Tagen war die Anzahl dieser präneoplastischen Läsionen allerdings um 90% reduziert. In einer neueren Arbeit [196] wurde in weiblichen und männlichen B6C3F1-Mäusen nach Injektion von Crotonaldehyd (bis 3 μMol/Tier, ip) keine signifikante Induktion von Tumoren in der Leber festgestellt [196].

D-Limonen löste in B6C3F1-Mäusen beiderlei Geschlechts keine Tumore aus, im Gegensatz dazu wurden in männlichen Fischer 344-Ratten tubuläre Nierenadenome und Karzinome beobachtet, während in Weibchen keine Effekte auftraten [128]. Darüber hinaus wurde eine Verstärkung tubulärer Hyperplasie und Nierenadenome in Rattenmännchen nach Verabreichung von *N*-Nitrosoethylhydroxyethylamin gefunden [84]. In einer Reihe von Untersuchungen konnte geklärt werden, dass die nephrotoxische Wirkung und die Auslösung von Tumoren in männlichen Ratten auf der Bindung von D-Limonen-1,2-Epoxid an α_{2u}-Globulin beruht. Es kommt dadurch zur Akkumulation des Proteins, chronischer Gewebsreizung, verstärkter Zellproliferation und letztendlich zur Tumorauslösung. In Rattenmännchen eines Stamms, in dem keine α_{2u}-Globulinsynthese in der Leber stattfindet, wirkt die Substanz nicht kanzerogen [84].

43.5.3 Wirkungen auf andere biologische Systeme

43.5.3.1 Ergebnisse von Mutagenitätstests *in vitro*

Da die Frage möglicher genotoxischer Eigenschaften von Substanzen von besonderer Bedeutung für Aussagen über ihr krebsauslösendes Potenzial ist, werden nachfolgend die Ergebnisse von *in vitro*-Mutagenitätsuntersuchungen zusammenfassend beschrieben.

43.5.3.1.1 Phenolische Verbindungen

Die Datenlage für *Sesamol* und *Kaffeesäure* ist widersprüchlich. Beide Substanzen waren in bakteriellen Mutagenitätstests negativ [25, 163], in Experimenten mit Säugerzellen wurden jedoch teilweise positive Ergebnisse erhalten. Sesamol wirkte im Maus-Lymphoma-Test mit und ohne metabolische Aktivierung eindeutig mutagen [21], Kaffeesäure löste in der humanen Hepatoma-Zelllinie HepG2, nicht jedoch in Hep3B, Mikrokernbildung aus [111].

Catechol ist im Ames-Test negativ, induziert aber Genmutationen, Schwesterchromatidenaustausche (SCE) und Chromosomenabberationen in Säugerzellen *in vitro*. Mit humanen Zellen wurden widersprüchliche Ergebnisse erhalten [83]: In humanen Lymphozyten löste die Substanz beispielsweise DNA-Strangbrüche und SCE (ohne metabolische Aktivierung) aus, in Mikrokerntests wurden sowohl positive als auch negative Ergebnisse erhalten [83].

Es ist bekannt, dass zahlreiche phenolische Substanzen unter *in vitro*-Bedingungen Radikale freisetzen und dadurch mutagen wirken. Es ist allerdings fraglich, ob diese Effekte auch im lebenden Säugetier, bzw. im Menschen auftreten. Im Falle des Catechols wurde in HL-60-Linien Auslösung oxidativer DNA-Schäden gefunden, die durch NADH verstärkt wurden, während die Effekte durch Zugabe eines Cu^{+}-Chelators oder von Katalase reduziert wurden [133]. Dies deutet darauf hin, dass die Bildung reaktiver Sauerstoffspezies für die genotoxischen Effekte der Substanz verantwortlich ist. Wie erwähnt, wirkte Catechol im Mikrokerntest mit Mäusen bei hoher Dosierung (40 mg/kg KG) nicht genotoxisch [33].

43.5.3.1.2 Glucoside

AITC wirkte im Salmonella/Mikrosomen-Test schwach mutagen, wobei die Effekte nach Zugabe von Leberhomogenat abnahmen [82, 95]. In *E. coli*-Stämmen wurden ebenfalls mutagene Effekte sowie die Auslösung differentieller DNA-Reparatur detektiert [82, 95]. Im Gegensatz dazu wurden in Säugertierzellen wesentlich stärkere Effekte gefunden; die Verbindung löste bereits in sehr geringen Dosierungen in indischen Muntjak-Zellen und auch in humanen Fibroblasten Chromosomenaberrationen aus [82, 123].

Mit *Cycasin* wurden sowohl in bakteriellen Indikatoren als auch in Säugerzellen *in vitro* durchwegs negative Befunde erhalten [118], während das Aglykon (MAM), sowie der Metabolit MAM-Acetat mit wenigen Ausnahmen in allen Testsystemen genotoxisch wirkten [118]. Diese Befunde zeigen, dass nicht die Ausgangssubstanz *per se*, sondern die nach Abspaltung der Esterbindung gebildeten Metaboliten DNA-reaktiv wirken.

43.5.3.1.3 Alkylbenzene

Estragol, Methyleugenol und *Safrol* waren in bakteriellen Mutagenitätstests mit *Salmonella typhimurium* nicht, oder nur sehr schwach mutagen [144, 145, 147, 151, 159, 208]. Mit Metaboliten wie Hydroxy-Safrol und Hydroxy-Estragol wurden jedoch positive Ergebnisse im Basenaustauschstamm (TA100) erhalten [159]. In primären Leberzellen von Labornagern wurde mit allen drei Substanzen die Bildung von DNA-Addukten, bzw. die Auslösung von außerfahrplanmäßiger DNA-Synthese (UDS) induziert [27, 73, 121, 203]. Die Ergebnisse, die in Mutagenitätstests mit stabilen Zelllinien gefunden wurden, sind teilweise widersprüchlich. Estragol und Methyleugenol lösten in Hamsterzellen (V79- und CHO-Zellen) keine Chromosomenaberrationen aus [121, 131]. Die letztere Verbindung induzierte jedoch bei Zusatz von Enzymhomogenat Schwesterchromatidenaustausche [131].

43.5.3.1.4 **Pilzgifte**

Über *Agaritin* und *Gyromitrin* liegen nur wenige Daten vor. Im Ames-Test wurde im Salmonella-Stamm TA104 bei Zusatz von Leberhomogenat ein schwach positives Resultat erhalten [76, 77, 194, 198, 199]; dieser Stamm spricht mit besonders hoher Empfindlichkeit auf Radikale an. Mit allen übrigen Stämmen waren die Resultate negativ [198, 199]. Gyromitrin löste in den Stämmen TA98 und TA100 keine Mutationen aus, während mit einem Metaboliten (*N*-Methyl-*N*-Formylhydrazin) nach Zugabe von Leberhomogenat im Stamm TA100 Revertanten induziert wurden (nicht jedoch in TA98) [194].

43.5.3.1.5 **Diverse weitere Verbindungen**

Auch mit *Capsaicin* ist die Datenlage äußerst widersprüchlich. In mehreren Salmonella-Tests wurden negative Ergebnisse erhalten [20, 28, 52, 136, 193]. Im Gegensatz dazu wurde in zwei Studien mit Leberenzymhomogenat (S9-Mix) schwache Mutagenität im Stamm TA98 detektiert [124, 178]. Recht deutliche Effekte wurden mit Mischungen von Capsaicin (80%) und Dehydrocapsaicin (20%) sowie mit Chiliextrakt in diversen Salmonella-Stämmen (TA1535, 98, 100) nach Zugabe von Metabolisierungsgemisch beobachtet [124]. Die Ergebnisse von Genmutationstests in V79-Zellen (Endpunkte: 8-Azoguanin- und 6-Thioguanin-Resistenz) sind widersprüchlich [106, 124]. In humanen Lymphozyten konnte keine Auslösung von Chromosomenaberrationen festgestellt werden [28, 136]. Capsaicin löste in humanen Neuroblastomzellen (SHSY-5Y), nicht aber in humanen Endothelialzellen (ECV 304) DNA-Strangbrüche aus [140, 141]. Im Maus-Lymphoma-Test wurde nach Zugabe von Enzymhomogenat schwache Mutagenität detektiert [28].

Auch Mutagenitätstests mit *Cumarin* lieferten widersprüchliche Ergebnisse. In zwei Salmonella-Stämmen wurden positive Resultate nach Zugabe von S9-Mix gefunden [100]. In CHO-Zellen wurde die Induktion von Chromosomenaberrationen (mit metabolischer Aktivierung) und Schwesterchromatidenaustauschen (ohne metabolische Aktivierung), aber keine Induktion von Genmutationen im *Hprt* locus beobachtet [55, 130]. In einer humanen Hepatome-Zelllinie (HepG2) [142], nicht jedoch in primären Rattenhepatozyten wurde Mikrokernbildung induziert [122]. In einer Untersuchung (außerfahrplanmäßige DNA-Synthese) mit humanem Lebergewebe wurden negative Ergebnisse erhalten [14]. Cumarin zeigte darüber hinaus in weiteren Untersuchungen sowohl antimutagene als auch co-mutagene Eigenschaften [85].

Crotonaldehyd ist in *Salmonella typhimurium* Stamm TA100 eindeutig mutagen, auch in Untersuchungen mit *E. coli*-Stämmen wurden positive Ergebnisse erhalten [81]. Darüber hinaus liegt ein positives Ergebnis aus DNA-Bindungsstudien vor [42]. Die Substanz löste jedoch keine außerfahrplanmäßige DNA-Synthese in Rattenhepatozyten aus; Details siehe [81].

D-Limonen war faktisch in allen Mutagenitätstests negativ [84, 128]; sowohl in Bakterien (*Salmonella typhimurium*-Stämme) [63] als auch in UDS-Experimenten mit primären Hepatozyten [195].

43.6
Bewertung des Gefährdungspotenzials, Grenzwerte, Richtlinien, Empfehlungen, gesetzliche Regelungen

Nur für wenige der in diesem Kapitel behandelten Pflanzeninhaltsstoffe existieren Empfehlungen internationaler Organisationen hinsichtlich der Aufnahme über Nahrungsmittel.

Für einige Substanzen, beispielsweise Agaritin, Gyromitrin, Cycasin und Crotonaldehyd liegt die Klassifikation durch die International Agency for Research on Cancer (IARC) bereits mehr als zehn Jahre zurück; für Sesamol, Estragol, Methyleugenol und Capsaicin liegen keine Einstufungen vor.

43.6.1
Phenolische Verbindungen

Kaffeesäure wurde 1995 von der IARC als Kanzerogen der Klasse 2 B (möglicherweise humankanzerogen) eingestuft [80], zwischenzeitlich wurden nur wenige Studien durchgeführt. In einer aktuelleren Bewertung von Tice et al. [163] kamen die Autoren im Wesentlichen zu einer ähnlichen Bewertung. Es ist allerdings derzeit nicht eindeutig klar, ob der Wirkung von Kaffeesäure DNA-schädigende oder epigenetische Mechanismen zugrunde liegen.

Catechol wurde 1999 von der IARC ebenfalls als 2 B-Kanzerogen bewertet. Die Annahme einer Krebs auslösenden Wirkung wird auch durch eine jüngere japanische Studie [61] weiter untermauert.

Sesamol verursachte im Magen von Ratten und Mäusen Karzinome und zusätzlich papillomatöse Foci in der Blase von Mäusen, außerdem wirkte Sesamöl als Co-Kanzerogen in Mäusen. In prächronischen Fütterungsstudien mit Ratten wurde das hepatokanzerogene Potenzial von Sesamol festgestellt [129]. Sesamol bekam von der FDA (US Food and Drug Administration) keinen GRAS-(generally recognized as safe-)Status zugesprochen. Die GRAS-Liste der FDA enthält Substanzen mit einer sicheren Anwendungsvergangenheit, die direkt als Lebensmittelzusatzstoffe eingesetzt werden dürfen (siehe: http://vm.cfsan.fda.gov/~dms/eafus.html).

43.6.2
Glucoside

AITC (das Aglykon von Sinigrin) wurde von der IARC hinsichtlich des humankanzerogenen Potenzials als nicht klassifizierbar (Gruppe 3) bewertet [82] und von der FDA auf die GRAS-Liste gesetzt. Jüngere Studien zeigen, dass die Substanz unter *in vitro*-Bedingungen stark Chromosomen brechend wirkt und differentielle DNA-Reparatur auslöst. Im Gegensatz dazu wurden im Tierexperiment genotoxische Wirkungen erst bei extrem hohen Expositionskonzentrationen gefunden [95].

Im Fall des *Cycasins* (bzw. seines Aglykons *MAM*) ist die Datenlage eindeutig. Mutagene und tumorauslösende Wirkungen sind in Versuchstieren nachgewiesen. Hinweise aus epidemiologischen Studien geben Anlass zu der Annahme, dass die Substanz auch im Menschen Lebertumore auslöst [118]. Allerdings ist mit einer Humanexposition nicht mehr zu rechnen, da die Produktion von Backwaren aus Cycadeenmehl eingestellt wurde. Der IARC beurteilte Cycasin als Kanzerogen der Gruppe 2 B; die Substanz wird nicht auf der GRAS-Liste angeführt.

43.6.3 Alkylbenzene

Da die Alkylbenzene *Estragol, Safrol* und *Methyleugenol* eindeutig genotoxisch wirken und in mehreren Labornagerspezies kanzerogene Wirkung zeigten, empfiehlt das Scientific Committee of Food (SCF) der Europäischen Kommission Restriktionen im Gebrauch als Lebensmittelzusatz und der Aufnahme, da keine sichere Dosis angegeben werden kann [144, 145, 147]. Die Lebensmittelindustrie ist anderer Meinung: Ein Expertenkomitee der Flavour and Extract Manufacturers Association (FEMA) veröffentlichte eine Stellungnahme, in der festgestellt wird, dass die Aufnahme sowohl von Estragol als auch von Methyleugenol durch Gewürze und Gewürzextrakte kein signifikantes Krebsrisiko für den Menschen darstellt [153]. Als Begründung wird angegeben, dass der wirksame Bereich in Nagerstudien zwischen 1–10 mg/kg KG liegt und dass diese Dosen die Aufnahmemengen des Menschen um das 100–1000fache überschreiten. De Vincenzi und Mitarbeiter [37] empfehlen aufgrund des kanzerogenen Potenzials von Methyleugenol eine Beschränkung auf 0,05 mg/kg (Detektionslimit) für aromatisierte Lebensmittel. Safrol und Methyleugenol haben (im Gegensatz zu Estragol) keinen GRAS-Status und dürfen nicht direkt als Lebensmittelzusatzstoff zugesetzt werden. Das NTP (National Toxicology Programme) beurteilt Methyleugenol als mögliches Humankanzerogen [131].

Die Europäische Kommission setzte im Annex II der Direktive 88/388/EEC folgende Maximalwerte für den Safrolgehalt fest: 1 mg/kg in aromatisierten Lebensmitteln und Getränken (Ausnahme: alkoholische Getränke mit mehr als 25% Alkohol) und 15 mg/kg für Lebensmittel, die Muskat enthalten. Die FDA hat den Zusatz von Safrol zu Lebensmitteln nicht zugelassen [147]. Weiterhin ist zu erwähnen, dass die IARC die Nüsse der Betelpalme (Betel- oder Arekanüsse) und Betelblätter, die Safrol in hohen Mengen (bis zu 15 mg/kg) enthalten und in vielen Teilen Asiens mit oder ohne Tabak gekaut werden, als kanzerogen für den Menschen einstufte (Gruppe 1) [86].

43.6.4 Pilzgifte

Im Fall von *Agaritin* wurden seit der Einstufung der IARC (1983) als Gruppe 3-Kanzerogen keine weiteren Tierexperimente mehr durchgeführt. Auch mit *Gyromitrin* wurde in den letzten 20 Jahren keine weiteren *in vivo*-Studien durchgeführt. Keine der beiden Substanzen befindet sich auf der GRAS-Liste. Ein Expertenteam der WHO veröffentlichte im Jahr 2000 eine Stellungnahme, in der festgestellt wird, dass Lorchelarten (*Gyromita sp.*) aufgrund ihrer Giftwirkungen (Akut- und Langzeiteffekte) nicht vom Menschen konsumiert werden sollten [182].

43.6.5
Diverse weitere Verbindungen

Cumarin wurde von der IARC mehrmals bewertet [74, 78, 85]. Die Klassifizierung als Kanzerogen der Klasse 3 (nicht bewertbar) aus dem Jahr 1987 wurde in einer aktuelleren Bewertung (2000) beibehalten; die Substanz hat keinen GRAS-Status. Der Europäische Rat hat in Annex II der europäischen Direktive (88/388/EEC) für Cumarin maximal zulässige Konzentrationen in verschiedenen Lebensmitteln festgelegt. Der allgemeine Grenzwert in Lebensmitteln und nicht alkoholischen Getränken beträgt 2 mg/kg; in ausgewählten Lebensmitteln, wie alkoholischen Getränken und bestimmten Süßigkeiten (mit Karamell) sind Maximalwerte von 10 mg/kg zulässig (in Kaugummi sogar bis 50 mg/kg); die direkte Verwendung von Cumarin (oder Tonkabohnen) als Lebensmittelzusatzstoff ist verboten [74].

Capsaicin kann unserer Meinung nach aufgrund der widersprüchlichen Ergebnisse in Genotoxizitätstests und in Langzeit-Kanzerogenitätsstudien in Labornagern nicht eindeutig als Kanzerogen eingestuft werden. Allerdings gibt es, wie erwähnt, Hinweise aus „Hochexpositionsländern“ (Indien, Mexiko), die darauf hindeuten, dass erhöhter Konsum mit Auslösung von Tumoren im oberen Verdauungstrakt in Zusammenhang steht [109, 110, 126, 200]. Aufgrund der weiten Verbreitung sollten weitere Untersuchungen durchgeführt werden. Die FDA setzte Capsaicin, nicht aber *Capsicum* spp. und Capsicumextrakte, auf die GRAS-Liste.

1995 wurde *Crotonaldehyd* von der IARC als nicht bewertbar (Klasse 3) eingestuft [81] und hat keinen GRAS-Status. Die Annahme einer möglichen kanzerogenen Wirkung beim Menschen wird durch Untersuchungen erhärtet, die zeigten, dass in der Leber DNA-Addukte von Crotonaldehyd auftreten [41]. Weiterhin wurde in einer Untersuchung nachgewiesen, dass die Substanz in der Leber von Ratten präneoplastische Läsionen (enzymveränderte Foci) auslöst [143]. Da Crotonaldehyd industriell eingesetzt wird (Polymerproduktion, Synthese von cyclischen Aldehyden), gibt es Richtlinien für den Arbeitsplatz: Die TRK (=Technische Richtkonzentration) beträgt 1 mg/m^3. Im Fall von *D-Limonen* ist die Beurteilung relativ einfach. Die kanzerogene Wirkung wurde im Tierversuch nur bei männlichen Ratten gefunden. Mechanistische Studien belegen, dass dem eine Akkumulation von α_{2u}-Globulin zugrunde liegt, die beim Menschen nicht stattfindet. Daher wird angenommen, dass die kanzerogene Wirkung in männlichen Ratten keine Humanrelevanz besitzt. Die FDA- und die FEMA-Expertengruppe, die D-Limonen auf die GRAS-Liste setzten, stufen die Substanz als nicht krebserregend ein [13]. Die FDA legte einen ADI-(acceptable daily intake-)Wert von 0–1,5 mg/kg KG fest und empfiehlt, eine maximale tägliche Aufnahme von 75 µg/kg KG/Tag (5% des maximalen ADI) als Lebensmittelzusatzstoff nicht zu überschreiten. Diese Empfehlung basiert auf dem signifikanten Gewichtsverlust von Labornagern nach oraler Verabreichung von D-Limonen [45].

43.7 Vorsorgemaßnahmen

Seitens der Lebensmittelindustrie und durch behördliche Regelungen wurden für einige Substanzen bereits Maßnahmen getroffen, um eine Gefährdung des Konsumenten zu vermeiden. Beispielsweise werden keine Backwaren aus Cycadeenmehl mehr hergestellt, auch die Verwendung von Sassafrasöl zur Herstellung von Erfrischungsgetränken (root beer) wurde eingestellt. Allerdings werden nach wie vor sinigrinhaltige Präparate aus Brassicacaeen als Nahrungsmittelsupplemente vermarktet. Auf Konsumentenebene kann empfohlen werden, eine einseitige Ernährung mit Lebensmitteln, die potenziell kanzerogene Inhaltsstoffe besitzen, zu vermeiden. Dies betrifft beispielsweise alkylbenzenhaltige Gewürze, scharfe Chilis, cumarinhaltige Getränke, den Verzehr roher Champignons in größeren Mengen sowie den Konsum von Lorcheln.

Kaffeesäure und Chlorogensäure sind in besonders hohem Maße in Kaffee enthalten. Befürchtungen einer erhöhten Inzidenz von Pankreaskarzinomen durch Kaffeekonsum konnten in jüngeren Untersuchungen jedoch relativiert werden. Zusätzlich häufen sich Hinweise auf eine inverse Relation zwischen Kaffeekonsum und dem Auftreten von Dickdarm- und Leberkrebs [51, 53]. Daher ist eine Reduktion der Kaffeeaufnahme wegen möglicher krebsauslösender Wirkungen aufgrund des derzeitigen Wissensstandes nicht erforderlich. Bruce Ames erwähnt in einer jüngeren Arbeit, dass Kaffee eine Vielzahl (ca. 30) von Nagetierkanzerogenen enthält [6], deren Aufnahme über Kaffee für den Menschen jedoch zu keinem erhöhten Krebsrisiko führt.

43.8 Zusammenfassung

Die von B. Ames publizierten Arbeiten über kanzerogene Wirkungen von Pflanzeninhaltsstoffen [7, 8] haben weltweites Aufsehen erregt. Zentrale Aussage dieser Arbeiten ist die Betonung der Tatsache, dass pflanzliche Nahrungsmittel (und Getränke) krebsauslösende Inhaltsstoffe beinhalten, die ein Humanrisiko darstellen könnten. Diese Annahme wurde mit Ergebnissen von Tierversuchen begründet, die in den 1970er und 1980er Jahren durchgeführt wurden. Allerdings zeigt die Auswertung der verfügbaren Informationen im Rahmen unserer Recherchen, dass die Daten in vielen Fällen widersprüchlich sind und eine Abschätzung des Humanrisikos durch diese Pflanzeninhaltsstoffe nur schwer möglich ist. Eines der Hauptprobleme der Gefährlichkeitseinschätzung ist durch die Tatsache bedingt, dass bei den meisten Substanzen die Mechanismen, die zur Krebsauslösung führen, nicht bekannt sind. Es ist beispielsweise nicht bekannt, ob die Tumorauslösung durch Kaffeesäure im Tierexperiment auf DNA-Schädigung beruht. Auch bei Sesamol, Capsaicin und Crotonaldehyd besteht noch erheblicher Forschungsbedarf hinsichtlich der zugrunde liegenden Mechanismen. Für Catechol und AITC ist nachgewiesen, dass sie unter *in vitro*-Bedingungen DNA-schädigend wirken können, es ist aber nicht klar, ob auch unter *in vivo*-Bedingungen genotoxische Effekte in relevanten Dosis-Bereichen auftreten. Lediglich für Cycasin und die Alkylbenzene ist eindeutig geklärt, dass es sich um genotoxische Kanzerogene handelt.

Auch derzeit liegen nur relativ wenige Ergebnisse von Untersuchungen mit Pflanzeninhaltsstoffen vor. Vergleicht man die derzeitige Datenlage mit jener von anderen nahrungsrelevanten Kanzerogenen (beispielsweise mit Mykotoxinen, Nitrosaminen, polycyclischen Kohlenwasserstoffen und heterozyklischen aromatischen Aminen), so zeigt sich der Mangel an zuverlässigen Informationen in besonders deutlicher Weise. Aufgrund der Tatsache, dass in zunehmendem Maße „functional foods" sowie Nahrungsmittelsupplemente, die aus Nahrungspflanzen hergestellt werden, die hohe Konzentrationen an bioaktiven Substanzen enthalten, gewinnt der Forschungsbedarf hinsichtlich möglicher negativer langzeittoxischer Effekte pflanzlicher Inhaltsstoffe zunehmend an Bedeutung.

Die Tatsache, dass in einzelnen pflanzlichen Lebensmitteln Inhaltsstoffe gefunden werden, die genotoxische beziehungsweise kanzerogene Eigenschaften besitzen, soll nicht zu der Annahme verleiten, dass erhöhter Verzehr pflanzlicher Lebensmittel generell zu einem erhöhten Krebsrisiko führt. Eine Vielzahl von Untersuchungen zeigen, dass der Verzehr bestimmter Gemüsearten invers mit dem Auftreten verschiedener Krebsarten korreliert; auch die Mechanismen, die den Schutzwirkungen zugrunde liegen, konnten in Tierexperimenten geklärt werden. Eine grobe Übersicht, die derartige Zusammenhänge beschreibt, findet sich in den Publikationen des World Cancer Research Fund [202] sowie in den Arbeiten von Steinmetz und Potter [156] und Tsuda et al. [184].

43.9 Literatur

1 Abdel Salam OM, Heikal OA and El-Shenawy SM (2005) Effect of capsaicin on bile secretion in the rat, *Pharmacology*, **73**, 121–128.

2 Adamia IK (1971) Effect of red pepper on the induction of hepatomas, *Herald of NAS of Georgian SSR*, **65**, 237–240.

3 Agrawal RC, Wiessler M, Hecker E and Bhide SV (1986) Tumour-promoting effect of chili extract in BALB/c mice, *Int J Cancer*, **38**, 689–695.

4 Ambrose AM, Cox AJ and DeEds F (1958) Toxicological Studies on Sesamol, *Agric Food Chem*, **6**, 600–604.

5 Ames BN and Gold LS (1990) Natural chemicals, synthetic chemicals, risk assessment, and cancer, *Princess Takamatsu Symposium*, **21**, 303–314.

6 Ames BN and Gold LS (1998) The causes and prevention of cancer: the role of environment, *Biotherapy*, **11**, 205–220.

7 Ames BN and Gold LS (2000) Paracelsus to parascience: the environmental cancer distraction, *Mutat Res*, **447**, 3–13.

8 Ames BN, Profet M and Gold LS (1990) Dietary pesticides (99,99% all natural), *Proc Natl Acad Sci USA*, **87**, 7777–7781.

9 Ames BN, Profet M and Gold LS (1990) Nature's chemicals and synthetic chemicals: comparative toxicology, *Proc Natl Acad Sci USA*, **87**, 7782–7786.

10 Archer AW (1988) Determination of safrole and myristicin in nutmeg and mace by high-performance liquid chromatography, *J Chromatogr*, **438**, 117–121.

11 Archer VE and Jones DW (2002) Capsaicin pepper, cancer and ethnicity, *Med Hypotheses*, **59**, 450–457.

12 Auerbach C and Robson JM (1947) Test of chemical substances for mutagenic action, *Proc R Soc Edinburgh*, **62**, 248–291.

13 Bardock G, Wagner BM, Smith RL, Munro I and Newberne P (1990) 15 GRAS Substances, *Food Techn*, **2**, 78–80.

14 Beamand JA, Barton PT, Price RJ and Lake BG (1998) Lack of effect of coumarin on unscheduled DNA synthesis in precision-cut human liver slices, *Food Chem Toxicol*, **36**, 647–653.

15 Bechtel D, Henderson L and Proudlock R (1998) Lack of UDS activity in the livers of rats exposed to allylisothiocyanate, *Teratog Carcinog Mutagen*, **18**, 209–217.

16 Benns GB, Hall JW and Beare-Rogers JL (1978) Intake of brassicaceous vegetables in Canada, *Can J Public Health*, **69**, 64–66.

17 Blau W, Baltes, H, Mayer, D (1987) Crotonaldehyd and crotonic acid, in Gerhatz W, Yamoto, YC, Kaundy, L, Pfefferkorn, R, Rounsaville, JF (Hrsg), Ullmann's Enzyclopedia of Industrial Chemistry, 5th rev Ed. VCH Publisher, New York, vol. A8, 83–90.

18 Borchert P, Miller JA, Miller EC and Shires TK (1973) 1′-Hydroxysafrole, a proximate carcinogenic metabolite of safrole in the rat and mouse, *Cancer Res*, **33**, 590–600.

19 Born SL, Api AM, Ford RA, Lefever FR and Hawkins DR (2003) Comparative metabolism and kinetics of coumarin in mice and rats, *Food Chem Toxicol*, **41**, 247–258.

20 Buchanan RL, Goldstein S and Budroe JD (1981) Examination of chili pepper and nutmeg oleoresins using the salmonella/mammalian microsome mutagenicity assay, *J Food Sci*, **47**, 330–333.

21 Cameron TP, Adamson R and Blackwood IC (1986) Proceedings of the fourth NCI/EPY/NIOSH Collaborative Workshop, in Cameron TP, Adamson R and Blackwood IC (Hrsg), Progress on Joint Environmental and Occupational Cancer Studies, National Cancer Institute, Rockville, Maryland, 1–483.

22 Carlton BD, Aubrun JC and Simon GS (1996) Effects of coumarin following perinatal and chronic exposure in Sprague-Dawley rats and CD-1 mice, *Fundam Appl Toxicol*, **30**, 145–151.

23 Caterina MJ, Schumacher MA, Tominaga M, Rosen TA, Levine JD and Julius D (1997) The capsaicin receptor: a heat-activated ion channel in the pain pathway, *Nature*, **389**, 816–824.

24 Cavanna M, Parodi S, Taningher M, Bolognesi C, Sciaba L and Brambilla G (1979) DNA fragmentation in some organs of rats and mice treated with cycasin, *Br J Cancer*, **39**, 383–390.

25 CCRIS (1990) in Medicine USNLo (Hrsg), Chemical Carcinogenesis Research Information System, Betheseda, vol. 2005.

26 Cederbaum AI and Dicker E (1982) Evaluation of the role of acetaldehyde in the actions of ethanol on gluconeogenesis by comparison with the effects of crotonol and crotonaldehyde, *Alcohol Clin Exp Res*, **6**, 100–109.

27 Chan VS and Caldwell J (1992) Comparative induction of unscheduled DNA synthesis in cultured rat hepatocytes by allylbenzenes and their 1′-hydroxy metabolites, *Food Chem Toxicol*, **30**, 831–836.

28 Chanda S, Erexson G, Riach C, Innes D, Stevenson F, Murli H and Bley K (2004) Genotoxicity studies with pure trans-capsaicin, *Mutat Res*, **557**, 85–97.

29 Chang MJ, Ko CY, Lin RF and Hsieh LL (2002) Biological monitoring of environment exposure to safrole and the Taiwa-

nese betel quid chewing, *Arch Environ Contam Toxicol*, **43**, 432–437.

30 Chen CL, Chi CW, Chang KW and Liu TY (1999) Safrole-like DNA adducts in oral tissue from oral cancer patients with a betel quid chewing history, *Carcinogenesis*, **20**, 2331–2334.

31 Chung FL, Tanaka T and Hecht SS (1986) Induction of liver tumors in F344 rats by crotonaldehyde, *Cancer Res*, 46, 1285–1289.

32 Chung FL, Young R and Hecht SS (1989) Detection of cyclic 1,*N*2-propanodeoxyguanosine adducts in DNA of rats treated with *N*-nitrosopyrrolidine and mice treated with crotonaldehyde, *Carcinogenesis*, **10**, 1291–1297.

33 Ciranni R, Barale R, Ghelardini G and Loprieno N (1988) Benzene and the genotoxicity of its metabolites. II. The effect of the route of administration on the micronuclei and bone marrow depression in mouse bone marrow cells, *Mutat Res*, **209**, 23–28.

34 Ciranni R, Barale R, Marrazzini A and Loprieno N (1988) Benzene and the genotoxicity of its metabolites. I. Transplacental activity in mouse fetuses and in their dams, *Mutat Res*, **208**, 61–67.

35 Daimon H, Sawada S, Asakura S and Sagami F (1998) In vivo genotoxicity and DNA adduct levels in the liver of rats treated with safrole, *Carcinogenesis*, **19**, 141–146.

36 Daxenbichler ME and VanEtten CH (1977) Glukosinolates and derived products in cruciferous vegetables: gas-liquid chromatographic determination of the aglucon derivatives from cabbage, *J Assoc Off Anal Chem*, **60**, 950–953.

37 De Vincenzi M, Silano M, Stacchini P and Scazzocchio B (2000) Constituents of aromatic plants: I. Methyleugenol, *Fitoterapia*, **71**, 216–221.

38 Devereux TR, Anna CH, Foley JF, White CM, Sills RC and Barrett JC (1999) Mutation of beta-catenin is an early event in chemically induced mouse hepatocellular carcinogenesis, *Oncogene*, **18**, 4726–4733.

39 Diaz Barriga Arceo S, Madrigal-Bujaidar E, Calderon Montellano E, Ramirez Herrera L and Diaz Garcia BD (1995) Genotoxic effects produced by capsaicin in mouse during subchronic treatment, *Mutat Res*, **345**, 105–109.

40 Drinkwater NR, Miller EC, Miller JA and Pitot HC (1976) Hepatocarcinogenicity of estragole (1-allyl-4-methoxybenzene) and 1′-hydroxyestragole in the mouse and mutagenicity of 1′-acetoxyestragole in bacteria, *J Natl Cancer Inst*, **57**, 1323–1331.

41 Eder E and Budiawan (2001) Cancer risk assessment for the environmental mutagen and carcinogen crotonaldehyde on the basis of TD(50) and comparison with 1,*N*(2)-propanodeoxyguanosine adduct levels, *Cancer Epidemiol Biomarkers Prev*, **10**, 883–888.

42 Eder E and Hoffman C (1992) Identification and characterization of deoxyguanosine-crotonaldehyde addutcs., *Chem Res Toxicol*, **5**, 802–808.

43 Edwards AJ, Price RJ, Renwick AB and Lake BG (2000) Lack of effect of coumarin on unscheduled DNA synthesis in the in vivo rat hepatocyte DNA repair assay, *Food Chem Toxicol*, 38, 403–409.

44 Ehlers D, Kirchhoff J, Gerard D and Quirin K (1998) High-performance liquid chromatography analysis of nutmeg and mace oils produced by supercritical CO_2 extraction – comparison with steam-distilled oils – comparison of East Indian, West Indian and Papuan oils, *Int J Food Science Techn*, **33**, 215–233.

45 Ekelmann KB and Benz D (1993) Limonene, in Administration UFaD (Hrsg), WHO Food Additives Series 30, WHO, Washington, DC.

46 Fahrig R (1982) Effects of food additives in the mammalian spot test, *Prog Clin Biol Res*, **109**, 339–348.

47 FDA (1975) Evaluation of Health Aspects of Mustard and Oil of Mustard and Food Ingredients, in Service NTI (Hrsg), Federation of American Societies for Experimental Biology, Springfield.

48 Fischer B, Luthy J and Schlatter C (1984) Rapid determination of agaritin in commercial mushrooms (Agaricus bisporus) with high performance liquid chromatography, *Z Lebensm Unters Forsch*, **179**, 218–223.

49 Furihata C, Hatta A and Matsushima T (1989) Inductions of ornithine decarboxylase and replicative DNA synthesis

but not DNA single strand scission or unscheduled DNA synthesis in the pyloric mucosa of rat stomach by catechol, *Jpn J Cancer Res*, **80**, 1052–1057.

50 Gabridge MG, Denunzio A and Legator MS (1969) Cycasin: detection of associated mutagenic activity in vivo, *Science*, **163**, 689–691.

51 Gallus S, Bertuzzi M, Tavani A, Bosetti C, Negri E, La Vecchia C, Lagiou P and Trichopoulos D (2002) Does coffee protect against hepatocellular carcinoma?, *Br J Cancer*, **87**, 956–959.

52 Gannett P, Nagel D, Reilly PJ, Lawson T, Sharpe J and Toth B (1987) The capsaicinoids: their separation, synthesis and mutagenicity, *J Org Chem*, **53**, 1064–1071.

53 Giovannucci E (1998) Meta-analysis of coffee consumption and risk of colorectal cancer, *Am J Epidemiol*, **147**, 1043–1052.

54 Gocke E, King MT, Eckhardt K and Wild D (1981) Mutagenicity of cosmetics ingredients licensed by the European Communities, *Mutat Res*, **90**, 91–109.

55 Goeger DE, Hsie AW and Anderson KE (1999) Co-mutagenicity of coumarin (1,2-benzopyrone) with aflatoxin B1 and human liver S9 in mammalian cells, *Food Chem Toxicol*, **37**, 581–589.

56 Govindarajan VS and Sathyanarayana MN (1991) Capsicum – production, technology, chemistry, and quality. Part V. Impact on physiology, pharmacology, nutrition, and metabolism; structure, pungency, pain, and desensitization sequences, *Critical Reviews in Food Science and Nutrition*, **29**, 435–474.

57 Gray JM and Barnsley EA (1971) The metabolism of crotyl phosphate, crotyl alcohol and crotonaldehyde, *Xenobiotica*, **1**, 55–67.

58 Gupta KP, van Golen KL, Putman KL and Randerath K (1993) Formation and persistence of safrole-DNA adducts over a 10,000-fold dose range in mouse liver, *Carcinogenesis*, **14**, 1517–1521.

59 Hagiwara A, Hirose M, Takahashi S, Ogawa K, Shirai T and Ito N (1991 Forestomach and kidney carcinogenicity of caffeic acid in F344 rats and C57BL/6N x C3H/HeN F1 mice, *Cancer Res*, **51**, 5655–60.

60 Hagiwara A, Kokubo Y, Takesada Y, Tanaka H, Tamano S, Hirose M, Shirai T and Ito N (1996) Inhibitory effects of phenolic compounds on development of naturally occurring preneoplastic hepatocytic foci in long-term feeding studies using male F344 rats, *Teratog Carcinog Mutagen*, **16**, 317–325.

61 Hagiwara A, Takesada Y, Tanaka H, Tamano S, Hirose M, Ito N and Shirai T (2001) Dose-dependent induction of glandular stomach preneoplastic and neoplastic lesions in male F344 rats treated with catechol chronically, *Toxicol Pathol*, **29**, 180–186.

62 Hara M, Hanaoka T, Kobayashi M, Otani T, Adachi HY, Montani A, Natsukawa S, Shaura K, Koizumi Y, Kasuga Y, Matsuzawa T, Ikekawa T, Sasaki S and Tsugane S (2003) Cruciferous vegetables, mushrooms, and gastrointestinal cancer risks in a multicenter, hospital-based case-control study in Japan, *Nutr Cancer*, **46**, 138–147.

63 Haworth S, Lawlor T, Mortelmans K, Speck W and Zeiger E (1983) Salmonella mutagenicity test results for 250 chemicals, *Environ Mutagen*, **5 Suppl 1**, 1–142.

64 Hayman E, Yokoyama H and Gold S (1983) Methylation of deoxyribonucleic acid in the rat by the mushroom poison gyromitrin, *J Agric Food Chem*, **31**, 1117–1121.

65 Hirose M, Fukushima S, Shirai T, Hasegawa R, Kato T, Tanaka H, Asakawa E and Ito N (1990) Stomach carcinogenicity of caffeic acid, sesamol and catechol in rats and mice, *Jpn J Cancer Res*, **81**, 207–212.

66 Hirose M, Fukushima S, Tanaka H, Asakawa E, Takahashi S and Ito N (1993) Carcinogenicity of catechol in F344 rats and B6C3F1 mice, *Carcinogenesis*, **14**, 525–529.

67 Hirose M, Inoue T, Asamoto M, Tagawa Y and Ito N (1986) Comparison of the effects of 13 phenolic compounds in induction of proliferative lesions of the forestomach and increase in the labelling indices of the glandular stomach and urinary bladder epithelium of Syrian golden hamsters, *Carcinogenesis*, **7**, 1285–1289.

68 Hirose M, Kawabe M, Shibata M, Takahashi S, Okazaki S and Ito N (1992) Influence of caffeic acid and other *o*-dihydroxybenzene derivatives on *N*-methyl-*N'*-nitro-*N*-nitrosoguanidine-initiated rat forestomach carcinogenesis, *Carcinogenesis*, **13**, 1825–1828.

69 Hirose M, Shirai T, Takahashi S, Ogawa K and Ito N (1991) Organ-specific modification of carcinogenesis by antioxidans in rats., in Bronzetti G (Hrsg), Third International Conference on Mechanisms of Antimutagenesis and Anticarcinogenesis, Plenum Press, Lucca, Italy, 181–188.

70 Hirose M, Takesada Y, Tanaka H, Tamano S, Kato T and Shirai T (1998) Carcinogenicity of antioxidants BHA, caffeic acid, sesamol, 4-methoxyphenol and catechol at low doses, either alone or in combination, and modulation of their effects in a rat medium-term multi-organ carcinogenesis model, *Carcinogenesis*, **19**, 207–212.

71 Hoch-Ligeti C (1951) Production of liver tumours by dietary means; effect of feeding chilies (Capsicum frutescens and annuum (Linn.)) to rats, *Acta Unio Int Contra Cancrum*, **7**, 606–611.

72 Hoffmann GR and Morgan RW (1984) Review: putative mutagens and carcinogens in foods. V. Cycad azoxyglycosides, *Environ Mutagen*, **6**, 103–116.

73 Howes AJ, Chan VS and Caldwell J (1990) Structure-specificity of the genotoxicity of some naturally occurring alkenylbenzenes determined by the unscheduled DNA synthesis assay in rat hepatocytes, *Food Chem Toxicol*, **28**, 537–542.

74 IARC (1976) Coumarin, in IARC (Hrsg), Some Naturally Occurring Substances. WHO, Lyon, vol. 10, 113–120.

75 IARC (1976) Cycasin, in IARC (Hrsg), Some Naturally Occurring Substances. WHO, Lyon, vol. 10, 121–139.

76 IARC (1983) Agaritine, in IARC (Hrsg), Some Food Additives, Feed Additives and Naturally Occuring Substances. WHO, Lyon, vol. 31, 63–69.

77 IARC (1983) Gyromitrin, in IARC (Hrsg), Some Food Additives, Feed Additives and Naturally Occuring Substances. WHO, Lyon, vol. 31, 163–170.

78 IARC (1986) Overall Evaluations of Carcinogenicity: An Updating of IARC Monographs Volumes 1 to 42, WHO, Lyon.

79 IARC (1993) D-Limonene, in IARC (Hrsg), Some Naturally Occurring Substances: Food Items and Constituents, Heterocyclic Aromatic Amines and Mycotoxins. WHO, Lyon, vol. 56, 135–162.

80 IARC (1995) Caffeic Acid, in IARC (Hrsg), Some Naturally Occurring Substances: Food Items and Constituents, Heterocyclic Aromatic Amines and Mycotoxins. WHO, Lyon, vol. 56, 115–134.

81 IARC (1995) Crotonaldehyde, in IARC (Hrsg), Dry Cleaning, Some Chlorinated Solvents and Other Industrial Chemicals. WHO, Lyon, vol. 63, 373–391.

82 IARC (1999) Allyl Isothiocyanate, in IARC (Hrsg), Re-evaluation of Some Organic Chemicals, Hydrazine and Hyrdogen Peroxide (Part Two). WHO, Lyon, vol. 73, 37–48.

83 IARC (1999) Catechol, in IARC (Hrsg), Re-evaluation of Some Organic Chemicals, Hydrazine and Hydrogen Peroxide (Part Two). IARC, Lyon, vol. 71, 433–451.

84 IARC (1999) D-Limonene, in IARC (Hrsg), Re-evaluation of Some Organic Chemicals, Hydrazine and Hyrdogen Peroxide (Part Two). WHO, Lyon, vol. 73, 307–327.

85 IARC (2000) Coumarin, in IARC (Hrsg), Some Industrial Chemicals. WHO, Lyon, vol. 77, 193–225.

86 IARC (2004) Betel-Quid and Arcea-Nut Chewing, in IARC (Hrsg), Betel-quid and Areca-nut Chewing and Some Areca-nut-derived Nitrosamines. WHO, Lyon, vol. 85, 39–279.

87 Innes JR, Ulland BM, Valerio MG, Petrucelli L, Fishbein L, Hart ER, Pallotta AJ, Bates RR, Falk HL, Gart JJ, Klein M, Mitchell I and Peters J (1969) Bioassay of pesticides and industrial chemicals for tumorigenicity in mice: a preliminary note, *J Natl Cancer Inst*, **42**, 1101–1114.

88 Ito N, Hirose M and Takahashi S (1991) Cellular proliferation and stomach carcinogenesis induced by antioxidants, *Prog Clin Biol Res*, **369**, 43–52.

89 Ito N, Tsuda H, Tatematsu M, Inoue T, Tagawa Y, Aoki T, Uwagawa S, Kagawa M, Ogiso T, Masui T and et al. (1988) Enhancing effect of various hepatocarcinogens on induction of preneoplastic glutathione *S*-transferase placental form positive foci in rats – an approach for a new medium-term bioassay system, *Carcinogenesis*, **9**, 387–394.

90 Jang JJ and Kim SH (1988) The promoting effect of capsaicin on the development of dimethylnitrosamine-induced enzyme altered hepatic foci in male Sprague-Dawley rats., *J. Korean Cancer Assoc.*, **20**, 1–7.

91 Johnson JD, Ryan MJ, Toft JD, II, Graves SW, Hejtmancik MR, Cunningham ML, Herbert R and Abdo KM (2000) Two-year toxicity and carcinogenicity study of methyleugenol in F344/N rats and B6C3F(1) mice, *J Agric Food Chem*, **48**, 3620–363232.

92 Kagawa M, Hakoi K, Yamamoto A, Futakuchi M and Hirose M (1993) Comparison of reversibility of rat forestomach lesions induced by genotoxic and non-genotoxic carcinogens, *Jpn J Cancer Res*, **84**, 1120–1129.

93 Kamal-Eldin AA (1994) Variation in fatty acid composition of different acyl lipids in seed oils from four sesamum species., *JAOCS*, **71**, 135–139.

94 Kanagalingam K and Balis ME (1975) In vivo repair of rat intestinal DNA damage by alkylating agents, *Cancer*, **36**, 2364–2372.

95 Kassie F and Knasmuller S (2000) Genotoxic effects of allyl isothiocyanate (AITC) and phenethyl isothiocyanate (PEITC), *Chem Biol Interact*, **127**, 163–180.

96 Kim JP, Park JG, Lee MD, Han MD, Park ST, Lee BH and Jung SE (1985) Cocarcinogenic effects of several Korean foods on gastric cancer induced by *N*-methyl-*N'*-nitro-*N*-nitrosoguanidine in rats, *Jpn J Surg*, **15**, 427–437.

97 Kodama R, Yano T, Furukawa K, Noda K and Ide H (1976) Studies on the metabolism of D-limonene (*p*-mentha-1,8-diene). IV. Isolation and characterization of new metabolites and species differences in metabolism, *Xenobiotica*, **6**, 377–389.

98 Krul C, Humblot C, Philippe C, Vermeulen M, van Nuenen M, Havenaar R and Rabot S (2002) Metabolism of sinigrin (2-propenyl Glukosinolate) by the human colonic microflora in a dynamic in vitro large-intestinal model, *Carcinogenesis*, **23**, 1009–1016.

99 La Voie EJ, Shigematsu A, Mu B, Rivenson A and Hoffmann D (1985) The effects of catechol on the urinary bladder of rats treated with *N*-butyl-*N*-(4-hydroxybutyl)nitrosamine, *Jpn J Cancer Res*, **76**, 266–271.

100 Lake BG (1999) Coumarin metabolism, toxicity and carcinogenicity: relevance for human risk assessment, *Food Chem Toxicol*, **37**, 423–453.

101 Lange R (1992) Glukosinolate in der Ernährung – pro und contra einer Naturstoffklasse. Teil II: Abbau und Stoffwechsel, *Ernährungs-Umschau*, **39**, 292–296.

102 Laqueur GL (1964) Carcinogenic Effects of Cycad Meal and Cycasin, Methylazoxymethanol Glycoside, in Rats and Effects of Cycasin in Germfree Rats, *Fed Proc*, **23**, 1386–1388.

103 Laqueur GL and Matsumoto H (1966) Neoplasms in female Fischer rats following intraperitoneal injection of methylazoxy-methanol, *J Natl Cancer Inst*, **37**, 217–232.

104 Laqueur GL, McDaniel EG and Matsumoto H (1967) Tumor induction in germfree rats with methylazoxymethanol (MAM) and synthetic MAM acetate., *J Natl Cancer Inst*, **39**, 355–371.

105 Laqueur GL, Mickelsen O, Whiting MG and Kurland LT (1963) Carcinogenic Properties of Nuts from Cycas Circinalis L. Indigenous to Guam, *J Natl Cancer Inst*, **31**, 919–951.

106 Lawson T and Gannett P (1989) The mutagenicity of capsaicin and dihydrocapsaicin in V79 cells, *Cancer Lett*, **48**, 109–113.

107 Lee JM, Liu TY, Wu DC, Tang HC, Leh J, Wu MT, Hsu HH, Huang PM, Chen JS, Lee CJ and Lee YC (2005) Safrole-DNA adducts in tissues from esophageal cancer patients: clues to areca-related esophageal carcinogenesis, *Mutat Res*, **565**, 121–128.

108 List PH and Luft P (1969) [Detection and content determination of gyromitrin in fresh Gyromitra esculenta. (19. Mushroom contents], *Arch Pharm Ber Dtsch Pharm Ges*, **302**, 143–146.

109 Lopez-Carrillo L, Hernandez Avila M and Dubrow R (1994) Chili pepper consumption and gastric cancer in Mexico: a case-control study, *Am J Epidemiol*, **139**, 263–271.

110 Lopez-Carrillo L, Lopez-Cervantes M, Robles-Diaz G, Ramirez-Espitia A, Mohar-Betancourt A, Meneses-Garcia A, Lopez-Vidal Y and Blair A (2003) Capsaicin consumption, *Helicobacter pylori* positivity and gastric cancer in Mexico, *Int J Cancer*, **106**, 277–282.

111 Majer BJ, Mersch-Sundermann V, Darroudi F, Laky B, de Wit K and Knasmuller S (2004) Genotoxic effects of dietary and lifestyle related carcinogens in human derived hepatoma (HepG2, Hep3B) cells, *Mutat Res*, **551**, 153–166.

112 Marrazzini A, Chelotti L, Barrai I, Loprieno N and Barale R (1994) In vivo genotoxic interactions among three phenolic benzene metabolites, *Mutat Res*, **341**, 29–46.

113 Melikian AA, Jordan KG, Braley J, Rigotty J, Meschter CL, Hecht SS and Hoffmann D (1989) Effects of catechol on the induction of tumors in mouse skin by 7,8-dihydroxy-7,8-dihydrobenzo[a]pyrenes, *Carcinogenesis*, **10**, 1897–1900.

114 Menthe J, Meyer H, Neumann-Hensel H (2003) Bewertung eines verbesserten Kaffeebearbeitungsverfahrens mit Hilfe eines Bakterientoxizitätstests, Dr. Fintelmann und Dr. Meyer Handels- und Umweltschutzlaboratorien GmbH, Hamburg.

115 Miller EC, Swanson AB, Phillips DH, Fletcher TL, Liem A and Miller JA (1983) Structure-activity studies of the carcinogenicities in the mouse and rat of some naturally occurring and synthetic alkenylbenzene derivatives related to safrole and estragole, *Cancer Res*, **43**, 1124–1134.

116 Mirsalis JC, Tyson CK and Butterworth BE (1982) Detection of genotoxic carcinogens in the in vivo-in vitro hepatocyte DNA repair assay, *Environ Mutagen*, **4**, 553–562.

117 Mirvish SS, Salmasi S, Lawson TA, Pour P and Sutherland D (1985) Test of catechol, tannic acid, Bidens pilosa, croton oil, and phorbol for cocarcinogenesis of esophageal tumors induced in rats by methyl-*n*-amylnitrosamine, *J Natl Cancer Inst*, **74**, 1283–1290.

118 Morgan RW and Hoffmann GR (1983) Cycasin and its mutagenic metabolites, *Mutat Res*, **114**, 19–58.

119 Mori H, Tanaka T, Shima H, Kuniyasu T and Takahashi M (1986) Inhibitory effect of chlorogenic acid on methylazoxymethanol acetate-induced carcinogenesis in large intestine and liver of hamsters, *Cancer Lett*, **30**, 49–54.

120 Morris DL and Ward JB, Jr. (1992) Coumarin inhibits micronuclei formation induced by benzo(a)pyrene in male but not female ICR mice, *Environ Mol Mutagen*, **19**, 132–138.

121 Muller L, Kasper P, Muller-Tegethoff K and Petr T (1994) The genotoxic potenzial in vitro and in vivo of the allyl benzene etheric oils estragole, basil oil and trans-anethole, *Mutat Res*, **325**, 129–136.

122 Muller-Tegethoff K, Kasper P and Muller L (1995) Evaluation studies on the in vitro rat hepatocyte micronucleus assay, *Mutat Res*, **335**, 293–307.

123 Musk SR and Johnson IT (1993) The clastogenic effects of isothiocyanates, *Mutat Res*, **300**, 111–117.

124 Nagabhushan M and Bhide SV (1985) Mutagenicity of chili extract and capsaicin in short-term tests, *Environ Mutagen*, **7**, 881–888.

125 Nath RG and Chung FL (1994) Detection of exocyclic 1,*N*2-propanodeoxyguanosine adducts as common DNA lesions in rodents and humans, *Proc Natl Acad Sci USA*, **91**, 7491–7495.

126 Notani PN and Jayant K (1987) Role of diet in upper aerodigestive tract cancers, *Nutr Cancer*, **10**, 103–113.

127 NTP (1982) Carcinogenesis Bioassay of Allyl Isothiocyanate (CAS No. 57-06-7) in F344/N Rats and B6C3F1 Mice (Gavage Study), in Programme NT (Hrsg), Executive Summary of Safety and Toxicity Information, Health's National Institute of Environmental Health Sciences (NIEHS), New York City.

128 NTP (1990) Toxicology and Carcinogenesis Studies of D-Limonene (CAS No. 5989-27-5) in F344/N Rats and B6C3F1 Mice (Gavage Studies), in Program NT (Hrsg), NIH publication No. 90-2802, Health's National Institute of Environmental Health Sciences (NIEHS), New York City, 1–167.

129 NTP (1991) Sesamol, in Programme NT (Hrsg), Executive Summary of Safety and Toxicity Information, Health's National Institute of Environmental Health Sciences (NIEHS), New York City.

130 NTP (1993) Toxicology and Carcinogenesis Studies of Coumarin (CAS No. 91-64-5) in F344/N Rats and B6C3F1 Mice (Gavage Studies), in Program NT (Hrsg), NIH publication No. 93-3153, Health's National Institute of Environmental Health Sciences (NIEHS), New York City, 1–340.

131 NTP (2000) Toxicology studies of methyleugenol (CAS No. 93-15-12) in F344/N rats and B6C3F1 mice (gavage studies), in Program NT (Hrsg), NIH publication No. 98-3950, Health's National Institute of Environmental Health Sciences (NIEHS), New York City, 1–420.

132 Ohe T, Watanabe T and Wakabayashi K (2004) Mutagens in surface waters: a review, *Mutat Res*, **567**, 109–149.

133 Oikawa S, Hirosawa I, Hirakawa K and Kawanishi S (2001) Site specificity and mechanism of oxidative DNA damage induced by carcinogenic catechol, *Carcinogenesis*, **22**, 1239–1245.

134 Parodi S, Taningher M, Santi L, Cavanna M, Sciaba L, Maura A and Brambilla G (1978) A practical procedure for testing DNA damage in vivo, proposed for a pre-screening of chemical carcinogens, *Mutat Res*, **54**, 39–46.

135 Phillips DH, Reddy MV and Randerath K (1984) 32P-post-labelling analysis of DNA adducts formed in the livers of animals treated with safrole, estragole and other naturally-occurring alkenylbenzenes. II. Newborn male B6C3F1 mice, *Carcinogenesis*, **5**, 1623–1628.

136 Proudlock R, Thompson C and Longstaff E (2004) Examination of the potential genotoxicity of pure capsaicin in bacterial mutation, chromosome aberration, and rodent micronucleus tests, *Environ Mol Mutagen*, **44**, 441–447.

137 Radtke J, Linseisen J and Wolfram G (1998) Phenolsäurezufuhr Erwachsener in einem bayerischen Teilkollektiv der Nationalen Verzehrsstudie, *Z Ernährungsw*, **37**, 190–197.

138 Randerath K, Haglund RE, Phillips DH and Reddy MV (1984) 32P-post-labelling analysis of DNA adducts formed in the livers of animals treated with safrole, estragole and other naturally-occurring alkenylbenzenes. I. Adult female CD-1 mice, *Carcinogenesis*, **5**, 1613–1622.

139 Randerath K, Putman KL and Randerath E (1993) Flavor constituents in cola drinks induce hepatic DNA adducts in adult and fetal mice, *Biochem Biophys Res Commun*, **192**, 61–68.

140 Richeux F, Cascante M, Ennamany R, Saboureau D and Creppy EE (1999) Cytotoxicity and genotoxicity of capsaicin in human neuroblastoma cells SHSY-5Y, *Arch Toxicol*, **73**, 403–409.

141 Richeux F, Cascante M, Ennamany R, Sanchez D, Sanni A, Saboureau D and Creppy EE (2000) Implications of oxidative stress and inflammatory process in the cytotoxicity of capsaicin in human endothelial cells: lack of DNA strand breakage, *Toxicology*, **147**, 41–49.

142 Sanyal R, Darroudi F, Parzefall W, Nagao M and Knasmuller S (1997) Inhibition of the genotoxic effects of heterocyclic amines in human derived hepatoma cells by dietary bioantimutagens, *Mutagenesis*, **12**, 297–303.

143 Satoh K, Hayakari M, Ookawa K, Satou M, Aizawa S, Tanaka M, Hatayama I, Tsuchida S and Uchida K (2001) Lipid peroxidation end products-responded induction of a preneoplastic marker enzyme glutathione *S*-transferase *P*-form (GST-P) in rat liver on admistration via the portal vein, *Mutat Res*, **483**, 65–72.

144 SCF (Hrsg) (2001) Opinion of the Scientific Commitee on Food on Estragole (1-allyl-4dimethoxybenzene), European Commission Health & Consumer Protection Directorate-General, Brüssel.

145 SCF (Hrsg) (2001) Opinion of the Scientific Committee on Food on Methyleugenol (4-Allyl-1,2-dimethoxybenzene). European Commission Health & Consumer Protection Directorate-General, Brüssel.

146 SCF (Hrsg) (2002) Opinion of the Scientific Commitee on Food on Capsaicin, European Commission Health & Consumer Protection Directorate-General, Brüssel.

147 SCF (Hrsg) (2002) Opinion of the Scientific Committee on Food on the safety of the presence of safrole (1-allyl-3,4-methylene dioxy benzene) in flavourings and other food ingredients with flavouring properties, European Comission Health & Consumer Protection Directorate-General, Brüssel.

148 Schecter A, Lucier GW, Cunningham ML, Abdo KM, Blumenthal G, Silver AG, Melnick R, Portier C, Barr DB, Barr JR, Stanfill SB, Patterson DG, Jr., Needham LL, Stopford W, Masten S, Mignogna J and Tung KC (2004) Human consumption of methyleugenol and its elimination from serum, *Environ Health Perspect*, **112**, 678–680.

149 Schreiner M (2005) Vegetable crop management strategies to increase the quantity of phytochemicals, *Eur J Nutr*, **44**, 85–94.

150 Schulz H, Schrader B, Quilitzsch R, Pfeffer S and Kruger H (2003) Rapid classification of basil chemotypes by various vibrational spectroscopy methods, *J Agric Food Chem*, **51**, 2475–2481.

151 Sekizawa J and Shibamoto T (1982) Genotoxicity of safrole-related chemicals in microbial test systems, *Mutat Res*, **101**, 127–140.

152 Simmon VF, Rosenkranz HS, Zeiger E and Poirier LA (1979) Mutagenic activity of chemical carcinogens and related compounds in the intraperitoneal host-mediated assay, *J Natl Cancer Inst*, **62**, 911–918.

153 Smith RL, Adams TB, Doull J, Feron VJ, Goodman JI, Marnett LJ, Portoghese PS, Waddell WJ, Wagner BM, Rogers AE, Caldwell J and Sipes IG (2002) Safety assessment of allylalkoxybenzene derivatives used as flavouring substances – methyl eugenol and estragole, *Food Chem Toxicol*, **40**, 851–870.

154 Sones K, Heaney RK and Fenwick GR (1984) An estimate of the mean daily intake of Glukosinolates from cruciferous vegetables in the UK, *J Sci Food Agric*, **35**, 712–720.

155 Spatz M and Laqueur GL (1967) Transplacental induction of tumors in Sprague-Dawley rats with crude cycad material, *J Natl Cancer Inst*, **38**, 233–239.

156 Steinmetz KA and Potter JD (1991) Vegetables, fruit, and cancer. II. Mechanisms, *Cancer Causes Control*, **2**, 427–442.

157 Surh YJ and Lee SS (1995) Capsaicin, a double-edged sword: toxicity, metabolism, and chemopreventive potential, *Life Sci*, **56**, 1845–1855.

158 Surh YJ and Lee SS (1996) Capsaicin in hot chili pepper: carcinogen, co-carcinogen or anticarcinogen?, *Food Chem Toxicol*, **34**, 313–316.

159 Swanson AB, Chambliss DD, Blomquist JC, Miller EC and Miller JA (1979) The mutagenicities of safrole, estragole, eugenol, *trans*-anethole, and some of their known or possible metabolites for *Salmonella typhimurium* mutants, *Mutat Res*, **60**, 143–153.

160 Tamano S, Hirose M, Tanaka H, Asakawa E, Ogawa K and Ito N (1992) Forestomach neoplasm induction in F344/DuCrj rats and B6C3F1 mice exposed to sesamol, *Jpn J Cancer Res*, **83**, 1279–1285.

161 Tanaka H, Hirose M, Hagiwara A, Imaida K, Shirai T and Ito N (1995) Rat strain differences in catechol carcinogenicity to the stomach, *Food Chem Toxicol*, **33**, 93–98.

162 Tanaka T, Kojima T, Kawamori T, Wang A, Suzui M, Okamoto K and Mori H (1993) Inhibition of 4-nitroquinoline-1-oxide-induced rat tongue carcinogenesis by the naturally occurring plant phenolics caffeic, ellagic, chlorogenic

and ferulic acids, *Carcinogenesis*, **14**, 1321–1325.

163 Tice R (1998) Chlorogenic Acid and Caffeic Acid, in Sciences NIoEH (Hrsg), Review of Toxicological Literature, Integrated Laboratory Systems, North Carolina, 112.

164 Toth B (1972) Hydrazine, methylhydrazine and methylhydrazine sulfate carcinogenesis in Swiss mice. Failure of ammonium hydroxide to interfere in the development of tumors, *Int J Cancer*, **9**, 109–118.

165 Toth B (1979) Hepatocarcinogenesis by hydrazine mycotoxins of edible mushrooms, *J Toxicol Environ Health*, **5**, 193–202.

166 Toth B and Erickson J (1986) Cancer induction in mice by feeding of the uncooked cultivated mushroom of commerce *Agaricus bisporus*, *Cancer Res*, **46**, 4007–4011.

167 Toth B, Erickson J and Gannett P (1997) Lack of carcinogenesis by the baked mushroom *Agaricus bisporus* in mice: different feeding regimen (corrected), *In Vivo*, **11**, 227–231.

168 Toth B and Gannett P (1992) Carcinogenicity of lifelong administration of capsaicin of hot pepper in mice, *In Vivo*, **6**, 59–63.

169 Toth B, Gannett P, Visek WJ and Patil K (1998) Carcinogenesis studies with the lyophilized mushroom *Agaricus bisporus* in mice, *In Vivo*, **12**, 239–244.

170 Toth B and Nagel D (1978) Tumors induced in mice by *N*-methyl-*N*-formylhydrazine of the false morel Gyromitra esculenta, *J Natl Cancer Inst*, **60**, 201–204.

171 Toth B, Nagel D, Patil K, Erickson J and Antonson K (1978) Tumor induction with the *N*′-acetyl derivative of 4-hydroxymethyl-phenylhydrazine, a metabolite of agaritine of *Agaricus bisporus*, *Cancer Res*, **38**, 177–180.

172 Toth B and Patil K (1980) Carcinogenesis by a single dose of *N*-methyl-*N*-formylhydrazine, *J Toxicol Environ Health*, **6**, 577–584.

173 Toth B and Patil K (1980) The tumorigenic effect of low dose levels of *N*-methyl-*N*-formylhydrazine in mice, *Neoplasma*, **27**, 25–31.

174 Toth B and Patil K (1981) Gyromitrin as a tumor inducer, *Neoplasma*, **28**, 559–564.

175 Toth B, Patil K and Jae HS (1981) Carcinogenesis of 4-(hydroxymethyl)benzenediazonium ion (tetrafluoroborate) of *Agaricus bisporus*, *Cancer Res*, **41**, 2444–2449

176 Toth B, Patil K, Pyysalo H, Stessman C and Gannett P (1992) Cancer induction in mice by feeding the raw false morel mushroom *Gyromitra esculenta*, *Cancer Res*, **52**, 2279–2284.

177 Toth B, Raha CR, Wallcave L and Nagel D (1981) Attempted tumor induction with agaritine in mice, *Anticancer Res*, **1**, 255–258.

178 Toth B, Rogan E and Walker B (1984) Tumorigenicity and mutagenicity studies with capsaicin of hot peppers, *Anticancer Res*, **4**, 117–119.

179 Toth B and Shimizu H (1973) Methylhydrazine tumorigenesis in Syrian golden hamsters and the morphology of malignant histiocytomas, *Cancer Res*, **33**, 2744–2753.

180 Toth B, Smith JW and Patil KD (1981) Cancer induction in mice with acetaldehyde methylformylhydrazone of the false morel mushroom, *J Natl Cancer Inst*, **67**, 881–887.

181 Toth B and Sornson H (1984) Lack of carcinogenicity of agaritine by subcutaneous administration in mice, *Mycopathologia*, **85**, 75–79.

182 Trestrail JH (2000) Gyromita species, in IPCS (Hrsg), International Programme on Chemical Safety Poisons Information Monograph (Group monograph) G029 Fungi, Regional Poison Center, Michigan.

183 Tsao R, Yu Q, Potter J and Chiba M (2002) Direct and simultaneous analysis of sinigrin and allyl isothiocyanate in mustard samples by high-performance liquid chromatography, *J Agric Food Chem*, **50**, 4749–4753.

184 Tsuda H, Ohshima Y, Nomoto H, Fujita K, Matsuda E, Iigo M, Takasuka N and Moore MA (2004) Cancer preventi-

on by natural compounds, *Drug Metab Pharmacokinet*, **19**, 245–263.

185 Tunek A, Hogstedt B and Olofsson T (1982) Mechanism of benzene toxicity. Effects of benzene and benzene metabolites on bone marrow cellularity, number of granulopoietic stem cells and frequency of micronuclei in mice, *Chem Biol Interact*, **39**, 129–138.

186 Turner SD, Tinwell H, Piegorsch W, Schmezer P and Ashby J (2001) The male rat carcinogens limonene and sodium saccharin are not mutagenic to male Big Blue rats, *Mutagenesis*, **16**, 329–332.

187 Ueno I and Hirono I (1981 Non-carcinogenic response to coumarin in Syrian golden hamsters, *Food Cosmet Toxicol*, **19**, 353–355.

188 Van Duuren BL, Melchionne S and Seidman I (1986) Phorbol myristate acetate and catechol as skin cocarcinogens in SENCAR mice, *Environ Health Perspect*, **68**, 33–38.

189 Vesselinovitch SD, Rao KV and Mihailovich N (1979) Transplacental and lactational carcinogenesis by safrole, *Cancer Res*, **39**, 4378–4380.

190 Vigushin DM, Poon GK, Boddy A, English J, Halbert GW, Pagonis C, Jarman M and Coombes RC (1998) Phase I and pharmacokinetic study of D-limonene in patients with advanced cancer. Cancer Research Campaign Phase I/II Clinical Trials Committee, *Cancer Chemother Pharmacol*, **42**, 111–117.

191 Villasenor IM and de Ocampo EJ (1994) Clastogenicity of red pepper (Capsicum frutescens L.) extracts, *Mutat Res*, **312**, 151–155.

192 Villasenor IM, de Ocampo EJ and Bremner JB (1995) Genotoxic acetamides from *Capsicum frutescens* fruits., *Natural Prod. Lett.*, **6**, 247–253.

193 Viniketkumnuen U, Sasagawa C and Matsushima T (1991) Mutagenicity studies of chili and its pungent principles, capsaicin, and dihydro capsaicin., *Mutat Res*, **252**, 115–118.

194 von der Hude W and Braun R (1983) On the mutagenicity of metabolites derived from the mushroom poison gyromitrin, *Toxicology*, **26**, 155–160.

195 von der Hude W, Mateblowski R and Basler A (1990) Induction of DNA-repair synthesis in primary rat hepatocytes by epoxides, *Mutat Res*, **245**, 145–150.

196 Von Tungeln LS, Yi P, Bucci TJ, Samokyszyn VM, Chou MW, Kadlubar FF and Fu PP (2002) Tumorigenicity of chloral hydrate, trichloroacetic acid, trichloroethanol, malondialdehyde, 4-hydroxy-2-nonenal, crotonaldehyde, and acrolein in the B6C3F(1) neonatal mouse, *Cancer Lett*, **185**, 13–19.

197 Walton K, Coombs MM, King LJ, Walker R and Ioannides C (2000) Fate of the mushroom hydrazine agaritine in the rat and mouse, *Nutr Cancer*, **37**, 55–64.

198 Walton K, Coombs MM, Walker R and Ioannides C (1997) Bioactivation of mushroom hydrazines to mutagenic products by mammalian and fungal enzymes, *Mutat Res*, **381**, 131–139.

199 Walton K, Coombs MM, Walker R and Ioannides C (2001) The metabolism and bioactivation of agaritine and of other mushroom hydrazines by whole mushroom homogenate and by mushroom tyrosinase, *Toxicology*, **161**, 165–177.

200 Ward MH and Lopez-Carrillo L (1999) Dietary factors and the risk of gastric cancer in Mexico City, *Am J Epidemiol*, **149**, 925–932.

201 Watzl B and Rechkemmer G (2001) Phenolsäuren, *Ernährungs-Umschau*, **48**, 413–416.

202 WCRF (1997) Food, Nutrition and the Prevention of Cancer: a global perspective. World Cancer Research Fund in association with American Institute for Cancer Research, Washington DC, pp 670.

203 Wiseman RW, Fennell TR, Miller JA and Miller EC (1985) Further characterization of the DNA adducts formed by electrophilic esters of the hepatocarcinogens 1′-hydroxysafrole and 1′-hydroxyestragole in vitro and in mouse liver in vivo, including new adducts at C-8 and N-7 of guanine residues, *Cancer Res*, **45**, 3096–3105.

204 Wiseman RW, Miller EC, Miller JA and Liem A (1987) Structure-activity studies of the hepatocarcinogenicities of alkenylbenzene derivatives related to estragole and safrole on administration to preweanling male C57BL/6J×C3H/HeJ F1 mice, *Cancer Res*, **47**, 2275–2283.

205 Wislocki PG, Miller EC, Miller JA, McCoy EC and Rosenkranz HS (1977) Carcinogenic and mutagenic activities of safrole, 1′-hydroxysafrole, and some known or possible metabolites, *Cancer Res*, **37**, 1883–1891.

206 Yoon JS, Mason JM, Valencia R, Woodruff RC and Zimmering S (1985) Chemical mutagenesis testing in Drosophila. IV. Results of 45 coded compounds tested for the National Toxicology Program, *Environ Mutagen*, **7**, 349–367.

207 Zedeck MS, Sternberg SS, Yataganas X and McGowan J (1974) Early changes induced in rat liver by methylazoxymethanol acetate: mitotic abnormalities and polyploidy, *J Natl Cancer Inst*, **53**, 719–724.

208 Zeiger E, Anderson B, Haworth S, Lawlor T, Mortelmans K and Speck W (1987) Salmonella mutagenicity tests: III. Results from the testing of 255 chemicals, *Environ Mutagen*, **9** Suppl 9, 1–109.

209 Zhang Y (2004) Cancer-preventive isothiocyanates: measurement of human exposure and mechanism of action, *Mutat Res*, **555**, 173–190.

210 Zhou S, Koh HL, Gao Y, Gong ZY and Lee EJ (2004) Herbal bioactivation: the good, the bad and the ugly, *Life Sci*, **74**, 935–968.

44
Naturstoffe mit hormonartiger Wirkung

Manfred Metzler

44.1
Allgemeine Substanzbeschreibung

Vor etwa 80 Jahren trat in Australien eine als „Kleekrankheit“ (clover disease) bezeichnete Unfruchtbarkeit bei weiblichen Schafen auf, die auf Weiden mit der Kleesorte *Trifolium subterraneum L.* gehalten wurden [10]. In diesem Klee fanden sich hohe Konzentrationen an bestimmten Isoflavonen, die die biologische Wirkung des weiblichen Sexualhormons 17β-Estradiol (E2) imitierten und die deshalb als Phytoestrogene bezeichnet wurden. Zusätzlich zu Isoflavonen wurden später andere Substanzklassen mit estrogener Wirkung entdeckt, wie bestimmte Cumestane, Lignane, Stilbene und prenylierte Flavonoide. Heute ist bekannt, dass Phytoestrogene in mehr als 300 Pflanzen vorkommen, wenngleich meist in niedrigen Konzentrationen [22, 73]. Die bisher bekannten Phytoestrogene enthalten zwei oder mehr phenolische Gruppen und zählen daher zu der großen Familie der pflanzlichen Polyphenole. Mit wenigen Ausnahmen ist ihre Wirksamkeit als Estrogen um mindestens zwei Größenordnungen niedriger als die von E2. Das wissenschaftliche und inzwischen auch kommerzielle Interesse an Phytoestrogenen wurde maßgeblich durch die Arbeiten von Herman Adlercreutz stimuliert, der seit mehr als 30 Jahren die Hypothese verfolgt, dass einige für westliche Nationen häufige Erkrankungen wie Krebs der weiblichen Brust, Prostatakrebs und Herz-Kreislauferkrankungen in asiatischen Ländern deswegen viel seltener sind, weil die in Asien übliche Sojanahrung hohe Konzentrationen an Isoflavon-Phytoestrogenen enthält [1–3, 5, 7]. Soja-Isoflavone sollen auch dafür verantwortlich sein, dass die typischen Erscheinungen der Wechseljahre, wie z. B. Osteoporose und Hitzewallungen, bei asiatischen Frauen weniger stark ausgeprägt sind als bei „westlichen“ Frauen. Diese Hypothese hat wesentlich dazu beigetragen, dass Sojanahrung und Nahrungsergänzungsmittel mit Isoflavonen zunächst in den USA und in jüngerer Zeit auch in Europa populär wurden.

Wegen der häufigen Verwendung von Isoflavonen in Nährungsergänzungsmitteln wird diese Klasse von Phytoestrogenen bei den funktionellen Lebens-

Handbuch der Lebensmitteltoxikologie. H. Dunkelberg, T. Gebel, A. Hartwig (Hrsg.)

ISBN: 978-3-527-31166-8

mitteln behandelt (s. Kapitel II-65). Das vorliegende Kapitel beschränkt sich auf Lignane, Cumestane und Prenylflavonoide. Außerdem werden Resorcylsäurelactone vom Typ des Zearalenon behandelt, die von bestimmten Schimmelpilzen gebildet werden und daher Mykoestrogene sind. Die genannten Klassen von Phyto- und Mykoestrogenen wurden ausgewählt, weil sie entweder Stoffe mit hoher estrogener Wirksamkeit enthalten oder (wie im Fall der Lignane) in so großen Mengen mit der Nahrung aufgenommen werden können, dass selbst bei niedriger intrinsischer Hormonaktivität estrogene Wirkungen möglich sind. Für Phytoestrogene mit sehr niedriger Aktivität und gleichzeitig niedriger Exposition, wie z. B. Resveratrol, dürfte die Estrogenität für die biologischen Wirkungen keine Rolle spielen. Für alle Phytoestrogene sind Wirkungen möglich und teilweise bekannt, die unabhängig von ihrer Estrogenität sind, z. B. antioxidative Effekte oder Eingriffe in Signalketten, an denen nicht die zellkernständigen Estrogenrezeptoren beteiligt sind.

Warum enthalten viele Pflanzen estrogenwirksame Substanzen? Bilden Pflanzen auch Stoffe, die wie andere Hormone wirken, beispielsweise wie das männliche Sexualhormon Testosteron? Bis heute wurden andere Hormon-Mimetika in Pflanzen nicht gefunden. Möglicherweise liegt einer der Vorteile von Phytoestrogenen für die Pflanze darin, dass sie wegen ihrer anfangs erwähnten Störung der Fertilität der Vermehrung von Fraßfeinden entgegenwirken [31]. Allgemein wird angenommen, dass Phytoestrogene als so genannte Phytoalexine der Pflanze beim Überleben von Stress-Situationen wie Trockenheit, Insektenbefall usw. helfen [83].

Die Zahl der Originalpublikationen über Phytoestrogene ist in den letzten zwei Jahrzehnten fast exponentiell angestiegen, außerdem sind mehrere Monographien und Übersichtsartikel erschienen. Detaillierte Informationen über Vorkommen und gesundheitliche Aspekte finden sich vor allem bei [4, 17, 18, 26, 54, 62, 84].

44.2 Vorkommen

44.2.1 Lignane

Lignane entstehen in Pflanzen über den Phenylpropanoid-Stoffwechsel, der auch zum Lignin als der wichtigsten pflanzlichen Stützsubstanz führt. Bei der Biosynthese der pflanzlichen Lignane kondensieren zwei Phenylpropanoid-Einheiten, wobei eine große Zahl von phenolischen Verbindungen entsteht, die als Glykoside im Pflanzenreich weitverbreitet sind. Bis heute sind mehrere Hundert pflanzliche Lignane bekannt, die beispielsweise in allen Getreidearten, Ölsaaten, Gemüse, Früchten und im Seetang vorkommen. Die pflanzlichen Lignane selbst besitzen allerdings keine estrogene Wirkung. Nach ihrer Aufnahme mit der Nahrung werden sie von verschiedenen Darmbakterien durch Hydro-

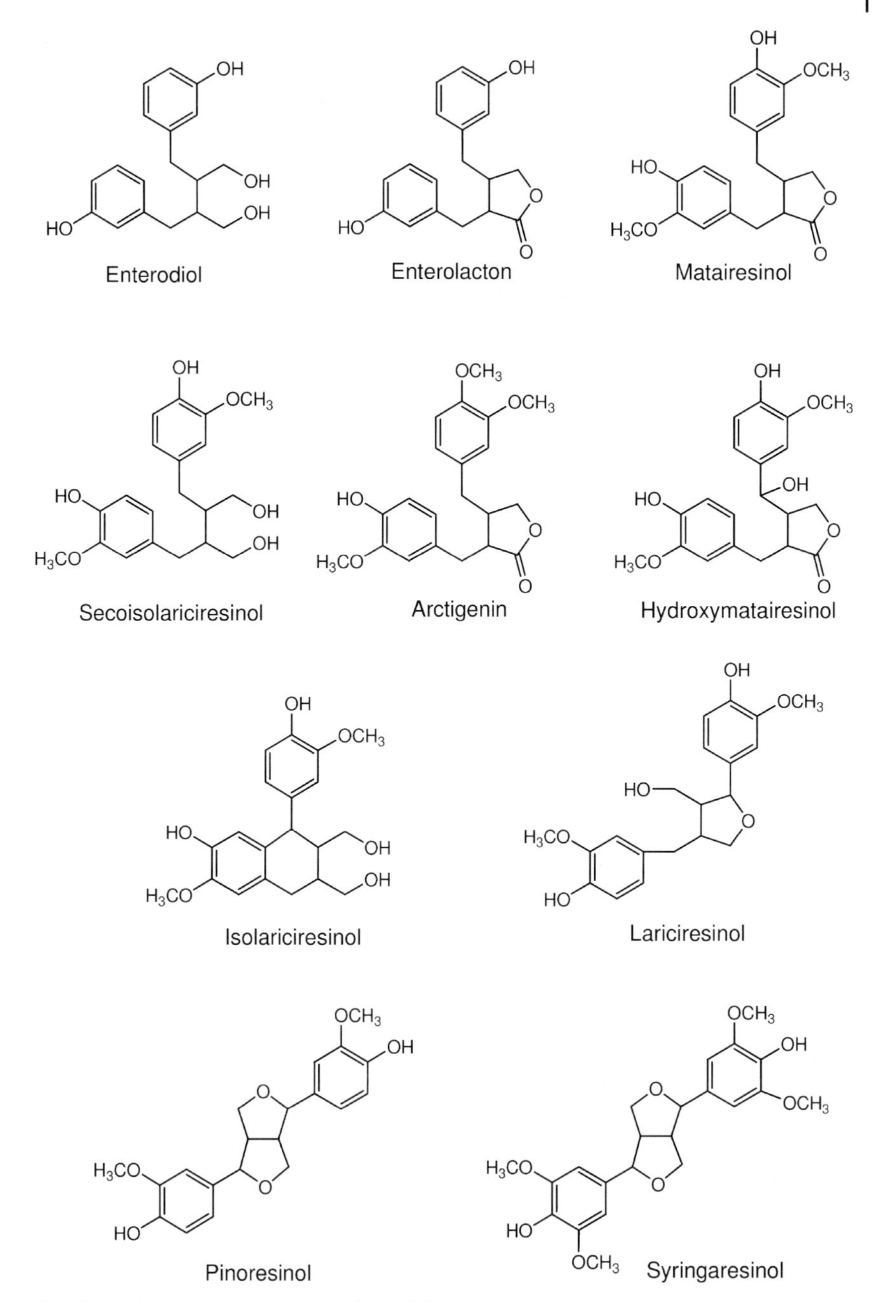

Abb. 44.1 Die Säugerlignane Enterodiol und Enterolacton sowie die bislang als Vorläufer bekannten pflanzlichen Lignane.

lyse der Glykoside sowie Metabolisierung der Aglykone zu den hormonwirksamen Lignanen Enterodiol und Enterolacton (Abb. 44.1) umgewandelt, die wegen ihrer Entstehung im menschlichen und tierischen Organismus als „Säugerlignane“ (engl. mammalian lignans) oder „Enterolignane“ bezeichnet werden [81]. Als pflanzliche Vorstufen von Enterodiol und Enterolacton wurden zunächst Secoisolariciresinol und Matairesinol identifiziert [9, 12]. Im Darm gebildetes Enterodiol wird bakteriell teilweise weiter in Enterolacton umgewandelt [81]. Inzwischen ist bekannt, dass zahlreiche andere pflanzliche Lignane wie Lariciresinol, Isolariciresinol, Hydroxymatairesinol, Arctigenin, Pinoresinol, Syringaresinol (Abb. 44.1) und möglicherweise sogar Lignin selbst durch Darmbakterien zu Enterodiol und Enterolacton metabolisiert werden [29, 69, 94, 98].

44.2.2 Cumestane

Diese Gruppe enthält nur wenige Substanzen, deren wichtigste das Cumestrol und sein 4′-Methylether sind (Abb. 44.2). Cumestrol enthält eine Cumarinstruktur und entsteht biosynthetisch aus dem Isoflavon Daidzein [20].

44.2.3 Prenylierte Flavanone und Chalkone

Erst vor wenigen Jahren wurden die Prenylflavonoide 8-Prenylnaringenin, 6-Prenylnaringenin und Isoxanthohumol (Abb. 44.3.) als eine neue Klasse von Phytoestrogenen in Hopfen entdeckt [58, 59]. Die eigentlichen Pflanzeninhaltsstoffe sind die nicht hormonwirksamen Chalkone Xanthohumol und Desmethylxanthohumol (Abb. 44.3), die vor allem im Sauren leicht zu den Flavanonen cyclisieren. Die mit Abstand höchste estrogene Aktivität hat das 8-Prenylnaringenin, das in manchen Testsystemen stärker ist als die bisher aktivsten Phytoestrogene Cumestrol und Genistein [68]. 8-Prenylnaringenin kann möglicherweise auch durch Darmbakterien des Menschen aus Isoxanthohumol durch Demethylierung entstehen [72].

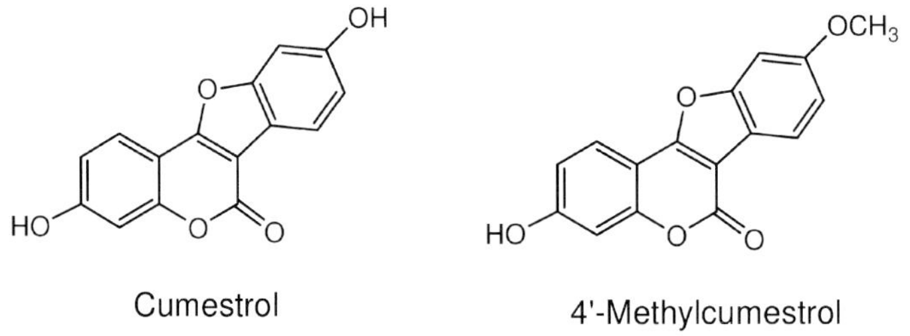

OH HO O O O Cumestrol

OCH_3 HO O O O 4'-Methylcumestrol

Abb. 44.2 Die wichtigsten Vertreter der Cumestane.

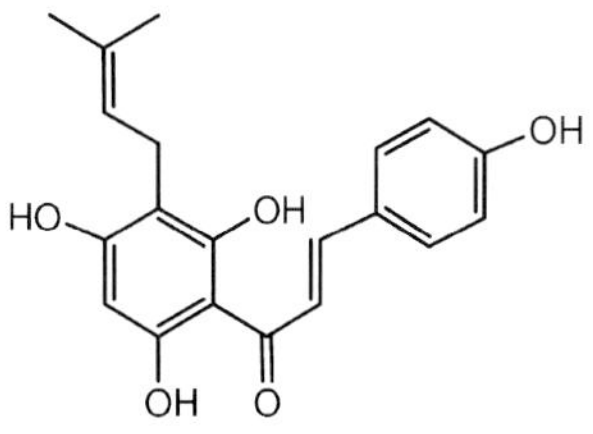

Desmethylxanthohumol 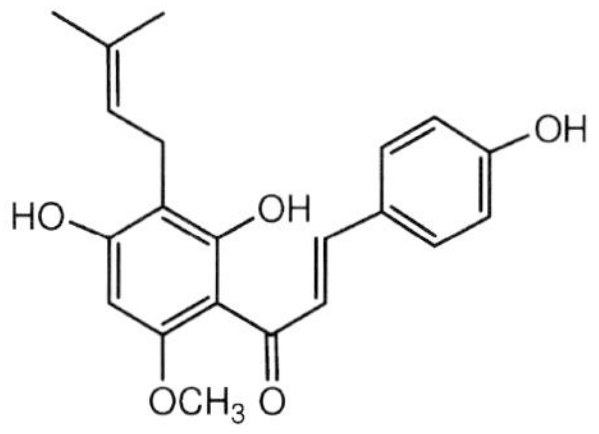 Xanthohumol 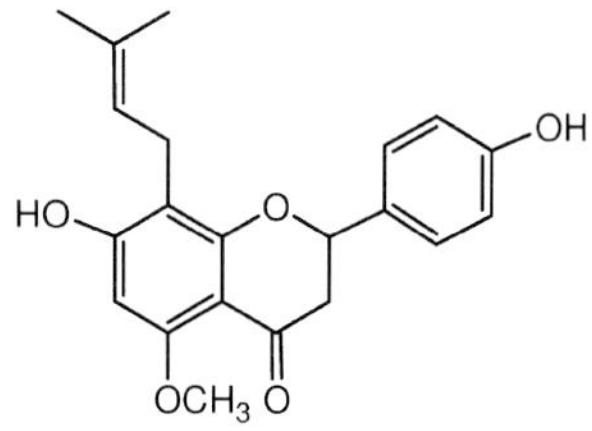 Isoxanthohumol

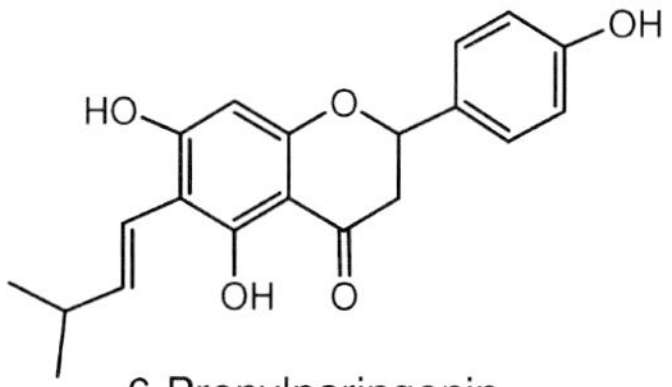

6-Prenylnaringenin 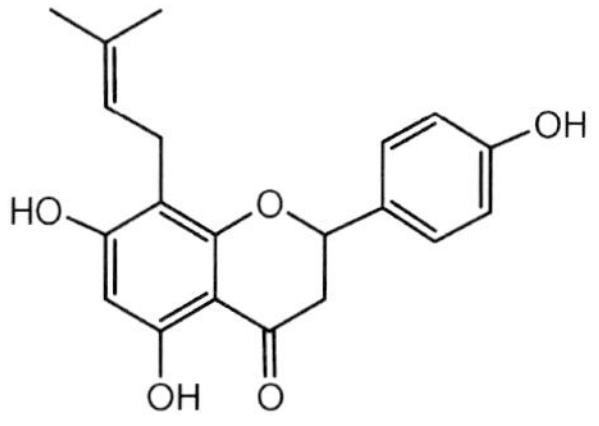 8-Prenylnaringenin

Abb. 44.3 Prenylierte Flavanone und Chalkone.

44.2.4
Zearalenon

Einige Arten von Schimmelpilzen der Familie *Fusarium*, die häufig Mais (*Zea mays*) und andere Futterpflanzen befallen, produzieren das Resorcylsäurelacton Zearalenon (Abb. 44.4). Die hormonelle Wirkung von verschimmeltem Mais, die zu Fertilitätsstörungen und Estrogenisierungserscheinungen, vor allem bei weiblichen Schweinen führt, ist in der Nutztierhaltung der USA und auch in Europa schon lange bekannt. Durch Reduktion der Ketogruppe entstehen α- und β-Zearalenol, während die Reduktion der aliphatischen Doppelbindung zu Zearalanon führt, aus dem wiederum durch Reduktion der Ketogruppe α- und β-Zearalanol gebildet werden (Abb. 44.4). α-Zearalanol (Trivialname Zeranol) hat eine höhere Estrogenität als Zearalenon und wird unter dem Handelsnamen Ralgro in den USA und einigen anderen Ländern als hormoneller Wachstumsförderer bei Rindern eingesetzt. α-Zearalanol entsteht in geringem Ausmaß auch aus dem Mykoestrogen Zearalenon und in höherem Ausmaß aus α-Zearalenol, nicht aber aus β-Zearalenol beim Rind, vermutlich im Pansen [38]. α- und β-Zearalenol treten sowohl als Biosyntheseprodukte der Fusarien als auch als Metaboliten von Zearalenon beim Rind auf.

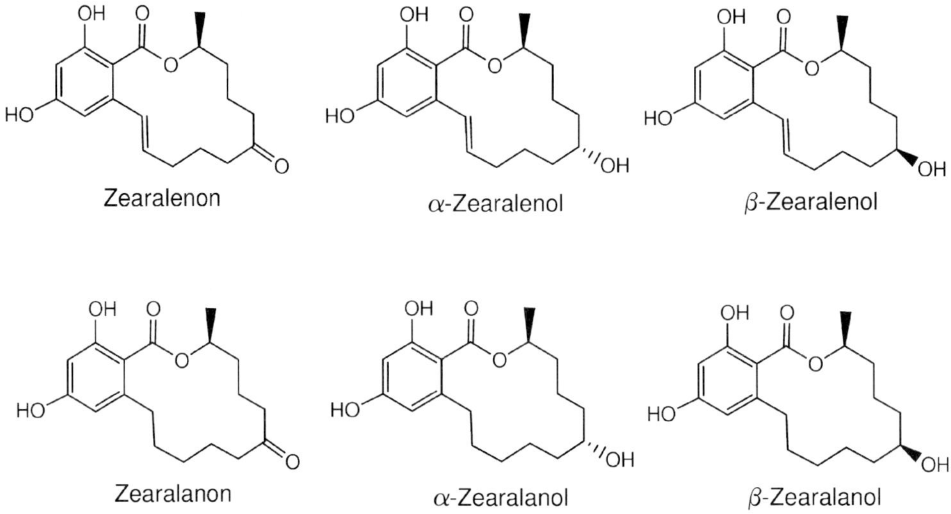

Zearalenon α-Zearalenol β-Zearalenol

Zearalanon α-Zearalanol β-Zearalanol

Abb. 44.4 Chemische Strukturen der mykoestrogenen Resorcylsäurelactone vom Zearalenon-Typ.

44.3 Verbreitung und Nachweis

44.3.1 Lignane

Die Säugerlignane Enterodiol und Enterolacton werden durch Bakterien im menschlichen Darm aus zahlreichen pflanzlichen Lebensmitteln gebildet, entstehen aber je nach Art und Konzentration der pflanzlichen Lignane in sehr unterschiedlicher Menge. Thompson et al. [88] inkubierten 68 verbreitete Nahrungspflanzen mit humanen Darmbakterien und bestimmten die Menge der innerhalb von 48 Stunden gebildeten Säugerlignane. In Tabelle 44.1 sind die Ergebnisse für die einzelnen Pflanzengruppen zusammengefasst, die Daten für die einzelnen Pflanzen finden sich bei Thompson et al. [88] und Wang [94]. Die mit Abstand größte Menge von Enterodiol und Enterolacton wurde aus Leinsamen (*Linum ussitativum* L.) erhalten, wobei ca. 87% auf Enterodiol entfielen. In den anderen Lebensmitteln war das Verhältnis von Enterodiol zu Enterolacton durchaus unterschiedlich. In Getreide wie Roggen und Gerste finden sich die höchsten Lignankonzentrationen in der äußeren Schicht der Körner (Aleuron-Schicht), die beim Mahlen weitgehend verloren geht. Vollkornprodukte liefern daher die größten Mengen an Lignanen. Die pflanzlichen Lignane Secoisolariciresinol und Matairesinol wurden auch in Sojabohnen sowie in jüngerer Zeit in Getränken wie Tee, Kaffee und Weiß- und Rotwein nachgewiesen [70].

Zum Nachweis und zur Quantifizierung der Säugerlignane Enterodiol und Enterolacton sowie verschiedener pflanzlicher Lignane in biologischen Proben

Tab. 44.1 Bildung der Säugerlignane Enterodiol und Enterolacton aus verschiedenen Gruppen pflanzlicher Lebensmittel bei der in vitro-Fermentation mit humanen Darmbakterien (zusammengefasste Daten von [88]). Die angegebenen Zahlen stellen die Summe aus beiden Säugerlignanen und den Mittelwert der einzelnen Gruppen dar, in Klammern werden die höchsten und niedrigsten gemessenen Konzentrationen angegeben. Die Messungen erfolgten mit GC/MS.

Gruppe	Säugerlignane (µg/100 g Feuchtgewicht)
Leinsamen	67500
Andere Ölsaaten	638 (160–1130)
Getrockneter Seetang	900 (650–1150)
Ganze Hülsenfrüchte	560 (200–1780)
Schalen von Hülsenfrüchten	370 (220–530)
Getreidekleie	490 (180–650)
Ganze Getreide	360 (110–920)
Gemüse	140 (20–410)
Früchte	80 (30–180)

wurden bisher vor allem GC und HPLC allein oder in Kombination mit der Massenspektrometrie eingesetzt. Zum Screening größerer Probenmengen sind auch Immunoassays verfügbar. Ausführliche Zusammenfassungen der analytischen Methoden für Lignane finden sich bei Raffaelli et al. [74], Franke et al. [23–25], Wang et al. [93] und Wang [94]; eine optimierte LC/MS/MS-Methode für die Quantifizierung wichtiger Pflanzenlignane wurde von Milder et al. [56] publiziert. Da Lignane in biologischen Proben überwiegend konjugiert vorliegen (in Pflanzen als Glykoside und im menschlichen Organismus als Glucuronide und Sulfate), muss vor der chromatographischen Trennung meist eine Konjugatspaltung durchgeführt werden. Die Analyse mittels GC oder GC/MS erfordert außerdem die Extraktion der Aglykone aus dem wässrigen Hydrolysat und anschließende Derivatisierung. Um trotz dieser fehlerträchtigen Probenvorbereitung genaue Quantifizierungen zu erreichen, können bei der GC/MS-Analyse deuterierte Lignane als interne Standards eingesetzt werden [6]. Eine hochempfindliche Analysenmethode mit relativ geringer Probenvorbereitung stellt die HPLC mit coulometrischem Detektor dar [40].

44.3.2
Cumestane

Cumestrol kommt vor allem in den Sprossen von Klee, Alfalfa und Soja sowie in den Samen verschiedener Bohnen vor (Tab. 44.2) und ist dort häufig mit Isoflavonen vergesellschaftet. Der Gehalt in den Sprossen hängt stark von der Keimungsdauer ab.

Tab. 44.2 Konzentration von Cumestrol in verschiedenen pflanzlichen Lebensmitteln nach Franke et al. [23], angegeben als Mittelwert aus mehreren Bestimmungen.

Lebensmittel	Cumestrol [mg/kg]
Kleesprossen	280
Trockene Erbsen	81
Trockene Kala Chana-Samen	61
Alfalfa-Sprossen	46
Trockene Samen von Pinto-Bohnen	36
Trockene Samen von großen Lima-Bohnen	15
Trockene Samen von roten Bohnen	Spur

Analytisch lassen sich Cumestane durch HPLC mit Diodenarray-Detektor sowohl in pflanzlichen Lebensmitteln als auch in menschlichen Proben, wie Blutplasma, Harn und Muttermilch, empfindlich erfassen und von den Isoflavonen abtrennen [24].

44.3.3 Prenylierte Flavanone und Chalkone

Prenylflavonoide wurden bisher nur in den weiblichen Blüten von Hopfen (*Humulus lupulus* L.) in höherer Konzentration nachgewiesen, als wichtigste Exposition gilt das Trinken von Bier [72, 85]. Die in Hopfenblüten enthaltenen Prenylchalkone Xanthohumol und Desmethylxanthohumol isomerisieren beim Würzekochen zu Isoxanthohumol, 8-Prenylnaringenin und 6-Prenylnaringenin (s. Abb. 44.3). Die erreichten Konzentrationen dieser Flavanone hängen vom Brauprozess ab: Für Isoxanthohumol wurden Konzentrationen um 0,5 mg/L in Lager- und Pilsenerbier und um 4 mg/L in Starkbier gemessen [86]. Von dem am stärksten estrogen wirkenden 8-Prenylnaringenin werden im Bier Konzentrationen bis zu 0,1 mg/L erreicht. Eine weitere Exposition mit Prenylflavonoiden ist durch Nahrungsergänzungsmittel gegeben, die Hopfen enthalten [59].

Zur Analytik der Prenylflavonoide eignet sich die HPLC-Tandem-Massenspektrometrie (LC-MS-MS) [86].

44.3.4 Zearalenon

Da Zearalenon und seine Verwandten von Fusarien-Schimmelpilzen produziert werden, hängt die Belastung von Nahrungs- und Futtermitteln stark vom Schimmelbefall und damit von den Klima- und Lagerbedingungen ab. Konzentrationsangaben für Zearalenon in Getreide aus Kanada, USA und China liegen meist im Bereich 20–200 ng/g [53, 78]. Bei Rindern, die Fusarien in ihrem

Pansen enthalten, kann die endogene Bildung von Resorcylsäurelactonen zusätzlich zur Aufnahme mit dem Futter zur inneren Exposition beitragen [38].

Eine getrennte Quantifizierung von Zearalenon und den anderen Resorcylsäurelactonen (s. Abb. 44.4) in Lebensmitteln oder in biologischen Proben wie Harn, Leber oder Muskelgewebe ist – nach Extraktion und Konjugatspaltung – durch LC-MS-MS [47, 102] oder durch GC/MS [11] möglich.

44.4
Kinetik und innere Exposition

44.4.1
Lignane

Untersuchungen in keimfrei gehaltenen Ratten, die keine bakterielle Darmflora entwickelten, und in Menschen, deren Darmflora durch Antibiotika vernichtet worden war, hatten gezeigt, dass Säugerlignane durch die bakterielle Umwandlung von pflanzlichen Lignanen im Darm entstehen [9, 80, 81]. Nach Resorption aus dem Darm werden Enterodiol und Enterolacton wahrscheinlich vor allem in der Leber bevorzugt mit Glucuronsäure konjugiert und mit Harn und Galle ausgeschieden: Über 90% der Säugerlignane im Humanharn lagen als Glucuronide vor, neben geringen Mengen an Monosulfat, Disulfat und gemischtem Sulfat/Glucuronid [8]. Mit Mikrosomen aus Humanleber und Rattenleber konnte gezeigt werden, dass aus Enterodiol sieben Monohydroxylierungsprodukte gebildet werden, von denen drei die eingeführte Hydroxylgruppe an einem aromatischen Ring und vier am aliphatischen Molekülteil trugen [35]. Das unsymmetrisch gebaute Enterolacton ergab bei der mikrosomalen Umsetzung sogar sechs aromatische und sechs aliphatische Monohydroxylierungsprodukte [35]. Einige dieser oxidativen Metaboliten konnten auch im Harn von Menschen und Ratten nach der Einnahme von Leinsamen gefunden werden, allerdings in kleinen Mengen im Vergleich zu Enterodiol und Enterolacton [34, 64]. Dies deutet darauf hin, dass die Glucuronidierung gegenüber der Hydroxylierung stark bevorzugt abläuft.

Die innere Exposition durch Säugerlignane hängt sehr stark von der Ernährungsweise ab. Da die als Vorläufer dienenden pflanzlichen Lignane in zahlreichen pflanzlichen Lebensmitteln vorkommen (s. Tab. 44.1), sind Vegetarier deutlich höher exponiert als Gemischtköstler. Aus den Verzehrgewohnheiten und der Umwandlungsrate von pflanzlichen Lignanen in Säugerlignane wurde für Vegetarier eine tägliche Aufnahme von 7,4 µmol (ca. 2,2 mg) an Enterodiol und Enterolacton abgeschätzt gegenüber 4,6 µmol (ca. 1,4 mg) bei Nichtvegetariern [63]. Diese errechneten Zahlen stimmen gut mit den Messungen der Säugerlignane überein, die pro Tag von Vegetarierinnen aus Finnland mit dem Harn ausgeschieden werden und die bei 4,2–8,1 µmol liegen, während finnische Nichtvegetarierinnen 2,0–2,9 µmol ausscheiden [1]. Besonders hoch wird die Exposition, wenn sich Leinsamenprodukte in der Nahrung befinden: 25 g Leinsamen führen zur Aufnahme von ca. 22 mg Säugerlignanen [63, 95].

44.4.2
Cumestane

Für Cumestane gibt es bisher keine Daten zur Exposition und keine Messungen über Plasmaspiegel oder Harnausscheidung beim Menschen.

44.4.3
Prenylierte Flavanone und Chalkone

Nachdem diese Phytoestrogene bisher nur in Hopfen in hohen Konzentrationen gefunden wurden, gilt das Trinken von Bier als die wichtigste Art der Exposition. Aus den in Bier gemessenen Konzentrationen kann die Menge der in den Magen-Darmtrakt gelangten Prenylflavonoide abgeschätzt werden; bislang existieren jedoch keine Untersuchungen zu ihrer Bioverfügbarkeit und Ausscheidung beim Menschen. In Analogie zu anderen Flavonoiden ist zu erwarten, dass ein großer Teil der etwa 0,14 mg Prenylflavonoide, die im Durchschnitt pro Tag aufgenommen werden [86], den Dickdarm erreicht und damit dem Metabolismus der Darmbakterien unterliegt. Für Isoxanthohumol wurde vor Kurzem gezeigt, dass es bei der Inkubation mit Stuhlproben oder mit einzelnen Darmbakterienstämmen effizient zu dem stärker estrogenen 8-Prenylnaringenin demethyliert wird [72]. Sollte dieser bakterielle Metabolismus auch *in vivo* stattfinden, könnte er wesentlich zur Belastung des Biertrinkers mit Estrogenen beitragen, da Bier ca. 20–40-mal mehr Isoxanthohumol als 8-Prenylnaringenin enthält. Zusätzlich könnte noch etwas 8-Prenylnaringenin durch Demethylierung von Isoxanthohumol im menschlichen Metabolismus entstehen. Diese Reaktion wurde inzwischen mit humanen Lebermikrosomen *in vitro* gezeigt, sie stellte aber nur einen untergeordneten Weg im mikrosomalen Metabolismus dar, bei dem die Hydroxylierung der beiden prenylständigen Methylgruppen überwog [66]. Auch bei 8-Prenylnaringenin wurden durch Mikrosomen aus menschlicher Leber vor allem die Methylgruppen der Prenyleinheit hydroxyliert, daneben entstanden in geringem Ausmaß auch Metabolite, die auf eine Epoxidierung der Prenylgruppe schließen lassen [65].

44.4.4
Zearalenon

Da Resorcylsäurelactone vor allem in Getreide vorkommen, dürfte die tägliche Exposition bei Personen mit hohem Verzehr dieser Produkte höher ausfallen. Als maximale tägliche Aufnahme von Zearalenon in Kanada wurden 100–500 ng/kg Körpergewicht abgeschätzt [42]. Messungen über Plasmaspiegel und Harnausscheidung beim Menschen existieren nicht. Metabolismusstudien bei Rind, Schwein und Schaf haben gezeigt, dass Zearalenone hauptsächlich zu α- und β-Zearalenol sowie in geringerem Umfang auch zu α- und β-Zearalanol metabolisiert werden; im Harn werden diese Produkte vorwiegend als Glucuronide ausgeschieden [39, 102]. Im Verhältnis der epimeren α- und β-Zearalenole und Zearalanole sowie im Ausmaß der Glucuronidierung wurden erhebliche Speziesunterschiede beobachtet [39, 102]. Beim Rind wurde die insgesamt mit dem Harn ausgeschiedene Menge von Zearalenon und seinen Metaboliten auf ca. 33% der verabfolgten Dosis geschätzt [39].

44.5 Wirkungen

Phytoestrogene teilen trotz unterschiedlicher chemischer Strukturen eine gemeinsame biologische Wirkung, nämlich die des weiblichen Sexualhormons E2. E2 ist für die Entwicklung und Funktion der weiblichen Sexualorgane verantwortlich und hat außerdem weitere wichtige Funktionen im weiblichen und männlichen Organismus, die sowohl nützlich als auch schädlich sein können und die in ihrer Vielfalt auch heute noch nicht voll verstanden werden [82]. Viele der E2-Wirkungen werden durch Estrogen-Rezeptoren (ER) vermittelt, an die E2 mit hoher Affinität bindet. Die Affinität der Phytoestrogene zum ER ist meist 100–10000fach niedrigerer als die von E2. Trotz der geringen intrinsischen Aktivität sind zumindest die stärkeren Phytoestrogene in der Lage, hormonelle Wirkungen auslösen, wenn sie bei entsprechender Ernährung Konzentrationen im Plasma und in den Geweben erreichen, die im mikromolaren Bereich liegen und damit die Spiegel von E2 um den Faktor 1000 bis 10000 übersteigen können. Bei Frauen hängt die Produktion von E2 sehr stark vom Alter ab: Vor der Pubertät und nach der Menopause sind die E2-Spiegel sehr viel niedriger als im Erwachsenenstadium vor der Menopause. Es wird angenommen, dass Phytoestrogene in Abhängigkeit vom Alter der exponierten Person unterschiedlich wirken können: Vor der Pubertät und nach der Menopause kommt wegen der niedrigen E2-Spiegel die hormonelle Aktivität der Phytoestrogene zum Tragen, sie wirken als Estrogene. Während der Pubertät und Geschlechtsreife der Frau dagegen konkurrieren die Phytoestrogene mit dem E2 um die ER und wirken wegen ihrer geringen intrinsischen Estrogenität als funktionelle Antiestrogene. Zusätzlich kompliziert wird die Interaktion von Phytoestrogenen mit den ER durch den Umstand, dass es zwei Typen von ER mit unterschiedlicher Gewebeverteilung gibt: Während Brustdrüse und Gebärmutter vor allem ER-alpha enthalten liegen in den Ovarien, Knochen und Blutgefäßen vergleichbare Spiegel von ER-alpha und ER-beta vor, und in der Prostata überwiegt ER-beta [60]. Für zahlreiche Phytoestrogene wurde gezeigt, dass sie sowohl an ER-alpha als auch ER-beta binden, wobei die relative Affinität (im Vergleich zu E2) der Bindung an ER-beta häufig höher ist [41, 61].

Neben Stimmungsschwankungen und Hitzewallungen werden bei Frauen nach der Menopause vor allem der Abbau der mineralischen Knochensubstanz und die Zunahme von Gefäßerkrankungen auf den E2-Mangel zurückgeführt. Hohe E2-Spiegel helfen gegen diese Erkrankungen, stellen aber einen Risikofaktor für Brustkrebs dar, der in westlichen Ländern der häufigste Tumor bei Frauen ist, wenn von dem durch Zigarettenrauchen verursachten Lungenkrebs abgesehen wird. Auch die Inzidenz von Endometriumskrebs wird durch E2 erhöht. In asiatischen Ländern mit erhöhtem Anteil von Soja-Phytoestrogenen und auch bei einigen vegetarischen Gruppen in Europa sind diese Tumorarten viel seltener und die oben genannten postmenopausalen Erkrankungen weniger ausgeprägt [1, 2]. Dies wird vielfach dem erhöhten Phytoestrogengehalt der Nahrung zugeschrieben. Zur antikanzerogenen Wirkung von Phytoestrogenen sind nach heutigem Kenntnisstand wahrscheinlich neben einer Interaktion mit den ER auch andere biologische Wirkungen der Phytoestrogene beteiligt. Dabei darf nicht der Fehler der Verallgemeinerung gemacht werden, d.h. nicht alle Phytoestrogene bewirken jeden der genannten Effekte.

Einige potenziell antikanzerogene Mechanismen von Phytoestrogenen, modifiziert nach [95], sind im Folgenden genannt:

- Abfangen von freien Radikalen, wodurch Schäden an DNA, RNA, Proteinen und Lipiden vermieden werden.
- Inhibition der Proliferation von endothelialen Zellen und damit Hemmung der Bildung neuer Blutgefäße (Angiogenese).
- Steigerung der Bildung des Transportproteins SHBG (sex hormone binding globulin) in der Leber und damit Absenkung der Plasma- und Gewebespiegel von freiem E2.
- Hemmung der Zellproliferation durch Modulation des Signalweges, der durch TGF-β (transforming growth factor-β) vermittelt wird.
- Hemmung der Aromatase, die Androstendion zu Estron und der 17β-Hydroxysteroiddehydrogenase, die Estron zu E2 umwandelt, wodurch die Bildung von E2 verringert wird.
- Beschleunigung der Glucuronidierung von E2, wodurch die Eliminierung beschleunigt und die Gewebespiegel gesenkt werden.

44.5.1 Wirkungen auf den Menschen

44.5.1.1 Lignane

Aus epidemiologischen Studien gibt es Hinweise darauf, dass eine lignanreiche Ernährung (z. B. mit Leinsamen) bei Frauen die Inzidenz von Brustkrebs senkt und gegen Osteoporose und kardiovaskuläre Erkrankung schützt (zusammengefasst bei [94]). Lignanreiche Ernährung soll Männer vor Prostatakrebs schützen [28]. Allerdings existieren bisher keine prospektiven Studien mit pflanzlichen Lignanen oder Säugerlignanen, die die vermuteten positiven gesundheitlichen Wirkungen dieser Substanzen bestätigen. Neben seinem hohen Gehalt an pflanzlichen Lignanen enthält Leinsamen auch eine außergewöhnlich hohe Konzentration der mehrfach ungesättigten α-Linolensäure, die zur antikanzerogenen und antiatherosklerotischen Wirkung von Leinsamen beitragen könnte. In Frauen vor der Menopause führte der Verzehr von Leinsamen zu einer Verlängerung der lutealen Phase des Menstruationszyklus [71] und führte zu einer Erhöhung des Verhältnisses der E2-Metaboliten 2-Hydroxyestron zu 16α-Hydroxyestron im Harn [27].

44.5.1.2 Cumestane

Epidemiologische oder prospektive Studien zur Wirkung von Cumestanen auf den Menschen existieren bisher nicht.

44.5.1.3 Prenylierte Flavanone und Chalkone

Hopfen wird seit Jahrhunderten zum Bierbrauen und als Konservierungsmittel eingesetzt und wurde schon früh mit estrogenen Wirkungen in Verbindung gebracht: Bei Hopfenpflückerinnen traten häufig Menstruationsstörungen auf und Hopfenbäder wurden zur Linderung von Beschwerden der Wechseljahre eingesetzt [59]. Auch Mittel zur Brustvergrößerung enthielten Hopfen [16]. Eine erste prospektive Studie bei älteren Frauen, die täglich einen Hopfenextrakt einnahmen, zeigte nach sechs Wochen eine Abnahme von Hitzewallungen [30].

44.5.1.4 Zearalenon

Gesicherte Wirkungen von Zearalenon auf den Menschen existieren bisher nicht. Für den Verdacht, dass Zearalenon die Ursache für das gehäufte Auftreten von vorzeitiger Geschlechtsreifung bei Mädchen in Puerto Rico sein könnte, wurden bisher keine eindeutigen wissenschaftlichen Belege erbracht [77]. In bestimmten Gebieten Chinas wurde eine erhöhte Belastung der Nahrung mit Zearalenon für das endemische Auftreten von Brustvergrößerungen bei Frauen verantwortlich gemacht [101].

44.5.2 Wirkungen auf Versuchstiere

44.5.2.1 Lignane

Die Effekte von Leinsamen und seinem dominierenden pflanzlichen Lignan, dem Diglucosid von Secoisolariciresinol, wurden vor allem in Ratten in verschiedenen Lebensphasen untersucht (zusammengefasst bei [95]). Beispielhaft sollen einige Befunde genannt werden, die zeigen, dass für die Wirkung von Phytoestrogenen sowohl die Dosis als auch die Entwicklungsstufe bei der Exposition eine wichtige Rolle spielen: Wurde Leinsamen an trächtige und laktierende Ratten verfüttert, führten 5% Leinsamen in der Nahrung bei den weiblichen Nachkommen im Vergleich zur unbehandelten Kontrollgruppe zu einem späteren Beginn der Pubertät, mit 10% Leinsamen dagegen zu einem früheren Einsetzen der Geschlechtsreife. Wurde Leinsamen erst nach dem Abstillen bis zum Erwachsenenalter gefüttert, war kein Effekt auf den Zeitpunkt der Pubertät festzustellen [90, 91].

Die protektive Rolle gegen Krebs der weiblichen Brust, die mit dem Verzehr von Leinsamen verbunden sein soll, wird durch tierexperimentelle Befunde gestützt: Bei weiblichen Ratten, bei denen Mammatumoren mit den chemischen Kanzerogenen 7,12-Dimethylbenz(a)anthracen oder *N*-Methyl-*N*-nitrosoharnstoff induziert worden waren, konnte durch Verfüttern von Leinsamen oder

Secoisolariciresinol oder Enterolacton das Tumorwachstum in verschiedenen Phasen der Kanzerogenese gehemmt werden [79, 89]. Eine Hemmung des Wachstums von chemisch induzierten Brusttumoren wurde auch erreicht, wenn junge Ratten Lignane über die Muttermilch aufnahmen [14].

44.5.2.2 **Cumestane**

Bei neugeborenen weiblichen Ratten, die von Tag 1 bis 10 nach der Geburt täglich 0,7–2 mg Cumestrol erhielten, wurde ein früherer Beginn der Geschlechtsreife und eine Verlängerung der Diestrus-Phase beobachtet [96].

44.5.2.3 **Prenylierte Flavanone und Chalkone**

8-Prenylnaringenin erwies sich bei ovariektomierten Mäusen als Estrogen, indem es die Zellteilung in der Scheiden- und Gebärmutterschleimhaut sowie die Permeabilität von Blutgefäßen der Gebärmutter stimulierte [57]. Auch in Ratten zeigte 8-Prenylnaringenin estrogene Effekte an verschiedenen Endpunkten einschließlich einer Erhöhung des Gebärmuttergewichtes, wenngleich mit etwas geringerer Potenz als E2 [15]. Humpel et al. [32] beobachteten dagegen an ovariektomierten Ratten eine Verhinderung des Knochenabbaus bei minimalen Effekten auf die Gebärmutter. Von Xanthohumol ist aus in vitro- und in vivo-Studien eine antiestrogene Wirkung bekannt [33].

44.5.2.4 **Zearalenon**

Die schon lange bekannten Reproduktionsstörungen, die vor allem bei Schweinen nach Verfüttern von verschimmeltem Mais auftraten, waren Anlass zu umfangreichen Untersuchungen. In geschlechtsreifen weiblichen Schweinen kann Zearalenon das Trächtigwerden verhindern, die Rückbildung des Gelbkörpers stimulieren, die Entwicklung des Blastocysten verschlechtern, und die Anzahl der Feten pro Muttertier verringern [52]. Wird Zearalenon von Sauen vor der Geschlechtsreife aufgenommen, zeigen sich keine negativen Wirkungen: Der Zeitpunkt der Geschlechtsreife, die Häufigkeit von Ovulation und Konzeption sowie die Wurfgröße waren die gleichen wie bei Sauen ohne Zearalenon [75]. Ferkel, die während der Tragzeit und Stillzeit über die Mutter zearalenonexponiert waren, hatten größere Hoden, Gebärmütter und Ovarien, zeigten jedoch nach Erreichen der Geschlechtsreife keine Fertilitätsstörungen [100].

44.5.3 **Wirkungen auf andere biologische Systeme**

Hier sollen vor allem Effekte in kultivierten Zellen im Hinblick auf die estrogene Potenz der verschiedenen Phytoestrogene sowie ihr genotoxisches Potenzial beleuchtet werden. Bei der Untersuchung der estrogenen Aktivität in kultivierten Zellen wird häufig ein zweiphasiger Effekt beobachtet: Bei niedriger Konzentration des Phytoestrogens tritt eine agonistische, d.h. estrogene Wirkung auf, bei höheren Konzentrationen dagegen eine antagonistische, d.h. antiestrogene Wirkung. Eine Erklärung dafür wäre, dass bei höheren Konzentrationen andere Effekte als die Interaktion mit den Estrogenrezeptoren zum Tragen kommen, z.B. Hemmung der Proteinkinase oder Topoisomerase [94].

44.5.3.1 **Lignane**

Studien zur in vitro-Estrogenität von Lignanen sind bei [54] zusammengefasst. Beispielsweise stimulierte Enterolacton bei Konzentrationen von 0,5–2 μmol/L das Wachstum der humanen Mammakarzinom-Zelllinie MCF-7, während Konzentrationen über 10 μmol/L wachstumshemmend wirkten. Konzentrationen von 10–100 μmol/L Enterolacton und Enterodiol hemmten auch das Wachstum verschiedener Zelllinien aus menschlicher Prostata.

Da einige andere Phytoestrogene, z.B. Genistein und Cumestrol, genotoxisches Potenzial in kultivierten Zellen zeigten [44–46, 87], wurden die Säugerlignane Enterodiol und Enterolacton sowie ihre pflanzlichen Vorläufer Secoisolariciresinol und Matairesinol in kultivierten V79 Zellen chinesischer Hamster auf Genotoxizität hin untersucht [43]. Keines der vier Lignane war selbst bei Konzentrationen von 100 μmol/L in der Lage, genotoxische Effekte wie Induktion von Mikrokernen, Störungen der Mitosespindel oder des Zellzyklus, oder Genmutationen hervorzurufen.

44.5.3.2 **Cumestane**

Die estrogene Aktivität von Cumestrol, gemessen als Bindungsaffinität an die Estrogenrezeptoren im Uterus verschiedener Nutztiere *in vitro*, ist höher als die der Isoflavone und Lignane, aber immer noch ca. 5–70fach niedriger als die von 17β-Estradiol [92].

Bei Untersuchungen zum genotoxischen Potenzial zeigte sich, dass Cumestrol in kultivierten V79 Zellen Mikrokerne, DNA-Strangbrüche und Genmutationen erzeugte [45] sowie in peripheren Blutlymphocyten des Menschen *in vitro* zu Chromosomenbrüchen führte [46].

44.5.3.3 **Prenylierte Flavanone und Chalkone**

Beim Vergleich der Estrogenität verschiedener Flavonoide aus Hopfen in zwei in vitro-Testsystemen (Bindungsaffinität zu ER-alpha und ER-beta unter zellfreien Bedingungen sowie rekombinante Hefezellen mit humanem ER und einem Reportergen) zeigten, das 8-Prenylnaringenin mit Abstand (Faktor 100 oder mehr) die höchste estrogene Potenz aufwies (Tab. 44.3) [59]. Dies bestätigte sich in einer späteren Untersuchung, die vergleichend mit den Isoflavonen Genistein und Daidzein durchgeführt wurde [68].

Tab. 44.3 Estrogenität wichtiger prenylierter Flavanone und Chalkone aus Hopfen im Vergleich zu E2 (Daten aus [68], modifiziert).

	Relative Bindungsaffinität [a] an		Relative Potenz zur Induktion der alkalischen Phosphatase in Ishikawa-Zellen
	ER-alpha	ER-beta	
E2	1	1	1
Xanthohumol	n. m. [b]	n. m.	n. m.
Isoxanthohumol	0,000079	0,00027	0,00013
6-Prenylnaringenin	n. m.	n. m.	n. m.
8-Prenylnaringenin	0,041	0,0088	0,011
Genistein	0,07	0,75	0,00047
Daidzein	0,0012	0,013	0,00028

a) gemessen unter zellfreien Bedingungen.
b) n. m., nicht messbar.

44.5.3.4 **Zearalenon**

Zearalenon und einige seiner Metaboliten (Abb. 44.4) gehören zu den Naturstoffen mit der höchsten estrogenen Aktivität. In den meisten in vitro-Testsystemen weist *α*-Zearalenol die höchste Potenz auf, die nur geringfügig unter der von E2 und sogar über der von *α*-Zearalanol liegt, das als Wachstumsförderer eingesetzt wird. Beispiele für solche Systeme sind die zellfreie Bindung an Estrogenrezeptoren [21] und die Stimulierung des Wachstums [55] oder der Expression estrogenregulierter Gene [48] von MCF-7 Zellen. *β*-Zearalanol und *β*-Zearalenol sind meist weniger estrogen als Zearalenon. Die Reduktion von Zearalenon zu *α*-Zearalenol und *α*-Zearalanol im Metabolismus stellt also eine Bioaktivierung dar und scheint besonders beim Schwein bevorzugt abzulaufen, was die hohe Empfindlichkeit dieser Tierart für hormonelle Störungen durch Zearalenon erklären könnte [55].

Neben der schon lange bekannten Estrogenität wurden für Zearalenon in jüngerer Zeit auch genotoxische Effekte beobachtet [87], z. B. die Induktion von Mikrokernen in Nierenzellen von Affen und Knochenmarkzellen von Mäusen [67]. Kultivierte MCF-10A Zellen aus weiblicher Brust wurden durch *α*-Zearalanol transformiert, was auf ein Potenzial für krebserzeugende Wirkung hinweist [51].

44.6 Bewertung des Gefährdungspotenzials

Bei Substanzen mit estrogenem Potenzial stehen zwei Arten von möglichen Gesundheitsschäden im Vordergrund des Interesses, nämlich (i) Tumoren in estrogenabhängigen Geweben, vor allem der weiblichen Brust und der Gebärmutter, und (ii) Störungen der Sexualentwicklung bei Kindern beiderlei Geschlechts. Nach heutigem Verständnis stellt selbst das körpereigene Estrogen E2 einen Risikofaktor für Brust- und Endometriumkrebs dar, wobei als Mechanismus neben der stimulierenden Wirkung auf die Zellproliferation auch die Bildung genotoxischer Metaboliten, vor allem von 4-Hydroxy-E2 angenommen wird [13, 49, 50]. Entwicklungsstörungen durch verschiedene estrogenwirksame xenobiotische Substanzen wurden in hochbelasteten Gebieten an Fischen, Seevögeln, Krokodilen und anderen Wildtieren beobachtet und sind unter dem Begriff „endokrine Disruption" bekannt geworden. Mögliche adverse Einflüsse von Phytoestrogenen auf die menschliche Gesundheit werden gegenwärtig vor allem für die Gruppe der Isoflavone intensiv diskutiert, die in Form von sojahaltigen Lebensmitteln, Nahrungsergänzungsmitteln aus Soja und Rotklee sowie als Säuglingsnahrung aus Soja in westlichen Ländern zunehmende Verbreitung finden und die teilweise in großen Mengen eingenommen werden (s. Kapitel II-65). Zunehmende Verwendung von Isoflavonen und anderen Phytoestrogenen ist auch für die Hormonersatztherapie älterer Frauen zu erwarten. Die zur Linderung von postmenopausalen Beschwerden bisher eingesetzten synthetischen Steroide sind mit einem leicht erhöhten Risiko für Brust- und Gebärmutterkrebs verbunden [76]. Daher wechseln viele Frauen zu den „natürlichen" pflanzlichen Estrogenen, wobei diese als unbedenklich angesehen werden [97]. Zumindest für Isoflavone ist dies inzwischen aber umstritten, da das typische Soja-Isoflavon Genistein in einem Tiermodell, das der Frau nach der Menopause entspricht, menschliche Brustkrebszellen zum Wachstum anregt und damit das Krebsrisiko möglicherweise erhöht [19, 36, 37].

Allgemein sollten folgende Eigenschaften von Phytoestrogenen das Krebsrisiko erhöhen: (i) hohe hormonelle Aktivität des Phytoestrogens oder seiner Metabolite, (ii) genotoxische Aktivität des Phytoestrogens oder seiner Metaboliten und (iii) hohe Plasma- und Gewebekonzentrationen des unkonjugierten Phytoestrogens oder seiner biologisch aktiven Metaboliten. Während die hormonelle Aktivität der Phytoestrogene meist gut untersucht ist, sind die vorliegenden Daten zu Metabolismus, Genotoxizität und Gewebekonzentrationen für die meisten dieser Substanzen noch sehr fragmentarisch.

44.6.1 Lignane

Während die pflanzlichen Lignane keine nennenswerte Estrogenität aufweisen, stellen die Säugerlignane Enterolacton und Enterodiol sehr schwache Estrogene dar, deren Aktivität um vier Größenordnungen unter der von E2 liegt [54]. Allerdings können bei entsprechender Ernährung, z. B. mit Leinsamen, Plasma- und Gewebekonzentrationen im mikromolaren Bereich erreicht werden. Im Blut und Harn liegen Lignane ganz überwiegend in glucuronidierter und sulfatierter Form vor, über ihr Vorliegen in Geweben ist bisher nichts bekannt. Die wenigen bisher durchgeführten Untersuchungen zum genotoxischen Potenzial von Lignanen haben negative Ergebnisse erbracht. Insgesamt dürften die Lignane von allen hier betrachteten Phytoestrogenen das geringste gesundheitliche Risiko darstellen.

44.6.2
Cumestane

Cumestrol ist ca. zwei Größenordnungen weniger estrogen als E2 und damit ein relativ starkes Phytoestrogen. Das genotoxische Potenzial der unkonjugierten Substanz ist eindeutig ausgewiesen. Zum in vitro- und in vivo-Metabolismus liegen bisher kaum Untersuchungen vor, der Anteil der Konjugate von Cumestrol in Estrogenzielgeweben ist nicht bekannt. Da Cumestrol in der menschlichen Ernährung nur in sehr geringen Mengen vorkommt, dürfte das gesundheitliche Risiko unbedeutend sein. Nahrungsergänzungsmittel mit höheren Mengen an Cumestrol sind bisher nicht gebräuchlich, wären aber bedenklich.

44.6.3
Prenylierte Flavanone und Chalkone

Diese Gruppe von Phytoestrogenen enthält mit dem 8-Prenylnaringenin eine Substanz, die in ihrer estrogenen Potenz in der gleichen Größenordnung wie Cumestrol und nur zwei Größenordnungen unter E2 liegt. Das genotoxische Potenzial wurde bisher nicht untersucht. Nach ersten in vitro-Studien unterliegen diese Phytoestrogene einem vielseitigen Metabolismus, wobei auch Epoxide als Intermediate auftreten. Für die Aufnahme von 8-Prenylnaringenin mit der Nahrung spielt nach heutigem Wissenstand nur Bier eine Rolle. Allerdings ist zu erwarten, dass Nahrungsergänzungsmittel aus Hopfen an Bedeutung gewinnen, nicht zuletzt für die Linderung von Wechseljahresbeschwerden. Wegen der hohen Estrogenität von 8-Prenylnaringenin wären toxikologische Untersuchungen sinnvoll.

44.6.4
Zearalenon

Eine hohe estrogene Wirksamkeit liegt auch beim Zearalenon und vor allem bei seinen Metaboliten α-Zearalenol und α-Zearalanol vor. Zudem sind genotoxische Effekte dieser Substanzen beschrieben. Metabolismus und Gewebekonzentrationen beim Menschen sind bisher nicht bekannt. Vor diesem Hintergrund muss bei der Aufnahme von Resorcylsäurelactonen aus verschimmelten Lebensmitteln mit einer Gesundheitsgefährdung gerechnet werden.

44.7
Grenzwerte, Richtwerte, Empfehlungen

Für die als gesundheitlich unbedenklich geltenden Lignane gibt es bisher keine Beschränkungen der Aufnahme. Die mit Abstand höchsten Mengen werden mit Leinsamen zugeführt, zum Erreichen von mikromolaren Plasmakonzentrationen der Säugerlignane ist für Erwachsene der tägliche Verzehr von ca. 25 g Leinsamen erforderlich.

Cumestane spielen in der menschlichen Nahrung nur eine sehr untergeordnete Rolle; Grenz- oder Richtwerte existieren nicht.

Für prenylierte Flavanone und Chalkone als der „jüngsten" Gruppe von Phytoestrogenen gibt es bisher ebenfalls keine Empfehlungen zur Begrenzung der täglichen Aufnahme.

Zearalenon stellt bisher vor allem ein Problem für die Landwirtschaft dar. Um Reproduktionsstörungen bei Schweinen und anderen Nutztieren zu vermeiden, wurde in Deutschland ein Richtwert von 200 Nanogramm (ng) pro Gramm Futter eingeführt [102]. Für Getreideprodukte in der menschlichen Nahrung gelten weltweit unterschiedliche Toleranzwerte, die von 30–1000 ng/g reichen [102]. Eine besondere Situation liegt beim α-Zearalanol (Zeranol) vor, das als hormoneller Wachstumsförderer bei Rindern in den USA, Kanada und einigen anderen amerikanischen Ländern erlaubt, in der Europäischen Union dagegen verboten ist. Die Food and Drug Administration der USA hat 2001 folgende Grenzwerte für die Summe von Zeranol und seinen Metaboliten festgelegt: 150 ng/g Rindermuskel, 300 ng/g Rinderleber, 450 ng/g Rinderniere, und 600 ng/g Rinderfett [102].

44.8 Vorsorgemaßnahmen

Für die Einnahme von Lignanen, Cumestanen und Prenylflavonoiden mit der Nahrung sind keine besonderen Vorsorgemaßnahmen erforderlich, da diese Phytoestrogene nur in wenigen Lebensmitteln in höherer Konzentration vorkommen und bei gemischter Ernährung keine Gefahr für die Aufnahme größerer Mengen besteht. Diese Gefahr ist wesentlich höher bei der Einnahme von Nahrungsergänzungsmitteln, in denen die jeweiligen Phytoestrogene meist in angereicherter Form vorliegen. Zur Zeit existieren jedoch auf dem Markt kaum Nahrungsergänzungsmittel, die Lignane, Cumestane oder Prenylflavonoide enthalten.

Für Zearalenon gilt die gleiche Vorsorgemaßnahme wie für andere Mykotoxine. Sie besteht darin, verschimmelte Lebensmittel für die menschliche (und möglichst auch für die tierische) Ernährung zu vermeiden und für die durch „Carry-Over" aus dem Futter in Lebensmittel tierischen Ursprungs gelangten Rückstände die gültigen Grenzwerte zu beachten.

44.9 Zusammenfassung

Im vorliegenden Kapitel werden die Phytoestrogengruppen der Lignane, Cumestane und prenylierten Flavanoide sowie das Mykoestrogen Zearalenon vorgestellt, während Isoflavone in Kapitel II-65 behandelt werden. Lignane kommen vor allem in Leinsamen in hoher Konzentration vor, während die Rolle von Cumestanen (in Sprossen von Klee und Alfalfa) und prenylierten Flavanoiden (in Bier und Hopfen) in der menschlichen Ernährung sehr beschränkt ist. Zearalenon wird vor allem von *Fusarien* produziert, die Mais und Getreide befallen. Die estrogene Aktivität der verschiedenen Substanzen und ihrer Metaboliten ist sehr unterschiedlich und folgt der Rangfolge Zearalenon > Prenylflavanoid ≅ Cumestan > Lignan. Die so genannten Säugerlignane Enterolacton und Enterodiol entstehen erst im Darm durch bakterielle Umwandlung verschiedener pflanzlicher Lignane. Für Lignane werden protektive Effekte gegen Brust- und Prostatakrebs sowie lindernde Wirkungen bei Menopausebeschwerden vermutet. In in vitro-Testsystemen zeigen Cumestane und Zearalenon genotoxisches Potenzial. Das gesundheitliche Risiko bei einer Aufnahme über die Nahrung wird bei allen vier Substanzgruppen als gering eingeschätzt. Dagegen könnten Cumestane und Zearalenon bei Aufnahme größerer Mengen, z. B. als Nahrungsergänzungsmittel bzw. aus stark verschimmelten Lebensmitteln, ein Risiko für die Gesundheit des Menschen darstellen. Für Prenylflavanoide kann zurzeit aufgrund mangelnder Daten keine Aussage zum Risiko getroffen werden. Insgesamt ist die Datenlage bezüglich Metabolismus, Gewebekonzentrationen und möglicher schädlicher und nützlicher Effekte bei allen behandelten Stoffen lückenhaft.

44.10 Literatur

1 Adlercreutz CH, Goldin BR, Gorbach SL, Hockerstedt KA, Watanabe S, Hamalainen EK, Markkanen MH, Makela TH, Wahala KT, Adlercreutz T (1995) Soybean phytoestrogen intake and cancer risk, *J Nutr* **125**: 757S–770S.

2 Adlercreutz H (1990) Western diet and Western diseases: some hormonal and biochemical mechanisms and associations, *Scand J Clin Lab Invest Suppl* **201**: 3–23.

3 Adlercreutz H (1995) Phytoestrogens: epidemiology and a possible role in cancer protection, *Environ Health Perspect* **103** Suppl 7: 103–112.

4 Adlercreutz H (1998) *Phytoestrogens*. Baillière Tindall, London.

5 Adlercreutz H (2002) Phytoestrogens and breast cancer, *J Steroid Biochem Mol Biol* **83**: 113–118.

6 Adlercreutz H, Fotsis T, Watanabe S, Lampe J, Wahala K, Makela T, Hase T (1994) Determination of lignans and isoflavonoids in plasma by isotope dilution gas chromatography-mass spectrometry, *Cancer Detect Prev* **18**: 259–271.

7 Adlercreutz H, Mazur W (1997) Phytooestrogens and Western diseases, *Ann Med* **29**: 95–120.

8 Adlercreutz H, van der Wildt J, Kinzel J, Attalla H, Wahala K, Makela T, Hase T, Fotsis T (1995) Lignan and isoflavonoid conjugates in human urine, *J Steroid Biochem Mol Biol* **52**: 97–103.

9 Axelson M, Setchell KD (1981) The excretion of lignans in rats – evidence for an intestinal bacterial source for this new group of compounds, *FEBS Lett* **123**: 337–342.

10 Bennetts HW, Underwood ET, Shier FL (1946) A specific breeding problem of sheep on subterranean clover pastures in Western Australia, *Australian Veterinary Journal* **22**: 2–12.

11 Blokland MH, Sterk SS, Stephany RW, Launay FM, Kennedy DG, van Ginkel LA (2006) Determination of resorcylic acid lactones in biological samples by GC-MS. Discrimination between illegal

use and contamination with fusarium toxins, *Anal Bioanal Chem* **384**: 1221–1227.

12 Borriello SP, Setchell KD, Axelson M, Lawson AM (1985) Production and metabolism of lignans by the human faecal flora, *J Appl Bacteriol* **58**: 37–43.

13 Cavalieri E, Chakravarti D, Guttenplan J, Hart E, Ingle J, Jankowiak R, Muti P, Rogan E, Russo J, Santen R, Sutter T (2006) Catechol estrogen quinones as initiators of breast and other human cancers: Implications for biomarkers of susceptibility and cancer prevention, *Biochim Biophys Acta*, in press.

14 Chen J, Tan KP, Ward WE, Thompson LU (2003) Exposure to flaxseed or its purified lignan during suckling inhibits chemically induced rat mammary tumorigenesis, *Exp Biol Med (Maywood)* **228**: 951–958.

15 Christoffel J, Rimoldi G, Wuttke W (2006) Effects of 8-prenylnaringenin on the hypothalamo-pituitary-uterine axis in rats after 3-month treatment, *J Endocrinol* **188**: 397–405.

16 Coldham NG, Sauer MJ (2001) Identification, quantitation and biological activity of phytoestrogens in a dietary supplement for breast enhancement, *Food Chem Toxicol* **39**: 1211–1224.

17 Cos P, De Bruyne T, Apers S, Vanden Berghe D, Pieters L, Vlietinck AJ (2003) Phytoestrogens: recent developments, *Planta Med* **69**: 589–599.

18 Davis SR, Dalais FS, Simpson ER, Murkies AL (1999) Phytoestrogens in health and disease, *Recent Prog Horm Res* **54**: 185–210; discussion 210–281.

19 Dees C, Foster JS, Ahamed S, Wimalasena J (1997) Dietary estrogens stimulate human breast cells to enter the cell cycle, *Environ Health Perspect* **105** Suppl 3: 633–636.

20 Dewick PM, Barz W, Grisebach H (1970) Biosynthesis of coumestrol in Phaseolus aureus, *Phytochemistry* **9**: 775–783.

21 Fang H, Tong W, Shi LM, Blair R, Perkins R, Branham W, Hass BS, Xie Q, Dial SL, Moland CL, Sheehan DM (2001) Structure-activity relationships for a large diverse set of natural, synthetic, and environmental estrogens, *Chem Res Toxicol* **14**: 280–294.

22 Farnsworth NR, Bingel AS, Cordell GA, Crane FA, Fong HS (1975) Potential value of plants as sources of new antifertility agents II, *J Pharm Sci* **64**: 717–754.

23 Franke AA, Custer LJ, Cerna CM, Narala K (1995) Rapid HPLC analysis of dietary phytoestrogens from legumes and from human urine, *Proc Soc Exp Biol Med* **208**: 18–26.

24 Franke AA, Custer LJ, Wang W, Shi CY (1998) HPLC analysis of isoflavonoids and other phenolic agents from foods and from human fluids, *Proc Soc Exp Biol Med* **217**: 263–273.

25 Franke AA, Custer LJ, Wilkens LR, Le Marchand LL, Nomura AM, Goodman MT, Kolonel LN (2002) Liquid chromatographic-photodiode array mass spectrometric analysis of dietary phytoestrogens from human urine and blood, *J Chromatogr B Analyt Technol Biomed Life Sci* **777**: 45–59.

26 Gilani GS, Anderson JJB (2002) *Phytoestrogens and Health.* AOCS Press, Champaign, Illinois.

27 Haggans CJ, Travelli EJ, Thomas W, Martini MC, Slavin JL (2000) The effect of flaxseed and wheat bran consumption on urinary estrogen metabolites in premenopausal women, *Cancer Epidemiol Biomarkers Prev* **9**: 719–725.

28 Hedelin M, Klint A, Chang ET, Bellocco R, Johansson JE, Andersson SO, Heinonen SM, Adlercreutz H, Adami HO, Gronberg H, Balter KA (2006) Dietary phytoestrogen, serum enterolactone and risk of prostate cancer: the cancer prostate Sweden study (Sweden), *Cancer Causes Control* **17**: 169–180.

29 Heinonen S, Nurmi T, Liukkonen K, Poutanen K, Wahala K, Deyama T, Nishibe S, Adlercreutz H (2001) In vitro metabolism of plant lignans: new precursors of mammalian lignans enterolactone and enterodiol, *J Agric Food Chem* **49**: 3178–3186.

30 Heyerick A, Vervarcke S, Depypere H, Bracke M, Keukeleire DD (2005) A first prospective, randomized, double-blind, placebo-controlled study on the use of a standardized hop extract to alleviate menopausal discomforts, *Maturitas*, in press.

31 Hughes CL Jr (1988) Phytochemical mimicry of reproductive hormones and modulation of herbivore fertility by phytoestrogens, *Environ Health Perspect* **78**: 171–174.

32 Humpel M, Isaksson P, Schaefer O, Kaufmann U, Ciana P, Maggi A, Schleuning WD (2005) Tissue specificity of 8-prenylnaringenin: protection from ovariectomy induced bone loss with minimal trophic effects on the uterus, *J Steroid Biochem Mol Biol* **97**: 299–305.

33 Hussong R, Frank N, Knauft J, Ittrich C, Owen R, Becker H, Gerhauser C (2005) A safety study of oral xanthohumol administration and its influence on fertility in Sprague Dawley rats, *Mol Nutr Food Res* **49**: 861–867.

34 Jacobs E, Kulling SE, Metzler M (1999) Novel metabolites of the mammalian lignans enterolactone and enterodiol in human urine, *J Steroid Biochem Mol Biol* **68**: 211–218.

35 Jacobs E, Metzler M (1999) Oxidative metabolism of the mammalian lignans enterolactone and enterodiol by rat, pig, and human liver microsomes, *J Agric Food Chem* **47**: 1071–1077.

36 Ju YH, Allred CD, Allred KF, Karko KL, Doerge DR, Helferich WG (2001) Physiological concentrations of dietary genistein dose-dependently stimulate growth of estrogen-dependent human breast cancer (MCF-7) tumors implanted in athymic nude mice, *J Nutr* **131**: 2957–2962.

37 Ju YH, Allred KF, Allred CD, Helferich WG (2006) Genistein stimulates growth of human breast cancer cells in a novel, postmenopausal animal model, with low plasma estradiol concentrations, *Carcinogenesis*, in press.

38 Kennedy DG, Hewitt SA, McEvoy JD, Currie JW, Cannavan A, Blanchflower WJ, Elliot CT (1998) Zeranol is formed from Fusarium spp. toxins in cattle in vivo, *Food Addit Contam* **15**: 393–400.

39 Kleinova M, Zollner P, Kahlbacher H, Hochsteiner W, Lindner W (2002) Metabolic profiles of the mycotoxin zearalenone and of the growth promoter zeranol in urine, liver, and muscle of heifers, *J Agric Food Chem* **50**: 4769–4776.

40 Kraushofer T, Sontag G (2002) Determination of matairesinol in flax seed by HPLC with coulometric electrode array detection, *J Chromatogr B Analyt Technol Biomed Life Sci* **777**: 61–66.

41 Kuiper GG, Lemmen JG, Carlsson B, Corton JC, Safe SH, van der Saag PT, van der Burg B, Gustafsson JA (1998) Interaction of estrogenic chemicals and phytoestrogens with estrogen receptor beta, *Endocrinology* **139**: 4252–4263.

42 Kuiper-Goodman T, Scott PM, Watanabe H (1987) Risk assessment of the mycotoxin zearalenone, *Regul Toxicol Pharmacol* **7**: 253–306.

43 Kulling SE, Jacobs E, Pfeiffer E, Metzler M (1998) Studies on the genotoxicity of the mammalian lignans enterolactone and enterodiol and their metabolic precursors at various endpoints in vitro, *Mutat Res* **416**: 115–124.

44 Kulling SE, Lehmann L, Metzler M (2002) Oxidative metabolism and genotoxic potential of major isoflavone phytoestrogens, *J Chromatogr B Analyt Technol Biomed Life Sci* **777**: 211–218.

45 Kulling SE, Metzler M (1997) Induction of micronuclei, DNA strand breaks and HPRT mutations in cultured Chinese hamster V79 cells by the phytoestrogen coumoestrol, *Food Chem Toxicol* **35**: 605–613.

46 Kulling SE, Rosenberg B, Jacobs E, Metzler M (1999) The phytoestrogens coumoestrol and genistein induce structural chromosomal aberrations in cultured human peripheral blood lymphocytes, *Arch Toxicol* **73**: 50–54.

47 Launay FM, Young PB, Sterk SS, Blokland MH, Kennedy DG (2004) Confirmatory assay for zeranol, taleranol and the Fusarium spp. toxins in bovine urine using liquid chromatography-tandem mass spectrometry, *Food Addit Contam* **21**: 52–62.

48 Leffers H, Naesby M, Vendelbo B, Skakkebaek NE, Jorgensen M (2001) Oestrogenic potencies of Zeranol, oestradiol, diethylstilboestrol, Bisphenol-A and genistein: implications for exposure assess-

ment of potential endocrine disrupters, *Hum Reprod* **16**: 1037–1045.

49 Liehr JG (2000) Is estradiol a genotoxic mutagenic carcinogen? *Endocr Rev* **21**: 40–54.

50 Liehr JG (2000) Role of DNA adducts in hormonal carcinogenesis, *Regul Toxicol Pharmacol* **32**: 276–282.

51 Liu S, Lin YC (2004) Transformation of MCF-10A human breast epithelial cells by zeranol and estradiol-17beta, *Breast J* **10**: 514–521.

52 Long GG, Turek J, Diekman MA, Scheidt AB (1992) Effect of zearalenone on days 7 to 10 post-mating on blastocyst development and endometrial morphology in sows, *Vet Pathol* **29**: 60–67.

53 Luo Y, Yoshizawa T, Katayama T (1990) Comparative study on the natural occurrence of Fusarium mycotoxins (trichothecenes and zearalenone) in corn and wheat from high- and low-risk areas for human esophageal cancer in China, *Appl Environ Microbiol* **56**: 3723–3726.

54 Magee PJ, Rowland IR (2004) Phyto-oestrogens, their mechanism of action: current evidence for a role in breast and prostate cancer, *Br J Nutr* **91**: 513–531.

55 Malekinejad H, Maas-Bakker RF, Fink-Gremmels J (2005) Bioactivation of zearalenone by porcine hepatic biotransformation, *Vet Res* **36**: 799–810.

56 Milder IE, Arts IC, Venema DP, Lasaroms JJ, Wahala K, Hollman PC (2004) Optimization of a liquid chromatography-tandem mass spectrometry method for quantification of the plant lignans secoisolariciresinol, matairesinol, lariciresinol, and pinoresinol in foods, *J Agric Food Chem* **52**: 4643–4651.

57 Milligan S, Kalita J, Pocock V, Heyerick A, De Cooman L, Rong H, De Keukeleire D (2002) Oestrogenic activity of the hop phyto-oestrogen, 8-prenylnaringenin, *Reproduction* **123**: 235–242.

58 Milligan SR, Kalita JC, Heyerick A, Rong H, De Cooman L, De Keukeleire D (1999) Identification of a potent phytoestrogen in hops (Humulus lupulus L.) and beer, *J Clin Endocrinol Metab* **84**: 2249–2252.

59 Milligan SR, Kalita JC, Pocock V, Van de Kauter V, Stevens JF, Deinzer ML, Rong H, De Keukeleire D (2000) The endocrine activities of 8-prenylnaringenin and related hop (Humulus lupulus L.) flavonoids, *J Clin Endocrinol Metab* **85**: 4912–4915.

60 Mueller SO, Korach KS (2001) Mechanisms of estrogen receptor-mediated agonistic and antagonistic effects. In Metzler M (ed), *Endocrine Disruptors Part I*. Springer, Berlin, 1–25.

61 Mueller SO, Simon S, Chae K, Metzler M, Korach KS (2004) Phytoestrogens and their human metabolites show distinct agonistic and antagonistic properties on estrogen receptor alpha (ERalpha) and ERbeta in human cells, *Toxicol Sci* **80**: 14–25.

62 Murkies AL, Wilcox G, Davis SR (1998) Clinical review 92: Phytoestrogens, *J Clin Endocrinol Metab* **83**: 297–303.

63 Nesbitt PD, Thompson LU (1997) Lignans in homemade and commercial products containing flaxseed, *Nutr Cancer* **29**: 222–227.

64 Niemeyer HB, Honig D, Lange-Bohmer A, Jacobs E, Kulling SE, Metzler M (2000) Oxidative metabolites of the mammalian lignans enterodiol and enterolactone in rat bile and urine, *J Agric Food Chem* **48**: 2910–2919.

65 Nikolic D, Li Y, Chadwick LR, Grubjesic S, Schwab P, Metz P, van Breemen RB (2004) Metabolism of 8-prenylnaringenin, a potent phytoestrogen from hops (Humulus lupulus), by human liver microsomes, *Drug Metab Dispos* **32**: 272–279.

66 Nikolic D, Li Y, Chadwick LR, Pauli GF, van Breemen RB (2005) Metabolism of xanthohumol and isoxanthohumol, prenylated flavonoids from hops (Humulus lupulus L.), by human liver microsomes, *J Mass Spectrom* **40**: 289–299.

67 Ouanes Z, Abid S, Ayed I, Anane R, Mobio T, Creppy EE, Bacha H (2003) Induction of micronuclei by Zearalenone in Vero monkey kidney cells and in bone marrow cells of mice: protective effect of Vitamin E, *Mutat Res* **538**: 63–70.

68 Overk CR, Yao P, Chadwick LR, Nikolic D, Sun Y, Cuendet MA, Deng Y, Hedayat AS, Pauli GF, Farnsworth NR, van Breemen RB, Bolton JL (2005) Comparison of the in vitro estrogenic activities of compounds from hops (Humulus lupulus) and red clover (Trifolium pratense), *J Agric Food Chem* **53**: 6246–6253.

69 Penalvo JL, Heinonen SM, Aura AM, Adlercreutz H (2005) Dietary sesamin is converted to enterolactone in humans, *J Nutr* **135**: 1056–1062.

70 Penalvo JL, Heinonen SM, Nurmi T, Deyama T, Nishibe S, Adlercreutz H (2004) Plant lignans in soy-based health supplements, *J Agric Food Chem* **52**: 4133–4138.

71 Phipps WR, Martini MC, Lampe JW, Slavin JL, Kurzer MS (1993) Effect of flax seed ingestion on the menstrual cycle, *J Clin Endocrinol Metab* **77**: 1215–1219.

72 Possemiers S, Heyerick A, Robbens V, De Keukeleire D, Verstraete W (2005) Activation of proestrogens from hops (Humulus lupulus L.) by intestinal microbiota; conversion of isoxanthohumol into 8-prenylnaringenin, *J Agric Food Chem* **53**: 6281–6288.

73 Price KR, Fenwick GR (1985) Naturally occurring oestrogens in foods – a review, *Food Addit Contam* **2**: 73–106.

74 Raffaelli B, Hoikkala A, Leppala E, Wahala K (2002) Enterolignans, *J Chromatogr B Analyt Technol Biomed Life Sci* **777**: 29–43.

75 Rainey MR, Tubbs RC, Bennett LW, Cox NM (1990) Prepubertal exposure to dietary zearalenone alters hypothalamo-hypophysial function but does not impair postpubertal reproductive function of gilts, *J Anim Sci* **68**: 2015–2022.

76 Rossouw JE, Anderson GL, Prentice RL, LaCroix AZ, Kooperberg C, Stefanick ML, Jackson RD, Beresford SA, Howard BV, Johnson KC, Kotchen JM, Ockene J (2002) Risks and benefits of estrogen plus progestin in healthy postmenopausal women: principal results from the Women's Health Initiative randomized controlled trial, *JAMA* **288**: 321–333.

77 Saenz de Rodriguez CA, Bongiovanni AM, Conde de Borrego L (1985) An epidemic of precocious development in Puerto Rican children, *J Pediatr* **107**: 393–396.

78 Scott PM (1997) Multi-year monitoring of Canadian grains and grain-based foods for trichothecenes and zearalenone, *Food Addit Contam* **14**: 333–339.

79 Serraino M, Thompson LU (1992) The effect of flaxseed supplementation on the initiation and promotional stages of mammary tumorigenesis, *Nutr Cancer* **17**: 153–159.

80 Setchell KD, Lawson AM, Borriello SP, Harkness R, Gordon H, Morgan DM, Kirk DN, Adlercreatz H, Anderson LC, Axelson M (1981) Lignan formation in man – microbial involvement and possible roles in relation to cancer, *Lancet* **2**: 4–7.

81 Setchell KDR (1995) Discovery and potential clinical importance of mammalian lignans. In Cunnane SC, Thompson LU (eds), *Flaxseed in Human Nutrition*. AOCS Press, Champaign, Illinois, 82–98.

82 Simpson ER, Misso M, Hewitt KN, Hill RA, Boon WC, Jones ME, Kovacic A, Zhou J, Clyne CD (2005) Estrogen – the good, the bad, and the unexpected, *Endocr Rev* **26**: 322–330.

83 Smith DA, Banks SW (1986) Formation and biological properties of isoflavonoid phytoalexins, *Prog Clin Biol Res* **213**: 113–124.

84 Stark A, Madar Z (2002) Phytoestrogens: a review of recent findings, *J Pediatr Endocrinol Metab* **15**: 561–572.

85 Stevens JF, Page JE (2004) Xanthohumol and related prenylflavonoids from hops and beer: to your good health! *Phytochemistry* **65**: 1317–1330.

86 Stevens JF, Taylor AW, Deinzer ML (1999) Quantitative analysis of xanthohumol and related prenylflavonoids in hops and beer by liquid chromatography-tandem mass spectrometry, *J Chromatogr A* **832**: 97–107.

87 Stopper H, Schmitt E, Kobras K (2005) Genotoxicity of phytoestrogens, *Mutat Res* **574**: 139–155.

88 Thompson LU, Robb P, Serraino M, Cheung F (1991) Mammalian lignan production from various foods, *Nutr Cancer* **16**: 43–52.

89 Thompson LU, Seidl MM, Rickard SE, Orcheson LJ, Fong HH (1996) Antitumorigenic effect of a mammalian lignan precursor from flaxseed, *Nutr Cancer* **26**: 159–165.

90 Tou JC, Chen J, Thompson LU (1998) Flaxseed and its lignan precursor, secoisolariciresinol diglycoside, affect pregnancy outcome and reproductive development in rats, *J Nutr* **128**: 1861–1868.

91 Tou JC, Chen J, Thompson LU (1999) Dose, timing, and duration of flaxseed exposure affect reproductive indices and sex hormone levels in rats, *J Toxicol Environ Health A* **56**: 555–570.

92 Verdeal K, Brown RR, Richardson T, Ryan DS (1980) Affinity of phytoestrogens for estradiol-binding proteins and effect of coumestrol on growth of 7,12-dimethylbenz[a]anthracene-induced rat mammary tumors, *J Natl Cancer Inst* **64**: 285–290.

93 Wang CC, Prasain JK, Barnes S (2002) Review of the methods used in the determination of phytoestrogens, *J Chromatogr B Analyt Technol Biomed Life Sci* **777**: 3–28.

94 Wang LQ (2002) Mammalian phytoestrogens: enterodiol and enterolactone, *J Chromatogr B Analyt Technol Biomed Life Sci* **777**: 289–309.

95 Ward WE, Thompson LU (2001) Dietary estrogens of plant and fungal origin: occurrence and exposure. In Metzler M (ed.), Endocrine Disruptors Part I. Springer, Berlin, 101–128.

96 Whitten PL, Naftolin F (1992) Effects of a phytoestrogen diet on estrogen-dependent reproductive processes in immature female rats, *Steroids* **57**: 56–61.

97 Wuttke W, Jarry H, Westphalen S, Christoffel V, Seidlova-Wuttke D (2002) Phytoestrogens for hormone replacement therapy? *J Steroid Biochem Mol Biol* **83**: 133–147.

98 Xie LH, Ahn EM, Akao T, Abdel-Hafez AA, Nakamura N, Hattori M (2003) Transformation of arctin to estrogenic and antiestrogenic substances by human intestinal bacteria, *Chem Pharm Bull (Tokyo)* **51**: 378–384.

99 Yang HH, Aulerich RJ, Helferich W, Yamini B, Chou KC, Miller ER, Bursian SJ (1995) Effects of zearalenone and/or tamoxifen on swine and mink reproduction, *J Appl Toxicol* **15**: 223–232.

100 Young LG, Ping H, King GJ (1990) Effects of feeding zearalenone to sows on rebreeding and pregnancy, *J Anim Sci* **68**: 15–20.

101 Zhang Y, Zhu S, Tong W (1995) (Isolation of fusarium and extraction of its toxin from buckwheat grown in an area with "endemic breast enlargement" disease), *Zhonghua Yu Fang Yi Xue Za Zhi* **29**: 273–275.

102 Zollner P, Jodlbauer J, Kleinova M, Kahlbacher H, Kuhn T, Hochsteiner W, Lindner W (2002) Concentration levels of zearalenone and its metabolites in urine, muscle tissue, and liver samples of pigs fed with mycotoxin-contaminated oats, *J Agric Food Chem* **50**: 2494–2501.

Vitamine und Spurenelemente – Bedarf, Mangel, Hypervitaminosen und Nahrungsergänzung

45 Vitamin A und Carotinoide

Heinz Nau und Wilhelm Stahl

45.1 Einleitung

Vitamin A gehört zur Gruppe der fettlöslichen Vitamine und der Begriff „Vitamin A" wird im Allgemeinen auf alle Substanzen angewendet, die eine qualitative biologische Aktivität vergleichbar der Stammsubstanz all-*trans*-Retinol oder eine enge Strukturverwandtschaft aufweisen [10, 29, 30, 51, 77]. Carotinoide werden auch als „Provitamin A" oder Provitamin A-Verbindungen bezeichnet, wenn sie Vitamin A-Aktivität besitzen. Die Bezeichnung „Vitamin A" umfasst chemische Substanzen aus der Gruppe der Retinoide. Für den Begriff „Retinoide" existiert gegenwärtig keine allgemein akzeptierte Definition. Gemäß der IUPAC-IUB-Kommission[1] für Biochemische Nomenklatur (1982) ist der Begriff wie folgt definiert:

„Retinoide gehören zu einer Klasse von Komponenten, die aus vier Isopreneinheiten bestehen, die in einer Kopf-Schwanz-Verbindung stehen; alle Retinoide können formell von einer monocyclischen Elternkomponente abgeleitet werden, die fünf C-C-Doppelbindungen und eine funktionelle Gruppe am acyclischen Ende des Moleküls enthalten" (Abb. 45.1).

Es werden jedoch auch Verbindungen, vor allem synthetische Komponenten, als Retinoide bezeichnet, die nicht diese Strukturanforderungen erfüllen, jedoch biologisch wesentlich aktiver sind als Retinol. Ebenso werden Verbindungen als Retinoide bezeichnet, die sich vom Grundgerüst des Retinols ableiten, jedoch keine biologische Aktivität entfalten. Als ergänzende oder ersetzende Definition wurde vorgeschlagen, dass *„Retinoide eine Klasse von Substanzen sind, die spezifi-*

1) International Union of Pure and Applied Chemistry – International Union of Biochemistry.

Handbuch der Lebensmitteltoxikologie. H. Dunkelberg, T. Gebel, A. Hartwig (Hrsg.)

ISBN: 978-3-527-31166-8

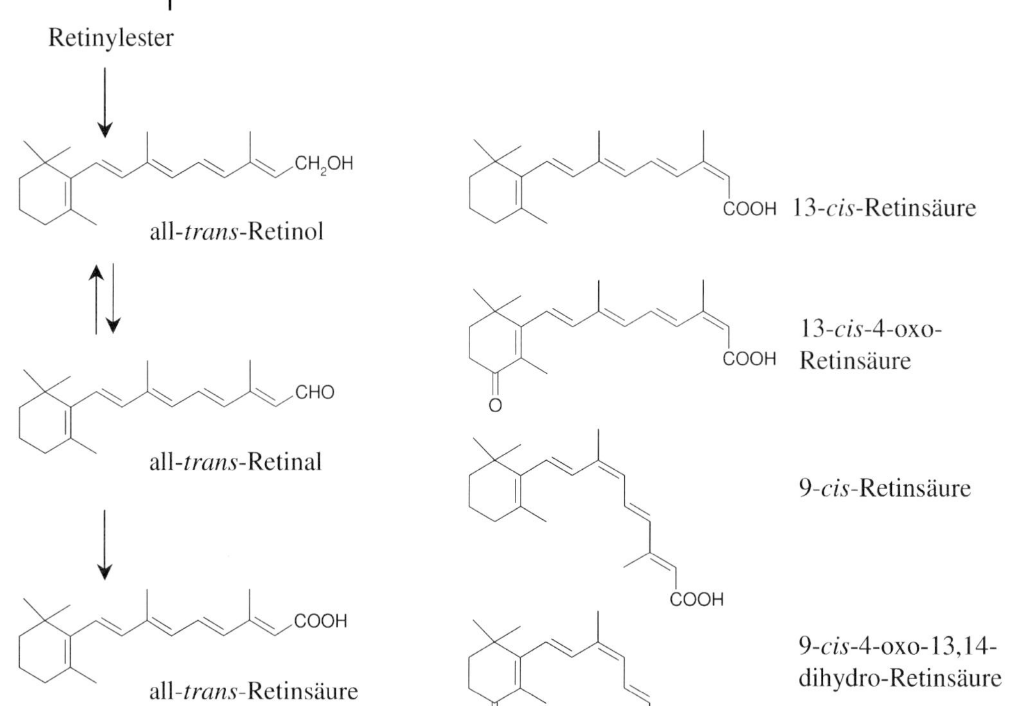

Abb. 45.1 Strukturformeln von Vitamin A (Retinylester, Retinol) sowie einiger Retinoide.

sche biologische Antworten durch Bindung an und Aktivierung von Rezeptoren hervorrufen". Auch diese Definition ist nicht vollständig zutreffend, da Retinoide existieren, die ihre biologische Aktivität nicht über die Beteiligung von Rezeptoren entfalten.

Die wichtigsten natürlich vorkommende Retinoide, die unter den Begriff „Vitamin A" fallen, sind all-*trans*-Retinol (Retinol oder Vitamin-A-Alkohol), all-*trans*-Retinaldehyd (Retinal), all-*trans*-Retinsäure und die Retinylester (Konjugate des Retinols mit Fettsäuren, z. B. Palmitin-, Stearin-, Öl- oder Linolsäure) sowie 13-*cis*-Retinsäure, 13-*cis*-4-oxo-Retinsäure, und 4-oxo-Retinol und 4-oxo-Retinal [3, 52, 91]. Vor kurzem wurde eine neuer Retinoid-Metabolit entdeckt (9-*cis*-4-oxo-13,14-dihydroretinsäure), der vor allem in der Leber (Maus, Ratte, Mensch) vorkommt (Abb. 45.1) [68]. Über seine Bedeutung im Retinoidstoffwechsel sowie über seine biologische Aktivität wird derzeit intensiv geforscht. Der systematische Name der Stammsubstanz all-*trans*-Retinol (Molmasse 286,5) lautet (all-*E*)-3,7-Dimethyl-9-(2,6,6-trimethyl-1-cyclohexen-1-yl)-2,4,6,8-nonatetraen-1-ol.

Ausgehend von den Grundformen der Retinoide kommt eine große Zahl von Varianten vor allem durch *cis-trans*-Isomerie der Doppelbindungen und durch

Modifikationen an der Ringstruktur vor (Beispiele endogener Retinoide in Abb. 45.1). Retinoide sind sehr anfällig gegenüber Isomerisierung und Oxidation durch Licht, Sauerstoff, Wärme, Säuren oder Metalle. Im Organismus kommen sie meist – auch aufgrund ihres lipophilen Löslichkeitsverhaltens – gebunden an Proteine vor. Im Labor werden Reinsubstanzen und Lösungen idealerweise unter Gelblicht in undurchsichtigen oder dunkel gefärbten Gefäßen gehandhabt und in einer inerten Atmosphäre (Stickstoff oder Argon) bei Tiefgefriertemperatur gelagert. Die überwiegende Zahl der Effekte von Vitamin A wird durch die all-*trans*-Retinsäure und die Retinoidrezeptoren vermittelt (s. u.).

Der Begriff Carotinoide ist abgeleitet vom *β*-Carotin und bezeichnet eine Substanzklasse von Tetraterpenen, die reine Kohlenwasserstoffverbindungen (Carotine) sowie deren sauerstoffhaltige Derivate (Xanthophylle oder Oxocarotinoide) umfasst [79, 97] (Abb. 45.2). Bisher sind mehr als 600 strukturell unterschiedliche Carotinoide beschrieben [58]. Ca. 50 Verbindungen besitzen Vitamin A-Aktivität, von denen insbesondere *β*-Carotin sowie in geringerem Umfang *α*-Carotin und *β*-Cryptoxanthin in der Nahrung vorkommen und bei der Vitamin A, Versorgung eine wichtige Rolle spielen [86]. Charakteristisch für die meisten Verbindungen der Substanzgruppe ist ein Kohlenstoffgerüst aus konjugierten Doppelbindungen, das cyclische (*β*-Carotin) oder acyclische Substituenten (Lycopin) tragen kann. Provitamin A-Carotinoide weisen zumindest einen *β*-Iononring auf, ein Strukturelement das auch im Retinol vorhanden ist. Funktionelle Sauerstoffgruppen der Xanthophylle sind Alkohol-, Keto-, Aldehyd-, Epoxid- oder Ethergruppierungen; einige Hydroxycarotinoide kommen auch verestert mit Fettsäuren vor.

Lutein, Cryptoxanthin, Canthaxanthin, Astaxanthin oder Capsorubin sind weitere Beispiele für die Strukturvielfalt der Substanzgruppe, zu der auch einige kurzkettige apo-Carotinoide gerechnet werden, die als Farbstoffe in der Lebensmittelindustrie Verwendung finden. In der Carotinoidnomenklatur werden häufig Trivialnamen verwendet, die oftmals Bezug zum natürlichen Vorkommen der bezeichneten Verbindung haben, Lycopin das Hauptcarotinoid der Tomate (*Lycopersicon esculentum*) oder Zeaxanthin das Leitcarotinoid im Mais (*Zea mays*).

Das ausgeprägte System konjugierter Doppelbindungen, in das auch Carbonylgruppen eingebunden sein können, verleiht den Carotinoiden ihre typische gelb-rote Farbe und führt zu charakteristischen UV-vis-Spektren, die auch zur Identifizierung einzelner Carotinoide herangezogen werden [20]. Dieses Polyensystem ist auch für typische physikochemische Eigenschaften der Substanzgruppe verantwortlich, die deren Aufgaben und Verhalten in Pflanze und Tier bestimmen. Die Lipophilie der Carotinoide beeinflusst ihre Resorption und Verteilung im Organismus sowie die subzelluläre Lokalisierung in Zellkompartimenten (u. a. in Membranen). Carotinoide können ebenfalls in verschiedenen geometrischen Formen (*cis*/*trans*-Isomeren) auftreten, die ineinander umwandelbar sind. In der Regel weisen Carotinoide in Pflanzen die all-*trans*-Konfiguration auf. Im Organismus des Menschen findet man verschiedene geometrische Isomere nebeneinander.

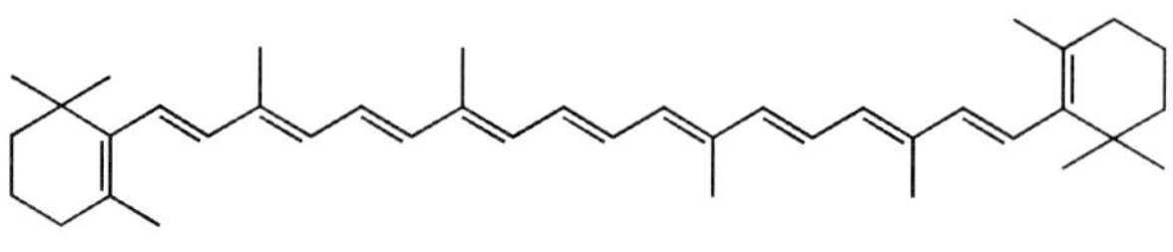

β-Carotin

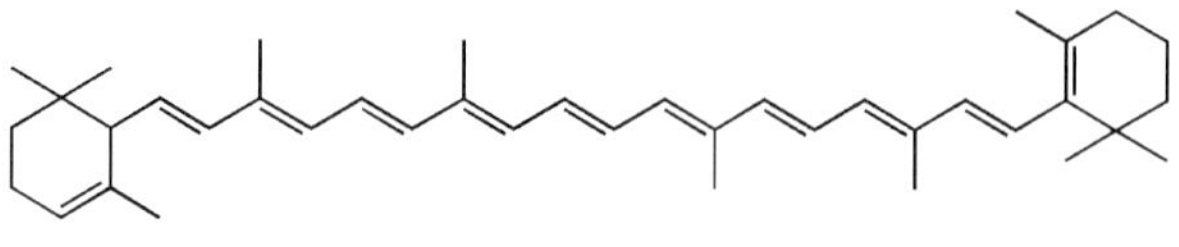

α-Carotin

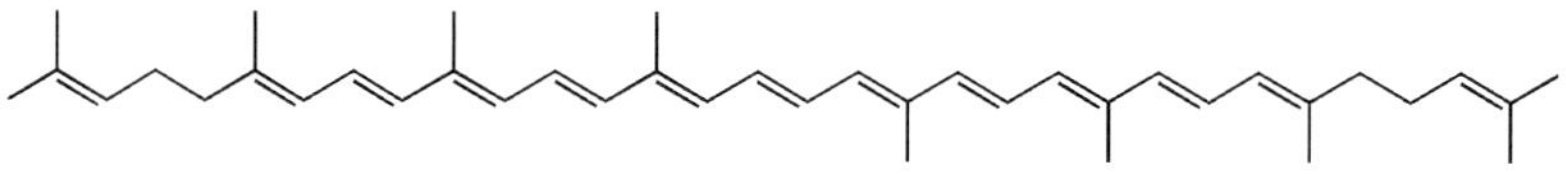

Lycopin

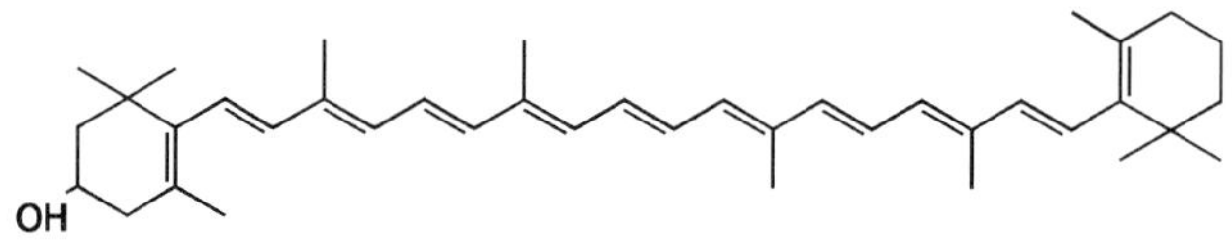

OH

β-Cryptoxanthin

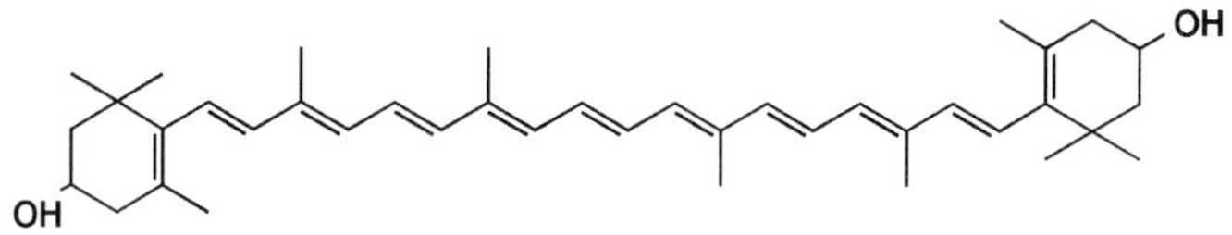

OH

OH

Zeaxanthin

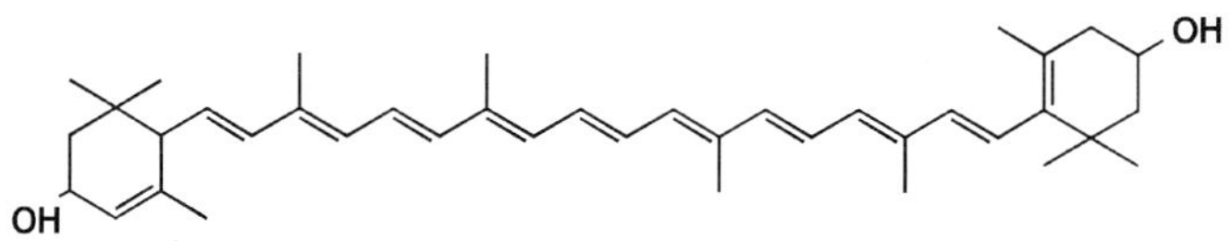

OH

OH

Lutein

Abb. 45.2 Strukturformeln von Carotinoiden, die im Organismus des Menschen vorkommen.

45.2
Vorkommen von Vitamin A und Carotinoiden in Lebensmitteln

Der Organismus von Mensch und Tier ist zur De-novo-Synthese von Vitamin A nicht fähig. Der Bedarf muss daher über die Nahrung gedeckt werden. Lebensmittel tierischer Herkunft enthalten Vitamin A hauptsächlich in Form von Retinylestern und Retinol während Carotinoide aus pflanzlichen Nahrungsmitteln stammen. Um die Vitamin A-Aufnahme über Retinoide und Carotinoide vergleichbar abschätzen zu können, wurde 1967 von einer gemeinsamen Kommission der WHO und der FAO als Maß die „Retinol-Einheit" (auch: „Retinol-Äquivalent") μg RE vorgestellt. 1 μg RE entspricht 1 μg Retinol bzw. 6 μg *β*-Carotin oder 12 μg anderer Carotinoide. Die unterschiedlichen Aktivitäten, Resorptionsgeschwindigkeiten und Bioverfügbarkeiten sollen dadurch berücksichtigt werden. Es wird auch noch die alte Internationale Einheit (*International Unit*, IU) verwendet. 1 IU entspricht dabei 0,3 μg all-*trans*-Retinol bzw. 1,8 μg all-*trans-β*-Carotin oder 3,6 μg anderer Carotinoide [17]. Es soll hier jedoch ausdrücklich betont werden, dass die Bioäquivalenz von Provitamin A-Carotinoiden in der Praxis nur schwer abzuschätzen ist und von einer Vielzahl externer und individuumspezifischer Faktoren abhängt [86]. Die tatsächliche Aufnahme an Vitamin A bei Mensch und Tier ist u. a. aufgrund der Empfindlichkeit der Substanzen für Isomerisierung und Oxidation schwer einzuschätzen. Der letztendliche Vitamin A-Gehalt in Futter- und Lebensmitteln ist u. a. stark abhängig von den Wachstumsbedingungen der Pflanzen, Herstellungs- und Lagerungsverfahren der Futtermittel, der Fütterung des Schlachttieres und des Lebensmittelherstellungs- und Zubereitungsprozesses.

Carotinoide sind in der belebten Natur weit verbreitet, aber nur grüne Pflanzen, Bakterien, Algen und Pilze besitzen die Fähigkeit diese Isoprenoide herzustellen. Ein zentraler Schritt der Biosynthese ist die Bildung von Geranyl-geranylpyrophosphat (GGPP) mit anschließender Kondensation zweier Moleküle GGPP zur C-40-Einheit Phytoen, die drei konjugierte Doppelbindungen aufweist. Eine enzymatische Desaturierung von Phythoen führt über mehrere Zwischenprodukte zum Lycopin, das weiter cyclisiert und oxidiert werden kann. In den Zwischenschritten gebildete Carotinoide mit fünf oder sieben konjugierten Doppelbindungen, wie Phytofluen oder *ζ*-Carotin, kommen ebenfalls in den Pflanzen vor [65]. Carotinoide sind Bestandteil des photosynthetischen Apparates (Chromoplasten) und dienen als Lichtschutzfaktoren und Pigmente in Blättern und Blüten. In den Chromoplasten findet man sie assoziiert mit subzellulären Strukturen (Tubuli, Globuli, Membranen) oder als kristalline Einlagerungen. Zahlreiche Gemüse wie Karotten, Tomaten, Paprika, Mais, Brokkoli oder Blattgemüse und eine große Zahl von Früchten, wie z. B. Pfirsiche, Orangen, Grapefruit, Melonen oder Aprikosen, enthalten teils beträchtliche Mengen an Carotinoiden [43]. Im Allgemeinen ist der Carotinoidgehalt in Gemüse höher als im Obst.

Die Pigmente findet man natürlich auch in Produkten, die aus den Pflanzen gewonnen werden, wobei die Konzentration deutlich höher liegen kann als in der Pflanze selbst. Der Lycopingehalt in Tomatenpaste oder -mark kann den frischer Tomaten um das 10fache überschreiten. *β*-Carotin und einige apo-Carotinoide werden als Lebensmittelfarbstoffe, unter anderem zur Farbgebung von Butter, Brotaufstrichen, Lachs, Limonaden oder über das Legehennenfutter bei Eiern eingesetzt. Daneben werden sie als Supplemente allein oder in Kombination mit anderen Mikronährstoffen verwendet. Die Hauptmenge an *β*-Carotin wird synthetisch hergestellt. Einige Mikroorganismen wie die halophile Alge *Dunaliella salina* produzieren jedoch auch beträchtliche Mengen an Carotinoiden. Daraus hergestellte Präparationen enthalten hauptsächlich *β*-Carotin und werden ebenfalls für die Herstellung von Supplementen eingesetzt. Andere Quellen für Carotinoide sind Palmöl (*α*- und *β*-Carotin)-Extrakte aus Tomaten (Lycopin), Paprika (Capsorubin, Capsanthin) oder Tagetes (Lutein).

45.3
Analytik und Gehalte von Vitamin A und Carotinoiden in Lebensmitteln

In der Analytik von Retinoiden und Carotinoiden muss strikt auf Integrität der Analyten und Standards geachtet werden, um Artefakte, Isomerisierungsreaktionen und Autooxidationen zu vermeiden [11, 66, 72]. Es gibt für beide Substanzklassen keine generelle Analysenmethode, jedoch existieren einige Methoden, die teilweise gleichzeitig die Bestimmung von Carotinoiden, Tocopherolen und Retinolen erlauben [4]. Die Analytik setzt sich im Allgemeinen aus einer Probenvorbereitungsmethode, der Trennung der Substanzen mittels Hochleistungsflüssigkeitschromatographie (HPLC) und einem Detektionsverfahren zusammen. Die einzelnen Schritte, insbesondere die Probenaufbereitung, variieren dabei aufgrund der teilweise erheblichen Unterschiede der Matrizes und der Polarität und der Konzentration der jeweils interessierenden Analyten. Die Probenvorbereitung enthält in der Regel die Arbeitsschritte 1. Homogenisieren der Probe, 2. Denaturieren der Proteine, 3. Flüssigextraktion mit einem organischen Lösungsmittel, 4. Zentrifugation. Generell ist es schwierig, mit einem einzigen Lösungsmittelsystem polare und unpolare Analyten zu extrahieren. Hohe Konzentrationen, z. B. von Retinol und Retinylestern (unpolare Retinoide) ermöglichen eine direkte Injektion eines Extrakt-Aliquots. Bei den niedrigeren Konzentrationen der Retinsäuren (polare Retinoide) ist meist noch ein Anreicherungsschritt nötig, z. B. durch Eindampfen oder Festphasenextraktion auf Reversed-Phase-Sorbentien oder Ionenaustauscher-Phasen (mit Aminogruppen). Leber enthält beispielsweise um den Faktor 10^5 höhere Konzentrationen an Retinylestern und Retinol als Retinsäuren. Es ist daher oft günstig, polare Retinoide separat von unpolaren zu untersuchen.

Als Trenntechnik wird zumeist die Reversed-Phase-HPLC eingesetzt. Aufgrund des großen Polaritätsunterschiedes von Retinol und Retinylestern haben sich Gradienten-Systeme – beispielsweise auf Basis von Methanol/Wasser oder Acetonitril/Wasser – gegenüber isokratischen bewährt.

Die in der Analytik von Retinoiden am häufigsten eingesetzte Detektionsart ist die UV/vis-Absorptionsmessung. Aufgrund ihrer konjugierten Doppelbindungen weisen Retinoide beträchtliche Absorptionen im Wellenlängenbereich von 310–370 nm auf, einem Bereich, in dem nur wenige andere Verbindungen eine derartig hohe Lichtabsorption zeigen. Diese Detektion ist daher relativ selektiv und führt zu niedrigen Nachweisgrenzen. Neben dem Einsatz von Mehrwellenlängen-Detektoren, die über die Berechnung des Flächenverhältnisses bei zwei Wellenlängen mögliche Verunreinigungen aufdecken können, haben Photodiodenarray-Detektoren (DADs) an Bedeutung gewonnen. In einigen wenigen Fällen kommen Fluoreszenz-Detektoren zum Einsatz. Aufgrund der hohen nativen Fluoreszenz von Retinol und den Retinylestern (Anregung bei 325 nm, Emission bei 470 nm) erreicht man mit dieser Detektionsart besonders niedrige Nachweisgrenzen. Diese sind auch mit elektrochemischer Detektion zu erreichen. Jedoch eignen sich sowohl amperometrische als auch coulometrische Detektoren nicht für die Gradientenelution, was die Zahl der in einem Analysegang bestimmbaren Retinoide drastisch einschränkt. Auch Massenspektrometer werden zunehmend als Detektor eingesetzt, da sie eine weitergehende Identifizierung und hochselektive Bestimmung des Analyten erlauben.

Auch zur Analytik von Carotinoiden wird heute fast ausschließlich die Hochdruckflüssigkeitschromatographie (HPLC) in Kombination mit UV/vis- oder Diodenarraydetektoren eingesetzt. Ebenfalls bewährt hat sich die Verwendung von Reversed-Phase-Material, wobei auch spezifisch für Carotinoide entwickelte Säulenmaterialen verfügbar sind.

Vitamin A in Form von Retinylestern und Retinol kommt in vielen Lebensmitteln tierischer Herkunft vor. Große Mengen sind in Leber enthalten (Tab. 45.1), besonders in der von Fischen, Eisbären und Meeressäugern [62]. Eine weitere gute Vitamin A-Quelle sind Milch und Milchprodukte (Tab. 45.2).

Die Konzentrationen der Carotinoide in den Nahrungspflanzen unterliegt beträchtlichen Schwankungen, die neben der genetischen Ausstattung auch auf exogene Faktoren, wie z. B. Lichtbedingungen oder Stickstoffversorgung, zurückzuführen sind [43]. Das Carotinoidmuster der Kulturpflanzen ist auch durch gezielte Zuchtauswahl modifiziert worden. So gibt es Tomatenpflanzen, die nur noch wenig tomatenspezifisches Lycopin enthalten, aber auch Karottenvarietäten, die dieses Carotinoid in beträchtlichen Mengen synthetisieren. Obwohl man in Nahrungsmitteln eine große Vielfalt verschiedener Carotinoide fin-

Tab. 45.1 Vitamin A-Gehalte in der Leber von Schlachttieren aus Deutschland (in µg RE/100 g Frischgewicht) [38].

Schlachttier (*n*)	**Minimum**	**Mittelwert**	**Maximum**
Schwein (100)	1700	36300	112000
Rind (107)	1600	17900	81000
Kalb (19)	4000	28800	79000
Schaf (8)	7800	35200	70600
Pute (30)	11100	37200	69100
Huhn (23)	<200	33500	147000

Tab. 45.2 Vitamin A (einschließlich Pro-Vitamin A-Gehalte von Lebensmitteln).

	Vitamin A/Provitamin A-Gehalt (μg RE/100 g essbarer Portion)
Lebensmittel tierischer Herkunft	
Lebertran vom Dorsch	15 000–30 000
Leber	2 000–100 000
Leberwurst	3 000–30 000
Butter	750–950
Eier	140–250
Milch	30–40
Rindfleisch	2–5
Gemüse (Frischgewicht)	
Möhren	300–2500
Spinat	850–2500
Brokkoli	230–350
Paprika (grün)	110–420
Rosenkohl	130–315
Erbsen	110–220
Tomaten	280–470
Früchte	
Aprikose	100–1000
Grapefruit	320–670
Orange	0–85
Pfirsich	7–70

det, beschränken sich die Angaben zum Carotinoidgehalt in Nahrungsmitteltabellen auf einige Hauptcarotinoide, die auch das Carotinoidmuster im Organismus des Menschen dominieren. Dazu zählen β-Carotin, α-Carotin, Lycopin, Cryptoxanthin, Lutein und Zeaxanthin.

Um den Vitamin A-Mangel in Entwicklungsländern zu bekämpfen, wurde ein gentechnisch-veränderter Reis entwickelt, der β-Carotin enthält („golden rice"). Obwohl bisher nur suboptimale Mengen von β-Carotin im Reis angereichert werden konnten (1,5–3 μg/g), ergaben sich beträchtliche positive gesundheitliche Effekte [101] – und dies, obwohl gerade in den Entwicklungsländern auch ein Mangel von Fetten in der Nahrung vorherrscht, die zur effektiven Resorption von β-Carotin aus dem Verdauungstrakt notwendig sind.

45.4
Aufnahme, Verteilung, Metabolismus und Elimination von Carotinoiden und Vitamin A

Die Aufnahme von Vitamin A und Carotinoiden im Darm setzt das Vorhandensein von Fett in der Nahrung voraus [84]. Im Durchschnitt nimmt in Deutschland der Erwachsene 1710 (Frauen) bzw. 2010 (Männer) µg RE pro Tag auf (Tab. 45.3). Die Bioverfügbarkeit wird von der Fettverdauungskapazität (Galle, Pankreaslipase), der Nahrungszusammensetzung (Fettanteil u. -art, Alkohol, Protein) und von Medikamenten beeinflusst [56]. Retinol, Retinylester und Carotinoide erreichen das Duodenum, wie die meisten lipophilen Nahrungsbestandteile, in Form von Fettmizellen. Retinylester werden im Darmlumen zunächst in Anwesenheit von Gallensalzen durch die Retinylester-Hydrolase, die an die Bürstensaummembran der Enterozyten gebunden ist, sowie durch unspezifische Pankreas-Lipasen und die Carboxylester-Hydrolase im Darmlumen hydrolysiert. Nach der Hydrolyse kann unverestertes Retinol, das auch in geringen Mengen als solches in der Nahrung vorkommt, über die Bürstensaummembran durch erleichterte Diffusion, bei sehr hohen Konzentrationen durch einfache, passive Diffusion, in die Epithelzellen des Dünndarms aufgenommen werden. Die Bioverfügbarkeit und Umwandlung von Carotinoiden in Vitamin A ist von zahlreichen Faktoren abhängig [6, 86, 95, 100]. Mit der Nahrung zugeführte Carotinoide werden nur zu einem Teil vom Organismus verwertet. Studien mit radioaktiv markiertem *β*-Carotin belegen, dass bis zu 90% der zugeführten Menge wieder unverändert ausgeschieden werden. Aus einer Quelle können verschiedene Carotinoide unterschiedlich verfügbar sein. Im Vergleich zu gut verfügbaren Supplementen ergab sich für *β*-Carotin aus Spinat eine relative Bioverfügbarkeit von nur 5%, während die von Lutein bei 45% lag [15]. Die Bioverfügbarkeit ist vermindert bei unvollständiger Freisetzung aus der Lebensmittelmatrix, unzureichender Lipidzufuhr, vermindertem Gallenfluss, Anwesenheit von Fettersatzstoffen oder Ballaststoffen [28, 61]. Mit zunehmender Dosis nimmt die relative Bioverfügbarkeit von *β*-Carotin ab. Auch die *cis/trans*-Isomerie beeinflusst die Aufnahme. So wird nach Gabe eines Gemisches von all-*trans*- und 9-*cis*-*β*-Carotin nur ein Anstieg der all-*trans*-Form im Serum nachgewiesen [78]. Im Gegensatz dazu ist die Bioverfügbarkeit von *cis*-Isomeren des Lycopins etwas höher als die der all-*trans*-Form. Eine wichtige Rolle bei der Beurteilung der Bioverfügbarkeit spielt auch die Form, in der Carotinoide vorliegen. Mit zunehmender Kristallgröße nimmt die Verfügbarkeit im Allgemeinen ab; aus öligen Lösungen oder Suspensionen ist die Bioverfügbarkeit deutlich besser. Im Durchschnitt wird in einem schlecht ernährten Menschen *β*-Carotin zu 15% im intestinalen Epithel zu Retinal gespalten. Dieser Prozentsatz sinkt weiter, wenn die in der Nahrung zugeführte Menge von *β*-Carotin ansteigt, so dass sogar massive Mengen von *β*-Carotin nicht zu einer Hypervitaminose A führen. Die meisten Versuchstierspezies (z. B. Nager) sind als Modell für den Menschen ungeeignet, da sie *β*-Carotin schon im Intestinaltrakt umsetzen und praktisch kein *β*-Carotin resorbiert wird. Besser geeignete Versuchstiere sind Frettchen sowie

Tab. 45.3 Tägliche Aufnahme von Vitamin A in Deutschland (aus [71]).

Population	*n*	Mittelwert µg RE/Tag, einschließlich RE aus Carotinoiden
Männer	1268	2010
Frauen	1540	1710

Gerbil (mongolische Rennmaus, *Meriones unguiculatus*), die ebenso wie der Mensch einen Teil des zugeführten β-Carotins absorbieren können [40, 64, 88].

Aus Lebensmittelquellen nimmt der europäische Erwachsene im Durchschnitt täglich 2–5 mg an β-Carotin auf, als Lebensmittelzusatzstoff nochmals 1–2 mg, zusammen also 3–7 mg (bis 10 mg) [57, 69]. Die Aufnahme von β-Carotin mit Obst und Gemüse wird allgemein als gesund und nützlich betrachtet (z. B. in Hinblick auf eine mögliche Krebsprophylaxe). β-Carotin als Lebensmittelzusatzstoff (z. B. als Farbstoff) wird derzeit noch toleriert. Ein ADI für β-Carotin kann derzeit nicht festgelegt werden: Es fehlt eine Dosis-Wirkungsbeziehung; außerdem sind die experimentellen Daten nicht ausreichend.

Retinol liegt intrazellulär nur ausnahmsweise frei vor. Der überwiegende Anteil ist an das zelluläre Bindeprotein CRBP gebunden. Das *Cellular Retinol-Binding Protein* Typ II ist charakteristisch für den Darm, während Typ I im gesamten Organismus vorkommt. Nach der Aufnahme von Retinol in die Enterozyten findet überwiegend eine Wiederveresterung mit langkettigen Fettsäuren durch zwei mikrosomale Enzyme statt: eine Acyl-CoA-Retinol-Acyltransferase (ARAT) und eine Lecithin-Retinol-Acyltransferase (LRAT). Ein Großteil des resorbierten β-Carotins (ca. 85%) und in geringerem Maße auch andere Provitamin A-Carotinoide werden in den Enterozyten enzymatisch von einer 15,15′-β-Carotin-Oxygenase an der zentralen Doppelbindung gespalten, wobei Retinal entsteht [94]. Eine Spaltung kann auch an anderen Positionen erfolgen, wobei apo-Carotenale gebildet werden.

Retinylester werden zusammen mit Triglyceriden, Phospholipiden, dem nicht metabolisierten Teil der Carotinoide und anderen fettlöslichen Nahrungsbestandteilen mit spezifischen Apolipoproteinen in Chylomikronen verpackt, die anschließend in die intestinale Lymphe abgegeben werden. Diese gelangen dann in den Blutkreislauf, wo sie unter Einwirkung von Lipoproteinlipasen zu so genannten Chylomikronen-Remnants umformiert werden. Ein geringer Anteil der Chylomikronen-Remnants kann von Zellen des Fettgewebes, der Milz, der Lunge und des Knochenmarks direkt aufgenommen werden, der Hauptteil jedoch gelangt zur Leber. Hier werden die Chylomikronen-Remnants nach rezeptorvermittelter Aufnahme in den Hepatozyten hydrolysiert und das freigesetzte Retinol nach erneuter Veresterung in den Kupfferschen Sternzellen gespeichert. Carotinoide kommen in allen Organen des Menschen vor [32, 85].

Höhere Konzentrationen finden sich außer in Leber in Nebenniere, Testes und Corpus luteum. Das Carotinoidmuster im Blut ist weitgehend vom Carotinoidmuster der Lipoproteinfraktionen geprägt, wobei Carotene hauptsächlich in den LDL vorkommen, Xanthophylle werden sowohl in der LDL- als auch in der HDL-Fraktion gefunden. Gewebe, die reich mit LDL-Rezeptoren ausgestattet sind, weisen in der Regel sehr hohe Spiegel an Carotinoiden auf.

In Säugetieren befinden sich ca. 50–80% des gesamten Vitamin A (Retinol und Retinylester) in der Leber. Die Kupfferschen Sternzellen der Leber enthalten von diesem Anteil ca. 90–95%. Nahezu das gesamte Vitamin A (98%) in den Kupfferschen Sternzellen liegt verestert vor und ist in Lipidtröpfchen verpackt. Diese Vitamin A-Reserve ist bei normal ernährten Menschen und Tieren ausreichend, um den gesamten Organismus über mehrere Monate zu versorgen.

Zur Mobilisation von Vitamin A aus der Leber werden die Retinylester wieder hydrolisiert, das Retinol in den Blutkreislauf freigesetzt und zu den Zielgeweben transportiert. In der Leber und im Blutkreislauf ist Retinol aufgrund seines Löslichkeitsverhaltens an einen spezifischen Träger, das Retinol bindende Protein (RBP, 21 kDa), gebunden. Dieses holo-RBP, d.h. der Komplex aus Retinol und RBP, bindet an ein weiteres Protein, das Transthyretin (TTR, 55 kDa). Durch die Bildung dieser ternären Verbindung (molares Verhältnis 1:1:1) wird die Ausscheidung des holo-RBP-Komplexes in der Niere verhindert. Neben der hauptsächlichen Speicherung in der Leber sind viele Gewebe in der Lage, geringe Mengen Retinol oder Retinylester zur Sicherstellung der lokalen Versorgung zu speichern. Für Enterozyten konnte gezeigt werden, dass eine intrazelluläre direkte Metabolisierung von Retinol zu all-*trans*-Retinsäure existiert [37]. Dieses größte Epithel im Organismus hat so zwei Quellen der Versorgung mit all-*trans*-Retinsäure: die Blutzirkulation sowie den lokalen Metabolismus. Der genaue Mechanismus der Homöostase ist nicht geklärt. Es scheint sich um eine hormon- bzw. mediatorvermittelte Feedback-Kontrolle zwischen Bedarf und Vorrat der extrahepatischen Gewebe einerseits und der Speicherung in der Leber andererseits zu handeln. Ebenfalls nicht vollständig geklärt ist die Aufnahme des Retinols in die Zelle. Es weisen zahlreiche Studien auf die Existenz eines Zelloberflächen-Rezeptors für RBP hin, jedoch zeigen viele Arbeiten, dass Retinol frei und unabhängig von einer Proteinkomponente durch die Phospholipid-Doppelmembran hindurch diffundieren kann.

In vielen biologischen Systemen stellt all-*trans*-Retinol die hauptsächliche Retinoidversorgung der Zelle und all-*trans*-Retinsäure den aktiven Metaboliten von Vitamin A dar [2]. Diese Bioaktivierung von all-*trans*-Retinol zu Retinsäure läuft in einem zweistufigen Prozess ab: Zunächst wird in einem reversiblen und damit geschwindigkeitsbestimmenden Schritt Retinol zu Retinaldehyd und anschließend in einem irreversiblen Schritt Retinaldehyd zu Retinsäure oxidiert. Diese Reaktionen können von einer Vielzahl zytosolischer oder membrangebundener Dehydrogenasen katalysiert werden. Retinsäuren liegen intrazellulär überwiegend gebunden an gewebsspezifische Trägerproteine CRABP I und CRABP II vor (*Cellular Retinoic Acid-Binding Protein*). Nachdem die Retinsäuren ihre biologische Wirkung (s. Abschnitt 45.5) entfaltet haben, werden sie durch Enzyme des Phase I-Metabolismus oxidiert, decarboxyliert oder isomerisiert, durch die Enzyme des Phase II-Metabolismus mit Glucuronsäure oder Taurin zu wasserlöslichen Metaboliten konjugiert und über Galle und Harn ausgeschieden.

45.5 Wirkungen

Vitamin A und seine Metaboliten sind essenziell für die Aufrechterhaltung einer Vielzahl physiologischer Prozesse. Am längsten und besten bekannt ist davon die Rolle im Sehprozess, der eine Isomerisierung des 11-*cis*- zum all-*trans*-Retinal in der Scheibchenmembran der Stäbchen der Retina beinhaltet. Von diesem Mechanismus abgesehen, vermitteln Retinoide ihre vielfältigen Wirkungen zumeist in Form der Retinsäuren über ligandenaktivierte nucleäre Transkriptionsfaktoren. Es gibt zwei Familien nucleärer Retinoidrezeptoren. Die Retinsäure-Rezeptoren (*Retinoic Acid Receptors*, RAR) und die Retinoid X-Rezeptoren (*Retinoid X Receptors*, RXR), die jeweils in drei Subtypen (α, β und γ) vorkommen und jeweils spezifische Retinoide als Liganden akzeptieren. RAR und RXR sind Mitglieder einer Superfamilie, zu der außerdem der Thyroidhormon-Rezeptor (THR), der Vitamin D-Rezeptor (VDR) und der Peroxisomen-Proliferator aktivierte Rezeptor (PPAR), von dem ebenfalls Subtypen existieren, sowie einige Rezeptoren mit bisher noch nicht identifizierten Liganden (*Orphan Receptors*) zählen. Die nucleären Rezeptoren werden durch die Bindung eines entsprechenden (zulässigen) Liganden aktiviert [53]. Während beispielsweise der RAR-Rezeptor sowohl all-*trans*-Retinsäure als auch 9-*cis*-Retinsäure bindet, kann der RXR-Rezeptor nur 9-*cis*-Retinsäure binden. Eine allosterische Konformationsänderung führt dann zur Dimerisierung. Der RXR-Rezeptor kann nicht nur mit RAR, sondern auch mit Rezeptoren der anderen Familien Heterodimere bilden. Die Rezeptordimere lagern sich an spezifische regulatorische Elemente (*Response Elements*, RARE bzw. RXRE) im Promotor eines Zielgens an und modulieren so die Transkription.

Über diesen Mechanismus der Genexpressions-Kontrolle ist Vitamin A beteiligt an der Regulation des Wachstums, bei der Proliferation von Zellen und der Differenzierung von Epithelien. Darum ist eine ausreichende Vitamin A-Versorgung unter anderem essenziell für die regelmäßige Erneuerung der Haut und von Schleimhäuten, in der Spermatogenese, der Oogenese, der Hämatopoese und in der Embryonalentwicklung.

Neben ihrer Provitamin A-Wirkung sind Carotinoide auch effektive Antioxidantien und Bestandteil des antioxidativen Netzwerks im Organismus, zu dem auch Vitamin E (Tocopherole), Vitamin C (Ascorbinsäure) oder das Tripeptid Glutathion gehören [35, 46, 76]. Zu den wirksamsten Carotinoiden gehören β-Carotin und Lycopin [25, 74, 76, 82, 83]. Die antioxidativen Effekte werden in Zusammenhang mit möglichen präventiven Wirkungen von Carotinoiden bei der Pathogenese von Herz-Kreislauferkrankungen und bestimmten Krebsformen gebracht [19, 24, 39, 60]. Lutein und Zeaxanthin spielen vermutlich eine Rolle beim Schutz der Makula lutea vor photooxidativen Schädigungen [22, 36]. Carotinoide sowie eine carotinoidreiche Ernährung tragen zur Photoprotektion der Haut bei [26, 75].

Für Carotinoide werden zudem regulatorische Wirkungen auf zelluläre Signalkaskaden und die Zell-Zell-Kommunikation über Gap Junctions und damit indirekt auf die Steuerung von Wachstums- und Differenzierungsprozessen diskutiert [54, 73]. Die genauen Wirkmechanismen sind jedoch noch nicht geklärt [8, 81].

Die Versorgung der Zielgewebe im Organismus mit Vitamin A ist durch einen relativ konstant regulierten Retinol-Plasmaspiegel von ca. 2–3 µM und die Speicherkapazität der Leber für Wochen bis Monate sichergestellt. Neben der Unterversorgung mit Vitamin A über die Nahrung (Hypovitaminose), verbunden mit Augenerkrankungen, Anämie, Wachstumsretardierung, Hyperkeratinisierung von Epithelien, erhöhter Infektanfälligkeit und Fruchtschädigungen, kann es auch zur Überversorgung (Hypervitaminose) kommen. Über Vitamin A-Toxizität wurde bereits zur Jahrhundertwende berichtet, nachdem Arktisforscher sehr Vitamin A-reiche Polarbären-Leber verzehrten. Im Hinblick auf die Toxikologie von Vitamin A ist zu unterscheiden zwischen:

- akuter Toxizität hoher Einzeldosen mit Auftreten von Symptomen binnen Stunden bis zu zwei Tagen,
- chronischer Toxizität mit Auftreten von Symptomen nach mehreren Wochen, Monaten oder Jahren der Aufnahme von nicht akut toxischen Vitamin A-Mengen sowie
- der teratogenen Wirkung von ein- oder mehrmaligen überhöhten Vitamin A-Dosen während der Schwangerschaft.

Die Symptome akuter Intoxikation durch hohe Vitamin A-Dosen sind Kopfschmerz durch erhöhten Intrakranialdruck, Schwindel, Erbrechen, Appetitlosigkeit und Reizbarkeit [14, 23, 31]. Bei Säuglingen und Kleinkindern werden außerdem vorgewölbte Fontanellen und Schläfrigkeit beobachtet, während bei Erwachsenen zusätzlich unscharfes Sehen, Hyperkalzämie, Muskelschwäche, periphere Neuritis und Hautabschilferungen beschrieben sind. Die zur Auslösung dieser Symptome nötigen Dosen betragen beim Erwachsenen ca. 300 000 und beim Säugling bzw. Kleinkind ca. 30 000 µg RE Vitamin A (Tab. 45.4). Das Auftreten von akuten (und chronischen) Intoxikationserscheinungen ist abhängig vom Ausmaß der vorhandenen Leberspeicher, dem Ausmaß und der Dauer der exzessiven Aufnahme und vom Typ des Retinoids. Beispielsweise entwickelten von einer Gruppe asiatischer Kinder, die im Rahmen von Programmen zur Bekämpfung der Vitamin A-Defizienz einmalige Dosen von 6000 µg Retinol in Öl erhalten hatten, nur 1–3% milde und vorübergehende Symptome.

Als Symptome chronischer Vitamin A-Intoxikation sind beschrieben: exfoliative Dermatitis, Alopecie, Cheilitis, Stomatitis, Gingivitis, Muskel- und Knochenschmerzen, Hyperostosen, Kopfschmerzen aufgrund erhöhten Intrakranialdrucks, Papillenödem, Schlafstörungen, Appetitmangel, Gewichtsverlust, Müdigkeit, morphologische Veränderungen der Leber bis hin zur Hepatotoxizität [31, 34, 42, 89]. Die Angaben zur nötigen Aufnahme zur Auslösung dieser Symptome schwanken zwischen 3600 µg RE/Tag für Säuglinge, 6000–20 000 µg RE/Tag für Kinder und 75 000–30 000 µg RE/Tag für Erwachsene über Wochen bis Jahre (Tab. 45.4). Zum Beispiel lag die geringste Dosis, bei der Leberzirrhosen festgestellt wurden, bei 7500 µg RE/Tag Vitamin A eingenommen über einen Zeitraum von sechs Jahren (Tab. 45.4). Die Symptome erreichen im Allgemeinen erst im Laufe der Zeit ihre volle Ausprägung. Das Auftreten von toxischen Symptomen wird gefördert durch Alkohol, Eiweißmangelernährung, Tetracycli-

Tab. 45.4 Toxikologische Effekte von Vitamin A (aus [71]).

Effekt	LOEL in µg RE/Tag
Vorgewölbte Fontanelle	7500 (Einzeldosis bei Kindern; Effekt ist reversibel)
Hepatotoxizität	7500 (6 Jahre lang)
Knochendichte, -brüche	1500[a] (kein Schwellenwert feststellbar)
Fettstoffwechsel	7500 (4 Jahre lang)
Teratogenität	>3000 ([63])

a) Frauen, postmenopausal.

ne, Vorerkrankungen der Leber und Niere und wird möglicherweise verzögert durch gleichzeitige Aufnahme von Vitamin E, Taurin und Zink. Ebenso muss das Ausmaß des Vitamin A-Vorrats in der Leber berücksichtigt werden. Die toxischen Erscheinungen sind vermutlich auf einen Überschuss an freien Retinylestern im Blut zurückzuführen, der zu einem unspezifischen Transport von Retinol an die Zelloberflächen führt, wodurch Lysosomen zerstört werden.

Die Hypervitaminose A oder die Behandlung mit all-*trans*- oder 13-*cis*-Retinsäure führt bei Versuchstieren (Mäuse, Ratten, Hamster, Primaten) zum Absterben des Fetus, Totgeburten und Fehlbildungen. Die Teratogenität von all-*trans*- und 13-*cis*-Retinsäure gilt auch für den Menschen als zweifelsfrei nachgewiesen. Die Fehlbildungen betreffen während Exposition in der frühen Organogenese insbesondere das zentrale Nervensystem, das äußere Ohr, das Herz, die großen Gefäße und bei späterer Exposition die Gliedmaßen, das Urogenitalsystem, die Schädelknochen einschließlich des harten Gaumens und den Thymus. Der menschliche Organismus gilt als einer der empfindlichsten in Bezug auf teratogene Effekte der Hypervitaminose A. Die kritische Periode beim Menschen ist die Zeit zwischen der 2. und 5. Schwangerschaftswoche. Auch in späteren Phasen der Schwangerschaft können einzelne oder dauerhafte Überdosierungen noch funktionelle Schäden im Fetus verursachen. Die kritische Dosis liegt im Bereich von 3000 µg RE/Tag in den ersten drei Monaten [63], obwohl nur in einigen Fällen die Einnahme von Vitamin A über 3000 µg RE lag. Andere Untersuchungen kamen zu einem höher liegenden Grenzwert der Einnahme von Vitamin A. Tierexperimentelle Untersuchungen zur „sicheren" Aufnahme von Vitamin A während der Schwangerschaft können nicht direkt auf den Menschen übertragen werden, auch wenn diese experimentellen Studien mit Primaten durchgeführt wurden [92]. Aus Gründen der Vorsorge sollte der niedrigere Wert von 3000 µg RE pro Tag als UL („tolerable upper intake level") genommen werden (Tab. 45.4) [71]. Der UL legt die Höchstmenge eines Stoffes fest, für die selbst bei langfristiger täglicher Aufnahme nicht mit negativen Einflüssen auf die Gesundheit zu rechnen ist. Ausgangspunkt für die Festlegung des UL ist in der Regel der NOAEL („no observed adverse effect level"), d. h. die höchste Aufnahmemenge eines Stoffes, bei der keine Nebenwirkungen beobachtet wurden. Dieser Wert, der aus tierexperimentellen Untersuchungen oder epidemiologischen Daten ermittelt werden kann, wird zur Festlegung eines UL-Wertes durch einen nährstoffspezifischen Unsicherheitsfaktor dividiert (Tab. 45.5).

Der Embryo verfügt nur über sehr geringe eigene Vitamin A-Speicher und ist von der mütterlichen Versorgung abhängig. Die teratogene Wirkung der Retinoide beruht auf der Störung des sensiblen Gleichgewichts zwischen physiologischen (benötigten) Retinoidkonzentrationen im Embryo und der spezifischen zeitlichen und organbezogenen Verteilung der einzelnen Retinoidrezeptoren, die die Expression von Proteinen des Wachstums, der Differenzierung und der zellulären Kommunikation regulieren. Verstärkt wird diese Wirkung durch die autoregulativ erhöhte Expression von Retinoid-Bindeproteinen und -Rezeptoren. Im Einzelnen können folgende Mechanismen der retinoidinduzierten Teratogenität beobachtet werden:

- Induktion von Zelltod wie Nekrose oder Apoptose in Gewebsknospen (z. B. bei Missbildungen der Gliedmaßen oder Spina bifida)
- reduzierte Zellproliferation in sich entwickelnden embryonalen Strukturen (z. B. bei Gaumenspalte)
- reduzierte Zellmigration in der frühen Phase der embryonalen Entwicklung

Der in Bezug auf die Teratogenität abgeleitete UL von 3000 µg RE pro Tag gilt nicht für ältere Frauen (Post-Menopause): Hier ist schon bei einer täglichen Aufnahme von 1500 µg RE pro Tag mit dem Auftreten einer verminderten Kochendichte und einem erhöhten Risiko von Knochenbrüchen zu rechnen (s. u., Tab. 45.4 und 45.5).

In den meisten Tiermodell-Studien ergaben sich keine Hinweise auf toxische, mutagene oder teratogene Wirkungen von Carotinoiden [7, 44, 47, 80]. In subakuten, subchronischen und chronischen Toxizitätsstudien mit synthetischem β-Carotin im Dosisbereich bis zu 1000 mg/Tag wurden keine Anzeichen für genotoxische oder kanzerogene Wirkungen, Reprotoxizität, Teratogenität und Organtoxizität gefunden [99]. Die Applikation von Canthaxanthin im Dosisbereich

Tab. 45.5 Altersabhängigkeit der tolerierbaren Vitamin A-Aufnahme (aus [71]).

Alter [Jahre]	**Tolerierbare Aufnahmemenge von Vitamin A („tolerable upper intake level", UL) (µg RE/Tag)**
1–3	800
4–6	1100
7–10	1500
11–14	2000
15–17	2600
Erwachsene	3000 a)

a) Werte für Frauen in gebärfähigem Alter und Männer; nicht für Frauen in der Post-Menopause, die in Bezug auf Osteoporose das größte Risiko einer Hypervitaminose A tragen.

von 50 mg/kg Körpergewicht an Frettchen führte zu keinen toxischen Effekten; es wurde in diesem Modell auch keine Anreicherung des Canthaxanthins im Auge (s. u.) festgestellt [87]. Im vergleichbaren Dosisbereich wurden auch für synthetisches Lycopin keine toxischen Effekte beobachtet [47]. Über die Toxizität anderer Carotinoide ist nur wenig bekannt.

Die Problematik einer möglichen Gefährdung der Gesundheit des Menschen durch eine überhöhte Zufuhr an Carotinoiden geht auf Beobachtungen aus zwei Interventionsstudien mit synthetischem β-Carotin zurück, bei denen Hochrisikopersonen über lange Zeiträume Dosen von 20 mg β-Carotin und mehr erhielten. In den Verumgruppen wurde ein etwa 20% erhöhtes Risiko für Lungenkrebs gefunden [1, 55] (s. u.). Für das Carotinoid Canthaxanthin sind systematisch erfasste Nebenwirkungen von toxikologischer Bedeutung beschrieben worden. Die Supplementierung mit Canthaxanthin im hohen Dosisbereich (100 mg/d) führte zur Anreicherung der Substanz in der Retina, verbunden mit Kristallablagerungen und reversiblen Sehstörungen.

Es soll hier betont werden, dass die für β-Carotin und Canthaxanthin beschriebenen Effekte auf synthetisch hergestellte Supplemente zutreffen [70]. Bisher sind bis auf unbedenkliche Hautverfärbungen keine Nebenwirkungen von β-Carotinpräparaten natürlichen Ursprungs berichtet worden. Es existieren ebenfalls keine Berichte zu toxikologisch relevanten Effekten bei extremem Ernährungsverhalten, das zur exzessiven Zufuhr einzelner Carotinoide führt.

Haut

In den meisten Humanstudien wurde bisher β-Carotin eingesetzt. Die Substanz wird seit Jahrzehnten zur Behandlung der erythropoetischen Protoporphyrie in sehr hohen Dosen bis zu 180 mg/d [45] verwendet. Hier ergaben sich bisher keine Hinweise auf toxische Nebenwirkungen von β-Carotin oder Störungen des Vitamin A-Haushaltes. Teratologische Befunde wurden bisher nicht erhoben [59]. Bei hoher Dosierung mit carotinoidhaltigen Supplementen oder bei hoher Zufuhr von Carotinoiden mit der Nahrung beobachtet man eine Gelbfärbung der Haut [49]. Eine solche, als Carotinodermie bezeichnete Verfärbung ist besonders ausgeprägt an den Hand- und Fußinnenflächen sowie im Nasen-Mundbereich. Beschrieben wurden Hautverfärbungen nach Aufnahme von β-Carotin, Lycopin, Lutein und Canthaxanthin. Die Verfärbungen sind innerhalb weniger Wochen reversibel und toxikologisch unbedenklich.

Auge

Canthaxanthin wurde zu medizinischen Zwecken und zur kosmetischen Hauttönung im hohen Dosisbereich supplementiert. Hier zeigten sich bei Langzeitsupplementierung kristalline Ablagerungen des Carotinoids in der Retina [33, 98]. Bei einigen Personen war die Ablagerung von Canthaxanthin verbunden mit Störungen der Retinafunktion, insbesondere der Dunkeladaptation. Die Störungen sind nach Absetzen von Canthaxanthinsupplementen reversibel. Eine biostatistische Evaluierung von 411 Patienten ergab, dass die Wahrscheinlichkeit für die Bildung kristalliner Ablagerungen mit der Dosis zunimmt. Bei Dosen von weniger als 30 mg Canthaxanthin pro Tag und einer Gesamtdosis von weniger als 3000 mg fanden sich keine Ablagerungen [33]. Die entsprechenden Tierexperimente sind unten beschrieben. Vergleichbare Retinopathien wurden für *β*-Carotin auch bei lang andauernder Supplementierung mit hohen Dosen nicht beobachtet.

Krebs

Zwei Interventionsstudien mit *β*-Carotin [1, 55] im Dosisbereich von 20–30 mg pro Tag weisen auf ein erhöhtes Krebsrisiko bei der Langzeitsupplementierung von Risikogruppen mit synthetischem *β*-Carotin hin [5, 39]. Die Inzidenz von Lungenkrebs war bei starken Rauchern und Asbestarbeitern im Vergleich zur unsupplementierten Kontrollgruppe um etwa 20% erhöht. Die Ergebnisse deuten weiter darauf hin, dass dieser kanzerogene Effekt durch Alkohol verstärkt wird. Es muss ausdrücklich darauf hingewiesen werden, dass augenscheinlich die Kombination von zusätzlichem Risikofaktor und Langzeitsupplementierung für die Ausprägung des kanzerogenen Effektes verantwortlich ist. In weiteren großen Studien wurde unter hoher *β*-Carotinsupplementierung kein erhöhtes Krebsrisiko nachgewiesen [27].

Eine genauere Betrachtung der Interventionsstudien mit *β*-Carotin zeigt, dass bei beiden Studien mit ungünstigem Effekt auf das Krebsrisiko extrem hohe Plasmaspiegel (4–6 µmol/L) gemessen wurden. Alle Studien, bei denen keine toxikologischen Auffälligkeiten berichtet wurden, zeigen am Studienende deutlich geringere Plasmaspiegel (1–2 µmol/L). Letztere liegen im Bereich der oberen fünf Perzentile der USA. Empfohlen wird in der Literatur, Plasmaspiegel von ca. 0,4–0,5 µmol *β*-Carotin/L anzustreben. Die biochemischen Mechanismen, die für eine erhöhte Inzidenz von Lungenkrebs bei Hochrisikogruppen unter *β*-Carotinsupplementierung verantwortlich sind, sind ungeklärt. Tierexperimente deuten auf eine Beteiligung der Vitamin A/Retinoid-Signalwege hin; insbesondere wurde eine Abnahme der all-*trans*-Retinsäure gefunden und damit in Zusammenhang stehend eine Abnahme des Retinoidrezeptors RAR*β*, der als Tumor-Suppressorgen gilt [96]. Auch eine Induktion von Cytochrom P450-Enzymen [40, 41], vor allem des CYP 1A1, könnte eine Rolle spielen. Diese Enzyme sind bekannt als aktivierende Enzyme der pro-kanzerogenen Bestandteile im Zigarettenrauch wie die polycyclischen Aromaten, die heterocyclischen aromatischen Amine und die Nitrosamine. Auch eine pro-oxidative Wirkung in der Lunge kommt in Frage.

45.6
Bewertung des Gefährdungspotenzials

Bei üblichen, ausgeglichenen Ernährungsgewohnheiten ist die Hypovitaminose A in der Bevölkerung von Industrienationen weitgehend ausgeschlossen. In der 3. Welt gehört die Vitamin A-Defizienz jedoch mit über 250 Millionen Betroffenen zu den drei schwerwiegendsten Nährstoff-Defizienzen neben dem Eisen- und dem Iodmangel.

Das BfR schätzt jedoch, dass auch in den Industrienationen „mindestens ein Viertel der Bevölkerung die Empfehlung für eine bedarfsgerechte Zufuhr nicht erreicht" [102]. Schwangere und Stillende stellen nach dieser Einschätzung „Risikogruppen für eine unzureichende Vitamin A Versorgung dar." So kommt das BfR zum Schluss, der Bevölkerung zu empfehlen, „Vitamin A reiche Lebensmittel wie auch Leber(produkte) häufiger zu verzehren." Diese Empfehlung steht wiederum im Gegensatz zu einer Empfehlung des ehemaligen BgVV, dass Schwangere auf Leber verzichten sollten, was vor allem auf den relativ hohen Vitamin A Gehalten von Schlachttierlebern gründet (9). Solche Empfehlungen stellen wegen der sehr geringen Sicherheitsbreite von Vitamin A eine Gratwanderung dar. So empfiehlt das BfR (102) „Nahrungsergänzungsmittel mit maximal 400 µg präformiertem Vitamin A/Tagesdosis für Erwachsene, und 200 µg präformiertem Vitamin A/Tagesdosis für Kinder zwischen 2 und 10 Jahren" anzubieten. Intensive Diskussionen innerhalb der Wissenschaft werden zeigen, ob diese Empfehlungen so stehen bleiben können, insbesondere in Bezug auf Schwangerschaft (Gefahr der Teratogenität) und Menopause (Gefahr der Osteoporose). Mit Vitamin A angereicherte Lebensmittel sollen nicht angeboten werden (außer Margarine und Mischfetterzeugnisse).

Die Aufnahme übermäßiger Mengen (Hypervitaminose A) kann in der Regel durch die Einnahme pharmazeutischer Vitamin A-Produkte, aber auch durch den Verzehr von größeren Mengen Leber und Leberprodukten erfolgen. Chronische Vitamin A-Intoxikationen sind bei Erwachsenen nach der Einnahme hochdosierter Supplemente über Zeiträume von Monaten bis Jahren bekannt (4000–7500 µg RE/Tag). Bei Kleinkindern wurden chronische Vitamin A-Intoxikationen nach gehäufter Aufnahme leberhaltiger Kinderfertignahrung diagnostiziert. Die aufgenommene Dosis schwankte zwischen 1500 und ca. 10 000 µg RE/Tag. In einer Studie aus Schweden wurde festgestellt, dass die Aufnahme von mehr als 1500 µg RE/Tag über einen längeren Zeitraum verglichen mit einer Aufnahme von nur 500 µg RE/Tag die Mineraliendichte in den Hüftknochen bei Frauen um 6% reduzierte und sich damit das Risiko einer Fraktur verdoppelte [48]. Weiterhin wird ein erhöhtes Osteoporose-Risiko aufgrund der dauerhaften übermäßigen Einnahme von Vitamin A bei Frauen in der Menopause postuliert [16, 21] (Tab. 45.4). Der exakte Mechanismus dieser Verminderung der Knochendichte durch niedrige Dosen von Vitamin A ist nicht geklärt. Offenbar spielt das Retinoid-Signalsystem mit der Modulierung einer Reihe von Genen eine Rolle: Retinsäure kann die Osteoblast-Differenzierung inhibieren sowie die Osteoclastbildung und Knochenresorption erhöhen. Neben den Retinoidrezeptoren spielen auch die Östrogene/Östrogenrezeptoren sowie das Ah-Rezeptorsystem eine Rolle [67]. Möglicherweise kommt es zu einem Rezeptor-Crosstalk zwischen diesen beteiligten Rezeptoren, was eine Aufklärung des Mechanismus erschwert. Sicher ist, dass eine erhöhte Exposition gegenüber Dioxinen und PCBs das Risiko einer Osteoporose erhöht. Dabei ist anzumerken, dass Lebensmittel mit erhöhten Dioxin/PCB-Gehalten (Fettfische) oft auch einen erhöhten Vitamin A-Gehalt aufweisen.

Aufgrund der fruchtschädigenden Wirkung von Vitamin A in Tierversuchen, der bekannten teratogenen Wirkung pharmazeutischer Vitamin A-Produkte (z. B. Etretinat oder Isotretinoin zur Behandlung von hyperkeratotischen Hauterkrankungen und cystischer Akne) [50] sowie aufgrund epidemiologischer Studien kann auch beim Menschen von einer teratogenen Wirkung hoher Vitamin A-Dosen in der Nahrung ausgegangen werden. In einem Fall ungewöhnlicher Verzehrsgewohnheiten ist der übermäßige Genuss von Leber und das Auftreten von Fehlbildungen beschrieben. Untersuchungen haben gezeigt, dass eine durchschnittliche Lebermahlzeit durchaus die 10–30fache Menge des oberen Supplementierungs-Grenzwertes für schwangere Frauen enthalten kann [3, 12, 13]. Studien zum Metabolismus von Vitamin A haben gezeigt, dass nach Verzehr einer Lebermahlzeit Plasmaspiegel mehr als 100fach erhöht an Retinylestern, 1,25fach signifikant erhöht an Retinol, 20fach erhöht an 13-*cis*-Retinsäure sowie geringfügig erhöht an all-*trans*-Retinsäure zu messen waren. Neben der bekannten teratogenen Wirkung von 13-*cis*-Retinsäure beim Menschen ist für all-*trans*-Retinsäure aufgrund von Tierversuchen mit Kaninchen bekannt, dass sie in embryonalem Gewebe wegen der spezifischen Bindung an CRABP, welches im Embryo hochexprimiert ist, akkumulieren [50, 90]. Das Kaninchen ist in Bezug auf den Metabolismus von Vitamin A dem Menschen sehr ähnlich und auch der menschliche Embryo ist reich an CRABP, so dass davon auszugehen ist, dass all-*trans*-Retinsäure auch hier akkumuliert.

Der unterschiedliche Metabolismus von Vitamin A nach Einnahme eines Supplements bzw. nach einer Lebermahlzeit ist erstaunlich und wichtig: Der entscheidende Metabolit all-*trans*-Retinsäure ist nach Supplementierung stark, nach einer Lebermahlzeit nur wenig erhöht, während sich andere Formen von Vitamin A (Retinol, Ester, 13-*cis*-Retinsäure) in dieser Betrachtung viel weniger unterscheiden. Dies zeigt wiederum eindringlich, dass Wirkstoffe wie Vitamine, mit der Nahrung aufgenommen, ganz anders wirken können als Reinsubstanzen in Supplementen.

45.7 Grenzwerte, Richtwerte, Empfehlungen, gesetzliche Regelungen

Für den Bedarf an Vitamin A bestehen unterschiedliche Empfehlungen, je nachdem, ob als Berechnungsgrundlage die Aufrechterhaltung eines Vitamin A-Pools im Körper oder aber die zur Behebung eines Vitamin A-Mangels notwendigen Dosen zugrunde gelegt werden. Die Empfehlungen für Säuglinge leiten sich vom Vitamin A-Gehalt der Frauenmilch ab, der gleichzeitig die Berechnungsgrundlage für die empfohlene höhere Vitamin A-Zufuhr während der Stillzeit ist. Die Empfehlungen für Kinder beruhen auf Interpolation unter Einbeziehung des durchschnittlichen Körpergewichts bzw. der Körperoberfläche. Die „Richtigkeit“ der unterschiedlichen Empfehlungen wird davon abhängen, ob die jeweils empfehlende Institution mehr die Vermeidung von Unterversorgung oder mehr die Vermeidung von Überdosierung zugrunde legt. Die einzelnen nationalen und internationalen Gremien und Organisationen haben ebenfalls Empfehlungen über nicht zu überschreitende Vitamin A-Aufnahmen herausgegeben [18]. Für Raucher ist die Supplementierung mit β-Carotin kontraindiziert. Positive Effekte einer Diät mit einem hohen Anteil an Nahrungsmitteln, die Carotinoide enthalten (Obst und Gemüse), werden nicht in Zweifel gezogen.

Da die Aufnahme und eine mögliche Überversorgung mit Vitamin A von den stark schwankenden Gehalten in Lebensmitteln tierischer Herkunft – besonders Leber – abhängen, sind zur Bewertung des Gefährdungspotenzials auch die Vorschriften zur Haltung und Fütterung der Lebensmittel liefernden Tiere zu berücksichtigen. Aufgrund der üblichen Pro-Vitamin A-Gehalte von Grünpflanzen, Silagefutter und Mischfuttermitteln müssen extrem hohe Gehalte an Vitamin A in Schlachttierlebern auf überhöhte und lang andauernde zusätzliche parenterale oder orale Gabe von pharmazeutischen Vitamin A-Produkten zurückgeführt werden. Vitamin A kommt in den Komponenten von Mischfuttermitteln natürlicherweise nicht oder nur in sehr geringen Mengen vor, wird daher zugesetzt und gilt futtermittelrechtlich als Zusatzstoff. Gemäß Futtermittelverordnung (FutMV v. 23. 11. 2000) ist der Gehalt in Milchaustauscher für Mastkälber auf 25 000 IU/kg (7500 µg RE/kg) und der Gehalt in Masttier-Mischfuttermittel auf 13 500 IU/kg (4050 µg RE/kg) begrenzt. Außerdem sind Tierarzneimittel erhältlich, die oral oder per injectionem verabreicht werden. Aufgrund der hohen Wirkstoffkonzentration an der Injektionsstelle gelten dosisabhängige Wartezeiten für diese essbaren Gewebe von bis zu 20 Tagen.

Trotz der Einschränkung von Vitamin A in Futtermitteln kann durch die Aufnahme dieses Vitamins mit tierischer Leber ein teratogener Effekt nicht vollständig ausgeschlossen werden. Daher hat das ehemalige BgVV die Empfehlung für Schwangere wiederholt, auf den Konsum von Schlachttierlebern zu verzichten [9].

Eine weitere Quelle von Vitamin A stellen vitaminisierte Lebensmittel dar. Margarine und Mischfetterzeugnisse können bis zu 10 mg Vitamin A/kg (10 000 µg RE/kg) enthalten. Eine Gesamtmenge von 0,9 mg (900 µg/Mahlzeit) darf nicht überschritten werden. Diese Werte aus der Verordnung für vitaminisierte Lebensmittel (1. 9. 1942) [93] sind definitiv überhöht und sollten gesenkt werden.

45.8 Vorsorgemaßnahmen

Die Versorgung der Bevölkerung in Industrienationen mit Vitamin A/Pro-Vitamin A gilt als mehr als ausreichend und liegt – alters- und geschlechtsabhängig – zwischen 4 und 91% über den Referenzwerten für die Nährstoffzufuhr [17]. Bei üblichen Ernährungsgewohnheiten in Industrienationen ist eine Aufnahme gesundheitlich bedenklicher Mengen an Vitaminen über den Verzehr von Lebensmitteln kaum möglich. Eine Ausnahme stellt der unsachgemäße Gebrauch von Vitamin A-Präparaten und der übermäßige Verzehr von Leber und Leberprodukten dar. Aus Gründen des leistungsorientierten Bedarfs an Vitamin A von Masttieren und des Tierschutzes ist eine Reduzierung des Vitamin A-Gehaltes von Schlachttierlebern durch fütterungstechnische Maßnahmen auf teratologisch unbedenkliche Werte nicht möglich. Es sollte jedoch der Gehalt im Beifutter sowie die sonstige Supplementierung von Vitamin A auf den Gehalt im Grundfutter abgestimmt werden. Die küchentechnische Zubereitung (Kochen, Braten) bietet keinen Schutz vor überhöhten Vitamin A-Gehalten einer Lebermahlzeit, da die erhitzungsbedingten Verluste durch die durch Gewebswasserverlust bedingte Aufkonzentrierung mindestens kompensiert wird. Neben dem vorschriftsmäßigen Gebrauch von oder dem Verzicht auf Vitamin A-Präparate sollte daher für Schwangere, Frauen im gebärfähigen Alter und Kleinkinder der Verzehr von Leber kontrolliert und gegebenenfalls eingeschränkt oder eingestellt werden. Die notwendige Versorgung mit Vitamin A ist bei ausgeglichener Ernährungsweise durch andere Nahrungsbestandteile (Milch, Milchprodukte, Eier, Möhren, grünes Gemüse) sichergestellt.

45.9 Zusammenfassung

Vitamin A ist ein natürlicher lebensnotwendiger Nahrungsbestandteil, der zur Aufrechterhaltung vieler biologischer Prozesse im Organismus von Mensch und Tier in bestimmten Mengen aufgenommen werden muss. Der Abstand zwischen der zur Aufrechterhaltung der physiologischen Wirkungen von Vitamin A benötigten Menge einerseits, und der für das Auftreten toxischer Effekte verantwortlichen Menge andererseits ist sehr klein. Besonders der frühe Embryo sowie Knochen scheinen auf eine Hypervitaminose A besonders empfindlich zu reagieren. Die entsprechenden ULs („tolerable upper limits") zur Vermeidung teratogener Effekte liegen bei 3000 μg RE pro Tag und für die Verminderung der Knochendichte bei Post-Menopause-Frauen bei oder unter 1500 μg RE pro Tag. Supplemente mit Vitamin A sollten ganz vermieden oder nur in sehr kleiner Dosierung genommen werden. Lebern von Schlachttieren haben oft einen sehr hohen Gehalt von Vitamin A und sollten zurückhaltend oder gar nicht (Schwangerschaft) verzehrt werden.

β-Carotin, aus Obst und Gemüsen zugeführt, hat positive Eigenschaften in Bezug auf eine mögliche Prävention von Krebserkrankungen. β-Carotin als Lebensmittelfarbstoff oder als funktioneller Inhaltsstoff wird derzeit noch toleriert. β-Carotin-Supplemente sind bei Rauchern und Asbestarbeitern kontraindiziert, da sie zu einer Erhöhung von Lungenkrebs führen können. In hoher Dosierung kann generell eine Supplementierung mit β-Carotin über längere Zeiträume nicht empfohlen werden.

45.10 Literatur

1 Albanes D, Heinonen OP, Taylor PR, Virtamo J, Edwards BK, Rautalahti M, Hartman AM, Palmgren J, Freedman LS, Haapakoski J, Barrett MJ, Pietinen P, Malila N, Tala E, Liippo K, Salomaa ER, Tangrea JA, Teppo L, Askin FB, Taskinen E, Erozan Y, Greenwald P, Huttunen JK (1996) *Alpha*-Tocopherol and *beta*-carotene supplements and lung cancer incidence in the *alpha*-tocopherol, *beta*-carotene cancer prevention study: effects of base-line characteristics and study compliance, *J Natl Cancer Inst* **88**: 1560–1570.

2 Arnhold T, Elmazar MMA, Nau H (2002) Prevention of Vitamin A teratogenesis by phytol or phytanic acid results from reduced metabolism of retinol to the teratogenic metabolite, all-*trans*-retinoic acid, *Toxicological Sciences* **66**: 274–282.

3 Arnhold T, Tzimas G, Wittfoht W, Plonait S, Nau H (1996) Identification of 9-*cis*-retinoic acid, 9,13-di-*cis*-retinoic acid, and 14-hydroxy-4,14-*retro*-retinol in human plasma after liver consumption, *Life Sci* **59**: 169–177.

4 Aust O, Sies H, Stahl W, Polidori MC (2001) Analysis of lipophilic antioxidants in human serum and tissues: tocopherols and carotenoids, *J Chromatogr A* **936**: 83–93.

5 Baron JA, Bertram JS, Britton G, Buiatti E, De Flora S, Feron VJ, Gerber M, Greenberg ER, Kavlock RJ, Knekt P, Malone W, Mayne ST, Nishino H, Olson JA, Pfander H, Stahl W, Thurnham DI, Virtamo J, Ziegler RG (1998) IARC Handbooks of cancer prevention: Carotenoids, vol 2, IARC, Lyon.

6 Barua AB (2004) Bioconversion of provitamin A carotenoids, In: Carotenoids in Health and Disease (Krinsky NI, Mayne ST, Sies H, eds), 295–312, Marcel Dekker Basel (CH).

7 Bendich A (1988) The safety of β-carotene, *Nutr Cancer* **11**: 207–214.

8 Bertram JS (1999) Carotenoids and gene regulation, *Nutr Rev* **57**: 182–191.

9 BgVV Pressedienst (1995) Schwangere sollten weiterhin auf den Verzehr von Leber verzichten.

10 Blomhoff R (1994) (Hrsg) Vitamin A in Health and Disease, Marcel Dekker, New York.

11 Britton G, Liaaen-Jensen S, Pfander H (1995) Carotenoids Volume 1A: Isolation and Analysis, Birkhäuser.

12 Bundesinstitut für gesundheitlichen Verbraucherschutz und Veterinärmedizin: Zum Vitamin-A-Gehalt in Schlachttierlebern, Bericht 1995.

13 Buss NE, Tembe EA, Prendergast BD, Renwick AG, George CF (1994) The Teratogenic Metabolites of Vitamin A in Women Following Supplements and Liver, *Human & Experimental Toxicology* **13**: 33–43.

14 Carpenter TO, Pettifor JM, Russell RM, Pitha J, Mobarhan S, Ossip MS, Wainer S, Anast CS (1987) Severe hypervitaminosis A in siblings: Evidence of variable tolerance to retinol intake, *J Pediatr* **111**: 507–512.

15 Castenmiller JJM, West CE, Linssen JPH, van Het Hof KH, Voragen AGJ (1999) The food matrix of spinach is a limiting factor in determining the bioavailability of β-carotene and to a lesser

extent of lutein in humans, *J Nutr* **129**: 349–355.

16 Denke MA (2002) Dietary retinol – a double-edged sword, *Journal American Medical Association* **287**: 102–104.

17 Deutsche Gesellschaft für Ernährung (DGE) (2000) Referenzwerte für die Nährstoffzufuhr, UmschauBraus, Frankfurt.

18 Dolk HM, Nau H, Hummler H, Barlow SM (1999) Dietary Vitamin A and teratogenic risk, European Society discussion paper, *European Journal of Obstetrics and Gynecology* **83**: 31–36.

19 Etminan M, Takkouche B, Caamano-Isorna F (2004) The role of tomato products and lycopene in the prevention of prostate cancer: a meta-analysis of observational studies, *Cancer Epidemiol Biomarkers Prev* **13**: 340–345.

20 Frank HA, Young AJ, Britton G, Cogdel RJ (1999) The Photochemistry of Carotenoids, Kluwer Academic Publishers, London.

21 Freskanich D, Singh V, Willett WC, Coldiz GA (2002) Vitamin A intake and hip fractures among postmenopausal women, *Journal American Medical Association* **287**: 47–54.

22 Gale CR, Hall NF, Phillips DI, Martyn CN (2003) Lutein and zeaxanthin status and risk of age-related macular degeneration, *Invest Ophthalmol Vis Sci* **44**: 2461–2465.

23 Geubel AP, De Galocsy C, Alves N, Rahler J, Dive C (1991) Liver Damage caused by Therapeutic Vitamin A Administration: Estimate of Dose-Related Toxicity in 41 Cases. *Gastroenterology* **100**: 1701–1709.

24 Giovannucci E (2002) A review of epidemiologic studies of tomatoes, lycopene, and prostate cancer, *Exp Biol Med* **227**: 852–859.

25 Giovannucci E, Rimm EB, Liu Y, Stampfer MJ, Willett WC (2002) A prospective study of tomato products, lycopene, and prostate cancer risk, *J Natl Cancer Inst* **94**: 391–398.

26 Gollnick HPM, Hopfenmüller W, Hemmes C, Chun SC, Schmid C, Sundermeier K, Biesalski HK (1996) Systemic beta carotene plus topical UV-sunscreen are an optimal protection against harmful effects of natural UV-sunlight: results of the Berlin-Eilath study, *Eur J Dermatol* **6**: 200–205.

27 Hennekens CH, Buring JE, Manson JE, Stampfer M, Rosner B, Cook NR, Belanger C, LaMotte F, Gaziano JM, Ridker PM, Willett W, Peto R (1996) Lack of effect of long-term supplementation with beta carotene on the incidence of malignant neoplasms and cardiovascular disease, *N Engl J Med* **334**: 1145–1149.

28 Het Hof KH, West CE, Weststrate JA, Hautvast JG (2000) Dietary factors that affect the bioavailability of carotenoids, *J Nutr* **130**: 503–506.

29 IARC (1998) Handbook of Cancer Prevention: Vitamin A, IARC-Press, Lyon.

30 IARC (1999) Handbook of Cancer Prevention: Retinoids, IARC-Press, Lyon.

31 Kamm JJ (1982) Toxicology, carcinogenicity, and teratogenicity of some orally administered retinoids, *J Am Acad Dermatol* **6**: 652–659.

32 Khachik F, Spangler CJ, Smith JC, Canfield LM, Steck A, Pfander H (1997) Identification, quantification, and relative concentrations of carotenoids and their metabolites in human milk and serum, *Anal Chem* **69**: 1873–1881.

33 Köpcke W, Barker FM, Schalch W (1995) Canthaxanthin deposition in the retina: a biostatistical evaluation of 411 patients, *J Toxicol Cut Ocular Toxicol* **14**: 89–104.

34 Kowalski TE, Falestiny M, Furth E, Malet PF (1994) Vitamin A Hepatotoxicity: A Cautionary Note Regarding 25,000 IU Supplements, *Am J Med* **97**: 523–528.

35 Krinsky NI (2002) Possible biologic mechanisms for a protective role of xanthophylls, *J Nutr* **132**: 540S–542S.

36 Krinsky NI, Landrum JT, Bone RA (2003) Biologic mechanisms of the protective role of lutein and zeaxanthin in the eye, *Ann Rev Nutr* **23**: 171–201.

37 Lampen A, Meyer S, Arnhold T, Nau H (2000) Metabolism of Vitamin A and its active metabolite all-*trans*-retinoic acid in small intestinal enterocytes, *Journal of Pharmacology and Experimental Therapeutics* **295**: 979–985.

38 Landes E (1994) Die Konzentrationen von Vitamin A in der Leber von Rindern

und Schweinen, *Übers Tierernährg* **22**: 281–320.

39 Lee IM, Cook NR, Manson JE, Buring JE, Hennekens CH (1999) Beta-carotene supplementation and incidence of cancer and cardiovascular disease: the Women's Health Study, *J Natl Cancer Inst* **91**: 2102–2106.

40 Liu C, Russell RM, Wang XD (2003) Exposing ferrets to cigarette smoke and a pharmacological dose of beta-carotene supplementation enhance in vitro retinoic acid catabolism in lungs via induction of cytochrome P450 enzymes, *J Nutr* **133**: 173–179.

41 Liu C, Wang XD, Bronson RT, Smith DE, Krinsky NI, Russell RM (2000) Effects of physiological versus pharmacological *β*-carotene supplementation on cell proliferation and histopathological changes in the lungs of cigarette smoke-exposed ferrets, *Carcinogenesis* **21**: 2245–2253.

42 Mahoney CP, Margolis MT, Knauss TA, Labbe RF (1980) Chronic Vitamin A Intoxication in Infants fed Chicken Liver, *Pediatrics* **65**: 893–896.

43 Mangels AR, Holden JM, Beecher GR, Forman MR, Lanza E (1993) Carotenoid content of fruits and vegetables: an evaluation of analytical data, *J Am Diet Assoc* **93**: 284–296.

44 Mathews-Roth MM (1988) Lack of genotoxicity with *beta*-carotene, *Toxicol Lett* **41**: 185–191.

45 Mathews-Roth MM (1993) Carotenoids in erythropoietic protoporphyria and other photosensitivity diseases, *Ann NY Acad Sci* **691**: 127–138.

46 Mayne ST (1996) Beta-carotene, carotenoids, and disease prevention in humans, *FASEB J* **10**: 690–701.

47 McClain RM, Bausch J (2003) Summary of safety studies conducted with synthetic lycopene, *Regul Toxicol Pharmacol* **37**: 274–285.

48 Melhus H, Michaelsen K, Kindmark A, Bergstrom R, Holmberg L, Mallmin H, Wolk A, Ljunghall S (1998) Excessive dietary intake of vitamin A is associated with reduced bone mineral density and increased risk for hip fracture, *Ann Intern Med* **129**: 770–778.

49 Micozzi MS, Brown ED, Taylor PR, Wolfe E (1988) Carotenodermia in men with elevated carotenoid intake from foods and *beta*-carotene supplements, *Am J Clin Nutr* **48**: 1061–1064.

50 Nau H (2001) Teratogenicity of isotretinoin revisited: Species variation and the role of all-*trans*-retinoic acid, *Journal American Academy Dermatology* **45**: S183–S187.

51 Nau H, Blaner WS (Hrsg) (1999) Retinoids – The Biochemical and Molecular Basis of Vitamin A and Retinoid Action, Springer, Berlin Heidelberg.

52 Nau H, Chahoud I, Dencker L, Lammer EJ, Scott WJ (1994) Teratogenicity of Vitamin A and Retinoids, Vitamin A in health and disease (Blomhoff R, ed), Marcel Dekker, New York, 615–663.

53 Nau H, Elmazar MMA (1999) Retinoid receptors, their ligands and teratogenesis: Synergy and specifity of effects (Nau H, Blaner WS Hrsg) Retinoids: The biochemical and molecular basis of Vitamin A and retinoid action, Handbook of Experimental Pharmacology Vol 139: 465–487.

54 Olson JA, Krinsky NI (1995) Introduction: the colorful fascinating world of the carotenoids: important physiologic modulators, *FASEB J* **9**: 1547–1550.

55 Omenn GS, Goodman GE, Thornquist MD, Balmes J, Cullen MR, Glass A, Keogh JP, Meyskens FL Jr, Valanis B, Williams JH Jr, Barnhart S, Cherniack MG, Brodkin CA, Hammar S (1996) Risk factors for lung cancer and for intervention effects in CARET, the Beta-Carotene and Retinol Efficacy Trial, *J Natl Cancer Inst* **88**: 1550–1559.

56 Parker RS (1997) Bioavailability of carotenoids, *Eur J Clin Nutr* **51**: S86–S90.

57 Pelz R, Schmidt-Faber B, Heseker H (1998) Die Carotinoidzufuhr in der Nationalen Verzehrsstudie, *Z Ernährungswiss* **37**: 319–327.

58 Pfander H (1987) Key to Carotenoids, Birkhäuser.

59 Polifka JE, Dolan CR, Donlan MA, Friedman JM (1996) Clinical teratology counseling and consultation report: high dose beta-carotene use during early pregnancy, *Teratology* **54**: 103–107.

60 Rao AV (2002) Lycopene, tomatoes, and the prevention of coronary heart disease, *Exp Biol Med* **227**: 908–913.
61 Riedl J, Linseisen J, Hoffmann J, Wolfram G (1999) Some dietary fibers reduce the absorption of carotenoids in women, *J Nutr* **129**: 2170–2176.
62 Rodahl K, Moore T (1943) The vitamin A content and toxicity of bear and seal liver, *Biochem J* **37**: 166–168.
63 Rothman KJ, Moore LL, Singer MR, Nguyen UDT, Mannino S, Milunsky A (1995) Teratogenicity of high vitamin A intake, *N Engl J Med* **333**: 1369–1373.
64 Russell RM (2004) The enigma of *beta*-carotene in carcinogenesis: what can be learned from animal studies, *J Nutr* **134**: 262S–268S.
65 Sandmann G (2001) Carotenoid biosynthesis and biotechnological application, *Arch Biochem Biophys* **385**: 4–12.
66 Schmidt CK, Brouwer A, Nau H (2003) Chromatographic analysis of endogeneous retinoids in tissues and serum, *Analytical Biochemistry* **315**: 36–48.
67 Schmidt CK, Hoegberg P, Fletcher N, Nilsson CB, Trossvik C, Hakansson H, Nau H (2003) 2,3,7,8-Tetrachlorodibenzo-*p*-diocin (TCDD) alters the endogeneous metabolism of all-trans-retinoic acid in the rat, *Archives of Toxicology* **77**: 371–383.
68 Schmidt CK, Volland J, Hamscher G, Nau H (2002) Characterization of a new endogeneous Vitamin A metabolite, *Biochimica et Biophysica Acta* **1583**: 237–251.
69 Scientific Committee on Food (2000) Opinion on the safety of use of *beta* carotene from all dietary sources, European Commission.
70 Scientific Committee on Food (2000) Opinion on the tolerable upper intake of *beta* Carotene, European Commission.
71 Scientific Committee on Food (2002) Opinion on the upper intake level of preformed Vitamin A (retinol and retinyl esters), European Commission.
72 Scott KJ, Finglas PM, Seale R, Hart DJ, de Froidmont-Görtz I (1996) Interlaboratory studies of HPLC procedures for the analysis of carotenoids in foods, *Food Chem* **57**: 85–90.
73 Sen K, Sies H, Baeuerle PA (Hrsg) (2000) Antioxidant and redox regulation of genes, Academic Press, San Diego.
74 Sies H, Stahl W (1995) Vitamins E and C, *β*-carotene, and other carotenoids as antioxidants, *Am J Clin Nutr* **62**: 1315S–1321S.
75 Sies H, Stahl W (2004) Nutritional protection against skin damage from sunlight, *Annu Rev Nutr* **24**: 173–200.
76 Sies H (Hrsg) (1997) Antioxidants in disease mechanisms and therapy, Academic Press, San Diego.
77 Sporn MB, Roberts AB, Goodman DS (Hrsg) (1994) The Retinoids. Biology, Chemistry, and Medicine, Raven Press, New York.
78 Stahl W, Sies H (1994) Separation of geometrical isomers of *β*-carotene and lycopene, *Meth Enzymol* **234**: 388–400.
79 Stahl W, Sies H (1999) Carotinoide – Einführung und Stand des Wissens, *Kosmetische Medizin* **20**: 16–20.
80 Stahl W (1996) Desirable versus potentially harmful intake levels of various forms of carotenoids. In: Natural Antioxidants and food quality in atherosclerosis and cancer prevention (Kumpulainen JT, Salonen JT, eds), The Royal Society of Chemistry London 102–109.
81 Stahl W, Ale-Agha N, Polidori MC (2002) Non-antioxidant properties of carotenoids, *Biol Chem* **383**: 553–558.
82 Stahl W, Heinrich U, Jungmann H, Sies H, Tronnier H (2000) Carotenoids and carotenoids plus vitamin E protect against ultraviolet light-induced erythema in humans, *Am J Clin Nutr* **71**: 795–798.
83 Stahl W, Heinrich U, Wiseman S, Eichler O, Sies H, Tronnier H (2001) Dietary tomato paste protects against ultraviolet light-induced erythema in humans, *J Nutr* **131**: 1449–1451.
84 Stahl W, van den Berg H, Arthur J, Bast A, Dainty J, Faulks RM, Gärtner C, Haenen G, Hollman P, Holst B, Kelly FJ, Polidori MC, Rice-Evans C, Southon S, van Vliet T, Vina-Ribes J, Williamson G, Astley S (2002) Bioavailability, *Mol Asp Med* **23**: 39–100.
85 Stahl W, Schwarz W, Sundquist AR, Sies H (1992) *cis*-trans Isomers of lycopene

and β-carotene in human serum and tissues. *Arch Biochem Biophys* **294**: 173–177.

86 Tang G, Russell RM (2004) Bioequivalence of provitamin A carotenoids, Carotenoids in Health and Disease (Krinsky NI, Mayne ST, Sies H, eds), Marcel Dekker, Basel, (CH) 279–294.

87 Tang G, Blanco MC, Fox JG, Russell RM (1995) Supplementing ferrets with canthaxanthin affects the tissue distribution of canthaxanthin, other carotenoids, vitamin A and vitamin E, *J Nutr* **125**: 1945–1951.

88 Tang G, Blanco MC, Fox JG, Russell RM (1995) Supplementing ferrets with canthaxanthin affects the tissue distribution of canthaxanthin, other carotenoids, vitamin A and vitamin E, *J Nutr* **125**: 1945–1951.

89 Theiler R, Wirth HP, Flury R, Hanck A, Michel BA (1993) Chronische Vitamin-A-Intoxikation mit muskulo-skelettalen Beschwerden und morphologischen Veränderungen der Leber, Eine Fallbeschreibung, *Schweiz Med Wochenschr* **123**: 2405–2412.

90 Tzimas G, Collins MD, Bürgin H, Hummler H, Nau H (1996) Embryotoxic doses of vitamin A to rabbits result in low plasma but high embryonic concentrations of all-*trans*-retinoic acid: Risk of vitamin A exposure in humans, *J Nutr* **126**: 2159–2171.

91 Tzimas G, Nau H (2001) The role of metabolism and toxicokinetics in retinoid teratogenesis, *Current Pharmaceutical Design* **7**: 803–831.

92 Tzimas G, Nau H (2001) Vitamin A teratogenicity and risk assessment in the macaque retinoid model, *Reproductive Toxicology* **15**: 445–447.

93 Verordnung über vitaminisierte Lebensmittel, 1 September 1942.

94 Von Lintig J, Wyss A (2001) Molecular analysis of vitamin A formation: cloning and characterization of *beta*-carotene 15,15'-dioxygenases. *Arch Biochem Biophys* **385**: 47–52.

95 Von Lintig J (2004) Conversion of carotenoids to vitamin A: new insights on the molecular level, Carotenoids in Health and Disease (Krinsky NI, Mayne ST, Sies H, eds), Marcel Dekker, Basel, (CH) 337–356.

96 Wang XD, Liu C, Bronson RT, Smith DE, Krinsky NI, Russell RM (1999) Retinoid signaling and activator protein-1 expression in ferrets given β-carotene supplements and exposed to tobacco smoke. *J Natl Cancer Inst* **91**: 60–66.

97 Watzl B, Bub A (2001) Carotinoide. *Ernährungs-Umschau* **48**: 71–74.

98 Weber U, Goerz G (1985) Augenschäden durch Carotinoid-Einnahme, *Dt Ärztebl* **82**: 181–182.

99 Woutersen RA, Wolterbeek AP, Appel MJ, van den Berg BH, Goldbohm RA, Feron VJ (1999) Safety evaluation of synthetic *beta*-carotene, *Crit Rev Toxicol* **29**: 515–542.

100 Yeum KJ, Russell RM (2002) Carotenoid bioavailability and bioconversion, *Ann Rev Nutr* **22**: 483–504.

101 Zimmermann R, Stein A, Qaim M (2004) Agrartechnologie zur Bekämpfung von Mikronährstoffmangel? Ein gesundheitsökonomischer Bewertungsansatz, *Agrarwirtschaft* **53**: 67–76.

102 Domke A, Grußklaus R, Niemann B et al. (2004) (Hrsg) BfR Wissenschaft, Verwendung von Viatminen in Lebensmitteln: Toxikologische und ernährungsphysiologische Aspekte. Risikobewertung von Vitamin A, pp 29–45.

46
Vitamin D

Hans Konrad Biesalski

46.1
Allgemeine Substanzbeschreibung

Vitamin D ist der Oberbegriff für eine Reihe biologisch aktiver Calciferole. Man unterscheidet zwischen dem synthetischen Ergocalciferol, Vitamin D_2, CAS-Nr. 50-14-6, und dem in tierischen Lebensmitteln vorkommenden Cholecalciferol, Vitamin D_3, CAS-Nr. 67-97-0. Vitamin D-Mengen werden im Allgemeinen in Gewichtseinheiten angegeben. Eine Internationale Einheit (IE) Vitamin D entspricht 0,025 μg Vitamin D bzw. 1 μg Vitamin D entspricht 40 IE.

46.2
Vorkommen

Die photochemische Bildung des Vitamin D ist nicht ausschließlich auf den Menschen beschränkt, sondern kommt bereits bei manchen Algen vor. Aufgrund der hohen Konzentration an Vitamin D_3, dem eigentlichen aktiven Metaboliten, in Fischleber nahm man an, dass Fische Vitamin D_3 synthetisieren können. Diese Annahme hat sich jedoch als falsch erwiesen, da Fische das Vitamin D über Plankton aufnehmen – Kleinlebewesen, die dieses wiederum in Form von Vitamin D_2 und D_3 aus Algen aufgenommen haben, welche Ergosterol unter dem Einfluss von Sonnenlicht zu Ergocalciferol metabolisieren können. Auch Pflanzen können Vitamin D_2 und D_3 enthalten, wobei manche jedoch auf die Produktion durch symbiotische Pilze angewiesen sind. Das bedeutet, dass für den Menschen verwertbare Vorstufen (vorwiegend in Form von Ergosterol/Ergocalciferol, Vitamin D_3 und 25(OH)-D_3) prinzipiell aus der Nahrung bezogen werden können. Allerdings reicht die Nahrung für die alleinige Versorgung mit Vitamin D für den Menschen keinesfalls aus. Erst die Bildung von Vitamin D in der menschlichen Haut unter dem Einfluss von UV-Licht und Wärme führt bei ausreichender Belichtung zu einer adäquaten Versorgung.

Handbuch der Lebensmitteltoxikologie. H. Dunkelberg, T. Gebel, A. Hartwig (Hrsg.)

ISBN: 978-3-527-31166-8

46.3
Verbreitung in Lebensmitteln und Versorgung

Tabelle 46.1 nennt die Mengen an Lebensmitteln, die den Tagesbedarf von 5 μg Vitamin D enthalten.

Bei Kindern wie bei alten Menschen kann die Versorgung als kritisch angesehen werden. So erreichen in Deutschland in der Altersgruppe der 5- bis 10-Jährigen nur knapp 50% die Empfehlungen der DGE, in der Altersgruppe der über 65-Jährigen werden die Empfehlungen auch nur bei 55% erreicht. Erschwerend kommt hinzu, dass bei alten Menschen die Vitamin D-Synthese der Haut abnimmt, so dass das Risiko der Unterversorgung hoch ist. Ein wichtiges erstes Symptom einer Unterversorgung kann musculo-skelettaler Schmerz sein (Osteomalazie), der oft nicht mit dem Vitamin D-Defizit in Verbindung gebracht wird.

46.4
Kinetik und innere Exposition

Streng genommen ist Vitamin D kein Vitamin im eigentlichen Sinne, sondern vielmehr ein Hormon, da es im Organismus des Menschen synthetisiert werden kann und über die Bindung an Kernrezeptoren eine modulierende Wirkung auf Genexpression und viele weitere Vorgänge hat.

Zur Vitamin D-Familie gehört eine Reihe von Verbindungen, die alle Vitaminaktivität aufweisen. Die wichtigste Verbindung ist das in tierischen Organismen unter Lichteinwirkung aus 7-Dehydrocholesterol gebildete Vitamin D_3 (Cholecalciferol). In Pflanzen kommt in Spuren das Provitamin Ergosterol vor, dessen Metabolit, das Vitamin D_2, sich vom D_3 nur durch eine Doppelbindung und

Tab. 46.1 Tagesbedarf von 5 μg Vitamin D in Menge an Lebensmittel.

Lebensmittel	Menge
Käse (50%)	500 g
Schmelzkäse	150 g
Butter	500 g
Margarine	150 g
Eier	5 Stck.
Fisch	250–500 g
Bückling, Hering	20 g
Huhn, Schweinefleisch	500 g
Rinderleber	250 g
Pilze	150 g
Mozzarella	1000 g
Sahnejoghurt	1500 g
Sahne	500 mL

eine Methylgruppe unterscheidet und die gleiche Vitaminaktivität aufweist. Als Mengenangaben dienen Internationale Einheiten (IE): 1 IE entspricht 0,025 μg, 1 μg Vitamin D_3 oder D_2 sind 40 IE.

Durch Hydroxylierung in der Leber an C25 entsteht das Zwischenprodukt 25-Hydroxycholecalciferol. Die Umwandlung in die eigentlich aktive Form des Vitamins erfolgt durch eine weitere Hydroxylierung an C1 zum 1,25-Dihydroxycholecalciferol (1,25-$(OH)_2$-D_3), das den Steroidhormonen zuzuordnen ist. Weiterhin gibt es eine Vielzahl von synthetischen Vitamin D-Analoga, die zur Behandlung von Störungen der Calciumhomöostase eingesetzt werden.

Vitamin D ist per Definition für den Menschen kein Vitamin, da es bei Sonnenexposition unter günstigen Bedingungen in ausreichender Menge endogen synthetisiert werden kann. Das aus Cholesterol gebildete 7-Dehydrocholesterol wird in der Haut unter UV-Strahlung zum Prävitamin D_3, aus dem unter Wärmeeinwirkung das aktive Vitamin D_3 entsteht.

Mit der Nahrung zugeführtes Vitamin D wird als fettlösliche Substanz in Chylomikronen eingebaut und zur Leber transportiert. Der Transport aller freigesetzten Vitamin D-Metabolite im Blut, aber auch in der Leber, erfolgt durch ein spezifisches Vitamin D-bindendes Protein (DBP).

In der Niere findet in den Mitochondrien der proximalen Tubuluszellen eine zweite Hydroxylierung zum 1,25-$(OH)_2$-D statt. Ein weiteres Enzym hydroxyliert hier an C24. Dieser Weg wird bei einem Überangebot an 1,25-$(OH)_2$-D beschritten und so eine Inaktivierung des Hormons beigeführt. Das aktive 1,25-$(OH)_2$-D zirkuliert proteingebunden im Blut und wird so zu seinen Wirkorten transportiert.

Der letzte Schritt des Metabolismus, die Hydroxylierung zum 1,25-$(OH)_2$-D, unterliegt einer strengen Kontrolle: 1,25-$(OH)_2$-D wirkt im Sinne einer Feedback-Kontrolle hemmend (Weg zum inaktiven 1,24-$(OH)_2$-D wird beschritten), Parathormon und ein niedriger Phosphatspiegel aktivieren das Enzym. Eine Vielzahl weiterer Faktoren wirkt meist indirekt über Parathormon: Calcium, Östrogen, Glucocorticoide, Calcitonin u. a. Diese feine Regulation dient der kurzfristigen Anpassung an den Calcium- und Phosphatbedarf.

46.5 Wirkungen

Die klassischen Vitamin D-Funktionen dienen der Aufrechterhaltung der Calcium (Ca)- und Phosphat (P)-Homöostase. Am besten untersucht ist die zelluläre Wirkung auf den Ca-Transport im Darm. Im Zytosol wird 1,25-$(OH)_2$-D wahrscheinlich an einen Zytosolrezeptor gebunden, bevor es im Zellkern an einen mit der DNA assoziierten Kernrezeptor übertragen wird. Auf diese Art wird die Bildung verschiedener Proteine induziert: Bekannt sind das Calcium bindende Protein (CaBP), eine ATPase, alkalische Phosphatase, Phytase u. a. Gleichzeitig kommt es zu einer gesteigerten Lipidsynthese und damit zu Veränderungen in den Membranlipiden. Der folgende Schritt – Transport des Ca von der Bürstensaummembran zur Basalmembran – ist unklar. Früher wurde hierfür ausschließlich das CaBP verantwortlich gemacht, jedoch ist dessen Synthese zu langsam, um den innerhalb weniger Minuten einsetzenden Ca-Transport allein erklären zu können.

Zu den klassischen Zielorganen von Vitamin D zählen auch Knochen und Niere. Durch die Tätigkeit der Osteoklasten und Osteoblasten herrscht im Knochen eine Homöostase zwischen Demineralisation, also der Freisetzung von Ca und P, und Mineralisation. Aufgrund seiner Bedeutung bei der Ca-Homöostase (Bereitstellung von Ca für den Organismus) ist Vitamin D für die Demineralisation zuständig. Die verstärkte Knochenresorption unter dem Einfluss von 1,25-$(OH)_2$-D beruht einerseits auf der vermehrten Bildung von Osteoklasten aus Makrophagen, andererseits auf einem viel schneller ablaufenden Vorgang, bei dem 1,25-$(OH)_2$-D die Osteoblasten zur Ausschüttung eines Faktors anregt, der die Osteoklastenaktivität stimuliert.

Auch die bis heute ungeklärte Wirkung von Vitamin D in der Niere dient der Ca-Homöostase: Förderung der Ca-Rückresorption und P-Exkretion in den distalen Nierentubuli.

In den letzten Jahren wurden weitere Gewebe und Zellen erkannt, die auf 1,25-$(OH)_2$-D ansprechen. Als zelluläre Mechanismen werden dabei die bereits beschriebene Induktion einer Proteinsynthese oder eine Aktivierung verschiedener Phospholipasen (C, A_2, D) mit konsekutiver Bildung von Second Messengern diskutiert. Auch ein spezifischer 1,25-$(OH)_2$-D-Membranrezeptor wird in Betracht gezogen. In vielen Zellen kommt es unter der 1,25-$(OH)_2$-D-Wirkung zur Freisetzung von Ca aus intrazellulären Speichern. Inwieweit dies als Beitrag zur Ca-Homöostase zu sehen ist oder nur ein intrazelluläres Signal darstellt, ist unbekannt. Die Beobachtung, dass bei Vitamin D-Mangel und Knochenerkrankungen oft auch eine Skelett- und Herzmuskelschwäche vorliegt, lässt auf eine Funktion an Muskelzellen schließen. Heute wird davon ausgegangen, dass 1,25-$(OH)_2$-D spannungsabhängige Ca-Kanäle an der Membran von Muskelzellen aktiviert und damit an der Regulation des Ca-Transports über die Membran beteiligt ist. Im Pankreas wird durch 1,25-$(OH)_2$-D die Insulinausschüttung beeinflusst, in der Haut hat das Hormon eine Wirkung auf das Wachstum und die Zelldifferenzierung. Daneben existieren Rezeptoren in Zellen des Immunsystems sowie verschiedensten Tumorzellen, wo 1,25-$(OH)_2$-D zumeist die Zellproliferation hemmt.

46.6 Bewertung des Gefährdungspotenzials bzgl. Unter- und Überversorgung, auch unter Einbeziehung der Verwendung von Nahrungsergänzungsmitteln

Bei den publizierten Fällen einer Vitamin D-Intoxikation lag immer eine Dosis über 1000 µg entsprechend 40 000 IE/d vor. Nur ein Individuum zeigte bereits Toxizitätssymptome bei einer täglichen Aufnahme von 10 000 IE. Eine Hyperkalzämie als Zeichen der Toxizität entsteht in allen Berichten erst bei Serumspiegeln von 25(OH)-Vitamin D_3 >200 nmol/L. Die klinischen Symptome der Intoxikation entsprechen denen des Hyperkalzämie-Syndroms bis hin zur hyperkalzämischen

Krise. Die Hyperkalzämie entsteht durch eine erhöhte 1α-Hydroxylierung des Überangebots an 25(OH)-Cholecalciferol und konsekutiv eine übermäßige Calciumresorption aus dem Dünndarm. Ursache von Intoxikationen ist die übermäßige Zufuhr, z. B. durch die Überdosierung von parenteral verabreichten Depotpräparaten. Besonders schwerwiegend sind diese bei nicht diagnostizierten Störungen des Calciumstoffwechsels (z. B. Nebenschilddrüsenüberfunktion oder tumorbedingte Hyperkalzämie). Eine Serie von Intoxikationen wurde aus den USA berichtet im Rahmen des Konsums von mit Vitamin D angereicherten Milchprodukten, bei denen die zugesetzten Mengen an Vitamin D_3 durch eine schlecht kontrollierte Charge zu hoch lagen. So genanntes „fortified food" ist grundsätzlich eine mögliche Quelle von Überdosierung, wenn die Kontrolle der zugesetzten Mengen nicht gewährleistet ist oder durch ungewöhnliches Ernährungsverhalten die Gesamtmenge an zugeführtem Vitamin D_3 zu hoch liegt.

Die typischen Symptome der Vitamin D-Intoxikation sind ursächlich auf die Hyperkalzämie zurückzuführen. Die ersten Beschreibungen einer Hypervitaminose mit Vitamin D erschienen kurz nach dem Vitamin D als Supplement für den Menschen eingeführt wurde. Eine nahezu epidemische Hyperkalzämie trat in England in den 1950er Jahren auf, wo man zur Vermeidung von Mangelerscheinungen die Milch mit 2000 IE Vitamin D anreicherte. Teilweise wurden diese Werte noch erheblich überschritten, da höhere Dosierungen wegen zu erwartender längerer Lagerzeiten eingesetzt worden waren. Gleichzeitig wurden Cerealien angereichert und viele andere Lebensmittel, so dass letztendlich eine mittlere Zufuhr von mehr als 100 µg/d resultierte. Erst nach einer Empfehlung, die Vitamin D-Zufuhr zu senken, verschwand dieses Phänomen. Allerdings treten auch heute sporadisch Fälle auf, in denen entweder durch Fehler in der Produktion oder der Berechnung exzessiv hohe Vitamin D-Werte in Milch gefunden werden. So beschreiben Ja et al. [3] acht Patienten mit deutlichen Zeichen der Hyperkalzämie, die eine gemäß Labelling mit Vitamin D_2 angereicherte Milch getrunken hatten. Eine Analyse ergab, dass statt Vitamin D_2 Vitamin D_3 mit bis zu 400 Einheiten/mL angereichert worden war.

Die typische Hypervitaminose äußert sich in Nahrungsverweigerung (Kinder), Durst, häufigem Wasserlassen, Diarrhö, Müdigkeit, Wachstumsverzögerung und unterschiedlichen neurologischen Zeichen einschließlich gesteigerter Sehnenreflexe. Biochemisch ist die Hypervitaminose D charakterisiert durch eine Hyperkalzurie (Serumwerte zwischen 11 und 18 mg/dL), eine Azotämie, ein gesteigertes Serumkreatinin und eine mäßige Hyperkalzämie. Die Nierenfunktionsstörung zeichnet sich durch Polyurie und eine Urinkonzentrationsstörung aus, die bedingt ist.durch die Hyperkalzurie und die Ablagerung von Calcium in den Tubuli. Die Hyperkalzurie, die durch die Hyperkalzämie bedingt ist, stellt ein Überlaufphänomen dar, da die Kapazität des Tubulus zur Reabsorption des Calciums weit überschritten ist. Gleichzeitig wird die Hyperkalzämie durch eine gesteigerte intestinale Absorption von Calcium und eine gesteigerte Mobilisierung aus dem Knochen gefördert. Die begleitende Polyurie kann zu erheblichen Wasserverlusten und damit zu einem weiteren Konzentrierungsprozess führen. Mit steigendem Serumcalcium (>15 mg/dL) kommt es zu einer endothelialen Dysfunktion mit abnormaler Kontraktionsfähigkeit der glatten Muskelzellen, die letztlich dann zu Hochdruck und zu einer hypertensiven Enzephalopathie führen kann. Ebenfalls beobachtet wurde Steinbildung aus Calciumphosphat in den ableitenden Harnwegen. Calcifizierung von Hautarterien, subkutanem Gewebe, Lunge, selbst Gehirn und Myokard sowie Magenmukosa werden ebenfalls beschrieben.

Die Hyperkalzämie kann für einige Wochen in Abhängigkeit von den Halbwertszeiten des verwendetem Präparates bestehen. Oft wird die Diagnose erst im Zusammenhang mit einer zunehmenden Nierenfunktionsstörung gestellt. Dies kann noch progressiv weiter verlaufen, selbst wenn die Vitamin D-Zufuhr gestoppt wurde, insbesondere bei Kindern, denen Vitamin D_2 oder D_3 gegeben wurde, welches im Fettgewebe gespeichert wird und nur langsam in die Zirkulation abgegeben wird.

Hinsichtlich toxikologischer Fragestellungen scheint eine Kombination aus Vitamin A und Vitamin D in höherer Dosierung besonders kritisch zu sein. Es liegen hier zwar keine kontrollierten Studien vor, jedoch lässt sich sowohl auf der Grundlage der Pathomechanismen als auch aufgrund anekdotischer Berichte eine solche Annahme machen. Berichte von Forschern in der Arktis, die Eisbärenleber verzehrt hatten und unter qualvollen Umständen verstarben, sind immer wieder im Zusammenhang mit Vitamin A diskutiert worden. Die Vitamin A-Konzentration in der Leber von Eisbären ist jedoch insbesondere in den Verzehrsmengen, die überliefert sind, keinesfalls so hoch, dass sie die beschriebenen schweren Symptome über lange Zeit hervorgerufen hätte. Vielmehr finden sich sehr hohe Konzentrationen an Vitamin D, die auch noch nicht hätten tödlich sein müssen, jedoch offensichtlich in Kombination mit Vitamin A die beschriebenen Folgen gehabt haben.

Der Mechanismus der letalen Wirkung von Vitamin D ist bisher nicht hinreichend aufgeklärt. Grundsätzlich hat man angenommen, dass die toxischen Effekte auf eine schwere Störung der Calciumhomöostase zurückzuführen sind. Allerdings haben Tierexperimente gezeigt, dass Ratten, lange bevor sie eine echte Hyperkalzämie entwickeln, schwere Störungen auf zellulärer Ebene aufweisen. Die toxischen Wirkungen von Vitamin D werden oft auf das 25(OH)D bezogen, welches während der Hypervitaminose D bis zum 20fachen erhöht ist. Der aktive Metabolit $1,25(OH)_2D$ zeigt aber keine Veränderungen im Blut. Es wird diskutiert, dass 25(OH)D das 1,25 vom Bindungsprotein im Plasma verdrängt und somit dazu beiträgt, dass 1,25 ungebunden im Plasma zirkuliert. Dies kann zu einer unkontrollierten Aufnahme in unterschiedliche Gewebe und damit in einer unkontrollierten Wirkung resultieren. Da der Kernrezeptor des Vitamin D mit dem des Vitamin A heterodimerisiert und hierüber eine Vielzahl von Prozessen der Genexpression regelt, kann dies auch zu erheblichen Störungen im Rahmen der Vitamin A-vermittelten Wirkungen beitragen.

46.7
Grenzwerte, Richtwerte, Empfehlungen, gesetzliche Regelungen

46.7.1
NOAEL

Das Food and Nutrition Board hat auf der Basis von Wachstumsretardierung bei Säuglingen bei nachgewiesener Hyperkalzämie bzw. auch auf der Basis der 25(OH)D-Serumkonzentration einen NOAEL (no adverse effect level) von 45 μg/d definiert. Untersuchungen dieser Art stammen aus einer Zeit, wo die Vitamin D-Zufuhr in Großbritannien zur Vermeidung der in den 1960er Jahren noch verbreiteten Rachitis über 100 μg/d lag. Neuere Untersuchungen haben jedoch ergeben, dass die oberen Referenzwerte der 25(OH)D-Konzentration im Serum (130–150 nmol/L) bei einigen Säuglingen durch Zufuhrmengen von 10 μg Vitamin D_3 pro Tag bereits überschritten wurden und Hyperkalzämien auftraten. Der wissenschaftliche Lebensmittelausschuss der EU sieht daher 10 μg Vitamin D_3 pro Tag als Obergrenze zusätzlich zur Aufnahme von Vitamin D aus Muttermilch [1, 4].

46.7.2
LOAEL

Der LOAEL wird über das Auftreten der Hyperkalzämie (>2,75 nmol/L oder 11 mg/dL) errechnet. Diese tritt ein, wenn eine Dosis von mehr als 95 μg bei gesunden Erwachsenen über drei Monate zugeführt wird.

Analog konnte bei Erwachsenen ein NOAEL oder LOAEL (lowest adverse effect level) mit 60 μg bestimmt werden, bei dem zwar ein Anstieg des Serumcalciums messbar war, allerdings innerhalb des Normalbereiches. Untersuchungen aus jüngerer Zeit haben jedoch ergeben, dass auch bei höheren Dosierungen von 100 μg/d über sechs Monate keine kritische Calciumkonzentration im Serum auftrat. Bei dieser Studie zeigte sich, dass die 25(OH)D-Konzentration ein Plateau bei 96 nmol/L bildete und die durchschnittliche Calciumkonzentration (< 2,45 nmol/L) im Serum konstant blieb. Untersuchungen an älteren Probanden dagegen haben bereits bei einer weitaus niedrigeren Dosis von 50 μg Vitamin D/d eine Hyperkalzämie ergeben. Dies bedeutet, dass offensichtlich der NOAEL oder LOAEL in Bezug auf das Alter beachtet werden muss. Der wissenschaftliche Lebensmittelausschuss (FCS) sieht eine Dosis von 100 μg Vitamin D/d bei einem Serumspiegel von 200 nmol 25(OH)D/L als NOAEL [2].

Die genaue Menge Vitamin D, die benötigt wird, um eine Toxizität zu induzieren bzw. die Menge, die über eine bestimmte Zeit aufgenommen wird, ist bei Menschen unbekannt. Es gibt jedoch Hochrechnungen (VIETA), die annehmen, dass etwa 20000 IE pro Tag (500 μg/d) toxikologisch relevant sind. Biochemisch wird ein Plasmawert des 25(OH)D von mehr als 100 ng/mL zugrunde gelegt. Bei diesen Konzentrationsbereichen tritt dann auch eine Hyperkalzurie auf. Um zu diesen Plasmawerten und zu einer Hyperkalzurie zu kommen, ist eine tägliche Aufnahme von mindestens 10 000 IE/d (250 μg/d) für einige Monate erforderlich [5].

46.7.3
Vitamin D-Intoxikation durch Muttermilch

Es sind seltene Fälle beschrieben, in denen eine Vitamin D-Intoxikation von Neugeborenen durch Muttermilch denkbar wäre. Vitamin D ist in der Muttermilch nur in geringen Mengen vorhanden und kann durch sonnenlichtinduzierte Synthese in der Haut bis zum Fünffachen gesteigert werden. Auch diese Menge reicht noch nicht aus, um den Tagesbedarf des Neugeborenen zu decken. Greer et al. haben die Muttermilch einer Frau analysiert, die große Mengen Vitamin D als Therapie bei Hypoparathyreoidismus eingenommen hat [6]. Hier zeigte sich ein nahezu 1000facher Anstieg der Vitamin D-Konzentration, welcher für das Kind langfristig kritisch gewesen wäre. Aus diesen Gründen sollte Frauen, die über längere Zeit höher dosierte Vitamin D-Supplemente eingenommen haben, vom Stillen abgeraten werden.

46.8
Vorsorgemaßnahmen

Abgesehen von akzidentellen oder iatrogenen Intoxikationen ist eine übermäßige Zufuhr von Vitamin D bei normaler Ernährung unwahrscheinlich. Vorsorgemaßnahmen sind also nicht notwendig.

46.9
Zusammenfassung

Vitamin D ist das einzige Vitamin neben Vitamin A, welches bei einer relativ engen therapeutischen Breite ein ernsthaftes akutes wie chronisches toxikologisches Risiko aufweist. Gleichzeitig ist die Versorgung mit diesem Vitamin aufgrund der wenigen guten Quellen in Lebensmitteln als kritisch anzusehen. Da eine Anreicherung von Lebensmitteln mit Vitamin D nicht zugelassen ist und in Supplementen, wenn überhaupt, nur geringe Mengen vorkommen ist das Risiko einer kumulativen Überversorgung gering einzuschätzen.

46.10 Literatur

1. Biesalski HK, Grimm P (2004) Taschenatlas der Ernährung. Georg Thieme Verlag Stuttgart – New York.
2. Biesalski HK, Köhrle J, Schümann K (2002) Vitamine, Spurenelemente und Mineralstoffe. Prävention und Therapie mit Mikronährstoffen. Georg Thieme Verlag Stuttgart – New York.
3. Jacobs TP, Bilezikian JP (2005) Clinical review: Rare causes of hypercalcemia. *J Clin Endocrinol Metab* **90**: 6312–6322.
4. SCF (2002) Opinion of the scientific comite on food on the tolerable upper level of vitamin D.
5. Heaney RP, Davies KM, Chen TC, Holick MF, Barger-Lux MJ (2003) Human serum 25-hydroxycholecalciferol response to extended oral dosing with cholecalciferol. *Am J Clin Nutr* **77**: 204–210.
6. Greer FR, Hollis BW, Napoli JL (1984) High concentrations of vitamin D2 in human milk associated with pharmacologic doses of vitamin D2. *J Pediatr* **105**: 61–64.
7. Wolpowitz D, Gilchrest BA (2006) The vitamin D questions: how much do you need and how should you get it? *J Am Acad Dermatol* **54(2)**: 301–317.

47
Vitamin E

Regina Brigelius-Flohé

47.1
Allgemeine Substanzbeschreibung

Vitamin E wurde 1922 als ein Faktor aus Hefe oder frischem Salat entdeckt, der in der Lage war, Reproduktionsstörungen in Ratten zu verhindern [27]. Dieser Faktor war auch in Weizenkeimen, Hafer, Fleisch und Milch vorhanden, aus denen er mit organischen Lösungsmitteln extrahierbar war. Er wurde 1924 als neues Vitamin erkannt und Vitamin E bzw. Tocopherol genannt [92]. Tocopherol leitet sich aus dem griechischen „τόκοσ" (tocos, Geburt) und „φέϱειν" (pherein, voranbringen) ab, was seine Unverzichtbarkeit für die Reproduktion beschreibt.

Vitamin E ist heute ein Sammelbegriff für vier Tocopherole und vier Tocotrienole, die jeweils in α, β, γ und δ unterteilt werden. Sie gehören zu den Prenyllipiden. Alle bestehen aus einem in 6-Stellung hydroxylierten Chromanring, der in Position 2 mit einer aliphatischen Seitenkette (C16) verknüpft ist, die in Tocopherolen gesättigt ist und in Tocotrienolen drei Doppelbindungen aufweist. Die Anzahl und Stellung der Methylgruppen am Chromanring bestimmt die Zugehörigkeit zu den α-, β-, γ-, δ-Formen (Abb. 47.1). Die individuellen Formen bezeichnet man als Vitamere. Tocopherole haben drei Chiralitätszentren; am C-Atom 2 des Chromanrings und an den C-Atomen 4′ und 8′ der Seitenkette. Natürliche Tocopherole liegen in der *RRR*-Konfiguration vor. Tocotrienole haben nur ein chirales C-Atom, das in natürlichen Tocotrienolen in der *R*-Konfiguration substituiert ist (Abb. 47.1). Synthetische Tocopherole sind Racemate. Sie sind Gemische aus etwa gleichen Teilen der acht verschiedenen Stereoisomere, die sich aus den möglichen Kombinationen von *R*- und *S*-Konfiguration ergeben: *RRR, RRS, RSR, RSS, SSS, SSR, SRS, SRR*. In seinem im Jahr 2000 erschienenen Bericht zu Zufuhrempfehlungen definierte das „Antioxidant Panel" des „Food and Nutrition Board (FNB)" des „Institute of Medicine der US National Academy of Science" den Begriff Vitamin E neu und nahm nur die 2*R*-Form in die Bezeichnung Vitamin E auf [29]. Kommerziell erhältliche Vitamin E-Supplemente enthalten entweder *RRR*-α-Tocopherol (früher als D- oder (+)-α-Tocophe-

Handbuch der Lebensmitteltoxikologie. H. Dunkelberg, T. Gebel, A. Hartwig (Hrsg.)

ISBN: 978-3-527-31166-8

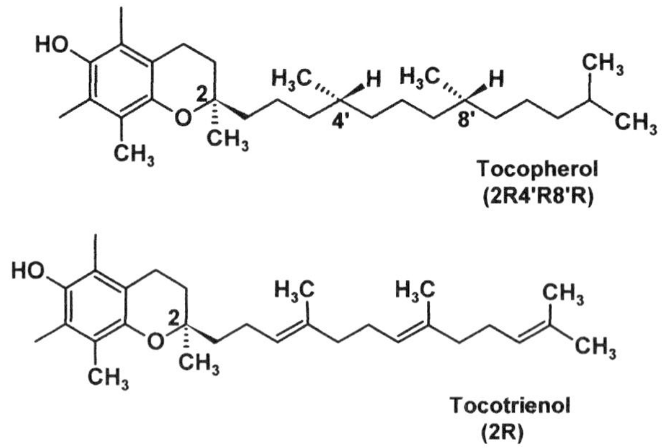

Tocopherol
(2R4'R8'R)

Tocotrienol
(2R)

	R1	R2	
α - Toco-	CH_3	CH_3	- pherol/-trienol
β - Toco-	CH_3	H	- pherol/-trienol
γ - Toco-	H	CH_3	- pherol/-trienol
δ - Toco-	H	H	- pherol/-trienol

Abb. 47.1 Struktur von Tocopherolen und Tocotrienolen. Die Anzahl und Stellung des Methylgruppen am Chromanring und ihre Zugehörigkeit zur individuellen Vitamin E-Form (*α*, *β*, *γ*, *δ*) sind in der Tabelle beschrieben.

rol bezeichnet) oder die synthetische Form *all-racemic* bzw. *all-rac-α*-Tocopherol (früher als D,L- oder (±)-*α*-Tocopherol bezeichnet, wobei sich D und L nicht auf die Konfiguration sondern auf links- und rechtsdrehende Enantiomere bezieht). Außerdem sind die Acetyl- bzw. Succinylester erhältlich.

Die biologische Aktivität der verschiedenen Tocopherole ist nicht äquivalent. Im Rattenresorptionstest, in dem entsprechend der ursprünglichen Funktion von Vitamin E dessen Effizienz, die Resorption von Feten in Vitamin E-Mangelratten zu verhindern, getestet wird, wurde für 1 mg *all-rac-α*-Tocopherolacetat eine Aktivität von 1 IU (international Unit) bzw. 1 IE (internationale Einheit) definiert. Die anderen Vitamin E-Formen werden darauf bezogen, was für 1 mg *RRR-α*-Tocopherol 1,49 IU ergibt. Weitere Umrechnungsfaktoren sind in Tabelle 47.1 aufgelistet. Auch beim Vergleich der biologischen Aktivität der Acetylester von natürlichem und synthetischem *α*-Tocopherol wurde für *RRR-α*-Tocopherolacetat ein 1,36fach höherer Wert ermittelt. Da aber *RRR-α*-Tocopherol den Plasma-*α*-Tocopherol-Spiegel doppelt so stark erhöhen kann wie synthetisches *α*-Tocopherol, wird diskutiert, ob man diesen Faktor auf 2 erhöhen sollte. Für ausführliche Stellungnahmen hierzu siehe [9, 41].

Tab. 47.1 Faktoren zur Umrechnung von internationalen Einheiten (IE) individueller Vitamin E-Formen in mg *RRR-α*-Tocopherol (Quellen: [23, 29]).

	IE/mg	mg/IE
RRR-α-Tocopherol	1,49	0,67
all-rac-α-Tocopherol	1,10	0,91
RRR-α-Tocopherolacetat	1,36	0,74
all-rac-α-Tocopherolacetat	1,00	1,00
RRR-α-Tocopherolsuccinat	1,21	0,83
all-rac-α-Tocopherolsuccinat	0,98	1,12
RRR-β-Tocopherol	0,75	1,33
RRR-γ-Tocopherol	0,37	2,70
RRR-δ-Tocopherol	0,0149	67,1
R-α-Tocotrienol	0,45	2,2

1 mg *RRR-α*-Tocopherol-Äquivalent entspricht 1 mg *RRR-α*-Tocopherol = 1,49 IE.

47.2 Vorkommen

Vitamin E wird nur von Pflanzen und einigen Cyanobakterien synthetisiert, wobei sich *α*-Tocopherol bevorzugt in den grünen Teilen (Chloroplasten) befindet, die anderen Tocopherole in Samen. Oliven, Weizenkeime, Sonnenblumenkerne und Kerne der Färberdistel sind reich an *α*-Tocopherol, Mais und Sojapflanzen enthalten das *γ*-Vitamer. Tocotrienole findet man nicht in grünen Blättern, sondern in Samen, bevorzugt in solchen einkeimblättriger Pflanzen wie z. B. Ölpalme, Reis, Weizen, Gerste und Hafer (Tab. 47.2), während zweikeimblättrige Pflanzen bevorzugt Tocopherole akkumulieren. Die Biosynthese geht von 4-Hydroxyphenylpyruvat aus, das zu Homogentisinsäure umgewandelt wird [20]. Diese wird entweder mit einem Phytylrest (Tocopherole) oder einem Geranylgeranylrest (Tocotrienole) verknüpft. Ringschluss zum Chromanring und Methylierung führen zu den entsprechenden Formen von Vitamin E (Abb. 47.2).

47.3 Verbreitung

Die wichtigsten Vitamin E-Quellen für die menschliche Ernährung sind Pflanzenöle, Samen, Nüsse und Getreide [21]. Den höchsten Gehalt an *α*-Tocopherol hat Weizenkeim-, Distel- und Olivenöl. *γ*-Tocopherol ist besonders viel in Mais- und Sojaöl enthalten. Die Steinfrüchte der Ölpalme, aus denen Palmöl gewonnen wird, enthalten *γ*-Tocotrienol und in geringerer Menge auch *α*-Tocotrienol (Tab. 47.2). Das Gleiche gilt für Kokosöl. *β*-Tocotrienol ist in nennenswerten Mengen nur im Olivenöl zu finden. Alle anderen Formen von Vitamin E sind

Tab. 47.2 Vitamin E-Gehalt (mg Tocopherol/Tocotrienol pro 100 g) (Quelle: [21]).

	Tocopherol				Tocotrienol	
	α-	*β*-	*γ*-	*δ*-	*α*-	*γ*-
In Getreide, Körnern und Samen:						
Gerste	0,8–1,0	0,1–0,2	0,3–0,4		2,3–2,8	0,3
Hafer	0,4–0,8				1,0–2,2	
Mais	0,6–1,5		2,9–5,5		0,5–1,0	3,4–7,7
Sojabohnen	0,1–0,3		0,3–3,3	0,2–0,6		
Weizen	0,8–1,2	0,4–0,6			0,2–0,3	
In Pflanzenölen:						
Erdnussöl	13–20		16–21	2		
Färberdistelöl	16–83		1,5–10	0,8		
Kokosöl	0,5–2,7			0,6	0,5	2
Olivenöl	5–13		Spuren			
Palmöl	25–36		32	7	5,8–14	11–28
Rapsöl	19		43	4		
Sojaöl	4–28	3,4	32–110	26–28		
Sonnenblumenöl	48–60	1,7	1–5	0,8		
Weizenkeimöl	85–133		26	27	2,6	

in nur geringen Mengen in unseren Nahrungsmitteln enthalten. Vitamin E aus tierischen Quellen besteht hauptsächlich aus *α*-Tocopherol, da Tiere wie Menschen fast nur *α*-Tocopherol verwerten. Der Gehalt ist aber eher gering.

Die Quantifizierung von Vitamin E erfolgt nach Zerkleinerung der biologischen Quellen und Extraktion mit organischen Lösungsmitteln über Reversed-Phase-HPLC oder Gaschromatographie.

47.4 Kinetik und innere Exposition

47.4.1 Aufnahme

Die Absorption aller Formen von Vitamin E erfolgt entsprechend der Aufnahme von Fetten in die Enterozyten des Dünndarms. Die Absorption ist abhängig von der Fettzufuhr und der Dosis. Von Dosierungen über 200 mg werden nur noch ca. 10% absorbiert, während es bei der empfohlenen täglichen Zufuhr (12 mg) ca. 50% sind [23]. Für die Hydrolyse von Tocopherylestern werden Pankreasesterasen, für die Bildung von gemischten Mizellen, der Form, in der lipidlösliche Substanzen von der intestinalen Mukosa aufgenommen werden, Gallensäuren benötigt. Bei Pankreasinsuffizienz oder fehlenden Gallensäuren kann es daher

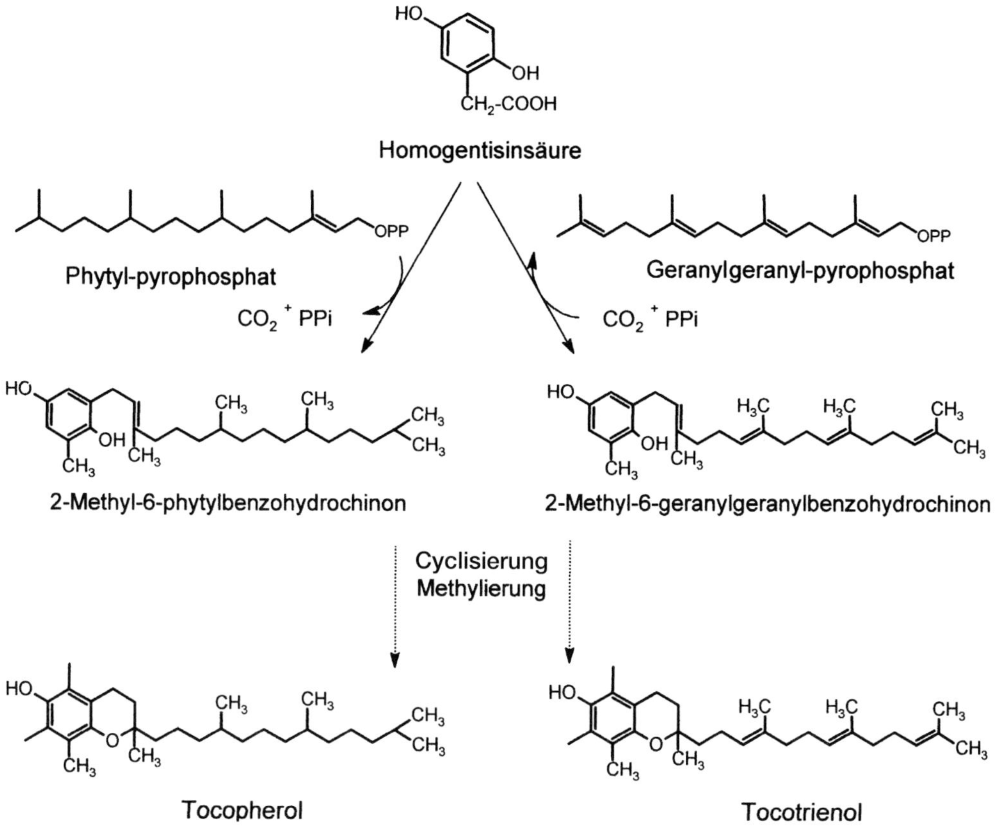

Homogentisinsäure

Phytyl-pyrophosphat

Geranylgeranyl-pyrophosphat

CO_2 + PPi

CO_2 + PPi

2-Methyl-6-phytylbenzohydrochinon

2-Methyl-6-geranylgeranylbenzohydrochinon

Cyclisierung
Methylierung

Tocopherol

Tocotrienol

Abb. 47.2 α-Tocopherol- und α-Tocotrienol-Biosynthese. Ausgangsmolekül ist die Homogentisinsäure, auf die entweder ein Phytylrest (Homogentisinphytyltransferase) oder ein Geranylgeranylrest (Homogentisingeranylgeranyltransferase) übertragen wird. Nach Methylierung und Cyclisierung zum Chromanring entstehen durch erneute Methylierung die entsprechenden Tocopherole und Tocotrienole.

zu einer Vitamin E-Unterversorgung kommen. Der Transport von Vitamin E durch die Mukosazellen ist nicht ganz geklärt. Möglicherweise handelt es sich um Diffusionsprozesse. Jedenfalls wurde bisher kein intestinales Tocopherol-Transferprotein beschrieben. Im Golgi-Apparat der Mukosazelle wird Vitamin E an Chylomikronen assoziiert und so, zusammen mit anderen fettlöslichen Vitaminen, Triglyceriden, Cholesterin und Phospholipiden, in die Lymphe sezerniert. Über Chylomikronen-Remnants gelangt es in die Leber (Abb. 47.3).

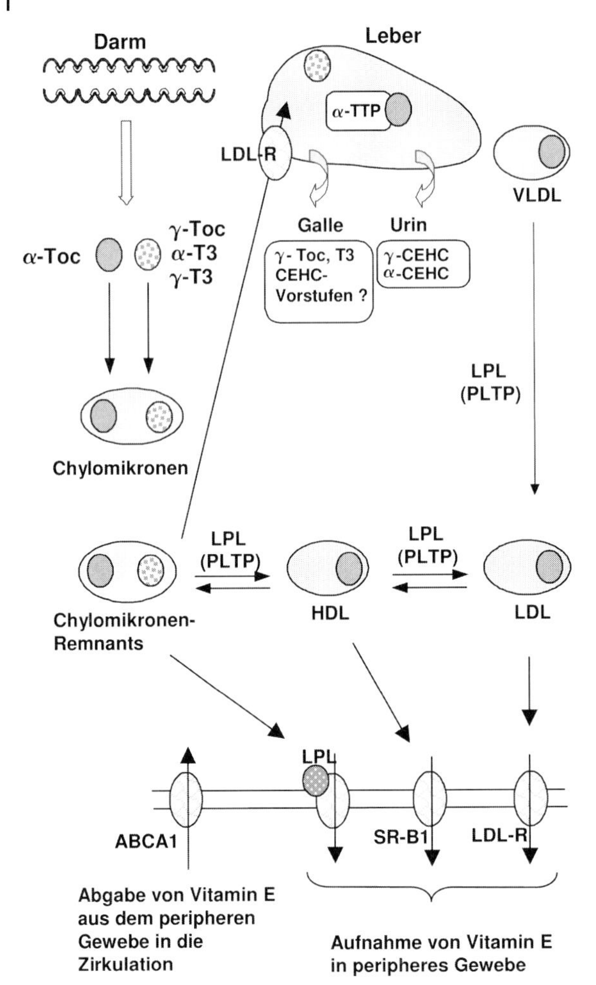

Abb. 47.3 Absorption und Verteilung von Vitamin E.
Alle Formen von Vitamin E werden zusammen mit Lipiden im oberen Intestinaltrakt aufgenommen und mit den Chylomikronen in die Lymphe abgegeben. Chylomikronen werden von der endothelialen Lipoproteinlipase (LPL) hydrolysiert und so kann ein Teil des Vitamin E in periphere Gewebe gelangen. Der größte Teil wird mit den Chylomikronen-Remnants über den LDL-Rezeptor (LDL-R) in die Leber transportiert. Dort wird α-Tocopherol vom α-Tocopherol-Transfer-Protein (α-TTP) aussortiert und für den Einbau in VLDL bereitgestellt. Die anderen Formen von Vitamin E werden zum größten Teil entweder in die Galle sezerniert oder nach Abbau zu entsprechenden Carboxyethylhydroxychromanen (CEHC) über den Urin ausgeschieden. Ein Teil der nicht-α-Tocopherole wird zwischen den im Plasma zirkulierenden Lipoproteinen mithilfe des Phospholipidtransfer-Proteins (PLTP) ausgetauscht. Diesen Weg nimmt auch α-Tocopherol in α-TTP-defizienten Patienten oder Tieren. Normalerweise gelangt es mit den VLDL in die Zirkulation. VLDL werden in LDL und HDL umgewandelt. An LDL assoziiertes Vitamin E wird vom LDL-R aufgenommen, an HDL assoziiertes über den Scavenger Rezeptor Typ B1 (SR-B1) oder über Cubulin/Megalin (Typ II Pneumozyten). Intrazellulär wird Vitamin E über Tocopherol Transport Proteine (TBP oder TAPs) in die verschiedenen Organellen verteilt. Weitere Einzelheiten s. Text.

47.4.2
Verteilung

In der Leber wird α-Tocopherol aus allen ankommenden Tocopherolen und Tocotrienolen mit Hilfe des α-Tocopherol-Transferproteins (α-TTP) aussortiert, in VLDL eingebaut und wieder ins Plasma sezerniert. VLDL wird im Golgi-Apparat aus Apolipoprotein B (ApoB) und Lipiden zusammengesetzt. Zellkulturstudien lassen vermuten, dass Vitamin E erst mit VLDL nach dessen Sekretion in den Sinusoidalraum assoziiert [4]. Die Affinität von α-TTP zu nicht-α-Tocopherolen und zu Tocotrienolen ist vergleichsweise niedrig. Sie beträgt für β-Tocopherol 38%, für γ-Tocopherol 9%, für δ-Tocopherol 2%, für α-Tocopherolacetat 2%, für α-Tocopherolchinon 2%, für *SRR*-α-Tocopherol 11% und für α-Tocotrienol 12% der Affinität für *RRR*-α-Tocopherol [42], was die Präferenz des menschlichen und tierischen Organismus für α-Tocopherol entscheidend mitbestimmt. In der Zirkulation wird VLDL in LDL umgewandelt. Beide ApoB enthaltenden Lipoproteine können α-Tocopherol mit HDL austauschen, das ApoE als Proteinkomponente enthält. Dieser Prozess wird durch das Phospholipidtransferprotein (PLTP) und eine Lipoproteinlipase (LPL) unterstützt (Abb. 47.3). Der intrazelluläre Transport geschieht über tocopherolassoziierte Proteine (TAP) [50, 61]. TAPs haben GTPaseaktivität, weshalb vermutet wird, dass sie tocopherolabhängige Signalprozesse modulieren können [50]. Neben TAPs existiert noch ein 14,2 kDa großes Tocopherol-Bindeprotein (TBP), das ebenfalls am intrazellulären Transport von α-Tocopherol beteiligt sein soll [26]. Zelluläre Organellen mit hohem α-Tocopherolgehalt sind der Golgi-Apparat, Lysosomen, das endoplasmatische Retikulum und Mitochondrien [25].

Der α-Tocopherol-Plasmaspiegel ist abhängig vom Lipidgehalt des Plasmas. Als Normalwerte für Erwachsene gelten 12–46 µmol/L bzw. 4–7 µmol/mmol Cholesterin oder 0,8 mg/g Gesamtlipid [23]. Die Plasmakonzentration von γ-Tocopherol beträgt etwa 1/10 der Konzentration von α-Tocopherol. α-Tocopherol-Plasmaspiegel sind sättigbar. Unabhängig von der Dauer oder Höhe einer Supplementation kann der α-Tocopherol-Plasmaspiegel nur etwa 2–3fach erhöht werden [24, 44, 75, 82]. Innerhalb dieser Grenzen kann aber die individuelle Reaktion auf eine Supplementation mit Vitamin E stark schwanken [77].

Die höchsten Vitamin E-Gewebskonzentrationen findet man in der Leber, im Fettgewebe und in der Nebenniere. Der Umsatz im Plasma ist mit einer Halbwertszeit $t_{1/2}$=5–7 d relativ schnell, wobei neu aufgenommenes α-Tocopherol das alte ersetzt [97]. Der Umsatz im Fettgewebe ist dagegen langsam. Fettgewebe dient jedoch nicht als Speicher; typische Speicher, wie z. B. für Vitamin A, existieren für Tocopherole nicht.

Die Aufnahme von Vitamin E in periphere Zellen erfolgt je nach Zelltyp oder Lipoprotein über

- Lipidtransferproteine (PLTP) oder Lipoproteinlipasen (LPL),
- über rezeptorvermittelte Endozytose oder
- über die Aufnahme durch Rezeptoren, die selektiv Lipide innerhalb der Lipoproteine erkennen.

Eine Zusammenfassung geben [60] und Abbildung 47.3. Die Aufnahme über einen PLTP-vermittelten Transfer spielt insbesondere bei Endothelzellen eine Rolle, während eine Lipoproteinlipase-vermittelte Aufnahme in Muskel- und Fettzellen sowie beim Transfer von Vitamin E über die Blut-Hirn-Schranke beobachtet wurde. Die Lipoproteinlipase hydrolysiert nicht nur Triglyceride in Chylomikronen und VLDL und erleichtert so den Austausch von Lipiden und Vitamin E zwischen den verschiedenen Plasmalipoproteinen, sondern agiert auch als proteoglykanassoziierte Brücke, über die Lipoproteine, vor allem Chylomikronen, internalisiert werden. Die Aufnahme über rezeptorvermittelte Endozytose erfolgt über den LDL-Rezeptor. Dieser Prozess scheint jedoch eine untergeordnete Rolle zu spielen, da funktionelle Defekte im LDL-Rezeptor nicht unbedingt zu α-Tocopherolmangel führen [19, 33]. Die selektive Lipidaufnahme geschieht durch so genannte Scavenger-Rezeptoren (SR). Der SR-B1 erkennt an HDL assoziiertes Cholesterin. Für Labortiere existieren viele Hinweise, dass auch α-Tocopherol über diese oder ähnliche Rezeptoren in Lungenzellen (Typ II-Pneumozyten) [52], Leberzellen und ins zentrale Nervensystem [34] gelangen könnte. Für den Menschen bleibt dies zu bestätigen.

Die Abgabe von α-Tocopherol aus den peripheren Geweben verläuft wahrscheinlich ähnlich der von Cholesterin. Offenbar sind auch hier Transporter der ABC-(ATP-binding cassette-)Familie beteiligt. MDR2 (Multidrug resistance protein-2) scheint für die Sekretion von α-Tocopherol in die Galle [68] und ABCA1 für den Transport von α-Tocopherol aus peripheren Zellen zum HDL [70] verantwortlich zu sein.

47.4.3
Metabolismus

Die ersten Tocopherolmetabolite wurden in den 1950er Jahren beschrieben [85]. Hierbei handelt es sich um Tocopheronsäure und Tocopheronolacton, die durch einen geöffneten Chromanring und eine verkürzte Seitenkette gekennzeichnet sind (Abb. 47.4).

Der geöffnete Chromanring wurde als Hinweis dafür genommen, dass Tocopherol als Antioxidans gewirkt haben musste, und wurde als Beweis für die antioxidative Funktion von Vitamin E *in vivo* gewertet. Später wurden allerdings als physiologische Metabolite hauptsächlich solche mit verkürzter Seitenkette, aber intaktem Chromanring gefunden, die also kein oxidativ zerstörtes Tocopherol darstellten [17, 82, 103]. Der Metabolismus wurde inzwischen weitestgehend aufgeklärt (Abb. 47.5). Als initialer Schritt erfolgt eine ω-Hydroxylierung, die Oxidation der Hydroxylgruppe zur Carboxylgruppe, und dann eine β-Oxidation, wie sie für Fettsäuren mit Methylverzweigungen oder Doppelbindungen üblich ist [8]. Die Endprodukte sind die entsprechend methylierten Carboxyethylhydroxychromane (CEHC) (Abb. 47.5). Dieser Abbauweg ist für alle Formen von Vitamin E im Prinzip gleich. Der Anteil, der verstoffwechselt wird, ist jedoch für die einzelnen Vitamere deutlich verschieden. α-Tocopherol wird nur zu einem geringen Teil abgebaut. Von aufgenommenem γ-Tocopherol findet man etwa 50% als γ-CEHC im Urin wieder [93], von γ-Tocotrienol 6%, von α-Tocotrie-

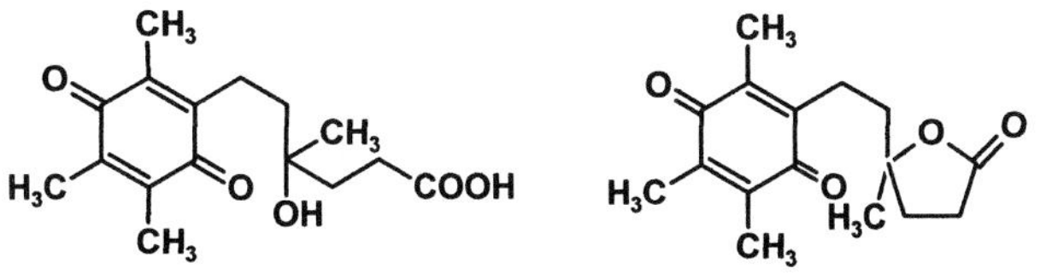

α-Tocopheronsäure

α-Tocopheronolacton

Abb. 47.4 Simon Metabolite. Die Metabolite sollen nach oxidativer Spaltung des Chromanrings im Tocopherolmolekül und anschließender Seitenkettenverkürzung entstehen und wurden als Beweis für die antioxidative Funktion von Vitamin E gewertet. Eine Behandlung von α-CEHC mit Sauerstoff resultierte allerdings in der Entstehung der gleichen Metabolite [82], so dass nicht klar ist, ob Simon-Metabolite *in vivo* tatsächlich gebildet werden.

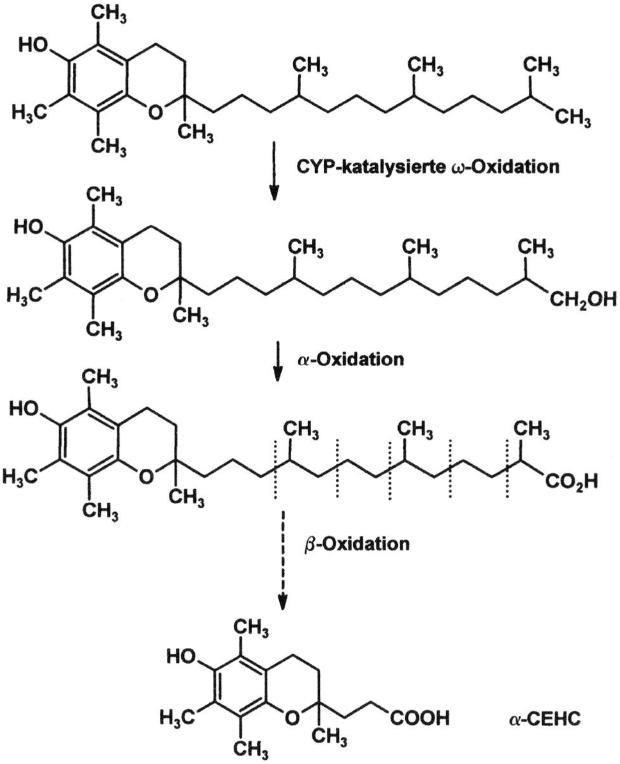

CYP-katalysierte ω-Oxidation

α-Oxidation

β-Oxidation

α-CEHC

Abb. 47.5 Metabolismus von Vitamin E am Beispiel α-Tocopherol.

nol sind es nur 2% [57]. Vollständige Bilanzen, die z. B. auch längerkettige Vorstufen von CEHC berücksichtigen, wurden allerdings bislang nicht beschrieben.

Die initiale ω-Hydroxylierung wird von Cytochrom P450-(CYP-)Enzymen katalysiert. Aus Hemmungs- und Induktionsstudien wurden CYP3A4 [7] und

CYP4F2 [86] als mögliche Kandidaten postuliert. Die Affinität des hydroxylierenden Systems zum γ-Tocopherol ist wesentlich höher als die zum α-Tocopherol, was neben der Spezifität des α-TTP als Erklärung für die hohe Effizienz von α-Tocopherol herangezogen wird [72].

47.4.4 Elimination

Nicht aufgenommenes Tocopherol wird über Faeces eliminiert, nicht in peripheres Gewebe eingebaute Tocopherole und Tocotrienole über die Galle. CEHCs werden glucuronidiert oder sulfatiert und im Urin ausgeschieden.

47.5 Wirkungen

Antioxidative Funktion

Alle Formen von Vitamin E haben antioxidative Eigenschaften, wobei darunter im strengen Sinn die Fähigkeit, mit einem Radikal zu reagieren, verstanden wird. Die hierfür nötige Gruppe im Molekül ist die OH-Gruppe an Position 6 des Chromanrings (Abb. 47.1). Alle Vitamin E-Formen besitzen diese Gruppe und somit reagieren alle als Antioxidantien, jedoch mit unterschiedlicher Reaktivität und Spezifität. Als lipophiles Molekül wird Vitamin E in Membranen oder Lipoproteine eingebaut und reagiert hauptsächlich mit Lipidradikalen. Es wird daher als wichtigstes lipophiles Antioxidans bezeichnet, das Membranen vor oxidativer Zerstörung schützt. Tocopherol (TOH) reagiert mit Lipidoxy/Alkoxy- und Peroxylradikalen:

$$\mathrm{TOH + LO^{\bullet}\ (RO^{\bullet}) \rightarrow TO^{\bullet} + LOH\ (ROH)} \qquad (1)$$

$$\mathrm{TOH + LOO^{\bullet}\ (ROO^{\bullet}) \rightarrow TO^{\bullet} + LOOH\ (ROOH)} \qquad (2)$$

Für die Reaktion von α-, β-, γ-, und δ-Tocopherol mit Alkoxyradikalen (1) wurden Geschwindigkeitskonstanten von 23,5/16,6/15,9 und $6{,}5 \cdot 10^5\ \mathrm{M^{-1}s^{-1}}$ gemessen, was ein relatives antioxidatives Potenzial in der Reihung $\alpha>\beta=\gamma>\delta$ ergibt [15]. In anderen Arbeiten werden die Reaktivitäten von α- und γ-Tocopherol als in etwa gleich bezeichnet (Übersicht in [37]). Eine Regeneration von Tocopherol ist über das Ascorbat/Ascorbylradikal-System möglich, das ein negativeres Redoxpotenzial (280–320 mV) als das Tocopheroxylradikal/Tocopherol-System (480–500 mV) hat [14]. Das Tocopheroxylradikal kann aber auch als Radikal weiterreagieren und wirkt so pro-oxidativ, in physiologischen Konzentrationen allerdings mit geringer Effizienz. Eine umfangreiche Übersicht über pro- und antioxidative Reaktionen von Tocopherolen und Tocotrienolen bietet [48].

Die Reaktivität von γ-Tocopherol gegenüber Stickstoffradikalen ist weitaus höher als die von α-Tocopherol [22, 40], da die freie Position 5 im Chromanring eine Nitrierung des Ringes erlaubt. Die Bildung von 5-Nitro-γ-Tocopherol (γ-NO_2-TOH) ist sowohl durch die Reaktion mit Peroxynitrit ($ONOO^-$) (3) und (4) als auch mit NO_2^+, das aus Peroxynitrit entsteht, möglich (5).

$$\gamma\text{-TOH} + \text{ONOO}^- \rightarrow \gamma\text{-TO} + \text{NO}_2 + \text{H}_2\text{O} \tag{3}$$

$$\gamma\text{-TO}^\bullet + \text{NO}_2 \rightarrow \gamma\text{-NO}_2\text{-TOH} \tag{4}$$

$$\gamma\text{-TOH} + \text{NO}_2^+ \rightarrow [\gamma\text{-TOH-NO}_2]^+ \rightarrow \gamma\text{-NO}_2\text{-TOH} + \text{H}^+ \tag{5}$$

Inwieweit diese Reaktionen *in vivo* ablaufen und postulierte antiinflammatorische und antikanzerogene Effekte von γ-Tocopherol bewirken, bedarf der Klärung. In Ratten mit experimentell ausgelöster Entzündung konnte γ-Tocopherol die Nitrierung von Proteinen und somit Schädigungen durch entzündliche Reaktionen verhindern [45].

Nicht-antioxidative Funktionen

Die antioxidative Wirkung individueller Tocopherole und Tocotrienole *in vitro* korreliert meist nicht mit ihrer biologischen Aktivität. Im Rattenresorptionstest (oder Resorption-Gestations-Test) ergaben sich folgende Wirksamkeiten: α-Tocopherol (100%), β-Tocopherol (57%), γ-Tocopherol (37%), δ-Tocopherol (1,4%), α-Tocotrienol (30%) und β-Tocotrienol (5%) [104]. Nur geringe Abweichungen ergeben sich, wenn die OH-Gruppe im Chromanring verestert ist, z. B. mit Acetat oder Succinat, da die Ester schon im Enterozyten gespalten werden.

α-Tocopherol hemmt die Blutgerinnung, die Plättchenaggregation, die Expression zellulärer Adhäsionsmoleküle, die Freisetzung von IL-1 aus stimulierten Makrophagen und die Proliferation von glatten Muskelzellen. Weiter hemmt es die Aktivität der NADPH-Oxidase, der Phospholipase A2 und der 5-Lipoxygenase. Somit hemmt es Entzündungsprozesse, stimuliert aber auch die Apoptose und verbessert die zellvermittelte Immunität. Viele dieser Effekte lassen sich durch die Hemmung der Proteinkinase C (PKC) erklären, die wiederum durch Stimulierung der Proteinphosphatase 2A (PP2A) erreicht wird. PP2A dephosphoryliert PKC und inaktiviert sie so. Da meist nicht verschiedene Formen von Vitamin E bezüglich der genannten Effekte getestet wurden, lässt sich nur schwer eine Quantifizierung der Effekte für die individuellen Vitamere durchführen. Ein hauptsächlich von γ-Tocopherol ausgeübter Effekt ist die Hemmung der Cyclooxygenase 2 (Übersichten s. [13, 67]).

Vitamin E – und auch hier hauptsächlich α-Tocopherol – kann die Aktivität von Genen beeinflussen. So wird die Expression einer Reihe von atherosklerose-relevanten Genen, wie z. B. des Scavenger Rezeptors CD36, von Adhäsionsmolekülen oder Collagen $\alpha 1(1)$, inhibiert. Gene, die die Apoptose stimulieren, wie CD95L, werden inhibiert, während Apoptose hemmende Gene wie Bcl2-L1 induziert werden. Dies entspräche einer antiinflammatorischen Wirkung. Zellzyklus stimulierende Gene, wie z. B. CyclinD1 oder E, werden inhibiert. Zellzyklus hemmende Gene, wie z. B. p27, werden induziert, Ereignisse, die eher zu den antikanzerogenen zu zählen wären. Die HMG-CoA-Reduktase, der LDL-Rezeptor oder α-TTP, also Proteine, die den Lipid- und Vitamin E-Stoffwechsel bestimmen, werden induziert (Übersicht [5, 67]).

Viele dieser nicht antioxidativen Funktionen können die manchmal beobachteten antiatherosklerotischen oder antikanzerogenen Funktionen von Vitamin E erklären, aber nicht seine Essentialität. Ein gemeinsamer regulatorischer Mechanismus, der alle genannten Effekte auf die Genexpression erklären könnte, ist bisher nicht beschrieben. Insbesondere wurde noch kein spezifischer Vitamin E-Rezeptor gefunden, der, wie im Falle von Vitamin D oder A, ein Transkriptionsfaktor wäre.

Auch für Tocotrienole werden neue Funktionen beschrieben. Viele dieser Funktionen stehen im Zusammenhang mit ihrer hemmenden Wirkung auf die HMG-CoA-Reduktase (Übersicht in [81]). Die dadurch verminderte Produktion von Cholesterin und die Hemmung der Adhäsion von Leukozyten ans Endothel wirkt antiatherosklerotisch. Eine gestörte Synthese von Isoprenoiden wie Farnesyl- oder Geranylgeranyl-Resten, die als Membrananker für die Modifizierung von Proteinen in Signalkaskaden von Wachstumsfaktoren benötigt werden, wäre antiproliferativ. Interessant ist hier, dass eine Hemmung der Proliferation durch Tocotrienole bevorzugt in Krebszellen ausgeübt wird. Ob auch die tocotrienolvermittelte Induktion der Apoptose und die Hemmung der glutamatinduzierten Neurotoxizität auf diesem Mechanismus beruhen, ist nicht bekannt. Der Cholesterin senkende Effekt der Tocotrienole wurde in einigen Tierexperimenten bestätigt, beim Menschen sind die Befunde nicht einheitlich. Der Einsatz von Tocotrienolen bei Krebspatienten oder bei Patienten mit (altersbedingten) neurodegenerativen Erkrankungen wird derzeit diskutiert. Ob Tocotrienole allerdings eine ausreichende Bioverfügbarkeit und Bioeffizienz entwickeln, ist aufgrund der hohen Metabolismusraten fraglich.

47.5.1
Wirkungen beim Menschen

Typische Wirkungen von Vitamin E beim Menschen sind nicht beschrieben, insbesondere deshalb nicht, weil kein ernährungsbedingter, isolierter Vitamin E-Mangel bekannt geworden ist. Ein solcher wurde nur bei Patienten mit einem Defekt im Gen für das α-Tocopherol-Transferprotein beschrieben (s. Abschnitt 47.4.2). Diese Patienten haben einen extrem niedrigen Plasma-Vitamin E-Spiegel und entwickeln schwere neurologische Störungen, die denen der Friedreich'schen Ataxie ähneln [6]. Symptome sind progressive periphere Neuropathien mit einem spezifischen Absterben der großkalibrigen Axone der sensorischen Neuronen, woraus die typischen Ataxien resultieren. Die Krankheit wird deshalb auch als „Ataxia with Vitamin E Deficieny (AVED)“ [71] oder „familial, isolated vitamin E deficiency (FIVE)“ [38] bezeichnet. Weitere Folgen sind Tremor, Muskelschwäche und geistige Retardierung, manchmal auch Retinitis pigmentosa. α-TTP wurde zuerst in der Leber entdeckt. Es wird aber auch im Gehirn exprimiert, insbesondere in Bergmann-Glia-Zellen, die die Purkinje-Zellen des cerebralen Cortex umgeben und diese mit Nahrungsmittel versorgen [43]. Die Lokalisation von α-TTP im Gehirn und die Symptome bei seinem Fehlen deuten auf eine Rolle von Vitamin E bei der neuro-muskulären Signalübertragung hin, die aber keinesfalls verstanden ist. Durch sehr hohe Dosen von α-Tocopherol (bis 2 g pro Tag) können die Plasma-α-Tocopherolspiegel auf ein normales Maß gebracht und die Symptome der AVED-Patienten weitgehend vermindert werden. Kürzlich wurde α-TTP auch in menschlichen Plazenten gefunden [47, 66]. Ein Zusammenhang mit der essenziellen Rolle von Vitamin E im Fertilitätsgeschehen konnte bisher noch nicht nachgewiesen werden.

Die antioxidative Funktion von Vitamin E gab Anlass zu Versuchen, Krankheiten, die mit oxidativem Stress in Verbindung gebracht werden (wie z. B. Krebs, Atherosklerose, Diabetes, chronische Entzündungen und neurodegenerative Erkrankungen), durch Supplementierung mit hohen Dosen von Vitamin E zu verhindern. Es wurden große prospektive Kohortenstudien durchgeführt, wie auch randomisierte, multizentrische placebokontrollierte Studien, die einen primären oder sekundären Präventionseffekt beweisen sollten. Außerdem gibt es Studien, die Vitamin E kombiniert mit anderen Antioxidantien einsetzten. Im Folgenden werden nur Studien mit singulärer Vitamin E-Gabe zusammengefasst. Für weitergehende Angaben sei auf die zitierten Übersichtsarbeiten verwiesen.

Vitamin E und Atherosklerose

Die „Oxidations-Theorie" der Atherosklerose basiert auf der Vorstellung, dass LDL aus der Zirkulation in den subendothelialen Raum gelangt, dort zu oxidiertem LDL (oxLDL) modifiziert und als solches von Makrophagen aufgenommen wird. Die mit oxLDL beladenen Makrophagen werden zu Schaumzellen und bilden die für atherosklerotische Gewebe charakteristischen Fettstreifen und Plaques. Ein hoher Gehalt an Antioxidantien, vor allem an Vitamin E, in den LDL gilt als Schutz vor oxLDL-Bildung. Obwohl nicht klar ist, über welche Mechanismen LDL *in vivo* oxidiert/modifiziert wird, ist die Verzögerung der LDL-Oxidation *ex vivo* durch Vitamin E-Inkorporation oft als Maß für eine protektive Wirkung von Vitamin E gewertet worden. Im hierfür entwickelten Test wird LDL aus Blutplasma von Tieren oder Menschen isoliert, die zuvor mit Vitamin E supplementiert und dann *ex vivo* mehr oder weniger heftigem oxidativen Stress ausgesetzt werden. Oxidative Veränderungen in LDL-Partikeln sind nach einer so genannten lag-Phase nachzuweisen, deren Dauer positiv mit dem Vitamin E-Gehalt korreliert. Dieser Test hat seine Schwächen, da *in vivo* derart drastische Oxidationsreaktionen wohl nicht stattfinden. Auch wurde von pro-oxidativen Effekten von α-Tocopherol berichtet [100].

In großen prospektiven Kohortenstudien wurde ein positiver Effekt von Vitamin E aus der Nahrung [53] oder bei moderater Supplementation [76, 87] gefunden. Nachfolgende placebokontrollierte klinische Studien zeigten keinen positiven Effekt von Vitamin E auf primäre kardiovaskuläre Ereignisse, lediglich in zwei Studien mit Patienten mit bestehenden kardiovaskulären Erkrankungen war ein Effekt zu verzeichnen (CHAOS, SPACE, Tab. 47.3). Der positive Effekt auf nicht letale Herzinfarkte in der CHAOS-Studie war relativiert durch eine – nicht signifikante – Erhöhung der Todesrate. Diese Studien sind ausführlich beschrieben und diskutiert in [13, 58, 89, 99]. Die HOPE-Studie wurde fortgesetzt und die Studienteilnehmer für weitere vier Jahre mit Vitamin E oder Placebo versorgt. Ziel war es, zu prüfen, ob eine länger andauernde Supplementierung mit Vitamin E das Risiko, an Krebs oder kardiovaskulären Erkrankungen zu er-

Tab. 47.3 Klinische Studien zu Vitamin E und Herz-Kreislauf-Erkrankungen (modifiziert nach [99]).

Studie	Teilnehmerzahl ($\times 10^{-3}$)	Anamnese	Dauer [a]	Dosis [IU/d]	Ergebnis	Rel. Risiko
Primäre Präventionsstudien						
ATBC [36]	29	männliche Raucher	6,1	50	Todesfälle durch Herzinfarkt oder Schlaganfall	0,95
PPP [95]	4,5	hohes Risiko	3,6	448	Todesfälle durch HKE	1,07
ASAP [78]	0,12	Cholesterin >5 mM	3,0	272	verminderte Intima/Media-Verdickung	0,56
VEAPS [39]	0,35	Cholesterin >3,5 mM	3,0	400	grenzwertig erhöhte Intima/Media-Verdickung	1,74
Sekundäre Präventionsstudien						
CHAOS [88]	2	Patienten mit Erkrankungen der Koronararterien	1,4	400/800	Todesfälle durch HKE nicht tödliche Herzinfarkte	1,18 **0,23** [a)]
ATBCsub [74]	1,8	vorausgegangener Myokardinfarkt	5,3	50	Herzinfarkte	0,97
GISSI [31]	1,1	vorausgegangener Myokardinfarkt	3,5	448	Todesfälle durch HKE, nicht tödliche Herzinfarkte	0,88
HOPE [107]	9,5	HKE	4,5	400	Todesfälle durch HKE	1,05
HOPE-TOO [58]	4,0	ältere Patienten mit HKE, Diabetes	7	400	Herzinfarkt, Schlaganfall, Tod durch HKE Herzinsuffizienz	1,04 1,13

Tab. 47.3 (Fortsetzung)

Studie	Teilnehmerzahl ($\times 10^{-3}$)	Anamnese	Dauer [a]	Dosis [IU/d]	Ergebnis	Rel. Risiko
SPACE [11]	0,165	Hamodialyse+ HKE	1,4	800	HKE nicht tödliche Herzinfarkte	**0,46** [a)]
SECURE [59]	0,7	HKE	4,5	400	Intima/Media Verdickung	1

a) Signifikanter Effekt. Abkürzungen: ASAP, The Antioxidant Supplementation in Atherosclerosis Prevention; ATBC, *Alpha*-Tocopherol, *Beta*-carotene Cancer prevention study group; ATBCsub, Untergruppe der ATBC Studie; CHAOS, Cambridge Heart Antioxidant Study; GISSI, Gruppo Italiano per lo Studio della Sopravvienza nell'Infarcto Miocardio Prevenzione; HKE, Herz-Kreislauf Erkrankungen; HOPE, Heart Outcomes Prevention Evaluation; SECURE, Study to Evaluate Carotid Ultrasound changes in patients treated with Ramipril and vitamin E; MRC/BHF HPS, Medical Research Council/British Heart Foundation Heart Protection Study; PPP, Primary Prevention Project; SPACE, Secondary Prevention Antioxidants of Cardiovascular disease; VEAPS, Vitamin E Atherosclerosis Prevention Study.

kranken oder zu sterben, nicht doch vermindern kann (HOPE-TOO=HOPE-The Ongoing Outcomes). Es stellte sich heraus, dass auch eine lange dauernde Gabe von Vitamin E (im Mittel sieben Jahre) weder das Krebsrisiko noch das Herzinfarkt- oder Schlaganfall-Risiko senken konnte. Statt dessen war unerwartet eine erhöhte Inzidenz von Herzinsuffizienzen in der Vitamin E-Gruppe zu verzeichnen [58].

Insgesamt brachten diese Studien kein einheitliches Ergebnis und verliefen eher enttäuschend. Es zeichnete sich ab, dass Diäten, die reich an Vitamin E sind, in der Lage waren, das Risiko für kardiovaskuläre Erkrankungen zu senken, dass aber die Supplementation mit hohen Dosen an Vitamin E alleine keinen präventiven Effekt hatte und manchmal eher nachteilig war.

Vitamin E und Krebs

Versuche, eine Krebsprophylaxe durch Vitamin E zu erzielen, basieren auf der Hypothese, dass Vitamin E in der Lage ist, eine DNA-Schädigung durch oxidative Vorgänge zu verhindern. Insgesamt gibt es allerdings nur wenige Studien mit aussagekräftiger Teilnehmerzahl (Tab. 47.4). Eine umfassende Übersicht über Studien mit kleinen Teilnehmerzahlen, die auch nach bestimmten Krebstypen auflistet, gibt [91]. In der Linxian-Studie wurden neben Vitamin E auch β-Carotin und mit Selen angereicherte Hefe verabreicht, so dass ein singulärer

Tab. 47.4 Klinische Studien zu Vitamin E und Krebs.

Studie	Teilnehmerzahl ($\times 10^{-3}$)	Teilnehmer	Beobachtungszeitraum	Dosis und Form	Krebsart	Rel. Risiko
ATBC [2, 35]	29	männliche Raucher	5–8 Jahre	50 mg all-*rac*-*α*-Tocopherylacetat/Tag	Lunge Prostata Urothel Dickdarm Magen Bauchspeicheldrüse	–2% –32% 1,1 0,78 1,21 1,34
Linxian[a)] [10]	29		5,25 Jahre	30 mg/Tag (Form nicht angegeben)	Krebsrisiko Krebs-Sterblichkeit	0,93 0,87
Linxian [56]	3,3	Patienten mit Dysplasie der Speiseröhre	6 Jahre	60 IU all-*rac*-*α*-Tocopherylacetat/Tag	Krebsrate, totale Krebs-Sterblichkeit	1,01 0,96
HOPE-TOO [58]	4,0	ältere Patienten mit Herz-Kreislauf-Erkrankungen, Diabetes	7 Jahre	400 IU *α*-Tocopherol aus natürlichen Quellen	Krebsrate, totale Krebs-Sterblichkeit	0,94 0,88

a) Die Vitamin E-Gruppe der Linxian-Studie erhielt gleichzeitig *β*-Carotin (15 mg) und Selen als Selenhefe (50 μg).

Vitamin E-Effekt nicht abzuleiten ist. Lediglich in der ATBC-Studie war eine Abnahme der Kolon-, Lungen- und vor allem Prostata-Krebsrate durch 50 mg all-*rac*-*α*-Tocopherylacetat zu verzeichnen [101]. Somit ist die epidemiologische Evidenz auch für einen Effekt von Vitamin E auf das Krebsrisiko schwach, und der in der ATBC-Studie beobachtete positive Effekt auf Prostatakrebs wurde durch die HOPE-TOO-Studie relativiert [58].

Ob die *in vitro*-Ansätze mit *γ*-Tocopherol [16] oder mit Tocopherolsuccinat, das in Krebszellen Apoptose induziert, aber nicht in gesunden [69], viel versprechender sind, bleibt abzuwarten. Ein Abfangen reaktiver Stickstoffverbindungen durch *γ*-Tocopherol direkt im Darmlumen ist in Betracht zu ziehen, da diese auch von gastrointestinalen Bakterien gebildet werden. Bei *γ*-Tocopherol stellt sich jedoch die Frage nach einer ausreichenden Bioverfügbarkeit bzw. Bioeffizienz, da es zum größten Teil verstoffwechselt wird.

Vitamin E und Immunfunktion

Studien zur Verbesserung der Immunfunktion wurden hauptsächlich mit älteren Menschen durchgeführt. Die zugrunde liegende Hypothese ist, dass die Abwehrkraft im Alter nachlässt. Auch Vitamin E-Mangelzustände, verursacht durch gestörte Lipidabsorption, führen neben bekannten neurologischen Störungen zu einer verzögerten Immunantwort [30]. Bei einigen älteren Individuen fand sich eine dosisabhängige verbesserte Antikörperproduktion auf bestimmte Impfstoffe nach Gabe unterschiedlicher Konzentrationen von Vitamin E [63]. Ob diese Befunde auf gesunde jüngere Menschen zu übertragen sind, ist unbekannt.

Vitamin E und Sehfunktion

Katarakt (grauer Star) ist eine Trübung der Augenlinse durch Akkumulation oxidativ geschädigter und vernetzter Proteine, insbesondere von Crystallin, in den Augenlinsen. Katarakt ist die weltweit führende Ursache für Erblindung. Epidemiologische Beobachtungen sind widersprüchlich, einige Studien zeigen eine negative Korrelation zwischen Vitaminstatus und Kataraktbildung, andere nicht [29]. Eine Untergruppe der ATBC-Studie, in der Kataraktbildung nach Vitamin E-Supplementierung ausgewertet wurde, zeigte keinen Zusammenhang [94].

Retinitis pigmentosa ist ein erblicher degenerativer Prozess mit Engstellung der Netzhautgefäße, Absterben der nervalen Elemente der Netzhaut, Ablagerung von Lipofuscin in den Neuronen und letztendlich Erblindung. Diese Symptome sind ebenso in Vitamin E-defizienten Tieren und in Patienten mit Malabsorption zu beobachten. α-TTP wird in geringer Menge auch in der Retina exprimiert und so entwickeln auch AVED-Patienten diese Krankheit [106], was eine essenzielle Funktion von Vitamin E in der Retina deutlich macht.

Vitamin E und neurodegenerative Erkrankungen

Beim Menschen macht sich Vitamin E-Mangel in gestörten neurologischen Funktionen bemerkbar, was insbesondere an AVED-Patienten verdeutlicht ist (s. o.). Welche Funktion von Vitamin E hierfür verantwortlich ist, ist nicht bekannt. Die meisten neuro-degenerativen Erkrankungen werden mit oxidativem Stress in Verbindung gebracht, und so ist die antioxidative Wirkung von Vitamin E der Grund, die Alzheimer'sche Krankheit, Morbus Parkinson und andere neurologische Störungen mit Vitamin E verhindern oder heilen zu wollen.

Morbus Parkinson ist eine chronische, progressive Erkrankung im späten Leben, die charakterisiert ist durch Rigidität, Tremor und Bradykinesie. Sie ist verursacht durch selektive Degeneration der dopaminergen Zellen in der Substantia nigra. Es kommt zu verstärkter Autoxidation von Dopamin, wobei H_2O_2 entsteht. Deshalb wurde Vitamin E auf eine positive Beeinflussung des Parkinson-Verlaufs getestet. Es konnte jedoch kein signifikanter Effekt festgestellt werden [83, 84].

Die Alzheimer'sche Krankheit ist eine progressive neurodegenerative Krankheit mit tödlichem Ausgang. Sie ist die führende Ursache seniler Demenz. Charakteristisch sind histopathologische Merkmale, wie Amyloid-β-Protein-beladene senile Plaques und neurofibrilläre Knäuels aus dem Filamentprotein *tau*, gestörte synaptische Funktion und Verlust neuronaler Zellen. Auch diese Krankheit wird mit oxidativem Stress assoziiert. Toxische Effekte des Amyloid-β-Peptids *in vitro* waren durch Vitamin E zu verhindern [90]. In einer placebokontrollierten klinischen Studie mit 341 Patienten verlangsamte all-*rac*-α-Tocopherol (2000 IU/Tag) das Fortschreiten der Krankheit [79].

Tardive Dyskinese ist ein extrapyramidales Syndrom mit ungewollten, nutzlosen Bewegungen der Gesichtsmuskulatur (Schmatz- und Kaubewegungen) sowie der Hände und Füße und tritt meist als Folge von Langzeitbehandlung mit Neuroleptika auf. Als Dopamin-Rezeptor-Antagonisten beschleunigen diese Medikamente den Umsatz von Dopamin und damit oxidative Prozesse. Effekte von Vitamin E waren beschränkt auf frische Manifestationen; hierbei zeigte eine Studie mit 30 Patienten einen positiven Effekt von 1600 IU α-Tocopherol/Tag [1].

Viele Chemotherapeutika wie z. B. Cisplatin oder Paclitaxel verursachen periphere Neuropathien. Da die Symptome einem Vitamin E-Mangel ähneln und derartige Therapien den Plasma-Vitamin E-Spiegel senken, wurde in einer Pilotstudie getestet, ob Vitamin E-Supplementation während und drei Monate nach der Therapie die Neurotoxizität der Substanzen vermindern kann, was tatsächlich der Fall war [3]. Ob dies zu verallgemeinern ist, müssen *lege artis* angelegte klinische Studien zeigen.

In einer Mikroarray-Analyse der exprimierten Gene im Gehirn von α-TTP-defizienten Mäusen stellte sich heraus, dass insbesondere Gene für Proteine, die für die Abgabe von Neurotransmittern und für die Bildung synaptischer Vesikel wichtig sind, vermindert exprimiert werden [32]. Hier zeigt sich wieder, dass Vitamin E die Aktivität von Genen regulieren kann und dass dies besonders im Gehirn eine entscheidende Rolle spielen muss. Ein gestörter vesikulärer Transport kann viele der beschriebenen Konsequenzen eines Vitamin E-Mangels im Gehirn erklären.

Vitamin E und Fertilität

Während die Notwendigkeit von Vitamin E (α-Tocopherol) für die Fruchtbarkeit von Säugetieren im Allgemeinen gut belegt ist, gibt es für Menschen hierfür bisher keine diesbezüglichen Untersuchungen. Das Vorhandensein von α-TTP in humanen Plazenten spricht aber für die Notwendigkeit eines geregelten Transports von Vitamin E zum Feten. Ein relativ gut untersuchter pathologischer Zustand, der auf α-Tocopherol anspricht, ist die Präeklampsie. Präeklampsie der Mutter verursacht die meisten der vorgeburtlichen Aborte. Die mütterlichen Symptome entwickeln sich schnell und beinhalten Vasokonstriktion, Hochdruck und Proteinurie. Der Fetus wird nicht genügend versorgt, da die Plazenta nicht ausreichend durchblutet ist. Ursache ist wahrscheinlich eine Störung der Endothelfunktion, die zu verminderter Synthese von NO und Prostazyklin (als Vasodilatatoren) und erhöhter Synthese von Endothelin (als Vasokonstriktor) führt. Ein weiteres Symptom ist eine Aktivierung der Blutgerinnung mit nachfolgender Thrombose. Dies sind Reaktionen auf einen Entzündungsreiz. Als Ausdruck der inflammatorischen Reaktion des mütterlichen Endothels kommt es auch zur Aktivierung der plazentaren NADPH-Oxidase, d.h. zur $O_2^{-\bullet}$-Produktion. Die Hemmung der Aktivierung der NADPH-Oxidase durch *α*-Tocopherol könnte die in mehreren Studien beobachtete Verhinderung der Präeklampsie durch *α*-Tocopherol bei gefährdeten Patientinnen erklären [73].

Zur akut bis chronisch toxischen Wirkung von Vitamin E beim Menschen liegen keine gesonderten Studien vor. Bei der Festsetzung der oberen tolerierbaren Dosis wurden vor allem Daten aus einer Studie von Meydani et al. [62] herangezogen, in der *α*-Tocopherol in verschiedenen Dosen über einen Zeitraum von vier Monaten verabreicht wurde sowie die Daten aus den beschriebenen Studien. Reproduktionstoxizität, Teratogenität, Mutagenität oder Kanzerogenität von Vitamin E wurde beim Menschen bisher nicht beschrieben.

47.5.2
Wirkungen bei Tieren

Vitamin E ist für die Reproduktion, und die Funktion des Nervensystems, der Muskulatur sowie der endokrinen Drüsen (Hypophyse, Nebennierenrinde) von Wichtigkeit. Bei einer Vitamin-E-Unterversorgung kommt es zu degenerativen Veränderungen an der Skelettmuskulatur, am Herzmuskel, am Bindegewebe, am Gefäßsystem, an den endokrinen Drüsen sowie an der Leber. Vitamin-E-arm ernährte Tiere sind außerdem sehr anfällig für Infektionskrankheiten. Die Symptome sind von Spezies zu Spezies unterschiedlich stark ausgeprägt, eine Übersicht gibt Tabelle 47.5. Auch für Tiere ist Vitamin E nicht toxisch. Orale Aufnahme von bis zu 200 mg/kg Körpergewicht wurde von Fröschen, Kaninchen, Hunden, Katzen und Affen ohne Nebenwirkungen toleriert. Chronische Toxizitätstudien sowie Reproduktions- und Teratogenitätstudien vornehmlich mit Ratten haben extrem hohe Dosen von Vitamin E verwendet und abgesehen von verlängerten Prothrombinzeiten eine sehr geringe Toxizität beobachtet. Insbesondere waren keine Mutagenität, Kanzerogenität oder Teratogenität zu verzeichnen. Ratten, denen 500, 1000 oder 2000 mg Vitamin E pro kg Körpergewicht für zwei 2 Jahre verfüttert wurden, entwickelten Hämorrhagien nach 15–18 Wochen. Eine ausführliche Zusammenfassung gibt [18, 49].

Vitamin E in der Reproduktion

Bei Zucht- und Labortieren führt eine gestörte Vitamin E-Absorption zu Reproduktionsstörungen bis hin zur Unfruchtbarkeit. *α*-TTP-Knockout-Mäuse sind unfruchtbar. Sie verlieren ihre Feten am Tag 9,5. Das ist der Tag, an dem der Labyrinth-Trophoblast der murinen Plazenta die Versorgung des Fetus mit Nährstoffen übernimmt [46]. In ApoB-Knockout-Mäusen starben die Embryonen am Tag 9,5, und es war kein *α*-Tocopherol in den Embryonen nachzuweisen [28]. Somit führen schwerer Vitamin E-Mangel, Abwesenheit eines wichtigen Bestandteils der Lipoproteine (ApoB), die Vitamin E in die Peripherie und offenbar auch durch die Plazenta transportieren, und die Abwesenheit von *α*-TTP

Tab. 47.5 Speziesspezifische Symptome eines Vitamin E-Mangels.

Symptome	Spezies
Anämien	Affen, Hühner
Exudative Diathese	Geflügel
Lebernekrose	Schwein (Braunfärbung des Specks), Ratte
Myokardiale Nekrose und Fibrose	Kälber, Nager, Schwein, Lamm
Myopathien	Schwein (Bananenkrankheit), Ratte, Maus, Kälber und Lämmer (Weißfleischigkeit aufgrund dystrophischer Veränderungen), Mensch
Neurologische Störungen (Enzephalomalazien, Ataxien)	Nager, Geflügel (Ödembildung im Kleinhirn durch verstärkten Plasmaaustritt, Fehlhaltung des Kopfes mit unkoordinierten Bewegungen), Mensch
Nierendegeneration	Affe, Ratte
Pankreasfibrose	Huhn, Maus
Reproduktionsstörungen	bei Geflügel verminderte Schlupfrate
(weibl.: Resorption von Feten, männl.: Degeneration des Keimepithels in Samenzelle)	Ratte, Maus, Meerschwein, Kaninchen, Hund, Schwein, Schaf, Rind, Affe, Mensch?
Retinopathien	Mensch, Hund
Steatitis	Schwein, Huhn, Affen, Katze

zu den gleichen Ereignissen: Absterben des Embryos. Dies zeigt klar, dass Vitamin E essenziell für die Embryogenese ist. Welche Mechanismen dieser Essentialität zugrunde liegen, muss noch geklärt werden, ebenso, ob Vitamin E auch beim Menschen ähnliche Funktionen hat. Das Vorhandensein von α-TTP in der menschlichen Plazenta stützt die Annahme einer Essentialität auch für die menschliche Reproduktion [47, 66].

47.5.3
Wirkungen auf andere biologische Systeme

Akkumulation von Vitamin E in Samen sollte diese vor oxidativer Zerstörung von Lipiden schützen und in photosynthetischem Gewebe den lichtinduzierten Verlust von Chlorophyll und Carotinoiden verhindern. Samen enthalten energiereiche Lipidspeicher, die bei der Keimung mobilisiert werden. Schutz vor Zerstörung der Lipide während langer Speicher-, Ruhe- oder Verbreitungsphasen war eine Herausforderung an die Evolution, die mit der Entwicklung von Vitamin E gelöst zu sein schien. Mit der Aufklärung des Biosyntheseweges von Vitamin E und der Klonierung aller beteiligten Enzyme wurde begonnen, die Funktion von Vitamin E in Pflanzen zu untersuchen. Entfernen des Gens für die Homogentisinsäure Phytyltransferase führte zu einem völligen Verlust von Tocopherolen. Konsequenzen für die Pflanzen waren:

- Verkürzung der Überlebensrate der Samen,
- gestörter Abbau der Lipidspeicher in den Samen, dadurch verminderte Bereitstellung von Energie und Substraten, was sich an der Ausbildung verkürzter Wurzeln bemerkbar machte,
- Anhäufung von Lipidoxidationsprodukten (Oxylipine),
- fehlende Kompensation der ansteigenden Produktion reaktiver Sauerstoffspezies während der Keimung und frühen Phasen der Entwicklung [80].

Die Rolle von Vitamin E wurde in der Verhinderung nicht enzymatischer Lipidperoxidation während der Ruhephase von Samen und Regulation oxidativer Prozesse während der Keimung gesehen. Man darf gespannt sein, welche weiteren Prozesse in Pflanzen von Tocopherolen und Tocotrienolen abhängig sind und warum es mehrerer Formen von Vitamin E bedarf, diese Funktionen auszuüben.

47.5.4
Zusammenfassung der wichtigsten Wirkungsmechanismen

Über Wirkungsmechanismen von Vitamin E ist erstaunlich wenig bekannt. Die wichtigste Funktion von Vitamin E bei Säugetieren ist zweifelsohne die Aufrechterhaltung einer ungestörten Reproduktion. Wie dies geschieht, ist nicht bekannt. Beim Menschen sind bei Vitamin E-Mangel neuromuskuläre Funktionen am eklatantesten betroffen, auch hier ist der zugrundeliegende Mechanismus nicht bekannt. Die antioxidative Funktion, die Membranen vor Lipidperoxidation schützt und Radikale abfängt, liefert nur eine unbefriedigende Erklärung. Es ist zu erwarten, dass die verstärkt unternommenen Bemühungen, Vitamin E-regulierte Gene aufzudecken, mehr Informationen liefern werden. Bisher sind regulierte Gene in folgende funktionelle Cluster einzuordnen [5]:
- Aufnahme und Metabolismus von Vitamin E,
- Lipidabsorption und Atherosklerose,
- Modulation extrazellulärer Proteine,
- Entzündungsprozesse,
- zellulärer Signaltransfer und Zellzykluskontrolle.

Erst mit der Identifizierung des gemeinsamen regulatorischen Prinzips wird es möglich sein, die essenzielle Funktion von Vitamin E auf molekularer Ebene aufzuklären.

47.6 Bewertung des Gefährdungspotenzials

Unterversorgung

Einen nahrungsbedingten isolierten Vitamin E-Mangel gibt es beim Menschen praktisch nicht. Deshalb ist eine ausreichende Vitamin E-Zufuhr ohne Supplemente möglich [23]. Vitamin E muss aber zusammen mit Fetten aufgenommen werden. Bei gestörter Fettresorption, wie sie z. B. bei Sprue, cystischer Fibrose, chronischer Pankreatitis oder Cholestase auftritt, kommt es häufig zu Vitamin E-Mangel. Schwerer Vitamin E-Mangel tritt auch bei genetisch bedingten Erkrankungen auf. Hier sind AVED bzw. FIVE (s. Abschnitt 47.5.1) oder A-β-Lipoproteinämie zu nennen. Eine Aufrechterhaltung des normalen Vitamin E-Plasmaspiegels ist hier nur durch hohe Gaben α-Tocopherol möglich.

Überversorgung

Im Gegensatz zu den anderen fettlöslichen Vitaminen A und D ist Vitamin E relativ untoxisch. Entsprechende Toxizitätsstudien sind in [49] zusammengefasst. Auch kann es über die normale, nicht angereicherte Nahrung nicht zu einer Überversorgung kommen.

Seit längerem wird eine erhöhte Blutungsneigung als Nebenwirkung, die am ehesten wahrscheinlich ist, diskutiert. In der ATBC-Studie [36] wurde in der Vitamin E-Gruppe eine um 50% erhöhte Sterblichkeit (in 66/10 000 Personenjahre gegenüber 44/10 000 Personenjahre in der Kontrollgruppe) aufgrund von hämorrhagischen Schlaganfällen festgestellt. Da α-Tocopherol die Plättchenaggregation hemmt und somit eine Wirkung von Vitamin K-Antagonisten verstärken kann, wird immer wieder empfohlen, Patienten unter Antikoagulationstherapie nicht zusätzlich α-Tocopherol zu verabreichen.

Charakteristische akute Nebenwirkungen wurden in klinischen Studien, in denen hohe Dosen α-Tocopherol verabreicht wurden, bisher nicht beschrieben. Allerdings kommt es gerade in letzter Zeit verstärkt zu Berichten, die unerwartete negative Auswirkungen einer Langzeitsupplementation mit α-Tocopherol beschreiben. Dabei handelt es sich um Metaanalysen verfügbarer Studien, die entweder eine völlige Unwirksamkeit von Vitamin E [102] oder gar eine erhöhte Sterblichkeit bei Supplementierung mit hohen Dosen (>400 IU) zu Tage förderten [64]. Auch die HOPE-TOO-Studie ergab eher nachteilige Effekte einer lang andauernden Vitamin E-Supplementation [58] (s. Abschnitt 47.5.1).

Solange nichts über den Mechanismus der Vitamin E-Wirkungen bekannt ist, ist es schwer, diese Befunde zu erklären. Eine gängige Interpretation unterstellt bei hohen Dosen ein Umschlagen der antioxidativen Wirkung in eine pro-oxidative. Eine andere Erklärung wäre, dass reaktive Sauerstoffspezies wichtige biologische Funktionen ausüben, die man nicht quantitativ ausschalten sollte. Zu solchen Aufgaben gehören z. B. die Infektabwehr und die Regulation von Wachstum und Differenzierung von Zellen.

Eine dritte Möglichkeit wurde bislang selten in Betracht gezogen: Tocopherole und Tocotrienole werden wie Fremdstoffe metabolisiert. In Zellkulturexperimenten wurde nachgewiesen, dass Tocopherole und Tocotrienole die sie metabolisierenden Enzyme (vor allem CYP3A4) induzieren können [54, 55]. Dies wurde von zwei Arbeitsgruppen unabhängig voneinander für α-Tocopherol in Mäusen bestätigt [12, 51, 96, 98]. Falls α-Tocopherol auch beim Menschen CYP3A4 induzieren kann, käme es zu einer Interferenz mit dem Arzneimittelmetabolismus, was bedeuten würde, dass Arzneimittel schneller abgebaut würden und damit unwirksam wären. Da in den meisten Studien Patienten (Herz-Kreislauf-Kranke, Krebskranke, Diabetiker) beobachtet wurden, die sehr wahrscheinlich unter notwendiger Arzneimitteltherapie standen, kann ein Versagen der Medikation als Ursache für die in einigen Fällen erhöhte Mortalität nicht völlig ausgeschlossen werden. Entsprechende Komplikationen sind z. B. von dem im Johanniskraut enthaltenen Hyperforin bekannt, das durch Induktion von CYP3A4 die Antibabypille, das AIDS-Medikament Indinavir und das Immunsuppressivum Cyclosporin außer Kraft setzen kann [65, 105].

47.7
Grenzwerte, Richtwerte, Empfehlungen, gesetzliche Regelungen

Als täglicher Bedarf von Nährstoffen wird der Referenzwert angegeben, welcher der Aufnahme von nahezu 98% der gesunden Bevölkerung [23] entspricht. Der eigentliche Bedarf an Vitamin E kann mangels eines Biomarkers nicht mit der gewünschten Genauigkeit angegeben werden. Er wird deshalb, wie in solchen Fällen üblich, als Regelaufnahme-orientierter Schätzwert angegeben. Die Deutsche Gesellschaft für Ernährung (DGE) gibt für Säuglinge alters- und geschlechtsabhängig 3–4 mg Tocopherol-Äquivalente/Tag, für Kinder von 1–15 Jahren 5–14 mg und für Erwachsene 11–15 mg an [23]. Die amerikanische Food and Nutrition Board [29] gibt die Schätzwerte (EAR = estimated average requirement) für Erwachsene generell mit 12 mg/Tag an und empfiehlt eine tägliche Dosis (RDA = recommended dietary allowance, 120% der EAR) von 15 mg. Für Schwangere werden 13 mg (DGE) bzw. 12 mg (EAR) und 15 mg (RDA) angegeben, für Stillende 17 mg (DGE) bzw. 16 mg (EAR) und 19 mg (RDA). Andere Besonderheiten wie Krankheiten, Raucher, Leistungssport, Alter etc. sind nicht als zuschlagspflichtig anerkannt.

Die weit verbreitete Gewohnheit, weitgehend selbst verordnete Vitamin E-Supplemente zu sich zu nehmen, hat zur Definition einer tolerierbaren oberen Tagesdosis (tolerable upper intake level, UL) geführt [29]. Dies ist die höchste diätetische Menge, die ohne unerwünschte Nebenwirkungen von fast allen Individuen aufgenommen werden kann. Daneben wurde der NOAEL (no observed adverse effect level) und der LOAEL (lowest observed adverse effect level) eingeführt. ULs für alle Formen von α-Tocopherol sind für Kinder bis 3 Jahre 200 mg/Tag, bis 8 Jahre 300 mg/Tag, bis 13 Jahre 600 mg/Tag, bis 18 Jahre 800 mg/Tag und darüber 1000 mg/Tag. Die Werte gelten auch für Schwangere und Stillende [29]. Die oberen tolerierbaren Grenzwerte differieren jedoch länderspezifisch: Die European Commission Scientific Committee on Food (EC-SCF) hat sich auf 300 mg, die UK Food Standards Agency (FSA) Expert Group on Vitamins and Minerals auf 540 mg und die zuständige Behörde in Japan auf 600 mg festgelegt.

47.8 Vorsorgemaßnahmen

Vorsorgemaßnahmen sind wegen der geringen Toxizität und der weiten Verbreitung in der Nahrung nicht nötig.

47.9 Zusammenfassung

Vitamin E wurde 1922 als Faktor, der in Ratten die Resorption von Feten verhinderte, entdeckt. Es wird nur in Pflanzen und einigen Cyanobakterien synthetisiert. Es kommt in grünen Teilen von Pflanzen und in Samen vor. In der Nahrung findet es sich vornehmlich in Ölen, Keimen und Nüssen. Vitamin E ist die Bezeichnung für vier Tocopherole (α, β, γ, δ) und Tocotrienole (α, β, γ, δ), von denen α-Tocopherol die höchste biologische Aktivität hat. Dies liegt zum einen an α-tocopherolspezifischen Proteinen, wie dem α-Tocopherol-Transfer-Protein, das α-Tocopherol aus allen in der Leber ankommenden Formen von Vitamin E aussortiert und für den Einbau in VLDL bereitstellt, von dem ausgehend es über den Organismus verteilt wird. Zum anderen wird α-Tocopherol im Vergleich zu anderen Formen von Vitamin E nur geringfügig metabolisiert. Der Metabolismus enthält eine Seitenkettenverkürzung über initiale ω-Hydroxylierung und nachfolgende β-Oxidation. Die Endprodukte sind Carboxyethylhydroxychromane (CEHC), die als Glucuronide oder Sulfate im Urin ausgeschieden werden.

Vitamin E ist bei Tieren essenziell für die Reproduktion, beim Mensch manifestiert sich ein Vitamin E-Mangel in neurologischen Störungen. Der Mechanismus seiner biologischen Funktion wurde bislang fast ausschließlich über antioxidative Eigenschaften definiert. Epidemiologische Studien legten einen Zusammenhang zwischen ausreichendem/hohem Vitamin E-Verzehr und einem verminderten Risiko an Krankheiten, die mit oxidativem Stress in Verbindung gebracht werden (z. B. Herz-Kreislauf-Erkrankungen), nahe. Dieser Zusammenhang konnte aber in großen kontrollierten klinischen Studien nicht bestätigt werden. Es wurde sogar über negative Effekte berichtet. Vitamin E hat außer antioxidativen Eigenschaften andere, zunehmend als wichtiger erkannte Funktionen. So greift es in den intrazellulären Signaltransfer ein und beeinflusst die Aktivität von Genen. Solange über diese neuen Funktionen und deren zugrunde liegende Mechanismen nur wenig bekannt ist, sollte man von extrem hohen Dosen abraten. So konnten sich weder die Deutsche Gesellschaft für Ernährung noch das amerikanische Food and Nutrition Board entschließen, die Referenzwerte für die tägliche Aufnahme nach oben zu korrigieren und blieben bei 12 bzw. 15 mg α-Tocopherol-Äquivalente pro Tag für gesunde Erwachsene. Wegen der relativ sehr geringen Toxizität wurde die oberste tolerierbare Tagesdosis (UL) länderspezifisch auf 300–1000 mg pro Tag gesetzt.

47.10 Literatur

1 Adler LA, Edson R, Lavori P, Peselow E, Duncan E, Rosenthal M, Rotrosen J (1998) Long-term treatment effects of vitamin E for tardive dyskinesia, *Biological Psychiatry* **43**: 868–872.

2 Albanes D, Heinonen OP, Huttunen JK, Taylor PR, Virtamo J, Edwards BK, Haapakoski J, Rautalahti M, Hartman AM, Palmgren J, Grunwald P (1995) Effects of alpha-tocopherol and beta-carotene supplements on cancer incidence in the Alpha-Tocopherol Beta-Carotene Cancer Prevention Study, *American Journal of Clinical Nutrition* **62**: 1427S–1430S.

3 Argyriou AA, Chroni E, Koutras A, Ellul J, Papapetropoulos S, Katsoulas G, Iconomou G, Kalofonos HP (2005) Vitamin E for prophylaxis against chemotherapy-induced neuropathy – A randomized controlled trial, *Neurology* **64**: 26–31.

4 Arita M, Nomura K, Arai H, Inoue K (1997) Alpha-tocopherol transfer protein stimulates the secretion of alpha-tocopherol from a cultured liver cell line through a brefeldin A-insensitive pathway, *Proceedings of the National Academy of Science of the United States of America (Washington)* **94**: 12437–12441.

5 Azzi A, Gysin R, Kempna P, Munteanu A, Villacorta L, Visarius T, Zingg JM (2004) Regulation of gene expression by alpha-tocopherol, *Biological Chemistry* **385**: 585–591.

6 Ben Hamida M, Belal S, Sirugo G, Ben Hamida C, Panayides K, Ionannou P, Beckmann J, Mandel JL, Hentati F, Koenig M, et al. (1993) Friedreich's ataxia phenotype not linked to chromosome 9 and associated with selective autosomal recessive vitamin E deficiency in two inbred Tunisian families, *Neurology* **43**: 2179–2183.

7 Birringer M, Drogan D, Brigelius-Flohé R (2001) Tocopherols are metabolized in HepG2 cells by side chain omega-oxidation and consecutive beta-oxidation, *Free Radical Biology and Medicine* **31**: 226–232.

8 Birringer M, Pfluger P, Kluth D, Landes N, Brigelius-Flohé R (2002) Identities and differences in the metabolism of tocotrienols and tocopherols in HepG2 cells, *Journal of Nutrition* **132**: 3113–3118.

9 Blatt DH, Pryor WA, Mata JE, Rodriguez-Proteau R (2004) Re-evaluation of the relative potency of synthetic and natural alpha-tocopherol: experimental and clinical observations, *Journal of Nutritional Biochemistry* **15**: 380–395.

10 Blot WJ, Li JY, Taylor PR, Guo W, Dawsey S, Wang GQ, Yang CS, Zheng SF, Gail M, Li GY, et al. (1993) Nutrition intervention trials in Linxian, China: supplementation with specific vitamin/mineral combinations, cancer incidence, and disease-specific mortality in the general population, *J Natl Cancer Inst* **85**: 1483–1492.

11 Boaz M, Smetana S, Weinstein T, Matas Z, Gafter U, Iaina A, Knecht A, Weissgarten Y, Brunner D, Fainaru M, Green MS (2000) Secondary prevention with antioxidants of cardiovascular disease in endstage renal disease (SPACE): randomised placebo-controlled trial, *Lancet* **356**: 1213–1218.

12 Brigelius-Flohé R (2003) Vitamin E and drug metabolism, *Biochemical and Biophysical Research Communications* **305**: 737–740.

13 Brigelius-Flohé R, Kelly FJ, Salonen J, Neuzil J, Zingg J-M, Azzi A (2002) The European perspective on vitamin E:

current knowledge and future research, *American Journal of Clinical Nutrition* **76**: 703–716.

14 Buettner GR (1993) The Pecking Order of Free-Radicals and Antioxidants – Lipid-Peroxidation, Alpha-Tocopherol, and Ascorbate, *Archives of Biochemistry and Biophysics* **300**: 535–543.

15 Burton GW, Ingold KU (1981) Autoxidation of biological molecules. 1. The antioxidant activity of vitamin E and related chain breaking phenolic antioxidants *in vitro*, *Journal of the American Chemical Society* **103**: 6472–4977.

16 Campbell S, Stone W, Whaley S, Krishnan K (2003) Development of gamma (gamma)-tocopherol as a colorectal cancer chemopreventive agent, *Critical Reviews in Oncology/Hematology* **47**: 249–259.

17 Chiku S, Hamamura K, Nakamura T (1984) Novel urinary metabolite of δ-delta-tocopherol in rats, *Journal of Lipid Research* **25**: 40–48.

18 Cognis Research summaries (1998) Safety of oral vitamin E.

19 Cohn W, Kuhn H (1989) The role of the low density lipoprotein receptor for alpha-tocopherol delivery to tissues, *Annals of the New York Academy of Sciences* **570**: 61–71.

20 Collakova E, DellaPenna D (2003) The role of homogenisate phytyltransferase and other tocopherol pathway enzymes in the regulation of tocopherol synthesis during abiotic stress, *Plant Physiology* **133**: 930–940.

21 Combs GFJ (1998) The Vitamins. Fundamental aspects in nutrition and health, Academic Press, San Diego.

22 Cooney RV, Franke AA, Harwood PJ, Hatch-Pigott V, Custer LJ, Mordan LJ (1993) Gamma-tocopherol detoxification of nitrogen dioxide: superiority to alpha-tocopherol, *Proceedings of the National Academy of Science of the United States of America (Washington)* **90**: 1771–1775.

23 Deutsche Gesellschaft für Ernährung DGE (2000) Referenzwerte für die Nährstoffzufuhr, Umschau/Braus, Frankfurt am Main.

24 Dimitrov NV, Meyer C, Gilliland D, Ruppenthal M, Chenoweth W, Malone W (1991) Plasma tocopherol concentrations in response to supplemental vitamin E, *American Journal of Clinical Nutrition* **53**: 723–729.

25 Drevon CA (1991) Absorption, transport and metabolism of vitamin E, *Free Radical Research Communications* **14**: 229–246.

26 Dutta-Roy AK, Leishman DJ, Gordon MJ, Campbell FM, Duthie GG (1993) Identification of a low molecular mass (14.2 kDa) alpha-tocopherol-binding protein in the cytosol of rat liver and heart, *Biochemical and Biophysical Research Communications* **196**: 1108–1112.

27 Evans HM, Bishop KS (1922) On the existence of a hitherto unrecognized dietary factor essential for reproduction, *Science* **56**: 650–651.

28 Farese RV Jr, Cases S, Ruland SL, Kayden HJ, Wong JS, Young SG, Hamilton RL (1996) A novel function for apolipoprotein B: lipoprotein synthesis in the yolk sac is critical for maternal-fetal lipid transport in mice, *Journal of Lipid Research* **37**: 347–360.

29 Food and Nutritional Board IoM (2000) Dietary Reference Intakes for Vitamin C, Vitamin E, Selenium and Carotenoids, National Academy Press, Washington, DC.

30 Ghalaut VS, Ghalaut PS, Kharb S, Singh GP (1995) Vitamin E in Intestinal Fat Malabsorption, *Annals of Nutrition and Metabolism* **39**: 296–301.

31 GISSI prevention investigators (1999) Dietary supplementation with *n*–3 polyunsaturated fatty acids and vitamin E after myocardial infarction: results of the GISSI-Prevenzione trial. Gruppo Italiano per lo Studio della Soprawivenza nell'Infarto miocardico, *Lancet* **354**: 447–455.

32 Gohil K, Schock BC, Chakraborty AA, Terasawa Y, Raber J, Farese RV Jr, Packer L, Cross CE, Traber MG (2003) Gene expression profile of oxidant stress and neurodegeneration in transgenic mice deficient in alpha-tocopherol transfer protein, *Free Radical Biology and Medicine* **35**: 1343–1354.

33 Goldstein JL, Hobbs HH, Brown MS (1995) Familial hypercholesterolemia, in: Scriver CR, Beaudet AL, Sly WS, Valle D

(Hrsg) The metabolic and molecular bases of inherited disease. McGraw-Hill, New York, S. 1981–2030.

34 Goti D, Hrzenjak A, Levak-Frank S, Frank S, van der Westhuyzen DR, Malle E, Sattler W (2001) Scavenger receptor class B, type I is expressed in porcine brain capillary endothelial cells and contributes to selective uptake of HDL-associated vitamin E, *Journal of Neurochemistry* **76**: 498–508.

35 Heinonen OP, Albanes D, Virtamo J, Taylor PR, Huttunen JK, Hartman AM, Haapakoski J, Malila N, Rautalahti M, Ripatti S, Maenpaa H, Teerenhovi L, Koss L, Virolainen M, Edwards BK (1998) Prostate cancer and supplementation with alpha-tocopherol and beta-carotene: incidence and mortality in a controlled trial, *Journal of the National Cancer Institute* **90**: 440–446.

36 Heinonen OP et al. The ATBC Study Group (1994) Effect of vitamin E and beta-carotene on the incidence of lung cancer and other cancers in male smokers, *New England Journal of Medicine* **330**: 1029–1035.

37 Hensley K, Benaksas EJ, Bolli R, Comp P, Grammas P, Hamdheydari L, Mou S, Pye QN, Stoddard MF, Wallis G, Williamson KS, West M, Wechter WJ, Floyd RA (2004) New perspectives on vitamin E: gamma-tocopherol and carboxyethylhydroxychroman metabolites in biology and medicine, *Free Radical Biology and Medicine* **36**: 1–15.

38 Hentati A, Deng HX, Hung WY, Nayer M, Ahmed MS, He X, Tim R, Stumpf DA, Siddique T (1996) Human alpha-tocopherol transfer protein: gene structure and mutations in familial vitamin E deficiency, *Annals of Neurology* **39**: 295–300.

39 Hodis HN, Mack WJ, LaBree L, Mahrer PR, Sevanian A, Liu CR, Liu CH, Hwang J, Selzer RH, Azen SP (2002) Alpha-tocopherol supplementation in healthy individuals reduces low-density lipoprotein oxidation but not atherosclerosis – The Vitamin E Atherosclerosis Prevention Study (VEAPS), *Circulation* **106**: 1453–1459.

40 Hoglen NC, Waller SC, Sipes IG, Liebler DC (1997) Reactions of peroxynitrite with gamma-tocopherol, *Chemical Research in Toxicology* **10**: 401–407.

41 Hoppe PP, Krennrich G (2000) Bioavailability and potency of natural-source and all-racemic alpha-tocopherol in the human: a dispute, *European Journal of Nutrition* **39**: 183–193.

42 Hosomi A, Arita M, Sato Y, Kiyose C, Ueda T, Igarashi O, Arai H, Inoue K (1997) Affinity for alpha-tocopherol transfer protein as a determinant of the biological activities of vitamin E analogs, *FEBS Letters* **409**: 105–108.

43 Hosomi A, Goto K, Kondo H, Iwatsubo T, Yokota T, Ogawa M, Arita M, Aoki J, Arai H, Inoue K (1998) Localization of alpha-tocopherol transfer protein in rat brain, *Neuroscience Letters* **256**: 159–162.

44 Jialal I, Fuller CJ, Huet BA (1995) The effect of alpha-tocopherol supplementation on LDL oxidation. A dose-response study, *Arteriosclerosis Thrombosis and Vascular Biology* **15**: 190–198.

45 Jiang Q, Lykkesfeldt J, Shigenaga MK, Shigeno ET, Christen S, Ames BN (2002) gamma-Tocopherol supplementation inhibits protein nitration and ascorbate oxidation in rats with inflammation, *Free Radical Biology and Medicine* **33**: 1534–1542.

46 Jishage K, Arita M, Igarashi K, Iwata T, Watanabe M, Ogawa M, Ueda O, Kamada N, Inoue K, Arai H, Suzuki H (2001) Alpha-tocopherol transfer protein is important for the normal development of placental labyrinthine trophoblasts in mice, *Journal of Biological Chemistry* **276**: 1669–1672.

47 Kaempf-Rotzoll DE, Horiguchi M, Hashiguchi K, Aoki J, Tamai H, Linderkamp O, Arai H (2003) Human placental trophoblast cells express alpha-tocopherol transfer protein, *Placenta* **24**: 439–444.

48 Kamal-Eldin A, Appelqvist LA (1996) The chemistry and antioxidant properties of tocopherols and tocotrienols, *Lipids* **31**: 671–701.

49 Kappus H, Diplock AT (1992) Tolerance and safety of vitamin E: a toxicological position report, *Free Radical Biology and Medicine* **13**: 55–74.

50 Kempna P, Zingg JM, Ricciarelli R, Hierl M, Saxena S, Azzi A (2003) Cloning of novel human SEC14p-like proteins: Ligand binding and functional properties, *Free Radical Biology and Medicine* **34**: 1458–1472.

51 Kluth D, Landes N, Pfluger P, Müller-Schmehl K, Weiss K, Bumke-Vogt C, Ristow M, Brigelius-Flohé R (2005) Modulation of Cyp3a11 mRNA expression by alpha-tocopherol but not gamma-tocotrienol in mice, *Free Radical Biology and Medicine* **38**: 507–514.

52 Kolleck I, Sinha P, Rustow B (2002) Vitamin E as an antioxidant of the lung – Mechanisms of vitamin E delivery to alveolar type II cells, *American Journal of Respiratory and Critical Care Medicine* **166**: S62–S66.

53 Kushi LH, Folsom AR, Prineas RJ, Mink PJ, Wu Y, Bostick RM (1996) Dietary antioxidant vitamins and death from coronary heart disease in postmenopausal women, *New England Journal of Medicine* **334**: 1156–1162.

54 Landes N, Birringer M, Brigelius-Flohé R (2003) Homologous metabolic and gene activating routes for vitamins E and K, *Molecular Aspects of Medicine* **24**: 337–344.

55 Landes N, Pfluger P, Kluth D, Birringer M, Rühl R, Böl GF, Glatt H, Brigelius-Flohé R (2003) Vitamin E activates gene expression via the pregnane X receptor, *Biochemical Pharmacology* **65**: 269–273.

56 Li JY, Taylor PR, Li B, Dawsey S, Wang GQ, Ershow AG, Guo WD, Liu SF, Yang CS, Shen Q, Wang W, Mark SD, Zou XN, Greenwald P, Wu YP, Blot WJ (1993) Nutrition intervention trials in Linxian, China – Multiple vitamin mineral supplementation, cancer incidence, and disease-specific mortality among adults with esophageal dysplasia, *Journal of the National Cancer Institute* **85**: 1492–1498.

57 Lodge JK, Ridlington J, Leonard S, Vaule H, Traber MG (2001) Alpha- and gamma- tocotrienols are metabolized to carboxyethyl-hydroxychroman derivatives and excreted in human urine, *Lipids* **36**: 43–48.

58 Lonn E, Bosch J, Yusuf S, Sheridan P, Pogue J, Arnold JM, Ross C, Arnold A, Sleight P, Probstfield J, Dagenais GR, HOPE and HOPE-TOO Trial investigators (2005) Effects of long-term vitamin E supplementation on cardiovascular events and cancer: a randomized controlled trial, *Journal of the American Medical Association* **293**: 1338–1347.

59 Lonn EM, Yusuf S, Dzavik V, Doris CI, Yi QL, Smith S, Moore-Cox A, Bosch J, Riley WA, Teo KK (2001) Effects of ramipril and vitamin E on atherosclerosis – The study to evaluate carotid ultrasound changes in patients treated with ramipril and vitamin E (SECURE), *Circulation* **103**: 919–925.

60 Mardones P, Rigotti A (2004) Cellular mechanisms of vitamin E uptake: relevance in alpha-tocopherol metabolism and potential implications for disease, *Journal of Nutritional Biochemistry* **15**: 252–260.

61 Meier R, Tomizaki T, Schulze-Briese C, Baumann U, Stocker A (2003) The molecular basis of vitamin E retention: Structure of human alpha-tocopherol transfer protein, *Journal of Molecular Biology* **331**: 725–734.

62 Meydani SN, Meydani M, Blumberg JB, Leka LS, Pedrosa M, Diamond R, Schaefer EJ (1998) Assessment of the safety of supplementation with different amounts of vitamin E in healthy older adults, *American Journal of Clinical Nutrition* **68**: 311–318.

63 Meydani SN, Meydani M, Blumberg JB, Leka LS, Siber G, Loszewski R, Thompson C, Pedrosa MC, Diamond RD, Stollar BD (1997) Vitamin E supplementation and in vivo immune response in healthy elderly subjects – A randomized controlled trial, *Journal of the American Medical Association* **277**: 1380–1386.

64 Miller ER, 3rd, Pastor-Barriuso R, Dalal D, Riemersma RA, Appel LJ, Guallar E (2004) Meta-analysis: high-dosage vitamin E supplementation may increase all-cause mortality, *Annals of Internal Medicine* **142**: 37–46.

65 Moore LB, Goodwin B, Jones SA, Wisely GB, Serabjit-Singh CJ, Willson TM, Collins JL, Kliewer SA (2000) St. John's wort

induces hepatic drug metabolism through activation of the pregnane X receptor, *Proceedings of the National Academy of Science of the United States of America* **97**: 7500–7502.

66 Müller-Schmehl K, Beninde J, Finckh B, Florian S, Dudenhausen JW, Brigelius-Flohé R, Schuelke M (2004) Localization of α-tocopherol transfer protein in trophoblast, fetal capillaries' endothelium and amnion epithelium of human term placenta, *Free Radical Research* **38**: 413–420.

67 Munteanu A, Zingg JM, Azzi A (2004) Anti-atherosclerotic effects of vitamin E – myth or reality?, *Journal of Cellular and Molecular Medicine* **8**: 59–76.

68 Mustacich DJ, Shields J, Horton RA, Brown MK, Reed DJ (1998) Biliary secretion of alpha-tocopherol and the role of the mdr2 P-glycoprotein in rats and mice, *Archives of Biochemistry and Biophysics* **350**: 183–192.

69 Neuzil J, Tomasetti M, Mellick AS, Alleva R, Salvatore BA, Birringer M, Fariss MW (2004) Vitamin E analogues: a new class of inducers of apoptosis with selective anti-cancer effects, *Current Cancer Drug Targets* **4**: 355–372.

70 Oram JF, Lawn RM (2001) ABCA1. The gatekeeper for eliminating excess tissue cholesterol, *Journal of Lipid Research* **42**: 1173–1179.

71 Ouahchi K, Arita M, Kayden H, Hentati F, Hamida MB, Sokol R, Arai H, Inoue K, Mandel J-L, Koenig M (1995) Ataxia with isolated vitamin E deficiency is caused by mutations in the α-tocopherol transfer protein, *Nature Genetics* **9**: 141–145.

72 Parker RS (2002) Role of cytochrome P450-mediated metabolism in the bioavailability of vitamin E, *Free Radical Research* **36**: 5–7.

73 Raijmakers MTM, Dechend R, Poston L (2004) Oxidative stress and preeclampsia – Rationale for antioxidant clinical trials, *Hypertension* **44**: 374–380.

74 Rapola JM, Virtamo J, Ripatti S, Huttunen JK, Albanes D, Taylor PR, Heinonen OP (1997) Randomised trial of alpha-tocopherol and beta-carotene supplements on incidence of major coronary events in men with previous myocardial infarction, *Lancet* **349**: 1715–1720.

75 Reaven PD, Witztum JL (1993) Comparison of supplementation of RRR-alpha-tocopherol and racemic alpha-tocopherol in humans. Effects on lipid levels and lipoprotein susceptibility to oxidation, *Arteriosclerosis Thrombosis* **13**: 601–608.

76 Rimm EB, Stampfer MJ, Ascherio A, Giovannucci E, Colditz GA, Willett WC (1993) Vitamin-E consumption and the risk of coronary heart-disease in men, *New England Journal of Medicine* **328**: 1450–1456.

77 Roxborough HE, Burton GW, Kelly FJ (2000) Inter- and intra-individual variation in plasma and red blood cell vitamin E after supplementation, *Free Radical Research* **33**: 437–446.

78 Salonen JT, Nyysonen K, Salonen R, Lakka HM, Kaikkonen J, Porkkala-Sarataho E, Voutilainen S, Lakka TA, Rissanen T, Leskinen L, Tuomainen TP, Valkonen VP, Ristonmaa U, Poulsen HE (2000) Antioxidant Supplementation in Atherosclerosis Prevention (ASAP) study: a randomized trial of the effect of vitamins E and C on 3-year progression of carotid atherosclerosis, *Journal of Internal Medicine* **248**: 377–386.

79 Sano M, Ernesto C, Thomas RG, Klauber MR, Schafer K, Grundman M, Woodbury P, Growdon J, Cotman DW, Pfeiffer E, Schneider LS, Thal LJ (1997) A controlled trial of selegiline, alpha-tocopherol, or both as treatment for Alzheimer's disease, *New England Journal of Medicine* **336**: 1216–1222.

80 Sattler SE, Gilliland LU, Magallanes-Lundback M, Pollard M, DellaPenna D (2004) Vitamin E is essential for seed longevity, and for preventing lipid peroxidation during germination, *Plant Cell* **16**: 1419–1432.

81 Schaffer S, Muller WE, Eckert GP (2005) Tocotrienols: Constitutional effects in aging and disease, *Journal of Nutrition* **135**: 151–154.

82 Schultz M, Leist M, Petrzika M, Gassmann B, Brigelius-Flohé R (1995) Novel urinary metabolite of alpha-tocopherol, 2,5,7,8-tetramethyl-2(2'-carboxyethyl)-6-hydroxychroman, as an indicator of an adequate vitamin E supply?, *American Journal of Clinical Nutrition* **62**: 1527S–1534S.

83 Shoulson I, Fahn S, Oakes D, Kieburtz K, Lang A, Langston JW, Lewitt P, Olanow CW, Penney JB, Tanner C, Rudolph A, Pelusio RM (1993) Effects of tocopherol and deprenyl on the progression of disability in early Parkinsons-disease, *New England Journal of Medicine* **328**: 176–183.

84 Shoulson I, et al. The Parkinson Study Group (1998) Mortality in DATATOP: A multicenter trial in early Parkinson's disease, *Annals of Neurology* **43**: 318–325.

85 Simon EJ, Eisengart A, Sundheim L, Milhorat AT (1956) The metabolism of vitamin E II. Purification and characterization of urinary metabolites of alpha-tocopherol, *Journal of Biological Chemistry* **221**: 807–817.

86 Sontag TJ, Parker RS (2002) Cytochrome P450 omega-hydroxylase pathway of tocopherol catabolism – Novel mechanism of regulation of vitamin E status, *Journal of Biological Chemistry* **277**: 25290–25296.

87 Stampfer MJ, Hennekens CH, Manson JE, Colditz GA, Rosner B, Willett WC (1993) Vitamin-E consumption and the risk of coronary-disease in women, *New England Journal of Medicine* **328**: 1444–1449.

88 Stephens NG, Parsons A, Schofield PM, Kelly F, Cheeseman K, Mitchinson MJ (1996) Randomised controlled trial of vitamin E in patients with coronary disease: Cambridge Heart Antioxidant Study (CHAOS), *Lancet* **347**: 781–786.

89 Stocker R, Keaney JF (2004) Role of oxidative modifications in atherosclerosis, *Physiological Reviews* **84**: 1381–1478.

90 Subramaniam R, Koppal T, Green M, Yatin S, Jordan B, Drake J, Butterfield DA (1998) The free radical antioxidant vitamin E protects cortical synaptosomal membranes from amyloid beta peptide(25–35) toxicity but not from hydroxynonenal toxicity: Relevance to the free radical hypothesis of Alzheimer's disease, *Neurochemical Research* **23**: 1403–1410.

91 Sung L, Greenberg ML, Koren G, Tomlinson GA, Tong A, Malkin D, Feldman BM (2003) Vitamin E: The evidence for multiple roles in cancer, *Nutrition and Cancer* **46**: 1–14.

92 Sure B (1924) Dietary requirements for reproduction. II. The existence of a specific vitamin for reproduction, *Journal of Biological Chemistry* **58**: 693–709.

93 Swanson JE, Ben RN, Burton GW, Parker RS (1999) Urinary excretion of 2,7, 8-trimethyl-2-(beta-carboxyethyl)-6-hydroxychroman is a major route of elimination of gamma-tocopherol in humans, *Journal of Lipid Research* **40**: 665–671.

94 Teikari JM, Rautalahti M, Haukka J, Jarvinen P, Hartman AM, Virtamo J, Albanes D, Heinonen O (1998) Incidence of cataract operations in Finnish male smokers unaffected by a tocopherol or beta carotene supplements, *Journal of Epidemiology and Community Health* **52**: 468–472.

95 Tognoni G, Avanzini F, Pangrazzi Jea (2001) Low-dose aspirin and vitamin E in people at cardiovascular risk: a randomised trial in general practice, *Lancet* **357**: 89–95.

96 Traber MG (2004) Vitamin E, nuclear receptors and xenobiotic metabolism, *Archives of Biochemistry and Biophysics* **423**: 6–11.

97 Traber MG, Rader D, Acuff RV, Ramakrishnan R, Brewer HB, Kayden HJ (1998) Vitamin E dose-response studies in humans with use of deuterated RRR-alpha-tocopherol, *American Journal of Clinical Nutrition* **68**: 847–853.

98 Traber MG, Siddens LK, Leonard SW, Schock B, Gohil K, Krueger SK, Cross CE, Williams DE (2005) α-Tocopherol modulates Cyp3a expression, increases γ-CEHC production, and limits tissue γ-tocopherol accumulation in mice fed high γ-tocopherol diets, *Free Radical Biology and Medicine* **38**: 773–785.

99 Upston JM, Kritharides L, Stocker R (2003) The role of vitamin E in atherosclerosis, *Progress in Lipid Research* **42**: 405–422.

100 Upston JM, Terentis AC, Morris K, Keaney JF, Stocker R (2002) Oxidized lipid accumulates in the presence of

-tocopherol in atherosclerosis, *Biochemical Journal* **363**: 753–760.

101 Virtamo J, Pietinen P, Huttunen JK, Korhonen P, Malila N, Virtanen MJ, Albanes D, Taylor PR, Albert P (2003) Incidence of cancer and mortality following alpha-tocopherol and beta-carotene supplementation: a postintervention follow-up, *Journal of the American Medical Association* **290**: 476–485.

102 Vivekananthan DP, Penn MS, Sapp SK, Hsu A, Topol EJ (2003) Use of antioxidant vitamins for the prevention of cardiovascular disease: meta-analysis of randomised trials, *Lancet* **361**: 2017–2023.

103 Wechter WJ, Kantoci D, Murray ED, D'Amico DC, Jung ME, Wang W-H (1993) A new endogenous natriuretic factor: LLU, *Proceedings of the National Academy of Science of the United States of America* **93**: 6002–6007.

104 Weimann BJ, Weiser H (1991) Functions of vitamin E in reproduction and in prostacyclin and immunoglobulin synthesis in rats, *American Journal of Clinical Nutrition* **53**: 1056S–1060S.

105 Wentworth JM, Agostini M, Love J, Schwabe JW, Chatterjee VK (2000) St John's wort, a herbal antidepressant, activates the steroid X receptor, *Journal of Endocrinology* **166**: R11–R16.

106 Yokota T, Shiojiri T, Gotoda T, Arita M, Arai H, Ohga T, Kanda T, Suzuki J, Imai T, Matsumoto H, Harino S, Kiyosawa M, Mizusawa H, Inoue K (1997) Friedreich-like ataxia with retinitis pigmentosa caused by the His(101)Gln mutation of the alpha-tocopherol transfer protein gene, *Annals of Neurology* **41**: 826–832.

107 Yusuf S, Sleight P, Pogue J, Bosch J, Davies R, Dagenais G (2000) Effects of an angiotensin-converting-enzyme inhibitor, ramipril, on cardiovascular events in high-risk patients. The Heart Outcomes Prevention Evaluation Study Investigators, *N Engl J Med* **342**: 145–153.

48
Vitamin K

Donatus Nohr

48.1
Allgemeine Substanzbeschreibung

Vitamin K (VK) gehört zur Gruppe der fettlöslichen Vitamine. Der Namensteil K rührt von der Funktion des Vitamins her, nämlich der **K**oagulation der Blutzellen. VK wird auch als antihämorrhagisches Vitamin (engl. antihemorrhagic factor) bezeichnet. Bereits 1939 konnte gezeigt werden, dass die Gabe von VK eine Prothrombindefizienz und die damit verbundene hohe Sterblichkeitsrate von Säuglingen in der ersten Lebenswoche verhindern kann [22, 68]. Diese Befunde begründeten die noch heute in aller Regel angewendete, wenn auch nicht unumstrittene prinzipielle Gabe von VK sofort nach der Geburt (s. u.).

VK ist ein Oberbegriff für mehrere Substanzen, die Phyllochinone (Vitamin K1) und die physiologischen K-Vitamine, die Menachinone (MK-*n*; Vitamin K2). VK1 wird von Pflanzen produziert, in der Hauptsache von grünblättrigen Pflanzen und kommt somit auch in Pflanzenölen vor. Es kann VK2 ersetzen. VK2 wird von Bakterien synthetisiert, auch im humanen Kolon, wobei sich wiederholende Isopreneinheiten in der Seitenkette des Moleküls verwendet werden. Der Index „*n*" bei den Menachinonen steht für die Anzahl der Isopreneinheiten. Durch Abspaltung des Phythylrestes von Phyllochinon durch Darmbakterien entsteht Menadion (Vitamin K3). Besonders hervorzuheben ist der VK2 Vertreter MK-4, der nur in sehr geringen Mengen von Bakterien produziert wird, darüber hinaus aber von Tieren (einschließlich Menschen) aus Phyllochinonen produziert werden kann und in einer Vielzahl von Organen vorkommt [10].

Verantwortlich für die spezifische biologische Wirksamkeit von VK ist die Methylgruppe am Naphthochinonring, während die Phytyl- bzw. Prenylketten neben anderen Eigenschaften die Fettlöslichkeit bestimmen.

Vitamin K1 (Phyllochinon; 2-Methyl-3-eicosa-2′-en-1,4-naphthochinon) ist in Reinform ein orangefarbenes Öl („fettlösliches" Vitamin), das unlöslich in Wasser, besser löslich in Ethanol und gut löslich in Ether, Hexan oder Chloroform ist. Es reagiert empfindlich auf Tageslicht, wird im alkalischen Milieu zerstört, ist aber im leicht sauren Milieu und bei Anwesenheit von Sauerstoff stabil [25].

Handbuch der Lebensmitteltoxikologie. H. Dunkelberg, T. Gebel, A. Hartwig (Hrsg.)

ISBN: 978-3-527-31166-8

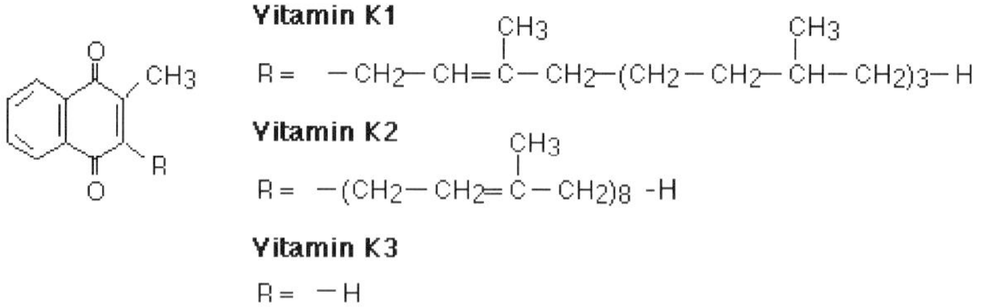

Vitamin K1

R = $-CH_2-CH=C(CH_3)-CH_2-(CH_2-CH_2-CH(CH_3)-CH_2)_3-H$

Vitamin K2

R = $-(CH_2-CH_2=C(CH_3)-CH_2)_8\ -H$

Vitamin K3

R = $-H$

Abb. 48.1 Strukturformeln der Vitamine K1 (Phyllochinon), K2 (Menachinon) und K3 (Menadion).

Vitamin K2 (Menachinon; 2-Methyl-3-multiprenyl-1,4-naphthochinon) hat ähnliche physikochemische Eigenschaften wie VK1, lediglich die Fettlöslichkeit ändert sich in Abhängigkeit von der Struktur der Seitenkette. VK2 wird von Darmbakterien synthetisiert (z. B. *E. coli, S. aureus*), als Speicher werden Leber und Knochen genannt.

Vitamin K3 (Menadion; 2-Methyl-1,4-naphthochinon) ist ein rein synthetisches Vitamin, das nicht in der Natur vorkommt. Sozusagen als Provitamin kann es durch Mikroorganismen in Menachinon-4 umgewandelt werden. Eine wasserlösliche Variante (K3-Natriumhydrogensulfit oder -diphosphat) dient häufig als Zusatz zu Tierfutter.

48.2 Vorkommen

VK1 wird hauptsächlich von grünblättrigen Pflanzen produziert, wobei die Menge mit der Konzentration des Chlorophylls korrelieren soll. Hinweise zu einem funktionellen Zusammenhang dieser beiden Parameter fehlen allerdings. VK1 kommt ebenfalls in Pflanzenölen vor. VK2 wird von Bakterien synthetisiert und kommt auch im Kolon des Menschen vor. Die Bedeutung dieses VK wird kontrovers diskutiert, da es zwar im Kolon produziert wird, dort aber nur äußerst geringe Mengen an Gallensäuren vorliegen, die wiederum für die Resorption des fettlöslichen VK Voraussetzung sind. Darüber hinaus gibt es Hinweise, dass lediglich Erkrankungen des Dünndarms zu VK-Defiziten führen (können) und diese durch Bakterien des Kolons zumindest nicht ausreichend wieder aufgefüllt werden können [34, 38]. Eine Übersicht über den Gehalt verschiedener Lebensmittel an Vitamin K gibt Tabelle 48.1, siehe aber auch [56].

48.3 Verbreitung und Nachweis

Generell kann Vitamin K (im Wesentlichen Phyllochinon) empfindlich bzw. mit einer niedrigen Nachweisgrenze mittels HPLC nachgewiesen werden, doch han-

Tab. 48.1 Überblick über den Gehalt verschiedener Lebensmittel an Vitamin K.

Lebensmittel (ausgewählt)	Vitamin K-Gehalt [µg/100 g]
Milchprodukte, Ei	
Frauenmilch	3
Hühnerei	45
Kuhmilch (3,5% Fett)	3,7
Speisequark (40% i. Tr.)	50
Gemüse	
Blumenkohl	300
Bohnen, grün	22
Brokkoli	130
Champignons	17
Karotten	80
Kartoffeln	50
Kopfsalat	200
Rosenkohl	570
Sauerkraut	1540
Sojabohnen (Samen)	190
Spinat	810
Tomaten	8
Getreide	
Reis	1
Weizenkeime	350
Weizenkörner	17
Mais (Korn)	40
Fleisch	
Brathuhn	300
Hammelfleisch (o. Fett)	bis 200
Rinderleber	300
Rindfleisch	210
Schweinefleisch	18
Schweineleber	24
Fett, Öl	
Butter	60
Mayonnaise	81
Sonnenblumenöl	500
Sonstiges	
Tee, schwarz	262
Tee, grün	1428

delt es sich hierbei um sehr aufwändige Nachweise, die keinesfalls in einem klinischen Routinelabor Anwendung finden können. Details dieser Methoden können beispielhaft bei Davidson und Sadowski [23, 44] oder McCarthy et al. [44] nachgelesen werden. Im Routinebetrieb, und hier ist in erster Linie das klinische Labor gemeint, werden in aller Regel indirekte Nachweissysteme angewendet.

Zur Untersuchung, ob eine Verwertungsstörung des Vitamin K durch eine intrahepatische Störung der Proteinsynthese oder ob eine Carboxylierungsstörung der VK-abhängigen Gerinnungsproteine in der Leber infolge von mangelhafter intestinaler Resorption vorliegt, wird in der Regel der Koller-Test herangezogen. Hierbei wird VK intravenös, also unter Umgehung der Leber, verabreicht und die Prothrombinzeit (PT) bewertet. Diese spielt auch eine wesentliche Rolle beim Monitoring während der Gabe von Antikoagulantien, heute noch vorwiegend VK-Antagonisten (VKA). Da die in diesem Test verwendeten Reagenzien (Thromboplastine) nicht vergleichbar sind, können bei ein und demselben Patienten unterschiedliche Prothrombinzeiten gemessen werden. Für Abhilfe sorgt hier die „international normalized ratio" (INR), die durch Verwendung eines internationalen Sensitivitätsindex (ISI) die Einflüsse sowohl von Reagenzien als auch von Analysegeräten kompensieren soll [3, 45].

$$\text{INR} = (\text{PT des Patienten}/\text{mittlere normale PT})^{\text{ISI}}$$

Der „gesunde" Normwert für Erwachsene liegt bei 1, ein Wert von 4 indiziert eine vierfach verlängerte Gerinnungszeit. Weitere Untersuchungen im klinischen Routinelabor sind der, wenn auch relativ unsensitive, Quicktest (Bestimmung der Prothrombin-Thromboplastinzeit) und die Bestimmung der „proteins induced by vitamin K absence" (PIVKA). Diese PIVKAs sind durch Vitamin K-Mangel entstandene, unvollständig carboxylierte und somit defekte Proteine, die im Plasma nachgewiesen werden können. Speziell PIVKA-II ermöglicht den Nachweis von decarboxyliertem Prothrombin und gilt als sensitiver Marker eines frühen Vitamin K-Mangels. Während der Quicktest einfach und relativ preisgünstig durchgeführt werden kann und auch wird, handelt es sich beim PIVKA-Test um ein (noch) sehr teures Analysekit (ELISA), dessen Anwendung in der Routine entsprechend wenig verbreitet ist.

48.4 Kinetik und innere Exposition

Beeinflusst durch die Resorptionsrate liegt die Bioverfügbarkeit von Vitamin K zwischen 20 und 70%. Etwa die Hälfte des resorbierten VK wird glucuronidiert und über die Gallenwege ausgeschieden, etwa 20% werden über den Urin ausgeschieden. Im endoplasmatischen Retikulum wird das verbleibende VK durch eine VK-Reduktase in die aktive Form, VK-Hydrochinon, umgewandelt (s. Abb. 48.2). Bei der anschließenden Carboxylierungsreaktion [5, 49], bei der die abhängigen Proteine in ihre aktive Form umgewandelt werden, entsteht paral-

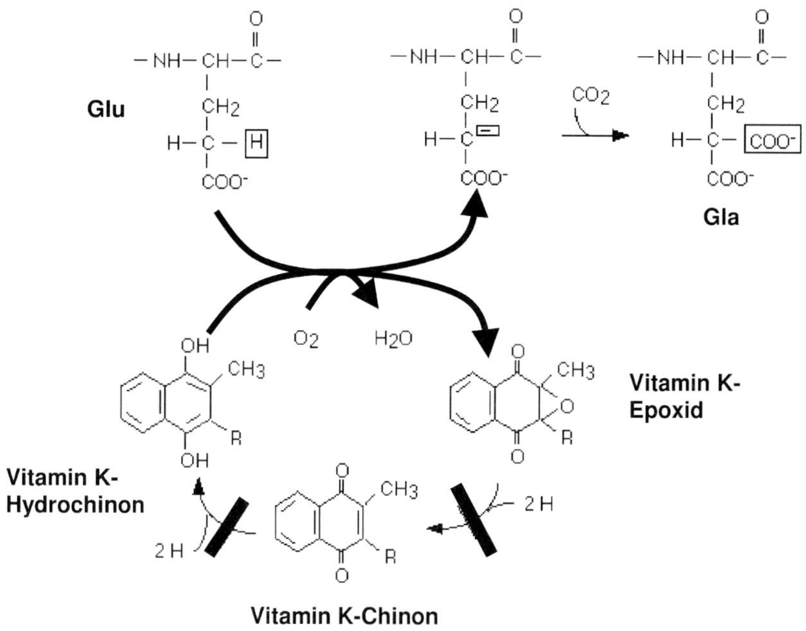

Abb. 48.2 Schematische Darstellung der Wirkungsweise von Vitamin K in seiner letztendlichen Funktion zur Gamma-Carboxylierung von Proteinen und seiner Rückführung in die aktive Form. Glu=Glutamat; Gla=γ-Carboxyglutamat; Balken zeigen Wirkungsstellen der Antagonisten (z. B. Warfarin), verändert nach [62].

lel das VK-Epoxid, das wiederum mittels einer Reduktase in die Ausgangsform des VK überführt wird, letztendlich somit eine Rezirkulation stattfindet [28, 38].

Während Phyllochinon nach der intestinalen Absorption nahezu ausschließlich in die triazylglycerolreiche Lipoproteinfraktion (TGRLP) inkorporiert und anschließend in der Leber verarbeitet wird [57], werden die weitaus größten Anteile des Menachinons mittels der LDL-Fraktion zu extrahepatischen Zielen transportiert [54].

48.5 Wirkungen

VK ist in erster Linie daran beteiligt, die Gerinnungsproteine (Faktor II, VII, IX, X, Proteine C, S, Z) in ihre wirksamen Formen zu überführen. Daraufhin können sie durch ihre Carboxylglutamatreste (Gla) in Anwesenheit von Calciumionen an Phospholipidmembranen gebunden werden.

Mehrere Stufen der Gerinnungskaskade sind somit von VK abhängig, was sowohl die prothrombotischen Faktoren II, VII, IX, und X als auch die inhibitorischen Proteine C und S betrifft (s. [6, 10, 15, 20, 21, 38, 46, 62, 66]). Ein Mangel an VK kann somit zu mehr oder weniger schweren Blutungen bzw. massiven

Störungen bei der Wundheilung führen. Das Protein Z, ebenfalls ein anti-koagulatorisch wirksames, VK-abhängiges Protein, scheint insbesondere in Arterien eine Rolle zu spielen [64].

Weitere Funktionen von VK werden in Abschnitt 48.5.1 erläutert.

48.5.1
Wirkungen auf den Menschen

Die Wirkung auf den Menschen besteht darin, dass VK als unabdingbare Voraussetzung für eine normale Blutgerinnung und die Aktivierung weiterer Substanzen (z. B. Osteocalcin, Gla-Proteine) notwendig ist. Die Symptome bei Vitamin K-Mangel, der in erster Linie durch ein gestörtes Gerinnungsverhalten charakterisiert ist, äußert sich in Blutungen und verlangsamter Wundheilung. Dies tritt bei normal ernährten Personen jedoch nicht auf, bei parenteraler Ernährung hingegen kann es nach 7–30 Tagen auftreten, da Vitamin K kein Bestandteil des Vitamincocktails ist, der routinemäßig den Lösungen beigemischt wird. Im Falle eines erhöhten Thromboserisikos, also einer Überfunktion der Gerinnungskaskade, besteht ein erhöhtes Risiko der venösen Thromboembolie, bei Kindern in der Regel im Bereich der oberen Extremitäten, der Vena cava inferior und der Nierenvenen [51], während bei Erwachsenen die tiefen und oberflächlichen Venen betroffen sind. Während diese Phänomene in den letzten 20 Jahren immer besser kontrollierbar wurden, ist die Sterblichkeitsrate von schwangeren Frauen wegen Thromboembolie weitgehend unverändert geblieben. Grund hierfür ist die problematische Anwendung von VK-Antagonisten wegen fetaler Nebenwirkungen, d. h. skelettalen Missbildungen [4].

Osteoporose

Bereits in den 1970er Jahren fiel auf, dass erhebliche Knochendeformationen bei solchen Kindern auftraten, deren Mütter im ersten Trimester der Schwangerschaft mit VK-Antagonisten behandelt worden waren [48]. 1985 berichteten Hart und Mitarbeiter [29], dass Osteoporosepatienten mit akuter Hüftfraktur oder Rückenwirbeltrümmerfrakturen niedrigere Phyllochinonspiegel im Serum hatten als Gesunde. Eine Vielzahl an Studien in den Folgejahren konnte zeigen, dass niedrige VK-Spiegel bzw. hohe Spiegel an nicht carboxyliertem Osteocalcin sowohl mit einem erhöhten Frakturrisiko als auch mit einer niedrigen Knochendichte einhergingen [11, 13, 14, 38, 47].

Andere Studien konnten zeigen, dass VK die Spiegel von unvollständig carboxyliertem, also inaktivem Osteocalcin [39] ebenso reduziert wie die Ca-Exkretion über die Niere [40], und weiterhin die Umbauaktivität des Knochens verbessert [65]. Hodges und Mitarbeiter [30] postulierten, dass eine Extravasation von VK im Falle von Knochenbrüchen auftritt, da die Serumspiegel sowohl von Phyllochinon als auch von Menachinon bei älteren Frauen mit Hüftfrakturen reduziert waren. Die epidemiologischen Studien wurden 1995 von Binkley und Suttie [9] dahingehend kritisiert, dass nicht zwischen einer direkten Rolle von

VK und einem allgemein schlechten Ernährungsstatus bei älteren Menschen unterschieden werden könne. Interventionsstudien konnten jedoch seitdem klar belegen, dass eine Supplementation mit Phyllochinon in einem Dosisbereich von allerdings 80 μg/Tag bis hin zu 10 mg/Tag die Spiegel von unvollständig carboxyliertem Osteocalcin reduziert [7, 8, 52, 55].

Als direkte Effekte von VK werden in diesem Zusammenhang mehrere Möglichkeiten beschrieben. In vitro-Versuche zeigten, dass Menachinon die Osteocalcinkonzentration in der extrazellulären Matrix von Osteoblastenkulturen (Knochen bildende Zellen) erhöht [41], Osteocalcin-knockout-Mäuse entwickelten eine reduzierte Verknöcherung von Knorpelgewebe, weshalb die Autoren dem VK-abhängigen Osteocalcin eine regulatorische Rolle bei der Mineralisation des Knochens zuschrieben [43], doch sind die exakten Wirkmechanismen weiterhin unklar. Andere Arbeitsgruppen zeigten, dass VK2 die Expression des Liganden des Osteoklasten-Differenzierungsfaktors (ODF)/RANK, der tartratresistenten sauren Phosphatase und die Bildung mononucleärer Zellen inhibiert [59], weiterhin wird eine VK2-induzierte Apoptose bei Osteoklasten beschrieben. Zum Einfluss von Geschlechtshormonen zeigten Versuche mit ovarektomierten Ratten eine Verhinderung der Knochenresorption, mit orchiektomierten Ratten eine Erhöhung der Knochenumbaurate und mit glucocorticoidbehandelten Ratten das Verhindern eines Rückgangs der Knochenbildung. Eine sehr gute Übersicht zu diesem Themenkomplex findet sich bei Iwamoto und Mitarbeitern [37].

Neben der eindeutigen Zuordnung einer VK-Supplementation zu einer Erhöhung der Knochendichte vor allem bei älteren (postmenopausalen) Frauen wurde eine ähnliche Funktion dem Vitamin D zugeschrieben und es fand sich sukzessive sogar eine synergistische Wirkung beider Vitamine [35, 36, 52, 63].

Arteriosklerose

Im Gegensatz zu den Erkenntnissen bezüglich der „knochenbildenden" und „calcifizierenden" Rolle von VK bei Osteoporose scheint VK das Risiko einer Arterienverkalkung zu senken. Sowohl im Versuch mit warfarinbehandelten Ratten [57] als auch in der Rotterdam Studie mit Probanden im Alter von über 60 Jahren konnte eindeutig gezeigt werden, dass die Aufnahme von Menachinon (MK4), nicht jedoch Phyllochinon (VK1) mit einem reduzierten Risiko für koronare Herzerkrankungen und Arteriosklerose assoziiert ist [27]. Weiter lag ein reduziertes Risiko für die sonstigen Todesursachen („all-cause mortality") in der Humanstudie vor. Zwar ist eine Begründung dieses Befundes von Menachinon unklar, doch werden die Beteiligung sowohl von Osteocalcin als auch des Matrix-Gla-Proteins diskutiert [43]. Die unterschiedlichen Effekte von Phyllochinon und Menachinon werden von den Autoren auch dahingehend interpretiert, dass beide Substanzen organspezifisch im Organismus metabolisiert werden (s. o.).

Thromboembolie

Bei der Thromboembolie, einem Koagulationsverschluss in aller Regel venöser Gefäßtypen, handelt es sich um eine der häufigsten Gefäßerkrankungen, die noch immer relativ schwierig zu diagnostizieren ist und in eine akute und eine chronische Verlaufsform differenziert wird. Die ebenso dazu gerechnete Lungenembolie verursacht alleine in Deutschland noch immer ca. 30 000–40 000 Todesfälle pro Jahr [60]. Bereits Anfang der 1940er Jahre wurden erste Erfahrungen mit Dicumarol (3,3-Methylen-bis-[4-hxdroxycumarin]) in der Prophylaxe und Therapie tiefer Venenembolien berichtet [1, 16, 45]. Ein potenteres Präparat als Dicumarol, Warfarin, wurde bereits Ende der 1940er Jahre als Rattengift eingeführt, zeigte andererseits jedoch positive Effekte beim Menschen (s. [45]). Eine frühe Studie zum Einfluss von Antikoagulantien (hier Heparin) auf das Thromboserisiko postoperativer Patienten musste abgebrochen werden, weil ein Viertel der Patienten der Placebogruppe an einer Lungenembolie verstarb, und ein weiteres Viertel spätere, nicht letale Lungenembolien ausbildete [2]. Seitdem wird ein immer engeres Diagnose- und Therapiespektrum entwickelt, das sich mit den immer sensitiver werdenden Diagnoseverfahren (s. [60]) und Antikoagulantien beschäftigt.

Während die akute Antikoagulationstherapie in der Regel mit Heparin oder ähnlichen Substanzen arbeitet, beruht die längerfristige Antikoagulationstherapie, also auch die Rezidivprophylaxe, hauptsächlich auf der Wirkung von VK-Antagonisten, also Cumarinderivaten. Diese benötigen mehrere Tage, um ihre volle Wirksamkeit zu erreichen, da die von ihnen in der Synthese blockierten Gerinnungsfaktoren eine mehr oder weniger lange Halbwertszeit (HWZ) im Plasma aufweisen. Die kürzeste HWZ hat der Gerinnungsfaktor VII (2–5 Stunden), die längste der Faktor II (40–72 Stunden!). Protein C hat eine HWZ von ebenfalls nur 6–8 Stunden. Einige Untersuchungen zeigen an, dass eine effektive Sekundärprophylaxe bereits mit einer INR von 2–3 erreicht werden kann [4]. Prinzipiell müssen derart therapierte Patienten engmaschig überwacht werden, da der Grat zwischen erfolgreicher Antikoagulation und erhöhtem Blutungsrisiko sehr schmal ist [4, 31, 33, 69, 70].

Die Situation bei (Klein-)Kindern sollte von den Ärzten etwas differenzierter betrachtet werden, bis in allerneueste Zeit wurden meistens die Erkenntnisse von Erwachsenen bezüglich des Einsatzes von unfraktioniertem Heparin und Warfarin extrapoliert [51]. In aller Kürze: Aktuell wird alternativ zu Warfarin und unfraktioniertem Heparin das niedermolekulare Heparin eingesetzt, das neben und wegen pharmakologischer Vorteile ein reduziertes Monitoring benötigt und somit gerade bei Kleinkindern (venöse Zugänge) vorteilhaft ist. Für detailliertere Darstellungen sei auf einige Übersichtsarbeiten verwiesen [4, 31, 33, 51, 69, 70].

48.5.2
Wirkungen auf andere biologische Systeme

Einige Untersuchungen an Zellkultur- oder Organsystemen konnten zeigen, dass offenbar ausschließlich Menadion (VK3) zytotoxisch wirken kann, ebenfalls wurden Störungen der Ca^{2+}-Homöostase von Rattenhepatozyten und eine erhöhte Bildung von Sauerstoffradikalen in Rattenastrozyten beschrieben. Eine Übersicht findet sich bei Hupfeld 2003 [32].

48.6
Bewertung des Gefährdungspotenzials

Akut toxische Wirkungen durch über die Nahrung aufgenommenes Vitamin K1 und K2 sind nicht bekannt, eine Hypervitaminose ist somit unwahrscheinlich. Selbst kurzfristige hohe Dosierungen innerhalb klinischer Studien zur Rolle von VK bei der Knochenbildung (VK1: 1 mg/Tag für 14 Tage oder MK4: 45 mg/Tag) zeigten neben gewünschten positiven Effekten in Bezug auf die Knochenbildung keine unerwünschten Nebenwirkungen. Daten aus Langzeitstudien zu dieser Frage liegen hingegen nicht vor. Dies gilt *nicht* in Bezug auf VK3 (Menadion), das mit Glutathion, einem natürlichen Antioxidans, in Wechselwirkung treten kann und somit zu oxidativem Stress und Zellmembranschäden mit Auswirkungen auf die Zellmembran, die DNA, Proteine, Lipide und Kohlenhydrate und letztendlich zum Zelltod führen kann. Injektionen von Menadion bei Kindern führten zu Gelbsucht und hämolytischer Anämie und sollten keinesfalls zur Behandlung einer VK-Defizienz verwendet werden.

Interessanterweise scheinen hohe Dosen der beiden fettlöslichen Vitamine A und E VK zu antagonisieren, wobei Vitamin A die Resorption von VK beeinflusste und Vitamin E VK-abhängige Carboxylasen hemmte. In einer Studie von Booth und Kollegen [12, 23, 44] stiegen bei Probanden, die keine Antikoagulantien einnahmen, nach zwölf Tagen Einnahme von 1000 IU RRR-α-Tocopherol/Tag die PIVKA-II-Werte signifikant an.

Patienten, die mit Antikoagulantien therapiert werden, müssen nach derzeitiger Meinung streng überwacht werden und genauestens die Anweisungen des behandelnden Arztes bezüglich der Aufnahme von VK, auch über die tägliche Ernährung, befolgen. Es ist jedoch zu erwähnen, dass eine Studie von Schurgers und Mitarbeitern zeigte, dass die kurzfristige (hier 7 Tage) orale Aufnahme von bis zu 100 µg Vitamin K1 pro Tag bei Patienten unter Antikoagulantien keine signifikanten Einflüsse auf diese Therapie (gemessen am INR) hatte [53]. Relevante Änderungen der INR traten erst bei täglichen Aufnahmen von >150 µg/Tag auf.

Wird jedoch bei Neugeborenen im Rahmen der VK-Prophylaxe überdosiert, kann eine Hämolyse ausgelöst werden, bedingt durch das noch zu schwach entwickelte Glucuronidierungssystem, dass durch diese großen Mengen an VK überbeansprucht wird und als Folge die Glucoronidierung des Bilirubins nicht mehr ausreichend gewährleistet ist. Das wiederum führt durch verringerte Bilirubinausscheidung letztlich zum pathologischen Ikterus neonatorum [6]. Hinweise auf eine Verbindung zwischen postnataler VK-Prophylaxe und einer erhöhten Krebswahrscheinlichkeit (Leukämie und andere) scheinen sich nach neueren Studien nicht zu bewahrheiten [26].

48.7 Grenzwerte, Richtwerte, Empfehlungen

Obwohl VK ein fettlösliches Vitamin ist, finden sich nur geringe Speicher im humanen Organismus, sodass eine regelmäßige Zufuhr notwendig ist. Die Plasmakonzentration von VK wird (abhängig von der Messmethode) mit 0,3–1 ng/mL Blut angegeben. Als Faustregel für die tägliche Aufnahme kann für Erwachsene 1 µg/Tag/kg Körpergewicht angenommen werden. Details finden sich in Tabelle 48.2, unterschieden nach Empfehlungen europäischer bzw. amerikanischer Gesellschaften:

48.8 Vorsorgemaßnahmen

Seit mehr als 60 Jahren werden Neugeborene in fast allen Industrieländern routinemäßig mit Vitamin K supplementiert, um den, wenn auch selten auftretenden, Morbus haemorrhagicus neonatorum („hemorrhagic disease of the newborn"; neuerdings „vitamin K deficiency bleeding") zu verhindern, der in den ersten Tagen oder Wochen in Form unkontrollierter Blutungen bei den Neugeborenen auftreten kann. Auch wenn die Zahl der Erkrankungen (geschätzt 1–2 Fälle je Tausend) vermindert werden konnte, wird eine latente Diskussion

Tab. 48.2 Empfohlene tägliche Aufnahme von Vitamin K.

Europa [24]		USA [61]	
Alter	**[µg/Tag]**	**Alter**	**[µg/Tag]**
0–4 Monate	4	0–12 Monate	2–2,5
4–12 Monate	10		
1–15 Jahre	15–50	1–8 Jahre	30–55
Erwachsene ♀	60–65	Erwachsene ♀	90
Erwachsene ♂	70–80	Erwachsene ♂	120
Schwanger/stillend	60	Schwanger/stillend < 18 Jahre	75
		Schwanger/stillend > 18 Jahre	90

über die Sinnhaftigkeit einer prinzipiellen Prophylaxe geführt, vor allem weil die wenigen auftretenden Fälle schnell erkannt und kontrolliert werden konnten [17, 18, 50]. Aktuell empfehlen die amerikanischen Kinderärzte eine einmalige intramuskuläre Gabe von 0,5–1 mg direkt post partum [19]; die im Zusammenhang mit dieser Applikationsform diskutierte Korrelation mit einem erhöhten Krebsrisiko scheint ausgeräumt zu sein [26], während in Deutschland in der Regel eine orale Gabe von 3× täglich 2 mg in Tropfenform (Mischmizellenpräparation) während aller Vorsorgeuntersuchungen einschließlich U3 praktiziert wird [42]. Der erwartete Vorteil dieser Mizellenpräparation gegenüber der klassischen fettlöslichen Darreichungsform konnte in einer Studie bisher nicht nachgewiesen werden [67]. Interessanterweise wird generell kaum berücksichtigt, ob diese Säuglinge gestillt oder per Flasche (evtl. mit VK-Supplementen) ernährt werden, wie also die Ausgangssituation der Vitamin K-Versorgung ist.

Bei gesunden Jugendlichen und Erwachsenen unter vollwertiger Ernährung kann kein Mangel an VK beobachtet werden, doch war innerhalb einer Studie zumindest die künstliche Erzeugung einer Mangelsituation durch restriktive VK-Zufuhr möglich [58]. Unter pathologischen Bedingungen kann ebenfalls ein VK-Mangel beobachtet werden, hierzu zählen diverse Erkrankungen hauptsächlich des Magen-Darmtrakts (z. B. Fettmalabsorption) und der Leber. Auch parenterale Ernährung mit nahezu VK-freien Infusionslösungen oder lang dauernde Medikationen (z. B. Antibiotika, Antikoagulantien, Antiepileptika, Salicylate) können Mangelsymptome verursachen.

Ein zusätzlicher Bedarf älterer Menschen ist nicht bekannt, er kann jedoch in Einzelfällen in dieser Altersgruppe durch Malabsorption oder erhöhte Medikamenteneinnahme auftreten. Abhängig von den dabei aufgenommenen Lebensmitteln könnten in seltenen Ausnahmefällen Mangelerscheinungen auftreten, sind aber bei ausgewogener Normalkost eher als Ausnahmen zu betrachten.

48.9 Zusammenfassung

Vitamin K gehört zu den fettlöslichen Vitaminen und kommt in einer Vielzahl an hauptsächlich grünblättrigen Pflanzen vor. Es kann darüber hinaus von einigen Bakterienspezies, auch des menschlichen Darms, synthetisiert werden. Es trägt seinen Namen in Bezug auf seine Funktion, die Koagulation der Blutplättchen im Rahmen der Blutgerinnung. VK ist ein wesentlicher Faktor für die Carboxylierung und somit die „Aktivierung" verschiedener (Gla)-Proteine, die erst danach Calcium binden und ihre spezifische Funktion ausfüllen können. Dies spielt sowohl im Rahmen der Blutgerinnung (Faktoren II, VII, IX, X, Proteine C und S) als auch des Knochenum- oder -neubaus eine grundlegende Rolle. Während im ersten Falle, der Koagulation, ein Mangel an Vitamin K zu einem erhöhten Blutungsrisiko führt, werden im Falle des Knochenumbaus vor allem Knochenzellen (Osteoblasten und Osteoklasten) in ihrer Funktion beeinträchtigt oder gestört.

Beim normal ernährten erwachsenen Menschen kommt normalerweise ein VK-Mangel nicht vor, sodass von einer Supplementierung abgesehen werden kann. Diese wird dagegen beim Neugeborenen heutzutage routinemäßig, wenn auch in Bezug auf Applikationsform (oral vs. Injektion), „Patientenkollektiv" (Stillen vs. Flaschennnahrung) und Dosierung nicht unumstritten, durchgeführt, um den früher relativ häufigen Tod durch innere Blutungen (Morbus haemorrhagicus neonatorum) zu verhindern. Das in diesem Zusammenhang diskutierte Krebsrisiko scheint dagegen nicht zu existieren.

48.10 Literatur

1 Allen EV, Barker NW, Waugh JM (1942) A preparation from spoiled sweet clover (3,3′-methylene-bis-(4-hydroxycoumarin)) which prolongs coagulation and prothrombin time of the blood: a clinical study. *JAMA* **120**: 1009.
2 Barritt DW, Jordan SC (1960) Anticoagulant drugs in the treatment of pulmonary embolism. *Lancet* **1**: 1309–1312.
3 Bauersachs R, Breddin HK (2004) Moderne Koagulation. Probleme des Bewährten, Hoffnung auf Neue. *Der Internist* **45**: 717–726.
4 Bauersachs RM (2003) Therapy and secondary prevention of venous thromboembolism with vitamin K antagonists. *Internist (Berl)* **44**: 1491–1499.
5 Berkner KL (2000) The vitamin K-dependent carboxylase. *J Nutr* **130**: 1877–1880.
6 Biesalski HK (2004) Vitamin K, in Biesalski HK, Fürst P, Kasper H, Kluthe R, Pölert W, Puchstein C, Stähelin HB (Hrsg) Ernährungsmedizin. Thieme, Stuttgart, 130–134.
7 Binkley N, Krueger D, Kawahara T, Engelke J, Suttie J (2000) High phylloquinone intake is required to maximally gamma carboxylate osteocalcin. *Faseb Journal* **14**: A244.
8 Binkley NC, Krueger DC, Engelke JA, Foley AL, Suttie JW (2000) Vitamin K supplementation reduces serum concentrations of under-gamma-carboxylated osteocalcin in healthy young and elderly adults. *American Journal of Clinical Nutrition* **72**: 1523–1528.
9 Binkley NC, Suttie JW (1995) Vitamin-K Nutrition and Osteoporosis. *J Nutr* **125**: 1812–1821.
10 Booth SL (13-3-2005) Homepage of the Linus Pauling Institute at Oregon State University.
11 Booth SL, Broe KE, Gagnon DR, Tucker KL, Hannan MT, McLean RR, Dawson-Hughes B, Wilson PW, Cupples LA, Kiel DP (2003) Vitamin K intake and bone mineral density in women and men. *American Journal of Clinical Nutrition* **77**: 512–516.
12 Booth SL, Golly I, Sacheck JM, Roubenoff R, Dallal GE, Hamada K, Blumberg JB (2004) Effect of vitamin E supplementation on vitamin K status in adults with normal coagulation status. *American Journal of Clinical Nutrition* **80**: 143–148.
13 Booth SL, Tucker KL, Chen H, Hannan MT, Gagnon DR, Cupples LA, Wilson PW, Orovas J, Schaefer EJ, Dawson-Hughes B, Kiel DP (2000) Dietary vitamin K intakes are associated with hip fracture but not with bone mineral density in elderly men and women. *American Journal of Clinical Nutrition* **71**: 1201–1208.
14 Bugel S (2003) Vitamin K and bone health. *Proc Nutr Soc* **62**: 839–843.
15 Butenas S, Mann KG (2002) Blood coagulation. *Biochemistry (Mosc)* **67**: 3–12.
16 Butsch WC, Stewart JD (1942) Clinical experience with dicoumarin (3,3′-methylene-bis-(4-hydroxycoumarin)). *JAMA* **120**: 1256.
17 Chalmers EA (2004) Haemophilia and the newborn. *Blood Rev* **18**: 85–92.

18 Chalmers EA (2004) Neonatal coagulation problems. *Arch Dis Child Fetal Neonatal Ed* **89**: F475–F478.

19 Collier S, Fulhan J, Duggan C (2004) Nutrition for the pediatric office: update on vitamins, infant feeding and food allergies. *Curr Opin Pediatr* **16**: 314–320.

20 Dahlback B (2000) Blood coagulation. *Lancet* **355**: 1627–1632.

21 Dahlback B (2004) Progress in the understanding of the protein C anticoagulant pathway. *Int J Hematol* **79**: 109–116.

22 Dam H (1939) Vitamin K lack in normal and sick infants. *Lancet* **ii**: 1157–1161.

23 Davidson KW, Sadowski JA (2005) Determination of vitamin K compounds in plasma or serum by high-performance liquid chromatography using postcolumn chemical reduction and fluorometric detection. *Methods in Enzymology* **282**: 408–421.

24 Deutsche Gesellschaft für Ernährung, Österreichische Gesellschaft für Ernährung, Schweizerische Gesellschaft für Ernährung, Schweizerische Vereinigung für Ernährung (2000) Vitamin K, Referenzwerte für die Nährstoffzufuhr. Umschau/Braus, Frankfurt/Main, 95–99.

25 Fauler G, Muntean W, Leis HJ (2000) Vitamin K, in DeLeenheer AP, Lambert WE, VanBocxlaer JF (Hrsg) Modern chromatographic analysis of vitamins Marcel Dekker Inc., New York, 229–270.

26 Fear NT, Roman E, Ansell P, Simpson J, Day N, Eden OB (2003) Vitamin K and childhood cancer: a report from the United Kingdom Childhood Cancer Study. *British Journal of Cancer* **89**: 1228–1231.

27 Geleijnse JM, Vermeer C, Grobbee DE, Schurgers LJ, Knapen MHJ, van der Meer IM, Hofman A, Witteman JCM (2004) Dietary intake of menaquinone is associated with a reduced risk of coronary heart disease: The Rotterdam Study. *J Nutr* **134**: 3100–3105.

28 Goodstadt L, Ponting CP (2004) Vitamin K epoxide reductase: homology, active site and catalytic mechanism. *Trends in Biochemical Sciences* **29**: 289–292.

29 Hart JP, Shearer MJ, Klenerman L, Catterall A, Reeve J, Sambrook PN, Dodds RA, Bitensky L, Chayen J (2005) Electrochemical detection of depressed circulation levels of vitamin K1 in osteoporosis. *Journal of clinical endocrinology and metabolism* **60**: 1268–1269.

30 Hodges SJ, Akesson K, Vergnaud P, Obrant K, Delmas PD (1993) Circulating levels of vitamins K1 and K2 decreased in elderly women with hip fracture. *Journal of bone mineral research* **8**: 1245.

31 Huisman MV (2004) Treatment of venous thromboembolism: duration and new options. *Hematol J* **5** Suppl 3: S24–S28.

32 Hupfeld C (2003) Untersuchungen an Ziervögeln (*Agapornis spp.*) zur Verträglichkeit unterschiedlich hoher Vitamin-K3-Gehalte im Alleinfutter. Doktorarbeit an der TH Hannover.

33 Hyers TM, Agnelli G, Hull RD, Morris TA, Samama M, Tapson V, Weg JG (2001) Antithrombotic therapy for venous thromboembolic disease. *Chest* **119**: 176S–193S.

34 Ichihashi T, Takagishi Y, Uchida K, Yamada H (1992) Colonic absorption of menaquinone-4 and menaquinone-9 in rats. *J Nutr* **122**: 506–512.

35 Iwamoto J, Takeda T, Ichimura S (2003) Combined treatment with vitamin k2 and bisphosphonate in postmenopausal women with osteoporosis. *Yonsei Med J* **44**: 751–756.

36 Iwamoto J, Takeda T, Ichimura S (2003) Treatment with vitamin D3 and/or vitamin K2 for postmenopausal osteoporosis. *Keio J Med* **52**: 147–150.

37 Iwamoto J, Takeda T, Sato Y (2004) Effects of vitamin K2 on osteoporosis. *Curr Pharm Des* **10**: 2557–2576.

38 Jakob F (2002) Vitamin K, in Biesalski HK, Köhrle J, Schümann K (Hrsg) Vitamine, Spurenelemente und Mineralstoffe. Thieme, Stuttgart, 33–40.

39 Knapen MHJ, Hamulyák K, Vermeer C (1989) The effect of vitamin K supplementation on circulating osteocalcin (bone GLA protein) and urinary calcium excretion. *Annals of internal medicine* **111**: 1001–1005.

40 Knapen MHJ, Jie KSG, Hamulyak K, Vermeer C (1993) Vitamin K-Induced Changes in Markers for Osteoblast Activity and Urinary Calcium Loss. *Calcified Tissue International* **53**: 81–85.

41 Koshihara Y, Hoshi K (1997) Vitamin K-2 enhances osteocalcin accumulation in the extracellular matrix of human osteoblasts in vitro. *Journal of Bone and Mineral Research* **12**: 431–438.
42 Kurnik K (2004) Blood coagulation disorders in children. *Hämostaseologie* **24**: 116–122.
43 Luo GB, Ducy P, McKee MD, Pinero GJ, Loyer E, Behringer RR, Karsenty G (1997) Spontaneous calcification of arteries and cartilage in mice lacking matrix GLA protein. *Nature* **386**: 78–81.
44 McCarthy PT, Harrington DJ, Shearer MJ (1997) Assay of phylloquinone in plasma by high-performance liquid chromatography with electrochemical detection. *Methods in Enzymology* **282**: 421–433.
45 McGlasson DL (2004) Oral anticoagulants. *Clin Lab Sci* **17**: 107–112.
46 Nelsestuen GL, Shah AM, Harvey SB (2000) Vitamin K-dependent proteins. *Vitam Horm* **58**: 355–389.
47 Patel RJ, Witt DM, Saseen JJ, Tillmann DJ, Wilkinson DS (2000) Randomized, placebo-controlled trial of oral phytonadione for excessive anticoagulation. *Pharmacotherapy* **20**: 1159–1166.
48 Pettifor JM, Benson R (1975) Congenital malformations associated with the administration of oral anticoagulants during pregnancy. *Journal of pediatrics* **86**: 459–462.
49 Presnell SR, Stafford DW (2002) The vitamin K-dependent carboxylase. *Thromb Haemost* **87**: 937–946.
50 Puckett RM, Offringa M (2000) Prophylactic vitamin K for vitamin K deficiency bleeding in neonates. Cochrane Database Syst Rev CD002776.
51 Ronghe MD, Halsey C, Goulden NJ (2003) Anticoagulation therapy in children. *Paediatr Drugs* **5**: 803–820.
52 Schaafsma A, Muskiet FAJ, Storm H, Hofstede GJH, Pakan I, Van der Veer E (2000) Vitamin D-3 and vitamin K-1 supplementation of Dutch postmenopausal women with normal and low bone mineral densities: effects on serum 25-hydroxyvitamin D and carboxylated osteocalcin. *European Journal of Clinical Nutrition* **54**: 626–631.
53 Schurgers LJ, Shearer MJ, Hamulyak K, Stocklin E, Vermeer C (2004) Effect of vitamin K intake on the stability of oral anticoagulant treatment: dose-response relationships in healthy subjects. *Blood* **104**: 2682–2689.
54 Schurgers LJ, Vermeer C (2002) Differential lipoprotein transport pathways of K-vitamins in healthy subjects. *Biochimica et Biophysica Acta-General Subjects* **1570**: 27–32.
55 Sokoll LJ, Booth SL, Obrien ME, Davidson KW, Tsaioun KI, Sadowski JA (1997) Changes in serum osteocalcin, plasma phylloquinone, and urinary gamma-carboxyglutamic acid in response to altered intakes of dietary phylloquinone in human subjects. *American Journal of Clinical Nutrition* **65**: 779–784.
56 Souci SW, Fachmann W, Kraut H (2000) Die Zusammensetzung der Lebensmittel. medpharm scientific publishers, Stuttgart.
57 Spronk HMH, Soute BAM, Schurgers LJ, Thijssen HHW, De Mey JGR, Vermeer C (2003) Tissue-specific utilization of menaquinone-4 results in the prevention of arterial calcification in warfarin-treated rats. *Journal of Vascular Research* **40**: 531–537.
58 Suttie JW, Mummah-Schendel LL, Shah DV, Lyle BJ, Greger JL (1988) Vitamin K deficiency from dietary vitamin K restriction in humans. *American Journal of Clinical Nutrition* **47**: 475–480.
59 Suzawa M, Takeuchi Y, Kikuchi T, Fukumoto S, Fujita T (2000) Vitamin K-2 inhibits not only RANK ligand expression and osteoclastogenesis but adipogenesis via PPAR gamma 2-independent pathway in bone marrow cell cultures. *Journal of Bone and Mineral Research* **15**: S325.
60 Tatò F (2002) Diagnostische Strategien für die venöse Thromboembolie. *Phlebologie* **31**: 150–155.
61 The National Academies (2001) Dietary Reference Intakes: Vitamins, http://www.iom.edu/Object.File/Master/7/296/0.pdf
62 Trachsel H (2005) Vitamin K, http://ntbiouser.unibe.ch/trachsel/teaching/vitamine/Vitamin_K.html

63 Ushiroyama T, Ikeda A, Ueki M (2002) Effects of continuous combined therapy with vitamin K(2) and vitamin D(3) on bone mineral density and coagulofibrinolysis function in postmenopausal women. *Maturitas* **41**: 211–221.

64 Vasse M, Denoyelle C, Guegan-Massardier E, Legrand E, Borg JY, Lenormand B, Soria C, Vannier JP (2004) Protein Z: a new regulator of coagulation in arterial vessels? *Ann Pharm Fr* **62**: 316–322.

65 Vermeer C, Gijsbers BLMG, Craciun AM, Groenen-van Dooren MMCL, Knapen MHJ (1996) Effects of vitamin K on bone mass and bone metabolism. *J Nutr* **126**: 1187S–1191S.

66 Vermeer C, Schurgers LJ (2000) A comprehensive review of vitamin K and vitamin K antagonists. *Hematol Oncol Clin North Am* **14**: 339–353.

67 Von Kries R, Hachmeister A, Göbel U (2003) Oral mixed micellar vitamin K for prevention of late vitamin K deficiency bleeding. *Arch Dis Child Fetal Neonatal* **Ed 88**: F109–F112.

68 Waddell WW, Guerry D (1939) The role of vitamin K in the etiology, prevention, and treatment of hemorrhage in the newborn infant. *Journal of pediatrics* **15**: 802–811.

69 Weitz JI (2004) New anticoagulants for treatment of venous thromboembolism. *Circulation* **110**: I19–I26.

70 Wilson SE, Watson HG, Crowther MA (2004) Low-dose oral vitamin K therapy for the management of asymptomatic patients with elevated international normalized ratios: a brief review. *CMAJ* **170**: 821–824.

49
Vitamin B_{12}

Maike Wolters und Andreas Hahn

49.1
Allgemeine Substanzbeschreibung

Unter dem Begriff Cobalamin (Vitamin B_{12}) werden verschiedene Substanzen mit gleicher Vitaminwirkung zusammengefasst, die aus einem porphyrinähnlichen Corrin-Ringsystem mit vier Pyrrolringen und Cobalt als Zentralatom aufgebaut sind. Das zentrale Cobaltion ist koordinativ mit den vier Stickstoffatomen der Pyrrolringe sowie dem Stickstoff des 5,6-Dimethylbenzimidazolrestes verbunden (Abb. 49.1). An der sechsten Koordinationsstelle des Cobaltions können unterschiedliche Liganden gebunden sein. Je nach Substituent wird zwischen Cyano- (CN^-), Aquo- (H_2O), Hydroxo- (OH^-), Nitro- (NO_2), Methyl- (CH_3) und Adenosylcobalamin (5-Desoxyadenosyl) unterschieden [28].

Aquocobalamin ist von ausgesprochen hydrophiler Natur, besitzt eine gute Speicherungsfähigkeit und wird daher als Depotform angesehen. Adenosyl- und Methylcobalamin sind als die eigentlichen physiologischen Wirkformen anzusehen, die im menschlichen Organismus an drei enzymatischen Stoffwechselreaktionen beteiligt sind (vgl. Abschnitt 49.4.1.1).

Cobalamin wurde 1948 entdeckt; für die Aufklärung seiner Struktur mittels Röntgenanalyse im Jahr 1955 erhielt Dorothy Hodgkin 1964 den Nobelpreis [49].

49.2
Vorkommen und Verbreitung in Lebensmitteln

Vitamin B_{12} wird ausschließlich von Mikroorganismen synthetisiert [14, 87]. Während bei zahlreichen Tieren (v. a. Herbivoren) die enterale Synthese im Normalfall zur Bedarfsdeckung ausreicht, können Carnivoren die in tieferen Darmabschnitten gebildeten Cobalamine nur unzureichend nutzen, sofern sie nicht Koprophagie betreiben. Der Grund hierfür liegt vor allem darin, dass eine Absorption über einfache Diffusion unter diesen Bedingungen praktisch nicht möglich ist und die Voraussetzungen für den aktiven Transportprozess (vgl. Abschnitt 49.3.1) fehlen.

Handbuch der Lebensmitteltoxikologie. H. Dunkelberg, T. Gebel, A. Hartwig (Hrsg.)

ISBN: 978-3-527-31166-8

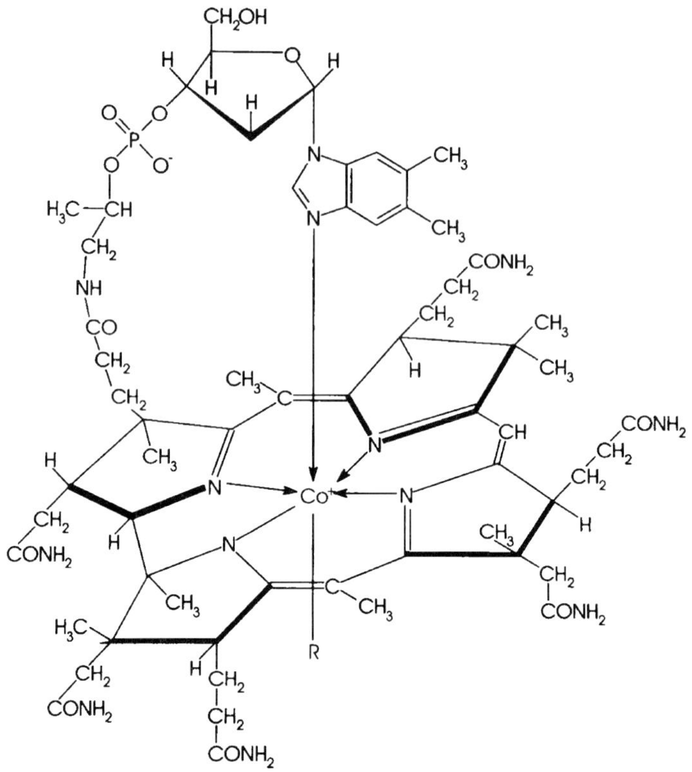

Abb. 49.1 Chemische Struktur von Cobalamin und Derivaten.

Entsprechend spielt die enterale Synthese auch für die Versorgung des Menschen keine Rolle [43, 126]. Gute Vitamin-B_{12}-Quellen sind Nahrungsmittel tierischer Herkunft wie Fleisch (besonders Innereien), Fisch, Eier sowie Milch- und Milchprodukte (Tab. 49.1). Das darin enthaltene Vitamin B_{12} wird, insbesondere bei Wiederkäuern, durch Bakterien des Magen-Darmtraktes gebildet oder entstammt den mit dem Futter aufgenommenen Bakterien. In pflanzlicher Nahrung findet sich normalerweise kein Cobalamin, lediglich bakteriell kontaminierte Produkte sowie milchsauer vergorene Erzeugnisse (z. B. Sauerkraut) enthalten Spuren des Vitamins. Algen und verschiedenartig fermentierte pflanzliche Lebensmittel weisen vorwiegend nicht vitaminwirksame Analoga auf, die die Stoffwechselfunktionen des biologisch aktiven Vitamins sogar blockieren können. Verluste an Vitamin B_{12} bei der Zubereitung sind meist gering und können insbesondere aufgrund der Wasserlöslichkeit sowie der Instabilität bei Licht und hohen Temperaturen auftreten. Bei schonender Zubereitung bewegen sie sich in einer Größenordnung von etwa 12% [38, 132].

Aufgrund ihrer Stabilität spielen als Bestandteil von Supplementen und Arzneimitteln nur Cyanocobalamin (CAS-Nr. 68-19-9, MG 1355,40) und Hydroxoco-

Tab. 49.1 Vitamin-B_{12}-Gehalte ausgewählter Lebensmittel [105].

Lebensmittel	Vitamin-B_{12}-Gehalt [µg/100 g]
Rindfleisch	
reines Muskelfleisch	5,0
Filet	2,0
Schweinefleisch	
reines Muskelfleisch	2,0
Oberschale	1,0
Schweineleber	39
Hühnerfleisch	0,4
Makrele	9,0
Lachs	2,9
Kuhmilch (3,5% bzw. 1,5% Fett)	0,41 bzw. 0,42
Joghurt (3,5% bzw. 1,5% Fett)	0,42 bzw. 0,40
Camembert (30% Fett i. Tr.)	3,1
(50% Fett i. Tr.)	2,6
Edamer (40% Fett i. Tr.)	1,9
(45% Fett i. Tr.)	2,1
Getreide, Gemüse, Obst	–

balamin (CAS-Nr. 13422-51-0, MG 1346,40) eine Rolle. Sie werden im Organismus in die physiologisch aktiven Coenzyme Methyl- und Adenosylcobalamin umgewandelt [28, 107].

Während in der Vergangenheit mikrobiologische Techniken zur Cobalamin-Diagnostik eingesetzt wurden, stehen heute Radiodilutionsmethoden und Immunoassays zur Verfügung. Die Verwendung von Immunoassays mit „Intrinsic Factor“ (IF) als spezifischem Cobalamin-Binder gewährleistet eine hohe Zuverlässigkeit der Methodik. Dagegen führten die mikrobiologischen Verfahren vielfach dazu, dass für den Menschen nicht nutzbare Pseudocobalamine fälschlicherweise als Vitamin B_{12} mit erfasst wurden.

49.3 Kinetik und innere Exposition

49.3.1 Aufnahme

Die Absorption von Vitamin B_{12} kann über zwei Mechanismen erfolgen: Die größte Bedeutung bei niedrigen, physiologischen Dosierungen im Bereich von 1–2 µg kommt einem aktiven Transportmechanismus zu, der auf die Anwesenheit des Bindungsproteins „Intrinsic Factor“ (IF) angewiesen ist. Dagegen ist die einfache Diffusion aufgrund des hohen Molekulargewichts von sehr eingeschränkter Bedeutung und kommt nur bei sehr hohen Dosierungen im Bereich von mehreren 100 µg zum Tragen. Die Absorptionsrate liegt unter diesen Bedingungen bei etwa 1% der Zufuhr [19].

Bei Gabe einer Einzeldosis von 1 µg Vitamin B_{12} werden ca. 50%, bei 5 µg 20% und bei 25 µg nur etwa 5% absorbiert [1]. Die durchschnittliche Absorptionskapazität liegt Untersuchungen zufolge bei etwa 1,5–2,0 µg pro Mahlzeit [98]. Während die Bioverfügbarkeit von Vitamin B_{12} aus Lebensmitteln bei gesunden Personen im Allgemeinen bei etwa 50% liegt, ist die von freiem, kristallinem Cobalamin höher und wird bei oraler Gabe von 0,5–2 µg mit 60–80% angegeben [6].

In der Nahrung liegen die Cobalamine vorwiegend proteingebunden und nur zu einem sehr geringen Anteil in freier Form vor. Freies Cobalamin wird bereits im Mund, aber auch noch im Magen, durch spezifische, als R-Proteine bzw. Haptocorrine bezeichnete Glykoproteine des Speichels gebunden und gelangt in dieser Form ins Duodenum. Die als Protein-Cobalamin-Komplexe in der Nahrung vorliegenden Cobalamine werden zunächst im Magen unter Einwirkung von Pepsin und Salzsäure hydrolytisch freigesetzt und dann ebenfalls an R-Proteine gebunden, die aus dem Mund in den Magen gelangt sind. Die R-Protein-Cobalamin-Komplexe werden im Dünndarm – unter Einwirkung von Pankreasproteasen – enzymatisch gespalten. Das dabei freigesetzte Cobalamin bindet dann an das aus den Parietalzellen der Magenmukosa stammende Cobalamin bindende Glykoprotein „Intrinsic Faktor" (IF), das die Absorption von Cobalamin im terminalen Ileum ermöglicht [99, 112]. Die Bindung von Cobalamin an IF schützt das Vitamin vor dem Abbau durch intestinale Mikroorganismen sowie den IF vor der hydrolytischen Spaltung durch Pepsin und Chymotrypsin.

Die zelluläre Aufnahme des IF-B_{12}-Komplexes in das Mukosaepithel erfolgt mithilfe spezifischer Rezeptoren der Bürstensaummembran, über ATP- und Ca^{2+}-abhängige Endocytose. Dieser Prozess wird von zwei Proteinen (Cubilin und Megalin) vermittelt, die in der apikalen Membran lokalisiert sind. Bedingt durch den niedrigen pH-Wert der in der Mukosazelle gebildeten Endosomen, beginnt bereits hier die intravesikuläre Freisetzung von Cobalamin aus seinem IF-B_{12}-Rezeptorkomplex. Während die abgespaltene Cubilin-Megalin-Verbindung vermutlich über Vesikel zurück zur apikalen Membran gelangt, reifen die Endocytosekörper zu Lysosomen heran. Freies Cobalamin wird dann in sekretorische Vesikel aufgenommen, wo es an Transcobalamin II (TC-II) bindet und über die basolaterale Membran ins Blut gelangt. Durch Rezeptoren an der Zelloberfläche wird der Komplex erkannt und in die Zellen der Zielgewebe inkorporiert. Proteolytische Enzyme bauen das Transcobalamin ab, wobei Vitamin B_{12} freigesetzt wird und der Zelle zur Verfügung steht [100, 132].

49.3.2
Verteilung und Metabolismus

Im Blut wird Vitamin B_{12} fast ausschließlich an bestimmte β-Globuline, die Transcobalamine I, II oder III, gebunden transportiert. Dabei überwiegt der Transport an Transcobalamin I, das die Aufnahme von Cobalamin insbesondere in die Leber erleichtert. Demgegenüber bindet Transcobalamin II zur Aufnahme in andere Gewebszellen an dort vorhandene Rezeptoren und wird in Anwesenheit von Ca^{2+} durch Endozytose aufgenommen [92]. Der Gesamtbestand an Vitamin B_{12} beim gesunden, mit Mischkost ernährten Erwachsenen beträgt 2–5 mg, wobei etwa 50% in der Leber und etwa 30% in der Skelettmuskulatur gespeichert sind [19].

49.3.3
Elimination

Cobalamin unterliegt einem enterohepatischen Kreislauf, wobei IF für die Reabsorption erforderlich ist. Täglich werden etwa 0,1–0,2% des Gesamtkörperpools ausgeschieden, so dass das Vitamin insgesamt nur einem langsamen Turnover unterliegt. Die Ausscheidung über den Urin ist mit $\leq 0{,}25$ µg/Tag minimal [104]. Aufgrund der hohen Körperbestände und der geringen Turnover-Rate reichen die Cobalaminspeicher für ca. drei bis fünf Jahre aus. Entsprechend tritt ein Vitamin-B_{12}-Mangel erst nach jahrelanger Unterversorgung z. B. in Folge einer Gastrektomie oder veganer Ernährung in Erscheinung [36, 98].

49.4
Wirkungen

49.4.1
Mensch

49.4.1.1 Essenzielle Wirkungen

Während bei Mikroorganismen zahlreiche cobalaminabhängige Reaktionen bekannt sind, spielt das Vitamin beim Menschen nur als Cofaktor von zwei Enzymen eine Rolle, nämlich (a) bei der Methionin-Synthase und (b) bei der Methylmalonyl-CoA-Mutase.

(a) Das im Cytosol lokalisierte Methylcobalamin ist Coenzym der Methionin-Synthase, die die Remethylierung von Homocystein zu Methionin katalysiert. Neben Cobalamin ist Folsäure in Form von 5-Methyltetrahydrofolsäure (5-MTHF) an dieser Reaktion beteiligt. Die Methioninsynthase überträgt eine Methylgruppe von 5-MTHF auf Homocystein. Das an die Methioninsynthase gebundene Methylcobalamin wird bei dieser Reaktion demethyliert und dann durch 5-MTHF wieder remethyliert. Letztere dient als eigentlicher Methylgruppendonator, Cobalamin ist dagegen nur der intermediäre Akzeptor der Methylgruppe. Durch diese Reaktion wird aus 5-MTHF wieder Tetrahydrofolsäure (THF) bereitgestellt, die dann wiederum für andere folatabhängige Reaktionen zur Verfügung steht. Fehlt Cobalamin, ist die Bereitstellung der reaktionsfähigen THF blockiert („Methylfalle"), so dass es zu einem indirekten Folsäuremangel kommt (Abb. 49.2) [5, 67, 107].

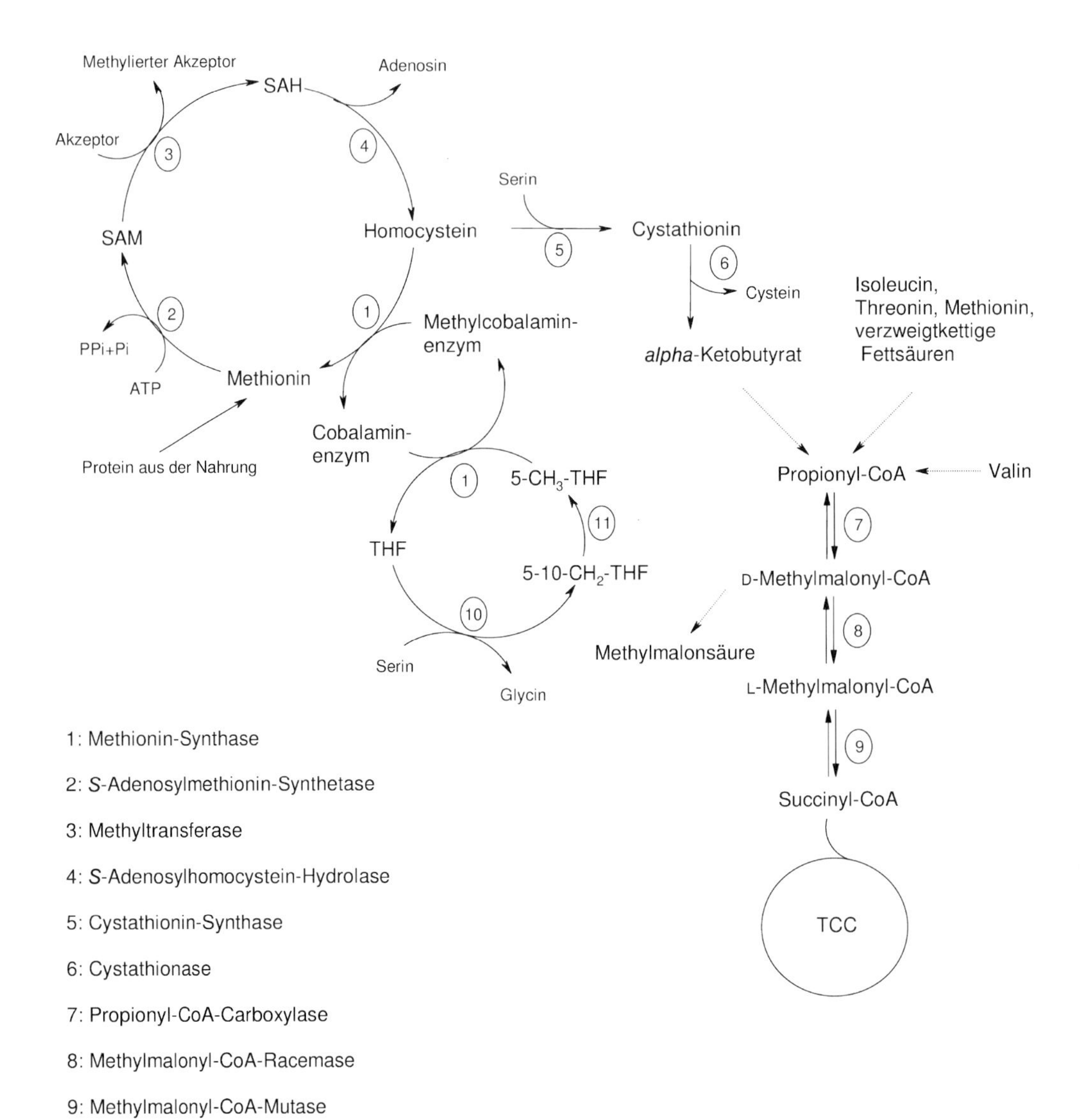

Abb. 49.2 Vitamin-B_{12}-abhängige Reaktionen, modifiziert nach [46].

(b) In Form des mitochondrial lokalisierten Adenosylcobalamins ist Vitamin B_{12} an der Umlagerung von L-Methylmalonyl-CoA zu Succinyl-CoA beteiligt. L-Methylmalonyl-CoA entsteht über D-Methylmalonyl-CoA aus Propionyl-CoA durch Carboxylierung und Epimerisierung. Propionyl-CoA ist das vorläufige Endprodukt beim Abbau von ungeradzahligen Fettsäuren und der Aminosäuren Methionin, Threonin und Isoleucin. Beim Abbau von Valin entsteht D-Methylmalonyl-CoA. Über die oben erwähnte 5-Desoxy-Adenosylcobalamin-abhängige Reaktion der L-Methylmalonyl-CoA-Mutase erfolgt die Umlagerung von L-Methylmalonyl-CoA zu Succinyl-CoA, das in den Citratcyclus eintritt (Abb. 49.2) [107].

49.4.1.2 **Mangelerscheinungen**

Klinisch manifestiert sich ein Vitamin-B_{12}-Mangel auf unterschiedlichen Organebenen, wobei insbesondere Gewebe mit einer hohen Zellteilungsrate betroffen sind. Hier führt ein Cobalaminmangel zur intermediären Verarmung an biologisch aktivem Tetrahydrofolat (vgl. Abb. 49.2) und beeinträchtigt damit die DNA-Synthese und die Zellteilung, vor allem sichtbar an Geweben mit einer hohen Teilungsrate. Besonders ausgeprägt zeigt sich dies am erythropoetischen System in Form einer *hyperchromen, makrozytären Anämie.* Auch Schleimhautveränderungen, wie sie im oberen Verdauungstrakt zu beobachten sind, werden auf ein intrazelluläres Defizit an THF zurückgeführt. Weiterhin ist ein Cobalaminmangel durch eine Verminderung der L-Methylmalonyl-CoA-Mutase-Aktivität mit Schäden am Nervengewebe verbunden, wobei insbesondere die Myelinschicht betroffen ist. Das resultierende Bild der *funikulären Myelose* ist durch Degenerationen der Rückenmarksstränge, schmerzhafte Parästhesien der Extremitäten sowie Muskelkoordinationsstörungen und -lähmungen charakterisiert [42, 107]. Bei Säuglingen und Kleinkindern treten im Vitamin-B_{12}-Mangel neben abnormen Reflexen, Fütterungsstörungen und geistigen Entwicklungsstörungen auch Bewegungseinschränkungen auf [108]. Vielfach zeigte sich eine inverse Beziehung zwischen der Schwere neurologischer Störungen und der hämatologischer Veränderungen [42, 61, 109].

Manifeste klinische Symptome sind erst bei ausgeprägtem Vitamin-B_{12}-Mangel anzutreffen und daher in Europa und den USA nur bei wenigen Personen zu beobachten [112]. Ein deutlich häufigeres Problem stellt der Vitamin-B_{12}-Mangel auf dem Indischen Subkontinent, in Mexiko, Zentral- und Südamerika sowie in einigen afrikanischen Regionen dar, wo die Makrozytose vielfach durch gleichzeitig vorliegende Eisendefizite maskiert wird [108]. Bei Verabreichung von hohen Folsäuredosierungen (ab 5 mg/Tag) im Vitamin-B_{12}-Mangel wird die makrozytäre Anämie verbessert, während die neurologischen Symptome fortschreiten oder sogar verstärkt werden können (s. Kapitel II-51). Erklärbar ist dies dadurch, dass zwar das intrazelluläre, auf einem Mangel an Cobalamin beruhende Defizit an Folsäure behoben wird, die Funktionsausfälle im Bereich der L-Methylmalonyl-CoA-Mutase hiervon aber unabhängig voranschreiten.

49.4.1.3 Subklinischer Mangel

In den Industrienationen finden sich vorwiegend leichtere Cobalamindefizite mit zunächst nur biochemisch messbaren Veränderungen. So führt eine marginale B_{12}-Unterversorgung zu erhöhten Homocysteinkonzentrationen im Plasma. Bereits ein moderat *erhöhter Homocysteinspiegel* wird als unabhängiger Risikofaktor für atherosklerotische [119] sowie für thrombotische Ereignisse [20, 129] diskutiert. Schätzungen gehen davon aus, dass ca. 10% aller atherosklerotischen Erkrankungen auf mäßig erhöhte Homocystein-Plasmaspiegel zurückzuführen sind. Während in der gesunden Allgemeinbevölkerung nur etwa 5–7% der Bevölkerung [69] eine leichte Erhöhung der Plasma-Homocystein-Konzentration aufweisen, ist dies in 20–50% der Fälle bei Personen mit atherosklerotischen Erkrankungen zu beobachten [127]. Trotz der Fülle an epidemiologischen Daten konnte bislang nicht geklärt werden, ob die Hyperhomocysteinämie als kausaler Faktor der Atherogenese anzusehen ist [9, 13, 16, 119]. Auf Basis von in vitro-Studien sowie tierexperimentellen Untersuchungen wurden jedoch zahlreiche Mechanismen nachgewiesen, die für eine ursächliche Rolle von Homocystein in der Pathogenese der *Atherosklerose* sprechen (Abb. 49.3).

Im Zusammenhang mit einer leichten Beeinträchtigung des Vitamin-B_{12}-Status zeigen sich vielfach *neuropsychiatrische Symptome*, die auf unterschiedliche Mechanismen zurückzuführen sind:

- Bildung reaktiver Sauerstoffspezies aus Homocystein ↑
- Homocysteininduzierte Schädigung von Neurotransmitter-Rezeptoren ↑
- Homocysteininduzierte Apoptose von Nervenzellen ↑

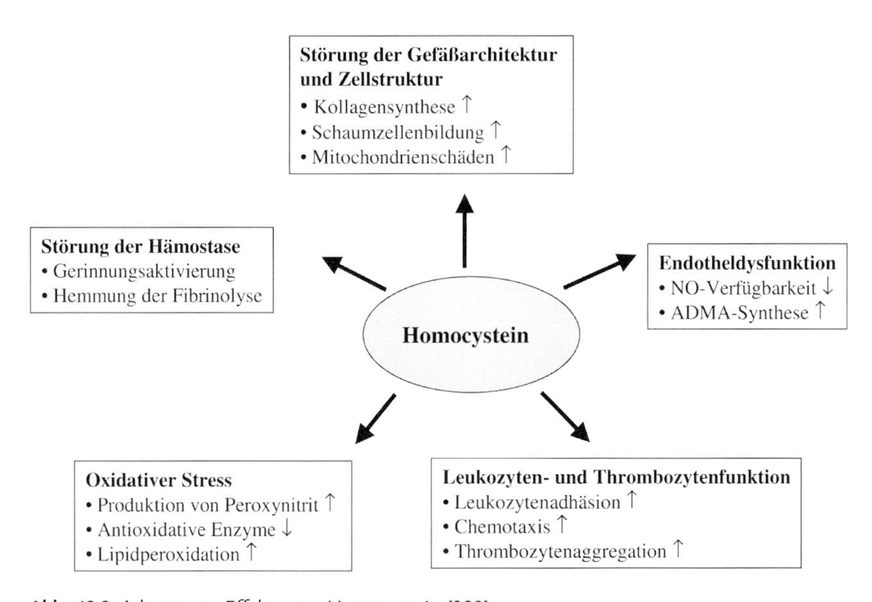

Abb. 49.3 Atherogene Effekte von Homocystein [132].

- Bildung von *S*-Adenosylmethionin (SAM) ↓,
  Bildung von *S*-Adenosylhomocystein (SAH) ↑
- SAM-abhängige Methylierung von Phospholipiden, Myelin und Neurotransmittervorstufen ↓

So sind beispielsweise kognitive Störungen häufig mit einem Vitamin-B_{12}-Mangel bzw. erhöhten Konzentrationen an Homocystein und Methylmalonsäure assoziiert [133]. Dabei ist offenbar der Homocysteinspiegel ein wesentlicher Prädiktor für die geistige Leistungsfähigkeit [88]. Schätzungen gehen davon aus, dass die Varianz in kognitiven Leistungstests, unabhängig vom Intelligenzquotienten, zu etwa 11% auf die Homocysteinkonzentration zurückzuführen ist [11].

Ein Vitamin-B_{12}-Defizit scheint auch die Stimmungslage zu beeinträchtigen. So war in einer niederländischen Untersuchung mit 3884 Senioren das Auftreten depressiver Symptome mit den Konzentrationen an Vitamin B_{12} und Homocystein im Blut assoziiert. Als besonders ausgeprägt erwies sich dieser Zusammenhang bei hospitalisierten Personen. Hier war der Vitamin-B_{12}-Status bei etwa 30% aller depressiven Patienten als unzureichend zu klassifizieren [52]. Auch in einer epidemiologischen Studie, die 700 Personen über 65 Jahre einschloss, befanden sich in der Gruppe mit Vitamin-B_{12}-Mangel doppelt so viele Personen mit Depressionen wie in der Gruppe mit Vitamin-B_{12}-Werten im Normbereich [82].

Darüber hinaus besteht der Verdacht, dass eine unzureichende Vitamin-B_{12}-Versorgung die Entstehung bzw. den Verlauf von *Demenzerkrankungen* (z. B. Morbus Alzheimer) negativ beeinflusst. So findet sich bei Patienten mit diagnostizierter Alzheimer- oder vaskulärer Demenz eine auffallende Häufung erhöhter Homocysteinwerte [17, 76, 77]. Dieser Befund wird durch die umfangreichen Daten des Framingham-Kollektivs unterstützt, wonach sich das Risiko einer Alzheimer-Demenz bei Plasma-Homocysteinkonzentrationen über 14 µmol/L nahezu verdoppelt [102].

Neuere Daten deuten darauf hin, dass eine unzureichende Vitamin-B_{12}-Versorgung und daraus resultierende erhöhte Homocysteinkonzentrationen im Plasma die Entstehung einer *Osteoporose* begünstigen könnten. So zeigten bereits mehrere epidemiologische Untersuchungen ein erhöhtes Osteoporoserisiko bei niedrigem Vitamin-B_{12}- und Folsäure-Status bzw. erhöhten Homocysteinwerten [24, 70, 71, 122]. Zudem ergab sich bei postmenopausalen Frauen mit niedrigen Vitamin-B_{12}-Serumkonzentrationen im Verlauf von zwei Jahren ein stärkerer Knochenmasseverlust als bei Frauen mit höheren Konzentrationen des Vitamins [111].

49.4.1.4 **Diagnostik eines Vitamin-B_{12}-Mangels**

Nach Herbert [44] lassen sich beim Vitamin-B_{12}-Mangel vier Stadien der negativen Cobalaminbilanz unterscheiden: Das erste Stadium ist durch eine Serumdepletion an Vitamin B_{12} gekennzeichnet, die sich in einer erniedrigten Holo-Transcobalamin-(holo-TC-)Konzentration ausdrückt [44]. Holo-TC beinhaltet biologisch aktives Vitamin B_{12}, das an Transcobalamin II gebunden ist [48]. Im zweiten Stadium kommt es zu einer zellulären Depletion, die ebenfalls durch niedrige holo-TC-Werte sowie zusätzlich durch erniedrigte Holo-Haptocorrin- und verminderte Cobalaminkonzentrationen in Erythrozyten nachweisbar ist. Das dritte Stadium umfasst das biochemische Cobalamindefizit mit einer verlangsamten DNA-Synthese, erhöhten Serum-Homocystein- und erhöhten MMA-Konzentrationen. Das vierte Stadium ist letztlich durch klinische Manifestationen des Mangels gekennzeichnet. Zu diesen späten klinischen Anzeichen des Vitamin-B_{12}-Mangels gehören die megaloblastäre Anämie sowie neuropsychiatrische Störungen [44, 48]. Als Laborparameter zur Ermittlung des Vitamin-B_{12}-Status werden in der klinischen Praxis in der Regel nur die Serumkonzentration und das mittlere korpuskuläre Volumen (Mean Cell Volume, MCV) erfasst. Als unterer Normwert für eine ausreichende Versorgung wird bei Erwachsenen eine Serumkonzentration von 150 pmol/L (200 pg/mL) angesehen [32]. Allerdings sind normale Grenzwerte nicht gleichbedeutend mit einem ausreichenden Vitamin-B_{12}-Status, da die Serumwerte bei einem sich entwickelnden Mangel zu Lasten der Speicher aufrecht erhalten werden [12]. Aufgrund dieser Befunde wird inzwischen als Normwert eine *Cobalaminkonzentration im Serum* von ≥ 220 pmol/L (≥ 300 pg/mL) angesehen [136]. Wird eine Serumkonzentration von 220 pmol/L unterschritten, sind weitere diagnostische Maßnahmen wie die Bestimmung der MMA- und der Homocysteinkonzentration bzw. die probeweise Verabreichung von Vitamin B_{12} sinnvoll.

Störungen der DNA-Synthese infolge eines Vitamin-B_{12}- und/oder Folsäure-Mangels führen zu einer Verzögerung des Zellzyklus während der Erythropoese. Die daraus resultierende Makrozytose mit einem Anstieg des mittleren Erythrozytenvolumens (MCV) auf >100 fl zeigt einen bereits fortgeschrittenen Mangel an Folsäure oder Vitamin B_{12} an. Da erhöhte *MCV-Werte* auch bei Erkrankungen der Leber und anderen Störungen sowie im Folsäuremangel auftreten, sind sie kein spezifischer Marker für den Cobalaminmangel und nur im Zusammenhang mit anderen Parametern von Nutzen. Eingeschränkt ist die Aussagekraft auch, weil die MCV-Werte bei gleichzeitigem Eisenmangel oder einer Thalassämie im Referenzbereich bleiben [32, 106].

Wegen der Beteiligung des Cobalamins an der Remethylierung von Homocystein zu Methionin stellt eine Erhöhung der *Homocysteinkonzentration* einen weiteren, ebenfalls unspezifischen Marker für ein Vitamin-B_{12}-Defizit dar. Bei der Bewertung der Homocysteinkonzentration ist zu berücksichtigen, dass die aus dem Serum analysierten Werte etwas höher liegen als die aus dem Plasma. Zudem sind die Werte unterschiedlicher Labors nur eingeschränkt vergleichbar [31, 54, 74]. In der Regel wird die Gesamthomocysteinkonzentration im Plasma gemessen, die sich aus freiem Homocystein (reduziertes plus oxidiertes Homocystein in der Nicht-Proteinfraktion des Plasmas) sowie proteingebundenem Homocystein zusammensetzt [118]. Erhöhte Homocysteinkonzentrationen ergeben sich auch bei Niereninsuffizienz, Hypothyreose, Folsäure- und Vitamin-B_6-Mangel, dem Vorliegen der thermolabilen Variante der Methylentetrahydrofolatreduktase (MTHFR), Cystathionin-β-Synthasemangel und Dehydratation [3]. Aufgrund der unzureichenden Spezifität muss die Ursache einer erhöhten Homocysteinkonzentration grundsätzlich durch ergänzende Parameter wie Methylmalonsäure (MMA, s. u.) oder Vitaminkonzentrationen im Plasma abgeklärt werden.

Da sich in zahlreichen Beobachtungsstudien zeigte, dass das Auftreten koronarer Herzkrankheiten (KHK) sowie die KHK-Mortalität ab einer Konzentration von 10 µmol/L ansteigt [35, 81], ist eine Gesamthomocysteinkonzentration von $\leq$10 µmol/L als wünschenswert anzusehen. Bei Werten von >12–30 µmol/L wird von einer moderaten Hyperhomocysteinämie gesprochen [110, 129].

Als Indikator der Vitamin-B_{12}-Versorgung dient neben der Serum-Cobalaminkonzentration die *Methylmalonsäure-*(MMA-)Konzentration im Serum, die einen spezifischen Parameter der Vitamin-B_{12}-Versorgung darstellt. Ein Anstieg der MMA-Werte im Serum ist eine direkte metabolische Konsequenz des Vitamin-B_{12}-Mangels (vgl. Abb. 49.2), so dass die Substanz als wichtigster Indikator des Vitamin-B_{12}-Status anzusehen ist [4, 37, 57]. Der Normbereich der MMA-Konzentrationen im Serum gesunder Erwachsener liegt bei 73–271 nmol/L [83]. Allerdings können erhöhte Werte auch als Folge einer eingeschränkten Nierenfunktion oder einer Verminderung des intravasalen Volumens auftreten [4, 62].

Als weitere Indikatoren für ein Vitamin-B_{12}-Defizit können auch die *Propionat-* und *2-Methylcitrat-Werte* im Serum herangezogen werden. Propionat ist sowohl für MMA als auch für 2-Methylcitrat ein metabolischer Vorläufer. Da beide Serumwerte im Vitamin-B_{12}-Mangel erhöht sind, stellen sie geeignete Parameter zur Diagnostik dar, die der MMA-Messung jedoch nicht überlegen sind [4, 32].

Als Alternative zur relativ teuren MMA-Bestimmung wird zunehmend die Ermittlung der *Holo-Transcobalamin-(holo-TC-)Konzentration* als früher Indikator eines Cobalaminmangels diskutiert. Holo-TC enthält die biologisch aktive Vitamin-B_{12}-Fraktion, die an Transcobalamin II (TC II) gebunden ist, welches die Aufnahme von B_{12} in die Zellen fördert. Nur 6–20% des gesamten Serumcobalamins liegen in aktiver Form als holo-TC vor [48, 53]. Jüngere Studien deuten darauf hin, dass holo-TC als sensitiver Marker des Vitamin-B_{12}-Defizits geeignet sein könnte [48]. Holo-TC-II-Werte spiegeln den metabolischen Cobalaminstatus wider und korrelieren direkt mit Serumcobalamin und invers mit der Homocysteinkonzentration. Zur Diagnostik einer Cobalaminmalabsorption sind sie jedoch nicht geeignet [15]. Die spezifische Aussagekraft niedriger holo-TC-Konzentrationen wird u. a. aufgrund des Anstiegs der Werte bei eingeschränkter Nierenfunktion kontrovers diskutiert [13].

49.4.1.5 **Akut bis chronisch toxische Wirkungen**

Vitamin B_{12} (Cyanocobalamin und Hydroxocobalamin) gilt als praktisch untoxisch, da bei oraler Verabreichung weder beim Tier noch beim Menschen unerwünschte Nebenwirkungen bekannt sind. Hohe perorale Vitamin-B_{12}-Dosierungen erwiesen sich in Humanstudien als gut verträglich. So ergaben sich nach peroralen Vitamin-B_{12}-Dosierungen von 1,5 und 3 mg täglich über einen Zeitraum von acht Wochen bei 13 Probanden keine unerwünschten Effekte [65]. Bei Dialyse-Patienten, die über drei Jahre nach jeder Dialyse 2,5 mg Vitamin

B_{12} in Kombination mit anderen wasserlöslichen Vitaminen erhalten hatten, waren ebenfalls keine unerwünschten Effekte zu verzeichnen [66].

Kurzfristig hohe intravenöse Hydroxocobalamingaben von bis zu 5 g werden bei Cyanidvergiftungen als Antidot eingesetzt und erwiesen sich als sicher und effektiv (vgl. Abschnitt 49.7) [33]. Auch die längerfristige intramuskuläre Cyanocobalamingabe von 1 mg wöchentlich über einen Zeitraum von einem Monat, gefolgt von monatlichen Injektionen für mindestens sechs Monate, führte bei geriatrischen Patienten zu keinen unerwünschten Nebenwirkungen [68]. Zur Therapie der perniziösen Anämie wird Vitamin B_{12} seit Jahren vornehmlich parenteral eingesetzt. Obwohl vielfach lebenslänglich Einzeldosen von einigen hundert Mikrogramm verabreicht wurden, scheinen Nebenwirkungen (wie in Einzelfällen beobachtete allergische Reaktionen) relativ selten zu sein. Sogar intravenöse Injektionen von 1 mg täglich waren nicht mit unerwünschten Nebenwirkungen verbunden. Selbst wenn von einer vollständigen metabolischen Freisetzung ausgegangen wird, sind die Anteile von Cobalt und Cyanid aus 1 mg Vitamin B_{12} ohne toxikologische Relevanz [40, 41].

Nach hoch dosierten Hydroxo- oder Cyanocobalamininjektionen wurde zum Teil über das Auftreten von Antikörpern gegen Vitamin-B_{12} bindendes Protein im Plasma berichtet [73]. In Einzelfällen kam es nach Cobalamingaben zu allergischen Reaktionen. So zeigten sich nach peroraler Gabe wie auch nach Injektion von Cyanocobalamin bei einer Frau sowie nach peroraler Gabe von Cobalaminpräparaten bei einem Mann Hautveränderungen [84, 97]. Bei einem 32-jährigen Mann wurde über das Auftreten einer Kontaktdermatitis durch Tierfutter berichtet [89]. In einem anderen Fall kam es nach unspezifischer Dosierung in Form einer Injektion zweimal pro Woche zum Auftreten von Akne [26]. Zehn Fälle von akneartigen Hautveränderungen wurden nach einer Serie von bis zu zwölf Injektionen mit 5 mg Hydroxocobalamin dokumentiert. Die Autoren vermuteten allerdings, dass Abbauprodukte, die sich aus dem wenig stabilen Hydroxocobalamin gebildet haben, für die Akneentstehung verantwortlich sein könnten [86]. Nach Verwendung von Vitaminsupplementen, die neben Zink und den Vitaminen A und B_6 auch 100 µg Vitamin B_{12} enthielten, traten bei einer Frau akneartige Hautveränderungen auf, die sich nach Absetzen des Supplements dramatisch verbesserten. Diese Hauterscheinungen wurden – allerdings ohne weitere Nachuntersuchungen – auf Vitamin B_6 und B_{12} zurückgeführt [103]. Darüber hinaus traten vereinzelt anaphylaktische und anaphylaktoide Reaktionen nach parenteraler Applikation auf [8, 75, 135]. Dabei konnte jedoch vielfach nicht unterschieden werden, ob Hilfsstoffe oder das Vitamin selbst für die unerwünschten Wirkungen verantwortlich waren [85].

Widersprüchliche Daten liegen zu einer möglichen Assoziation zwischen dem Risiko für Karzinome und dem Vitamin-B_{12}-Status vor. Während im Vitamin-B_{12}-Mangel häufig Biomarker für DNA-Schäden erhöht waren, konnte keine direkte Beziehung zwischen einer Vitamin-B_{12}-Unterversorgung und dem Tumorrisiko nachgewiesen werden [27]. In Beobachtungsstudien zeigte sich entweder eine positive [51] oder keine [125] Assoziation zwischen dem Vitamin-B_{12}-Status und dem Prostatakarzinomrisiko.

49.4.2
Wirkungen auf Versuchstiere

Die LD_{50}-Werte von Vitamin B_{12} liegen bei Mäusen bei intraperitonealer und intravenöser Verabreichung bei 1,6 g/kg Körpergewicht [39]. Auch an anderen Tierspezies zeigte sich, dass toxische Effekte erst bei Verabreichung im Grammbereich je kg Körpergewicht auftreten können und damit erst bei Dosierungen, die den täglichen Mindestbedarf des Menschen um das 10000fache übersteigen [73]. Bei Katzen wurde durch neurophysiologische Versuche mit implantierten Elektroden festgestellt, dass hohe parenterale Dosen von Aquocobalamin (2 mg/kg KG) keine Auswirkungen auf die Reaktion der Tiere auf elektrische Reize hatten [50].

Widersprüchliche Ergebnisse zeigten sich in tierexperimentellen Untersuchungen zur Wirkung einer erhöhten Vitamin-B_{12}-Zufuhr auf das Risiko für verschiedene Tumoren [31].

Daten zu mutagenen, teratogenen oder embryotoxischen Wirkungen von Cobalamin liegen nicht vor [28].

49.4.3
Zusammenfassung der wichtigsten Wirkungsmechanismen

Die Funktion von Cobalamin ist beim Menschen auf zwei Reaktionen beschränkt, bei denen das Vitamin als Cofaktor fungiert; es sind dies die Methionin-Synthase und die Methylmalonyl-CoA-Mutase. Hierdurch spielt Cobalamin eine Rolle bei der Remethylierung von Homocystein zu Methionin und ist für die Bereitstellung von Tetrahydrofolsäure und damit indirekt für folatabhängige Reaktionen erforderlich. Darüber hinaus ist Cobalamin am Abbau ungeradzahliger Fettsäuren und einiger Aminosäuren beteiligt.

49.5
Bewertung des Gefährdungspotenzials bzgl. Unter- und Überversorgung auch unter Einbeziehung der Verwendung von Nahrungsergänzungsmitteln

49.5.1
Unterversorgung

Vitamin-B_{12}-Mangelerscheinungen treten aufgrund der umfangreichen Leberspeicher erst nach langjähriger Unterversorgung mit Vitamin B_{12} auf und beruhen im Allgemeinen nicht auf einer unzureichenden Aufnahme des Vitamins mit der Nahrung (Tab. 49.2). Lediglich bei veganer Ernährung kommt es häufig zu einem ernährungsbedingten Mangel [124]. Darüber hinaus ist auch bei laktovegetarischer Ernährung ein zwar im Allgemeinen ausreichender, aber niedrigerer Vitamin-B_{12}-Status zu beobachten als bei Personen, die eine Kost mit Fleisch konsumieren [46, 113]. Zudem ergibt sich ein erniedrigter Vitamin-

Tab. 49.2 Mögliche Ursachen für einen Vitamin-B_{12}-Mangel [45, 106].

Alimentärer Mangel	• bei langjährigen strikten Vegetariern
Malabsorption	• perniziöse Anämie (atrophische Gastritis Typ A) • atrophische Gastritis Typ B (verminderte Freisetzung von B_{12} aus Nahrungsmitteln) • Gastrektomie • Erkrankungen des Dünndarms, besonders des Ileums (gluteninduzierte Enteropathie, Morbus Crohn und andere entzündliche Darmerkrankungen) • Resektion des Ileums • Pankreas-Erkrankungen • Resorptionsstörung durch Medikamente • hereditäre Störungen der Vitamin-B_{12}-Digestion und -Absorption (Enzymmangel; Mangel an IF) • pathologische Darmbesiedlung (Overgrowth-Syndrom)
Medikamenteninduziert	• Antiepileptika (Carbamazepin, Phenytoin, Primidon) • Protonen-Pumpen-Inhibitoren (Omeprazol) • H_2-Rezeptoren-Blocker (Cimetidin, Ranitidin) • Antidiabetikum Metformin • Antibiotika (Chloramphenicol, Neomycin) • Cholestyramin
Hereditäre Störungen des intermediären Cobalaminstoffwechsels	• Transcobalamin-II-Mangel • Adenosyltransaminase-Mangel • Cobalamin-Reduktase-Mangel • Methionin-Synthase-Mangel
Erhöhter Bedarf	• Hyperthyreoidismus • Wachstum • Parasitismus (Fischbandwurm)
Erhöhte Ausscheidung	• mangelhafte Funktion von Vitamin-B_{12}-Bindungsproteinen im Serum • Leber- und Nierenerkrankungen

B_{12}-Status bei Trägern eines verbreiteten genetischen Polymorphismus (Transcobalamin 776C → G), durch den die Funktion von Transcobalamin und damit die zelluläre Vitamin-B_{12}-Aufnahme beeinträchtigt ist [123].

Während die Versorgungssituation mit Vitamin B_{12} bei jüngeren Erwachsenen in der Regel gut ist, treten insbesondere bei älteren Menschen trotz einer rechnerisch ausreichenden Zufuhr häufiger Defizite auf. Hierzu kommt es als Folge einer reduzierten Absorption des Vitamins, die bei älteren Personen vorwiegend auf eine unzureichende Bildung von Magensaft zurückzuführen ist. Hauptursache hierfür sind entzündliche Prozesse der Magenmukosa, die primär auf dem Boden einer atrophischen Gastritis vom Typ B entstehen, bedingt durch eine Infektion mit *Helicobacter pylori*-Keimen [12, 90]. Aufgrund umfangreicher Studien wird davon ausgegangen, dass 20 bis 50% der Senioren von einer atrophischen Gastritis betroffen sind [101]. Funktionell ist die Erkrankung dadurch gekennzeichnet, dass die HCl- und Pepsinogensekretion sowie im fortgeschrittenen Stadium auch die Sekretion des Intrinsic Factor (IF) vermindert sind. Proteingebundenes Vitamin B_{12} kann somit nur noch unzureichend freigesetzt und absorbiert werden, so dass die Bioverfügbarkeit deutlich sinkt [91]. Zudem ist die eingeschränkte Säureproduktion des Magens mit einer Alkalisierung des Dünndarmmilieus verbunden, wodurch die physiologische Barriere gegenüber Mikroorganismen aufgehoben wird. Daher treten vermehrt Bakterien aus tieferen Darmabschnitten ins Jejunum und Ileum über und besiedeln diese Regionen in unphysiologischem Umfang (bakterielle Überwucherung; Overgrowth-Syndrom). Die Bakterien entnehmen Vitamin B_{12} aus dem Chymus, überführen es in unwirksame Cobalamide und setzen so die Cobalaminverfügbarkeit weiter herab [93].

Weit seltener ist die atrophische Gastritis vom Typ A (perniziöse Anämie) für das altersassoziierte Vitamin-B_{12}-Defizit verantwortlich [12]. Sie beruht auf der Bildung von Antikörpern gegen Parietalzellen und IF und geht mit einer Zerstörung der Parietalzellen einher. In der Folge kommt es zur Achlorhydrie sowie zu einem Mangel an IF, wodurch die Absorption von Vitamin B_{12} beeinträchtigt wird. Die Fähigkeit des restlichen IF, zur Vitamin-B_{12}-Rückresorption aus der Galle beizutragen, ist durch die Antikörper-Aktivität drastisch reduziert [115].

Die Angaben zur Prävalenz eines Vitamin-B_{12}-Mangels bei Senioren variieren in erheblichem Umfang und bewegen sich je nach zugrunde gelegtem Grenzwert in einem Bereich zwischen 10% und 43% [112]. Wird der frühere, aus heutiger Sicht als zu niedrig anzusehende Grenzwert eines als normal erachteten Serum-Vitamin-B_{12}-Spiegels von >150 pmol/L (200 pg/mL) als Beurteilungskriterium herangezogen, dann sind 10–15% der älteren Personen als unterversorgt einzustufen. Dabei treten die klassischen Mangelsymptome wie megaloblastäre Anämie vielfach nicht in Erscheinung [109]. Finden dagegen die heute, insbesondere bei älteren Personen, als wünschenswert erachteten Serum-Cobalaminspiegel im Bereich von ≥ 220 pmol/L (≥ 300 pg/mL) oder sensitivere Parameter wie die Konzentration an Homocystein und Methylmalonsäure (MMA) Verwendung, dann steigt die Prävalenz des Vitamin-B_{12}-Mangels auf bis zu 43% an [132].

49.5.2
Überversorgung

Das Risiko einer Überversorgung ist selbst vor dem Hintergrund einer zunehmenden Anreicherung von Lebensmitteln mit Vitaminen und der verstärkten Verwendung von Supplementen als gering einzustufen. Da auch höhere Dosierungen als sicher zu bewerten sind, besteht in der Praxis keine Gefahr durch eine Überversorgung.

49.6
Grenzwerte, Richtwerte, Empfehlungen, gesetzliche Regelungen

49.6.1
Bedarf und Empfehlungen

Der Cobalaminbedarf des Menschen ist gering, bereits 1 μg/Tag reichen aus, um die Vitamin-B_{12}-abhängigen Funktionen zu gewährleisten. Die Deutsche Gesellschaft für Ernährung empfiehlt unter Beachtung von Absorptionsverlusten und Sicherheitszuschlägen für Erwachsene eine Zufuhr von 3 μg/Tag [23] (Tab. 49.3), ein Wert, der in Deutschland mit der üblichen Mischkost deutlich überschritten wird [22]. So nehmen 35–44-jährige Frauen im Mittel 5,9 μg und Männer der gleichen Altersgruppe im Mittel sogar 8,4 μg täglich über die Nahrung auf [72]. Dies deckt sich mit eigenen Erhebungen an Frauen im Alter zwischen 60 und 70 Jahren, deren tägliche Cobalaminzufuhr im Mittel bei 5,1 μg/Tag lag [131]. Während der Schwangerschaft und Stillzeit sollte die Aufnahme 3,5 bzw. 4 μg/Tag betragen [23].

49.6.2
Grenzwerte und gesetzliche Regelungen

Cyanocobalamin gilt lebensmittelrechtlich nicht als Zusatzstoff und darf allgemein bei der Herstellung von Lebensmitteln eingesetzt werden. Für Nahrungsergänzungsmittel und diätetische Lebensmittel ist neben Cyanocobalamin auch die Verwendung von Hydroxocobalamin allgemein zugelassen [7].

Tab. 49.3 Referenzwerte der DGE und Population Reference Intakes (PRI) [a] für Vitamin B_{12} [23, 95].

Alter (Jahre)	Referenzwert der DGE [μg/Tag]	Population Reference Intakes (PRI) [μg/Tag]
1 bis unter 4 Jahre	1,0	0,7
4 bis unter 7 Jahre	1,5	0,9
7 bis unter 10 Jahre	1,8	1,0
10 bis unter 13 Jahre	2,0	1,3
13 bis unter 15 Jahre	3,0	1,4
15 bis über 65 Jahre	3,0	1,4
Schwangere	3,5	1,6
Stillende	4,0	1,9

a) Der PRI ist die Summe aus dem durchschnittlichen Vitamin-B_{12}-Bedarf in einer Population und zwei Standardabweichungen. Der PRI bezeichnet damit den Wert, bei dem der Vitamin-B_{12}-Bedarf von 97,5% der gesunden Personen gedeckt ist.

Aufgrund der geringen Toxizität stellte die amerikanische Food and Drug Administration (FDA) fest, dass keinerlei Informationen darauf hindeuten, Cyanocobalamin könne in den Mengen, die derzeit üblicherweise aufgenommen werden, oder die in Zukunft möglicherweise verwendet werden, ein Risiko für die Öffentlichkeit darstellen. Auch dem Selected Committee on Generally Recognized as Safe (GRAS) Substances der Federation of American Society for Experimental Biology zufolge scheint die Anreicherung von Nahrungsmitteln mit Vitamin B_{12} in Mengen, die den Bedarf oder die Absorbierbarkeit weit überschreiten, ohne Risiken zu sein [28]. Vitamin B_{12} hatte weder bei parenteraler Applikation von 1 mg zweimal wöchentlich über bis zu drei Jahren noch bei intravenöser Gabe von 1 mg täglich über ein Jahr unerwünschte Effekte. Da bisher keine unerwünschten Nebenwirkungen aufgrund einer überhöhten Zufuhr von Vitamin B_{12} aus Lebensmitteln oder Supplementen beschrieben wurden, kommen das amerikanische Food and Nutrition Board [32] wie auch der Wissenschaftliche Lebensmittelausschuss der Europäischen Kommission [96] zu dem Schluss, dass weder ein LOAEL (lowest observed adverse effect level) noch ein NOAEL (no observed adverse effect level) festgesetzt werden kann. Die vereinzelten Fallberichte über Nebenwirkungen des Vitamins in Bezug auf Hautreaktionen [10, 26, 55, 84, 86] wurden als nicht ausreichend für die Festsetzung eines LOAEL eingestuft. Daher ist den genannten Gremien zufolge auch die Ableitung eines „tolerable upper intake level (UL)“ [1)] nicht möglich. Diese Auffassung wird von der britischen Expert Group on Vitamins and Minerals der Food Standards Agency geteilt [34], die allerdings vermerkt, dass die akute Toxizität von Vitamin B_{12} nach subkutaner oder intraperitonealer Applikation bei Mäusen bei 1,5–3 mg je kg Körpergewicht lag [116]. Lediglich von Seiten des Nordic Council [80] wurde aus nicht bekannten Gründen ein UL (tolerable upper intake level) von 100 µg angegeben. In einer älteren Publikation wurde auf Basis der vorliegenden Erfahrungen mit einer peroralen Aufnahme von 3 mg/Tag diese Vitamin-B_{12}-Dosis als NOAEL angegeben [40].

Die Expert Group on Vitamins and Minerals sieht keine ausreichende Datengrundlage, um einen SUL (safe upper level) für die perorale Vitamin-B_{12}-Zufuhr anzugeben, setzte jedoch auf Basis einer klinischen Untersuchung für die Supplementierung von Cyanocobalamin [59] einen GL (guidance level) von 2 mg/Tag fest, da bei dieser Dosierung keine unerwünschten Effekte zu erwarten sind [34]. Auch das Bundesinstitut für Risikobewertung (BfR) sieht bei der Verwendung von Vitamin B_{12} in Nahrungsergänzungsmitteln bzw. zum Zwecke der Lebensmittelanreicherung ein geringes Risiko für unerwünschte Wirkungen, da Überdosierungserscheinungen nicht bekannt geworden sind [7]. Allerdings können Meeresprodukte wie Spirulina-Algen sowie fermentierte Produkte Vitamin-B_{12}-Analoga enthalten, die keine Vitamin-B_{12}-Aktivität aufweisen und den Cobalaminstatus sogar beeinträchtigen [21, 25, 121].

1) Der UL ist definiert als die höchste tägliche Nährstoffzufuhr, die für nahezu alle Individuen der Gesamtbevölkerung ohne unerwünschte gesundheitliche Nebenwirkungen verträglich ist.

Insgesamt kann davon ausgegangen werden, dass auch perorale Dosierungen des Vitamins, die um einen Faktor von 100 und mehr über der täglich empfohlenen Zufuhrmenge von 3 μg liegen, toxikologisch unbedenklich sind.

49.7 Vorsorgemaßnahmen

Präventive Aspekte durch eine ergänzende Vitamin-B_{12}-Verabreichung ergeben sich insbesondere bei marginaler Versorgungssituation, so dass sich die bereits beschriebenen potenziellen Folgen eines subklinischen Mangels im Hinblick auf kardiovaskuläre und neuropsychiatrische Erkrankungen vermutlich vermindern lassen. Allerdings fehlen bis heute größere Interventionsstudien, die den Nutzen einer Vitamin-B_{12}-Gabe (und einer damit meist verbundenen Senkung der Homocysteinkonzentration) bei neurokognitiven Störungen und Demenzerkrankungen [29, 58] sowie zur Senkung des kardiovaskulären Risikos [128, 133] anhand klinischer Endpunkte belegen.

Als Risikofaktor im Hinblick auf *kardiovaskuläre Erkrankungen* werden insbesondere erhöhte Homocysteinkonzentrationen im Plasma diskutiert. Da der Vitamin-B_{12}-Stoffwechsel eng mit dem der Folsäure vergesellschaftet ist und ein Defizit dieser beiden Vitamine wie auch ein Vitamin-B_6-Mangel jeweils zu erhöhten Homocysteinkonzentrationen führt, erweist es sich als schwierig, den Einfluss dieser am Homocysteinstoffwechsel beteiligten Vitamine voneinander abzugrenzen [133]. Ob Homocystein ein kausaler Faktor in der Pathogenese der Atherosklerose ist, wird nach wie vor kontrovers diskutiert. Während in einigen epidemiologischen Untersuchungen hoch signifikante Assoziationen zwischen kardiovaskulären Erkrankungen und der Höhe der Homocysteinkonzentration nachgewiesen wurden, zeigte sich in anderen Studien kein Zusammenhang [16, 79]. Eine Metaanalyse, in der 30 Studien mit insgesamt 5073 Fällen mit ischämischer Herzerkrankung und 1113 Fällen mit Apoplexie ausgewertet wurden, ergab, dass erhöhte Homocysteinwerte allenfalls einen moderaten unabhängigen Prädiktor für diese Erkrankungen in gesunden Bevölkerungsgruppen darstellen. Aus den prospektiven Untersuchungen lässt sich nach Korrektur der Daten um verschiedene Störgrößen ableiten, dass ein um 25% geringerer Homocysteinwert (etwa 3 μmol/L) mit einem um 11% verminderten Risiko für ischämische Herzerkrankungen und mit einem um 19% geringeren Apoplexie-Risiko verbunden ist [79]. In einer randomisierten, doppelblinden Interventionsstudie zeigte sich bei Patienten mit Atherosklerose eine signifikante Verringerung der Wanddicke der Carotisarterie nach Gabe von Folsäure, Vitamin B_{12} und B_6 im Vergleich zur Placebogruppe [114]. Die wenigen bisher durchgeführten Interventionsstudien zu den Auswirkungen einer Senkung des Homocysteinspiegels auf klinische kardiovaskuläre Endpunkte zeigten jedoch vielfach keine positiven Effekte, so dass Homocystein möglicherweise nur einen Risikoindikator darstellt [16, 128]. Dennoch sollte bei Risikogruppen eine Supplementierung von Vitamin B_{12} in Kombination mit Folsäure und evtl. Vitamin B_6

zur Senkung des Homocysteinspiegels erwogen werden. Eine Vitamin-B_{12}-Supplementierung bei gleichzeitiger Sicherstellung der Folsäure- und Vitamin-B_6-Versorgung führt bei Personen, die ein Cobalamindefizit aufweisen, zu einer Senkung der Homocysteinkonzentration [13].

Klinische Interventionsstudien zur Wirkung einer kombinierten Gabe von Folsäure und Vitamin B_{12} auf die *kognitive Leistungsfähigkeit* lieferten ebenfalls widersprüchliche Daten. So zeigte sich in einigen Untersuchungen eine Verbesserung der kognitiven Leistung nach Verabreichung von Vitamin B_{12} und Folsäure [68, 78, 120], während in anderen Studien keine positiven Ergebnisse erzielt wurden [18, 56, 60, 134]. Vermutlich spielt für den Erfolg der Therapie insbesondere die frühzeitige Intervention eine Rolle [63].

Ein präventives Potenzial von Vitamin B_{12} zusammen mit Folsäure ergibt sich möglicherweise im Hinblick auf die *Vorbeugung von osteoporotischen Frakturen.* Die hierzu vorliegenden epidemiologischen Befunde werden durch eine randomisierte, kontrollierte Doppelblindstudie mit 628 Schlaganfallpatienten ab 65 Jahren untermauert [94]. Im Vergleich zur Kontrollgruppe lag die Inzidenz für Hüftfrakturen über einen Zeitraum von zwei Jahren bei Verabreichung von 5 mg Folat und 1,5 mg Methylcobalamin signifikant niedriger. Das adjustierte relative Risiko der Behandlungs- im Vergleich zur Placebogruppe betrug 0,2 (95%-Konfidenzintervall 0,08–0,5), die absolute Risikoreduktion lag bei 7,1% (95%-Konfidenzintervall 3,6–10,8) und die Anzahl Patienten, die behandelt werden müssen, um eine Fraktur zu verhindern (number needed to treat, NNT), lag bei 14 (95%-Konfidenzintervall 9–28) [94]. Die zugrunde liegenden Mechanismen eines Zusammenhangs könnten in einer Beeinträchtigung der Quervernetzung von Kollagen im Knochen durch Homocystein liegen oder auf eine Beteiligung von Vitamin B_{12} bei der Osteoblastenfunktion zurückzuführen sein [64, 117]. Zudem hat sich gezeigt, dass Homocystein die Verfügbarkeit von Stickstoffmonoxid (NO), welches für die Funktion der Osteoblasten von Bedeutung ist, beeinträchtigt [70]. Denkbar ist allerdings auch, dass es lediglich zu einer Verbesserung der neurokognitiven Kompetenz durch die Vitamingabe kommt, die mit einer geringeren Neigung zu Stürzen assoziiert ist.

Aufgrund der hohen Prävalenz von Cobalamindefiziten im höheren Lebensalter ist für Menschen ab 60 Jahren eine engmaschige Überwachung der Serumkonzentration oder eine prophylaktische Gabe von >50 µg/Tag zu empfehlen [132]. Bei Serum-Cobalaminkonzentrationen unter 220 pmol/L sollten weitere Untersuchungen durchgeführt bzw. eine probeweise orale Substitution von 100–200 µg für einen Monat erfolgen. Bei älteren Menschen mit leichtem Vitamin-B_{12}-Defizit erwiesen sich sogar erst perorale Cyanocobalamin-Dosierungen ab etwa 650 µg täglich als ausreichend, um den Vitamin-B_{12}-Status zu normalisieren [30].

Bei diagnostiziertem Vitamin-B_{12}-Mangel erfolgen in der Regel parenterale Cobalamingaben von 1000 µg in regelmäßigen Abständen durch intramuskuläre Injektionen. Alternativ hierzu kann ein Mangel, der durch unzureichende Aufnahme, Malabsorption von Nahrungscobalamin oder perniziöse Anämie bedingt ist, auch durch die orale Gabe von 1000 µg täglich behandelt werden. Bei unzureichender Nahrungszufuhr oder Malabsorption von Nahrungscobalamin als Ursache, nicht jedoch bei perniziöser Anämie, kann die Dosis nach einem Monat auf 125–500 μg täglich als Erhaltungstherapie verringert werden [2].

Von besonderem Interesse in *therapeutischer Hinsicht* ist der erfolgreiche Einsatz von Hydroxocobalamininfusionen bei *Cyanidvergiftungen*. Hydroxocobalamin entgiftet Cyanid, indem es eine Hydroxylgruppe abgibt und stattdessen eine Cyanylgruppe bindet, so dass nicht toxisches Cyanocobalamin (Vitamin B_{12}) entsteht, das mit dem Urin ausgeschieden wird. Dabei wurden keine unerwünschten Nebenwirkungen der Hydroxocobalamininfusionen beobachtet [33, 130].

49.8 Zusammenfassung

Unter dem Begriff Cobalamin (Vitamin B_{12}) werden verschiedene Substanzen mit gleicher Vitaminwirkung zusammengefasst, die nur von Mikroorganismen synthetisiert werden. Sie kommen daher nahezu ausschließlich in Nahrungsmitteln tierischer Herkunft vor. Im Säugetierstoffwechsel ist Cobalamin als Coenzym an der Remethylierung von Homocystein zu Methionin sowie an der Umlagerung von L-Methylmalonyl-CoA zu Succinyl-CoA beteiligt. Ein unzureichender Vitamin-B_{12}-Status ist häufig eine Konsequenz von Absorptionsstörungen. Im Mangel treten neben einer makrozytären Anämie auch Schädigungen des Nervengewebes auf. Als potenzielle Folgen eines subklinischen Cobalaminmangels werden ein erhöhtes Risiko für atherosklerotische Erkrankungen, kognitive Störungen und Osteoporose diskutiert. Vitamin B_{12} gilt als praktisch untoxisch. Lediglich in Einzelfällen wurden nach hohen Dosierungen allergische Reaktionen beobachtet. Aufgrund der geringen Toxizität von Cobalamin wurden keine toxikologischen Grenzwerte festgelegt. Es ist davon auszugehen, dass perorale Dosierungen, die um einen Faktor von 100 und mehr über der täglich empfohlenen Zufuhrmenge von 3 μg liegen, toxikologisch unbedenklich sind.

49.9 Literatur

1 Adams JF, Ross SK, Mervyn L, Boddy K, Kring P (1971) Absorption of cyanocobalamin, coenzyme B12, methylcobalamin, and hydroxocobalamin at different dose levels, *Scandinavian Journal of Gastroenterology* **6**: 249–252.

2 Andrès E, Loukili NH, Noel E, Kaltenbach G, Abdelgheni MB, Perrin AE, Noblet-Dick M, Maloisel F, Schlienger JL, Blicklé JF (2004) Vitamin B_{12} (cobalamin) deficiency in elderly patients, *Canadian Medical Association Journal* **17**: 251–259.

3 Bächli E, Fehr J (1999) Diagnose des Vitamin-B12-Mangels: nur scheinbar ein Kinderspiel, *Schweizer Medizinische Wochenschrift* **129(23)**: 861–872.

4 Baik HW, Russell RM (1999) Vitamin B12 deficiency in the elderly, *Annual Review of Nutrition* **19**: 357–377.

5 Banerjee R, Ragsdale SW (2003) The many faces of vitamin B12: catalysis by cobalamin-dependent enzymes, *Annual Review of Biochemistry* **72**: 209–247.

6 Beck WS (2001) Cobalamin (Vitamin B12) in Rucker RB et al (Hrsg) Handbook of Vitamins, 3rd edition, revised and expanded, Marcel Dekker, New York.

7 BfR (Bundesinstitut für Risikobewertung), Domke A, Großklaus R, Niemann B, Przyrembel H, Richter K, Schmidt E, Weißenborn A, Wörner B, Ziegenhagen R (Hrsg) (2004) Verwendung von Vitaminen in Lebensmitteln, Toxikologische und ernährungsphysiologische Aspekte, Teil I, BfR-Hausdruckerei Dahlem, 211–223.

8 Bilwani F, Adil SN, Sheikh U, Humera A, Khurshid M (2005) Anaphylactic reaction after intramuscular injection of cyanocobalamin (vitamin B12): a case report, *Journal of the Pakistan Medical Association* **55(5)**: 217–219.

9 Brattström L, Wilcken DE (2000) Homocysteine and cardiovascular disease: cause or effect? *The American Journal of Clinical Nutrition* **72**: 315–323.

10 Braun-Falco O, Lincke H (1976) Zur Frage der Vitamin B6/B12-Akne, *Münchener medizinische Wochenschrift* **118**: 155–160.

11 Budge M, Johnston C, Hogervorst E, de Jager C, Milwain E, Iversen SD, Barnetson L, King E, Smith AD (2000) Plasma total homocysteine and cognitive performance in a volunteer elderly population, *Annals of the New York Academy of Sciences* **903**: 407–410.

12 Carmel R (1997) Cobalamin, the stomach, and aging, *The American Journal of Clinical Nutrition* **66**: 750–759.

13 Carmel R, Green R, Rosenblatt DS, Watkins D (2003) Update on cobalamin, folate, and homocysteine, *Hematology* (the Education Program of the American Society of Hematology) **1**: 62–81.

14 Chanarin I (1990) Normal cobalamin metabolism, in Chanarin I The Megaloblastic Anemias, Blackwell, Oxford, 27.

15 Chen X, Remacha AF, Sarda MP, Carmel R (2005) Influence of cobalamin deficiency compared with that of cobalamin absorption on serum holo-transcobalamin II, *The American Journal of Clinical Nutrition* **81(1)**: 110–114.

16 Clarke R (2005) Homocysteine-lowering trials for prevention of heart disease and stroke, *Seminars in Vascular Medicine* **5(2)**: 215–222.

17 Clarke R, Smith AD, Jobst KA, Refsum H, Sutton L, Ueland PM (1998) Folate, vitamin B12, and serum total homocysteine levels in confirmed Alzheimer disease, *Archives of Neurology* **55(11)**: 1449–1455.

18 Clarke R, Harrison G, Richards S (2003) Vital Trial Collaborative Group: Effect of vitamins and aspirin on markers of platelet activation, oxidative stress and homocysteine in people at high risk of dementia, *European Journal of Internal Medicine* **254**: 67–75.

19 Combs GF (1998) The vitamins. Fundamental aspects in nutrition and health, Academic Press, San Diego, New York, Boston.

20 Coppola A, Davi G, De Stefano V, Mancini FP, Cerbone AM, Di Minno G (2000) Homocysteine, coagulation, platelet function, and thrombosis, *Seminars in Thrombosis and Hemostasis* **26**: 243–254.

21 Dagnelie PC, Van Staveren WA, Van den Berg H (1991) Vitamin B-12 from algae appears not to be bioavailable, *The American Journal of Clinical Nutrition* **53**: 695–697.

22 DGE (Deutsche Gesellschaft für Ernährung) (2000) (Hrsg) Ernährungsbericht 2000, Frankfurt a. M.

23 DGE (Deutsche Gesellschaft für Ernährung, Österreichische Gesellschaft für Ernährung, Schweizerische Gesellschaft für Ernährungsforschung, Schweizerische Vereinigung für Ernährung) (2000) Referenzwerte für die Nährstoffzufuhr, DGE und Umschau, Frankfurt a. M.

24 Dhonukshe-Rutten RA, Pluijm SM, de Groot LC, Lips P, Smit JH, van Staveren WA (2005) Homocysteine and vitamin B12 status relate to bone turnover markers, broadband ultrasound attenuation, and fractures in healthy elderly people, *Journal of Bone and Mineral Research* **20(6)**: 921–929.

25 Donaldson MS (2000) Metabolic vitamin B12 status on a mostly raw vegan diet with follow-up using tablets, nutritional yeast, or probiotic supplements, *Annals of Nutrition and Metabolism* **44(5/6)**: 229–234.

26 Dupre A, Albarel N, Bonafe JL, Christol B, Lassere J (1979) Vitamin B-12 induced acnes, Cutis. *Cutaneous Medicine for the Practitioner* **24(2)**: 210–211.

27 Duthie SJ, Narayanan S, Sharp L, Little J, Basten G, Powers H (2004) Folate, DNA stability and colo-rectal neoplasia. *Proceedings of the Nutrition Society* **63(4)**: 571–578.

28 Ellenbogen L, Cooper BA (1991) Vitamin B12 in Machlin LJ (Hrsg) Handbook of Vitamins, Marcel Dekker, 491–536.

29 Ellinson M, Thomas J, Patterson A (2004) A critical evaluation of the relationship between serum vitamin B, folate and total homocysteine with cognitive impairment in the elderly, *Journal of Human Nutrition and Dietetics* **17(4)**: 371–383.

30 Eussen SJ, de Groot LC, Clarke R, Schneede J, Ueland PM, Hoefnagels WH, van Staveren WA (2005) Oral cyanocobalamin supplementation in older people with vitamin B12 deficiency: a dose-finding trial, *Archives of Internal Medicine* **165(10)**: 1167–1172.

31 Fiskerstrand T, Refsum H, Kvalheim G, Ueland PM (1993) Homocysteine and other thiols in plasma and urine: automated determination and sample stability, *Clinical Chemistry* **39**: 263–271.

32 Food and Nutrition Board (1998) Dietary reference intakes for thiamine, riboflavin, niacin, vitamin B6, folate, vitamin B12, pantothenic acid, biotin, and choline, A report of the Standing Committee on the Scientific Evaluation of Dietary Reference Intakes and its Panel on Folate, Other B Vitamins, and Choline and Subcommittee on Upper Reference Levels of Nutrients, National Academy Press, Washington D.C., 306–356.

33 Forsyth JC, Mueller PD, Becker CE, Osterloh J, Benowitz NL, Rumack BH, Hall AH (1993) Hydroxocobalamin as a cyanide antidote: safety, efficacy and pharmacokinetics in heavily smoking normal volunteers, *Journal of Toxicology. Clinical Toxicology* **31(2)**: 277–294.

34 FSA (2003) Food Standards Agency. Safe Upper Levels for Vitamins and Minerals. Report of the Expert Group on Vitamins and Minerals. Risk assessment – Vitamin B12, London, May 2003, 93–99, http://www.foodstandards.govuk/multimedia/pdfs/evm_b12.pdf

35 Gerhard GT, Duell PB (1999) Homocysteine and atherosclerosis, *Current Opinion in Lipidology* **10**: 417–428.

36 Gräsbeck R (1984) Biochemistry and clinical chemistry of vitamin B12 transport and related diseases, *Clinical Biology* **17**: 99–107.

37 Green R, Kinsella LJ (1995) Current concepts in the diagnosis of cobalamin deficiency, *Neurology* **45**: 1435–1440.

38 Hahn A, Ströhle A, Wolters M (2005) Ernährung – Physiologische Grundlagen, Prävention, Therapie, Wissenschaftliche Verlagsgesellschaft, Stuttgart.

39 Hanck A (1982) Spektrum Vitamine. Arzneimittel-Therapie heute, Aesopusverlag, Zug, 86–92.

40 Hathcock JN (Council for Responsible Nutrition) (1997) Vitamin and mineral safety, Council for Responsible Nutrition, Washington D.C., 45–46.

41 Hathcock JN, Troendle GJ (1991) Oral cobalamin for treatment of pernicious anemia? *The Journal of the American Medical Association* **265(1)**: 96–97.

42 Healton EB, Savage DG, Brust JC, Garrett TJ, Lindenbaum J (1991) Neurologic aspects of cobalamin deficiency, *Medicine Baltimore* **70(4)**: 229–245.

43 Herbert V (1988) Vitamin B12: plant sources, requirements, and assay, *The American Journal of Clinical Nutrition* **3** (Suppl): 852–858.

44 Herbert V (1994) Staging vitamin B-12 (cobalamin) status in vegetarians. *The American Journal of Clinical Nutrition* **59**: 1213S–1222S.

45 Herbert V (1996) Vitamin B12, in Ziegler EE, Filer IF (Hrsg) Present Knowledge in Nutrition, 7th Edition, International Life Science Institute Press, Washington DC, 191–205.

46 Herrmann W (2001) The importance of hyperhomocysteinemia as a risk factor for diseases: an overview. *Clinical Chemistry and Laboratory Medicine* **39**: 666–674.

47 Herrmann W, Schorr H, Purschwitz K, Rassoul F, Richter V (2001) Total homocysteine, vitamin B(12), and total antioxidant status in vegetarians, *Clinical Chemistry* **47**: 1094–1101.

48 Herrmann W, Obeid R, Schorr H, Geisel J (2003) Functional vitamin B12 deficiency and determination of holotranscobalamin in populations at risk, *Clinical Chemistry and Laboratory Medicine* **41**: 1478–1488.

49 Hodgkin DC, Kamper J, Mackay M, Pickworth J, Trueblood KN, White JG (1956) Structure of vitamin B12. *Nature* **178(4524)**: 64–66.

50 Holm E, Kramer W, Kurtz B, Fischer B (1974) Neurophysiological findings in cats with large doses of hydroxocobalamine base, *Arzneimittelforschung* **24(9)**: 1289–1290.

51 Hultdin J, Van Guelpen B, Bergh A, Hallmans G, Stattin P (2005) Plasma folate, vitamin B12, and homocysteine and prostate cancer risk: a prospective study. *International Journal of Cancer* **113(5)**: 819–824.

52 Hutto BR (1997) Folate and cobalamin in psychiatric illness, *Comprehensive Psychiatry* **38**: 305–314.

53 Hvas AM, Nexo E (2003) Holotranscobalamin as a predictor of vitamin B12 status, *Clinical Chemistry and Laboratory Medicine* **41**: 1489–1492.

54 Jacobsen DW, Gatautis VJ, Green R, Robinson K, Savon SR, Secic M, Ji J, Otto JM, Taylor LM Jr (1994) Rapid HPLC determination of total homocysteine and other thiols in serum and plasma: sex differences and correlation with cobalamin and folate concentrations in healthy subjects, *Clinical Chemistry* **40**: 873–881.

55 James J, Warin RP (1971) Sensitivity to cyanocobalamin and hydroxocobalamin, *British Medical Journal* **2**: 262.

56 Johnson MA, Hawthorne NA, Brackett WR, Fischer JG, Gunter EW, Allen RH, Stabler SP (2003) Hyperhomocysteinemia and vitamin B-12 deficiency in elderly using Title IIIc nutrition services, *The American Journal of Clinical Nutrition* **77**: 211–220.

57 Joosten E, Lesaffre E, Riezler R (1996) Are different reference intervals for methylmalonic acid and total homocysteine necessary in elderly people? *European Journal of Haematology* **57**: 222–226.

58 Joosten E (2001) Homocysteine, vascular dementia and Alzheimer's disease, *Clinical Chemistry and Laboratory Medicine* **39**: 717–720.

59 Juhlin L, Olsson MJ (1997) Improvement of vitiligo after oral treatment with vitamin B12 and folic acid and the importance of sun exposure, *Acta Dermato-Venereologica* **77(6)**: 460–462.

60 Kwok T, Tang C, Woo J, Lai WK, Law LK, Pang CP (1998) Randomized trial of the effect of supplementation on the cognitive function of older people with subnormal cobalamin levels, *International Journal of Geriatric Psychiatry* **13**: 611–616.

61 Lindenbaum J, Healton EB, Savage DG, Brust JC, Garrett TJ, Podell ER, Marcell PD, Stabler SP, Allen RH (1988) Neuropsychiatric disorders caused by cobalamin deficiency in the absence of anemia or macrocytosis, *The New England Journal of Medicine* **318(26)**: 1720–1728.

62 Lindgren A (2002) Elevated serum methylmalonic acid. How much comes from cobalamin deficiency and how much comes from the kidneys? *Scandinavian Journal of Clinical and Laboratory Investigation* **62**: 15–20.

63 Lökk J (2003) Association of vitamin B12, folate, homocysteine and cognition in the elderly, *Scandinavian Journal of Nutrition* **47**: 132–138.

64 Lubec B, Fang-Kircher S, Lubec T, Blom HJ, Boers GH (1996) Evidence for McKusick's hypothesis of deficient collagen cross-linking in patients with homocystinuria, *Biochimica et Biophysica Acta* **1315**: 159–162.

65 Maeda K, Okamoto N, Nishimoto M, Hoshino R, Ohara K, Ohashi Y, Kawaguchi K (1992) A multicenter study of the effects of vitamin B12 on sleep-waking rhythm disorders: in Shizuoka Prefecture, *The Japanese Journal of Psychiatry and Neurology* **46(1)**: 229–230.

66 Mangiarotti G, Canavese C, Salomone M, Thea A, Pacitti A, Gaido M, Calitri V, Pelizza D, Canavero W, Vercellone A (1986) Hypervitaminosis B12 in maintenance hemodialysis patients receiving massive supplementation of vitamin B12, *The International Journal of Artificial Organs* **9(6)**: 417–420.

67 Marsh EN (1999) Coenzyme B12 (cobalamin)-dependent enzymes, *Essays in Biochemistry* **34**: 139–154.

68 Martin DC, Francis J, Protetch J, Huff FJ (1992) Time dependency of cognitive recovery with cobalamin replacement: report of a pilot study, *Journal of the American Geriatrics Society* **40**: 168–172.

69 McCully KS (1996) Homocysteine and vascular disease, *Nature Medicine* **2**: 386–389.

70 McFarlane SI, Muniyappa R, Shin JJ, Bahtiyar G, Sowers JR (2004) Osteoporosis and cardiovascular disease: brittle bones and boned arteries, is there a link? *Endocrine* **23(1)**: 1–10.

71 McLean RR, Jacques PF, Selhub J, Tucker KL, Samelson EJ, Broe KE, Hannan MT, Cupples LA, Kiel DP (2004) Homocysteine as a predictive factor for hip fracture in older persons, *The New England Journal of Medicine* **350**: 2042–2049.

72 Mensink G, Burger M, Beitz R, Henschel Y, Hintzpeter B (2002) Was essen wir heute? Ernährungsverhalten in Deutschland. Beiträge zur Gesundheitsberichterstattung, Robert-Koch-Institut.

73 Miller DR, Hayes KC (1982) Vitamin excess and toxicity, in Hathock JN (Hrsg) Nutritional toxicology, Academic Press, New York, 81–133.

74 Minniti G, Piana A, Armani U, Cerone R (1998) Determination of plasma and serum homocysteine by high-performance liquid chromatography with fluorescence detection, *Journal of Chromatography A* **828**: 401–405.

75 Monographie Vitamin B_{12}, Bundesanzeiger Nr. 59 vom 29. 3. 1989.

76 Nilsson K, Gustafson L, Faldt R, Andersson A, Brattstrom L, Lindgren A, Israelsson B, Hultberg B (1996) Hyperhomocysteinaemia – a common finding in a psychogeriatric population, *European Journal of Clinical Investigation* **26**: 853–859.

77 Nilsson K, Gustafson L, Hultberg B (2000) The plasma homocysteine concentration is better than that of serum methylmalonic acid as a marker for sociopsychological performance in a psychogeriatric population, *Clinical Chemistry* **46**: 691–696.

78 Nilsson K, Gustafson L, Hultberg B (2001) Improvement of cognitive functions after cobalamin/folate supplementation in elderly patients with dementia and elevated plasma homocysteine, *International Journal of Geriatric Psychiatry* **16**: 609–614.

79 N.N. (2002) Homocysteine and risk of ischemic heart disease and stroke: a meta-analysis, *The Journal of the American Medical Association* **288**: 2015–2022.

80 Nordic Council of Ministers (2001) Addition of vitamins and minerals. A discussion paper on health risks related to foods and food supplements, TemaNord, Copenhagen, 519.

81 Omenn GS, Beresford SAA, Motulsky AG (1998) Preventing coronary heart disease. B vitamins and homocysteine, *Circulation* **97**: 421–424.

82 Penninx BW, Guralnik JM, Ferrucci L, Fried LP, Allen RH, Stabler SP (2000) Vitamin B_{12} deficiency and depression in physically disabled older women: epidemiologic evidence from the Women's Health and Aging Study, *The American Journal of Psychiatry* **157**: 715–721.

83 Pennypacker LC, Allen RH, Kelly JP, Matthews LM, Grigsby J, Kaye K, Lindenbaum J, Stabler SP (1992) High prevalence of cobalamin deficiency in elderly outpatients, *Journal of the American Geriatrics Society* **40**: 1197–1204.

84 Pevny I, Hartmann A, Metz J (1977) Vitamin-B_{12}-(Cyanocobalamin)Allergie, *Der Hautarzt* **28**: 600–603.

85 Pietrzik K, Hages M (1991) Nutzen-Risiko-Bewertung einer hochdosierten B-Vitamintherapie, in: Reitbrock N, Pharmakologie und klinische Anwendung hochdosierter B-Vitamine, Steinkopff, Darmstadt.

86 Puissant A, Vanbremeersch F, Monfort J, Lamberton JN (1967) A new iatrogenic dermatosis: acne caused by vitamin B 12, *Bulletin de la Societe Francaise de Dermatologie et de Syphiligraphie* **74(6)**: 813–815.

87 Raux E, Schubert HL, Warren MJ (2000) Biosynthesis of cobalamin (vitamin B12): a bacterial conundrum, *Cellular and Molecular Life Sciences* **57**: 1880–1893.

88 Riggs KM, Spiro A 3rd, Tucker K, Rush D (1996) Relations of vitamin B12, vitamin B6, folate, and homocysteine to cognitive performance in the Normative Aging Study, *The American Journal of Clinical Nutrition* **63**: 306–314.

89 Rodriguez A, Echechipia S, Alvarez M, Muro MD (1994) Occupational contact dermatitis from vitamin B12, *Contact Dermatitis* **31(4)**: 271.

90 Russell RM (2000) The aging process as a modifier of metabolism, *The American Journal of Clinical Nutrition* **72**(2 Suppl): 529S–532S.

91 Russell RM (2001) Factors in aging that effect the bioavailability of nutrients, *The Journal of Nutrition* **131**(4 Suppl): 1359S–1361S.

92 Russell-Jones GJ, Alpers DH (1999) Vitamin B_{12} transporters, *Pharmaceutical Biotechnology* **12**: 493–520.

93 Saltzman JR, Russell RM (1994) Nutritional consequences of intestinal bacterial overgrowth, *Comprehensive therapy* **20**: 523–530.

94 Sato Y, Honda Y, Iwamoto J, Kanoko T, Satoh K (2005) Effect of folate and mecobalamin on hip fractures in patients with stroke: a randomized controlled trial, *The Journal of the American Medical Association* **293(9)**: 1082–1088.

95 SCF (1992) Scientific Committee on Food. Commission of the European Communities. Reports of the Scientific Committee for Food: Nutrient and Energy intakes for the European community, Thirty-first series.

96 SCF (2000) Scientific Committee on Food. Opinion of the Scientific Committee on Food on the Tolerable Upper Intake Level of Vitamin B_{12} (expressed on 19 October 2000, SCF/CS/NUT/PPLEV/42 Final. 28. 11. 2000. http://www.europa.eu.int/comm/food/fs/sc/scf/out80d_en.pdf

97 Schiffman DO (1975) Letter: "B12 shots"-still another side of the coin, *The Journal of the American Medical Association* **233(1)**: 21.

98 Scott JM (1997) Bioavailability of vitamin B_{12}, *The European Journal of Clinical Nutrition* **51**(Suppl 1): S49–53.

99 Seetharam B (1999) Receptor-mediated endocytosis of cobalamin (vitamin B12), *Annual Review of Nutrition* **19**: 173–195.

100 Seetharam B, Yammani RR (2003) Cobalamin transport proteins and their cell-surface receptors, *Expert Reviews in Molecular Medicine* **5**: 1–18.

101 Selhub J, Bagley LC, Miller J, Rosenberg IH (2000) B vitamins, homocysteine, and neurocognitive function in the elderly, *The American Journal of Clinical Nutrition* **71**: 614S–620S.

102 Seshadri S, Beiser A, Selhub J, Jacques PF, Rosenberg IH, D'Agostino RB, Wilson PW, Wolf PA (2002) Plasma homocysteine as a risk factor for dementia and Alzheimer's disease, *The New England Journal of Medicine* **346**: 476–483.

103 Sherertz EF (1991) Acneiform eruption due to "megadose" vitamins B6 and B12, *Cutaneous Medicine for the Practitioner* **48(2)**: 119–120.

104 Shinton NK (1972) Vitamin B12 and folate metabolism, *British Journal of Medical Education* **799**: 556–559.

105 Souci SW, Fachmann W, Kraut H (2000) Die Zusammensetzung der Lebensmittel, Nährwerttabellen, Medpharm, Stuttgart.

106 Snow CF (1999) Laboratory diagnosis of vitamin B12 and folate deficiency: a guide for the primary care physician, *Archives of Internal Medicine* **159**: 1289–1298.

107 Stabler SP (2001) Vitamin B-12, in Bowman BA, Russell RM (Hrsg) Present knowledge in nutrition, ILSI Press, Washington, 230–240.

108 Stabler SP, Allen RH (2004) Vitamin B12 deficiency as a worldwide problem, *Annual Review of Nutrition* **24**: 299–326.

109 Stabler SP, Lindenbaum J, Allen RH (1997) Vitamin B-12 deficiency in the elderly: current dilemmas, *The American Journal of Clinical Nutrition* **66**: 741–749.

110 Stanger O, Herrmann W, Pietrzik K, Fowler B, Geisel J, Dierkes J, Weger M (2003) DACH-LIGA Homocystein e.V. DACH-LIGA homocysteine (German,

Austrian and Swiss Homocysteine Society): consensus paper on the rational clinical use of homocysteine, folic acid and B-vitamins in cardiovascular and thrombotic diseases: guidelines and recommendations, *Clinical Chemistry and Laboratory Medicine* **41(11)**: 1392–1403.

111 Stone KL, Bauer DC, Sellmeyer D, Cummings SR (2004) Low serum vitamin B-12 levels are associated with increased hip bone loss in older women: a prospective study, *Journal of Clinical Endocrinology and Metabolism* **89(3)**: 1217–1221.

112 Ströhle A, Wolters M, Hahn A (2005) Cobalamin – ein kritischer Nährstoff im höheren Lebensalter, *Medizinische Monatsschrift für Pharmazeuten* **28(2)**: 60–66.

113 Su TC, Jeng JS, Wang JD, Torng PL, Chang SJ, Chen CF, Liau CS (2005) Homocysteine, circulating vascular cell adhesion molecule and carotid atherosclerosis in postmenopausal vegetarian women and omnivores, *Atherosclerosis* **184(2)**: 356–362.

114 Till U, Rohl P, Jentsch A, Till H, Muller A, Bellstedt K, Plonne D, Fink HS, Vollandt R, Sliwka U, Herrmann FH, Petermann H, Riezler R (2005) Decrease of carotid intima-media thickness in patients at risk to cerebral ischemia after supplementation with folic acid, Vitamins B6 and B12, *Atherosclerosis* **181(1)**: 131–135.

115 Toh BH, van Driel IR, Gleeson PA (1997) Pernicious anemia, *The New England Journal of Medicine* **337**: 1441–1448.

116 Tsao CS, Myashita K (1993) Influence of cobalamin on the survival of mice bearing ascites tumor, *Pathobiology* **61(2)**: 104–108.

117 Tucker KL, Hannan MT, Qiao N, Jacques PF, Selhub J, Cupples LA, Kiel DP (2005) Low plasma vitamin B12 is associated with lower BMD: the Framingham Osteoporosis Study, *Journal of Bone and Mineral Research* **20(1)**: 152–158.

118 Ubbink JB (2000) Assay methods for the measurement of total homocyst(e)ine in plasma, *Seminars in Thrombosis and Hemostasis* **26**: 233–241.

119 Ueland PM, Refsum H, Beresford SA, Vollset SE (2000) The controversy over homocysteine and cardiovascular risk, *The American Journal of Clinical Nutrition* **72**: 324–332.

120 van Asselt DZ, Pasman JW, van Lier HJ, Vingerhoets DM, Poels PJ, Kuin Y, Blom HJ, Hoefnagels WH (2001) Cobalamin supplementation improves cognitive and cerebral function in older, cobalamin-deficient persons, *The Journals of Gerontology. Series A, Biological Sciences and Medical Sciences* **56**: M775–M779.

121 Van den Berg H, Dagnelie PC, Van Staveren WA (1988) Vitamin B-12 and seaweed, *The Lancet* **331(8579)**: 242–243.

122 van Meurs JB, Dhonukshe-Rutten RA, Pluijm SM, Van der Klift M, de Jonge R, Lindemans J, de Groot LC, Hofman A, Witteman JC, van Leeuwen JP, Breteler MM, Lips P, Pols HA, Uitterlinden AG (2004) Homocysteine levels and the risk of osteoporotic fracture, *The New England Journal of Medicine* **350**: 2033–2041.

123 von Castel-Dunwoody KM, Kauwell GP, Shelnutt KP, Vaughn JD, Griffin ER, Maneval DR, Theriaque DW, Bailey LB (2005) Transcobalamin 776C-G polymorphism negatively affects vitamin B-12 metabolism, *The American Journal of Clinical Nutrition* **81(6)**: 1436–1441.

124 Waldmann A, Koschizke JW, Leitzmann C, Hahn A (2003) Homocysteine and cobalamin status in German vegans, *Public Health Nutrition* **7**: 467– 472.

125 Weinstein SJ, Hartman TJ, Stolzenberg-Solomon R, Pietinen P, Barrett MJ, Taylor PR, Virtamo J, Albanes D (2003) Null association between prostate cancer and serum folate, vitamin B(6), vitamin B(12), and homocysteine. *Cancer Epidemiology, Biomarkers & Prevention* **12(11 Pt 1)**: 1271–1272.

126 Weir DG, Scott JM (1999) Vitamin B12 „Cobalamin", in Shils ME, Olson JA, Shike M, Ross AC (Hrsg) Modern nutrition in health and disease, Williams and Wilkins, Baltimore, 447–458.

127 Weiss N, Pietrzik K, Keller C (1999) Atheroskleroserisikofaktor Hyperhomocyst(e)inämie: Ursachen und Konsequenzen, *Deutsche medizinische Wochenschrift* **124**: 1107–1113.

128 Weiss N, Hilge R, Hoffmann U (2004) Mild hyperhomocysteinemia: risk factor or just risk predictor for cardiovascular diseases? *Journal for Vascular Diseases* **33(4)**: 191–203.

129 Welch GN, Loscalzo J (1998) Homocysteine and atherothrombosis, *The New England Journal of Medicine* **338**: 1042–1050.

130 Weng TI, Fang CC, Lin SM, Chen WJ (2004) Elevated plasma cyanide level after hydroxocobalamin infusion for cyanide poisoning, *The American Journal of Emergency Medicine* **22(6)**: 492–493.

131 Wolters M, Hermann S, Hahn A (2003) B vitamins, homocysteine, and methylmalonic acid in elderly German women, *The American Journal of Clinical Nutrition* **78**: 765–772.

132 Wolters M, Ströhle A, Hahn A (2004) Cobalamin: a critical vitamin in the elderly, *Preventive Medicine* **39(6)**: 1256–1266.

133 Wolters M, Ströhle A, Hahn A (2004) Altersassoziierte Veränderungen im Vitamin-B12- und Folsäurestoffwechsel: Prävalenz, Ätiopathogenese und pathophysiologische Konsequenzen, *Zeitschrift für Gerontologie und Geriatrie* **37**: 109–135.

134 Wolters M, Hickstein M, Flintermann A, Tewes U, Hahn A (2005) Cognitive performance in relation to vitamin status in healthy elderly German women – the effect of 6-month multivitamin supplementation, *Preventive Medicine* **41(1)**: 253–259.

135 Woodliff HJ (1986) Allergic reaction to cyanocobalamin, *The Medical Journal of Australia* **144**: 223.

136 Yao Y, Yao SL, Yao SS, Yao G, Lou W (1992) Prevalence of vitamin B12 deficiency among geriatric outpatients, *The Journal of Family Practice* **35**: 524–528.

50
Ascorbat

Regine Heller

50.1
Allgemeine Substanzbeschreibung

50.1.1
Physikochemische Eigenschaften

Ascorbinsäure {(*R*)-5-[(*S*)-1,2-Dihydroxyethyl]-3,4-dihydroxy-5*H*-furan-2-on} ist ein 2,3-Endiol-L-Gulonsäure-Lacton. Aufgrund der asymmetrischen Kohlenstoffatome C4 und C5 existiert sie in vier verschiedenen stereoisomeren Formen (L-Ascorbinsäure, D-Ascorbinsäure, L-Isoascorbinsäure und D-Isoascorbinsäure). Die Moleküle L- und D-Ascorbinsäure sind Enantiomere, während L-Ascorbinsäure und D-Isoascorbinsäure sowie D-Ascorbinsäure und L-Isoascorbinsäure Epimere darstellen. L-Ascorbinsäure ist die natürlich vorkommende und biologisch aktive Form.

Ascorbinsäure weist eine monokline vorwiegend plättchenförmige Kristallstruktur und einen Schmelzpunkt von 192 °C auf. Die chemische Summenformel lautet $C_6H_8O_6$ und die molare Masse beträgt 176,13 g/mol. In reinem trockenen Zustand ist Ascorbinsäure relativ beständig gegen Licht, Luft und Wärme, in gelöster Form, vor allem im alkalischen Milieu und in Gegenwart von Schwermetallspuren ist sie jedoch wärmeempfindlich und wird durch Licht und Luftsauerstoff zersetzt. Aufgrund ihrer Hydrophilie ist Ascorbinsäure in Wasser leicht (333 g/L), in Ethanol gut (20 g/L) und in Ether, Chloroform, Benzol, Fetten sowie fetten Ölen nicht löslich. Der saure Charakter der L-Ascorbinsäure ist durch die Hydroxylgruppe am C3-Atom bedingt ($pKs=4{,}2$), während die enolische Hydroxylgruppe am C2-Atom keine sauren Eigenschaften hat ($pKs=11{,}57$). Bei physiologischem pH-Wert liegt die Hydroxylgruppe am C3-Atom deprotoniert vor und >99% der L-Ascorbinsäure existieren als resonanzstabilisiertes Anion (L-Ascorbat) [97, 104, 187].

Handbuch der Lebensmitteltoxikologie. H. Dunkelberg, T. Gebel, A. Hartwig (Hrsg.)

ISBN: 978-3-527-31166-8

50.1.2
Redoxeigenschaften

L-Ascorbat hat eine stark reduzierende Wirkung und bildet mit Dehydroascorbinsäure ein Redoxsystem (Abb. 50.1). Durch Abgabe eines Elektrons ($H^+ + e^-$) entsteht aus L-Ascorbat zunächst das Ascorbylradikal (Semidehydroascorbinsäure), welches ein zweites Elektron abgeben kann, wodurch Dehydroascorbinsäure, das 2-Elektronen-Oxidationsprodukt der Ascorbinsäure, gebildet wird. Alternativ kann das Ascorbylradikal zu Ascorbat und Dehydroascorbinsäure dismutieren oder enzymatisch zu Ascorbat reduziert werden. Die Reduktion des Ascorbylradikals wird durch die NADH-abhängige Semidehydroascorbatreduktase oder die Thioredoxinreduktase, ein NADPH-abhängiges Selenoenzym, katalysiert [25, 125]. Dehydroascorbinsäure kann durch Thioredoxinreduktase oder das glutathionabhängige Glutaredoxin und direkt durch Glutathion oder α-Liponsäure ebenfalls zu Ascorbat regeneriert werden [25, 125]. L-Ascorbinsäure und ihre Derivate, die qualitativ gleiche biologische Wirkung entfalten können (Ascorbat und Dehydroascorbinsäure), werden unter dem Begriff Vitamin C zusammengefasst.

50.1.3
Geschichte

L-Ascorbinsäure wird im tierischen Organismus aus D-Glucose über die Zwischenstufen D-Glucuronsäure, L-Gulonsäure und L-Gulonolacton gebildet. Im letzten Schritt der Biosynthese wird L-Gulonolacton durch das Enzym L-Gulonolactonoxidase zur L-Ascorbinsäure oxidiert. Das Gen, welches die L-Gulonolactonoxidase codiert, wurde im Verlauf der Evolution bei Menschen, Primaten und wenigen anderen Spezies (Meerschweinchen, einige Fruchtvampire und tropische Vögel, Fische wie Karpfen, Regenbogenforelle oder Coho-Lachs) mutiert, so dass diese auf die Aufnahme von Ascorbinsäure aus der Nahrung angewiesen sind [138].

Ein Mangel an Ascorbinsäure über mehrere Monate führt zur Ausprägung von Skorbut, einer Krankheit, über die seit Beginn der Geschichtsschreibung berichtet wird und deren Symptome vor allem auf eine defekte Kollagensynthese zurück-

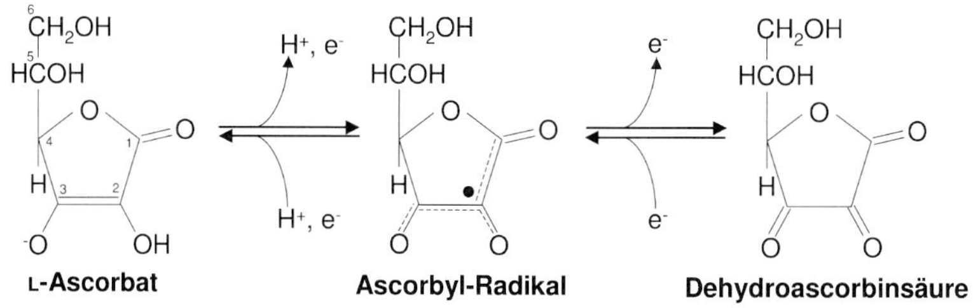

L-Ascorbat — Ascorbyl-Radikal — Dehydroascorbinsäure

Abb. 50.1 Oxidation von Ascorbat.

zuführen sind. Der Name Skorbut (deutsch: Scharbock) hat seinen Ursprung vermutlich im mittelniederdeutschen Schorbuk (Schor = Riss, Buk = Bauch) oder im germanischen Skyrbjúgr (Skyr = Quark oder Sauermilch (Vitamin-C-arm), Bjúgr beschreibt eine Gewebeveränderung). Skorbut wurde vor allem als Krankheit der Seeleute bekannt, aber auch während Hungersnöten, Belagerungen, Gefangenschaft oder langen Expeditionen beobachtet [24]. Eine infantile Form des Skorbuts (Barlowsche Krankheit) trat bei Säuglingen auf, die vorwiegend mit sterilisierter, pasteurisierter oder gekochter Kuhmilch ernährt wurden. Bereits im 18. Jahrhundert wurde berichtet, dass Zitrusfrüchte Skorbut verhindern und heilen können, aber erst zu Beginn des 20. Jahrhunderts erkannte man, dass die Erkrankung auf dem Fehlen eines essenziellen Nahrungsbestandteils beruht. Casimir Funk postulierte, dass der Mangel an diätetischen Faktoren, so genannten „Vitaminen", zur Ausprägung von Erkrankungen führt [165] und Holst und Frölich konnten 1907 in Meerschweinchen durch eine frucht- und gemüsefreie Nahrung Skorbut induzieren [88]. 1915 gelang es Zilva, Antiskorbut-Aktivität aus Zitronen zu isolieren [208]. 1932 erfolgte durch Szent-György und King unabhängig voneinander die Entdeckung von Vitamin C als Antiskorbut-Faktor und die Aufklärung seiner Struktur als Hexuronsäure [179, 180, 198]. 1933 wurde Vitamin C von Haworth und Mitarbeitern erstmals synthetisiert und Hexuronsäure in Ascorbinsäure umbenannt, um seine Antiskorbut-Eigenschaften zu unterstreichen [74].

50.2 Vorkommen und Verwendung hinsichtlich Lebensmittel und -gruppen

Ascorbinsäure wird von vielen pflanzlichen und tierischen Organismen synthetisiert und ist deshalb weit verbreitet. Die Hauptquelle für Vitamin C in der menschlichen Nahrung stellen Obst und Gemüse dar, nur ein kleiner Teil stammt aus tierischen Organen wie Leber oder Niere.

Bei unsachgemäßer Lagerung oder Zubereitung von Lebensmitteln können große Anteile des Vitamin-C-Gehaltes verloren gehen [192]. Die Verluste betragen selbst bei schonender Zubereitung im Mittel 30% [39] und sind auf Oxidationsprozesse zurückzuführen, die zum Teil durch Metallionen oder Enzyme vermittelt werden. Durch Inaktivierung der beteiligten Enzyme, zum Beispiel durch Blanchieren von Gemüse, kann der Zerstörung von Vitamin C vorgebeugt werden. Auch niedrige Temperaturen, niedrige pH-Werte sowie der Ausschluss von Sauerstoff und Metallionen dienen der Erhaltung von Vitamin C.

Ascorbinsäure (E 300), Natrium-L-Ascorbat (E 301), Calcium-L-Ascorbat (E 302) sowie Ascorbylpalmitat (E 304) sind als Lebensmittelzusatzstoffe zugelassen. Ascorbinsäure wird in Lebensmitteln als Antioxidans, Säuerungsmittel, Stabilisator und Mehlbehandlungsmittel eingesetzt. Die Beimischung zu Mehlen soll das Gashaltevermögen und das Volumen der Teige vergrößern. Der Zusatz zu Fleisch- und Wurstwaren hemmt die Bildung mutagener Nitrosamine (s. Abschnitt 50.5.1.5) und Getränke wie Wein, Bier sowie Fruchtsäfte werden mit Ascorbinsäure stabilisiert. Vitamin C wird auch Obst- und Gemüsekonserven sowie tiefgefrorenen Kartoffelprodukten zugesetzt. Aufgrund seiner Eigenschaft als Reduktionsmittel kann Ascorbinsäure mit verschiedenen chemischen Nachweismethoden (Glucose, Harnsäure, Kreatinin, Bilirubin, Hämoglobin A, Cholesterol, Triglyceride und anorganisches Phosphat) interferieren.

50.3
Verbreitung in Lebensmitteln und analytischer Nachweis

Zitrusfrüchte wie Orangen, Zitronen und Grapefruits, aber auch Sanddornsaft, schwarze Johannisbeeren, Erdbeeren und Kiwi enthalten viel Vitamin C. Zu den Vitamin-C-reichsten Gemüsesorten gehören Paprika, Broccoli, Rosenkohl und Grünkohl. Auch Rotkraut, Weißkraut/Sauerkraut und Spinat sind gute und kontinuierlich zur Verfügung stehende Vitamin-C-Lieferanten. Darüber hinaus ist die Kartoffel, auch wenn sie nur moderate Mengen an Vitamin C enthält und es lagerungsabhängig zum Teil zu großen Verlusten kommt, durch ihren weit verbreiteten Konsum eine wichtige Quelle für Vitamin C. Die höchsten natürlichen Vitamin-C-Konzentrationen hat man in Camu-Camu (2000 mg/100 g) und in der Acerolakirsche (1700 mg/100 g) gefunden. Vergleichsweise wenig Vitamin C ist in Getreide und Kuhmilchprodukten enthalten. Der Vitamin-C-Gehalt einiger ausgewählter Nahrungsmittel pflanzlicher und tierischer Herkunft ist in den Tabellen 50.1 und 50.2 aufgeführt [104].

Zum Nachweis von Ascorbinsäure und ihren Isomeren wurden verschiedene Verfahren entwickelt, die auf der Hochleistungs-Flüssigkeits-Chromatographie (HPLC) mit elektrochemischer Detektion basieren. Weitere analytische Verfahren beruhen auf Ionenaustauschchromatographie, Reverse-Phase-Chromatographie und Gaschromatographie. Methoden, die Ascorbinsäure mittels Fluoreszenz oder Chemilumineszenz detektieren, zeichnen sich ebenfalls durch eine hohe Sensitivität aus. Zu den kolorimetrischen Nachweisreaktionen gehören die 2,4-Dinitrophenylhydrazin-Methode (Bildung eines Bis-2,4-Dinitrophenylhydrazons der Ascorbinsäure), die 2,6-Dichlorphenolindophenol-Methode (Tillmans-Reagenz, Reduktion durch Ascorbinsäure) und die 2,2′-Dipyridyl-Methode (Bildung eines Komplexes mit Fe^{2+} nach Reduktion von Fe^{3+} durch Ascorbinsäure) [104].

50.4
Kinetik und innere Exposition

50.4.1
Resorption und biologische Verfügbarkeit

Ascorbinsäure und Dehydroascorbinsäure (Bestandteil der Nahrung und Oxidationsprodukt der Ascorbinsäure im Gastrointestinaltrakt) werden in Jejunum und Ileum resorbiert, die jeweiligen Transportmechanismen unterscheiden sich jedoch (s. Abschnitt 50.4.6) [203]. In den Enterozyten des Darmepithels wird De-

Tab. 50.1 Vitamin-C-Gehalt in ausgewählten Obst- und Gemüsesorten (modifiziert nach [104]).

Produkte	mg/100 g verzehrbare Substanz
Früchte	
Hagebutte	250–800
Johannisbeere, schwarz	150–200
Kiwi	80–90
Erdbeere	40–70
Grapefruit	30–70
Melone	9–60
Zitrone	40–50
Orange	30–50
Johannisbeere, rot	20–50
Kirsche	15–30
Apfel	3–30
Ananas	15–25
Banane	8–16
Mango	10–15
Brombeere	8–10
Birne	2–5
Weintraube	2–5
Pflaume	2–3
Gemüse	
Paprika	140
Rosenkohl	100–120
Grünkohl	70–100
Brokkoli	80–90
Blumenkohl	50–70
Kohl	30–70
Schnittlauch	40–50
Spinat	35–40
Chicorée	33
Spargel	15–30
Salat, verschiedene	10–30
Kartoffel	4–30
Rettich	25
Aubergine	15–20
Tomate	10–20
Kürbis	15
Porree	15
Bohne	10–15
Zwiebel	10–15
Erbse	8–12
Möhre	5–10
Gurke	6–8
Rübe	6–8
Gewürze	
Petersilie	200–300
Pfeffer	150–200
Koriander	90
Meerrettich	45

Tab. 50.2 Vitamin-C-Gehalt in ausgewählten tierischen Produkten (modifiziert nach [104]).

Produkte	mg/100 g verzehrbare Substanz
Schinken	20–25
Leber, Rind	10
Hummer	3
Muskel, Garnele	2–4
Muskel, Krabbe	1–4
Rindfleisch	1–2
Schweinefleisch	1–2
Kalbfleisch	1–1,5
Kuhmilch	0,5–2
Humanmilch	3–6

hydroascorbinsäure enzymatisch reduziert und als Ascorbinsäure an das Blut abgegeben [18]. Die biologische Verfügbarkeit der Ascorbinsäure (Anstieg der Plasmaspiegel nach oral verabreichter Dosis im Vergleich zur Plasmakonzentration nach intravenöser Gabe der gleichen Dosis) betrug >80% bei Dosierungen ≤100 mg, 78% bei Gabe von 200 mg, 75% bei 500 mg und 62% bei 1250 mg [64]. Bei Verabreichung unphysiologisch hoher Dosen nimmt die Effizienz der Resorption weiter ab [90]. Unterschiede zwischen der Aufnahme aus der Nahrung und aus Supplementen wurden nicht beobachtet [124].

50.4.2
Renale Reabsorption

Da Ascorbat in den Glomeruli der Niere frei filtriert wird, werden Ascorbat-Plasmaspiegel wesentlich durch die Kapazität der Reabsorption im proximalen Tubulus beeinflusst. Ohne renale Reabsorption würde die Ascorbatausscheidung im Urin die Aufnahme mit der Nahrung überschreiten. Die Nierenschwellen für Ascorbat liegen beim Menschen bei 86 μM (Männer) und 71 μM (Frauen) [143]. Bis zu einer täglichen Aufnahme von 60–100 mg wird daher kaum unmetabolisiertes Ascorbat ausgeschieden, während bei Einnahme von ≥500 mg/d der größte Anteil der Ascorbinsäure im Urin nachweisbar ist [117, 118].

50.4.3
Ascorbat-Plasmaspiegel

In einem Referenzkollektiv einer deutschen Studie (Verbundstudie Ernährungserhebung und Risikofaktoren Analytik (VERA)) bewegten sich die Ascorbinsäure-Plasmaspiegel zwischen 25,6 und 121 μM (2,5 beziehungsweise 97,5 Perzentile) [86]. In den USA werden Werte zwischen 11 und 90 μM angegeben [97]. Hohe Ascorbataufnahme führt zu keinem weiteren Anstieg der Plasmaspiegel, da intestinale Resorption und renale Reabsorption einer dosisabhängigen Regulation unterliegen. Dehydroascorbinsäure ist im Plasma kaum nachweisbar (<2% des Gesamtascorbats) [161]. Bei Plasmaspiegeln <10 µM liegt ein Vitamin-C-Mangel vor, während Werte unter 37 µM auf eine ungenügende Vitamin-C-Zufuhr hinweisen [86]. In der VERA-Studie wiesen 6,7% der Personen Plasmaspiegel unter 37 µM auf und 15,1% der Untersuchten zeigten Werte unter 50 µM [86]. In einer von 1988 bis 1994 in den USA durchgeführten Studie lag die Prävalenz des Vitamin-C-Mangels (<11 µM) bei 9% der Frauen und 13% der Männer. Ein marginaler Vitamin-C-Status (11–28 µM) fand sich bei 17% der Frauen und 24% der Männer [102].

Pharmakokinetische Untersuchungen an freiwilligen gesunden Personen, die eine Vitamin-C-defiziente Diät erhielten, zeigen eine steile sigmoidale Abhängigkeit zwischen der eingenommenen Dosis an Ascorbinsäure und dem „steady-state"-Plasmaspiegel bei Gaben zwischen 30 und 100 mg/d, wobei bei Frauen vergleichsweise höhere Plasmaspiegel gemessen wurden. Zufuhr von 30 mg/d führte zu Plasmakonzentrationen von 7 µM (Männer) und 12 µM (Frauen), bei Gabe von 100 mg/d wurden Plasmaspiegel um die 60 µM (<60 µM bei Männern, >60 µM bei Frauen) erreicht. Eine vollständige Sättigung des Plasmas mit Ascorbat (etwa 80 µM) trat bei 400 mg/d auf. Die Sättigung der Gewebespiegel (gemessen an Leukozyten und Thrombozyten) wurde bei täglicher Gabe von >100–200 mg/d erreicht und ging der Sättigung der Plasmaspiegel voraus [64, 117, 118]. Die enge physiologische Kontrolle der Ascorbat-Plasmaspiegel kann kurzfristig durch intravenöse Gabe von Vitamin C umgangen werden.

50.4.4 Gewebeverteilung

Vitamin C ist ubiquitär in Geweben verteilt. Der Vitamin-C-Gesamtkörpergehalt des Menschen wurde auf etwa 20 mg/kg Körpergewicht geschätzt [107]. Zelluläre Ascorbatspiegel können in vielen Organen die Plasmawerte deutlich übersteigen [102]. Die höchsten Konzentrationen finden sich in Nebenniere und Hypophyse (40fach höher als im Plasma) sowie Augenlinse (30fach). Leber, Milz, Lunge, Niere, Gehirn und Pankreas zeigen eine etwa 10fache Akkumulation gegenüber dem Plasma [104]. Die intrazellulären Ascorbatkonzentrationen in Lymphozyten, Neutrophilen und Monozyten gesunder junger Probanden erreichten bei oraler Gabe von 100 mg/d Vitamin-C-Werte zwischen 1–4 mM (mindestens 10fach höher als im Plasma) [117, 118]. Die Konzentrierung der Ascorbinsäure in Geweben erfolgt über spezifische Ascorbattransporter oder über die intrazelluläre Reduktion aufgenommener Dehydroascorbinsäure (s. Abschnitt 50.4.6).

50.4.5 Katabolismus

Der erste Schritt des Ascorbinsäureabbaus ist die reversible Oxidation zur Dehydroascorbinsäure, die entweder zu Ascorbinsäure regeneriert oder weiter degradiert werden kann. Im zweiten Fall erfolgt eine irreversible Hydrolyse zur 2,3-Diketo-L-Gulonsäure, deren Abbau dann zur Bildung von Oxalsäure und L-Threoninsäure führt. Weitere Metabolite sind unter anderem L-Xylonsäure, L-Lyxonsäure und L-Xylose (Abb. 50.2). Es wird angenommen, dass etwa 1% der nicht rückresorbierten Ascorbinsäure zu Oxalsäure verstoffwechselt wird. Die Ascorbinsäuremetabolite werden vorwiegend über den Urin ausgeschieden. Bei oraler Aufnahme hoher Vitamin-C-Dosen wird nicht resorbierte Ascorbinsäure im Darm abgebaut und ausgeschieden [187]. Die durchschnittliche Halbwertszeit von Ascorbat beträgt beim gesunden Erwachsenen mit einem Plasmaspiegel von 50 µM und einem Gesamtkörpergehalt von 22 mg/kg Körpergewicht 10–20 Tage [79].

50.4.6 Transportmechanismen

Die Aufnahme und Reabsorption von Vitamin C sowie seine Verteilung zwischen extrazellulären und intrazellulären Räumen erfolgt durch spezifische Transportsysteme, die für Ascorbinsäure und Dehydroascorbinsäure unterschiedlich sind [200, 203]. Einfache Diffusionsvorgänge spielen für transmembranäre Transporte wegen Größe, Ladung (Ascorbat) und hydrophilen Eigenschaften der Moleküle dagegen kaum eine Rolle.

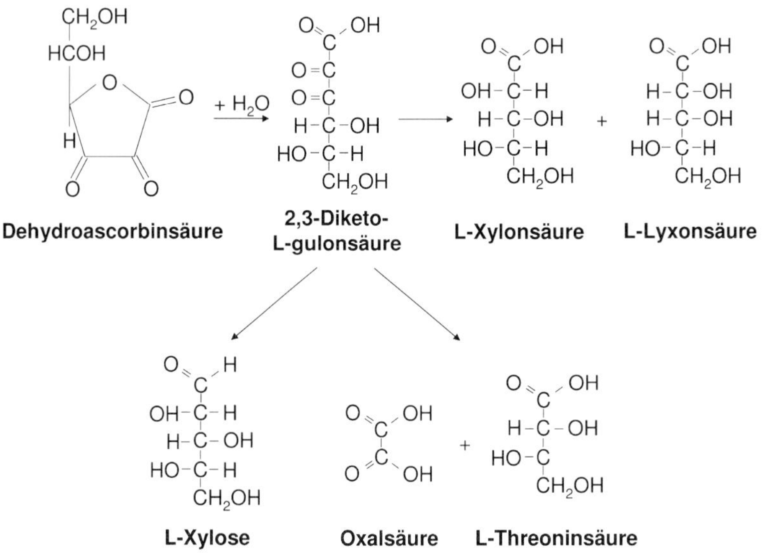

Dehydroascorbinsäure + H_2O → 2,3-Diketo-L-gulonsäure → L-Xylonsäure + L-Lyxonsäure

2,3-Diketo-L-gulonsäure → L-Xylose; Oxalsäure + L-Threoninsäure

Abb. 50.2 Irreversible Degradation der Dehydroascorbinsäure.

50.4.6.1 **Aktiver Transport von Ascorbat**

Ascorbat wird durch einen natriumgekoppelten, sekundär aktiven Transport in Zellen aufgenommen [75, 120, 182, 203]. Die Vitamin-C-Transporter wurden aus Ratte und Mensch kloniert [36, 154, 188, 195, 196]. Sie zeigen hohe Sequenzidentität zwischen verschiedenen Spezies, aber keine Homologien mit anderen Familien von Natrium-Cotransportern. Die beiden Isoformen der Vitamin-C-Transporter werden als SVCT1 und SVCT2 (**S**odium-dependent **V**itamin **C** **T**ransporter 1 und 2) bezeichnet und von den Genen Slc23a1 und Scl23a2 codiert. Beide Isoformen transportieren L-Ascorbinsäure mit hoher Affinität (Km 20–200 µM), Spezifität, Stereoselektivität und mit einem pH-Optimum von ~7,5 [120, 154, 195]. Der Transport erfolgt unter Ausnutzung des elektrochemischen Natriumgradienten mit einer Natrium-Ascorbat-Stöchiometrie von 2 : 1 [120]. SVCT1 ist vor allem an den epithelialen Oberflächen von Darm und Niere sowie in der Leber exprimiert, also in den Zellen, die mehr Ascorbinsäure transportieren müssen, als sie für ihren eigenen Bedarf benötigen. Im Vergleich zu SVCT2 hat SVCT1 eine niedrigere Affinität und höhere Kapazität für L-Ascorbinsäure. SVCT2 kommt mit Ausnahme von Lunge und Skelettmuskel in allen Geweben vor und vermittelt vermutlich die gewebespezifische Ascorbataufnahme [75, 120, 182, 203]. Er zeichnet sich durch Km-Werte im unteren Bereich der Plasmanormalwerte aus. Für beide Isoformen werden 12-Transmembrandomänen, potenzielle *N*-Glycosylierungsstellen und Phosphorylierungsstellen für Proteinkinase C angenommen. SVCT1 hat eine zusätzliche Phosphorylierungsstelle für Proteinkinase A [119, 120].

Experimentelle Untersuchungen zeigen, dass sowohl Aktivität als auch Expression der Vitamin-C-Transporter der Regulation durch Ascorbat, Hormone, parakrine Faktoren sowie Alter unterliegen und durch intrazelluläre Signalmoleküle beeinflusst werden können [203]. Hohe Ascorbatkonzentrationen führen beispielsweise zu verminderter Aktivität und Expression der Transporter, während Vitamin-C-Depletion ihre Expression steigert. Diese Beobachtungen bieten eine Erklärung dafür, dass mit steigender Vitamin-C-Zufuhr Resorption und renale Reabsorption von Ascorbinsäure sinken [41, 122, 204]. Nach Glucocorticoiden und cAMP-Anstieg wurde eine verstärkte und mit zunehmendem Alter eine verringerte Expression der Ascorbattransporter beobachtet [203].

50.4.6.2 **Ascorbat-Efflux**

Der Efflux von Ascorbat aus Enterozyten und proximalen Tubuluszellen in das Blut ist essenziell für die Aufrechterhaltung des Vitamin-C-Status. Die zugrunde liegenden Transportwege sind jedoch kaum untersucht. Möglicherweise erfolgt die Ascorbatabgabe über erleichterte Diffusion [11]. Da Epithelzellen während des transepithelialen Transportes von Nährstoffen anschwellen und dadurch volumensensitive Anionenkanäle aktiviert werden [56], liegt die Vermutung nahe, dass diese Mechanismen für die Abgabe von Ascorbat in den Extrazellulärraum von Bedeutung sind. Volumensensitive Transportwege werden auch für den Efflux von Ascorbat aus Nicht-Epithelzellen diskutiert [176].

50.4.6.3 Erleichterte Diffusion von Dehydroascorbinsäure

Der transmembranäre Transport von Dehydroascorbinsäure, die Strukturähnlichkeiten mit Glucose aufweist, erfolgt als erleichterte Diffusion über die Glucosetransporter GLUT1, GLUT3 und GLUT4 [193, 202, 203]. Durch schnelle intrazelluläre Reduktion der Dehydroascorbinsäure wird ein Gradient zwischen Extra- und Intrazellulärraum aufrechterhalten und Ascorbinsäure in den Zellen akkumuliert. Die Affinität von Dehydroascorbinsäure für GLUT1 und GLUT3 (Km 1,1 beziehungsweise 1,7 mM) ist ähnlich oder etwas geringer als die von Glucose [162]. GLUT4 transportiert Dehydroascorbinsäure im Vergleich zu Glucose mit höherer Affinität, aber geringerer maximaler Transportrate [163]. Der Transport von Dehydroascorbinsäure wird durch Glucose mit IC50-Werten im physiologischen bis supraphysiologischen Bereich kompetitiv gehemmt. Die Aufnahme von Dehydroascorbinsäure über Glucosetransporter wurde sowohl in Epithelzellen als auch in nicht-epithelialen Zellen beobachtet, ihre Bedeutung und ihr Gesamtanteil am Vitamin-C-Transport *in vivo* sind jedoch noch unklar. Möglicherweise spielen der Transport von Dehydroascorbinsäure und ihre anschließende Regeneration zu Ascorbinsäure dann eine Rolle, wenn Ascorbat im extrazellulären Milieu verstärkt oxidiert wird und die Konzentration des Oxidationsprodukts lokal ansteigt (Neuroprotektion, Knochenumbau, Entzündungen, Infektionen) [153, 194, 197, 200]. Das würde sowohl der Detoxifizierung des extrazellulären Milieus als auch dem verbesserten antioxidativen Schutz von Entzündungszellen und benachbarten Zellen dienen [139]. Neutrophile Leukozyten zeigen beispielsweise eine im Vergleich zu Ascorbat mindestens 10fach schnellere Aufnahme von Dehydroascorbinsäure [194, 200], die innerhalb von Minuten bis zu einer 30fachen Akkumulation von Ascorbat führen kann [194, 197]. Der GLUT1-vermittelte Dehydroascorbinsäuretransport durch die Blut-Hirn-Schranke scheint außerdem für die Akkumulation von Vitamin C im Gehirn verantwortlich zu sein [2].

50.5 Wirkungen

50.5.1 Biochemische Funktionen

Die physiologischen Funktionen von Vitamin C sind eng an seine Fähigkeit, als Elektronendonor und reduzierendes Agens zu wirken, gebunden. Mit diesen Eigenschaften beeinflusst Vitamin C sowohl enzymatische als auch nicht enzymatische Reaktionen.

50.5.1.1 Vitamin C als Elektronendonor für enzymatische Reaktionen

Vitamin C wirkt als spezifischer Elektronendonor für acht verschiedene humane Enzyme. Dabei handelt es sich um Monooxygenasen oder Dioxygenasen, deren aktives Zentrum Fe^{2+}- oder Cu^{+}-Ionen enthält. Die volle Aktivität der Enzyme erfordert, dass diese Metallionen im reduzierten Zustand gehalten werden. Ascorbat ist aufgrund seines niedrigen Redoxpotenzials besser als andere Reduktantien in der Lage, diese Funktion wahrzunehmen, so dass die betreffenden Enzyme als Vitamin-C-abhängig betrachtet werden.

Kollagensynthese Drei der Vitamin-C-abhängigen Enzyme (Prolyl-4-Hydroxylase, Prolyl-3-Hydroxylase und Lysylhydroxylase) sind für die Ausbildung und Sekretion stabiler Kollagen-Tripelhelices verantwortlich [109, 149, 152]. Diese Enzyme enthalten jeweils ein Fe^{2+}-Ion, benötigen molekularen Sauerstoff und *α*-Ketoglutarat als Cosubstrate und vermitteln die Hydroxylierung von Prolin- oder Lysinresten der Kollagen-Polypeptidketten. Hydroxyprolin- und Hydroxylysinreste sind Voraussetzungen für die Ausbildung der helicalen Konformation sowie für die Vernetzung, Glykosylierung und Phosphorylierung der Ketten. Nur vollständig ausgebildete Ketten werden sezerniert und zu Kollagenfibrillen, dem Hauptbestandteil des Bindegewebes, zusammengelagert.

Carnitin-Synthese Vitamin C fungiert weiterhin als Cosubstrat für zwei Enzyme, die an der Biosynthese von L-Carnitin beteiligt sind. L-Carnitin ist für den Transport von langkettigen Fettsäuren durch die innere Mitochondrienmembran in die Matrix verantwortlich, wo *β*-Oxidation und Energiegewinnung stattfinden. Die Synthese von Carnitin erfolgt aus Lysin und dem als Methylgruppendonator fungierenden Methionin und schließt zwei Hydroxylierungsreaktionen ein. Die dafür verantwortlichen Dioxygenasen, Trimethyllysin-Hydroxylase und *γ*-Butyrobetain-Hydroxylase, enthalten genauso wie die an der Kollagensynthese beteiligten Hydroxylasen ein Fe^{2+}-Ion und benötigen molekularen Sauerstoff und *α*-Ketoglutarat als Cosubstrate [156].

Noradrenalin-Synthese Die Dopamin-*β*-Hydroxylase, ein weiteres Vitamin-C-abhängiges Enzym, katalysiert die Umwandlung von Dopamin in Noradrenalin in adrenergen Neuronen und chromaffinen Zellen des Nebennierenmarks [40]. Das Enzym ist ein Tetramer und jedes Monomer enthält zwei Cu^{+}-Ionen. Die Bedeutung von Ascorbinsäure als Cosubstrat der Dopamin-*β*-Hydroxylase wird durch den hohen Vitamin-C-Gehalt der Nebenniere unterstrichen.

***α*-Amidierung von Peptiden** Ascorbinsäure fördert außerdem die Amidierung von verschiedenen neuroendokrinen Peptidhormonen und Hormon-freisetzenden Faktoren (z. B. *α*- und *γ*-Melanotropin, Calcitonin, pro-ACTH, Vasopressin, Oxytocin, Cholecystokinin, Gastrin, sowie freisetzende Faktoren für Corticotropin (CRH), Thyrotropin (TRH)) [47]. Die Amidierung des C-terminalen Glycinrestes von Peptidvorstufen führt zur Aktivierung dieser Hormone und wird durch die bifunktionelle Peptidylglycin-*α*-amidierende Monooxygenase (PAM) katalysiert. Im ersten Schritt erfolgt dabei eine Hydroxylierung des Peptidylglycins und im zweiten Schritt die Bildung von *α*-amidiertem Peptid und Glyoxylat. Die Hydroxylierungsreaktion erfordert Cu^{+}-Ionen, molekularen Sauerstoff und Ascorbat als Reduktans.

Tyrosinabbau Auch im Tyrosinabbau findet sich ein Vitamin-C-abhängiges Enzym, die 4-Hydroxyphenylpyruvat-Hydroxylase, welche Cu^{+}-Ionen enthält und die Bildung von Homogentisinsäure katalysiert.

Weitere Enzyme, die durch Vitamin beeinflusst werden können, sind die Cholesterol-7α-Hydroxylase [62, 89], die die Umwandlung von Cholesterol in Gallensäuren einleitet, und Cytochrom-P450, das die Hydroxylierung von polycyclischen und aromatischen Kohlenwasserstoffen katalysiert und bei Entgiftungsreaktionen eine Rolle spielt [62]. Neuere Untersuchungen zeigen, dass Ascorbat vermutlich auch für die Prolylhydroxylierung des hypoxieinduzierten Transkriptionsfaktors 1α (HIF-1α) von Bedeutung ist. Diese Hydroxylierung findet unter normoxischen Bedingungen statt und vermittelt den schnellen proteasomalen Abbau von HIF-1α und damit die Verhinderung der Expression von hypoxieresponsiven Genen. Ascorbat erhöht die Aktivität der verantwortlichen Hydroxylasen *in vitro* und vermindert HIF-1α-Proteinspiegel in Zellkulturen [111].

50.5.1.2 Vitamin C und Eisenresorption

Eisen wird als Hämeisen und als anorganisches Eisen resorbiert. Im Gegensatz zum Hämeisen ist die Bioverfügbarkeit von anorganischem Eisen gering (2–20%) und unterliegt diätetischen Einflüssen. Da die Aufnahme von Eisen in die Enterozyten über einen divalenten Metallionentransporter erfolgt, fördern Substanzen, die Fe^{3+} zu Fe^{2+} reduzieren oder lösliche Komplexe mit zweiwertigem Eisen formen, seine Resorption. Phytate, die in Kleie und Getreide vorkommen, oder Tannine aus schwarzem Tee und einigen Gemüsearten bilden dagegen schwer lösliche Komplexe mit Eisen und inhibieren seine Aufnahme. Die Gabe von Vitamin C (25–50 mg/d) ist in der Lage, die Resorption von Eisen nach einer Mahlzeit zu verbessern [66]. Dieser Effekt wird auf seine reduzierenden Eigenschaften zurückgeführt. Vermutlich wird gleichzeitig die Bildung unlöslicher Komplexe mit Phytaten, Tanninen und anderen inhibitorischen Liganden gehemmt [67, 172]. Obwohl die Erhöhung der Eisenresorption durch Vitamin C bei Supplementierung einzelner Mahlzeiten wiederholt beobachtet wurde, konnte eine Erhöhung des Eisenstatus durch Vitamin-C-Gabe in Interventionsstudien bisher nicht gezeigt werden [32, 94].

50.5.1.3 Vitamin C als Antioxidans

Ein Antioxidans ist definiert als eine Substanz, die im Vergleich zu oxidierbaren Substraten in niedrigen Konzentrationen vorkommt und die Oxidation dieser Substrate signifikant verzögert oder verhindert [68]. Ascorbinsäure ist eines der wichtigsten wasserlöslichen Antioxidantien in biologischen Systemen [54, 55]. Verschiedene Eigenschaften sind für ihre besonders effiziente Wirkung verantwortlich. Erstens ermöglicht das niedrige 1-Elektronen-Redoxpotenzial des Ascorbats (282 mV) und des Ascorbylradikals (–174 mV) beiden Substanzen, mit nahezu allen physiologisch relevanten reaktiven Sauerstoff- und Stickstoffspezies (Superoxidanion, Hydroperoxyl- und Peroxylradikale, Wasserstoffperoxid,

Singulett-Sauerstoff, Ozon, Peroxynitrit, Stickstoffdioxid, Nitroxidradikale, Hypochlorsäure) zu reagieren [16, 68]. Zweitens zeichnen sich die Reaktionen zwischen Ascorbinsäure und reaktiven Sauerstoff- oder Stickstoffspezies durch hohe Reaktionskonstanten ($>10^5$ (mol/L)/s) und eine effiziente Kompetition mit anderen Reaktionen der Radikale aus [7, 17, 27, 29, 51, 61]. Eine Ausnahme bildet hierbei das äußerst reaktive Hydroxylradikal. Drittens ist das nach 1-Elektronen-Oxidation der Ascorbinsäure entstehende Ascorbylradikal durch relativ hohe Stabilität und niedrige Reaktivität gekennzeichnet [16]. Viertens werden die oxidierten Formen der Ascorbinsäure effizient regeneriert. Sowohl das Ascorbylradikal als auch die Dehydroascorbinsäure können enzymatisch oder nicht enzymatisch zu Ascorbat reduziert werden [25].

50.5.1.4 **Vitamin C und das Antioxidans-Netzwerk**

Vitamin C ist am antioxidativen Netzwerk der Zelle beteiligt, in dem sich verschiedene Antioxidantien (z. B. Vitamin C, Vitamin E (α-Tocopherol), Coenzym Q_{10}, Glutathion und Liponsäure) regenerieren und unterstützen können [185]. Vitamin C vermittelt beispielsweise die Regeneration des α-Tocopheroxylradikals, welches nach Reaktion von α-Tocopherol mit lipidlöslichen Radikalen in Lipoproteinen und Zellmembranen entsteht [31, 126]. Da das α-Tocopheroxylradikal prooxidante Wirkungen entfalten kann, wie *in vitro*-Studien belegen, kommt seiner Reduktion durch Ascorbat vermutlich eine besondere Bedeutung zu [137, 191]. Vitamin C kann auch die 1-Elektronen-Oxidationsprodukte von Harnsäure, β-Carotin und Glutathion regenerieren [17, 27]. Umgekehrt können Glutathion oder α-Liponsäure Dehydroascorbinsäure zu Ascorbat reduzieren [106, 125]. Ascorbinsäure und Glutathion, beides wasserlösliche Antioxidantien, üben durch sich überschneidende Aktivitäten außerdem gegenseitige Spareffekte aus [128]. Nach *in vitro*-Befunden hat Vitamin C auch eine Sparwirkung auf Vitamin E, ein lipidlösliches Antioxidans, da es die in der wässrigen Phase entstehenden reaktiven Sauerstoff- und Stickstoffspezies neutralisiert sowie ihr Eindringen in Lipide und Lipoproteine und damit Lipidperoxidationen verhindern kann [42].

50.5.1.5 **Vitamin C und Nitrosaminbildung**

Nitrosamine und Nitrosamide sind krebserregende Substanzen, die aus Nitrit und den in der Nahrung vorkommenden Aminen oder Amiden gebildet werden. Nitrit ist zum Beispiel im Pökelsalz enthalten oder kann während der Verdauung aus Nitrat entstehen. Im sauren Milieu des Magens wird Nitrit zu nitrosierenden Agenzien (bestimmte Oxide des Stickstoffs, z. B. N_2O_3) umgewandelt. Ascorbat ist in der Lage, diese nitrosierenden Agenzien zu reduzieren und dadurch die Bildung von Nitrosaminen und Nitrosamiden zu verhindern [183]. Diese Befunde wurden in humanen Studien bestätigt [132] und für die negative Korrelation von Vitamin-C-Plasmaspiegeln mit dem Auftreten bestimmter Krebserkrankungen verantwortlich gemacht (s. Abschnitt 50.5.2.4) [131].

50.5.1.6 **Vitamin C und Tetrahydrobiopterin**

Neuere Untersuchungen zeigen, dass Ascorbat für die Regeneration von oxidiertem Tetrahydrobiopterin verantwortlich ist. Tetrahydrobiopterin wirkt als ein essenzieller Cofaktor und 1-Elektronen-Donor bei der Synthese von Stickstoffmonoxid (NO), einem wichtigen Regulator von Gefäßtonus und vaskulärer Homöostase [201]. Nach Reaktion von Tetrahydrobiopterin mit reaktiven Sauerstoffspezies, vor allem mit Peroxynitrit, entstehen ein Trihydrobiopterinradikal und durch Disproportion ein chinoides 6,7[8H]-Dihydrobiopterin, welche beide durch Ascorbat zu Tetrahydrobiopterin reduziert werden können [147, 186]. Ascorbinsäure kann daher Tetrahydrobiopterinmangel und einer Verminderung der NO-Bildung in den Endothelzellen der Gefäßwand entgegenwirken [45, 76].

50.5.1.7 **Antioxidativer Schutz von Makromolekülen**

Reaktive Sauerstoff- und Stickstoffspezies können vor allem an Lipiden, Proteinen und DNA oxidative Modifikationen hervorrufen und zur Veränderung oder zum Verlust der Funktion dieser Makromoleküle führen. Zur Beurteilung der oxidativen Veränderungen werden bestimmte Indikatormoleküle herangezogen, die auch *in vivo* untersucht werden können. So gelten z. B. thiobarbitursäurereaktive Substanzen (TBARS), die die Bildung von Malondialdehyd, einem Peroxidationsprodukt polyungesättigter Fettsäuren, anzeigen, und vor allem F_2-Isoprostane, die nach Oxidation arachidonsäurehaltiger Lipide entstehen, als Biomarker für Lipidperoxidationen [38]. Daneben wird auch die *Ex-vivo*-Oxidierbarkeit von Lipoproteinen niedriger Dichte (LDL) bewertet. Die Oxidation von Proteinen kann anhand der Ausbildung von Carbonylgruppen beurteilt werden [10]. Ein Biomarker für DNA-Oxidation ist 8-Oxoguanin, ein mutagenes Derivat der besonders leicht oxidierbaren Base Guanin. 8-Oxoguanin und das entsprechende Nucleosid 8-Oxo-2′-Deoxyguanosin sind in Blutzellen oder im Urin nachweisbar [70].

Ascorbat kann durch seine Radikalfängereigenschaften die Initiation von Oxidationsreaktionen verhindern und damit Makromoleküle schützen [27]. Es wurde z. B. gezeigt, dass Vitamin-C-Zusatz die Oxidierbarkeit von isolierten LDL-Partikeln oder von Lipiden im Plasma signifikant senkt und endogene und experimentell ausgelöste Lipidperoxidation im Tierversuch reduziert [25, 27, 144]. Auch verschiedene experimentelle Studien zur Beeinflussung der DNA-Oxidation konnten antioxidative Effekte von Ascorbat demonstrieren, während zum Einfluss von Vitamin C auf die Oxidation von Proteinen bisher nur wenige und nur zum Teil positive Ergebnisse vorliegen [25, 27, 144].

Die Frage, ob die antioxidative Wirkung von Vitamin C auch beim Menschen nachweisbar ist, wurde in vielen Biomarker-Studien überprüft. Dabei wurde ebenfalls eine Verminderung der LDL-Oxidierbarkeit und der F_2-Isoprostan-Spiegel durch Vitamin C dokumentiert, obwohl nicht alle Untersuchungen dieses Ergebnis bestätigen [25]. Protektive Effekte von Vitamin C wurden häufig bei Probanden mit erhöhtem oxidativem Stress, zum Beispiel bei Rauchern, gefunden. Die Mehrzahl der humanen Studien zur Beeinflussung der DNA-Oxidation konnte antioxidative Effekte von Ascorbinsäure bestätigen und eine Verminderung von 8-Oxoguanin in Lymphozyten nachweisen [25, 27]. In zwei dieser Studien war allerdings eine Erhöhung von 8-Oxoadenin und weiteren modifizierten Basen nach Vitamin-C-Supplementierung zu beobachten [150, 157], diese Arbeiten werden inzwischen aber unter methodischen Gesichtspunkten kritisiert [25]. In ihrer Gesamtheit geben die durchgeführten Studien ausreichend Hinweise auf eine antioxidative Wirkung von Vitamin C beim Menschen, obwohl diskrepante Ergebnisse existieren und weitere Untersuchungen erforderlich sind. Dazu sind eine verbesserte Validierung und Standardisierung der Messung von Biomarkern oxidativer Veränderungen sowie eine gezielte Selektion der Studienpopulationen notwendig. Bei Probanden, deren Vitamin-C-Gewebespiegel bereits gesättigt sind, sind Effekte einer Supplementierung nicht zu erwarten.

50.5.1.8 **Vitamin C als Prooxidans**

Unter bestimmten Bedingungen kann Ascorbat die Entstehung der reaktiven Sauerstoffspezies, die es normalerweise neutralisiert, fördern. Ursache dieser prooxidativen Wirkung ist die Fähigkeit von Ascorbat, Übergangsmetalle wie Eisen oder Kupfer reduzieren zu können, also die gleiche Eigenschaft, die auch für seine Funktion als Cofaktor von Hydroxylasen von Bedeutung ist [16, 69, 130]. Die reduzierten Metallionen (Fe^{2+}, Cu^{+}) bilden mit Wasserstoffperoxid das äußerst reaktive Hydroxylradikal (Fenton-Reaktion) beziehungsweise initiieren durch Reaktion mit Lipidhydroperoxiden Lipidperoxidationen. Im Allgemeinen sind bei Anwesenheit von Metallionen niedrige Konzentrationen von Ascorbat für prooxidative und hohe Konzentrationen für antioxidative Wirkungen erforderlich [17]. Das Umschalten von anti- auf prooxidative Aktivität bei einer bestimmten Konzentration wird auch als „Crossover-Effekt“ bezeichnet. Bei einer ausreichend hohen Konzentration kann Ascorbat die durch Reduktion der Metallionen initiierte Radikalbildung neutralisieren, während mit geringer werdenden Konzentrationen die Radikalfängereigenschaften abnehmen und die Radikalbildung überwiegt. Die prooxidative Eigenschaft von Ascorbat ist strikt an die Verfügbarkeit von Metallionen gebunden. Da Übergangsmetalle unter physiologischen Umständen nahezu ausschließlich in proteingebundener, nicht reaktiver Form (Transferrin, Ferritin, Coeruloplasmin) vorliegen, wirkt Vitamin C normalerweise als Antioxidans. In Übereinstimmung damit konnten in der überwiegenden Mehrzahl der Studien selbst bei kombinierter Gabe von Eisen und Vitamin C in physiologischen Flüssigkeiten oder *in vivo* (auch beim Menschen) keine Hinweise auf prooxidative Effekte von Ascorbat gefunden werden [27]. Wenn unter pathologischen Bedingungen, etwa bei Gewebeschädigung, Eisen freigesetzt wird, sind jedoch oxidative Schäden denkbar. Andererseits wurden antioxidative Effekte von Ascorbinsäure im Plasma auch unter Eisenbelastung nachgewiesen [9].

50.5.1.9 Vitamin C und Genexpression

Mehrere experimentelle Studien an Zellkulturen oder in Versuchstieren zeigen, dass Vitamin C die Expression verschiedener Gene beeinflussen kann [6, 59, 87]. Dabei werden sowohl Effekte auf die Stabilität der mRNA als auch eine Beeinflussung der Transkription diskutiert. Interessanterweise codieren die Vitamin-C-regulierten Gene teilweise Proteine, deren Aktivität ebenfalls von Vitamin C abhängig ist. So wird in glatten Muskelzellen und Fibroblasten die Expression von Kollagen I erhöht und die von Elastin erniedrigt [37]. Eine Stimulierung der Genexpression wird vor allem in Zellen mesenchymalen Ursprungs (Chondrozyten, Osteoblasten, Myoblasten, Adipozyten) beobachtet und betrifft neben verschiedenen Kollagenen (I, II, IV und X) alkalische Phosphatase, Matrix-Metalloproteinase-2, Osteocalcin, α2- und β1-Integrine sowie Myogenin [53, 57, 114, 133, 160]. Vitamin C ist in der Lage, die Differenzierung von Chondrozyten, Osteoblasten, Myoblasten, Keratinozyten und Neuronen zu induzieren [23, 133, 160, 166, 207]. Neuere Untersuchungen zeigen, dass Ascorbat auch die Differenzierung embryonaler Stammzellen in Neuronen oder Cardiomyozyten stimulieren kann [170, 181]. Neben der Beeinflussung von Proteinen der extrazellulären Matrix erhöht Vitamin C auch die Expression von Tyrosin-Hydroxylase, Cytochrom P-450, Acetylcholin-Rezeptor sowie Ubiquitin [91, 134, 135, 168] und vermindert die Expression von inflammatorischen Proteinen (ICAM-1, induzierbare NO-Synthase) und antioxidativen Enzymen (Superoxiddismutase, Katalase) [155, 190, 206].

Die der Modulation der Genexpression zugrunde liegenden Mechanismen sind bisher nicht genau bekannt. Diskutiert werden eine Hemmung der Aktivierung von Transkriptionsfaktoren wie NF-κB oder AP-1 [22, 28], prooxidative Mechanismen und indirekte Reaktionen. Die Transkription des Kollagengens kann beispielsweise durch reaktive Aldehyde induziert werden, die nach Lipidperoxidationen entstehen und unter bestimmten Bedingungen auch unter Vermittlung von Ascorbat gebildet werden [59]. Andererseits kann die Vitamin-C-abhängige Ausbildung und Sekretion stabiler Kollagenketten auch sekundär die Transkription des Kollagengens fördern [167].

50.5.2
Vitamin C und Erkrankungen

50.5.2.1 Vitamin C und Immunfunktion

Verschiedene experimentelle und epidemiologische Beobachtungen weisen auf eine Funktion von Vitamin C im Immunsystem hin. Vitamin C liegt in immunkompetenten Zellen (Lymphozyten, Neutrophile, Monozyten) in hohen Konzentrationen vor [117, 118] und wird bei Infektionen schnell verbraucht [84, 92]. Schon frühe Beobachtungen ließen vermuten, dass Vitamin C vor Erkältungskrankheiten schützen kann, und führten zur Propagierung der inzwischen umstrittenen hohen prophylaktischen Vitamin-C-Dosen [148]. Nachfolgende prospektive Untersuchungen zeigten eine Verminderung der Krankheitshäufigkeit nach Vitamin-C-Gabe bei Kindern, älteren hospitalisierten Patienten und Probanden, die besonderen Stresssituationen mit erhöhter Infektanfälligkeit ausgesetzt waren (hohe körperliche Aktivität, Kälte) [80, 81, 93]. Im Unterschied zu den Ergebnissen in ausgewählten Populationen konnte die Mehrzahl der in der Normalbevölkerung durchgeführten Interventionsstudien jedoch nicht bestätigen, dass Supplementierung mit Vitamin C (>200 mg/d) die Inzidenz von Infektionen des oberen Respirationstraktes verringert. Dagegen waren aber Dauer und Schwere der Krankheitsbilder in den meisten Untersuchungen reduziert [43, 83]. Die regelmäßige prophylaktische Supplementierung mit Vitamin C schien dabei wirkungsvoller zu sein als die Gabe nach Beginn der Infektion [43, 83]. Einige Untersuchungen zeigten, dass Vitamin C nicht nur den oberen Respirationstrakt vor Erkrankungen schützen kann, sondern auch die Empfindlichkeit der Lunge gegenüber viralen und bakteriellen Infektionen reduziert [82, 84]. Die Mechanismen, die diesen Beobachtungen zugrunde liegen, sind bisher nur wenig aufgeklärt. Vermutlich spielen die reduzierenden Eigenschaften von Vitamin C eine wichtige Rolle (s. Abschnitt 50.5.1.3), da eine optimale Immunantwort ein Gleichgewicht zwischen der Bildung von freien Radikalen und antioxidativem Schutz zu erfordern scheint. Ascorbat kann die während der Infektionsabwehr von Phagozyten gebildeten reaktiven Sauerstoffspezies neutralisieren und dadurch das körpereigene Gewebe und die Phagozyten selbst schützen [5]. Besonders wichtig scheint dies für Makrophagen zu sein, die zur wiederholten Phagozytose befähigt sind, dabei Ascorbat verbrauchen und *in vitro* durch Ascorbat vor Selbstzerstörung bewahrt werden können [127, 140]. Im Extrazellulärraum kann Ascorbat Antiproteinasen vor Inaktivierung durch Hypochlorsäure schützen und damit die Wirkung der aus Neutrophilen freigesetzten Elastase kontrollieren [71]. Zur Verminderung der Schwere von Infektionserkrankungen des Respirationstraktes trägt vermutlich auch ein Antihistamineffekt von Vitamin C bei. Experimentelle Untersuchungen zeigen, dass Histamin, ein Mediator von entzündlichen Reaktionen, durch Ascorbat inaktiviert werden kann [189] und in Untersuchungen an Patienten führte Vitamin-C-Gabe zur Verminderung von Histaminspiegeln im Blut [101] sowie zur Senkung der Ansprechbarkeit der Bronchien auf Histamin [15]. Vitamin C erhöht auch die Chemotaxis von Neutrophilen. Dies wurde *in vitro* [63] sowie nach Zufuhr von Vitamin C bei gesunden Probanden [3] und bei Patienten mit Störungen der Neutrophilen-Funktion (Chediak-Higashi-Syndrom, chronische Granulomatose) gezeigt [4, 14]. Inwieweit eine Beeinflussung der Lymphozytenproliferation durch Vitamin C zur immunstimulierenden Wirkung beitragen kann, ist unklar, da bisher sowohl fehlende als auch steigernde Effekte beschrieben wurden [96, 146]. Weitere Parameter des Immunsystems, die durch Vitamin C beeinflusst werden können, sind Komplementfaktor C1q, die Blastogenese von Lymphozyten (über einen Antihistamineffekt), die Hemmung der Apoptose von T-Lymphozyten sowie die Steigerung der Bildung von Cytokinen und Interferon [21, 100, 105, 141, 171].

50.5.2.2 **Vitamin C und Osteoporose**

Vitamin C ist durch seine Effekte auf die Synthese und Fibrillenbildung von Kollagen, dem Hauptbestandteil der Knochenmatrix, und die Differenzierung von Osteoblasten ein wichtiger Regulator des Knochenstoffwechsels (s. Abschnitte 50.5.1.1 und 50.5.1.9). In Übereinstimmung damit haben epidemiologische Beobachtungsstudien mit wenigen Ausnahmen eine Korrelation zwischen Vitamin-C-Zufuhr und Knochendichte bei postmenopausalen Frauen und erniedrigte Plasmaspiegel bei Patienten mit Osteoporose beschrieben [65, 116, 123, 136]. Eine Untersuchung an Rauchern zeigte, dass das Risiko, Hüftfrakturen zu erleiden, bei niedriger Einnahme von Vitamin C erhöht war [129]. Interventionsstudien, die den Effekt von Vitamin C auf den Knochenstoffwechsel untersuchen, liegen bisher allerdings nicht vor.

50.5.2.3 **Vitamin C und Katarakt**

Bei Entwicklung einer Katarakt oder Linsentrübung spielen photodynamische Sauerstoffaktivierung und oxidative Veränderungen der Linsenproteine eine Rolle. Diese führen zu Quervernetzungen der Proteine und Bildung von Aggregaten, die nicht abgebaut werden können und für den Transparenzverlust der Linse mitverantwortlich sind. Der hohe Vitamin-C-Gehalt in der Linse macht deutlich, wie wichtig Vitamin C für ihren antioxidativen Schutz ist. Einige, aber nicht alle, epidemiologischen Studien haben beobachtet, dass erhöhte diätetische Vitamin-C-Einnahme und erhöhte Vitamin-C-Plasmaspiegel mit einer Senkung des Kataraktrisikos einhergehen [98, 175, 184]. In randomisierten Interventionsstudien wurde Vitamin C bisher nur in Kombination mit anderen Antioxidantien oder Mineralstoffen (Vitamin E, β-Carotin, Zink, Molybdän) getestet [1, 30, 177]. Dabei wurden in zwei von drei Studien protektive Effekte nachgewiesen [30, 177].

50.5.2.4 **Vitamin C und Krebserkrankungen**

Verschiedene Beobachtungen lassen vermuten, dass Vitamin C vor Tumorerkrankungen schützen kann. Oxidative Schäden der DNA, die sehr wahrscheinlich bei der Entstehung von Tumoren eine Rolle spielen [151], können durch Vitamin C verhindert werden. Vitamin C kann außerdem die Bildung von mutagenen Nitrosaminen hemmen (s. Abschnitt 50.5.1.5) und durch eine Stimulation des Immunsystems (s. Abschnitt 50.5.2.1) sowie Schutz vor chronischen Entzündungen zur Tumorprävention beitragen [25, 115]. Zahlreiche epidemiologische und klinische Studien haben die Rolle von Vitamin C in diesem Zusammenhang untersucht. Der überwiegende Teil von retrospektiven Fall-Kontrollstudien konnte eine inverse Assoziation zwischen Vitamin-C-Aufnahme (zumeist aus der Nahrung) und Krebserkrankungen von Mundhöhle, Kehlkopf, Luftröhre, Speiseröhre, Magen, Dickdarm und Lunge nachweisen [13, 25, 60, 85, 113, 178]. Zusammenhänge zwischen hormonabhängigen Tumoren und Vitamin C wurden dagegen eher seltener beschrieben. Neben der Beziehung zur

Vitamin-C-Aufnahme konnten verschiedene retrospektive und prospektive Beobachtungsstudien [46, 164] auch eine Assoziation von erhöhtem Krebsrisiko und verminderten Vitamin-C-Plasmaspiegeln dokumentieren, wobei Patienten mit Tumorerkrankungen häufig Plasmakonzentrationen <45 μM hatten [25]. Interventionsstudien, in denen der Einfluss einer Vitamin-C-haltigen Diät oder einer Vitamin-C-Supplementierung auf das Krebsrisiko untersucht wurde, zeigten jedoch widersprüchliche Ergebnisse [25]. In einzelnen Untersuchungen wurde eine Reduktion des Auftretens von Tumorerkrankungen zwischen 21 und 64% gezeigt [48, 112, 145, 169], während andere keine Effekte nachweisen konnten. Ein präventiver Effekt von Vitamin C konnte im Allgemeinen nur bei einer Einnahme >80 mg/d beobachtet werden, wobei die diätetische Zufuhr ausreichend war. Die relativ hohe Vitamin-C-Aufnahme in den jeweiligen Kontrollgruppen wird als eine der möglichen Ursachen für den fehlenden Nachweis von Effekten diskutiert [25]. Es ist aber auch nicht auszuschließen, dass der Vitamin-C-Gehalt der Nahrung und Vitamin-C-Plasmaspiegel eine generelle tumorpräventive Diät reflektieren. Eine besondere Rolle könnte Vitamin C bei der Prävention des Magenkarzinoms spielen [50]. Infektionen mit dem Bakterium *Helicobacter pylori* und die damit verbundene chronische Entzündung der Magenschleimhaut, die ein erhöhtes Krebsrisiko darstellt, zeichnen sich durch einen erhöhten Verbrauch von Vitamin C aus und umgekehrt kann Vitamin-C-Supplementierung zur Reduktion der Infektion führen [99].

50.5.2.5 **Vitamin C und kardiovaskuläre Erkrankungen**

In der Pathogenese der Atherosklerose spielen oxidative Prozesse eine wichtige Rolle. So wird die oxidative Modifikation von LDL als ein initiales Ereignis in der Atherogenese angesehen und die erhöhte Produktion von reaktiven Sauerstoffspezies mit der verminderten Bildung oder Freisetzung von NO, einem wichtigen vasodilatierenden und antiatherogenen Molekül, in Verbindung gebracht. Sowohl oxidierte LDL als auch die erniedrigte Bioverfügbarkeit von NO fördern die Expression von Adhäsionsmolekülen am Endothel, die Einwanderung von Monozyten in die Intima sowie die Cholesterolakkumulation in Makrophagen und damit die Entstehung atherosklerotischer Läsionen. Diese Prozesse werden durch verschiedene Risikofaktoren wie Hypercholesterolämie, Hypertonie oder Rauchen beschleunigt. Viele experimentelle und klinische Studien zeigen, dass Vitamin C atherogene Prozesse auf verschiedenen Ebenen beeinflusst [25, 26]. Es hemmt nicht nur die Oxidation von LDL, sondern kann auch das Lipoproteinprofil im Plasma verbessern (Senkung von LDL, Erhöhung der als protektiv angesehenen High-density-Lipoproteine (HDL)) [58]. Inverse Korrelationen zwischen Vitamin-C- und Cholesterol-Plasmaspiegeln [173] sowie eine Cholesterolsenkung nach Vitamin-C-Supplementierung lassen zudem eine direkte Beeinflussung des Cholesterolspiegels vermuten [58]. Als mögliche Mechanismen werden eine Förderung des Cholesterolabbaus (Aktivierung der Cholesterol-7α-Hydroxylase) und eine Verminderung der Cholesterolbiosynthese (Hemmung der 3-Hydroxy-3-Methylglutaryl-Coenzym-A-Reduktase) diskutiert [62, 72,

89]. In klinischen Studien wurden weiterhin eine blutdrucksenkende Wirkung von Vitamin C [44] und inverse Korrelationen zwischen Vitamin-C-Aufnahme und Bluthochdruck [8] beschrieben. Verschiedene experimentelle und klinische Untersuchungen zeigen, dass Vitamin C auch die Expression von Adhäsionsmolekülen reduzieren und adhäsive Prozesse zwischen Leukozyten und Endothelzellen vermindern kann [26, 155, 199, 205]. Weitere Effekte von Vitamin C, die im Zusammenhang mit vaskulären Erkrankungen diskutiert werden, sind die Erhöhung der Synthesen von Prostaglandin E1 und Prostacyclin, die Verminderung der Thrombozytenaggregation und -adhäsion, die Senkung von Gerinnungsfaktoren sowie die Erhöhung der Fibrinolyse, was letztlich zu einer Verminderung des Thromboserisikos führen kann [25]. Untersuchungen der letzten Jahre haben zudem die endotheliale NO-Bildung und -Freisetzung als einen wichtigen Angriffspunkt für kardiovaskuläre Effekte von Vitamin C definiert [77, 78]. Oxidierte LDL und vor allem reaktive Sauerstoffspezies sind in der Lage, NO direkt zu inaktivieren oder seine Synthese durch Oxidation des NO-Synthase-Cofaktors Tetrahydrobiopterin zu hemmen [20, 201]. Vitamin C kann die Inaktivierung von NO durch Superoxidanion verhindern, wenn es in millimolaren Konzentrationen vorliegt (nach Infusion oder intrazellulär) [95]. Vor allem aber kann Vitamin C oxidiertes Tetrahydrobiopterin regenerieren und auf diese Weise eine optimale NO-Bildung sichern (s. Abschnitt 50.5.1.6) [45, 76, 147, 186]. Die experimentell nachgewiesene Wirkung von Vitamin C auf die Bioverfügbarkeit von NO, die *in vivo* als NO-abhängige Vasodilatation gemessen werden kann, wurde mit wenigen Ausnahmen in zahlreichen klinischen Studien bestätigt [25, 77, 78]. Vor dem Hintergrund dieser Daten erscheint eine protektive Wirkung von Vitamin C für kardiovaskuläre Erkrankungen nahe liegend, umso mehr da epidemiologische Fall-Kontrollstudien inverse Korrelationen zwischen Vitamin-C-Plasmaspiegeln und kardiovaskulärer Mortalität nachweisen konnten [25, 158]. Prospektive Beobachtungsstudien, die den Zusammenhang zwischen Vitamin-C-Aufnahme und kardiovaskulärem Risiko untersuchten, zeigten jedoch widersprüchliche Ergebnisse [25, 121]. Dabei war in einigen Untersuchungen eine Senkung des Risikos bis um 51% nachweisbar [48, 108, 110, 145], während andere keine signifikanten Beziehungen zwischen Vitamin-C-Aufnahme und Erkrankungen des Gefäßsystems zeigen konnten [25, 121]. Protektive Effekte traten bereits bei moderater Vitamin-C-Zufuhr (<113 mg/d) auf. In großen randomisierten Interventionsstudien wurde Vitamin C bisher nur in Kombination mit anderen Antioxidantien untersucht [159], wobei auch hier keine einheitlichen Befunde vorliegen. Die Diskrepanz zwischen den weitgehend positiven Ergebnissen klinischer Studien, in denen die Wirkung von Vitamin C auf die Endothelfunktion untersucht wurde, und den widersprüchlichen Ergebnissen epidemiologischer Studien, in denen Unterschiede in kardiovaskulären Endpunkten (Herzinfarkt, Schlaganfall, persistierende Angina pectoris) als Maßstab dienten, könnte ein Hinweis darauf sein, dass Vitamin C vor allem initiale Prozesse der Atherogenese beeinflusst.

50.5.3 **Vitamin-C-Mangel**

Da Menschen nicht in der Lage sind, Vitamin C selbst zu synthetisieren, bewirkt eine ungenügende Zufuhr über längere Zeit einen Vitamin-C-Mangel. Klinische Symptome sind bei Plasmaspiegeln $\leq 10\ \mu M$ zu erwarten. Viele dieser Symptome können mit Defekten der Kollagensynthese erklärt werden (s. Abschnitte 50.5.1.1 und 50.5.1.9). Bei fehlender Prolinhydroxylierung werden defekte Kollagenketten gebildet, die keine stabile Tripelhelix ausbilden können und daher in der Zelle sofort abgebaut werden. Als Folge des fortschreitenden Verlusts von Kollagen in der Matrix werden Blutgefäße brüchig, es kommt zu Blutungen in Haut und Schleimhäuten (Petechien, Ekchymosen) sowie in Gelenken und Muskulatur, was mit starken Schmerzen verbunden ist (Skorbut-Rheumatismus). Die Haut erscheint rau und reibeisenähnlich (Lichen scorbuticus). Auffallend sind auch Zahnfleischveränderungen und die Lockerung der Zähne aus ihren Verankerungen bis hin zum Zahnverlust. Es treten Störungen im Knochen- und Bindegewebsstoffwechsel und in der Wundheilung auf. Bei Kindern kommt es zu Wachstumsstörungen. Müdigkeit und Lethargie stehen möglicherweise im Zusammenhang mit der Carnitin-Defizienz, vor allem dann, wenn diätetische Quellen für Carnitin ebenfalls wegfallen. Psychische Veränderungen, wie Stimmungsschwankungen und Depression sind vermutlich auf eine verminderte Dopamin-Hydroxylierung zurückzuführen.

In industrialisierten Ländern ist die Ausprägung von Skorbut sehr selten. Unzureichende Vitamin-C-Zufuhr kann dagegen häufiger beobachtet werden [102]. Bei Vitamin-C-Plasmaspiegeln $\leq 20\ \mu M$ ist mit vorklinischen Symptomen wie allgemeiner Müdigkeit, Leistungsschwäche, Infektanfälligkeit, verlangsamter Erholung nach Krankheiten und schlechter Wundheilung zu rechnen. Ursachen, die zu einem Vitamin-C-Mangel beitragen können, sind neben ungenügender Aufnahme falsche Lagerung und Zubereitung von Vitamin-C-haltigen Lebensmitteln, mangelnde Resorption bei Magen-Darm-Erkrankungen sowie verstärkter Bedarf, zum Beispiel bei Infektionen, Stress, Schwangerschaft oder bei Rauchern.

In experimentellen Untersuchungen wird beschrieben, dass es bei abruptem Abbrechen einer hoch dosierten Vitamin-C-Supplementierung durch verminderte Resorption und beschleunigten Abbau ebenfalls zu einem Mangel kommen kann („Rebound-Scorbut"). Dies wird auf die verminderte Expression von Transportern in den Enterozyten und die erhöhte Expression von Ascorbinsäure metabolisierenden Enzymen zurückgeführt. Die klinische Relevanz dieser Befunde konnte bisher jedoch nicht bestätigt werden, da zwar eine Verminderung von Vitamin-C-Plasmaspiegeln nach Abbruch der Vitamin-C-Supplementierung messbar war, der Normalbereich aber nicht unterschritten wurde [103].

50.6
Bewertung des Gefährdungspotenzials

Mehrere Übersichtsarbeiten stimmen darin überein, dass die Zufuhr von Vitamin C in Dosen ≤2 g/d keine Gefährdung darstellt [73, 103]. Die niedrige Toxizität von Vitamin C steht im Zusammenhang damit, dass seine Bioverfügbarkeit mit steigender Zufuhr vermindert und die renale Ausscheidung dosisabhängig erhöht wird. Nach Zufuhr von >2–3 g/d ist mit osmotisch bedingter Diarrhö und gastrointestinalen Störungen bei etwa 10% der supplementierten Personen zu rechnen [52]. Das nach einzelnen Fallbeschreibungen vermutete erhöhte Risiko zur Entwicklung von Oxalat-Nierensteinen konnte in mehreren großen Studien nicht bestätigt werden [34, 35, 174]. Eine gesteigerte Ausscheidung von Oxalsäure und Harnsäure nach hohen Vitamin-C-Dosen wird in einzelnen Untersuchungen beobachtet, war aber nicht von klinischer Relevanz. Auch die Befürchtung, dass hohe Vitamin-C-Zufuhr die Eisenspeicherung im Körper unphysiologisch steigern könnte, hat sich nicht bestätigt. Vitamin C ist zwar in der Lage, die Eisenresorption dosisabhängig zu verbessern; dieser Effekt wird aber bei Aufnahmen zwischen 25 und 50 mg/d beobachtet. Höhere Konzentrationen führten weder zu einer weiteren Verbesserung der Eisenaufnahme noch zu einem klinisch relevanten Anstieg des Speichereisens [33]. Trotz dieser Befunde wird in einigen Arbeiten empfohlen, bei Patienten mit einer Disposition zur Bildung von Nierensteinen oder Niereninsuffizienz sowie bei Patienten mit Eisenüberladung (Hämochromatose, Thalassämie) auf Vitamin-C-Supplementierung zu verzichten [69, 142]. Die gelegentlich als Nebenwirkungen von Vitamin C zitierte Verminderung von Vitamin-B_{12}-Spiegeln und die Auslösung hämolytischer Krisen bei Patienten mit Glucose-6-Phosphat-Dehydrogenase-Defizienz konnten unter kontrollierten Bedingungen nicht nachgewiesen werden [103].

50.7
Grenzwerte, Richtlinien, Empfehlungen, Vorsorgemaßnahmen

Die Bestimmung des Vitamin-C-Bedarfs und die Ableitung von Empfehlungen für die Vitamin-C-Zufuhr haben in erster Linie das Ziel, klinische und vorklinische Mangelsymptome zu vermeiden, berücksichtigen aber auch die potenzielle Bedeutung von Vitamin C für den vorbeugenden Gesundheitsschutz. Auch wenn definitive Aussagen noch nicht getroffen werden können, weisen doch viele experimentelle, klinische und epidemiologische Studien auf eine Rolle von Vitamin C bei der Stärkung des Immunsystems und der Prävention chronisch-degenerativer Erkrankungen (Krebs, Katarakt, Atherosklerose) hin. Die hierzu vorliegenden Daten wurden bei den im Jahr 2000 neu formulierten Referenzwerten der Vitamin-C-Zufuhr durch die Deutsche Gesellschaft für Ernährung (DGE), die Österreichische Gesellschaft für Ernährung (ÖGE), die Schweizerische Gesellschaft für Ernährung (SGE) und die Schweizerische Vereinigung für

Ernährung (SVE) berücksichtigt (Tab. 50.3) [39]. Danach wird eine Zufuhr von 100 mg/d für nichtrauchende gesunde Erwachsene empfohlen. Mit dieser Dosis können Plasmaspiegel ≥50 µM erreicht und Vitamin-C-Spiegel von immunkompetenten Zellen gesättigt werden [64, 117, 118]. Plasmaspiegel von ≥50 µM hatten sich in einer Auswertung aller bis 1998 bekannt gewordenen epidemiologischen Untersuchungen als optimal für eine Senkung des Risikos chronischer Erkrankungen (speziell kardiovaskulärer und Krebserkrankungen) erwiesen [25, 60] und werden auch in einem deutschen Konsensuspapier zur Risikoverringerung empfohlen [12]. Eine Dosis von 100 mg/d zeichnet sich durch eine sehr hohe Bioverfügbarkeit und eine nahezu komplette renale Reabsorption aus. Die im deutschsprachigen Raum veröffentlichten Referenzwerte stimmen weitgehend mit den für die USA festgelegten Werten überein (Food and Nutritional Board 2000 [52]). In neueren Arbeiten wird allerdings eine Erhöhung der empfohlenen Zufuhr auf 200 mg/d diskutiert [117]. Unter bestimmten Umständen kann der Vitamin-C-Bedarf erhöht sein (Schwerstarbeit, Hochleistungssport, anhaltender psychischer Stress, Infektionen, Erkrankungen wie Diabetes, verringerte Zufuhr und Resorption bei älteren Menschen), die Kalkulation des Mehrbedarfs ist jedoch schwierig. Bei Rauchern wird aufgrund der verminderten Resorption und des durch oxidativen Stress bedingten erhöhten Umsatzes eine

Tab. 50.3 Empfohlene Vitamin-C-Zufuhr (modifiziert nach [39]).

Alter	mg Vitamin C/Tag
Säuglinge	
0 bis unter 4 Monate[a)]	50
4 bis unter 12 Monate	55
Kinder	
1 bis unter 4 Jahre	60
4 bis unter 7 Jahre	70
7 bis unter 10 Jahre	80
10 bis unter 13 Jahre	90
13 bis unter 15 Jahre	100
Jugendliche und Erwachsene	
15 bis unter 19 Jahre	100
19 bis unter 25 Jahre	100
25 bis unter 51 Jahre	100
51 bis unter 65 Jahre	100
65 Jahre und älter	100
Raucher	150
Schwangere	
Ab 4. Monat	110
Stillende	150

a) Schätzwert

Zufuhr von 150 mg/d empfohlen [39]. Bei Schwangeren wird ein Mehrbedarf von 10 mg/d geschätzt und bei Stillenden berücksichtigt, dass bis zu 50 mg/d mit der Milch abgegeben werden [39]. Die empfohlene Vitamin-C-Zufuhr kann leicht mit einer ausgewogenen Ernährung erreicht werden, bei Bedarf aber auch durch Nahrungsergänzung unterstützt werden. Obst und Gemüse sollten die bevorzugte Vitamin-C-Quelle darstellen und es wird angenommen, dass fünf Portionen an frischem Obst oder Gemüse pro Tag eine ausreichende Vitamin-C-Versorgung sichern [117].

Die Ableitung des oberen tolerierbaren Grenzwerts der Aufnahme von Vitamin C, der bei Vitamin-C-Supplementierung beachtet werden sollte, orientiert sich an der Vermeidung gastrointestinaler Störungen, der einzigen bisher anerkannten Nebenwirkung von Vitamin C. Das Food and Nutrition Board des Institute of Medicine der USA hat für Erwachsene einen oberen Grenzwert von 2 g/d festgelegt [52]. Für Kinder und Jugendliche von 1–3 Jahre, 4–8 Jahre, 9–13 Jahre und 14–18 Jahre beträgt dieser Wert 0,4, 0,65, 1,2 und 1,8 g/d [52]. Aus Sicht des Bundesinstituts für Risikobewertung (BfR) erscheinen 2 g/d wegen des potenziellen Risikos einer erhöhten Oxalatausscheidung bei prädisponierten Personen zu hoch [19]. Der wissenschaftliche Ausschuss für diätetische Produkte, Ernährung und Allergien der European Food Safety Authority (EFSA) hat wegen mangelnder Daten über die Dosis-Wirkungsbeziehungen zwischen hohen Dosen und beobachteten Effekten bisher keine oberen Grenzwerte für Vitamin C abgeleitet, hält aber die tägliche Aufnahme von Vitamin-C-Supplementen bis zu 1 g/d für sicher [49]. Da eine über den Bedarf hinausgehende Vitaminzufuhr keinen zusätzlichen ernährungsphysiologischen Nutzen hat, sollte nach Einschätzung der BfR die Tagesdosis von Vitamin C in Nahrungsergänzungsmitteln auf 225 mg begrenzt sein. Die Anreicherung von Vitamin C in Lebensmitteln sollte 100 mg in der zu erwartenden Tagesverzehrmenge des betreffenden Lebensmittels nicht überschreiten [19].

50.8 Zusammenfassung

Ascorbinsäure (Vitamin C) kann vom Menschen nicht synthetisiert werden und ist daher ein essenzieller Bestandteil der Nahrung. Seine Funktion im Stoffwechsel beruht vor allem auf seiner Fähigkeit, als Elektronendonor und reduzierendes Agens zu wirken. Ascorbat ist in der Lage, Metallionen (Eisen, Kupfer) im aktiven Zentrum verschiedener Mono- oder Dioxygenasen zu reduzieren und dadurch als Cosubstrat dieser Enzyme zu wirken. Die Vitamin-C-abhängigen Enzyme spielen hauptsächlich im Kollagen-, Carnitin-, Noradrenalin- und Tyrosinstoffwechsel sowie bei der Amidierung von Peptidhormonen eine Rolle. Die Eigenschaft, mit nahezu allen physiologisch relevanten reaktiven Sauerstoff- und Stickstoffspezies zu reagieren, macht Ascorbinsäure zu einem der wichtigsten wasserlöslichen Antioxidantien. Ascorbat kann Makromoleküle wie Lipide, Proteine und DNA vor Oxidation schützen und andere Antioxidantien und reduzierende Cofaktoren nach Oxidation regenerieren. In Anwesenheit von Übergangsmetallionen kann Ascorbat auch prooxidative Wirkungen entfalten, die jedoch kaum von physiologischer Relevanz sind. Neuere Untersuchungen zeigen, dass Ascorbat die Expression von verschiedenen Proteinen, vor allem von Proteinen der extrazellulären Matrix, stimulieren kann.

Ein Vitamin-C-Mangel führt zum Krankheitsbild des Skorbut, dessen Symptome vor allem auf Defekten in der Kollagensynthese und nachfolgenden Störungen im Knochen- und Bindegewebsstoffwechsel beruhen. Während Skorbut in industrialisierten Ländern sehr selten auftritt, wird eine suboptimale Vitamin-C-Zufuhr häufiger beobachtet. Retrospektive epidemiologische und klinische Studien zeigen in der Mehrzahl, dass Vitamin-C-arme Diäten und niedrige Ascorbinsäure-Plasmaspiegel das Risiko für chronisch-degenerative Erkrankungen (Krebs, Atherosklerose, Katarakt) erhöhen sowie die Ausprägung von Erkältungskrankheiten verstärken. In den zu diesen Fragestellungen durchgeführten prospektiven Interventionsstudien konnten präventive Effekte von Vitamin C dagegen nicht immer nachgewiesen werden. Die potenzielle Rolle von Ascorbinsäure für die Prävention bestimmter Erkrankungen wurde jedoch bei der Erstellung von Referenzwerten für den Bedarf an Vitamin C berücksichtigt. Die Gesellschaften für Ernährung Deutschlands, Österreichs und der Schweiz empfehlen eine tägliche Vitamin-C-Zufuhr bei gesunden nichtrauchenden Erwachsenen von 100 mg. Damit können Gewebespiegel gesättigt und Plasmaspiegel $\geq 50\ \mu M$, die gegenwärtig als optimal für eine Senkung des Risikos chronischer Erkrankungen gelten, erreicht werden. Ein Bedarf von 100 mg/d kann durch ausreichend frisches Obst und Gemüse in der Nahrung abgedeckt werden. Vitamin C wird auch in höheren Dosen gut toleriert und ist bis zu Dosen ≤ 1 g/d als ungefährlich einzustufen.

Danksagung

Mein Dank gilt Herrn Dr. Siegfried Krause, Institut für Molekulare Zellbiologie der Friedrich-Schiller-Universität Jena, für seine Unterstützung bei der Erstellung dieses Beitrags.

50.9 Literatur

1 Age-Related Eye Disease Study Research Group (2001) *Arch. Ophthalmol.* **119**, 1439–1452.

2 Agus D.B., S.S. Gambhir, W.M. Pardridge, C. Spielholz, J. Baselga, J.C. Vera, D.W. Golde (1997) *J. Clin. Invest.* **100**, 2842–2848.

3 Anderson R. (1981) *Am. J. Clin. Nutr.* **34**, 1906–1911.

4 Anderson R. (1981) *Clin. Exp. Immunol.* **43**, 180–188.

5 Anderson R., P.T. Lukey (1987) *Ann. N. Y. Acad. Sci.* **498**, 229–247.

6 Arrigoni O., M.C. De Tullio (2002) *Biochim. Biophys. Acta* **1569**, 1–9.

7 Bartlett D., D. F. Church, P. L. Bounds, W. H. Koppenol (1995) *Free Radic. Biol. Med.* **18**, 85–92.
8 Bates C. J., C. M. Walmsley, A. Prentice, S. Finch (1998) *J. Hypertens.* **16**, 925–932.
9 Berger T. M., M. C. Polidori, A. Dabbagh, P. J. Evans, B. Halliwell, J. D. Morrow, L. J. Roberts 2nd, B. Frei (1997) *J. Biol. Chem.* **272**, 15656–15660.
10 Berlett B. S., E. R. Stadtman (1997) *J. Biol. Chem.* **272**, 20313–20316.
11 Bianchi J., F. A. Wilson, R. C. Rose (1986) *Am. J. Physiol.* **250**, G461–G468.
12 Biesalski H. K. (1995) *Dtsch. Ärzteblatt* **92**, B979–B983.
13 Block G. (1991) *Am. J. Clin. Nutr.* **54**, 1310S–1314S.
14 Boxer L. A., A. M. Watanabe, M. Rister, H. R. Besch Jr, J. Allen, R. L. Baehner (1976) *N. Engl. J. Med.* **295**, 1041–1045.
15 Bucca C., G. Rolla, A. Oliva, J. C. Farina (1990) *Ann. Allergy* **65**, 311–314.
16 Buettner G. R. (1993) *Arch. Biochem. Biophys.* **300**, 535–543.
17 Buettner G. R., B. A. Jurkiewicz (1996) *Radiat. Res.* **145**, 532–541.
18 Buffinton G. D., W. F. Doe (1995) *Free Radic. Res.* **22**, 131–143.
19 Bundesinstitut für Risikobewertung (2004) *Verwendung von Vitaminen in Lebensmitteln – Toxikologische und ernährungsphysiologische Aspekte* (Hrsg. A. Domle, R. Großklaus, B. Niemann, H. Przyrembel, K. Richter, E. Schmidt, A. Weißenborn, B. Wörner, R. Ziegenhagen), BfR-Hausdruckerei Dahlem, Berlin, 225–236.
20 Cai H., D. G. Harrison (2000) *Circ. Res.* **87**, 840–844.
21 Campbell J. D., M. Cole, B. Bunditrutavorn, A. T. Vella (1999) *Cell. Immunol.* **194**, 1–5.
22 Carcamo J. M., A. Pedraza, O. Borquez-Ojeda, D. W. Golde (2002) *Biochemistry* **41**, 12995–13002.
23 Carinci F., F. Pezzetti, A. M. Spina, A. Palmieri, G. Laino, A. De Rosa, E. Farina, F. Illiano, G. Stabellini, V. Perrotti, A. Piattelli (2005) *Arch. Oral Biol.* **50**, 481–496.
24 Carpenter K. J. (1986) *The history of scurvy and vitamin C*, Cambridge University Press, Cambridge.
25 Carr A. C., B. Frei (1999) *Am. J. Clin. Nutr.* **69**, 1086–1107.
26 Carr A. C., B. Z. Zhu, B. Frei (2000) *Circ. Res.* **87**, 349–354.
27 Carr A., B. Frei (1999) *FASEB J.* **13**, 1007–1024.
28 Catani M. V., A. Rossi, A. Costanzo, S. Sabatini, M. Levrero, G. Melino, L. Avigliano (2001) *Biochem. J.* **356**, 77–85.
29 Chou P. T., A. U. Khan (1983) *Biochem. Biophys. Res. Commun.* **115**, 932–937.
30 Chylack Jr. L. T., N. P. Brown, A. Bron, M. Hurst, W. Kopcke, U. Thien, W. Schalch (2002) *Ophthalmic. Epidemiol.* **9**, 49–80.
31 Constantinescu A., D. Han, L. Packer (1993) *J. Biol. Chem.* **268**, 10906–10913.
32 Cook J. D., M. B. Reddy (2001) *Am. J. Clin. Nutr.* **73**, 93–98.
33 Cook J. D., S. S. Watson, K. M. Simpson, D. A. Lipshitz, B. S. Skikne (1984) *Blood.* **64**, 721–726.
34 Curhan G. C., W. C. Willett, E. B. Rimm, M. J. Stampfer (1996) *J. Urol.* **155**, 1847–1851.
35 Curhan G. C., W. C. Willett, F. E. Speizer, M. J. Stampfer (1999) *J. Am. Soc. Nephrol.* **10**, 840–845.
36 Daruwala R., J. Song, W. S. Koh, S. C. Rumsey, M. Levine (1999) *FEBS Lett.* **460**, 480–484.
37 Davidson J. M., P. A. LuValle, O. Zoia, D. Quaglino Jr., M. Gir (1997) *J. Biol. Chem.* **272**, 345–352.
38 de Zwart L. L., J. H. Meerman, J. N. Commandeur, N. P. Vermeulen (1999) *Free Radic. Biol. Med.* **26**, 202–226.
39 Deutsche Gesellschaft für Ernährung (2000) *Referenzwerte für die Nährstoffzufuhr*, 1. Aufl., Umschau/Braus, Frankfurt am Main, 137–144.
40 Dhariwal K. R., C. D. Black, M. Levine (1991) *J. Biol. Chem.* **266**, 12908–12914.
41 Dixon S. J., J. X. Wilson (1992) *J. Bone Miner. Res.* **7**, 675–681.
42 Doba T., G. W. Burton, K. U. Ingold (1985) *Biochim. Biophys. Acta* **835**, 298–303.

43 Douglas R.M., H. Hemila, R. D'Souza, E.B. Chalker, B. Treacy (2004) *Cochrane Database Syst. Rev.* **4**, CD000980.

44 Duffy S.J., N. Gokce, M. Holbrook, A. Huang, B. Frei, J.F. Keaney Jr., J.A. Vita (1999) *Lancet* **354**, 2048–2049.

45 d'Uscio L.V., S. Milstein, D. Richardson, L. Smith, Z.S. Katusic (2003) *Circ. Res.* **92**, 88–95.

46 Eichholzer M., H.B. Stahelin, K.F. Gey, E. Ludin, F. Bernasconi (1996) *Int. J. Cancer* **66**, 145–150.

47 Eipper B.A., R.E. Mains (1991) *Am. J. Clin. Nutr.* 54, 1153S–1156S.

48 Enstrom J.E., L.E. Kanim, M.A. Klein (1992) *Epidemiology* **3**, 194–202.

49 European Food Safety Authority (2004) *The EFSA Journal* **59**, 1–21.

50 Feiz H.R., S. Mobarhan (2002) *Nutr. Rev.* **60**, 34–36.

51 Folkes L.K., L.P. Candeias, P. Wardman (1995) *Arch. Biochem. Biophys.* **323**, 120–126.

52 Food and Nutrition Board, Institute of Medicine (2000) *Dietary reference intakes for vitamin C, vitamin E, selenium, and carotenoids.* National Academy Press, Washington, DC, 95–185.

53 Franceschi R.T., B.S. Iyer (1992) *J. Bone Miner. Res.* **7**, 235–246.

54 Frei B. (1991) *Am. J. Clin. Nutr.* **54**, 1113S–1118S.

55 Frei B., L. England, B.N. Ames (1989) *Proc. Natl. Acad. Sci. USA* **86**, 6377–6381.

56 Furst J., M. Gschwentner, M. Ritter, G. Botta, M. Jakab, M. Mayer, L. Garavaglia, C. Bazzini, S. Rodighiero, G. Meyer, S. Eichmuller, E. Woll, M. Paulmichl (2002) *Pflugers Arch.* **444**, 1–25.

57 Ganta D.R., M.B. McCarthy, G.A. Gronowicz (1997) *Endocrinology* **138**, 3606–3612.

58 Gatto L.M., G.K. Hallen, A.J. Brown, S. Samman (1996) *J. Am. Coll. Nutr.* **15**, 154–158.

59 Geesin J.C., R.A. Berg (2001) *Handbook of vitamins*, 3rd edition (Hrsg. R.B. Rucker, J.W. Suttie, D.B. McCormick, L.J. Machlin), Marcel Decker, New York, 529–554.

60 Gey K.F. (1998) *Biofactors* **7**, 113–174.

61 Giamalva D., D.F. Church, W.A. Pryor (1985) *Biochem. Biophys. Res. Commun.* **133**, 773–779.

62 Ginter E. (1989) *Nutrition* **5**, 369–374.

63 Goetzl E.J., S.I. Wasserman, I. Gigli, K.F. Austen (1974) *J. Clin. Invest.* **53**, 813–918.

64 Graumlich J.F., T.M. Ludden, C. Conry-Cantilena, L.R. Cantilena Jr., Y. Wang, M. Levine (1997) *Pharm. Res.* **14**, 1133–1139.

65 Hall S.L., G.A. Greendale (1998) *Calcif. Tissue Int.* **63**, 183–189.

66 Hallberg L., M. Brune, L. Rossander (1986) *Hum. Nutr. Appl. Nutr.* **40**, 97–113.

67 Hallberg L., M. Brune, L. Rossander (1989) *Am. J. Clin. Nutr.* **49**, 140–144.

68 Halliwell B. (1996) *Biochem. Soc. Trans.* **24**, 1023–1027.

69 Halliwell B. (1996) *Free Radic. Res.* **25**, 439–454.

70 Halliwell B. (2000) *Am. J. Clin. Nutr.* **72**, 1082–1087.

71 Halliwell B., M. Wasil, M. Grootveld (1987) *FEBS Lett.* **213**, 15–17.

72 Harwood Jr. R., Y.J. Greene, P.W. Stacpoole (1986) *J. Biol. Chem.* **261**, 7127–7135.

73 Hathcock J.N., A. Azzi, J. Blumberg, T. Bray, A. Dickinson, B. Frei, I. Jialal, C.S. Johnston, F.J. Kelly, K. Kraemer, L. Packer, S. Parthasarathy, H. Sies, M.G. Traber (2005) *Am. J. Clin. Nutr.* **81**, 736–745.

74 Haworth W.N., E.L. Hirst (1933) *J. Soc. Chem. Ind. (London)* **52**, 645–647.

75 Hediger M.A. (2002) *Nat. Med.* **8**, 445–446.

76 Heller R., A. Unbehaun, B. Schellenberg, B. Mayer, G. Werner-Felmayer, E.R. Werner (2001) *J. Biol. Chem.* **276**, 40–47.

77 Heller R., E.R. Werner (2002) *The antioxidant vitamins C and E* (Hrsg. L. Packer, M.G. Traber, K. Kraemer, B. Frei), AOCS Press, Champaign, Illinois, 66–88.

78 Heller R., E.R. Werner, G. Werner-Felmayer (2006) *Eur. J. Clin. Pharmacol.* **62**, 21–28.

79 Hellman L., J.J. Burns (1958) *J. Biol. Chem.* **230**, 923–930.

80 Hemila H. (1996) *Int. J. Sports Med.* **17**, 379–383.

81 Hemila H. (1997) *Br. J. Nutr.* **77**, 59–72.

82 Hemila H. (1997) *Pediatr. Infect. Dis. J.* **16**, 836–837.

83 Hemila H. (2003) *Trends Immunol.* **24**, 579–580.

84 Hemila H., R.M. Douglas (1999) *Int. J. Tuberc. Lung Dis.* **3**, 756–761.

85 Henson D.E., G. Block, M. Levin (1991) *J. Natl. Cancer Inst.* **83**, 547–550.

86 Heseker H., R. Schneider, K.J. Moch, M. Kohlmeier, W. Kübler (1992) *Vitaminversorgung Erwachsener in der Bundesrepublik Deutschland*, VERA-Schriftenreihe Band IV, Wissenschaftlicher Fachverlag Dr. Fleck, Niederkleen.

87 Hitomi K., N. Tsukagoshi (1996) *Subcell. Biochem.* **25**, 41–56.

88 Holst A., T. Frölich (1907) *J. Hyg.* **7**, 634–671.

89 Horio F., K. Ozaki, H. Oda, S. Makino, Y. Hayashi, A. Yoshida (1989) *J. Nutr.* **119**, 409–415.

90 Hornig D., J.P. Vuilleumier, D. Hartmann (1980) *Int. J. Vitam. Nutr. Res.* **50**, 309–314.

91 Horovitz O., D. Knaack, T.R. Podleski, M.M. Salpeter (1989) *J. Cell Biol.* **108**, 1823–1832.

92 Hume R., E. Weyers (1973) *Scott. Med J.* **18**, 3–7.

93 Hunt C., N.K. Chakravorty, G. Annan, N. Habibzadeh, C.J. Schorah (1994) *Int. J. Vitam. Nutr. Res.* **64**, 212–219.

94 Hunt J.R., S.K. Gallagher, L.K. Johnson (1994) *Am. J. Clin. Nutr.* **59**, 1381–1385.

95 Jackson T.S., A. Xu, J.A. Vita, J.F. Keaney Jr. (1998) *Circ. Res.* **83**, 916–922.

96 Jacob R.A., D.S. Kelley, F.S. Pianalto, M.E. Swendseid, S.M. Henning, J.Z. Zhang, B.N. Ames, C.G. Fraga, J.H. Peters (1991) *Am. J. Clin. Nutr.* **54**, 1302S–1309S.

97 Jacob R.A. (1999) *Nutrition in Health and Disease*, 9th edition (Hrsg. M.E. Shils, J.A. Olson, M. Shike, A.C. Ross), Williams and Wilkins, Baltimore, 467–483.

98 Jacques P.F., L.T. Chylack Jr., S.E. Hankinson, P.M. Khu, G. Rogers, J. Friend, W. Tung, J.K. Wolfe, N. Padhye, W.C. Willett, A. Taylor (2001) *Arch. Ophthalmol.* **119**, 1009–1019.

99 Jarosz M., J. Dzieniszewski, E. Dabrowska-Ufniarz, M. Wartanowicz, S. Ziemlanski, P.I. Reed (1998) *Eur. J. Cancer Prev.* **7**, 449–454.

100 Jeng K.C., C.S. Yang, W.Y. Siu, Y.S. Tsai, W.J. Liao, J.S. Kuo (1996) *Am. J. Clin. Nutr.* **64**, 960–965.

101 Johnston C.S. (1996) *Subcell. Biochem.* **25**, 189–213.

102 Johnston C.S. (2001) *Present Knowledge in Nutrition*, 8th edition (Hrsg. B.A. Bowman, R.M. Russel), ILSI Press, Washington, 175–183.

103 Johnston C.S. (2002) *The antioxidant vitamins C and E* (Hrsg. L. Packer, M.G. Traber, K. Kraemer, B. Frei), AOCS Press, Champaign, Illinois, 105–115.

104 Johnston C.S., F.M. Steinberg, R.B. Rucker (2001) *Handbook of vitamins*, 3rd edition (Hrsg. R.B. Rucker, J.W. Suttie, D.B. McCormick, L.J. Machlin), Marcel Decker, New York, 529–554.

105 Johnston C.S., W.P. Kolb, B.E. Haskell (1987) *J. Nutr.* **117**, 764–768.

106 Kagan V.E., A. Shvedova, E. Serbinova, S. Khan, C. Swanson, R. Powell, L. Packer (1992) *Biochem. Pharmacol.* **44**, 1637–1649.

107 Kallner A., D. Hartmann, D. Hornig (1979) *Am. J. Clin. Nutr.* **32**, 530–539.

108 Khaw K.T., S. Bingham, A. Welch, R. Luben, N. Wareham, S. Oakes, N. Day (2001) *Lancet* **357**, 657–663.

109 Kivirikko K.I., R. Myllyla (1985) *Ann. N.Y. Acad. Sci.* **460**, 187–201.

110 Knekt P., A. Reunanen, R. Jarvinen, R. Seppanen, M. Heliovaara, A. Aromaa (1994) *Am. J. Epidemiol.* **139**, 1180–1189.

111 Knowles H.J., R.R. Raval, A.L. Harris, P.J. Ratcliffe (2003) *Cancer Res.* **63**, 1764–1768.

112 Kromhout D. (1987) *Am. J. Clin. Nutr.* **45** (5 Suppl.), 1361–1367.

113 La Vecchia C., A. Altieri, A. Tavani (2001) *Eur. J. Nutr.* **40**, 261–267.

114 Leboy P.S., L. Vaias, B. Uschmann, E. Golub, S.L. Adams, M. Pacifici (1989) *J. Biol. Chem.* **264**, 17281–17286.

115 Lee K.W., H.J. Lee, Y.J. Surh, C.Y. Lee (2003) *Am. J. Clin. Nutr.* **78**, 1074–1078.

116 Leveille S.G., A.Z. LaCroix, T.D. Koepsell, S.A. Beresford, G. Van Belle, D.M. Buchner (1997) *J. Epidemiol. Community, Health* **51**, 479–485.

117 Levine M., C. Conry-Cantilena, Y. Wang, R.W. Welch P.W. Washko, K.R. Dhariwal, J.B. Park, A. Lazarev, J.F. Graumlich, J. King, L.R. Cantilena (1996) *Proc. Natl. Acad. Sci. USA* **93**, 3704–3709.

118 Levine M., Y. Wang, S.J. Padayatty, J. Morrow (2001) *Proc. Natl. Acad. Sci. USA* **98**, 9842–9846.

119 Liang W.J., D. Johnson, L.S. Ma, S.M. Jarvis, L. Wei-Jun (2002) *Am. J. Physiol. Cell Physiol.* **283**, C1696–C1674.

120 Liang W.J., D. Johnson, S.M. Jarvis (2001) *Mol. Membr. Biol.* **18**, 87–95.

121 Loria C.M. (2002) *The antioxidant vitamins C and E* (Hrsg. L. Packer, M.G. Traber, K. Kraemer, B. Frei), AOCS Press, Champaign, Illinois, 105–115.

122 MacDonald L., A.E. Thumser, P. Sharp (2002) *Br. J. Nutr.* **87**, 97–100.

123 Maggio D., M. Barabani, M. Pierandrei, M.C. Polidori, M. Catani, P. Mecocci, U. Senin, R. Pacifici, A. Cherubini (2003) *J. Clin. Endocrinol. Metab.* **88**, 1523–1527.

124 Mangels A.R., G. Block, C.M. Frey, B.H. Patterson, P.R. Taylor, E.P. Norkus, O.A. Levander (1993) *J. Nutr.* **123**, 1054–1061.

125 May J.M., Z.C. Qu, C.E. Cobb (2004) *J. Biol. Chem.* **279**, 14975–14982.

126 May J.M., Z.C. Qu, S. Mendiratta (1998) *Arch. Biochem. Biophys.* **349**, 281–289.

127 McGee M.P., Q.N. Myrvik (1979) *Immun.* **26**, 910–915.

128 Meister A. (1994) *J. Biol. Chem.* **269**, 9397–9400.

129 Melhus H., K. Michaelsson, L. Holmberg, A. Wolk, S. Ljunghall (1999) *J. Bone Miner. Res.* **14**, 129–135.

130 Miller D.M., S.M. Aust (1989) *Arch. Biochem. Biophys.* **271**, 113–119.

131 Mirvish S.S. (1994) *Cancer Res.* **54**, 1948s–1951s.

132 Mirvish S.S., A.C. Grandjean, K.J. Reimers, B.J. Connelly, S.C. Chen, C.R. Morris, X. Wang, J. Haorah, E.R. Lyden (1998) *Nutr. Cancer* **31**, 106–110.

133 Mitsumoto, Y., Z. Liu, A. Klip (1994) *Biochem. Biophys. Res. Commun.* **199**, 394–402.

134 Mizutani A., N. Nakagawa, K. Hitomi, N. Tsukagoshi (1997) *Int. J. Biochem. Cell Biol.* **29**, 575–582.

135 Mori T., S. Itoh, S. Ohgiya, K. Ishizaki, T. Kamataki (1997) *Arch. Biochem. Biophys.* **348**, 268–277.

136 Morton D.J., E.L. Barrett-Connor, D.L. Schneider (2001) *J. Bone Miner. Res.* **16**, 135–140.

137 Neuzil J., S.R. Thomas, R. Stocker (1997) *Free Radic. Biol. Med.* **22**, 57–71.

138 Nishikimi M., K. Yagi (1991) *Am. J. Clin. Nutr.* **54S**, 1203S–1208S.

139 Nualart F.J., C.I. Rivas, V.P. Montecinos, A.S. Godoy, V.H. Guaiquil, D.W. Golde, J.C. Vera (2003) *J. Biol. Chem.* **278**, 10128–10133.

140 Oberritter H., B. Glatthaar, U. Moser, K.H. Schmidt (1986) *Int. Arch. Allergy Appl. Immunol.* **81**, 46–50.

141 Oh C., K. Nakano (1988) *J. Nutr.* **118**, 639–644.

142 Ono K. (1986) *Clin. Nephrol.* **26**, 239–243.

143 Oreopoulos D.G., R.D. Lindeman, D.J. VanderJagt, A.H. Tzamaloukas, H.N. Bhagavan, P.J. Garry (1993) *J. Am. Coll. Nutr.* **12**, 537–542.

144 Padayatty S.J., A. Katz, Y. Wang, P. Eck, O. Kwon, J.H. Lee, S. Chen, C. Corpe, A. Dutta, S.K. Dutta, M. Levine (2003) *J. Am. Coll. Nutr.* **22**, 18–35.

145 Pandey D.K., R. Shekelle, B.J. Selwyn, C. Tangney, J. Stamler (1995) *Am. J. Epidemiol.* **142**, 1269–1278.

146 Panush R.S., J.C. Delafuente, P. Katz, J. Johnson (1982) *Int. J. Vitam. Nutr. Res. Suppl.* **23**, 35–47.

147 Patel K.B., M.R. Stratford, P. Wardman, S.A. Everett (2002) *Free Radic. Biol. Med.* **32**, 203–211.

148 Pauling L. (1970) *Vitamin C and the common cold*, WH Freeman & Co., San Francisco.

149 Peterkofsky B. (1991) *Am. J. Clin. Nutr.* **54**, 1135S–1140S.

150 Podmore I.D., H.R. Griffiths, K.E. Herbert, N. Mistry, P. Mistry, J. Lunec (1998) *Nature* **392**, 559.

151 Poulsen H.E., H. Prieme, S. Loft (1998) *Eur. J. Cancer Prev.* **7**, 9–16.

152 Prockop D.J., K.I. Kivirikko (1995) *Annu. Rev. Biochem.* **64**, 403–434.

153 Qutob S., S.J. Dixon, J.X. Wilson (1998) *Endocrinology* **139**, 51–56.

154 Rajan D.P., W. Huang, B. Dutta, L.D. Devoe, F.H. Leibach, V. Ganapathy, P.D. Prasad (1999) *Biochem. Biophys. Res. Commun.* **262**, 762–768.

155 Rayment S.J., J. Shaw, K.J. Woollard, J. Lunec, H.R. Griffiths (2003) *Biochem. Biophys. Res. Commun.* **308**, 339–345.

156 Rebouche C.J. (1991) *Am. J. Clin. Nutr.* **54**, 1147S–1152S.

157 Rehman A., C.S. Collis, M. Yang, M. Kelly, A.T. Diplock, B. Halliwell, C. Rice-Evans (1998) *Biochem. Biophys. Res. Commun.* **246**, 293–298.

158 Riley S.J., G.A. Stouffer (2002) *Am. J. Med. Sci.* **324**, 314–320.

159 Riley S.J., G.A. Stouffer (2003) *Am. J. Med. Sci.* **325**, 15–19.

160 Ronziere M.C., S. Roche, J. Gouttenoire, O. Demarteau, D. Herbage, A.M. Freyria (2003) *Biomaterials* **24**, 851–861.

161 Rumsey S.C., M. Levine (1999) *J. Biochem. Nutr.* **9**, 116–130.

162 Rumsey S.C., O. Kwon, G.W. Xu, C.F. Burant, I. Simpson, M. Levine (1997) *J. Biol. Chem.* **272**, 18982–18989.

163 Rumsey S.C., R. Daruwala, H. Al-Hasani, M.J. Zarnowski, I.A. Simpson, M. Levine (2000) *J. Biol. Chem.* **275**, 28246–28253.

164 Sahyoun N.R., P.F. Jacques, R.M. Russell (1996) *Am. J. Epidemiol.* **144**, 501–511.

165 Sauberlich H.E. (1997) *Vitamin C in Health and Disease* (Hrsg. L. Packer, J. Fuchs), Marcel Decker, New York, 1–24.

166 Savini I., M.V. Catani, A. Rossi, G. Duranti, G. Melino, L. Avigliano (2002) *J. Invest. Dermatol.* **118**, 372–379.

167 Schwarz R.I., P. Kleinman, N. Owens (1987) *Ann. N.Y. Acad. Sci.* **498**, 172–185.

168 Seitz G., S. Gebhardt, J.F. Beck, W. Bohm, H.N. Lode, D. Niethammer, G. Bruchelt (1998) *Neurosci. Lett.* **244**, 33–36.

169 Shibata A., A. Paganini-Hill, R.K. Ross, B.E. Henderson (1992) *Br. J. Cancer* **66**, 673–679.

170 Shin D.M., J.I. Ahn, K.H. Lee, Y.S. Lee, Y.S. Lee (2004) *Neuroreport* **15**, 1959–1963.

171 Siegel B.V. (1974) *Infect. Immun.* **10**, 409–410.

172 Siegenberg D., R.D. Baynes, T.H. Bothwell, B. J. Macfarlane, R. D. Lamparelli, N. G. Car, P. MacPhail, U. Schmidt, A. Tal, F. Mayet (1991) *Am. J. Clin. Nutr.* **53**, 537–541.

173 Simon J.A., E.S. Hudes (1998) *J. Am. Coll. Nutr.* **17**, 250–255.

174 Simon J.A., E.S. Hudes (1999) *Arch. Intern. Med.* **159**, 619–624.

175 Simon J.A., E.S. Hudes (1999) *J. Clin. Epidemiol.* **52**, 1207–1211.

176 Siushansian R., S.J. Dixon, J.X. Wilson (1986) *J. Neurochem.* **66**, 1227–1233.

177 Sperduto R.D., T.S. Hu, R.C. Milton, J.L. Zhao, D.F. Everett, Q.F. Cheng, W.J. Blot, L. Bing, P.R. Taylor, J.Y. Li (1993) *Arch. Ophthalmol.* **111**, 1246–1253.

178 Steinmetz K.A., J.D. Potter (1996) *J. Am. Diet. Assoc.* **96**, 1027–1039.

179 Svirbely J.L., A. Szent-György (1932) *Biochem. J.* **26**, 865–870.

180 Svirbely J.L., A. Szent-György (1932) *Nature* **129**, 576.

181 Takahashi T., B. Lord, P.C. Schulze, R.M. Fryer, S. S. Sarang, S.R. Gullans, R.T. Lee (2003) *Circulation* **107**, 1912–1916.

182 Takanaga H., B. Mackenzie, M.A. Hediger (2004) *Pflugers Arch.* **447**, 677–682.

183 Tannenbaum S.R., J.S. Wishnok (1987) *Ann. N.Y. Acad. Sci.* **498**, 354–363.

184 Taylor A., P.F. Jacques, L.T. Chylack Jr., S.E. Hankinson, P.M. Khu, G. Rogers, J. Friend, W. Tung, J.K. Wolfe, N. Padhye, W.C. Willett (2002) *Am. J. Clin. Nutr.* **75**, 540–549.

185 Thiele J.J., C. Schroeter, S.N. Hsieh, M. Podda, L. Packer (2001) *Curr. Probl. Dermatol.* **29**, 26–42.

186 Toth M., Z. Kukor, S. Valent (2002) *Mol. Hum. Reprod.* **8**, 271–280.

187 Tsao C.S. (1997) *Vitamin C in Health and Disease* (Hrsg. L. Packer, J. Fuchs) Marcel Decker, New York, 25–58.

188 Tsukaguchi H., T. Tokui, B. Mackenzie, U.V. Berger, X.Z. Chen, Y. Wang, R.F. Brubaker, M.A. Hediger (1999) *Nature* **399**, 70–75.

189 Uchida K., M. Mitsui, S. Kawakishi (1989) *Biochim. Biophys. Acta* **991**, 377–379.

190 Ueta E., Y. Tadokoro, T. Yamamoto, C. Yamane, E. Suzuki, E. Nanba, Y. Otsuka, T. Kurata (2003) *Toxicol. Sci.* **73**, 339–347.

191 Upston J.M., A.C. Terentis, R. Stocker (1999) *FASEB J.* **13**, 977–994.

192 Vanderslice J.T., D.J. Higgs (1991) *Am. J. Clin. Nutr.* **54** (6 Suppl.), 1323S–1327S.

193 Vera J.C., C.I. Rivas, J. Fischbarg, D.W. Golde (1993) *Nature* **364**, 79–82.

194 Vera J.C., C.I. Rivas, R.H. Zhang, D.W. Golde (1998) *Blood* **91**, 2536–2546.

195 Wang H., B. Dutta, W. Huang, L.D. Devoe, F.H. Leibach, V. Ganapathy, P.D. Prasad (1999) *Biochim. Biophys. Acta* **1461**, 1–9.

196 Wang Y., B. Mackenzie, H. Tsukaguchi, S. Weremowicz, C.C. Morton, M.A. Hediger (2000) *Biochem. Biophys. Res. Commun.* **267**, 488–494.

197 Wang Y., T.A. Russo, O. Kwon, S. Chanock, S.C. Rumsey, M. Levine (1997) *Proc. Natl. Acad. Sci. USA* **94**, 13816–13819.

198 Waugh W.A., S.G. King (1932) *J. Biol. Chem.* **97**, 325–331.

199 Weber C., W. Erl, K. Weber, P.C. Weber (1996) *Circulation* **93**, 1488–1492.

200 Welch R.W., Y. Wang, A. Crossman Jr., J.B. Park, K.L. Kirk, M. Levine (1995) *J. Biol. Chem.* **270**, 12584–12592.

201 Werner E.R., A.C.F. Gorren, R. Heller, G. Werner-Felmayer, B. Mayer (2003) *Exp. Biol. Med.* **228**, 1291–1302.

202 Wilson J.X. (2002) *FEBS Lett.* **527**, 5–9.

203 Wilson J.X. (2005) *Annu. Rev. Nutr.* **25**, 105–125.

204 Wilson J.X., E.M. Jaworski, A. Kulaga, S.J. Dixon (1990) *Neurochem. Res.* **15**, 1037–1043.

205 Woollard K.J., C.J. Loryman, E. Meredith, R. Bevan, J.A. Shaw, J. Lunec, H.R. Griffiths (2002) *Biochem. Biophys. Res. Commun.* **294**, 1161–1168.

206 Wu F., J.X. Wilson, K. Tyml (2003) *Am. J. Physiol. Regul. Integr. Comp. Physiol.* **285**, R50–R56.

207 Yu D.H., K.H. Lee, J.Y. Lee, S. Kim, D.M. Shin, J.H. Kim, Y.S. Lee, Y.S. Lee, S.K. Oh, S.Y. Moon, S.H. Lee, Y.S. Lee (2004) *J. Neurosci. Res.* **78**, 29–37.

208 Zilva S.S. 1932, *Biochem. J.* **26**, 1624–1627.

51
Folsäure

Andreas Hahn und Maike Wolters

51.1
Allgemeine Substanzbeschreibung

Mit etwa 100 verschiedenen Substanzen ist die Gruppe der Folsäure-Vitamere außerordentlich groß. Entdeckt wurde Folsäure im Rahmen von Untersuchungen zur Behandlung einer besonders bei Schwangeren auftretenden Anämieform („pernicious anemia of pregnancy“). Strukturaufklärung und Synthese der Folsäure erfolgten erstmals 1946.

Das Grundgerüst aller Vitamere besteht aus einem 2-Amino-4-Oxo-Pteridinring, einem Molekül *p*-Aminobenzoesäure sowie einem Glutaminsäurerest und ist unter dem Begriff Pteroylmonoglutaminsäure (PGA) oder Folsäure bekannt [69, 118]. Die natürlichen folsäureaktiven Verbindungen leiten sich formal von diesem in der Natur nicht vorkommenden Ausgangsmolekül ab und werden zusammenfassend als Folate bezeichnet[1]. Die verschiedenen Folate unterscheiden sich im Hydrierungsgrad des Pteridinringes (oxidiert, di- oder tetrahydriert), in den an den Stickstoffatomen 5 und 10 gebundenen Substituenten (z. B. Methyl, Formyl, Methylen) sowie in der Anzahl der über γ-Peptidbindungen verknüpften 2–10 zusätzlichen Glutamylreste. Zentraler Metabolit im Organismus ist die 5,6,7,8-Tetrahydrofolsäure (THF, Abb. 51.1), die durch zweifache Reduktion von Folsäure entsteht [1, 55, 73].

Aufgrund der unterschiedlichen Bioverfügbarkeit verschiedener Folsäureverbindungen (s. a. unter Digestion und Absorption, Abschnitt 51.3.1) werden Folsäuregehalte bzw. empfohlene Zufuhrmengen in Folatäquivalenten angegeben: 1 µg Folatäquivalent = 1 µg Nahrungsfolat = 0,5 µg synthetische Folsäure (PGA).

1) Vielfach wird statt des korrekten Begriffs „Folate“ für die Gesamtgruppe der folsäurewirksamen Verbindungen auch der Terminus „Folsäure“ verwendet.

Handbuch der Lebensmitteltoxikologie. H. Dunkelberg, T. Gebel, A. Hartwig (Hrsg.)

ISBN: 978-3-527-31166-8

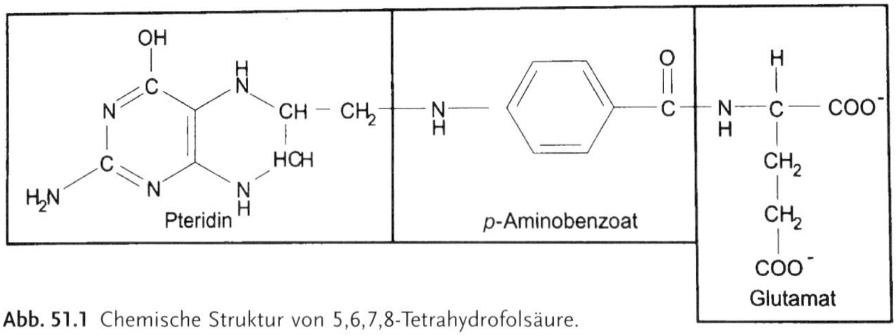

Abb. 51.1 Chemische Struktur von 5,6,7,8-Tetrahydrofolsäure.

51.2 Vorkommen und Verbreitung in Lebensmitteln

Folate finden sich in zahlreichen pflanzlichen und vom Tier stammenden Lebensmitteln (siehe Tab. 51.1). Besonders reich an Folaten sind grüne Pflanzen, insbesondere Blattgemüse (z. B. Spinat, Salat und Kohl), was zur Namens-

Tab. 51.1 Folsäuregehalte ausgewählter Lebensmittel [112].

Lebensmittel	Folsäure [µg/100 g]
Rindfleisch	
reines Muskelfleisch	3,0
Filet	10
Schweinefleisch	
reines Muskelfleisch	2,5
Oberschale	9,1
Schweineleber	136
Hühnerfleisch	9,0
Makrele	1,2
Seelachs	3,1
Kuhmilch (3,5%)	5,0
Joghurt (3,5%)	13
Camembert (50% Fett i. Tr.)	56
Edamer (40% Fett i. Tr.)	20
Weizenmehl, Type 1700	50
Weizenmehl, Type 405	10
Erbsen	92
Grüne Bohnen	70
Weißkohl	31
Spinat	145
Blattsalat (Kopfsalat)	59
Blumenkohl	88
Tomaten	22
Orangen	29
Bananen	14

gebung des Vitamins führte (lat. folium=Blatt). Weiterhin stellen Leber, Hefe, Spargel und einige Getreidearten gute Folatquellen dar [55].

Da Folate äußerst thermolabil sowie licht- und oxidationsempfindlich sind, treten bei der Lagerung und Zubereitung von Speisen erhebliche Verluste auf. Insbesondere langes Erhitzen und Aufwärmen von Mahlzeiten reduzieren den Folsäuregehalt deutlich. Die Verluste schwanken stark in Abhängigkeit von der Zubereitungsmethode; sie liegen im Mittel bei etwa 35%, können aber auch bis zu 100% betragen [31, 39, 80]. Die mikrobielle Synthese von Folaten im Kolon spielt für die Versorgung des Menschen keine Rolle.

Pteroylglutaminsäure (CAS-Nr. 59-30-3, MG 441,4) gilt nicht als Zusatzstoff und findet als Zusatz zu vielen Lebensmitteln Verwendung. Sie ist zudem die bislang einzige zugelassene Folsäureverbindung, die bei der Herstellung von Nahrungsergänzungsmitteln und diätetischen Lebensmitteln eingesetzt werden darf [6].

Zur Analytik der Folsäure wurden früher überwiegend mikrobiologische Methoden eingesetzt. Zunehmend erfolgt die Bestimmung jedoch mittels Chemilumineszenz-Bindungsassays auf Basis folatbindender Proteine, Hochleistungsflüssigkeitschromatographie (HPLC) oder Stabilisotopen-Verdünnungsanalyse (SIVA).

51.3 Kinetik und innere Exposition

51.3.1 Aufnahme

Für die Bioverfügbarkeit bedeutend ist die Bindungsform der in der Nahrung enthaltenen Folate. In einer gemischten Kost liegt nur ein geringer Anteil „frei", d.h. in Form der jeweiligen Monoglutamate, vor, der größte Teil ist als Folsäurepolyglutamate enthalten. Die Bioverfügbarkeit der Polyglutamate ist aus verschiedenen Gründen stark eingeschränkt. Zunächst müssen sie aus der Nahrungsmatrix freigesetzt werden; dieser Prozess ist insbesondere bei Lebensmitteln pflanzlicher Herkunft vermindert [19, 123]. Eine weitere Einschränkung der Bioverfügbarkeit ergibt sich daraus, dass Polyglutamate vor ihrer Absorption in die entsprechenden Monoglutamate überführt werden müssen. Da die Glutamylreste nicht wie bei Peptiden über eine α-, sondern über eine γ-Peptidbindung verknüpft sind, können sie von den meisten Proteasen des Gastrointestinaltraktes nicht gespalten werden. Die Hydrolyse erfolgt vielmehr durch die zinkabhängige γ-Glutamat-Carboxypeptidase II (EC 3.4.12.10, Konjugase), die primär in der jejunalen Bürstensaummembran lokalisiert ist und ein pH-Optimum von 6,5–7,0 aufweist [2, 20]. Eine weitere Konjugase ist intrazellulär in der jejunalen Mukosa lokalisiert. Allerdings ist die Enzymaktivität insgesamt begrenzt, so dass die vollständige Hydrolyse besonders bei Polyglutamaten mit steigender Zahl der Glutamylreste kaum möglich ist. Zudem wird sie durch andere Nahrungsinhaltsstoffe wie z. B. organische Säuren und bestimmte Arzneimittel (Phenytoin, Sulfasalazin) zusätzlich gehemmt [3, 102, 129]. Außerdem variiert die Verfügbarkeit der Nahrungsfolate in Abhängigkeit von den verschiedenen Substituenten, wenngleich die Datenlage hierzu uneinheitlich ist [7, 47].

Die Absorption der in der Nahrung bereits vorliegenden oder bei der Hydrolyse der Polyglutamate freigesetzten Folsäuremonoglutamate erfolgt bei niedrigen Konzentrationen über einen pH-abhängigen Mechanismus (Anionen-Antiport), bei höheren Dosierungen überwiegt die Aufnahme via einfacher Diffusion [50]. Inzwischen ist es gelungen, den für die Folatabsorption verantwortlichen Carrier (RFC; reduced folate carrier) zu identifizieren und seine molekulare Struktur aufzuklären [110]. Die maximale Absorption erfolgt bei pH 6,3. Aufgrund der zahlreichen Einflussfaktoren lässt sich die tatsächliche Folatabsorption nur schwer abschätzen. Bei einer gemischten Nahrung wird von einer mittleren Verwertbarkeit von etwa 50% ausgegangen [31, 98]. Folsäuremonoglutamate, wie sie beispielsweise in Form von Pteroylmonoglutaminsäure in angereicherten Lebensmitteln und Vitaminpräparaten enthalten sind, werden hingegen bis zu 5 mg nahezu quantitativ absorbiert [47]. In den Zellen der Dünndarmmukosa wird der überwiegende Teil der aufgenommenen Folsäuremonoglutamate reduziert und methyliert, wobei 5-Methyl-THF entsteht. Diese gelangt über die basolaterale Membran ins Blut und von dort in die Zielgewebe.

51.3.2
Verteilung und Metabolismus

Nach oraler Folsäureaufnahme wird die maximale Plasmakonzentration innerhalb von 1–2 Stunden erreicht. Die im Blut vorherrschende 5-Methyltetrahydrofolsäure (ca. 80%) ist zum überwiegenden Teil unspezifisch an Albumin gebunden, während ein geringer Anteil hochspezifisch an ein Folatbindungsprotein gebunden ist. Die Bedeutung des Folatbindungsproteins ist nicht bekannt, vermutlich erleichtert das Molekül den Transport von Folsäure an der Plasmamembran der Leber, dem renalen Tubulus und eventuell an weiteren Geweben. Ein Drittel der Folsäure ist nicht gebunden, sondern liegt frei vor. Die Serumfolatkonzentration liegt bei 16–39 nmol/L (7–17 ng/mL), wobei 5-Methyl-THF als Monoglutamat überwiegt. In Erythrozyten liegen 40–50% der Folatpolyglutamate als 5-Methyl-THF vor. Die Halbwertszeit von Folat in Erythrozyten liegt bei etwa 100 Tagen [33, 115]. In die peripheren Zellen werden ausschließlich Monoglutamatformen der Folsäure über spezielle, in der Zellmembran angesiedelte Transportproteine aufgenommen und hier mit Hilfe der γ-Glutamatsynthase (EC 6.3.2.17) in Polyglutamate überführt; nur diese sind speicherbar und stellen zudem auch die eigentlich coenzymatisch wirksamen Verbindungen dar. Da 5-Methyl-THF als Substrat der γ-Glutamatsynthase ungeeignet ist, muss vor der Retention eine Vitamin-B_{12}-abhängige Demethylierung erfolgen (vgl. Kapitel II-54). Die Leber ist das wichtigste Speicherorgan für Folate. Vor der Freisetzung von Folaten aus den Geweben werden die Polyglutamate wieder in Monoglutamate überführt.

51.3.3 Elimination

Die Leberbestände werden in die Galle sezerniert und unterliegen einem enterohepatischen Kreislauf, der wesentlich an der Folathomöostase beteiligt ist. Die Folatkonzentration in der Gallenflüssigkeit liegt etwa um das 10fache über der Serumkonzentration und stellt eine schnell verfügbare endogene Folatquelle dar [33, 115]. Folate werden renal überwiegend in Form von Metaboliten ausgeschieden, nur ein geringer Anteil findet sich als intaktes Folat im Urin. Die Messung der fäkalen Folatausscheidungen gestaltet sich schwierig, da ein Teil aus der enteralen mikrobiellen Synthese entstammt. Untersuchungen mit radioaktiv markierten Folaten deuten allerdings darauf hin, dass die Folatausscheidung mit den Faeces in etwa der renal ausgeschiedenen Menge an Folaten und Folatmetaboliten entspricht [2].

51.4 Wirkungen

51.4.1 Mensch

51.4.1.1 Essenzielle Wirkungen

Die biochemische Bedeutung von Folaten basiert auf ihrer Funktion als Coenzym von rund 20 Reaktionen im Stoffwechsel der Aminosäuren, Purine und Pyrimidine, bei denen es zur Übertragung von C1-Substituenten kommt. THF dient dabei als der primäre intermediäre Akzeptor bzw. Donator von Methyl-, Methylen-, Methenyl-, Formyl- und Formiminoresten. Die Einschleusung dieser Kohlenstoffsubstituenten erfolgt vor allem über 5,10-Methylen-THF, das eine zentrale Stellung im intermediären C1-Stoffwechsel einnimmt (Abb. 51.2). Hauptquelle für die Bereitstellung von C1-Resten ist Serin, dessen Hydroxymethylrest in einer reversiblen, pyridoxalphosphatabhängigen Reaktion auf THF übertragen wird, wobei Glycin entsteht. Von Bedeutung ist auch der Histidinabbau, wodurch Formiminogruppen in den C1-Pool gelangen [2, 73].

Eine zentrale Stellung im Stoffwechsel kommt 5,10-Methylen-THF zu, das an drei fundamentalen Stoffwechselreaktionen beteiligt ist. Während 5,10-Methylen-THF in die Synthese von Thymidilat und damit die Bildung der Pyrimidine eingebunden ist, fungiert ihre oxidierte Form Formyl-THF als Donator von C1-Resten bei der Purinsynthese (Abb. 51.2). Die Bedeutung dieser Verbindungen für die DNA-Replikation erklärt die wesentliche Funktion der Folsäure bei Zellwachstum und -teilung. Die Reduktion von 5,10-Methylen-THF führt zu 5-Methyl-THF, das für die Remethylierung von Homocystein benötigt wird (vgl. Kapitel II-52). Dieser Prozess ist gleichzeitig auch auf Vitamin B_{12} angewiesen, das vorübergehend die Methylgruppe von Methyl-THF übernimmt und sie anschließend, unter Bildung von Methionin, auf Homocystein überträgt

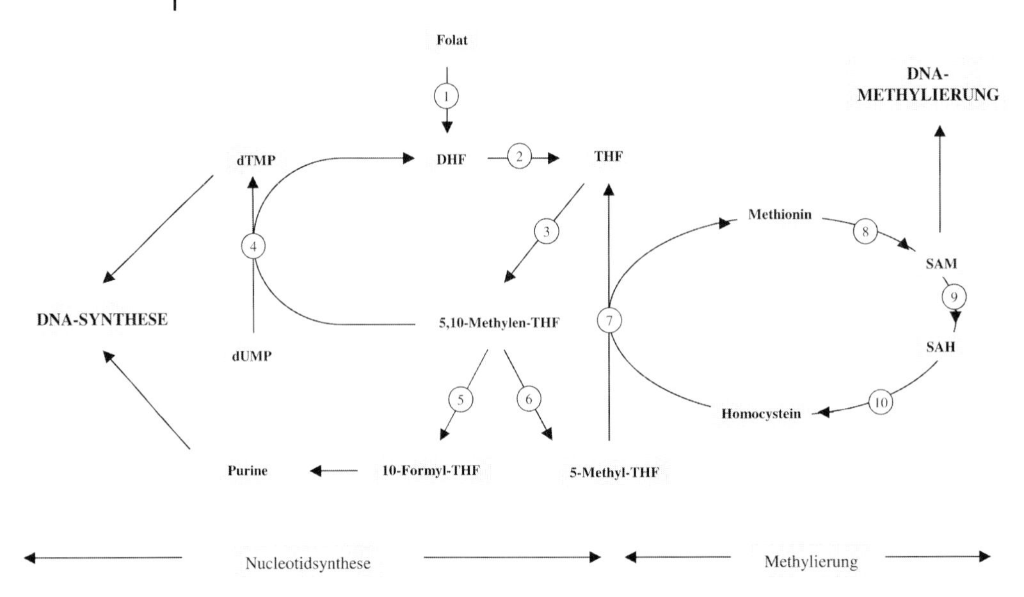

Abb. 51.2 Folatabhängige Stoffwechselwege [2]. 1: Dihydrofolatreduktase (EC 1.5.1.3); 2: Dihydrofolatreduktase (EC 1.5.1.3); 3: Serinhydroxymethyltransferase (EC 2.1.2.1); 4: Thymidilatsynthase (EC 2.1.1.45); 5: 10-Formyltetrahydrofolatsynthetase (EC 6.3.4.3); 6: 5,10-Methylentetrahydrofolatreduktase (EC 1.1.99.5); 7: Methioninsynthase (EC 2.1.1.3); 8: *S*-Adenosylmethioninsynthase (EC 2.5.1.6); 9: zelluläre Methyltransferasen (verschiedene); 10: *S*-Adenosylhomocystein-hydrolase (EC 3.3.1.1).

(Abb. 51.2) [1, 73]. Hierdurch führt eine unzureichende Versorgung mit Vitamin B_{12} zu einer Anhäufung von 5-Methyl-THF („Methylfalle“, „methyl trap“) und damit einem intermediären Mangel an Folsäure.

51.4.1.2 **Mangelerscheinungen**

Da Folsäure wesentlich an der Thymidin- und Purinsynthese und damit am Aufbau der DNA beteiligt ist, äußert sich ein Mangel zuerst an Geweben mit einer hohen Zellteilungsrate. Besonders betroffen sind dabei die blutbildenden Zellen des Knochenmarks. Leitsymptom eines Folsäuremangels ist die *makrozytäre hyperchrome Anämie* mit morphologischen Veränderungen der Erythrozyten. Gleichzeitig ist die Zahl der Leukozyten und Thrombozyten vermindert. Darüber hinaus kommt es als Folge der gestörten Regeneration der Epithelzellen zu *gastrointestinalen Symptomen,* die häufig mit einer Verminderung der Absorption einhergehen [2]. Da die Symptomatik, insbesondere die makrozytäre Anämie, der des Cobalaminmangels gleicht, ist eine diagnostische Abgrenzung unbedingt notwendig [133].

51.4.1.3 **Subklinischer Mangel**

Besondere Bedeutung besitzt Folsäure in der Schwangerschaft, wo ihr bei der Entwicklung des fetalen Nervensystems eine zentrale Rolle zukommt. Bei unzureichender Zufuhr erhöht sich die Gefahr von Frühgeburten und vermindertem Geburtsgewicht [103]. Darüber hinaus steigt beim Kind das Risiko für eine *Schädigung des Neuralrohrs* (Spina bifida). Da sich diese Defekte zwischen dem 22. und 28. Schwangerschaftstag ausbilden, kommt einer ausreichenden Folatversorgung bereits perikonzeptionell große Bedeutung zu. In Deutschland liegt die Häufigkeit von Neuralrohrdefekten bei etwa einem Fall pro 1000 Neugeborene [28, 68, 127]. Fall-Kontrollstudien deuten zudem darauf hin, dass eine ausreichende perikonzeptionelle Folatversorgung der Mutter das Risiko für Lippen-, Kiefer- und Gaumenspalten reduziert, wobei auch das Vorliegen von Polymorphismen der Methylentetrahydrofolatreduktase das Risiko beeinflusst [108, 124]. Auch für das Auftreten weiterer Fehlbildungen deuten Studien auf ein vermindertes Risiko, wenn die Mutter perikonzeptionell ein folsäurehaltiges Multivitaminpräparat verwendete [68].

Eine optimale Folsäurezufuhr ist für die Durchschnittsbevölkerung die wirksamste Methode, die Plasma-Homocysteinkonzentration zu senken. Auch die Vitamine B_6 und B_{12} sind in diesen Prozess involviert (vgl. Kapitel 49, Abb. 49.2); ihre alleinige Gabe ist aber weit weniger effektiv, wenn es um eine Reduzierung des Plasmaspiegels an Homocystein geht. Ein erhöhter Homocysteinspiegel ist mit einem vermehrten Auftreten *atherosklerotischer Erkrankungen* assoziiert. Diese Assoziation zeigt sich deutlich ausgeprägt und ist biochemisch plausibel. Sie tritt zudem unabhängig von anderen vaskulären Risikofaktoren auf. Allerdings konnte bisher in randomisierten, kontrollierten Studien nicht belegt werden, dass es sich um einen kausalen Zusammenhang handelt [51, 130]. Neben der Homocystein senkenden Wirkung zeigt Folat auch einen positiven Einfluss auf die NO-Synthese und damit auf die Endothelfunktion. Auch über diesen Mechanismus könnten sich protektive Effekte im Hinblick auf kardiovaskuläre Erkrankungen ergeben [86].

Die Folsäurezufuhr besitzt möglicherweise auch eine ätiopathogenetische Bedeutung für das Auftreten von neuropsychiatrischen Symptomen und Erkrankungen wie *M. Alzheimer* und anderen *Demenzformen*. So wurde in einigen Beobachtungsstudien ein Zusammenhang zwischen dem Folsäurestatus und der geistigen Verfassung älterer Menschen nachgewiesen. Allerdings ist bisher nicht sicher bekannt, ob diese Beziehung kausaler Natur ist [43, 132]. Gleichermaßen scheint eine unzureichende Folatversorgung im Zusammenhang mit dem Auftreten von *Depressionen* eine Rolle zu spielen, da bei depressiven Patienten häufig erhöhte Homocysteinkonzentrationen im Plasma auftreten [8]. Folat und Vitamin B_{12} sind für die Bildung von *S*-Adenosylmethionin erforderlich, welches Methylgruppen für neurologisch bedeutsame Strukturen liefert. Zahlreiche Befunde untermauern einen Zusammenhang zwischen einem verminderten Status an Folsäure und Vitamin B_{12} sowie erhöhten Homocysteinkonzentrationen und dem Auftreten von Depressionen. Darüber hinaus finden sich bei Trägern des MTHFR-C677T-Polymorphismus (s. Abschnitt 51.5.1), der mit erhöhten Homocysteinkonzentrationen einhergeht, besonders häufig Depressionen [26].

Inzwischen mehren sich Hinweise auf einen inversen Zusammenhang zwischen der Versorgung mit Folsäure und dem *Auftreten maligner Tumoren*, insbesondere von Kolon und Rektum. Auf molekularer Ebene wird ein potenzieller antikanzerogener Effekt von Folsäure vor allem auf ihre zentrale Rolle bei Reparatur und Methylierung der DNA zurückgeführt [134]. So geht ein Folsäuremangel mit Veränderungen im Methylierungsmuster des Genoms bzw. bestimmter Protoonkogene und Tumorsuppressorgene einher, wie sie für transformierte Zellen typisch sind [66]. Zudem ist im Folsäuremangel die Thymidilatsynthese eingeschränkt, was den fehlerhaften Einbau von Nucleotiden und DNA-Strangbrüche zur Folge hat [24, 35]. Darüber hinaus beeinflusst Folsäure die Funktion des Rezeptors für den epidermalen Wachstumsfaktor (Epidermal Growth Factor Receptor, EGFR) und scheint hierdurch die Proliferation von Tumorzellen zu inhibieren [70]. Beobachtungsstudien untermauern die Vermutung, dass eine unzureichende Folsäureversorgung die Entstehung *kolorektaler Tumore* begünstigt, wenngleich die Studienergebnisse widersprüchlich sind [120]. Für einen derartigen Zusammenhang sprechen insbesondere die Ergebnisse prospektiver Studien. Hier zeigte sich, dass die langjährige Einnahme folsäurehaltiger Multivitaminpräparate dazu beiträgt, das Risiko für Karzinome des Kolons deutlich zu senken. Nicht auszuschließen ist, dass auch andere Vitamine, die in den Supplementen neben Folsäure enthalten sind, Einfluss auf die Krebsentstehung nehmen. Aufgrund des Studiendesigns lässt sich nicht feststellen, ob die beobachtete Risikoreduktion ursächlich auf Folsäure zurückzuführen ist [42, 44].

Erhöhte Homocysteinkonzentrationen bzw. erniedrigte Folatkonzentrationen im Plasma wurden in einigen Studien im Zusammenhang mit *Osteoporose* beobachtet [78]. So zeigte sich in einer Untersuchung mit postmenopausalen Frauen eine progressiv ansteigende Knochendichte mit jedem Quartil steigender Serumfolatkonzentrationen [17]. Für die Assoziation zum Knochenstoffwechsel könnte u. a. von Bedeutung sein, dass Homocystein die Verfügbarkeit von Stickstoffmonoxid (NO) reduziert, welches neben seiner Wirkung auf die Endothelfunktion auch eine Rolle bei der Osteoblastenfunktion übernimmt [77]. Inwieweit eine Folsäuresupplementierung in der Prävention der Osteoporose von Bedeutung ist, lässt sich aufgrund unzureichender Daten bisher allerdings nicht beurteilen.

51.4.1.4 **Diagnostik eines Folsäuremangels**

Hinweise auf ein Folsäuredefizit geben die Folatkonzentrationen in Serum und Erythrozyten, wobei der Serumfolatspiegel lediglich die kurzfristige Versorgung widerspiegelt. Für eine ausreichende Folatversorgung wurden unterschiedliche Grenzwerte festgelegt. So gilt für die *Erythrozyten-Folatkonzentration* ein Grenzwert von ≥320 nmol/L (140 ng/mL) als Marker einer adäquaten Versorgung [9], für die *Serum-Folatkonzentration* wird bei Werten >7 nmol/L (3 ng/mL) von einer ausreichenden Versorgung ausgegangen [38, 98]. Aufgrund der weit höheren Konzentration in Erythrozyten führt bereits eine geringfügige Hämolyse zu fälschlich erhöhten Serum-Folatkonzentrationen [111] und damit zu erheblichen analytischen Artefakten. Da sich selbst bei Patienten mit durch Folatmangel verursachter megaloblastärer Anämie z.T. nur leicht erniedrigte oder normale Serum-Folatspiegel fanden, wird die Sensitivität dieses Parameters in der Diagnostik des Folatmangels generell in Frage gestellt [99, 111]. Die Folatkonzentration der Erythrozyten spiegelt die langfristige Folatversorgung innerhalb der Lebensspanne der Erythrozyten von 120 Tagen wider und unterliegt daher keinen kurzfristigen Schwankungen. Falsch niedrige Erythrozyten-Folatwerte können durch einen Mangel an Cobalamin verursacht werden. So weisen 60% der Patienten mit perniziöser Anämie geringe Erythrozyten-Folatspiegel auf, vermutlich weil Cobalamin indirekt für die Aufnahme von Methyl-Tetrahydrofolsäure aus dem Plasma in die Zellen notwendig ist. Zudem gilt die Zuverlässigkeit des Radioimmunoassays zur Bestimmung von Erythrozyten-Folat als unzureichend [106, 111]. Zwar ist die Bestimmung des Erythrozyten-Folats als langfristiger Indikator der Serum-Folatkonzentration vorzuziehen, wünschenswert sind aber bei Verdacht auf eine unzureichende Versorgung zusätzlich die Ermittlung der Plasma-Homocysteinkonzentration und der gleichzeitige Ausschluss eines Vitamin-B_{12}-Mangels.

Ernährungsbedingt kommt es zu einer Erhöhung der *Plasma-Homocysteinkonzentration* bei unzureichender Versorgung mit Folsäure, Vitamin B_{12} und/oder Vitamin B_6. Daher kann die Homocysteinkonzentration im Plasma nicht als spezifischer Marker der Folsäureversorgung herangezogen werden. Besonderheiten zur Beurteilung der Homocysteinkonzentration in Plasma oder Serum finden sich in Kapitel II-49. Zwar wird die Homocysteinkonzentration in der gesunden erwachsenen Bevölkerung am stärksten von der Folsäureversorgung determiniert, als alleiniger Indikator ist sie aufgrund der anderen Einflussfaktoren (Vitamin B_6, B_{12}, Nierenfunktion, Dehydratation, Hypothyreose, verschiedene Polymorphismen) jedoch nicht geeignet [93, 119, 134].

Ebenfalls unspezifische Marker einer nicht ausreichenden Folsäureversorgung sind erhöhte *MCV-Werte*, die als Folge der gestörten DNA-Synthese im Folatmangel auftreten und die resultierende Beeinträchtigung der Erythropoese anzeigen. Allerdings steigt das mittlere Erythrozytenvolumen (MCV) erst im fortgeschrittenen Mangel auf Werte >100 fl an, wobei nicht immer auch eine Anämie vorliegt. Zudem führen neben einem Cobalaminmangel auch Erkrankungen (z.B. der Leber) zu erhöhten MCV-Werten [111].

51.4.1.5 **Akut bis chronisch toxische Wirkungen**

Nach der Zufuhr hoher Dosierungen an Nahrungsfolat wurden keine unerwünschten Wirkungen festgestellt, lediglich nach Aufnahme von synthetischer Folsäure (Pteroylglutaminsäure) wurde über Nebenwirkungen berichtet [14].

Beim Menschen erwies sich eine Gabe von 400 mg/Tag Pteroylmonoglutamat, gleichbedeutend mit einer 2000fach über der empfohlenen Zufuhr liegenden

Aufnahme, über fünf Monate als gut verträglich. Auch bei langfristiger Zufuhr von 10 mg/Tag über fünf Jahre wurden keinerlei Nebenwirkungen beobachtet [13]. Nach Folsäuregaben von täglich 100 mg zur Behandlung der tropischen Sprue über zehn Tage zeigten sich ebenfalls keine unerwünschten „sichtbaren" Nebenwirkungen [39]. Ein Bericht über einen 62-jährigen Patienten ergab, dass auch Dosierungen von 15 mg Folsäure täglich über drei Jahre ohne Nebenwirkungen verträglich sein können [94]. Andererseits wurden in anderen Studien bei dieser Dosierung über einen Monat bei den meisten Personen unerwünschte Effekte wie Gemütsstörungen, Schlafstörungen, Überaktivität, Reizbarkeit und gastrointestinale Symptome beobachtet [10, 53, 57, 90, 91, 94]. In seltenen Fällen wurde eine Hypersensitivität nach oraler oder parenteraler Folsäuregabe beobachtet. Allergische Reaktionen (insbesondere Pruritus) traten nach Einnahme von 1–15 mg Folsäure/Tag auf [46, 105, 113]. Sicherheitsbedenken bei einer hohen Folsäurezufuhr bestehen darüber hinaus im Hinblick auf die folgenden unerwünschten Effekte: Maskierung eines Vitamin-B_{12}-Mangels und Fortschreiten neurologischer Symptome, epileptogene und andere neurotoxische Wirkungen, Auswirkungen auf den Zinkstatus, potenzielle kanzerogene Effekte sowie eine verminderte Wirksamkeit von therapeutisch eingesetzten Folsäureantagonisten [101].

Maskierung eines Vitamin-B_{12}-Mangels

Aufgrund der engen Beziehung zwischen Vitamin B_{12} und Folsäure bei der Remethylierung von Homocystein zu Methionin kommt es im Vitamin-B_{12}-Mangel zu einem sekundären Folatdefizit. Aus 5-Methyl-THF kann THF nur durch die Methylierung von Homocystein regeneriert werden. Diese Reaktion ist im Vitamin-B_{12}-Mangel eingeschränkt, so dass sich Folatderivate wie in einer Falle als 5-Methyl-THF anhäufen („Methyl trap"). Als Folge fehlt THF für die Bildung von 5,10-Methylen-THF und damit für die DNA-Synthese. Die Gabe von Folsäure, nicht jedoch von 5-Methyl-THF, kann daher bei Personen mit Vitamin-B_{12}-Mangel zur erneuten Verfügbarkeit von 5,10-Methylen-THF führen, so dass die hämatologischen Symptome verschwinden. Hiervon unbeeinflusst bleiben allerdings typische neurologische Symptome des Cobalaminmangels, die sich als Konsequenz von Störungen der Methylmalonyl-CoA-Mutase-Reaktion ergeben (vgl. Kapitel II-49). Daher können durch den Cobalaminmangel verursachte irreversible Schäden am zentralen und peripheren Nervensystem zunächst unbemerkt bleiben, fortschreiten und sich möglicherweise durch die Folsäuregabe sogar verstärken [34, 38, 101]. Allerdings besteht die Gefahr einer Maskierung der perniziösen Anämie durch Folsäure in aller Regel erst bei einer hoch dosierten Aufnahme von 5 mg und mehr pro Tag [37]. Äußerst selten wurden bei Patienten mit perniziöser Anämie bereits nach geringerer Folsäureaufnahme von <1 mg Reaktionen bestimmter hämatologischer Parameter beobachtet [11, 14, 100]. Zu berücksichtigen ist auch, dass bei 11–33% der Patienten mit neurologischen Symptomen ohnehin keine hämatologischen Veränderungen auftreten [16, 52]. Die Verabreichung von 5–100 mg Folsäure täglich, z.T. über mehrere Jahre, um hämatologische Symptome zu behandeln, führte bei einigen Patienten zu neurologischen Schädigungen, während andere diese Dosierungen ohne Nebenwirkungen vertrugen [5, 32, 126]. Der Verdacht, dass Folsäure neurologische Symptome sogar verstärken könnte, ließ sich nicht bestätigen. In Fällen, in denen über neurologische Beeinträchtigungen nach der Gabe von 3 mg Folsäure berichtet wurde, war ein nicht diagnostizierter Vitamin-B_{12}-Mangel nicht auszuschließen [32].

Epileptogene und andere neurotoxische Effekte

Bei Patienten mit Epilepsie zeigte sich in einigen Fällen, dass epileptische Symptome durch Folsäure verstärkt werden können bzw. sich die Wirksamkeit von Antiepileptika vermindert [82]. So führten hohe Folsäuregaben bei Patienten, die Antiepileptika einnahmen, zu einer erhöhten Anfallfrequenz [95]. Allerdings wurden in kontrollierten Studien mit Folsäuredosierungen von 15–20 mg/Tag keine epileptogenen Wirkungen beobachtet, so dass vermutlich auch für Epilepsiepatienten insgesamt kein erhöhtes Risiko durch Folsäure besteht [101].

Ob Folsäuregaben bei Schizophrenie ein Risiko darstellen, ist derzeit unklar. Von zwei Schizophreniepatienten mit Folsäuremangel wurde berichtet, dass sich ihr Zustand nach Folsäuregabe (1 bzw. 3 mg/Tag peroral) verschlechterte und erst durch Absetzen der Folsäure wieder verbesserte [91].

Auswirkungen von Folsäure auf die Bioverfügbarkeit von Zink

Folsäure könnte die Zinkverfügbarkeit beeinträchtigen. So deuten einige Untersuchungen bereits bei niedrig dosierten Folsäuresupplementen von 350 µg/Tag Folsäure auf eine herabgesetzte Zinkversorgung hin [84, 87, 109]. Allerdings konnten jüngere Forschungen diese Befunde nicht bestätigen [62, 121]. Vermutungen, wonach insbesondere bei einem Zinkmangel in der Schwangerschaft hohe Folsäuredosierungen teratogen wirken könnten [85, 92], haben sich ebenfalls nicht bestätigt. Die Gabe von 4 mg Folsäure täglich an schwangere Frauen führte in breit angelegten klinischen Studien nicht zu Nebenwirkungen, die auf eine Beeinträchtigung der Zinkversorgung schließen lassen, sondern zeigte klare Vorteile einer Folsäuresupplementierung im Hinblick auf das Risiko für Neuralrohrdefekte [30, 128]. Die vorliegenden Studien deuten insgesamt nicht auf negative Auswirkungen von Folsäuresupplementen auf den Zinkstatus hin [136]. Dem vereinzelt entgegenstehende Untersuchungsergebnisse basieren vermutlich auf methodischen Problemen bei der Messung des Zinkstatus bzw. der Zinkbioverfügbarkeit [101].

Kanzerogene und teratogene Wirkungen

In zahlreichen Beobachtungsstudien zeigte sich eine inverse Assoziation zwischen der Folatzufuhr bzw. dem Folatstatus und dem Risiko für kolorektale Karzinome [134] und Mammakarzinome [23]. Während eine ausreichend hohe Folsäurezufuhr die Bildung neoplastischer Veränderungen hemmt, kann sich dieser Effekt allerdings bei bereits bestehenden Neoplasien in sein Gegenteil umkehren und die Progression von Tumoren forcieren [27, 65]. Die Auswertung der Daten von Teilnehmerinnen einer randomisierten placebokontrollierten Studie aus den 1960er Jahren zeigt eine doppelt so hohe Brustkrebsmortalität bei Frauen, die während der Schwangerschaft hohe Folsäuredosierungen (5 mg/Tag) einnahmen, im Vergleich zur Placebogruppe. Das Ergebnis war allerdings nicht signifikant und die Anzahl der Fälle insgesamt gering [22]. Frühere epidemiologische Beobachtungen, wonach Folsäure mit einer erhöhten Inzidenz von Rachenkarzinomen und Krebserkrankungen allgemein assoziiert sein soll [104], wurden aufgrund der Störfaktoren, insbesondere des Einflusses von Rauchen und Alkohol, infrage gestellt [101].

Es liegen keinerlei Hinweise auf teratogene Effekte der Folsäure vor. Nach einmaliger Einnahme hoher Folsäuredosierungen von 120–150 mg während der Schwangerschaft in suizidaler Absicht mit oder ohne weitere Substanzen waren bei den Neugeborenen weder bei der Geburt noch bei Untersuchungen einige Jahre später unerwünschte Nebenwirkungen festzustellen [29]. Im Gegenteil scheint perikonzeptionell eine unzureichende Folsäureversorgung das Risiko für Neuralrohrdefekte bei Neugeborenen zu erhöhen [68, 127] (s. o.). Epidemiologische Beobachtungen deuten allerdings auf ein vermehrtes Auftreten von Zwillingsschwangerschaften bei Frauen mit perikonzeptioneller Folsäureeinnahme hin [36, 61], was jedoch nicht in allen Untersuchungen bestätigt werden konnte [125].

Wirkung bei Einnahme therapeutisch eingesetzter Folatantagonisten

Folsäureantagonisten wie Methotrexat werden in der Therapie von Krebserkrankungen sowie in niedriger Dosierung auch bei rheumatoider Arthritis, Asthma und Psoriasis eingesetzt. Die gleichzeitige Verabreichung von Folsäure oder Folinsäure (5-Formyl-Tetrahydrofolsäure) kann zwar meist die Nebenwirkungen dieser Arzneimittel vermindern, aber auch den Erfolg der Therapie mit Folatantagonisten reduzieren [15]. Bei Patienten, die Folsäureantagonisten einnehmen, muss bei Verabreichung von Folsäure die Wirksamkeit der Therapie regelmäßig überprüft werden. Umgekehrt sollten der Folatstatus anhand der Erythrozyten-Folatkonzentrationen und der Homocysteinspiegel kontrolliert werden. Üblicherweise wird Folinsäure zusammen mit hohen Methotrexatgaben bzw. im Anschluss an diese verabreicht, wobei die Dosierung anhand der Serum-Methotrexatkonzentration bestimmt wird. Zu hohe Folinsäuregaben können die antineoplastischen Wirkungen von Methotrexat vermindern [102].

Folsäuresupplemente scheinen in der Therapie der rheumatoiden Arthritis keine Auswirkungen auf die Wirksamkeit von Methotrexat zu haben. Eine Folsäure- oder Folinsäureverabreichung kann den mit der Einnahme von Methotrexat assoziierten gastrointestinalen Nebenwirkungen und der Erhöhung der Plasma-Homocysteinkonzentration vorbeugen [90, 131]. Als Dosis werden 1 mg Folsäure pro Tag oder 2,5–5 mg Folinsäure pro Woche empfohlen [102].

Sonstige Aspekte zur Sicherheit von Folsäuregaben

Sicherheitsbedenken gegenüber einer hohen Zufuhr von Pteroylglutaminsäure bestehen auch deshalb, weil diese Form in der Natur nicht vorkommt. Sie wird im Organismus zunächst mittels der Dihydrofolatreduktase zu Di- und weiter zu Tetrahydrofolsäure reduziert und dann weiter in 5-Methyl-THF umgewandelt. Allerdings ist der Prozess der Metabolisierung im Bereich von maximal 400 μg gesättigt. Höhere Dosierungen an Pteroylglutaminsäure führen deshalb proportional zur verabreichten Dosis dazu, dass im Blut vermehrt die nicht metabolisierte Substanz erscheint und zu den Geweben transportiert wird. Ob bei einer lebenslangen Exposition von nicht metabolisierter Pteroylglutaminsäure Risiken infolge der Anreicherung oder Supplementierung bestehen, ist derzeit nicht bekannt. Insbesondere bei hoch dosierten Folsäuregaben im Milligrammbereich stellt sich die Frage, welche Effekte auf die folatabhängigen Enzyme bestehen und ob möglicherweise Antifolateffekte durch kompetitive Interaktionen auftreten könnten. In vitro-Untersuchungen deuten darauf hin, dass Pteroylglutaminsäurederivate bestimmte an der Nucleotidbiosynthese beteiligte Enzyme hemmen können [74, 75].

Weitere Bedenken einer möglichen, auch in Deutschland diskutierten Folsäureanreicherung von bestimmten Lebensmitteln betreffen die bei perikonzeptionell guter Folatversorgung beobachtete positive Selektion von Embryonen mit dem MTHFR-677TT-Genotyp. Da dieser Genotyp mit einem erhöhten Risiko für das Auftreten bestimmter chronisch-degenerativer Erkrankungen einhergeht, wenn keine ausreichende Folatversorgung zur Verfügung steht, könnte hiermit eine erhöhte Morbidität und Mortalität zukünftiger Generationen assoziiert sein [75].

51.4.2
Wirkungen auf Versuchstiere

Im Tierversuch ergaben sich bei hohen Folsäuredosierungen von 25 mg/kg Körpergewicht nephrotoxische, neurotoxische und krampfauslösende Wirkungen [56, 114]. So traten bei Ratten epileptische Symptome nach hoch dosierten Folsäureinjektionen (z. B. 25–200 nmol entsprechend 11–88 μg) auf [122]. Außerdem zeigte sich bei den Tieren eine starke Anreicherung der Folsäure in der cerebrospinalen Flüssigkeit [82]. Beobachtungen zufolge stört ein Folsäureüberschuss zudem die Serotoninsynthese im Gehirn [39].

51.4.3
Zusammenfassung der wichtigsten Wirkungsmechanismen

Die biochemische Bedeutung von Folaten basiert auf ihrer Funktion als Coenzym bei der Übertragung von C1-Substituenten. Eine zentrale Stellung nimmt 5,10-Methylen-THF ein, das an der Bildung der Pyrimidine beteiligt ist, während Formyl-THF als Donator von C1-Resten bei der Purinsynthese fungiert. Die Bedeutung dieser Verbindungen für die DNA-Replikation erklärt die wesentliche Funktion der Folsäure bei Zellwachstum und -teilung. 5-Methyl-THF wird wiederum für die Remethylierung von Homocystein benötigt. Da sich im Vitamin-B_{12}-Mangel Folatderivate als 5-Methyl-THF anhäufen („methyl trap"), fehlt als Folge THF für die Bildung von 5,10-Methylen-THF und damit für die

DNA-Synthese. Die Gabe von Folsäure kann bei Personen mit Vitamin-B_{12}-Mangel zur erneuten Verfügbarkeit von 5,10-Methylen-THF führen, so dass die hämatologischen Symptome verschwinden, die neurologischen Symptome des Cobalaminmangels jedoch fortschreiten.

Aufgrund der Bedeutung von Folsäure bei der Zellteilung kann die Folsäuregabe bei bereits bestehenden Neoplasien eventuell die Progression von Tumoren forcieren.

51.5 Bewertung des Gefährdungspotenzials bzgl. Unter- und Überversorgung auch unter Einbeziehung der Verwendung von Nahrungsergänzungsmitteln

51.5.1 Unterversorgung

Generell ist die Folsäureversorgung in weiten Teilen der europäischen Bevölkerung nicht sichergestellt [4, 132]. Anstelle der für Erwachsene wünschenswerten täglichen Zufuhr von 400 µg Nahrungsfolat (oder entsprechend 200 µg Pteroylmonoglutaminsäure) [31] liegt die Zufuhr tatsächlich im Mittel nur bei etwa 250 µg Nahrungsfolat [45]. In Deutschland zeigte sich im Rahmen des Bundesgesundheitssurvey 1998 eine mittlere Nahrungsfolataufnahme von 271 µg/Tag bei Männern und von 226 µg/Tag bei Frauen [81]. Noch ungünstiger stellt sich die Situation bei älteren Menschen dar. Eine repräsentative Untersuchung zur Nährstoffversorgung von Senioren in Deutschland ergab, dass die durchschnittliche tägliche Zufuhr an Nahrungsfolat bei den Männern sogar nur 123 µg und bei den Frauen nur 114 µg betrug [117]. Damit erreichen ältere Männer lediglich eine Aufnahme von 31% und ältere Frauen von 28% der Zufuhrempfehlung. Verschärft wird die Situation durch das Auftreten erheblicher Folsäureverluste durch lange Steh- und Warmhaltezeiten des Essens und das „Weichkochen“ der Speisen, wie es insbesondere in der Gemeinschaftsverpflegung, z. B. in Altenheimen, üblich ist.

Die Ursachen einer Folsäureunterversorgung sind äußerst vielschichtig (siehe Tab. 51.2). Neben der zu geringen alimentären Zufuhr beeinträchtigen Störungen der Magensäure- und Pepsinogensekretion, wie sie bei älteren Menschen häufig auf dem Boden einer chronisch-atrophischen Gastritis anzutreffen sind, den Versorgungsstatus. Da die Absorption der Folsäuremonoglutamate bei niedrigen Konzentrationen über einen aktiven, pH-abhängigen Mechanismus mit einem Optimum bei pH 6,3 erfolgt [97], kommt es im Fall der atrophischen Gastritis durch eine pH-Verschiebung ins alkalische Milieu zu einer verminderten Folatabsorption [96].

Neben den erwähnten Veränderungen der Magenphysiologie beeinflussen verschiedene Medikamente, insbesondere Antikonvulsiva, den Folsäure-Stoffwechsel (Tab. 51.2) [18, 54, 72]. Ein typischer Folsäureantagonist ist Methotrexat, das vorwiegend zur Therapie von Karzinomen sowie bei schweren Fällen der rheu-

Tab. 51.2 Mögliche Ursachen für einen Folsäuremangel [55, 111].

Alimentärer Mangel
- bei Alkoholikern
- geringe Aufnahme an frischem Gemüse

Malabsorption
- Dünndarmerkrankungen
- Kurzdarmsyndrom
- pathologische Darmbesiedlung (Overgrowth-Syndrom)
- Erkrankungen des Dünndarms (gluteninduzierte Enteropathie, Morbus Crohn und andere entzündliche Darmerkrankungen)
- Dünndarmresektion

Medikamenteninduziert
- Antiepileptika (Phenytoin, Primidon, Phenobarbital, Valproat)
- orale Kontrazeptiva
- Cholestyramin
- Folsäure-Antagonisten (Dihydrofolat-Reduktase-Inhibitoren) wie Methotrexat

Hereditäre Störungen des Folsäurestoffwechsels
- Dihydrofolat-Reduktase-Mangel
- Formimino-Transferase-Mangel
- Methylentetrahydrofolat-Reduktase-Mangel

Erhöhter Bedarf
- erhöhte Hämatopoese
- Lesch-Nyhan-Syndrom

Erhöhte Ausscheidung
- Leber- und Nierenerkrankungen
- Vitamin-B_{12}-Mangel

matoiden Arthritis zur Anwendung kommt. Zu den häufigsten Nebenwirkungen zählen eine Schädigung der Darmmukosa, Störungen der Erythropoese und eine Erhöhung des Homocysteinspiegels, die allesamt auf einen Folsäuremangel zurückzuführen sind. Die negativen Effekte gewinnen vor allem unter Langzeittherapie von Rheumapatienten an praktischer Bedeutung [60, 111], weshalb bei diesem Personenkreis die Einnahme eines entsprechenden Supplements anzuraten ist [16, 90].

Einfluss auf den Folsäurestatus nehmen auch Polymorphismen von Genen, die für Enzyme des Folsäurestoffwechsels codieren. In diesem Zusammenhang ist vor allem der Polymorphismus des Methylentetrahydrofolat-Reduktase-Gens (MTHFR) und hier insbesondere die an Position 677 lokalisierte Transition (677C → T) intensiv untersucht worden [107]. Das Enzym katalysiert die Reduktion von 5,10-Methylentetrahydrofolsäure zu 5-Methyl-Tetrahydrofolsäure. Letztere ist gemeinsam mit Cobalamin (vgl. Kapitel II-49) an der Remethylierung von Homocystein zu Methionin beteiligt. Die homozygote Variante des MTHFR-Polymorphismus tritt bei kaukasischen und asiatischen Populationen mit einer Prävalenz von etwa 12%, die heterozygote mit bis zu 50% auf [12]. Die hierdurch veränderte Aminosäuresequenz der MTHFR hat eine thermolabile Variante des Enzyms zur Folge, deren primärer Defekt darin besteht, dass die Affinität des Enzymproteins zu ihrem Cofaktor FAD reduziert ist und die Enzymaktivität geringer ausfällt [135]. Verglichen mit dem Wildtyp (CC) erreicht die Aktivität der MTHFR bei heterozygoten Genträgern (CT) nur etwa 65%, bei homozygotem Genotyp (TT) sogar nur rund 30% [40]. Damit in Verbindung steht ein verringerter Methyl-THF-Pool und ein erhöhter Homocysteinspiegel bei TT-Trägern, insbesondere dann, wenn die Folsäure- [59, 63] und Riboflavinversorgung [58, 79] unzureichend sind. Ein weiterer Polymorphismus der MTHFR (1298A → C) scheint nur in Kombination mit der C677T-Mutation zu einer deutlichen Beeinträchtigung des Folatstatus und einer Erhöhung der Homocysteinkonzentration im Plasma zu führen [21]. Unter weiteren im Folatstoffwechsel bekannten Polymorphismen ist eine Variante der Methioninsynthase-Reduktase (66A → G) besonders bedeutsam. Als Folge des funktionellen Methioninsynthase-Defizits ist die Remethylierung von Homocystein gestört (vgl. Abb. 51.2), und es kommt bei den Betroffenen zur makrozytären Anämie, Homocysteinurie und Hyperhomocysteinämie [48, 71].

51.5.2 Überversorgung

Ein Risiko einer übermäßigen Folatzufuhr durch die übliche Nahrung ist nicht gegeben. Auch das Risiko einer Überversorgung durch Lebensmittelanreicherung und Nahrungsergänzungsmittel ist als relativ gering einzustufen. Bei Verwendung mehrerer folsäurereicher Nahrungsergänzungsmittel besteht allerdings die Gefahr, dass der UL[2)] (tolerable upper intake level) von 1 mg/Tag überschritten wird. Aufgrund der geringen Toxizität ist eine Überschreitung jedoch bei den meisten Personen gut verträglich. Lediglich bei bestehendem Vitamin-B_{12}-Mangel besteht ein geringes Risiko für die Maskierung der Anämie und ein unbemerktes Fortschreiten der neurologischen Symptome.

51.6 Grenzwerte, Richtwerte, Empfehlungen, gesetzliche Regelungen

51.6.1 Bedarf und Empfehlungen

Aufgrund der unterschiedlichen Absorbierbarkeit der einzelnen Folsäureverbindungen werden die Empfehlungen zur Folsäureaufnahme wie auch die Gehalte in Lebensmitteln in Form von Folatäquivalenten (FÄ) ausgewiesen. Dabei entspricht 1 µg FÄ 1 µg Nahrungsfolat bzw. 0,5 µg synthetischer Pteroylmonoglu-

2) Der UL ist definiert als die höchste tägliche Nährstoffzufuhr, die für nahezu alle Individuen der Gesamtbevölkerung ohne unerwünschte gesundheitliche Nebenwirkungen verträglich ist.

Tab. 51.3 Empfehlungen für die Folsäurezufuhr [31].

Alter (Jahre)	DGE-Referenzwert [µg Folatäquivalent/Tag]
0 bis unter 4 Monate	60
4 bis unter 12 Monate	80
1 bis 3 Jahre	200
4 bis 6 Jahre	300
7 bis 9 Jahre	300
10 bis 12 Jahre	400
13 bis 14 Jahre	400
15 bis 18 Jahre	400
ab 19 Jahre	400
Schwangere	600
Stillende	600

taminsäure (PGA), wie sie in Supplementen oder zur Anreicherung von Lebensmitteln verwendet wird. Die Zufuhrempfehlung für Erwachsene liegt bei 400 µg FÄ (Tab. 51.3). Zur Prophylaxe von Neuralrohrdefekten wird Frauen, die schwanger werden wollen oder könnten, über die Zufuhrempfehlung (400 µg/Tag FÄ für Nicht-Schwangere, 600 µg/Tag für Schwangere) hinaus eine zusätzliche Supplementierung von 400 µg Folsäure (PGA) in Form von Supplementen spätestens ab vier Wochen vor Beginn bis zum Ende des ersten Drittels der Schwangerschaft empfohlen [31]. Frauen, die bereits ein Kind mit Neuralrohrdefekt geboren haben, wird die zusätzliche Einnahme von 4 mg synthetischer Folsäure täglich empfohlen [67].

51.6.2
Grenzwerte und gesetzliche Regelungen

Da kein Risiko einer hohen Nahrungsfolatzufuhr bekannt ist, wurde für natürliches Folat weder ein NOAEL (no observed adverse effect level) noch ein LOAEL (lowest observed adverse effect level) festgelegt [38, 41, 101].

Für synthetische Folsäure (Pteroylglutaminsäure) oder synthetische reduzierte Folatverbindungen fehlen systematische toxikologische Untersuchungen. Zwar deuten Tierstudien mit hohen intravenösen Gaben von 60–90 mg Folsäure pro kg Körpergewicht auf neurotoxische oder epileptogene Effekte hin. Da die Studienergebnisse jedoch widersprüchlich sind, wurden diese vom SCF nicht als ausreichend erachtet, um einen NOAEL oder einen LOAEL abzuleiten. Hinweise auf neurotoxische Effekte einer Folsäureaufnahme zeigten sich in Humanstudien nicht [101]. Die gravierendste Nebenwirkung ist das Fortschreiten neurologischer Symptome bei Patienten mit perniziöser Anämie, wenn Dosierungen von 5 mg Folsäure verabreicht werden. Bisher ist die Datenlage nicht ausreichend, um zu beurteilen, ob ein erhöhtes Risiko bereits bei Dosierungen im

Tab. 51.4 UL-Werte für Folsäure nach Altersgruppen [38, 101].

SCF		Food and Nutrition Board	
Alter [Jahre]	**UL [μg]**	**Alter [Jahre]**	**UL [μg]**
1–3	200	1–3	300
4–6	300	4–8	400
7–10	400	9–13	600
11–14	600	14–18	800
15–17	800		
Erwachsene	1000	Erwachsene	1000

Bereich von 1–5 mg besteht. Aus diesem Grund wurde von europäischen und US-amerikanischen Experten ein LOAEL-Wert von 5 mg Folsäure abgeleitet. Unter Heranziehung eines Unsicherheitsfaktors von 5, da kein NOAEL festgelegt werden konnte, wurde hieraus ein UL von 1 mg Folsäure pro Tag abgeleitet [38, 101]. Dieser Wert gilt auch für schwangere und stillende Frauen. Für Kinder und Jugendliche werden altersabhängig vom SCF und vom Food and Nutrition Board geringfügig unterschiedliche UL-Werte angegeben (Tab. 51.4).

Gesetzliche Regelungen für einen Höchstwert von Folsäure in Nahrungsergänzungsmitteln und angereicherten Lebensmitteln liegen bisher nicht vor. Das Bundesinstitut für Risikobewertung diskutiert als Höchstwerte in Nahrungsergänzungsmitteln 200 μg/Tag, 250 μg/Tag und 400 μg/Tag. Vorteil der beiden niedrigeren Werte ist, dass eine geringere Gefahr der Überschreitung des UL durch angereicherte Lebensmittel besteht. Bei der Festsetzung eines Höchstwertes auf 400 μg liegt der Vorteil darin, dass dieser ohnehin als perikonzeptionelle Supplementierung empfohlen wird und keine separate Empfehlung für Frauen im gebärfähigen Alter erforderlich wäre [6].

Bereits heute wird ein Teil des in Deutschland angebotenen iodierten und fluoridierten Speisesalzes mit Folsäure in Höhe von 100 μg/g angereichert. Der Verzehr dieses Salzes führt zu einer täglichen Folsäurezufuhr von etwa 100–200 μg/Tag. Nach Meinung des Bundesinstituts für Risikobewertung hätte eine Festlegung des Höchstwertes auf 100 μg Folsäure pro Portion den Vorteil, dass die Folatversorgung verbessert würde und gleichzeitig die Wahrscheinlichkeit, den UL zu überschreiten, auch bei Verzehr mehrerer Portionen gering wäre. Eine Festlegung auf 200 μg pro Portion würde bereits die Tages-Zufuhrempfehlung abdecken. Bei Personen, die regelmäßig folsäureangereichertes Salz und Nahrungsergänzungsmittel verwenden, könnte jedoch nicht ausgeschlossen werden, dass es zu einer Überschreitung des UL kommt [6].

Für diätetische Lebensmittel sind in Anlage 6 der DiätV für bilanzierte Diäten (Verordnung über diätetische Lebensmittel, neu gefasst durch Bek. v. 28. 4. 2005 BGBl.I, 1161) für Säuglinge 25 μg/100 kcal und für andere als Säuglinge 50 μg/100 kcal festgelegt. Dies entspräche bei einer Tages-Energiezufuhr von 2000 kcal 1000 μg Folsäure [49].

51.7 Vorsorgemaßnahmen

Präventive Aspekte durch eine ergänzende Folsäureverabreichung können sich insbesondere bei marginaler Versorgungssituation ergeben, so dass die in Abschnitt 51.4.1.3 beschriebenen Risiken des subklinischen Mangels durch Supplementierung reduziert werden.

Aufgrund des erhöhten Risikos für Neuralrohrdefekte bei Neugeborenen infolge einer unzureichenden Folsäurezufuhr in der Schwangerschaft wird Frauen im gebärfähigen Alter geraten, ergänzend 400 µg synthetische Folsäure (Pteroylmonoglutaminsäure) in Form von Supplementen aufzunehmen [31]. Dass eine zusätzliche Folsäureaufnahme das Risiko für Neuralrohrdefekte reduziert, zeigen Daten aus den USA, wo seit 1998 eine generelle Folsäureanreicherung von Getreideprodukten erfolgt. Die im Zuge dieser Maßnahme erzielte Risikoreduktion wird mit 26–50% angegeben. Untersuchungen aus Kanada zeigen sogar eine Verminderung der Rate an Neuralrohrdefekten durch die Anreicherung von bis zu 54% [83].

Erhöhte Homocysteinwerte scheinen einer Metaanalyse zufolge in der gesunden Bevölkerung einen moderaten unabhängigen Prädiktor für ischämische Herzerkrankungen und Apoplexie darzustellen. So ließ sich aus prospektiven Untersuchungen errechnen, dass ein um 25% geringerer Homocysteinwert (etwa um 3 µmol/L) mit einem um 11% verminderten Risiko für ischämische Herzerkrankungen und mit einem um 19% geringeren Apoplexie-Risiko verbunden ist [89]. Die Verabreichung von Folsäure und Vitamin B_{12} führte in Populationen, in denen Lebensmittel nicht mit Folsäure angereichert wurden, zu einer Senkung der Homocysteinkonzentration um etwa 25–30%, während in Populationen mit Folsäureanreicherung die Senkung bei 10–15% lag [25]. Als wünschenswert gelten Plasma-Homocysteinkonzentrationen von unter 10 µmol/L, bei Gesunden sind Werte bis zu 12 µmol/L tolerabel. Im Bereich von 12–30 µmol/L liegt eine moderate Hyperhomocysteinämie vor, die bei Gesunden und Patienten behandelt werden sollte. Insbesondere bei Personen mit erhöhtem Risiko oder bereits manifesten Herz-Kreislauf-Erkrankungen könnte eine Ergänzung von 200–800 µg Folsäure, bei unzureichender Versorgung in Kombination mit Vitamin B_6 und B_{12}, von Nutzen sein [116].

Wie oben bereits beschrieben, finden sich eine unzureichende Folatversorgung und daraus resultierende erhöhte Homocysteinkonzentrationen besonders häufig in Zusammenhang mit Demenzerkrankungen [133]. Daher stellt sich die Frage, ob eine ergänzende Folsäuresupplementierung die kognitive Leistungsfähigkeit bei Personen mit erhöhtem Risiko für diese Erkrankungen verbessern kann. In einer Cochrane-Metaanalyse wurden die Ergebnisse placebokontrollierter, randomisierter Doppelblindstudien ausgewertet, in denen bei älteren, gesunden Personen bzw. bei solchen mit vorliegender Demenz die Wirkung von Folsäuresupplementen (mit oder ohne Vitamin B_{12}) auf die Prävention bzw. das Fortschreiten kognitiver Beeinträchtigungen untersucht wurde [76]. Unter den vier eingeschlossenen Studien zeigte sich bei einer Untersuchung mit älteren gesunden Frauen kein positiver Effekt der Folsäure auf die kognitive Leistungsfähigkeit oder die Stimmung. In den anderen drei Studien mit Patienten, die leichte bis moderate kognitive Beeinträchtigungen aufwiesen bzw. solchen mit unterschiedlichen Demenzformen, fand sich ebenfalls kein Nutzen der Folsäuregabe auf Parameter der kognitiven Leistungsfähigkeit oder der Stimmungslage, so dass die Autoren folgern, dass weitere Untersuchungen erforderlich seien [76].

Zahlreiche Daten aus Beobachtungsstudien legen einen Zusammenhang zwischen einer unzureichenden Folatversorgung und einem erhöhten Risiko für kolorektale Tumoren nahe. Allerdings mangelt es bislang an aussagekräftigen Interventionsstudien, die anhand definierter klinischer Endpunkte bzw. intermediärer Marker belegen, dass eine erhöhte Folsäurezufuhr mit einem entsprechenden Nutzen einhergeht. Die wenigen bislang vorliegenden Ergebnisse sind unzureichend, um eine derartige Wirkung ableiten zu können [120]. Daher sind weitere randomisierte Interventionsstudien mit Risikokollektiven notwendig, um den aufgezeigten Trend einer Risikominderung durch einen besseren Folatstatus zu bestätigen oder zu widerlegen. Ungeklärt ist die Frage, welche Folsäuredosis notwendig ist, um einen optimalen chemopräventiven Effekt zu erzielen. Zu beachten ist, dass die Wirkung von Folsäure entscheidend vom Stadium der Kanzerogenese bestimmt wird und bei bereits bestehenden Neoplasien eine Folsäuregabe die Progression von Tumoren forcieren kann [64].

51.8
Zusammenfassung

Das Grundgerüst der Folsäure (Pteroylmonoglutaminsäure) besteht aus einem Pteridinring, einem Molekül *p*-Aminobenzoesäure sowie einem Glutaminsäurerest. Die natürlichen folsäureaktiven Verbindungen leiten sich formal von diesem in der Natur nicht vorkommenden Ausgangsmolekül ab und werden als Folate oder auch als Folsäure bezeichnet. Besonders reich an Folaten sind grüne Pflanzen, insbesondere Blattgemüse, Leber und Hefe. Die Bioverfügbarkeit der Nahrungsfolate liegt bei etwa 50%. Darüber hinaus tragen hohe Zubereitungsverluste zu der verbreiteten unzureichenden Nahrungszufuhr bei. Die biochemische Bedeutung von Folaten basiert auf ihrer Funktion als Coenzym von rund 20 Reaktionen im Stoffwechsel der Aminosäuren, Purine und Pyrimidine, bei denen es zur Übertragung von C1-Substituenten kommt. Hierdurch spielt Folsäure eine entscheidende Rolle für Zellwachstum und -teilung. Zusammen mit Vitamin B_{12} ist sie zudem an der Remethylierung von Homocystein zu Methionin beteiligt. Leitsymptom eines Folsäuremangels ist die makrozytäre hyperchrome Anämie mit morphologischen Veränderungen der Erythrozyten. Präventive Effekte ergeben sich insbesondere in der Schwangerschaft im Hinblick auf die Vorbeugung von Neuralrohrdefekten.

Nebenwirkungen sind nur nach Verabreichung synthetischer Folsäure bekannt, nicht nach Nahrungsfolat. In seltenen Fällen kam es zu allergischen Reaktionen nach Einnahme von 1–15 mg Folsäure/Tag. Sicherheitsbedenken bei einer hohen Folsäurezufuhr bestehen darüber hinaus in bestimmten Fällen im Hinblick auf eine Maskierung eines Vitamin-B_{12}-Mangels und dem damit verbundenen Fortschreiten neurologischer Symptome. Darüber hinaus werden potenzielle kanzerogene Effekte sowie eine verminderte Wirksamkeit von therapeutisch eingesetzten Folsäureantagonisten bei hohen Folsäuregaben diskutiert. Von europäischen und US-amerikanischen Experten wurde ein LOAEL von 5 mg Folsäure festgesetzt und davon ein UL-Wert von 1 mg Folsäure pro Tag abgeleitet.

51.9 Literatur

1 Bailey LB, Gregory JF (1999) Folate metabolism and requirements, *The Journal of Nutrition* **129**: 779–782.

2 Bailey LB, Moyers S, Gregory JF III (2001) Folate, in Bowman BA, Russell RM Present knowledge in nutrition, ILSI Press, Washington, 214–229.

3 Bhandari SD, Gregory JF 3rd (1992) Folic acid, 5-methyl-tetrahydrofolate and 5-formyl-tetrahydrofolate exhibit equivalent intestinal absorption, metabolism and in vivo kinetics in rats, *The Journal of Nutrition* **122**: 1847–1854.

4 Beitz R, Mensink GB, Fischer B, Thamm M (2002) Vitamins – dietary intake and intake from dietary supplements in Germany, *European Journal of Clinical Nutrition* **56**: 539–545.

5 Bethell FH, Sturgis CC (1948) The relation of therapy in pernicious anemia to changes in the nervous system. Early and late results in a series of cases observed for periods of not less than ten years, and early results of treatment with folic acid, *Blood* **3**: 57–67.

6 BfR (Bundesinstitut für Risikobewertung), Domke A, Großklaus R, Niemann B, Przyrembel H, Richter K, Schmidt E, Weißenborn A, Wörner B, Ziegenhagen R (Hrsg) (2004) Verwendung von Vitaminen in Lebensmitten, Toxikologische und ernährungsphysiologische Aspekte, Teil I, BfR-Hausdruckerei Dahlem, 169–189.

7 Bhandari SD, Gregory JF 3rd (1992) Folic acid, 5-methyl-tetrahydrofolate and 5-formyl-tetrahydrofolate exhibit equivalent intestinal absorption, metabolism and in vivo kinetics in rats, *The Journal of Nutrition* **122**: 1847–1854.

8 Bjelland I, Tell GS, Vollset SE, Refsum H, Ueland PM (2003) Folate, vitamin B12, homocysteine, and the MTHFR 677C→T polymorphism in anxiety and depression: the Hordaland Homocysteine Study, *Archives of General Psychiatry* **60(6)**: 618–626.

9 Blount BC, Mack MM, Wehr CM, MacGregor JT, Hiatt RA, Wang G, Wickramasinghe SN, Everson RB, Ames BN (1997) Folate deficiency causes uracil misincorporation into human DNA and chromosome breakage: implications for cancer and neuronal damage, *Proceedings of the National Academy of Sciences of the United States of America* **94**: 3290–3295.

10 Botez MI, Young SN, Bachevalier J, Gauthier S (1979) Folate deficiency and decreased brain 5-hydroxytryptamine synthesis in man and rat, *Nature* **278**: 182.

11 Bower C, Wald NJ (1995) Vitamin B12 deficiency and the fortification of food with folic acid, *European Journal of Clinical Nutrition* **49(11)**: 787–793.

12 Brattström L, Wilcken DE, Ohrvik J, Brudin L (1998) Common methylenetetrahydrofolate reductase gene mutation leads to hyperhomocysteinemia but not to vascular disease: the result of a meta-analysis, *Circulation* **98(23)**: 2520–2526.

13 Brody T, Shane B, Stockstad EL (1991) Folic Acid, in Machlin LJ (Hrsg) Handbook of Vitamins, Marcel Dekker, New York, 453–489.

14 Butterworth CE Jr, Tamura T (1989) Folic acid safety and toxicity: a brief review, *The American Journal of Clinical Nutrition* **50(2)**: 353–358.
15 Calvert H (1999) An overview of folate metabolism: features relevant to the action and toxicities of antifolate anticancer agents, *Seminars in Oncology* **26**(2 Suppl 6): 3–10.
16 Campbell NR (1996) How safe are folic acid supplements? *Archives of Internal Medicine* **156**: 1638–1644.
17 Cagnacci A, Baldassari F, Rivolta G, Arangino S, Volpe A (2003) Relation of homocysteine, folate, and vitamin B12 to bone mineral density of postmenopausal women, *Bone* **33(6)**: 956–959.
18 Carl GF, Gill MW, Schatz RA (1987) Effect of chronic pyrimidone treatment on folate-dependent one-carbon metabolism in the rat, *Biochemical Pharmacology* **36**: 2139–2144.
19 Castenmiller JJ, van de Poll CJ, West CE, Brouwer IA, Thomas CM, van Dusseldorp M (2000) Bioavailability of folate from processed spinach in humans. Effect of food matrix and interaction with carotenoids, *Annals of Nutrition & Metabolism* **44**: 163–169.
20 Chandler CJ, Wang TT, Halsted CH (1986) Pteroylpolyglutamate hydrolase from human jejunal brush borders. Purification and characterization, *The Journal of Biological Chemistry* **261**: 928–933.
21 Chango A, Boisson F, Barbe F, Quilliot D, Droesch S, Pfister M, Fillon-Emery N, Lambert D, Fremont S, Rosenblatt DS, Nicolas JP (2000) The effect of 677C→T and 1298A→C mutations on plasma homocysteine and 5,10-methylenetetrahydrofolate reductase activity in healthy subjects, *The British Journal of Nutrition* **83(6)**: 593–596.
22 Charles D, Ness AR, Campbell D, Davey Smith G, Hall MH (2004) Taking folate in pregnancy and risk of maternal breast cancer, *British Medical Journal* **329(7479)**: 1375–1376.
23 Chen J, Gammon MD, Chan W, Palomeque C, Wetmur JG, Kabat GC, Teitelbaum SL, Britton JA, Terry MB, Neugut AI, Santella RM (2005) One-carbon metabolism, MTHFR polymorphisms, and risk of breast cancer, *Cancer Research* **65(4)**: 1606–1614.
24 Christmann M, Tomicic MT, Roos WP, Kaina B (2003) Mechanisms of human DNA repair: an update, *Toxicology* **193**: 3–34.
25 Clarke R (2005) Homocysteine-lowering trials for prevention of heart disease and stroke, *Seminars in Vascular Medicine* **5(2)**: 215–222.
26 Coppen A, Bolander-Gouaille C (2005) Treatment of depression: time to consider folic acid and vitamin B12, *Journal of Psychopharmacology* **19(1)**: 59–65.
27 Cornel MC, Smit DJ, de Jong-van den Berg LT (2005) Folic acid – the scientific debate as a base for public health policy, *Reproductive Toxicology* **20(3)**: 411–415.
28 Czeizel AE (1995) Folic acid in the prevention of neural tube defects, *Journal of Pediatric Gastroenterology and Nutrition* **20(1)**: 4–16.
29 Czeizel AE, Tomcsik M (1999) Acute toxicity of folic acid in pregnant women, *Teratology* **60(1)**: 3–4.
30 Czeizel AE, Dudas I (1992) Prevention of the first occurrence of neural tube defects by periconceptional vitamin supplementation, *The New England Journal of Medicine* **327**: 1832–1835.
31 DGE (Deutsche Gesellschaft für Ernährung, Österreichische Gesellschaft für Ernährung, Schweizerische Gesellschaft für Ernährungsforschung, Schweizerische Vereinigung für Ernährung) (2000) Referenzwerte für die Nährstoffzufuhr, DGE und Umschau, Frankfurt a. M., 117–122.
32 Dickinson CJ (1995) Does folic acid harm people with vitamin B12 deficiency? *The Quarterly Journal of Medicine* **88(5)**: 357–364.
33 Donnelly JG (2001) Folic acid, *Critical Reviews in Clinical Laboratory Sciences* **38(3)**: 183–223.
34 Drazkowski J, Sirven J, Blum D (2002) Symptoms of B12 deficiency can occur in women of child bearing age supplemented with folate, *Neurology* **58**: 1572–1573.
35 Duthie SJ, Narayanan S, Blum S, Pirie L, Brand GM (2000) Folate deficiency in vitro induces uracil misincorporation

and DNA hypomethylation and inhibits DNA excision repair in immortalized normal human colon epithelial cells, *Nutrition and Cancer* **37**: 245–251.

36 Ericson A, Kallen B, Aberg A (2001) Use of multivitamins and folic acid in early pregnancy and multiple births in Sweden, *Twin Research: the Official Journal of the International Society for Twin Studies* **4(2)**: 63–66.

37 FDA (Food and Drug Administration) (1996) Food labeling: health claims and label statements; folate and neural tube defects, *Federal Register* **61**: 8752–8781.

38 Food and Nutrition Board (1998) Dietary reference intakes for thiamine, riboflavin, niacin, vitamin B6, folate, vitamin B12, pantothenic acid, biotin, and choline, A report of the Standing Committee on the Scientific Evaluation of Dietary Reference Intakes and its Panel on Folate, Other B Vitamins, and Choline and Subcommittee on Upper Reference Levels of Nutrients, National Academy Press, Washington D.C.

39 Friedrich W (1987) Handbuch der Vitamine, Urban und Schwarzenberg, München, 475.

40 Frosst P, Blom HJ, Milos R, Goyette P, Sheppard CA, Matthews RG, Boers GJ, den Heijer M, Kluijtmans LA, van den Heuvel LP, et al (1995) A candidate genetic risk factor for vascular disease: a common mutation in methylenetetrahydrofolate reductase, *Nature Genetics* **10**: 111–113.

41 FSA Food Standards Agency (2002) Safe Upper Levels for Vitamins and Minerals. Report of the Expert Group on Vitamins and Minerals. Draft for Consultation, August 2002 http://www.foodstandards.gov.uk/multimedia/pdfs/evmpart1.pdf

42 Fuchs CS, Willett WC, Colditz GA, Hunter DJ, Stampfer MJ, Speizer FE, Giovannucci EL (2002) The influence of folate and multivitamin use on the familial risk of colon cancer in women, *Cancer Epidemiology, Biomarkers & Prevention* **11**: 227–234.

43 Garcia A, Zanibbi K (2004) Homocysteine and cognitive function in elderly people, *Canadian Medical Association Journal* **171(8)**: 897–904.

44 Giovannucci E, Stampfer MJ, Colditz GA, Hunter DJ, Fuchs C, Rosner BA, Speizer FE, Willett WC (1998) Multivitamin use, folate, and colon cancer in women in the Nurses' Health Study, *Annals of Internal Medicine* **129**: 517–524.

45 Gonzalez-Gross M, Prinz-Langenohl R, Pietrzik K (2002) Folate status in Germany 1997–2000, *International Journal for Vitamin and Nutrition Research* **72**: 351–359.

46 Gotz VP, Lauper RD (1980) Folic acid hypersensitivity or tartrazine allergy? *American Journal of Hospital Pharmacy* **37(11)**: 1470–1474.

47 Gregory JF 3rd (1997) Bioavailability of folate, *European Journal of Clinical Nutrition* **51**(Suppl 1): 54–59.

48 Gueant JL, Gueant-Rodriguez RM, Anello G, Bosco P, Brunaud L, Romano C, Ferri R, Romano A, Candito M, Namour B (2004) Genetic determinants of folate and vitamin B12 metabolism: a common pathway in neural tube defect and Down syndrome? *Clinical Chemistry and Laboratory Medicine* **41(11)**: 1473–1477.

49 Hagenmeyer M, Hahn A (2003) Die Nahrungsergänzungsmittelverordnung (NemV): neue Regelungen, alte Probleme – und Höchstmengenempfehlungen, *ZLR* **4**: 417.

50 Hahn A, Daniel H, Rehner G (1991) Transport of pteroylglutamic acid into brush border membrane vesicles from rat small intestine is a partially carrier-mediated process, *European Journal of Nutrition* (formerly *Z Ernährungswiss*) **30**: 201–213.

51 Hankey GJ, Eikelboom JW, Ho WK, van Bockxmeer FM (2004) Clinical usefulness of plasma homocysteine in vascular disease, *The Medical Journal of Australia* **181(6)**: 314–318.

52 Healton EB, Savage DG, Brust JCM, Garrett TJ, Lindenbaum J (1991) Neurologic aspects of cobalamin deficiency, *Medicine* **70**: 229–245.

53 Hellström L (1971) Lack of toxicity of folic acid given in pharmacological doses to healthy volunteers, *Lancet* **297(7689)**: 59–61.

54 Hendel J, Dam M, Gram L, Winkel P, Jorgensen I (1984) The effects of carbamazepine and valproate on folate metabolism in man, *Acta Neurologica Scandinavica* **69**: 226–231.

55 Herbert V (1999) Folic acid, in: Shils M, Olson JA, Shike M, Ross AC (Hrsg) Nutrition in Health and Disease, 9th Edition, Williams & Wilkins, Baltimore, 433–446.

56 Hommes OR, Obbens EA (1972) The epileptogenic action of Na-folate in the rat, *Journal of the Neurological Sciences* **16(3)**: 271–281.

57 Hunter R, Barnes J, Oakeley HF, Matthews DM (1970) Toxicity of folic acid given in pharmacological doses to healthy volunteers, *Lancet* **295(7637)**: 61–63.

58 Hustad S, Ueland PM, Vollset SE, Zhang Y, Bjorke-Monsen AL, Schneede J (2000) Riboflavin as a determinant of plasma total homocysteine: effect modification by the methylenetetrahydrofolate reductase C677T polymorphism, *Clinical Chemistry* **46**: 1065–1071.

59 Jacques PF, Bostom AG, Williams RR, Ellison RC, Eckfeldt JH, Rosenberg IH, Selhub J, Rozen R (1996) Relation between folate status, a common mutation in methylenetetrahydrofolate reductase, and plasma homocysteine concentrations, *Circulation* **93**: 7–9.

60 Jensen OK, Rasmussen C, Mollerup F, Christensen PB, Hansen H, Ekelund S, Thulstrup AM (2002) Hyperhomocysteinemia in rheumatoid arthritis: influence of methotrexate treatment and folic acid supplementation, *The Journal of Rheumatology* **29**: 1615–1618.

61 Kallen B (2004) Use of folic acid supplementation and risk for dizygotic twinning, *Early Human Development* **80(2)**: 143–151.

62 Kauwell GP, Bailey LB, Gregory JF III, Bowling DW, Cousins RJ (1995) Zinc status is not adversely affected by folic acid supplementation and zinc intake does not impair folate utilization in human subjects, *The Journal of Nutrition* **125**: 66–72.

63 Kauwell GP, Wilsky CE, Cerda JJ, Herrlinger-Garcia K, Hutson AD, Theriaque DW, Boddie A, Rampersaud GC, Bailey LB (2002) Methylenetetrahydrofolate reductase mutation (677C→T) negatively influences plasma homocysteine response to marginal folate intake in elderly women, *Metabolism* **49**: 1440–1443.

64 Kim YI (2003) Role of folate in colon cancer development and progression, *The Journal of Nutrition* **133(11 Suppl 1)**: 3731–3739.

65 Kim YI (2004) Will mandatory folic acid fortification prevent or promote cancer? *The American Journal of Clinical Nutrition* **80(5)**: 1123–1128.

66 Kim YI (2004) Folate and DNA methylation: a mechanistic link between folate deficiency and colorectal cancer? *Cancer Epidemiology, Biomarkers & Prevention* **13**: 511–519.

67 Koletzko B, von Kries R (1995) Prevention of neural tube defects by folic acid administration in early pregnancy, Joint recommendations of the German Society of Nutrition, Gynecology and Obstetrics, Human Genetics, Pediatrics, Society of Neuropediatrics, *Gynäkologisch-geburtshilfliche Rundschau* **35**: 2–5.

68 Koletzko B, Pietrzik K (2004) Gesundheitliche Bedeutung der Folsäurezufuhr, *Deutsches Ärzteblatt* **101(23)**: 1670–1681.

69 Krumdieck CL, Tamura T, Eto I (1983) Synthesis and analysis of the pteroylpolyglutamates, *Vitamins and Hormones* **40**: 45–104.

70 Lage A, Crombet T, Gonzalez G (2003) Targeting epidermal growth factor receptor signaling: early results and future trends in oncology, *Annals of Medicine* **35**: 327–336.

71 Leclerc D, Wilson A, Dumas R, Gafuik C, Song D, Watkins D, Heng HH, Rommens JM, Scherer SW, Rosenblatt DS, Gravel RA (1998) Cloning and mapping of a cDNA for methionine synthase reductase, a flavoprotein defective in patients with homocystinuria, *Proceedings of the National Academy of Sciences of the United States of America* **95(6)**: 3059–3064.

72 Lewis DP, Van Dyke DC, Willhite LA, Stumbo PJ, Berg MJ (1995) Phenytoin-folic acid interaction, *The Annals of Pharmacotherapy* **29**: 726–735.

73 Lucock M (2000) Folic acid: nutritional biochemistry, molecular biology, and role

in disease processes, *Molecular Genetics and Metabolism* **71**: 121–138.
74 Lucock M (2004) Is folic acid the ultimate functional food component for disease prevention? *British Medical Journal* **328(7433)**: 211–214.
75 Lucock M, Yates Z (2005) Folic acid – vitamin and panacea or genetic time bomb? *Nature Reviews Genetics* **6(3)**: 235–240.
76 Malouf M, Grimley EJ, Areosa SA (2003) Folic acid with or without vitamin B12 for cognition and dementia, *Cochrane database of systematic reviews* (**4**): CD004514.
77 McFarlane SI, Muniyappa R, Shin JJ, Bahtiyar G, Sowers JR (2004) Osteoporosis and cardiovascular disease: brittle bones and boned arteries, is there a link? *Endocrine* **23(1)**: 1–10.
78 McLean RR, Jacques PF, Selhub J, Tucker KL, Samelson EJ, Broe KE, Hannan MT, Cupples LA, Kiel DP (2004) Homocysteine as a predictive factor for hip fracture in older persons, *The New England Journal of Medicine* **350**: 2042–2049.
79 McNulty H, McKinley MC, Wilson B, McPartlin J, Strain JJ, Weir DG, Scott JM (2002) Impaired functioning of thermolabile methylenetetrahydrofolate reductase is dependent on riboflavin status: implications for riboflavin requirements, *The American Journal of Clinical Nutrition* **76**: 436–441.
80 Melse-Boonstra A, Verhoef P, Konings EJ, Van Dusseldorp M, Matser A, Hollman PC, Meyboom S, Kok FJ, West CE (2002) Influence of processing on total, monoglutamate and polyglutamate folate contents of leeks, cauliflower, and green beans, *Journal of Agricultural and Food Chemistry* **50(12)**: 3473–3478.
81 Mensink G, Burger M, Beitz R, Henschel Y, Hintzpeter B (2002) Was essen wir heute? Ernährungsverhalten in Deutschland. Beiträge zur Gesundheitsberichterstattung, Robert-Koch-Institut.
82 Miller DR, Hayes KC (1982) Vitamin excess and toxicity, in Hathock JN (Hrsg) Nutritional toxicology, Acad Press, New York, 1: 81–133.
83 Mills JL, Signore C (2004) Neural tube defect rates before and after food fortification with folic acid, *Birth Defects Research. Part A, Clinical and Molecular Teratology* **70(11)**: 844–845.
84 Milne DB, Canfield WK, Mahalko JR, Sandstead HH (1984) Effect of oral folic acid supplements on zinc, copper, and iron absorption and excretion, *The American Journal of Clinical Nutrition* **39**: 535–539.
85 Milunsky A, Morris JS, Jick H, Rothman KJ, Ulcickas M, Jick SS, Shoukimas P, Willett W (1992) Maternal zinc and fetal neural tube defects, *Teratology* **46(4)**: 341–348.
86 Moat SJ, Doshi SN, Lang D, McDowell IF, Lewis MJ, Goodfellow J (2004) Treatment of coronary heart disease with folic acid: is there a future? *American Journal of Physiology. Heart and Circulatory Physiology* **287(1)**: H1–7.
87 Mukherjee MD, Sandstead HH, Ratnaparkhl MV, Johnson LK, Milne DB, Stelling HP (1984) Maternal zinc, iron, folic acid, and protein nutriture and outcome of human pregnancy, *The American Journal of Clinical Nutrition* **40**: 496–507.
88 N.N. (1999) Folic acid for the prevention of neural tube defects. American Academy of Pediatrics. Committee on Genetics, *Pediatrics* **104(2 Pt 1)**: 325–327.
89 N.N. (2002) Homocysteine and risk of ischemic heart disease and stroke: a meta-analysis, *The Journal of the American Medical Association* **288**: 2015–2022.
90 Ortiz Z, Shea B, Suarez Almazor M, Moher D, Wells G, Tugwell P (2000) Folic acid and folinic acid for reducing side effects in patients receiving methotrexate for rheumatoid arthritis, *Cochrane database of systematic reviews* (**2**): CD000951.
91 Prakash R, Petrie WM (1982) Psychiatric changes associated with access of folic acid, *The American Journal of Psychiatry* **139**: 1192.
92 Quinn PB, Cremin FM, O'Sullivan VR, Hewedi FM, Bond RJ (1990) The influence of dietary folate supplementation on the incidence of teratogenesis in zinc-deficient rats, *The British Journal of Nutrition* **64(1)**: 233–243.
93 Rasmussen LB, Ovesen L, Bulow I, Knudsen N, Laurberg P, Perrild H (2000) Folate intake, lifestyle factors, and homocysteine concentrations in younger

and older women, *The American Journal of Clinical Nutrition* **72(5)**: 1156–1163.

94 Rodriguez MS (1978) A conspectus of research on folacin requirement of man, *Nutrition* **108**: 1983–2075.

95 Rosenberg IH, Bowman BB, Cooper BA, Halsted CH, Lindenbaum J (1982) Folate nutrition in the elderly, *The American Journal of Clinical Nutrition* **36(5 Suppl)**: 1060–1066.

96 Russell RM (2001) Factors in aging that effect the bioavailability of nutrients, *The Journal of Nutrition* **131(4 Suppl)**: 1359–1361.

97 Russell RM, Dhar GJ, Dutta SK, Rosenberg IH (1979) Influence of intraluminal pH on folate absorption: studies in control subjects and in patients with pancreatic insufficiency, *The Journal of Laboratory and Clinical Medicine* **93**: 428–436.

98 Sauberlich HE, Kretsch MJ, Skala JH, Johnson HL, Taylor PC (1987) Folate requirement and metabolism in nonpregnant women, *The American Journal of Clinical Nutrition* **46**: 1016–1028.

99 Savage DS, Lindenbaum J, Stabler SP, Allen RH (1994) Sensitivity of serum methylmalonic acid and total homocysteine determinations for diagnosing cobalamin and folate deficiencies, *The American Journal of Medicine* **96**: 239–246.

100 Savage DG, Lindenbaum J (1995) Folate-cobalamin interactions, in Bailey L (Hrsg) Folate in Health and Disease, Dekker, New York, 237–285.

101 SCF (2000) Scientific Committee on Food. Opinion of the Scientific Committee on Food on the Tolerable Upper Intake Level of Folate. (expressed October 2000) SCF/CS/NUT/UPPLEV/18 Final, November 2000 http://www.europa.eu.int/comm/food/fs/sc/scf/out80e_en.pdf

102 Schechter L, Worthington P (2004) Drug-nutrient interactions involving folate, in Boullata JI, Armenti VT (Hrsg) Handbook of drug-nutrient interactions, Humana Press, Totowa, New Jersey, 271–284.

103 Scholl TO, Johnson WG (2000) Folic acid: influence on the outcome of pregnancy, *The American Journal of Clinical Nutrition* **71(5 Suppl)**: 1295–1303.

104 Selby JV, Friedman GD, Fireman BH (1989) Screening prescription drugs for possible carcinogenicity: eleven to fifteen years of follow-up, *Cancer Research* **49(20)**: 5736–5747.

105 Sesin GP, Kirschenbaum H (1979) Folic acid hypersensitivity and fever: a case report, *American Journal of Hospital Pharmacy* **36(11)**: 1565–1567.

106 Shane B, Stokstad EL (1985) Vitamin B12-folate interrelationships, *Annual Reviews of Nutrition* **5**: 115–141.

107 Sharp L, Little J (2004) Polymorphisms in Genes Involved in Folate Metabolism and Colorectal Neoplasia: A HuGE Review, *American Journal of Epidemiology* **159**: 423–443.

108 Shaw GM, Lammer EJ, Wasserman CR, O'Malley CD, Tolarova MM (1995) Risks of orofacial clefts in children born to women using multivitamins containing folic acid periconceptionally, *Lancet* **346(8972)**: 393–396.

109 Simmer K, James C, Thomson RPH (1987) Are iron-folate supplements harmful? *The American Journal of Clinical Nutrition* **45**: 122–125.

110 Sirotnak FM, Tolner B (1999) Carrier-mediated membrane transport of folates in mammalian cells, *Annual Review of Nutrition* **19**: 91–122.

111 Snow CF (1999) Laboratory diagnosis of vitamin B12 and folate deficiency: a guide for the primary care physician, *Archives of Internal Medicine* **159**: 1289–1298.

112 Souci SW, Fachmann W, Kraut H (2000) Die Zusammensetzung der Lebensmittel, Nährwerttabellen, Medpharm, Stuttgart.

113 Sparling R, Abela M (1985) Hypersensitivity to folic acid therapy, *Clinical and Laboratory Haematology* **7(2)**: 184–185.

114 Spector RG (1971) Folic acid and convulsions in the rat, *Biochemical Pharmacology* **20(7)**: 1730–1732.

115 Stanger O (2002) Physiology of folic acid in health and disease, *Current Drug Metabolism* **3(2)**: 211–223.

116 Stanger O, Herrmann W, Pietrzik K, Fowler B, Geisel J, Dierkes J, Weger M

(2003) DACH-LIGA Homocystein e.V. (German, Austrian and Swiss Homocysteine Society): consensus paper on the rational clinical use of homocysteine, folic acid and B-vitamins in cardiovascular and thrombotic diseases: guidelines and recommendations, *Clinical Chemistry and Laboratory Medicine* **41(11)**: 1392–1403.

117 Stehle P (2000) Ernährung älterer Menschen, in Deutsche Gesellschaft für Ernährung e.V. (Hrsg) Ernährungsbericht 2000, Frankfurt am Main, 147–178.

118 Stokstad ELR, Thenen SW (1972) Chemical and biochemical reactions of folic acid, *Annals of Microbiology* **12**: 119–124.

119 Strain JJ, Dowey L, Ward M, Pentieva K, McNulty H (2004) B-vitamins, homocysteine metabolism and CVD, *The Proceedings of the Nutrition Society* **63(4)**: 597–603.

120 Ströhle A, Wolters M, Hahn A (2005) Folic acid and colorectal cancer prevention – molecular mechanisms and epidemiological evidence, *International Journal of Oncology* **26(6)**: 1449–1464.

121 Tamura T, Goldberg RL, Freeberg LE, Cliver SP, Cutter GR, Hoffmann HJ (1992) Maternal serum folate and zinc concentrations and their relationship to pregnancy outcome, *The American Journal of Clinical Nutrition* **56**: 365–370.

122 Tremblay E, Berger M, Nitecka L, Cavalheiro E, Ben-Ari Y (1984) A multidisciplinary study of folic acid neurotoxicity: interactions with kainate binding sites and relevance to the aetiology of epilepsy, *Neuroscience* **12(2)**: 569–589.

123 van het Hof KH, Tijburg LB, Pietrzik K, Weststrate JA (1999) Influence of feeding different vegetables on plasma levels of carotenoids, folate and vitamin C. Effect of disruption of the vegetable matrix, *The British Journal of Nutrition* **82**: 203–212.

124 van Rooij IA, Vermeij-Keers C, Kluijtmans LA, Ocke MC, Zielhuis GA, Goorhuis-Brouwer SM, van der Biezen JJ, Kuijpers-Jagtman AM, Steegers-Theunissen RP (2003) Does the interaction between maternal folate intake and the methylenetetrahydrofolate reductase polymorphisms affect the risk of cleft lip with or without cleft palate? *American Journal of Epidemiology* **157(7)**: 583–591.

125 Vollset SE, Gjessing HK, Tandberg A, Ronning T, Irgens LM, Baste V, Nilsen RM, Daltveit A (2005) Folate supplementation and twin pregnancies, *Epidemiology* **16(2)**: 201–205.

126 Wagley PF (1948) Neurological disturbances with folic acid therapy, *The New England Journal of Medicine* **238**: 11–15.

127 Wald NJ (2001) Folic acid and neural tube defects, *Bibliotheca Nutritio et Dieta* **(55)**: 22–33.

128 Wald N, Sneddon J, Densem J, Frost C, Stone R (1991) The MRC Vitamin Study Research Group. Prevention of neural tube defects: results of the Medical Research Council Vitamin Study, *Lancet* **338**: 131–137.

129 Wei MM, Gregory JF 3rd (1998) Organic Acids in Selected Foods Inhibit Intestinal Brush Border Pteroylpolyglutamate Hydrolase in Vitro: Potential Mechanism Affecting the Bioavailability of Dietary Polyglutamyl Folate, *Journal of Agricultural and Food Chemistry* **46**: 211–219.

130 Weiss N, Hilge R, Hoffmann U (2004) Mild hyperhomocysteinemia: risk factor or just risk predictor for cardiovascular diseases? *Journal for Vascular Diseases* **33(4)**: 191–203.

131 Whittle SL, Hughes RA (2004) Folate supplementation and methotrexate treatment in rheumatoid arthritis: a review, *Rheumatology (Oxford)* **43(3)**: 267–271.

132 Wolters M, Hermann S, Hahn A (2003) B vitamins, homocysteine, and methylmalonic acid in elderly German women, *The American Journal of Clinical Nutrition* **78**: 765–772.

133 Wolters M, Ströhle A, Hahn A (2004) Altersassoziierte Veränderungen im Vitamin-B12- und Folsäurestoffwechsel: Prävalenz, Ätiopathogenese und pathophysiologische Konsequenzen, *Zeitschrift für Gerontologie und Geriatrie* **37**: 109–135.

134 Wolters M, Ströhle A, Hahn A (2005) Folsäure in der Prävention des kolorektalen Karzinoms, *Aktuelle Ernährungsmedizin* **30**: 1–12.

135 Yamada K, Chen Z, Rozen R, Matthews RG (2001) Effects of common polymorphisms on the properties of recombinant human methylenetetrahydrofolate reductase, *Proceedings of the National Academy of Sciences of the United States of America* **98**: 14853–14858.

136 Zimmermann MB, Shane B (1993) Supplemental folic acid, *The American Journal of Clinical Nutrition* **58(2)**: 127–128.

52
Kupfer

Björn Zietz

52.1
Allgemeine Substanzbeschreibung

52.1.1
Physikalisch-chemische Eigenschaften

Das Element Kupfer ist ein Metall mit dem chemischen Symbol Cu und der Ordnungszahl 29. Reines Kupfer ist rötlich-glänzend und hat eine Dichte von 8,94 g/cm^3. Neben Gold und Cäsium ist es das einzige farbige metallische Element. Sein Schmelzpunkt liegt bei 1083 °C und der Siedepunkt bei 2595 °C. Die Härte nach Mohs beträgt 2,5–3 und die Zugfestigkeit 20–45 kg/mm^2. Die CAS-Nummer von elementarem Kupfer ist 7440-50-8. Der Name Kupfer leitet sich ab vom lateinischen Wort cuprum. Er entstand durch Abwandlung aus der lateinischen Bezeichnung aes cyprium, benannt nach dem antiken Fundort Cypern. Das Atomgewicht beträgt 63,546 Dalton. Natürliche Isotope sind ^{63}Cu (Häufigkeit: 69,17%) und ^{65}Cu (Häufigkeit: 30,83%). Daneben sind künstliche Kupferisotope mit Halbwertszeiten zwischen 3,2 Sekunden und 61,88 Stunden bekannt [18, 104]. Mit einem Anteil von 0,007% an den obersten 16 Kilometern der festen Erdkruste steht Kupfer in der Häufigkeitsliste der Elemente an 25. Stelle [104].

Im Periodensystem steht Kupfer in der ersten Nebengruppe über den Elementen Silber und Gold. Es wird wie diese zu den Übergangsmetallen gezählt. Kupfer zeigt als Halbedelmetall mit den Edelmetallen einige Ähnlichkeiten. So sind z. B. Silber und Kupfer die besten Leiter für Wärme und Elektrizität. Bezogen auf die physikalisch-technischen Eigenschaften ist Kupfer ein ziemlich hartes und dabei gleichzeitig sehr zähes und dehnbares Metall [18, 104]. Die Härte von Kupfer kann durch Beimengungen von anderen Metallen (insbesondere Arsen und Antimon) noch beträchtlich gesteigert werden. Werkstofftechnisch wichtige Legierungen von Kupfer gibt es mit Zink (Messing), Zinn (Bronzen), Nickel (Konstantan, Monelmetall), Nickel und Zink (Neusilber) sowie mit Quecksilber (Kupferamalgam) [18].

Handbuch der Lebensmitteltoxikologie. H. Dunkelberg, T. Gebel, A. Hartwig (Hrsg.)

ISBN: 978-3-527-31166-8

Kupfer tritt in den Oxidierungs-Stufen 0, +1, +2 und +3 (selten +4) auf. Die Kupfer(II)-Salze (meist blaue oder grüne Verbindungen) sind dabei am stabilsten [104].

52.1.2
Historisches

Die Verwendung von Kupfer als Werkstoff reicht mehrere tausend Jahre zurück. Die ältesten archäologischen Funde von Kunstgegenständen aus gehämmertem Kupfer wurden in Anatolien, Irak, Iran und Syrien gemacht und datieren zurück bis in das 6. bis 5. Jahrtausend vor Christus. In der entsprechend benannten Kupfer- bzw. Bronzezeit, beginnend nach 3800 v. Chr., wurden Kupfer und seine Legierung Bronze zu einem sehr wichtigen Material, aus dem Waffen, Schmuckstücke und verschiedene Geräte hergestellt wurden [152]. Der eigentliche Bergbau begann etwa um das Jahr 1000 vor Christus im Gebiet der heutigen Wüste Negev. Während der Römerzeit lagen die ergiebigsten Kupferminen auf Zypern, vom dem sich auch der Name Kupfer ableitet [104]. Ein erstes Kupfer-Monopol wurde um 1500 von den Fuggern errichtet [18]. Im Altertum wurde Kupfer auch zur Therapie von Krankheiten verwendet. Beispielsweise wird im Papyrus Ebers (1553 und 1550 v. Chr.) Kupfer als Behandlungsmittel für Kopfschmerzen, Krämpfe, Brandwunden, Hautjucken, Halstumoren und Augenerkrankungen genannt. Auch so medizinhistorisch bedeutende Ärzte wie Hippokrates, Dioskorides und im Mittelalter Paracelsus nutzten es zur Behandlung von einer Reihe von Erkrankungen [152].

52.2
Vorkommen und Verwendung

52.2.1
Kupferabbau und technische Verwendung

Das Element Kupfer kommt als Halbedelmetall gelegentlich gediegen vor, d. h. in elementarer Form, oder auch mit anderen Elementen vergesellschaftet. In der geologischen Häufigkeit überwiegen aber verschiedene Kupferminerale [104]. Die wirtschaftlich wichtigsten Kupferminerale sind heutzutage alle Sulfide wie Kupferkies (Chalkopyrit, $CuFeS_2$), Kupferglanz (Chalkosin, Cu_2S) und Buntkupfererz (Bornit, Cu_5FeS_4). Historisch bedeutend waren im Kupferbergbau auch gediegenes Kupfer, die beiden Carbonate Kupferlasur (Azurit, $Cu(CO_3)_2(OH)_2$) und Malachit ($Cu_2(OH)_2CO_3$) sowie die beiden Kupferoxide Tenorit (CuO) und Rotkupfererz (Cuprit, Cu_2O). Die Lagerstätten der Kupferoxide und Kupfercarbonate sind das Ergebnis von Verwitterungsvorgängen zwischen Atmosphäre, Grundwasser und den Kupfersulfiderzen [18, 28]. Die Kupferreserven in Lagerstädten an Land werden auf 1,6 Mrd. t Kupfer geschätzt. Im Meer werden weitere 700 Mio. t in Form von Manganknollen vermutet [38]. Die größten bekannten Lagerstätten befinden sich in Chile, den USA, Indonesien, Polen, Peru, Mexiko, China, Australien und Russland [38].

Im Jahre 2002 waren Chile, Indonesien, die USA, Australien, Peru, Russland und China die größten Minenproduzenten von Kupfer von den etwa 60 Staaten, die Kupferförderung betrieben haben (Abb. 52.1) [28, 38]. Die Weltjahresproduktion betrug in diesem Jahr 13,6 Mio. t Kupfer [38]. Insgesamt sind bis Mitte der 1990er Jahre auf der Welt geschätzte 280 Mio. t Kupfer gefördert worden [28]. Die früher sehr bedeutenden Mansfelder Kupferschiefer-Lager am Ostrand des Harzes sind nahezu erschöpft. Die dort seit dem Mittelalter betriebene Erzförderung wurde Mitte 1990 eingestellt. Nicht wirtschaftlich ist zur Zeit die Ausbeutung von marinen Manganknollen, deren durchschnittlicher Kupfergehalt bis zu 2% beträgt [28, 104].

Die meisten der heute verarbeiteten Erze enthalten im Durchschnitt nur 1% Cu und müssen daher zuerst, meist durch Flotation, angereichert werden. Im weiteren Verarbeitungsprozess spielen dann Röstung und Schmelzmetallurgie eine Rolle [18]. Ein erheblicher Teil des produzierten Kupfers entfällt bereits auf die Rückgewinnung aus Altkupfer und Abfällen. Rohkupfer enthält 94–97% Kupfer und wird dann in zwei Stufen, erst durch Raffinationsschmelzen und dann durch eine anschließende elektrolytische Raffination, gereinigt [18].

Als eines der wenigen Elemente wird Kupfer zu großen Anteilen in seiner Reinform verwendet. Etwa die Hälfte der Kupferproduktion wird in der Elektrotechnischen Industrie verbraucht, insbesondere als Draht für Elektromotoren, Generatoren und als Stromleiter für Haus- und Erdleitungen. Die technischen Eigenschaften machen Kupfer auch als Werkstoff für Hauswasserleitungen, Dachbau und Kleinteile im Automobilbau interessant. Für den Einsatz in Heizkörpern, Klimaanlagen und Solarkollektoren ist Kupfer durch seine gute thermische Leitfähigkeit attraktiv. Ein kleinerer Teil der Produktion wird für Münzen, Schmuck, Kochgeschirr und dekorative Kleinteile verwendet [27]. Nur

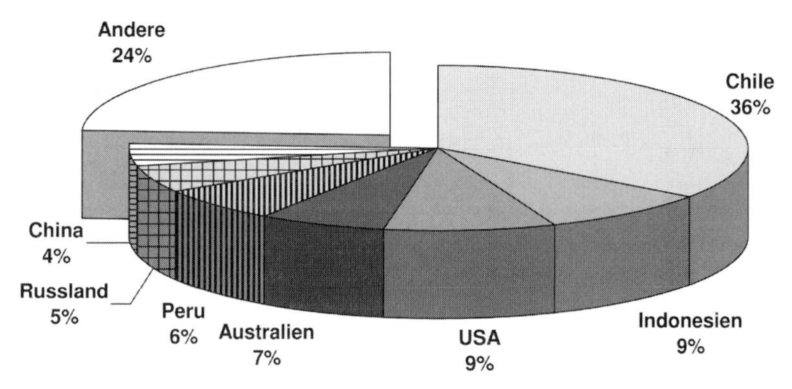

Abb. 52.1 Anteil verschiedener Länder an der Kupferminen-Produktion im Jahre 2002. Die Gesamtproduktion der Kupferminen in diesem Jahr betrug 13,6 Mio. t (Datenquelle: Edelstein, Mineral Commodity Summaries, 2004 [38]).

Tab. 52.1 Aufstellung kupferhaltiger Pflanzenschutzmittel (sämtliche mit Wirkung als Fungizid) mit Zulassung im Januar 2004 (Zulassungen können ggf. verlängert werden). (Quelle: Datenbank des Bundesamtes für Verbraucherschutz und Lebensmittelsicherheit [BVL], Braunschweig, Stand: 7. Januar 2005. Anmerkung: Das BVL ist Eigentümer der Daten. Für die Vollständigkeit und Richtigkeit der Daten übernimmt das BVL keine Gewähr.)

Handelsname	Wirkstoff	Zulassungs-nummer	Zulassungsdauer
Copper 45	756 g/kg Kupferoxychlorid (Grundkörper)	040723-61	14. 05. 2002 bis 30. 06. 2005
Cueva	100 g/L Kupferoctanoat (Grundkörper)	004456-60	15. 02. 2002 bis 31. 12. 2012
Cueva AF Tomaten-Pilzfrei	1,5 g/L Kupferoctanoat (Grundkörper)	005216-00	06. 11. 2003 bis 31. 12. 2014
Cueva Pilzfrei	100 g/L Kupferoctanoat (Grundkörper)	004456-61	23. 06. 2004 bis 31. 12. 2012
Cueva Wein-Pilzfrei	100 g/L Kupferoctanoat (Grundkörper)	004456-00	15. 02. 2002 bis 31. 12. 2012
Cupravit Kupferkalk	756 g/kg Kupferoxychlorid (Grundkörper)	040723-67	22. 08. 2003 bis 30. 06. 2005
Cuprozin Flüssig	460,6 g/L Kupferhydroxid (Grundkörper)	004147-00	03. 04. 2003 bis 31. 12. 2013
Cuprozin WP	691 g/kg Kupferhydroxid (Grundkörper)	033840-00	08. 08. 2004 bis 31. 12. 2014
Funguran	756 g/kg Kupferoxychlorid (Grundkörper)	040723-00	21. 06. 2001 bis 30. 06. 2005
Galmano	Galmano 167 g/L Fluquinconazol (Grundkörper), 31,2 g/L Prochloraz (34 g/L Kupferchlorid-Komplex)	004586-60	20. 08. 1999 bis 31. 12. 2009
Jockey	167 g/L Fluquinconazol (Grundkörper), 31,2 g/L Prochloraz (34 g/L Kupferchlorid-Komplex)	004586-00	20. 08. 1999 bis 31. 12. 2009
Kupfer-flüssig 450 FW	756 g/L Kupferoxychlorid (Grundkörper)	023891-00	16. 09. 2002 bis 30. 06. 2005
Kupferkalk Atempo	756 g/kg Kupferoxychlorid (Grundkörper)	040723-62	08. 08. 2001 bis 30. 06. 2005
Kupferspritzmittel Funguran	756 g/kg Kupferoxychlorid (Grundkörper)	040723-65	08. 08. 2001 bis 30. 06. 2005
Kupferspritzmittel Schacht	756 g/kg Kupferoxychlorid (Grundkörper)	040723-64	30. 07. 2001 bis 30. 06. 2005
Obst- und Gemüsespritzmittel	756 g/kg Kupferoxychlorid (Grundkörper)	040723-66	30. 07. 2001 bis 30. 06. 2005
Prelude FS	200 g/L Prochloraz (218 g/L Kupferchlorid-Komplex)	004405-00	18. 11. 1997 bis 31. 12. 2007
Rubin	42 g/L Pyrimethanil (Grundkörper), 16,7 g/L Flutriafol (Grundkörper), 38,5 g/L Prochloraz (42 g/L Kupferchlorid-Komplex)	004614-00	04. 03. 1999 bis 31. 12. 2009

wenige Prozent der Weltproduktion werden für die Herstellung von Kupferverbindungen eingesetzt. Kupfer(II)-sulfat ($CuSO_4$) ist in seiner Pentahydratform (Kupfervitriol, $CuSO_4 \cdot 5\,H_2O$) das technisch wichtigste Kupfersalz. Kupfer(I)-oxid (Cu_2O) wird u. a. als Pigment für Antibewuchsanstriche bei Schiffen und als Katalysator verwendet [18]. In der Landwirtschaft werden Kupferverbindungen als Fungizid eingesetzt (Tab. 52.1).

52.2.2 Vorkommen in der Umwelt – Luft und Wasser

Ein Eintrag von Kupfer in die Luft erfolgt auf der einen Seite durch anthropogene Aktivitäten, insbesondere durch Buntmetallverhüttung und -verarbeitung sowie verschiedene Verbrennungsprozesse. Auf der anderen Seite gibt es einen Eintrag durch natürliche Prozesse wie Staubverwehung und Vulkanismus. Kupfer tritt an Schwebstaub gebunden in abgelegenen Gebieten in Mengen von >20 ng/m^3 auf und in urbanen Gegenden bis zu einer Menge von mehreren hundert bis tausend ng/m^3 [101].

In Niederschlägen von Regen und Schnee, die für eine nasse Deposition gelöster Schwermetalle verantwortlich sind, liegen die Kupferkonzentrationen in entlegenen Polarregionen bei unter 0,1 µg/dm^3. In gering belasteten ländlichen Regionen in den USA und Europa finden sich Konzentrationen von einigen µg/dm^3 und in belasteten, urbanisierten Gebieten Mengen von 10 und mehr µg/dm^3. Extremwerte können in der Nähe von Buntmetallhütten, -gießereien und -verarbeitungsbetrieben gemessen werden [43 (S. 98–100)].

Gewässer in Deutschland, die anthropogen wenig beeinflusst sind, weisen je nach geochemischen Verhältnissen im Wassereinzugsgebiet Hintergrundwerte von 0,5–2 µg Cu/L auf [130 (S. 245)]. Einträge von Kupferverbindungen in Oberflächengewässer werden relativ schnell im Rahmen eines Immobilisierungsprozesses in Schwebstoffe überführt oder an sie gebunden, sodass das Kupfer zu ca. 50–90% in Suspension vorliegt. In gelöster Form tritt Kupfer im Wasser hauptsächlich gebunden an organische Liganden, als ökotoxikologisch bedeutsames Aquo-Ion ($Cu \cdot aq^{2+}$) und in Form von $CuCO_3$ und $Cu_2CO_3(OH)_2$ auf. In partikulärer Form kommt Kupfer überwiegend als CuS und $Cu(OH)_2$ vor [43 (S. 102–105)].

Aquatische Sedimente weisen insbesondere in Hafenbecken (u. a. durch Verwendung kupferhaltiger algizider Schiffsanstriche) und unterhalb industrieller Einleiter hohe Kupfergehalte auf. Durch Baggerarbeiten und Verklappung des Schlickes (z. B. im Meer) werden die Schwermetalle verlagert bzw. mobilisiert [44].

52.2.3 Vorkommen in der Umwelt – Boden

In den Ausgangsgesteinen von Böden finden sich stark wechselnde Kupfergehalte. Zum Beispiel tritt es im Granit als einem magmatischen Gestein im Bereich von 20 mg/kg auf. Bei sedimentären Gesteinen finden sich in tonigen Gesteinen mit Konzentrationen von ca. 60 mg/kg deutlich höhere Werte als in Kalksteinen (ca. 4 mg/kg). Natürliche Zonen mit stark überhöhten Kupfergehalten gibt es in Böden mit nennenswerten Anteilen von Buntmetallerzen [26, 43 (S. 76–77, 96), 123].

Spurenelemente treten in allen Böden auf; manche Böden sind allerdings mit Kupfer über- oder unterversorgt. In Schweden gibt es beispielsweise weit verbreitete Kupfer-Mangelböden (Cu < 6–8 mg/kg) mit einer Ausdehnung von 140 000 ha [43 (S. 82)]. Auch im Norden der Neuen Bundesländer treten große Kupfer-Mangelflächen auf [43 (S. 92)]. Grundsätzlich besteht im Falle eines Kupfermangels im Boden die Möglichkeit einer spezifischen Düngung mit Cu-Superphosphat (1% Cu).

Die Kupfergehalte in den verschiedenen Böden sind einerseits abhängig von den Ausgangsgesteinen und den Bodenbildungsprozessen, andererseits sind sie z. T. auch stark anthropogen beeinflusst. Bei landwirtschaftlich genutzten Flächen spielt auf der einen Seite ein Entzug des Mikronährstoffes Kupfer durch Entnahme von Kulturpflanzen oder Weidegras eine Rolle, auf der anderen Seite ein Eintrag durch Düngung, insbesondere mit Klärschlamm oder durch Verwendung kupferhaltiger Fungizide. Der mittlere Gehalt an Kupfer in Klärschlamm aus verschiedenen westlichen Ländern liegt z. B. bei 790–1024 mg/kg Trockenmasse und in Kompost bei 270–800 mg/kg Trockenmasse [47]. Durch häufige Anwendung kupferhaltiger Pflanzenschutzmittel bei Sonderkulturen wie Hopfen, Wein und Obst kann sich der Kupfergehalt im Boden z. T. vervielfachen. Dies hat nicht selten eine Störung des ökologischen Gleichgewichtes zur Folge, sogar mit Auswirkungen auf die Kulturen selbst, wie die Kräuselkrankheit als induzierter Zink-Mangel bei sehr hohen Kupfer-Bodengehalten im Hopfenanbau [43 (S. 332)]. Eine Aufstellung der zurzeit zugelassenen kupferhaltigen Pflanzenschutzmittel findet sich in Tabelle 52.1. Eine atmosphärische Deposition von kupferhaltigem Staub kann insbesondere in der Umgebung von Buntmetallhütten die Bodenwerte erheblich beeinflussen [43 (S. 178)]. Hintergrundwerte für Kupfergehalte von einigen Böden in der Bundesrepublik Deutschland sind in Tabelle 52.2 dargestellt. Sie liegen in der Regel im Bereich von etwa 5–60 mg/kg.

Für die Bodenchemie von Spurenelementen spielen eine Reihe von Prozessen wie Adsorption und Desorption, Komplexierung und Sulfidbildung eine Rolle. Beim Schwermetall Kupfer ist die Komplexierung an höhermolekulare, gering lösliche Huminsäuren und relativ gut lösliche Fulvosäuren am bedeutsamsten [43 (S. 88), 117]. Die Freisetzung von Kupfer ist insbesondere abhängig vom Abbau organischer Substanz, dem pH-Wert und Redoxpotenzial des Bodens. Verglichen mit anderen Spurenelementen wie Zn, Ni, Fe und Pb ist Kupfer weniger mobil [43 (S. 85–89), 44]. Rahmenwerte zum Kupfergehalt an austauschbarem bzw. pflanzenverfügbarem Kupfer in Mineralböden liegen ohne eine Bodenkontamination bei 2–6 mg/kg und bei kontaminierten Böden bei 6–47 mg/kg. In Bodensickerwasser finden sich Kupferkonzentrationen im Bereich von 0,002–0,03 mg/L und bei Gleichgewichtsboden-Lösungen im Bereich von 0,020–0,940 mg Cu/L [43 (S. 93–95)].

Tab. 52.2 Hintergrundwerte für Kupfer in Oberböden der Bundesrepublik Deutschland (Datenquelle: [130 (S. 199–200)]).

Bodenart	Nutzungsart, genaue Spezifizierung	mg/kg 50. Perzentil	mg/kg 90. Perzentil
Sande	Acker, Oberboden	3	13
	Wald, Oberboden	<3	<3
Löss	Acker, Oberboden	20	25
	Wald, Oberboden	10	16
Geschiebelehm	Acker, Oberboden	10	14
	Wald, Oberboden	7	18
Marsch	Grünland, Oberboden	15	30
Tonstein	Grünland, Oberboden	18	24
Sandstein	Acker, Oberboden	12	15
	Wald, Oberboden	6	12
Kalkstein	Wald, Oberboden	15	22
Basalt	Acker, Oberboden	49	71
	Grünland, Oberboden	44	67
	Wald, Oberboden	40	61
Hochmoortorf	Ohne Nutzungsbezug	4	18

Die Kupferaufnahme von Pflanzen hängt einerseits vom Gesamtgehalt des Elements im Boden ab. Andererseits spielen der Gesamtanteil des Kupfers, der den Wurzeln zugänglich ist, sowie die Fähigkeit der Pflanzen, das Element über die Boden-Wurzel-Schranke zu transportieren, eine wichtige Rolle. Diese Fähigkeit zum Kupfertransport kann von Art zu Art variieren. Weitere Faktoren, wie Acidität und Menge an organischer Grundsubstanz, spielen für die Bodenverfügbarkeit und damit auch die Aufnahme von Kupfer durch die Pflanzen eine Rolle. Anders als bei anderen Spurenelementen ist bei Kupfer der Wassergehalt des Bodens in dieser Beziehung eher weniger wichtig. Anmerken kann man noch, dass wasserlösliche Kupfersalze von vielen Pflanzen auch über die Blätter aufgenommen werden können [7].

52.3 Kupfergehalte in Lebensmitteln

Wie bei anderen Spurenelementen ist der Kupfergehalt in Pflanzen und Pflanzenprodukten neben Unterschieden zwischen den Arten auch abhängig von den lokalen Bodenkonzentrationen des Metalls [95] und bei Tieren teilweise vom Kupfergehalt der Nahrung [145]. Aus diesem Grunde gibt es deutliche Variationen der Kupferwerte in den gleichen pflanzlichen und tierischen Nahrungsmitteln, jeweils abhängig von räumlichen, landbautechnischen und z. T.

auch zeitlichen Faktoren, wie Anbaugebiet, Bodendüngung und Erntezeitpunkt. Aus diesen Gründen müssen Kupfergehalte in Nährwerttabellen, obwohl diese von großem Wert sind, mit gewisser Vorsicht betrachtet werden. Einige Lebensmittel weisen regelhaft einen hohen Kupfergehalt auf wie z. B. Nüsse, bestimmte innere Organe (Leber, Niere) und in geringerem Umfang viele Getreidesorten. Einen geringen Gehalt haben Milch und Milchprodukte. Eine ausführliche Darstellung der Kupfergehalte für einzelne Lebensmittel aus verschiedenen Lebensmittelklassen findet sich in Tabelle 52.3.

Kupfergehalte im häuslichen Leitungswasser sind in Deutschland überwiegend durch Korrosionsvorgänge in Leitungsmaterialien der Hausinstallation bedingt. In einer repräsentativen Untersuchung der 18–69-jährigen Wohnbevölkerung in Deutschland durch das Umweltbundesamt wurden ca. 4800 Stagnationsproben auf ihre Kupferkonzentration hin untersucht. Die ermittelten Kupferkonzentrationen wiesen dabei ein arithmetisches Mittel von 0,34 mg/L und einen Median von 0,15 mg/L auf. Der höchste gemessene Wert lag bei 11 mg/L [6 b].

Kupfer wird auch als Lebensmittelzusatzstoff und als Teil von Multivitaminpräparaten und Mineralstoffsupplementen verwendet. Die Kupfergehalte können dabei sehr unterschiedlich sein. Besonders in den Mineralstoffsupplementen wird Kupfer häufig als schwer resorbierbare Verbindung Kupferoxid zugesetzt, sodass der tatsächlich aufgenommene Kupferanteil relativ gering sein kann. Bei Kinderfertignahrungen wird meist das besser resorbierbare Kupfersulfat verwendet. Beachtung bei dem Zusatz von Mineralstoffen muss dabei auch das Verhältnis der Stoffe zueinander finden, da die Resorption erheblichen Wechselwirkungen unterliegt. So können z. B. erhöhte Zinkkonzentrationen die Aufnahme von Kupfer erheblich reduzieren [56].

52.4 Kinetik und innere Exposition

52.4.1 Aufnahme von Kupfer

Im Rahmen einer typischen Ernährung in entwickelten Staaten wird die Resorptionsquote von Kupfer auf 30–40% geschätzt. Als theoretisch mögliches Maximum ergibt sich bei der Kupferresorptionsquote ein Wert von 63–67% [137]. Als Einflussgrößen für die Kupferaufnahme sind zur Zeit Proteinart und -quelle, Aminosäuren, Kohlenhydrate und Ascorbinsäure bekannt (vgl. Tab. 52.4). Im Gegensatz dazu scheinen Phytat, andere Ballaststoffe, Zink und Eisen in physiologischen Konzentrationen einen weniger großen Einfluss zu haben [71]. Bei den Aminosäuren ist Histidin, durch seine Eigenschaft Chelate mit Kupfer zu bilden, als resorptionsfördernder Stoff beschrieben worden [138]. In Gegensatz dazu hemmt die Aminosäure Cystein die Kupferaufnahme. Ascorbinsäure hat bei Labortieren einen hemmenden Einfluss auf die Kupferresorption, vermut-

Tab. 52.3 Kupfergehalte von pflanzlichen und tierischen Nahrungsmitteln nach den Nährwerttabellen von Souci et al. [115]. Anmerkung: Nicht angegebene Werte fehlen auch in der Quelle.

Lebensmittel	Lebens-mitteltyp	Kupfergehalt je 100 g essbarem Anteil – Mittelwert	Kupfergehalt je 100 g essbarem Anteil – Minimum	Kupfergehalt je 100 g essbarem Anteil – Maximum	Durchschnittlicher Wasseranteil in g/100 g essbarem Anteil
Rindfleisch (reines Muskelfleisch)	Fleisch	87,56	50	120	75,1
Rinderherz		410			75,5
Rinderleber		3150	2020	7940	69,9
Rinderniere		434	180	920	76,1
Schweinefleisch (reines Muskelfleisch)		50	40	70	74,7
Schweineleber		1330	1120	8380	71,89
Brathuhn (Durchschnitt)		300			69,6
Hühnerleber		406	300	410	70,3
Truthahn (Jungtier, Durchschnitt, mit Haut)		110	40	180	6907
Aal	Fisch	89,09	30	170	59,3
Kabeljau (Dorsch)		230	42	470	80,8
Scholle		350	140	550	80,7
Vollmilch (Kuh)	Milchprodukte	10	2	30	87,5
Ziegenmilch		18	13	75	86,6
Vollmilchpulver		165	140	300	3,5
Joghurt, min. 3,5% Fett		10	0	55	87
Camembertkäse 30% Fett in Tr.		80	70	90	58,2
Edamerkäse 40% Fett in Tr.		49	30	70	44,8
Hühnerei (Gesamtei-Inhalt)	Ei		50	230	74,1
Haferflocken	Getreide	530	230	740	10
Reis (unpoliert)		240			13,1
Roggen (ganzes Korn)		463	380	600	13,7
Weizen (ganzes Korn)		459	370	780	13,2
Weizenbrot (Weißbrot)		220	100	340	37,39
Champignon (Zucht-)	Gemüse/Pilze	390	140	640	90,7
Blumenkohl		41,92	33	140	91,6
Feldsalat		110	40	190	93,4
Gurke		50,8	41	90	96,8
Karotte		51,61	47	280	88,2
Kartoffel		90,43	86	130	77,8
Mais (ganzes Korn)			70	250	12,5
Rosenkohl		64,86	46	100	85

Tab. 52.3 (Fortsetzung)

Lebensmittel	Lebens-mitteltyp	Kupfergehalt je 100 g essbarem Anteil – Mittelwert	Kupfergehalt je 100 g essbarem Anteil – Minimum	Kupfergehalt je 100 g essbarem Anteil – Maximum	Durchschnittlicher Wasseranteil in g/100 g essbarem Anteil
Spinat		96,57	70	200	91,6
Tomate		60,44	54	90	94,2
Zwiebel		46,44	41	80	87,6
Erbse (Schote und Samen, grün)	Hülsenfrüchte/ Samen	326	200	590	75,22
Linsen (Samen, trocken)		715	660	770	11,8
Sojabohnen (Samen, trocken)		1200	110	1400	8,5
Sonnenblume (Samen, trocken)		2800	1900	3100	6,6
Erdnüsse	Nüsse	764	270	3150	5,21
Haselnuss		1280	1200	1350	5,24
Kokosnuss			300	7000	44,8
Walnuss		880	310	1400	4,38
Apfel	Obst	53,39	34	160	85,3
Erdbeere		46,36	28	170	89,5
Weintraube		82,78	35	110	81,1
Banane		105	70	210	73,9
Vollbier, hell	Getränke	40	20	50	90,6
Rotwein, schwere Qualität		40	10	80	88
Kakaopulver, schwach entölt	Sonstiges	3810	3760	3900	5,6
Milchschokolade		1300	270	4000	1,4
Muttermilch	Muttermilch	72,23	24	77	87,5
Vortransitorische Frauenmilch (2.–3. Tag post partum)		46	28	64	89,3
Transitorische Frauenmilch (6.–10. Tag post partum)		50	40	70	84,7

lich durch die Reduktion von zweiwertigen Kupferionen zu einwertigen Ionen, die schlechter resorbiert werden können [138]. Zusätzlich hat L-Ascorbinsäure noch weitere Auswirkungen auf den Kupferstoffwechsel [37]. Beim Menschen scheint Ascorbinsäure allerdings einen weniger ausgeprägten Effekt zu haben als bei Labortieren [71]. Zink und Eisen können bei hohen Konzentrationen in der Nahrung, insbesondere bei Verwendung von Nahrungssupplementen, eine Hemmung der Kupferaufnahme bewirken [71].

Tab. 52.4 Einfluss verschiedener Nahrungsbestandteile auf die Kupferresorption im Darm (übersetzt nach Wapnir 1998 [137]). Reprinted with permission by the American Journal of Clinical Nutrition. © Am J Clin Nutr. American Society for Clinical Nutrition.

	Mensch	Labortiere
Ballaststoffe		
Phytat	–	+/–
Hemicellulose	↓	k. D.
Pflanzliche Gummi	–	k. D.
Kohlenhydrate		
Fructose	↓	↓ [a)]
Glucose-Polymere	k. D.	↑
Fette		
Triacylglyceride	–	–
Langkettige Fettsäuren	k. D.	↓
Mittellangkettige Fettsäuren	k. D.	–
Proteine		
Sehr eiweißhaltige Nahrung	↑	↑
Überschüssige Aminosäuren	+/–	↓
Organische Säuren		
Ascorbinsäure	+/–	↓ [b)]
Natürliche polybasische Aminosäuren	↑	k. D.
Divalente Kationen (Zink, Eisen, Zinn, Molybdän)	↓	↓

Abkürzungen: – kein Effekt; +/– unsicherer oder variabler Effekt; ↑ erhöhte Absorption; ↓ erniedrigte Absorption; k. D. keine Daten vorhanden.

a) Effekt eventuell nur systemisch.

b) bei Labortieren könnte die systemische Gabe von Ascorbinsäure stimulierenden Effekt auf die Resorption haben; bei lokaler Gabe ist es hemmend.

Grundsätzlich haben Kupfersalze, wie Kupferchlorid, -acetat, -sulfat und -carbonat, als Zusatz im Tierfutter eine hohe Bioverfügbarkeit. Eine Ausnahme bildet die Verbindung Kupferoxid, die je nach Art wenig oder gar nicht resorbiert wird [137].

Untersuchungen zur Resorption von Kupfer-Radioisotopen an Labortieren zeigten, dass Kupfer bei diesen zu einem gewissen Teil im Magen, zum größten Teil aber im Darm aufgenommen wird. Es tragen dabei auch distale Darmabschnitte zu einer Resorption bei, so dass ein gewisser enterohepatischer Kreislauf von Kupfer möglich ist [20, 72]. Bei der Untersuchung von Ratten zeigte sich eine deutlich nachweisbare Veränderung der Kupferaufnahme mit dem Alter. Nach der Geburt hatten die Tiere eine hohe Aufnahme, die dann zur Zeit der Entwöhnung abfiel. Radiomarkiertes Kupfer verblieb noch 24 Stunden nach der Gabe der markierten Nahrung in der Darmmukosa oder in durchbluteten Darmanteilen. Mit zunehmendem Alter verblieb dann weniger aufgenommenes Kupfer im Darm, zugunsten eines Transportes in die Leber. Zur Zeit der Entwöhnung (ca. 21. Tag) hält weder der Darm noch die Leber wichtige Teile des Kupfers zurück, dafür fand sich der Hauptteil des ^{64}Cu unresorbiert in distalen Darmabschnitten [72]. Bemerkenswert ist noch, dass sich bei jungen Ratten für die Kupferresorption keine Sättigungsgrenze zeigte, wohl aber bei erwachsenen Tieren [133].

Bei der Kupferresorption vom Menschen ergab sich bei der Untersuchung von Kindern, die vor dem Termin geboren wurden, für die ersten Lebensmonate eine negative Kupferbilanz. Ein Großteil des Kupfers fand sich dabei unresorbiert im Stuhl [30, 128]. Bei Erwachsenen ergab sich eine Resorptionsquote, die von niedrigem hin zu einem hohen Kupfergehalt in der Nahrung deutlich abfiel (umgekehrte Proportionalität). Diese Beobachtung weist auf eine Sättigungsgrenze bei Erwachsenen hin. Bemerkt werden muss dabei aber noch, dass die Gesamtkupferaufnahme mit dem höheren Angebot immer noch zunahm [127]. Die Untersuchungsergebnisse sprechen für eine Kupferaufnahme bei neugeborenen Säugern bis um die Zeit der Entwöhnung vornehmlich durch Diffusion und passiven Flüssigkeitstransport. Später tritt dann ein sättigbarer Transportmechanismus an diese Stelle [137]. Es gibt Hinweise darauf, dass Natrium- und Natrium-Calcium-Transportkanäle bei der Kupferresorption aus dem Darm eine wichtige Rolle spielen [136, 139].

Die tägliche Kupferaufnahme von Erwachsenen beträgt im Allgemeinen 1–2 mg [143]. Die durchschnittliche Kupferaufnahme mit der Nahrung betrug in einer Studie bei US-amerikanischen Männern 1,2 mg/Tag und bei Frauen 0,9 mg/Tag. Die durchschnittliche Aufnahme von 6 Monaten bis 1 Jahr alten Kindern lag entsprechend bei 0,45 mg/Tag und die von Zweijährigen bei 0,57 mg/Tag. Diese Daten wurden im Rahmen einer Ernährungsstudie in den Jahren 1982–1986 gesammelt [96].

Die Geschmacksschwelle von Kupfersulfat und Kupferchlorid liegt in Leitungswasser oder destilliertem Wasser bei 2,4–2,6 mg/L. In kohlensäurefreiem Mineralwasser liegt sie bei 3,5–3,8 mg/L. Als Geschmacksschwelle galt in der betreffenden Studie die niedrigste Konzentration, bei der 50% der Freiwilligen die Substanz noch schmecken konnten. Untersucht wurden dabei 61 Freiwillige zwischen 17 und 50 Jahren [148].

52.4.2
Verteilung und Speicherung von Kupfer

Wenn man den Transportweg von radioaktivem Kupfer im Tiermodell verfolgt, zeigt sich, dass Kupfer nach Übertritt aus dem Darm in das Blut in zwei Wellen transportiert wird. In der ersten Welle, bis einige Stunden nach Applikation, wird das Kupfer fast vollständig in die Leber und die Niere aufgenommen. In der zweiten Phase, die bis mehrere Tage nach Gabe des Isotops reicht, erscheint das Kupfer wieder im Blut und wird jetzt von anderen Organen und Geweben, wie Herz, Gehirn und Muskeln, aufgenommen [92, 93, 140].

In der ersten Transportphase ist das Kupfer an Albumin, Transcuprein und in geringerem Umfang an Coeruloplasmin gebunden. An niedermolekulare Blutkomponenten ist nur wenig Kupfer gebunden. Wahrscheinlich fungieren diese auch nicht als kurzzeitiges Durchgangskompartiment [70]. In der zweiten Transportphase tritt Kupfer überwiegend an Coeruloplasmin gebunden auf. Coeruloplasmin wird wahrscheinlich neben der Leber auch in der Niere synthetisiert und sekretiert. Es wird vermutet, dass in anderen Organen und Geweben des Körpers Kupfer wahrscheinlich überwiegend, je nach Art des Gewebes, vom Coeruloplasmin im Serum übernommen wird. Allerdings besteht auch die Möglichkeit, dass die Zellen Kupfer auf anderen Wegen (besonders andere Transportproteine) aufnehmen [70]. Für den Rücktransport aus den Organen und Geweben in die Leber, welche die Hauptausscheidungsaktivität hat, werden wahrscheinlich ebenfalls die Proteine Coeruloplasmin, Albumin und Transcuprein als Träger von Kupfer benutzt. Es gibt dabei Hinweise, dass Coeruloplasmin eine strukturelle Änderung aufweisen muss, um von der Leber aufgenommen werden zu können [21, 69, 122].

Coeruloplasmin kommt auch in der Milch von Säugern vor. Der Konzentrationsverlauf von Coeruloplasmin ist dabei ähnlich wie der von Kupfer, mit einer nach der Geburt abfallenden Tendenz. Obwohl Coeruloplasmin nach Schätzungen nur der Träger für 20–25% des Kupfers in der Milch ist, spielt es durch die gute Resorbierbarkeit des Coeruloplasmin-Kupfers wahrscheinlich eine wichtige Rolle im Stoffwechsel von Säuglingen [70].

Der Mechanismus des Kupfertransportes in die Zelle hinein ist zur Zeit noch Gegenstand intensiver Forschung. Bekannt ist, dass die Proteine Ctr1 und Ctr3 bei Säugern Kupfer in die Zelle transportieren (sowohl vom Darm in Mukosazellen, wie auch aus dem Blut in Körperzellen) [62, 63, 94]. Die Abkürzung Ctr steht dabei für Cu-Transporter. Das menschliche Protein Ctr1 (hCtr1) kommt dabei neben der Zellaußenmembran auch in der Membran von intrazellulären Vesikeln vor. Es enthält dabei wahrscheinlich drei Proteinstrukturen (Domänen), die durch die Membran reichen und die Bildung eines Kanals durch die Membran ermöglichen [65]. Die Steuerung der Kupferaufnahme durch Ctr1 erfolgt wahrscheinlich zellspezifisch, allerdings ist der genaue Mechanismus noch unbekannt [63]. Das hCtr1 scheint eine zentrale Rolle in der Kupferaufnahme in die Zellen zu spielen. Allerdings gibt es sehr wahrscheinlich noch einen oder mehrere weitere Transportmechanismen [62].

Intrazellulär wurde bei Untersuchungen eine Reihe von Polypeptiden bzw. kleinen cytosolischen Proteinen nachgewiesen, die so genannten Kupfer-Chaperone. Diese leiten Kupfer nach der Aufnahme in die Zelle sehr spezifisch weiter [99]. So ist z. B. bekannt, dass Kupfer vom Chaperon hCCS im Cytosol des Menschen zur Cu/Zn-haltigen Superoxiddismutase transportiert wird [94].

Bezüglich der Kupferspeicherung ergaben kinetische Studien, dass diese stark organspezifisch ist. Dabei benötigen einige Organe wie die Leber und möglicherweise die Niere einen erheblichen Abfall ihrer Kupferkonzentration, bis Re-

Tab. 52.5 Kupfergehalte in menschlichen Organen (bezogen auf das Frischgewicht) und Körperflüssigkeiten. Anmerkungen: wenn unter Spanne nur ein Wert genannt ist, ist in der Quelle nur ein Wert angegeben (Datenquelle: Iyengar et al. [55]).

Organ/Gewebe	Spanne
Darm (Ileum)	4,3 µg/g
Gehirn	5,1–5,6 µg/g
Haut	6,9 µg/g
Herz	1,9–44 µg/g
Leber	3,2–14,7 µg/g
Lunge	1,1–4,8 µg/g
Magen	2,36–3,70 µg/g
Milz	3,12 µg/g
Muskel	0,7–3,9 µg/g
Niere	1,7–4,15 µg/g
Plazenta	0,95–1,2 µg/g
Haar	12–22,8 µg/g
Nägel	11,2–53,0 µg/g
Blut (gesamt)	0,64–1,28 mg/L
Blut (Plasma)	0,61–1,41 mg/L
Blut (Serum)	0,97–164 mg/L
Schweiß	0,058–1,48 µg/g

tentionsmechanismen einsetzen. In der Rattenleber setzen Retentionsmechanismen bei einem Abfall des Kupfergehaltes in diesen Organen auf 55–65% des Normalwertes ein. Einmal aktiv, sind diese Mechanismen dann sehr effektiv. Bei anderen Organen, wie Gehirn und Herz, setzen diese Mechanismen schon bei geringem Abfall der Kupfergehalte ein. Im Gegensatz dazu sind die Retentionsprozesse in der Skelettmuskulatur viel geringer. Diese könnte bei anhaltendem Kupfermangel sogar Kupferquelle für andere Organe sein. Über die biochemisch-molekularbiologische Grundlage des Retentionsmechanismus an sich, oder dessen mögliche Unterschiede zwischen den verschiedenen Organsystemen, ist bisher nichts Näheres bekannt [68].

Allgemein weisen verschiedene Organe und Gewebe einen deutlich unterschiedlichen Gehalt an Kupfer auf. Hohe Gehalte haben verschiedene innere Organe wie z. B. Leber und Niere. Eine kurze Übersicht über die Kupfergehalte von Organen und Geweben beim Menschen bietet Tabelle 52.5.

52.4.3
Metabolismus und Elimination

Die Kupferaufnahme in die Zellen ist nach heutigem Wissensstand über Oberflächenrezeptoren vermittelt. Eine Endocytose von Coeruloplasmin spielt wahrscheinlich keine Rolle. Nach der Aufnahme in die Zellen findet Kupfer relativ schnell seinen Weg zu den kupferabhängigen und kupferhaltigen Proteinen

Tab. 52.6 Wichtige bekannte kupferhaltige Proteine bei Säugern (Quellen: [69, 94, 100, 129]).

Extrazelluläre Proteine	Intrazelluläre Proteine
Albumin	Cytochrom-c-Oxidase
Aminoxidase	Diaminoxidase
Angiogenin	Dopamine-β-Monooxygenase
Blutgerinnungsfaktor V	Knorpelmatrix-Glykoprotein
Blutgerinnungsfaktor VIII	Metallothionein (intrazelluläre Form)
Coeruloplasmin	Peptidylglycin-Monooxygenase (PAM)
Ferroxidase II	Phenylalaninhydroxylase
Lysyloxidase	Superoxiddismutase (intrazelluläre Form)
Metallothionein (extrazelluläre Form)	Tyrosinase
Superoxiddismutase (extrazelluläre Form)	
Transcuprein	

[69]. Tabelle 52.6 gibt eine erste Übersicht über wichtige Enzyme und andere Proteine, die Kupfer enthalten.

Neben dem Transportprotein (und wichtigem Akute-Phase-Protein der Infektabwehr) Coeruloplasmin sind drei weitere Proteine ubiquitär in der Natur verbreitet: Cytochrom-c-Oxidase (letztes Enzym der Atmungskette), Superoxiddismutase (SOD, Abwehr von Sauerstoffradikalen) und Metallothionein (u.a. Kupferüberschussspeicherung) [69].

Die Kupferabgabe über den Gastrointestinaltrakt übersteigt den Kupfergehalt der Nahrung, bei einem geschätzten Kupfergehalt westlicher Ernährung von 0,6–1,6 mg/Tag, in der Regel um ein Mehrfaches. Dies bedeutet, dass zur Aufrechterhaltung der Homöostase ein Großteil des Kupfers wieder rückresorbiert werden muss [69].

Bei der Elimination von Kupfer aus dem Körper tragen neben der Galle mit 2500 µg pro Tag die anderen Verdauungssekrete täglich etwa 2000 µg zur Sekretion bei. Der Leber kommt wahrscheinlich die Hauptausscheidungsfunktion für den Körper zu, da das Kupfer aus der Gallenflüssigkeit am schlechtesten rückresorbiert wird. Dem Urin und den Haaren und Nägeln kommt nur geringe Bedeutung bei der Kupferausscheidung zu [69, 75]. Die ungefähren Kupferkonzentrationen in µg/g liegen im Speichel bei 0,22, im Magensaft bei 0,39, in der Gallenflüssigkeit bei 4,0, im Pankreassekret bei 0,3–0,9 und im Duodenalsekret bei 0,17. Im Urin liegen die Konzentrationen bei bis zu etwa 0,05 µg/g [69].

Viele der im Folgenden beschriebenen toxischen Effekte von Kupfer beruhen auf der molekularen Ebene auf einer oxidativen Schädigung von Membranen und Makromolekülen durch von Kupfer katalysierte Produkte. Kupferionen sind dabei in der Lage, in der Haber-Weiss-Reaktion Hydroxylradikale zu bilden. Diese Radikalbildung konnte bereits auf verschiedenen Wegen nachgewiesen werden, darunter auch durch Analyse der DNA-Schadensprodukte [17]. Ein wichtiger Mechanismus des Körpers, sich vor diesen toxischen Wirkungen zu schützen, ist die Bindung von Kupfer an verschiedene Proteine, z. B. Metallothionein in Leberzellen [75]. Grundsätzlich hat der Körper drei Hauptwege, um Toxizität von Kupfer zu verhindern: die Senkung der Kupferaufnahme, die Erhöhung der Kupferausscheidung sowie die Ablagerung in nicht toxischer Form [29].

52.4.4
Biologische Funktionen von Kupfer

Das Element Kupfer hat im Rahmen von verschiedenen Proteinfunktionen insbesondere folgende Aufgaben:

Cytochrom-c-Oxidase (EC 1.9.3.1) ist das letzte Enzym der Elektronentransportkette in Mitochondrien und bakteriellen Zellmembranen. Es katalysiert die Reduktion von O_2 zu zwei H_2O. Die vier erforderlichen Elektronen kommen aus der Elektronentransportkette und dem Krebszyklus, vermittelt über Cytochrom c. Die Protonen stammen aus der Matrix zwischen den mitochondrialen Membranen. Beim Menschen besteht das Enzym aus 13 Untereinheiten und hat ein Molekulargewicht von etwa 200 kDa. Drei der Untereinheiten sind im Genom der Mitochondrien codiert, die anderen zehn im Zellkern. Ein Kupfermangel führt zu einem Aktivitätsabfall des Enzyms und einer Reduktion der respiratorischen Kapazität der Mitochondrien. Da die meisten Zellen einen Überschuss an Atmungsenzymen haben, tritt eine Funktionsstörung aber erst bei schwerem Kupfermangel auf [69, 110]. Die Mitochondrien von Herz und Leber sollen dabei empfindlicher auf Kupfermangel reagieren als die von z. B. der Nierenrinde [13].

Superoxiddismutase (SOD, EC 1.15.1.1) enthält bei vielen Lebewesen Kupfer und Zink, obwohl auch besonders bei Bakterien Formen mit Mangan und Eisen vorkommen. Die erste Form des Proteins SOD1 (auch Cu, Zn-SOD) mit Kupfer und Zink ist im Cytosol von Eukaryonten weit verbreitet und katalysiert die Dismutation von zwei $O_2^{-\bullet}$ ($+2H^+$) zu O_2 und H_2O_2. Das Enzym ist ein Homodimer mit einem Molekulargewicht von ca. 32 kDa. Jede Untereinheit enthält ein Kupfer- und ein Zinkatom am Boden eines engen Kanals, durch den Superoxid diffundiert. Extrazellulär kommt eine andere Form vor (SOD3 oder EC-SOD), die ein glykolysiertes Homotetramer ist. Eine Form nur mit Mangan kommt in Mitochondrien vor (MnSOD oder SOD2). Superoxiddismutasen sind wichtig in der antioxidativen Abwehr. Ein Anstieg von Sauerstoff erhöht seine Aktivität und Expression [69, 147]. Beim Menschen werden genetisch bedingte Störungen der SOD-Funktion mit der amyotropen Lateralsklerose in Verbindung gebracht [105, 114].

Metallothionein besteht aus kleinen Polypeptiden, die als Antwort auf eine Fracht von divalenten Übergangsmetallionen (besonders Zn(II), Cd(II) und Cu(II), nicht aber Fe(II)) gebildet werden. Man nimmt an, dass sie zur intrazellulären Speicherung von Kupfer und zur Detoxifizierung durch Bindung der Cu-Ionen, die im Überschuss metabolische Störungen verursachen würden, existieren. Unter normalen Umständen ist *in vivo* nur die Bindung von Kupfer,

Zink und Cadmium relevant. Bei Säugern ist das Polypeptid meist 61 Aminosäuren lang (Molekulargewicht ca. 6 kDa) und enthält 20 Cysteinbausteine in der Sequenz Cys-Cys oder Cys-X-Cys. Bei Säugern wird die Expression durch die Metallionen selbst, durch Stress (Glucocorticosteroide), Entzündungsmediatoren und in der Leber auch durch Glucagon reguliert. Metallothionein hat wahrscheinlich auch antioxidative bzw. Hydroxyl- und Superoxid-Radikal fangende (Scavenger-) Aktivität, was seine Aktivierung bei Entzündungen, die mit Freisetzung von Sauerstoffradikalen verbunden sind, erklären könnte. Schließlich kann das Polypeptid auch als Donator (Spender) von Kupfer und Zink für Apo-Formen von Enzymen dienen [59, 69].

Coeruloplasmin (extrazelluläres Protein) hat neben der oben beschriebenen Transportfunktion eine Rolle als Akute-Phase-Protein und als Scavenger von Sauerstoffradikalen, um Zellen vor oxidativem Schaden zu bewahren. Weiter hat es eine Aktivität als Ferrooxidase (EC 1.16.3.1) und reduziert wahrscheinlich Fe(II) zu Fe(III), das dann extrazellulär an Transferrin binden kann. Menschliches Coeruloplasmin ist ein 132 kDa schweres α_2-Glykoprotein aus 1046 Aminosäuren mit einem etwa 10%igen Anteil an Kohlenhydraten. Es kann sechs Kupferatome binden. Neben der Plasmaform wird alternativ eine Form hergestellt, die mit einem Zuckerrest in der Zellmembran verankert ist [50, 69, 79].

Lysyloxidase (EC 1.4.3.13) ist ein anderes kupferhaltiges extrazelluläres Enzym (Molekulargewicht ca. 32 kDa) und hat eine wichtige Bedeutung in der Bildung und Funktion von Bindegewebe im ganzen Körper. Es katalysiert die Quervernetzung von neu gebildeten Collagen- und Tropoelastinsträngen durch oxidative Desaminierung von Lysinseitenketten dieser Proteine. Dieses Quervernetzen dient insbesondere dazu, die Fasern widerstandsfähig gegen verschiedene unspezifische Proteasen aus der Blutgerinnung zu machen. Ein schwerer Kupfermangel führt zu mangelnder Collagenreifung und Elastindefekten in den Blutgefäßwänden mit häufiger Bildung von Blutgefäßanomalien (Aneurismen) [69, 106].

Tyrosinase (Monophenol-Monooxygenase, EC 1.14.18.1) ist mitverantwortlich für zwei Reaktionsschritte der Synthese des Pigmentes Melanin, das eine entscheidende Bedeutung im Schutz der Haut vor UV-Strahlung und in der allgemeinen Färbung von Haar, Haut und der Iris hat. Tyrosinasen sind in der Natur weit verbreitet und umfassen auch die Katecholoxidasen, die bei Pflanzen mit der Wundheilung in Zusammenhang gebracht werden. Bei Säugern besteht das Enzym der Melanozyten aus einem 67 kDa-Monomer [45, 69].

Dopamin-β-Monooxygenase (EC 1.14.17.1) ist ein Schlüsselenzym in der Produktion von Katecholaminen, die als Neurotransmitter fungieren und als Stressmediatoren vom Nebennierenmark ausgeschüttet werden. Das Enzym kommt in hoher Konzentration in Norepinephrin-Speichergranula nahe den Synapsen und in den Epinephrin enthaltenden chromaffinen Granula des Nebennierenmarkes vor. Es katalysiert die Hydroxylierung von Dopamin zu Norepinephrin mit Hilfe von Ascorbat und molekularem Sauerstoff. Norepinephrin kann dann durch eine Methylierung zu Epinephrin umgewandelt werden. Das Enzym besteht aus vier Untereinheiten. Schwerer Kupfermangel führt zu einer Produktionsstörung von Norepinephrin und einer Akkumulation von Dopamin in verschiedenen Teilen des Zentralen Nervensystems und daraus folgend zu dessen Funktionsstörung [69].

52.5
Wirkungen

52.5.1
Wirkungen auf den Menschen

52.5.1.1 Toxizität, Kanzerogenität und Teratogenität

Magen-Darmtrakt: Beim Menschen sind die Symptome der akuten Toxizität von oral aufgenommenem Kupfersulfat nach einer klassischen Untersuchung wie folgt: Alle Patienten zeigten Übelkeit und Erbrechen, hatten metallischen Geschmack im Mund und empfanden ein Brennen im epigastrischen Bereich. Seltener traten Durchfall, Leberzellzerfall mit Gelbsucht, Hämoglobin-/Hämaturie und Anurie/Oligurie auf. Einige Patienten wurden hypertonisch oder komatös [22, 24]. Die toxische Wirkung von oral verabreichten Kupfersalzen ist häufig durch eine Schleimhautreizung, die ein Erbrechen zur Folge hat, begrenzt. Trotz dieses Mechanismus sind tödliche Verläufe beschrieben worden [24]. In einer experimentellen Studie in Chile, bei der 60 gesunde Frauen täglich bis zu 5 mg Kupfer (als Kupfersulfat) pro Liter Trinkwasser aufgenommen haben, traten bei 3 mg Kupfer und mehr Übelkeit, abdominelle Schmerzen und Erbrechen auf [98]. Eine weitere experimentelle Studie aus Chile untersuchte in einem doppelblinden, randomisierten Ansatz bei 1365 Teilnehmern über zwei Monate das Auftreten von gastrointestinalen Symptomen bei Aufnahme von Trinkwasser mit unterschiedlich hohen Kupferkonzentrationen. Die Teilnehmer wurden in vier Gruppen eingeteilt und nahmen Wasser entweder mit Kupferkonzentrationen von <0,01 mg/L, 2 mg/L, 4 mg/L oder 6 mg/L auf. Im Vergleich zu der Gruppe, die Wasser mit <0,01 mg/L Kupfer erhielt, gab es in der Gruppe mit 6 mg/L signifikant mehr Klagen über gastrointestinale Symptome, wie Übelkeit und Erbrechen. Die Beschwerderate stieg dabei von 11,7% der Teilnehmer auf 19,7%. Die bei einem Teil der Teilnehmer durchgeführte Untersuchung verschiedener Blutparameter (z. B. GOT, GPT, GGT, SOD) ergab keine signifikant unterschiedlichen Werte zwischen den Gruppen [5].

In einem Fallbericht aus dem Staate Vermont in den USA traten bei einer Familie mit einer Hauptzuleitung und einer Hausinstallation aus Kupfer sowie gemessenen Kupferkonzentrationen zwischen 2,8 und 7,8 mg/L über Monate immer wieder Symptome, wie abdominelle Schmerzen und Erbrechen, auf. Das Wasser kam aus der öffentlichen Wasserversorgung des Dorfes und wies mit einem pH-Wert von 5,8 einen sehr niedrigen Wert auf. Nach Weglassen des Wassers traten die Beschwerden nicht weiter auf [116].

Als Effekt einer Langzeitbelastung sind bei Arbeitern, die in der Landwirtschaft über Jahre eine kupfersulfathaltige Lösung versprüht haben, pathologische Leberveränderungen beschrieben worden, bis hin zum Auftreten von Angiosarkomen der Leber [24].

Respiratorisches System: Bei Arbeitern, die chronisch mit großen Mengen Kupferstaubes und Kupferrauchen belastet waren, sind Schwellung der Nasen- und Rachenschleimhaut mit gelegentlich auftretenden Ulzerationen berichtet worden. Häufig begleitet wird dies von einem so genannten Gussfieber mit Symptomen von Schüttelfrost und Fieber [24].

Neben den oben erwähnten Leberveränderungen wurden bei Landwirtschaftsarbeitern, die über Jahre eine kupfersulfathaltige Lösung versprüht hatten, interstitielle Lungenveränderungen beobachtet, mit histiozytischen Granulomen und assoziierten nodulär fibrohyalinen Narbenbildungen mit Kupfereinlagerungen. Dieser Prozess kann sich rückbilden, gleich bleiben oder in eine diffuse Lungenfibrose mit allen bekannten Folgen, wie auch Karzinombildung, übergehen [24].

Dermatologisch/ophthalmologische Veränderungen: In seltenen Fällen ist bei Kontakt mit Kupfersalzen oder Kupferstaub eine allergische Kontaktdermatitis aufgetreten. Ebenfalls ist bei diesem Kontakt in seltenen Fällen eine grün-schwarze Haarverfärbung beschrieben worden [24]. Beim Kontakt von Kupfersalzen mit dem Auge traten Conjunctivitis (Bindehautentzündung), Ödeme des Augenlides und in schweren Fällen Hornhautschäden auf [24].

Weitere Auswirkungen: Bei systemischer Kupfervergiftung können schwere hämolytische Krisen (mit Blutzellzerfall) und dadurch bedingte Schäden an anderen Organen auftreten. Als direkte und indirekte Folge der Kupfertoxizität gibt es auch Auswirkungen auf die Niere, das Nervensystem und das Herzkreislaufsystem [24].

Kanzerogenität/Teratogenität: Epidemiologische Studien beim Menschen liefern nur wenig überzeugende Hinweise, dass Kupfer eine ursächliche Rolle bei der Krebsentstehung spielt [143]. Bei diesen Studien, in denen die Kupferspiegel von Krebspatienten mit denen von Kontrollpersonen verglichen worden sind, ist die Ursache-Wirkungsbeziehung unklar. Kupfer ist von der IARC (International Agency for Research on Cancer) nicht bewertet worden [14]. Hinweise auf eine Teratogenität und Reproduktionstoxizität von Kupfer beim Menschen wurden durch epidemiologische Studien bisher nicht hinreichend gefunden [143].

52.5.1.2 **Folgen von Kupfermangel**

Kupfermangel führt beim Menschen zu einer mikrozystischen, hypochromen Anämie (bestimmte Form der „Blutarmut"), einer Neutropenie (Mangel an Neutrophilen Granulozyten – einem Typ von weißen Blutkörperchen), einem Abfall des an Transferrin gebundenen Eisens im Plasma und einer Akkumulation von Eisen in der Leber, einhergehend mit einer Zunahme des Enzyms Hämoxygenase (die Häm abbaut) [69, 97]. Weiterhin sind Knochenveränderungen beobachtet worden [25, 144]. Eine reduzierte Zahl an Neutrophilen Granulozyten tritt dabei erst bei schwerem Kupfermangel auf. Allerdings gibt es eine Einschränkung ihrer immunologischen Funktion schon bei leichtem Kupfermangel [97].

52.5.1.3 Wichtige kupferassoziierte Erkrankungen

Menkes-Syndrom

Eine genetisch bedingte Form des Kupfermangels ist das Menkes-Syndrom. Es ist bedingt durch einen Defekt an einem Gen auf dem X-Chromosom (Xq 13.3), das normalerweise für eine Kupfer transportierende ATPase codiert. Dieses Gen wurde als ATP7A benannt [78]. Durch eine Reduktion, ein Fehlen oder eine Funktionsstörung dieses Enzyms kann Kupfer von diesen Patienten nicht in für den Körper ausreichenden Mengen über den Darm aufgenommen werden. Der Mangel ist besonders einschneidend in den ersten zwölf Lebensmonaten, wenn die Entwicklungsgeschwindigkeit des Gehirns und des Nervensystems, die Kupfer benötigen, am höchsten ist. Daher treten nach einer symptomfreien Zeit von 8–10 Wochen beim unbehandelten Menkes-Syndrom insbesondere neurologische Auffälligkeiten auf (Verlust von bereits entwickelten motorischen Fähigkeiten, Auftreten von muskulärer Hypotonie, Gedeihstörungen) und die betroffenen Kinder sterben in den ersten Lebensjahren. Weitere wichtige Symptome sind Auftreten von kurzen, gewundenen Kopfhaaren (Pili torti, z. T. verfärbt) und eine typische Gesichtserscheinung. Das Syndrom wurde erstmals in den 1960er Jahren von Menke und seinen Kollegen an der Columbia Universität in New York beschrieben. Die relativ seltene Erkrankung hat eine geschätzte Inzidenz pro Jahr von 1 zu 100000 bis 1 zu 250000 lebend geborenen Kindern [49, 57, 78]. Als weniger schwere Form des Menkes-Syndroms, mit vorhandener Restfunktion der betroffenen ATPase, tritt das Occipital Horn-Syndrom auf. Bei diesem Syndrom bestehen überwiegend Veränderungen des Bindegewebes [57, 78]. Biochemische Veränderungen beim Menkes-Syndrom sind niedrige Kupferkonzentrationen in Plasma, Leber und Gehirn, reduzierte Aktivität von zahlreichen kupferabhängigen Enzymen und eine paradoxe Akkumulation von Kupfer in verschiedenen Geweben (Duodenum, Niere, Milz, Pankreas, Skelettmuskulatur und Plazenta). Wichtig dabei zu wissen ist, dass die krankheitsverursachende ATPase sehr wahrscheinlich eine bedeutende Funktion im Kupfertransport aus der Zelle hinaus hat, ausgenommen in der Leber [78]. Therapeutisch wird ein medizinisches und nutritives Management versucht; weiterhin gibt es Versuche mit der Gabe von Kupferhistidin [57].

Morbus Wilson

Morbus Wilson ist eine autosomal rezessiv erbliche Störung des Kupferstoffwechsels. Gestört ist die Kupferausscheidung von der Leber in die Gallenflüssigkeit. Ursache ist eine von mehr als 30 bekannten Genmutationen auf Chromosom 13, das für eine ATP-abhängige Kupferpumpe (ATP7B) codiert. Durch die Mutation kommt es zu einer Ansammlung von Kupfer insbesondere in der Leber und im Gehirn [11, 19, 40]. Klinisch unterschieden werden drei Hauptformen, mit einem ungefähren Anteil von jeweils einem Drittel der Betroffenen. Bei der ersten Form entwickeln die Patienten zum Ende des zweiten oder Anfang des dritten Lebensjahrzehnts eine Erkrankung der Leber wie Hepatitis, chronische Leberzirrhose oder Leberversagen. Bei der zweiten Form treten überwiegend neurologische Symptome wie Bewegungs- und Sprechstörungen (Dysarthrie) auf. Psychiatrische Symptome, wie Verhaltens- und Schlafstörungen und emotionale Störungen, sind führend bei der letzten Form [19, 118]. Als Screening-Test zur Diagnose gut geeignet ist die Messung von Kupfer im 24 h-Sammelurin, der bei symptomatischen Patienten fast immer erhöht ist. Bei 90% der Betroffenen ist der Serum-Coeruloplasmin-Spiegel erniedrigt. Erhöht im Serum ist das freie Kupfer. Diagnostisch wichtig ist, besonders bei den neurologischen und psychiatrischen Formen, der Kayser-Fleischer-Kornealring, eine Kupfereinlagerung in die Hornhaut der Augen. Als diagnostischer Goldstandard gelten deutlich erhöhte Kupfergehalte in biopsiertem Lebergewebe (>200 µg/g Trockengewicht) [19]. Nach der Diagnose eines Morbus Wilson ist ein Screening der Familie angezeigt, da diese behandelbare Erkrankung in der Familie des Betroffenen sehr viel häufiger als in der Normalbevölkerung ist.

Bei der Hunderasse Bedlington Terrier tritt häufig eine autosomal rezessive Erkrankung, die dem Morbus Wilson ähnelt, auf (engl.: canine copper toxicosis). Sie ist mit den gleichen Substanzen behandelbar; wahrscheinlich sind aber unterschiedliche Gene ebenfalls im Rahmen der hepatischen Kupferausscheidung betroffen [19].

ICC/NICC

Als weitere kupferassoziierte Erkrankungen beim Menschen sind die Indian Childhood Cirrhosis (ICC) in Indien und die so genannte Non-Indian Childhood Cirrhosis (NICC, oder auch Idiopathic Copper Toxicosis [82]), u. a. mit Fällen in den Vereinigten Staaten [66], Deutschland [35, 83] und Tirol [81], bekannt. Es handelt sich hierbei um frühkindliche, feinknotige Leberzirrhosen bei Säuglingen und kleineren Kindern. Die Erkrankungen sind von einem außergewöhnlich hohen Kupfergehalt in der Leber begleitet. Die Krankheitsbilder sind sich klinisch und histologisch jeweils sehr ähnlich. Sie haben beide trotz Therapieversuchen häufig einen tödlichen Verlauf. Histologisch umfasst das Erkrankungsbild u. a. eine mikronoduläre Zirrhose, Ballonzellen, Einlagerung von Mallorykörperchen, diffuse Speicherung von Kupferpigment und fibröse Okklusion der Zentralvenen [84, 85].

Eine Reihe von Untersuchungen bringt eine gesteigerte alimentäre Kupferaufnahme über frühes (Zu-)Füttern, von in Messinggefäßen aufgekochter und gelagerter tierischer Milch, in ursächlichen Zusammenhang mit der Indian Childhood Cirrhosis (ICC) [86, 120] und den Tiroler Fällen von NICC [81]. Als weitere Ursachen bzw. Mitursachen werden genetische Faktoren und Hepatotoxine (wie Pyrrolizidin-Alkaloide, Aflatoxine) diskutiert, bisher allerdings ohne eindeutigen Nachweis [64, 66, 121]. Verschiedene Studien sprechen insbesondere für einen autosomal rezessiv vererbbaren Faktor bei der NICC [81, 83], der allerdings nicht mit dem beim Morbus Wilson mutierten Gen übereinstimmt [141].

Bei den Fällen aus Deutschland (NICC) ergab sich die erhöhte alimentäre Kupferaufnahme über eine früh begonnene Versorgung mit Babynahrung, die jeweils mit korrosivem Wasser aus hauseigenen Brunnen zubereitet worden war (pH <6,5) [39, 108]. Das korrosive Wasser führte dann zusammen mit einer nicht zulässigen Hausinstallation aus Kupfer (wasserseitiger Einsatzbereich wegen zu niedrigem pH-Wert nicht gegeben) zu hohen Kupferwerten im Leitungswasser. Untersuchungen zu Kupferkonzentrationen bei Haushalten, die an die öffentliche Wasserversorgung angeschlossen sind, zeigen, dass es auch hier zu erhöhten Messwerten kommen kann [134, 149–151].

Um die Möglichkeit eines Zusammenhangs zwischen dem Kupfergehalt von regulärem Trinkwasser und dem Risiko einer frühkindlichen Leberschädigung zu überprüfen, wurde in der Stadt Berlin und im südlichen Niedersachsen (Raum Göttingen) eine Erhebung zum Vorkommen überhöhter Kupferkonzentrationen im Trinkwasser von zentral versorgten Haushalten durchgeführt. Weiterhin wurde der Gesundheitszustand von überdurchschnittlich exponierten Säuglingen kontrolliert. Insgesamt wurden im Studiengebiet im südlichen Niedersachsen Wasserproben aus 1674 Haushalten mit Säuglingen untersucht. Die durchschnittliche Kupferkonzentration lag dabei bei 0,18 mg/L in den 1619 gesammelten Stagnationsproben und bei 0,11 mg/L in den 1660 gesammelten Spontanproben. Es ergaben sich dabei erhebliche regionale Unterschiede. Bei 10,3% aller Haushalte wurden Kupferkonzentrationen von 0,5 mg/L oder darüber gefunden. Diese Familien wurden gebeten, zusätzlich zwei Tagesprofilproben zu sammeln. Ergab sich dabei ein Kupferwert von 0,8 mg/L oder mehr im Trinkwasser und der Säugling hatte eine definierte Mindestmenge davon aufgenommen, wurde den Eltern zu einer pädiatrischen Untersuchung ihres Kindes geraten. Insgesamt wurden vierzehn Säuglinge kinderärztlich untersucht, elf davon auch mittels einer Blutentnahme. Keines dieser Kinder zeigte dabei Zeichen einer Leberfunktionsstörung [149, 151].

In Berlin wurde bei insgesamt 2944 Haushalten mit Säuglingen das Leitungswasser auf Kupfer hin untersucht. Unabhängig von anfangs verwendeten Screening-Tagesprofilen wurden 2619 Haushalte mit zwei unterschiedlichen Tagesprofilen untersucht. Der gemessene Mittelwert für Kupfer lag in diesen bei 0,44 mg/L im Tagesprofil 1 (verbrauchsnahes Profil) bzw. 0,56 mg/L im Tagesprofil 2 (Tagesverlaufsprofil). Eine kinderärztliche Untersuchung wurde bei Säuglingen aus Haushalten mit Kupferkonzentrationen über 0,8 mg/L in einem Tagesprofil oder beiden Tagesprofilen (traf bei 29,9% der beprobten Haushalte zu) und einer definierten Minimumaufnahme des Wassers empfohlen. Bei fast allen dieser insgesamt 541 Säuglinge, für die eine kinderärztliche Untersuchung empfohlen worden war, wurde diese auch durchgeführt, davon bei 183 auch mittels einer Blutentnahme. Keines der Kinder zeigte hierbei Zeichen einer Leberschädigung oder Lebererkrankung, auch wenn einige Serumparameter außerhalb des Referenzbereiches lagen und die abdominelle Sonographie in fünf Fällen auffällige Befunde ergab. Weiterhin konnten auch keine Hinweise auf einen negativen gesundheitlichen Effekt von Kupfer in der statistischen Auswertung der Parameter Serumkupfer, GOT, GPT, GGT, Bilirubin gesamt oder Coeruloplasmin im Zusammenhang mit verschiedenen täglichen Kupferaufnahmen und Gesamtkupferaufnahmen gefunden werden. Eine Dosis-Wirkungsbeziehung von Serumparametern und Kupferexposition konnte nicht nachgewiesen werden. Zusammenfassend kann man sagen, dass sich in diesen beiden Studien kein Hinweis auf eine gesundheitliche Gefährdung durch, an die öffentliche Wasserversorgung angeschlossene, Hausinstallationen aus Kupfer ergab [150, 151].

Weitere Daten zur Bewertung der Toxizität von Kupfer liefert eine experimentelle Arbeit aus Chile [90]. In der Studie wurde die Nahrung von zwei Gruppen von Säuglingen ($n=80$), vom 3. bis 12. Lebensmonat, mit Wasser zubereitet, welches eine Kupferkonzentration von 2 mg Cu/L enthielt. Die Nahrungszubereitung der Kontrollgruppe ($n=48$) erfolgte mit Wasser, dessen Kupferkonzentration unter 0,1 mg Cu/L lag. Im 6., 9. und 12. Lebensmonat erfolgte eine Blutentnahme bei den Säuglingen. Die erfassten serologischen Parameter differierten nur unwesentlich zwischen den beiden Gruppen. Auch die körperliche Untersuchung und die Anamnese ergaben keine Hinweise auf eine unterschiedliche Morbidität. Ergänzend muss hinzugefügt werden, dass bei dieser Untersuchung jeweils zwischen dem 4. und nach dem 6. Monat abgestillt wurde. Die Säuglinge, bei denen eine Erkrankung an frühkindlicher Leberzirrhose mit Kupfer in Verbindung gebracht worden ist, sind laut Bericht überwiegend nie vollgestillt worden.

Zu ähnlichen Schlussfolgerungen kommt auch eine Untersuchung von drei Städten des US-Bundesstaates Massachusetts. Dort wurden trotz hoher Kupferwerte im Trinkwasser (8,5 bis 8,8 mg/L) keine Todesfälle infolge Lebererkrankung bei Kindern unter 6 Jahren beschrieben [107].

Die beschriebenen Studien sprechen für einen weiteren pathogenetischen Faktor neben Kupfer bei der NICC, da es z.T. trotz einer hohen Kupferexposition der Kinder über ihr Trinkwasser zu keinen relevanten Leberveränderungen kam.

Therapeutisch wird bei diesen Erkrankungen die Exposition ausgeschaltet; medikamentös wird insbesondere Penicillamin eingesetzt. In schweren Fällen wurden Lebertransplantationen durchgeführt [120].

52.5.2 Wirkungen auf Versuchstiere

Akute Toxizität

Mit der Gabe von durchschnittlich 40 mg (Bereich 20–80 mg) Kupfersulfat ($CuSO_4 \cdot 5\,H_2O$), in etwas Wasser gelöst, konnte bei allen elf untersuchten Hunden Erbrechen ausgelöst werden. Im Durchschnitt trat dieses nach 12 min Latenzzeit auf [135].

Chronische Toxizität

Ratten und Mäuse: Bei einer subchronischen Toxizitätsuntersuchung von Kupfersulfat im Fütterungsversuch mit Ratten und Mäusen über 2 und 13 Wochen

Dauer sowie in der Verabreichung mit dem Trinkwasser über 2 Wochen ergaben sich verschiedene Schadenspunkte [51]. Die Aufnahme von Kupfersulfat mit der Nahrung führte zu einer Hyperplasie und Hyperkeratose der Vormagenschleimhaut sowohl bei Ratten als auch bei Mäusen. Die maximale Konzentration ohne messbare Wirkung (NOEL – no observed effect level) zu diesem Endpunkt betrug 1000 ppm bei Ratten und 2000 ppm bei Mäusen. Bei Ratten führte mit der Nahrung verabreichtes Kupfersulfat zu einer Schädigung der Leber, der Niere und des Blut bildenden Systems mit einem NOEL von 1000 ppm bei beiden Geschlechtern. An der Leber trat eine chronisch-aktive Entzündung auf, mit zunehmender Schwere und Dauer der Verabreichung. Bei der Niere waren Proteinablagerungen im proximalen Tubulus zu beobachten. Ratten konnten mit der Zeit toxische Effekte auf das Blut bildende System kompensieren, nicht aber die Effekte auf Leber und Niere. Bei Mäusen konnten bis zu einer getesteten Dosis von 16000 ppm keine Auswirkungen auf Leber oder Niere beobachtet werden. Bei der Gabe von Kupfersulfat mit dem Trinkwasser ergaben sich bis 1000 ppm weder bei Ratten noch Mäusen Krankheitszeichen. Lediglich bei männlichen Ratten konnten bei Konzentrationen von 300 und 1000 ppm mikroskopisch vermehrte Proteinablagerungen in Nierenepithelzellen des proximalen Tubulus beobachtet werden. Bei Konzentrationen ab 3000 ppm ergaben sich Todesfälle bei Ratten und Mäusen. Zusammengenommen reagieren Ratten empfindlicher auf Kupfersulfat als Mäuse. Bei keiner getesteten Dosis konnte ein Effekt auf einen der gemessenen reproduktiven Parameter, wie Spermienmorphologie oder zytologische Vaginaluntersuchungen, beobachtet werden.

Schafe: In Bezug auf die Kupfertoxizität bei Schafen gibt es Berichte, dass es in einigen Teilen Australiens zu Vergiftungserscheinungen bei Tieren, die auf sehr kupferreichen Böden gegrast haben, gekommen ist. Das Problem war in Gegenden mit niedrigen Molybdängehalten in den Weidepflanzen noch verschärft [102]. Weitere Vergiftungsfälle sind bei Tieren beschrieben worden, die mit kupferhaltigen Fungiziden und Molluskiziden behandeltes Futter oder mit Kupfer als Masthilfsstoff supplementiertes Schweinefutter erhalten hatten [102]. Die Entwicklung einer chronischen Kupfertoxikose bei Schafen verläuft klassisch in zwei Phasen. In der ersten Phase mit meist noch normalem Wachstum und Futteraufnahme kommt es zu einer Akkumulation von Kupfer in der Leber (bis zu 1000 µg/g Trockengewicht) und einem Anstieg verschiedener Enzyme im Serum als Ausdruck von Gewebeschäden, insbesondere des Lebergewebes. In der zweiten Phase kommt es zu einer hämolytischen Krise, mit Symptomen wie exzessivem Trinken, Anorexie, Gelbsucht und Hämoglobinämie, die häufig zum Tode des Tieres führt. Weiterhin kommt es zu Schäden anderer Organe, wie der Niere und dem Gehirn [16].

Verschiedene Schafrassen können eine deutlich unterschiedliche Empfindlichkeit für Kupfer aufweisen, sodass eine genetische Veranlagung anzunehmen ist. Sehr empfindlich reagieren North Ronaldsay Schafe von den Orkney Inseln, wenn sie auf normalen Weiden grasen, da deren Futter traditionell überwiegend aus Seetang besteht [16].

Rinder: Ebenfalls relativ empfindlich in Bezug auf Kupfer reagieren Kälber, im Gegensatz zu erwachsenen Rindern [16].

Schweine: Deutlich weniger empfindlich auf Kupfer reagieren Schweine. Da Kupfer als Masthilfsstoff eingesetzt wird, ist bei hohen Supplementationsmengen eine chronische Toxizität mit letalen Verläufen möglich. Beschrieben wurden diese bei Kupferaufnahmen ab 750 mg/kg Futter [16]. Der Krankheitsverlauf bei Schweinen unterscheidet sich von denen bei Wiederkäuern. Beschrieben sind Schwerfälligkeit, Schwäche, Atemnot, Anämie, Gelbsucht, Lungenödeme und Ulzerationen im Bereich der Speiseröhre und des Magens [16]. Es entwickelt sich keine akute hämolytische Krise, sondern chronisch eine Anämie vom hypochromen mikrozytären Typ. Weiterhin sind Änderungen in der Fettsäurenzusammensetzung im Fettgewebe der Tiere beschrieben worden [16].

Allgemein kann gesagt werden, dass das Widerspiegelungsvermögen des Elementstatus (Spurenelementbelastung bzw. -mangel) in verschiedenen Organen und Körperflüssigkeiten deutlich differiert. Der Kupferstatus von Tieren wird durch Untersuchungen des Großhirns, der Leber, des Blutserums und der Haare mit abnehmender Sicherheit angezeigt [43 (S. 44–47)].

52.5.3 Wirkungen auf andere biologische Systeme

52.5.3.1 Wirkung auf Pflanzen

Für Pflanzen hat Kupfer einerseits eine Bedeutung als essenzielles Spurenelement, andererseits aber auch als toxisches Element in je nach Art variierenden Konzentrationsbereichen [7]. Einige Pflanzen weisen eine sehr hohe Kupfertoleranz auf. So wurde die Pflanze *Becium homblei*, die in Zaire, Simbabwe und Sambia auf Kupfererzvorkommen wächst, als geobotanischer Anzeiger für Kupfergehalte im Boden über 1000 ppm beschrieben. Die Pflanze soll Gehalte bis über 70 000 ppm (Trockenmasse) tolerieren und Kupfer bis zu Gehalten von 17% organisch an die Zellwände gebunden in ihren Blättern akkumulieren [109]. Weiterhin kommen ebenfalls sehr kupfertolerante Moose (*Merceya, Mielichhoferia*) vor, die an saure, kupferreiche Substrate gebunden sind [67]. Generell manifestiert sich eine Kupfertoxizität bei Pflanzen durch eine allgemeine Chlorose (Ausbleichen der Blätter) und Wachstumsstörungen. Besonders wirkt sich diese Wachstumsstörung auf den Wurzelbereich aus, wo eine Verminderung des Längenwachstums der Wurzeln, der Zahl der Seitenwurzeln und Wurzelhaare auftritt. Dies kann wiederum zu einem Mangel an Nährstoffen und weiteren Wachstumsstörungen führen [67]. Bei Mais (*Zea mays* L.) und Soja (*Glycine max.* (L.) Merr.) beginnt die Toxizität von Kupfer bei einer Konzentration im Gewebe (Trockenmasse) von größer als 50 ppm [46].

52.5.3.2 Wirkung auf aquatische Lebewesen

Auf aquatische Lebewesen wirkt Kupfer in der Regel sehr viel toxischer als auf Säugetiere. Schon im niedrigen Mikrogrammbereich kann eine chronische Kupferexposition für diese Lebewesen tödlich sein [52, 77]. Bedingt ist dieses wohl durch ein großes Volumen-Oberflächenverhältnis bei Algen und Wirbellosen sowie durch großen respiratorischen Wasserdurchsatz durch gut kupferpermeable Kiemen bei höheren Wassertieren, wie Fischen [52].

Bei Algen kann es schon durch Kupferkonzentrationen von einigen µg im Wasser zur Einschränkung der Photosynthese und zur Wachstumshemmung kommen [52]. Bei Wirbellosen Tieren gibt es sehr große Unterschiede bei den Schwellen, an denen eine akute wie chronische Kupfertoxizität auftritt. Die 48 h LC_{50}-Toxizitätswerte reichen hier von 5 µg bis über 100000 µg Cu/L. Empfindlich sind die Arten von *Daphnia spp.*, deren LC_{50} durchgehend unter 100 µg/L liegen. Weniger empfindlich sind Weichtiere (*Mollusca*, wie Schnecken und Muscheln), Ringelwürmer (*Annelida*) und insbesondere Insekten. Innerhalb der Tierklassen gibt es allerdings große Unterschiede zwischen den einzelnen Familien und Arten [52, 61, 77].

Für die akute Toxizität von Kupfer auf Fische sind insbesondere die Härte des Wassers, das Komplexierungsvermögen des Wassers durch natürliche organische Komponenten, der pH-Wert, Alkalinität und Speziesunterschiede von entscheidender Bedeutung. Ansteigende Härte führt hier zu einem deutlichen Abfall der Kupfertoxizität [41, 52]. Relativ empfindlich sind die Lachsfische (*Salmonidae*), bei denen es bei niedriger Härte schon bei Kupferkonzentrationen von deutlich unter 100 µg/L zu einer akuten Toxizität (96 h LC_{50}) kommen kann. Etwa um den Faktor 10 weniger empfindlich sind Sonnenbarsche (*Centrarchidae*). Chronische Kupfereffekte auf Wachstum und Reproduktion treten bei Lachsfischen schon ab etwa 10 µg Cu/L und bei Sonnenbarschen ab etwa 40 µg/L auf [52].

52.5.4
Reproduktionstoxizität und Teratogenität

Neben einer erhöhten embryonalen und larvalen Mortalität bei Fischen hat Kupfer auch eine teratogene Wirkung auf diese Stadien. Besonders empfindlich reagierte in Studien die Regenbogenforelle (*Salmo gairdneri*). Weniger empfindlich waren z. B. Goldfische (*Carassius auratus*). Nach der Behandlung von Fischeiern mit Kupfer traten, ähnlich wie bei anderen Schwermetallen, Veränderungen am Skelett, Minderwuchs, deformierte Flossen, fehlende oder verkleinerte Augen und anomale Dottersäcke auf. Beim Skelett war besonders die Wirbelsäule mit Defekten, wie Skoliose, Lordose und Kyphose, betroffen. Weiterhin können immobile oder synarthrotische Kiefer [12] und eine verminderte Pigmentation auftreten [88]. Auf Eier und Larven von Krabben (*Petrolisthes galathinus*) konnte bei Kupferkonzentrationen von 0,1 mg/L bis 1,0 mg/L eine erhöhte embryonale und larvale Mortalität nachgewiesen werden [74]. Vergleichbare Ergebnisse fanden sich bei der Krabbenart *Tunicotheres moseri* [73]. Eier und Larven einer weiteren Krabbenart (*Limulus polyphemus*) waren dagegen viel weniger empfindlich und tolerierten häufig Kupfer bis zu 100 mg/L [15].

Teratogene Effekte von Kupfer wurden auch bei Vögeln und Amphibien (Kaulquappen), insbesondere auch wieder auf das Skelettsystem, beschrieben [48, 102].

Bei Goldhamstern traten nach Injektion von Kupfersulfat und Kupfercitrat Fruchttod und verschiedene Fehlbildungen bei den Embryos auf, insbesondere an der Wirbelsäule und am Herzen (Ektopia cordis). Diese Effekte konnten bei Kupfercitrat nach einer einmaligen Injektion von 0,25–1,5 mg Cu/kg Körpergewicht und bei Kupfersulfat ab 2,13 mg Cu/kg beobachtet werden [42]. Nach intraperitonealer Injektion von Kupfercitrat bei Goldhamstern (2,7 mg/kg Körpergewicht) konnten am 8. Gestationstag verschiedene Herzmissbildungen bei den Embryos nachgewiesen werden [36].

Bei einem Inzuchtstamm von Schweizer Mäusen konnten ab einer Dosis von 5 mg $CuSO_4$/kg Körpergewicht verschiedene Formen von strukturellen Spermien-Fehlbildungen beobachtet werden [10].

Bei der Beurteilung dieser Ergebnisse muss bedacht werden, dass auch ein Kupfermangel während der Embryonal- und Fetalentwicklung zu zahlreichen strukturellen und biochemischen Anormalitäten führen kann. Schäden sind dabei insbesondere an Gehirn und Nervensystem beschrieben worden [60]. Am Gehirn können dabei mikroskopische und makroskopische Strukturschäden auftreten. Beschrieben worden ist dieses bei neugeborenen Schafen, Ziegen, Schweinen, Meerschweinchen und Raten. Auch neurologische Symptome sind berichtet worden, insbesondere Koordinierungsstörungen. Weiterhin sind besonders Bindegewebsstörungen, auch an Blutgefäßen, sowie Lungenveränderungen und Knochendefekte bekannt [60].

52.5.5
Mutagenität und Kanzerogenität

In einer Untersuchung zeigte sich, dass Kupfersulfat bei *Escherichia coli* Rückmutationen verursacht, allerdings nur bei Konzentrationen, die zu einer niedrigen Zellüberlebenszahl führten [31]. Keine Rückmutationen induzierte es im Ames-Test bei den *Salmonella typhimurium*-Stämmen TA98, TA100, TA1535 oder TA1537, weder mit noch ohne metabolischer Aktivierung (S9-Mix) [80, 146]. Negative Ergebnisse in Mutationstests mit Kupferverbindungen gab es auch mit *Saccharomyces cerevisiae* [112] und mit *Bacillus subtilis* [58, 76, 87]. In einer hiermit vergleichbaren Untersuchung war die Mutagenität von Kupferchlorid ($CuCl_2 \cdot 2\ H_2O$) negativ mit den *Salmonella typhimurium*-Stämmen TA98, TA100 und *E. coli* WP2, aber positiv im Mutatox-Test (*Vibrio fischeri* M169) und SOS-Test mit den *E. coli*-Stämmen UA4537 und UA4567 [23].

In vitro induzierten Kupferchlorid und Kupferacetat im Bereich ab 0,08 bis 0,12 mMol Fehler in der DNS-Synthese [113]. Dies war ebenfalls der Fall bei Hepatozyten von Ratten im Versuch mit Kupfersulfat, bei einer Konzentration von 1 mMol, nicht aber bei einer Konzentration von 0,3 mMol. Die Autoren schließen aber nicht aus, dass der DNS-Schaden durch cytotoxische Effekte verursacht worden ist [111]. Bei der Interpretation muss bedacht werden, dass sich die in vitro-Situation nicht direkt auf die in vivo-Situation übertragen lässt, da Kupfer im Organismus weitestgehend an Proteine gebunden ist [143].

Kupfersulfate wurden in verschiedenen Applikationsformen an einem Inzuchtstamm von Schweizer Mäusen getestet [10]. Effekte konnten ab einer Dosis von 5 mg $CuSO_4$/kg Körpergewicht an allen drei untersuchten Endpunkten festgestellt werden, wobei die relative Empfindlichkeit folgende war: Spermien-Fehlbildungen > Chromosomenaberrationen > Mikronukleus-Bildung. Der stärkste Effekt wurde durch eine intraperitoneale Gabe bewirkt, darauf folgten die subcutane und schließlich die orale Gabe in ihrer Potenz. Eine aufgeteilte Gabe der gleichen Dosis führte zu weniger Aberrationen als die entsprechende Akutdosis. Bestätigt wurden diese Ergebnisse an Mäusen von Agarwal et al. [3]. Vergleichbare Ergebnisse wurden auch bei Hühnern in Bezug auf Chromosomenaberrationen und Mikronukleus-Bildung mit Kupfersulfat gefunden [9].

Bei einem Versuch mit Ratten, denen mit einer Pumpe Kupferchlorid oder komplexiertes Kupfer in einer Menge von 4 mg/kg Körpergewicht und Tag subcutan verabreicht wurden, trat nach 3–5 Tagen das oxidative DNS-Produkt 8-Hydroxydesoxyguanosin (8-OhdG) in Leber und z. T. auch in der Niere und an der Injektionsstelle in erhöhten Konzentrationen auf. Bei der DNS-Replikation kann 8-OhdG zu Punktmutationen führen und seine Produktion ist mit Mutagenese und Kanzerogenese in Zusammenhang gebracht worden. An den Injektionsstellen der Kupferverbindungen waren Gewebeuntergang und Entzündung zu beobachten. Weiterhin gab es leichte Leberveränderungen mit örtlichen Nekrosen und einen Anstieg der Mitoseaktivität in der Niere [124]. Bei Interpretation dieser Ergebnisse muss bedacht werden, dass 4 mg/kg Körpergewicht und Tag beim Menschen einer täglich aufgenommenen Kupfermenge von etwa 280 mg beim Erwachsenen entsprechen würde, was unter Arbeitsplatz- und Umweltbedingungen kaum vorstellbar ist.

Vorliegende Studien über eine Kanzerogenität von Kupfer an Mäusen und Ratten, die z. T. allerdings methodische Probleme aufwiesen, ergaben keine Hinweise auf eine solche Wirkung [144].

Kupfer ist von der IARC (International Agency for Research on Cancer) nicht klassifiziert worden [14].

52.6
Gesundheitliche Bewertung

Kupfer muss als für Mensch und Tier essenzielles Spurenelement sowohl unter Mangelgesichtspunkten wie auch im Rahmen einer toxischer Zufuhr beurteilt werden. Kupfermangel kann Auswirkungen auf die zahlreichen Stoffwechsel- und Enzymfunktionen haben, an denen es beteiligt ist. Allerdings sind die verschiedenen Funktionen bei unterschiedlichem Schweregrad des Kupfermangels betroffen. Auch sind verschiedene Gewebe unterschiedlich betroffen. Klinisch äußert sich ein Kupfermangel insbesondere in einer Anämie und einer Neutropenie. Auch Knochenveränderungen sind möglich.

Je nach Exposition können beim Menschen toxische Erscheinungen in verschiedenen Organbereichen auftreten, besonders Störungen des Magen-Darmtraktes (einschließlich Übelkeit und Erbrechen), im Atemtrakt, an der Haut und an den Augen.

Für die Allgemeinbevölkerung kann die umweltbedingte Gefährdung durch eine Toxizität von Kupfer als eher gering angesehen werden, auch deshalb, da beim Erwachsenen effektive Mechanismen zur Regulation einer hohen Kupferzufuhr bestehen. Potenzielle Gefahren können sich unter Umständen am Arbeitsplatz und bei Säuglingen (Indian Childhood Cirrhosis/Non-Indian Childhood Cirrhosis) ergeben. Schließlich müssen auch Risiken durch defizitäre Zufuhr und Verwertungsstörungen berücksichtigt werden. Bei anderen Organismengruppen reagieren insbesondere Schafe sehr empfindlich auf erhöhte Kupferexposition [16] sowie viele aquatische Lebewesen einschließlich Fischen [41, 52]. In verschiedenen Untersuchungen zur Kanzerogenität/Mutagenität und Teratogenität von Kupfer wurden teilweise positive Ergebnisse erzielt. Inwieweit diese auf den Menschen unter relevanten Expositionsbedingungen übertragen werden können, bleibt zurzeit fraglich [14].

Empfehlungen zur täglichen Kupferaufnahme (Abschnitt 52.7) wurden auf vorläufiger Basis erstellt, da zahlreiche Fragen zur Wirkung und zur nahrungsabhängigen Kupferaufnahme noch offen sind bzw. sich schwer abschätzen lassen.

52.7 Grenzwerte, Richtwerte, Empfehlungen, gesetzliche Regelungen

Kupfer muss, als für Mensch und Tier essenzielles Spurenelement, sowohl unter Mangelgesichtspunkten wie auch im Rahmen einer möglichen toxischen Zufuhr beurteilt werden. Empfehlungen zur täglichen Kupferaufnahme wurden auf vorläufiger Basis erstellt, da zahlreiche Fragen zur Wirkung und zur nahrungsabhängigen Kupferaufnahme noch offen sind bzw. sich schwer abschätzen lassen.

Tabelle 52.7 gibt neben Empfehlungen zur Aufnahme auch gleichzeitig wichtige Grenz- und Richtwerte für Kupfer im Trinkwasser wieder.

52.8 Vorsorgemaßnahmen

Bei starker Kupferexposition am Arbeitsplatz, wie z. B. beim Umgang mit Pestiziden, sollten Schutzkleidung und Atemmasken getragen werden. Bei Unfällen mit Kupferverbindungen, die ätzend auf Haut- und Schleimhaut wirken, sind Schutzkleidung und schweres Atemschutzgerät vorgeschrieben [53, 54].

Da akute und chronische Intoxikationen beschrieben worden sind, verursacht durch das Aufbewahren und Kochen von Lebensmitteln in kupfernem bzw. kupferhaltigem Kochgeschirr, ist eine derartige Verwendung nicht anzuraten.

Säuglinge und kleinere Kinder sollten kein in Kupferinstallationen stagniertes Wasser zu trinken bekommen. Für diese sollte nur Kaltwasser verwendet wer-

Tab. 52.7 Internationale Grenzwerte, Richtwerte und Empfehlungen.

	Grenzwert, Richtwert, Empfehlung	Kupfer	Anmerkungen/Referenzen
Lebensmittel	DGE/Schätzwerte für angemessene Zufuhr [33]	0,2–0,6 mg/d	Säuglinge – Alter 0 bis unter 4 Monate
		0,6–0,7 mg/d	Säuglinge – 4 bis unter 12 Monate
		0,5–1,0 mg/d	Kinder – 1 bis unter 7 Jahren
		1,0–1,5 mg/d	Kinder – 7 bis unter 15 Jahren
		1,0–1,5 mg/d	Jugendliche/Erwachsene
	National Academy of Sciences – ESADDI		ESADDI=estimated safe and adequate daily dietary intake; vorläufige Empfehlungswerte für die tägliche Zufuhr [89, 91]
		0,4–0,6 mg/d	Säuglinge – Alter 0 bis 5 Monate
		0,6–0,7 mg/d	Säuglinge – 6 bis 12 Monate
		0,7–1,0 mg/d	Kinder – 1 bis 3 Jahre
		1,0–1,5 mg/d	Kinder – 4 bis 6 Jahre
		1,0–2,0 mg/d	Kinder – 7 bis 10 Jahre
		1,5–2,5 mg/d	Kinder – 11 bis 14 Jahre
		1,5–2,5 mg/d	Jugendliche/Erwachsene – 15 bis 17 Jahre
		1,5–3,0 mg/d	Jugendliche/Erwachsene – ab 18 Jahren
Trinkwasser	TrinkwV 2001 Deutschland	2 mg/L	Grenzwert/repräsentativer Wochenmittelwert [126]
	TrinkwV 1990 Deutschland (nicht mehr gültig)	3 mg/L	Richtwert/Stagnationsprobe [34, 125]
	EG-Trinkwasserrichtlinie 1998	2 mg/L	Parameterwert/ repräsentativer Wochenmittelwert [4, 103]
	WHO-Leitwert	2 mg/L	Empfehlung [142]
	US Environmental Protection Agency	1,3 mg/L	Grenzwert nach 6 Stunden Stagnation (National Primary Drinking Water Standards) [91, 131]

Tab. 52.7 (Fortsetzung)

	Grenzwert, Richtwert, Empfehlung	**Kupfer**	**Anmerkungen/Referenzen**
	US Environmental Protection Agency	1,0 mg/L	Unverbindliche Empfehlung nach National Secondary Drinking Water Regulations (NSDWRs) [132]
Arbeitsplatz	MAK-Wert Kupfer und seine Verbindungen, Staub/Luft	1 mg/m^3	Einatembarer Aerosolanteil, Grenzwert für 8 h-Mittelwert [32]
		2 mg/m^3	Grenzwert für Expositionsspitzen (max. 30 min, 4× pro Schicht), einatembarer Aerosolanteil [32]
	MAK-Wert Kupferrauch	0,1 mg/m^3	Alveolengängiger Aerosolanteil, Grenzwert für 8 h-Mittelwert [32]
		0,2 mg/m^3	Grenzwert für Expositionsspitzen (max. 30 min, 4× pro Schicht), alveolengängiger Aerosolanteil [32]
Boden	Maßnahmenwert (Maßnahmen erforderlich)	1300 mg/kg TM 200 mg/kg TM	Grünlandflächen [6] Grünlandflächen mit Schafbeweidung [6]
	Prüfwert (einzelfallbezogene Prüfung erforderlich)	1 mg/kg TM 50 µg/L	Ackerbauflächen [6] Grundwasser [6]
	Vorsorgewert (Besorgnis einer schädlichen Bodenveränderung)	60 mg/kg TM 40 mg/kg TM 20 mg/kg TM	Bodenart Ton [6] Bodenart Lehm/Schluff [6] Bodenart Sand [6]
	Max. zulässige Jahresfracht	360 g/ha	Über alle Wirkungspfade [6]

den, da viele Warmwasserbereiter häufig ebenfalls Kupferkessel und -rohre enthalten, und das Wasser in ihnen lange stehen kann. Weiterhin sollte besondere Aufmerksamkeit darauf gerichtet werden, dass Kupferinstallationen nur entsprechend den technischen Vorgaben (ausreichender pH-Wert [8]) verwendet werden.

Tab. 52.7 (Fortsetzung)

	Grenzwert, Richtwert, Empfehlung	Kupfer	Anmerkungen/Referenzen
	Klärschlamm	800 mg/kg TM	Bei Überschreitung im Klärschlamm ist eine Ausbringung auf landwirtschaftlich/gärtnerisch genutzte Böden untersagt [1]
		60 mg/kg TM	Bei Überschreitung im Boden, auf den ausgebracht werden soll, ist die Ausbringung untersagt [1]
Abwasser	Anforderungen an das Abwasser vor Vermischung	0,5 mg/L	Qualifizierte Stichprobe oder 2-Stunden-Mischprobe, verschiedene Herkunftsbereiche (es gibt verschiedene Ausnahmen) [2]
Abgas (Emission)	Massenstrom	5 g/h	Abgas Massenkonzentration bzw. Massenstrom in der Summe mit Sb, Cr, CN, F, Mn, V, Sn (staubförmige anorganische Stoffe der Klasse III) und Stoffen der Klassen I und II. Grundlage: Allgemeine Anforderungen zur Emissionsbegrenzung [119]
	Massenkonzentration	1 mg/m^3	s.o.

Abkürzungen: TM Trockenmasse; DGE Deutsche Gesellschaft für Ernährung e.V.; ESADDI = estimated safe and adequate daily dietary intake.

52.9 Zusammenfassung

Kupfer wird aufgrund seiner sehr guten elektrischen und thermischen Leitfähigkeit und seiner vorteilhaften Werkstoffeigenschaften elementar und in seinen Legierungen vielfältig eingesetzt. Große Bedeutung hat es in der Elektrotechnik, für Hauswasserleitungen, für den Einsatz in Heiz- und Kühlelementen. Seine Verbindungen werden unter anderem als chemische Grundstoffe, Schädlingsbekämpfungsmittel und als Farbpigmente eingesetzt. In der Umwelt ist es weit verbreitet, teilweise auch bedingt durch anthropogenen Einfluss, wie Buntmetallhütten und Klärschlammausbringung.

Für Mensch, Tier und Pflanze stellt Kupfer ein essenzielles Spurenelement mit Schlüsselfunktionen in deren Stoffwechsel dar. Die Aufnahme von Kupfer aus der Nahrung unterliegt zahlreichen Wechselwirkungen mit anderen Nahrungsinhaltsstoffen. Die Resorption ist weiterhin abhängig vom Kupferangebot mit der Nahrung. Bei niedrigem Angebot gibt es eine deutlich höhere Resorptionsquote als bei hoher Zufuhr. Der Kupfertransport im Blut erfolgt größtenteils gebunden an verschiedene Proteine (Coeruloplasmin, Transcuprein und Albumin). Die Ausscheidung erfolgt überwiegend biliär.

Ein Mangel an Kupfer führt beim Menschen zu reduzierter Aktivität von zahlreichen kupferabhängigen Enzymen, mit der Folge von Anämie, Neutropenie und einer Akkumulation von Eisen in der Leber. Akute Kupferintoxikationen, durch hohe Dosen suizidal oder akzidentell geschluckter Kupfersalze, führen zu Übelkeit, Erbrechen und Brennen im epigastrischen Bereich. Seltener treten Durchfall, Lebernekrosen mit Gelbsucht, Hämoglobin-/Hämaturie und Anurie/Oligurie auf. Einige Patienten bekamen eine Hypertonie oder fielen ins Koma. Die schnelle emetische Wirkung (erbrechenauslösende Wirkung), bedingt durch die Schleimhautreizung, begrenzt häufig die toxische Wirkung von oral verabreichten Kupfersalzen. Als Folgen chronischer Cu-Staub- oder Cu-Rauch-Exposition kann es zu Schäden der Nasen- und Rachenschleimhaut kommen, teilweise von fiebrigen Symptomen begleitet. Weiterhin traten bei chronischer Exposition mit großen Mengen von Kupferverbindungen Leberveränderungen und interstitielle pulmonale Veränderungen auf. Bei systemischer Kupfervergiftung können schwere hämolytische Krisen (mit Blutzellzerfall) und dadurch bedingte Schäden an anderen Organen auftreten. Bei Nutztieren reagieren insbesondere Schafe sehr empfindlich auf eine erhöhte Kupferexposition. Empfindlich sind auch aquatische Lebewesen, insbesondere Fische. In einigen Untersuchungen (Screening-Tests) zur Kanzerogenität/Mutagenität und Teratogenität von Kupfer wurden positive Ergebnisse erzielt. Inwieweit diese auf den Menschen unter relevanten Expositionsbedingungen übertragen werden können, bleibt zurzeit offen.

Für die Allgemeinbevölkerung kann die umweltbedingte Gefährdung durch Kupfer als gering angesehen werden. Potenzielle Gefahren können sich unter Umständen am Arbeitsplatz und bei Säuglingen (Indian Childhood Cirrhosis/ Non-Indian Childhood Cirrhosis) ergeben. Schließlich müssen auch die Risiken durch defizitäre Zufuhr und Verwertungsstörungen berücksichtigt werden.

52.10 Literatur

1 AbfKlärV – Klärschlammverordnung (1992) (Verordnung über die Entsorgung von Klärschlamm), vom 15. 4. 1992, BGBl. I, S. 912.

2 AbwV – Abwasserverordnung (2002) Verordnung über Anforderungen an das Einleiten von Abwasser in Gewässer). Neugefasst durch Bekanntmachung vom 15. Oktober 2002, veröffentlicht am 23. Oktober 2002, BGBl. I, S. 4047 ff. unter http://217.160.60.235/BGBL/bgbl1f/bgbl102s4047.pdf (Zugriff Okt. 2004).

3 Agarwal K, Sharma A, Talukder G (1990) Clastogenic effects of copper sulphate on

the bone marrow chromosomes of mice in vivo. *Mutat Res* **243**: 1–6.

4 Anonym (1999) Neue EG-Trinkwasserrichtlinie verabschiedet. *Umwelt* (Heft **2**): 70.

5 Araya M, Olivares M, Pizarro F, Gonzalez M, Speisky H, Uauy R (2003) Gastrointestinal symptoms and blood indicators of copper load in apparently healthy adults undergoing controlled copper exposure. *Am J Clin Nutr* **77**: 646–650.

6 (a) BBodSchV – Bundes-Bodenschutz- und Altlastenverordnung, vom 12. 7. 1999. BGBl I, 1999, Nr. 36, S. 1554 ff. unter http://217.160.60.235/BGBL/bgbl1 f/ b199036 f.pdf (Zugriff Okt. 2004).

6 (b) Becker K, Kaus S, Helm D, Krause C, Meyer E, Schulz C, Seiwert M (2001) Umwelt-Survey 1998. Band IV. Trinkwasser, Elementgehalte in Stagnationsproben des häuslichen Trinkwassers der Bevölkerung in Deutschland. Umweltbundesamt, *WaBoLu-Hefte* 02/01.

7 Berrow ML, Burridge JC (1991) Uptake, distribution, and effects of metal compounds on plants. In: Merian E (Hrsg) Metals and their compounds in the environment. Occurrence, analysis, and biological relevance. VCH, Weinheim, 399–410.

8 BGA (1994) Empfehlungen des Bundesgesundheitsamtes bei Abweichungen des pH-Wertes von den Vorschriften der Trinkwasserverordnung. *Bundesgesundhbl* **1994**: 177–181.

9 Bhunya SP, Jena GB (1996) Clastogenic effects of copper sulfate in chick in vivo test system. *Mutat Res* **367**: 57–63.

10 Bhunya SP, Pati PC (1987) Genotoxicity of an inorganic pesticide, copper sulphate in a mouse in vivo test system. *Cytologia* **52**: 801–808.

11 Bingham MJ, Ong TJ, Summer KH, Middleton RB, McArdle HJ (1998) Physiologic function of the Wilson disease gene product, ATP7B. *Am J Clin Nutr* **67** (Suppl): 982S–987S.

12 Birge WJ, Black JA (1979) Effects of copper on embryonic and juvenile stages of aquatic animals. In: Nriagu JO (Hrsg) Copper in the environment. Part II: Health effects. J. Wiley & Sons, New York, 373–399.

13 Bode AM, Miller LA, Faber J, Saari JT (1992) Mitochondrial respiration in heart, liver, and kidney of copper deficient rats. *J Nutr Biochem* **3**: 668–672.

14 Boffetta P (1993) Carcinogenicity of trace elements with reference to evaluations made by the International Agency for Research on Cancer. *Scand J Work Environ Health* **19** (Suppl. 1): 67–70 und Datenbank unter www.iarc.fr

15 Botton ML, Johnson K, Helleby L (1998) Effects of copper and zinc on embryos and larvae of the horseshoe crab, limulus polyphemus. *Arch Environ Contam Toxicol* **35**: 25–32.

16 Bremner I (1979) Copper toxicity studies using domestic and laboratory animals. In: Nriagu JO (Hrsg) Copper in the environment. Part II: Health effects. J. Wiley & Sons, New York, 285–306.

17 Bremner I (1998) Manifestations of copper excess. *Am J Clin Nutr* **67** (5 Suppl): 1069S–1073S.

18 Breuer H (1983) dtv-Atlas zur Chemie. Band 1. Allgemeine und anorganische Chemie. dtv, München, 196–201.

19 Brewer GJ (1998) Wilson disease and canine copper toxicosis. *Am J Clin Nutr* **67** (Suppl): 1087S–1090S.

20 van Campen DR, Mitchell EA (1965) Absorption of Cu^{64}, Zn^{65}, Mo^{99}, and Fe^{59} from ligated segments of the rat gastrointestinal tract. *J Nutr* **86**: 120–124.

21 Chowrimootoo GFE, Seymour CA (1994) The role of coeruloplasmin in copper excretion. (Abstract). *Biochem Soc Trans* **22**: 1S–190S.

22 Chuttant HK, Gupta PS, Gutate B, Gupta DN (1965) Acute copper sulfate poisoning. *Am J Med* **39**: 849–854.

23 Codina JC, Perez-Torrente C, Perez-Garcia A, Cazorla FM, de Vicente A (1995) Comparison of microbial tests for the detection of heavy metal genotoxicity. *Arch Environ Contam Toxicol* **29**: 260–265.

24 Cohen SR (1979) Environmental and occupational exposure to copper. In: Nriagu JO (Hrsg) Copper in the environment. Part II: Health effects. J. Wiley & Sons, New York, 1–16.

25 Cordano A (1998) Clinical manifestations of nutritional copper deficiency in infants and children. *Am J Clin Nutr* **67** (5 Suppl): 1012S–1016S.

26 Cox DP (1979) The distribution of copper in common rocks and ore deposits. In: Nriagu JO (Hrsg) Copper in the environment. Part I: Ecological cycling. J. Wiley & Sons, New York, 19–42.

27 Cox DP (1989) Copper resources. In: Carr DD, Herz N, Concise encyclopaedia of mineral resources. Pergamon Press, Oxford, 84–88.

28 Craig JR, Vaughan DJ, Skinner BJ (1996) Copper. In: Resources of the earth. Origin use, and environmental impact. Second Ed. Upper Saddle River, Prentice Hall Inc., 265–274.

29 Dameron CT, Harrison MD (1998) Mechanisms for protection against copper toxicity. *Am J Clin Nutr* **67** (5 Suppl): 1091S–1097S.

30 Dauncey MJ, Shaw JCL, Urman J (1977) The absorption and retention of magnesium, zinc, and copper by low birth weight infants fed pasteurised human breast milk. *Pediatr Res* **11**: 991–997.

31 Demerec M, Bertani G, Flint J (1951) A survey of chemicals for mutagenic action on *E. coli*. *Am Naturalist* **85**: 119.

32 DFG – Deutsche Forschungsgemeinschaft (2000) MAK- und BAT-Werte-Liste 2000. Senatskommission zur Prüfung gesundheitsschädlicher Arbeitsstoffe, Mitteilung 36. Wiley-VCH, Weinheim, 70.

33 DGE, ÖGE, SGE, SVE (2000) Referenzwerte für die Nährstoffzufuhr. Umschau/Braus Frankfurt, und unter http://www.dge.de/Pages/navigation/fach_infos/referenzwerte/cumncrmo.html (Zugriff Okt. 2004).

34 Dieter HH, Meyer E, Möller R (1991) Kupfer – Vorkommen, Bedeutung und Nachweis. In: Die Trinkwasserverordnung. Einführung und Erläuterung für Wasserversorgungsunternehmen und Überwachungsbehörden. 3. Aufl. Hrsg. Aurand K, Hässlbarth U, Lange-Asschenfeldt H, Steuer W. Erich Schmidt, Berlin, 473–491.

35 Dieter HH, Schimmelpfennig W, Meyer E, Tabert M (1999) Early childhood cirrhoses (ECC) in Germany between 1982 and 1994 with special consideration of copper etiology. *Eur J Med Res* **4**: 233–242.

36 DiCarlo FJ Jr (1980) Syndromes of cardiovascular malformations induced by copper citrate in hamsters. *Teratology* **21**: 89–101.

37 DiSilvestro RA, Harris ED (1981) A postabsorption effect of L-ascorbic acid on copper metabolism in chicks. *J Nutr* **111**: 1964–1968.

38 Edelstein DL (2004) Copper. In: U.S. Geological Survey, Mineral Commodity Summaries, January 2004, 54–55 unter http://minerals.usgs.gov/minerals/pubs/commodity/copper/index.html#myb (Zugriff Sept. 2004).

39 Eife R, Reiter S, Sigmund B, Schramel P, Dieter HH, Müller-Höcker J (1991) Die frühkindliche Leberzirrhose als Folge der chronischen Kupferintoxikation. *Bundesgesundhbl* **7**: 327–329.

40 Fatemi N, Sarkar B (2002) Molecular mechanism of copper transport in Wilson disease. *Environ Health Perspect* **110** Suppl 5: 695–698.

41 Fent K (1998) Ökotoxikologie. Umweltchemie, Toxikologie, Ökologie. Thieme, Stuttgart, 77–97.

42 Ferm VH, Hanlon DP (1974) Toxicity of copper salts in hamster embryonic development. *Biol Reprod* **11**: 97–101.

43 Fiedler HJ, Rösler HJ (Hrsg) (1993) Spurenelemente in der Umwelt, 2. Aufl. G. Fischer, Stuttgart.

44 Förstner U, Salomons W (1991) Mobilisation of metals from sediments. In: Merian E (Hrsg) Metals and their compounds in the environment. Occurrence, analysis, and biological relevance. VCH, Weinheim, 379–398.

45 Garcia-Borron JC, Solano F (2002) Molecular anatomy of tyrosinase and its related proteins: beyond the histidine-bound metal catalytic center. *Pigment Cell Res* **15**: 162–173.

46 Gupta UC (1979) Copper in agricultural crops. In: Nriagu JO (Hrsg) Copper in the environment. Part I: Ecological cycling. J. Wiley & Sons, New York, 255–288.

47 Häni H (1991) Heavy metals in sewage sludge and town waste compost. In: Me-

rian E (Hrsg) Metals and their compounds in the environment. Occurrence, analysis, and biological relevance. VCH, Weinheim, 357–368.

48 Hardy JD Jr (1964) The spontaneous occurrence of scoliosis in tadpoles of the leopard frog, Rana pipiens. *Chesapeake Sci* **5**: 101–102.

49 Harris ZL, Gitlin JD (1996) Genetic and molecular basis for copper toxicity. *Am J Clin Nutr* **63** (Suppl): 836S–841S.

50 Harris ZL, Klomp LW, Gitlin JD (1998) Aceruloplasminemia: an inherited neurodegenerative disease with impairment of iron homeostasis. *Am J Clin Nutr* **67** (5 Suppl): 972S–977S.

51 Hébert CD, Elwell MR, Travlos GS, Fitz CJ, Bucher JR (1993) Subchronic toxicity of cupric sulfate administered in drinking water and feed to rats and mice. *Fund Appl Toxicol* **21**: 461–475.

52 Hodson PV, Borgmann U, Shear H (1979) Toxicity of copper to aquatic biota. In: Nriagu JO (Hrsg) Copper in the environment. Part II: Health effects. J. Wiley & Sons, New York, 307–372.

53 Hommel G (1986) Handbuch der gefährlichen Güter. Springer, Berlin.

54 ICSC – International Chemical Safety Cards (1997) Kupfer Pulver. Nr. 0240. Zugriff über Datenbank ICSC unter http://www.cdc.gov/niosh/ipcsngrm/ngrm0240.html (Zugriff Okt. 2004).

55 Iyengar GV, Kollmer WE, Bowen HJM (1978) The elemental composition of human tissues and body fluids. A compilation of values for adults. VCH, Weinheim.

56 Johnson MA, Smith MM, Edmonds JT (1998) Copper, iron, zinc, and manganese in dietary supplements, infant formulas, and ready-to-eat breakfast cereals. *Am J Clin Nutr* **67** (5 Suppl). 1035S–1040S.

57 Kaler SG (1998) Diagnosis and therapy of Menkes syndrome, a genetic form of copper deficiency. *Am J Clin Nutr* **67** (Suppl): 1029S–1034S.

58 Kanematsu N, Hara M, Kada T (1980) Rec assay and mutagenicity studies on metal compounds. *Mutat Res* **77**: 109–116.

59 Kang YJ (1999) The antioxidant function of metallothionein in the heart. *Proc Soc Exp Biol Med* **222**: 263–273.

60 Keen CL, Uriu-Hare JY, Hawk SN, Jankowski MA, Daston GP, Kwik-Uribe CL, Rucker RB (1998) Effect of copper deficiency on prenatal development and pregnancy outcome. *Am J Clin Nutr* **67** (Suppl): 1003S–1011S.

61 Khangarot BS, Rathore RS (2003) Effects of Copper on Respiration, Reproduction, and Some Biochemical Parameters of Water Flea Daphnia magna Straus. *Bull Environ Contam Toxicol* **70**: 112–117.

62 Klomp AE, Juijn JA, Van der Gun LT, Van den Berg IE, Berger R, Klomp LW (2003) The *N*-terminus of the Human Copper Transporter 1 (hCTR1) is localized extracellularly, and interacts with itself. *Biochem J* **370** (Pt 3): 881–889.

63 Klomp AE, Tops BB, Van Denberg IE, Berger R, Klomp LW (2002) Biochemical characterization and subcellular localization of human copper transporter 1 (hCTR1). *Biochem J* **364** (Pt 2): 497–505.

64 Kumar D (1984) Genetics of Indian childhood cirrhosis. *Trop Geogr Med* **36**: 313–316.

65 Lee J, Petris MJ, Thiele DJ (2002) Characterization of mouse embryonic cells deficient in the ctr1 high affinity copper transporter. Identification of a Ctr1-independent copper transport system. *J Biol Chem* **277**: 40253–40259.

66 Lefkowitch JH, Honig CL, King ME, Hagstrom JWC (1982) Hepatic copper overload and features of Indian childhood cirrhosis in an american sibship. *N Engl J Med* **307**: 271–277.

67 Lepp NW (1981) Copper. In: Lepp NW (Hrsg.) Effect of heavy metal pollution on plants. Volume 1. Effects of trace metals on plant function. Applied Science publishers, London, 111–143.

68 Levenson CW (1998) Mechanisms of copper conservation in organs. *Am J Clin Nutr* **67** (Suppl): 978S–981S.

69 Lindner MC, Hazegh-Azam M (1996) Copper biochemistry and molecular biology. *Am J Clin Nutr* **63**: 797S–811S.

70 Lindner MC, Wooten L, Cerveza P, Cotton S, Shulze R, Lomeli N (1998) Copper transport. *Am J Clin Nutr* **67** (Suppl): 965S–971S.

71 Lönnerdal B (1996) Bioavailability of copper. *Am J Clin Nutr* **63**: 821S–829S.

72 Lönnerdal B, Bell JG, Keen CL (1985) Copper absorption from human milk, cow's milk and infant formulas using a suckling rat model. *Am J Clin Nutr* **42**: 836–844.

73 Lopez Greco LS, Bolanos J, Rodriguez EM, Hernandez G (2001) Survival and molting of the pea crab larvae Tunicotheres moseri Rathbun 1918 (Brachyura, Pinnotheridae) exposed to copper. *Arch Environ Contam Toxicol* **40**: 505–510.

74 Lopez Greco LS, Rodriguez EM, Hernandez G, Bolanos J (2002) Effects of copper on hatching of larvae and prezoea survival of Petrolisthes galathinus (Porcellanidae): assays with ovigerous females and isolated eggs. *Environ Res* **90**: 40–46.

75 Luza SC, Speisky HC (1996) Liver copper storage and transport during development: implications for cytotoxicity. *Am J Clin Nutr* **63**: 812S–820S.

76 Matsui S (1980) Evaluation of a Bacillus subtilis rec-assay for the detection of mutagens which may occur in water environments. *Water Res* **14**: 1613–1619.

77 McPherson CA, Chapman PM (2000) Copper effects on potential sediment test organisms: the importance of appropriate sensitivity. *Marine Poll Bull* **40**: 656–665.

78 Mercer JFB (1998) Menkes syndrome and animal models. *Am J Clin Nutr* **67** (Suppl): 1022S–1028S.

79 Meyer LA, Durley AP, Prohaska JR, Harris ZL (2001) Copper transport and metabolism are normal in aceruloplasminemic mice. *J Biol Chem* **276**: 36857–36861.

80 Moriya M, Ohta T, Watanabe K, Miyazawa T, Kato K, Shirasu Y (1983) Further mutagenicity studies on pesticides in bacterial reversion assay systems. *Mutat Res* **116**: 185–216.

81 Müller T, Feichtinger H, Berger H, Müller W (1996) Endemic Tyrolean infantile cirrhosis: an ecogenetic disorder. *Lancet* **347**: 877–880.

82 Müller T, Müller W, Feichtinger H (1998) Idiopathic copper toxicosis. *Am J Clin Nutr* **67** (Suppl): 1082S–1086S.

83 Müller T, Schäfer HJ, Rodeck B, Haupt G, Koch H, Bosse H, Welling P, Lange H, Krech R, Feist D, Mühlendahl KE, Brämswig J, Feichtinger H, Müller W (1999) Familial clustering of infantil cirrhosis in Northern Germany: A clue to the etiology of idiopathic copper toxicosis. *J Pediatr* **135**: 189–196.

84 Müller-Höcker J, Meyer U, Wiebecke B, Hübner G (1988) Copper storage disease of the liver and chronic dietary copper intoxication in two further German infants mimicking Indian childhood cirrhosis. *Pathol Res Pract* **183**: 39–45.

85 Müller-Höcker J, Summer KH, Schramel P, Rodeck B (1998) Different pathomorphologic patterns in exogenic infantile copper intoxication of the liver. *Pathol Res Pract* **194**: 377–384.

86 Neill NCO, Tanner MS (1989) Uptake of copper from brass vessels by bovine milk and its relevance to Indian childhood cirrhosis. *J Pediatr Gastroenterol Nutr* **9**: 167–172.

87 Nishioka H (1975) Mutagenic activities of metal compounds in bacteria. *Mutat Res* **31**: 185–189.

88 Nguyen LT, Janssen CR (2002) Embryolarval toxicity tests with the African catfish (Clarias gariepinus): comparative sensitivity of endpoints. *Arch Environ Contam Toxicol* **42**: 256–262.

89 NRC – National Research Council (1989) Recommended dietary allowances, 10th ed. National Academy Press, Washington, DC, 224–230.

90 Olivares M, Pizarro F, Speisky H, Lönnerdal B, Uauy R (1998) Copper in Infant Nutrition: Safety of World Health Organization Provisional Guideline Value for Copper Content of Drinking Water. *J Pediatr Gastroenterol* **26**: 251–257.

91 Olivares M, Uauy R (1996) Limits of metabolic tolerance to copper and biological basis for present recommendations and regulations. *Am J Clin Nutr* **63** (Suppl): 846S–852S.

92 Owen CA Jr (1965) Metabolism of radiocopper (Cu^{64}) in the rat. *Am J Physiol* **207**: 1203–1206.

93 Owen CA Jr (1971) Metabolism of copper 67 by the copper deficient rat. *Am J Physiol* **221**: 1722–1727.

94 Pena MMO, Lee J, Thiele DJ (1999) A delicate balance: Homeostatic control of copper uptake and distribution. *J Nutr* **129**: 1251–1260.

95 Pennington JT, Calloway DH (1973) Copper content of foods. Factors affecting reported values. *J Am Diet Assoc* **63**: 143–153.

96 Pennington JA, Young BE, Wilson DB (1989) Nutritional elements in U.S. diets: results from the Total Diet Study, 1982–1986. *J Am Diet Assoc* **89**: 659–664.

97 Percival SS (1998) Copper and immunity. *Am J Clin Nutr* **67** (Suppl): 1064S–1068S.

98 Pizarro F, Olivares M, Uauy R, Contreras P, Rebelo A, Gidi V (1999) Acute gastrointestinal effects of graded levels of copper in drinking water. *Environ Health Persp* **107**: 117–121.

99 Portnoy ME, Schmidt PJ, Rogers RS, Culotta VC (2001) Metal transporters that contribute copper to metallochaperones in *Saccharomyces cerevisiae*. *Mol Genet Genomics* **265**: 873–882.

100 Prigge ST, Kolhekar AS, Eipper BA, Mains RE, Amzel LM (1997) Amidation of bioactive peptides: the structure of peptidylglycine alpha-hydroxylating monooxygenase. *Science* **278**: 1300–1305.

101 Puxbaum H (1991) Metal compounds in the atmosphere. In: Merian E (Hrsg) Metals and their compounds in the environment. Occurrence, analysis, and biological relevance. VCH, Weinheim, 257–286.

102 Rest JR (1976) The histological effects of copper and zinc on chick embryo skeletal tissues in organ culture. *Br J Nutr* **36**: 243–253.

103 Richtlinie 98/83/EG des Rates vom 3. 11. 1998, Amtsbl L330 vom 5. 12. 1998, S. 32 ff.

104 Römpp Chemie Lexikon (1995) CD-Rom Version 1.0. Georg Thieme, Stuttgart/New York.

105 Rosen DR, Siddique T, Patterson D, Figlewicz DA, Sapp P, Hentati A, Donaldson D, Goto J, O'Regan JP, Deng HX (1993) Mutations in Cu/Zn superoxide dismutase gene are associated with familial amyotropic lateral sclerosis. *Nature* **362**: 59–62 und *Erratum in Nature* **364**: 362.

106 Rucker RB, Kosonen T, Clegg MS, Mitchell AE, Rucker BR, Uriu-Hare JY, Keen CL (1998) Copper, lysyl oxidase, and extracellular matrix protein cross-linking. *Am J Clin Nutr* **67** (Suppl): 996S–1002S.

107 Scheinberg IH, Sternlieb I (1994) Is non-Indian childhood cirrhosis caused by excess dietary copper? *Lancet* **344**: 1002–1004.

108 Schimmelpfennig W, Dieter HH, Tabert M, Meyer E (1997) Frühkindliche Leberzirrhose (FKZ) und Kupferexposition über das Leitungswasser. *Umweltmed Forsch Prax* **2**: 63–70.

109 Schultz CL, Hutchinson TC (1991) Metal tolerance in higher plants. In: Merian E (Hrsg) Metals and their compounds in the environment. Occurrence, analysis, and biological relevance. VCH, Weinheim, 411–418.

110 Shoubridge EA (2001) Cytochrome c oxidase deficiency. *Am J Med Genet* **106**: 46–52.

111 Sina JF, Bean CL, Dysart GR, Taylor VI, Bradley MO (1983) Evaluation of the alkaline elution/rat hepatocyte assay as a predictor of carcinogenic/mutagenic potential. *Mutat Res* **113**: 357–391.

112 Singh I (1983) Induction of reverse mutation and mitotic gene conversion by some metal compounds in *Saccharomyces cerevisiae*. *Mutat Res* **117**: 149–152.

113 Sirover MA, Loeb LA (1976) Infidelity of DNA synthesis in vitro: screening for potential metal mutagens or carcinogens. *Science* **194**: 1434–1436.

114 Son M, Cloyd CD, Rothstein JD, Rajendran B, Elliott JL (2003) Aggregate formation in Cu,Zn superoxide dismutase related proteins. *J Biol Chem* **278**: 14331–14336.

115 Souci SW, Fachmann W, Kraut H (founded) (1994) Food composition and

nutrition tables, 5. Auflage. Medpharm, Stuttgart.

116 Spitalny KC, Brondum J, Vogt RL, Sargent HE, Kappel S (1984) Drinking-water-induced copper intoxication in a Vermont family. *Pediatrics* **74**: 1103–1106.

117 Stevenson FJ (1976) Stability constants of Cu^{2+}, Pb^{2+} and Cd^{2+} complexes with humic acids. *Soil Sci Soc Am J* **40**: 665–672.

118 Stremmel W (1992) Pathogenese des Morbus Wilson. *Z Gastroenterol* **30**: 199–201.

119 TA Luft (2002) Erste Allgemeine Verwaltungsvorschrift zum Bundes-Immissionsschutzgesetz (Technische Anleitung zur Reinhaltung der Luft – TA Luft). *GMBl*, Heft **25–29**, 511–605.

120 Tanner MS (1998) Role of copper in Indian childhood cirrhosis. *Am J Clin Nutr* **67** (Suppl): 1074S–1081S.

121 Tanner MS, Mattocks AR (1987) Hypothesis: plant and fungal biocides, copper and Indian childhood liver disease. *Ann Trop Paediatr* **7**: 264–269.

122 Tavassoli M, Kishimoto T, Kataoka M (1986) Liver endothelium mediates the hepatocyte's uptake of ceruloplasmin. *J Cell Biol* **102**: 1298–1303.

123 Thornton I (1979) Copper in soils and sediments. In: Nriagu JO (Hrsg) Copper in the environment. Part I: Ecological cycling. J. Wiley & Sons, New York, 172–216.

124 Toyokuni S, Sagripanti JL (1994) Increased 8-hydroxydeoxyguanosine in kidney and liver of rats continuously exposed to copper. *Toxicol Appl Pharmacol* **126**: 91–97.

125 TrinkwV (1990) Verordnung über Trinkwasser und über Wasser für Lebensmittelbetriebe (Trinkwasserverordnung – TrinkwV) vom 5. 12. 1990, BGBl I, S. 2612; BGBl I, 1991, S. 227 ff.

126 TrinkwV (2001) Verordnung über die Qualität von Wasser für den menschlichen Gebrauch (Trinkwasserverordnung – TrinkwV 2001). BGBl I, Nr. 24, herausgegeben am 28. Mai 2001, 959–980. Unter http://217.160.60.235/BGBL/bgbl1f/b101024f.pdf (Zugriff Okt. 2004).

127 Turnlund JR, Keyes WR, Anderson HL, Acord LL (1989) Copper absorption and retention in young man at three levels of dietary copper by use of the stable isotope ^{65}Cu. *Am J Clin Nutr* **49**: 870–878.

128 Tyrala EE (1986) Zinc and copper balances in preterm infants. *Pediatrics* **77**: 513–517.

129 Uauy R, Olivares M, Gonzalez M (1998) Essentiality of copper in humans. *Am J Clin Nutr* **67** (5 Suppl): 952S–959S.

130 Umweltbundesamt (1997) Daten zur Umwelt. Der Zustand der Umwelt in Deutschland. Ausgabe 1997. E. Schmidt, Berlin.

131 US EPA (1991) Maximum contaminants level goals and national primary water regulations for lead and copper final rule. 40 CFR Parr 141. Fed Regist 56: 110 und Liste unter http://www.epa.gov/safewater/consumer/mcl.pdf (Zugriff Okt. 2004).

132 US EPA (2004) Current Drinking Water Standards. Unter http://www.epa. gov/safewater/mcl.html (Zugriff Okt. 2004).

133 Varada KR, Harper RG, Wapnir RA (1993) Development of copper intestinal absorption in the rat. *Biochem Med Metab Biol* **50**: 277–283.

134 Wagner I (1988) Kupfer im Trinkwasser von Hausinstallationen aus Kupfer, Ergebnisse einer Feldstudie. *gwf Wasser/Abwasser* **129**: 690–693.

135 Wang SC, Borison HL (1951) Copper sulfate emesis: a study of afferent pathways from the gastrointestinal tract. *Am J Physiol* **164**: 520–526.

136 Wapnir RA (1991) Copper-sodium linkage during intestinal absorption: inhibition by amiloride. *Proc Soc Exp Biol Med* **196**: 410–414.

137 Wapnir RA (1998) Copper absorption and bioavailability. *Am J Clin Nutr* **67** (Suppl): 1054S–1060S.

138 Wapnir RA, Balkman C (1991) Inhibition of copper absorption by zinc. Effect of histidine. *Biol Trace Elem Res* **29**: 193–202.

139 Wapnir RA, Stiel L (1987) Intestinal absorption of copper: effect of sodium. *Proc Soc Exp Biol Med* **185**: 277–282.

140 Weiss KC, Lindner MC (1985) Copper transport in rats involving a new plasma protein. *Am J Physiol* **246**: E77–88.
141 Wijmenga C, Müller T, Murli IS, Brunt T, Feichtinger H, Schönitzer D, Houwen RHJ, Müller W, Sandkuijl LA, Pearson PL (1998) Endemic Tyrolean infantile cirrhosis is not an allelic variant of Wilson's disease. *Eur J Hum Genet* **6**: 624–628.
142 WHO (World Health Organization) (2004) Guidelines for drinking-water quality, third edition. Vol. 1 – Recommendations. WHO, Geneva. Unter http://www.who.int/water_sanitation_health/dwq/gdwq3/en/ (Zugriff Okt. 2004).
143 WHO (World Health Organization) (1998a) Copper. World Health Organization, Geneva, International Programme on Chemical Safety. Environmental Health Criteria monograph, Nr. 200.
144 WHO (World Health Organization) (1998b) Guidelines for drinking-water quality, 2nd ed. Addendum to Vol. 2. Health criteria and other supporting information. World Health Organization, Geneva, 31–46.
145 Wieser W (1979) The flow of copper through a terrestrial food web. In: Nriagu JO (Hrsg) Copper in the environment. Part I: Ecological cycling. J. Wiley & Sons, New York, 325–355.
146 Wong PK (1988) Mutagenicity of heavy metals. *Bull Environm Contam Toxicol* **40**: 597–603.
147 Xu Y, Porntadavity S, St Clair DK (2002) Transcriptional regulation of the human manganese superoxide dismutase gene: the role of specificity protein 1 (Sp1) and activating protein-2 (AP-2). *Biochem J* **362**: 401–412.
148 Zacarias I, Yanez CG, Araya M, Oraka C, Olivares M, Uauy R (2001) Determination of the taste threshold of copper in water. *Chem Senses* **26**: 85–89.
149 Zietz BP, Dassel de Vergara J, Dunkelberg H (2003) Copper concentrations in tap water and possible effects on infant's health – results of a study in Lower Saxony, Germany. *Environ Res* **92**: 129–138.
150 Zietz BP, Dieter HH, Schneider H, Lakomek M, Keßler-Gaedtke B, Dunkelberg H (2003) Epidemiological investigation on chronic copper toxicity to children exposed via the public drinking water supply. *The Science of the Total Environment* **302**: 127–144.
151 Zietz BP, Dunkelberg H (2003) Epidemiologische Untersuchung zum Risiko frühkindlicher Lebererkrankungen durch Aufnahme kupferhaltigen Trinkwassers mit der Säuglingsnahrung. UBA-Texte Nr. 07/03. Umweltbundesamt, Berlin.
152 Zumkley H, Kisters K (1990) Spurenelemente: Geschichte, Grundlagen, Physiologie, Klinik. Wiss. Buchges., Darmstadt, 56–57.

53
Magnesium

Hans-Georg Claßen und Ulf G. Claßen

53.1
Allgemeine Substanzbeschreibung

Im Periodensystem der Elemente befindet sich Magnesium in der 2. Hauptgruppe (IIA Hauptgruppe, Erdalkalimetalle) an zweiter Stelle zwischen Beryllium und Calcium sowie in der 3. Periode zwischen Natrium und Aluminium. Magnesium (CAS-No 7439-95-4) hat die Ordnungszahl 12 und die Valenz 2; das Atomgewicht beträgt 24,312. Der Atomkern enthält zwölf Neutronen und zwölf Protonen, die Elektronenschalen sind wie folgt besetzt: K-Schale: 2, L-Schale: 8, M-Schale: 2. Natürliches Magnesium setzt sich aus den drei Isotopen ^{24}Mg (78,99%), ^{25}Mg (10,0%) und ^{26}Mg (11,01%) zusammen. Von den 14 künstlich hergestellten Isotopen hat ^{28}Mg aufgrund seiner Halbwertszeit von 21,3 h praktische Bedeutung für Kinetikstudien gewonnen.

Magnesium ist ein silberweiß glänzendes, weiches Leichtmetall (Dichte: 1,738), das aufgrund seines sehr unedlen Charakters (Reduktionspotenzial von –2,37 V) rasch an der Luft oxidiert. Die Weltproduktion liegt bei 300000–350000 t/Jahr. Reines Magnesium wird in der Pyrotechnik verwendet, wegen seiner Reduktionsfähigkeit aber vor allem in der Metallherstellung. Der größte Anteil wird in Form von Legierungen weiterverarbeitet, wobei Aluminium der wichtigste Legierungspartner des Metalls ist (Fahrzeug- und Flugzeugbau) [3]. In biologischen Systemen kommt es ausschließlich als Mg^{2+} vor. Der Ionenradius von $[Mg(H_2O)_6]^{2+}$ beträgt 0,072 nm; damit besitzt Magnesium den kleinsten Radius unter den biologisch wichtigen Kationen. Aufgrund des geringen Volumens und der Zweiwertigkeit bildet Magnesium leicht Komplexe mit anderen Ionen und zahlreichen Molekülen.

Es ist mit 1,94% am Aufbau der 16 km dicken Erdkruste beteiligt und gehört zu den zehn häufigsten Elementen. Zu den wichtigsten Mineralien gehören die Carbonate (Magnesit, Dolomit), das Oxid (Brucit), die Silicate (Olivin, Serpentin, Talk, Chrysolitasbest) sowie das Sulfat (Kieserit). Meerwasser enthält durchschnittlich 0,38% $MgCl_2$, 0,18% $MgSO_4$ und 0,0076% $MgBr_2$.

Magnesium wurde 1755 von Black als chemisches Element erkannt; der Name ist wahrscheinlich von dem der nordgriechischen Stadt Magnesia abgeleitet.

Handbuch der Lebensmitteltoxikologie. H. Dunkelberg, T. Gebel, A. Hartwig (Hrsg.)

ISBN: 978-3-527-31166-8

Metallisches Magnesium wurde erstmals 1808 von Davy dargestellt, das Symbol „Mg“ wurde 1814 von Berzelius vorgeschlagen. 1913 identifizierten Willstätter und Stoll Magnesium als Zentralatom der Chlorophylle a und b (Mg-Gehalt ca. 2,7%), die Essentialität für Ratten wurde 1932 von Kruse et al. nachgewiesen, die für den Menschen von Shils im Jahr 1964 [1, 2].

53.2
Vorkommen (und Verwendung) hinsichtlich Lebensmittel und -gruppen

In bilanzierten Diäten und anderen diätetischen Lebensmitteln wird Magnesium in Form von Carbonaten und Citraten, des Chlorids, Gluconats, Lactats, Orthophosphats, Oxids und Sulfats verwendet; andere Salze werden in Kochsalzersatz-Mischungen eingesetzt. Als Zusatzstoffe sind Carbonate (E 504) in Backtriebsmitteln, das Chlorid (E 511) als Säuerungsmittel (u.a. in der Trinkwasseraufbereitung), das Hydroxid und Oxid (E 528 bzw. 530) als Säureregulator (in Kakao- und Schokoladenerzeugnissen), Salze von Fettsäuren (E 470 b) als Emulgatoren und Trennmittel (für Lebensmittel allgemein), Silicate und Talk (E 553 a und b) als Trennmittel (u.a. für Lebensmittel in Pulverform, Hart- und Schmelzkäse) sowie das Diglutamat (E 625) als Geschmacksverstärker (u.a. für Fertiggerichte, Wurstwaren) zugelassen [6, 17].

53.3
Verbreitung in Lebensmitteln

Magnesium ist sowohl in Lebensmitteln pflanzlicher als auch tierischer Herkunft weit verbreitet; als „magnesiumreich“ (>100 mg/100 g Feuchtgewicht) gelten u.a. Kakao, Schokolade, Marzipan, Vollkornprodukte und Krustentiere; lediglich in Spuren ist Magnesium in Fetten, Ölen, reinem Alkohol und weißem Zucker enthalten. Die Konzentration verschiedener Fleischsorten beträgt 15–25 mg/100 g essbarem Anteil, Kuhmilch enthält 12 (5–24) mg/100 mL. Wichtig ist, dass die Gehalte in einem bestimmten Lebensmittel, z. B. Mehl, erheblich – bis um den Faktor 13 – schwanken können: Diese hohen Variationen können aus der unterschiedlichen geologischen Herkunft des Standortes, verschiedenen Düngemaßnahmen, Speziesunterschieden, unterschiedlichem Reifegrad bei der Ernte und insbesondere durch Verarbeitungsschritte und Kochverluste resultieren [12], werden aber in entsprechenden Nährwerttabellen [24] nur ungenügend berücksichtigt. Hohe Variationen wurden auch für Trink- und Mineralwässer gefunden. In einer aktuellen Studie [22] wurden folgende Konzentrationen gemessen (mg/L; Mediane, 2,5. und 97,5. Perzentile): Leitungswasser ($n=17271$): 9,8 (1,7–33,6); Mineralwässer ($n=150$) „mineralienarm“: 23,6 (0,7–104,1), „mineralienreich“: 75 (13,7–264,2).

Zur Ermittlung der durchschnittlichen täglichen Mineralstoffaufnahme durch den Verbraucher wird vor allem die „Warenkorbmethode“ verwendet, für die zwei Datensätze benötigt werden, nämlich repräsentative Verzehrsdaten und die aktuelle Mineralstoffkonzentration. Die „Duplikatmethode" ist wesentlich aufwändiger, liefert aber exakte Daten: Hier werden Lebensmittelduplikate jeder Mahlzeit gesammelt und analysiert. Übereinstimmend zeigte sich, dass der nach der Warenkorbmethode geschätzte tägliche Magnesiumverzehr um 30–60% [12] bzw. 17–25% [20] über den tatsächlich gemessenen Mengen lag. Beispielsweise wurde in einem Stuttgarter Alten- und Pflegeheim von elf Senioren (87±6 a) die alimentäre Magnesiumzufuhr über sieben Tage mittels computerunterstützter Auswertung von Tagesprotokollen errechnet und parallel dazu in Duplikaten gemessen. Im Tagesdurchschnitt (Mittelwerte mit Standardabweichungen) betrug die *errechnete* Zufuhr 59±31 mg über Getränke und 161±45 mg über Speisen; *gemessen* wurde hingegen eine Aufnahme von 40±19 mg über Getränke und von 129±33 mg über Speisen [30]. Diese Zusammenhänge dürfen bei der Beurteilung von Verzehrserhebungen nicht unberücksichtigt bleiben!

Die Flammen-AAS-Technik besitzt eine ausgezeichnete Sensitivität und Spezifität. Sie gilt als „Goldstandard" für die Magnesiumbestimmung. Die Emissionsspektrometrie mit induktiv gekoppelter Plasmaanregung ist für die Routine zu aufwändig. Für Routinemessungen in biologischen Flüssigkeiten, z. B. Blutplasma, ist der Einsatz photometrischer Methoden wie Xylidylblau oder trockenchemischer Systeme akzeptabel. Die Bestimmung der Magnesiumionenkonzentration mit ionensensitiven Elektroden ist störanfällig; zudem liefern Fabrikate verschiedener Hersteller teilweise von einander abweichende Daten; daher sollte dieses Verfahren Speziallaboratorien vorbehalten sein [26].

53.4 Kinetik und innere Exposition

Das in Abbildung 53.1 dargestellte Schema zeigt, dass die Mg-Homöostase von der Zufuhr über den Gastrointestinaltrakt (GI-Trakt) und der Ausscheidung über die Niere bestimmt wird; in diesem „offenen" System repräsentiert der Plasmaraum das zentrale, Skelett und Körperzellen hingegen „tiefe" Kompartimente. Die *enterale Resorption* erfolgt bei monogastrischen Säugern im gesamten Darm, bevorzugt aber in den oberen Dünndarmabschnitten. Neben einem hypothetischen Carriersystem, das aber nicht mit dem Calcium-Carrier identisch ist, spielt die passive, parazelluläre, konzentrationsabhängige Diffusion eine wichtige Rolle. Gut wasserlösliche, chloridhaltige Salze diffundieren am besten; aber auch wasserunlösliche Verbindungen werden teilweise verwertet, und zwar unabhängig von der Anwesenheit von Magensäure [5]. Die Resorptionsquoten variieren in Abhängigkeit vom Status: sie betragen im Mangel bis zu 60% und nehmen bei Sättigung bis auf etwa 10% ab. Über Verdauungssekrete werden vom Gesunden etwa 3 mmol Mg/24 h in das Darmlumen sezerniert. Mit den Faeces werden 90–40% der oral zugeführten Menge wieder ausgeschieden; daher wird Magnesium auch als „Stuhlkation" bezeichnet. Aufgrund des

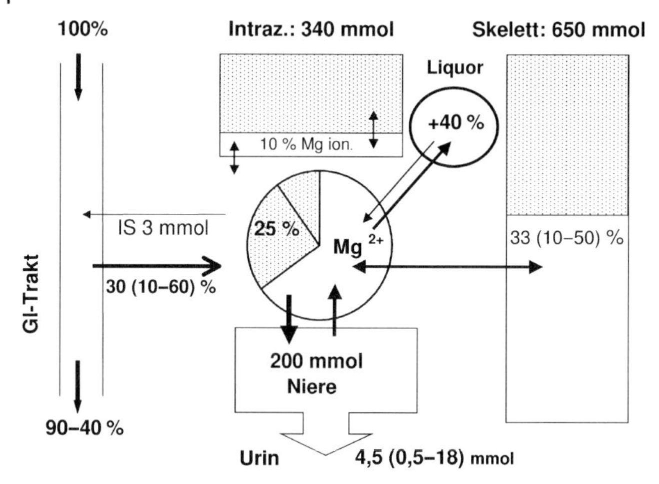

Abb. 53.1 Darstellung des Magnesiummetabolismus als pharmakokinetisches Modell: Das Plasma-/Serum-Mg ist als zentrales Kompartiment aufzufassen, das über den Gastrointestinaltrakt gespeist wird. Hauptausscheidungsorgan ist die Niere. Skelett und Intrazellularraum repräsentieren tiefe Kompartimente, wobei das an Apatit adsorbierte Mg des Knochens direkt mit dem Plasma-Mg^{2+} austauschen kann. Die Mg^{2+}-Konzentration des Liquor cerebrospinalis ist deutlich höher als die des Plasmas, was auf eine aktive Sekretion schließen lässt. Gepunktet: gebundener Anteil; hell: diffusibler bzw. mobilisierbarer Anteil; Abkürzungen: Intra = intrazellulärer Raum; IS = intestinale Sekretion.

hohen Wasserbindungsvermögens wird der Stuhl konzentrationsabhängig erst breiig und schließlich wässrig-dünnflüssig.

Beim Wiederkäuer ist der Pansen der Hauptresorptionsort für Magnesium; im Gegensatz zum monogastrischen Säuger hemmt Kalium die Magnesiumresorption, die zusätzlich von der Natriumzufuhr abhängig ist. Ist gleichzeitig der Bedarf gesteigert (Wachstumsschübe, hohe Milchleistung), so kann das Krankheitsbild der so genannten Weidetetanie – bevorzugt zur Zeit des Weideaustriebs im Frühjahr – resultieren, eine der verlustreichsten Stoffwechselstörungen des Wiederkäuers [23].

Das *Plasma-Mg* umfasst etwa 0,3% des Gesamtkörperbestandes von ca. 1000 mmol des Erwachsenen. Man unterscheidet das Gesamtplasma-Mg (Referenzwert: 0,76–1,10 mmol Mg/L [26]) und drei Fraktionen: Das ionisierte, pharmakologisch wirksame Mg^{2+} (0,46–0,60 mmol/L), das an Albumin gebundene Magnesium (etwa 25% des Gesamtmagnesiums) und das restliche, diffusible, an Citrat, Phosphat und Bicarbonat komplexierte Magnesium.

Im Primärharn erscheint das diffusible, filtrierbare Magnesium; hiervon werden 95–98% rückresorbiert. Somit werden im *Urin* des Gesunden 4–5 mmol Mg/24 h ausgeschieden [1, 8, 25].

Das *Skelett* des Erwachsenen enthält etwa 650 mmol Mg; man unterscheidet eine fest an Apatit gebundene sowie eine an die Knochenoberfläche adsorbierte, mobilisierbare Fraktion. Letztere nimmt mit zunehmendem Alter ab und befindet sich mit dem Plasma-Mg im Gleichgewicht.

Das *intrazelluläre Magnesium* stellt mit 340 mmol den zweitgrößten Pool dar: Etwa 90% sind gebunden, u.a. an ATP, ADP, Phospholipide, Nucleinsäuren und Polyamine, während 10% in ionisierter, biologisch aktiver Form vorliegen und in engen Grenzen reguliert werden.

Bereits im Jahr 1923 berichtete Barrio, dass die Magnesiumkonzentration im *Liquor cerebrospinalis* um etwa 25% über der des Gesamtplasma-Mg liegt (zit. in [1]); Chutkow [4] diskutiert eine aktive Sekretion im Plexus chorioides. Der weitaus größte Anteil liegt in ungebundener Form vor. Nach intravenöser Magnesiumzufuhr steigt das Liquor-Mg signifikant an, wenn auch deutlich geringer als das Plasma-Mg und zudem zeitlich verzögert [11]. Nichtsdestoweniger werden hierdurch zentralnervöse Magnesiumeffekte erklärbar.

53.5 Wirkungen

Magnesiumstäube sind aufgrund der vielseitigen Verwendung in der Metallindustrie von arbeitsmedizinischer Bedeutung. *Magnesiumsalze* haben eine lange Tradition als pharmakologische Wirkstoffe und Antidota. Da Magnesium ein *essenzieller Lebensmittelinhaltsstoff* ist, sind Mangelzustände bzw. deren Vorbeugung von aktuellem Interesse.

53.5.1 Mensch

53.5.1.1 Magnesiumstäube

Die Inhalation von Magnesiumoxid (CAS-No 1309-4) – man unterscheidet den einatembaren und den alveolengängigen Staubanteil sowie den Rauch – kann akute Atemwegsreaktionen und Fieberschübe auslösen [3], ohne dass im Bronchialsekret erhöhte Zytokinkonzentrationen nachweisbar werden [16]. Für die endgültige Beurteilung von Magnesium-Oxid-Sulfat-Faserstäuben (CAS-No 12286-12-3) ist die Datenlage noch nicht ausreichend; es besteht aus Tierversuchen der Verdacht auf ein kanzerogenes Potenzial.

53.5.1.2 Magnesiumsalze

Akute Wirkungen auf den GI-Trakt: Magnesiumsulfat („Bittersalz“, „Epsom salt“) ist seit dem 19. Jahrhundert als Laxans bekannt (Einzeldosen von 3–10 g): Das hohe Wasserbindungsvermögen von Magnesiumionen wurde bereits erwähnt; man hat errechnet, dass das Stuhlgewicht pro 1 mmol ausgeschiedenem Mg^{2+} um 7,3 g ansteigt; additiv wirkt sich das Wasserbindungsvermögen des Sulfations aus [19]. Zusätzlich setzen Magnesiumionen Cholecystokinin aus der Duodenalschleimhaut frei [18], woraus ein choleretischer Effekt resultiert. Noch um

1960 wurden bei Hepatitis-Patienten so genannte Duodenalspülungen durchgeführt, indem 150 mL einer 20%igen Magnesiumsulfatlösung (=123 mmol Mg) durch die Duodenalsonde appliziert wurden [13]. Aus umfangreichen Supplementationsstudien ergab sich, dass bei zusätzlich zur Nahrung supplementierten 360–365 mg Mg^{2+} pro Tag bei einem geringen Prozentsatz der Probanden milde, passagere Diarrhöen auftreten können. Da bei Dosen von 250 mg Mg^{2+} keine derartigen Effekte beschrieben sind, wurde diese Menge als NOAEL („no observed adverse effect level") bzw. als „tolerable upper intake level" (UL) für Nahrungsergänzungsmittel und Supplemente vom wissenschaftlichen Lebensmittelausschuss der EU festgelegt [19].

Gering wasserlösliche Magnesiumsalze wie das Trisilicat, das Oxid oder die Hydroxygele werden (häufig in Kombination mit obstipierendem Aluminiumhydroxid) in Antacida zur Neutralisation des Magensaftes eingesetzt. Da sich mit Eisensalzen unlösliche Komplexe bilden, wurden diese Magnesiumsalze als Antidota speziell bei Fe-Intoxikationen eingesetzt. Mit dem wasserlöslichen Mg-Aspartat-Hydrochlorid finden derartige Reaktionen nicht statt, so dass die gleichzeitige Gabe mit Fe-Gluconat nicht kontraindiziert ist [9].

Obwohl die enterale Resorption von Magnesium nur 10% bis maximal 60% beträgt, sind zusätzliche systemische gastroprotektive Wirkungen nachgewiesen worden [9].

Intoxikationen wurden nur bei hochgradig eingeschränkter Nierenfunktion (Inulinclearance <10 mL/min) oder bei extremer Überdosierung (Einzeldosen >300 mmol Mg) beschrieben [19]. Solche Fälle sind häufiger mit Magnesiumsulfat beobachtet worden, und zwar aufgrund des Wasseranteils infolge falscher Berechnung der Mg^{2+}-Konzentration. Es gilt:
Magnesiumsulfat (wasserfrei): $MgSO_4$: Molekulargewicht 120,37
Magnesiumsulfatheptahydrat: $MgSO_4 \cdot 7\ H_2O$: Molekulargewicht 246,48
1 g Magnesiumsulfatheptahydrat enthält 98,6 mg Mg=4,06 mmol Mg
1 mmol Mg ist enthalten in 0,2465 g Magnesiumsulfatheptahydrat
20%ige Magnesiumsulfatlösung: 1 mL=19,72 mg Mg=0,82 mmol Mg

Akute systemische Wirkungen: Bei Erhöhung der Plasma-Mg-Konzentration >1,10 mmol/L lassen sich pharmakologische Wirkungen nachweisen, die größtenteils als Ca^{2+}-Ionen-Antagonismus zu interpretieren sind („Magnesium als physiologischer Calciumantagonist"). Wirkorte sind die Muskelendplatte (Hemmung der Acetylcholin-Freisetzung), die glatte Muskulatur und glutamatsensitive *N*-Methyl-D-Aspartat-Rezeptoren im ZNS. In Abhängigkeit von der Konzentration finden sich folgende Effekte:

- *1,10–2,50 mmol/L:* Therapeutisch nutzbare Spiegel (Herzinfarkt, Tokolyse, (Prä-)Eklampsie, akutes Hirntrauma u.a.)
- *2,50–3,50 mmol/L:* Nausea, Atonie, Bewusstseinstrübung
- *5,00–7,00 mmol/L:* Atemlähmung, Hypoxie, Bradykardie, Darmparalyse
- *10,0–12,5 mmol/L:* Asystolie, Exitus

Akut lassen sich die beschriebenen Effekte durch parenterale Gabe äquimolarer Mengen an Ca^{2+}-Ionen antagonisieren; ggf. sind künstliche Beatmung und Dialyse indiziert.

Ähnlich wie Ca^{2+}-Ionen treten nach Bolus-Injektion von Mg^{2+}-Ionen Flush-Sensationen auf, die durch eine Freisetzung von Prostacyclinen erklärt werden [8]. An unerregbaren Membranen finden sich z. T. synergistische, „abdichtende" Mg-Ca-Effekte, die auf einer Brückenbildung mit freien Phospholipidresten beruhen. Hierdurch wird der Einsatz bei allergischen Reaktionen erklärbar. Der Knochenaufbau wird durch physiologische Magnesiummengen günstig beeinflusst: Magnesium ist u. a. für die Freisetzung und Wirkung von Parathormon erforderlich, ebenso für die renale 25-Hydroxylierung von Vitamin D. Durch Mg-Supplemente konnte die Entwicklung von Osteoporose gehemmt werden [19].

53.5.1.3 Magnesium als essenzieller Lebensmittelinhaltsstoff

Die Symptomatik des Magnesiummangels ist äußerst variantenreich, da ein Magnesiumdefizit obligatorisch mit sekundären Elektrolytveränderungen einhergeht. Extrazellulär findet sich eine (Ca-resistente) Hypokalzämie und eine geringgradige Hypokaliämie. Intrazellulär ist die Kaliumkonzentration trotz ausreichender Kaliumaufnahme erniedrigt, der Gehalt an Calcium und Natrium ist erhöht. Verantwortlich hierfür sind undichte („leaky") Membranen und eine verminderte Aktivität von Ionenpumpen, insbesondere der Na-K-ATPase. Folge der gestörten Homöostase sind Übererregbarkeit, Neigung zu Spasmen und Krämpfen und verminderte Stressresistenz. Bei einem Plasma-Mg von <0,20 mmol/L können generalisierte, lebensbedrohliche Krämpfe auftreten, vor allem bei Lärmexposition. Bei (Prä-)Eklampsie ist Magnesium daher das Mittel der Wahl [9, 19, 29].

Die Magnesiumversorgung der Bevölkerung ist marginal: Die Inzidenz von Hypomagnesiämien (Plasma-Mg <0,76 mmol/L) betrug in einer nicht selektierten Bevölkerung von $N=16\ 000$ insgesamt 14,5%; Frauen waren häufiger als Männer betroffen [21]. Aufgrund von Bilanzstudien, die unter standardisierten Bedingungen durchgeführt wurden, legte ein US-Expertenteam im Jahr 1997 die folgenden RDAs (Recommended Dietary Allowances) fest, die den Tagesbedarf an Magnesium für 97–98% der jeweiligen Bevölkerungsgruppe abdecken [10]:

Kinder, 1–3 Jahre:	80 mg
Kinder, 4–8 Jahre:	130 mg
Jungen und Mädchen, 9–13 Jahre:	240 mg
Jungen, 14–18 Jahre:	410 mg
Mädchen, 14–18 Jahre:	360 mg
Männer, 19–30 Jahre:	400 mg
Frauen, 19–30 Jahre:	310 mg
Männer ab 31 Jahre:	420 mg
Frauen ab 31 Jahre:	320 mg

Schwangere: 360–400 mg
Stillende Mütter: 310–360 mg

Diese Empfehlungen, die keinen durch besondere Belastung, Krankheit, Genuss- und Arzneimittelgebrauch bedingten Mehrbedarf berücksichtigen, wurden von den meisten europäischen Ländern übernommen. In den Ländern der EU liegt die berechnete (!) durchschnittliche Magnesiumaufnahme bei 208–353 mg/Tag [19].

In Lebensmitteln liegt Magnesium überwiegend in an diverse Matrices gebundener Form vor (Phytate, ATP, ADP u.a.); auch bei hoher Zufuhr ist nie über ein Auftreten von Diarrhöen berichtet worden. Daher ist die Unterteilung in „food Mg" und „non food Mg" berechtigt [19].

53.5.1.4 Reproduktionstoxizität, Teratogenität, Mutagenität, Kanzerogenese und Epidemiologie

Umfangreiche Studien zur toxikologischen Unbedenklichkeit wurden vor allem mit Magnesium-Aspartat-Hydrochlorid durchgeführt (Übersicht bei [9]). Während Magnesiummangel alle hier zu behandelnden Parameter negativ beeinflusst, wurden durchwegs positive Effekte durch Zufuhr von Magnesium erzielt: Nach Supplementation fanden sich keine fetotoxischen Effekte bei Ratte und Kaninchen. Im Standard-AMES-Test mit fünf Teststämmen – mit und ohne metabolische Aktivierung – sowie im Mikronukleus-Test an Mäusen ergab sich kein Hinweis auf ein mutagenes Potenzial. In einer 2-Jahresstudie an Mäusen besaß Magnesiumchlorid keine kanzerogene Wirkung. Übereinstimmend wurden in mehreren Supplementationsstudien an Schwangeren (Tagesdosen von 15 mmol Mg) keine negativen, sondern ausschließlich positive Wirkungen nachgewiesen, u.a. längere Tragzeiten, reifere Neugeborene und ein Sistieren nächtlicher Wadenkrämpfe während der Gravidität [25]. Schwangeren ist daher generell eine Mg-Supplementation zu empfehlen. Gewisse Vorsicht ist vielleicht bei länger dauernder intravenöser Tokolyse-Therapie bei Abort- und Frühgeburtsbestrebungen geboten: Einige Autoren haben von „rachitisähnlichen" Skelettveränderungen berichtet, die sich aber in der Säuglingsperiode zurückbildeten, andere von Beeinträchtigung der Spontanatmung der Säuglinge, wenn die Mütter unmittelbar vor der Geburt Magnesiuminfusionen erhielten [16]. In umfangreichen Studien konnten Wischnik et al. diese unerwünschten Wirkungen allerdings nicht bestätigen [29].

Epidemiologische Studien haben positive Beziehungen zwischen hochnormalen Plasma-Mg-Spiegeln (>0,80 mmol/L) bzw. reichlicher Magnesiumzufuhr und vitalen Parametern (u.a. Erniedrigung des Risikos für kardiovaskuläre Erkrankungen und Hypertonie) ergeben [19]. Eine hohe Magnesiumzufuhr ist folglich generell empfehlenswert.

Bei manifester Tumorerkrankung gibt es experimentelle Hinweise darauf, dass Magnesiummangel das Tumorwachstum hemmt [14]. Aufgrund der schweren Nebenwirkungen sind entsprechende Maßnahmen aber nicht zu rechtfertigen. Bei Krebspatienten wurden durch Mg-Supplemente die durch Cisplatin verursachte ausgeprägte Hypomagnesämie und deren Symptome verhindert, ohne dass die cytostatische Wirkung gehemmt wurde [28].

53.5.2 Wirkung auf Versuchstiere

Die orale LD_{50} betrug bei Ratten, Mäusen und Hunden 660, 670 und 440 mg Mg/kg Körpergewicht, bei Ratten betrug die LD_{50} nach i.v. Applikation 21 mg Mg/kg Körpergewicht. Der Exitus trat jeweils infolge Atemlähmung durch Asphyxie ein. Bei hochdosierter Langzeitexposition trat bei Hunden Brechreiz auf. Bei allen Spezies wurden Diarrhöen beobachtet; die Entwicklung des Körpergewichts war entsprechend reduziert. Die genannten Wirkungen sind auf eine curareähnliche Blockade der Muskelendplatte bzw. die zuvor geschilderten laxierenden Effekte zurückzuführen [9].

Von praktischer Bedeutung ist das speziesspezifische Verhalten der Ratte im Magnesiummangel: Nur die Ratte reagiert mit einer signifikanten Hyperkalzämie während der ersten 3–4 Wochen. Hierdurch resultiert ein sehr ungünstiges Ca:Mg-Verhältnis, das sich in einer ausgeprägten Erythem- und Ödembildung im Bereich von Schnauze, Pfoten und Schwanz äußert. Gleichzeitig findet sich eine ausgeprägte Hyperhistaminämie [5]. Bei längerem Mangel treten großflächige Hautulzerationen auf; die Tiere sind hochgradig lärmempfindlich und können mit generalisierten Krämpfen reagieren. Eine weitere Besonderheit ist das Auftreten ausgeprägter Nephrokalzinosen, die bereits röntgenologisch nachweisbar sind und sich nach Magnesiumzufuhr nur teilweise zurückbilden. Dieses Phänomen ist bei Fütterungsstudien zu berücksichtigen, wenn das Futter durch Substanzzumischung quasi so weit „verdünnt" wird, dass ein unbeabsichtigter Magnesiummangel erzeugt wird [6].

53.5.3 Wirkung auf andere biologische Systeme

Bereits um die Wende zum 20. Jahrhundert wurde erkannt, dass beim Studium isolierter Organpräparate dem Verhältnis Ca:Mg in der Nährflüssigkeit große Bedeutung hinsichtlich des Reizerfolgs zukommt; so enthält Standard-TYRODE-Lösung 1,8 mmol Ca/L und 1,05 mmol Mg/L. Wird Magnesium fortgelassen oder der Anteil an Calcium erhöht, so sind z. B. an Dünndarmpräparaten die Spontankontraktionen sowie die Kontraktionen nach Stimulation verstärkt. Umgekehrt ist das System bei Erhöhung der Magnesiumkonzentration bzw. Senkung des Calciumgehalts gedämpft. In Studien an Geweben des GI-Traktes von Ratten betrug die EC_{50} im Mittel 1,4 mmol Mg/L, bezogen auf Kontraktionsamplituden nach Elektrostimulation oder Zusatz von Agonisten wie Histamin oder Serotonin [7].

Die Verwendung von Magnesium in kardioplegischen Lösungen oder bei Organtransplantaten wird praktiziert, aber nicht einheitlich beurteilt. In den erwähnten Beispielen wird die calciumantagonistische Wirkung von Mg^{2+} genutzt.

53.5.4
Zusammenfassung der wichtigsten Wirkungsmechanismen

Die ernährungsphysiologische Bedeutung von Magnesium besteht vor allem in Ausgleich und Vorbeugung von Magnesiummangelzuständen, die sich deletär auswirken können, da ein Magnesiummangel obligatorisch mit einer tief greifenden Störung der Elektrolyt-Homöostase einhergeht: Intrazellulär kommt es zu einer Überladung mit Calcium und Natrium bei gleichzeitigen Kaliumverlusten. Magnesium ist für fast alle Phosphat übertragenden Enzymsysteme erforderlich, so dass im Mangel z. B. die Ionenpumpen insuffizient werden. Hinzu kommen Membran stabilisierende Effekte.

Extrazellulär ist die calciumresistente hypomagnesämische Hypokalzämie von Wichtigkeit, die auf einer Störung calciumregulierender Hormone und Vitamine beruht [1].

Die pharmakologischen wie auch die meisten toxischen Mg-Wirkungen sind auf den Calciumantagonismus zurückzuführen; hinzu kommen membranabdichtende Effekte. Am GI-Trakt ist außerdem das Wasserbindungsvermögen von praktischer Bedeutung.

53.6
Bewertung des Gefährdungspotenzials bzw. gesundheitliche Bewertung

Die Exposition gegenüber Magnesiumstäuben sollte minimiert werden; es gelten die allgemeinen Staubgrenzwerte. Problematisch ist der Verdacht auf kanzerogene Wirkungen von Magnesium-Oxid-Sulfat-Faserstaub.

In Lebensmitteln enthaltenes Magnesium beinhaltet kein Risiko; die Auswahl magnesiumreicher Lebensmittel ist vorbehaltlos zu empfehlen.

Magnesium in pharmazeutischen Zubereitungen, Nahrungsergänzungsmitteln und Supplementen beinhaltet überwiegend gesundheitliche Vorteile; bei stark eingeschränkter Nierenfunktion müssen die Plasma/Serum-Konzentrationen überwacht werden. Die bei höherer Exposition beobachteten laxierenden Wirkungen können erwünscht sein; sie werden bei Tagesdosen von <250 mg Mg vermieden.

53.7
Grenz- und Richtwerte, Empfehlungen, gesetzliche Regelungen

Hinsichtlich beruflicher Exposition fallen Magnesiumstäube und Magnesiumoxid unter den allgemeinen Staubgrenzwert. Dieser beträgt in Deutschland 10 mg/m^3 für den einatembaren Staubanteil und 3 mg/m^3 für den alveolengängigen Staubanteil [27].

Für „non-food-Mg“ hat der wissenschaftliche Lebensmittelausschuss der EU einen „tolerable upper intake level“ (UL) von 250 mg Mg/Tag festgelegt [19].

Aus technologischen Gründen (Vermeidung von zu hoher Wasserhärte) sieht die Trinkwasser-Verordnung einen Grenzwert von 50 mg Mg/L vor; Konzentrationen bis 200 mg/L werden toleriert.

53.8 Vorsorgemaßnahmen

Vorsorgemaßnahmen sollten zur Vermeidung einer Unterversorgung mit Magnesium getroffen werden: Als Richtwerte für eine ausreichende Zufuhr gelten die Zufuhrempfehlungen für männliche und weibliche Angehörige verschiedener Altersklassen [10].

53.9 Zusammenfassung

Magnesiumlegierungen finden eine breite industrielle Anwendung. Die Weltproduktion an Magnesium wird auf 300 000–350 000 t/Jahr geschätzt. Es gelten die üblichen Vorschriften des Arbeitsschutzes.

Die Magnesiumzufuhr über Lebensmittel ist insgesamt marginal; Schätzwerte geben meist zu hohe, nicht den Verzehrsgewohnheiten entsprechende Mengen an. Es wird eine reichliche Zufuhr des essenziellen Mineralstoffs empfohlen.

Magnesiumsalze werden vielseitig in der Humanmedizin eingesetzt und in verschiedensten Zubereitungen im Handel angeboten. Bei sachgerechter Anwendung ist das Risiko unerwünschter Wirkungen im Vergleich zum hohen Nutzen zu vernachlässigen.

53.10 Literatur

1 Aikawa JK (1981) Magnesium: its biological significance, CRC Press, Boca Raton, 13–14.

2 Binder HH (1999) Lexikon der chemischen Elemente, S. Hirzel, Stuttgart, Leipzig, 363–371.

3 Birch NJ (1988) Magnesium, in Seiler HG, Sigel H, Sigel A (Hrsg) Handbook on toxicity of inorganic compounds, M Dekker, New York Basel, 397–403.

4 Chutkow JG (1990) Magnesium and the central (intradural) nervous system: metabolism, neurophysiological functions, and clinical disorders, in Sigel H, Sigel A (Hrsg) Metal ions in biological systems, vol. 26: Magnesium, M Dekker, New York Basel, 441–461.

5 Classen C-U, Abele Ch, Schimatschek HF, Friedberg KD, Classen HG, Haubold W (1993) Erythema formation in magnesium-deficient albino rats, *Arzneimittel-Forschung* **43**: 672–675.

6 Classen HG, Elias PS, Hammes WP, Winter EHF (2001) Toxikologisch-hygienische Beurteilung von Lebensmittel-

inhaltsstoffen und Zusatzstoffen, Behr's, Hamburg.

7 Classen HG, Scherb H, Scherb I (1988) Increased contractile activity of the isolated esophagus and tissues of the gastrointestinal tract of rats at decreased extracellular magnesium concentrations, *Magnesium Bulletin* **10**: 136–147.

8 Classen HG (2002) Magnesium, in Biesalski HK, Köhrle J, Schümann K (Hrsg) Vitamine, Spurenelemente und Mineralstoffe, Thieme, Stuttgart, 132–137.

9 Classen HG (2002) Magnesium-L-Aspartate Hydrochloride: experimental and clinical data, *Journal of Clinical and Basic Cardiology* **5**: 43–47.

10 Food and Nutrition Board (1997) Dietary reference intakes for calcium, phosphorus, magnesium, vitamin D and vitamin F. Institute of Medicine, National Academic Press, Washington D.C., 190–249.

11 Fuchs-Buder T, Tramer MR (1997) Cerebrospinal fluid passage of intravenous magnesium sulfate in neurosurgical patients, *Journal of Neurosurgery and Anesthesiology* **9**: 324–328.

12 Glei M, Anke M (1995) Der Magnesiumgehalt der Lebensmittel und Getränke und die Magnesiumaufnahme Erwachsener in Deutschland, *Magnesium-Bulletin* **17**: 22–28.

13 Hoff F, Federlin K (1962) Krankheiten der Leber und der Gallenwege, in Hoff F, Behandlung innerer Krankheiten, G. Thieme, Stuttgart, 642–648.

14 Jacobs MM, Pienta RJ (1995) Modulation of chemical carcinogenesis by other minerals: Magnesium, in Arcos JC (Hrsg) Chemical induction of cancer, Birkhäuser, Boston-Basel-Berlin, 349.

15 Kuschner WG, Wong H, D'Alessandro A, Quinlan P, Blanc PD (1997) Human pulmonary responses to experimental inhalation of high concentration fine and ultrafine magnesium oxide particles, *Environmental Health Perspectives* **105**: 1234–1237.

16 Lamm CI (1988) Congenital rickets associated with magnesium sulphate infusion for tocolysis, *Journal of Pediatrics* **113**: 1078–1081.

17 Lück E, Kuhnert P (1998) Lexikon Lebensmittelzusatzstoffe, Behr's, Hamburg, 143–144.

18 Malagelada JR, Holtermüller KH, McCall JT, Go VL (1978) Pancreatic, gallbladder, and intestinal responses to intraluminal magnesium salts in man, *American Journal of Digestive Diseases* **23**: 481–485.

19 Scientific Committee on Food (2001) Opinion on the Tolerable Upper Intake Level of Magnesium, Brüssel, 1–16. http://europa.eu.int/comm/food/fs/sc/scf/Index-en.html

20 Schimatschek HF, Classen HG, Baerlocher K, Nußbaumer A, Ratzmann G, Luz S, Obermüller U (1998) Funktionelle Störungen bei Kindern durch Magnesiummangel: Welche Rolle spielt die Ernährung? *Magnesium-Bulletin* **20**: 27–32.

21 Schimatschek HF, Rempis R (2001) Prevalence of hypomagnesemia in an unselected German population of 16,000 individuals, *Magnesium Research* **14**: 283–290.

22 Schimatschek HF, Borgwardt K, Dorfmeister C, Farr C, Güntner I, Koch T, Reinöhl A (2002) Inhaltsstoffe im Trink- und Mineralwasser: Ausgewählte Mineralstoffe und Spurenelemente. DGE Sektion Baden-Württemberg.

23 Scholz H (1981) Weidetetanie, *Magnesium-Bulletin* **3**(1a): 137–147.

24 Souci SW, Fachmann W, Kraut H (1994) Die Zusammensetzung der Lebensmittel. Nährwert-Tabellen, 5. Auflage, CRC Press, Boca Raton, Ann Arbor, London, Tokyo.

25 Spätling L, Spätling G (1988) Magnesium supplementation in pregnancy: a double blind study, *British Journal of Obstetrics and Gynecology* **95**: 120–125.

26 Spätling L, Classen HG, Külpmann WR, Manz F, Rob PM, Schimatschek HF, Vierling W, Vormann J, Weigert A, Wink K (2000) Diagnostik des Magnesiummangels, *Fortschritte der Medizin* **118**: 49–53.

27 Technische Regel für Gefahrstoffe 900, http://www.baua.de/prax/index.htm.

28 Vokes EE, Mick R, Vogelzang NJ, Geisser R, Douglas F (1990) A randomised study comparing intermittent to continuous administration of magnesium aspar-

tate hydrochloride in cisplatin-induced hypomagnesaemia, *British Journal of Cancer* **62**: 1015–1017.

29 Wischnik A, Hiltmann WD, Hettenbach A, Schmidt R, Zieger W, Neises M, Melchert F (1991) Influence of high-dose iv $MgSO_4$ therapy in pregnancy on mother and child – clinical and laboratory findings, in Lasserre B, Durlach J (Hrsg) Magnesium – A relevant Ion, J Libbey, London-Paris-Rome, 453–464.

30 Wörwag M, Classen HG (1998) Magnesium and zinc deficiency of nursing home residents caused by malnutrition? *Magnesium-Bulletin* **20**: 83–91.

54
Calcium

Manfred Anke und Mathias Seifert

54.1
Allgemeine Substanzbeschreibung

Das Element Calcium (Ca) wurde gleichzeitig und unabhängig von Davy bzw. Berzelius und Pontin entdeckt und beschrieben. Das reine Metall konnte erst 1898 dargestellt werden. Der Name des Elementes leitet sich vom lateinischen „calx" (Stein, Kalkstein) ab [83, 86]. Calcium ist das fünfthäufigste Element in der Erdkruste und das dritthäufigste Metall nach Aluminium und Eisen. Aufgrund seiner Reaktionsfähigkeit kommt Calcium in der Umwelt nicht in gediegenem, sondern ausschließlich in gebundenem Zustand vor. Fossile Überreste früherer Meereslebewesen bilden in verschiedenen Regionen (Triasformation) mächtige Lagerstätten. Wichtige Calciummineralien sind Anhydrit, Apatit, Dolomit, Flussspat, Gips, Kalkspat und Phosphorit. In der Natur kommen 700 Calciumminerale (>10 g Ca/kg) vor.

Calcium (CAS-Nr. 7440-70-2), $_{20}Ca$ (A_r=40,08) – mit den stabilen Isotopen 40, 42, 43, 44, 46 und 48, Ersteres mit einem Vorkommen von 96,947% – ist ein silberweißes Metall, in seinen Verbindungen 2-wertig und hat bei 20 °C eine Dichte von 1,55. Sein Schmelzpunkt beträgt 842 °C und sein Siedepunkt 1484 °C. Calcium bildet auch acht radioaktive Isotope mit Halbwertszeiten zwischen 173 ms und $1{,}3 \cdot 10^5$ Jahren (^{41}Ca). Der β-Strahler ^{45}Ca ($t_{1/2}$=163 Tage) wird technisch und medizinisch genutzt. Calcium ist relativ instabil in feuchter Luft, es formt schnell eine Hydrathülle und reagiert spontan mit Wasser unter Bildung von $Ca(OH)_2$ und Wasserstoff, der sich an der Luft entzündet [80, 132].

Jährlich werden etwa 8000 t reines Calciummetall produziert. Es wird zur Erzeugung besonderer Stahlqualitäten, Batterien und von hochenergiedichtem magnetischem Material verwendet [86].

Calcium ist ein unentbehrlicher Baustein eines „fruchtbaren" Bodens und ein lebensnotwendiger Bestandteil der Flora, Fauna und des Menschen. Seine im Mittel umfangreichen und leicht erschließbaren Vorkommen lassen von Zeit zu Zeit vergessen, dass ohne den billigen Baustein Calcium kein Leben auf der Erde möglich ist. Die Verteilung des Calciums in der Umwelt und der Nahrungs-

Handbuch der Lebensmitteltoxikologie. H. Dunkelberg, T. Gebel, A. Hartwig (Hrsg.)

ISBN: 978-3-527-31166-8

kette von Pflanze, Tier und Mensch ist jedoch sehr unterschiedlich und verursacht sowohl Mangel als auch Überschuss an diesem Mengenelement, so dass dieses Leichtmetall mehr Aufmerksamkeit in der Ernährung von Pflanzen, Tieren und Menschen verdient [25].

54.2
Vorkommen und Verwendung in Futter und Lebensmitteln

Die Erdkruste enthält im Mittel 36 g Ca/kg. Die Magmatide (Tiefen- und Ergussgesteine) Granit (5,1 g Ca/kg), Andesit (56 g Ca/kg) und Basalt (74 g Ca/kg) enthalten extrem unterschiedliche Calciummengen. Die sauren Granite, Syenite und Porphyre speichern wenig Calcium und sind hell gefärbt, während die basischen und dunkel getönten Andesite und Basalte reichlich Calcium enthalten. Bei der Verwitterung der Magmatide werden deren lösliche Ionen mit dem Wasser verfrachtet, es entstehen Sedimente (Muschelkalk, Dolomit, Gips, Salzgestein). Die schwerlöslichen Bestandteile der Magmatide werden durch Wasser, Eis oder Wind in festem Zustand verlagert (z. B. Sand, Kies, Ton). Feinere Partikel bilden äolische Sedimente (Flugsand oder Löss). Beim Transport durch Eis entstehen Endmoränen (Geschiebelehm, -mergel, -sande). Obwohl die Sedimente nur 8% der Erdkruste ausmachen, bedecken sie etwa 75% der Erdoberfläche (Ton-, Sand- und Carbonatgesteine, Löss, Auensedimente, Endmoränen). Hoher Druck und große Hitze können die Magmatide und deren Sedimente so stark verändern, dass aus ihnen neue Gesteine, die Metamorphite, entstehen (Serpentin, Glimmerschiefer, Gneis, Phyllit, Schiefer), die in Abhängigkeit vom Muttergestein sehr unterschiedliche Calciumkonzentrationen enthalten [147]. Weltweit enthalten Granite mit ~9 g/kg am wenigsten Calcium, Sandstein speichert 13 g/kg, Schiefer 22 g/kg, ultramafisches Gestein 25 g/kg, Basalt und Gabbro 74 g/kg, und Muschelkalk erreicht einen Calciumgehalt von 380 g/kg [140].

Der Medianwert der Calciumgehalte der Böden beträgt weltweit ~14 mg/kg: Er schwankt zwischen Braunerden mit 2,7 mg/kg, lehmigem Sand mit 11 mg/kg, Löss mit 16 mg/kg in Muschelkalkrendzinen, Podsolböden zwischen 34 und 56 mg/kg und Schwarzerden zwischen 43 und bis zu 352 mg/kg (Schwarzerde auf Rendzinen) [134]. Der Calciumgehalt der Böden wird durch die geologische Herkunft, den Feinerdeanteil, die Düngung und den Boden-pH-Wert wesentlich beeinflusst und variiert demzufolge erheblich. Erstaunlicherweise korreliert die Calciumkonzentration der Böden mit deren Strontium- ($r=0{,}82$), Schwefel- ($r=0{,}60$), Magnesium- ($r=0{,}57$), Barium- ($r=0{,}57$) und Kupfergehalt ($r=0{,}50$) [140]. Der Calciumanteil der obersten Bodenschicht ist in der Regel niedriger als der des Unterbodens. Bei der Verwitterung der Gesteine wird das Calcium freigesetzt und von den Bodenkolloiden gebunden. Calcium ist im Boden der natürliche Antagonist des H_3O^+-Ions. In calciumverarmten Böden treten Oxoniumionen an die Stelle der Calciumionen – der Boden versauert. Damit sind bedeutende Verschlechterungen der biologischen, physikalischen und chemischen Bodeneigenschaften verbunden. Die Bioverfügbarkeit von Eisen, Mangan und Aluminium steigt, die des Stickstoffs, Phosphors, Selens und Molybdäns vermindert sich signifikant und drosselt das „Angebot" der für die Flora und Fauna lebensnotwendigen Elemente. Ein Calciummangel des Bodens vermindert nicht nur das Pflanzenwachstum, sondern geht über die Aufgaben des Calciums als Pflanzennährstoff hinaus, indem er die Zusammensetzung der Vegetation verändert und die Calciumversorgung der Fauna und des Menschen verschlechtert. Die Versauerung des Oberbodens muss durch regelmäßige Kalkung verhindert werden [12, 49, 101, 170].

54.2.1 Calcium in der Flora

Der Calciumgehalt der Vegetation wird durch verschiedene Einflüsse variiert. Besonders bedeutungsvoll sind das Angebot an bioverfügbarem Calcium, welches neben der Calciumdüngung durch die geologische Herkunft des Bodens und dessen pH-Wert beeinflusst wird, das Pflanzenalter, die in die Ernährung eingehenden Pflanzenteile und die Pflanzenart.

54.2.1.1 Der Einfluss der geologischen Herkunft des Standortes

Unabhängig von der Kalkung landwirtschaftlich, forstwirtschaftlich und gärtnerisch genutzter Flächen nimmt die geologische Herkunft der Pflanzenstandorte Einfluss auf den Calciumgehalt der Vegetation (Tab. 54.1).

Mit Hilfe von Indikatorpflanzenarten (Wiesenrotklee in der Blüte; Roggen in der Blüte; Ackerrotklee in der Knospe; Weizen im Schossen) konnte gezeigt

Tab. 54.1 Der Einfluss der geologischen Herkunft des Lebensraumes auf den Calciumgehalt der Vegetation [9].

Geologische Herkunft	Gestein [g Ca/kg]	Wasser [mg Ca/L]	Pflanzen-Relativzahl
Muschelkalkverwitterungsböden	290	177	100
Keuperverwitterungsböden	90	100	97
Verwitterungsböden des Rotliegenden	–	41	96
Moor-, Torfböden	–	42	94
Syenitverwitterungsböden	32	40	93
Buntsandsteinverwitterungsböden	31	28	91
Gneisverwitterungsböden	10	26	89
Geschiebelehm	34	75	89
Löss	15	–	89
Holozäne Auen	–	–	85
Phyllitverwitterungsböden	10	–	84
Granitverwitterungsböden	8,5	–	83
Schieferverwitterungsböden	–	–	83
Pleistozäne Sande	2,7	69	83

werden, dass die Muschelkalkverwitterungsböden (Relativzahl 100) und die Keuperstandorte (Relativzahl 97) die calciumreichste Flora erzeugen, während die Granit- und Schieferverwitterungsböden etwa 15% weniger Calcium in die Nahrungskette liefern. Der Einfluss der geologischen Herkunft auf den Calciumgehalt der Pflanzenwelt ist im Vergleich zu anderen essenziellen Elementen, wo größere geologisch bedingte Unterschiede auftreten, sehr bescheiden [6]. Der Calciumgehalt von Ackerrotklee, Roggen und Weizen korrelierte mit r= 0,41, 0,64 und 0,91. Die hohe Abhängigkeit des Calciumgehaltes der Indikatorpflanzen in den definierten Entwicklungsstadien demonstriert ihre Eignung zur Abschätzung der Calciumversorgung der Vegetation [25]. Der Calciumgehalt der Gesteine, des Wassers und die Relativzahl der Vegetation korrelieren. In der Regel erzeugen Muschelkalk, Keuper, Verwitterungsböden des Rotliegenden und verschiedene Moor- und Torfböden eine relativ calciumreiche Vegetation, während die pleistozänen Sande, der Schiefer, Granite und Phyllite eine calciumarme Flora erzeugen [6, 30, 106].

54.2.1.2 **Der Einfluss des Pflanzenalters**

Neben dem Calciumangebot variiert das Pflanzenalter den Calciumbestand einjähriger Pflanzenarten (Tab. 54.2), wobei statistisch gesicherte Unterschiede zwischen ein- und zweikeimblättrigen Arten bestehen. Gräser vermindern ihren Calciumgehalt von Ende April bis Mitte Juni kontinuierlich, während die calciumreicheren Leguminosen ihren Calciumanteil bis Mitte Mai erhöhen, der sich erst danach durch die Verschiebung der Blatt-Stängelverhältnisse signifikant vermindert. Grundsätzlich gilt, dass junges Grünfutter mehr Calcium enthält als altes [15, 40, 92, 95, 139, 151].

54.2.1.3 **Der Einfluss der Pflanzenart**

Neben dem Calciumangebot und dem Pflanzenalter beeinflusst die Pflanzenart den Calciumanteil der Flora signifikant. Zweikeimblättrige Arten (Leguminosen

Tab. 54.2 Der Einfluss des Alters auf den Calciumgehalt verschiedener Pflanzenarten (mg/kg Trockenmasse) [15].

Art	n [a]	30. April	12. Mai	26. Mai	11. Juni	KGD [b]	[%] [c]
Grünroggen	24	5,8	3,6	2,2	2,2	2,2	38
Wiesenschwingel	24	4,5	3,2	2,9	2,9	1,2	64
Grünweizen	24	4,0	3,2	3,2	2,6	1,5	65
Wiesenrotklee	24	11	14	18	7,8	4,5	71
Luzerne	24	6,5	10	9,8	5,0	4,8	77

a) Anzahl untersuchter Proben;
b) Kleinste Grenzdifferenz;
c) 30. April = 100%, 11. Juni = x%.

Tab. 54.3 Der Calciumgehalt (*x*) verschiedener Pflanzenarten (g/kg Trockenmasse) [49].

Leguminosen	*x*	Kräuter	*x*	Gräser	*x*
Steinklee	17	Wiesenkerbel	17	Quecke	4,0
Weißklee	15	Spitzwegerich	17	Rotes Straßgras	3,4
Wiesenrotklee	13	Habichtskraut	13	Aufrechte Trespe	3,2
Gelbklee	12	Löwenzahn	12	Knaulgras	2,9
Wiesenplatterbse	9,7	Wiesenbocksbart	11	Wiesenrispe	2,8
Vogelwicke	8,3	Wiesenkümmel	11	Glatthafer	2,4
Zaunwicke	8,3	Rainfarn	8,5	Schafschwingel	2,4
Sichelluzerne	8,0	Schafgarbe	8,4	Wiesenfuchsschwanz	1,9

und Kräuter) enthalten im Mittel mit 12 g Ca/kg Trockenmasse (TM) die vierfache Calciummenge wie einkeimblättrige (3 g Ca/kg TM) (Tab. 54.3).

Von den Leguminosen akkumulieren die Kleearten am meisten Calcium, während Platterbsen, Wicken und Luzerne weniger Calcium als die Kleearten speichern. Blattreiche Kräuterarten (Kerbel, Spitzwegerich, Habichtskraut und Löwenzahn) inkorporieren signifikant mehr Calcium als blattarme (Rainfarn und Schafgarbe). Der stängelreiche Wiesenfuchsschwanz liefert Ende Mai nur 1,9 g Ca/kg TM, während die blattreiche Quecke 4,0 g Ca/kg TM enthält [49, 78, 138].

54.2.1.4 **Der Einfluss des Pflanzenteils**

Der Calciumgehalt der einzelnen Pflanzenteile (Wurzel, Knolle, Stängel, Blatt, Frucht, Samen) ist signifikant unterschiedlich. Samen, Körner und Früchte sind ebenso wie Knollen, Stängel- und Wurzelverdickungen, also die stärke- und zuckerreichen Pflanzenteile, calciumarm. Samen enthalten in der Regel 1 g Ca/kg TM, Früchte speichern im Mittel <1 g Ca/kg TM, während Knollen, Wurzel- und Stängelverdickungen 0,3–5 g Ca/kg TM akkumulieren (Tab. 54.4). Alle blattreichen zweikeimblättrigen Pflanzen, die Bestandteil der tierischen und menschlichen Nahrung sind, enthalten reichlich Calcium, während blattreiches Futter einkeimblättriger Pflanzenarten, die von den verschiedenen Wiederkäuer-

Tab. 54.4 Der Calciumgehalt (*x*) verschiedener Pflanzenteile (g/kg Trockenmasse) [25].

Körner, Samen	*x*	Früchte	*x*	Knollen, Wurzel-, Stängelverdickungen	*x*	Blattreiche Arten	*x*
Gerste	0,80	Banane	0,43	Kartoffel	0,29	Weißkraut	10
Roggen	0,90	Apfel	0,49	Spargel	2,6	Kopfsalat	15
Triticale	0,90	Birne	0,86	Zuckerrübe	2,6	Petersilie	16
Weizen	1,0	Ananas	0,94	Blumenkohl	4,5	Schnittlauch	16
Mais	1,5	Tomate	1,9	Möhre	5,8	Majoran	24

arten genutzt werden, wenig Calcium liefert. Weidefutter mit wechselnden Anteilen von Kräutern liefert Rindern und Schafen 3–8 g Ca/kg TM. Grünmais (4,0 g Ca/kg TM) und Futterroggen (3,0–4,9 g Ca/kg TM) sind ähnlich calciumarm. Silagen dieser Pflanzenarten liefern den Konsumenten bescheidene Calciummengen. Grünfutter und Silagen zweikeimblättriger Futterpflanzenarten bringen dem Pflanzenfresser mehr Calcium [25].

54.2.1.5 Der Calciumgehalt mehrjähriger Pflanzenarten im Winter

Das Calciumangebot der Wildwiederkäuer entspricht im Sommer und Herbst dem der domestizierten Wiederkäuer (Tab. 54.5), wenn man artspezifische Äsungsunterschiede außer Acht lässt. Das Reh selektiert die Äsung, das Rotwild frisst, was sich anbietet. Die Winteräsung in Form von Eicheln, Bucheckern, Drahtschmiele, Kiefern- und Fichtentrieben, Heide- und Heidelbeerkraut enthält wenig Calcium, während die Rinden der Bäume und Sträucher, Himbeer-

Tab. 54.5 Der Calciumgehalt (x) der Winteräsung des wiederkäuenden Schalenwildes in Deutschland (g/kg Trockenmasse) [10, 11].

Art	n [a]	x	Art	n [a]	x
Eicheln	24	1,2	Himbeertriebe	19	7,0
Drahtschmiele	65	1,8	Grünroggen	10	7,0
Heidekraut	20	2,1	Serbische Fichte, Rinde	9	7,7
Rosskastanien	22	2,5	Ebereschentriebe	16	8,2
Kieferntriebe	27	2,8	Eichentriebe	20	9,0
Fichtentriebe	33	4,0	Schwarzerlenrinde	7	10
Birkenrinde	7	4,0	Espenrinde	7	11
Wolliges Reitgras	7	5,1	Fichtenrinde	9	11
Bucheckern	10	5,9	Grünraps	12	15
Heidelbeerkraut	21	6,8	Ebereschenrinde	7	17

a) Anzahl der untersuchten Proben.

Tab. 54.6 Der analysierte und kalkulierte Calciumgehalt des Panseninhaltes im Winter gestreckter Ricken, Muffelschafe, Dam- und Kahltiere (g/kg Trockenmasse) [11].

Parameter	n [a]	Ricke	Muffelschaf	Damtier	Kahltier	Fp [c]
analysiert	40, 31, 13, 20	7,3	5,2	4,8	4,6	$< 0{,}001$
kalkuliert	–	5,0	3,4	3,5	3,8	–
% [b]	–	68	65	73	83	–

a) Anzahl der untersuchten Proben.
b) analysiert = 100%, kalkuliert = x%.
c) Signifikanzniveau bei der einfaktoriellen oder einfach mehrfaktoriellen Varianzanalyse.

und Ebereschentriebe, Grünroggen und Grünraps beträchtliche Calciummengen liefern, so dass Calciummangel bei Wildwiederkäuern während des Winters und zeitigen Frühjahrs, trotz Geweihbildung und Trächtigkeit, auszuschließen ist. Andererseits transferieren die Wiederkäuer erhebliche Calciummengen mit dem Speichel in den Pansen (Tab. 54.6). Die aufgenommene Calciummenge, welche von der aufgenommenen Äsung abgeleitet wurde, bleibt signifikant unter der im Pansen gefundenen. Die Wiederkäuer liefern mit dem Speichel zusätzlich Calcium in den Pansen, das von den Pansenbakterien benötigt wird.

54.3 Verbreitung des Calciums in Lebensmitteln

54.3.1 Analytik des Calciums in biologischem Material

Pflanzliche und tierische Gewebe, Lebensmittel, Getränke, Urin und Faeces können für die Calciumbestimmung sowohl durch Säureaufschluss, z. B. mit Salpetersäure und Mikrowellenerhitzung als auch durch trockene Veraschung bei 450 °C und anschließende Lösung in verdünnter Salzsäure zur Analyse gebracht werden. Als Bestimmungsverfahren haben sich die Flammen-Atomabsorptionsspektroskopie (F-AAS) bei 422,7 nm und die optische Emissionsspektroskopie durch induktiv gekoppelte Plasmaanregung (ICP-OES) bewährt [22, 99, 146].

54.3.2 Der Calciumgehalt der Lebensmittel und Getränke

54.3.2.1 Pflanzliche Lebensmittel

Die für die menschliche Ernährung besonders wichtigen Getreidearten Weizen, Mais, Hirse und Reis liefern in Abhängigkeit vom Calciumgehalt ihres Standortes nur wenig Calcium in die Nahrungskette des Menschen (Tab. 54.7). Das Ausmahlen des Getreides vermindert den Calciumanteil von Mehl, Graupen bzw. den der Mais- und Weizenstärke hoch signifikant [46]. Das hauptsächlich in die Aleuronschicht eingelagerte Calcium verlässt das Mehl mit der Kleie. Die Leguminosensamen (Linsen, Erbsen) enthalten ebenso wie die Haferflocken mehr Calcium als die verschiedenen Getreidearten. Kloß- und Eierkuchenmehl erhalten ihren größeren Calciumanteil von ihren Zuschlagstoffen. Stärke und Zucker sind extrem calciumarm, ebenso wie auch Pudding, Honig und Konfitüre (Tab. 54.8).

Der Schokoladenpudding erhält seinen größeren Calciumanteil durch den Kakaozuschlag, die Fertigsuppen über Gemüse.

Kaffee, Kakao und insbesondere schwarzer Tee enthalten 1000–5000 mg Ca/kg TM und sind im Vergleich zu Getreideerzeugnissen calciumreich (Tab. 54.9).

Tab. 54.7 Der Calciumgehalt (x) von Getreide und Getreideprodukten [22, 99].

Produkt	(*n*) [a]	Trockenmasse [%]	mg Ca/100 g Frischsubstanz	mg Ca/kg Trockenmasse	
				x	*s* [b]
Mondamin	(6)	87,4	2,7	31	35
Mais (Basalt)	(6)	88,0	5,9	67	13
Mais (Kreide)	(6)	88,0	9,1	103	65
Hirse (Basalt)	(6)	88,0	14,7	167	70
Hirse (Kreide)	(6)	88,0	53,2	604	211
Reis	(9)	87,7	15,1	172	137
Weizengrieß	(15)	87,1	18,6	213	71
Weizenmehl	(15)	85,5	22,6	264	81
Weizenin	(9)	88,9	24,1	271	76
Maisan	(9)	88,4	25,5	288	98
Kloßmehl [c]	(9/9)	88,1	34,5/54,9	392/623	91/69
Weizenkörner	(6)	88,0	35,1	399	59
Linsen	(6)	87,3	35,0	401	64
Graupen	(15)	88,2	36,7	416	150
Erbsen, geschält	(15)	89,3	57,0	638	163
Haferflocken	(15)	88,5	58,2	658	71
Hafermark	(15)	89,2	59,2	664	77
Eierkuchenmehl	(9)	88,6	118	1328	355
Rapssamen	(3)	88,0	464	5276	647

a) Anzahl der untersuchten Proben.
b) Standardabweichung.
c) Die Ca-Gehalte des Kloßmehls, 1988 bzw. 1992 gekauft, unterschieden sich signifikant.

Tab. 54.8 Der Calciumgehalt (x) von Zucker, Honig, Pudding, verschiedener Teigwaren und Fertigsuppen [22, 99].

Produkt	(*n*) [a]	Trockenmasse [%]	mg Ca/100 g Frischsubstanz	mg Ca/kg Trockenmasse	
				x	*s* [b]
Vanillepudding [c]	(6/9)	86,4	2,3/32,9	27/381	16/160
Zucker	(15)	98,9	3,1	31	28
Bienenhonig	(6)	71,0	4,3	61	12
Kunsthonig	(9)	75,2	7,7	103	32
Nudeln	(15)	89,9	30,3	337	132
Makkaroni	(15)	87,1	32,6	374	63
Konfitüre	(15)	55,5	21,5	388	152
Schokoladenpudding	(15)	87,0	51,9	596	279
Schokobrotaufstrich	(6)	95,7	87,0	909	110
Fertigsuppen	(30)	89,5	108	1211	730

a) Anzahl der untersuchten Proben.
b) Standardabweichung.
c) Die Ca-Gehalte des Kloßmehls, 1988 bzw. 1992 gekauft, unterschieden sich signifikant.

Tab. 54.9 Der Calciumgehalt (x) verschiedener Genusswaren [22, 99].

Produkt	(n)[a]	Trockenmasse [%]	mg Ca/100 g Frischsubstanz	mg Ca/kg Trockenmasse	
				x	s[b]
Kakao[c]	(6/6)	90,7	38,2/159	421/1757	114/144
Bonbons	(15)	96,4	41,3	428	396
Kaffee	(15)	96,2	114	1186	70
Pralinen	(15)	93,4	147	1572	544
Vollmilchschokolade	(15)	95,1	300	3157	808
Schwarzer Tee	(15)	93,3	424	4543	388

a) Anzahl der untersuchten Proben.
b) Standardabweichung.
c) Die Ca-Gehalte des Kakaos, 1988 bzw. 1992 gekauft, unterschieden sich signifikant.

Tab. 54.10 Der Calciumgehalt (x) verschiedener Backwaren [22, 99].

Produkt	(n)[a]	Trockenmasse [%]	mg Ca/100 g Frischsubstanz	mg Ca/kg Trockenmasse	
				x	s[b]
Cornflakes	(6)	96,6	4,7	49	26
Mischbrot	(15)	62,4	26,1	419	79
Rührkuchen	(15)	76,6	32,2	420	178
Keks	(15)	97,0	41,4	427	15
Zwieback	(15)	94,0	40,2	428	166
Roggenvollkornbrot	(6)	53,9	27,9	517	70
Streuselkuchen	(15)	81,0	43,9	542	418
Brötchen	(15)	75,8	45,3	597	447
Toastbrot	(15)	67,5	42,1	623	212
Knäckebrot	(15)	93,8	71,7	764	232
Weißbrot	(15)	63,5	78,0	1229	681
Eierschecke	(15)	37,2	63,0	1693	580

a) Anzahl der untersuchten Proben.
b) Standardabweichung.

Brot, Brötchen und Backwaren liefern mit Ausnahme der Cornflakes, die besonders wenig Calcium speichern, zwischen 400 und 600 mg Ca/kg TM (Tab. 54.10). Knäckebrot mit rund 750 mg Ca/kg TM behält den Calciumbestand des ungemahlenen Getreides und das Weißbrot mit 1200 mg Ca/kg TM sowie die Eierschecke beziehen das Calcium durch Ergänzungen des Teiges mit calciumreichen Zuschlägen und Eiern. Ihr Calciumanteil ist deshalb dreimal größer als der des Mischbrotes.

Bananen, Äpfel und Apfelmus sind mit etwa 400 mg Ca/kg TM ebenso calciumarm (Tab. 54.11) wie das Getreide und die Getreideerzeugnisse, während Birnen mit >800 mg Ca/kg TM doppelt so viel Calcium liefern. Auch Ananas,

Tab. 54.11 Der Calciumgehalt (x) verschiedener Fruchtarten [9, 22, 99].

Fruchtart	(*n*)[a]	Trockenmasse [%]	mg Ca/100 g Frischsubstanz	mg Ca/kg Trockenmasse	
				x	*s*[b]
Bananen	(6)	18,4	7,9	431	215
Apfelmus	(15)	14,7	6,8	460	137
Äpfel	(38)	12,1	5,9	488	144
Birnen	(6)	12,2	10	855	142
Süßkirschen	(6)	15,0	14	916	249
Ananas	(6)	13,4	13	943	292
Sauerkirschen	(3)	17,0	20	1193	799
Kiwis	(6)	15,9	42	2663	588
Zitronen	(15)	10,1	35	3499	169
Apfelsinen	(15)	13,5	50	3737	589

a) Anzahl der untersuchten Proben.
b) Standardabweichung.

Tab. 54.12 Der Calciumgehalt (x) verschiedener Gewürze [9, 22, 99].

Gewürzart	(*n*)[a]	Trockenmasse [%]	mg Ca/100 g Frischsubstanz	mg Ca/kg Trockenmasse	
				x	*s*[b]
Chili (Basalt)	(7)	88,0	119	1349	404
Chili (Kreide)	(7)	88,0	158	1786	1150
Paprika süß	(15)	87,6	211	2413	413
Paprika scharf	(15)	88,2	238	2696	658
Speisesalz	(19)	100	287	2874	1824
Pfeffer	(9)	88,7	450	5071	651
Senfkörner	(15)	92,9	497	5351	436
Senf	(15)	25,3	145	5714	1708
Kümmel	(15)	90,9	744	8193	1473
Zimt	(15)	87,7	1167	13308	4483
Petersilie	(33)	17,8	151	15163	3629
Koriander (Basalt)	(7)	88,0	1416	16094	4818
Koriander (Kreide)	(7)	88,0	1854	21064	2474
Dill	(15)	10,6	157	15753	5269
Schnittlauch	(12)	8,0	1423	17786	5058
Zwiebellauch	(13)	7,5	1767	23560	7268
Majoran	(15)	87	2104	24157	2881

a) Anzahl der untersuchten Proben.
b) Standardabweichung.

Süß- und Sauerkirschen sind ähnlich calciumreich. Zitronen und Apfelsinen speichern etwa 3500 mg Ca/kg TM.

Die untersuchten Gewürze und Küchenkräuter erweisen sich mit 1500–25 000 mg Ca/kg TM als calciumreich (Tab. 54.12). Dessen ungeachtet ist ihr Beitrag zur Calciumversorgung des Menschen bescheiden, da ihr Verzehr

Tab. 54.13 Der Calciumgehalt (x) verschiedener Gemüsearten [9, 22, 99].

Gemüseart	(*n*)[a]	Trockenmasse [%]	mg Ca/100 g Frischsubstanz	mg Ca/kg Trockenmasse	
				x	s[b]
Kartoffeln	(41)	18,3	6,5	353	180
Mischpilze	(6)	6,0	6,6	1104	427
Champignons	(69)	5,2	6,3	1215	514
Erbsen, grün	(15)	21,8	30	1358	390
Tomaten	(33)	5,8	12	2059	760
Spargel	(11)	4,6	14	3053	1101
Blumenkohl	(6)	8,0	36	4493	1243
Möhren	(33)	7,0	33	4765	1051
Kohlrabi	(29)	10,4	60	5746	1824
Rotkraut	(15)	9,2	55	5972	3024
Grüne Bohnen	(21)	6,7	46	6915	1761
Sauerkraut	(15)	8,7	66	7620	1622
Zwiebeln	(30)	12,0	92	7668	6182
Gurken	(37)	5,2	41	7962	2880
Radieschen	(4)	5,6	53	9412	1691
Weißkraut	(15)	9,1	95	10436	3413
Kopfsalat	(33)	6,5	104	15969	4581
Spinat	(5)	8,4	181	21567	5855

a) Anzahl der untersuchten Proben.
b) Standardabweichung.

mengenmäßig sehr begrenzt ist. Auch bei den Gewürzen wird der Einfluss der geologischen Herkunft des Standortes auf den Calciumgehalt deutlich. Chili und Koriander des Basaltverwitterungsbodens ist statistisch gesichert calciumärmer als der der Kreideverwitterungsböden Mexikos. Paprika, Speisesalz und Senf liefern dem Menschen etwa 2500–5000 mg Ca/kg TM, während Kümmel, Zimt, Petersilie, Dill, Laucharten und Majoran bis zu 20 g Ca/kg TM enthalten.

Die untersuchten Gemüsearten akkumulieren mit Ausnahme der Kartoffel, welche nur etwa 350 mg Ca/kg TM liefert, zwischen 1 g (Pilze) und 20 g Ca/kg TM (Spinat) (Tab. 54.13). Tomaten, Spargel, Blumenkohl, Möhren und Rotkraut enthalten 2–6 g Ca/kg TM, während grüne Bohnen, Sauerkraut, Zwiebeln, Gurken und Radieschen bis zu 10 g Ca/kg TM aufweisen und damit calciumreich sind. Weißkraut, Kopfsalat und Spinat, das blattreiche Gemüse, sind der bedeutendste Calciumlieferant der pflanzlichen Lebensmittel [9, 19, 22, 25, 99]. Die gleichen Größenordnungen für pflanzliches Calcium werden auch aus anderen Teilen der Welt berichtet [117, 176].

54.3.2.2 **Tierische Lebensmittel**

Allgemein kann festgestellt werden, dass nur die Milch und daraus hergestellte Lebensmittel – mit Ausnahme der Butter – wesentlich zur Deckung des Calciumbedarfs des Menschen beitragen. Fisch und Ei sind nur geringfügig an der Bedarfsdeckung beteiligt. Margarine und Butter, die pflanzlichen und tierischen

Tab. 54.14 Der Calciumgehalt (x) der Milch und verschiedener Molkereiprodukte [20, 99].

Art	(*n*)[a]	Trockenmasse [%]	mg Ca/100 g Frischsubstanz	g Ca/kg Trockenmasse	
				x	s[b]
Margarine	(15)	77	5,8	0,075	0,038
Butter[c]	(9/6)	84,8/47,9	15,4/55,7	1,82/11,6	0,56/1,13
Joghurt	(6)	17,7	85,7	4,84	2,33
Quark	(15)	18,5	108	5,8	0,906
Schmelzkäse[c]	(6/9)	42,4/42,4	487/731	11,5/17,2	2,00/2,10
Milch	(15)	11,5	160	13,9	2,5
Ziegenkäse	(9)	47,9	686	14,3	1,5
Kondensmilch	(15)	20,2	290	14,4	2,8
Tilsiter	(6)	56,8	853	15,0	6,6
Camembert	(15)	45,6	689	15,1	3,3
Edamer	(9)	55,0	951	17,3	3,0
Gouda	(15)	57,4	1000	17,4	2,9
Tollenser	(9)	55,2	987	17,9	1,2
Limburger	(9)	45,9	897	19,5	2,8
Emmentaler	(6)	62,6	1294	20,7	5,2

a) Anzahl der untersuchten Proben.
b) Standardabweichung.
c) Die Ca-Gehalte der Butter und des Schmelzkäses, 1991 bzw. 1988 gekauft, unterschieden sich signifikant.

Fette, liefern nur <100–200 mg Ca/kg TM (Tab. 54.14). Joghurt und Quark enthalten mit etwa 5 g Ca/kg TM im Vergleich zur Kuhmilch nur die Hälfte an Calcium. Der normale Calciumgehalt der reifen Kuhmilch in Deutschland erreicht mit 14 g/kg TM und 160 mg/L einen hohen Normalwert, wie der Vergleich mit Literaturdaten zeigt [89, 141]. Die verschiedenen Käsearten speichern zwischen 14 und 20 g Ca/kg TM. Ein Teil des Milchzuckers verlässt mit dem Molkenalbumin den Käse und führt aufgrund der Bindung des Calciums an das Casein zu den grundsätzlich hohen Calciumkonzentrationen des Käses im Vergleich zur Milchtrockensubstanz.

Die Frauenmilch, eine Albuminmilch, enthält zwischen 150 und 350 mg Ca/L [89]. Ihr Calciumbestand nimmt mit zunehmender Laktationsdauer bis auf 165 mg/L ab und erklärt die große Schwankungsbreite des Calciumgehaltes in ihr. Der Einfluss der maternalen Calciumversorgung auf den Calciumgehalt ist umstritten und bedarf der Klärung [84]. Der Calciumgehalt der Säuglingsformulas und der Kleinkindnahrung (Tab. 54.15) ist, ähnlich der Albuminfrauenmilch, wesentlich niedriger als der der Kuhmilch, die zur Formulaherstellung verwendet wird, aber im Mittel immer noch calciumreicher als die Frauenmilch.

Der Calciumgehalt von Leber, Broiler-, Schweine-, Rind- und Schaffleisch aus Deutschland steigt von etwa 200 mg Ca/kg TM im Broilerfleisch auf 450 mg Ca/kg TM im Schaffleisch. Ziegenfleisch von Tieren auf calciumreichen Basalt- und Kreideverwitterungsböden Mexikos enthält sogar 3400 bzw. 3850 mg Ca/kg TM. Das Fleisch der Schweine der gleichen Standorten enthält 500 bzw. 480 mg

Tab. 54.15 Der Calciumgehalt (x) verschiedener Säuglings- und Kleinkindernahrungen [20, 99].

Art	(*n*)[a]	Trockenmasse [%]	mg Ca/100 g Frischsubstanz	mg Ca/kg Trockenmasse	
				x	s[b]
Alete	(6)	88,2	200	2262	2903
Ki-Na	(6)	87,3	303	3475	822
Manasan	(6)	89,4	355	3975	446
Hipp	(6)	87,6	450	5137	584
Ki-Na neu	(15)	89,5	528	5896	619
Milasan	(15)	91,0	582	6398	772
Babysan	(15)	87,9	1132	12883	598

a) Anzahl der untersuchten Proben.
b) Standardabweichung.

Tab. 54.16 Der Calciumgehalt (x) von Fleisch, Innereien, Wurst und Hühnerei [20, 99].

Produkt	(*n*)[a]	Trockenmasse [%]	mg Ca/100 g Frischsubstanz	mg Ca/kg Trockenmasse	
				x	s[b]
Leber, Rind	(15)	30,3	4,5	150	57
Geflügelfleisch[c]	(6/9)	31,2/31,2	5,9/17,0	188/544	98/122
Schweinefleisch	(15)	27,9	5,8	208	112
Rindfleisch	(15)	27,2	8,8	322	138
Salami	(15)	64,1	24,2	377	155
Leberkäse	(6)	45,8	17,7	386	147
Nieren, Rind	(15)	24,2	9,4	388	104
Mortadella	(6)	41,2	18,3	444	168
Schaffleisch	(15)	33,1	15,3	462	285
Blutwurst	(15)	51,8	28,1	542	150
Bockwurst	(15)	44,9	29,1	647	391
Leberwurst	(15)	54,4	35,4	650	631
Hühnerei	(15)	25,7	45,2	1759	455

a) Anzahl der untersuchten Proben.
b) Standardabweichung.
c) Die Ca-Gehalte des Geflügelfleisches, 1991 bzw. 1988 gekauft, unterschieden sich signifikant.

Ca/kg TM und ist damit gleichermaßen signifikant calciumreicher als das Fleisch deutscher Mastschweine [20, 76]. Die Hühnereier speichern mit etwa 1800 mg Ca/kg TM mehr Calcium als alle untersuchten Fleischarten und Wurstsorten (Tab. 54.16).

Fisch liefert im verzehrsfertigen Zustand beträchtlich mehr Calcium als Fleisch der Wirbeltiere (Tab. 54.17). Dazu tragen offensichtlich neben dem fischspezifischen Calciumgehalt auch im Fisch verbliebene Gräten bei, die den

Tab. 54.17 Der Calciumgehalt (x) verschiedener Fisch- und Fischkonservenarten [20, 99].

Produkt	(n)[a]	Trockenmasse [%]	mg Ca/100 g Frischsubstanz	mg Ca/kg Trockenmasse	
				x	s[b]
Makrelen	(6/9)[c]	36,9/36,9	26,8/136	727/3680	415/2563
Bismarckhering	(6)	28,7	23,0	803	125
Rotbarschfilet	(6)	23,6	20,8	882	574
Hering	(6)[c]	30,7/30,7	34,2/96,5	1132/3144	559/2274
Hering in Tomatensoße	(6)	31,0	52,9	1708	486
Forelle, frisch	(9)	28,9	71,7	2482	610
Forelle, geräuchert	(9)	28,9	95,5	3305	1054
Salzhering	(9)	37,6	167	4453	756
Brathering	(6)	30,1	169	5597	1300
Ölsardinen	(6)	43,3	270	6239	5874

a) Anzahl der untersuchten Proben.
b) Standardabweichung.
c) Die Ca-Gehalte des Geflügelfleisches, 1991 bzw. 1988 gekauft, unterschieden sich signifikant.

Tab. 54.18 Der Calciumgehalt (x) des Trinkwassers ($n = 148$) [23, 99].

Geologische Bodenformation	mg Ca/100 mL	mg Ca/L	
		x	s[a]
Gneisverwitterungsböden	2,6	26	11
Buntsandsteinverwitterungsböden	2,8	28	21
Verwitterungsböden des Rotliegenden	4,1	41	26
Diluviale Sande	6,9	69	25
Pleistozäne Sande	7,5	75	25
Keuperverwitterungsböden	10,0	100	28
Granit-, Syenitverwitterungsböden	13,0	130	51
Muschelkalkverwitterungsböden	17,7	177	77

a) Standardabweichung.

Calciumgehalt von Sardinen, den Brat- und Salzheringen beeinflussen. Im Tierversuch konnte die Bioverfügbarkeit von Calcium aus verzehrten Fischgräten für den Knochenaufbau gezeigt werden [104].

Der Calciumgehalt tierischer Lebensmittel aus Deutschland und aus Kanada stimmt bemerkenswert gut überein [176].

54.3.2.3 **Getränke**

Der Calciumgehalt des Trinkwassers variiert in Deutschland zwischen 20 und 180 mg/L (Tab. 54.18). Verständlicherweise enthält das aus dem Muschelkalk bzw. Keuper stammende Trinkwasser mit 100–200 mg/L am meisten Calcium, das des Buntsandsteins und Gneises liefert im Mittel weniger als 30 mg Ca/L.

Tab. 54.19 Der Calciumgehalt (x) verschiedener Getränke [23, 99].

Art	(*n*) [a]	mg Ca/100 mL	mg Ca/L	
			x	s [b]
Korn	(15)	0,31	3,1	2,4
Weinbrand	(15)	0,32	3,2	2,7
Cola [c]	(6/9)	1,9/7,5	19/75	12/40
Pilsener	(15)	3,1	31	18
Vollbier	(15)	5,6	56	45
Wermut	(15)	6,0	60	17
Limonade	(15)	6,3	63	58
Saft	(9)	6,3	63	25
Eierlikör	(15)	6,9	69	21
Rotwein	(15)	8,4	84	34
Sekt	(15)	8,8	88	24
Weißwein	(15)	9,6	96	29

a) Anzahl der untersuchten Proben.
b) Standardabweichung.
c) Die Ca-Gehalte der Cola, 1991 bzw. 1988 gekauft, unterschieden sich signifikant.

Das Oberflächenwasser der Flüsse speichert weltweit 2 bis >100 mg Ca/L [113], während Regenwasser Gehalte von < 1 bis 7 mg Ca/L mit einem Mittelwert von 1,7 mg Ca/L aufweist [99]. Das Wasser der Ozeane enthält 390 mg Ca/L, in den Riffregionen steigt der Gehalt auf 440 mg Ca/L [132].

Der Calciumgehalt der Getränke schwankt in Abhängigkeit vom Calciumanteil des zur Zubereitung benutzten Trinkwassers und dem Calciumgehalt der Zusätze. Am wenigsten Calcium enthalten Korn und Weinbrand, die nur etwa 3 mg Ca/L liefern. Der Calciumanteil des Bieres bewegt sich zwischen 30 und 60 mg/L, Limonade, Fruchtsaft und Eierlikör liefern nur wenig mehr. Rot- und Weißwein bzw. Sekt enthalten 80–100 mg Ca/L und sind somit relativ calciumreich [23, 99]. Das Calcium von Milch und Mineralwasser wird gleichgut absorbiert, auch das von sulfatreichen Mineralwässern [59].

54.3.2.4 Die Calciumaufnahme über pflanzliche und tierische Lebensmittel

Mit Hilfe der Marktkorbmethode wurde die Calciumaufnahme erwachsener Mischköstler Deutschlands kalkuliert. Dabei zeigte sich, dass die tierischen Lebensmittel – und von diesen die Milch und Milchprodukte – die Majorität des aufgenommenen Calciums liefern (Tab. 54.20 und 54.21).

Beide Geschlechter nahmen zur Jahrhundertwende zwei Drittel über Milch und Fleischerzeugnisse auf, reichlich ein Viertel über pflanzliche Lebensmittel und 2–4% über Getränke. Brot und Backwaren liefern beiden Geschlechtern 10–13% des Calciums, Gemüse und Kartoffeln rund 10%, Früchte, Konfitüre und Zucker etwa 6% und Wurst bzw. Innereien 2–4%. Die anderen Lebensmit-

Tab. 54.20 Die kalkulierte Calciumaufnahme deutscher Mischköstler über pflanzliche und tierische Nahrungsmittel (in %) [23].

Herkunft der Lebensmittel	Frauen	Männer
Tier	70	67
Pflanze	28	29
Getränke (ohne Milch)	2	4

Tab. 54.21 Die kalkulierte tägliche Calciumaufnahme deutscher Mischköstler, verteilt auf verschiedene Lebensmittelgruppen [23].

Herkunft der Lebensmittel	Frauen	Männer
Käse, Milch	64,7	58,4
Brot, Kuchen und Gebäck	10,2	13,1
Gemüse, Kartoffeln	10,9	10,3
Früchte, Konfitüre, Zucker	6,9	5,2
Wurst, Innereien	2,3	4,2
Getränke	1,6	3,7
Fisch	1,3	2,7
Eier	1,1	1,0
Fleisch	0,6	0,8
Fette	0,4	0,6

telgruppen (Fisch, Eier, Fleisch und Fette) sind zusammen an der Calciumversorgung nur mit rund 5% beteiligt.

Männer nehmen weniger Calcium über Milch bzw. Milchprodukte und Obst im Vergleich zu weiblichen Mischköstlern auf. In anderen europäischen Ländern und den USA bringen Milch und Milchprodukte ähnliche Calciummengen in die Nahrungskette ein wie in Deutschland [23, 99, 114, 176].

54.4 Kinetik und innere Exposition, Aufnahme, Verteilung, Metabolismus und Elimination

54.4.1 Verteilung des Calciums im Körper

54.4.1.1 Invertebraten

Bei den Invertebraten fällt der Calciumbedarf für den Aufbau und die Erhaltung des Innenskelettes weg, der aber andererseits für den Aufbau z. B. des Schneckengehäuses der Weinbergschnecke anfällt. Grashüpfer und verschiedene Käferarten inkorporieren im Mittel weniger als 2 g Ca/kg TM, die Gemeine Kreuz-

Tab. 54.22 Der Calciumgehalt verschiedener Invertebraten [9].

Art	**(*n*)** [a]	**g Ca/kg Trockenmasse**	***s*** [b]
Großes Heupferd (*Tettigonia viridissima*)	(5)	1,63	0,80
Gartenlaufkäfer (*Carabus hortensis*)	(3)	1,93	1,02
Aaskäfer (*Silpha obscura*)	(4)	1,95	0,74
Gemeine Kreuzspinne (*Araneus diadematus*)	(2)	6,3	1,61
Weberknecht (*Opilo parietinus*)	(2)	29	21
Weinbergschnecke (*Helix pomatia*)	(10)	40	4,0
Regenwurm (*Lumbricus terrestris*)	(9)	57	18
Rote Wegschnecke (*Arion rufus*)	(8)	71	28
Gemeiner Steinkriecher (*Lithobius forticatis*)	(2)	12	3,1
Kugelassel (*Armadillidium vulgare*)	(3)	15	4,2

a) Anzahl der untersuchten Proben.
b) Standardabweichung.

spinne und der Weberknecht akkumulieren deutlich mehr Calcium (Tab. 54.22). Schneckenarten und Regenwurm speichern 40–70 g Ca/kg TM, während der Gemeine Steinkriecher und die Kugelassel mit 120–150 g Ca/kg TM beträchtlich mehr Calcium als alle anderen untersuchten Insekten- und Weichtierarten akkumulieren. Ihr hoher Calciumgehalt korreliert sehr gut mit ihrem großen Aschegehalt [30].

54.4.1.2 **Wirbeltiere**

Wirbeltiere, in Tabelle 54.23 vertreten durch Wühlmäuse, echte Mäuse und Spitzmäuse, speichern im Mittel zwischen 30 und 50 g Ca/kg TM, wobei die innerartlichen Schwankungen des Calciumgehaltes in Abhängigkeit vom Calciumangebot der verschiedenen Lebensräume beträchtlich sind [25, 32]. Die verschie-

Tab. 54.23 Der Calciumgehalt von Wühlmäusen, Mäusen und Spitzmäusen [9].

Art, Wühlmaus [a], **Maus** [b], **Spitzmaus** [c]	**(*n*)**	**g Ca/kg TM**	***s***
Erdmaus (*Microtus agrestis*) [a]	(1)	30	–
Gelbhalsmaus (*Apodemus flavicollis*) [b]	(9)	31	4,6
Brandmaus (*Apodemus agrarius*) [b]	(1)	31	–
Rötelmaus (*Clethrionomys glareolus*) [a]	(17)	35	5,5
Waldspitzmaus (*Sorex araneus*) [c]	(32)	36	5,9
Hausmaus (*Mus musculus*) [b]	(21)	37	5,8
Feldmaus (*Microtus arvalis*) [a]	(11)	41	3,6
Waldmaus (*Apodemus sylvaticus*) [b]	(11)	42	3,9
Zwergspitzmaus (*Sorex minutus*) [c]	(7)	42	3,5
Kleinäugige Wühlmaus (*Pitymys subterraneus*) [a]	(2)	51	3,1

n = Anzahl der untersuchten Proben, *s* = Standardabweichung.

Tab. 54.24 Der Calciumgehalt (x) der Rippen verschiedener Tierarten (in g/kg TM) [25].

Art	**(*n*)** [a)]	**g Ca/kg Trockenmasse**	
		x	**s** [b)]
Mastbulle	(62)	226	42
Kuh	(92)	197	32
Rottier	(20)	188	15
Reh	(41)	178	43
Wildschwein	(26)	178	23
Pferd	(66)	176	26
Schaf	(68)	172	25
Schwein	(86)	171	34
Muffel	(44)	165	26

a) Anzahl der untersuchten Proben.
b) Standardabweichung.

denen Arten der Echten Mäuse (35 g Ca/TM), der Wühlmäuse (39 g Ca/TM) und der Spitzmäuse (39 g Ca/TM) unterscheiden sich sowohl innerhalb ihrer Ordnung als auch zwischen diesen nur insignifikant, wobei die Echten Mäuse und die Wühlmäuse zur Ordnung der Nagetiere und die verschiedenen Spitzmausarten zur Ordnung der Insektenfresser wie Igel und Maulwurf gehören. Möglicherweise akkumulieren alle Wirbeltiere ähnliche Calciummengen je kg Körpertrockenmasse.

Das Calcium des Skeletts liegt in Form von Calciumphosphat vor, welches im Verhältnis von zwei Teilen Calcium und einem Teil Phosphor in der Knochenasche vorkommt. Rinder speichern in den Rippen im Mittel mehr Calcium als Schafe, verschiedene Wildwiederkäuerarten, Pferde oder Schweine (Tab. 54.24). Die Kuh verfügt damit über einen umfangreichen Calciumspeicher, der zur Milcherzeugung (1200 mg Ca/L, Schwankungsbreite 900–1400 mg/L) benötigt wird.

Der Calciumbestand des Skeletts der Wildwiederkäuerarten (Damwild) wird durch den Standort variiert, wobei gattergehaltenes Damwild weniger Calcium im Skelett speichert.

Geographische und geologische Bedingungen beeinflussen den Calciumbestand der Rippe von Kuh, Schaf und Pferd nur insignifikant. In Ungarn gehaltene Rinder, Schafe und Pferde unterscheiden sich hinsichtlich des Calciumbestandes ihrer Rippen nicht von denen in Deutschland (Tab. 54.25) [10, 11].

54.4.1.3 **Mensch**

Der Calciumbestand des menschlichen Skeletts, in Tabelle 54.26 vertreten durch die Rippe, wird signifikant durch das Alter und Geschlecht beeinflusst [29, 70]. Bei jeweils zehn Frauen und zehn Männern nahm der Calciumgehalt vom 1. Lebensjahr bis zur Geschlechtsreife kontinuierlich zu und betrug bei den Frauen etwa 175 und bei den Männern 165 g Ca/kg TM. Ab dem 5. Lebensdezennium vermin-

Tab. 54.25 Der Calciumgehalt (x) der Rippen erwachsener Schafe Ungarns und Deutschlands (in g/kg TM) [10, 11].

Art	(*n*; *n*) a)	Ungarn		Deutschland		*p* c)	% d)
		s b)	*x*	*x*	*s*		
Kuh	(105; 92)	29	192	197	32	>0,05	103
Schaf	(28; 40)	21	174	170	27	>0,05	98
Pferd	(35; 31)	19	173	183	20	>0,05	106

a) Anzahl der untersuchten Proben.
b) Standardabweichung.
c) Signifikanzniveau beim t-Test nach Student.
d) Signifikanzniveau bei der einfaktoriellen oder einfach mehrfaktoriellen Varianzanlyse.

Tab. 54.26 Der Einfluss des Alters auf den Calciumgehalt (x) der Rippen des Menschen ($n = 220$) (in g/kg Trockenmasse) [29].

Alter in Jahren	Frauen		Männer		*Fp* d)	% a)
	s b)	*x*	*x*	*s*		
<1	26	164	159	20		97
1–5	23	170	164	18		96
6–10	23	183*	168	27		92
11–20	18	176	175*	24		99
21–30	21	176	165	28		94
31–40	34	175	158	22		91
41–50	25	161	143	26	< 0,01	89
51–60	23	140	119	29		85
61–70	36	135	114	32		84
71–80	28	115	111	20		97
81–90	28	111**	106**	19		95
Einfluss des Alters, Fp		<0,001				–
% c)	61		61			

a) Frauen=100%, Männer=x%.
b) Standardabweichung.
c) Prozentuale Verringerung vom höchsten Wert (*) auf den niedrigsten Wert (**)
d) Signifikanzniveau bei der einfaktoriellen oder einfach mehrfaktoriellen Varianzanlyse.

derte sich der Calciumbestand von dieser Marke kontinuierlich auf etwa 110 bzw. 105 g Ca/kg TM im 8. Lebensjahrzehnt. Die Rippen vermindern dabei den Calciumgehalt altersbedingt bei beiden Geschlechtern um fast 40%. Der Calciumgehalt der Rippen des Mannes ist im Mittel aller Lebensabschnitte um 7,5% niedriger als der der Frau; die Alters- und Geschlechtsabhängigkeit ist hoch signifikant [29]. Der Alterseinfluss wird auch in einer Studie aus den USA gefunden [1]. Schwarze absorbieren mehr Calcium in das Skelett und weisen eine größere Knochendichte mit verminderter Knochenfrakturhäufigkeit auf. Sie exkretieren weniger Calcium als Weiße. Die unterschiedliche Knochenmasse von Schwarzen und Weißen hat in diesem rassischen Unterschied ihre Basis [47]. Amerikanische Frauen afrikanischer Herkunft nehmen häufig zu wenig Calcium auf [173].

54.4.2
Absorption, Exkretion und Bilanz des Calciums

Die Calciumabsorption wird bei einem niedrigen Calciumangebot erhöht, während sich gleichzeitig die Calciumexkretion vermindert. Die modulierte Calciumbioverfügbarkeit spielt bei einem niedrigen Calciumangebot eine gewisse Rolle, ist aber bei einer Calciumaufnahme von 800 mg/Tag uninteressant [43]. Die Calciumabsorption erfolgt hauptsächlich im Dünndarm, nicht mehr als 10% werden im Dickdarm resorbiert. Die Vitamin D-Aufnahme ist ein zweiter wesentlicher Faktor der Calciumabsorption. Der aktive Calciumtransport ist direkt und proportional abhängig von der Gegenwart von Calbindin D_{9k}, dessen Biosynthese Vitamin D-abhängig ist. Die passive Absorption des Calciums im Jejunum und Ileum repräsentiert bei einem bedarfsdeckenden Calciumangebot die Hauptaufnahme an Calcium [43].

Die Calciumaufnahme Erwachsener Deutschlands und Mexikos wurde mit Hilfe von 21 Testpopulationen, der Duplikat- und Basketmethode sowie Bilanzierung der Aufnahme und Exkretion vergleichend und systematisch untersucht [8, 21, 24, 27, 99, 100]. Die tägliche Calciumaufnahme der Mischköstler Deutschlands erreichte zur Jahrhundertwende 600 mg/Tag im Wochenmittel bei den Frauen und 700 mg/Tag bei den Männern. Sie war damit um ein Drittel

Tab. 54.27 Die Calciumaufnahme (x) Erwachsener Deutschlands und Mexikos in Abhängigkeit von Geschlecht, Kostform und Lebensraum (in mg/Tag) [24].

Kostform	Land	Jahr	(*n*; *n*) [a]	Frauen		Männer		*Fp* [c]	% [d]
				s [b]	*x*	*x*	*s*		
Mischköstler	#1 D	1988	(196; 196)	293	514	674	398		131
	#2 D	1992	(294; 294)	261	512	660	368	<0,01	129
(Mk)	#3 D	1996	(217; 217)	406	619	705	392		114
	Mexiko	1996	(98; 98)	370	788	1032	1291	<0,001	131
Vegetarier (V)	D	1996	(70; 70)	523	1176	1251	655	>0,05	106
Fp	Mischköstler				>0,05				
p	#3 D : Mex				<0,001				
	#3 D : V				<0,001				
%	Mk #1 : Mk #3			120		105		–	
	Mk #3 : Mex			127		146			
	Mk #3 : V			190		177			

a) Anzahl der untersuchten Proben.
b) Standardabweichung.
c) Signifikanzniveau.
d) Frauen = 100 %, Männer = x %.

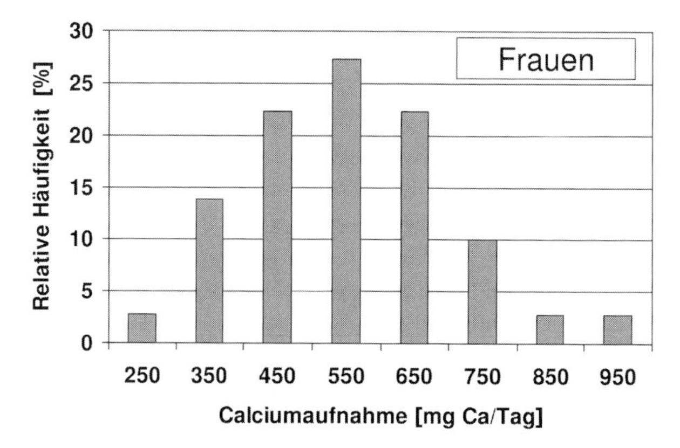

Abb. 54.1 Die Calciumaufnahme erwachsener Mischköstlerinnen aus Deutschland (in mg/Tag) ($n=44$).

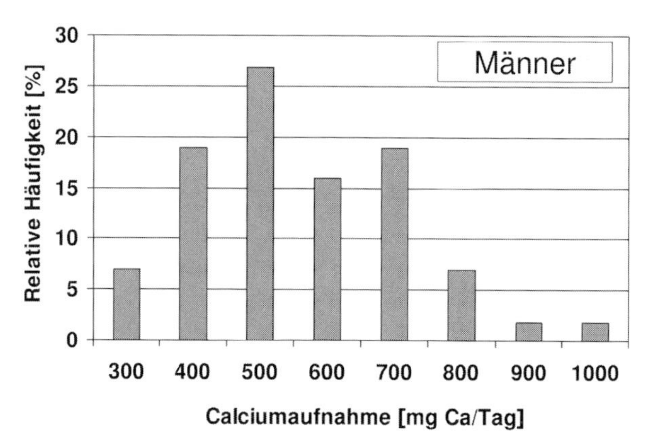

Abb. 54.2 Die Calciumaufnahme erwachsener Mischköstler aus Deutschland (in mg/Tag) ($n=44$).

niedriger als in Mexiko und betrug nur etwa die Hälfte der von den Ovo-Lakto-Vegetariern aufgenommenen Calciummenge (Tab. 54.27). Mehr als ein Drittel der Mischköstler beiderlei Geschlechts nahm im Wochenmittel weniger als 500 bzw. 600 mg Ca/Tag auf (Abb. 54.1 und 54.2) [27] und blieb damit unter dem normativen Calciumbedarf. Es ist demnach vor allem erforderlich, den individuellen Calciumbedarf zu befriedigen. Calciumaufnahme und Übergewicht korrelieren nicht [130]. Die Calciumaufnahme Erwachsener in den USA beträgt 737 mg/Tag [73] und erreicht die empfohlene Aufnahme (RDA) von 800 mg und 1200 mg/Tag nicht [125]. Die immer wieder entfachte Diskussion über den Umfang des normativen Bedarfs, wobei damit in der Regel die empfohlene Calciumaufnahme von 1000 mg/Tag [64] missbraucht wird, postuliert einen viel zu hohen Calciumbedarf, dessen Wert, kalkuliert mit der Basketmethode, abgeleitet wird, der aber die Aufnahme um 40% überschätzt. Die bisher benutzte Metho-

Tab. 54.28 Die Calciumaufnahme, -exkretion, scheinbare Absorption und Bilanz Erwachsener Mischköstler [26].

Parameter		Frauen			Männer		
Lebensraum		**A**	**B**	**C**	**A**	**B**	**C**
Aufnahme	[mg/Tag]	645	547	567	812	765	779
Urin	[mg/Tag]	154	153	98	130	181	216
Faeces	[mg/Tag]	768	420	593	855	624	507
Exkretion							
Urin	[%]	17	27	14	18	22	30
Faeces	[%]	83	73	86	82	78	70
Scheinbare Absorption	[%]	–19	23	–4,6	–5,2	18	35
Bilanz	[mg/Tag]	–277	–26	–124	–233	–40	56
	[%]	–43	–4,8	–22	–29	–5,2	7,2

de der Kalkulation sollte deshalb für diese Art von Aufnahmeempfehlungen unterbleiben [8].

Es kommt hinzu, dass die Phosphoraufnahme der Mischköstler die Calciumaufnahme um >50% übersteigt [27]. Das Verhältnis von Calcium zu Phosphor der aufgenommenen Nahrung erreicht im Mittel ein Verhältnis von 2,0 : 3,2, obwohl beide Elemente zum Skelettaufbau ein solches von zwei Teilen Calcium und einem Teil Phosphor benötigen. In zehn verschiedenen Lebensräumen schwankte das Calcium : Phosphor-Verhältnis der verzehrten Nahrung von 2,0 (Calcium) bis 2,7–3,9 (Phosphor). Dieses unphysiologische Elementverhältnis verschlechtert möglicherweise die Calciumverwertung.

Das nutritiv aufgenommene Calcium wird von den Mischköstlern beider Geschlechter dreier Lebensräume in Deutschland (A, B, C) im Mittel zu 79% fäkal und zu 21% renal ausgeschieden (Tab. 54.28), wobei die fäkale Calciumausscheidung zwischen 70 und 86% variiert. Die scheinbare Absorption des Calciums schwankt bei Frauen zwischen –19% und +23% (im Mittel ±0%), die des Mannes variiert zwischen –5% und +35% und erreicht im Mittel +16%. Pannemans et al. [129] kommen mit Bilanzstudien zu ganz ähnlichen Ergebnissen. Die tatsächliche Calciumabsorption ist ungleich größer, da über die verschiedenen Flüssigkeiten (Speichel, Magensaft, Galle, Bauchspeichel, duodenale, jejunale und ileale Sekrete) reichlich absorbiertes Calcium in das Intestinum gelangt, für eine Zweitabsorption zur Verfügung steht oder fäkal ausgeschieden wird [63, 128]. Untersuchungen mit Radio- und Stabilisotopen belegen Absorptionsraten des Calciums bis zu 75% [36].

Im Gegensatz zum Calcium beträgt die scheinbare Absorption des Phosphors bei beiden Geschlechtern 65%. Die Calciumbilanz der Frauen (Tab. 54.28) im Alter von 20–69 Jahren ist im Mittel, ebenso wie die des Phosphors, negativ. Die Frauen und Männer der drei dargestellten Testpopulationen im Alter > 40

Tab. 54.29 Die Calciumaufnahme, -exkretion, scheinbare Absorption und Bilanz junger und stillender Frauen einer placebokontrollierten Doppelblindstudie [26].

Parameter		Junge Frauen		Stillende	
		Placebo	Präparat	Placebo	Präparat
Aufnahme	[mg/Tag]	718	1228	1137	1562
Urin	[mg/Tag]	97	142	91	148
Faeces	[mg/Tag]	621	1086	841	1193
Milch	[mg/Tag]	–	–	205	221
Exkretion					
Urin	[%]	14	12	8	10
Faeces	[%]	86	88	74	76
Milch	[%]	–	–	18	14
Scheinbare Absorption	[%]	11	17	15	11
Bilanz	[mg/Tag]	–23	+81	–142	–228
	[%]	–3,3	+6,2	–14	–17

Jahre verlieren mehr Calcium (und Phosphor) als sie wieder inkorporieren. Ihre Calcium- und Phosphorbilanz ist deshalb negativ.

Junge Frauen (22–24 Jahre) und Stillende, beide mit einer Calciumzulage von 500 mg/Tag in Form von Calciumcarbonat, schieden das supplementierte Calcium nahezu vollständig fäkal wieder aus (Tab. 54.29). Die Calciumbilanz der Studentinnen ist mit –3 bzw. +6% ausgeglichen, während die der Stillenden erwartungsgemäß mit –14 und –17% negativ bleibt. Während der Schwangerschaft bzw. Trächtigkeit steigen die Calciumabsorption und die renale Calciumausscheidung generell und während der Laktation erhöht sich der Calcium- und Phosphorabbau des Skeletts, die Parathormonkonzentration steigt an [27, 60].

54.4.3 Stoffwechsel des Calciums bei Tier und Mensch

54.4.3.1 Homöostase des Calciums

Die Homöostase des Calciums wird durch eine Reihe von Hormonen bestimmt, die den Calciumfluss durch das Intestinum zum Skelett und von diesem zu den Nieren und dem Intestinum regulieren [35]. Von großer Bedeutung sind dabei die zellulären Aktionen des Steroidhormons 1,25-Dihydroxyvitamin D_3 (1,25-$(OH)_2$-D_3), die biologisch aktiven Metabolite des Vitamins D_3 [87] und des Parathyroidhormons [90]. Andere Hormone, die zur Calciumhomöostase beitragen, sind die Schilddrüsenhormone [60], Glucocorticoide [108], und Östrogene [71]. Auch verschiedene biologisch aktive Peptide, wie z. B. Calcitamin [58], Cytokine, Wachstumsfaktoren [51] und Prostaglandine [137], sind in die lokale Regulation des Calciumstoffwechsels, insbesondere der Knochen, eingebunden.

Besonders bedeutungsvoll für die systematische Calciumhomöostase sind extrazelluläre „calcium-sensing receptors“ (CaR) [115]. Der CaR ist ein G-Protein-gekoppelter Plasmaprotonenrezeptor, der geringste Variationen der Calciumionen in zelluläre Funktionen umwandelt. Das CaR ist nicht nur eingebunden in den Stoffwechsel der Nebenschilddrüse (Epithelkörperchen) [45], sondern ist auch für die den Calciumstoffwechsel regulierenden Gewebe wie das Skelett [172], die Nieren, die Eingeweide [44, 54, 75, 91] und das Nervensystem [56] wichtig.

54.4.3.2 **Interaktionen des Calciums**

Der Stoffwechsel, die Absorption, Verteilung und Ausscheidung des Calciums wird durch verschiedene Interaktionen des Calciums mit Nahrungsbestandteilen bestimmt, zu denen einerseits Phytinsäure, Fett und Vitamin D zählen und andererseits die duale Rolle des Calciums als Zellkanalblocker und Modulator des Calciumtransportes [16–18, 88]. Calciumionen blockieren die Na^+-Kanäle und verkürzen die Zeit zum Schließen ihrer geöffneten Kanäle. Alle geprüften zweiwertigen Ionen sowie dreiwertiges Lanthan beeinflussen die Natriumkanäle der Zelle [33, 34]. Die calciumblockierten Kanäle schließen sich während der Calciumbelegung, wobei das Calcium am Ende der Aktivierungsperiode freigesetzt wird. Reichlicher Kochsalzverzehr verstärkt die renale Calciumausscheidung und verschlechtert die Calciumbilanz des Skeletts [155].

Die langfristige Aufnahme (zehn Wochen) von 15 g Ca/kg Futtertrockenmasse im Vergleich zu 5 g Ca/kg Futtertrockenmasse führte bei der Ratte zu vermindertem Wachstum und gedrosselter Futterverwertung. Die scheinbare Magnesiumabsorption war signifikant erniedrigt, die Magnesiumkonzentration von Serum und Femur vermindert [116]. Umgekehrt senkten hohe Magnesiumgaben (0,25–1,5 g Mg/kg Futtertrockenmasse) die scheinbare Calciumabsorption. Die femorale Knochendichte der mit 1,5 g Mg/kg gefütterten Ratte war signifikant niedriger als bei den Ratten mit 0,25 und 0,5 g Mg/kg im Futter [156]. Die Befunde zeigen, dass sich Magnesium und Calcium bei der Absorption stören.

Andererseits schützen hohe Calciumkonzentrationen im Futter vor Interaktionen mit Cadmium [48]. In Gegenden hoher Cadmiumbelastungen sollte diese Wirkung genutzt werden. Calcium und Blei beeinflussen sich bei der Absorption und beim Zelltransfer gleichermaßen. Hohe Calciumgaben vermindern beim Tier die Bleiinkorporation ebenso wie Calciummangel die Bleieinlagerung in die verschiedensten Gewebe erhöht [37, 57, 80, 110]. Zwischen Calcium und Nickel gibt es ebenfalls ausgeprägte Interaktionen, die bei Huhn, Schwein und Rind registriert wurden. Nickelbelastungen (125–1000 mg Ni/kg Futtertrockenmasse) vermindern z. B. die Calciumkonzentrationen von Femur, Rippe, Ei und Daunen des Huhnes, während die der Leber, des Muskelmagens und der Ovarien ansteigen. Andererseits drosseln entsprechende Nickelgaben auch den Magnesium-, Mangan- und Zinkgehalt verschiedener Körperteile der genannten Tierarten [31, 79, 158, 159, 160, 161]. Nickelmangelschweine scheiden mehr Calcium als Kontrolltiere aus [5]. Das Skelett der Nickelmangeltiere enthält signifikant weniger Calcium, es wird anstelle des Calciums mehr Magnesium eingelagert [96, 97].

Am bekanntesten sind die Interaktionen des Calciums mit Zink, die beim Schwein die Parakeratose, eine typische Zinkmangelkrankheit, auslösen können [13, 162]. Wie Calcium blockieren extrazelluläre Zinkionen offene Kanäle und verursachen einen Wechsel in der Kanalöffnung [88].

Aluminium beeinflusst auch die Calciuminkorporation von Reh und Hausschaf hoch signifikant [10]. Zunächst wurde spekuliert, dass Aluminium Calcium bei seiner natriumabhängigen intestinalen Aufnahme nachahmt [164], z. B. durch Beeinflussung des „calcium-sensing receptors“ (CaSR), was aber nur schwach in Erscheinung tritt [152]. Andererseits wurde angenommen, dass eine chronische Aluminiumbelastung die neuronale Calciumhomöostase und so die Aluminiumtoxizität beeinflusst [93].

Wie schon in der 1970er Jahren bei nickelverarmten Ratten und Ziegen [14, 28, 96, 97, 127, 148, 149] wurde in neuerer Zeit auch eine calciuminduzierte Hemmung der Häm- und Eisenabsorption bei Menschen beschrieben [82, 109].

54.5 Wirkungen

54.5.1 Essentialität des Calciums

54.5.1.1 **Flora**

Das von der Pflanze über die Wurzelspitze aufgenommene Calcium reichert sich in den Blättern an und ist nur begrenzt mobilisierbar. Calciummangelsymptome beginnen daher an den jüngsten Pflanzenteilen. Calcium kann die Membranen der Zelle kaum passieren. Es stabilisiert die Membranen und verzögert das Reifen der Früchte. Mit Beginn der hormongesteuerten Reife wird das Calcium mobilisiert. Im Cytoplasma werden die Calciumionen vom Polypeptid Calmodulin gebunden. Dieser Komplex aktiviert eine Reihe von Schlüsselenzymen, so dass sein Fehlen die Zellbildungsprozesse in den Vegetationszentren stoppt. Calciummangel kommt in der Natur selten vor, der Boden liefert der Flora fast immer bedarfsdeckende Calciummengen.

Calciummangelsymptome der Pflanze sind z. B. die Blütenendfäule der Tomaten und die Stippigkeit der Äpfel (schwarze, trockene Flecken auf den Früchten). Die jüngsten Blätter calciumverarmter Pflanzen sind kleinwüchsig und weisen weiß-gelbe Flecken auf. Ihre Terminalknospen sind häufig abgestorben [39, 154].

54.5.1.2 Fauna

54.5.1.2.1 Funktionen des Calciums [42, 44, 111, 131–133, 145, 157]

- Nur etwa 1% des Körpercalciums nimmt außerhalb des Skeletts essenzielle Funktionen in extrazellulären Flüssigkeiten, Weichgeweben und als Bestandteil verschiedener Membranstrukturen wahr.
- Calcium ist an der Freisetzung von Neurotransmittern beteiligt und erhöht die Transmission von Impulsen zum Erhalt der neuromuskulären Erregbarkeit.
- Calcium kontrolliert die Kontraktibilität der Skelett- und Herzmuskulatur.
- Calcium beeinflusst die Insulinproduktion und wird zur Blutkoagulation benötigt. Die Umwandlung von Prothrombin in Thrombin wird durch Calciumionen und Thromboplastin gefördert. Calciumionen sind daher an der Wundheilung beteiligt.
- Membrangebundenes Calcium kontrolliert die Permeabilität der Membranen und reguliert den Herzschlag.
- Calcium ist für die Milch- und Eiweißproduktion essenziell. Das meiste Calcium wird über den Golgi-Apparat der Zelle in Verbindung mit Casein oder kleineren calciumbindenden Substanzen (Citrat und Phosphat) in die Milch sekretiert.
- Calcium wirkt als ein „Second Messenger". Es bekommt seine regulierende Rolle nach Bindung als Calmodulin, ohne das kein Leben möglich ist, da es die verschiedensten Stoffwechselvorgänge steuert.
- Calcium bildet zusammen mit Phosphor das Skelett und die Zähne.
- Im Zytosol befindet sich extrem viel Calcium. Es wird zur Aktivierung der Ca^{2+}-Abgabe aus den interzellulären Speichern benötigt. Inositol (1,4,5-Trisphosphat) dient dabei als Bote.

54.5.1.2.2 Der Calciumbedarf der Haustierarten und die Interaktion des Calciums mit verschiedenen Nahrungsbestandteilen

Der normative Calciumbedarf je kg Futtertrockenmasse verschiedener Haustierarten ist nicht nur art-, sondern auch leistungs- und geschlechtsabhängig. Milchkühe benötigen erheblich mehr Calcium als Zuchtbullen. Die Milch- und Eierleistung beeinflusst den Calciumbedarf ebenso wie die Wachstumsintensität. Darüber hinaus variiert das Alter die Calciumverwertung. Kälber verwerten 90% des angebotenen Calciums, ältere Rinder absorbieren das Mengenelement nur zu 45%. Der Calciumbedarf des Tieres wird außerdem durch verschiedene Nahrungskomponenten signifikant variiert [163].

Ein zu enges Calcium-Phosphor-Verhältnis im Futter oder ein Phosphorüberangebot kann sekundären Hyperparathyroidismus beim Pferd, dessen Kopfknochen sich vergrößern, verursachen. Nach Verfütterung von reichlich Kleie mit viel Phosphor (12 g/kg TM) und wenig Calcium (1,4 g/kg TM) tritt diese Erkrankung auf. Bei Hennen drosselt ein Phosphorüberschuss die Eierproduktion und Schalenqualität. Auch Broiler und Junghennen reagieren auf ein Phosphorüberangebot mit Krankheit und Minderwachstum. Ein reichliches Fettangebot und fehlendes Vitamin D verschlechtern die Calciumverwertung. Bei monogastrischen Haustierarten beeinflusst das Phytinsäureangebot die Calciumverwertung beträchtlich. Phytinsäure enthält sechs Phosphatmoleküle. Calcium, Phosphor, Magnesium, Eisen und Zink müssen von der Phytinsäure durch die Phytase, die bei Nichtwiederkäuern nur in begrenztem Umfang vorhanden ist, enzymatisch abgespalten werden. Diese verwerten das Calcium phytinreicher Futtermittel schlechter als Wiederkäuer. Ein Überangebot von Magnesium, Blei und Aluminium verschlechtert die Calciumverwertung bei Wiederkäuern und monogastrischen Arten gleichermaßen.

Andererseits drosselt ein Calciumüberangebot die Zinkbioverfügbarkeit und ist die Ursache von sekundärem Zinkmangel, der insbesondere beim Schwein auftritt. Ein Calciumüberangebot reduziert auch die Verdaulichkeit von Fett und anderen organischen Nährstoffen signifikant. Hohe Vitamin D-Mengen verursachen eine weitgehende Kalzifizierung von Weichgeweben, Entzündungen und Zelldegenerationen. Die diffuse Kalzifizierung beeinflusst Gelenke, Nieren, Herz, Lunge, Nebenschilddrüse, Bauchspeicheldrüse, Lymphknoten und Arterien. Ähnliche Calcinosen entwickeln Weiderinder in verschiedenen Teilen der Welt. Der Verzehr von *Solanum malacoxylon* verursacht diese in Argentinien und Brasilien. Die Aufnahme von etwa 50 frischen Blättern dieses kartoffelähnlichen Nachtschattengewächses über acht Wochen ist ausreichend, um bei Kühen die Krankheit auszulösen. Auch andere Solanumarten können die Erkrankung verursachen, ebenso wie die Beweidung von Goldhaferwiesen in Europa. Die gleiche Erkrankung wurde bei Rindern und Schafen in Papua Neuguinea (*Solanum tarvum*), in Australien (*Solanum escuriale*), in Jamaika und auf Hawaii beschrieben. Der auslösende Faktor dieser Calcinose ist ein wasserlösliches Glykosid des 1,25-$(OH)_2$-Vitamin D_3, welches von diesen Arten gebildet wird [111].

Monogastrische Spezies haben in der Regel einen größeren normativen Calciumbedarf als Wiederkäuer. Das gilt ganz besonders für das Geflügel, das zur Eischalenbildung viel Calcium benötigt. Bei allen Haustierarten nimmt die Produktivität ihrer Leistungen (Wachstum, Umfang der Ei- und Milchproduktion) hohen Einfluss auf ihren normativen Calciumbedarf. In Tabelle 54.30 wird der normative Calciumbedarf landwirtschaftlicher Nutztiere dargestellt [81, 119, 122, 124, 126, 136].

Tab. 54.30 Der normative Calciumbedarf verschiedener Haustierarten (in g/kg Futtertrockenmasse) [136].

Geflügel		**Monogastrische Arten**		**Wiederkäuer**	
Küken	8,0	Ferkel	8,0	Kalb, Lamm	4,5
Junghenne	6,0	Mastschwein	7,0	Jungrind	4,0
Henne	35	Sau	6,0	Mastrind	6,0
Broiler	8,0–10	Kaninchen	4,0	Kuh	6,0
Puten	5,0–22,5	Katze	8,0	Schaf	4,0
Wachtel	5,0–25	Hund	6,0	Milchziege	6,0

54.5.1.2.3 **Calciummangel bei monogastrischen Haustierarten**

Calciummangel beim Geflügel führt zu klinischen Mangelerscheinungen bei wachsenden Küken und ist mit einem verminderten Asche- und Calciumbestand des Skelettes und erhöhter Bruchgefahr verbunden. Auch für die Schalenqualität der Eier ist das Calciumangebot von entscheidender Bedeutung. Klinische Anzeichen des Calciumdefizits sind verminderte Futteraufnahme und Futterverwertung, eingeschränkte Eischalenstärke, Blutflecken im Ei, Sprenkelung des Eidotters, kleine Eier, reduzierte Schlupfraten, tote, schwache und nicht lebensfähige Küken, verminderte sexuelle Aktivität beider Geschlechter und Skelettschäden verschiedener Formen (Osteoporose, Osteomalazie). Junghennen benötigen zu Beginn der Legeperiode 2,4 g Calcium im Ovidukt zur Eischalenbildung. Sie mobilisieren diese Calciummenge zunächst aus dem Skelett. Bei ungenügender Calciumversorgung ist das nach wenigen Tagen nicht mehr möglich. Die Junghennen haben Standschwierigkeiten, nehmen weniger Futter auf und verhungern letztlich [120, 144, 174].

Beim Schwein und anderen monogastrischen Tierarten führt der Calcium- (und Phosphor-)Mangel zunächst zu ähnlichen Skelettschäden wie beim Geflügel. Ein Calciummangel vermindert bei trächtigen Sauen die Wurfgröße ohne Veränderung des Knochenaschegehaltes der neugeborenen Ferkel [61, 111, 124].

Calciumunterversorgte Hunde verlieren rasch Calcium aus den Kieferknochen und anderen Skelettteilen, sie leiden an Tetanie, Krämpfen, Reproduktionsstörungen und spontanen Frakturen [121].

Calciummangel bei der Katze führt zum Lahmen. Bei jungen Katzen wird die Knochendichte durch unsupplementierte Fleischernährung und sekundären Hyperparathyroidismus vermindert. Dieser Calciummangel tritt auch bei zoogehaltenen Wildkatzen (Löwen, Tigern) auf, die mit Fleisch ohne Knochen (0,25 g Ca/kg Futtertrockenmasse) und mit einem Calcium-Phosphor-Verhältnis von 1:20 ernährt werden [123].

Mit Calcium unterversorgte Kaninchen leiden neben der Knochenentmineralisierung an Milchfieber, das auch bei Kühen auftritt, Injektionen von Calciumgluconat führen innerhalb von zwei Stunden zur Gesundung [55].

Ein Calcium- (Phosphor- und Vitamin D-)Mangel verursacht auch beim Pferd Skelettschäden, geschwollene Gelenke, Steifheit beim Gehen und Frakturen. Bei erwachsenen Pferden führen Calciummangel und Phosphorüberschuss zu ernährungsbedingtem sekundären Hyperparathyroidismus (Großkopf- oder Kleiekrankheit). Pferde und Fohlen benötigen 2,4–6,8 g Ca/kg TM im Futter [62, 70, 98, 101, 102, 111].

54.5.1.2.4 **Calciummangel beim Wiederkäuer**

Die Wiederkäuer, und insbesondere Rinder, können gleichermaßen an Calcium- (Phosphor- und Vitamin D-)Mangel leiden. Eine ungenügende Calciumaufnahme führt bei laktierenden Milchkühen zu Osteomalazie, Muskelschwäche und Tetanie. Calciummangel bei Rind und Schaf tritt vor allem bei intensiver Stallfütterung und reichlichem Getreideeinsatz, nicht bei Weidehaltung, auf.

Der erhöhte Calciumbedarf der Kuh zur Milchbildung nach der Geburt kann innerhalb von 72 Stunden zu „Milchfieber" führen. Es äußert sich als Kreislaufkollaps, Lähmung und akuter Hypokalzämie. Die Calciumkonzentration im Blut vermindert sich von 80–100 mg/L auf 30–70 mg/L, im Mittel auf 50 mg/L. Das Milchfieber entsteht nach reichlicher Calciumaufnahme in der Trockenstehzeit und ungenügender Nebenschilddrüsenfunktion nach der Geburt. Kühe mit Milchfieber können den hohen Calciumbedarf für die Milchbildung nicht befriedigen. Ältere Kühe leiden stärker an Milchfieber als jüngere. Die älteren Tiere reagieren auf den Calciummangel mit einer verminderten Produktion von 1,25-$(OH)_2$-Vitamin D_3. Im Alter ist die Anzahl der Hormonrezeptoren vermindert. Das Auftreten von Milchfieber kann durch Einsatz von Futter mit einem engen Calcium-Phosphor-Verhältnis und die Aufnahme von mehr Anionen als Kationen verhindert bzw. eingeschränkt werden.

Eine akute Hypokalzämie führt auch bei trächtigen und laktierenden Schafen zu Übererregbarkeit, Ataxie, Parese und Tod. Das Auftreten der Krankheit wird durch Futterwechsel, Wetteränderungen und Futtermangel gefördert. Injektionen von Calcium (und Magnesium) beseitigen die Symptome [107, 111, 122, 165].

54.5.1.3 **Mensch**

Mangel an Calcium (Phosphor und Vitamin D) führt auch beim Menschen zu Erkrankungen des Skeletts und der Zähne. Calcium- (Phosphor- und Vitamin D-)Mangel kann beim Säugling Krämpfe und Tetanie auslösen. Osteomalazie und Osteoporose sind zwei chronische Erkrankungen des Skeletts bei Calcium- (Phosphor- und Vitamin D-)Mangel. Osteomalazie ist die Kopie der Rachitis des Kindes bei Erwachsenen. Sie wird durch Calcium- (und/oder Vitamin D-)Mangel verursacht. In der menschlichen Ernährung fehlt es nicht an Phosphor. Osteoporose entsteht durch eine quantitative Verminderung des mineralisierten Knochengewebes bei erhaltener Knochenstruktur durch vermehrten Knochenabbau. Die Osteoporose ist von der Osteopenie, die den altersbedingten Knochenabbau charakterisiert, von dem besonders die Knochenspongiosa, weniger die Knochenkortikalis, betroffen ist, abzugrenzen. Osteoporose und Osteopenie sind schwierig zu unterscheiden, da beide von einer hormonal bedingten Demineralisierung des Skeletts begleitet sind. Der alternde Knochen gibt mehr Calcium ab als wieder im Skelett inkorporiert wird. Der verminderte Calciumeinbau macht die Calciumbilanz des Skeletts der >50-Jährigen negativ. Die Ursachen der osteoporotischen Skelettdemineralisierung werden kontrovers diskutiert. Der Calciumbestand der Rippen 90-jähriger Greisinnen ist 40% niedriger als der 10-jähriger Mädchen. Der Calciumgehalt der Rippen 10–20-jähriger Jugendlicher und Männer vermindert sich im gleichen Umfang bis zum Alter von 90 Jahren. Die Osteoporose tritt bei Frauen häufiger als bei Männern auf. Im Mittel aller Altersstufen speichern die Rippen der Knaben und Männer 7,4% weniger Calcium als die der Frauen. Eine Erklärung dieses Befundes kann bisher nicht gegeben werden [74].

Osteoporose und Osteopenia tritt bei 44 Millionen US-Amerikanern auf und führt zu 1,5 Millionen Frakturen pro Jahr [106]. Genetische Faktoren verursachen eine große Menge altersspezifischer Unterschiede in der Knochendichte und im Stoffwechsel. Allele Variationen des Vitamin D-Rezeptors sind ein Beispiel für Veränderungen der Calciumhomöostase mit Einfluss auf die Knochendichte. Genetische Faktoren beeinflussen ebenso wie Ernährungsfragen die Osteoporose [67, 68]. Für Frauen ist eine bedarfsdeckende Calciumversorgung während der Kindheit noch wichtiger als bei Jungen, um zu einer optimalen Knochendichte und -größe zu kommen [41].

Der normative Calciumbedarf Erwachsener wird bei der Frau durch 500 mg/Tag und beim Mann durch 600 mg/Tag gedeckt. Stillende benötigen im Wochenmittel 750 mg Ca/Tag. Die Deutsche, Österreichische und Schweizerische Gesellschaft für Ernährung (2000) empfiehlt Erwachsenen, Schwangeren und Stillenden eine Aufnahme von 1000 mg Calcium täglich. Diese Empfehlung ist reichlich kalkuliert und übersteigt den Calciumbedarf beider Geschlechter beträchtlich. In Deutschland nehmen nur 3% der Frauen und 7% der Männer diese Calciummenge auf (vgl. Abschnitt 54.4.2), obwohl sich die Calciumaufnahme der Mischköstler nach der Wiedervereinigung in den mitteldeutschen Bundesländern und insbesondere der Frauen deutlich verbesserte, wobei aber immer noch etwa ein Viertel der Frauen und Männer <500 bzw. <600 mg Ca/Tag zu sich nehmen und damit ihr normativer Calciumbedarf nicht befriedigt ist. Die Calciumaufnahme deutscher Mischköstler ist etwa 30–50% niedriger als die mexikanischer Mischköstler. Deutsche Ovolakto-Vegetarier erreichen mit etwa 800 bzw. 1000 mg Ca/Tag nahezu die „empfohlene" Calciumaufnahme. Bei der Interpretation der reichlicheren Calciumaufnahme der Ovolakto-Vegetarier muss auf die im Mittel schlechtere Bioverfügbarkeit dieses Calciums durch seine Bindung an Phytinsäure verwiesen werden. Stillende Mütter (28.–35. Laktationstag) nehmen etwa 60% mehr Calcium auf als Nichtstillende; sie decken damit den Calciumbedarf für die Milchbildung.

In den USA nehmen etwa 25% der Frauen, 14% der Männer und 7,5% der Kinder Calciumsupplemente [72, 118]. Weltweit beträgt die Calciumaufnahme Erwachsener 450–1000 mg/Tag (Tab. 54.31) [38, 72], die empfohlene Zufuhr von Calcium variiert in gleichem Umfang [52].

Bei Bezug auf das Körpergewicht verschwinden die geschlechtsspezifischen Unterschiede der Calciumaufnahme. Mexikanische Omnivoren inkorporieren je kg Körpermasse etwa 50% mehr Calcium als deutsche Mischköstler. Deutsche Ovolakto-Vegetarier nehmen etwa die doppelte Calciummenge je kg Körpergewicht bezogen auf Mischköstler auf.

Der Calciumbedarf und die Bioverfügbarkeit des vom Menschen mit der Nahrung verzehrten Calciums können – neben Untersuchungen mit Radio- und Stabilisotopen [36] – am sichersten mit Hilfe von placebokontrollierten Doppelblindstudien erfasst werden (vgl. Abschnitt 54.4.2). Mischköstler scheiden mit dem Urin im Mittel zwischen 19 und 22% des nutritiven Calciums aus, die Ovolakto-Vegetarier exkretieren lediglich 11% des Calciums renal. Dieser Befund zeigt, dass die Bioverfügbarkeit des Calciums bei vegetarischer Ernährung

Tab. 54.31 Die Calciumaufnahme der Mischköstler verschiedener Länder (in mg/Tag nach [72]).

Land	Kinder (4–6 Jahre)	Erwachsene	Schwangere	Stillende
Australien	700	800	1100	1300
Frankreich	700	800	1000	120
Deutschland	700	F: 700; M: 800	1200	1200
Indien	450	450	1000	1000
Mexiko	500	500	1000	1000
Niederlande	400–600	700–900	800–1000	900–1100
Skandinavien	600	600	1000	1000
Großbritannien	450	700	700	1250
USA	800	1000	1000	1000

F = Frauen; M = Männer.

durch die Bindung von Calcium (Phosphor, Magnesium, Zink und Eisen) an die Phytinsäure und die mangelhafte Phytaseaktivität im Intestinum des Menschen dramatisch vermindert ist. Die negativen Calciumbilanzen der einzelnen Gruppen von Probanden resultieren aus der Teilnahme von Personen im Alter von >40 Jahren, die regelmäßig mehr Calcium ausscheiden als sie aufnehmen.

Junge Frauen (21–24 Jahre alt) und Stillende mit einer Calciumaufnahme von 700 bzw. 1000 mg/Tag im Wochenmittel schieden in einer placebokontrollierten Doppelblindstudie zusätzlich verabreichtes Calcium (300 mg/Tag) komplett fäkal wieder aus.

Der normative Calciumbedarf der Frau wird demnach durch 500 mg/Tag gedeckt. Stillende und Schwangere benötigen 750 mg Ca/Tag. Die in der Literatur empfohlene Calciumaufnahme erwachsener Mischköstler von 1000–1500 mg/Tag und Schwangerer bzw. Stillender von 1200–1500 mg/Tag [64] ist doppelt so hoch wie ihr normativer Calciumbedarf. Diese Calciummenge entspricht der mit der Duplikatmethode ermittelten Calciumaufnahme von Ovolakto-Vegetariern, die über blattreiches Gemüse, Vollkornprodukte und insbesondere Milch und Käse signifikant mehr Calcium, welches durch seine Bindung an Phytinsäure aber weniger bioverfügbar ist, aufnehmen. Ursachen der verwirrend hohen und stark variierenden Empfehlungen zur Calciumaufnahme, wobei die Empfehlungen häufig als Calciumbedarf dargestellt werden, sind ungenügende Testverfahren, wobei sowohl die Kalkulation eine Rolle spielt als auch zu kurze Prüfabschnitte, die Auswahl der Testpopulationen (z. B. aus dem Krankenhaus, Altersheim, Militär, Gefängnis) und die Vernachlässigung des Getränkeverzehrs.

Die in der Vergangenheit nahezu ausschließlich angewandte Kalkulation der Calciumaufnahme täuscht eine viel höhere Elementaufnahme als tatsächlich gegeben vor. Die mit der Duplikatmethode chemisch bestimmte nutritive Calciumaufnahme der Mischköstlerinnen von etwa 600 mg/Tag entspricht nach dem Basketverfahren einer Aufnahme von ungefähr 850 mg/Tag, und die der Mischköstler von 700 mg/Tag täuscht eine Aufnahme des Calciums von ca. 1000 mg/

Tag vor, die aber nicht gegeben ist. Die Kalkulation der Calciumaufnahme des Menschen sollte aufgrund dieser Gegebenheiten nicht mehr erfolgen. Die Bestimmung der Calciumaufnahme mit Hilfe der Duplikatmethode über sieben aufeinanderfolgende Tage unter Beachtung des Probandenalters und der Kostform liefert realistischere Daten über die Calciumversorgung des Menschen.

Empfehlungen zur Aufnahme von 1300 mg Ca/Tag [85] sind zu hoch. Die meisten Daten der nutritiven Calciumaufnahme sind kalkuliert. Damit wird der Calciumverzehr überschätzt. In Nordamerika (Kanada, USA) wird die Aufnahme von 1 g Ca/Tag empfohlen. Supplementation von Calcium verbessert den Bluthochdruck nicht [4, 50]. Körperliche Arbeit verbessert die Knochendichte bei einer Aufnahme von 1 g Ca/Tag [168].

54.5.2 Toxizität des Calciums

54.5.2.1 Flora

Eine Calciumbelastung der Flora ist in der Natur kaum gegeben. Eine zu reichliche Calciumdüngung der Böden kann eine Chlorose bei den Pflanzen induzieren, wobei die Bioverfügbarkeit von Bor, Eisen, Mangan, Zink und Kupfer reduziert ist. Unmittelbar nach der Calciumdüngung ist vor allem die Magnesiumaufnahme der Vegetation gestört, die zu Magnesiummangelerscheinungen führen kann, welche Jahre nach der Kalkung wieder verschwinden. Am bekanntesten sind die Symptome der Kalkungschlorose, die durch die Verminderung des biologisch verfügbaren Eisens und Zinks verursacht wird und mit einem reichlichen Phosphorangebot gekoppelt ist.

Die Chlorose der Pflanzen durch übermäßige Calciummengen tritt gewöhnlich nur bei dekorativen Pflanzenarten und der Lupine auf [39].

54.5.2.2 Fauna

Die homöostatisch kontrollierte Calciumabsorption bedingt, dass eine hohe Einzeldosis des Elementes zu keiner Calciumvergiftung beim Tier führt [153]. Calcium wird auch unter diesen Bedingungen entsprechend des Bedarfs absorbiert, das nicht benötigte Calcium wird exkretiert. Rinder, Schafe, Pferde und Kaninchen tolerieren in der Regel maximal 20 g Ca/kg Futtertrockenmasse, Schweine 10 g Ca/kg TM, die meisten Geflügelarten 12 g Ca/kg TM und Legehennen 40 g Ca/kg TM. Solch reichliche Calciumgaben führen aber zu Interaktionen mit anderen Elementen (Magnesium, Eisen, Zink, Mangan) [153] und können die Parakeratose (sekundärer Zinkmangel) sowie Manganmangel beim Geflügel auslösen.

Bei wachsenden Küken führt die Gabe von 25 g Ca/kg TM während der 8. bis 18. Lebenswoche zu Nephrose, Gicht, Calciumablagerungen im Urether und 10–20% Mortalität [150]; die Größe der Nebenschilddrüsen ist vermindert. Die reichlichen Calciumgaben drosseln den Futterverzehr, das Wachstum und verzögern die sexuelle Reife. Hohe Calciummengen (39,5–60 g Ca/kg TM) führen während einer viermonatigen Fütterungsperiode zu sehr unterschiedlichen Ergebnissen hinsichtlich der Eiproduktion und der Futterverwertung, Eigewicht und Schalenstärke [111]. Eine größere Anzahl von Fütterungsversuchen zeigte, dass bei Gaben von >10 g Ca/kg TM die Futteraufnahme um 3,2% sank, die Lebendmassezunahme sich um 1,8% verminderte und die Futterverwertung um 1,6% zurückging [77, 125].

Hohe Calciumgaben vermindern beim Schwein die Futteraufnahme am stärksten, wenn das Calcium-Phosphor-Verhältnis weit ist [124].

Bei Mastbullen verursacht die Aufnahme von 44 g Ca/kg TM eine signifikante Depression der Protein- und Energieverdaulichkeit. Bei Bullenkälbern induzieren hohe Calciumgaben eine herabgesetzte Futteraufnahme und Wachstumsrate. Bullen leiden bei zu hoher Calciumaufnahme (drei- bis fünffache Calciummenge der Empfehlung) an Knochen- und Gelenkanomalitäten (Osteoporose, degenerative Osteoarthritis) [111].

Massive Vitamin D-Gaben führen bei den verschiedensten Tierarten zu einer Kalzifizierung der Weichgewebe, Entzündungen, Zelldegenerationen, Niereninsuffizienz durch Calciumablagerungen in den distalen Tubulae sowie Demineralisierung des Skelettsystems [111]. Weidende Tiere mit Calciumbelastungen entwickeln eine Calcinose mit Calciumablagerungen in den Weichgeweben. In Argentinien und Brasilien führt die Aufnahme von *Solanum malacoxylon* durch Weidetiere zu dieser Calcinose. Auch andere Pflanzenarten bilden Vitamin D-wirksame Substanzen und verursachen eine Calcinose (*Cestrum diurnum, Trisetum flavescens, Solanum tarvum,* Früchte von *Solanum escuriale*). Der auslösende Faktor ist ein wasserlösliches Glykosid von 1,25-$(OH)_2$-D_3, das zu einer massiven Absorption des Calciums führt [7, 111].

54.5.2.3 **Mensch**

Das Calcium wird trotz seiner Interaktionen mit den verschiedensten Nahrungsbestandteilen zu den „nicht toxischen" Elementen gerechnet. Für dieses Metall ist keine Maximale Arbeitsplatzkonzentration (MAK-Wert) in Deutschland oder ein Threshold Limit Value (TLV) in den USA festgelegt. Trotzdem ist Vorsicht beim Umgang mit Calcium als Element geboten. Calcium reagiert unter Energieabgabe kräftig mit Wasser und Säuren unter Bildung von Wasserstoff, Calciumoxid und Calciumhydroxid. Dadurch wird es gefährlich für die Augen und die Haut und kann auch Feuer- und Explosionsgefahr auslösen [86]. Calciumchlorid kann den Augen schaden und sie verbrennen. Durch Inhalation werden auch Nase, Kehle und Lunge gereizt. Bei der Ratte beträgt die LD_{50} 1 g $CaCl_2$/kg [94]. Wie andere Nitrate muss Calciumnitrat von oxidierbaren Substanzen ferngehalten werden [105]. Gesunde Personen ohne Nierensteinbildung leiden nur minimal unter der Gabe von 2–3 g Ca/Tag an einer Hyperkalzurie und Nierensteinbildung [142]. Gaben von 1656 mg Ca/Tag bzw. 961 mg Ca/Tag beeinflussten das Wachstum pubertierender Mädchen nicht, wenn gleichzeitig das Angebot anderer essenzieller Nährstoffe bedarfsdeckend war [103, 167].

Calciumergänzungen in Verbindung mit therapeutischen Mengen von hormonal aktiven Vitamin D-Verbindungen verursachen ein hohes Risiko für eine akute Hyperkalzurie, die letal sein kann, wenn sie nicht sofort behandelt wird.

Die hyperkalzämische Krise stellt die Dekompensation einer zunächst vom Körper tolerierten mäßigen Hyperkalzämie dar, die erst kurze Zeit, häufiger jedoch schon länger bestehen kann. Von den Symptomen des Hyperkalzämiesyndroms bei noch kompensierter Hyperkalzämie erfolgt das Umschlagen in die Krise durch die Entwicklung einer Oligurie bzw. Anurie aus vorbestehender Polyurie und die Entwicklung von Somnolenz und Koma aus zuvor bestehendem endokrinen Psychosyndrom. Vor allem Flüssigkeitsmangel kann bei der Auslösung einer Krise bedeutsam sein. Nicht dekompensierte Hyperkalzämien beruhen zu fast Dreiviertel aller Fälle auf Malignomen, jeder Fünfte auf primärem Hyperparathyreoidismus [3, 175].

54.5.2.4 **Zusammenfassung der wichtigsten Wirkmechanismen**

Quantitativ ist die Skelett- und Zahnbildung die wichtigste Aufgabe des Calciums, bei Vögeln auch die Eiproduktion. Der Calciumgehalt des Skeletts erhöht sich von der Geburt bis zur Geschlechtsreife, bleibt mit 175 g Ca/kg Rippentrockenmasse bei den Frauen und 165 g Ca/kg TM bis zum Alter von etwa 40 Jahren konstant, um anschließend bis zum 9. Lebensdezennium auf 100 bzw. 105 g Ca/kg TM zu sinken. Etwa 1% des Körpercalciums nimmt lebensnotwendige Funktionen in extrazellulären Flüssigkeiten, Weichgeweben und als Komponente verschiedener Membranstrukturen wahr. Calcium agiert bei der Freisetzung von Neurotransmittern während der Reizübertragung und steigert die Transmission von Nervenimpulsen zur Aufrechterhaltung der normalen neuromuskulären Reizbarkeit. Calciumionen kontrollieren die Skelett- bzw. Herzmuskulatur und die glatte Muskulatur durch ihre Interaktion mit Troposin C. Es ist auch an der Pankreassekretion und an anderen Hormonen und hormonfreisetzenden Faktoren beteiligt.

Calciumionen werden zur Blutkoagulation benötigt. Die Umwandlung des Prothrombins in Thrombin wird durch Calciumionen und Thromboplastin katalysiert. Das membrangebundene Calcium kontrolliert die Membranpermeabilität und ist für die Regulation des Herzschlages wichtig. Die Kalium- und Natriumbilanz sowie die interzelluläre Kommunikation sind calciumabhängig. Calcium wirkt auch als Aktivator oder Stabilisator verschiedener Enzyme. Regucalcin ist ein Regulationsprotein, das die Signalgebung der Calciumionen in den Leber- und Nierenzellen ermöglicht. Die Expression von Leber-mRNS wird durch Calcium, Calcitonin, Insulin und Östrogene stimuliert. Regucalcin reguliert die intrazelluläre Calciumionenpumpenenzyme in den Plasmamembranen, Lebermikrosomen und renalen Cortexzellen [171]. Osteocalcin ist ein knochenspezifisches Protein [65], das 15% des Nichtkollagenknochenproteins repräsentiert. Sein Knochengehalt und seine Beteiligung bei der Mineralisierung zeigen seine Bedeutung für Knochenmatrix und Knochenneubildung [53, 135].

Tab. 54.32 Calmodulin vermittelte Prozesse [nach 112].

Zyklischer Nucleotidstoffwechsel	Glykogenstoffwechsel
Phosphodiesterase	Phosphorylasekinase
Adenylcyclase	Calciumfluss, Calciumtransport
Proteinphosphorylation	Ca-Mg-ATPase
Membranproteine	
Cytoplasminproteine	Intestinale Ionensekretion
Myosin light chain kinase	Neurotransmitterabgabe
Skelettmuskulatur	Andere Enzymsysteme
glatte Muskulatur	NAD^+-Kinase
Stress fibre localization	Tryptophan-5'-Monooxygenase
Microtube assembly/disassembly	Phospholipase A_2

Calmodulin ist ein intrazellulär calciumbindendes Protein mit hoher Affinität und Spezifität, es reguliert die in Tabelle 54.32 zusammengefassten Prozesse.

54.6 Bewertung des Gefährdungspotenzials bzgl. Unter- und Überversorgung

Die Calciumaufnahme erwachsener Mischköstler Deutschlands hat in den letzten zwanzig Jahren nur unbedeutend und insignifikant zugenommen. Sie erhöhte sich bei den Frauen umfangreicher als bei den Männern. Dazu hat sicherlich die Aufklärung über die Ursachen der Osteoporose der Frau beigetragen. Im Wochenmittel nehmen etwa ein Drittel der Frauen und Männer in Deutschland weniger als 500 bzw. 600 mg Ca/Tag auf (Abb. 54.1 und 54.2), die den normativen Calciumbedarf der Frauen und Männer repräsentieren. Die Empfehlung der Gesellschaften für Ernährung Deutschlands, Österreichs und der Schweiz ist mit 1000 mg Ca/Tag [64] wesentlich umfangreicher und erreicht ein Niveau, das von keiner Testperson im Wochenmittel überschritten wurde. Ursache für diese Empfehlung ist eine Kalkulation der nutritiven Calciumaufnahme, die die tatsächliche Calciumaufnahme im Mittel um 40% überschätzt. Immerhin nahmen im Rahmen der Duplikatstudien von 230 Mischköstlerinnen und Mischköstlern Deutschlands nur zwei (eine Frau und ein Mann) annähernd 1000 mg Ca/Tag im Wochenmittel auf [24, 25].

Unerwünschte Nebenwirkungen einer hohen oder überhöhten Calciumzufuhr sind bei Gesunden aufgrund der dosisproportionalen Verminderung der Calciumabsorption sowie der Kontrolle der Calciummengen durch hormonale und genetische Faktoren durch Interaktionen des Calciums mit anderen essenziellen Nahrungsbestandteilen, die allerdings erheblich sein können (z. B. des Zink, Magnesium), zu erwarten.

Bei krankhaft erhöhtem Knochenabbau (Knochenkrebs, Hyperthyreoidismus, Hyperparathyreoidismus) und den Bedarf weit übersteigender Vitamin D_3-Aufnahme kann es zu Hyperkalzämie und Hyperkalzurie kommen. Unerwünschte Effekte durch eine zu „hohe" Calciumaufnahme sind im Rahmen des in seiner Pathogenese nicht geklärten Milch-Alkali-Syndroms beschrieben. Außerdem wird eine Förderung der Nierensteinbildung bei genetisch dafür disponierten Personen mit Hyperkalzurie und/oder genetisch bedingter Hyperabsorption des Calciums beschrieben. Große Bedeutung besitzt die calciumbedingte Hemmung der Absorption anderer Mineralstoffe, die zu Mangelerscheinungen bei anderen Elementen führt [7, 8, 169].

54.7 Grenzwerte, Richtwerte, Empfehlungen, gesetzliche Regelungen

Obwohl Calcium nur begrenzt toxisch ist und für das Metall keine MAK- oder TLV-Werte existieren, können seine Interaktionen mit anderen essenziellen Elementen die Leistungsfähigkeit von Tier und Mensch mindern. Bei Calciumverbindungen ist die langfristige Belastungsgrenze (Time Weighted Average – TWA) in den USA für Calciumcarbonat (Kalkstein) auf 10 mg/m^3 eingeatmeten Staub und für Calciumhydroxid auf 5 mg/m^3 festgelegt. Der 8-Stunden-TWA-Wert für Calciumoxid und Calciumwasserstoff beträgt 2 bzw. 5 mg/m^3 [2].

Hyperkalzämie (>110 mg Ca/L, >27,5 mmol Ca/L Blutplasma) wird begleitet von Lethargie, Appetitlosigkeit, Übelkeit, Kopfschmerzen, Durst, Polyurie, Verwirrung und Bewusstseinsverlust (140 mg Ca/L Blutplasma). Das Milch-Alkali-Syndrom und die Nierensteinbildung (Oxalat- und Phosphatsteine) werden in Zusammenhang mit einer exzessiven Calciumzufuhr gebracht, obwohl gesicherte Befunde dazu fehlen [66], während die Interaktionen des Calciums mit Zink im Tierversuch gesichert zur Parakeratose, einer Zinkmangelkrankheit, führen. Beim Menschen kann diese Wirkung ebenfalls nicht ausgeschlossen werden.

Eine Calciumzufuhr oberhalb der tolerierbaren täglichen Zufuhr geht mit einem schlecht qualifizierbaren Risiko unerwünschter Effekte einher, wobei Personen mit Niereninsuffizienz und mit gleichzeitiger Einnahme von resorbierbaren Antazida und bestimmten Diuretika sowie Personen mit unzureichender Aufnahme anderer Mengen- und Spurenelemente eine Risikogruppe darstellen.

54.8 Vorsorgemaßnahmen

Das sowohl lebensnotwendige als auch schwach toxische Element Calcium wird von etwa einem Drittel der Mischköstler Deutschlands in nicht bedarfsdeckenden Mengen aufgenommen. Die Calciumaufnahme erreicht nur in Ausnahmefällen 1000 mg/Tag. Als Vorsorgemaßnahme sollte für Frauen eine Mindestmenge von 500 und für Männer eine solche von 600 mg/Tag angestrebt werden. Die „empfohlene Calciumaufnahme" von 1000 mg/Tag wird von Erwachsenen Mischköstler Deutschlands nur in Ausnahmefällen erreicht. Das Bundesinstitut für Risikobewertung (BfR) in Deutschland empfiehlt zur gezielten Verbesserung einer unzureichenden Calciumzufuhr die Einnahme von Calciumsupplementen mit einer Tageshöchstmenge von 500 mg/Tag [66], wobei die Möglichkeit der Interaktionen des Calciums mit Magnesium, Zink u. a. lebensnotwendigen Körperbestandteilen gegeben ist und sekundären Mangel an diesen Elementen nach sich ziehen kann. Der Calciumgehalt der Knochen nimmt nach dem 4. bzw. 5. Lebensdezennium kontinuierlich ab. Calciumsupplementierungen halten den Calciumabbau nicht auf, verschlechtern die Zink- und Magnesiumverwertung und können dadurch einen sekundären Zink- und Magnesiummangel auslösen, der wiederum die Supplementierung mit diesen Spuren- und Mengenelementen erforderlich macht.

54.9 Zusammenfassung

Die Erdkruste enthält 36 g Calcium/kg, Calcium ist demnach das fünfthäufigste Element der Erdoberfläche. Die Gesteine enthalten zwischen 5 g Ca/kg (Granit) und 380 g Ca/kg (Muschelkalk). Im Boden kommen weltweit etwa 14 mg Ca/kg vor, wobei in Abhängigkeit von der geologischen Herkunft des Bodens der Gehalt zwischen 3 und >56 mg Ca/kg schwankt. Der Calciumgehalt der Flora ist in Abhängigkeit vom Vorkommen des Calciums im Boden, seiner geologischen Herkunft, seiner Bioverfügbarkeit, seinem pH-Wert, dem Pflanzenalter, der Pflanzenart und dem in die Ernährung eingehenden Pflanzenteil außerordentlich unterschiedlich.

Stärke- und zuckerreiche Lebensmittel sind grundsätzlich calciumarm, Getreideerzeugnisse (Backwaren, Teigwaren) sowie Kartoffeln enthalten demzufolge wenig Calcium. Auch Früchte liefern dem Menschen bescheidene Calciummengen, während blattreiches Gemüse, Küchenkräuter und verschiedene Gewürze (z. B. Zimt, Kümmel und Senf) viel Calcium inkorporieren.

Tierische Lebensmittel – mit Ausnahme von Milch und Melkerzeugnissen – enthalten grundsätzlich wenig Calcium, das gilt besonders für Fleisch- und Wurstwaren. Hühnereier speichern mehr Calcium als Fleisch, Fisch kann über Gräten mehr Calcium liefern. Die meisten Käsesorten inkorporieren mehr Calcium als die Kuhmilch in der Trockenmasse. Frauenmilch, eine Albuminmilch, versorgt den Säugling mit weniger Calcium als die Kuhmilch, eine Caseinmilch. Der Anteil der Getränke an der Calciumversorgung des Menschen ist bescheiden; er beträgt im Mittel 2 bzw. 4% des Gesamtkonsums der Frauen und Männer, pflanzliche Lebensmittel liefern 28 bzw. 29% und tierische Lebensmittel (Milch, Käse) 70 bzw. 67% des von Mischköstlern aufgenommenen Calciums.

Der Calciumgehalt der Invertebraten variiert zwischen 1,6 g/kg TM in der Heuschrecke und etwa 150 g/kg TM in der Kugelassel; ihr Calciumanteil korreliert mit ihrem Aschegehalt.

Wirbeltiere enthalten zwischen <30 und >50 g Ca/kg Körpertrockenmasse, wobei signifikante artspezifische Unterschiede zwischen Herbi-, Omni- und Carnivoren bestehen. Das Skelett ist das calciumreichste Gewebe. Die Rippen der verschiedenen Wild- und Haustiere akkumulieren zwischen 160 und 230 g Ca/kg TM, wobei die verschiedensten Einflüsse (Geschlecht, Art, Alter, Calciumaufnahme) den Calciumgehalt dieses Skelettteils variieren. Der Calciumanteil der menschlichen Rippen schwankt unter dem Einfluss von Geschlecht und Alter signifikant.

Absorption, Verteilung und Exkretion des Calciums sind homöostatisch reguliert, so dass durch Erhöhung bzw. Senkung der Absorption des Calciums Mangel und Belastungen eine Zeitlang in Grenzen gehalten werden.

Die Calciumaufnahme der Mischköstler Deutschlands beträgt etwa 600 (Frauen) bzw. 700 mg/Tag (Männer) im Wochenmittel, wobei etwa ein Drittel weniger als 500 bzw. 600 mg/Tag, Mengen, die den normativen Calciumbedarf repräsentieren, konsumiert und damit mangelhaft mit Calcium versorgt ist. Deutsche Ovolakto-Vegetarier nehmen etwa 1150 bzw. 1250 mg Ca/Tag und damit signifikant mehr Calcium als die Omnivoren auf.

Mischköstler exkretieren etwa 80% fäkal und 20% renal. Stillende Frauen scheiden 74% aufgenommenes Calcium fäkal, 8% renal und 18% mit der Milch aus. Die scheinbare Calciumabsorption Erwachsener erreicht im Mittel etwa 10%, die tatsächliche Calciumabsorption ist umfangreicher. Die Calciumbilanz der über Vierzigjährigen ist negativ, diese exkretieren mehr Calcium als sie im Skelett wieder inkorporieren.

Bei der Pflanze beginnen die Calciummangelsymptome an den jüngsten Pflanzenteilen. Im Zytoplasma werden die Calciumionen vom Polypeptid Calmodulin gebunden. Dieser Komplex aktiviert eine Reihe von Schlüsselenzymen, deren Fehlen z. B. zur Blütenendfäule der Tomaten und Stippigkeit der Äpfel führt.

Die Fauna benötigt das Calcium zur Freisetzung von Neurotransmittern, es kontrolliert die Kontraktibilität der Skelett- und Herzmuskulatur, es beeinflusst die Insulinproduktion und Blutkoagulation, die Permeabilität der Zellen und den Herzschlag. Es wird zur Milch- und Eiweißproduktion benötigt, es bekommt seine regulierende Rolle nach Bindung als Calmodulin. Calcium bildet zusammen mit Phosphor das Skelett und die Zähne. Calcium interagiert mit verschiedenen Nahrungsbestandteilen (z. B. Aluminium, Blei, Magnesium, Phosphor, Zink, Fett, Phytinsäure, Vitamin D). Der normative Calciumbedarf der Vögel unter den Haustieren schwankt zwischen 5 und 35 g/kg Futtertrockenmasse, der der monogastrischen und wiederkäuenden Arten zwischen 4 und 8 g/kg TM.

Krämpfe, Tetanie, Osteoporose, Osteomalazie sind die beim Menschen auftretenden Calciummangelerscheinungen, dessen normativer Calciumbedarf bei der Frau 500 mg/Tag und 600 mg/Tag beim Mann beträgt. Die Calciumaufnahme sollte mit der Duplikatmethode bestimmt werden. Die Kalkulation überschätzt die tatsächliche Calciumaufnahme um etwa 40%.

Ein Calciumüberschuss ist bei der Flora kaum gegeben, er kann Chlorose auslösen. Die homöostatische Kontrolle der Calciumabsorption verhindert, dass eine hohe Einzeldosis eine Calciumintoxikation auslöst. Eine lang andauernde

Calciumbelastung führt aber zu Interaktionen mit anderen essenziellen Nahrungsbestandteilen (Zink, Magnesium, Eisen, Mangan) und zu sekundärem Mangel an diesen Elementen, wobei die Parakeratose des Schweins am bekanntesten ist. Bei weidenden Haustieren induzieren 10 g Ca/kg Futtertrockenmasse stark verminderten Futterverzehr, gedrosseltes Wachstum, verkleinerte Nebenschilddrüsen, Knochenanomalitäten, Kalzifizierung des Weichgewebes und, nach Aufnahme von Vitamin D-bildenden Pflanzenarten, Calcinose.

Für das Metall Calcium existieren keine MAK- und TLV-Werte. Trotzdem ist Vorsicht beim Umgang mit diesem Element geboten (Explosionsgefahr bei elementarem Calcium, Verätzungen). Calciumchlorid kann den Augen schaden. Hyperkalzurie, Nierensteinbildungen und Interaktionen mit anderen Elementen sind bei überhöhter Calciumaufnahme möglich. Therapeutische Vitamin D-Mengen in Verbindung mit Calciumergänzungen können eine akute Hyperkalzurie auslösen.

54.10 Literatur

1 Abrams SA (2001) Calcium turnover and nutrition through the life cycle. *Proceedings of the Nutrition Society* **60**: 283–289.

2 ACGIH (2005) TLVs and BEIs Based on the Documentation of the Threshold Limit Values for Chemical Substances and Physical Agents & Biological Exposure Indices. ACGIH Worldwide Signature Publ., Cincinnati, 16–17.

3 Aladesanmi O, Jin XW, Nielsen C (2005) A 56-year-old man with hypercalcemia. *Cleveland Clinic Journal of Medicine* **72**: 707–712.

4 American Academy of Pediatrics – Committee on Nutrition (1999) Calcium requirements of infants, children, and adolescents. *Pediatrics* **104**: 1152–1157.

5 Anke M (1974) Die Bedeutung der Spurenelemente für die tierischen Leistungen. *Tagungsberichte der Akademie der Landwirtschaftswissenschaften der DDR* Nr. **132**: 197–218.

6 Anke M (2004) Transfer of macro, trace and ultratrace elements in the food chain. In Merian E, Anke M, Ihnat M, Stoeppler M (Eds) Elements and Their Compounds in the Environment, 2nd ed. Wiley-VCH, Weinheim, 101–126.

7 Anke M (2004) Essential and toxic effects of macro, trace, and ultratrace elements in the nutrition of animals. In Merian E, Anke M, Ihnat M, Stoeppler M (Eds) Elements and Their Compounds in the Environment, 2nd ed. Wiley-VCH, Weinheim, 305–341.

8 Anke M (2004) Essential and toxic effects of macro, trace, and ultratrace elements in the nutrition of man. In Merian E, Anke M, Ihnat M, Stoeppler M (Eds) Elements and Their Compounds in the Environment, 2nd ed. Wiley-VCH, Weinheim, 343–367.

9 Anke M (2006) Unveröffentlichte Ergebnisse.

10 Anke M, Arnhold W, Schäfer U, Müller R (2001) Nutrients, macro-, trace- and ultratrace elements in the feed chain of mouflons and their mineral status. First part: Nutrients and macroelements. In Náhlik A, Uloth W (Eds), 3rd International Symposium on Mouflon, 2000. Sopron, Hungary, 225–241.

11 Anke M, Dittrich G, Dorn W, Müller R, Hoppe C (2002) Zusammensetzung und Aufnahme von Winteräsung durch das Reh-, Muffel-, Dam- bzw. Rotwild und deren Mengen-, Spuren- und Ultraspurenelementstatus. 2. Mitteilung: Der Calcium- und Phosphorgehalt der Winteräsung, deren Aufnahme und Veränderungen im Pansen des weiblichen, wieder-

kauenden Schalenwildes. *Beiträge zur Jagd- und Wildforschung* **27**: 249–261.

12 Anke M, Dorn W, Bugdol G, Müller R (2000) Mineralstoffversorgung laktierender Milchschafe und Ziegen. In Walther R (Hrsg) Milchschaf- und Ziegenzucht in Sachsen. Sächsische Landesanstalt für Landwirtschaft, Grimma, Sachsen, 18–39.

13 Anke M, Glei M, Müller M, Seifert M, Anke S, Röhrig B, Arnhold W, Freytag H (1996) Die nutritive Bedeutung des Zinks. Zinkverzehr, Zinkausscheidung und Zinkbilanz Erwachsener in Deutschland. *Vitaminspur* **11**: 125–135.

14 Anke M, Groppel B, Brinschwitz T, Kronemann H, Richter G, Meixner B (1984) Die Auswirkungen einer oralen Nickelbelastung. 1. Mitteilung: Der Einfluß hoher Nickelgaben auf Wachstum, Eiproduktion und Lebenserwartung des Huhnes, Schweines und Rindes. In Anke M, Brückner C, Gürtler H, Grün M (Hrsg) Mengen- und Spurenelemente, Arbeitstagung 1984. Karl-Marx-Universität Leipzig, 419–429.

15 Anke M, Groppel B, Glei M (1994) Der Einfluß des Nutzungszeitpunktes auf den Mengen- und Spurenelementgehalt des Grünfutters. *Das Wirtschaftseigene Futter* **40**: 304–319.

16 Anke M, Groppel B, Hennig A (1984) Nickel, an essential trace-element. In Anke M, Brückner C, Gürtler H, Grün M (Hrsg) Mengen- und Spurenelemente, Arbeitstagung 1984. Karl-Marx-Universität Leipzig, 404–418.

17 Anke M, Groppel B, Kronemann H, Grün M (1984) Nickel – An essential element. In Sunderman Jr FW (Ed) Nickel in the Human Environment. IARC Sci Publ No 53 International Agency for Research on Cancer, Lyon, France, 339–365.

18 Anke M, Groppel B, Siegert E (1984) Die Auswirkungen einer oralen Nickelbelastung. 3. Mitteilung: Der Einfluß einer Nickelbelastung auf den Zink- und Magnesiumstoffwechsel. In Anke M, Brückner C, Gürtler H, Grün M (Hrsg) Mengen- und Spurenelemente, Arbeitstagung 1984. Karl-Marx-Universität Leipzig, 437–446.

19 Anke M, Krämer K (1995) Der Calciumgehalt der Lebensmittel und Getränke sowie die Calciumaufnahme bzw. Calciumbilanz Erwachsener Deutschlands – ein Vergleich nach der Duplikat- und Marktkorbmethode erzielten Ergebnisse. In Holtmeier HJ (Ed) Magnesium und Calcium. Wissenschaftliche Verlagsgesellschaft, Stuttgart, 223–241.

20 Anke M, Krämer-Beselia K, Dorn W, Hoppe C (2002) Calcium supply, intake, balance and requirement of man. Second information: Calcium content of animal food. In Anke M et al, Macro and Trace Elements, Mengen- und Spurenelemente, 21. Workshop 2002. Schubert-Verlag, Leipzig, 1392–1397.

21 Anke M, Krämer-Beselia K, Lösch E, Hoppe C (2003) Verzehr, scheinbare Absorption, Bilanz und Bedarf an Calcium in Abhängigkeit von Geschlecht, Zeit, Kostform und Alter. In Rükgauer M (Ed) Signalwirkung von Mineralstoffen und Spurenelementen. Wissenschaftliche Verlagsgesellschaft, Stuttgart, 71–74.

22 Anke M, Krämer-Beselia K, Lösch E, Müller R, Müller M, Seifert M (2002) Calcium supply, intake, balance and requirement of man. First information: Calcium content of plant food. In Anke M et al, Macro and Trace Elements, Mengen- und Spurenelemente, 21. Workshop 2002. Schubert-Verlag, Leipzig, 1386–1391.

23 Anke M, Krämer-Beselia K, Lösch E, Schäfer U, Müller R (2002) Calcium supply, intake, balance and requirement of man. Third information: Calcium content of beverages and the calcium intake via several groups of food stuffs. In Anke M et al, Macro and Trace Elements, Mengen- und Spurenelemente, 21. Workshop 2002. Schubert-Verlag, Leipzig, 1398–1403.

24 Anke M, Krämer-Beselia K, Lösch E, Schäfer U, Seifert M (2002) Calcium supply, intake, balance and requirement of man. Fourth information: Calcium intake of man in dependence of sex, time, eating habits, age and performance. In Anke M et al, Macro and Trace Elements, Mengen- und Spurenelemente,

21. Workshop 2002. Schubert-Verlag, Leipzig, 1404–1409.

25 Anke M, Krämer-Beselia K, Müller R (2004) Calcium in der Nahrungskette landwirtschaftlicher Nutztiere und des Menschen. *REKASAN-Journal* **11**: 29–41.

26 Anke M, Krämer-Beselia K, Müller M, Müller R, Schäfer U, Fröbus K, Hoppe C (2002 e) Calcium supply, intake, balance and requirement of man. Fifth information: Seeming absorption, balance and requirement. In Anke M et al, Macro and Trace Elements, Mengen- und Spurenelemente, 21. Workshop 2002. Schubert-Verlag, Leipzig, 1410–1415.

27 Anke M, Krämer-Beselia K, Schäfer U, Müller R, Klopotek Y (2005) Calcium and phosphorus intake, apparent absorption, balance and normative requirement – Are supplementations necessary? In Schubert R, Flachowsky G, Jahreis G, Bitsch R (Hrsg) Vitamine und Zusatzstoffe in der Ernährung von Mensch und Tier. 10. Symposium, 28. und 29. September 2005. Friedrich-Schiller-Universität, Jena, und Bundesforschungsanstalt für Landwirtschaft, Braunschweig, 205–210.

28 Anke M, Kronemann H, Groppel B, Hennig A, Meissner D, Schneider HJ (1980) The influence of nickel-deficiency on growth, reproduction, longevity and different biochemical parameters of goats. In Anke M, Schneider HJ, Brückner C (Hrsg) 3. Spurenelement-Symposium 1980. Nickel. Karl-Marx-Universität Leipzig, Friedrich-Schiller-Universität Jena, 3–10.

29 Anke M, Latunde-Dada O, Arnhold W, Glei M, Anke S, Hartmann E (1999) The influence of age, sex and cadmium exposure on the ash, calcium, phosphorus, trace element and ultra trace element content in skeleton, kidneys and liver of humans. In Nogawa K, Karachi M, Kasuya M (Eds) Advances in the Prevention of Environmental Cadmium Pollution and Countermeasures. Proceedings of the International Conference on Itai-itai Disease, Environmental Cadmium Pollution and Countermeasures, Toyama, Japan, 13–16 May 1998. Eiko Laboratory, Kanazawa, Japan, 78–86.

30 Anke M, Regiusné Möcsényi Á, Gundel J (2005) Kalcium a tápláléklàncban (talaj/növény/állat/ember). *Allattenyésztés és Takarmáyozás* **54**: 595–609 (in Ungarisch).

31 Anke M, Trüpschuch A, Angelow L, Müller M (2003) Die Toxizität des Nickels für Tier und Mensch. In Kleemann WJ, Teske J (Hrsg) Toxikologische Analyse und Aussagesicherheit (Research in Legal Medicine, Vol 30). Schmidt-Römhild, Lübeck, 225–250.

32 Anke S, Anke M, Gürtler H (1998) Der Calcium-, Phosphor- und Magnesiumgehalt der natürlichen Katzennahrung und des kommerziellen Katzenfutters. In Anke M et al (Hrsg) Mengen- und Spurenelemente, 18. Arbeitstagung 1998. Schubert-Verlag, Leipzig, 865–872.

33 Armstrong CM (1999) Distinguishing surface effects of calcium ion from pore-occupancy effects in Na^+ channels. *Proceedings of the National Academy of Sciences of the United States of America* **96**: 4158–4163.

34 Armstrong CM, Cota G (1999) Calcium block of Na^+ channels and its effect on closing rate. *Proceedings of the National Academy of Sciences of the United States of America* **96**: 4154–4157.

35 Arnaud CD (1978) Calcium homeostasis: regulatory elements and their integration. *Federal Proceedings* **37**: 2557–2560.

36 Beck AB, Bügel S, Stürup S, Jensen M, Mølgaard C, Hansen M, Krogsgaard OW, Sandström B (2003) A novel dual radio- and stable-isotope method for measuring calcium absorption in humans: comparison with the whole-body radioisotope retention method. *American Journal of Clinical Nutrition* **77**: 399–405.

37 Beeby A, Richmond L (1988) Calcium metabolism in two populations of the snail Helix aspersa on a high lead diet. *Archives of Environmental Contamination and Toxicology* **17**: 507–511.

38 Benterbusch R (2001) Ausgewählte Ergebnisse der 1. Sächsischen Verzehrsstudie. *Berichte aus der Oecotrophologie* (Schriftenreihe der Sächsischen Landesanstalt für Landwirtschaft) **6**: 56–78.

39 Bergmann W (Ed) (1992) Nutritional Disorders of Plants. Development, Visual and Analytical Diagnosis. Gustav Fischer, Jena.

40 Boukari I, Shier NW, Fernandez XE, Frisch J, Watkins BA, Pawloski L, Fly AD (2001) Calcium analysis of selected Western African foods. *Journal of Food Composition and Analysis* **14**: 37–42.

41 Bronner F (1994) Calcium and osteoporosis. *American Journal of Clinical Nutrition* **60**: 831–836.

42 Bronner F (1997) Calcium. In O'Dell BL, Sunde RA (Eds) Handbook of Nutritionally Essential Mineral Elements. Marcel Dekker, New York, 13–61.

43 Bronner F, Pansu D (1999) Nutritional aspects of calcium absorption. *Journal of Nutrition* **129**: 9–12.

44 Bronner F, Peterlik M (Eds) (1988) Cellular Calcium and Phosphate Transport in Health and Disease (Progress in Clinical and Biological Research Vol 252). Alan R Liss, New York.

45 Brown EM, Gamba G, Riccardi D, Lombardi M, Butters R, Kifor O, Sun A, Hediger MA, Lytton J, Hebert SC (1993) Cloning and characterization of an extracellular Ca^{2+}-sensing receptor from bovine parathyroid. *Nature* **366**: 575–580.

46 Brüggemann J, Kumpulainen J (1995) Spurenelementgehalte in deutschen Grundnahrungsmitteln aus Brotgetreide. *Getreide Mehl und Brot* **49**: 171–177.

47 Bryant RJ, Wastney ME, Martin BR, Wood O, McCabe GP, Morshidi M, Smith DL, Peacock M, Weaver CM (2003) Racial differences in bone turnover and calcium metabolism in adolescent females. *Journal of Clinical Endocrinology and Metabolism* **88**: 1043–1047.

48 Brzóska MM, Moniuszko-Jakoniuk J (1998) The influence of calcium content in diet on cumulation and toxicity of cadmium in the organism. *Archives of Toxicology* **72**: 63–73.

49 Bugdol G (1961) Der Makroelementgehalt verschiedener Grünland- und Ackerpflanzen auf Muschelkalk- und Buntsandsteinverwitterungsböden in Thüringen. Dissertation, Friedrich-Schiller-Universität Jena, Landwirtschaftliche Fakultät.

50 Burgess E, Lewanczuk R, Bolli P, Chockalingam A, Cutler H, Taylor G, Hamet P (1999) Lifestyle modifications to prevent and control hypertension. 6. Recommendations on potassium, magnesium and calcium. *Canadian Medical Association Journal* **160**: S35–S45.

51 Canalis E (1993) Regulation of bone remodeling. In Favus MJ (Ed) Primer on the Metabolic Bone Diseases and Disorders of Mineral Metabolism, 2nd ed. Raven Press, New York, 33–37.

52 Cashman KD (2002) Calcium intake, calcium bioavailability and bone health. *British Journal of Nutrition* **87** (Suppl 2): S169–S177.

53 Celeste AJ, Rosen V, Buecker JL, Kriz R, Wang EA, Wozney JM (1986) Isolation of the human gene for bone gla protein utilizing mouse and rat cDNA clones. *EMBO Journal* **5**: 1885–1890.

54 Chattopadhyay N, Cheng I, Rogers K, Riccardi D, Hall A, Diaz R, Hebert SC, Soybel DI, Brown EM (1998) Identification and localization of extracellular Ca^{2+}-sensing receptor in rat intestine. *American Journal of Physiology* **274**: G122–G130.

55 Cheeke PR (1987) Rabbit Feeding and Nutrition. Academic Press, New York.

56 Chinopoulos C, Adam-Vizi V (2006) Calcium, mitochondria and oxidative stress in neuronal pathology. *FEBS Journal* **273**: 433–450.

57 Chisolm Jr JJ (1980) Lead and other metals: A hypothesis of interaction. In Singhal RL, Thomas JA (Eds) Lead Toxicity. Urban and Schwarzenberg, Baltimore, 461–482.

58 Copp DH (1979) Calcitonin comparative endocrinology. In DeGroot LJ, Cahill Jr GF, Martini F, Nelson DH, Odell WD, Potts Jr JT, Steinberger E, Winegrad AI (Eds) Endocrinology. Grune and Stratton, New York, 637–645.

59 Couzy F, Kastenmayer P, Vigo M, Clough J, Munoz-Box R, Barclay DV (1995) Calcium bioavailability from a calcium- and sulfate-rich mineral water, compared with milk, in young adult woman. *American Journal of Clinical Nutrition* **62**: 1239–1244.

60 Cross NA, Hillman LS, Allen SH, Krause GF, Vieira NE (1995) Calcium homeostasis and bone metabolism du-

ring pregnancy, laction, and postweaning: a longitudinal study. *American Journal of Clinical Nutrition* **61**: 514–523.

61 Cunha TJ (1977) Swine Feeding and Nutrition. Academic Press, New York.

62 Cunha TJ (1980) Horse Feeding and Nutrition. Academic Press, New York.

63 Davies KM, Rafferty K, Heaney RP (2004) Determinants of endogenous calcium entry into the gut. *American Journal of Clinical Nutrition* **80**: 919–923.

64 DGE/ÖGE/SGE/SVE (2000) Referenzwerte für die Nährstoffzufuhr. Umschau Braus, Frankfurt, 159–164.

65 Dickson IR (1993) Bone. In Royce P, Steinmann B (Eds) Connective Tissue and its Heritable Disorders. Wiley-Liss, New York, 249–285.

66 Domke A, Großklaus R, Niemann B, Przyrembel H, Richter K, Schmidt E, Weißenborn A, Wörner B, Ziegenhagen R (2004) Verwendung von Mineralstoffen in Lebensmitteln. Toxikologische und ernährungsphysiologische Aspekte. Teil II. Bundesinstitut für Risikobewertung, Berlin (www.bfr.bund.de).

67 Eisman JA (1999) Genetics of osteoporosis. *Endocrine Reviews* **20**: 788–804.

68 Eisman JA (1998) Genetics, calcium intake and osteoporosis. *Proceedings of the Nutrition Society* **57**: 187–193.

69 Ellis KJ, Shypailo RJ, Hergenroeder AC, Perez MD, Abrams SA (2001) Total body calcium by neutron activation analysis: Reference data for children. *Journal of Radioanalytical and Nuclear Chemistry* **249**: 461–464.

70 El Shorafa WM, Feaster JP, Ott EA, Asquith RJ (1979) Effect of vitamin D and sunlight on growth and bone development of young ponies. *Journal of Animal Sciences* **48**: 882–886.

71 Eriksen EF, Axelrod DW, Melsen F (1994) Bone remodelling in metabolic bone disease. In Eriksen EF, Axelrod DW, Melsen F (Eds) Bone Histomorphometry. Raven Press, New York, 51–59.

72 Fishbein L (2004) Multiple sources of dietary calcium – some aspects of its essentiality. *Regulatory Toxicology and Pharmacology* **39**: 67–80.

73 Fleming KH, Heimbach JT (1994) Consumption of calcium in the U.S.: Food sources and intake levels. *Journal of Nutrition* **124**: 1426S–1430S.

74 Flynn A (2003) The role of dietary calcium in bone health. *Proceedings of the Nutrition Society* **62**: 851–858.

75 Gama L, Baxendale-Cox LM, Breitwieser GE (1997) Ca^{2+}-sensing receptors in intestinal epithelium. *American Journal of Physiology* **273**: C1168–C1175.

76 Gonzalez Aquilar DG (2000) Investigación sobre la contaminación por metales pesados en alimentos y en un bioindicator. Ph.D. Thesis, University of Guadalajara, Centro Universitario de Cincias Biologicas y Agropecuarias, Mexico.

77 Goodrich RD, Plegge SD, Garret JE, Ilham A (1985) Calcium and Phosphorus in Animal Nutrition. Part 1. National Feed Ingredients Association (NIFA), West Des Moines, Iowa.

78 Graupe B, Anke M, Rother A (1960/61) Die Verteilung der Mengen- und Spurenelemente in verschiedenen Ackerpflanzen. *Jahrbuch der Arbeitsgemeinschaft für Fütterungsberatung* **3**: 357–362.

79 Groppel B, Anke M, Krause U (1984) Die Auswirkungen einer oralen Nickelbelastung. 2. Mitteilung: Die Widerspiegelung einer Nickelbelastung durch den Nickelgehalt verschiedener Organe. In Anke M, Brückner C, Gürtler H, Grün M (Hrsg) Mengen- und Spurenelemente, Arbeitstagung 1984. Karl-Marx-Universität Leipzig, 430–436a.

80 Grün M (1987) Blei in der Umwelt, Teil I: Tier. Fortschrittsberichte für die Landwirtschaft und Nahrungsgüterwirtschaft. Band 25, Heft 10. Akademie der Landwirtschaft, Berlin.

81 Gürtler H, Anke M (1993) Der Mengen- und Spurenelementbedarf verschiedener Tierarten und des Menschen – ein Vergleich. In Anke M, Gürtler H (Hrsg) Mineralstoffe und Spurenelemente in der Ernährung. Media Touristik, Gersdorf, 1–13.

82 Hallberg L, Rossander-Hulthén L, Brune M, Gleerup A (1992) Inhibition of haem-iron absorption in man by calcium. *British Journal of Nutrition* **69**: 533–540.

83 Hammond CR (2005) The elements. In Lide DR (Ed) CRC Handbook of Chemistry and Physics, 86th ed. Taylor & Francis, Boca Raton, 4.1–4.43.

84 Harzer G, Haschke F (1989) Micronutrients in human milk. In Renner E (Ed) Micronutrients in Milk-based Food Products. Elsevier Applied Science, New York, 125–237.

85 Heaney RP (2001) Calcium needs of the elderly to reduce fracture risk. *Journal of the American College of Nutrition* **20**: 192S–197S.

86 Hluchan SE (2002) Calcium and calcium alloys. In Ullmann's Encyclopedia of Industrial Chemistry – Vol 22. 6th ed, Wiley-VCH, Weinheim.

87 Holick MF (1989) Vitamin D. Biosynthesis, metabolism, and mode of action. In DeGroot LJ, Cahill Jr GF, Martini F, Nelson DH, Odell WD, Potts Jr JT, Steinberger E, Winegrad AI (Eds) Endocrinology. Grune and Stratton, New York, 902–926.

88 Horn R (1999) The dual role of calcium: Pore blocker and modulator of gating. *Proceedings of the National Academy of Sciences of the United States of America* **96**: 3331–3332.

89 Iyengar GV (1982) Elemental Composition of Human and Animal Milk. IAEA TECDOC 269, Vienna.

90 Jüppner H, Brown EM, Kronenberg HM (1999) Parathyroid hormone. In Favus MJ (Ed) Primer on the Metabolic Bone Diseases and Disorders of Mineral Metabolism, 4th ed. Lippincott Williams and Wilkins, Philadelphia, 33–37.

91 Kállay E, Kifor O, Chattopadhyay N, Brown EM, Bischof MG, Peterlik M, Cross HS (1997) Calcium-dependent c-myc-proto-oncogene expression and proliferation of Caco-2 cells: A role for a luminal extracellular calcium-sensing receptor. *Biochemical and Biophysical Research Communications* **232**: 80–83.

92 Kamchan A, Puwastien P, Sirichakwal PP, Kongkachuichai R (2004) In vitro calcium bioavailability of vegetables, legumes and seeds. *Journal of Food Composition and Analysis* **17**: 311–320.

93 Kaur A, Gill KD (2005) Disruption of neuronal calcium homeostasis after chronic aluminium toxicity in rats. *Basic and Clinical Pharmacology and Toxicology* **96**: 118–122.

94 Kemp R, Keegan SE (2002) Calcium chloride. In Ullmann's Encyclopedia of Industrial Chemistry – Vol 22. 6th ed, Wiley-VCH, Weinheim.

95 Khader V, Rama S (2003) Effect of maturity on macromineral content of selected leafy vegetables. *Asia Pacific Journal of Clinical Nutrition* **12**: 45–49.

96 Kirchgessner M, Schnegg A (1980) Biochemical and physiological effects of nickel deficiency. In Nriagu JO (Ed) Nickel in the Environment. Wiley & Sons, New York, 635–652.

97 Kirchgessner M, Schnegg A (1980) Eisenstoffwechsel im Nickelmangel. In Anke M, Schneider HJ, Brückner C (Eds) 3. Spurenelement-Symposium 1980 Nickel. Vol 3. Karl-Marx-Universität Leipzig, Friedrich-Schiller-Universität Jena, 27–31.

98 Kośla T (1988) Mengen- und Spurenelementstatus, -bedarf und -versorgung des Pferdes. Habilitationsschrift, Karl-Marx-Universität Leipzig, Sektion Tierproduktion und Veterinärmedizin.

99 Krämer K (1993) Calcium- und Phosphorverzehr sowie -ausscheidung Erwachsener Deutschlands nach der Duplikat- und Marktkorbmethode. Dissertation, Friedrich-Schiller-Universität Jena, Biologisch-Pharmazeutische Fakultät.

100 Krämer K, Anke M (1992) Die Calciumaufnahme Erwachsener Deutschlands nach der Duplikat- und Basketmethode – ein Vergleich. In Anke M et al (Hrsg) Mengen- und Spurenelemente, 12. Arbeitstagung 1992, Friedrich-Schiller-Universität Jena, 386–394.

101 Krook L (1964) Dietary calcium-phosphorus and lameness in the horse. *Cornell Veterinarian* **58** (Suppl 1): 59–75.

102 Krook L, Lowe JE (1964) Nutritional secondary hyperparathyroidism in the horse. *Pathologia Veterinaria* **1** (Suppl 1): 1–98.

103 Lappe JM, Rafferty KA, Davies KM, Lypaczewski G (2004) Girls on a high-calcium diet gain weight at the same rate as girls on a normal diet: A pilot study. *Journal of the American Dietetic Association* **104**: 1361–1367.

104 Larsen T, Thilsted SH, Kongsbak K, Hansen M (2000) Whole small fish as a rich calcium source. *British Journal of Nutrition* **83**: 191–196.

105 Laue W (2002) Calcium nitrate. In Ullmann's Encyclopedia of Industrial Chemistry – Vol 22, 6th ed. Wiley-VCH, Weinheim.

106 Lewiecki EM (2004) Management of osteoporosis. *Clinical and Molecular Allergy* **2**: No 9.

107 Loosli JK (1978) In Conrad JH, McDowell LR (Eds) Proc Latin American Symposium on Mineral Nutrition Research with Grazing Ruminants. University of Florida, Gainesville, Florida, 5 + 54.

108 Lukert BP, Raisz LG (1990) Glucocorticoid-induced osteoporosis: Pathogenesis and management. *Annals of Internal Medicine* **112**: 352–364.

109 Lynch SR (2000) The effect of calcium on iron absorption. *Nutrition Research Reviews* **13**: 141–158.

110 Mahaffey KR (1980) Nutrient – lead interactions. In Singhal RL, Thomas JA (Eds) Lead Toxicity. Urban and Schwarzenberg, Baltimore, 425–440.

111 McDowell LR (1992) Minerals in Animal and Human Nutrition. Academic Press, Harcourt Brace Jovanovich Publ, San Diego, 26–77.

112 Means AR, Dedman JR (1980) Calmodulin – an intracellular calcium receptor. *Nature* **285**: 73–77.

113 Miller JR (1992) Rivers. In Nierenberg WA (Ed) Encyclopedia of Earth System Science – Vol 4. Academic Press, Harcourt Brace Jovanovich Publ, San Diego, 13–20.

114 Miller GD, Jarvis JK, McBean LD (2001) The importance of meeting calcium needs with foods. *Journal of the American College of Nutrition* **20**: 168S–185S.

115 Mithal A, Brown EM (2003) An overview of extracellular calcium homeostasis and the roles of the CaR in parathyroid and C-cells. In Chattopadhyay N, Brown EM (Eds) Calcium-sensing receptor. Kluwer Academic Press, Boston.

116 Miura T, Matsuzaki H, Suzuki K, Shiro Goto S (1999) Long-term high intake of calcium reduces magnesium utilization in rats. *Nutrition Research* **19**: 1363–1369.

117 Mohamed AE, Rashed MN, Mofty A (2003) Assessment of essential and toxic elements in some kinds of vegetables. *Ecotoxicology and Environmental Safety* **55**: 251–260.

118 Moss AJ, Levy AS, Kim I, Park YK (1989) Use of vitamin and mineral supplements in the United States: Current users, types of products and nutrients (Advanced Data From Vital and Health Statistics, No 174). National Center for Health Statistics, Hyattsville, MD.

119 National Research Council (1984) Nutrient requirement of domestic animals, nutrient requirements of beef cattle. 6th ed, National Academy of Sciences – National Research Council, Washington, DC.

120 National Research Council (1994) Nutrient requirement of domestic animals, nutrient requirements of poultry, 8th ed. National Academy of Sciences – National Research Council, Washington, DC.

121 National Research Council (1985) Nutrient requirement of domestic animals, nutrient requirements of dogs, 2nd ed. National Academy of Sciences – National Research Council, Washington, DC.

122 National Research Council (1985) Nutrient requirement of domestic animals, nutrient requirements of sheep, 5th ed. National Academy of Sciences – National Research Council, Washington, DC.

123 National Research Council (1986) Nutrient requirement of domestic animals, nutrient requirements of cats, 3rd ed. National Academy of Sciences – National Research Council, Washington, DC.

124 National Research Council (1988) Nutrient requirement of domestic animals, nutrient requirements of swine, 9th ed. National Academy of Sciences – National Research Council, Washington, DC.

125 National Research Council (1984) Recommended dietary allowances. Subcommittee on the Tenth Edition of the RDA

Food and Nutrition Board, Commission of Life Science. National Research Council, Washington, DC, National Academy Press.

126 National Research Council (2001) Nutrient requirement of domestic animals, nutrient requirements of dairy cattle, 7th ed. National Academy of Sciences – National Research Council, Washington, DC.

127 Nielsen FH, Shuler TR, Zimmerman TJ, Collings ME, Uthus EO (1979) Interaction between nickel and iron in the rat. *Biological Trace Elements Research* **1**: 325–335.

128 Oberleas D, Harland BF, Bobilya DJ (1999) Minerals – Nutrition and Metabolism. Vantage Press, New York, 33–48.

129 Pannemans DLE, Schaasma G, Westerterp KR (1997) Calcium excretion, apparent calcium absorption and calcium balance in young and elderly subjects: influence of protein intake. *British Journal of Nutrition* **77**: 721–729.

130 Parikh SJ, Yanovski JA (2003) Calcium intake and adiposity. *American Journal of Clinical Nutrition* **77**: 281–287.

131 Peterlik M (2000) Intestinale Calciumabsorption: Molekulare Grundlagen und klinische Relevanz. In Anke M et al (Hrsg) Mengen- und Spurenelemente, 20. Arbeitstagung 2000, Schubert, Leipzig, 699–701.

132 Peterlik M, Stoeppler M (2004) Calcium. In Merian E, Anke M, Ihnat M, Stoeppler M (Eds) Elements and Their Compounds in the Environment – Vol 2. Wiley-VCH, Weinheim, 599–618.

133 Pomerantz K (2002) Calcium and calcium alloys. Biological Relevance. In Ullmann's Encyclopedia of Industrial Chemistry – Vol 22, 6th ed. Wiley-VCH, Weinheim.

134 Pondel H, Terelak H, Terelak T, Wilkos S (1979) Chemical properties of Polish arable soils. *Pamiętnik Puławski* **71**: 5–189 *(in Polnisch)*.

135 Power MJ, Fottrell PF (1991) Osteocalcin: Diagnostic methods and clinical applications. *Critical Reviews in Clinical Laboratory Sciences* **28**: 287–335.

136 Püschner A, Simon O (1988) Grundlagen der Tierernährung. Fischer, Jena.

137 Raisz LG (1990) The role of prostaglandins in the local regulation of bone metabolism. In Bronner F, Peterlik M (Eds) Molecular and Cellular Regulation of Calcium and Phosphate Metabolism. Alan Liss, New York, 195–203.

138 Regius-Möcsényi Á, Szentmihályi S (1983) Macro and trace element contents in alfalfa. *Acta Agronomica Academiae Scientiarum Hungaricae* **32**: 63–74.

139 Regius-Möcsényi Á, Várhegyi J (1980) Mineralstoff- und Spurenelementveränderungen in Gräsern während der Vegetation. *Das Wirtschafteigene Futter* **26**: 77–91.

140 Reimann C, Siewers U, Tarvainen T, Bityukova L, Eriksson J, Gilucis A, Gregorauskiene V, Lukashev VK, Matinian NN, Pasieczna A (2003) Agricultural Soils in Northern Europe: A Geochemical Atlas (Geologisches Jahrbuch, Sonderhefte Reihe D, Heft SD 5). Schweizerbart'sche Verlagsbuchhandlung, Stuttgart.

141 Renner E (Ed) (1989) Micronutrients in Milk and Milk-based Food Products. Elsevier Applied Science, London.

142 Ringe JD (1991) The risk of nephrolithiasis with oral calcium supplementation. *Calcified Tissue International* **48**: 69–73.

143 Rizzoli R (2003) Therapie der Osteoporose. *Journal für Menopause* **10**: 22–25.

144 Roland DA (1985) Calcium and Phosphorus in Animal Nutrition. National Feed Ingredients Association (NFIA), West Des Moines, Iowa.

145 Santella L, Lim D, Moccia F (2004) Calcium and fertilization: The beginning of life. *Trends in Biochemical Sciences* **29**: 400–408.

146 Sarudi Jr I, Varga E (1982) Flammenspektroskopische Bestimmung von Calcium und Kalium in der Asche von Proben pflanzlicher und tierischer Herkunft. *Deutsche Lebensmittel-Rundschau* **78**: 319–322.

147 Scheffer T, Schachtschabel P (1992) Lehrbuch der Bodenkunde, 13. Aufl. Enke, Stuttgart.

148 Schnegg A, Kirchgessner M (1976) Zur Absorption und Verfügbarkeit von Eisen bei Nickelmangel. *Internationale Zeit-*

schrift für Vitamin- und Ernährungsforschung **46**: 96–99.

149 Schnegg A, Kirchgessner M (1975) Veränderungen des Hämoglobingehaltes, der Erythrozytenzahl und des Hämatokrites bei Nickelmangel. *Nutrition and Metabolism* **19**: 268–278.

150 Scott ML, Nesheim MC, Young RL (1982) Nutrition of the Chicken. ML Scott and Associates, Ithaka, New York.

151 Słupski J, Lisiewska Z, Kmiecik W (2005) Contents of macro and microelements in fresh and frozen dill (Anethum graveolens L). *Food Chemistry* **91**: 737–743.

152 Spurney RF, Pi M, Flannery P, Quarles LD (1999) Aluminum is a weak agonist for the calcium-sensing receptor. *Kidney International* **55**: 1750–1758.

153 Subcommittee on Mineral Toxicity in Animals (1980) Mineral Tolerance of Domestic Animals. National Academy of Sciences – National Research Council, Washington, DC.

154 Taylor MD, Locascio SJ (2004) Blossom-end rot: A calcium deficiency. *Journal of Plant Nutrition* **27**: 123–139.

155 Teucher B, Fairweather-Tait S (2003) Dietary sodium as a risk factor for osteoporosis: where is the evidence? *Proceedings of the Nutrition Society* **62**: 859–866.

156 Toba Y, Masuyama R, Kato K, Takada Y, Aoe S, Suzuki K (1999) Effects of dietary magnesium level on calcium absorption in growing male rats. *Nutrition Research* **19**: 783–793.

157 Trollinger DR, Isseroff RR, Nuccitelli R (2002) Calcium channel blockers inhibit galvanotaxis in human keratinocytes. *Journal of Cellular Physiology* **193**: 1–9.

158 Trüpschuch A (1997) Die reproduktionstoxikologischen Wirkungen des Nickels und seine Interaktionen mit Zink, Magnesium und Mangan. Dissertation, Friedrich-Schiller-Universität Jena.

159 Trüpschuch A, Anke M, Illing-Günther H, Müller M, Hartmann E, Möller E (1995) Die teratogene Wirkung bedarfsübersteigender Nickelgaben an Hühner. In Anke M et al (Hrsg) Mengen- und Spurenelemente, 15. Arbeitstagung 1995, Schubert-Verlag, Leipzig, 707–713.

160 Trüpschuch A, Anke M, Müller M, Illing-Günther H, Hartmann E (1996) Die Auswirkungen einer Nickelsupplementation auf den Nickel- und Zinkgehalt verschiedener Organe und Gewebe beim Huhn. In Anke M et al (Hrsg) Mengen- und Spurenelemente, 16. Arbeitstagung 1996, Schubert-Verlag, Leipzig, 170–179.

161 Trüpschuch A, Anke M, Müller M, Illing-Günther H, Hartmann E (1997) Reproduktionstoxikologie des Nickels. 1. Mitteilung: Der Einfluß bedarfsübersteigender Nickelgaben auf den Magnesiumgehalt der Organe und Gewebe. In Anke M et al (Hrsg) Mengen- und Spurenelemente, 17. Arbeitstagung 1997, Schubert-Verlag, Leipzig, 699–705.

162 Tucker HF, Salmon WP (1955) Parakeratosis or zinc deficiency-disease in the pig. *Proceedings of the Society for Experimental Biology and Medicine* **88**: 613–617.

163 Underwood EJ (1981) The Mineral Nutrition of Livestock. Commonwealth Agricultural Bureaux, Gainesville, Florida.

164 Van der Voet GB, de Wol FA (1998) Intestinal absorption of aluminium: effect of sodium and calcium. *Archives of Toxicology* **72**: 110–114.

165 Vazquez A, Costoya M, Pea RM, García S, Herrero C (2003) A rainwater quality monitoring network: A preliminary study of the composition of rainwater in Galicia (NW Spain). *Chemosphere* **51**: 375–386.

166 Walter J (1990) Calcium-, Phosphor- und Magnesium-Kreisläufe in einem ökologisch wirtschaftendem Landwirtsbetrieb. Dissertation, Universität Kassel, Fachbereich Landwirtschaft.

167 Wastney ME, Martin BR, Peacock M, Smith D, Jiang XY, Jackman LA, Weaver CM (2000) Changes in calcium kinetics in adolescent girls induced by high calcium intake. *Journal of Clinical Endocrinology and Metabolism* **85**: 4470–4475.

168 Weaver CM (2000) Calcium requirements of physically active people. *American Journal of Clinical Nutrition* **72**: 579S–584S.

169 Whiting SJ, Wood RJ (1997) Adverse effects of high-calcium diets in humans. *Nutrition Reviews* **55**: 1–9.

170 Wiklander L (1958) Die Mineralstoffquellen der Pflanze. a) The soil. In Ruhland W (Hrsg) Handbuch der Pflanzenphysiologie – Band IV: Die Mineralische Ernährung der Pflanze. Springer, Berlin, 118–169.

171 Yamaguchi M (2000) Role of regucalcin in calcium signalling. *Life Sciences* **66**: 1769–1780.

172 Yamaguchi T, Chattopadhyay N, Kifor O, Butters RR, Sugimoto T, Brown EM (1998) Mouse osteoblastic cell line (MC3T3-E1) expresses extracellular calcium (Ca^{2+})-sensing receptor and its agonists stimulate chemotaxis and proliferation of MC3T3-E1 cells. *Journal of Bone and Mineral Research* **13**: 1530–1538.

173 Zablah EM, Reed DB, Hegsted M, Keenan MJ (1999) Barriers to calcium intake in African-American women. *Journal of Human Nutrition and Dietetics* **12**: 123–132.

174 Zander R, Anke M, Gruhn K (1982) Einfluß von Eischalenschrot auf den Mineralstoffwechsel der Legehenne. In Anke M, Brückner C, Gürtler H, Grün M (Hrsg) Mengen- und Spurenelemente, Arbeitstagung 1982, Karl-Marx-Universität Leipzig, 285–293.

175 Ziegler R (2002) Die hyperkalzämische Krise. *Aktuelle Ernährungs-Medizin* **27**: 47–52.

176 Zikovsky L, Soliman K (2001) Determination of daily dietary intakes of Br, Ca, Cl, Co and K in food in Montreal, Canada, by neutron activation analysis. *Journal of Radioanalytical and Nuclear Chemistry* **247**: 171–173.